大学生数学竞赛教程
（第 2 版）

蒲和平　编著

電子工業出版社
Publishing House of Electronics Industry
北京 · BEIJING

内 容 简 介

本书是依据全国大学生数学竞赛（非数学类）考试大纲要求编写的一本学习指导书。本书涵盖了“高等数学”与“线性代数”两门课程的所有内容。章节顺序基本与现行本科教材同步。为便于知识的归纳总结，各章均给出了知识结构图。本书精选例题、习题近两千道，题目经典，题型丰富，涵盖面广，综合性强，解法新颖，富于启发。为便于读者理解，例题给出了解题前的简要分析，题解后及时总结一般性的规律与方法，以利于读者的掌握与提高。为配合考研同学的复习需要，本书对超出考研要求的内容（例题与习题）均标记“*”，以避免走弯路。

本书各章均配有相当数量的习题，难度较大的归入“综合题”，其答案可扫描二维码查询。书后配有十套“模拟试题”，并配有详细解答。

本书适合作为大学生数学竞赛（非数学类）的教材，也适合作为各类硕士研究生考试的数学复习参考书，具有很好的参考价值。

图书在版编目 (CIP) 数据

大学生数学竞赛教程 / 蒲和平编著. —2 版. —北京：电子工业出版社，2024.3

ISBN 978-7-121-47429-3

Ⅰ. ①大… Ⅱ. ①蒲… Ⅲ. ①高等数学－高等学校－教材 Ⅳ. ①O13

中国国家版本馆 CIP 数据核字（2024）第 049639 号

责任编辑：戴晨辰
印　　刷：三河市鑫金马印装有限公司
装　　订：三河市鑫金马印装有限公司
出版发行：电子工业出版社
　　　　　北京市海淀区万寿路 173 信箱　　邮编：100036
开　　本：787×1092　1/16　印张：33.5　字数：991 千字
版　　次：2014 年 7 月第 1 版
　　　　　2024 年 3 月第 2 版
印　　次：2024 年 6 月第 2 次印刷
定　　价：99.00 元

凡所购买电子工业出版社图书有缺损问题，请向购买书店调换。若书店售缺，请与本社发行部联系，联系及邮购电话：（010）88254888，88258888。

质量投诉请发邮件至 zlts@phei.com.cn，盗版侵权举报请发邮件至 dbqq@phei.com.cn。

本书咨询联系方式：dcc@phei.com.cn。

前　言

本书第 1 版于 2014 年出版，自出版以来，得到了全国广大数学竞赛（非数学类）参赛者、指导老师的关注与好评，还有很多参加全国研究生入学考试的同学将本书作为“高数”课程的复习备考用书，并收到了满意的效果。读者的关注与褒奖是作者前进的动力，也是极大的鞭策与激励。由于本书首次出版时，在编写与校稿方面都比较仓促，书中存留不少遗憾，因此为弥补不足，作者近几年耗费了大量的时间与精力来完成本书的修订工作，希望能给读者呈现一部精美的作品，不负读者的厚望。

本书第 2 版较第 1 版做了以下几方面的改动：

（1）部分章节做了适当调节，各章内容都做了较大的修改与丰富。在题量、题型、题解、分析、评注等方面都做了进一步的增补与完善，希望通过这些典型例题的讲解，能使读者掌握解决数学问题的一般性方法，提高驾驭数学问题的能力。

（2）增加了线性代数的内容。这部分内容既是为了满足备战决赛同学的需要，也是为了满足考研同学与在校同学的课程学习需求，帮助他们掌握线性代数中的方法，开拓视野，提高解决困难问题的能力。

（3）丰富了各章习题与综合题，并给出了详细的解答。由于这部分内容较多且十分重要，所以我们将它单独成书另行出版，书名为《大学生数学竞赛教程习题解析》，供需要的读者参考。限于篇幅，本书给出了这些题目的参考答案，可扫描二维码查看。

（4）将“历届全国大学生数学竞赛（非数学）试题解”改为网页形式，可扫描封底二维码查看。全国大学生数学竞赛每年举行，其中有不少优秀的题目值得学习与借鉴，网页形式方便逐年积累，易于查看，更利于读者的学习。

（5）对附录 A 中的模拟试题做了调整与补充，可扫描二维码查看详细解析。模拟试题的题量较全国竞赛的题量更大，其目的是为读者提供更多的学习资源。这些题目基本不与书中的其他题目重合。

（6）为满足考研同学的需要，对超出（非数学专业）考研要求的题目都做了“*”号标记。仅需考研的读者可忽略这些题目(所有综合题都属于该范畴)。虽然我们很难将竞赛与考研划出严格的界限，正如我们现在的参赛者与几年后的考研者很难区分一样，但凭借我们的专业认知与多年考研教学经验，我们尽可能地给出划分建议，希望这些标识能给考研的读者提供帮助，少走弯路。

对于准备报考**数学专业**研究生的读者，本书对“数学分析”与“高等代数”两门课程的复习备考特别有帮助，书中标有“*”号的例题与习题都属于考试要求的范围，值得学习与借鉴。

（7）修订了原书中的错漏。

数学试题千变万化，不变的是蕴含在其中的基本原理与方法，我们力求通过一些典型的例题并辅以适当的点评（评注）来揭示其中的规律，以助读者见微知著、学有所获。

本书保持了第 1 版的风格与特色，许多内容、题目及解题方法都出自作者原创。希望读者及行业从业者尊重知识产权，尊重作者的劳动，抵制盗版（本书无电子版出售）。您的支持是作者努力的动力。

虽然我们希望通过这次修订使本书尽可能完美，但限于作者的水平与能力，不足与疏漏之处在所难免，希望读者与老师们不吝赐教，多提宝贵意见与建议！

十分感谢关心本书的各位朋友！感谢老师与同仁们的支持与帮助！

作者邮箱：puhp@163.com。

蒲和平

2024 年 1 月

目　录

第 1 章　函数、极限、连续

知识结构

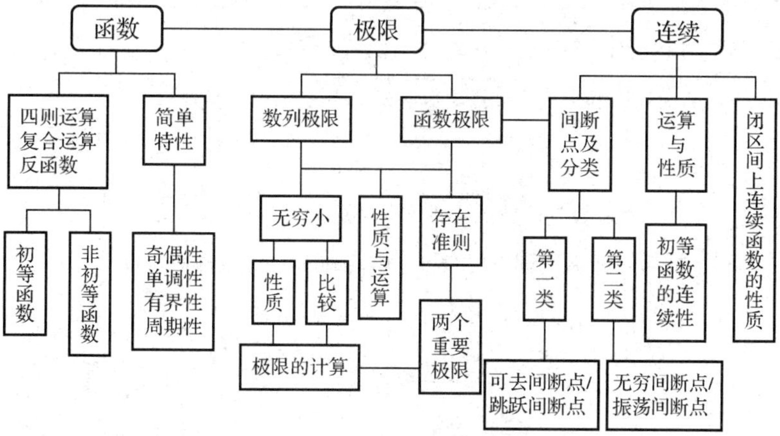

1.1　函数

微积分的主要任务是研究函数的性态及变化规律. 确定函数表达式是研究函数最基本的工作，它可涉及各种初等运算，也可涉及极限、导数、积分、级数等多种非初等运算；函数的单调性与有界性常借助于导数来进行研究；确定函数表达式一般性的方法属于微分方程的范畴. 这些内容我们将在以后的不同章节中讨论，这里以初等方法为主介绍一些有关函数表达式及简单性质的问题. 这些问题虽然较为初等、简单，但它是构成复杂或综合问题的基础.

例 1　设 $f(x)=\begin{cases} e^x, & x<1 \\ x, & x\geqslant 1 \end{cases}$，$\varphi(x)=\begin{cases} x+2, & x<0 \\ x^2-1, & x\geqslant 0 \end{cases}$，求 $f[\varphi(x)]$.

分析　引入中间变量 $u=\varphi(x)$，由外层函数定义域的各区间段，通过中间变量得到自变量 x 的对应范围，进而确定中间变量的具体表达式，以得到复合函数.

解　记 $u=\varphi(x)$，则 $f[\varphi(x)]=f(u)=\begin{cases} e^u, & u<1 \\ u, & u\geqslant 1 \end{cases}$，

当 $u<1$ 时：

$$\text{当 } x<0 \text{ 时，} u=x+2<1 \Rightarrow x<-1, \ f[\varphi(x)]=e^{x+2};$$

$$\text{当 } x\geqslant 0 \text{ 时，} u=x^2-1<1 \Rightarrow 0\leqslant x<\sqrt{2}, \ f[\varphi(x)]=e^{x^2-1}.$$

当 $u\geqslant 1$ 时：

$$\text{当 } x<0 \text{ 时，} u=x+2\geqslant 1 \Rightarrow -1\leqslant x<0, \ f[\varphi(x)]=x+2;$$

$$\text{当 } x\geqslant 0 \text{ 时，} u=x^2-1\geqslant 1 \Rightarrow x\geqslant \sqrt{2}, \ f[\varphi(x)]=x^2-1.$$

综上所述，得

$$f[\varphi(x)]=\begin{cases} e^{x+2}, & x<-1, \\ x+2, & -1\leqslant x<0, \\ e^{x^2-1}, & 0\leqslant x<\sqrt{2}, \\ x^2-1, & x\geqslant \sqrt{2}. \end{cases}$$

评注 求分段函数的复合函数，其关键是要确定外层函数的自变量在不同段的代入标的，引入中间变量进行讨论是比较清晰的方法.

例 2 设 $f(x)=\lim\limits_{n\to\infty}\sqrt[n]{1+x^n+\left(\dfrac{x^2}{2}\right)^n}\ (x>0)$，求 $f(x)$ 的显式表达式.

分析 只需算出极限即可. 由于 $\lim\limits_{n\to\infty}\sqrt[n]{c}=1\,(c>0)$，所以容易想到极限的夹逼原理.

解 首先证明对于任意有限个正数 $a_i\,(i=1,2,\cdots,m)$，有

$$\lim_{n\to\infty}\sqrt[n]{a_1^n+a_2^n+\cdots+a_m^n}=\max_{1\leqslant i\leqslant m}\{a_i\}. \tag{①}$$

记 $\max\limits_{1\leqslant i\leqslant m}\{a_i\}=a$，则

$$a=\sqrt[n]{a^n}\leqslant\sqrt[n]{a_1^n+a_2^n+\cdots+a_m^n}\leqslant\sqrt[n]{ma^n}=a\sqrt[n]{m}.$$

由于 $\lim\limits_{n\to\infty}\sqrt[n]{m}=1$，利用极限的夹逼原理便可得到①式. 利用①式，有

$$f(x)=\max_{x\in(0,+\infty)}\left\{1,x,\frac{x^2}{2}\right\}=\begin{cases}1, & 0<x\leqslant 1,\\ x, & 1<x\leqslant 2,\\ \dfrac{x^2}{2}, & x>2.\end{cases}$$

评注 (1) 分段函数是微积分中较常见的一类函数，这类函数除有明显的分段表示外，还有一些经常以非分段的形式呈现出来，例如，绝对值函数、取整函数、符号函数、最大（小）值函数，以及由极限形式给出的函数等. 在研究这些函数的极限及连续性、可导性、积分性质时，要特别注意其分段点的特殊性. 对非分段形式的分段函数要善于识别，并能正确找出其分段点.

(2) 通常情况下，绝对值函数 $|f(x)|$ 的分段点是方程 $f(x)=0$ 的根；最值函数 $\max\{f(x),g(x)\}$ 与 $\min\{f(x),g(x)\}$ 的分段点是方程 $f(x)=g(x)$ 的根；取整函数 $[f(x)]$ 的分段点是方程 $f(x)=n\,(n\in\mathbb{Z})$ 的根.

例3 设 $F(x)$ 除 $x=0$ 与1两点外，对全体实数都有定义并且满足等式 $F(x)+F\left(\dfrac{x-1}{x}\right)=1+x$（①式），求函数 $F(x)$.

分析 将所给等式视为未知函数 $F(x)$ 的一个方程，如果能通过变量代换得到新的方程，且新方程中没有增加未知函数的不同形式，那么就可通过解方程组来求得 $F(x)$ 的表达式.

解 设已知等式为①式，将①式中的 x 换为 $\dfrac{x-1}{x}$，得

$$F\left(\frac{x-1}{x}\right)+F\left(-\frac{1}{x-1}\right)=\frac{2x-1}{x}, \tag{②}$$

将②式中 $-\dfrac{1}{x-1}$ 换成 x，得

$$F\left(-\frac{1}{x-1}\right)+F(x)=\frac{x-2}{x-1}, \tag{③}$$

①+③−②式得

$$2F(x)=1+x+\frac{x-2}{x-1}-\frac{2x-1}{x},$$

所以

$$F(x)=\frac{x^3-x^2-1}{2x(x-1)}.$$

评注　(1) 题解中所作的变量代换“x 换为 $\frac{x-1}{x}$”，即为作变量代换 $x=\frac{t-1}{t}$，再将代换后等式中的 t 写成 x（因为函数与变量的字母选取无关）.

(2) 若未知函数及其复合函数满足某个简单的代数方程，作适当的变量代换能得到一个（或多个）新的方程，而新方程中不出现新的函数形式，就可通过解方程组来求得未知函数.

例 4　设连续函数 $f(x)$ 满足方程 $f(x)-\frac{1}{2}f\left(\frac{x}{2}\right)=x^2$，求 $f(x)$ 的表达式.

分析　已知方程给出了函数的递推关系式，逐次代入，最后求极限就可得到 $f(x)$ 的表达式.

解　由已知条件，有

$$f(x)=\frac{1}{2}f\left(\frac{x}{2}\right)+x^2,$$

$$f\left(\frac{x}{2}\right)=\frac{1}{2}f\left(\frac{x}{2^2}\right)+\left(\frac{x}{2}\right)^2$$

$$\vdots$$

$$f\left(\frac{x}{2^n}\right)=\frac{1}{2}f\left(\frac{x}{2^{n+1}}\right)+\left(\frac{x}{2^n}\right)^2$$

将上面等式从后往前依次代入，得

$$\begin{aligned}f(x)&=\frac{1}{2^{n+1}}f\left(\frac{x}{2^{n+1}}\right)+\frac{1}{2^n}\left(\frac{x}{2^n}\right)^2+\frac{1}{2^{n-1}}\left(\frac{x}{2^{n-1}}\right)^2+\cdots+\frac{1}{2}\left(\frac{x}{2}\right)^2+x^2\\&=\frac{1}{2^{n+1}}f\left(\frac{x}{2^{n+1}}\right)+x^2\sum_{k=0}^{n}\frac{1}{2^{3k}}.\end{aligned}$$

取 $n\to\infty$，由 f 的连续性及 $f(0)=0$，可得

$$f(x)=x^2\frac{1}{1-\frac{1}{8}}=\frac{8}{7}x^2.$$

评注　该题也可视为与例 3 同类型的问题，只是作变量代换后出现了新的函数，但新函数的变化规律却保持不变，以此下去可得到无穷多个方程（递推关系式），求解时（依次代入）就需用到处理无穷的方法——极限.

例 5*　求函数 $y=f(x)=\sqrt{x^2-x+1}-\sqrt{x^2+x+1}$ 的反函数 $y=f^{-1}(x)$ 及其定义域.

分析　只需由 $y=f(x)$ 解关于 x 的方程，得到 $x=f^{-1}(y)$，再交换变量 x,y 即可.

解　由 $y=\sqrt{x^2-x+1}-\sqrt{x^2+x+1}$，易见，当 $x>0$ 时，$y<0$；当 $x<0$ 时，$y>0$.

为了解出 x，两边平方，得

$$y^2=x^2-x+1+x^2+x+1-2\sqrt{(x^2+1)^2-x^2}=2(x^2+1)-2\sqrt{x^4+x^2+1},$$

移项

$$2\sqrt{x^4+x^2+1}=2(x^2+1)-y^2.$$

两边再平方，化简得

$$x^2=\frac{y^2}{4}\left(\frac{4-y^2}{1-y^2}\right),$$

注意到 x 与 y 反号，开方得

$$x=-\frac{y}{2}\sqrt{\frac{4-y^2}{1-y^2}}.$$

该函数的定义域为$|y|<1$或$|y|\geqslant 2$．由于$y=f(x)$连续，且$f(0)=0$，故其定义域为$\{y\,\|\,y|<1\}$．

改写记号，得所求反函数为

$$y=-\frac{x}{2}\sqrt{\frac{4-x^2}{1-x^2}},\ \text{定义域为}\{x\,\|\,x|<1\}.$$

评注 （1）求函数$y=f(x)$的反函数$x=f^{-1}(y)$的过程，就是解方程的过程．只有当f是其定义域到值域的一一映射时，函数$y=f(x)$才存在反函数．

（2）通常情况下f是否为一一映射较难判断，而判断f是否单调（$f'(x)$不变号）会容易些．单调函数一定有反函数．

例 6* 设$f(x)=(x^6+2x^5-10x^4-12x^3+18x^2+30x-210)^{2023}$，求$f\left(\dfrac{\sqrt{45}-1}{2}\right)$．

分析 直接计算函数值很困难，若令$t=\dfrac{\sqrt{45}-1}{2}$，则有$t^2+t=11$，只需将$f(t)$的表达式拼凑成以t^2+t为变量的形式即可．

解 记$t=\dfrac{\sqrt{45}-1}{2}$，则$(2t+1)^2=45$，从而知$t^2+t=11$，于是

$$\begin{aligned}&t^6+2t^5-10t^4-12t^3+18t^2+30t-210\\&=(t^6+t^5)+(t^5+t^4)-(11t^4+11t^3)-(t^3+t^2)+(19t^2+19t)+11t-210\\&=(t^2+t)(t^4+t^3-11t^2-t+19)+11t-210\\&=11\left[(t^2+t)t^2-11t^2-t+19\right]+11t-210\\&=11(19-t)+11t-210=11\times19-210\\&=-1.\end{aligned}$$

从而

$$f\left(\frac{\sqrt{45}-1}{2}\right)=f(t)=(t^6+2t^5-10t^4-12t^3+18t^2+30t-210)^{2023}=(-1)^{2023}=-1\,.$$

评注 该题也可用多项式除法，得到$f(x)=\left[(x^2+x)(x^4+x^3-11x^2-x+19)+11x-210\right]^{2023}$，再代入$x^2+x=11$来计算．

例 7* 已知定义在$[0,4]$上的函数$f(x)=3^x$，试先延拓至$[-4,0]$，使之成为偶函数，然后再把已延拓至$[-4,4]$上的函数，延拓至整个实数轴上，使函数成为以8为周期的函数．

分析 由偶函数的定义$f(-x)=f(x)$，容易得到$f(x)$在$[-4,0]$上的表达式；若$f(x)$以8为周期，由于对任一实数x，都存在整数k，使$8k-4\leqslant x\leqslant 8k+4$，则有$-4\leqslant x-8k\leqslant 4$，利用周期性，就容易得到$f(x)$的表达式了．

解 当$x\in[-4,0]$时，$-x\in[0,4]$，若$f(x)$在$[-4,0]$上进行延拓后成为偶函数，则

$$f(-x)=f(x),\ x\in[-4,4]\,.$$

故当$x\in[-4,0]$时，有

$$f(x)=f(-x)=3^{-x}\,.$$

因此有

$$f(x)=\begin{cases}3^x, & x\in[0,4],\\ 3^{-x}, & x\in[-4,0].\end{cases}$$

如果再将$f(x)$延拓至整个实数轴上，使之成为以8为周期的函数，那么，对于任何实数x，都唯一地存在整数k，使

$$8k-4 \leqslant x \leqslant 8k+4.$$

当 $8k-4 \leqslant x \leqslant 8k$ 时，有 $-4 \leqslant x-8k \leqslant 0$，此时

$$f(x)=f(x-8k)=3^{-(x-8k)}=3^{8k-x}.$$

当 $8k \leqslant x \leqslant 8k+4$ 时，有 $0 \leqslant x-8k \leqslant 4$，此时

$$f(x)=f(x-8k)=3^{x-8k}.$$

因此得

$$f(x)=\begin{cases}3^{-x+8k}, & 8k-4 \leqslant x \leqslant 8k, \\ 3^{x-8k}, & 8k \leqslant x \leqslant 8k+4.\end{cases} \quad k \in \mathbb{Z}.$$

例 8* 设函数 $y=f(x)\ (-\infty<x<+\infty)$ 的图形关于点 $A(a,y_1)$ 和点 $B(b,y_2)\ (a<b)$ 对称，试讨论函数 $f(x)$ 的周期性.

分析 由函数图形的对称性可知 $f(a+x)+f(a-x)=2y_1$，$f(b+x)+f(b-x)=2y_2$，只需讨论是否存在常数 $T \neq 0$，使得 $\forall x \in \mathbb{R}$，有 $f(x)=f(x+T)$.

解 由于函数 $y=f(x)$ 的图形关于点 $A(a,y_1)$ 和点 $B(b,y_2)$ 对称，则

$$f(a+x)+f(a-x)=2y_1,\quad f(b+x)+f(b-x)=2y_2,$$

于是

$$\begin{aligned}f(x)&=f[a+(x-a)]=2y_1-f[a-(x-a)]\\&=2y_1-f(2a-x)=2y_1-f[b+(2a-x-b)]\\&=2y_1-2y_2+f[b-(2a-x-b)]\\&=2(y_1-y_2)+f[x+2(b-a)].\end{aligned} \qquad ①$$

由此可知，当 $y_1=y_2$ 时，$f(x)$是周期函数，其周期为 $2(b-a)$.

当 $y_1 \neq y_2$ 时，记 $f(x)=px+q+\varphi(x)$，p和q 为常数，由①式得

$$\begin{aligned}2(y_2-y_1)&=f[x+2(b-a)]-f(x)\\&=p[x+2(b-a)]+q+\varphi[x+2(b-a)]-[px+q+\varphi(x)]\\&=2(b-a)p+\varphi[x+2(b-a)]-\varphi(x).\end{aligned}$$

取 $p=\dfrac{y_2-y_1}{b-a}$，则有

$$\varphi[x+2(b-a)]-\varphi(x)=0.$$

即 $\varphi(x)$ 是以 $2(b-a)$为周期的函数. 此时 $f(x)$ 是一线性函数与周期函数之和.

评注 不难看出，若函数 $y=f(x)\ (-\infty<x<+\infty)$ 关于 $x=a$ 与 $x=b\ (a<b)$ 均对称，则 $f(x)$ 是以 $T=2(b-a)$ 为周期的函数.

例 9* 设 f 是 $\mathbb{R}$ 上的下凸函数，即对任意 $x,y \in \mathbb{R}$ 及 $t \in (0,1)$ 都有

$$f(tx+(1-t)y) \leqslant tf(x)+(1-t)f(y).$$

求证：$g(x)=f(x)+f(-x)$ 在 $[0,+\infty)$ 上单调递增.

分析 对任意 $0<x_1<x_2$，需要证明 $g(x_1) \leqslant g(x_2)$. 根据已知条件，我们容易得到 $g(x_1) \leqslant \dfrac{x_1}{x_2}g(x_2)+\left(1-\dfrac{x_1}{x_2}\right)g(0)$，所以只要 $g(0) \leqslant g(x_2)$，问题就解决了.

证明 首先，$\forall x \in (0,+\infty)$，有

$$g(0)=2f(0) \leqslant 2\cdot\frac{1}{2}[f(x)+f(-x)]=g(x). \qquad ①$$

$0 < x_1 < x_2$，由于 $\pm x_1 = \frac{x_1}{x_2}\cdot(\pm x_2) + \left(1-\frac{x_1}{x_2}\right)\cdot 0$，则

$$f(x_1) \leqslant \frac{x_1}{x_2} f(x_2) + \left(1-\frac{x_1}{x_2}\right) f(0),\quad f(-x_1) \leqslant \frac{x_1}{x_2} f(-x_2) + \left(1-\frac{x_1}{x_2}\right) f(0).$$

两式相加得

$$f(x_1) + f(-x_1) \leqslant \frac{x_1}{x_2}[f(x_2)+f(-x_2)] + \left(1-\frac{x_1}{x_2}\right) 2f(0),$$

即

$$g(x_1) \leqslant \frac{x_1}{x_2} g(x_2) + \left(1-\frac{x_1}{x_2}\right) g(0).$$

利用①式，有

$$g(x_1) \leqslant \frac{x_1}{x_2} g(x_2) + \left(1-\frac{x_1}{x_2}\right) g(x_2) = g(x_2).$$

例 10* 设有一实值连续函数，对于所有的实数 x 和 y 满足函数方程 $f(x+y)=f(x)f(y)$，以及 $f(1)=2$. 证明：$f(x)=2^x$.

分析 由于 $1=\underbrace{\frac{1}{n}+\frac{1}{n}+\cdots+\frac{1}{n}}_{n个}$，根据题设条件易得 $f^n\left(\frac{1}{n}\right)=2$，结论对 $x=\frac{1}{n}$ 是正确的；同样的道理，对 $x=\frac{m}{n}$ 也是正确的；任一实数均是有理数的极限，所以问题就解决了.

证明 对任何实数 x 都有

$$f(x+1)=f(x)f(1)=2f(x) \Rightarrow f(0)=1.$$

由于

$$f(1)=f\Bigg(\underbrace{\frac{1}{n}+\frac{1}{n}+\cdots+\frac{1}{n}}_{n个}\Bigg)=f^n\left(\frac{1}{n}\right)=2,$$

于是 $f\left(\frac{1}{n}\right)=2^{\frac{1}{n}}$. 对正有理数 $\frac{m}{n}(n,m\in\mathbb{N}_+)$，有

$$f\left(\frac{m}{n}\right)=f\Bigg(\underbrace{\frac{1}{n}+\frac{1}{n}+\cdots+\frac{1}{n}}_{m个}\Bigg)=f^m\left(\frac{1}{n}\right)=2^{\frac{m}{n}}.$$

则结论对于任何正有理数成立.

当 x 为负有理数时，有

$$1=f(x-x)=f(x)f(-x)=f(x)2^{-x} \Rightarrow f(x)=2^x,$$

结论也成立.

对于任何无理数 x，可取有理数列 $x_n \to x$. 再由函数的连续性可得

$$f(x)=\lim_{n\to\infty} f(x_n)=\lim_{n\to\infty} 2^{x_n}=2^x.$$

所以对任意实数 x 都有 $f(x)=2^x$.

评注 由于函数仅满足连续的条件，所以导数、微分等工具都用不上. 这种从有理数到实数取极限的方法是较常见的方法.

例 11* 是否存在区间 $[0,1]$ 上的连续函数 $f(x)$，使得 $f(x^2)=x-f(x)$.

分析　若能由所给条件得到 $f(x)$ 的表达式，问题就解决了.

解　若存在，显然 $f(0)=0$，$f(1)=1/2$，且有

$$f(x)=x-f(x^2)=x-x^2+f(x^4)=\cdots$$
$$=x-x^2+x^4-x^8+\cdots+(-1)^n x^{2^n}+(-1)^{n+1}f(x^{2^{n+1}}).$$

$\forall x\in(0,1)$，由于 $\lim\limits_{n\to\infty}f(x^{2^{n+1}})=f(0)=0$，得到

$$f(x)=x-x^2+x^4-x^8+\cdots+(-1)^n x^{2^n}+\cdots,\ 0\leqslant x<1.$$

即有

$$f(x)=\begin{cases}\sum\limits_{n=0}^{\infty}(-1)^n x^{2^n}, & 0\leqslant x<1,\\ 1/2, & x=1.\end{cases}$$

显然该函数在 $x=1$ 不连续，因为 $\lim\limits_{x\to1^-}f(x)$ 不存在（如取 $x_n=1-\dfrac{1}{2^n}\to1^-$）. 所以满足题设条件的函数不存在.

评注　像这类存在性问题，通常情况下是很难找出函数表达式的，常用的方法是假设命题成立，在推理中看是否会出现矛盾.

习题 1.1

习题 1.1 答案

1. 设 $g(x)=\begin{cases}2-x, & x\leqslant0\\ x+2, & x>0\end{cases}$，$f(x)=\begin{cases}x^2, & x<0\\ -x, & x\geqslant0\end{cases}$，求 $g(f(x))$.

2. 已知 $f(x)$ 满足等式 $2f(x)+x^2f\left(\dfrac{1}{x}\right)=\dfrac{x^2+2x}{x+1}$，求 $f(x)$ 的表达式.

3. 设 $f(x)=\lim\limits_{n\to\infty}n\left[\left(1+\dfrac{x}{n}\right)^n-\mathrm{e}^x\right]$，求 $f(x)$ 的显式表达式.

4. 设函数 $f(x)$ 满足方程 $\sin f(x)-\dfrac{1}{3}\sin f\left(\dfrac{x}{3}\right)=x$，求 $f(x)$ 的表达式.

5. 设函数 $F(x)$ 是奇函数，$f(x)=F(x)\left(\dfrac{1}{a^x-1}+\dfrac{1}{2}\right)$，其中 $a>0$，$a\neq1$. 证明：$f(x)$ 是偶函数.

6*. 设对一切实数 x，有 $f\left(\dfrac{1}{2}+x\right)=\dfrac{1}{2}+\sqrt{f(x)-f^2(x)}$，证明 $f(x)$ 是周期函数.

7. 函数 $f(x)$ 在 $(-\infty,+\infty)$ 上满足等式 $f(3-x)=f(3+x)$，$f(8-x)=f(8+x)$，且 $f(0)=0$，试问：方程 $f(x)=0$ 在区间 $[0, 2023]$ 上至少有多少个根？

8. 设 $y=f(x)$ 在 $(-\infty,+\infty)$ 上满足 $f(x+T)=kf(x)$（其中 T 和 k 是正常数），证明 $f(x)$ 可表示为 $f(x)=a^x\varphi(x)$，式中 $a>0$，$\varphi(x)$ 是以 T 为周期的周期函数.

9. 若对任意 x,y，有 $f(x)-f(y)\leqslant(x-y)^2$，求证对任意正整数 n，任意 a,b，有

$$|f(b)-f(a)|\leqslant\frac{1}{n}(b-a)^2.$$

10. 求实系数二次多项式 $p(x)$，使得 $\forall x\in[-1,1]$，都有 $\left|p(x)-\dfrac{1}{x-3}\right|<0.02$.

11*. 设 L 是定义在 $\mathbb{R}$ 上的某些连续函数所构成的集合，满足 $f(x)\in L$，当且仅当存在常数 k 使得 $f(f(x))=kx^9$. 求 k 的取值范围.

1.2 极限

微积分是建立在极限理论的基础上的. 极限反映了变量的局部性态与变化趋势，是实现无穷运算的唯一方法. 极限主要包括极限的定义、存在性、相关性质与极限的计算等方面的内容. 工科数学尤以极限的计算为主，下面将求极限的常用方法归类介绍.

1. 利用初等变形法做计算

用初等运算、变量代换、恒等变形等方法将极限式化简，再由极限的四则运算、复合运算法则求出极限，是极限运算最基本的方法. 由于极限四则运算法则的条件是：为有限项，各项极限均存在，分母的极限不为零. 所以化简的过程就是使极限式满足运算条件的过程.

例 1 计算 $\lim\limits_{x\to 0}\dfrac{\sqrt{\cos x}-\sqrt[3]{\cos x}}{\sin^2 x}$.

分析 这是 $\dfrac{0}{0}$ 型极限. 应将分子有理化，进而约去分母中的零因子再求极限. 由于分子的有理化因式较复杂，所以作变量代换更为简便.

解 令 $\sqrt[6]{\cos x}=u$，则 $\sin^2 x=1-u^{12}$，

$$原式=\lim_{u\to 1}\frac{u^3-u^2}{1-u^{12}}=-\lim_{u\to 1}\frac{(u-1)u^2}{u^{12}-1}=-\lim_{u\to 1}\frac{(u-1)u^2}{(u-1)(u^{11}+u^{10}+\cdots+u+1)}$$

$$=-\lim_{u\to 1}\frac{u^2}{u^{11}+u^{10}+\cdots+u+1}=-\frac{1}{12}$$

评注 对 $\dfrac{0}{0}$ 型的无理分式，分子、分母有理化是消去分母中零因子的有效方法. 当有理化因式较复杂时，作变量代换是比较好的有理化方法.

例 2 计算 $\lim\limits_{x\to 1}\dfrac{(1-x^{\frac{1}{2}})(1-x^{\frac{1}{3}})\cdots(1-x^{\frac{1}{n}})}{(1-x)^{n-1}}$.

分析 极限式变形为 $\lim\limits_{x\to 1}\left(\dfrac{1-x^{\frac{1}{2}}}{1-x}\cdot\dfrac{1-x^{\frac{1}{3}}}{1-x}\cdot\cdots\cdot\dfrac{1-x^{\frac{1}{n}}}{1-x}\right)$，只需算出各因子 $\dfrac{1-x^{\frac{1}{i}}}{1-x}(i=2,3,\cdots,n)$ 的极限.

解 令 $x^{\frac{1}{i}}=t$，则

$$\lim_{x\to 1}\frac{1-x^{\frac{1}{i}}}{1-x}=\lim_{t\to 1}\frac{1-t}{1-t^i}=\lim_{t\to 1}\frac{1}{1+t+\cdots+t^{i-1}}=\frac{1}{i}.$$

所以

$$\lim_{x\to 1}\frac{(1-x^{\frac{1}{2}})(1-x^{\frac{1}{3}})\cdots(1-x^{\frac{1}{n}})}{(1-x)^{n-1}}=\lim_{x\to 1}\left(\frac{1-x^{\frac{1}{2}}}{1-x}\cdot\frac{1-x^{\frac{1}{3}}}{1-x}\cdot\cdots\cdot\frac{1-x^{\frac{1}{n}}}{1-x}\right)=\frac{1}{2}\cdot\frac{1}{3}\cdot\cdots\cdot\frac{1}{n}=\frac{1}{n!}.$$

例 3 设数列 $a_n=\begin{cases}1, & n\leqslant k\\ \dfrac{(n+1)^k-n^k}{C_n^{k-1}}, & n>k\end{cases}$ $(k\in\mathbb{N}_+)$. 若 $b_n=1+\sum\limits_{k=1}^{n}(k\lim\limits_{n\to\infty}a_n)$，求 $\lim\limits_{n\to\infty}\left(\dfrac{b_n^2}{b_{n-1}b_{n+1}}\right)^n$.

分析 计算 $\lim\limits_{n\to\infty}a_n$ 时显然要先将 $a_n=\dfrac{(n+1)^k-n^k}{C_n^{k-1}}$ 进行初等运算化简；然后要将 b_n 的表达式化简才便于计算所求极限.

解 由于

$$\lim_{n\to\infty} a_n = \lim_{n\to\infty}\frac{(n+1)^k - n^k}{C_n^{k-1}} = \lim_{n\to\infty}\frac{(k-1)!\left[kn^{k-1}+\frac{(k-1)k}{2!}n^{k-2}+\cdots+1\right]}{n(n-1)\cdots(n-k+1)} = k!. \quad ①$$

故

$$b_n = 1+\sum_{k=1}^{n}(k\cdot k!) = (n+1)!\text{（归纳法易证）}. \quad ②$$

所以

$$\lim_{n\to\infty}\left(\frac{b_n^2}{b_{n-1}b_{n+1}}\right)^n = \lim_{n\to\infty}\left(\frac{n}{n+1}\right)^n = e^{-1}.$$

评注　①式最后一个极限式中，方括号[ ]内仅有第 1 项 kn^{k-1} 除以分母的极限为 k，其余各项除以分母的极限均为 0；②式对求和的化简至关重要.

例 4　计算 $\lim\limits_{x\to 0}\left(\dfrac{\ln(1+e^{\frac{2}{x}})}{\ln(1+e^{\frac{1}{x}})}-2[x]\right)$，$[x]$ 表示不超过 x 的最大整数.

分析　$[x]$是分段函数，$x=0$ 是分段点，需计算左、右极限.

解

$$\lim_{x\to 0^-}\left(\frac{\ln(1+e^{\frac{2}{x}})}{\ln(1+e^{\frac{1}{x}})}-2[x]\right) = \lim_{x\to 0^-}\left(\frac{\ln(1+e^{\frac{2}{x}})}{\ln(1+e^{\frac{1}{x}})}+2\right) = \lim_{x\to 0^-}\frac{e^{\frac{2}{x}}}{e^{\frac{1}{x}}}+2 = \lim_{x\to 0^-}e^{\frac{1}{x}}+2 = 2;$$

$$\lim_{x\to 0^+}\left(\frac{\ln(1+e^{\frac{2}{x}})}{\ln(1+e^{\frac{1}{x}})}-2[x]\right) = \lim_{x\to 0^+}\left(\frac{\ln(1+e^{\frac{2}{x}})}{\ln(1+e^{\frac{1}{x}})}+0\right) = \lim_{x\to 0^+}\frac{\ln\left[e^{\frac{2}{x}}(e^{-\frac{2}{x}}+1)\right]}{\ln\left[e^{\frac{1}{x}}(e^{-\frac{1}{x}}+1)\right]}$$

$$= \lim_{x\to 0^+}\frac{\frac{2}{x}+\ln(1+e^{-\frac{2}{x}})}{\frac{1}{x}+\ln(1+e^{-\frac{1}{x}})} = \lim_{x\to 0^+}\frac{2+x\ln(1+e^{-\frac{2}{x}})}{1+x\ln(1+e^{-\frac{1}{x}})} = 2.$$

故所求极限为 2.

评注　求分段函数在分段点的极限，要计算左、右极限；函数 $a^{\frac{1}{x-x_0}}(a>0,\ a\neq 1)$、$\arctan\dfrac{1}{x-x_0}$、$\operatorname{arccot}\dfrac{1}{x-x_0}$ 中的 x_0 类似于分段点.

例 5　试确定 a,b,c 的值，使极限等式 $\lim\limits_{x\to 1}\dfrac{a(x-1)^2+b(x-1)+c-\sqrt{x^2+3}}{(x-1)^2}=0$ 成立.

分析　利用分子是分母的高阶无穷小，可得到几个不同的极限式，从而解出所求的常数.

解　因为

$$\lim_{x\to 1}\frac{a(x-1)^2+b(x-1)+c-\sqrt{x^2+3}}{(x-1)^2}=0, \quad ①$$

所以

$$a(x-1)^2+b(x-1)+c-\sqrt{x^2+3}=o((x-1)^2). \quad ②$$

则有

$$\begin{cases}\lim\limits_{x\to1}\left(a(x-1)^2+b(x-1)+c-\sqrt{x^2+3}\right)=0, & ③\\ \lim\limits_{x\to1}\dfrac{a(x-1)^2+b(x-1)+c-\sqrt{x^2+3}}{x-1}=0. & ④\end{cases}$$

由③式得$c=2$，代入④式得

$$b=\lim_{x\to1}\frac{\sqrt{x^2+3}-2}{x-1}=\lim_{x\to1}\frac{x^2-1}{(x-1)(\sqrt{x^2+3}+2)}=\frac{1}{2}.$$

将$c=2$，$b=\dfrac{1}{2}$代入①式得

$$a=-\lim_{x\to1}\frac{\frac{1}{2}(x-1)+2-\sqrt{x^2+3}}{(x-1)^2}=-\frac{1}{2}\lim_{x\to1}\frac{x+3-2\sqrt{x^2+3}}{(x-1)^2}$$
$$=\frac{3}{2}\lim_{x\to1}\frac{(x-1)^2}{(x-1)^2(x+3+2\sqrt{x^2+3})}=\frac{3}{16}.$$

评注 若一个$\dfrac{0}{0}$型极限式中有几个待定常数，可利用分子、分母无穷小的比较及原极限式建立与待定系数个数相同的等式（方程组），再解方程组求得所需的常数. 为得到不同的等式，常使用洛必达法则（见本节例42）. 本题未使用洛必达法则的原因是题设极限式的分子中有无理式，求导后形式更复杂，不利于问题求解.

例6 设$x_1,x_2,\cdots$为方程$\tan x=x$的全体正根按增序排成的数列，求$\lim\limits_{n\to\infty}(x_n-x_{n-1})$.

分析 由函数$\tan x$的周期性，容易得到x_n所在的范围；再考虑到$\tan x_n=x_n\to+\infty(n\to\infty)$时，只有$(x_n-n\pi)\to\dfrac{\pi}{2}$，问题就解决了.

解 令$f(x)=\tan x-x$，由于

$$\lim_{x\to(n\pi-\pi/2)^+}f(x)=-\infty,\quad \lim_{x\to(n\pi+\pi/2)^-}f(x)=+\infty,$$

故在区间$\left(n\pi-\dfrac{\pi}{2},n\pi+\dfrac{\pi}{2}\right)$内方程$f(x)=0$有根.

又$f'(x)=\dfrac{1}{\cos^2 x}-1>0$，$f(x)$在每个子区间$\left(n\pi-\dfrac{\pi}{2},n\pi+\dfrac{\pi}{2}\right)$内均严格单调递增，故根$x_n$唯一.

因为$\lim\limits_{n\to\infty}\tan x_n=\lim\limits_{n\to\infty}x_n=+\infty$，所以

$$\lim_{n\to\infty}(x_n-n\pi)=\frac{\pi}{2}.$$

因此

$$\lim_{n\to\infty}(x_n-x_{n-1})=\lim_{n\to\infty}(x_n-n\pi)-\lim_{n\to\infty}(x_{n-1}-(n-1)\pi)+\pi=\frac{\pi}{2}-\frac{\pi}{2}+\pi=\pi.$$

也可用以下方法求得极限：

因为

$$\lim_{n\to\infty}\tan(x_n-x_{n-1})=\lim_{n\to\infty}\frac{\tan x_n-\tan x_{n-1}}{1+\tan x_n\tan x_{n-1}}=\lim_{n\to\infty}\frac{x_n-x_{n-1}}{1+x_nx_{n-1}}=\lim_{n\to\infty}\frac{1/x_{n-1}-1/x_n}{1/x_nx_{n-1}+1}=0.$$

再根据x_n所在的范围知$\lim\limits_{n\to\infty}(x_n-x_{n-1})=\pi$.

例7 设$x_n=\sum\limits_{k=1}^{n}\dfrac{k^3+6k^2+11k+5}{(k+3)!}$，求$\lim\limits_{n\to\infty}x_n$.

分析　随着 n 的增加，x_n 为无穷项的和. 为求极限，需将 x_n 进行初等运算或恒等变形化为有限项和的形式，再用极限的运算法则计算极限.

解　由于 $k^3+6k^2+11k+5=(k+1)(k+2)(k+3)-1$，所以

$$\begin{aligned}x_n&=\sum_{k=1}^{n}\left(\frac{1}{k!}-\frac{1}{(k+3)!}\right)\\&=\left(\frac{1}{1!}-\frac{1}{4!}\right)+\left(\frac{1}{2!}-\frac{1}{5!}\right)+\left(\frac{1}{3!}-\frac{1}{6!}\right)+\cdots\\&\quad+\left(\frac{1}{(n-2)!}-\frac{1}{(n+1)!}\right)+\left(\frac{1}{(n-1)!}-\frac{1}{(n+2)!}\right)+\left(\frac{1}{n!}-\frac{1}{(n+3)!}\right)\\&=\frac{1}{1!}+\frac{1}{2!}+\frac{1}{3!}-\frac{1}{(n+1)!}-\frac{1}{(n+2)!}-\frac{1}{(n+3)!}\to 1+\frac{1}{2}+\frac{1}{6}=\frac{5}{3}\quad(n\to\infty).\end{aligned}$$

即 $\lim\limits_{n\to\infty}x_n=\dfrac{5}{3}$.

评注　求无穷和极限有很多方法，其基本方法之一就是通过初等运算、数列求和公式或恒等变形等方法化为有限运算形式（又称“缩项”），再计算极限.

例 8　求 $\lim\limits_{n\to\infty}\dfrac{1}{n}\left[\cos\dfrac{\pi}{4n}+\cos\dfrac{3\pi}{4n}+\cdots+\cos\dfrac{(2n-1)\pi}{4n}\right]$.

分析　利用三角函数的积化和差公式先“分拆”，再“缩项”.

解　由于

$$\begin{aligned}x_n&=\frac{1}{n}\sum_{k=1}^{n}\cos\frac{(2k-1)\pi}{4n}=\frac{1}{n\cdot 2\sin\frac{\pi}{4n}}\sum_{k=1}^{n}2\sin\frac{\pi}{4n}\cos\frac{(2k-1)\pi}{4n}\\&=\frac{1}{n\cdot 2\sin\frac{\pi}{4n}}\sum_{k=1}^{n}\left[\sin\frac{k\pi}{2n}-\sin\frac{(k-1)\pi}{2n}\right]\\&=\frac{1}{n\cdot 2\sin\frac{\pi}{4n}}\left(\sin\frac{\pi}{2}-\sin 0\right),\end{aligned}$$

所以 $\lim\limits_{n\to\infty}x_n=\dfrac{2}{\pi}$.

评注　这里应用了三角公式：$2\cos\alpha\sin\beta=\sin(\alpha+\beta)-\sin(\alpha-\beta)$. 其目的是将乘积转化为两项之差（分拆），从而在求和中达到缩项的效果. 常用的分拆公式还有：

$$\frac{1}{(n+a)(n+b)}=\frac{1}{b-a}\left(\frac{1}{n+a}-\frac{1}{n+b}\right),$$

$$\frac{1}{n(n+1)\cdots(n+l)}=\frac{1}{l}\left[\frac{1}{n(n+1)\cdots(n+l-1)}-\frac{1}{(n+1)(n+2)\cdots(n+l)}\right].$$

例 9*　求 $\lim\limits_{n\to\infty}\dfrac{2^{-n}}{n(n+1)}\sum\limits_{k=1}^{n}C_n^k\cdot k^2$.

分析　这是无穷和问题，需转化为有限运算形式的极限. 涉及组合数，可考虑用二项公式来处理.

解　对二项公式 $(1+x)^n=\sum\limits_{k=0}^{n}C_n^k x^k$ 两边求导，得

$$n(1+x)^{n-1}=\sum_{k=1}^{n}C_n^k kx^{k-1}.$$

两边乘 x，得

$$nx(1+x)^{n-1}=\sum_{k=1}^{n}C_n^k kx^k .$$

两边再求导，得

$$n(1+x)^{n-1}+n(n-1)x(1+x)^{n-2}=\sum_{k=1}^{n}C_n^k k^2x^{k-1} .$$

令$x=1$，得

$$\sum_{k=1}^{n}C_n^k k^2=n(n+1)2^{n-2}.$$

所以

$$\lim_{n\to\infty}\frac{2^{-n}}{n(n+1)}\sum_{k=1}^{n}C_n^k\cdot k^2=\lim_{n\to\infty}\frac{2^{-n}}{n(n+1)}n(n+1)2^{n-2}=\frac{1}{4}.$$

2. 利用两个重要极限及等价无穷小做计算

（1）两个重要极限的等价形式：

$$\lim_{f(x)\to0}\frac{\sin f(x)}{f(x)}=1 ,\qquad \lim_{f(x)\to\infty}\left(1+\frac{1}{f(x)}\right)^{f(x)}=\mathrm{e}.$$

（2）等价无穷小替换定理：设$\alpha\sim\alpha'$，$\beta\sim\beta'$，则$\lim\dfrac{\beta}{\alpha}=\lim\dfrac{\beta'}{\alpha'}$.

（3）几个常用的等价无穷小：当$x\to0$时，有

$$x\sim\sin x\sim\arcsin x\sim\tan x\sim\arctan x\sim\ln(1+x)\sim\mathrm{e}^x-1,\ (1+x)^\alpha-1\sim\alpha x,$$

$$1-\cos x\sim\frac{1}{2}x^2,\ \tan x-\sin x\sim\frac{1}{2}x^3,\ \tan x-x\sim\frac{1}{3}x^3,\ x-\sin x\sim\frac{1}{6}x^3.$$

例 10 求极限$\lim\limits_{x\to0}\dfrac{1}{x^3}\left[\left(\dfrac{2+\cos x}{3}\right)^x-1\right]$.

分析 将分子中的幂指函数转化为指数函数，再用等价无穷小替换.

解
$$原式=\lim_{x\to0}\frac{\mathrm{e}^{x\ln\left(\frac{2+\cos x}{3}\right)}-1}{x^3}=\lim_{x\to0}\frac{\ln\left(1+\frac{\cos x-1}{3}\right)}{x^2}=\lim_{x\to0}\frac{\cos x-1}{3x^2}=-\frac{1}{6}$$

评注 若极限式中有幂指函数$f(x)^{g(x)}$，常用换底公式$f(x)^{g(x)}=\mathrm{e}^{g(x)\ln f(x)}$将其化为指数函数来处理.

例 11 求$\lim\limits_{x\to1}\dfrac{1-\sqrt[n]{\cos2n\pi x}}{(x-1)(x^x-1)}$.

分析 作变量代换$t=x-1$，化为$t\to0$的情况，再用等价无穷小替换.

解 令$t=x-1$，则

$$原式=\lim_{t\to0}\frac{1-\sqrt[n]{\cos2n\pi t}}{t[(t+1)^{t+1}-1]}=-\lim_{t\to0}\frac{[1+(\cos2n\pi t-1)]^{\frac{1}{n}}-1}{t[\mathrm{e}^{(t+1)\ln(t+1)}-1]}$$

$$=-\lim_{t\to0}\frac{\frac{1}{n}(\cos2n\pi t-1)}{t(t+1)\ln(t+1)}=\lim_{t\to0}\frac{\frac{1}{n}\cdot\frac{1}{2}(2n\pi t)^2}{t^2(t+1)}=2n\pi^2.$$

评注 注意等价无穷小：若$f(x)\to1$，则$\sqrt[n]{f(x)}-1=\sqrt[n]{1+[f(x)-1]}-1\sim\dfrac{1}{n}[f(x)-1]$.

例 12　计算 $\lim\limits_{x\to0}\dfrac{1}{x^2}\left(1-\cos x\cdot\sqrt{\cos 2x}\cdot\sqrt[3]{\cos 3x}\right)$.

分析　这是 $\dfrac{0}{0}$ 型，将括号中的乘积因子进行分拆，再求各项的极限. 为此可在括号中插入 $(-\cos x+\cos x-\cdots)$ 来达到分拆的目的. 也可做恒等变形 $\cos x\cdot\sqrt{\cos 2x}\cdot\sqrt[3]{\cos 3x}=\mathrm{e}^{\sum\limits_{k=1}^{3}\frac{1}{k}\ln\cos kx}$，用等价无穷小来计算.

解　**方法 1**　原式 $=\lim\limits_{x\to0}\dfrac{1}{x^2}\left[(1-\cos x)+\cos x\cdot(1-\sqrt{\cos 2x})+\cos x\cdot\sqrt{\cos 2x}\cdot(1-\sqrt[3]{\cos 3x})\right]$

$$=\lim_{x\to0}\frac{1}{x^2}(1-\cos x)+\lim_{x\to0}\frac{1}{x^2}(1-\sqrt{\cos 2x})+\lim_{x\to0}\frac{1}{x^2}(1-\sqrt[3]{\cos 3x})$$

$$=\frac{1}{2}+\frac{1}{2}\lim_{x\to0}\frac{1}{x^2}(1-\cos 2x)+\frac{1}{3}\lim_{x\to0}\frac{1}{x^2}(1-\cos 3x)\quad\text{(见上题评注)}$$

$$=\frac{1}{2}+1+\frac{3}{2}=3.$$

方法 2　原式 $=\lim\limits_{x\to0}\dfrac{1-\mathrm{e}^{\sum\limits_{k=1}^{3}\frac{1}{k}\ln\cos kx}}{x^2}=-\lim\limits_{x\to0}\dfrac{\sum\limits_{k=1}^{3}\frac{1}{k}\ln\cos kx}{x^2}=-\sum\limits_{k=1}^{3}\dfrac{1}{k}\lim\limits_{x\to0}\dfrac{\ln\cos kx}{x^2}$

$$=\sum_{k=1}^{3}\lim_{x\to0}\frac{\tan kx}{2x}=\frac{1}{2}\sum_{k=1}^{3}k=3.$$

评注　从“方法 2”可看出，该题的极限形式可推广. 一般情形为：

$$I_n=\lim_{x\to0}\frac{1}{x^2}\left(1-\cos x\cdot\sqrt{\cos 2x}\cdot\cdots\cdot\sqrt[n]{\cos nx}\right)=\frac{1}{2}\sum_{k=1}^{n}k=\frac{1}{4}n(n+1).$$

按“方法 1”可写为：

$$I_k-I_{k-1}=\lim_{x\to0}\frac{1}{x^2}\left[\cos x\cdot\sqrt{\cos 2x}\cdot\cdots\cdot\sqrt[k-1]{\cos kx}\left(1-\sqrt[k]{\cos kx}\right)\right]$$

$$=\lim_{x\to0}\frac{1}{x^2}\left(1-\sqrt[k]{\cos kx}\right)=\frac{1}{k}\lim_{x\to0}\frac{1-\cos kx}{x^2}=\frac{k}{2}.$$

则

$$I_n=\sum_{k=2}^{n}(I_k-I_{k-1})+I_1=\frac{1}{2}\sum_{k=2}^{n}k+I_1=\frac{1}{2}\left[\frac{1}{2}n(n+1)-1\right]+I_1,$$

由于 $I_1=\lim\limits_{x\to0}\dfrac{1-\cos x}{x^2}=\dfrac{1}{2}$，所以 $I_n=\dfrac{1}{4}n(n+1)$.

例 13　求 $\lim\limits_{x\to+\infty}\left[\sqrt[k]{(x+a_1)(x+a_2)\cdots(x+a_k)}-x\right]$.

分析　这是 $\infty-\infty$ 型，令 $x=\dfrac{1}{t}$，通分化为 $\dfrac{0}{0}$ 型，再用等价无穷小替换.

解　令 $x=\dfrac{1}{t}$，则

$$\text{原式}=\lim_{t\to0^+}\frac{\sqrt[k]{(1+a_1t)(1+a_2t)\cdots(1+a_kt)}-1}{t}.$$

因为

$$(1+a_1t)(1+a_2t)\cdots(1+a_kt)=1+\left(\sum_{i=1}^{k}a_i\right)t+\left(\sum_{1\leqslant i<j\leqslant k}a_ia_j\right)t^2+\cdots+(a_1a_2\cdots a_k)t^k,$$

故

$$\sqrt[k]{(1+a_1t)(1+a_2t)\cdots(1+a_kt)}-1=\sqrt[k]{1+\left(\sum_{i=1}^{k}a_i\right)t+o(t)}-1\sim\frac{1}{k}\left(\sum_{i=1}^{k}a_i\right)t+o(t).$$

于是

$$原式=\lim_{t\to0^+}\frac{\frac{1}{k}\left(\sum_{i=1}^{k}a_i\right)t+o(t)}{t}=\frac{a_1+a_2+\cdots+a_k}{k}.$$

例 14* 记 $I_n=\dfrac{\overbrace{\tan\tan\cdots\tan x}^{n个}-\overbrace{\sin\sin\cdots\sin x}^{n个}}{\tan x-\sin x}$，求 $\lim\limits_{x\to0}I_n$.

分析 如果 I_n 的分子换为同类函数的差，极限就好计算了. 为此可利用 I_k-I_{k-1} 来实现转换，最后再由 $I_n=\sum\limits_{k=2}^{n}(I_k-I_{k-1})+I_1$ 求极限.

解 因为 $I_k-I_{k-1}=\dfrac{\overbrace{\tan\tan\cdots\tan x}^{k个}-\overbrace{\tan\tan\cdots\tan x}^{(k-1)个}}{\tan x-\sin x}-\dfrac{\overbrace{\sin\sin\cdots\sin x}^{k个}-\overbrace{\sin\sin\cdots\sin x}^{(k-1)个}}{\tan x-\sin x}$，

由 $\tan x-x\sim\frac{1}{3}x^3$，$x-\sin x\sim\frac{1}{6}x^3$ $(x\to0)$，知

$$\overbrace{\tan\tan\cdots\tan x}^{k个}-\overbrace{\tan\tan\cdots\tan x}^{(k-1)个}\sim\frac{1}{3}(\overbrace{\tan\tan\cdots\tan x}^{(k-1)个})^3\sim\frac{1}{3}x^3,$$

$$\overbrace{\sin\sin\cdots\sin x}^{k个}-\overbrace{\sin\sin\cdots\sin x}^{(k-1)个}\sim-\frac{1}{6}(\overbrace{\sin\sin\cdots\sin x}^{(k-1)个})^3\sim-\frac{1}{6}x^3.$$

再由 $\tan x-\sin x\sim\frac{1}{2}x^3$ $(x\to0)$，得

$$\lim_{x\to0}(I_k-I_{k-1})=\lim_{x\to0}\frac{\frac{1}{3}x^3}{\frac{1}{2}x^3}-\lim_{x\to0}\frac{-\frac{1}{6}x^3}{\frac{1}{2}x^3}=\frac{2}{3}+\frac{1}{3}=1.$$

所以

$$\lim_{x\to0}I_n=\sum_{k=2}^{n}\lim_{x\to0}(I_k-I_{k-1})+\lim_{x\to0}I_1=(n-1)+1=n.$$

评注 当 $\lim I_n$ 难算，而 $\lim(I_k-I_{k-1})$ 容易计算时，常借助公式 $I_n=\sum\limits_{k=2}^{n}(I_k-I_{k-1})+I_1$ 来计算 $\lim I_n$.

3．利用无穷小的性质做计算

（1）$\lim f(x)=a\Leftrightarrow f(x)=a+o(1)$.

（2）无穷小与局部有界函数的乘积是无穷小.

（3）$f(x)$是无穷小$(f(x)\neq0)\Leftrightarrow\dfrac{1}{f(x)}$是无穷大.

例 15 求 $\lim\limits_{x\to\infty}\dfrac{x\ln(1+x^2)+\mathrm{e}^x\sin x}{x^2(1+\mathrm{e}^x)}$.

分析 将极限拆分为两项，易得两项的极限均存在.

解

$$\frac{x\ln(1+x^2)+\mathrm{e}^x\sin x}{x^2(1+\mathrm{e}^x)}=\frac{\ln(1+x^2)}{x}\cdot\frac{1}{1+\mathrm{e}^x}+\frac{1}{x^2}\cdot\frac{\mathrm{e}^x\sin x}{1+\mathrm{e}^x}.$$

由于 $\lim\limits_{x\to\infty}\dfrac{\ln(1+x^2)}{x}=\lim\limits_{x\to\infty}\dfrac{2x}{1+x^2}=0$，$\lim\limits_{x\to\infty}\dfrac{1}{x^2}=0$，而 $\left|\dfrac{1}{1+e^x}\right|\leqslant 1$，$\left|\dfrac{e^x\sin x}{1+e^x}\right|\leqslant 1$，所以

$$原式=\lim_{x\to\infty}\frac{\ln(1+x^2)}{x}\cdot\frac{1}{1+e^x}+\lim_{x\to\infty}\frac{1}{x^2}\cdot\frac{e^x\sin x}{1+e^x}=0.$$

评注　因为极限式中有函数 e^x，若直接计算极限，需分别讨论 $x\to-\infty$ 与 $x\to+\infty$ 的情形.

例 16　设 $\lim\limits_{x\to 0}\dfrac{\sin 2x+xf(x)}{\tan x-\sin x}=0$. 求 a,b，使 $x\to 0$ 时，$f(x)+2$ 与 ax^b 为等价无穷小.

分析　由所给极限式可得到 $f(x)$ 在 $x=0$ 附近的局部表达式，再做相关运算.

解　因为当 $x\to 0$ 时，$\tan x-\sin x=\tan x(1-\cos x)\sim\dfrac{1}{2}x^3$，则

$$\lim_{x\to 0}\frac{\sin 2x+xf(x)}{\tan x-\sin x}=0\Rightarrow\lim_{x\to 0}\frac{\sin 2x+xf(x)}{x^3}=0,$$

所以

$$\sin 2x+xf(x)=o(x^3)\Rightarrow f(x)=\frac{-\sin 2x+o(x^3)}{x}.$$

利用泰勒公式 $\sin 2x=2x-\dfrac{(2x)^3}{3!}+o(x^3)$，代入上式得

$$f(x)=-2+\frac{4}{3}x^2+o(x^2)\Rightarrow f(x)+2\sim\frac{4}{3}x^2\ (x\to 0).$$

因此，$a=\dfrac{4}{3}$，$b=2$.

评注　利用已知极限式得到其中抽象函数的局部表达式，再做相关运算，这是处理局部问题（如极限、极值等）较常用的方法.

例 17　设命题：若函数 $f(x)$ 在 $x=0$ 处连续，且

$$\lim_{x\to 0}\frac{f(2x)-f(x)}{x}=a\ (a为常数),$$

则 $f(x)$ 在 $x=0$ 处可导，且 $f'(0)=a$.

判断该命题是否成立. 若成立，则给出证明；若不成立，则举出反例.

分析　由所给极限式可得到 $f(x)$ 在 $x=0$ 附近的局部表达式，再讨论是否有 $\lim\limits_{x\to 0}\dfrac{f(x)-f(0)}{x}=a$.

解　由于 $\lim\limits_{x\to 0}\dfrac{f(2x)-f(x)}{x}=a$，所以

$$f(2x)=f(x)+ax+o(x)\quad(在x=0附近).$$

此式等价于

$$f(x)=f\left(\frac{x}{2}\right)+\frac{1}{2}\big(ax+o(x)\big).$$

递推可得

$$f(x)=\left(f\left(\frac{x}{2^2}\right)+\frac{1}{2^2}\big(ax+o(x)\big)\right)+\frac{1}{2}\big(ax+o(x)\big)=f\left(\frac{x}{2^2}\right)+\left(\frac{1}{2}+\frac{1}{2^2}\right)\big(ax+o(x)\big)$$

$$=\cdots=f\left(\frac{x}{2^n}\right)+\left(\frac{1}{2}+\frac{1}{2^2}+\frac{1}{2^3}+\cdots+\frac{1}{2^n}\right)\big(ax+o(x)\big).$$

由于 $\lim\limits_{n\to\infty}\left(\dfrac{1}{2}+\dfrac{1}{2^2}+\cdots+\dfrac{1}{2^n}\right)=1$，$\lim\limits_{n\to\infty}\dfrac{x}{2^n}=0$，且 $f(x)$ 在 $x=0$ 处连续. 在上式中令 $n\to\infty$，可得

$$f(x)=f(0)+ax+o(x).$$

所以 $f'(0)=\lim\limits_{x\to 0}\dfrac{f(x)-f(0)}{x}=a$. 原命题是正确的.

评注 注意，若去掉题设中的条件“ $f(x)$ 在 $x=0$ 连续”，则命题就不一定正确. 读者可考察函数 $f(x)=\begin{cases}x+1, & x\leqslant 0\\ x, & x>0\end{cases}$. 显然 $\lim\limits_{x\to 0}\dfrac{f(2x)-f(x)}{x}=\lim\limits_{x\to 0}\dfrac{x}{x}=1$, 但 $f(x)$ 在 $x=0$ 处不可导.

例 18* 设 $\lim\limits_{n\to\infty}a_n=A,\ \lim\limits_{n\to\infty}b_n=B$ ，记 $c_n=\dfrac{a_1b_n+a_2b_{n-1}+\cdots+a_nb_1}{n}$ ，求证： $\lim\limits_{n\to\infty}c_n=AB$.

分析 只需证明 $c_n=AB+\gamma_n$ ， $\gamma_n\to 0(n\to\infty)$. 为此，可将已知条件写成 $a_n=A+\alpha_n,\ b_n=B+\beta_n$ ，其中 $\alpha_n\to 0,\ \beta_n\to 0\,(n\to\infty)$ ，再做运算.

证明 因为 $\lim\limits_{n\to\infty}a_n=A,\ \lim\limits_{n\to\infty}b_n=B$ ，则有 $a_n=A+\alpha_n,\ b_n=B+\beta_n$ ，其中 $\alpha_n\to 0,\ \beta_n\to 0(n\to\infty)$. 于是

$$\begin{aligned}c_n&=\frac{1}{n}[(A+\alpha_1)(B+\beta_n)+(A+\alpha_2)(B+\beta_{n-1})+\cdots+(A+\alpha_n)(B+\beta_1)]\\&=AB+\frac{B}{n}(\alpha_1+\alpha_2+\cdots+\alpha_n)+\frac{A}{n}(\beta_1+\beta_2+\cdots+\beta_n)+\frac{1}{n}(\alpha_1\beta_n+\alpha_2\beta_{n-1}+\cdots+\alpha_n\beta_1)\,. \qquad ①\end{aligned}$$

由数列极限的施笃兹定理（见本节8），有

$$\lim_{n\to\infty}\frac{1}{n}(\alpha_1+\alpha_2+\cdots+\alpha_n)=\lim_{n\to\infty}\alpha_n=0\,,\quad \lim_{n\to\infty}\frac{1}{n}(\beta_1+\beta_2+\cdots+\beta_n)=\lim_{n\to\infty}\beta_n=0\,.$$

再由 $\{\alpha_n\}$ 有界， $\exists M>0$ ，使得 $\forall n\in\mathbb{N}$ ，有 $|\alpha_n|\leqslant M$ ，于是

$$0\leqslant\frac{1}{n}|\alpha_1\beta_n+\alpha_2\beta_{n-1}+\cdots+\alpha_n\beta_1|\leqslant\frac{M}{n}|\beta_1+\beta_2+\cdots+\beta_n|\to 0\,(n\to\infty)\,,$$

所以

$$\lim_{n\to\infty}\frac{1}{n}(\alpha_1\beta_n+\alpha_2\beta_{n-1}+\cdots+\alpha_n\beta_1)=0\,.$$

综上，在①式中令 $n\to\infty$ ，即得 $\lim\limits_{n\to\infty}c_n=AB$.

评注 关系式 $\lim f(x)=a\Leftrightarrow f(x)=a+o(1)$ 将极限问题转换成了函数或无穷小的运算问题，这为解决某些局部问题带来许多方便.

4．利用极限存在的原理做计算

（1）**归并原理**： $\lim\limits_{n\to\infty}a_n=a$ 的充要条件是对于 $\{a_n\}$ 的任意一个子列 $\{a_{n_k}\}$ 都有 $\lim\limits_{k\to\infty}a_{n_k}=a$.

特别地，设 $m\in\mathbb{N}$ ，则 $\lim\limits_{n\to\infty}a_n=a$ 的充要条件是 $\lim\limits_{k\to\infty}a_{km+i}=a\ (i=0,1,\cdots,m-1)$.

（2）**夹逼原理**：设 $\lim\limits_{n\to\infty}a_n=\lim\limits_{n\to\infty}b_n=a$, 若 $\exists M\in\mathbb{N}$, 当 $n>M$ 时，恒有 $a_n\leqslant c_n\leqslant b_n$, 则 $\lim\limits_{n\to\infty}c_n=a$.

（3）**单调有界原理**：单调递增（减）有上（下）界的数列必定收敛.

例 19 设 $x_n=\dfrac{1}{n}\cdot\left|1-2+3-\cdots+(-1)^{n+1}n\right|$ ，求 $\lim\limits_{n\to\infty}x_n$.

分析 这是无穷和形式的极限，需要缩项. 缩项就需要讨论 n 的奇、偶，故需要求子列 $\{x_{2n}\}$ 与 $\{x_{2n+1}\}$ 的极限.

解

$$\begin{aligned}x_{2n}&=\frac{1}{2n}\cdot\left|1-2+3-\cdots+(2n-1)-2n\right|\\&=\frac{1}{2n}\cdot\left|(1+3+\cdots+(2n-1))-(2+4+\cdots+2n)\right|=\frac{1}{2n}\cdot\left|n^2-(n^2+n)\right|=\frac{1}{2}\,,\end{aligned}$$

$$x_{2n+1}=\frac{1}{2n+1}\cdot\left|1-2+3-\cdots-2n+(2n+1)\right|$$
$$=\frac{1}{2n+1}\cdot\left|(1+3+\cdots+(2n+1))-(2+4+\cdots+2n)\right|$$
$$=\frac{1}{2n+1}\cdot\left|(n^2+2n+1)-(n^2+n)\right|=\frac{n+1}{2n+1}.$$

由于 $\lim\limits_{n\to\infty}x_{2n}=\frac{1}{2}$，$\lim\limits_{n\to\infty}x_{2n+1}=\frac{1}{2}$，故 $\lim\limits_{n\to\infty}x_n=\frac{1}{2}$.

评注　当 x_n 不能用一个式子表示，或 x_n 的性态随不同的子列而相异时，常用“归并原理”来研判其极限.

例 20[*]　对数列 $\{a_n\}$，若存在正整数 p 使得 $\lim\limits_{n\to\infty}(a_{n+p}-a_n)=\lambda$，证明 $\lim\limits_{n\to\infty}\frac{a_n}{n}=\frac{\lambda}{p}$.

分析　记 $n=kp+i$，$i\in\{0,1,\cdots,p-1\}$，则 $\lim\limits_{n\to\infty}(a_{n+p}-a_n)=\lambda\Leftrightarrow\lim\limits_{k\to\infty}(a_{(k+1)p+i}-a_{kp+i})=\lambda$，从而只需证明 $\lim\limits_{k\to\infty}\frac{a_{(k+1)p+i}}{(k+1)p+i}=\frac{\lambda}{p}$.

证明　因为对任意自然数 $n\geqslant p$，有 $n=kp+i$，其中 $k\in\mathbb{N}$，$i\in\{0,1,\cdots,p-1\}$. 因此由题设条件可得

$$\lim_{k\to\infty}(a_{(k+1)p+i}-a_{kp+i})=\lambda\ (i=0,1,\cdots,p-1).$$

方法 1　记 $A_k^{(i)}=a_{(k+1)p+i}-a_{kp+i}\ (i=0,1,\cdots,p-1)$，由于 $\lim\limits_{k\to\infty}A_k^{(i)}=\lambda$，则

$$\lim_{k\to\infty}\frac{A_1^{(i)}+A_2^{(i)}+\cdots+A_k^{(i)}}{k}=\lambda.$$

而 $A_1^{(i)}+A_2^{(i)}+\cdots+A_k^{(i)}=a_{(k+1)p+i}-a_{p+i}$，$\lim\limits_{k\to\infty}\frac{a_{p+i}}{k}=0$，所以

$$\lambda=\lim_{k\to\infty}\frac{a_{(k+1)p+i}}{k}=\lim_{k\to\infty}\left[\frac{a_{(k+1)p+i}}{(k+1)p+i}\cdot\frac{(k+1)p+i}{k}\right]=p\lim_{k\to\infty}\frac{a_{(k+1)p+i}}{(k+1)p+i},$$

即

$$\lim_{k\to\infty}\frac{a_{(k+1)p+i}}{(k+1)p+i}=\frac{\lambda}{p}\ (i=0,1,\cdots,p-1).\ 故\ \lim_{n\to\infty}\frac{a_n}{n}=\frac{\lambda}{p}.$$

方法 2　使用施笃兹定理（见本节后面介绍）：

$$\lim_{k\to\infty}\frac{a_{(k+1)p+i}}{(k+1)p+i}=\lim_{k\to\infty}\frac{a_{(k+1)p+i}-a_{kp+i}}{(k+1)p+i-(kp+i)}=\frac{\lambda}{p}.$$

例 21　求 $\lim\limits_{n\to\infty}\left(\frac{1}{n^2+n+1}+\frac{2}{n^2+n+2}+\cdots+\frac{n}{n^2+n+n}\right)$.

分析　这是无穷和形式的极限. 为化简数列，可将各分式的分母做适当的放大与缩小（形成公分母）达到通分化简的效果，再用夹逼原理求极限.

解　记 $x_n=\frac{1}{n^2+n+1}+\frac{2}{n^2+n+2}+\cdots+\frac{n}{n^2+n+n}$，则

$$\frac{1+2+\cdots+n}{n^2+n+n}<x_n<\frac{1+2+\cdots+n}{n^2+n+1}.$$

因为

$$\lim_{n\to\infty}\frac{1+2+\cdots+n}{n^2+n+n}=\lim_{n\to\infty}\frac{1}{2}\cdot\frac{n(n+1)}{n^2+2n}=\frac{1}{2},$$

$$\lim_{n\to\infty}\frac{1+2+\cdots+n}{n^2+n+1}=\lim_{n\to\infty}\frac{1}{2}\cdot\frac{n(n+1)}{n^2+n+1}=\frac{1}{2}.$$

根据夹逼原理得 $\lim\limits_{n\to\infty}x_n=\frac{1}{2}$.

评注 （1）用夹逼原理求极限 $\lim\limits_{n\to\infty}c_n$ 的关键是将数列 c_n 做适当的缩小与放大来得到 a_n 与 b_n，即 $a_n\leqslant c_n\leqslant b_n$，且 a_n 与 b_n 有相同的极限. 对函数极限的情形也是类似的道理.

（2）夹逼原理常用于求（数列极限中）无穷和的极限问题. 若和的各项为分式，且各分母不同（但为等价无穷大），则可通过各项分母的放缩（保持等价性）以形成公分母，达到通分化简的效果，再用夹逼原理求极限.

例 22 求极限 $\lim\limits_{n\to\infty}\sum\limits_{k=1}^{n}(n+1-k)[nC_n^k]^{-1}$.

分析 这是无穷和形式的极限，将通项写成分式后做适当的放大与缩小，再用夹逼原理.

解 $C_n^k=\frac{n(n-1)\cdots(n-k+1)}{k!}$. 当 $k<n$ 时，有

$$(n+1-k)\left(nC_n^k\right)^{-1}=n^{-2}\frac{k!}{(n-1)\cdots(n-k+2)}\leqslant 2n^{-2},$$

因此

$$0<\sum_{k=1}^{n}(n+1-k)\left(nC_n^k\right)^{-1}\leqslant 2\sum_{k=1}^{n-1}n^{-2}+\frac{1}{n}<\frac{2}{n}+\frac{1}{n}=\frac{3}{n}\to 0\ (n\to\infty).$$

所以 $\lim\limits_{n\to\infty}\sum\limits_{k=1}^{n}(n+1-k)[nC_n^k]^{-1}=0$.

例 23 求极限 $\lim\limits_{n\to\infty}\frac{1}{\ln n}\sum\limits_{k=1}^{n}\frac{1}{k}$.

分析 分母是 $\ln n$，分子最好能用对应的函数形式来估计. 由于 $(\ln x)'|_{x=k}=\frac{1}{k}$，所以想到用定积分的不等式性质来对分子做放大与缩小.

解 由于 $y=\frac{1}{x}$ 在 $x>0$ 时单调递减，则

$$\int_k^{k+1}\frac{1}{x}\mathrm{d}x\leqslant\frac{1}{k}\leqslant\int_{k-1}^{k}\frac{1}{x}\mathrm{d}x,$$

$$\int_1^{n+1}\frac{1}{x}\mathrm{d}x=\sum_{k=1}^{n}\int_k^{k+1}\frac{1}{x}\mathrm{d}x\leqslant\sum_{k=1}^{n}\frac{1}{k}\leqslant\sum_{k=2}^{n}\int_{k-1}^{k}\frac{1}{x}\mathrm{d}x+1=\int_1^n\frac{1}{x}\mathrm{d}x+1.$$

即

$$\ln(n+1)\leqslant\sum_{k=1}^{n}\frac{1}{k}\leqslant\ln n+1\Rightarrow\frac{\ln(n+1)}{\ln n}\leqslant\frac{1}{\ln n}\sum_{k=1}^{n}\frac{1}{k}\leqslant\frac{\ln n+1}{\ln n}.$$

由于 $\lim\limits_{n\to\infty}\frac{\ln(n+1)}{\ln n}=1=\lim\limits_{n\to\infty}\frac{\ln n+1}{\ln n}$，所以 $\lim\limits_{n\to\infty}\frac{1}{\ln n}\sum\limits_{k=1}^{n}\frac{1}{k}=1$.

评注 （1）该题还有一些更简单的解法，如用后面将要讲到的施笃兹定理；还可以用例 30 的结论，将分子表示为 $\sum\limits_{k=1}^{n}\frac{1}{k}=\ln n+C+\alpha_n(\alpha_n\to 0)$ 等.

（2）该题求解中用函数的积分来放大或缩小离散和的方法值得借鉴. 离散和不易计算，而积分具

有区间可加性，容易计算. 读者不妨用该方法计算 $\sum_{n=1}^{100}\frac{1}{\sqrt{n}}$ 的整数部分是多少.

例 24　证明 $\lim_{n\to\infty}\underbrace{\cos\cos\cdots\cos x}_{n个}$ 存在，且其极限是方程 $\cos x-x=0$ 的根.

分析　数列的递推关系式为 $x_{n+1}=\cos x_n$. 若 a 是方程 $\cos x-x=0$ 的根，只需证明 $|x_{n+1}-a|$ 是 n 充分大时的无穷小量.

证明　令 $f(x)=\cos x-x$，则 $f(0)=1>0$，$f(1)=\cos 1-1<0 \Rightarrow \cos x-x=0$ 在 $(0,1)$ 内有根，设根为 a，即 $a=\cos a$.

以下证明 $\lim_{n\to\infty}\underbrace{\cos\cos\cdots\cos x}_{n个}=a$.

记 $x_1=\cos x$，$x_{n+1}=\cos x_n\ (n=2,3,\cdots)$，则

$$\begin{aligned}|x_{n+1}-a|&=|\cos x_n-\cos a|=\left|\sin\xi_n\cdot(x_n-a)\right|\quad(\xi_n介于a与x_n之间)\\&\leqslant\sin 1\cdot\left|x_n-a\right|\quad\left(\because\left|\xi_n\right|\leqslant 1\right)\\&\leqslant(\sin 1)^2|x_{n-1}-a|\leqslant\cdots\leqslant(\sin 1)^n|x_1-a|\to 0\ (n\to\infty).\end{aligned}$$

所以 $\lim_{n\to\infty}x_n=a$，即 $\lim_{n\to\infty}\underbrace{\cos\cos\cdots\cos x}_{n个}=a$.

评注　在用夹逼原理证明由递推公式给出的数列的极限时，拉格朗日中值公式常常是有效的工具.

例 25　已知 $a_n=\int_0^n\frac{\arctan\frac{x}{n}}{(1+x)(1+x^2)}\mathrm{d}x$，$n=1,2,\cdots$，求 $\lim_{n\to\infty}na_n$.

分析　显然 a_n 的积分没法计算出来，困难在于被积函数中的分子 $\arctan\frac{x}{n}$，若能将分子用 x 的多项式来做双向估计，并保持放大与缩小后的极限不变，问题就解决了.

解　根据不等式：$t>0$ 时，$t>\arctan t>t-\frac{1}{3}t^3$（用函数的单调性容易证明），可得

$$n\int_0^n\frac{\frac{x}{n}-\frac{1}{3}\left(\frac{x}{n}\right)^3}{(1+x)(1+x^2)}\mathrm{d}x<na_n<\int_0^n\frac{x}{(1+x)(1+x^2)}\mathrm{d}x.\qquad①$$

注意到

$$n\int_0^n\frac{\frac{x}{n}-\frac{1}{3}\left(\frac{x}{n}\right)^3}{(1+x)(1+x^2)}\mathrm{d}x=\int_0^n\frac{x}{(1+x)(1+x^2)}\mathrm{d}x-\frac{1}{3n^2}\int_0^n\frac{x^3}{(1+x)(1+x^2)}\mathrm{d}x,$$

且

$$\begin{aligned}\lim_{n\to\infty}\int_0^n\frac{x}{(1+x)(1+x^2)}\mathrm{d}x&=\lim_{n\to\infty}\frac{1}{2}\int_0^n\left(\frac{1+x}{1+x^2}-\frac{1}{1+x}\right)\mathrm{d}x\\&=\lim_{n\to\infty}\left[\frac{1}{2}\arctan x+\frac{1}{4}\ln\frac{1+x^2}{(1+x)^2}\right]_0^n=\frac{\pi}{4}.\end{aligned}$$

$$\begin{aligned}\lim_{n\to\infty}\frac{1}{3n^2}\int_0^n\frac{x^3}{(1+x)(1+x^2)}\mathrm{d}x&=\lim_{t\to+\infty}\frac{\int_0^t\frac{x^3}{(1+x)(1+x^2)}\mathrm{d}x}{t^2}\\&=\lim_{t\to+\infty}\frac{\frac{t^3}{(1+t)(1+t^2)}}{2t}=\frac{1}{2}\lim_{t\to+\infty}\frac{t^2}{(1+t)(1+t^2)}=0.\end{aligned}$$

对①式应用夹逼原理，得 $\lim\limits_{n\to\infty} na_n = \dfrac{\pi}{4}$.

评注 $t > \arctan t > t - \dfrac{1}{3}t^3\ (t>0)$ 是较为常见的基本不等式，了解它对某些问题的解决会有帮助.

例 26 设数列 $\{a_n\}$ 满足条件 $(2-a_n)a_{n+1}=1$，$n\geqslant 1$. 证明 $\lim\limits_{n\to\infty} a_n$ 存在且等于 1.

分析 数列由递推关系式给出，常用单调有界原理证明极限存在，再设法求出极限. 若能由递推公式求出数列的通项表达式，再求极限就更为方便了.

解 **方法 1** 考察数列的单调性与有界性.

$$a_{n+1}-a_n = \frac{1}{2-a_n} - a_n = \frac{(1-a_n)^2}{2-a_n}.$$

若 $a_n<2$，则有 $a_{n+1}-a_n>0$，$\{a_n\}$ 单调递增有上界，所以 $\{a_n\}$ 收敛.

若有某个 $a_n>2$，由 $a_{n+1}=\dfrac{1}{2-a_n}$ 知，存在 $p>n$，使 $a_p\leqslant a_{p+1}\leqslant a_{p+2}\leqslant\cdots\leqslant 1$，$\{a_n\}$ 也收敛.

设 $\lim\limits_{n\to\infty} a_n = A$，在 $(2-a_n)a_{n+1}=1$ 的两边取极限，得

$$(2-A)A=1.$$

解这个方程得 $A=1$. 即 $\lim\limits_{n\to\infty} a_n = 1$.

方法 2 若 $\exists m\in\mathbb{N}$，使 $a_m=1$，则 $\forall n>m$，有 $a_n=1$，所以 $\lim\limits_{n\to\infty} a_n=1$.

若 $\forall a_n\neq 1$，令 $b_n=a_n-1$，由题设条件有

$$(1-b_n)(1+b_{n+1})=1 \Rightarrow \frac{1}{b_{n+1}}-\frac{1}{b_n}=-1 \Rightarrow b_n=\frac{1}{\frac{1}{b_1}+1-n}\to 0,$$

所以 $\lim\limits_{n\to\infty} a_n=1$.

例 27 设 $F(x,y)=\dfrac{f(y-x)}{2x}$，$F(1,y)=\dfrac{y^2}{2}-y+5$，$x_0>0$，$x_1=F(x_0,2x_0),\cdots,x_{n+1}=F(x_n,2x_n)$，$(n=1,2,\cdots)$. 证明 $\lim\limits_{n\to\infty} x_n$ 存在，并求该极限.

分析 求出 $F(x,y)$ 的表达式就知道了数列 x_n 的递推关系式，再用单调有界原理求极限.

解 令 $x=1$，$\dfrac{f(y-1)}{2}=F(1,y)=\dfrac{y^2}{2}-y+5$，即有

$$f(y-1)=y^2-2y+10=(y-1)^2+9.$$

从而

$$f(y-x)=(y-x)^2+9,\quad F(x,y)=\frac{(y-x)^2+9}{2x}.$$

则

$$x_1=\frac{(2x_0-x_0)^2+9}{2x_0}=\frac{x_0^{\ 2}+9}{2x_0},$$

$$\cdots\cdots$$

$$x_{n+1}=\frac{x_n^{\ 2}+9}{2x_n}=\frac{1}{2}\left(x_n+\frac{9}{x_n}\right)\geqslant\sqrt{x_n\cdot\frac{9}{x_n}}=3\ (\text{有下界}).$$

又

$$\frac{x_{n+1}}{x_n}=\frac{1}{2}\left(1+\frac{9}{x_n^2}\right)\leqslant\frac{1}{2}\left(1+\frac{9}{3^2}\right)=1.$$

所以$\{x_n\}$单调递减并有下界，故$\lim\limits_{n\to\infty}x_n$存在. 令$\lim\limits_{n\to\infty}x_n=A$，在$x_{n+1}=\dfrac{x_n^{\ 2}+9}{2x_n}$的两边取极限得

$$A=\frac{A^2+9}{2A}\Rightarrow A=3\ (A=-3舍去).$$

所以$\lim\limits_{n\to\infty}x_n=3$.

评注　单调有界原理多用于求递推关系式给出的数列极限. 在证明单调性和有界性时，有时先证明有界性，再利用有界性来证明单调性；有时先证明单调性，再利用单调性来证明有界性；有时互不利用，而各自独立证明.

证明有界性常用的方法有：从数列的递推关系式观察；用已知不等式推出；用归纳法证明；利用单调性证明；由递推式$x_{n+1}=f(x_n)$中函数$f(x)$的有界性（或最大值、最小值）得到.

证明单调性的常用方法有：比值法——讨论x_{n+1}/x_n与 1 的大小（条件为$x_n>0$）；差值法——讨论$x_{n+1}-x_n$与 0 的大小；由递推式$x_{n+1}=f(x_n)$中函数$f(x)$的单调性得到（如果$f'(x)>0$，则当$x_0<x_1$时，$\{x_n\}$单调递增；当$x_0>x_1$时，单调递减）；用数学归纳法或其他方法比较x_{n+1}与x_n的大小.

例如，设$x_1>0$，$x_{n+1}=\dfrac{1}{4}\left(3x_n+\dfrac{a}{x_n^3}\right)(a>0,\ n=1,2,\cdots)$，则

$$x_{n+1}=\frac{1}{4}\left(x_n+x_n+x_n+\frac{a}{x_n^3}\right)\geqslant\sqrt[4]{x_n\cdot x_n\cdot x_n\cdot\frac{a}{x_n^3}}=\sqrt[4]{a}\ \ (有下界).$$

单调性可由$\dfrac{x_{n+1}}{x_n}=\dfrac{1}{4}\left(3+\dfrac{a}{x_n^4}\right)<\dfrac{1}{4}\left(3+\dfrac{a}{a}\right)=1$得到，这里用到了$\{x_n\}$有下界.

又如，设$x_n=\sqrt{3+\sqrt{3+\sqrt{\cdots+\sqrt{3}}}}$，易见$\{x_n\}$是单调递增的，且有$x_n^2=3+x_{n-1}$，所以

$$x_n=\frac{3}{x_n}+\frac{x_{n-1}}{x_n}<\frac{3}{x_1}+1=\sqrt{3}+1.$$

即$\{x_n\}$有上界，这里用到了$\{x_n\}$单调递增.

例 28　设$x_1=1$，$x_n=1+\dfrac{1}{1+x_{n-1}}(n=2,3,\cdots)$. 证明$\lim\limits_{n\to\infty}x_n$存在，并求该极限.

分析　观察前几项，易发现数列不具有单调性，但其奇、偶子列有单调性. 若能证明数列的奇、偶子列都有极限且极限相等，则数列的极限也就存在了.

解　方法 1　$x_1=1$，$x_2=\dfrac{3}{2}$，$x_3=\dfrac{7}{5}$，$x_4=\dfrac{17}{12},\cdots$，数列不具有单调性.

考虑$\{x_n\}$的奇、偶子列$\{x_{2n-1}\}$，$\{x_{2n}\}$.

易见$x_1<x_3,x_2>x_4$，假设$x_{2k-1}<x_{2k+1}$，$x_{2k}>x_{2k+2}$，则

$$x_{2k+3}=1+\frac{1}{1+x_{2k+2}}>1+\frac{1}{1+x_{2k}}=x_{2k+1},$$

$$x_{2k+4}=1+\frac{1}{x_{2k+3}+1}<1+\frac{1}{x_{2k+1}+1}=x_{2k+2}.$$

即$\{x_{2n-1}\}$单调递增，$\{x_{2n}\}$单调递减.

显然$0<x_n<2$，故$\{x_{2n-1}\}$，$\{x_{2n}\}$都收敛. 设$\lim\limits_{n\to\infty}x_{2n}=a$，$\lim\limits_{n\to\infty}x_{2n-1}=b$. 在等式$x_{n+1}=1+\dfrac{1}{1+x_n}$的两边分别取$n=2k-1$与$n=2k$且$k\to\infty$，得

$$a=1+\frac{1}{1+b},\ b=1+\frac{1}{1+a}.$$

解得 $b=a=\pm\sqrt{2}$，所以$\{x_n\}$收敛，由$x_n>0$知，$\lim\limits_{n\to\infty}x_n=\sqrt{2}$.

方法2 解方程$x=1+\dfrac{1}{1+x}$，得$x=\pm\sqrt{2}$. 因为

$$
\begin{aligned}
|x_n-\sqrt{2}|&=\left|1+\frac{1}{1+x_{n-1}}-\sqrt{2}\right|=\left|\frac{(1-\sqrt{2})(x_{n-1}-\sqrt{2})}{1+x_{n-1}}\right|\\
&<\frac{\sqrt{2}-1}{2}\left|x_{n-1}-\sqrt{2}\right| \quad (\because x_{n-1}>1)\\
&<\left(\frac{\sqrt{2}-1}{2}\right)^2\left|x_{n-2}-\sqrt{2}\right|\\
&<\cdots<\left(\frac{\sqrt{2}-1}{2}\right)^{n-1}\left|x_1-\sqrt{2}\right|\to 0(n\to\infty).
\end{aligned}
$$

所以 $\lim\limits_{n\to\infty}x_n=\sqrt{2}$.

评注 (1) 若数列由递推公式$x_n=f(x_{n-1})$给出，而方程$x=f(x)$有根$x=a$，用上面的方法2（夹逼原理）证明$\lim\limits_{n\to\infty}x_n=a$更为简便.

(2) 数列$x_n=f(x_{n-1})$的单调性与有界性都取决于函数$f(x)$的性态. 在所规定的范围内，如果$x>f(x)$，则数列单调递减；如果$x<f(x)$，则数列单调递增. 有时也用函数的导数为工具进行研判.

(3) 由方法2不难进一步得到加边极限$\lim\limits_{n\to\infty}4^n(x_n-\sqrt{2})=0$（加边极限的概念见例49评注）.

例29 设$x_1=\ln a$，$x_n=\sum\limits_{i=1}^{n-1}\ln(a-x_i)$，$n>1$. 证明$\lim\limits_{n\to\infty}x_n=a-1$.

分析 所给数列满足递推公式：$x_{n+1}=x_n+\ln(a-x_n)$，为判断数列的有界性与单调性，可考虑函数$f(x)=x+\ln(a-x)\,(x<a)$的最值，以及$f(x)$与x的大小关系. 也可利用不等式$\ln x\leqslant x-1$直接得到$\{x_n\}$的有界性与单调性.

解 方法1 因为$x_n=\sum\limits_{i=1}^{n-1}\ln(a-x_i)$，$n>1$，则有$x_{n+1}=x_n+\ln(a-x_n)$.

令$f(x)=x+\ln(a-x)\,(x<a)$，则$f'(x)=1-\dfrac{1}{a-x}$，$x=a-1$是函数的唯一驻点.

当$x<a-1$时，$f'(x)$为正，当$x>a-1$时，$f'(x)$为负，所以$f(a-1)=a-1$是f的最大值，即有$f(x)\leqslant a-1$.故$\{x_n\}$有上界.

又若$x\leqslant a-1$，则$\ln(a-x)\geqslant 0$，故$f(x)\geqslant x$. 即$\{x_n\}$单调递增，故数列$\{x_n\}$有极限，记为A.

在$x_{n+1}=x_n+\ln(a-x_n)$的两边取极限得

$$A=A+\ln(a-A)\Rightarrow\ln(a-A)=0.$$

所以

$$\lim_{n\to\infty}x_n=A=a-1.$$

方法2 利用不等式$\ln x\leqslant x-1$，有

$$x_{n+1}=x_n+\ln(a-x_n)\leqslant x_n+(a-x_n-1)=a-1,$$
$$x_{n+1}-x_n=\ln(a-x_n)\geqslant\ln[a-(a-1)]=\ln 1=0.$$

所以$\{x_n\}$单调递增有上界，极限存在（后同方法1）.

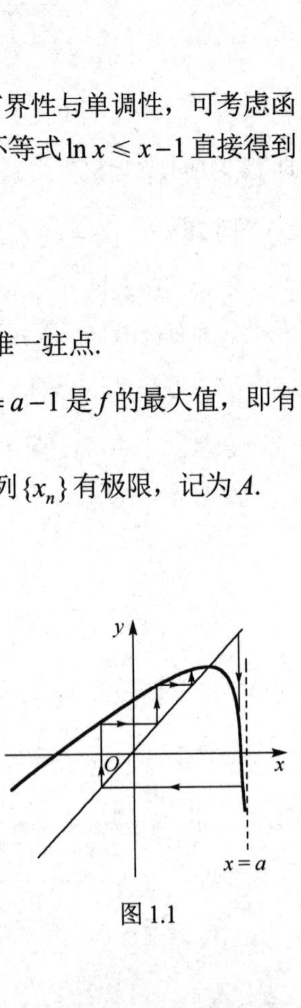

图1.1

评注 从几何上看，数列$\{x_n\}$的极限即为直线$y=x$与曲线$y=f(x)$交点的横（纵）坐标. 本题中的$f(x)=x+\ln(a-x)$（如图1.1所示），其

有向折线表示了 x_n 的递推过程.

例 30　证明数列 $x_n=1+\frac{1}{2}+\frac{1}{3}+\cdots+\frac{1}{n}-\ln n$ 的极限存在.

分析　由不等式 $\frac{1}{n+1}<\ln\left(1+\frac{1}{n}\right)<\frac{1}{n}$，容易判断 $\{x_n\}$ 的单调性与有界性.

证明　由于

$$x_{n+1}-x_n=\frac{1}{n+1}-\ln(n+1)+\ln n=\frac{1}{n+1}-\ln\left(1+\frac{1}{n}\right)<0,$$

所以 $\{x_n\}$ 单调递减. 又

$$\begin{aligned}x_n&>\ln(1+1)+\ln\left(1+\frac{1}{2}\right)+\cdots+\ln\left(1+\frac{1}{n}\right)-\ln n\quad\left(\because \frac{1}{k}>\ln\left(1+\frac{1}{k}\right)\right)\\&=\ln 2+\ln\frac{3}{2}+\cdots+\ln\frac{n+1}{n}-\ln n=\ln\left(2\cdot\frac{3}{2}\cdot\frac{4}{3}\cdot\cdots\cdot\frac{n}{n-1}\cdot\frac{n+1}{n}\right)-\ln n\\&=\ln(n+1)-\ln n>0.\end{aligned}$$

所以 $\{x_n\}$ 有下界 0，故 x_n 的极限存在.

评注　(1) 单调有界原理只是极限存在的一个充分条件，该原理并未给出求极限的方法，要计算极限还需要借助其他方法.

(2) 记 $\lim\limits_{n\to\infty}\left(\sum\limits_{k=1}^{n}\frac{1}{k}-\ln n\right)=C$，$C$ 称为欧拉常数，它是一个无理数，其值为 $0.5772156649\cdots$. 于是 $\sum\limits_{k=1}^{n}\frac{1}{k}=\ln n+C+\alpha_n$，其中 $\lim\limits_{n\to\infty}\alpha_n=0$.

例 31　设 $x_1,x_2,\cdots$ 是非负数列，满足 $x_{n+1}\leqslant x_n+\frac{1}{n^2}(n=1,2,\cdots)$. 证明 $\lim\limits_{n\to\infty}x_n$ 存在.

分析　从题设条件容易得到 $\{x_n\}$ 的有界性，但很难判定其单调性. 如果改写 $\frac{1}{n^2}=\sum\limits_{k=1}^{n}\frac{1}{k^2}-\sum\limits_{k=1}^{n-1}\frac{1}{k^2}\triangleq y_{n+1}-y_n$，则条件变为 $x_{n+1}-y_{n+1}\leqslant x_n-y_n$，数列 $\{x_n-y_n\}$ 的单调性与有界性都容易判定了.

证明　记 $y_n=\sum\limits_{k=1}^{n-1}\frac{1}{k^2}\,(n=2,3,\cdots)$，由于 $\lim\limits_{n\to\infty}y_n=\sum\limits_{k=1}^{\infty}\frac{1}{k^2}$ 收敛，所以 $\{y_n\}$ 有界，即存在 $M>0$ 使

$$0<y_n\leqslant M(n=2,3,\cdots).$$

由 $0\leqslant x_{n+1}\leqslant x_n+\frac{1}{n^2}$ 及 $\frac{1}{n^2}=y_{n+1}-y_n$，可得

$$-M\leqslant x_{n+1}-y_{n+1}\leqslant x_n-y_n.$$

这说明数列 $\{x_n-y_n\}$ 单调递减有下界，从而收敛. 进而得到

$$\lim_{n\to\infty}x_n=\lim_{n\to\infty}(x_n-y_n)+\lim_{n\to\infty}y_n,$$

所以 $\lim\limits_{n\to\infty}x_n$ 存在.

评注　从证明过程可看出，将题设条件改为 $x_{n+1}\leqslant x_n+a_n$，只要级数 $\sum\limits_{n=1}^{\infty}a_n$ 收敛，则 $\{x_n\}$ 就收敛.

5. 利用导数的定义做计算

导数的概念：$f'(x_0)=\lim\limits_{x\to x_0}\frac{f(x)-f(x_0)}{x-x_0}=\lim\limits_{\Delta x\to 0}\frac{f(x_0+\Delta x)-f(x_0)}{\Delta x}$.

例 32[*]　求极限 $\lim\limits_{x\to 0}\dfrac{\sqrt{\dfrac{1+x}{1-x}}\sqrt[4]{\dfrac{1+2x}{1-2x}}\sqrt[6]{\dfrac{1+3x}{1-3x}}\cdots\sqrt[2n]{\dfrac{1+nx}{1-nx}}-1}{3\pi\arcsin x-(x^2+1)\arctan^3 x}$，其中 n 为正整数.

分析　记 $f(x)=\sqrt{\dfrac{1+x}{1-x}}\sqrt[4]{\dfrac{1+2x}{1-2x}}\sqrt[6]{\dfrac{1+3x}{1-3x}}\cdots\sqrt[2n]{\dfrac{1+nx}{1-nx}}$，显然 $f(0)=1$，而极限式的分母是 x 的一阶无穷小，故可用 $f'(0)$ 的定义来求极限.

解　令 $f(x)=\sqrt{\dfrac{1+x}{1-x}}\sqrt[4]{\dfrac{1+2x}{1-2x}}\sqrt[6]{\dfrac{1+3x}{1-3x}}\cdots\sqrt[2n]{\dfrac{1+nx}{1-nx}}$，则 $f(0)=1$，且

$$\ln f(x)=\frac{1}{2}\ln\frac{1+x}{1-x}+\frac{1}{4}\ln\frac{1+2x}{1-2x}+\frac{1}{6}\ln\frac{1+3x}{1-3x}+\cdots+\frac{1}{2n}\ln\frac{1+nx}{1-nx},$$

$$\frac{f'(x)}{f(x)}=\frac{1}{2}\left(\frac{1}{1+x}+\frac{1}{1-x}\right)+\frac{1}{4}\left(\frac{2}{1+2x}+\frac{2}{1-2x}\right)+\cdots+\frac{1}{2n}\left(\frac{n}{1+nx}+\frac{n}{1-nx}\right).$$

得 $f'(0)=n$. 注意到 $\lim\limits_{x\to 0}\dfrac{\arcsin x}{x}=1=\lim\limits_{x\to 0}\dfrac{\arctan x}{x}$，因此

$$\text{原式}=\lim_{x\to 0}\frac{x}{3\pi\arcsin x-(x^2+1)\arctan^3 x}\cdot\frac{f(x)-f(0)}{x-0}=\frac{n}{3\pi}.$$

评注　当极限式为 $\dfrac{0}{0}$ 型，且分母是分子函数自变量的一阶无穷小时，可考虑用导数的定义来计算极限.

例 33　若 $f(0)=0$，且 $f'(0)$ 存在，求极限 $\lim\limits_{x\to 0}\dfrac{f(1-\cos x)}{1-\cos x\cdot\sqrt{\cos 2x}\cdot\sqrt[3]{\cos 3x}}$.

分析　这属于 $\dfrac{0}{0}$ 型，但仅知道 $f'(0)$ 存在，不能用洛必达法则. 由于分母是分子函数自变量 $1-\cos x$ 的同阶无穷小（见本节例 12），所以可考虑用导数的定义来求极限.

解　$$\lim_{x\to 0}\frac{f(1-\cos x)}{1-\cos x\cdot\sqrt{\cos 2x}\cdot\sqrt[3]{\cos 3x}}=\lim_{x\to 0}\frac{f(1-\cos x)}{1-\cos x}\cdot\frac{1-\cos x}{1-\cos x\cdot\sqrt{\cos 2x}\cdot\sqrt[3]{\cos 3x}}.$$

因为 $f(0)=0$，则

$$\lim_{x\to 0}\frac{f(1-\cos x)}{1-\cos x}\overset{h=1-\cos x}{=\!=\!=\!=}\lim_{h\to 0}\frac{f(h)-f(0)}{h}=f'(0).$$

又

$$\lim_{x\to 0}\frac{1-\cos x}{1-\cos x\cdot\sqrt{\cos 2x}\cdot\sqrt[3]{\cos 3x}}=\frac{1}{2}\lim_{x\to 0}\frac{x^2}{1-\cos x\cdot\sqrt{\cos 2x}\cdot\sqrt[3]{\cos 3x}}=\frac{1}{6}\text{(见本节例 12)},$$

所以

$$\lim_{x\to 0}\frac{f(1-\cos x)}{1-\cos x\cdot\sqrt{\cos 2x}\cdot\sqrt[3]{\cos 3x}}=\frac{1}{6}f'(0).$$

评注　由导数的定义易知：若 $f(x)$ 在 $x=a$ 可导，且 $f(a)=0$，则对任意 $\alpha(t)\to a\ (t\to t_0)$，都有 $\lim\limits_{t\to t_0}\dfrac{f(\alpha(t))}{\alpha(t)-a}=f'(a)$；特别地，若 $a=0$，且有 $\alpha(t)\sim\beta(t)\ (t\to t_0)$，则等价无穷小替换 $f(\alpha(t))\sim f(\beta(t))$ 也是正确的.

例 34　已知 $f(0)=0$，$f'(0)=1$，求 $\lim\limits_{n\to\infty}\left[f\left(\dfrac{1}{n^2}\right)+f\left(\dfrac{2}{n^2}\right)+\cdots+f\left(\dfrac{n}{n^2}\right)\right]$.

分析　可利用 $f'(0)$ 的定义得到 $f(x)$ 在 $x=0$ 附近的局部表达式，再代入所求极限式做计算.

解　由于 $f'(0)=\lim\limits_{x\to 0}\dfrac{f(x)-f(0)}{x}$，则 $f(x)=f(0)+f'(0)x+o(x)$，从而

$$f\left(\frac{1}{n^2}\right)+f\left(\frac{2}{n^2}\right)+\cdots+f\left(\frac{n}{n^2}\right)=\frac{1}{n^2}+\frac{2}{n^2}+\cdots+\frac{n}{n^2}+n\cdot o\left(\frac{1}{n}\right)$$
$$=\frac{n(n+1)}{2n^2}+o(1)\to\frac{1}{2}$$

即

$$\lim_{n\to\infty}\left[f\left(\frac{1}{n^2}\right)+f\left(\frac{2}{n^2}\right)+\cdots+f\left(\frac{n}{n^2}\right)\right]=\frac{1}{2}.$$

评注　上面计算中用到了无穷小运算 $o\left(\dfrac{1}{n^2}\right)+o\left(\dfrac{2}{n^2}\right)+\cdots+o\left(\dfrac{n}{n^2}\right)=n\cdot o\left(\dfrac{1}{n}\right)$，其原因是 $o\left(\dfrac{i}{n^2}\right)$ $(i=1,2,\cdots,n)$ 都是 $\dfrac{1}{n}$ 的高阶无穷小，从而都可记为 $o\left(\dfrac{1}{n}\right)$. 所以运算是正确的.

6. 利用微分或积分中值公式做计算

1）拉格朗日中值定理

若 $f(x)\in C[a,b]\cap D(a,b)$，则 $\exists\ \xi\in(a,b)$，使得 $f(b)-f(a)=f'(\xi)(b-a)$.

2）积分中值定理

若 $f(x)\in C[a,b]$，则 $\exists\xi\in(a,b)$，使得 $\int_a^b f(x)\,\mathrm{d}x=f(\xi)(b-a)$.

例 35　设 a 是非零常数，求 $\lim\limits_{n\to\infty}n^3\left[\ln\left(n+\arctan\dfrac{a}{n}\right)-\ln\left(n+\arctan\dfrac{a}{n+1}\right)\right]$.

分析　不妨设 $a>0$，极限中的因式 $\left[\ln\left(n+\arctan\dfrac{a}{n}\right)-\ln\left(n+\arctan\dfrac{a}{n+1}\right)\right]$ 是函数 $\ln x$ 在区间 $\left[n+\arctan\dfrac{a}{n+1},n+\arctan\dfrac{a}{n}\right]$ 上的增量，可考虑用拉格朗日中值公式；进一步，$\arctan\dfrac{a}{n}-\arctan\dfrac{a}{n+1}$ 又是函数 $\arctan x$ 在区间 $\left[\dfrac{a}{n+1},\dfrac{a}{n}\right]$ 上的增量，可用相同方法处理.

解　不妨设 $a>0$，对 $\ln x$ 在区间 $\left[n+\arctan\dfrac{a}{n+1},n+\arctan\dfrac{a}{n}\right]$ 上用拉格朗日中值定理，则存在 $\xi_n\in\left(n+\arctan\dfrac{a}{n+1},n+\arctan\dfrac{a}{n}\right)$，使得

$$\ln\left(n+\arctan\frac{a}{n}\right)-\ln\left(n+\arctan\frac{a}{n+1}\right)=\frac{1}{\xi_n}\left(\arctan\frac{a}{n}-\arctan\frac{a}{n+1}\right).$$

再对 $\arctan x$ 在 $\left[\dfrac{a}{n+1},\dfrac{a}{n}\right]$ 上用拉格朗日中值定理，$\exists\eta_n\in\left(\dfrac{a}{n+1},\dfrac{a}{n}\right)$，使得

$$\arctan\frac{a}{n}-\arctan\frac{a}{n+1}=\frac{1}{1+\eta_n^{\ 2}}\left(\frac{a}{n}-\frac{a}{n+1}\right).$$

所以

$$n^3\left[\ln\left(n+\arctan\frac{a}{n}\right)-\ln\left(n+\arctan\frac{a}{n+1}\right)\right]=\frac{n^3}{\xi_n}\cdot\frac{1}{1+\eta_n^{\ 2}}\left(\frac{a}{n}-\frac{a}{n+1}\right).$$

注意到 $\lim\limits_{n\to\infty}\dfrac{\xi_n}{n}=1$，$\lim\limits_{n\to\infty}\eta_n=0$. 所以

$$\lim_{n\to\infty} n^3\left[\ln\left(n+\arctan\frac{a}{n}\right)-\ln\left(n+\arctan\frac{a}{n+1}\right)\right]=\lim_{n\to\infty}\frac{n^3}{\xi_n}\cdot\frac{1}{1+{\eta_n}^2}\left(\frac{a}{n}-\frac{a}{n+1}\right)$$

$$=\lim_{n\to\infty}\frac{n}{\xi_n}\cdot\lim_{n\to\infty}\frac{n^2}{1+{\eta_n}^2}\cdot\frac{a}{n(n+1)}=a.$$

评注 当极限式中有某一函数的增量时，可考虑用微分中值定理.

例 36 设$f(x)$在$(-\infty,+\infty)$内可导，且$\lim\limits_{x\to\infty}f'(x)=\mathrm{e}$，$\lim\limits_{x\to\infty}\left(\dfrac{x+c}{x-c}\right)^x=\lim\limits_{x\to\infty}[f(x)-f(x-1)]$，求$c$.

分析 右边极限式中是$f(x)$在区间$[x-1,x]$上的增量，且函数可导，可考虑用拉格朗日中值定理.

解 由条件易知$c\neq 0$，而

$$\lim_{x\to\infty}\left(\frac{x+c}{x-c}\right)^x=\lim_{x\to\infty}\frac{\left(1+\dfrac{c}{x}\right)^x}{\left(1-\dfrac{c}{x}\right)^x}=\mathrm{e}^{2c},\qquad ①$$

又$f(x)$在$(-\infty,+\infty)$内可导，由拉格朗日中值定理，$\exists\xi\in(x-1,x)$，使得

$$f(x)-f(x-1)=f'(\xi).$$

取极限得

$$\lim_{x\to\infty}[f(x)-f(x-1)]=\lim_{\xi\to\infty}f'(\xi)=\mathrm{e}.\qquad ②$$

由①，②式得$\mathrm{e}^{2c}=\mathrm{e}$，　$c=\dfrac{1}{2}$.

例 37 求$\lim\limits_{x\to+\infty}\sqrt{x}\displaystyle\int_x^{x+1}\frac{\mathrm{d}t}{\sqrt{t+\sin t+x}}$.

分析 因积分不易求出，所以用积分中值定理去掉积分符号再求极限.

解 由积分中值定理得

$$\lim_{x\to+\infty}\sqrt{x}\int_x^{x+1}\frac{\mathrm{d}t}{\sqrt{t+\sin t+x}}=\lim_{x\to+\infty}\frac{\sqrt{x}}{\sqrt{(x+\theta)+\sin(x+\theta)+x}}\ (0<\theta<1)$$

$$=\lim_{x\to+\infty}\frac{1}{\sqrt{2+\dfrac{\theta+\sin(x+\theta)}{x}}}=\frac{1}{\sqrt{2}}.$$

评注 当极限式中有定积分，而定积分又难以计算时，常用两种方法处理：一是利用积分中值定理去掉积分符号，再求极限；另一种是适当地放大与缩小被积函数，使得放大与缩小后的积分容易计算，再用夹逼原理求极限. 读者可考虑用夹逼原理求该题的极限.

例 38* 求$\lim\limits_{n\to\infty}\displaystyle\int_0^{\frac{\pi}{2}}\sin^n x\,\mathrm{d}x$.

分析 因为在积分区间中有$0\leqslant\sin x\leqslant 1$，所以直接用积分中值定理确定不了极限值. 可将积分区间分成两个子区间$\left[0,\dfrac{\pi}{2}-\varepsilon\right]$和$\left[\dfrac{\pi}{2}-\varepsilon,\dfrac{\pi}{2}\right]$，在前一个区间里被积函数的极限是0，而后一个区间的长度可任意小，其积分值也就任意小，由极限的定义可知所求极限为0. 该题也可先算出积分再求极限，但要困难些.

解 $\forall\varepsilon>0$，有

$$\int_0^{\frac{\pi}{2}}\sin^n x\,\mathrm{d}x=\int_0^{\frac{\pi}{2}-\varepsilon}\sin^n x\,\mathrm{d}x+\int_{\frac{\pi}{2}-\varepsilon}^{\frac{\pi}{2}}\sin^n x\,\mathrm{d}x.$$

由积分中值定理 $\int_0^{\frac{\pi}{2}-\varepsilon}\sin^n x\,\mathrm{d}x=\left(\frac{\pi}{2}-\varepsilon\right)\sin^n\xi$，其中 $0<\xi\leqslant\frac{\pi}{2}-\varepsilon$. 则

$$\lim_{n\to\infty}\int_0^{\frac{\pi}{2}-\varepsilon}\sin^n x\,\mathrm{d}x=\lim_{n\to\infty}\left(\frac{\pi}{2}-\varepsilon\right)\sin^n\xi=0.$$

所以 $\exists N>0$，当 $n>N$ 时，有

$$\left|\int_0^{\frac{\pi}{2}-\varepsilon}\sin^n x\mathrm{d}x\right|<\varepsilon;\qquad ①$$

又

$$\left|\int_{\frac{\pi}{2}-\varepsilon}^{\frac{\pi}{2}}\sin^n x\,\mathrm{d}x\right|<\int_{\frac{\pi}{2}-\varepsilon}^{\frac{\pi}{2}}1\,\mathrm{d}x=\varepsilon.\qquad ②$$

由①，②式可得

$$\left|\int_0^{\frac{\pi}{2}}\sin^n x\,\mathrm{d}x\right|<2\varepsilon.$$

根据极限的定义知 $\lim\limits_{n\to\infty}\int_0^{\frac{\pi}{2}}\sin^n x\mathrm{d}x=0$.

评注　注意直接利用积分中值定理的以下做法是错误的：

$$\lim_{n\to\infty}\int_0^{\frac{\pi}{2}}\sin^n x\,\mathrm{d}x=\frac{\pi}{2}\lim_{n\to\infty}\sin^n\xi=0\left(0<\xi<\frac{\pi}{2}\right).$$

原因是这里的 ξ 与 n 有关，记为 ξ_n，由 $0<\sin\xi_n<1$，不能得出 $\lim\limits_{n\to\infty}\sin^n\xi_n=0$. 比如 $0<1-\frac{1}{n}<1$，但 $\lim\limits_{n\to\infty}\left(1-\frac{1}{n}\right)^n=\mathrm{e}^{-1}\neq0$.

7. 利用洛必达（L'Hospital）法则做计算

洛必达法则是求函数不定式极限最常用、最基本的方法. 它主要解决 $\frac{0}{0}$ 与 $\frac{\infty}{\infty}$ 型的极限问题，即有 $\lim\frac{f(x)}{g(x)}=\lim\frac{f'(x)}{g'(x)}$. 其他类型的不定式则是通过初等运算转化为这两种形式来解决的，即有 $0\cdot\infty,\infty-\infty,1^\infty,\infty^0,0^0\xrightarrow[\text{变量代换}]{\text{恒等变形}}\frac{0}{0}$ 或 $\frac{\infty}{\infty}$. 学习中要注意各种不同形式的有效转化.

例 39　计算 $\lim\limits_{x\to\infty}\left(\sin\frac{2}{x^2}+\cos\frac{1}{x}\right)^{\frac{1}{\sin^2\left(\frac{1}{x}\right)}}$.

分析　这属于 1^∞ 型，取对数转化为 $\frac{0}{0}$ 型. 为便于求导运算，可先作倒代换.

解　方法 1　记 $y=\left(\sin\frac{2}{x^2}+\cos\frac{1}{x}\right)^{\frac{1}{\sin^2\left(\frac{1}{x}\right)}}$，令 $t=\frac{1}{x}$，则 $\ln y=\frac{1}{\sin^2 t}\ln(\sin 2t^2+\cos t)$.

$$\begin{aligned}\lim_{x\to\infty}(\ln y)&=\lim_{t\to0}\frac{\ln(\sin 2t^2+\cos t)}{\sin^2 t}=\lim_{t\to0}\frac{\ln(\sin 2t^2+\cos t)}{t^2}\\&=\lim_{t\to0}\frac{4t\cos 2t^2-\sin t}{2t(\sin 2t^2+\cos t)}=\lim_{t\to0}\frac{4t\cos 2t^2-\sin t}{2t}\quad(\because\sin 2t^2+\cos t\to1)\end{aligned}$$

$$=\lim_{t\to0}\left(2\cos2t^2-\frac{\sin t}{2t}\right)=\frac{3}{2}.$$

所以$\lim\limits_{x\to\infty}y=\mathrm{e}^{\frac{3}{2}}$.

方法2 原式$\overset{\frac{1}{x}=t}{=}\lim\limits_{t\to0}\left[1+(\sin2t^2+\cos t-1)\right]^{\frac{1}{\sin^2t}}=\mathrm{e}^{\lim\limits_{t\to0}\frac{\sin2t^2+\cos t-1}{\sin^2t}}$.

其中

$$\lim_{t\to0}\frac{\sin2t^2+\cos t-1}{\sin^2t}=\lim_{t\to0}\frac{\sin2t^2}{\sin^2t}-\lim_{t\to0}\frac{1-\cos t}{\sin^2t}=2-\frac{1}{2}=\frac{3}{2}.$$

评注 洛必达法则是求不定式极限的一种有效方法，但未必一定简单，计算中要注意与求极限的其他方法综合使用，以达到简化计算的效果.

例40 计算$\lim\limits_{n\to\infty}\left[\left(n^3-n^2+\frac{n}{2}\right)\mathrm{e}^{\frac{1}{n}}-\sqrt{1+n^6}\right]$.

分析 这属于$\infty-\infty$型，通分化为$\frac{0}{0}$或$\frac{\infty}{\infty}$型，为便于通分可先作倒代换.

解 考虑函数极限 $\lim\limits_{x\to+\infty}\left[\left(x^3-x^2+\frac{x}{2}\right)\mathrm{e}^{\frac{1}{x}}-\sqrt{1+x^6}\right]$.

设$t=\frac{1}{x}$，当$x\to+\infty$时，$t\to0^+$，有

$$\lim_{x\to+\infty}\left[\left(x^3-x^2+\frac{x}{2}\right)\mathrm{e}^{\frac{1}{x}}-\sqrt{1+x^6}\right]=\lim_{t\to0^+}\frac{(1-t+\frac{1}{2}t^2)\mathrm{e}^t-\sqrt{1+t^6}}{t^3}$$

$$=\lim_{t\to0^+}\frac{(-1+t)\mathrm{e}^t+\left(1-t+\frac{t^2}{2}\right)\mathrm{e}^t-\frac{6t^5}{2\sqrt{1+t^6}}}{3t^2}=\lim_{t\to0^+}\frac{\frac{1}{2}\mathrm{e}^t-\frac{3t^3}{\sqrt{1+t^6}}}{3}=\frac{1}{6}.$$

由海涅（Heine）定理知，原极限为$\frac{1}{6}$.

评注 （1）数列极限不能直接使用洛必达法则，但可考虑对应的函数极限，从而使用洛必达法则.这样做的理论依据是如下的Heine定理.

Heine定理：$\lim\limits_{x\to a}f(x)=c\Leftrightarrow\forall x_n\to a\ (n\to\infty)$，都有$\lim\limits_{n\to\infty}f(x_n)=c$.

（2）如果数列极限无法转化为函数极限，则常用后面将要介绍的施笃兹定理.

例41 设$f(x)$在$x=0$处存在n阶导数，又$f(0)=f'(0)=\cdots=f^{(n-1)}(0)=0$，$f^{(n)}(0)\neq0$，求

$$\lim_{x\to0}\frac{\int_0^x(x-t)f(t)\,\mathrm{d}t}{x\int_0^xf(x-t)\,\mathrm{d}t}.$$

分析 这属于$\frac{0}{0}$型，函数可导又有变限积分，因此用洛必达法则较为方便.

解 由于$f(x)$在$x=0$处存在n阶导数，则在$x=0$的某邻域内存在$n-1$阶导数，由洛必达法则

$$I=\lim_{x\to0}\frac{\int_0^x(x-t)f(t)\,\mathrm{d}t}{x\int_0^xf(x-t)\,\mathrm{d}t}=\lim_{x\to0}\frac{x\int_0^xf(t)\,\mathrm{d}t-\int_0^xtf(t)\,\mathrm{d}t}{x\int_0^xf(u)\,\mathrm{d}u}\quad(u=x-t)$$

$$=\lim_{x\to 0}\frac{\int_0^x f(t)\mathrm{d}t}{xf(x)+\int_0^x f(u)\mathrm{d}u}=\lim_{x\to 0}\frac{f(x)}{xf'(x)+2f(x)}$$

$$=\lim_{x\to 0}\frac{f'(x)}{xf''(x)+3f'(x)}=\cdots=\lim_{x\to 0}\frac{f^{(n-2)}(x)}{xf^{(n-1)}(x)+nf^{(n-2)}(x)}. \quad ①$$

上式仍属于$\frac{0}{0}$型，但不能再用洛必达法则了，因为未设$f(x)$在$x=0$邻域存在 n 阶导数. 将分子分母同时除以x^2，考察分母的第 1 项

$$\lim_{x\to 0}\frac{f^{(n-1)}(x)}{x}=\lim_{x\to 0}\frac{f^{(n-1)}(x)-f^{(n-1)}(0)}{x-0}=f^{(n)}(0),$$

①式的分子除以x^2后

$$\lim_{x\to 0}\frac{f^{(n-2)}(x)}{x^2}=\lim_{x\to 0}\frac{f^{(n-1)}(x)}{2x}=\frac{1}{2}f^{(n)}(0),$$

于是

$$I=\frac{\frac{1}{2}f^{(n)}(0)}{f^{(n)}(0)+\frac{n}{2}f^{(n)}(0)}=\frac{1}{n+2}.$$

评注　由已知条件也容易想到将$f(x)$在$x=0$处展开至 n 阶带皮亚诺余项形式的泰勒公式来计算，读者不妨自己做做.

例 42　设函数$f(x)$在$x=0$的某邻域内有二阶连续导数，且$f(0), f'(0), f''(0)$均不为零. 证明存在唯一一组实数k_1,k_2,k_3, 使得

$$\lim_{h\to 0}\frac{k_1f(h)+k_2f(2h)+k_3f(3h)-f(0)}{h^2}=0.$$

分析　这属于$\frac{0}{0}$型，分母为h^2，可用两次洛必达法则，由分子极限为零可得k_1,k_2,k_3的线性方程组，解方程组可求得k_1,k_2,k_3的值.

证明　如果结论成立，则

$$\lim_{h\to 0}\left(k_1f(h)+k_2f(2h)+k_3f(3h)-f(0)\right)=(k_1+k_2+k_3-1)f(0)=0,$$

由于$f(0)\neq 0$，所以

$$k_1+k_2+k_3-1=0. \quad ①$$

由洛必达法则得

$$0=\lim_{h\to 0}\frac{k_1f(h)+k_2f(2h)+k_3f(3h)-f(0)}{h^2}$$

$$=\lim_{h\to 0}\frac{k_1f'(h)+2k_2f'(2h)+3k_3f'(3h)}{2h}. \quad ②$$

由②式知

$$0=\lim_{h\to 0}\left(k_1f'(h)+2k_2f'(2h)+3k_3f'(3h)\right)=(k_1+2k_2+3k_3)f'(0),$$

由于$f'(0)\neq 0$，所以

$$k_1+2k_2+3k_3=0. \quad ③$$

对②式再用一次洛必达法则，有

$$0=\lim_{h\to 0}\frac{k_1f''(h)+4k_2f''(2h)+9k_3f''(3h)}{2}=(k_1+4k_2+9k_3)f''(0),$$

由于 $f''(0)\neq 0$，所以

$$k_1+4k_2+9k_3=0. \qquad ④$$

将表达式①，③，④联立得关于 k_1,k_2,k_3 的非齐次线性方程组，由于该方程组的系数行列式不为零，由克莱姆法则知，方程组有唯一解（事实上 $k_1=3$，$k_2=-3$，$k_3=1$）.

评注 （1）用洛必达法则确定不定式中的常数是十分常用的方法.

（2）读者不难证明该题的一般性结论：

设函数 $f(x)$ 在 $x=0$ 的某邻域内有 n 阶连续导数，且 $f^{(k)}(0)\neq 0\,(k=0,1,\cdots,n)$. 则对任意一组互异的实数 $l_1,l_2,\cdots,l_{n+1}$，必存在唯一一组实数 $k_1,k_2,\cdots,k_{n+1}$，使得当 $h\to 0$ 时，$\sum\limits_{i=1}^{n+1}k_if(l_ih)-f(0)$ 是比 h^n 高阶的无穷小.

8*. 利用施笃兹（Stolz）定理做计算

施笃兹定理又称数列极限的洛必达法则，对求某些不定型的数列极限十分有效. 与函数极限的洛必达法则类似，施笃兹定理也有 $\dfrac{0}{0}$ 与 $\dfrac{\infty}{\infty}$ 两种情形.

施笃兹定理：（1）设 $\lim\limits_{n\to\infty}x_n=0$，$\{y_n\}$ 单调递减，且 $\lim\limits_{n\to\infty}y_n=0$，如果 $\lim\limits_{n\to\infty}\dfrac{x_n-x_{n-1}}{y_n-y_{n-1}}$ 存在或为 ∞，则 $\lim\limits_{n\to\infty}\dfrac{x_n}{y_n}=\lim\limits_{n\to\infty}\dfrac{x_n-x_{n-1}}{y_n-y_{n-1}}$.

（2）设数列 $\{y_n\}$ 单调递增，且 $\lim\limits_{n\to\infty}y_n=+\infty$，如果 $\lim\limits_{n\to\infty}\dfrac{x_{n+1}-x_n}{y_{n+1}-y_n}$ 存在或为 ∞，则 $\lim\limits_{n\to\infty}\dfrac{x_n}{y_n}=\lim\limits_{n\to\infty}\dfrac{x_n-x_{n-1}}{y_n-y_{n-1}}$.

这里我们仅介绍定理的应用，对定理证明感兴趣的读者可查阅《数学分析》教材.

根据施笃兹定理，我们很容易得到以下两个常用的极限公式：

① 若 $\lim\limits_{n\to\infty}x_n$ 存在或为 ∞，则 $\lim\limits_{n\to\infty}\dfrac{1}{n}\sum\limits_{k=1}^{n}x_k=\lim\limits_{n\to\infty}x_n$.

② 若 $\{x_n\}$ 为正项数列，且 $\lim\limits_{n\to\infty}x_n$ 存在或为 ∞，则 $\lim\limits_{n\to\infty}\sqrt[n]{x_1x_2\cdots x_n}=\lim\limits_{n\to\infty}x_n$.

例 43* 设 $x_1\in(0,1)$，$x_{n+1}=x_n(1-x_n)$，$n=1,2,\cdots$.证明 $\lim\limits_{n\to\infty}nx_n=1$.

分析 只需证明 $\lim\limits_{n\to\infty}\dfrac{n}{1/x_n}=1$，要利用施笃兹定理还得验证 x_n 单调递减并趋于 0.

证明 由 $x_1\in(0,1)$，$x_2=x_1(1-x_1)$，知 $x_2\in(0,1)$. 由归纳法，易证：$x_n\in(0,1)$. 于是

$$0<\frac{x_{n+1}}{x_n}=(1-x_n)<1\,(n=1,2,\cdots).$$

所以 $\{x_n\}$ 单调递减有下界，从而 $\lim\limits_{n\to\infty}x_n=A$ 存在. 在 $x_{n+1}=x_n(1-x_n)$ 中取 $n\to\infty$，有

$$A=A(1-A)\Rightarrow A=0\text{，即}\lim_{n\to\infty}x_n=0.$$

设 $y_n=\dfrac{1}{x_n}$，则 $\lim\limits_{n\to\infty}y_n=\infty$，且 $y_n<y_{n+1}$，利用施笃兹定理，有

$$\lim_{n\to\infty}nx_n=\lim_{n\to\infty}\frac{n}{y_n}=\lim_{n\to\infty}\frac{(n+1)-n}{y_{n+1}-y_n}=\lim_{n\to\infty}\frac{1}{y_{n+1}-y_n}.$$

由于

$$\lim_{n\to\infty}(y_{n+1}-y_n)=\lim_{n\to\infty}\left(\frac{1}{x_{n+1}}-\frac{1}{x_n}\right)=\lim_{n\to\infty}\left(\frac{1}{x_n(1-x_n)}-\frac{1}{x_n}\right)=\lim_{n\to\infty}\frac{1}{1-x_n}=1,$$

所以 $\lim\limits_{n\to\infty}nx_n=1$.

评注 一般情况下，若 $x_{n+1}=f(x_n)$ 且方程 $x=f(x)$ 只有零解，则极限 $\lim\limits_{n\to\infty}nx_n=\lim\limits_{n\to\infty}\dfrac{n}{1/x_n}$ 宜用施笃兹定理来计算.

例 44* 设函数列 $\sin_1 x=\sin x$，$\sin_n x=\sin(\sin_{n-1}x)$，$n=2,3,\cdots$. 证明 $\lim\limits_{n\to\infty}\sqrt{\dfrac{n}{3}}\sin_n x=1$.

分析 只需证明 $\lim\limits_{n\to\infty}n\sin_n^2 x=3$. 显然 $\sin_n^2 x$ 单调递减并趋于 0，故可考虑对 $\lim\limits_{n\to\infty}\dfrac{n}{1/\sin_n^2 x}$ 用施笃兹定理.

证明 对取定的 x，显然 $\sin_n^2 x$ 单调递减并趋于 0，利用施笃兹定理，有

$$\begin{aligned}\lim_{n\to\infty}n\sin_n^2 x&=\lim_{n\to\infty}\frac{n}{\dfrac{1}{\sin_n^2 x}}=\lim_{n\to\infty}\frac{(n+1)-n}{\dfrac{1}{\sin_{n+1}^2 x}-\dfrac{1}{\sin_n^2 x}}\\&=\lim_{t\to0}\frac{1}{\dfrac{1}{\sin^2 t}-\dfrac{1}{t^2}}=\lim_{t\to0}\frac{t^2\sin^2 t}{t^2-\sin^2 t}=\lim_{t\to0}\frac{t^4}{t^2-\sin^2 t}\\&=\lim_{t\to0}\frac{4t^3}{2t-\sin 2t}=\lim_{t\to0}\frac{12t^2}{2-2\cos 2t}=3.\end{aligned}$$

所以 $\lim\limits_{n\to\infty}\sqrt{\dfrac{n}{3}}\sin_n x=1$.

评注 该题的极限运算中用到了将数列极限转换为函数极限来计算，目的是便于用洛必达法则.

例 45* 设 $a_n=\dfrac{1}{n^2}\sum\limits_{k=0}^{n}\ln C_n^k$，计算 $\lim\limits_{n\to\infty}a_n$.

分析 该题属于 $\dfrac{\infty}{\infty}$ 型，且满足施笃兹定理的条件.

解

$$\begin{aligned}\lim_{n\to\infty}a_n&=\lim_{n\to\infty}\frac{\sum\limits_{k=0}^{n}\ln C_n^k-\sum\limits_{k=0}^{n-1}\ln C_{n-1}^k}{n^2-(n-1)^2}=\lim_{n\to\infty}\frac{\sum\limits_{k=0}^{n-1}\ln\left(C_n^k/C_{n-1}^k\right)}{2n-1}\\&=\lim_{n\to\infty}\frac{\sum\limits_{k=0}^{n-1}\ln\dfrac{n}{n-k}}{2n-1}=\lim_{n\to\infty}\frac{n\ln n-\sum\limits_{k=1}^{n}\ln k}{2n-1}\\&=\lim_{n\to\infty}\frac{\left(n\ln n-\sum\limits_{k=1}^{n}\ln k\right)-\left((n-1)\ln(n-1)-\sum\limits_{k=1}^{n-1}\ln k\right)}{(2n-1)-(2n-3)}\\&=\frac{1}{2}\lim_{n\to\infty}(n-1)\ln\left(1+\frac{1}{n-1}\right)=\frac{1}{2}.\end{aligned}$$

评注 若 $\dfrac{\infty}{\infty}$ 型极限中的分子或分母含有无穷和的形式，用施笃兹定理来计算是比较方便的.

例 46* 求下列极限：

（1）$\lim\limits_{n\to\infty}\dfrac{\sqrt[n]{n!}}{n}$；　（2）$\lim\limits_{n\to\infty}\left(\sqrt[n+1]{(n+1)!}-\sqrt[n]{n!}\right)$.

分析 （1）属于 $\dfrac{\infty}{\infty}$ 型，但用施笃兹定理计算时分子难以化简，若取对数，则问题就解决了.

（2）对（1）直接用施笃兹定理就可看出（2）的结果.

解 （1）**方法 1** 记 $a_n=\dfrac{\sqrt[n]{n!}}{n}$，则

$$\ln a_n=\frac{1}{n}\ln n!-\ln n=\frac{\ln n!-n\ln n}{n}.$$

取极限并用施笃兹定理，得

$$\lim_{n\to\infty}\ln a_n=\lim_{n\to\infty}\frac{(\ln n!-n\ln n)-[\ln(n-1)!-(n-1)\ln(n-1)]}{n-(n-1)}$$
$$=\lim_{n\to\infty}(1-n)\ln\left(1+\frac{1}{n-1}\right)=-1.$$

所以 $\lim\limits_{n\to\infty}\dfrac{\sqrt[n]{n!}}{n}=\mathrm{e}^{-1}$.

方法 2 记 $x_n=\left(1+\dfrac{1}{n}\right)^{-n}$，则 $\lim\limits_{n\to\infty}x_n=\lim\limits_{n\to\infty}\left(1+\dfrac{1}{n}\right)^{-n}=\mathrm{e}^{-1}$. 又

$$x_1x_2\cdots x_n=\left(1+\frac{1}{1}\right)^{-1}\left(1+\frac{1}{2}\right)^{-2}\cdots\left(1+\frac{1}{n}\right)^{-n}=\left(\frac{1}{2}\right)^{1}\left(\frac{2}{3}\right)^{2}\left(\frac{3}{4}\right)^{3}\cdots\left(\frac{n}{n+1}\right)^{n}=\frac{n!}{(n+1)^n},$$

由此得到

$$\lim_{n\to\infty}\frac{\sqrt[n]{n!}}{n+1}=\lim_{n\to\infty}\sqrt[n]{x_1x_2\cdots x_n}=\lim_{n\to\infty}x_n=\mathrm{e}^{-1}\Rightarrow\lim_{n\to\infty}\frac{\sqrt[n]{n!}}{n}=\lim_{n\to\infty}\frac{n+1}{n}\cdot\frac{\sqrt[n]{n!}}{n+1}=\mathrm{e}^{-1}.$$

方法 3 化为定积分来做计算

$$\lim_{n\to\infty}\frac{\sqrt[n]{n!}}{n}=\lim_{n\to\infty}\sqrt[n]{\frac{n!}{n^n}}=\mathrm{e}^{\lim\limits_{n\to\infty}\frac{1}{n}\ln\frac{n!}{n^n}}=\mathrm{e}^{\lim\limits_{n\to\infty}\frac{1}{n}\sum\limits_{k=1}^{n}\ln\frac{k}{n}}=\mathrm{e}^{\int_0^1\ln x\mathrm{d}x}=\mathrm{e}^{[x\ln x-x]_0^1}=\mathrm{e}^{-1}.$$

（2）对 $\lim\limits_{n\to\infty}\dfrac{\sqrt[n]{n!}}{n}$ 用施笃兹定理，并由（1）的结果，有

$$\mathrm{e}^{-1}=\lim_{n\to\infty}\frac{\sqrt[n]{n!}}{n}=\lim_{n\to\infty}\frac{\sqrt[n+1]{(n+1)!}-\sqrt[n]{n!}}{(n+1)-n}=\lim_{n\to\infty}\left(\sqrt[n+1]{(n+1)!}-\sqrt[n]{n!}\right).$$

需要注意的是，上面等式成立的条件是右端的极限存在，但却不易判断. 下面我们用其他方法来求右端的极限.

$$\sqrt[n+1]{(n+1)!}-\sqrt[n]{n!}=\sqrt[n]{n!}\left(\frac{\sqrt[n+1]{(n+1)!}}{\sqrt[n]{n!}}-1\right)=\sqrt[n]{n!}\left[\left(\frac{(n+1)!}{(n!)^{(n+1)/n}}\right)^{\frac{1}{n+1}}-1\right]$$
$$=\sqrt[n]{n!}\left[\left(\frac{n+1}{\sqrt[n]{n!}}\right)^{\frac{1}{n+1}}-1\right]=\sqrt[n]{n!}\left(\mathrm{e}^{\frac{1}{n+1}\ln\frac{n+1}{\sqrt[n]{n!}}}-1\right). \qquad ①$$

由（1）知 $\lim\limits_{n\to\infty}\dfrac{\sqrt[n]{n!}}{n+1}=\mathrm{e}^{-1}$，所以 $\lim\limits_{n\to\infty}\dfrac{1}{n+1}\ln\dfrac{n+1}{\sqrt[n]{n!}}=0$，$\mathrm{e}^{\frac{1}{n+1}\ln\frac{n+1}{\sqrt[n]{n!}}}-1\sim\dfrac{1}{n+1}\ln\dfrac{n+1}{\sqrt[n]{n!}}$. 从而

$$\sqrt[n+1]{(n+1)!}-\sqrt[n]{n!}\sim\frac{\sqrt[n]{n!}}{n+1}\ln\frac{n+1}{\sqrt[n]{n!}}\to e^{-1}\ln e=e^{-1}\ (n\to\infty).$$

即 $\lim\limits_{n\to\infty}\left(\sqrt[n+1]{(n+1)!}-\sqrt[n]{n!}\right)=e^{-1}$.

评注 注意结论：$\lim\limits_{n\to\infty}\frac{\sqrt[n]{n!}}{n}=e^{-1}$. 这对某些相关极限问题的解决会有帮助.

9. 利用泰勒公式做计算

带皮亚诺（Peano）余项形式的泰勒（Taylor）公式 $f(x)=\sum\limits_{k=0}^{n}\frac{f^{(k)}(x_0)}{k!}(x-x_0)^k+o((x-x_0)^n)$ 给出了函数在 x_0 点的局部表达式. 当 $f(x)$ 是 $x\to x_0$ 的无穷小量，但其阶数不显见时，用泰勒公式展开是较好的方法. 读者要熟悉以下几个常见函数的展开式：

$$e^x=1+x+\frac{x^2}{2!}+\cdots+\frac{x^n}{n!}+o(x^n);$$

$$\sin x=x-\frac{x^3}{3!}+\frac{x^5}{5!}-\cdots+(-1)^{n-1}\frac{x^{2n-1}}{(2n-1)!}+o(x^{2n});$$

$$\cos x=1-\frac{1}{2!}x^2+\frac{1}{4!}x^4-\cdots+(-1)^n\frac{x^{2n}}{(2n)!}+o(x^{2n+1});$$

$$\ln(1+x)=x-\frac{x^2}{2}+\frac{x^3}{3}-\cdots+(-1)^{n-1}\frac{x^n}{n}+o(x^n);$$

$$(1+x)^\alpha=1+\alpha x+\frac{\alpha(\alpha-1)}{2!}x^2+\cdots+\frac{\alpha(\alpha-1)\cdots(\alpha-n+1)}{n!}x^n+o(x^n).$$

例 47 求 $\lim\limits_{x\to0}\dfrac{\frac{x^2}{2}+1-\sqrt{1+x^2}}{(\cos x-e^{x^2})\sin x^2}$.

分析 该题属于 $\frac{0}{0}$ 型，用洛必达法则计算的工作量太大，这里用泰勒公式展开，再求极限.

解 由于 $\sqrt{1+x^2}=1+\frac{1}{2}x^2+\frac{1}{2!}\cdot\frac{1}{2}\left(\frac{1}{2}-1\right)x^4+o(x^4)=1+\frac{1}{2}x^2-\frac{1}{8}x^4+o(x^4)$,

$$e^{x^2}=1+x^2+o(x^2),\quad \cos x=1-\frac{x^2}{2!}+o(x^2).$$

$$\text{原式}=\lim_{x\to0}\frac{\frac{x^2}{2}+1-\left[1+\frac{1}{2}x^2-\frac{1}{8}x^4+o(x^4)\right]}{\left[\left(1-\frac{x^2}{2!}+o(x^2)\right)-\left(1+x^2+o(x^2)\right)\right]x^2}=\lim_{x\to0}\frac{\frac{1}{8}x^4+o(x^4)}{-\frac{3}{2}x^4+o(x^4)}=-\frac{1}{12}.$$

评注 （1）用泰勒公式求极限时，函数展开的阶数应由极限式中分子（或分母）无穷小的阶数来确定. 例如，想要看出本题分子无穷小的阶，$\sqrt{1+x^2}$ 展开的阶数就要大于 2，题中取的 4 阶（大于 2 的最小阶数）. 分子的阶确定了，分母就应展开到相应的阶数.

（2）在运算中，凡高于 4 次的项都并入了 $o(x^4)$ 中. 一般有：$o(x^n)+o(x^m)=o(x^n)\ (m\geqslant n)$.

（3）等价无穷小替换是泰勒公式中取 $n=0$ 或 1 时的情形（舍去了高阶无穷小的余项）.

例 48 求下列极限.

（1）$\lim\limits_{n\to\infty}\sum\limits_{k=1}^{n}\left(1-\dfrac{k}{n}\right)\ln\left(1+\dfrac{k}{n^2}\right)$；（2）$\lim\limits_{n\to\infty}\sin\left(\dfrac{\pi}{e^{1/(2n)}-1}\right)$.

分析（1）这是无穷和，只需将$\ln\left(1+\dfrac{k}{n^2}\right)$做一阶泰勒展开，利用数列求和公式来缩项，再求极限.

（2）显然$\lim\limits_{n\to\infty}\left(\dfrac{\pi}{e^{1/(2n)}-1}\right)$不存在，但$\lim\limits_{n\to\infty}\left(\dfrac{\pi}{e^{1/(2n)}-1}-2n\pi\right)$却是存在的.

解（1）
$$\begin{aligned}\sum_{k=1}^{n}\left(1-\frac{k}{n}\right)\ln\left(1+\frac{k}{n^2}\right)&=\sum_{k=1}^{n}\left(1-\frac{k}{n}\right)\left(\frac{k}{n^2}+o\left(\frac{1}{n^2}\right)\right)\\&=\frac{1}{n^2}\sum_{k=1}^{n}k-\frac{1}{n^3}\sum_{k=1}^{n}k^2+o\left(\frac{1}{n}\right)\\&=\frac{1}{n^2}\cdot\frac{1}{2}n(n+1)-\frac{1}{n^3}\cdot\frac{1}{6}n(n+1)(2n+1)+o\left(\frac{1}{n}\right)\to\frac{1}{2}-\frac{1}{3}=\frac{1}{6}.\end{aligned}$$

即
$$\lim_{n\to\infty}\sum_{k=1}^{n}\left(1+\frac{k}{n}\right)\ln\left(1+\frac{k}{n^2}\right)=\frac{1}{6}.$$

（2）由于$\sin\left(\dfrac{\pi}{e^{1/(2n)}-1}\right)=\sin\pi\left(\dfrac{1}{e^{1/(2n)}-1}-2n\right)$，而
$$\begin{aligned}\sin\pi\left(\frac{1}{e^{1/(2n)}-1}-2n\right)&=\sin\pi\left[\frac{1-2n\left(e^{1/(2n)}-1\right)}{e^{1/(2n)}-1}\right]\\&=\sin\pi\left[\frac{1-2n\left(\dfrac{1}{2n}+\dfrac{1}{2(2n)^2}+o\left(\dfrac{1}{n^2}\right)\right)}{\dfrac{1}{2n}+o\left(\dfrac{1}{n}\right)}\right]=\sin\pi\left[\frac{-\dfrac{1}{2}+o(1)}{1+o(1)}\right].\end{aligned}$$

所以$\lim\limits_{n\to\infty}\sin\left(\dfrac{\pi}{e^{1/(2n)}-1}\right)=-\sin\dfrac{\pi}{2}=-1$.

评注 容易看出，若（1）中作等价无穷小代换$\ln\left(1+\dfrac{k}{n^2}\right)\sim\dfrac{k}{n^2}$，其计算结果仍然不变. 原因是题解中用的是一阶泰勒公式，它等同于等价无穷小替换. 但计算中还是用泰勒公式为好，以避免误解.（2）的求解中若用等价无穷小替换$\lim\limits_{n\to\infty}\sin\left(\dfrac{\pi}{e^{1/(2n)}-1}\right)=\lim\limits_{n\to\infty}\sin\left(\dfrac{\pi}{1/(2n)}\right)=0$就错了.请读者想想错误的原因.

例 49[*] 设$a_n=n\sin(2\pi en!)$，求$I=\lim\limits_{n\to\infty}a_n$与$J=\lim\limits_{n\to\infty}n(a_n-I)$.

分析 由于$\sin(2k\pi+\alpha)=\sin\alpha\ (k\in\mathbb{Z})$，所以化简$\sin(2\pi en!)$的关键是要将$en!$表示为整数加真分数的形式，为此可将e做泰勒展开.

解 由于$e=1+1+\dfrac{1}{2!}+\dfrac{1}{3!}+\cdots+\dfrac{1}{n!}+\dfrac{1}{(n+1)!}+\dfrac{1}{(n+2)!}+o\left(\dfrac{1}{(n+2)!}\right)$，①

所以
$$I=\lim_{n\to\infty}a_n=\lim_{n\to\infty}n\sin\left(\frac{2\pi}{n+1}+o\left(\frac{1}{n}\right)\right)=\lim_{n\to\infty}n\cdot\left(\frac{2\pi}{n+1}+o\left(\frac{1}{n}\right)\right)=2\pi.$$

$$J=\lim_{n\to\infty}n(a_n-I)=\lim_{n\to\infty}n\left[n\sin\left(\frac{2\pi}{n+1}+\frac{2\pi}{(n+1)(n+2)}+o\left(\frac{1}{n^2}\right)\right)-2\pi\right]$$

$$=\lim_{n\to\infty}n\cdot\left[n\left(\frac{2\pi}{n+1}+\frac{2\pi}{(n+1)(n+2)}+o\left(\frac{1}{n^2}\right)\right)-2\pi\right](\because \sin x=x+o(x))$$

$$=\lim_{n\to\infty}n\cdot\left(-\frac{2\pi}{n+1}+\frac{2\pi n}{(n+1)(n+2)}+o\left(\frac{1}{n}\right)\right)=0.$$

评注 若 $\lim\limits_{n\to\infty}a_n=I$，则称 $\lim\limits_{n\to\infty}g(n)(a_n-I)\ (g(n)\to\infty)$ 为 $\lim\limits_{n\to\infty}a_n$ 的加边极限，$g(n)$ 常为幂函数、指数函数或对数函数. 若 $\lim\limits_{n\to\infty}a_n$ 可用泰勒公式计算，其加边极限只需将泰勒公式多展开一阶. 如本题在计算 I 时，只用了①式中的 n 阶展开式，计算 J 时则用了 $n+1$ 阶展开式. 数列极限的施笃兹定理也是解决某些加边极限的有效方法（见本节例 43、例 44）. 加边极限问题还可能有多次加边的情形.

例 50 设 $a_i>0\ (i=1,2,\cdots,n)$，记 $f(x)=\left(\dfrac{1}{n}\sum\limits_{i=1}^{n}a_i^x\right)^{\frac{1}{x}}$. 求极限 $I=\lim\limits_{x\to0}f(x)$ 与 $J=\lim\limits_{x\to0}\dfrac{1}{x}\left[f(x)-I\right]$.

分析 极限 I 属于 1^∞ 型，极限中有幂指函数，需要将幂指函数转化为指数函数来计算，可用洛必达法则或泰勒公式. 考虑到 J 是 I 的加边极限，所以都用泰勒公式计算为好.

解 $f(x)=\mathrm{e}^{\ln f(x)}=\mathrm{e}^{\frac{1}{x}\ln\left(\frac{1}{n}\sum\limits_{i=1}^{n}a_i^x\right)}$. 利用泰勒公式

$$a_i^x=\mathrm{e}^{x\ln a_i}=1+x\ln a_i+\frac{1}{2}(x\ln a_i)^2+o(x^2)\triangleq1+u_i, \qquad ①$$

其中 $u_i=x\ln a_i+\dfrac{1}{2}(x\ln a_i)^2+o(x^2)$，则

$$\ln\left(\frac{1}{n}\sum_{i=1}^{n}a_i^x\right)=\ln\left(\frac{1}{n}\sum_{i=1}^{n}(1+u_i)\right)=\ln\left(1+\frac{1}{n}\sum_{i=1}^{n}u_i\right).$$

再利用 $\ln(1+x)$ 的泰勒公式，将上式化为

$$\ln\left(\frac{1}{n}\sum_{i=1}^{n}a_i^x\right)=\frac{1}{n}\sum_{i=1}^{n}u_i-\frac{1}{2}\left(\frac{1}{n}\sum_{i=1}^{n}u_i\right)^2+o(u_i^2)$$

$$=\frac{1}{n}\sum_{i=1}^{n}x\ln a_i+\frac{1}{2n}\sum_{i=1}^{n}(x\ln a_i)^2-\frac{1}{2}\left(\frac{1}{n}\sum_{i=1}^{n}x\ln a_i\right)^2+o(x^2)$$

$$=\frac{x}{n}\ln(a_1a_2\cdots a_n)+\frac{x^2}{2n}\left[\sum_{i=1}^{n}(\ln a_i)^2-\frac{1}{n}\ln^2(a_1a_2\cdots a_n)\right]+o(x^2). \qquad ②$$

利用②式可得

$$I=\mathrm{e}^{\lim\limits_{x\to0}\frac{1}{x}\ln\left(\frac{1}{n}\sum\limits_{i=1}^{n}a_i^x\right)}=\mathrm{e}^{\frac{1}{n}\ln(a_1a_2\cdots a_n)}=\sqrt[n]{a_1a_2\cdots a_n}.$$

$$J=\lim_{x\to0}\frac{1}{x}\left[f(x)-\sqrt[n]{a_1a_2\cdots a_n}\right]$$

$$=\sqrt[n]{a_1a_2\cdots a_n}\lim_{x\to0}\frac{1}{x}\left[\exp\left[\frac{1}{x}\ln\left(\frac{1}{n}\sum_{i=1}^{n}a_i^x\right)-\frac{1}{n}\ln(a_1a_2\cdots a_n)\right]-1\right]$$

$$=\sqrt[n]{a_1a_2\cdots a_n}\lim_{x\to0}\frac{1}{x}\left[\frac{1}{x}\ln\left(\frac{1}{n}\sum_{i=1}^{n}a_i^x\right)-\frac{1}{n}\ln(a_1a_2\cdots a_n)\right](t\to0\text{时，}\mathrm{e}^t-1\sim t).$$

$$=\sqrt[n]{a_1a_2\cdots a_n}\lim_{x\to 0}\frac{1}{x}\left[\frac{x}{2n}\left(\sum_{i=1}^{n}(\ln a_i)^2-\frac{1}{n}\ln^2(a_1a_2\cdots a_n)\right)+o(x)\right]\ (代入②式)$$

$$=\frac{1}{2n}\sqrt[n]{a_1a_2\cdots a_n}\left(\sum_{i=1}^{n}(\ln a_i)^2-\frac{1}{n}\ln^2(a_1a_2\cdots a_n)\right).$$

评注 该题与上题类似，都是加边极限问题，上题是数列极限，该题是函数极限．为了计算 J，①式与②式都用了二阶泰勒公式，如果只计算 I，用一阶泰勒公式即可，或用洛必达法则更简单．

例 51 设 C 为实数，函数 $f(x)$ 满足 $\lim\limits_{x\to\infty}f(x)=C$，$\lim\limits_{x\to\infty}f'''(x)=0$．求证 $\lim\limits_{x\to\infty}f'(x)=0$，$\lim\limits_{x\to\infty}f''(x)=0$．

分析 泰勒公式建立了函数与各阶导数的联系，由题设条件容易想到利用函数的二阶泰勒公式．

证明 用拉格朗日型余项的泰勒公式，有

$$f(x+1)=f(x)+f'(x)+\frac{1}{2}f''(x)+\frac{1}{6}f'''\big(x+\xi(x)\big),\ (0<\xi<1); \qquad ①$$

$$f(x-1)=f(x)-f'(x)+\frac{1}{2}f''(x)-\frac{1}{6}f'''\big(x-\eta(x)\big),\ (0<\eta<1). \qquad ②$$

①±②式，并整理得③，④式：

$$f''(x)=f(x+1)-2f(x)+f(x-1)-\frac{1}{6}f'''\big(x+\xi(x)\big)+\frac{1}{6}f'''\big(x-\eta(x)\big), \qquad ③$$

$$2f'(x)=f(x+1)-f(x-1)-\frac{1}{6}f'''\big(x+\xi(x)\big)-\frac{1}{6}f'''\big(x-\eta(x)\big). \qquad ④$$

当 $x\to\infty$ 时，$x+\xi(x)\to\infty$，$x-\eta(x)\to\infty$，因此

$$\lim_{x\to\infty}f''(x)=C-2C+C-\frac{1}{6}\cdot 0+\frac{1}{6}\cdot 0=0,\quad \lim_{x\to\infty}f'(x)=\frac{1}{2}(C-C-\frac{1}{6}\cdot 0-\frac{1}{6}\cdot 0)=0.$$

注意，以下做法是不对的：

方法 1
$$\lim_{x\to\infty}f(x)=\lim_{x\to\infty}\frac{f(x)e^x}{e^x}=\lim_{x\to\infty}\frac{[f(x)+f'(x)]e^x}{e^x}\ (洛必达法则)$$
$$=\lim_{x\to\infty}[f(x)+f'(x)]=\lim_{x\to\infty}f(x)+\lim_{x\to\infty}f'(x).$$

所以 $\lim\limits_{x\to\infty}f'(x)=0$．

方法 2 在区间 $[x,x+1]$ 上用拉格朗日中值定理，得

$$f(x+1)-f(x)=f'(\xi),\ x<\xi<x+1.$$

当 $x\to\infty$ 时，有 $\xi\to\infty$，所以 $\lim\limits_{\xi\to\infty}f'(\xi)=\lim\limits_{x\to\infty}[f(x+1)-f(x)]=C-C=0$，得 $\lim\limits_{x\to\infty}f'(x)=0$．

“方法 1”中的错误有二：一是 $\lim\limits_{x\to\infty}\dfrac{f(x)e^x}{e^x}$ 不一定是 $\dfrac{0}{0}$ 或 $\dfrac{\infty}{\infty}$ 的形式；二是 $\lim\limits_{x\to\infty}f'(x)$ 可能不存在．

例如，$f(x)=\dfrac{\sin x^2}{x}$，显然 $\lim\limits_{x\to\infty}f(x)=0$，$f'(x)=2\cos x^2-\dfrac{\sin x^2}{x^2}$，但 $\lim\limits_{x\to\infty}f'(x)$ 不存在．

“方法 2”中的错误在于：由 $\lim\limits_{\xi\to\infty}f'(\xi)=0$ 得不到 $\lim\limits_{x\to\infty}f'(x)=0$．因为这里的 ξ 不一定是连续变量．

评注 对可微函数 $f(x)$，仅由 $\lim\limits_{x\to\infty}f(x)=C$，得不到 $\lim\limits_{x\to\infty}f'(x)=0$ 的结论．

10．利用定积分的定义做计算

由定积分的定义知 $\displaystyle\int_0^1 f(x)\,dx=\lim_{n\to\infty}\sum_{k=1}^{n}f\left(\frac{k}{n}\right)\cdot\frac{1}{n}$，我们通常将等式的右端称为积分和式的极限.当数列可化为（或等价于）一个积分和式时，用定积分来计算极限是较方便的.

例 52　求 $\lim\limits_{n\to\infty}\sin\dfrac{\pi}{n}\sum\limits_{k=1}^{n}\dfrac{1}{2+\cos\dfrac{k\pi}{n}}$.

分析　利用等价无穷小 $\sin\dfrac{\pi}{n}\sim\dfrac{\pi}{n}$，极限可表示为定积分.

解

$$\text{原式}=\lim_{n\to\infty}\frac{\pi}{n}\sum_{k=1}^{n}\frac{1}{2+\cos\dfrac{k\pi}{n}}=\pi\int_0^1\frac{\mathrm{d}x}{2+\cos\pi x}$$

$$=\pi\int_0^1\frac{\mathrm{d}x}{1+2\cos^2\dfrac{\pi x}{2}}=2\int_0^1\frac{\mathrm{d}\tan\dfrac{\pi x}{2}}{3+\tan^2\dfrac{\pi x}{2}}=\frac{2}{\sqrt{3}}\cdot\arctan\frac{\tan\dfrac{\pi x}{2}}{\sqrt{3}}\Bigg|_0^1=\frac{\pi}{\sqrt{3}}.$$

例 53　求极限 $\lim\limits_{n\to\infty}\dfrac{1}{n}\sqrt[n]{n(n+1)(n+2)\cdots(2n-1)}$.

分析　这是无穷乘积问题，取对数化为无穷和，容易看出用定积分定义计算很方便.

解　令 $a_n=\dfrac{1}{n}\sqrt[n]{n(n+1)(n+2)\cdots(2n-1)}=\sqrt[n]{\left(\dfrac{1}{n}+1\right)\left(\dfrac{2}{n}+1\right)\cdots\left(\dfrac{n-1}{n}+1\right)}$. 则

$$\ln a_n=\frac{1}{n}\sum_{k=1}^{n-1}\ln\left(1+\frac{k}{n}\right),$$

$$\lim_{n\to\infty}\ln a_n=\lim_{n\to\infty}\frac{1}{n}\sum_{k=1}^{n-1}\ln\left(1+\frac{k}{n}\right)=\int_0^1\ln(1+x)\,\mathrm{d}x=2\ln 2-1.$$

故

$$\lim_{n\to\infty}\frac{1}{n}\sqrt[n]{n(n+1)(n+2)\cdots(2n-1)}=\mathrm{e}^{2\ln 2-1}=\frac{4}{\mathrm{e}}.$$

例 54　求极限 $\lim\limits_{n\to\infty}\sqrt{n}\left(1-\sum\limits_{k=1}^{n}\dfrac{1}{n+\sqrt{k}}\right)$.

分析　各项分母均介于 n 到 $n+\sqrt{n}$ 之间，为统一分母，将它们做适当的放缩（取为 n 或 $n+\sqrt{n}$），极限式就可表示为定积分，利用夹逼原理就可求得极限.

解　记 $a_n=\sqrt{n}\left(1-\sum\limits_{k=1}^{n}\dfrac{1}{n+\sqrt{k}}\right)$，则

$$a_n=\sqrt{n}\sum_{k=1}^{n}\left(\frac{1}{n}-\frac{1}{n+\sqrt{k}}\right)=\frac{1}{\sqrt{n}}\sum_{k=1}^{n}\frac{\sqrt{k}}{n+\sqrt{k}}.$$

显然

$$\frac{1}{n+\sqrt{n}}\sum_{k=1}^{n}\sqrt{\frac{k}{n}}<\frac{1}{\sqrt{n}}\sum_{k=1}^{n}\frac{\sqrt{k}}{n+\sqrt{k}}<\frac{1}{n}\sum_{k=1}^{n}\sqrt{\frac{k}{n}}.$$

而

$$\lim_{n\to\infty}\frac{1}{n}\sum_{k=1}^{n}\sqrt{\frac{k}{n}}=\int_0^1\sqrt{x}\,\mathrm{d}x=\frac{2}{3},\quad \lim_{n\to\infty}\frac{1}{n+\sqrt{n}}\sum_{k=1}^{n}\sqrt{\frac{k}{n}}=\lim_{n\to\infty}\frac{n}{n+\sqrt{n}}\cdot\lim_{n\to\infty}\frac{1}{n}\sum_{k=1}^{n}\sqrt{\frac{k}{n}}=\frac{2}{3}.$$

由夹逼原理知 $\lim\limits_{n\to\infty}a_n=\dfrac{2}{3}$.

评注　（1）如果一个和式的各项均为分式，且分母中极限变量 n 的最高次幂项均相同，则任意取

舍各分母中的其余项（最高次幂项不变）不会改变和的极限. 该结论对我们运用夹逼原理很有帮助.

(2) 该题也可不用定积分，仅用夹逼原理来求极限，但要困难些，可参见第十一届全国大学生数学竞赛（非数学类）决赛试题解答.

例 55* 设 $A_n=\sum_{k=1}^{n}\frac{n}{n^2+k^2}$，求 $\lim_{n\to\infty}n\left(\frac{\pi}{4}-A_n\right)$.

分析 易知 $\lim_{n\to\infty}A_n=\lim_{n\to\infty}\sum_{k=1}^{n}\frac{1}{1+(k/n)^2}\frac{1}{n}=\int_0^1\frac{\mathrm{d}x}{1+x^2}=\frac{\pi}{4}$，所以会想到将所求极限转化为定积分来计算. 要将极限化为一个和式，就需要将 $\int_0^1\frac{\mathrm{d}x}{1+x^2}$ 也写成 n 项和，将点 $x_k=\frac{k}{n}$ 插入积分区间即可实现.

解 方法1 $\lim_{n\to\infty}A_n=\lim_{n\to\infty}\sum_{k=1}^{n}\frac{1}{1+\left(\frac{k}{n}\right)^2}\cdot\frac{1}{n}=\int_0^1\frac{\mathrm{d}x}{1+x^2}=\arctan x\big|_0^1=\frac{\pi}{4}$.

记 $f(x)=\frac{1}{1+x^2}$，$x_k=\frac{k}{n}\ (k=0,1,\cdots,n)$，则

$$A_n=\sum_{k=1}^{n}f(x_k)(x_k-x_{k-1})=\sum_{k=1}^{n}\int_{x_{k-1}}^{x_k}f(x_k)\,\mathrm{d}x.$$

再由 $\frac{\pi}{4}=\int_0^1 f(x)\,\mathrm{d}x=\sum_{k=1}^{n}\int_{x_{k-1}}^{x_k}f(x)\,\mathrm{d}x$，得

$$\lim_{n\to\infty}n\left(\frac{\pi}{4}-A_n\right)=\lim_{n\to\infty}n\sum_{k=1}^{n}\int_{x_{k-1}}^{x_k}[f(x)-f(x_k)]\,\mathrm{d}x$$

$$=\lim_{n\to\infty}n\sum_{k=1}^{n}\int_{x_{k-1}}^{x_k}f'(\xi_k)(x-x_k)\,\mathrm{d}x\quad(\text{微分中值定理}, \xi_k\in(x_{k-1},x_k)).$$

显然 $f'(x)$ 在区间 $[0,1]$ 上连续，记 m_k, M_k 分别是 $f'(x)$ 在区间 $[x_{k-1},x_k]$ 上的最小值与最大值，则 $\int_{x_{k-1}}^{x_k}f'(\xi_k)(x-x_k)\,\mathrm{d}x$ 介于 $m_k\int_{x_{k-1}}^{x_k}(x-x_k)\,\mathrm{d}x$ 与 $M_k\int_{x_{k-1}}^{x_k}(x-x_k)\,\mathrm{d}x$ 之间，所以 $\exists\eta_k\in(x_{k-1},x_k)$，使

$$\int_{x_{k-1}}^{x_k}f'(\xi_k)(x-x_k)\,\mathrm{d}x=f'(\eta_k)\int_{x_{k-1}}^{x_k}(x-x_k)\,\mathrm{d}x=-f'(\eta_k)\frac{1}{2}(x_k-x_{k-1})^2.$$

所以

$$\lim_{n\to\infty}n\left(\frac{\pi}{4}-A_n\right)=-\lim_{n\to\infty}n\sum_{k=1}^{n}f'(\eta_k)\frac{1}{2}(x_k-x_{k-1})^2=-\frac{1}{2}\lim_{n\to\infty}\sum_{k=1}^{n}f'(\eta_k)\frac{1}{n}$$

$$=-\frac{1}{2}\int_0^1 f'(x)\,\mathrm{d}x=-\frac{1}{2}f(x)\big|_0^1=\frac{1}{4}.$$

方法2 记 $f(x)=\arctan x$，$x_k=\frac{k}{n}\ (k=0,1,\cdots,n)$，则 $f(x_n)=\arctan 1=\frac{\pi}{4}$，$f(x_0)=\arctan 0=0$，由泰勒公式

$$f(x)=f(x_k)+f'(x_k)(x-x_k)+\frac{1}{2!}f''(\xi_k)(x-x_k)^2,$$

取 $x=x_{k-1}$，移项得

$$f(x_k)-f(x_{k-1})=f'(x_k)(x_k-x_{k-1})-\frac{1}{2!}f''(\xi_k)(x_k-x_{k-1})^2$$

$$=\frac{1}{1+\left(\frac{k}{n}\right)^2}\cdot\frac{1}{n}-\frac{1}{2}f''(\xi_k)\frac{1}{n^2}$$

$$=\frac{n}{n^2+k^2}-\frac{1}{2}f''(\xi_k)\frac{1}{n^2}\quad(x_{k-1}<\xi_k<x_k,\ k=1,2,\cdots,n).$$

上面 n 个等式相加得

$$\frac{\pi}{4}=\sum_{k=1}^{n}[f(x_k)-f(x_{k-1})]=\sum_{k=1}^{n}\left[\frac{n}{n^2+k^2}-\frac{1}{2}f''(\xi_k)\frac{1}{n^2}\right]=A_n-\frac{1}{2}\sum_{k=1}^{n}f''(\xi_k)\frac{1}{n^2}.$$

所以

$$\lim_{n\to\infty}n\left(\frac{\pi}{4}-A_n\right)=-\frac{1}{2}\lim_{n\to\infty}\sum_{k=1}^{n}f''(\xi_k)\frac{1}{n}=-\frac{1}{2}\int_0^1 f''(x)\,\mathrm{d}x$$

$$=-\frac{1}{2}f'(x)\Big|_0^1=-\frac{1}{2}\frac{1}{1+x^2}\Big|_0^1=\frac{1}{4}.$$

评注　(1) 该题仍属于极限 $\lim\limits_{n\to\infty}A_n=\frac{\pi}{4}$ 的加边问题，“方法 2”是将其中的函数 $f(x)=\arctan x$ 在点 x_k 的泰勒公式较“方法 1”多展开了一阶（拉格朗日中值定理是 0 阶泰勒公式），则更为简洁.

(2) 将该题中的 $f(x)$ 换为其他函数，可构造出更多形式的加边极限问题.

11. 利用级数做计算

级数的敛散性就是其部分和数列的敛散性，所以数列与级数的敛散性无法分割. 对某些形式（特别是无穷和形式）的数列极限借助于级数的相关知识来解决会更为方便.

例 56　求极限 $\lim\limits_{n\to\infty}\frac{n^3\ln(n!)}{a^n}\ (a>1)$.

分析　由于该分式分母增加的速度远比分子快，极限应该是 0，所以可利用收敛级数的通项必趋于 0 来判断.

解　考察级数 $\sum\limits_{n=1}^{\infty}\frac{n^3\ln(n!)}{a^n}$ 的收敛性. 记 $u_n=\frac{n^3\ln(n!)}{a^n}$，因为

$$\lim_{n\to\infty}\frac{u_{n+1}}{u_n}=\lim_{n\to\infty}\frac{(n+1)^3\ln\left[(n+1)!\right]}{a^{n+1}}\cdot\frac{a^n}{n^3\ln(n!)}$$

$$=\frac{1}{a}\lim_{n\to\infty}\left(\frac{n+1}{n}\right)^3\frac{\ln(n!)+\ln(n+1)}{\ln(n!)}=\frac{1}{a}<1,$$

级数 $\sum\limits_{n=1}^{\infty}\frac{n^3\ln(n!)}{a^n}$ 收敛，所以 $\lim\limits_{n\to\infty}\frac{n^3\ln(n!)}{a^n}=0$.

评注　该方法只适用于极限为 0 的数列，而且是收敛速度较快的情况（即级数要收敛）. 求该题的极限还有很多其他方法，如夹逼原理、单调有界原理等，读者可自行练习.

例 57　求 $\lim\limits_{n\to\infty}\left(\frac{1}{a}+\frac{2}{a^2}+\cdots+\frac{n}{a^n}\right)(a>1)$.

分析　因为所求极限为级数 $\sum\limits_{n=1}^{\infty}\frac{n}{a^n}$ 的和，所以可借助幂级数的和函数来计算.

解　令 $S(x)=\sum\limits_{n=1}^{\infty}nx^n\ (|x|<1)$，则

$$S(x)=x\left(\sum_{n=1}^{\infty}x^n\right)'=x\left(\frac{1}{1-x}\right)'=\frac{x}{(1-x)^2},$$

$$\lim_{n\to\infty}\left(\frac{1}{a}+\frac{2}{a^2}+\cdots+\frac{n}{a^n}\right)=S\left(\frac{1}{a}\right)=\frac{a}{(1-a)^2}.$$

评注 数列极限中，求无穷和形式的极限通常较为困难，解决这类问题没有普遍适用的方法，现将我们前面已涉及的方法罗列如下（读者要善于总结不同方法所适用的对象）：

（1）做初等运算，将和式化为有限运算形式，再求极限；

（2）对和式做放缩，用夹逼原理求极限；

（3）用施笃兹定理求极限；

（4）化为定积分计算；

（5）利用幂级数的和函数计算.

例 58 设 $x_1=1$，$x_2=4$，$x_n=\dfrac{x_{n-1}+x_{n-2}}{2}(n\geqslant 3)$，求 $\lim\limits_{n\to\infty}x_n$.

分析 该题采用递推公式两边同时取极限的方法无法算得极限. 从几何上看，点 x_n 是 x_{n-1} 与 x_{n-2} 的中点，所以 x_n 与 x_{n-1} 的距离是 x_{n-1} 与 x_{n-2} 距离的一半，这样就可得到数列 $\{x_n-x_{n-1}\}$ 的一阶递推式，从而解出 x_n.

解 $x_k-x_{k-1}=-\dfrac{1}{2}(x_{k-1}-x_{k-2})=\left(-\dfrac{1}{2}\right)^2(x_{k-2}-x_{k-3})=\cdots=\left(-\dfrac{1}{2}\right)^{k-2}(x_2-x_1)=3\left(-\dfrac{1}{2}\right)^{k-2}$.

k 从 2 到 n 各式相加得

$$x_n-x_1=\sum_{k=2}^{n}(x_k-x_{k-1})=3\left[1-\frac{1}{2}+\frac{1}{2^2}+\cdots+\left(-\frac{1}{2}\right)^{n-2}\right],$$

所以

$$\lim_{n\to\infty}x_n=\sum_{n=2}^{\infty}3\left(-\frac{1}{2}\right)^{n-2}+x_1=\frac{3}{1+\frac{1}{2}}+1=3.$$

评注 该题的关键是得到了数列 $\{x_n-x_{n-1}\}$ 的一阶递推式.

例 59* 设数列 $\{a_n\}$ 满足：$a_1=1$，$a_{n+1}=\dfrac{a_n}{(n+1)(a_n+1)}(n\geqslant 1)$. 求极限 $\lim\limits_{n\to\infty}n!a_n$.

分析 考察 $\dfrac{1}{a_{n+1}}$，容易得到其一阶递推式，从而得到 a_n 的表达式，极限也就容易计算了.

解 利用归纳法易知 $a_n>0\,(n\geqslant 1)$. 由于

$$\begin{aligned}\frac{1}{a_{n+1}}&=(n+1)\left(1+\frac{1}{a_n}\right)=(n+1)+(n+1)\frac{1}{a_n}\\&=(n+1)+(n+1)\left(n+n\frac{1}{a_{n-1}}\right)=(n+1)+(n+1)n+(n+1)n\frac{1}{a_{n-1}}\\&=(n+1)+(n+1)n+(n+1)n(n-1)+(n+1)n(n-1)\frac{1}{a_{n-2}}\\&=\cdots=(n+1)!\left(\sum_{k=1}^{n}\frac{1}{k!}+\frac{1}{a_1}\right)=(n+1)!\sum_{k=0}^{n}\frac{1}{k!}.\end{aligned}$$

因此

$$\lim_{n\to\infty}n!a_n=\lim_{n\to\infty}\left(\sum_{k=0}^{n-1}\frac{1}{k!}\right)^{-1}=\mathrm{e}^{-1}.$$

例 60　已知 $x_0=1$，$x_1=\dfrac{1}{x_0^3+4}$，…，$x_{n+1}=\dfrac{1}{x_n^3+4}$. 求证：

（1）数列 $\{x_n\}$ 收敛；

（2）$\{x_n\}$ 的极限值 a 是方程 $x^4+4x-1=0$ 的唯一正根.

分析　易看出数列 $\{x_n\}$ 不单调，所以不便用单调有界原理. 但容易证明级数 $\sum\limits_{n=0}^{\infty}(x_{n+1}-x_n)$ 绝对收敛，从而得到数列 $\{x_n\}$ 收敛.

证明　（1）易知 $0<x_n<1$，且有

$$\begin{aligned}|x_{n+1}-x_n|&=\left|\frac{1}{x_n^3+4}-\frac{1}{x_{n-1}^3+4}\right|=\frac{|x_n^3-x_{n-1}^3|}{(x_n^3+4)(x_{n-1}^3+4)}\\&<\frac{|x_n-x_{n-1}||x_n^2+x_nx_{n-1}+x_{n-1}^2|}{4^2}<\frac{3|x_n-x_{n-1}|}{16}\\&<\left(\frac{3}{16}\right)^2|x_{n-1}-x_{n-2}|<\cdots<\left(\frac{3}{16}\right)^n|x_1-x_0|=\frac{4}{5}\left(\frac{3}{16}\right)^n.\end{aligned}$$

因为 $\sum\limits_{n=0}^{\infty}\left(\dfrac{3}{16}\right)^n$ 收敛，所以 $\sum\limits_{n=0}^{\infty}(x_{n+1}-x_n)$ 收敛（绝对收敛），其部分和为 $S_n=x_{n+1}-x_0$. 故 $\{x_n\}$ 收敛.

（2）令 $\lim\limits_{n\to\infty}x_n=a$，由 $0<x_n<1$，知 $0\leqslant a\leqslant 1$.

由 $x_{n+1}=\dfrac{1}{x_n^3+4}$ 取极限得 $a=\dfrac{1}{a^3+4}$. 显然 $a\neq 0$，所以 a 是方程 $x^4+4x-1=0$ 的正根.

再由 $(x^4+4x-1)'=4x^3+4>0$，$x\in[0,1]$，知 $f(x)=x^4+4x-1$ 在 $[0,1]$ 上严格单调递增，故根唯一.

评注　（1）数列 $\{x_n\}$ 与级数 $\sum\limits_{n=1}^{\infty}(x_{n+1}-x_n)$ 有相同的敛散性. 要善于利用两者间的相互转化.

（2）该题还可用以下两种方法证明有极限：

① 数列的偶数项单调递减，奇数项单调递增. 用单调有界原理判定其奇、偶数项均有极限，再说明两极限相同；

② 利用介值定理及函数的单调性说明方程 $x^4+4x-1=0$ 在区间 $(0,1)$ 内有唯一根，设为 a. 则有

$$|x_n-a|=\left|\frac{1}{x_{n-1}^3+4}-\frac{1}{a^3+4}\right|=\frac{(a-x_{n-1})(a^2+ax_{n-1}+x_{n-1}^2)}{(x_{n-1}^3+4)(a^3+4)}<\frac{3}{16}|x_{n-1}-a|<\cdots<\left(\frac{3}{16}\right)^{n-1}|x_1-a|\to 0\ (n\to\infty).$$

习题 1.2

习题 1.2 答案

1. 求下列极限.

（1）$\lim\limits_{n\to\infty}\left[\dfrac{3}{1^2\times 2^2}+\dfrac{5}{2^2\times 3^2}+\cdots+\dfrac{2n+1}{n^2\times(n+1)^2}\right]$；

（2）$\lim\limits_{n\to\infty}\dfrac{(1+x)}{x}\cdot\dfrac{(1+x^2)}{x^2}\cdot\dfrac{(1+x^4)}{x^4}\cdot\cdots\cdot\dfrac{(1+x^{2^n})}{x^{2^n}}(x\neq 0,1)$；

（3）$\lim\limits_{n\to\infty}\left(\dfrac{2^3-1}{2^3+1}\cdot\dfrac{3^3-1}{3^3+1}\cdot\dfrac{4^3-1}{4^3+1}\cdot\cdots\cdot\dfrac{n^3-1}{n^3+1}\right)$.

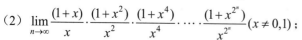

2. 求下列极限.

（1）$\lim\limits_{x\to\infty}\dfrac{e^x-x\arctan x}{e^x+x}$；（2）$\lim\limits_{x\to 0}\left(\dfrac{2+e^{1/x}}{1+e^{4/x}}+\dfrac{\sin x}{|x|}\right)$.

3. 计算极限 $\lim\limits_{x\to\infty}\sum\limits_{k=0}^{n}(-1)^k C_n^k\sqrt{x^2+k}$.

4. 设数列 $\{x_n\}$ 满足 $x_1=\sqrt{5}$，$x_{n+1}=x_n^2-2\,(n=1,2,\cdots)$，求 $\lim\limits_{n\to\infty}\dfrac{x_1x_2\cdots x_n}{x_{n+1}}$.

5*. 设 $f,g:\mathbb{R}\to\mathbb{R}$ 是周期函数，周期分别为 a,b，且满足 $\lim\limits_{x\to 0}\dfrac{f(x)}{x}=u$，$\lim\limits_{x\to 0}\dfrac{g(x)}{x}=v\neq 0$. 证明 $\lim\limits_{n\to\infty}\dfrac{f\left((3+\sqrt{7})^n a\right)}{g\left((2+\sqrt{2})^n b\right)}$ 存在，并求该极限.

6*. 设 $[x]$ 为不超过 x 的最大整数，记 $\{x\}=x-[x]$. 求极限 $\lim\limits_{n\to\infty}\{(2+\sqrt{3})^n\}$.

7. 求下列极限.

（1）$\lim\limits_{x\to+\infty}[\cos\ln(1+x)-\cos\ln x]$；（2）$\lim\limits_{x\to 0^+}x\ln x\ln\left[(1+\sin x+\cos^2 x)/(1-\sin x)\right]$.

8. 已知 $\lim\limits_{x\to 0}\left(1-x+\dfrac{f(x)}{x^2}\right)^{\frac{1}{x}}=e$，求 $\lim\limits_{x\to 0}\dfrac{f(x)}{x^3}$.

9. 求下列极限.

（1）$\lim\limits_{x\to 0}\dfrac{\ln\left(e^{\sin x}+\sqrt[3]{1-\cos x}\right)-\sin x}{\arctan\left(4\sqrt[3]{1-\cos x}\right)}$；（2）$\lim\limits_{x\to\frac{\pi}{2}}\dfrac{(1-\sqrt{\sin x})(1-\sqrt[3]{\sin x})\cdots(1-\sqrt[n]{\sin x})}{(1-\sin x)^{n-1}}$；

（3）$\lim\limits_{x\to 0}\dfrac{(4+\sin x)^x-4^x}{\sqrt{\cos x}-1}$；（4）$\lim\limits_{x\to+\infty}\dfrac{\left[(x+1)^{1/x}-x^{1/x}\right]x^2\ln^2 x}{x^{x^{1/x}}-x}$；（5）$\lim\limits_{n\to\infty}\left(\cos\pi\sqrt{1+4n^2}\right)^{n^2}$.

10. 设 $f(x)$和$g(x)$ 在 $x=0$ 的某一邻域 U 内有定义，对任意 $x\in U, f(x)\neq g(x)$，且 $\lim\limits_{x\to 0}f(x)=\lim\limits_{x\to 0}g(x)=a>0$，求 $\lim\limits_{x\to 0}\dfrac{[f(x)]^{g(x)}-[g(x)]^{g(x)}}{f(x)-g(x)}$.

11. 设 $F(x)=\left(\dfrac{a_1^x+a_2^x+\cdots+a_n^x}{n}\right)^{\frac{1}{x}}$，$a_1,a_2,\cdots,a_n$ 都是正数，求下列极限.

（1）$\lim\limits_{x\to+\infty}F(x)$；（2）$\lim\limits_{x\to-\infty}F(x)$；（3）$\lim\limits_{x\to 0}F(x)$.

12. 求下列极限.

（1）$\lim\limits_{n\to\infty}\sqrt[n]{1+\sqrt{2+\sqrt[3]{3+\cdots+\sqrt[n]{n}}}}$；（2）$\lim\limits_{n\to\infty}(n!)^{\frac{1}{n^2}}$；（3）$\lim\limits_{n\to\infty}\sum\limits_{k=1}^{n}\dfrac{n+k}{n^2+k}$；

（4）$\lim\limits_{n\to\infty}\sqrt[n]{\sum\limits_{k=1}^{n}\dfrac{1}{\sqrt[k]{k}}}$；（5）$\lim\limits_{n\to\infty}\dfrac{(2n-1)!!}{(2n)!!}$；（6）$\lim\limits_{n\to\infty}(n!e-[n!e])$. 其中 $[\cdot]$ 为取整函数.

13*. 设 $f_1(x)=x$，$f_2(x)=x^x$，$f_3(x)=x^{x^x}$，…，$f_n(x)=x^{x^{\cdot^{\cdot^{x}}}}\}$共$n$个. 求极限 $\lim\limits_{x\to 0^+}f_n(x)$.

14. 设 $x_1=2$，$x_2=2+\dfrac{1}{x_1}$，…，$x_{n+1}=2+\dfrac{1}{x_n}$，…，证明 $\lim\limits_{n\to\infty}x_n$ 存在；记 $\lim\limits_{n\to\infty}x_n=A$，求

$\lim\limits_{n\to\infty} 4^n(x_n - A)$.

15*. 设 $x_1 = 2023$，$x_n^2 - 2(x_n+1)x_{n+1} + 2023 = 0\ (n=1,2,\cdots)$，证明 $\lim\limits_{n\to\infty} x_n$ 存在，并求其值.

16. 已知 $x_1 = \dfrac{\pi}{2023}, y_1 = \dfrac{\pi}{2022}$，且 $x_{n+1} = \sin x_n$，$y_{n+1} = \sin y_n\ (n=1,2,\cdots)$，求 $\lim\limits_{n\to\infty}\dfrac{x_n}{y_n}$.

17*. 设函数 $f:[0,+\infty)\to\mathbb{R}$，且满足 $x = f(x)\mathrm{e}^{f(x)}$，证明 $\lim\limits_{x\to+\infty}\dfrac{f(x)}{\ln x}$ 存在，并求极限.

18. 设 $x_1 > 0$，$x_{n+1} = 1 - \mathrm{e}^{-x_n}\ (n=1,2,\cdots)$，证明 $\lim\limits_{n\to\infty} x_n$ 存在，并求其值.

19. 设 $x_1 = -1$，$4x_nx_{n+1} + 3x_n + x_{n+1} + 1 = 0\ (n=1,2,\cdots)$，证明数列 $\{x_n\}$ 收敛，并求极限 $\lim\limits_{n\to\infty} x_n$.

20. 设数列 $\{x_n\}$ 满足 $0 < x_1 < \pi$，$x_{n+1} = \sin x_n\ (n=1,2,\cdots)$，求 $\lim\limits_{n\to\infty}\left(\dfrac{x_{n+1}}{\tan x_n}\right)^{\frac{1}{x_n^2}}$.

21*. 设 $x_1 = \dfrac{1}{1}$，$x_2 = \dfrac{1}{1+\dfrac{1}{1}}$，$x_3 = \dfrac{1}{1+\dfrac{1}{1+\dfrac{1}{1}}}$，$\cdots$. 求 $\lim\limits_{n\to\infty} x_n$.

22. 设 $x_{n+1} = x_n(2 - Ax_n)\ (n=0,1,2,\cdots)$，其中 $A>0$. 确定初始值 x_0，使得 $\{x_n\}$ 收敛.

23. 设曲线 $y=f(x)$ 在原点与 $y=\sin x$ 相切，试求极限 $\lim\limits_{n\to\infty} n^{\frac{1}{2}}\sqrt{f\left(\dfrac{2}{n}\right)}$.

24. 设函数 $f(x)>0$，在 $x=a$ 处可导，试求 $\lim\limits_{n\to\infty}\left[\dfrac{f(a+1/n)}{f(a-1/n)}\right]^n$.

25. 设 $y=y(x)$ 是由方程 $\arctan xy + \mathrm{e}^{2y}(\cos x + \sin x) = 1$ 确定的隐函数，求 $\lim\limits_{x\to0}\left(\dfrac{1-y(x)}{1+y(x)}\right)^{1/x}$.

26. 求下列极限.

（1）$\lim\limits_{x\to+\infty} x^2 \ln\dfrac{\arctan(x+1)}{\arctan x}$；（2）$\lim\limits_{x\to0}\dfrac{\tan(\tan x) - \tan(\sin x)}{\sqrt{1+x-\frac{1}{2}x^2} - \sqrt{1+\ln(1+x)}}$.

27. 如图 1.2 所示，弦 PQ 所对的圆心角为 θ，设 $A(\theta)$ 是弦 PQ 与弧 PQ 之间的面积，$B(\theta)$ 是切线长 PR、QR 与弧之间的面积，求极限 $\lim\limits_{\theta\to0^+}\dfrac{A(\theta)}{B(\theta)}$.

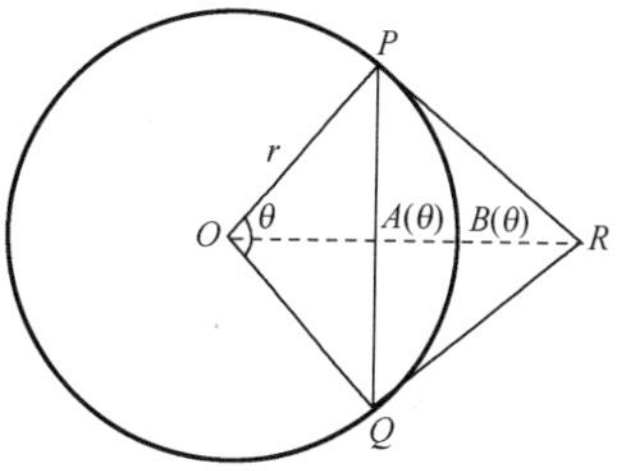

图 1.2

28. 求下列极限.

（1）$\lim\limits_{x\to0}\left(\dfrac{1}{x^2} - \cot^2 x\right)$；（2）$\lim\limits_{x\to\frac{\pi}{2}}\dfrac{1-\sin^{\alpha+\beta}x}{\sqrt{(1-\sin^{\alpha}x)(1-\sin^{\beta}x)}}$；

（3）$\lim\limits_{x\to+\infty}\left[\left(x^3 + \dfrac{x}{2} - \tan\dfrac{1}{x}\right)\mathrm{e}^{1/x} - \sqrt{1+x^6}\right]$.

29. 确定 a,b 的值，使当 $x\to0$ 时，$f(x) = \mathrm{e}^x - \dfrac{1+ax}{1+bx}$ 为 x 的三阶无穷小.

30*. 设数列 $\{a_n\}$ 满足 $\lim\limits_{n\to\infty}(2a_n + a_{n-1}) = 0$，证明：$\lim\limits_{n\to\infty} a_n = 0$.

31*. 设 $f(x)$ 在区间 $[0,a]$ 上有二阶连续导数， $f'(0)=1$ ， $f''(0)\neq 0$ ，且 $0<f(x)<x$，$x\in(0,a)$. 令 $x_{n+1}=f(x_n)$，$x_1\in(0,a)$.

（1）证明 $\{x_n\}$ 收敛并求极限；

（2）试问 $\{nx_n\}$ 是否收敛？若不收敛，说明理由；若收敛，求其极限.

32*. 设 $x_1>0$ ， $x_{n+1}=\arctan x_n\ (n=1,2,\cdots)$ ，证明 $\lim\limits_{n\to\infty}\sqrt{\dfrac{2n}{3}}\,x_n=1$.

33*. 设 $0<\lambda<1$，$x_n>0$，且 $\lim\limits_{n\to\infty}x_n=a$ ，求 $\lim\limits_{n\to\infty}(x_n+\lambda x_{n-1}+\cdots+\lambda^n x_0)$.

34*. 设 m 为正整数， $I_n=\dfrac{1^m+2^m+\cdots+n^m}{n^m}-\dfrac{n}{m+1}$ ，求 $\lim\limits_{n\to\infty}I_n$.

35*. 设 $x_n=\sum\limits_{k=1}^{n}\dfrac{\mathrm{e}^{k^2}}{k}$，$y_n=\int_0^n \mathrm{e}^{x^2}\,\mathrm{d}x$ ，求 $\lim\limits_{n\to\infty}\dfrac{x_n}{y_n}$.

36*. 设 $f(x)$ 在 $(-1,1)$ 内三阶连续可导，满足 $f(0)=0$ ， $f'(0)=1$ ， $f''(0)=0$ ， $f'''(0)=-1$ ；又设数列 $\{a_n\}$ 满足 $a_1\in(0,1)$ ， $a_{n+1}=f(a_n)\ (n=1,2,\cdots)$ 严格单调递减且 $\lim\limits_{n\to\infty}a_n=0$. 计算 $\lim\limits_{n\to\infty}na_n^2$.

37. 求下列极限.

（1） $\lim\limits_{n\to\infty}\dfrac{n^2}{\ln^2 n}\left(\sqrt[n]{n}-1-\dfrac{n}{\ln n}\right)$ ；

（2） $\lim\limits_{x\to\infty}\mathrm{e}^{-x}\left(1+\dfrac{1}{x}\right)^{x^2}$ ；

（3） $\lim\limits_{x\to 0}\dfrac{\cos x-\mathrm{e}^{-\frac{x^2}{2}}+\dfrac{x^4}{12}}{\sin^6 x}$ ；

（4） $\lim\limits_{x\to 0^+}\dfrac{x^{\sin x}-(\sin x)^x}{x^{\sin x}-(\operatorname{sh} x)^x}$.

38. 当 $x\to 0$ 时，$f(x)=\sqrt[5]{x^2+\sqrt[3]{x}}-\sqrt[3]{x^2+\sqrt[5]{x}}$ 是关于 x 的几阶无穷小？

39. 已知 $\lim\limits_{x\to 0}\dfrac{(1+x)^{\frac{1}{x}}-(A+Bx+Cx^2)}{x^3}=D\neq 0$，求常数 A,B,C,D.

40. 求非零常数 A 与 a 的值，使 $\lim\limits_{x\to\infty}x^a\left[(2x+1)\arcsin\dfrac{1}{2x+1}-(x+1)\arcsin\dfrac{1}{x+1}\right]=A$.

41. 求下列极限.

（1） $\lim\limits_{n\to\infty}\sum\limits_{k=1}^{n}\sin\left(\dfrac{1}{n+k}\right)$；

（2） $\lim\limits_{n\to\infty}\sum\limits_{k=1}^{n}\ln\dfrac{n+k}{n+k+1}$ ；

（3） $\lim\limits_{n\to\infty}\sum\limits_{k=1}^{n-1}\left(1+\dfrac{k}{n}\right)\sin\left(\dfrac{k\pi}{n^2}\right)$ ；

（4） $\lim\limits_{n\to\infty}\dfrac{1+\sqrt{2}+\cdots+\sqrt{n}}{\sqrt{n+1}+\sqrt{n+2}+\cdots+\sqrt{n+n}}$ ；

（5） $\lim\limits_{n\to\infty}\dfrac{(n^2+1)(n^2+2)\cdots(n^2+n)}{(n^2-1)(n^2-2)\cdots(n^2-n)}$.

42. 求下列极限.

（1） $\lim\limits_{n\to\infty}\sum\limits_{k=1}^{n}\dfrac{\mathrm{e}^{\frac{k}{n}}}{n+\frac{1}{k}}$ ；

（2） $\lim\limits_{n\to\infty}\sum\limits_{i=1}^{n}\dfrac{1}{n+\dfrac{k^2+1}{n}}$ ；

（3） $\lim\limits_{n\to\infty}\sum\limits_{k=1}^{n}\dfrac{\sqrt{kn-1}}{kn}$ ；

（4*） $\lim\limits_{n\to\infty}\left(\dfrac{1}{n}-\sin\dfrac{1}{n}\right)^{\frac{1}{3}}\sqrt[n]{n!}$.

43. 设 $x_n = 1 + \frac{1}{\sqrt{2}} + \cdots + \frac{1}{\sqrt{n}} - 2\sqrt{n}$，证明数列 $\{x_n\}$ 收敛.

44. 设 $a_n = (1+x)(1+x^2)\cdots(1+x^n)\ (0 < x < 1)$，证明极限 $\lim\limits_{n\to\infty} a_n$ 存在.

45. 求下列极限.

（1）$\lim\limits_{n\to\infty} \frac{5^n n!}{(2n)^n}$；　　（2）$\lim\limits_{n\to\infty} \left[\frac{1}{2!} + \frac{2}{3!} + \cdots + \frac{n}{(n+1)!}\right]$.

46. 设 $x_1 = 1$，$x_2 = 2$，且 $x_{n+2} = \sqrt{x_{n+1} \cdot x_n}\quad (n = 1, 2, \cdots)$，求 $\lim\limits_{n\to\infty} x_n$.

47. 序列 $x_0, x_1, x_2, \cdots$ 由下列条件定义：$x_0 = a$，$x_1 = b$，$x_{n+1} = \frac{x_{n-1} + (2n-1)x_n}{2n}$，$n \geqslant 1$. 这里 a 与 b 是已知数，试用 a 与 b 表示 $\lim\limits_{x\to\infty} x_n$.

1.3　连续

连续的概念：

$f(x)$ 在点 x_0 连续 $\Leftrightarrow \lim\limits_{x\to x_0} f(x) = f(x_0) \Leftrightarrow \lim\limits_{\Delta x\to 0} \Delta y = \lim\limits_{\Delta x\to 0} [f(x_0 + \Delta x) - f(x_0)] = 0$.

间断点的分类：

- **间断点 x_0**
  - **第一类间断点**（$f(x_0-0)$，$f(x_0+0)$ **均存在**）
    - **可去间断点**：$f(x_0-0) = f(x_0+0)$，$\lim\limits_{x\to x_0} f(x)$，**存在**
    - **跳跃间断点**：$f(x_0-0) \neq f(x_0+0)$
  - **第二类间断点**（**非第一类**）
    - **无穷间断点**：$f(x_0-0) = \infty$ **或** $f(x_0+0) = \infty$
    - **振荡间断点**：$\lim\limits_{x\to x_0} f(x)$，不存在$(=\infty)$

函数的连续性是微积分的重要基础. 连续函数有许多良好的性质，它为问题的研究带来方便. 例如，函数在连续点局部有界、局部保号，这对我们做出某些判断很有帮助；连续函数符号与极限符号可交换，这对极限的计算十分方便；闭区间上的连续函数具有良好的整体性质，如有界性定理、最值定理、介值定理和一致连续定理均成立. 连续是函数可微的必要条件，是可积的充分条件，函数的很多性质都与其连续性有关.

例 1　设 $f(x) = \lim\limits_{n\to\infty} \frac{\ln(e^n + x^n)}{n}(x > 0)$，讨论 $f(x)$ 在定义域内是否连续.

分析　求出极限，得到函数的显表达式，再讨论其连续性.

解　当 $0 < x \leqslant e$ 时，有

$$f(x) = \lim_{n\to\infty} \frac{\ln(e^n + x^n)}{n} = \lim_{n\to\infty} \frac{\ln e^n\left(1 + \frac{x^n}{e^n}\right)}{n} = \lim_{n\to\infty} \frac{n + \ln\left[1 + \left(\frac{x}{e}\right)^n\right]}{n} = 1.$$

当 $x > e$ 时，有

$$f(x) = \lim_{n\to\infty} \frac{\ln(e^n + x^n)}{n} = \lim_{n\to\infty} \frac{\ln x^n\left(\frac{e^n}{x^n} + 1\right)}{n} = \lim_{n\to\infty} \frac{n\ln x + \ln\left[\left(\frac{e}{x}\right)^n + 1\right]}{n} = \ln x,$$

得

$$f(x)=\begin{cases}1, & 0<x\leqslant \mathrm{e}\\ \ln x, & x>\mathrm{e}\end{cases}.$$

又 $\lim\limits_{x\to \mathrm{e}^-} f(x)=1$，$\lim\limits_{x\to \mathrm{e}^+} f(x)=\lim\limits_{x\to \mathrm{e}^+}\ln x=1$，则 $\lim\limits_{x\to \mathrm{e}} f(x)=1=f(\mathrm{e})$，所以 $f(x)$ 在 $x=\mathrm{e}$ 处连续.

显然，$f(x)$ 在 $0<x<\mathrm{e}$ 与 $x>\mathrm{e}$ 内是连续的，所以 $f(x)$ 在其定义域 $x>0$ 内连续.

例 2　已知 $f(x)$ 是三次多项式，且有 $\lim\limits_{x\to 2a}\dfrac{f(x)}{x-2a}=\lim\limits_{x\to 4a}\dfrac{f(x)}{x-4a}=1$，求 $\lim\limits_{x\to 3a}\dfrac{f(x)}{x-3a}$.

分析　由已知的两个极限式就可确定 $f(x)$ 的两个一次因子以及两个待定系数，所以 $f(x)$ 就完全确定了.

解　由已知，有 $\lim\limits_{x\to 2a} f(x)=\lim\limits_{x\to 4a} f(x)=0$，由 $f(x)$ 处处连续，知 $f(2a)=f(4a)=0$.

所以

$$f(x)=(Ax+B)(x-2a)(x-4a),$$

$$\lim_{x\to 2a}\frac{f(x)}{x-2a}=\lim_{x\to 2a}(Ax+B)(x-4a)=(2aA+B)(-2a)=1,$$

$$\lim_{x\to 4a}\frac{f(x)}{x-4a}=\lim_{x\to 4a}(Ax+B)(x-2a)=(4aA+B)(2a)=1.$$

解得 $A=\dfrac{1}{2a^2}$，$B=-\dfrac{3}{2a}$. 从而有

$$\lim_{x\to 3a}\frac{f(x)}{x-3a}=\lim_{x\to 3a}\frac{\frac{1}{2a^2}(x-3a)(x-2a)(x-4a)}{x-3a}=-\frac{1}{2}.$$

例 3　设 $f(x)$ 在区间 $(0,1)$ 有定义，且 $\mathrm{e}^x f(x)$ 与 $\mathrm{e}^{-f(x)}$ 在 $(0,1)$ 上都是单调递增函数，证明 $f(x)$ 在 $(0,1)$ 内连续.

分析　由于单调函数在其定义区间内的任一点都具有左、右极限，所以只需考察 $f(x)$ 在任意点 $x_0\in(0,1)$ 的左、右连续性.

证明　对于 $x_0\in(0,1)$，当 $x_0<x<1$ 时，因为 $\mathrm{e}^x f(x)$ 单调递增，故有

$$\mathrm{e}^{x_0} f(x_0)\leqslant \mathrm{e}^x f(x)\Rightarrow \mathrm{e}^{x_0-x} f(x_0)\leqslant f(x).$$

因为 $\mathrm{e}^{-f(x)}$ 单调递增，故有

$$\mathrm{e}^{-f(x_0)}\leqslant \mathrm{e}^{-f(x)}\Rightarrow \frac{1}{\mathrm{e}^{f(x_0)}}\leqslant\frac{1}{\mathrm{e}^{f(x)}}\Rightarrow f(x_0)\geqslant f(x).$$

从而有

$$\mathrm{e}^{x_0-x} f(x_0)\leqslant f(x)\leqslant f(x_0).$$

令 $x\to x_0^+$，取极限得 $f(x_0+0)=f(x_0)$，说明 $f(x)$ 在点 x_0 右连续.

同理，当 $0<x<x_0$ 时，可证得 $f(x)$ 在点 x_0 左连续.

因此，$f(x)$ 在点 x_0 处连续. 由点 x_0 在 $(0,1)$ 中的任意性，知 $f(x)$ 在 $(0,1)$ 内连续.

评注　单调性给出了函数值的大小关系，要得到极限等式（极限值等于函数值），自然会想到夹逼原理.

例 4　讨论下面函数的连续性，若有间断点，则指出其类型.

$$f(x)=\begin{cases}\dfrac{x(2x+\pi)}{2\cos x}, & x\leqslant 0,\\[2mm] \sin\dfrac{1}{x^2-1}, & x>0.\end{cases}$$

分析　函数没定义的点一定是间断点；分段点也可能出现间断，需讨论左、右连续性.

解　函数在 $x=1$ 以及 $-k\pi-\dfrac{\pi}{2}$ $(k=0, 1, 2,\cdots)$ 处都没定义，所以这些点都是间断点.

在分段点 x=0 处，$f(+0)=-\sin 1$，$f(-0)=0$，所以 $x=0$ 为第一类跳跃间断点；

而 $\lim\limits_{x\to 1} f(x)=\lim\limits_{x\to 1}\sin\dfrac{1}{x^2-1}$ 不存在，所以 $x=1$ 为第二类振荡间断点；

$\lim\limits_{x\to -\frac{\pi}{2}}\dfrac{x(2x+\pi)}{2\cos x}=-\dfrac{\pi}{2}$，所以 $x=-\dfrac{\pi}{2}$ 为第一类可去间断点；

$\lim\limits_{x\to -k\pi-\frac{\pi}{2}}\dfrac{x(2x+\pi)}{2\cos x}=\infty$ $(k=1,2,\ \cdots)$，所以 $x=-k\pi-\dfrac{\pi}{2}$ 为第二类无穷间断点.

例 5　设 f 在 (a,b) 内每一点处的左、右极限都存在，又 $\forall x,y\in(a,b)$，有

$$f\left(\frac{x+y}{2}\right)\leqslant\frac{1}{2}\left[f(x)+f(y)\right],$$

证明 f 在 (a,b) 内连续.

分析　只需证明 f 在 (a,b) 内任一点的左、右极限都与其函数值相等.

证明　$\forall x_0\in(a,b)$，记 $f(x_0-0)=A^-$，$f(x_0+0)=A^+$.

下面证明 $A^-=A^+=f(x_0)$.

在所给不等式中，令 $x=x_0$，分别取 $y\to x_0^-$ 与 $y\to x_0^+$，得

$$\begin{cases}A^-\leqslant\dfrac{1}{2}f(x_0)+\dfrac{1}{2}A^-,\\[2mm] A^+\leqslant\dfrac{1}{2}f(x_0)+\dfrac{1}{2}A^+.\end{cases}\Rightarrow\begin{cases}A^-\leqslant f(x_0),\\ A^+\leqslant f(x_0).\end{cases} \qquad ①$$

在所给不等式中，又令 $x=x_0-h,\ y=x_0+h$，取 $h\to 0^+$ 得

$$f(x_0)\leqslant\frac{1}{2}(A^-+A^+). \qquad ②$$

由①，②式可得 $A^-=A^+=f(x_0)$. 由 x_0 的任意性知 f 在 (a,b) 内连续.

评注　该题的等价命题：区间 I 上的凸（凹）函数不可能有第一类间断点.

例 6　设 $f\in C[a,+\infty)$，并且 $\lim\limits_{x\to+\infty}f(x)$ 存在，证明 f 在 $[a,+\infty)$ 上有界.

分析　由 $\lim\limits_{x\to+\infty}f(x)$ 存在，知 $\exists X>0$，$f(x)$ 在 $(X,+\infty)$ 内有界；$f(x)$ 在 $[a,X]$ 上显然有界. 从而问题得到解决.

证明　若 $\lim\limits_{x\to+\infty}f(x)$ 存在，不妨设 $\lim\limits_{x\to+\infty}f(x)=a$.

对 $\varepsilon=1$，$\exists X>0$，当 $x>X$ 时，有 $|f(x)-a|<1$. 所以，在 $(X,+\infty)$ 内，有 $|f(x)|<|a|+1$.

又 $f(x)$ 在 $[a,X]$ 上连续，故 $f(x)$ 在 $[a,X]$ 上有界，即 $\exists M_1>0$，使 $|f(x)|<M_1$.

取 $M=\max\{M_1,|a|+1\}$，则 $\forall x\in[a,+\infty)$，有 $|f(x)|<M$.

评注　一般情况，若 $f(x)\in C(a,b)$，且 $\lim\limits_{x\to a^+}f(x)$，$\lim\limits_{x\to b^-}f(x)$ 均存在，则 $f(x)$ 在区间 (a,b) 内一定有界，其中 (a,b) 可以为无穷区间 $(-\infty,+\infty)$.

例 7　设函数 $f(x)$ 在 $[a,b]$ 上连续，且 $a<c<d<b$，证明在 (a,b) 内至少存在一个 ξ，使得 $pf(c)+qf(d)=(p+q)f(\xi)$. 其中 p,q 为任意正常数.

分析　只需证明 $\dfrac{pf(c)+qf(d)}{p+q}$ 介于函数 $f(x)$ 的最小值与最大值之间.

证明　**方法 1**　因为 $f(x)$ 在 $[a,b]$ 上连续，则 $f(x)$ 在 $[a,b]$ 上有最大值 M、最小值 m，即有

$$m\leqslant f(x)\leqslant M$$

又 $c,d\in[a,b]$，且 $p,q>0$，所以

$$pm\leqslant pf(c)\leqslant pM,\ qm\leqslant qf(d)\leqslant qM$$
$$\Rightarrow (p+q)m\leqslant pf(c)+qf(d)\leqslant (p+q)M,$$
$$\Rightarrow m\leqslant \frac{pf(c)+qf(d)}{p+q}\leqslant M,$$

由介值定理，知在$[a,b]$内至少存在一个ξ，使得

$$f(\xi)=\frac{pf(c)+qf(d)}{p+q}\quad 即\quad pf(c)+qf(d)=(p+q)f(\xi).$$

方法 2 令$F(x)=(p+q)f(x)-pf(c)-qf(d)$，由已知，$f(x)$在$[a,b]$上连续，所以$F(x)$在$[a,b]$上连续．又

$$F(c)=(p+q)f(c)-pf(c)-qf(d)=q[f(c)-f(d)],$$
$$F(d)=(p+q)f(d)-pf(c)-qf(d)=p[f(d)-f(c)].$$

当$f(c)-f(d)=0$时，c,d均可取ξ；

当$f(c)-f(d)\neq 0$时，又$p>0$，$q>0$，于是有

$$F(c)F(d)=-pq[f(c)-f(d)]^2<0,$$

由零点定理，知至少存在一个$\xi\in(c,d)\subset(a,b)$，使得

$$F(\xi)=0\quad 即\quad pf(c)+qf(d)=(p+q)f(\xi).$$

评注 类似可证明，若$f(x)\in C(a,b)$，$\forall x_i\in(a,b)$，以及$\forall\lambda_i\in(0,1)\ (i=1,2,\cdots,n)$，$\sum\limits_{i=1}^{n}\lambda_i=1$，则至少存在一点$\xi\in(a,b)$，使$f(\xi)=\sum\limits_{i=1}^{n}\lambda_i f(x_i)$ $\left(称\sum\limits_{i=1}^{n}\lambda_i f(x_i)为f(x_i)(i=1,2,\cdots,n)的加权平均值\right)$.

例 8 设$f(x)$在$[0,1]$上连续，$f(0)=f(1)$，证明对于任意正整数n，必存在$x_n\in(0,1)$使$f(x_n)=f\left(x_n+\dfrac{1}{n}\right)$.

分析 记$\varphi(x)=f(x)-f\left(x+\dfrac{1}{n}\right)$，由上题知$\varphi(x)$在$(0,1)$内一定可取到$\dfrac{1}{n}\sum\limits_{i=0}^{n-1}\varphi\left(\dfrac{i}{n}\right)$，由已知条件易得到$\dfrac{1}{n}\sum\limits_{i=0}^{n-1}\varphi\left(\dfrac{i}{n}\right)=0$；也可用反证法证明.

证明 方法 1 令$\varphi(x)=f(x)-f\left(x+\dfrac{1}{n}\right)$，由$f(x)\in C[0,1]$，知$\varphi(x)\in C\left[0,1-\dfrac{1}{n}\right]$，所以$\varphi(x)$存在最大值（设为$M$）与最小值（设为$m$）．则有

$$m\leqslant\varphi\left(\frac{i}{n}\right)\leqslant M\ (i=0,1,\cdots,n-1).$$

所以 $m\leqslant\dfrac{1}{n}\sum\limits_{i=0}^{n-1}\varphi\left(\dfrac{i}{n}\right)\leqslant M$，则存在$x_n\in\left[0,1-\dfrac{1}{n}\right]$，使

$$\begin{aligned}\varphi(x_n)=\frac{1}{n}\sum_{i=0}^{n-1}\varphi\left(\frac{i}{n}\right)&=\varphi(0)+\varphi\left(\frac{1}{n}\right)+\cdots+\varphi\left(\frac{n-1}{n}\right)\\&=f(0)-f\left(\frac{1}{n}\right)+f\left(\frac{1}{n}\right)-f\left(\frac{2}{n}\right)+\cdots+f\left(\frac{n-1}{n}\right)-f(1)\\&=f(0)-f(1)=0.\end{aligned}$$

即

$$f(x_n)=f\left(x_n+\frac{1}{n}\right).$$

方法 2（反证法）　若对$\forall x\in(0,1)$，均有 $f(x)>f\left(x+\frac{1}{n}\right)$. 取 $x_k=\frac{k}{n}\left(k=0,1,\cdots,\frac{n-1}{n}\right)$，得

$$f(0)>f\left(\frac{1}{n}\right)>f\left(\frac{2}{n}\right)>\cdots>f(1),$$

这与已知矛盾.

同理在$(0,1)$内，不可能恒有 $f(x)<f\left(x+\frac{1}{n}\right)$，所以必存在$x_n\in(0,1)$使 $f(x_n)=f\left(x_n+\frac{1}{n}\right)$.

例 9　设 $F_n(x)=\ln(1+x)+\ln^2(1+x)+\cdots+\ln^n(1+x)$，证明对任意自然数 n，方程 $F_n(x)=1$ 在区间 $(0,\mathrm{e}-1)$ 内有唯一实根 x_n，且 $\lim\limits_{n\to\infty}x_n=\sqrt{\mathrm{e}}-1$.

分析　容易验证 $F_n(x)$ 在区间 $[0,\mathrm{e}-1]$ 端点异号且在区间内 $F_n'(x)>0$，所以 x_n 存在且唯一. 由于 x_n 满足方程 $F_n(x_n)=1$，所以 $\lim\limits_{n\to\infty}x_n$ 的存在性与计算常用单调有界原理求极限的方法来实现.

解　显然 $F_n(x)\in C[0,\mathrm{e}-1]$，且 $F_n(0)=0<1$，$F_n(\mathrm{e}-1)=n>1$，所以 $F_n(x)=1$ 在 $(0,\mathrm{e}-1)$ 内有根 x_n. 又

$$F_n'(x)=\frac{1}{1+x}+\frac{2\ln(1+x)}{1+x}+\cdots+\frac{n\ln^{n-1}(1+x)}{1+x}>0,$$

所以 $F_n(x)=1$ 在 $(0,\mathrm{e}-1)$ 内的根唯一.

由于

$$F_n(x_{n-1})=F_{n-1}(x_{n-1})+\ln^n(1+x_{n-1})=1+\ln^n(1+x_{n-1})>1=F_n(x_n),$$

又 $F_n(x)$ 严格单调递增，所以 $x_{n-1}>x_n$，即 $\{x_n\}$ 单调递减有下界，所以有极限，设 $\lim\limits_{n\to\infty}x_n=a$.

显然 $0<a<\mathrm{e}-1$，且有

$$F_n(x)=\frac{\ln(1+x)-\ln^{n+1}(1+x)}{1-\ln(1+x)},$$

在等式 $F_n(x_n)=1$ 两边取极限，得

$$\frac{\ln(1+a)}{1-\ln(1+a)}=1\Rightarrow\ln(1+a)=\frac{1}{2}\Rightarrow a=\sqrt{\mathrm{e}}-1.$$

评注　该题的一般性结论：设 $f(x)$ 在 $[a,b]$ 内单调连续，且 $0\leqslant f(x)\leqslant 1$，若方程 $f(x)+f^2(x)+\cdots+f^n(x)=1$ 在 (a,b) 内有根 x_n，则 $\{x_n\}$ 必收敛，且 $\lim\limits_{n\to\infty}x_n=f^{-1}\left(\frac{1}{2}\right)$.

例 10　设 $f\in C[a,b]$，且$\forall x\in[a,b]$，$\exists\, y\in[a,b]$，使 $f(y)=\frac{1}{2}|f(x)|$，证明$\exists\xi\in[a,b]$，使 $f(\xi)=0$.

分析　若 $f(x)$ 恒为零，所证结论显然成立. 否则必有 $f(x)$ 大于 0 的点，从而只需证明还有 $f(x)$ 小于 0 的点，为此可考虑函数的最小值点.

证明　方法 1　因为 $f(x)\in C[a,b]$，所以$\exists x_0\in[a,b]$，使 $f(x_0)=\min\limits_{a\leqslant x\leqslant b}\{f(x)\}$.

若 $f(x_0)=0$，则$\xi=x_0$即为所求；

若 $f(x_0)\neq 0$，则必有 $f(x_0)<0$，否则$\exists y_0\in[a,b]$，使

$$f(y_0)=\frac{1}{2}|f(x_0)|=\frac{1}{2}f(x_0)<f(x_0),$$

这与 $f(x_0)$ 为 $f(x)$ 的最小值相矛盾.

由于$f(x_0)<0$，$f(y_0)=\frac{1}{2}|f(x_0)|>0$，由介值定理，知在$x_0$与$y_0$之间存在$\xi$，使$f(\xi)=0$.

方法 2 由$f(y)=\frac{1}{2}|f(x)|$，对于a，$\exists x_1\in[a,b]$，使$f(x_1)=\frac{|f(a)|}{2}$；对于x_1，$\exists x_2\in[a,b]$，使$f(x_2)=\frac{|f(a)|}{2^2}$. 以此类推，可得到数列$x_n\in[a,b]$，满足

$$f(x_n)=\frac{|f(a)|}{2^n}$$

则$\lim\limits_{n\to\infty}f(x_n)=\lim\limits_{n\to\infty}\frac{f(a)}{2^n}=0$.

因为$\{x_n\}$有界，所以存在收敛子列$\{x_{n_k}\}$，令$x_{n_k}\to\xi\ (k\to\infty)$，有$\lim\limits_{k\to\infty}f(x_{n_k})=0$. 又$f(x)\in C[a,b]$，所以$\lim\limits_{k\to\infty}f(x_{n_k})=f(\xi)$，即$f(\xi)=0$.

例 11 设$\varphi\in C(-\infty,+\infty)$，并且$\lim\limits_{x\to\infty}\frac{\varphi(x)}{x^n}=0$，证明：

（1）若n为奇数，则$\exists\xi\in(-\infty,+\infty)$，使$\xi^n+\varphi(\xi)=0$；

（2）若n为偶数，则$\exists\eta\in(-\infty,+\infty)$，使$\forall x\in(-\infty,+\infty)$有$\eta^n+\varphi(\eta)\leqslant x^n+\varphi(x)$.

分析 做函数$f(x)=x^n+\varphi(x)$，对于问题（1）只需说明$f(x)$在区间$(-\infty,+\infty)$内会出现异号；对于问题（2）需证明$f(x)$能取到最小值.

证明 令$f(x)=x^n+\varphi(x)$，则$f(x)\in C(-\infty,+\infty)$.

（1）当n为奇数时，由已知条件，有

$$\lim_{x\to+\infty}f(x)=\lim_{x\to+\infty}x^n\left(1+\frac{\varphi(x)}{x^n}\right)=+\infty,\qquad \lim_{x\to-\infty}f(x)=\lim_{x\to-\infty}x^n\left(1+\frac{\varphi(x)}{x^n}\right)=-\infty.$$

则$\exists\xi\in(-\infty,+\infty)$，使$f(\xi)=0$，即$\xi^n+\varphi(\xi)=0$.

（2）当n为偶数时，由已知条件，有

$$\lim_{x\to\infty}f(x)=\lim_{x\to\infty}x^n\left(1+\frac{\varphi(x)}{x^n}\right)=+\infty,$$

对$M=|f(0)|+1>0$，$\exists N>0$，当$|x|>N$时，总有$f(x)>M>f(0)$.

又$f(x)\in C[-N,N]$，所以$f(x)$在$[-N,N]$上有最小值，即$\exists\eta\in[-N,N]$，使$\forall x\in[-N,N]$，有$f(\eta)\leqslant f(x)$.

由于$f(\eta)\leqslant f(0)$，故对$\forall x\in(-\infty,+\infty)$，有$f(\eta)\leqslant f(x)$，即$\eta^n+\varphi(\eta)\leqslant x^n+\varphi(x)$.

例 12 证明若$a_n>|a_{n-1}|+|a_{n-2}|+\cdots+|a_1|+|a_0|$，则方程

$$a_n\cos nx+a_{n-1}\cos(n-1)x+\cdots+a_1\cos x+a_0=0$$

在$(0,2\pi)$内至少有$2n$个根.

分析 由所给条件，知当$\cos nx=-1$时，方程左边的函数值为负（当$\cos nx=1$时，为正），而$\cos nx$是以$\frac{2\pi}{n}$为周期的函数，区间$(0,2\pi)$包含$\cos nx$的n个周期区间，故结论成立.

证明 记$f(x)=a_n\cos nx+a_{n-1}\cos(n-1)x+\cdots+a_1\cos x+a_0$，

当$x=\frac{2k\pi}{n}\ (k\in\mathbb{N})$时，

$$f\left(\frac{2k\pi}{n}\right)=a_n+a_{n-1}\cos\frac{2k(n-1)\pi}{n}+\cdots+a_1\cos\frac{2k\pi}{n}+a_0$$

$$>a_n-|a_{n-1}|-|a_{n-2}|-\cdots-|a_1|-|a_0|>0.$$

当 $x=\dfrac{2k\pi}{n}+\dfrac{\pi}{n}\,(k\in\mathbb{N})$ 时，

$$\begin{aligned}f\left(\frac{2k\pi}{n}+\frac{\pi}{n}\right)&=-a_n+a_{n-1}\cos\frac{(2k+1)(n-1)\pi}{n}+\cdots+a_1\cos\frac{(2k+1)\pi}{n}+a_0\\&<-a_n+|a_{n-1}|+|a_{n-2}|+\cdots+|a_1|+|a_0|<0.\end{aligned}$$

所以 $f(x)$ 在 $\left(\dfrac{2k\pi}{n},\dfrac{2k\pi}{n}+\dfrac{\pi}{n}\right)$ 与 $\left(\dfrac{2k\pi}{n}+\dfrac{\pi}{n},\dfrac{2k+2}{n}\pi\right)$ 内都至少各有一个根，即在 $(0,2\pi)$ 内至少有 $2n$ 个根.

例 13 设 $f(x),g(x)$ 在闭区间 $[a,b]$ 上连续，并有数列 $\{x_n\}\subset[a,b]$，使得 $f(x_{n+1})=g(x_n)$，$n=1,2,\cdots$，证明存在一点 $x_0\in[a,b]$，使得 $f(x_0)=g(x_0)$.

分析 只需证明函数 $F(x)=f(x)-g(x)$ 在区间 $[a,b]$ 内有零点. 由于从题设条件无法判断 $F(x)$ 的符号，因此可考虑用反证法.

证明 如果结论不成立，则连续函数 $F(x)=f(x)-g(x)$ 在 $[a,b]$ 上恒不为零. 于是 $F(x)$ 恒大于零或恒小于零. 不妨设恒有 $F(x)>0$，则它在 $[a,b]$ 上的最小值 $m>0$. 由

$$f(x_{n+1})=g(x_n)=g(x_n)-f(x_n)+g(x_{n-1}),$$

继续递推得到

$$f(x_{n+1})=g(x_n)=[g(x_n)-f(x_n)]+[g(x_{n-1})-f(x_{n-1})]+\cdots+[g(x_2)-f(x_2)]+g(x_1).$$

因此

$$\begin{aligned}g(x_1)-f(x_{n+1})&=[f(x_n)-g(x_n)]+[f(x_{n-1})-g(x_{n-1})]+\cdots+[f(x_2)-g(x_2)]\\&=F(x_n)+F(x_{n-1})+\cdots+F(x_2)\geqslant(n-1)m.\end{aligned}$$

可推出 $\lim\limits_{n\to\infty}f(x_n)=\infty$，这与 $f(x)$ 在 $[a,b]$ 上有界矛盾.

评注 该题结论表明：连续函数在闭区间上的迭代运算一定有不动点.

例 14 设函数 $f(x)\in C[a,b]$，$g(x)$ 在 $[a,b]$ 可积且不变号，证明至少存在一点 $\xi\in[a,b]$，使

$$\int_a^b f(x)g(x)\mathrm{d}x=f(\xi)\int_a^b g(x)\mathrm{d}x.$$

分析 只需证明 $\dfrac{\int_a^b f(x)g(x)\mathrm{d}x}{\int_a^b g(x)\mathrm{d}x}$ 介于函数 $f(x)$ 的最小值与最大值之间.

证明 不妨设在 $[a,b]$ 上 $g(x)\geqslant 0$.

因为 $f(x)\in C[a,b]$，由最值定理，知 $f(x)$ 在 $[a,b]$ 上有最大值 M 和最小值 m，即

$$m\leqslant f(x)\leqslant M.$$

则

$$mg(x)\leqslant f(x)g(x)\leqslant Mg(x),$$

$$\int_a^b mg(x)\mathrm{d}x\leqslant\int_a^b f(x)g(x)\mathrm{d}x\leqslant\int_a^b Mg(x)\mathrm{d}x. \qquad ①$$

若 $\int_a^b g(x)\mathrm{d}x>0$，则 $m\leqslant\dfrac{\int_a^b f(x)g(x)\mathrm{d}x}{\int_a^b g(x)\mathrm{d}x}\leqslant M$. 由介值定理，知 $\exists\xi\in[a,b]$，使得

$$\frac{\int_a^b f(x)g(x)\mathrm{d}x}{\int_a^b g(x)\mathrm{d}x}=f(\xi),\ \text{即}\int_a^b f(x)g(x)\mathrm{d}x=f(\xi)\int_a^b g(x)\mathrm{d}x.$$

若$\int_a^b g(x)\,\mathrm{d}x=0$，由①式知$\int_a^b f(x)g(x)\,\mathrm{d}x=0$，则对$\forall\xi\in[a,b]$，都有

$$\int_a^b f(x)g(x)\,\mathrm{d}x=f(\xi)\int_a^b g(x)\,\mathrm{d}x.$$

评注 该题的结论也叫**积分第一中值定理**（较常用）. 当$g(x)\equiv 1$时，就是通常的积分中值定理：

$$\int_a^b f(x)\mathrm{d}x=f(\xi)(b-a).$$

例 15 设$a,b\in\left(0,\dfrac{1}{2}\right)$，$f(x)$是定义在$\mathbb{R}$上的连续函数，且满足$f(f(x))=af(x)+bx$. 证明$f(x)$有唯一的不动点$x=0$，即$f(0)=0$.

分析 即证方程$f(x)=x$有唯一的根$x=0$. 由于题设并没给出函数的大小关系，因此很难用零点定理做判断. 可考虑用反证法，利用a,b的范围制造不等式. 如果$f(x)$具有单调性，那么若其有根，则根就是唯一的.

证明 首先，f是一一映射.

注意到bx可以取任意值，当$f(x)$的定义域为$\mathbb{R}$时，其值域也为$\mathbb{R}$. 即f是$\mathbb{R}$上的满射.

另一方面，若$f(x)=f(y)$，则有$f(f(x))=f(f(y))$，所以$bx=by$，进而$x=y$. 即f是$\mathbb{R}$上的单射. 所以f是$\mathbb{R}$上的一一映射.

下证$f(x)$有唯一的不动点.

若$\forall x\in\mathbb{R}$，均有$f(x)>x$，则

$$f(f(x))>f(x)\Rightarrow af(x)+bx>f(x)\Rightarrow f(x)<\frac{bx}{1-a},$$

特别地，有$f(1)<\dfrac{b}{1-a}<1$，则矛盾.

若$\forall x\in\mathbb{R}$，均有$f(x)<x$，则

$$f(f(x))<f(x)\Rightarrow af(x)+bx<f(x)\Rightarrow f(x)>\frac{bx}{1-a},$$

特别地，有$f(-1)>-\dfrac{b}{1-a}>-1$，则矛盾.

所以存在唯一的$x_0\in\mathbb{R}$，使得$f(x_0)=x_0$，且有

$$f(f(x_0))=af(x_0)+bx_0\Rightarrow x_0=ax_0+bx_0\Rightarrow x_0(1-a-b)=0\Rightarrow x_0=0.$$

习题 1.3

习题 1.3 答案

1. 设$f(x)=\begin{cases}\dfrac{\ln\cos(x-1)}{1-\sin\frac{\pi}{2}x}, & x\neq 1\\ 1, & x=1\end{cases}$，问函数$f(x)$在$x=1$处是否连续？若不连续，则修改函数$f(x)$在$x=1$的定义，使之连续.

2. 设$f(x)=\begin{cases}\dfrac{x^3+ax+b}{2x^3+3x^2-1}, & x\neq -1\\ c, & x=-1\end{cases}$，试确定$a,b,c$的值，使$f(x)$在$x=-1$连续.

3. 求$f(x)=\lim\limits_{t\to x}\left(\dfrac{\sin t}{\sin x}\right)^{\frac{x}{\sin t-\sin x}}$的间断点并指出其类型.

4. 设 $f(x)=\begin{cases}\dfrac{\ln(1+ax^3)}{x-\arcsin x}, & x<0\\ 6, & x=0,\\ \dfrac{e^{ax}+x^2-ax-1}{x\sin\dfrac{x}{4}}, & x>0\end{cases}$ 问 a 为何值时 $f(x)$ 在 $x=0$ 处连续；a 为何值时，$x=0$ 是 $f(x)$ 的可去间断点？

5. 设 $f_n(x)=C_n^1\cos x-C_n^2\cos^2 x+\cdots+(-1)^{n-1}C_n^n\cos^n x$，证明：

（1）对任意的自然数n, 方程 $f_n(x_n)=\dfrac{1}{2}$ 在区间 $\left(0,\dfrac{\pi}{2}\right)$ 内仅有一根；

（2）设 $x_n\in\left(0,\dfrac{\pi}{2}\right)$ 满足 $f_n(x_n)=\dfrac{1}{2}$，则 $\lim\limits_{x\to\infty}x_n=\dfrac{\pi}{2}$.

6. 求证方程 $x^n+x^{n-1}+\cdots+x^2+x=1$ $(n=2,3,4,\cdots)$ 在 $(0,1)$ 内必有唯一实根 x_n，并求 $\lim\limits_{n\to\infty}x_n$.

7*. 证明方程 $[x^3]+x^2=[x^2]+x^3$ 至少存在一个非整数解，其中 $[x]$ 表示不大于 x 的最大整数.

8. 证明 $f_n(x)=x^n+nx-2$（n 为正整数）在 $(0,+\infty)$ 上有唯一正根 a_n，并计算 $\lim\limits_{n\to\infty}(1+a_n)^n$.

9*. 设 $f(x)\in C[0,1]$，$f(0)=f(1)$，证明 $\exists x_n,y_n\in[0,1]$ $(x_n\neq y_n)$，使得 $\lim\limits_{n\to\infty}(x_n-y_n)=0$ 且 $f(x_n)=f(y_n)$.

10. 设 $f\in C(-\infty,+\infty)$，证明对一切 x 满足 $f(2x)=f(x)e^x$ 的充分必要条件是 $f(x)=f(0)e^x$.

11. 设 $f(x)\in C[0,2]$，且 $f(0)+f(1)+f(2)=3$. 证明 $\exists\xi\in(0,2)$，使 $f(\xi)=1$.

12. 设函数 $f(x)$ 在 $[0,1]$ 上非负连续，且 $f(0)=f(1)=0$. 证明对任意实数 $a(0<a<1)$，必有 $\xi,\eta\in[0,1]$，满足 $\eta-\xi=a$，且 $f(\xi)=f(\eta)$.

13. 依次求解下列问题：

（1）证明方程 $e^x+x^{2n+1}=0$ 有唯一的实根 $x_n(n=0,1,2,\cdots)$；

（2）证明 $\lim\limits_{n\to\infty}x_n$ 存在，并求其值 A；

（3）证明当 $n\to\infty$ 时，x_n-A 与 $\dfrac{1}{n}$ 是同阶无穷小.

14. 设 $f(x)=\dfrac{\sin x}{x}(0<x\leqslant 1)$，证明：

（1）对任意的自然数 $n\geqslant 2$，存在唯一的 $x_n\in(0,1)$，使得 $\displaystyle\int_{\frac{1}{n}}^{x_n}\frac{\sin x}{x}\mathrm{d}x=\int_{x_n}^{1}\frac{x}{\sin x}\mathrm{d}x$；

（2）$\lim\limits_{n\to\infty}x_n$ 存在.

15*. 设函数 $f(x)$ 在 $(-\infty,+\infty)$ 上连续，且 $f[f(x)]=x$. 证明在 $(-\infty,+\infty)$ 上至少有一个 x_0 满足 $f(x_0)=x_0$.

16*. 定义在 $\mathbb{R}$ 上的函数 f 满足：f 在 $x=0$ 连续，且对 $x,y\in\mathbb{R}$，有 $f(x+y)=f(x)+f(y)$. 证明 $\forall x\in\mathbb{R}$，$f(x)=xf(1)$.

17*. 证明压缩映射原理.

（1）设 $f(x)$ 在 $(-\infty,+\infty)$ 上连续，存在 $0<\alpha<1$，使得对任何 x,y 都有

$$|f(x)-f(y)|\leqslant\alpha|x-y|.$$

证明存在唯一的 x_0，使得 $x_0=f(x_0)$（x_0 称为 $f(x)$ 的不动点）.

（2）设 $f(x)$ 在 $(-\infty,+\infty)$ 上可导且 $|f'(x)|\leqslant\alpha$，其中常数 $\alpha<1$. 任取 $x_1\in(-\infty,+\infty)$，有

$x_{n+1}=f(x_n)\ (n=1,2,\cdots)$. 证明 $\lim\limits_{n\to\infty}x_n$ 存在，并且不依赖于初始值 x_1.

综合题 1*

综合题 1*答案

1. 求 $y=\sqrt[3]{x+\sqrt{1+x^2}}+\sqrt[3]{x-\sqrt{1+x^2}}$ 的反函数.

2. 设 $\forall x,y$ 为实数，有 $\dfrac{f(x)+f(y)}{2}\leqslant f\left(\dfrac{x+y}{2}\right)$ 且 $f(x)\geqslant 0$，$f(0)=c$，证明 $f(x)\equiv c$.

3. 试构造一个整系数多项式 ax^2+bx+c，使它在 $(0,1)$ 内有两个相异的根，同时给出 a 是满足所述条件的最小正整数，并给出证明.

4. 是否存在可微函数 $f(x)$ 使得：

（1）$f(f(x))=1+x^2-x^3+x^4-x^5$；（2）$f(f(x))=x^4+2x^3-x-1$.

若存在，请举例；若不存在，请说明理由.

5. 设数列 $\{a_n\}$ 满足关系式 $a_{n+1}=a_n+\dfrac{a_n^2}{n^2}$，其中 $0<a_1<1$，证明 $\{a_n\}$ 有界.

6. 设 $a,b\in\left(0,\dfrac{1}{2}\right)$，$f(x)$ 是定义在 $\mathbb{R}$ 上的连续函数，且满足 $f(f(x))=af(x)+bx$. 证明 $f(x)$ 有唯一的不动点 $x=0$，即 $f(0)=0$.

7. 炮弹击中距地面高度为 h 的正在飞行的飞机. 已知炮弹在地面上发射时有初速度 V，大炮位置及其仰角都是未知的. 证明大炮位于一圆内，其圆心在飞机的正下方，半径是 $\dfrac{V}{g}\sqrt{V^2-2gh}$（忽略大气阻力）.

8. 设 $a_1,a_2,\cdots,a_n$ 为非负实数，证明 $\left|\sum\limits_{k=1}^{n}a_k\sin kx\right|\leqslant|\sin x|$ 的充分必要条件为 $\sum\limits_{k=1}^{n}ka_k\leqslant 1$.

9. 证明是否存在自然数 n 使得式子 $(2+\sqrt{2})^n$ 的值的小数部分大于 $0.\underbrace{99\cdots9}_{2023个9}$.

10. 设数列 $\{x_n\}$ 对一切 m 与 n 满足条件 $0\leqslant x_{n+m}\leqslant x_n+x_m$. 证明数列 $\left\{\dfrac{x_n}{n}\right\}$ 收敛.

11. 设有实函数 $f(x)$ 且 $0<x<1$，以 $f(x)=o(x)$ 表示当 $x\to 0$ 时 $\dfrac{f(x)}{x}\to 0$. 试证明以下论断：若 $\lim\limits_{x\to 0}f(x)=0$ 以及 $f(x)-f\left(\dfrac{x}{2}\right)=o(x)$，则 $f(x)=o(x)$.

12. 设 $-1<x_0<1$，$x_n=\sqrt{\dfrac{1+x_{n-1}}{2}}\ (n=1,2,\cdots)$，求 $\lim\limits_{n\to\infty}4^n(1-x_n)$ 及 $\lim\limits_{n\to\infty}(x_1x_2\cdots x_n)$.

13. 求极限 $\lim\limits_{n\to\infty}\left[\sum\limits_{k=1}^{n}\dfrac{1}{\sqrt{1^3+2^3+\cdots+k^3}}+\dfrac{\sqrt{2}}{2}\cdot\dfrac{\sqrt{2+\sqrt{2}}}{2}\cdot\cdots\cdot\dfrac{\sqrt{2+\sqrt{2+\sqrt{2+\cdots+\sqrt{2}}}}}{2}\right]$.

14. 给定一个序列 $\{x_n\}(n=1,2,\cdots)$ 且具有性质 $\lim\limits_{n\to\infty}(x_n-x_{n-2})=0$，证明 $\lim\limits_{n\to\infty}\dfrac{x_n-x_{n-1}}{n}=0$.

15. 设正项数列 $\{a_n\}$ 单调递减，且 $\lim\limits_{n\to\infty}\sum\limits_{k=1}^{n}a_k=+\infty$，证明 $\lim\limits_{n\to\infty}\dfrac{a_2+a_4+\cdots+a_{2n}}{a_1+a_3+\cdots+a_{2n-1}}=1$.

16. 设 $f_1(x)=x$，$f_2(x)=x^x$，…，$f_n(x)=x^{f_{n-1}(x)}$，求极限 $\lim\limits_{x\to1}\dfrac{f_n(x)-f_{n-1}(x)}{(1-x)^n}$.

17. 设 $x_1=1$，$x_2=\sqrt{\dfrac{1}{2}+1}$，$x_3=\sqrt{\dfrac{1}{3}+\sqrt{\dfrac{1}{2}+1}}$，…，$x_n=\sqrt{\dfrac{1}{n}+\sqrt{\dfrac{1}{n-1}+\sqrt{\cdots+\sqrt{\dfrac{1}{2}+1}}}}$，证明 $\lim\limits_{n\to\infty}x_n=1$.

18. 设数列 $x_0=\sqrt{7}$，$x_1=\sqrt{7-\sqrt{7}}$，$x_2=\sqrt{7-\sqrt{7+\sqrt{7}}}$，$x_3=\sqrt{7-\sqrt{7+\sqrt{7-\sqrt{7}}}}$，…，证明该数列收敛，并计算极限 $\lim\limits_{n\to\infty}x_n$ 与 $\lim\limits_{n\to\infty}16^n(x_n-2)$.

19. 设 $n>1$ 为正整数，令 $S_n=\left(\dfrac{1}{n}\right)^n+\left(\dfrac{2}{n}\right)^n+\cdots+\left(\dfrac{n-1}{n}\right)^n$. 证明 $\{S_n\}$ 收敛，并求极限 $\lim\limits_{n\to\infty}S_n$.

20. 设数列 $\{a_n\}$ 满足 $a_1=\dfrac{\pi}{2}$，$a_{n+1}=a_n-\dfrac{1}{n+1}\sin a_n\ (n\geqslant1)$，证明数列 $\{na_n\}$ 收敛.

21. 一数列由递推公式 $u_1=b$，$u_{n+1}=u_n^2+(1-2a)u_n+a^2(n=1,2,\cdots)$ 确定. 当 a 与 b 满足何种关系时，数列 $\{u_n\}$ 收敛？它的极限是何值？

22. 设 $y_n=x_{n-1}+rx_n\ (r\geqslant1)$，且数列 $\{y_n\}$ 收敛，试讨论数列 $\{x_n\}$ 的敛散性.

23. 设 $b_n=\sum\limits_{k=0}^{n}\dfrac{1}{C_n^k}(n=1,2,\cdots)$，证明：

（1）$b_n=\dfrac{n+1}{2n}b_{n-1}+1(n=2,3,\cdots)$；（2）$\lim\limits_{n\to\infty}b_n=2$.

24. 设 a_1,b_1 是任意取定的实数，令

$$a_n=\int_0^1\max(b_{n-1},x)\mathrm{d}x，\ b_n=\int_0^1\min(a_{n-1},x)\mathrm{d}x，\ n=2,3,4,\cdots$$

证明数列 $\{a_n\}$ 和 $\{b_n\}$ 都收敛，并求 $\lim\limits_{n\to\infty}a_n$ 和 $\lim\limits_{n\to\infty}b_n$.

25. 设 $F_0(x)=e^x$，$F_{n+1}(x)=\int_0^x F_n(t)\,\mathrm{d}t\ (n=0,1,2,\cdots)$，求极限 $\lim\limits_{n\to\infty}n!F_n(1)$.

26. 设级数 $\sum\limits_{n=1}^{\infty}a_n$ 收敛，$0<p_n<p_{n+1}(n=1,2,\cdots)$. $\lim\limits_{n\to\infty}p_n=+\infty$，求 $\lim\limits_{n\to\infty}\dfrac{a_1p_1+a_2p_2+\cdots+a_np_n}{p_n}$.

27. 设数列 $\{a_n\}$ 满足 $a_1=1$，$a_{n+1}=a_n+\dfrac{1}{a_1+a_2+\cdots+a_n}(n\geqslant1)$，求 $\lim\limits_{n\to\infty}\dfrac{a_n}{\sqrt{\ln n}}$.

28. 设 $f(x)=x-(ax+b\sin x)\cos x$，试确定待定常数 a,b 的值，使当 $x\to0$ 时，$f(x)$ 为 x 的尽可能高阶的无穷小.

29. 设 $f(x)$ 在 $(0,+\infty)$ 上二阶可导，$\lim\limits_{x\to+\infty}f(x)$ 存在，当 $0<x<+\infty$ 时，$|f''(x)|\leqslant1$，证明 $\lim\limits_{x\to+\infty}f'(x)=0$.

30. $x_n=\left(1+\dfrac{1}{n+1}\right)^{n+1}-\left(1+\dfrac{1}{n}\right)^n\ (n=1,2,\cdots)$，证明 x_n 与 $\dfrac{1}{n^2}$ 是同阶无穷小.

31. 设 $a_n=\sin\left(n\pi\sqrt[3]{n^3+3n^2+4n-5}\right)$，求极限 $I=\lim\limits_{n\to\infty}a_n$ 与 $J=\lim\limits_{n\to\infty}n(a_n-I)$.

32. 计算下列极限：

（1）$\lim\limits_{n\to\infty}\dfrac{(2n^{1/n}-2^{1/n})^n}{n^2}$；（2）$\lim\limits_{n\to\infty}\dfrac{n}{\ln n}\left(\dfrac{\sqrt[n]{n!}}{n}-\dfrac{1}{\mathrm{e}}\right)$；（3）$\lim\limits_{x\to0}\dfrac{(\tan x-\sin x)(\sqrt{\cos x}-1)^2}{\tan(\sin x)-\sin(\tan x)}$.

33. 设$u_n=1+\frac{1}{2}-\frac{2}{3}+\frac{1}{4}+\frac{1}{5}-\frac{2}{6}+\cdots+\frac{1}{3n-2}+\frac{1}{3n-1}-\frac{2}{3n}$，求$\lim\limits_{n\to\infty}u_n$.

34. 设$I_n=n\left(\sum\limits_{k=1}^{n}\sqrt{k}\right)^2\left(\sum\limits_{k=1}^{n}\sqrt[3]{k}\right)^{-3}+\sum\limits_{k=1}^{n}\ln\left(1+\frac{1}{n+k}\right)\sin\ln\left(1+\frac{k}{n}\right)$，求$\lim\limits_{n\to\infty}I_n$.

35. 设$\alpha>0$，求极限$\lim\limits_{n\to\infty}\sum\limits_{k=1}^{n}\frac{1}{n+k^{\alpha}}$.

36. 设多项式$P(x)=a_mx^m+a_{m-1}x^{m-1}+\cdots+a_1x+a_0\,(a_m>0)$，记$P(1)$，$P(2)$，…，$P(n)$的算术均值与几何均值分别为$A_n$和$G_n$，求极限$\lim\limits_{n\to\infty}\frac{A_n}{G_n}$.

37. 设$f(x)=\arctan x$，A为常数，若$B=\lim\limits_{n\to\infty}\sum\limits_{i=1}^{n}\left[f\left(\frac{i}{n}\right)-An\right]$存在，求$A, B$的值.

38. 设$a_1=1$，$a_k=k(a_{k-1}+1)\,(k=2,3,\cdots)$，求极限$\lim\limits_{n\to\infty}\prod\limits_{k=1}^{n}\left(1+\frac{1}{a_k}\right)$.

39. 求极限$\lim\limits_{n\to\infty}\sqrt{n}\prod\limits_{k=1}^{n}\frac{\mathrm{e}^{1-\frac{1}{k}}}{\left(1+\frac{1}{k}\right)^k}$.

40. 设非负数列$\{x_n\}$满足$x_{n+1}\leqslant x_n+\frac{\ln n}{n^{\alpha}}\,(n=2,3,\cdots)$. 证明当$\alpha>1$时，$\{x_n\}$收敛.

41. 数列$\{a_n\}$满足关系式$a_{n+1}=a_n+\frac{n}{a_n}$，$a_1>0$. 证明$\lim\limits_{n\to\infty}n(a_n-n)$存在.

42. 设函数$f(x)>0$，在区间$[0,1]$上连续，证明$\lim\limits_{n\to\infty}\sqrt[n]{\sum\limits_{i=1}^{n}\left[f\left(\frac{i}{n}\right)\right]^n\frac{1}{n}}=\max\limits_{x\in[0,1]}f(x)$.

43. 设$a_n=\left(\frac{1+\sqrt[n]{2}+\sqrt[n]{3}+\cdots+\sqrt[n]{k}}{k}\right)^n$，证明对任意正整数$k$，都有$\lim\limits_{n\to\infty}a_n>\frac{k}{\mathrm{e}}$.

44. 对于实数对(x,y)，定义数列$\{a_n\}$，其中$a_0=x$，$a_{n+1}=\frac{a_n^2+y^2}{2}\,(n=0,1,2,\cdots)$. 设区域$D=\{(x,y)\,|$ 使得数列$\{a_n\}$收敛$\}$，求D的面积.

45. 空气通过盛有CO_2吸收剂的圆柱形器皿，已知它吸收CO_2的量与CO_2的百分浓度及吸收层厚度成正比. 有CO_2含量为8%的空气，通过厚度为10厘米的吸收层，其CO_2含量为2%. 问：

（1）若通过的吸收层厚度为30厘米，出口处空气中CO_2的含量是多少？

（2）若要使出口处空气中CO_2的含量为1%，其吸收层厚度应为多少？

46. 设有一实值连续的函数，对于所有的实数x和y满足函数方程$f\left(\sqrt{x^2+y^2}\right)=f(x)f(y)$，及$f(1)=2$，证明$f(x)=2^{x^2}$.

47. 设φ是$\mathbb{R}$上的严格单调递增连续函数，ψ是φ的反函数，数列$\{x_n\}$满足

$$x_{n+2}=\psi\left(\left(1-\frac{1}{\sqrt{n}}\right)\varphi(x_n)+\frac{1}{\sqrt{n}}\varphi(x_{n+1})\right)\,(n\geqslant 2).$$

判断$\{x_n\}$的敛散性并说明理由.

48. 对于每一个 $x > e^e$，归纳定义一个数列，$u_0, u_1, u_2, \cdots$ 如下：$u_0 = e$，$u_{n+1} = \log_{u_n} x \ (n = 0, 1, 2, \cdots)$. 证明该数列收敛，记 $g(x) = \lim\limits_{n \to \infty} u_n$，并且当 $x > e^e$ 时，$g(x)$ 是连续的.

49. 设 $f(x)$ 是连续函数，使得对所有的 x 都有 $f(2x^2 - 1) = 2xf(x)$ 成立. 证明对于 $-1 \leqslant x \leqslant 1$，恒有 $f(x) = 0$.

50. 设 $f: [0,1] \to [0,1]$ 为连续函数，$f(0) = 0$，$f(1) = 1$，$f[f(x)] = x$，证明 $f(x) = x$.

第 2 章　一元函数微分学

知识结构

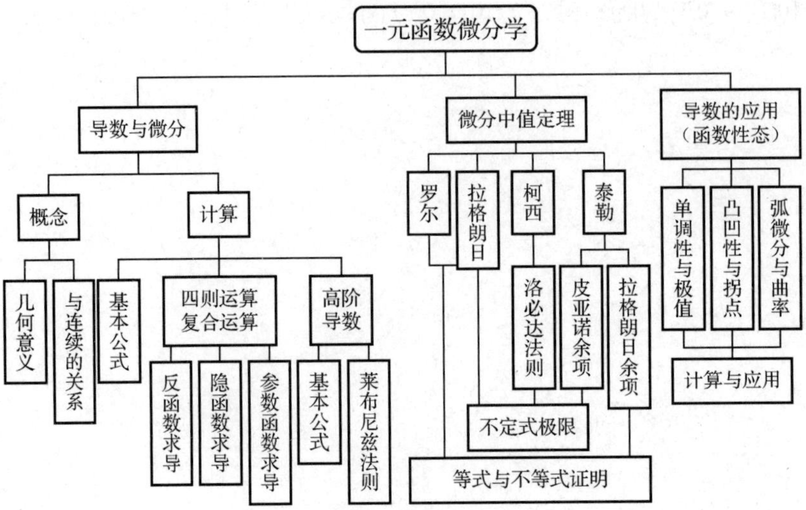

2.1　导数与微分

函数的导数与微分分别反映了由自变量的微小变化所引起的函数变化的相对快慢程度（变化率）与绝对变化大小（线性近似）两方面的问题. 这两个概念有一定的区别也有很强的联系. 在计算上知道其中一个就能立即写出另一个. 所以我们往往以研究导数为主. 函数的常见形式有：显函数（包括分段函数、反函数）、隐函数、参数式函数以及积分变限函数（积分变限函数的导数将在第 3 章中讨论），虽然函数形式不同求导方法有所不同，但最基本的法则仍是导数的四则运算法则与复合运算法则，其他求导法则都可由此而得到. 函数在某些特殊点（如分段点）的导数一般要用定义来计算.

1．导数的概念

例 1　设函数 $f(x)$ 在 $(-\infty,+\infty)$ 内有定义，对任意的 x 均有 $f(x+1)=2f(x)$，且当 $0\leqslant x\leqslant 1$ 时，$f(x)=x(1-x^2)$. 判断 $f(x)$ 在 $x=0$ 处是否可导.

分析　只需求出 $f(x)$ 在 $x=0$ 左边的表达式，再考察左、右导数是否相等.

解　当 $-1\leqslant x<0$ 时，有 $0\leqslant x+1<1$，所以

$$f(x)=\frac{1}{2}f(x+1)=\frac{1}{2}(x+1)[1-(x+1)^2]=\frac{1}{2}(x+1)(-2x-x^2).$$

求得

$$f'_-(0)=\lim_{x\to 0^-}\frac{f(x)-f(0)}{x-0}=\lim_{x\to 0^-}\frac{-\frac{1}{2}x(1+x)(2+x)}{x}=-1,$$

$$f'_+(0)=\lim_{x\to 0^+}\frac{f(x)-f(0)}{x-0}=\lim_{x\to 0^+}\frac{x(1-x^2)}{x}=1.$$

由于 $f'_+(0)\neq f'_-(0)$，所以 $f(x)$ 在 $x=0$ 处不可导.

例 2　设 $f(x)$ 是连续可导函数，且 $f(x)=x+x\int_0^1 f(t)\mathrm{d}t+x^2\lim\limits_{x\to 0}\frac{f(x)}{x}$，求 $f(x)$.

分析　函数的定积分与极限值都是常数，该题的本质就是要确定这两个常数.

解　易知 $f(0)=0$，则 $\lim\limits_{x\to 0}\dfrac{f(x)}{x}=\lim\limits_{x\to 0}\dfrac{f(x)-f(0)}{x}=f'(0).$

设 $A=\int_0^1 f(t)\mathrm{d}t$，则

$$f(x)=x+xA+x^2 f'(0), \quad ①$$

对①式两边积分得

$$A=\int_0^1[t+tA+t^2 f'(0)]\mathrm{d}t=\frac{1}{2}+\frac{1}{2}A+\frac{1}{3}f'(0)\text{，即 } A=1+\frac{2}{3}f'(0). \quad ②$$

在①式中两边求导，令 $x=0$，得

$$f'(0)=1+A. \quad ③$$

由②，③式得 $f'(0)=6$，$A=5$，故 $f(x)=6x+6x^2$.

评注　注意结论：若 $f(x)$ 在 $x=x_0$ 处连续，且 $\lim\limits_{x\to x_0}\dfrac{f(x)}{x-x_0}=a$，则必有 $f(x_0)=0$，$f'(x_0)=a$.

例 3　设函数 $f(x)$ 在 $x=a$ 处可导，试讨论 $|f(x)|$ 在 $x=a$ 处不可导的充要条件.

分析　由于 $f(x)$ 与 $|f(x)|$ 的最大差异就是一个符号，所以只需考察当 $f(a)=0$ 时的左、右导数.

解　若 $f(a)\neq 0$，不妨设 $f(a)>0$，由于 $f(x)$ 在 $x=a$ 处可导，从而必连续. 由连续函数的局部保号性知，存在 $x=a$ 的某邻域，在该邻域内有 $f(x)>0$，从而 $|f(x)|=f(x)$ 在 $x=a$ 处可导.

若 $f(a)=0$，记 $g(x)=|f(x)|$，则

$$g'_-(a)=\lim_{x\to a^-}\frac{|f(x)|}{x-a}=\lim_{x\to a^-}\frac{|f(x)-f(a)|}{x-a}=-\lim_{x\to a^-}\left|\frac{f(x)-f(a)}{x-a}\right|=-|f'(a)|,$$

同理

$$g'_+(a)=|f'(a)|.$$

可得

$$g(x)\text{ 在 } x=a \text{ 处不可导} \Leftrightarrow g'_-(a)\neq g'_+(a) \Leftrightarrow f'(a)\neq 0.$$

综上所述，$|f(x)|$ 在 $x=a$ 处不可导的充要条件是 $f(a)=0$ 且 $f'(a)\neq 0$.

评注　（1）由此可知 $|x|$，$|\sin x|$，$|\ln(1+x)|$ 等在 $x=0$ 点不可导；但 $|x^n|\,(n>1)$，$|x\sin x|$，$|x\ln(1+x)|$ 等在 $x=0$ 点可导，并且 $|x^n|$ 在 $x=0$ 点具有 $n-1$ 阶导数.

（2）与该题类似的一个命题：设 $g(x)$ 在 $x=a$ 处连续，则 $f(x)=|x-a|g(x)$ 在 $x=a$ 处可导的充分必要条件是 $g(a)=0$（读者可自证）.

例 4　已知 $f(x)$ 是周期为 5 的连续函数，它在 $x=0$ 的某邻域内满足关系式

$$f(1+\sin x)-3f(1-\sin x)=8x+\alpha(x),$$

其中 $\alpha(x)$ 是当 $x\to 0$ 时比 x 的高阶无穷小，且 $f(x)$ 在 $x=1$ 处可导，求曲线 $y=f(x)$ 在点 $(6,f(6))$ 处的切线方程.

分析　周期函数的导数也是周期函数且周期不变，所以只需求出 $f(1)$ 及切线斜率 $f'(1)$.

解　由 $\lim\limits_{x\to 0}[f(1+\sin x)-3f(1-\sin x)]=\lim\limits_{x\to 0}[8x+\alpha(x)]$，得

$$f(1)-3f(1)=0,\ f(1)=0.$$

又

$$\lim_{x\to 0}\frac{f(1+\sin s)-3f(1-\sin x)}{\sin x}=\lim_{x\to 0}\left[\frac{8x}{\sin x}+\frac{\alpha(x)}{x}\cdot\frac{x}{\sin x}\right]=8, \quad ①$$

设 $\sin x=t$，有

$$\lim_{x\to 0}\frac{f(1+\sin s)-3f(1-\sin x)}{\sin x}=\lim_{x\to 0}\frac{f(1+t)-f(1)}{t}+3\lim_{x\to 0}\frac{f(1-t)-f(1)}{-t}=4f'(1). \quad ②$$

由①，②式得 $f'(1)=2$.

又 $f(x+5)=f(x)$，所以 $f(6)=f(1)=0$，$f'(6)=f'(1)=2$. 所求切线方程为 $y=2(x-6)$.

评注 注意结论：若 $f'(x_0)$ 存在，则 $\lim\limits_{h\to0}\dfrac{f(x_0+h)-f(x_0+ah)}{h}$（$a$ 为常数）必存在；反之，若 $\lim\limits_{h\to0}\dfrac{f(x_0+h)-f(x_0+ah)}{h}$（$a\neq0$）存在，则 $f(x)$ 在 x_0 点不一定可导（见1.2节例17评注）.

例5 设 $f(x)$ 在 $(-\delta,\delta)$ 上有定义，对任何 $x,y\in(-\delta,\delta)$，恒有 $f(x+y)=\dfrac{f(x)+f(y)}{1-f(x)f(y)}$. 又 $f(x)$ 在点 $x=0$ 处可导，且 $f'(0)=1$，证明 $f(x)$ 在 $(-\delta,\delta)$ 内处处可导，并求函数的表达式.

分析 能找到函数在任一点的导数与 $f'(0)$ 的关系，问题就解决了. 找出这种关系只能通过所给条件及导数的定义来完成. 找到了导数的关系式，也就建立了微分方程，解方程就可得到函数表达式.

解 在关系式 $f(x+y)=\dfrac{f(x)+f(y)}{1-f(x)f(y)}$ 中，令 $x=y=0$，可以得到 $f(0)=0$.

又

$$\frac{f(x+y)-f(x)}{y}=\frac{f(y)}{y}\cdot\frac{1+f^2(x)}{1-f(x)f(y)},\quad \forall x,y\in(-\delta,\delta).$$

令 $y\to0$，并注意到 $\lim\limits_{y\to0}\dfrac{f(y)}{y}=f'(0)=1$，可得到

$$f'(x)=1+f^2(x).$$

所以 $f(x)$ 在 $(-\delta,\delta)$ 内处处可导. 解上面微分方程并注意到 $f(0)=0$，可得 $f(x)=\tan x$.

例6 设 $f(x)$ 与 $g(x)$ 在 $x=0$ 的某邻域内有定义，$g(x)$ 在 $x=0$ 处连续，且 $g(x)\neq0$.若 $f(x)g(x)$ 与 $f(x)/g(x)$ 在 $x=0$ 处可导，问 $f(x)$ 在 $x=0$ 处是否可导?

分析 只需确定 $\lim\limits_{x\to0}\dfrac{f(x)-f(0)}{x}$ 是否存在.

解 记 $F(x)=f(x)g(x)$，$G(x)=f(x)/g(x)$，由题设 $F'(0)$ 和 $G'(0)$ 均存在，即有

$$F'(0)=\lim_{x\to0}\frac{f(x)g(x)-f(0)g(0)}{x},\qquad ①$$

$$G'(0)=\lim_{x\to0}\frac{f(x)/g(x)-f(0)/g(0)}{x}$$

$$=\lim_{x\to0}\frac{f(x)g(0)-g(x)f(0)}{x\left[g(0)\right]^2}.\qquad ②$$

①+②式×$\left[g(0)\right]^2$ 得

$$F'(0)+G'(0)\left[g(0)\right]^2=\lim_{x\to0}\left\{\left[g(x)+g(0)\right]\cdot\frac{f(x)-f(0)}{x}\right\}=2g(0)\lim_{x\to0}\frac{f(x)-f(0)}{x},$$

因为 $g(0)\neq0$，所以 $\lim\limits_{x\to0}\dfrac{f(x)-f(0)}{x}=\dfrac{F'(0)}{2g(0)}+\dfrac{1}{2}G'(0)g(0)$，$f(x)$ 在 $x=0$ 处可导.

评注 读者可考虑将题设中的条件“$f(x)g(x)$ 与 $f(x)/g(x)$ 在 $x=0$ 处可导”改为“$f(x)g(x)$ 与 $f(x)+g(x)$ 在 $x=0$ 处可导”或“$f(x)/g(x)$ 与 $f(x)+g(x)$ 在 $x=0$ 处可导”，结论是否还成立?

例7* 设 $f(x)$ 在点 x_0 处可导，$a_n<x_0<b_n$ 且 $\lim\limits_{n\to\infty}a_n=\lim\limits_{n\to\infty}b_n=x_0$. 证明：

$$\lim_{n\to\infty}\frac{f(b_n)-f(a_n)}{b_n-a_n}=f'(x_0).$$

分析 由极限的定义，只需证明$\forall\varepsilon>0$，$\exists K>0$，当$n\geqslant K$时，有$\left|\dfrac{f(b_n)-f(a_n)}{b_n-a_n}-f'(x_0)\right|<\varepsilon$；也可利用$f'(x)$的定义得到$f(x)$在$x_0$附近的局部表达式，再计算极限$\lim\limits_{n\to\infty}\dfrac{f(b_n)-f(a_n)}{b_n-a_n}$.

解 方法 1 因为$f(x)$在点x_0处可导，$\forall\varepsilon>0$，$\exists\delta>0$，当$0<|x-x_0|<\delta$时，有

$$\left|\frac{f(x)-f(x_0)}{x-x_0}-f'(x_0)\right|<\varepsilon .$$

又$\lim\limits_{n\to\infty}a_n=\lim\limits_{n\to\infty}b_n=x_0$，对上面选定的$\delta$，$\exists K>0$，使对于所有$n\geqslant K$，有$|a_n-x_0|<\delta$和$|b_n-x_0|<\delta$，从而

$$\left|\frac{f(a_n)-f(x_0)}{a_n-x_0}-f'(x_0)\right|<\varepsilon,\quad \left|\frac{f(b_n)-f(x_0)}{b_n-x_0}-f'(x_0)\right|<\varepsilon . \qquad ①$$

但

$$\begin{aligned}&|f(b_n)-f(a_n)-(b_n-a_n)f'(x_0)|\\&=|[f(b_n)-f(x_0)-(b_n-x_0)f'(x_0)]-[f(a_n)-f(x_0)-(a_n-x_0)f'(x_0)]|\\&\leqslant|f(b_n)-f(x_0)-(b_n-x_0)f'(x_0)|+|f(a_n)-f(x_0)-(a_n-x_0)f'(x_0)|\\&\leqslant\varepsilon|b_n-x_0|+\varepsilon|a_n-x_0|=\varepsilon(b_n-a_n).\end{aligned}$$

式中的倒数第二步是从①式推出的，而最后一步从$a_n<x_0<b_n$推知.

所以

$$\left|\frac{f(b_n)-f(a_n)}{b_n-a_n}-f'(x_0)\right|<\varepsilon ,$$

由极限的定义知

$$\lim_{n\to\infty}\frac{f(b_n)-f(a_n)}{b_n-a_n}=f'(x_0).$$

方法 2 记$\lambda=f'(x_0)$，即$\lim\limits_{n\to\infty}\dfrac{f(x_0+\Delta x)-f(x_0)}{\Delta x}=\lambda$，则有

$$f(x_0+\Delta x)=f(x_0)+\lambda\Delta x+o(\Delta x),$$

于是有

$$f(a_n)=f(x_0)+\lambda(a_n-x_0)+o(a_n-x_0),$$
$$f(b_n)=f(x_0)+\lambda(b_n-x_0)+o(b_n-x_0).$$

考虑

$$\frac{o(b_n-x_0)+o(a_n-x_0)}{b_n-a_n}=\frac{o(b_n-x_0)}{b_n-x_0}\cdot\frac{b_n-x_0}{b_n-a_n}+\frac{o(a_n-x_0)}{a_n-x_0}\cdot\frac{a_n-x_0}{b_n-a_n},$$

因$\left|\dfrac{a_n-x_0}{b_n-a_n}\right|<1$，$\left|\dfrac{b_n-x_0}{b_n-a_n}\right|<1$，则

$$\lim_{n\to\infty}\frac{o(b_n-x_0)+o(a_n-x_0)}{b_n-a_n}=0 ,$$

即

$$o(b_n-x_0)+o(a_n-x_0)=o(b_n-a_n).$$

这时有

$$f(b_n)-f(a_n)=\lambda(b_n-a_n)+o(b_n-x_0)+o(a_n-x_0)=\lambda(b_n-a_n)+o(b_n-a_n),$$

因此

$$\lim_{n\to\infty}\frac{f(b_n)-f(a_n)}{b_n-a_n}=\lambda=f'(x_0).$$

方法 3 因为$\dfrac{f(b_n)-f(a_n)}{b_n-a_n}=\dfrac{b_n-x_0}{b_n-a_n}\cdot\dfrac{f(b_n)-f(x_0)}{b_n-x_0}-\dfrac{a_n-x_0}{b_n-a_n}\cdot\dfrac{f(a_n)-f(x_0)}{a_n-x_0}$，记$\dfrac{b_n-x_0}{b_n-a_n}=\lambda_n$，则$\dfrac{a_n-x_0}{b_n-a_n}=\lambda_n-1$，且$0<\lambda_n<1$，$0<1-\lambda_n<1$，有

$$\frac{f(b_n)-f(a_n)}{b_n-a_n}=\lambda_n\frac{f(b_n)-f(x_0)}{b_n-x_0}+(1-\lambda_n)\frac{f(a_n)-f(x_0)}{a_n-x_0}.$$

又

$$f'(x_0)=\lambda_n f'(x_0)+(1-\lambda_n)f'(x_0),$$

则

$$\left|\frac{f(b_n)-f(a_n)}{b_n-a_n}-f'(x_0)\right|\leqslant$$
$$\lambda_n\left|\frac{f(b_n)-f(x_0)}{b_n-x_0}-f'(x_0)\right|+(1-\lambda_n)\left|\frac{f(a_n)-f(x_0)}{a_n-x_0}-f'(x_0)\right|\to 0\ (n\to\infty).$$

所以

$$\lim_{n\to\infty}\frac{f(b_n)-f(a_n)}{b_n-a_n}=f'(x_0).$$

评注 若该题没有“$f(x)$在点x_0处可导”的条件，则其结论不一定成立.

例 8* 设$a_1,a_2,\cdots,a_n$为常数，且

$$\left|\sum_{k=1}^{n}a_k\sin kx\right|\leqslant|\sin x|,\quad \left|\sum_{j=1}^{n}a_{n-j+1}\sin jx\right|\leqslant|\sin x|.$$

证明$\left|\sum\limits_{k=1}^{n}a_k\right|\leqslant\dfrac{2}{n+1}$.

分析 设$f(x)=\sum\limits_{k=1}^{n}a_k\sin kx$，$g(x)=\sum\limits_{j=1}^{n}a_{n-j+1}\sin jx$，易知$f'(0)+g'(0)=(n+1)\sum\limits_{k=1}^{n}a_k$，从而只需证明$|f'(0)|\leqslant 1$，$|g'(0)|\leqslant 1$.

解 设$f(x)=\sum\limits_{k=1}^{n}a_k\sin kx$, $g(x)=\sum\limits_{j=1}^{n}a_{n-j+1}\sin jx$，则

$$f'(x)=a_1\cos x+2a_2\cos 2x+\cdots+na_n\cos nx,$$
$$g'(x)=a_n\cos x+2a_{n-1}\cos 2x+\cdots+na_1\cos nx,$$
$$f'(0)+g'(0)=(n+1)(a_1+a_2+\cdots+a_n).$$

故

$$\left|\sum_{k=1}^{n}a_k\right|=\frac{|f'(0)+g'(0)|}{n+1}\leqslant\frac{|f'(0)|+|g'(0)|}{n+1}.$$

又

$$|f'(0)|=\left|\lim_{x\to 0}\frac{f(x)-f(0)}{x}\right|=\left|\lim_{x\to 0}\frac{f(x)}{x}\right|=\lim_{x\to 0}\left|\frac{f(x)}{x}\right|\leqslant\lim_{x\to 0}\left|\frac{\sin x}{x}\right|=1. \quad ①$$

同理$|g'(0)|\leqslant 1$. 所以

$$\left|\sum_{k=1}^{n} a_k\right| \leqslant \frac{2}{n+1}.$$

评注　注意,①式中的第 3 个等号用到了绝对值函数的连续性，第 4 个小于或等于号用到了极限的保序性.

例 9　设函数 f 具有一阶连续导数，$f''(0)$ 存在，且 $f'(0)=0$，$f(0)=0$，$g(x)=\begin{cases}\dfrac{f(x)}{x}, & x\neq 0\\ a, & x=0\end{cases}$.

（1）确定 a，使 $g(x)$处处连续；

（2）对以上确定的 a，证明 $g(x)$具有一阶连续导数.

分析　由 $g(x)$在 $x=0$ 处连续，很容易算出 a 的值；要讨论 $g'(x)$ 的连续性，首先要算出 $g'(x)$ 的表达式，再讨论是否有 $\lim\limits_{x\to 0} g'(x)=g'(0)$.

解　（1）若 $g(x)$处处连续，则 $g(x)$在 $x=0$ 处连续. 因 $f(0)=0$，则

$$a=\lim_{x\to 0}\frac{f(x)}{x}=\lim_{x\to 0}\frac{f(x)-f(0)}{x}=f'(0)=0.$$

（2）

$$g'(0)=\lim_{x\to 0}\frac{g(x)-g(0)}{x}=\lim_{x\to 0}\frac{\dfrac{f(x)}{x}-0}{x}=\lim_{x\to 0}\frac{f(x)}{x^2}$$
$$=\lim_{x\to 0}\frac{f'(x)}{2x}=\frac{1}{2}\lim_{x\to 0}\frac{f'(x)-f'(0)}{x}=\frac{1}{2}f''(0),$$

所以

$$g'(x)=\begin{cases}\dfrac{xf'(x)-f(x)}{x^2}, & x\neq 0,\\ \dfrac{f''(0)}{2}, & x=0.\end{cases}$$

显然，当 $x\neq 0$ 时，$g'(x)$ 连续.

当 $x=0$ 时，因为

$$\lim_{x\to 0} g'(x)=\lim_{x\to 0}\frac{xf'(x)-f(x)}{x^2}=\lim_{x\to 0}\left(\frac{f'(x)}{x}-\frac{f(x)}{x^2}\right)$$
$$=\lim_{x\to 0}\frac{f'(x)-f'(0)}{x-0}-\lim_{x\to 0}\frac{f(x)}{x^2}$$
$$=f''(0)-\frac{1}{2}f''(0)=\frac{1}{2}f''(0)=g'(0),$$

所以 $g'(x)$ 在 $x=0$ 处连续，故 $g(x)$具有一阶连续导数.

例 10　设

$$f(x)=\begin{cases}\lim\limits_{n\to\infty}\left(\dfrac{n}{(n+1)^2}+\dfrac{n}{(n+2)^2}+\cdots+\dfrac{n}{(n+n)^2}\right)(ax+1), & x\leqslant 0,\\ \lim\limits_{n\to\infty}\left(1+\dfrac{x^2+n(x+b)}{n^2}\right)^{-n}, & x>0.\end{cases}$$

确定常数 a, b 的值，使 $f(x)$ 在 $x=0$ 处可导，并求导数 $f'(0)$.

分析　先做极限运算，得到 $f(x)$ 的显表达式，再利用函数在分段点的连续性与可导性确定常数，最后计算导数，分段点要考虑左、右导数.

解　当 $x\leqslant 0$ 时，利用定积分的定义，有

$$\lim_{n\to\infty}\left(\frac{n}{(n+1)^2}+\frac{n}{(n+2)^2}+\cdots+\frac{n}{(n+n)^2}\right)=\lim_{n\to\infty}\sum_{i=1}^{n}\frac{1}{\left(1+\frac{i}{n}\right)^2}\frac{1}{n}=\int_0^1\frac{1}{(1+x)^2}\mathrm{d}x=\frac{1}{2}.$$

当 $x>0$ 时，由于 $\lim\limits_{n\to\infty}\dfrac{x^2+n(x+b)}{n^2}=0$，则

$$\lim_{n\to\infty}\left(1+\frac{x^2+n(x+b)}{n^2}\right)^{-n}=\exp\left(\lim_{n\to\infty}\frac{-n\left[x^2+n(x+b)\right]}{n^2}\right)=\mathrm{e}^{-(x+b)}.$$

于是

$$f(x)=\begin{cases}\dfrac{1}{2}(ax+1), & x\leqslant 0,\\ \mathrm{e}^{-(x+b)}, & x>0.\end{cases}$$

若 $f(x)$ 在 $x=0$ 处可导，则必连续，有 $\mathrm{e}^{-b}=\dfrac{1}{2}$，$b=\ln 2$．又

$$f'_-(0)=\frac{1}{2}a,$$

$$f'_+(0)=\lim_{x\to0^+}\frac{f(x)-f(0)}{x}=\lim_{x\to0^+}\frac{\frac{1}{2}\mathrm{e}^{-x}-\frac{1}{2}}{x}=\frac{1}{2}\lim_{x\to0^+}\frac{\mathrm{e}^{-x}-1}{x}=-\frac{1}{2}.$$

由 $f'_-(0)=f'_+(0)$，得 $a=-1$，且 $f'(0)=-\dfrac{1}{2}$．

评注 分段函数在分段点的导数要分别考察其左、右导数. 只有左、右导数均存在而且相等，导数才存在. 题中函数在 $x=0$ 处的左、右导数也可以用函数在 $x=0$ 处左、右导数的极限来计算，即

$$f'_-(0)=\lim_{x\to0^-}\frac{1}{2}(ax+1)'=\frac{1}{2}a,\quad f'_+(0)=\lim_{x\to0^+}\frac{1}{2}(\mathrm{e}^{-x})'=-\frac{1}{2}.$$

一般，设 $f(x)=\begin{cases}h(x), & x\leqslant x_0\\ g(x), & x>x_0\end{cases}$ 在 x_0 处连续，在 $x\neq x_0$ 处可导，若 $\lim\limits_{x\to x_0^-}h'(x)$ 存在，则 $f'_-(x_0)=\lim\limits_{x\to x_0^-}h'(x)$；若 $\lim\limits_{x\to x_0^+}g'(x)$ 存在，则 $f'_+(x_0)=\lim\limits_{x\to x_0^+}g'(x)$.

例 11 设 $f'(0)=1$，$f''(0)=0$，证明在 $x=0$ 处，有 $\dfrac{\mathrm{d}^2}{\mathrm{d}x^2}f(x^2)=\dfrac{\mathrm{d}^2}{\mathrm{d}x^2}f^2(x)$.

分析 因为 $\dfrac{\mathrm{d}^2}{\mathrm{d}x^2}f(x^2)=\dfrac{\mathrm{d}}{\mathrm{d}x}\left[2xf'(x^2)\right]$，$\dfrac{\mathrm{d}^2}{\mathrm{d}x^2}f^2(x)=\dfrac{\mathrm{d}}{\mathrm{d}x}\left[2f(x)f'(x)\right]$，所以只需验证 $2xf'(x^2)$ 与 $2f(x)f'(x)$ 在 $x=0$ 处有相同的导数.

解 因为 $f''(0)=0$，所以 $f'(x)$ 在 $x=0$ 处可导，因此 $f'(x)$ 在 $x=0$ 处连续. 令 $F(x)=f(x^2)$，则

$$F'(x)=2xf'(x^2),\quad F'(0)=0.$$

由二阶导数的定义得

$$\left.\frac{\mathrm{d}^2}{\mathrm{d}x^2}f(x^2)\right|_{x=0}=\left.\frac{\mathrm{d}}{\mathrm{d}x}F'(x)\right|_{x=0}=\lim_{x\to0}\frac{F'(x)-F'(0)}{x}$$

$$=\lim_{x\to0}\frac{2xf'(x^2)}{x}=2f'(0)=2.$$

又令 $G(x)=f^2(x)$，则

$$G'(x)=2f(x)f'(x),\quad G'(0)=2f(0)f'(0)=2f(0).$$

由二阶导数的定义得

$$\left.\frac{\mathrm{d}^2}{\mathrm{d}x^2}f^2(x)\right|_{x=0}=\left.\frac{\mathrm{d}}{\mathrm{d}x}G'(x)\right|_{x=0}=\lim_{x\to0}\frac{G'(x)-G'(0)}{x}$$

$$=\lim_{x\to0}\frac{2f(x)f'(x)-2f(0)}{x}$$

$$=2\lim_{x\to0}\frac{f(x)f'(x)-f(x)+f(x)-f(0)}{x}$$

$$=2\lim_{x\to0}\frac{f(x)[f'(x)-f'(0)]}{x}+2\lim_{x\to0}\frac{f(x)-f(0)}{x}$$

$$=2f(0)f''(0)+2f'(0)=2.$$

综上，原式得证.

2. 导数的计算

下面主要介绍复合函数、参数式函数、隐函数的求导，以及高阶导数的计算.

例 12　设 $f(x)=\sqrt{\dfrac{x^x\sqrt{2x-1}}{\mathrm{e}^{1/x}}}+\arctan\dfrac{1-x^2}{\sqrt{x\mathrm{e}^x}}$，求 $f'(1)$.

分析　函数的两项中，一项属于多因式函数与幂指函数，适合取对数求导；另一项是 $x-1$ 的同阶无穷小 $(x\to1)$，适合用导数的定义来计算.

解　令 $u=\sqrt{\dfrac{x^x\sqrt{2x-1}}{\mathrm{e}^{1/x}}}$，$v=\arctan\dfrac{1-x^2}{\sqrt{x\mathrm{e}^x}}$，则

$$\ln u=\frac{1}{2}\left[x\ln x+\frac{1}{2}\ln(2x-1)-\frac{1}{x}\right],\quad \frac{u'}{u}=\frac{1}{2}\left(1+\ln x+\frac{1}{2x-1}+\frac{1}{x^2}\right),$$

$$u'|_{x=1}=\left.\frac{1}{2}\left(1+\ln x+\frac{1}{2x-1}+\frac{1}{x^2}\right)u\right|_{x=1}=\frac{3}{2\sqrt{\mathrm{e}}}.$$

而

$$v'|_{x=1}=\lim_{x\to1}\frac{\arctan\dfrac{1-x^2}{\sqrt{x\mathrm{e}^x}}-0}{x-1}=-\lim_{x\to1}\frac{1+x}{\sqrt{x\mathrm{e}^x}}=-\frac{2}{\sqrt{\mathrm{e}}},$$

所以

$$f'(1)=(u'+v')|_{x=1}=\frac{3}{2\sqrt{\mathrm{e}}}-\frac{2}{\sqrt{\mathrm{e}}}=-\frac{1}{\sqrt{\mathrm{e}}}.$$

评注　多因式函数与幂指函数适合取对数求导；若当 $x\to x_0$ 时，$f(x)$ 是 $x-x_0$ 的同阶无穷小，则 $f'(x_0)$ 宜用导数的定义来计算.

例 13　设 $f(x)=\max\left\{\sin^4x+\cos^4x,\dfrac{7}{8}\right\}(-\infty<x<+\infty)$，求 $f'(x)$.

分析　将 $f(x)$ 表示成分段函数形式再求导.

解　因为

$$\sin^4x+\cos^4x=(\sin^2x+\cos^2x)^2-2\sin^2x\cos^2x$$

$$=1-\frac{1}{2}\cdot\frac{1-\cos4x}{2}=\frac{3}{4}+\frac{1}{4}\cos4x,$$

所以 $f(x)$ 是以 $\dfrac{\pi}{2}$ 为周期的函数. 先考虑在一个周期内的情况：

由$\frac{3}{4}+\frac{1}{4}\cos 4x=\frac{7}{8}$得$\cos 4x=\frac{1}{2}$，$x_1=\frac{\pi}{12}$，$x_2=\frac{5\pi}{12}$，则有

$$f(x)=\begin{cases}\frac{3}{4}+\frac{1}{4}\cos 4x, & -\frac{\pi}{12}<x\leqslant\frac{\pi}{12},\\ \frac{7}{8}, & \frac{\pi}{12}<x\leqslant\frac{5\pi}{12}.\end{cases}$$

当$-\frac{\pi}{12}<x<\frac{\pi}{12}$时，有

$$f'(x)=\left(\frac{3}{4}+\frac{1}{4}\cos 4x\right)'=-\sin 4x.$$

当$\frac{\pi}{12}<x<\frac{5\pi}{12}$时，有

$$f'(x)=0.$$

在$x=\frac{\pi}{12}$处，

$$f'_-\left(\frac{\pi}{12}\right)=\lim_{x\to\frac{\pi}{12}^-}(-\sin 4x)=-\frac{\sqrt{3}}{2},\quad f'_+\left(\frac{\pi}{12}\right)=0.$$

所以$f(x)$在$x=\frac{\pi}{12}$处不可导；类似，$f(x)$在$x=\frac{5\pi}{12}$处也不可导.

由$f(x)$的周期性可得

$$f'(x)=\begin{cases}-\sin 4x, & \left(\frac{n}{2}-\frac{1}{12}\right)\pi<x<\left(\frac{n}{2}+\frac{1}{12}\right)\pi\\ 0, & \left(\frac{n}{2}+\frac{1}{12}\right)\pi<x<\left(\frac{n}{2}+\frac{5}{12}\right)\pi\end{cases},\quad n=0,\pm1,\cdots.$$

评注 （1）通常情况下，函数$\max\{f(x),g(x)\}$的分段点是方程$f(x)=g(x)$的根；若分段函数在分段点连续，则其左、右导数用导数的左、右极限来计算有时会更为简便.

（2）周期函数的导数也是周期函数，且周期不变. 但周期函数的原函数却未必是周期函数.

例 14 设$f\left(\frac{x}{2}\right)=\sin x$，求$f'(f(x))$, $[f(f(x))]'$, $[f(f(x))]''$.

分析 可先求出$f(x)$以及各复合函数的表达式，再求导数；也可只求出$f(x)$的表达式，再用链式法则求各复合函数的导数.

解 令$t=\frac{x}{2}$，则$f(t)=\sin 2t$，$f'(t)=2\cos 2t$，$f''(t)=-4\sin 2t$，于是

$$\begin{aligned}f'(f(x))&=2\cos(2f(x))=2\cos(2\sin 2x);\\ [f(f(x))]'&=f'(f(x))\cdot f'(x)=2\cos(2\sin 2x)\cdot 2\cos 2x\\ &=4\cos(2\sin 2x)\cdot\cos 2x;\\ [f(f(x))]''&=[f'(f(x))\cdot f'(x)]'=f''(f(x))\cdot[f'(x)]^2+f'(f(x))f''(x)\\ &=-4\sin(2\sin 2x)\cdot(2\cos 2x)^2+2\cos(2\sin 2x)\cdot(-4\sin 2x)\\ &=-16\sin(2\sin 2x)\cdot\cos 2x-8\cos(2\sin 2x)\cdot\sin 2x.\end{aligned}$$

评注 复合函数求导的关键是要清楚函数的复合结构，用链式法则从外层向内层逐层求导.

例 15* 设$f(x)=\frac{x}{\sqrt{1+x^2}}$，$f_n(x)=\underbrace{f(f(\cdots f}_{n个}(x)))$，求$\frac{\mathrm{d}f_n(x)}{\mathrm{d}x}$.

分析　由于 $f_n(x)=f(f_{n-1}(x))$，因此按复合函数求导可得到 $f_n'(x)$ 与 $f_{n-1}'(x)$ 关系式，递推化简即可.

解　因为 $f_n(x)=f(f_{n-1}(x))=\dfrac{f_{n-1}(x)}{\sqrt{1+f_{n-1}^2(x)}}$，则 $\dfrac{f_n(x)}{f_{n-1}(x)}=\dfrac{1}{\sqrt{1+f_{n-1}^2(x)}}$. 且有

$$f_n'(x)=\frac{f_{n-1}'(x)\sqrt{1+f_{n-1}^2(x)}-f_{n-1}(x)\cdot\dfrac{f_{n-1}(x)f_{n-1}'(x)}{\sqrt{1+f_{n-1}^2(x)}}}{1+f_{n-1}^2(x)}$$

$$=\frac{1}{\left[1+f_{n-1}^2(x)\right]^{3/2}}f_{n-1}'(x)=\left[\frac{f_n(x)}{f_{n-1}(x)}\right]^3 f_{n-1}'(x)$$

$$=\left[\frac{f_n(x)}{f_{n-1}(x)}\right]^3\left[\frac{f_{n-1}(x)}{f_{n-2}(x)}\right]^3 f_{n-2}'(x)=\cdots$$

$$=\left[\frac{f_n(x)}{f_{n-1}(x)}\right]^3\left[\frac{f_{n-1}(x)}{f_{n-2}(x)}\right]^3\cdots\left[\frac{f_2(x)}{f_1(x)}\right]^3 f_1'(x)=\left[\frac{f_n(x)}{f_1(x)}\right]^3 f_1'(x).$$

由于

$$f_1(x)=f(x)=\frac{x}{\sqrt{1+x^2}}\text{，}\quad f'(x)=\frac{1}{(1+x^2)^{3/2}}\text{，}$$

所以

$$\frac{\mathrm{d}f_n(x)}{\mathrm{d}x}=\left[\frac{f_n(x)}{f(x)}\right]^3\frac{1}{(1+x^2)^{3/2}}=\left[\frac{f_n(x)}{x}\right]^3.$$

例 16　设 $y=f(x)$ 由 $\begin{cases}x=t^2+2t\\ t^2-y+a\sin y=1\end{cases}$ 确定. 若 $y(0)=b$，求 $\left.\dfrac{\mathrm{d}^2y}{\mathrm{d}x^2}\right|_{t=0}$.

分析　这是参数方程中含隐函数的情况. 计算 $\dot{y}$ 时需对第二个等式按隐函数方程求导，再用公式 $\dfrac{\mathrm{d}y}{\mathrm{d}x}=\dfrac{\dot{y}}{\dot{x}}$；计算 $\left.\dfrac{\mathrm{d}^2y}{\mathrm{d}x^2}\right|_{t=0}$ 时，可先求出二阶导数的一般表达式，再代入 $t=0$，也可由二阶导数的定义求极限 $\lim\limits_{t\to0}\dfrac{\dfrac{\mathrm{d}y}{\mathrm{d}x}-\left.\dfrac{\mathrm{d}y}{\mathrm{d}x}\right|_{t=0}}{x(t)-x(0)}$.

解　方程组两边对 t 求导，得

$$\begin{cases}\dot{x}=2t+2\\ 2t-\dot{y}+a\cos y\cdot\dot{y}=0\end{cases}\Rightarrow\begin{cases}\dot{x}=2(t+1)\\ \dot{y}=\dfrac{2t}{1-a\cos y}\end{cases},$$

于是

$$\frac{\mathrm{d}y}{\mathrm{d}x}=\frac{\dot{y}}{\dot{x}}=\frac{t}{(t+1)(1-a\cos y)},\quad \left.\frac{\mathrm{d}y}{\mathrm{d}x}\right|_{t=0}=0,,$$

$$\frac{\mathrm{d}^2y}{\mathrm{d}x^2}=\frac{\left(\dfrac{\mathrm{d}y}{\mathrm{d}x}\right)_t'}{\dot{x}}=\frac{\dfrac{(1-a\cos y)-at(t+1)\sin y\cdot\dot{y}}{(t+1)^2(1-a\cos y)^2}}{2(t+1)}.$$

注意到 $y|_{t=0}=b,\ \dot{y}|_{t=0}=0$，得

$$\left.\frac{d^2y}{dx^2}\right|_{t=0}=\frac{1}{2(1-a\cos b)}.$$

或

$$\left.\frac{d^2y}{dx^2}\right|_{t=0}=\lim_{t\to 0}\frac{\dfrac{dy}{dx}-\left.\dfrac{dy}{dx}\right|_{t=0}}{x(t)-x(0)}=\lim_{t\to 0}\frac{\dfrac{t}{(t+1)(1-a\cos y)}-0}{t^2+2t-0}$$

$$=\lim_{t\to 0}\frac{1}{(t+1)(t+2)(1-a\cos y)}=\frac{1}{2(1-a\cos b)}.$$

评注 求参数式函数的二阶导时，若 $\left.\dfrac{dy}{dx}\right|_{t=t_0}=0$，则 $\left.\dfrac{d^2y}{dx^2}\right|_{t=t_0}$ 宜用导数的定义来计算.

例 17 设 $u=f(2x+y^2)$，其中 x,y 满足方程 $y+e^y=x$，且 f 二阶可导，求 $\left.\dfrac{d^2u}{dx^2}\right|_{x=1}$.

分析 这是复合函数求导问题，由链式法则计算. 中间变量 y 对 x 的导数由隐函数方程两边求导确定.

解 由 $y+e^y=x$ 知，当 $x=1$ 时，$y=0$. 且有

$$\frac{dy}{dx}+e^y\frac{dy}{dx}=1\Rightarrow\frac{dy}{dx}=\frac{1}{1+e^y},\ \frac{d^2y}{dx^2}=-\frac{e^y}{(1+e^y)^3},$$

得到

$$\left.\frac{dy}{dx}\right|_{x=1}=\frac{1}{2},\ \left.\frac{d^2y}{dx^2}\right|_{x=1}=-\frac{1}{8}. \qquad ①$$

又

$$\frac{du}{dx}=2f'(2x+y^2)\left(1+y\frac{dy}{dx}\right),$$

$$\frac{d^2u}{dx^2}=4f''(2x+y^2)\left(1+y\frac{dy}{dx}\right)^2+2f'(2x+y^2)\left(\left(\frac{dy}{dx}\right)^2+y\frac{d^2y}{dx^2}\right).$$

将①式代入得

$$\left.\frac{d^2u}{dx^2}\right|_{x=1}=4f''(2)+\frac{1}{2}f'(2).$$

例 18 设 $y=x\ln(1-x^2)+\sin x\ln\dfrac{1-x}{1+x}$，求 $\left.y^{(2023)}\right|_{x=0}$.

分析 第一项的高阶导数容易计算，但第二项的高阶导数却难以计算. 观察发现第二项是偶函数，其奇数阶导数是奇函数，在 0 点的值是 0.

解 记 $u=x\ln(1-x^2)$，$v=\sin x\ln\dfrac{1-x}{1+x}$.

因为 v 是偶函数，则 $v^{(2023)}$ 是奇函数，所以 $\left.v^{(2023)}\right|_{x=0}=0$.

又 $u=x\ln(1-x^2)=x\left[\ln(1-x)+\ln(1+x)\right]$，则

$$u'=\ln(1-x)+\ln(1+x)+x\left(\frac{1}{x-1}+\frac{1}{x+1}\right)=\ln(1-x)+\ln(1+x)+\left(2+\frac{1}{x-1}-\frac{1}{x+1}\right),$$

$$u^{(2023)}=\left(\frac{1}{x-1}+\frac{1}{x+1}\right)^{(2021)}+\left(2+\frac{1}{x-1}-\frac{1}{x+1}\right)^{(2022)}$$

$$=(-1)^{2021}2021!\left(\frac{1}{(x-1)^{2022}}+\frac{1}{(x+1)^{2022}}\right)+(-1)^{2022}2022!\left(\frac{1}{(x-1)^{2023}}-\frac{1}{(x+1)^{2023}}\right),$$

$$u^{(2023)}\Big|_{x=0}=-2\times2021!-2\times2022!=-2\times2023\times2021!.$$

所以

$$y^{(2023)}\Big|_{x=0}=u^{(2023)}\Big|_{x=0}+v^{(2023)}\Big|_{x=0}=-2\times2023\times2021!.$$

评注 （1）奇函数的导数是偶函数，偶函数的导数是奇函数. 当在 $x=0$ 处的高阶导数不易计算时，要注意函数的奇偶性.

（2）常用 n 阶导数公式：$\left(\dfrac{1}{x-a}\right)^{(n)}=\dfrac{(-1)^n n!}{(x-a)^{n+1}}$.

例 19 设 $f(x)$ 在 $x=0$ 处存在二阶导数，且 $\lim\limits_{x\to0}\dfrac{xf(x)-\ln(1+x)}{x^3}=\dfrac{1}{3}$，求 $f(0)$，$f'(0)$，$f''(0)$.

分析 将 $f(x)$ 用皮亚诺余项的麦克劳林公式展开，由所给条件即可求出 $f(0)$，$f'(0)$，$f''(0)$. 也可由所给极限式得到 $f(x)$ 的局部表达式，并将该表达式用多项式的形式写出，再由泰勒展开式的唯一性可得到所求各阶导数.

解　方法 1 利用麦克劳林公式.

$$f(x)=f(0)+f'(0)x+\frac{1}{2}f''(0)x^2+o(x^2),$$

$$\ln(1+x)=x-\frac{1}{2}x^2+\frac{1}{3}x^3+o(x^3),$$

代入所给的极限式，并整理，得

$$\lim_{x\to0}\frac{(f(0)-1)x+\left(f'(0)+\frac{1}{2}\right)x^2+\left(\frac{1}{2}f''(0)-\frac{1}{3}\right)x^3+o(x^3)}{x^3}=\frac{1}{3},$$

由上述极限式立即可得

$$f(0)=1,\ f'(0)=-\frac{1}{2},\ f''(0)=\frac{4}{3}.$$

方法 2 因为 $\lim\limits_{x\to0}\dfrac{xf(x)-\ln(1+x)}{x^3}=\dfrac{1}{3}$，则

$$\frac{xf(x)-\ln(1+x)}{x^3}=\frac{1}{3}+o(1)\Rightarrow f(x)=\frac{1}{x}\ln(1+x)+\frac{1}{3}x^2+o(x^2),\qquad ①$$

由泰勒公式

$$\ln(1+x)=x-\frac{1}{2}x^2+\frac{1}{3}x^3+o(x^3),$$

代入①式得

$$f(x)=1-\frac{1}{2}x+\frac{2}{3}x^2+o(x^2),$$

所以

$$f(0)=1,\ f'(0)=-\frac{1}{2},\ f''(0)=\frac{4}{3}.$$

例 20 设 $y=\mathrm{e}^{ax}\sin bx$（a,b 为非零常数），求 $y^{(n)}$.

分析 逐阶求导，寻找规律，再写出 n 阶导数的表达式；也可用欧拉公式将三角函数化为指数函数，再计算导数.

解 **方法1**

$$y' = ae^{ax}\sin bx + be^{ax}\cos bx = e^{ax}(a\sin bx + b\cos bx)$$
$$= e^{ax}\cdot\sqrt{a^2+b^2}\sin(bx+\varphi),\quad \varphi = \arctan\frac{b}{a}$$
$$y'' = \sqrt{a^2+b^2}\cdot[ae^{ax}\sin(bx+\varphi) + be^{ax}\cos(bx+\varphi)]$$
$$= \sqrt{a^2+b^2}\cdot e^{ax}\cdot\sqrt{a^2+b^2}\sin(bx+2\varphi)$$
$$\cdots$$

由归纳法易得

$$y^{(n)} = (a^2+b^2)^{\frac{n}{2}}\cdot e^{ax}\sin(bx+n\varphi),\quad \varphi = \arctan\frac{b}{a}.$$

方法2 利用欧拉公式.

令$u = e^{ax}\cos bx, v = e^{ax}\sin bx$，则

$$u^{(n)} + iv^{(n)} = (u+iv)^{(n)} = \left[e^{ax}(\cos bx + i\sin bx)\right]^{(n)}$$
$$= \left[e^{(a+bi)x}\right]^{(n)} = (a+bi)^n e^{(a+bi)x}$$
$$= (a^2+b^2)^{\frac{n}{2}}(\cos n\varphi + i\sin n\varphi)\cdot e^{ax}(\cos bx + i\sin bx)$$
$$= (a^2+b^2)^{\frac{n}{2}}e^{ax}[\cos(bx+n\varphi) + i\sin(bx+n\varphi)].$$

由此可得

$$(e^{ax}\cos bx)^{(n)} = (a^2+b^2)^{\frac{n}{2}}e^{ax}\cos(bx+n\varphi),$$
$$(e^{ax}\sin bx)^{(n)} = (a^2+b^2)^{\frac{n}{2}}e^{ax}\sin(bx+n\varphi).$$

评注 （1）若采用逐阶求导的方法计算n阶导数，则有时需对前几阶导数做必要的恒等变形，将它们化为同类型的函数，以利于寻找规律，写出一般表达式. 必要时可用数学归纳法证明其结论的正确性.

（2）欧拉公式：$e^{xi} = \cos x + i\sin x\ (i = \sqrt{-1})$.

利用欧拉公式可将三角函数化为指数函数，在许多计算中指数函数更为简便.

例21 设$P(x) = \frac{d^n}{dx^n}(1-x^m)^n$，其中$m, n$为正整数，求$P(1)$的值.

分析 若逐阶求导，则很难找到n阶导数的一般规律. 若将函数$(1-x^m)^n$中的因子$(1-x)$分离出来，用莱布尼兹公式求n阶导数，则问题就容易得到解决.

解 因为$(1-x^m)^n = (1-x)^n\cdot(1+x+x^2+\cdots+x^{m-1})^n$，令$u(x) = (1-x)^n$，$v(x) = (1+x+\cdots+x^{m-1})^n$，应用莱布尼兹公式

$$(uv)^{(n)}\Big|_{x=1} = \sum_{k=0}^{n} C_n^k u^{(k)}v^{(n-k)}\Big|_{x=1}.$$

因为$u(1) = u'(1) = \cdots = u^{(n-1)}(1) = 0$，$u^{(n)}(1) = (-1)^n n!$，所以

$$P(1) = u(1)v^{(n)}(1) + nu'(1)v^{(n-1)}(1) + \cdots + u^{(n)}(1)v(1)$$
$$= 0 + 0 + \cdots + 0 + (-1)^n n!m^n = (-1)^n n!m^n.$$

评注 求两个函数乘积的n阶导数时，若其中一个函数的各阶导数中仅有少数几项不为零，而其余各项均为零（如次数不高的多项式），则选用莱布尼兹公式计算较为简便.

例22 设$y = \frac{1}{\sqrt{1-x^2}}\arcsin x$，求$y^{(n)}(0)$.

分析　逐次求导很难找到规律，函数式变形为 $y\sqrt{1-x^2}=\arcsin x$，两边求导化简后就可看出适合用高阶导数的莱布尼兹公式.

解　原等式变形为

$$y\sqrt{1-x^2}=\arcsin x.$$

两边对 x 求导，得

$$y'\sqrt{1-x^2}+\frac{-x}{\sqrt{1-x^2}}y=\frac{1}{\sqrt{1-x^2}}\Rightarrow(1-x^2)y'-xy-1=0. \qquad ①$$

取 $x=0$，得 $y'(0)=1$. 显然 $y''(0)=y(0)=0$，$y(x)$ 与 $y''(x)$ 均为奇函数.

用莱布尼兹公式在①式两边对 x 求 $n-1$ 阶导数 $(n\geqslant 2)$，得

$$(1-x^2)y^{(n)}+C_{n-1}^1(-2x)y^{(n-1)}+C_{n-1}^2(-2)y^{(n-2)}-xy^{(n-1)}-C_{n-1}^1y^{(n-2)}=0.$$

取 $x=0$，得

$$y^{(n)}(0)-(n-1)(n-2)y^{(n-2)}(0)-(n-1)y^{(n-2)}(0)=0,$$

即

$$y^{(n)}(0)=(n-1)^2y^{(n-2)}(0). \qquad ②$$

由 $y'(0)=1$，$y''(0)=0$，利用②式递推可得

$$y^{(n)}(0)=\begin{cases}[(n-1)!!]^2, & n\text{为奇数},\\ 0, & n\text{为偶数}.\end{cases}$$

评注　为便于运用莱布尼兹公式求高阶导数，有时需要将函数式或一阶导数式做恒等变形，使之成为多项式与已知函数（或其导数）乘积的整式方程.

例 23*　设 $f(x)=\dfrac{x+2}{x^2-2x+2}$，证明 $f^{(n)}(0)=n!\left(\dfrac{\sqrt{2}}{2}\right)^n\sqrt{5}\sin\left(\dfrac{n\pi}{4}+\varphi_0\right)$ $(n=0,1,2,\cdots)$. 其中 $\cos\varphi_0=\dfrac{2}{\sqrt{5}}$，$\sin\varphi_0=\dfrac{1}{\sqrt{5}}$，$0<\varphi_0<\dfrac{\pi}{2}$.

分析　需找到高阶导数与低阶导数的关系（递推式），用归纳法证明；也可将分式拆分为部分分式直接求 n 阶导数，或利用函数的麦克劳林级数求 $x=0$ 处的 n 阶导数.

证明　$f(0)=1$，$f'(0)=\left.\dfrac{(x^2-2x+2)-(x+2)(2x-2)}{(x^2-2x+2)^2}\right|_{x=0}=\dfrac{3}{2}$.

再求高阶导数. 将函数关系式化为

$$f(x)(x^2-2x+2)=x+2.$$

用莱布尼兹公式，等式两边对 x 求 n 阶导数（$n\geqslant 2$），得

$$f^{(n)}(x)(x^2-2x+2)+C_n^1f^{(n-1)}(x)(2x-2)+C_n^2f^{(n-2)}(x)\cdot 2=0.$$

取 $x=0$，有

$$2f^{(n)}(0)-2nf^{(n-1)}(0)+n(n-1)f^{(n-2)}(0)=0.$$

令 $a_n=\dfrac{f^{(n)}(0)}{n!}$，上式化为 $2a_n-2a_{n-1}+a_{n-2}=0$ $(n=2,3,\cdots)$. 即

$$a_{n+2}=a_{n+1}-\frac{1}{2}a_n\ \ (n=0,1,2,\cdots). \qquad ①$$

前面已经算得 $a_0=f(0)=1$，$a_1=\dfrac{f'(0)}{1}=\dfrac{3}{2}$.

方法 1 用数学归纳法证明 $a_n=\left(\frac{\sqrt{2}}{2}\right)^n\sqrt{5}\sin\left(\frac{n\pi}{4}+\varphi_0\right)$ $(n=0,1,2,\cdots)$.

$$a_0=\sqrt{5}\sin\varphi_0=1\text{(由前面计算, 得此式正确)}.$$

$$a_1=\left(\frac{\sqrt{2}}{2}\right)\sqrt{5}\sin\left(\frac{\pi}{4}+\varphi_0\right)=\frac{\sqrt{10}}{2}\left(\sin\frac{\pi}{4}\cos\varphi_0+\cos\frac{\pi}{4}\sin\varphi_0\right)$$

$$=\frac{\sqrt{20}}{4}\left(\frac{2}{\sqrt{5}}+\frac{1}{\sqrt{5}}\right)=\frac{3}{2}\text{(正确)}.$$

假设 $a_n=\left(\frac{\sqrt{2}}{2}\right)^n\sqrt{5}\sin\left(\frac{n\pi}{4}+\varphi_0\right)$，$a_{n+1}=\left(\frac{\sqrt{2}}{2}\right)^{n+1}\sqrt{5}\sin\left[\frac{(n+1)\pi}{4}+\varphi_0\right]$ 都正确，则由递推公式①得

$$a_{n+2}=\left(\frac{\sqrt{2}}{2}\right)^{n+1}\sqrt{5}\sin\left(\frac{(n+1)\pi}{4}+\varphi_0\right)-\frac{1}{2}\left(\frac{\sqrt{2}}{2}\right)^n\sqrt{5}\sin\left(\frac{n\pi}{4}+\varphi_0\right)$$

$$=\left(\frac{\sqrt{2}}{2}\right)^{n+2}\sqrt{5}\left[\sqrt{2}\sin\left(\frac{(n+1)\pi}{4}+\varphi_0\right)-\sin\left(\frac{n\pi}{4}+\varphi_0\right)\right]$$

$$=\left(\frac{\sqrt{2}}{2}\right)^{n+2}\sqrt{5}\left[\sin\left(\frac{(n+2)\pi}{4}+\varphi_0\right)+\sqrt{2}\sin\left(\frac{(n+1)\pi}{4}+\varphi_0\right)-\sin\left(\frac{(n+2)\pi}{4}+\varphi_0\right)-\sin\left(\frac{n\pi}{4}+\varphi_0\right)\right].$$

方括号内第 3、4 两项之和恰好可与第 2 项抵消，这就证明了

$$a_{n+2}=\left(\frac{\sqrt{2}}{2}\right)^{n+2}\sqrt{5}\sin\left(\frac{(n+2)\pi}{4}+\varphi_0\right)\quad(n=0,1,2,\cdots).$$

从而 $f^{(n)}(0)=n!\,a_n$ 即为所证.

方法 2 递推公式①为 a_n 的二阶常系数线性齐次差分方程，下面求解这个差分方程.

对应的特征方程为

$$\lambda^2-\lambda+\frac{1}{2}=0,$$

特征根 $\lambda_{1,2}=\frac{1}{2}(1\pm i)=\frac{\sqrt{2}}{2}\left(\cos\frac{\pi}{4}\pm i\sin\frac{\pi}{4}\right)$，得通解

$$a_n=k_1\lambda_1^n+k_2\lambda_2^n=\left(\frac{\sqrt{2}}{2}\right)^n\left(c_1\cos\frac{n\pi}{4}+c_2\sin\frac{n\pi}{4}\right)\quad(n=0,1,2,\cdots),$$

其中 $c_1=k_1+k_2$，$c_2=(k_1-k_2)i$. 由初值 $1=a_0=c_1$，$\frac{3}{2}=a_1=\frac{\sqrt{2}}{2}\left(c_1\cos\frac{\pi}{4}+c_2\sin\frac{\pi}{4}\right)$，得 $c_1=1$，$c_2=2$.

从而得到 a_n 如前所求.

方法 3 方程 $x^2-2x+2=0$ 的根为 $x_1=1-i$，$x_2=1+i$，则

$$f(x)=\frac{x+2}{(x-x_1)(x-x_2)}=\frac{x+2}{(x-x_1)(x-x_2)}=\frac{x+2}{x_1-x_2}\left[\frac{1}{x-x_1}-\frac{1}{x-x_2}\right]=-\frac{1}{2i}\left[\frac{3-i}{x-x_1}-\frac{3+i}{x-x_2}\right].$$

利用 n 阶导数公式 $\left(\frac{1}{x-a}\right)^{(n)}=\frac{(-1)^n n!}{(x-a)^{n+1}}$，有

$$f^{(n)}(0)=-\frac{1}{2i}(-1)^n n!\left[\frac{3-i}{(x-x_1)^{n+1}}-\frac{3+i}{(x-x_2)^{n+1}}\right]_{x=0}=\frac{1}{2i}n!\left[\frac{3-i}{x_1^{\ n+1}}-\frac{3+i}{x_2^{\ n+1}}\right]$$

$$=\frac{1}{2i}n!\left[\frac{3-i}{(1-i)^{n+1}}-\frac{3+i}{(1+i)^{n+1}}\right]=\frac{1}{2i}n!\left[\frac{3-i}{2^n(1-i)}(1+i)^n-\frac{3+i}{2^n(1+i)}(1-i)^n\right]$$

$$=\frac{1}{2i}\cdot\frac{n!}{2^n}\left[(2+i)(1+i)^n-(2-i)(1-i)^n\right]=\frac{n!}{2^n}\mathrm{Im}\left[(2+i)(1+i)^n\right],$$

$$\mathrm{Im}(z)=\frac{1}{2i}(z-\overline{z})\text{ 为 } z \text{ 的虚部.}$$

由欧拉公式

$$(2+i)(1+i)^n=\sqrt{5}\,\mathrm{e}^{\varphi_0 i}\cdot(\sqrt{2}\,\mathrm{e}^{\frac{\pi}{4}i})^n=\sqrt{5}\,\mathrm{e}^{\varphi_0 i}\cdot(\sqrt{2}\,\mathrm{e}^{\frac{\pi}{4}i})^n=(\sqrt{2}\,)^n\sqrt{5}\,\mathrm{e}^{(\frac{n\pi}{4}+\varphi_0)i}$$

$$=(\sqrt{2})^n\sqrt{5}\left[\cos\left(\frac{n\pi}{4}+\varphi_0\right)+i\sin\left(\frac{n\pi}{4}+\varphi_0\right)\right].$$

所以

$$f^{(n)}(0)=n!\left(\frac{\sqrt{2}}{2}\right)^n\sqrt{5}\sin\left(\frac{n\pi}{4}+\varphi_0\right)\quad(n=0,1,2,\cdots).$$

方法 4　将函数 $f(x)$ 展开为麦克劳林级数.

$$f(x)=-\frac{1}{2i}\left[\frac{3-i}{x-x_1}-\frac{3+i}{x-x_2}\right]=\frac{1}{2i}\left[\frac{3-i}{x_1}\cdot\frac{1}{1-\dfrac{x}{x_1}}-\frac{3+i}{x_2}\cdot\frac{1}{1-\dfrac{x}{x_2}}\right]$$

$$=\frac{1}{2i}\left[\frac{3-i}{x_1}\sum_{n=0}^{\infty}\left(\frac{x}{x_1}\right)^n-\frac{3+i}{x_2}\sum_{n=0}^{\infty}\left(\frac{x}{x_2}\right)^n\right]$$

$$=\frac{1}{2i}\sum_{n=0}^{\infty}\left[\frac{3-i}{x_1^{\ n+1}}-\frac{3+i}{x_2^{\ n+1}}\right]x^n,\ |x|<\sqrt{2}.$$

所以

$$\frac{f^{(n)}(0)}{n!}=\frac{1}{2i}\left[\frac{3-i}{x_1^{\ n+1}}-\frac{3+i}{x_2^{\ n+1}}\right]=\left(\frac{\sqrt{2}}{2}\right)^n\sqrt{5}\sin\left(\frac{n\pi}{4}+\varphi_0\right)\quad(n=0,1,2,\cdots).$$

最后一个等式的得出与“方法 3”相同.

评注　(1) 求有理函数高阶导数的常用方法：如果有理函数是假分式，则用多项式除法将分式化为多项式与真分式的和，再将真分式拆分为分母为一次形式的部分分式（可能是复系数），利用公式 $\left(\dfrac{1}{x-a}\right)^{(n)}=\dfrac{(-1)^n n!}{(x-a)^{n+1}}$ 求高阶导数.

(2) 当一个函数在指定点的泰勒展开式比较容易计算时，用泰勒展开求高阶导数更为简便.

(3) 关于差分方程的学习请见蔡燧林编写的《常微分方程（第 3 版）》(2015 年，浙江大学出版社).

例 24[*]　令 $p(x)$ 是一个次数小于 2014 的非零多项式，它与 x^3-x 无非常数的公共因子. 令

$$\frac{\mathrm{d}^{2014}}{\mathrm{d}x^{2014}}\left(\frac{p(x)}{x^3-x}\right)=\frac{f(x)}{g(x)},$$

其中 $f(x)$ 和 $g(x)$ 是多项式. 求 $f(x)$ 的最小可能次数.

分析　该题的本质是计算分式函数的高阶导数. 利用前面介绍的方法，只需将分式化为多项式与真分式的和，再将真分式拆分为部分分式（分母为一次）后求高阶导数.

解　由带余除法可得

$$\frac{p(x)}{x^3-x}=q(x)+\frac{r(x)}{x^3-x},$$

其中$q(x)$和$r(x)$是多项式，$r(x)$的次数小于3，$q(x)$的次数小于$2014-3=2011$．因此

$$\frac{\mathrm{d}^{2014}}{\mathrm{d}x^{2014}}\left(\frac{p(x)}{x^3-x}\right)=\frac{\mathrm{d}^{2014}}{\mathrm{d}x^{2014}}\left(\frac{r(x)}{x^3-x}\right),$$

将分式$\frac{r(x)}{x^3-x}$拆分，设

$$\frac{r(x)}{x^3-x}=\frac{A}{x-1}+\frac{B}{x}+\frac{C}{x+1},$$

因为$p(x)$与x^3-x无非常数的公共因子，所以$r(x)$与x^3-x也无非常数的公共因子，因而$ABC\neq 0$．这样

$$\frac{\mathrm{d}^{2014}}{\mathrm{d}x^{2014}}\left(\frac{r(x)}{x^3-x}\right)=2014!\left(\frac{A}{(x-1)^{2015}}+\frac{B}{x^{2015}}+\frac{C}{(x+1)^{2015}}\right)$$

$$=2014!\frac{Ax^{2015}(x+1)^{2015}+B(x-1)^{2015}(x+1)^{2015}+C(x-1)^{2015}x^{2015}}{(x^3-x)^{2015}}.$$

由于$ABC\neq 0$，因此上式右端的分子与分母显然无公共因子. 把分子展开后得到表达式

$$(A+B+C)x^{4030}+2015(A-C)x^{4029}+2015(1007A-B+1007C)x^{4028}+\cdots$$

若$A=C=1$，$B=-2$，则它的次数可以低至4028. 更低的次数蕴涵着

$$A+B+C=0,\ A-C=0,\ 1007A-B+1007C=0.$$

由于该方程组只有零解，即$A=B=C=0$，这与$ABC\neq 0$矛盾，所以$f(x)$的最小可能次数是4028.

习题 2.1

习题 2.1 答案

1. 设$f(x)$可导，$F(x)=f(x)(2+|\sin x|)$，若$F(x)$在$x=0$处也可导，且$F'(0)=1$，求$f'(0)$.

2. 设$f(x)$在$x=1$处可导，且$f(xy)=yf(x)+xf(y)$，$\forall x,y\in(0,+\infty)$，证明$f(x)$在$(0,+\infty)$内可导，且$f'(x)=\frac{f(x)}{x}+f'(1)$.

3. 设$f(x)$是可导函数，$f\left(\frac{\pi}{2}\right)=1$，且满足$\lim\limits_{n\to\infty}\left(\frac{f(x+1/n)}{f(x)}\right)^n=\mathrm{e}^{\cot x}$，求$f(x)$.

4. 设对任意实数$0<t<1$，有$f\left[tx_1+(1-t)x_2\right]\geqslant tf(x_1)+(1-t)f(x_2)$，证明若$f(x)$在$x_1,x_2$点都可导且$x_1<x_2$，则 $f'(x_1)\geqslant\frac{f(x_2)-f(x_1)}{x_2-x_1}\geqslant f'(x_2)$.

5. 设$f:I\to\mathbb{R}$是任一函数，$x_0\in I$，证明$f(x)$在x_0处可导的充要条件是：存在一个函数$\varphi:I\to\mathbb{R}$，使$f(x)-f(x_0)=\varphi(x)(x-x_0)$，$\forall x\in I$；$\varphi$在$x_0$处连续，且$f'(x_0)=\varphi(x_0)$.

6. 设$f(x)$与$g(x)$在$x=0$的某邻域内有定义，$g(x)$在$x=0$处连续，且$g(x)\neq 0$. 若$f(x)+g(x)$与$f(x)/g(x)$在$x=0$处可导，问当$f(0)+g(0)\neq 0$时，$f(x)$在$x=0$处是否可导?

7. 设 $f(x)=a_1\sin x+a_2\sin 2x+\cdots+a_n\sin nx\ (a_i\in\mathbb{R},i=1,2,\cdots,n)$，且$|f(x)|\leqslant|\sin x|$，证明$|a_1+2a_2+\cdots+na_n|\leqslant 1$.

8. 设$f(x)=\lim\limits_{n\to\infty}\frac{x^2\mathrm{e}^{n(x-1)}+ax+b}{1+\mathrm{e}^{n(x-1)}}$，讨论$f(x)$的连续性与可导性；确定$a$、$b$的值使$f(x)$可导，并求$f'(x)$.

9. 确定 a、b 的值，使函数 $f(x)=\begin{cases}\dfrac{1}{x}(1-\cos ax), & x<0\\ 0, & x=0\\ \dfrac{1}{x}\ln(b+x^2), & x>0\end{cases}$ 在 $(-\infty,+\infty)$ 内处处可导，并求它的导函数.

10. 设 $\varphi(x)=\begin{cases}x^2\arctan\dfrac{1}{x}, & x\neq 0\\ 0, & x=0\end{cases}$，$f(x)$ 处处可导，求 $f[\varphi(x)]$ 的导数.

11. 设 $f(x)=\begin{cases}\dfrac{g(x)-e^x}{x}, & x\neq 0\\ 0, & x=0\end{cases}$，其中 $g(x)$ 有二阶连续导数，且 $g(0)=1$，$g'(0)=1$，求 $f'(x)$，讨论 $f'(x)$ 在 $(-\infty,+\infty)$ 上的连续性.

12. 设函数 $\varphi:(-\infty,x_0]\to\mathbb{R}$ 是二阶可导函数，选择 a,b,c，使 $f(x)$ 在 $\mathbb{R}$ 上二阶可导.

$$f(x)=\begin{cases}\varphi(x), & x\leqslant x_0,\\ a(x-x_0)^2+b(x-x_0)+c, & x>x_0.\end{cases}$$

13. 设 $f(x)=\begin{cases}ax^2+b\sin x+c, & x\leqslant 0\\ \ln(1+x), & x>0\end{cases}$，试问当 a,b,c 为何值时，$f(x)$ 在 $x=0$ 处的一阶导数连续，但二阶导数不存在？

14. 设 $f(x)=\sqrt{\dfrac{(1+x)\sqrt{x}}{e^{x-1}}}+\sin\dfrac{x\ln x}{\sqrt{1+x^2}}$，求 $f'(1)$.

15. 设 $y=y(x)$ 是由方程组 $\begin{cases}x=3t^2+2t+3\\ e^y\sin t-y+1=0\end{cases}$ 确定的隐函数，求 $\left.\dfrac{d^2y}{dx^2}\right|_{t=0}$.

16. 设 $y=y(x)$ 由方程 $xe^{f(y)}=ae^y$ 确定（$a>0$），其中 f 具有二阶导数，且 $f'\neq 1$，求 $\dfrac{d^2y}{dx^2}$.

17. 设 $x=f(y)$ 二阶可导，且有反函数 $y=f^{-1}(x)$，若 $f'[f^{-1}(x)]\neq 0$，求 $\dfrac{d^2 f^{-1}(x)}{dx^2}$.

18. 设 $f(x)$ 在 $x=0$ 处四阶可导，且 $\lim\limits_{x\to 0}\dfrac{x^2f(x)-\ln(1+x^2)}{(x-\tan x)^2}=9$，求 $f''(0)$，$f'''(0)$，$f^{(4)}(0)$.

19. 设 $f(x)=x(x+1)(x+2)\cdots(x+2021)+\dfrac{\ln(x+\sqrt{1+x^2})}{1+x^2}$，求 $f^{(2022)}(0)$.

20. 设 $f(x)$ 任意阶可导，且 $f'(x)=e^{-f(x)}$，$f(0)=1$，求 $f^{(n)}(0)$.

21. 已知 $\left[f\left(\dfrac{1}{x}\right)\right]'=\dfrac{\ln|x^2-1|}{x^2}$，求 $f^{(n)}(x)(n>2)$.

22. 设 $f(x)=(x^2-3x+2)^n\cos\dfrac{\pi x^2}{16}$，求 $f^{(n)}(2)$.

23. 设 $f(x)=\arctan\dfrac{1-x}{1+x}$，求 $f^{(n)}(0)$.

24. 设 $f(x)=x^2\ln(x+\sqrt{1+x^2})$，求 $f^{(n)}(0)$.

25. 设 $f(x)$ 在区间 I 上三阶可导，$f'(x)\neq 0$. 若对 I 内任意两点 x 与 $x+h$，都有

$$f(x+h)=f(x)+f'\left(x+\frac{1}{2}h\right)h.$$

证明 $f(x)$ 是 I 上的二次多项式.

2.2 微分中值定理

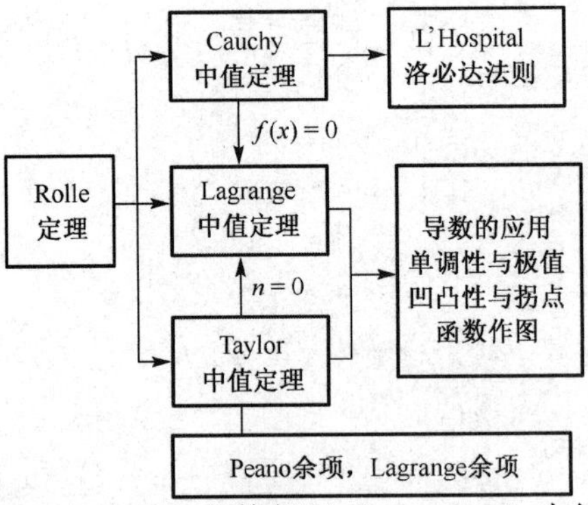

微分中值定理包括罗尔（Rolle）定理、拉格朗日（Lagrange）中值定理、柯西（Cauchy）中值定理和泰勒（Taylor）中值定理. 它们的共性是：当函数满足一定条件时，在给定的开区间内至少存在一点（中值），使得函数在该点的导数（或高阶导数）具有某种性质（满足某个等式）.

微分中值定理揭示了函数与其导函数之间的关系，是利用导数来研究函数的重要工具. 因此我们常说微分中值定理为导数的应用搭建了桥梁.

中值定理的常见应用：研究函数的性态、证明等式与不等式、判定零点的存在、计算极限、判定极值、函数的逼近或近似计算等.

1）罗尔定理

条件：$f(x)\in C[a,b]\cap D(a,b)$，$f(a)=f(b)$.

结论：$\exists\xi\in(a,b)$，使得 $f'(\xi)=0$.

推论：可微函数的两零点之间必有导函数的一个零点.

2）拉格朗日中值定理

条件：$f(x)\in C[a,b]\cap D(a,b)$.

结论：$\exists\xi\in(a,b)$，使得 $f(b)-f(a)=f'(\xi)(b-a)$.

推论：设 $f(x)\in D(I)$，则 $f'(x)\equiv 0\Leftrightarrow f(x)=c$（常数）.

3）柯西中值定理

条件：$f(x),g(x)\in C[a,b]\cap D(a,b)$，$g(x)\neq 0$.

结论：$\exists\xi\in(a,b)$，使得 $\dfrac{f(b)-f(a)}{g(b)-g(a)}=\dfrac{f'(\xi)}{g'(\xi)}$.

4）泰勒中值定理

（1）（Peano 余项）设 f 在 x_0 处 n 阶可导，则

$$f(x)=\sum_{k=0}^{n}\frac{f^{(k)}(x_0)}{k!}(x-x_0)^k+o\left((x-x_0)^n\right).$$

（2）（Lagrange 余项）设 f 在区间 I 上 n+1 阶可导，$x_0\in I$，则 $\forall x\in I$ 在 x 与 x_0 之间至少存在一点 ξ 使得

$$f(x)=f(x_0)+f'(x_0)(x-x_0)+\frac{f''(x_0)}{2!}(x-x_0)^2+\cdots+\frac{f^{(n)}(x_0)}{n!}(x-x_0)^n+R_n(x)$$

其中 $R_n(x)=\dfrac{f^{(n+1)}(\xi)}{(n+1)!}(x-x_0)^{n+1}$（$\xi$ 介于 x_0 与 x 之间）.

带 Peano 余项的泰勒公式适用于研究函数的局部性态，如极限、极值等情况；带 Lagrange 余项的泰勒公式适用于函数的整体性态，如等式、不等式，函数逼近与近似计算等.

例 1　考察函数 $f(x)=\begin{cases}\sqrt{1-4x-x^2}, & -4\leqslant x<0\\ x^3-x^2-2x+1, & 0\leqslant x\leqslant 1\end{cases}$ 在闭区间 $[-4,1]$ 上是否满足拉格朗日中值定理的条件. 若满足，求出该定理结论中 ξ 的值.

分析　只需验证函数在分段点 $x=0$ 处是否连续、可导；求 ξ 需要解方程，ξ 所在的分段区间不同，方程的形状也不同，需要讨论.

解　由于

$$\lim_{x\to 0^-}f(x)=\lim_{x\to 0^-}\sqrt{1-4x-x^2}=1=f(0),$$
$$\lim_{x\to 0^+}f(x)=\lim_{x\to 0^+}(x^3-x^2-2x+1)=1=f(0),$$

故 $f(x)$ 在 $x=0$ 处连续，从而 $f(x)\in C[-4,1]$. 又

$$f'_-(0)=\lim_{x\to 0^-}\frac{f(x)-f(0)}{x}=\lim_{x\to 0^-}\frac{\sqrt{1-4x-x^2}-1}{x}=\lim_{x\to 0^-}\frac{-\frac{1}{2}(4x+x^2)}{x}=-2,$$
$$f'_+(0)=\lim_{x\to 0^+}\frac{f(x)-f(0)}{x}=\lim_{x\to 0^+}\frac{x^3-x^2-2x}{x}=-2,$$

故 $f(x)$ 在 $x=0$ 处可导，从而 $f(x)\in D(-4,1)$. 由此 $f(x)$ 在 $[-4,1]$ 上满足拉格朗日中值定理的条件，且有

$$f'(x)=\begin{cases}\dfrac{-2-x}{\sqrt{1-4x-x^2}}, & -4<x<0,\\ 3x^2-2x-2, & 0\leqslant x<1.\end{cases}$$

根据拉格朗日中值定理，$\exists\xi\in(-4,1)$，满足

$$f'(\xi)=\frac{f(1)-f(-4)}{1-(-4)}=-\frac{2}{5}. \qquad ①$$

若 $\xi\in(-4,0)$，则方程①为

$$\frac{-2-\xi}{\sqrt{1-4\xi-\xi^2}}=-\frac{2}{5}，解得\quad \xi_{1,2}=\frac{-58\pm 2\sqrt{145}}{29}.$$

经检验 $\xi_{1,2}\in(-4,0)$.

若 $\xi\in[0,1)$，则方程①为

$$3\xi^2-2\xi-2=-\frac{2}{5}，解得\quad \xi_{3,4}=\frac{5\pm\sqrt{145}}{15}.$$

经检验 $\xi_{3,4}\notin[0,1)$.

因此，满足拉格朗日中值定理条件的 ξ 有两个，即 $\xi_{1,2}=\dfrac{-58\pm 2\sqrt{145}}{29}$.

例2　设函数 $f(x)\in C[a,b]\cap D(a,b)$，其中 $a>0$，且 $f(a)=0$. 证明 $\exists\xi\in(a,b)$，使得

$$f(\xi)=\frac{b-\xi}{a}f'(\xi).$$

分析　做恒等变形，利用凑微分（积分）法构造辅助函数（原函数）. 其具体过程如下：

将等式 $f(\xi)=\dfrac{b-\xi}{a}f'(\xi)$ 中的 ξ 换为 x，并变形得 $\dfrac{f'(x)}{f(x)}-\dfrac{a}{b-x}=0$，积分得 $\ln f(x)-\ln(b-x)^{-a}=\ln C$，化简为 $(b-x)^a f(x)=C$，得辅助函数 $F(x)=(b-x)^a f(x)$.

证明 设 $F(x)=(b-x)^a f(x)$，$x\in(a,b)$. 由题意知 $F(x)\in C[a,b]\cap D(a,b)$，又 $F(b)=0=F(a)$，由罗尔定理知 $\exists\xi\in(a,b)$，使得 $F'(\xi)=0$，即

$$(b-\xi)^a f'(\xi)-a(b-\xi)^{a-1}f(\xi)=0,\quad f(\xi)=\frac{b-\xi}{a}f'(\xi).$$

评注 用罗尔定理证明等式的常用方法如下.

将欲证等式写成等号一端只有零，再构造辅助函数. 其步骤如下：

（1）将 $f(\xi)=0$ 改写为 $f(x)=0$；

（2）依据 $f(x)$ 构造辅助函数 $F(x)$. 常用方法是：

① 直接观察，利用导数的运算法则凑微分，例如：

$$f(x)=P'(x)Q(x)+P(x)Q'(x)\text{，则 }F(x)=P(x)Q(x)\text{；}$$

$$f(x)=P'(x)+P(x)Q'(x)\text{，则 }F(x)=P(x)\mathrm{e}^{Q(x)}\text{；}$$

$$f(x)=P'(x)Q(x)-P(x)Q'(x)\text{，则 }F(x)=\frac{P(x)}{Q(x)}\text{；}$$

② 利用定积分 $F(x)=\int_0^x f(x)\mathrm{d}x$ 得到辅助函数 $F(x)$;

③ 解微分方程得到辅助函数 $F(x)$.

（3）验证辅助函 $F(x)$ 在给定的区间上满足罗尔定理的条件，便可推出待证结论.

例3 设 $f(x)$ 在 $[0,1]$ 上二阶可导，$f(0)=f(1)$，$f'(1)=1$，证明 $\exists\xi\in(0,1)$ 使 $f''(\xi)=2$.

分析 由 $f''(x)-2=0\Rightarrow f'(x)-2x=C_1$. 由 $f'(1)=1\Rightarrow C_1=-1$，所以 $f'(x)-2x+1=0$，$f(x)-x^2+x=C_2$，得辅助函数 $F(x)=f(x)-x^2+x$.

证明 **方法1** 令 $F(x)=f(x)-x^2+x$，$x\in[0,1]$，则 $F(x)\in C[0,1]D(0,1)$，$F(0)=F(1)$. 由罗尔定理知 $\exists\eta\in(0,1)$，使 $F'(\eta)=0$.

又 $F'(x)=f'(x)-2x+1$，有 $F'(1)=f'(1)-1=0=F'(\eta)$，对 $F'(x)$ 用罗尔定理，$\exists\xi\in(\eta,1)\subset(0,1)$，使 $F''(\xi)=0$. 因为 $F''(x)=f''(x)-2$，所以 $f''(\xi)=2$.

方法2 令 $F(x)=f(x)-x^2$，$x\in[0,1]$. 由拉格朗日中值定理知 $\exists\eta\in(0,1)$，使

$$F(1)-F(0)=F'(\eta)(1-0)\Rightarrow F'(\eta)=-1.$$

又 $F'(x)=f'(x)-2x$，$F'(x)\in C[0,1]\cap D(0,1)$，$F'(1)=f'(1)-2=-1=F'(\eta)$. 由罗尔定理知 $\exists\xi\in(\eta,1)\subset(0,1)$，使 $F''(\xi)=0$，由于 $F''(x)=f''(x)-2$，所以 $f''(\xi)=2$.

方法3 令 $F(x)=xf'(x)-x^2-f(x)$，则 $F(x)\in C[0,1]D(0,1)$，$F(0)=F(1)$. 由罗尔定理知 $\exists\xi\in(0,1)$，使 $F'(\xi)=0$，即 $\xi f''(\xi)-2\xi=0$. 所以 $f''(\xi)=2$.

辅助函数的来源：由 $f''(x)=2\Rightarrow xf''(x)-2x=0$，两边积分得 $xf'(x)-f(x)-x^2=C$.

方法4 在 $x=1$ 处将 $f(x)$ 展开为一阶泰勒公式

$$f(x)=f(1)+f'(1)(x-1)+\frac{1}{2}f''(\xi_1)(x-1)^2,\quad \xi_1\in(x,1).$$

取 $x=0$，有

$$f(0)=f(1)-f'(1)+\frac{1}{2}f''(\xi),\quad \xi\in(0,1).$$

将 $f(0)=f(1)$，$f'(1)=1$ 代入得 $f''(\xi)=2$.

评注 （1）辅助函数不唯一，选取的形式不同，证明的难易程度也不同.

（2）若要证等式中含 $f''(\xi)$，则通常需用两次中值定理，即需要对 $f'(x)$ 再用一次中值定理；若要证明 $\exists\xi\in I$，使得 $f''(\xi)=0$，只需证明 $f(x)$ 在 I 上有三个不同点，其函数值相等；证明 $f^{(n)}(\xi)=0$ 可以此类推.

（3）对含有高阶导数项的中值等式，用泰勒公式求解会更简便.

例 4　设 $f(x)\in C[0,1]\cap D(0,1)$，且 $f(1)=k\int_0^{\frac{1}{k}}x\mathrm{e}^{1-x}f(x)\mathrm{d}x(k>1)$，证明 $\exists\xi\in(0,1)$，使 $f'(\xi)=\left(1-\dfrac{1}{\xi}\right)f(\xi)$.

分析　$f'(\xi)=\left(1-\dfrac{1}{\xi}\right)f(\xi)\overset{\xi=x}{\Leftrightarrow} xf'(x)+f(x)=xf(x)\Leftrightarrow\dfrac{(xf(x))'}{xf(x)}=1\Leftrightarrow\ln(xf(x))=x+c_1\Leftrightarrow x\mathrm{e}^{-x}f(x)=c$. 取辅助函数 $F(x)=x\mathrm{e}^{-x}f(x)$.

证明　令 $F(x)=x\mathrm{e}^{-x}f(x)$，则

$$F(1)=\mathrm{e}^{-1}f(1)=\mathrm{e}^{-1}k\int_0^{\frac{1}{k}}x\mathrm{e}^{1-x}f(x)\mathrm{d}x=k\int_0^{\frac{1}{k}}x\mathrm{e}^{-x}f(x)\mathrm{d}x.$$

由积分中值定理，知 $\exists\eta\in\left[0,\dfrac{1}{k}\right]\subset[0,1)$，使 $F(1)=\eta\mathrm{e}^{-\eta}f(\eta)=F(\eta)$.

再由罗尔定理，知 $\exists\xi\in(\eta,1)\subset(0,1)$，使 $F'(\xi)=0$，即

$$\mathrm{e}^{-\xi}[\xi f'(\xi)+f(\xi)-\xi f(\xi)]=0\Rightarrow f'(\xi)=\left(1-\frac{1}{\xi}\right)f(\xi).$$

评注　条件 $f(1)=k\int_0^{\frac{1}{k}}x\mathrm{e}^{1-x}f(x)\mathrm{d}x$ 的本质是给出 $F(x)$ 在区间 $[0,1]$ 上某两点的函数值相等. 这类题型的辅助函数通常都是积分中的被积函数.

例 5*　已知函数 $f(x)$ 在 $[0,1]$ 上三阶可导，且 $f(0)=-1$，$f(1)=0$，$f'(0)=0$，试证至少存在一点 $\xi\in(0,1)$，使

$$f(x)=-1+x^2+\frac{x^2(x-1)}{3!}f'''(\xi),\ x\in(0,1).$$

分析　即证 $f'''(\xi)-\dfrac{3!}{x^2(x-1)}[f(x)-x^2+1]=0$，将 ξ 换为 t，两边对 t 积分，有 $f''(t)-\dfrac{3!t}{x^2(x-1)}\cdot[f(x)-x^2+1]=C$，两边再对 t 积分两次，并利用 $f(0)=-1$，$f'(0)=0$，有 $f(t)-\dfrac{t^3}{x^2(x-1)}[f(x)-x^2+1]=\dfrac{C}{2}t^2-1$. 再取 $t=1$，得 $\dfrac{C}{2}=1-\dfrac{1}{x^2(x-1)}[f(x)-x^2+1]$，则有 $f(t)-t^2+1-\dfrac{t^2(t-1)}{x^2(x-1)}[f(x)-x^2+1]=0$. 得辅助函数 $\varphi(t)=f(t)-t^2+1-\dfrac{t^2(t-1)}{x^2(x-1)}[f(x)-x^2+1]$.

证明　做辅助函数

$$\varphi(t)=f(t)-t^2+1-\frac{t^2(t-1)}{x^2(x-1)}[f(x)-x^2+1],\ x\in(0,1).$$

则有 $\varphi(0)=\varphi(1)=\varphi(x)=0$，由罗尔定理，知存在 $\xi_1\in(0,x)$，$\xi_2\in(x,1)$，使

$$\varphi'(\xi_1)=\varphi'(\xi_2)=0.$$

又 $\varphi'(0)=0$，对 $\varphi'(t)$ 用罗尔定理，存在点 $\eta_1\in(0,\xi_1)$，$\eta_2\in(\xi_1,\xi_2)$，使

$$\varphi''(\eta_1)=\varphi''(\eta_2)=0.$$

所以$\exists\xi\in(\eta_1,\eta_2)\subset(0,1)$，使

$$\varphi'''(\xi)=0.$$

由于

$$\varphi'''(t)=f'''(t)-\frac{3!}{x^2(x-1)}[f(x)+1-x^2],$$

所以原等式成立.

该题的另一种解法是在$x=0$处将$f(x)$展开为二阶泰勒公式. 对$x\in[0,1]$，有

$$f(x)=-1+\frac{f''(0)}{2}x^2+\frac{x^3}{3!}f'''(\xi),\ \ \xi\in(0,x). \tag{①}$$

取$x=1$，得

$$0=-1+\frac{f''(0)}{2}+\frac{1}{3!}f'''(\xi)\Rightarrow f''(0)=2\left(1-\frac{1}{3!}f'''(\xi)\right). \tag{②}$$

将②式代入①式，整理可得

$$f(x)=-1+x^2+\frac{x^2(x-1)}{3!}f'''(\xi).$$

需要指出的是，后面这种解法是不正确的. 原因在于②式中的ξ并非①式中的ξ（①式中的ξ与x的取值有关，②式中的$\xi\in(0,1)$与x的取值无关）.

例 6 设$f(x)\in C[a,b]\cap D(a,b)$，且$\lim\limits_{x\to a^+}\dfrac{f(2x-a)}{x-a}$存在，证明$\exists\xi,\eta\in(a,b)$，使

$$f'(\eta)(b^2-a^2)=\frac{2\xi}{\xi-a}\int_a^b f(x)\mathrm{d}x.$$

分析 易知$f(a)=0$，而$f'(\eta)(b^2-a^2)=\dfrac{2\xi}{\xi-a}\displaystyle\int_a^b f(x)\mathrm{d}x\Leftrightarrow\dfrac{b^2-a^2}{\displaystyle\int_a^b f(x)\mathrm{d}x}=\dfrac{2\xi}{f'(\eta)(\xi-a)}$，只需对$x^2$与$f(x)$的原函数在$[a,b]$上用柯西中值定理，再对$f(x)$用拉格朗日中值定理.

证明 $\lim\limits_{x\to a^+}\dfrac{f(2x-a)}{x-a}$存在，故$\lim\limits_{x\to a^+}f(2x-a)=0$，由$f(x)$在$x=a$处连续，得$f(a)=0$.

对$F(x)=x^2$，$G(x)=\displaystyle\int_a^x f(t)\mathrm{d}t$在$[a,b]$上用柯西中值定理得

$$\frac{b^2-a^2}{\int_a^b f(x)\mathrm{d}x}=\frac{2\xi}{f(\xi)}\ \ (a<\xi<b). \tag{①}$$

对$f(x)$在$[a,\xi]$上用拉格朗日中值定理得

$$f(\xi)=f'(\eta)(\xi-a)\ (a<\eta<\xi). \tag{②}$$

将②式代入①式即得证.

评注 该题的等式中涉及两个中值，处理这种问题常用的方法是用两次微分中值定理. 可能是不同的函数各用一次，或者是同一函数在不同的区间各用一次.

例 7 设$f(x)\in C[0,1]\cap D(0,1)$，$f(0)=0$，$f(1)=1$. 证明：

（1）在(0,1)内存在不同的ξ,η，使$f'(\xi)f'(\eta)=1$；

（2）对任意给定的正数a,b，在(0, 1)内存在不同的ξ,η，使$\dfrac{a}{f'(\xi)}+\dfrac{b}{f'(\eta)}=a+b$.

分析（1）只需将$[0,1]$分成两个区间，使$f(x)$在两个区间中各用一次拉格朗日中值定理. 设分点为$x_0\in(0,1)$，由$f'(\xi)=\dfrac{f(x_0)-f(0)}{x_0-0}=\dfrac{f(x_0)}{x_0}$，$f'(\eta)=\dfrac{f(1)-f(x_0)}{1-x_0}=\dfrac{1-f(x_0)}{1-x_0}$，则$f'(\xi)f'(\eta)=1\Leftrightarrow$

$\dfrac{f(x_0)}{x_0}\cdot\dfrac{1-f(x_0)}{1-x_0}=1 \Leftrightarrow x_0$ 是方程 $f(x)[1-f(x)]=x(1-x)$ 的根，所以取 x_0 是方程 $f(x)=1-x$ 的根即可.

（2）$\dfrac{a}{f'(\xi)}+\dfrac{b}{f'(\eta)}=a+b \Leftrightarrow \dfrac{\frac{a}{a+b}}{f'(\xi)}+\dfrac{\frac{b}{a+b}}{f'(\eta)}=1 \xleftrightarrow{\text{记} f(x_1)=\frac{a}{a+b}} \dfrac{f(x_1)}{f'(\xi)}+\dfrac{1-f(x_1)}{f'(\eta)}=1$，即 $\dfrac{f(x_1)-f(0)}{f'(\xi)}+\dfrac{f(1)-f(x_1)}{f'(\eta)}=1 \Leftrightarrow x_1+(1-x_1)=1$，这是显然的.

证明 （1）令 $F(x)=f(x)-1+x$，则 $F(x)$ 在 $[0,1]$ 上连续，且 $F(0)=-1<0$，$F(1)=1>0$，由介值定理，知存在 $x_0\in(0,1)$，使得 $F(x_0)=0$，即 $f(x_0)=1-x_0$.

在 $[0,x_0]$ 和 $[x_0,1]$ 上对 $f(x)$ 分别应用拉格朗日中值定理，知存在两个不同的点 $\xi\in(0,x_0)$，$\eta\in(x_0,1)$，使得 $f'(\xi)=\dfrac{f(x_0)-f(0)}{x_0-0}$，$f'(\eta)=\dfrac{f(1)-f(x_0)}{1-x_0}$. 于是

$$f'(\xi)f'(\eta)=\frac{f(x_0)}{x_0}\cdot\frac{1-f(x_0)}{1-x_0}=\frac{1-x_0}{x_0}\cdot\frac{x_0}{1-x_0}=1.$$

（2）因为 $0<\dfrac{a}{a+b}<1$，而 $f(0)=0$，$f(1)=1$，由 $f(x)$ 连续，知 $\exists x_1\in(0,1)$，使得 $f(x_1)=\dfrac{a}{a+b}$.

$f(x)$ 在 $[0,x_1]$，$[x_1,1]$ 上分别用拉格朗日中值定理，有

$$f(x_1)-f(0)=(x_1-0)f'(\xi),\quad \xi\in(0,x_1), \qquad ①$$

$$f(1)-f(x_1)=(1-x_1)f'(\eta),\quad \eta\in(x_1,1). \qquad ②$$

注意到，$f(0)=0$，$f(1)=1$，由①，②式有

$$x_1=\frac{f(x_1)}{f'(\xi)}=\frac{\frac{a}{a+b}}{f'(\xi)}, \qquad ③$$

$$1-x_1=\frac{1-f(x_1)}{f'(\eta)}=\frac{\frac{b}{a+b}}{f'(\eta)}. \qquad ④$$

③+④式可得

$$\frac{a}{f'(\xi)}+\frac{b}{f'(\eta)}=a+b.$$

评注 该题（2）的结论可进行如下推广(见习题 2.2 第 22 题)：

在所给题设条件下，对任意给定的一组正数 $a_1,a_2,\cdots,a_k$，必存在(0,1)内的 k 个不同的数：$\xi_1,\xi_2,\cdots,\xi_k$，使得

$$\frac{a_1}{f'(\xi_1)}+\frac{a_2}{f'(\xi_2)}+\cdots+\frac{a_k}{f'(\xi_k)}=a_1+a_2+\cdots+a_k.$$

例 8 设函数 $f(x)$ 在 $[0,2]$ 上连续，在 $(0,2)$ 内二阶可导，$f(0)=0$，$f(1)=f(2)=2$. 证明在 $(0,2)$ 内存在不同的三点 ξ_1,ξ_2,ξ_3，使得 $f''(\xi_3)=\dfrac{\xi_1+\xi_2}{\xi_1-\xi_2}$.

分析 将结论变形为 $\xi_1+\xi_2=f''(\xi_3)(\xi_1-\xi_2)=f'(\xi_1)-f'(\xi_2)$，只需有 $f'(\xi_1)=\xi_1+k$，$f'(\xi_2)=-\xi_2+k$，辅助函数就容易找到了.

证明 令 $F(x)=f(x)-\dfrac{1}{2}x^2-\dfrac{3}{2}x\ (0\leqslant x\leqslant 1)$，则 $F(0)=F(1)=0$，由罗尔定理，知 $\exists\xi_1\in(0,1)$，使得 $F'(\xi_1)=0$. 即

$$f'(\xi_1)=\xi_1+\frac{3}{2}.$$

令 $G(x)=f(x)+\frac{1}{2}x^2-\frac{3}{2}x-1\,(1\leqslant x\leqslant 2)$，则 $G(1)=G(2)=0$，由罗尔定理，知 $\exists\xi_2\in(1,2)$，使得 $G'(\xi_2)=0$. 即

$$f'(\xi_2)=-\xi_2+\frac{3}{2}.$$

由拉格朗日中值定理，知 $\exists\xi_3\in(\xi_1,\xi_2)\subseteq(0,2)$，使得

$$f'(\xi_2)-f'(\xi_1)=f''(\xi_3)(\xi_2-\xi_1),$$

所以

$$f''(\xi_3)=\frac{f'(\xi_1)-f'(\xi_2)}{\xi_1-\xi_2}=\frac{\xi_1+\xi_2}{\xi_1-\xi_2}\,(0<\xi_1<\xi_3<\xi_2<2).$$

例 9 设 $f(x)$ 在区间 $[0,1]$ 上连续，且 $\int_0^1 f(x)\,\mathrm{d}x\neq 0$. 证明在区间 $(0,1)$ 上存在两个不同的点 x_1, x_2, 使得

$$\frac{\pi}{4}\int_0^1 f(x)\mathrm{d}x=\left(\frac{1}{\sqrt{1-x_2^2}}\int_0^{x_2}f(t)\mathrm{d}t+f(x_2)\arcsin x_2\right)(1-x_1).$$

分析 易见，需做辅助函数 $F(x)=\arcsin x\int_0^x f(t)\mathrm{d}t$，如果存在 $x_1\in(0,1)$，使得 $F(x_1)=\frac{\pi}{4}\int_0^1 f(t)\mathrm{d}t$，问题就解决了. 由连续函数的介值定理，这是容易做到的.

证明 令 $F(x)=\arcsin x\int_0^x f(t)\mathrm{d}t$，$x\in[0,1]$，则 $F(0)=0$，$F(1)=\frac{\pi}{2}\int_0^1 f(t)\mathrm{d}t$，由于 $F(x)$ 在 $[0,1]$ 上连续，所以必存在 $x_1\in(0,1)$，使得 $F(x_1)=\frac{1}{2}\big(F(0)+F(1)\big)=\frac{\pi}{4}\int_0^1 f(t)\mathrm{d}t$.

在 $[x_1,1]$ 上对 $F(x)$ 用拉格朗日中值定理，$\exists x_2\in(x_1,1)$，使得

$$F(1)-F(x_1)=F'(x_2)(1-x_1),$$

即

$$\frac{\pi}{4}\int_0^1 f(t)\mathrm{d}t=F'(x_2)(1-x_1).$$

由于 $F'(x)=\frac{1}{\sqrt{1-x^2}}\int_0^x f(t)\mathrm{d}t+f(x)\arcsin x$，代入上式即得

$$\frac{\pi}{4}\int_0^1 f(x)\mathrm{d}x=\left(\frac{1}{\sqrt{1-x_2^2}}\int_0^{x_2}f(t)\mathrm{d}t+f(x_2)\arcsin x_2\right)(1-x_1).$$

评注 证明中值等式时，连续函数的介值定理也是常用的工具.

例 10 设 $f(x)$，$g(x)$ 在 $[a,b]$ 上有二阶连续导数，且 $g''(x)\neq 0$，证明 $\exists\eta\in(a,b)$，使

$$\frac{\int_a^b f(x)\mathrm{d}x-\frac{b-a}{2}(f(a)+f(b))}{\int_a^b g(x)\mathrm{d}x-\frac{b-a}{2}(g(a)+g(b))}=\frac{f''(\eta)}{g''(\eta)}.$$

分析 等式左边的常数关于 a,b 对称，可用“常数 k 值法”构造辅助函数，再用罗尔定理.

证明 令 $\dfrac{\int_a^b f(x)\mathrm{d}x-\frac{b-a}{2}(f(a)+f(b))}{\int_a^b g(x)\mathrm{d}x-\frac{b-a}{2}(g(a)+g(b))}=k$，即

$$\int_a^b f(x)\mathrm{d}x-\frac{b-a}{2}(f(a)+f(b))-k\left[\int_a^b g(x)\mathrm{d}x-\frac{b-a}{2}(g(a)+g(b))\right]=0.$$

做辅助函数

$$F(x)=\int_a^x f(t)\,\mathrm{d}t-\frac{x-a}{2}(f(a)+f(x))-k\left[\int_a^x g(t)\,\mathrm{d}t-\frac{x-a}{2}(g(a)+g(x))\right].$$

显然 $F(x)$ 在 $[a,b]$ 上有二阶连续导数，且 $F(a)=F(b)=0$. 对 $F(x)$ 在 $[a,b]$ 上运用罗尔定理，知存在 $\xi\in(a,b)$，使 $F'(\xi)=0$.

由于

$$F'(x)=\frac{1}{2}[f(x)-f(a)-(x-a)f'(x)]-\frac{k}{2}[g(x)-g(a)-(x-a)g'(x)],$$

易见 $F'(a)=0$. 对 $F'(x)$ 在 $[a,\xi]$ 上应用罗尔定理，知存在 $\eta\in(a,\xi)\subset(a,b)$，使 $F''(\eta)=0$，即

$$(\eta-a)[f''(\eta)-kg''(\eta)]=0\Rightarrow k=\frac{f''(\eta)}{g''(\eta)}.$$

故所证等式成立.

评注　当所证等式中含有轮换对称的参数 $a,b,c,\cdots$（$a,b,c,\cdots$ 轮换等式不变）时，其辅助函数可按以下方法构造：

(1) 分离常数：将含有参数的常数项全部移至等号的一端，并令整个常数为 k.

(2) 恒等变形：对 (1) 中的等式做变形，使等式的一端为 0，非零端最好没有分式.

(3) 换参数为变量得辅助函数：将非零端的一个参数换为变量（如将 a 改写成 x），即得辅助函数（该辅助函数在 $a,b,c,\cdots$ 等点的值一定相等）.

以上构造辅助函数的方法又称为“常数 k 值法”.

例 11　设 $a<b<c$，$f(x)$ 在 $[a,c]$ 上具有二阶导数，证明存在 $\xi\in(a,c)$，使

$$\frac{f(a)}{(a-b)(c-a)}+\frac{f(b)}{(b-c)(a-b)}+\frac{f(c)}{(c-a)(b-c)}=-\frac{1}{2}f''(\xi).$$

分析　等式左边的 3 项关于 a,b,c 轮换对称，可用“常数 k 值法”构造辅助函数.

熟悉拉格朗日插值法的读者也容易想到做辅助函数

$$F(x)=\frac{(x-b)(x-c)}{(a-b)(a-c)}f(a)+\frac{(x-c)(x-a)}{(b-c)(b-a)}f(b)+\frac{(x-a)(x-b)}{(c-a)(c-b)}f(c)-f(x),$$

从而只需证明 $\exists\xi\in(a,c)$ 使 $F''(\xi)=0$. 由于 $F(a)=F(b)=F(c)=0$，结论显然.

证明　**方法 1**　记 $\dfrac{f(a)}{(a-b)(c-a)}+\dfrac{f(b)}{(b-c)(a-b)}+\dfrac{f(c)}{(c-a)(b-c)}=k$，变形为

$$k(a-b)(b-c)(c-a)-\left[f(a)(b-c)+f(b)(c-a)+f(c)(a-b)\right]=0.$$

做辅助函数 $F(x)=k(x-b)(b-c)(c-x)-\left[f(x)(b-c)+f(b)(c-x)+f(c)(x-b)\right]$.

易验证 $F(a)=F(b)=F(c)=0$，由罗尔定理，知必存在 $\xi\in(a,c)$，使得 $F''(\xi)=0$. 由于

$$F''(x)=-2k(b-c)-f''(x)(b-c)=(c-b)\left(f''(x)+2k\right),$$

所以有 $f''(\xi)+2k=0$，即

$$\frac{f(a)}{(a-b)(c-a)}+\frac{f(b)}{(b-c)(a-b)}+\frac{f(c)}{(c-a)(b-c)}=-\frac{1}{2}f''(\xi).$$

方法 2　令 $G(x)=\begin{vmatrix}1&1&1&1\\x&a&b&c\\x^2&a^2&b^2&c^2\\f(x)&f(a)&f(b)&f(c)\end{vmatrix}$ $(a\leqslant x\leqslant b)$，则 $G(x)$ 在 $[a,b]$ 上连续，在 (a,b) 内二

阶可导．由行列式的性质易知$G(a)=G(b)=G(c)=0$．由罗尔定理，知必存在$\xi\in(a,c)$，使得$G''(\xi)=0$．由于

$$G''(x)=\begin{vmatrix}0&1&1&1\\0&a&b&c\\2&a^2&b^2&c^2\\f''(x)&f(a)&f(b)&f(c)\end{vmatrix}=2\begin{vmatrix}1&1&1\\a&b&c\\f(a)&f(b)&f(c)\end{vmatrix}-f''(x)\begin{vmatrix}1&1&1\\a&b&c\\a^2&b^2&c^2\end{vmatrix},$$

将行列式展开即得所证等式.

方法3 做辅助函数

$$F(x)=\frac{(x-b)(x-c)}{(a-b)(a-c)}f(a)+\frac{(x-c)(x-a)}{(b-c)(b-a)}f(b)+\frac{(x-a)(x-b)}{(c-a)(c-b)}f(c)-f(x),$$

显然$F(x)$在$[a,c]$上二阶可导，且$F(a)=F(b)=F(c)=0$．由罗尔定理知，$\exists\xi\in(a,c)$使$F''(\xi)=0$．变形即得所证等式.

评注 (1) $p_2(x)=\dfrac{(x-b)(x-c)}{(a-b)(a-c)}f(a)+\dfrac{(x-c)(x-a)}{(b-c)(b-a)}f(b)+\dfrac{(x-a)(x-b)}{(c-a)(c-b)}f(c)$叫$f(x)$的拉格朗日二次插值多项式．显然$p_2(x)$与$f(x)$在$x=a,b,c$的值相等．若$f(x)$在$(a,c)$内三阶可导，不难证明：

$$f(x)=p_2(x)+\frac{f'''(\xi)}{3!}(x-a)(x-b)(x-c),\ \xi\in(a,c).$$

(2) 方法2中构造的行列式源于范德蒙行列式的启发.

(3) 行列式函数的求导法则：设n阶方阵$\boldsymbol{A}(x)=\left(\boldsymbol{\alpha}_1(x),\boldsymbol{\alpha}_2(x),\cdots,\boldsymbol{\alpha}_n(x)\right)$，其中$\boldsymbol{\alpha}_i(x)(i=1,2,\cdots,n)$是可导的$n$维列向量函数，则

$$|\boldsymbol{A}(x)|'=\det\left(\boldsymbol{\alpha}_1'(x),\boldsymbol{\alpha}_2(x),\cdots,\boldsymbol{\alpha}_n(x)\right)+\det\left(\boldsymbol{\alpha}_1(x),\boldsymbol{\alpha}_2'(x),\cdots,\boldsymbol{\alpha}_n(x)\right)+\cdots+\det\left(\boldsymbol{\alpha}_1(x),\boldsymbol{\alpha}_2(x),\cdots,\boldsymbol{\alpha}_n'(x)\right).$$

例12 设$f(x)$在$[0,+\infty)$上连续可导，$f(0)=1$，且对一切$x\geqslant 0$有$|f(x)|\leqslant \mathrm{e}^{-x}$．证明$\exists\xi\in(0,+\infty)$，使得$f'(\xi)=-\mathrm{e}^{-\xi}$.

分析 (1) 该题很容易想到辅助函数$F(x)=f(x)-\mathrm{e}^{-x}$，但我们却很难找到满足罗尔定理条件的区间．从另一个角度考虑：要确定$F(x)$在$(0,+\infty)$内有驻点，只需证明$F(x)$在$(0,+\infty)$内能取得极值.

(2) 满足罗尔定理的闭区间难以找到，也可考虑是否满足“无穷区间的罗尔定理”条件.

解 方法1 令$F(x)=f(x)-\mathrm{e}^{-x}$，则$F(x)$在$(0,+\infty)$上连续可导，且$F(0)=f(0)-1=0$．由于$|f(x)|\leqslant \mathrm{e}^{-x}$，所以

$$\lim_{x\to+\infty}|f(x)|\leqslant\lim_{x\to+\infty}\mathrm{e}^{-x}=0\Rightarrow\lim_{x\to+\infty}f(x)=0. \quad ①$$

于是

$$\lim_{x\to+\infty}F(x)=\lim_{x\to+\infty}f(x)-\lim_{x\to+\infty}\mathrm{e}^{-x}=0.$$

若$f(x)=\mathrm{e}^{-x}$，则$\forall x\in[0,+\infty)$，$F(x)=0$，于是$\forall\xi\in(0,+\infty)$，有$f'(\xi)=-\mathrm{e}^{-\xi}$.

若$f(x)\neq \mathrm{e}^{-x}$，由于$|f(x)|\leqslant \mathrm{e}^{-x}$，所以$\exists c\in(0,+\infty)$，使得$f(c)<\mathrm{e}^{-c}$，则$F(c)<0$．于是$F(x)$在$(0,+\infty)$内取得最小值，它也是极小值．设$F(\xi)$是其极小值，从而$F'(\xi)=0$．即$\exists\xi\in(0,+\infty)$，使得$F'(\xi)=0$，即$f'(\xi)=-\mathrm{e}^{-\xi}$.

方法2 令$F(x)=f(x)-\mathrm{e}^{-x}$，则$F(x)$在$(0,+\infty)$上连续可导，由$f(0)=1$及①式知

$$F(0)=0=\lim_{x\to+\infty}f(x).$$

由无穷区间上的罗尔定理知，知$\exists\xi\in(0,+\infty)$，使得$F'(\xi)=0$，即$f'(\xi)=-\mathrm{e}^{-\xi}$.

评注 (1)“无穷区间上的罗尔定理”见习题2.2第14题．若题解不直接用该定理，则可以用证明该定理的方法.

（2）证明含有中值的等式，其常用的方法：利用微（积）分中值定理、泰勒公式，极值的必要条件或连续函数的介值定理. 若使用这些方法都有困难，则可考虑用反证法.

例 13　设 $f(x)$ 在 $(-\infty,+\infty)$ 上有界，且二阶可导，证明：$\exists\xi\in\mathbb{R}$，使得 $f''(\xi)=0$.

分析　只需证明存在 $a,b\in(-\infty,+\infty)$，使得 $f'(a)=f'(b)$. 否则，会出现矛盾.

证明　（1）若 $\exists a,b\in(-\infty,+\infty)$ 且 $a<b$，使得 $f'(a)=f'(b)$，对 $f'(x)$ 在 $[a,b]$ 上应用罗尔定理，知 $\exists\xi\in(a,b)$，使得 $f''(\xi)=0$.

（2）若 $\forall a,b\in(-\infty,+\infty)$ $(a\neq b)$，都有 $f'(a)\neq f'(b)$，则 $f'(x)$ 在 $(-\infty,+\infty)$ 上严格递增或严格递减. 不妨设 $f'(x)$ 在 $(-\infty,+\infty)$ 上严格递增.

任意取定 $c\in(-\infty,+\infty)$，若 $f'(c)\geqslant 0$，则 $f'(1+c)>0$，当 $x>1+c$ 时，在 $[1+c,x]$ 上应用拉格朗日中值定理，有

$$f(x)=f(1+c)+f'(\xi)(x-1-c)>f(1+c)+f'(1+c)(x-1-c)\ (1+c<\xi<x).$$

令 $x\to+\infty$，得 $\lim\limits_{x\to+\infty}f(x)=+\infty$. 此与 $f(x)$ 在 $(-\infty,+\infty)$ 上有界矛盾.

若 $f'(c)<0$，当 $x<c$ 时，在 $[x,c]$ 上应用拉格朗日中值定理，有

$$f(x)=f(c)+f'(\eta)(x-c)>f(c)+f'(c)(x-c)\ (x<\eta<c).$$

令 $x\to-\infty$，得 $\lim\limits_{x\to-\infty}f(x)=+\infty$. 此与 $f(x)$ 在 $(-\infty,+\infty)$ 上有界矛盾.

以上讨论表明情况（2）不可能发生，只有情况（1）发生.

评注　该题的几何特征是很明显的，那就是 $\mathbb{R}$ 上的有界光滑曲线一定有拐点.

例 14　证明方程 $2^x-x^2=1$ 有且仅有 3 个实根.

分析　容易判定方程至少有 3 个根，再证明不能多于 3 个根.

证明　令 $F(x)=2^x-x^2-1$，显然 $F(x)$ 在 $(-\infty,+\infty)$ 上连续，且 $F(0)=F(1)=0$.

又 $F(2)=-1<0$，$F(5)=6>0$，所以 $F(x)$ 在 $(2,5)$ 内还有一个根，这样 $F(x)$ 至少有 3 个根.

如果 $F(x)$ 的根多于 3 个，不妨假设其中 4 个根按大小依次为 $a<b<c<d$. 由罗尔定理，知 $F'''(x)$ 在 (a,d) 内至少有 1 个根，而 $F'''(x)=2^x(\ln 2)^3$ 显然无根，这是矛盾的. 因此 $F(x)$ 的根不可能多于 3 个.

综上所述，方程 $2^x-x^2=1$ 有且仅有 3 个实根.

评注　（1）证明函数零点（方程根）存在性的常用方法：连续函数的介值定理、罗尔定理. 一般首先考虑用介值定理，若函数中含有字母常数且不易判断其符号，或函数在所讨论的区间中有偶数个零点，从而使得函数在两端点处不异号，则用罗尔定理.

（2）证明根唯一的常用方法是单调性；证明有多个根的情况常用罗尔定理（反证法）.

例 15*　设实系数一元 n 次方程

$$P(x)=a_0x^n+a_1x^{n-1}+\cdots+a_{n-1}x+a_n=0\ \ (a_0\neq 0,n\geqslant 2)$$

的根全为实数，证明方程 $P'(x)=0$ 的根也全为实数.

分析　罗尔定理给出了方程根与导函数方程根的关系，关键要对重根情况做出讨论.

证明　设方程 $P(x)=0$ 的 n 个实根为 $c_1,c_2,\cdots,c_r,d_1,d_2,\cdots,d_l$. 其中 $c_1,c_2,\cdots,c_r$ 为单根；$d_1,d_2,\cdots,d_l$ 为重根，其重数依次为 $k_1,k_2,\cdots,k_l\ (k_j\geqslant 2,j=1,2,\cdots,l)$. 则

$$r+k_1+k_2+\cdots+k_l=n.$$

对于重根 $d_j\ (j=1,2,\cdots,l)$，多项式 $P(x)$ 可写为

$$P(x)=(x-d_j)^{k_j}Q(x),\quad Q(d_j)\neq 0.$$

则

$$P'(x)=k_j(x-d_j)^{k_j-1}Q(x)+(x-d_j)^{k_j}Q'(x)=(x-d_j)^{k_j-1}[k_jQ(x)+(x-d_j)Q'(x)].$$

由于 $k_jQ(x)+(x-d_j)Q'(x)\big|_{x=d_j}=k_jQ(d_j)\neq 0$，所以 $x=d_j$ 是方程 $P'(x)=0$ 的 (k_j-1) 重实根. 由此

可得方程 $P'(x)=0$ 有实根 $d_1,d_2,\cdots,d_l$，它们的重数依次为 $k_1-1,k_2-1,\cdots,k_l-1$，这些实根的总个数为

$$(k_1-1)+(k_2-1)+\cdots+(k_l-1)=n-r-l.$$

另一方面，由罗尔定理，知在 $P(x)=0$ 的每两个相邻实根之间必有 $P'(x)=0$ 的一个实根. 由此可得 $P'(x)=0$ 至少还有 $r+l-1$ 个实根.

由上述两种情况获得的方程 $P'(x)=0$ 的实根，至少有 $(n-r-l)+(r+l-1)=n-1$ 个. 而 $P'(x)=0$ 为实系数一元 $n-1$ 次方程，它至多有 $n-1$ 个实根. 因此方程 $P'(x)=0$ 恰有 $n-1$ 个实根，即 $P'(x)=0$ 的根全为实数.

评注 题解中给出了多项式函数的重根与其导函数根的关系. 即若 x_0 是多项式函数 $P(x)$ 的 k 重根，则它必是 $P'(x)$ 的 $k-1$ 重根.

例 16 设 $f(x)$ 在区间 (a,b) 内可导，$b-a>\pi$. 证明存在 $\xi\in(a,b)$，使得 $f'(\xi)<1+f^2(\xi)$.

分析 即证存在 $\xi\in(a,b)$，使 $\dfrac{f'(\xi)}{1+f^2(\xi)}<1$. 由于 $[\arctan f(x)]'=\dfrac{f'(x)}{1+f^2(x)}$，即证存在 $\xi\in(a,b)$，使 $[\arctan f(x)]'\big|_{x=\xi}<1$. 对函数 $\arctan f(x)$ 在某区间 $(x_1,x_2)\subset(a,b)$ 上用拉格朗日中值定理.

证明 因为 $b-a>\pi$，可取 $x_1,x_2\in(a,b)$，使 $x_2-x_1>\pi$. 因为 $f(x)$ 在区间 (a,b) 内可导，由拉格朗日中值定理，知存在 $\xi\in(x_1,x_2)\subset(a,b)$，使

$$\frac{\arctan f(x_2)-\arctan f(x_1)}{x_2-x_1}=[\arctan f(x)]'\big|_{x=\xi},$$

即

$$\arctan f(x_2)-\arctan f(x_1)=\frac{f'(\xi)}{1+f^2(\xi)}(x_2-x_1).$$

由于

$$|\arctan f(x_2)-\arctan f(x_1)|\leqslant|\arctan f(x_2)|+|\arctan f(x_1)|\leqslant\frac{\pi}{2}+\frac{\pi}{2}=\pi,$$

所以

$$\frac{f'(\xi)}{1+f^2(\xi)}\pi\leqslant\frac{f'(\xi)}{1+f^2(\xi)}(x_2-x_1)\leqslant\pi,$$

即

$$\frac{f'(\xi)}{1+f^2(\xi)}<1\Rightarrow f'(\xi)<1+f^2(\xi).$$

例 17 设函数 $f(x)$ 在区间 $[0,1]$ 上连续，在 $(0,1)$ 内可导，且 $f(0)=0$，$f(1)=2$. 证明存在两两互异的点 $\xi_1,\xi_2,\xi_3\in(0,1)$，使得 $f'(\xi_1)f'(\xi_2)\sqrt{1-\xi_3}\geqslant 2$.

分析 类似于例 7（1），只需将[0,1]分成两个区间，使 $f(x)$ 在两个区间各用一次拉格朗日中值定理. 设分点为 $\xi_3\in(0,1)$，由 $f'(\xi_1)=\dfrac{f(\xi_3)-f(0)}{\xi_3-0}=\dfrac{f(\xi_3)}{\xi_3}$，$f'(\xi_2)=\dfrac{f(1)-f(\xi_3)}{1-\xi_3}=\dfrac{2-f(\xi_3)}{1-\xi_3}$，则 $f'(\xi_1)f'(\xi_2)=\dfrac{f(\xi_3)}{\xi_3}\cdot\dfrac{2-f(\xi_3)}{1-\xi_3}$，若 $2-f(\xi_3)=\xi_3$，则 $f'(\xi_1)f'(\xi_2)=\dfrac{2-\xi_3}{1-\xi_3}=1+\dfrac{1}{1-\xi_3}$，问题就解决了.

证明 令 $F(x)=f(x)-2+x$，则 $F(x)$ 在区间 $[0,1]$ 上连续，且 $F(0)=-2$，$F(1)=1$. 由连续函数的介值定理，$\exists\xi_3\in(0,1)$ 使得 $F(\xi_3)=0$，即 $f(\xi_3)=2-\xi_3$.

在区间 $[0,\xi_3]$，$[\xi_3,1]$ 上分别利用拉格朗日中值定理，$\exists\xi_1\in(0,\xi_3)$，$\exists\xi_2\in(\xi_3,1)$，使得

$$f(\xi_3)-f(0)=f'(\xi_1)(\xi_3-0),\quad f(1)-f(\xi_3)=f'(\xi_2)(1-\xi_3),$$

即 $f'(\xi_1)=\dfrac{2-\xi_3}{\xi_3}$，$f'(\xi_2)=\dfrac{\xi_3}{1-\xi_3}$. 所以

$$f'(\xi_1)f'(\xi_2)=\frac{2-\xi_3}{\xi_3}\cdot\frac{\xi_3}{1-\xi_3}=\frac{2-\xi_3}{1-\xi_3}=1+\frac{1}{1-\xi_3}\geqslant\frac{2}{\sqrt{1-\xi_3}}.$$

因此，存在两两互异的点 $\xi_1,\xi_2,\xi_3\in(0,1)$，使得 $f'(\xi_1)f'(\xi_2)\sqrt{1-\xi_3}\geqslant 2$.

例 18　设 $\mathrm{e}<a<b<\mathrm{e}^2$，证明 $\ln^2 b-\ln^2 a>\dfrac{4}{\mathrm{e}^2}(b-a)$.

分析　不等式左边是函数 $\ln^2 x$ 在区间$[a, b]$的增量，右边是自变量在对应区间上的增量的常数倍，所以可考虑用拉格朗日中值定理来证明.

证明　令 $f(x)=\ln^2 x(\mathrm{e}\leqslant x\leqslant\mathrm{e}^2)$，在$[a, b]$上由拉格朗日中值定理，有

$$\ln^2 b-\ln^2 a=\frac{2\ln\xi}{\xi}(b-a)(a<\xi<b).$$

易求得函数 $\dfrac{\ln x}{x}$ 在区间 $[\mathrm{e},\mathrm{e}^2]$ 上单调递减，其最小值为 $f(\mathrm{e}^2)=\dfrac{2}{\mathrm{e}^2}$，所以

$$\frac{2\ln\xi}{\xi}>\frac{4}{\mathrm{e}^2}\Rightarrow\ln^2 b-\ln^2 a>\frac{2}{\mathrm{e}^2}(b-a).$$

评注　利用微分中值公式证明不等式的方法：

（1）根据不等式的特点，选择适当的函数与适当的区间；

（2）对微分中值公式中含“中值”的部分做适当的放大或缩小，得到所证明的结果.

例 19　设 $a>\mathrm{e}$ 且 $0<x<y<\dfrac{\pi}{2}$，证明 $a^y-a^x>(\cos x-\cos y)a^x\ln a$.

分析　所证不等式变形为 $\dfrac{a^y-a^x}{\cos x-\cos y}>a^x\ln a$，所以选函数 $f(t)=a^t$，$g(t)=\cos t$ 在区间 $[x,y]$ 上用柯西中值定理.

证明　令 $f(t)=a^t$，$g(t)=\cos t$，显然 $f(t)$ 与 $g(t)$ 在区间 $[x,y]\subset\left(0,\dfrac{\pi}{2}\right)$ 上满足柯西中值定理的条件，有

$$\frac{a^y-a^x}{\cos y-\cos x}=\frac{a^\xi\ln a}{-\sin\xi}\quad\left(0<x<\xi<y<\frac{\pi}{2}\right),$$

即

$$a^y-a^x=(\cos x-\cos y)\frac{a^\xi\ln a}{\sin\xi}.$$

因为 $\dfrac{1}{\sin\xi}>1$，$a^\xi>a^x$，所以

$$a^y-a^x>(\cos x-\cos y)a^x\ln a.$$

例 20　设函数 $f(x)$ 在闭区间 $[-1,1]$ 上具有连续三阶导数，且 $f(-1)=0$，$f(1)=1$，$f'(0)=0$. 证明在开区间 $(-1,1)$ 内至少存在一点 x_0，使得 $f'''(x_0)=3$.

分析　这里涉及三阶导数，用泰勒公式较好.

证明　对 $x\in[-1,1]$，由麦克劳林公式，得

$$f(x)=f(0)+\frac{1}{2}f''(0)x^2+\frac{1}{6}f'''(\eta)x^3\quad(\eta\text{ 介于 0 与 }x\text{ 之间}).$$

分别取 $x=-1$ 与 1，得

$$0=f(0)+\frac{1}{2}f''(0)-\frac{1}{6}f'''(\eta_1)\quad(-1<\eta_1<0),$$

$$1=f(0)+\frac{1}{2}f''(0)+\frac{1}{6}f'''(\eta_2)\quad(0<\eta_2<1).$$

将上面两式相减，可得

$$f'''(\eta_1)+f'''(\eta_2)=6.$$

由于 $f'''(x)$ 在 $[-1,1]$ 上连续，所以 $f'''(x)$ 在 $[\eta_1,\eta_2]$ 上必有最大值与最小值，记 $M=\max\limits_{x\in[\eta_1,\eta_2]}f'''(x)$，$m=\min\limits_{x\in[\eta_1,\eta_2]}f'''(x)$，则

$$m\leqslant\frac{1}{2}(f'''(\eta_1)+f'''(\eta_2))\leqslant M.$$

由连续函数的介值定理，知至少存在一点 $x_0\in[\eta_1,\eta_2]\subset(-1,1)$，使得

$$f'''(x_0)=\frac{1}{2}(f'''(\eta_1)+f'''(\eta_2))=3.$$

评注 泰勒公式给出了函数值与其各阶导数值之间的关系，当一个命题与函数二阶以及二阶以上的导数有关时，应考虑用泰勒公式.

例 21 若函数 $f(x)$ 在 $[0,1]$ 上二阶可微，且 $f(0)=f(1)$，$|f''(x)|\leqslant 1$，证明在 $[0,1]$ 上 $|f'(x)|\leqslant\frac{1}{2}$.

分析 只需将函数 $f(x)$ 在区间 $[0,1]$ 上任意点展开为一阶泰勒公式，然后再根据已知条件对展开点处的一阶导数做估计.

证明 在 $(0,1)$ 内任取一点 x_0，由一阶泰勒公式，得

$$f(x)=f(x_0)+f'(x_0)(x-x_0)+\frac{1}{2!}f''(\xi)(x-x_0)^2\quad(\xi\text{ 介于 }x_0\text{ 与 }x\text{ 之间})$$

分别用 $x=0,x=1$ 代入上式有

$$f(0)=f(x_0)-f'(x_0)x_0+\frac{1}{2!}f''(\xi)x_0^2\quad(0<\xi_1<x_0),$$

$$f(1)=f(x_0)+f'(x_0)(1-x_0)+\frac{1}{2!}f''(\xi_2)(1-x_0)^2\quad(x_0<\xi_2<1).$$

因为 $f(0)=f(1)$，将上面两式相减有

$$f'(x_0)=\frac{1}{2}f''(\xi_1)x_0^2-\frac{1}{2}f''(\xi_2)(1-x_0)^2.$$

因为 $|f''(x)|\leqslant 1$，所以

$$\begin{aligned}|f'(x_0)|&\leqslant\frac{1}{2}\left|f''(\xi_1)x_0^2\right|+\frac{1}{2}\left|f''(\xi_2)(1-x_0)^2\right|\\&\leqslant\frac{1}{2}x_0^2+\frac{1}{2}(1-x_0)^2=\left(x_0-\frac{1}{2}\right)^2+\frac{1}{4}.\end{aligned}$$

又由 $x_0\in(0,1)$，知 $\left|x_0-\frac{1}{2}\right|<\frac{1}{2}$，于是有 $|f'(x_0)|\leqslant\frac{1}{2}$. 由 x_0 的任意性，故 $\forall x\in(0,1)$，有 $|f'(x)|\leqslant\frac{1}{2}$ 成立.

例 22 设 $f(x)$ 在 $[a,b]$ 上连续，在 (a,b) 内二阶可导，且 $|f''(x)|\geqslant m>0$（m 为常数），又 $f(a)=f(b)=0$，证明 $\max\limits_{a\leqslant x\leqslant b}|f(x)|\geqslant\frac{m}{8}(b-a)^2$.

分析 $|f(x)|$ 在 $[a,b]$ 上连续，且 $f(a)=f(b)=0$，故 $|f(x)|$ 的最大值一定在 (a,b) 内取到，该最大值点也是 $f(x)$ 的驻点. $f(x)$ 在驻点处的一阶泰勒公式会更简单.

证明　由$|f(x)|$在$[a,b]$上连续，故必存在$x_0\in[a,b]$，使$\max\limits_{a\leqslant x\leqslant b}|f(x)|=|f(x_0)|$.

因$f(x)$不是常函数，故$x_0\neq a$，$x_0\neq b$，从而$f(x)$在x_0点取得极值，因此$f'(x_0)=0$.

由泰勒公式，对任意$x\in(a,b)$，有

$$f(x)=f(x_0)+\frac{1}{2}f''(\xi)(x-x_0)^2 \quad (\xi\text{ 在 }x\text{ 与 }x_0\text{ 之间}).$$

则

$$|f(x_0)-f(x)|\geqslant\frac{m}{2}(x-x_0)^2.$$

再由连续性及$f(a)=f(b)=0$，得

$$|f(x_0)|\geqslant\frac{m}{2}(x_0-a)^2,\quad |f(x_0)|\geqslant\frac{m}{2}(b-x_0)^2,$$

从而

$$|f(x_0)|\geqslant\max\left\{\frac{m}{2}(x_0-a)^2,\frac{m}{2}(b-x_0)^2\right\}\geqslant\frac{m}{8}(b-a)^2.$$

例 23　证明不等式：$\left|\dfrac{\sin x-\sin y}{x-y}-\cos y\right|\leqslant\dfrac{1}{2}|x-y|$，$x,y\in(-\infty,+\infty)$.

分析　不等式的形式很容易使人想到微分中值定理，由拉格朗日微分中值定理，得

$$\left|\frac{\sin x-\sin y}{x-y}-\cos y\right|=|\cos\xi-\cos y|=2\left|\sin\left(\frac{\xi-y}{2}\right)\sin\left(\frac{\xi+y}{2}\right)\right|\leqslant|\xi-y|,$$

上面不等式没有精确到所要求证明的程度. 因此要想有更精确的估计，需用泰勒公式.

证明　将$\sin x$在点y处展开成一阶泰勒公式，得

$$\sin x=\sin y+\cos y\cdot(x-y)-\frac{1}{2}\sin\xi\cdot(x-y)^2 \quad (\xi\text{介于}x\text{与}y\text{之间})$$

则

$$\left|\frac{\sin x-\sin y}{x-y}-\cos y\right|=\left|\frac{\left[\sin y+\cos y\cdot(x-y)-\frac{1}{2}\sin\xi\cdot(x-y)^2\right]-\sin y}{x-y}-\cos y\right|$$

$$=\left|-\frac{1}{2}\sin\xi\cdot(x-y)\right|\leqslant\frac{1}{2}|x-y|.$$

评注　拉格朗日中值公式是 0 阶泰勒公式，泰勒公式的阶数越高，其多项式逼近函数的程度就越好，要根据情况选择适当的阶数使问题得以解决.

例 24　设$f(x)$在$(-\infty,+\infty)$内二阶可导，并且$|f(x)|<k_0$，$|f''(x)|<k_1$（k_0,k_1为常数）. 证明：

（1）$\forall h>0$，有$|f'(x)|<\dfrac{k_0}{h}+\dfrac{h}{2}k_1$；

（2）$f'(x)$是有界函数，且$|f'(x)|<\sqrt{2k_0k_1}$.

分析　要用函数值的限以及二阶导数值的限来估计一阶导数值，只需对函数在任一点做一阶泰勒展开，变形后再做估计.

解　（1）

$$f(x+h)=f(x)+f'(x)h+\frac{f''(x+\theta_1h)}{2!}h^2 \quad (0<\theta_1<1),$$

$$f(x-h)=f(x)-f'(x)h+\frac{f''(x+\theta_2h)}{2!}h^2 \quad (0<\theta_2<1).$$

则

$$f(x+h)-f(x-h)=2f'(x)h+\frac{1}{2}\left[f''(x_1+\theta_1h)-f''(x+\theta_2h)\right]h^2,$$

$$f'(x)=\frac{f(x+h)-f(x-h)}{2h}+\frac{1}{4}\left[f''(x+\theta_2 h)-f''(x+\theta_1 h)\right]h,$$

$$\left|f'(x)\right|\leqslant\frac{\left|f(x+h)\right|+\left|f(x-h)\right|}{2h}+\frac{1}{4}\left[\left|f''(x+\theta_2 h)\right|+\left|f''(x+\theta_1 h)\right|\right]h.$$

由于$\left|f(x)\right|<k_0$, $\left|f''(x)\right|<k_1$，所以 $\left|f'(x)\right|<\frac{k_0}{h}+\frac{h}{2}k_1$.

（2）令$\varphi(h)=\frac{k_0}{h}+\frac{h}{2}k_1$, $h\in(0,+\infty)$. 因为$\varphi'(h)=-\frac{k_0}{h^2}+\frac{k_1}{2}$，令$\varphi'(h)=0$，得$h_0=\sqrt{\frac{2k_0}{k_1}}$.

又$\varphi''(h)=\frac{2k_0}{h^3}$，$\varphi''(h_0)>0$，故$h_0$为$\varphi(h)$的最小值点. 且

$$\min\varphi(h)=\varphi(h_0)=\sqrt{2k_0k_1}.$$

由（1）知 $\left|f'(x)\right|<\frac{k_0}{h}+\frac{h}{2}k_1$.

评注 （2）中的不等式也可由（1）中的不等式变形为$\frac{k_1}{2}h^2-\left|f'(x)\right|h+k_0>0$，再用二次方程无实数根的判别式$\Delta=\left|f'(x)\right|^2-2k_0k_1<0$来得到.

例 25 试确定A,B,C的值，使$\mathrm{e}^x(1+Bx+Cx^2)=1+Ax+o(x^3)$，其中$o(x^3)$是当$x\to 0$时比$x^3$高阶的无穷小.

分析 等式两边除e^x以外都是多项式的形式，所以只需将e^x做泰勒展开，再比较等式两边多项式的系数就能解出待定系数的值. 由于等式右边无穷小的最高阶项为$o(x^3)$，所以只需将e^x展开到相同的阶数.

解 由泰勒公式$\mathrm{e}^x=1+x+\frac{x^2}{2}+\frac{x^3}{6}+o(x^3)$代入已知等式，得

$$\left[1+x+\frac{x^2}{2}+\frac{x^3}{6}+o(x^3)\right][1+Bx+Cx^2]=1+Ax+o(x^3),$$

整理得

$$1+(B+1)x+\left(C+B+\frac{1}{2}\right)x^2+\left(\frac{B}{2}+C+\frac{1}{6}\right)x^3+o(x^3)=1+Ax+o(x^3).$$

比较两边同次幂系数，得

$$B+1=A，C+B+\frac{1}{2}=0，\frac{B}{2}+C+\frac{1}{6}=0.$$

解得：$A=\frac{1}{3}$，$B=-\frac{2}{3}$，$C=\frac{1}{6}$.

评注 （1）由于已知等式是一个局部表达式，所以e^x的泰勒公式用了 Peano 余项.

（2）该题也可将题设中的等式变形为$\lim\limits_{x\to 0}\frac{\mathrm{e}^x(1+Bx+Cx^2)-(1+Ax)}{x^3}=0$，再按 1.2 中例 42 的方法（洛必达法则）求待定常数.

例 26 设$f(x)$在$x=0$的某领域内二阶可导，且$\lim\limits_{x\to 0}\left(\frac{\sin 3x}{x^3}+\frac{f(x)}{x^2}\right)=0$，求$\lim\limits_{x\to 0}\frac{f(x)+3}{x^2}$，以及$f(0)$，$f'(0)$，$f''(0)$.

分析 将已知极限式变形可得到所求的极限；再由极限式可得到$f(x)$在$x=0$附近的多项式形式的局部表达式，即函数的麦克劳林展开式. 由展开式的唯一性可得到$f(x)$在$x=0$处的函数值及各阶导数值.

解　$$0=\lim_{x\to0}\left(\frac{\sin3x}{x^3}+\frac{f(x)}{x^2}\right)=\lim_{x\to0}\frac{\frac{\sin3x}{x}+f(x)}{x^2}=\lim_{x\to0}\frac{\frac{\sin3x}{x}-3+f(x)+3}{x^2}.$$

则

$$\lim_{x\to0}\frac{f(x)+3}{x^2}=\lim_{x\to0}\frac{3-\frac{\sin3x}{x}}{x^2}=\lim_{x\to0}\frac{3x-\sin3x}{x^3}$$
$$=\lim_{x\to0}\frac{3-3\cos3x}{3x^2}=\lim_{x\to0}\frac{3\sin3x}{2x}=\frac{9}{2}.$$

从而

$$\frac{f(x)+3}{x^2}=\frac{9}{2}+\alpha(x),\text{其中}\lim_{x\to0}\alpha(x)=0.$$

即

$$f(x)=-3+\frac{9}{2}x^2+o(x^2).$$

由函数的麦克劳林公式，知 $f(0)=-3$，$f'(0)=0$，$f''(0)=9$．

例 27　设 $f(x)$ 在 $(-\infty,+\infty)$ 内二阶可导，当 $x\to0$ 时，$f(x)$ 与 $g(x)=(1+x)\mathrm{e}^x-\sqrt{1+2x}$ 等价，且 $f''(x)\leqslant2$．证明 $f(x)\leqslant x(x+1)$．

分析　由于 $f''(x)\leqslant2$，利用 $f(x)$ 的一阶麦克劳林公式就可得到 $f(x)$ 的二次多项式估计，关键是要确定出 $f(0)$ 与 $f'(0)$ 的值，这可由 $x\to0$ 时 $f(x)$ 与 $g(x)$ 等价得到.

证明　利用带皮亚诺余项的麦克劳林公式，有

$$g(x)=(1+x)\mathrm{e}^x-\sqrt{1+2x}=(1+x)\left[1+x+o(x)\right]-\left[1+x+o(x)\right]=x+o(x).$$

由于 $x\to0$ 时 $f(x)$ 与 $g(x)$ 等价，则有

$$\lim_{x\to0}\frac{f(x)}{g(x)}=\lim_{x\to0}\frac{f(x)}{x+o(x)}=1\Rightarrow\frac{f(x)}{x+o(x)}=1+o(1)\Rightarrow f(x)=x+o(x).$$

由此可知 $f(0)=0$，$f'(0)=1$．再由一阶麦克劳林公式：

$$f(x)=f(0)+f'(0)x+\frac{1}{2}f''(\xi)x^2=x+\frac{1}{2}f''(\xi)x^2\ （\xi\text{介于}0\text{与}x\text{之间}），$$

因为 $f''(x)\leqslant2$，所以

$$f(x)=x+\frac{1}{2}f''(\xi)x^2\leqslant x+x^2=x(x+1).$$

评注　由于 $f(x)$ 与 $g(x)$ 是 $x\to0$ 的等价无穷小，且它们在 $x=0$ 处均可导，故必有 $f(0)=g(0)=0$，$f'(0)=g'(0)$．因此也可通过该组等式来计算 $f(0)$ 与 $f'(0)$ 的值.

例 28　证明当 $0<|t|<\frac{\pi}{2}$ 时，存在唯一的 $\theta(t)\in(0,1)$，使得 $\sin t=t-\frac{1}{6}t^3\cos\left(t\theta(t)\right)$，并求 $\lim_{t\to0}\theta(t)$．

分析　由于余弦函数在区间 $\left(0,\frac{\pi}{2}\right)$ 内是单调的，所以 $\theta(t)$ 的唯一性是显然的；

为求 $\lim_{t\to0}\theta(t)$，可对 $\cos\left(t\theta(t)\right)$ 再用泰勒公式，或对题设中的 $\sin t$ 的泰勒公式多写出一项，就容易解出 $\theta(t)$，并求得极限.

解　由泰勒公式，知对任意实数 t，必存在 $\theta(t)\in(0,1)$，使得

$$\sin t=t-\frac{1}{6}t^3\cos\left(t\theta(t)\right).$$

若还存在 $\eta(t)\in(0,1)$，使得

$$\sin t = t - \frac{1}{6}t^3\cos\big(t\eta(t)\big),$$

则

$$t - \frac{1}{6}t^3\cos\big(t\theta(t)\big) = t - \frac{1}{6}t^3\cos\big(t\eta(t)\big) \Rightarrow \cos\big(t\theta(t)\big) = \cos\big(t\eta(t)\big).$$

由于 $0 < |t\theta(t)|,\ |t\eta(t)| < \dfrac{\pi}{2}$，所以 $\theta(t) = \eta(t)$.

下面求极限.

方法 1 利用 $\cos x$ 的二阶泰勒公式，有

$$\cos\big(t\theta(t)\big) = 1 - \frac{1}{2}\big(t\theta(t)\big)^2 + o(t^2).$$

代入所给等式，有

$$1 - \frac{1}{2}\big(t\theta(t)\big)^2 + o(t^2) = \frac{6(t - \sin t)}{t^3}.$$

解得

$$\theta^2(t) = 2\cdot\frac{t^3 - 6(t - \sin t)}{t^5} + o(1),$$

$$\lim_{t\to 0}\theta^2(t) = 2\lim_{t\to 0}\frac{t^3 - 6(t - \sin t)}{t^5} = 2\lim_{t\to 0}\frac{t^3 - 6\left(\dfrac{1}{6}t^3 - \dfrac{1}{120}t^5 + o(t^5)\right)}{t^5} = \frac{1}{10}.$$

故 $\lim\limits_{t\to 0}\theta(t) = \dfrac{1}{\sqrt{10}}$.

方法 2 利用 $\sin x$ 的泰勒公式，有

$$\sin t = t - \frac{1}{3!}t^3 + \frac{1}{5!}t^5 + o(t^5).$$

由已知 $\sin t = t - \dfrac{1}{6}t^3\cos\big(t\theta(t)\big)$，两式相减得到

$$\frac{1}{3!}t^3\Big(1 - \cos\big(t\theta(t)\big)\Big) = \frac{1}{5!}t^5 + o(t^5).$$

当 $t \to 0$ 时，$1 - \cos\big(t\theta(t)\big) \sim \dfrac{1}{2}\big(t\theta(t)\big)^2$ 代入上式，并化简得

$$\theta^2(t) = \frac{1}{10} + o(1).$$

上式取 $t \to 0$ 即得结论.

评注 这是求泰勒公式中拉格朗日型余项的“中值极限”问题，常用的方法：将已有的泰勒公式多展开一项，再利用导数的定义或其他方法求得中值的极限（见习题 2.2 第 37 题，综合题 2* 第 27 题）.

习题 2.2

习题 2.2 答案

1. 设 ξ 为 $f(x) = \arcsin x$ 在区间 $[0,b]$ 上使用拉格朗日中值定理中的“中值”，求 $\lim\limits_{b\to 0}\dfrac{\xi}{b}$.

2. 证明当 $|x| \leqslant \dfrac{1}{2}$ 时，有 $3\arccos x - \arccos(3x - 4x^3) = \pi$.

3. 设函数 $f(x)$ 在 $[0,1]$ 上连续，在 $(0,1)$ 内可微，且 $f(0)=f(1)=0$，$f\left(\frac{1}{2}\right)=1$. 证明 $\exists\eta\in(0,1)$，使得 $f'(\eta)=f(\eta)-\eta+1$.

4. 设 $f(x)$ 在 $[0,1]$ 上连续，在 $(0,1)$ 内可导，且 $f(0)=0$，$\int_0^1 f(x)\mathrm{d}x=0$，证明 $\exists\xi\in(0,1)$，使得 $\int_0^{\xi} f(x)\mathrm{d}x=\xi f(\xi)$.

5. 设函数 $f(x)$ 在 $[0,1]$ 上二阶可导，$f(0)=f(1)=0$，证明 $\exists\xi\in(0,1)$，使得 $2f'(\xi)=(1-\xi)f''(\xi)$.

6. 已知 $a<b$ 且 $ab>0$，$f(x)$ 在 $[a,b]$ 上连续，在 (a,b) 内可导，证明存在 $\xi\in(a,b)$，满足

$$\frac{1}{a-b}\begin{vmatrix} a & b \\ f(a) & f(b)\end{vmatrix}=f(\xi)-\xi\cdot f'(\xi).$$

7. 设 $f(x)$ 在 $[a,b]$ 上连续，在 (a,b) 内可导，且有 $f(a)=a$，$\int_a^b f(x)\mathrm{d}x=\frac{1}{2}(b^2-a^2)$，证明在 (a,b) 内至少有一点 ξ，使得 $f'(\xi)=f(\xi)-\xi+1$.

8. 设 $f(x)$ 在 $[a,b]$ 上连续，在 (a,b) 内可导，且存在 $c\in(a,b)$，使得 $f'(c)=0$，证明 $\exists\boldsymbol{\xi}\in(a,b)$，使得 $f'(\boldsymbol{\xi})=\dfrac{f(\boldsymbol{\xi})-f(a)}{b-a}$.

9. 设 $f(x)$ 在 $[a,b]$ 上连续，在 (a,b) 内二阶可导，且 $f(a)=f(b)=0$，$\int_a^b f(x)\mathrm{d}x=0$.

（1）证明存在互不相同的点 $x_1,x_2\in(a,b)$，使得 $f'(x_i)=f(x_i)\ (i=1,2)$；

（2）证明存在 $\xi\in(a,b)$，$\xi\neq x_1,x_2$，使得 $f''(\xi)=f(\xi)$.

10. 函数 $f(x)$ 与 $g(x)$ 在 $[a,b]$ 上存在二阶导数，且 $g''(x)\neq 0$，$f(a)=f(b)=g(a)=g(b)=0$，证明在 (a,b) 内至少存在一点 ξ，满足 $\dfrac{f(\xi)}{g(\xi)}=\dfrac{f''(\xi)}{g''(\xi)}$.

11. 设 $f(x)$ 在 $[0,1]$ 上二阶可导，证明对任意的 $t\in(0,1)$，$\exists\xi\in(0,1)$，使得

$$\frac{1}{2}f''(\xi)=\frac{f(0)}{t}-\frac{f(t)}{t(1-t)}+\frac{f(1)}{1-t}.$$

12. 设 f 在 $[a,b]$ 上二阶可微，$f(a)=f(b)=0$，$f'_+(a)f'_-(b)>0$，证明方程 $f''(x)=0$ 在 (a,b) 内至少有一个根.

13. 设函数 $f(x)$ 在 $[0,2]$ 上可导，且满足 $f(1)=4f(2)=2\int_0^{\frac{1}{2}}x^2 f(x)\mathrm{d}x$，证明 $\exists\xi\in(0,2)$，使得 $f''(\xi)=-\dfrac{2}{\xi^2}(f(\xi)+\xi f'(\xi))$.

14. 证明无穷区间上的罗尔定理.

（1）设 $f(x)$ 在 $[a,+\infty)$ 上连续，在 $(a,+\infty)$ 内可导，且 $f(a)=\lim\limits_{x\to+\infty}f(x)$，证明存在 $\xi\in(a,+\infty)$，使得 $f'(\xi)=0$.

（2）设 $f(x)$ 在 $(-\infty,a]$ 上连续，在 $(-\infty,a)$ 内可导，且 $f(a)=\lim\limits_{x\to-\infty}f(x)$，证明存在 $\xi\in(-\infty,a)$，使得 $f'(\xi)=0$.

（3）设 $f(x)$ 在 $(-\infty,+\infty)$ 内可导且 $\lim\limits_{x\to-\infty}f(x)=\lim\limits_{x\to+\infty}f(x)$，证明存在 $\xi\in(-\infty,+\infty)$，使得 $f'(\xi)=0$.

15. 设 $f(x)$ 在 $[0,+\infty)$ 上可导，且 $0\leqslant f(x)\leqslant\dfrac{x}{1+x^2}$，证明存在 $\xi\in(0,+\infty)$，使得 $f'(\xi)=\dfrac{1-\xi^2}{(1+\xi^2)^2}$.

16. 设 $f(x)$ 在 $[0,1]$ 上连续，在 $(0,1)$ 内可导，且 $f(0)=0,\ f(1)=1$．证明存在 $\xi,\eta\in(0,1)$，且 $\xi\neq\eta$，使得 $[1+f'(\xi)][1+f'(\eta)]=4$．

17. 设函数 $f(x)$ 在闭区间 $[0,1]$ 上连续，在 $(0,1)$ 内可导，且 $f(0)=0,\ f(1)=\dfrac{1}{3}$．证明存在 $\xi\in(0,1),\ \eta\in(0,1),\ \xi\neq\eta$，使得 $f'(\xi)+f'(\eta)=\xi^2+\eta^2$.

18. 设 $f(x)\in C[a,b]\cap D(a,b)$，且 $f'(x)\neq 0$，证明 $\exists\xi,\eta\in(a,b)$，使得

$$\frac{f'(\xi)}{f'(\eta)}=\frac{\mathrm{e}^b-\mathrm{e}^a}{b-a}\cdot\mathrm{e}^{-\eta}.$$

19. 设函数 $f(x),g(x)$ 在 $[a,b]$ 上连续，在 (a,b) 内可导，且 $g(a)=g(b)=1$，$g(x)+g'(x)\neq 0$，$f'(x)\neq 0$．证明 $\exists\xi,\eta\in(a,b)$，使得 $\dfrac{f'(\xi)}{f'(\eta)}=\dfrac{\mathrm{e}^{\xi}(g(\xi)+g'(\xi))}{\mathrm{e}^{\eta}}$．

20. 设 $f(x)$ 在闭区间 $[a,b]$ 上连续，在开区间 (a,b) 内可导，$0\leqslant a\leqslant b\leqslant\dfrac{\pi}{2}$．证明在区间 (a,b) 内至少存在两点 ξ_1,ξ_2，使得

$$f'(\xi_2)\tan\frac{a+b}{2}=f'(\xi_1)\frac{\sin\xi_2}{\cos\xi_1}.$$

21. 设 $f(x)$ 在区间 (x_1,x_n) 内存在 n 阶导数，在区间 $[x_1,x_n]$ 上连续，且存在 n 个不同的数 x_i($x_1<x_2<\cdots<x_n$)，使 $f(x_1)=f(x_2)=\cdots=f(x_n)=0$．证明对任意的 $c\in(x_1,x_n)$，必存在相应的 $\xi\in(x_1,x_n)$，使得

$$f(c)=\frac{1}{n!}(c-x_1)(c-x_2)\cdots(c-x_n)f^{(n)}(\xi).$$

22. 设 $f(x)$ 在区间 $[0,1]$ 上可微，$f(0)=0,\ f(1)=1,\lambda_1,\lambda_2,\cdots,\lambda_n$，是 n 个正数，且 $\lambda_1+\lambda_2+\cdots+\lambda_n=1$．证明存在 n 个不同的数 $x_1,x_2,\cdots,x_n\in(0,1)$，使得

$$\frac{\lambda_1}{f'(x_1)}+\frac{\lambda_2}{f'(x_2)}+\cdots+\frac{\lambda_n}{f'(x_n)}=1.$$

23. 证明多项式 $P_n(x)=\dfrac{1}{2^n n!}\cdot\dfrac{\mathrm{d}^n}{\mathrm{d}x^n}(x^2-1)^n$ 的全部根都是实数，且均分布在 $(-1,1)$ 上.

24. 设 $f(0)=0,\ f''(x)<0$. 证明 $\forall\ x_1,x_2\in(0,+\infty)$，有 $f(x_1+x_2)<f(x_1)+f(x_2)$．

25. 设 $f(x)$ 是 $[a,b]$ 上的非线性连续函数，且 $f(x)$ 在 (a,b) 内可导，证明在 (a,b) 内至少存在一点 ξ，使得 $|f'(\xi)|>\left|\dfrac{f(b)-f(a)}{b-a}\right|$.

26*. 设函数 $f(x)$ 在 $(-1,1)$ 上二阶可导，$f(0)=1$，且当 $x\geqslant 0$ 时，$f(x)\geqslant 0$，$f'(x)\leqslant 0$，$f''(x)\leqslant f(x)$，证明 $f'(0)\geqslant -\sqrt{2}$．

27. 设 $y=y(x)$ 在 $x=0$ 附近由方程 $x(y+1)+\dfrac{1}{2}y^2=\ln(1+x)+2x^2$ 所确定，若 $y=ax+bx^2+o(x^2)$，则求 a 与 b 的值.

28. 设 f 在区间 $[a,b]$ 上二阶可导，且满足 $f^2(x)+[f''(x)]^2=r^2\ (r>0)$．证明：

$$|f'(x)|\leqslant\left(\frac{2}{b-a}+\frac{b-a}{2}\right)r.$$

29. 设 $f(x)$ 在 $[0,1]$ 上二阶可导，且满足条件 $|f(x)|\leqslant a,\ |f''(x)|\leqslant b$，其中 a,b 都是正实数，c 是 $(0,1)$

内任意一点，证明 $|f'(c)| \leqslant 2a + \frac{b}{2}$.

30. 设函数 $f(x)$ 在 $[-a,a]$ 上有二阶连续导数，证明：

（1）若 $f(0)=0$，则存在 $\xi \in (-a,a)$，使得 $f''(\xi) = \frac{1}{a^2}[f(-a)+f(a)]$；

（2）若 $f(x)$ 在 $(-a,a)$ 内取得极值，则存在 $\eta \in (-a,a)$，使得 $|f''(\eta)| \geqslant \frac{1}{2a^2}|f(a)-f(-a)|$.

31. 设 $f(x)$ 在 $[0,1]$ 上二阶可导，且 $|f''(x)| \leqslant 1$. 证明：

（1）在 $[0,1]$ 上，有 $|f(x)-f(0)(1-x)-f(1)x| \leqslant \frac{x(1-x)}{2}$；

（2）$\left|\int_0^1 f(x)\mathrm{d}x - \frac{f(0)+f(1)}{2}\right| \leqslant \frac{1}{12}$.

32. 设函数 $f(x)$ 的二阶导数 $f''(x)$ 在 $[2,4]$ 上连续，且 $f(3)=0$. 证明在区间 $(2,4)$ 上至少存在一点 ξ，使得 $f''(\xi) = 3\int_2^4 f(t)\mathrm{d}t$.

33. 设函数 $f(x)$ 在 $[-1,1]$ 上三阶可导，且 $f(-1)=0$，$f(1)=1$，$f'(0)=0$. 证明 $\exists \xi_1, \xi_2 \in (-1,1)$，使得 $f'''(\xi_1) \geqslant 3$，$f'''(\xi_2)=3$.

34. 设 $f \in C^4(-\infty,+\infty)$，$f(x+h) = f(x) + f'(x)h + \frac{1}{2}f''(x+\theta h)h^2$，其中 θ 是与 x,h 无关的常数，证明 f 是不超过三次的多项式.

35. 设 $f(x)$ 在 $(0,+\infty)$ 上可导.

（1）若 $\lim\limits_{x\to+\infty} f'(x) = k > 0$，证明 $\lim\limits_{x\to+\infty} f(x) = +\infty$；

（2）若 $\lim\limits_{x\to+\infty}[f'(x)+f(x)] = l\ (l \in \mathbb{R})$，求 $\lim\limits_{x\to+\infty} f'(x)$ 和 $\lim\limits_{x\to+\infty} f(x)$.

36. 设 $f(x)$ 在 $(-\infty,+\infty)$ 内有任意阶导数，且满足：（1）存在 $M>0$，使得对任意 x,n 都有 $|f^{(n)}(x)| \leqslant M$；（2）$f\left(\frac{1}{n}\right) = 0\ (n=1,2,\cdots)$. 证明 $f(x)$ 在 $(-\infty,+\infty)$ 上恒等于 0.

37. 设函数 $f(x)$ 在 $(-1,1)$ 上具有任意阶导数，且 $f^{(n+1)}(0) \neq 0$，设

$$f(x) = f(0) + f'(0)x + \cdots + \frac{f^{(n-1)}(0)}{(n-1)!}x^{n-1} + \frac{f^{(n)}(\theta x)}{n!}x^n \quad (0<\theta<1).$$

试求 $\lim\limits_{x\to 0}\theta$.

2.3　导数的应用

导数是指函数的变化率，是研究函数的重要工具. 前面已经讨论过利用导数来求函数的极限，利用微分中值定理来证明一些等式与不等式，以及判断方程的根等. 本节将利用导数来进一步研究函数的性态，并重点讨论函数的单调性与极值、凸凹性与拐点，以及相关应用.

例 1　证明导数的达布（Darboux）定理：设 $f(x)$ 在 $[a,b]$ 上可导且 $f'(a) \neq f'(b)$，则对介于 $f'(a)$，$f'(b)$ 之间的任何值 r，都存在 $\xi \in (a,b)$，使得 $r = f'(\xi)$.

分析　做辅助函数 $F(x) = f(x) - rx$，只需证明存在 $\xi \in (a,b)$，使得 $F'(\xi)=0$. 若用罗尔定理，难以找到使 $F(x)$ 满足定理条件的区间，由费马定理，只需证明 $F(x)$ 能在 (a,b) 内取得极值即可.

证明　**方法 1**　不妨设 $f'(a) < f'(b)$，r 介于 $f'(a)$，$f'(b)$ 之间.

做辅助函数 $F(x) = f(x) - rx$，则 $F(x)$ 在 $[a,b]$ 上可导，且

$$F'(a) = f'(a) - r < 0,\ F'(b) = f'(b) - r > 0.$$

由 $F'(a)=\lim\limits_{x\to a^+}\dfrac{F(x)-F(a)}{x-a}<0$，知 $\exists\delta>0$，当 $x\in(a,a+\delta)$，有 $\dfrac{F(x)-F(a)}{x-a}<0$，所以 $\exists x_1>a$，使 $F(x_1)<F(a)$. 这表明 $F(a)$ 不是 $F(x)$ 在 $[a,b]$ 上的最小值.

同理可得到 $F(b)$ 也不是 $F(x)$ 在 $[a,b]$ 上的最小值.

因此，连续函数 $F(x)$ 的最小值在开区间 (a,b) 内取到，设 $\xi\in(a,b)$ 是 $F(x)$ 的最小值点，当然也是极小值点，由费马定理可知 $F'(\xi)=0$，即 $f'(\xi)=r$.

方法 2 设 $f'(a)<r<f'(b)$，做函数

$$F(x)=\begin{cases}\dfrac{f(x)-f(a)}{x-a}, & x\neq a\\ f'(a), & x=a\end{cases},\quad G(x)=\begin{cases}\dfrac{f(x)-f(b)}{x-b}, & x\neq b\\ f'(b), & x=b\end{cases}.$$

易知 $F(x)$，$G(x)\in C[a,b]$，且 r 要么在 $F(a)$ 与 $F(b)$ 之间，要么在 $G(a)$ 与 $G(b)$ 之间.

如果 r 在 $F(a)$ 与 $F(b)$ 之间，由连续函数的介值定理，知 $\exists x_0\in(a,b)$，使 $F(x_0)=r$，即

$$\frac{f(x_0)-f(a)}{x_0-a}=r,$$

对 $f(x)$ 用拉格朗日中值定理，知在 a 与 x_0 之间存在 ξ，使 $f'(\xi)=r$.

如果 r 在 $G(a)$ 与 $G(b)$ 之间，类似可证.

评注 (1) 导数的达布定理也称为导数的介值定理，它是一个很重要的性质. 如由它可推出，若在区间 I 上 $f'(x)\neq 0$，则 $f'(x)$ 在区间 I 上恒大于零或恒小于零. 进而推出函数 $f(x)$ 在区间 I 上是单调的.

(2) 注意达布定理并不要求 $f'(x)$ 在区间 $[a,b]$ 上连续，这是达布定理与介值定理的差异之处，也是函数与导函数的不同之处.

例 2 证明 $\arctan x-\dfrac{1}{2}\arccos\dfrac{2x}{1+x^2}\equiv\dfrac{\pi}{4}(x\geqslant 1)$.

分析 只需证明左边函数是一个常函数，验证其导数为零即可，再说明该常数就是 $\dfrac{\pi}{4}$.

证明 令 $f(x)=\arctan x-\dfrac{1}{2}\arccos\dfrac{2x}{1+x^2}$，则当 $x>1$ 时，

$$f'(x)=\frac{1}{1+x^2}-\frac{1}{2}\left(-\frac{1}{\sqrt{1-\left(\dfrac{2x}{1+x^2}\right)^2}}\right)\frac{2(1+x^2)-4x^2}{(1+x^2)^2}$$

$$=\frac{1}{1+x^2}+\frac{1}{\sqrt{(1-x^2)^2}}\cdot\frac{1-x^2}{1+x^2}=0.$$

而 $f(1)=\arctan 1-\dfrac{1}{2}\arccos 1=\dfrac{\pi}{4}$，所以当 $x\geqslant 1$ 时，$\arctan x-\dfrac{1}{2}\arccos\dfrac{2x}{1+x^2}\equiv\dfrac{\pi}{4}$.

评注 证明函数表达式恒为某个常数 a 的常用方法：

(1) 说明其导数恒为零，再说明该函数在某个指定点的函数值为 a；

(2) 说明在指定范围内其最大值和最小值都为 a；

(3) 用反证法.

例 3 设函数 $f(x)$ 在 $(-\infty,+\infty)$ 上可微，且 $f(0)=0$，$|f'(x)|\leqslant p|f(x)|$，$0<p<1$. 证明 $f(x)\equiv 0$，$x\in(-\infty,+\infty)$.

分析 题设条件给出了函数与其导数的关系，可用拉格朗日中值定理. 在具体的证明中可尝试上题总结的各种方法.

证明　方法 1　先考虑 $x\in[0,1]$，$f(x)$ 为连续函数且可导，所以 $|f(x)|$ 也为连续函数，可取到最大值 M，设 $x_0\in[0,1]$，有 $|f(x_0)|=M\geqslant 0$，由拉格朗日中值定理，得

$$M=|f(x_0)|=|f(x_0)-f(0)|=|f'(\xi)x_0|,\ \xi\in(0,x_0).$$

于是有

$$M=|f'(\xi)x_0|\leqslant|f'(\xi)|\leqslant p|f(\xi)|\leqslant pM.$$

即得 $(1-p)M\leqslant 0$．而 $p<1$，所以 $M\leqslant 0$．因此 $M=0$．由此可知 $f(x)\equiv 0$，$x\in[0,1]$．

类似可得到 $f(x)$ 在区间 $[i,i+1](i=\pm1,\pm2,\cdots)$ 上恒等于 0. 所以 $f(x)$ 在区间 $(-\infty,+\infty)$ 上恒等于 0.

方法 2　在 0 与 x 为端点的区间上用拉格朗日中值定理，得

$$|f(x)|=|f(0)+f'(\xi_1)x|=|f'(\xi_1)x|\leqslant p|f(\xi_1)x|\quad(\xi_1\text{ 介于 0 与 }x\text{ 之间}).$$

限制 $x\in\left[0,\dfrac{1}{2p}\right]$，有 $|f(x)|\leqslant\dfrac{1}{2}|f(\xi_1)|$.

重复使用该方法，可得

$$|f(x)|\leqslant\frac{1}{2}|f(\xi_1)|\leqslant\frac{1}{4}|f(\xi_2)|\leqslant\cdots\leqslant\frac{1}{2^n}|f(\xi_n)|\to 0(n\to\infty),$$

其中 $0<\xi_n<\xi_{n-1}<\cdots<\xi_1<x\leqslant\dfrac{1}{2p}$.

从而 $f(x)$ 在区间 $\left[0,\dfrac{1}{2p}\right]$ 上恒等于 0. 类似可得到 $f(x)$ 在区间 $\left[\dfrac{i}{2p},\dfrac{i+1}{2p}\right]$ $(i=\pm1,\pm2,\cdots)$ 上恒等于 0，所以 $f(x)$ 在区间 $(-\infty,+\infty)$ 恒等于 0.

方法 3　记 $g(x)=f^2(x)$，$x\in(-\infty,+\infty)$，$k=2p$．由 $2f(x)f'(x)=(f^2(x))'$ 及 $|f'(x)|\leqslant p|f(x)|$，可得

$$|g'(x)|\leqslant kg(x),\ \text{即} -kg(x)\leqslant g'(x)\leqslant kg(x),\quad x\in(-\infty,+\infty).$$

由 $g'(x)\leqslant kg(x)$，可得 $\left(\mathrm{e}^{-kx}g(x)\right)'\leqslant 0$，则 $\mathrm{e}^{-kx}g(x)$ 是单调递减的，所以当 $x\leqslant 0$ 时，$g(x)\geqslant g(0)=0$；当 $x\geqslant 0$ 时，$g(x)\leqslant g(0)=0$．

另一方面，由 $-kg(x)\leqslant g'(x)$，可得 $\left(\mathrm{e}^{-kx}g(x)\right)'\geqslant 0$，则 $\mathrm{e}^{kx}g(x)$ 是单调递增的，所以当 $x\leqslant 0$ 时，$g(x)\leqslant 0$；当 $x\geqslant 0$ 时，$g(x)\geqslant 0$．

综合可得 $g(x)=f^2(x)\equiv 0$，$x\in(-\infty,+\infty)$．

方法 4　用反证法.

若 $\exists x_0\in(-\infty,+\infty)$，使 $f(x_0)\neq 0$，不妨设 $f(x_0)>0$．记 $x_1=\inf\{x\,|\,(x,x_0)\text{ 内 }f>0\}$，由连续函数的局部保号性，知 $f(x_1)=0$，在 (x_1,x_0) 内 $f(x)>0$．

令 $g(x)=\ln f(x)$，$x\in(x_1,x_0)$，则 $|g'(x)|=\left|\dfrac{f'(x)}{f(x)}\right|<p$，由拉格朗日中值定理，知 $g(x)$ 在 (x_1,x_0) 内有界. 但 $\lim\limits_{x\to x_1^+}f(x)=f(x_1)=0$，从而 $\lim\limits_{x\to x_1^+}g(x)=-\infty$，这是矛盾的. 所以 $f(x)$ 在区间 $(-\infty,+\infty)$ 恒等于 0.

评注　从后面几种解法可看出，该题结论与正常数 p 的大小无关.

在方法 1 的证明中，记 $\max\left\{|f(x)|:0\leqslant x\leqslant\dfrac{1}{2p}\right\}=|f(x_0)|,\ 0\leqslant x_0\leqslant\dfrac{1}{2p}$，则

$$|f(x_0)|=|f(x_0)-f(0)|=|f'(\xi)x_0|\leqslant|pf(\xi)x_0|\leqslant\left|pf(x_0)\frac{1}{2p}\right|=\frac{1}{2}|f(x_0)|,$$

故 $f(x_0)=0$．进而 $f(x)\equiv 0,\ x\in\left[0,\dfrac{1}{2p}\right]$．递推可得 $f(x)\equiv 0,\ x\in(-\infty,+\infty)$．同样与 p 的大小无关.

例 4 当$x\geqslant 0$时，证明$\sqrt{x+1}-\sqrt{x}=\dfrac{1}{2\sqrt{x+\theta(x)}}$，且有$\dfrac{1}{4}\leqslant\theta(x)<\dfrac{1}{2}$.

分析 等式左边是一函数的增量，容易想到拉格朗日中值公式. 为证明对应的不等式，只需解出$\theta(x)$的表达式，再求其值域范围（最值或确界）.

证明 设$f(t)=\sqrt{t}$，当$x\geqslant 0$时，在区间$[x,x+1]$上函数满足拉格朗日中值定理的条件，因此有

$$f(x+1)-f(x)=f'[x+(x+1-x)\theta(x)](x+1-x),$$

即

$$\sqrt{x+1}-\sqrt{x}=\frac{1}{2\sqrt{x+\theta(x)}}\ (0<\theta(x)<1),$$

解得

$$\theta(x)=\frac{1}{4}+\frac{1}{2}\left[\sqrt{x(x+1)}-x\right]\ (x\geqslant 0).$$

因为

$$\theta'(x)=\frac{1}{2}\left[\frac{2x+1}{2\sqrt{x(x+1)}}-1\right]=\frac{1}{2}\left[\frac{x+\frac{1}{2}}{\sqrt{\left(x+\frac{1}{2}\right)^2-\frac{1}{4}}}-1\right]>0,$$

所以$\theta(x)$在$[0,+\infty)$内严格单调递增. 由于$\theta(0)=\dfrac{1}{4}$，而

$$\lim_{x\to+\infty}\theta(x)=\lim_{x\to+\infty}\left[\frac{1}{4}+\frac{1}{2}\left(\sqrt{x(x+1)}-x\right)\right]=\lim_{x\to+\infty}\left[\frac{1}{4}+\frac{1}{2}\left(\frac{x}{\sqrt{x(x+1)}+x}\right)\right]=\frac{1}{2},$$

故$\dfrac{1}{4}\leqslant\theta(x)<\dfrac{1}{2}$.

例5* 设$f(x)$是x轴上具有连续三阶导数的一个实函数，证明存在一个点a，使得

$$f(a)\cdot f'(a)\cdot f''(a)\cdot f'''(a)\geqslant 0.$$

分析 如果结论不成立，则$f(x)\cdot f'(x)\cdot f''(x)\cdot f'''(x)<0$对所有的$x$成立. 根据连续性，$f,f',f'',f'''$中的每一个都具有不变的符号. 必要时用$f(-x),-f(x)$或者$-f(-x)$代替$f(x)$，我们可以假设$f(x)>0$和$f'(x)>0$对一切$x$成立. 这样适当选择$g=f$或者$g=f'$，若$g(x)>0$，$g'(x)>0$，则必有$g''(x)<0$成立. 另一方面，因为$g$单调递增，而且有下界，所以必有一个常数$C\geqslant 0$，使得当$x\to-\infty$时，$g(x)\to C$. 这一水平渐近性质迫使$g$在某些点$x$处是向下凸的，就会有$g''(x)>0$，这就会产生矛盾.

证明 **方法1** 若存在a使得$f(a),f'(a),f''(a),f'''(a)$之一为0，则结论成立. 若在任一点均不为0，不妨设$f(x)>0$和$f'(x)>0$对一切x成立.

适当选择$g=f$或者$g=f'$，如果对所有的x均有$g(x)>0$，$g'(x)>0$，$g''(x)<0$. 固定x_1，并令$m=g'(x_1)>0$. 因为$\lim\limits_{x_2\to-\infty}\dfrac{g(x_1)-g(x_2)}{x_1-x_2}=0$，则必存在$x_2<x_1$，使得

$$0<\frac{g(x_1)-g(x_2)}{x_1-x_2}<\frac{m}{2},$$

根据中值定理，必存在一个介于x_2与x_1之间的x_3，使得

$$g'(x_3)=\frac{g(x_1)-g(x_2)}{x_1-x_2}<\frac{m}{2}.$$

进而存在一个介于x_3与x_1之间的x_4，使得

$$g''(x_4)=\frac{g'(x_1)-g'(x_3)}{x_1-x_3}>\frac{m-\frac{m}{2}}{x_1-x_3}>0\text{，矛盾.}$$

故必有 $g''(x)>0$．所以 $f''(x),f'''(x)$ 均大于 0.

方法 2　若 $f(x),f'(x),f''(x),f'''(x)$ 在任一点均不为 0，不妨设对一切 x 有 $f(x)>0$，$f'(x)>0$．若 $f''(x)<0$，由于 $f(-x)$ 单调递减且大于 0，则 $x\to+\infty$ 必有极限，即

$$\lim_{x\to+\infty}f(-x)=\lim_{x\to-\infty}f(x)=C\geqslant 0.$$

取 $t<0$，则

$$f(0)=\int_t^0 f'(x)\mathrm{d}x+f(t)>\int_t^0 f'(0)\mathrm{d}x+f(t)=-f'(0)t+f(t)\to+\infty\quad(t\to-\infty),$$

这显然是矛盾的．故必有 $f''(x)>0$．类似可证 $f'''(x)>0$．

例 6　若函数 $f(x)$ 对于一切 $u\neq v$ 均有 $\dfrac{f(u)-f(v)}{u-v}=\alpha f'(u)+\beta f'(v)$，其中，$\alpha,\beta>0$，$\alpha+\beta=1$．试证 $f(x)$ 是一次或二次函数.

分析　从所给等式可知 $f(x)$ 具有任意阶导数．只需证明 $f'(x)$ 或 $f''(x)$ 为常数．另一方面，将所给等式转化为 $f(x)$ 的微分方程，求解方程，问题也就解决了.

解　方法 1　因为

$$\frac{f(u)-f(v)}{u-v}=\alpha f'(u)+\beta f'(v),\tag{①}$$

交换 u,v 可得

$$\frac{f(v)-f(u)}{v-u}=\alpha f'(v)+\beta f'(u).\tag{②}$$

当 $\alpha\neq\beta$ 时，①－②式有

$$(\alpha-\beta)(f'(u)-f'(v))=0,$$

故 $f'(x)$ 为常数．所以 $f(x)$ 是一次函数.

当 $\alpha=\beta=\dfrac{1}{2}$ 时，所给等式变形为

$$f(u)-f(v)=\frac{1}{2}(u-v)(f'(u)+f'(v)),$$

两边分别对 u,v 求导，整理得

$$f'(u)-f'(v)=(u-v)f''(u),\quad f'(u)-f'(v)=(u-v)f''(v).$$

由此得 $f''(u)=f''(v)$．即知 $f''(x)$ 为常数，所以 $f(x)$ 是二次函数.

反之，易验证：若 $f(x)$ 是一次或二次函数，对任意 $\alpha,\beta>0$，$\alpha+\beta=1$，均有等式

$$\frac{f(u)-f(v)}{u-v}=\alpha f'(u)+\beta f'(v).$$

方法 2　取 $u=x$，$v=0$，则有

$$f(x)-f(0)=x(\alpha f'(x)+\beta f'(0)),$$

即

$$f'(x)-\frac{1}{\alpha x}f(x)=\frac{1}{\alpha x}f(0)-\frac{\beta}{\alpha}f'(0).$$

这是一阶线性微分方程，其通解为

$$f(x)=f(0)+f'(0)x+Cx^{\frac{1}{\alpha}}.$$

将通解代入关系式$\dfrac{f(u)-f(v)}{u-v}=\alpha f'(u)+\beta f'(v)$，化简得

$$\frac{C}{u-v}\left(u^{\frac{1}{\alpha}}-v^{\frac{1}{\alpha}}\right)=C\left(u^{\frac{1}{\alpha}-1}+\frac{\beta}{\alpha}v^{\frac{1}{\alpha}-1}\right),$$

取$u=0$，可得$\alpha=\beta=\dfrac{1}{2}$或$C=0(\alpha\neq\beta)$. 所以$f(x)$是一次或二次函数.

评注 记$u=x_0$，$v=x_1$，题设条件可写成：$\dfrac{f(x_0)}{x_0-x_1}+\dfrac{f(x_1)}{x_1-x_0}=\alpha f'(x_0)+\beta f'(x_1)$. 该题结论可推广成：设$f(x)$在$\mathbb{R}$上$n$阶可导，若对任意$n+1$个不同的点$x_0,x_1,\cdots,x_n$，都有

$$\sum_{i=0}^{n}\frac{f(x_i)}{(x_i-x_0)\cdots(x_i-x_{i-1})(x_i-x_{i+1})\cdots(x_i-x_n)}=\sum_{i=0}^{n}\alpha_i f^{(n)}(x_i),$$

其中$\alpha_0,\alpha_1,\cdots,\alpha_n$是$n+1$个常数. 则$f(x)$是次数不超过$n+1$的多项式（见综合题 2*第 29 题）.

例 7 设$f(x)$在区间$[a,b](ab<0)$上连续，且满足$\displaystyle\int_0^x\left[f(t)+3f\left(\frac{t}{2}\right)\right]\mathrm{d}t=f(x)-x+x^2+\frac{21}{4}x^3$. 求$f(x)$.

分析 容易判断$f(x)$在$[a,b]$上具有任意阶导数，等式两边求导可得微分方程，但所得微分方程很难求解. 从另一方面考虑，如能求得$f^{(k)}(0)(k=0,1,2,\cdots)$的值，就能由麦克劳林公式得到函数式.

解 所给等式两边取$x=0$，可得$f(0)=0$.

因为$f(x)$在$[a,b]$上连续，所以等式左边的积分函数可导，因而等式右边的函数也可导，即$f(x)$在$[a,b]$上可导. 等式两边求导得

$$f(x)+3f\left(\frac{x}{2}\right)=f'(x)-1+2x+\frac{7}{4}x^2. \qquad ①$$

上式左边的函数可导，因而右边的函数也可导，即$f(x)$在$[a,b]$上二阶可导，以此类推可知$f(x)$在$[a,b]$上任意阶可导. ①式两边分别求 1 至$n-1$阶导数，得

$$f'(x)+\frac{3}{2}f'\left(\frac{x}{2}\right)=f''(x)+2+\frac{7}{8}x,$$

$$f''(x)+\frac{3}{4}f''\left(\frac{x}{2}\right)=f'''(x)+\frac{7}{8},$$

……

$$f^{(n-1)}(x)+\frac{3}{2^{n-1}}f^{(n-1)}\left(\frac{x}{2}\right)=f^{(n)}(x)\quad(n>3).$$

在以上各式中取$x=0$，可求得

$$f'(0)=1,\ f''(0)=\frac{1}{2},\ f^{(n)}(0)=0\quad(n\geqslant 3).$$

由n阶麦克劳林公式得

$$f(x)=x+\frac{1}{4}x^2+\frac{f^{(n+1)}(\xi)}{(n+1)!}x^{n+1}\quad(\xi\text{介于 }0\text{ 与 }x\text{ 之间}). \qquad ②$$

由于$f^{(n+1)}(x)$在$[a,b]$上连续，所以有界，则有$\lim\limits_{n\to\infty}\dfrac{f^{(n+1)}(\xi)}{(n+1)!}x^{n+1}=0$. ②式两边取$n\to\infty$，得到

$$f(x)=x+\frac{1}{4}x^2.$$

评注　本题所给方程中只有未知函数与多项式，易于逐次求导，否则该解法难以施行. 如果 $f^{(k)}(0)(k=0,1,2,\cdots)$ 中有无穷个非零，则需用麦克劳林级数，并确定其收敛域.

例 8　设 $f(x)$ 在 $[1,+\infty)$ 上连续可导，且有 $f'(x)=\dfrac{1}{1+f^2(x)}\left[\sqrt{\dfrac{1}{x}}-\sqrt{\ln\left(1+\dfrac{1}{x}\right)}\right]$. 证明：

（1）$\lim\limits_{x\to+\infty}f(x)$ 存在；（2）若 $f(1)=1$，则 $\lim\limits_{x\to+\infty}f(x)\leqslant\sqrt{2}$.

分析　（1）易判定当 $x>1$ 时，$f'(x)>0$，$f(x)$ 单调递增，还需证明有上界；（2）该上界不超过 $\sqrt{2}$.

证明　（1）当 $t>0$ 时，对函数 $\ln(1+x)$ 在区间 $[0,t]$ 上用拉格朗日中值定理，有

$$\ln(1+t)=\frac{t}{1+\xi},\quad 0<\xi<t.$$

由此得 $\dfrac{t}{1+t}<\ln(1+t)<t$，取 $t=\dfrac{1}{x}$，有

$$\frac{1}{1+x}<\ln\left(1+\frac{1}{x}\right)<\frac{1}{x}.$$

所以，当 $x\geqslant1$ 时，有 $f'(x)>0$，即 $f(x)$ 在 $[1,+\infty)$ 上严格单调递增，且有 $f(x)\geqslant f(1)$. 从而

$$f'(x)\leqslant\frac{1}{1+f^2(1)}\left[\sqrt{\frac{1}{x}}-\sqrt{\ln\left(1+\frac{1}{x}\right)}\right]<\frac{1}{1+f^2(1)}\left(\frac{1}{\sqrt{x}}-\frac{1}{\sqrt{x+1}}\right),$$

积分得

$$\int_1^x f'(t)\mathrm{d}t<\frac{1}{1+f^2(1)}\int_1^x\left(\frac{1}{\sqrt{t}}-\frac{1}{\sqrt{t+1}}\right)\mathrm{d}t,$$

即

$$f(x)-f(1)<\frac{2}{1+f^2(1)}\left[\left(\sqrt{x}-\sqrt{x+1}\right)+\left(\sqrt{2}-1\right)\right]<\frac{2}{1+f^2(1)}\left(\sqrt{2}-1\right).\qquad ①$$

所以 $f(x)$ 有上界. 故 $\lim\limits_{x\to+\infty}f(x)$ 存在.

（2）若 $f(1)=1$，由①式知

$$f(x)<\frac{2}{1+f^2(1)}\left(\sqrt{2}-1\right)+f(1)=\sqrt{2}.$$

所以 $\lim\limits_{x\to+\infty}f(x)\leqslant\sqrt{2}$.

例 9　证明当 $x>0$ 时，$\dfrac{\ln(x+1)}{x}>\dfrac{x}{\mathrm{e}^x-1}$.

分析　记 $f(x)=\dfrac{\ln(x+1)}{x}$，所证不等式为 $f(x)>f(\mathrm{e}^x-1)$. 易知 $\mathrm{e}^x-1>x$，只需判定 $f(x)$ 单调递减.

证明　设 $f(x)=\dfrac{\ln(x+1)}{x}\ (x>0)$，则

$$f'(x)=\frac{\dfrac{x}{1+x}-\ln(x+1)}{x^2}<0\quad\left(\because\frac{x}{1+x}<\ln(x+1)\right).$$

所以 $f(x)$ 严格单调递减.

又因为 $\mathrm{e}^x-1>x$，所以 $f(x)>f(\mathrm{e}^x-1)$，即 $\dfrac{\ln(x+1)}{x}>\dfrac{x}{\mathrm{e}^x-1}$.

评注　不等式也可变形为 $(\mathrm{e}^x-1)\ln(x+1)-x^2>0$，再用单调性来证明，但要困难些.

例10 设 $f(x)$ 在 $(0,+\infty)$ 单调递减，且满足 $0<f(x)<|f'(x)|$. 证明 $xf(x)>\frac{1}{x}f\left(\frac{1}{x}\right)$，$\forall x\in(0,1)$.

分析 若 $xf(x)$ 在 $(0,+\infty)$ 内单调递减，则所证结论自然成立. 但由题设条件无法确定 $xf(x)$ 的单调性，却能确定 $\mathrm{e}^x f(x)$ 是单调递减的，因而有 $\mathrm{e}^x f(x)>\mathrm{e}^{\frac{1}{x}}f\left(\frac{1}{x}\right)$，即 $f(x)>\mathrm{e}^{\frac{1}{x}-x}f\left(\frac{1}{x}\right)$，若有 $\mathrm{e}^{\frac{1}{x}-x}>\frac{1}{x^2}$，则问题就解决了.

证明 由于 $f(x)$ 在 $(0,+\infty)$ 内单调递减，所以 $f'(x)\leqslant 0$，则有

$$f(x)+f'(x)<0\Rightarrow(\mathrm{e}^x f(x))'<0.$$

函数 $F(x)=\mathrm{e}^x f(x)$ 在 $(0,+\infty)$ 内严格单调递减，对 $x\in(0,1)$，有

$$F(x)>F\left(\frac{1}{x}\right)，\text{即 }\mathrm{e}^x f(x)>\mathrm{e}^{\frac{1}{x}}f\left(\frac{1}{x}\right),$$

从而

$$f(x)>\mathrm{e}^{\frac{1}{x}-x}f\left(\frac{1}{x}\right). \qquad ①$$

下面证明 $\mathrm{e}^{\frac{1}{x}-x}>\frac{1}{x^2}(0<x<1)$.

设 $g(x)=\frac{1}{x}-x+2\ln x\ (0<x<1)$，则

$$g'(x)=-\frac{1}{x^2}-1+\frac{2}{x}=-\left(1-\frac{1}{x}\right)^2<0.$$

$g(x)$ 在 $(0,1)$ 内严格单调递减，有 $g(x)>g(1)=0$，可得到 $\mathrm{e}^{\frac{1}{x}-x}>\frac{1}{x^2}$. 再由①式得

$$xf(x)>\frac{1}{x}f\left(\frac{1}{x}\right),\quad \forall x\in(0,1).$$

例11 对每一个正整数 n，令 $p_n=\left(1+\frac{1}{n}\right)^n$，$q_n=\left(1+\frac{1}{n}\right)^{n+1}$，$h_n=\frac{2p_nq_n}{p_n+q_n}$. 证明 $\{h_n\}$ 严格单调递增.

分析 当数列的单调性不易判断时，通常借助对应函数来判断.

证明 容易得出 $h_n=2(n+1)^{n+1}n^{-n}(2n+1)^{-1}$，取对数后可做辅助函数

$$g(x)=\ln 2+(x+1)\ln(x+1)-x\ln x-\ln(2x+1)\quad (x\geqslant 1).$$

因为

$$g'(x)=\ln(x+1)-\ln x-\frac{2}{2x+1},$$

其符号不易判断，再求导数得

$$g''(x)=\frac{1}{x+1}-\frac{1}{x}+\frac{4}{(2x+1)^2}=-\frac{1}{x(x+1)(2x+1)^2}<0.$$

因此 g' 在 $x\geqslant 1$ 时严格单调递减. 由于

$$\lim_{x\to+\infty}g'(x)=\lim_{x\to+\infty}\ln\left(\frac{x+1}{x}\right)-\lim_{x\to+\infty}\frac{2}{2x+1}=0,$$

所以 $g'(x)>0$. 因而 $g(x)$ 在 $x\geqslant 1$ 时严格单调递增，故 $h_n=\exp g(n)$ 是一严格增序列.

评注 用单调性来证明不等式是很常用的方法，其步骤如下：

(1) 将不等式变形为 $F(x)\geqslant 0$ 或 $F(x)\leqslant 0$ 的形式，使 $F'(x)$ 容易计算；

（2）根据 $F'(x)$ 的符号讨论 $F(x)$ 的增减性或极值，由此确定 $F(x)$的符号；

（3）当 $F'(x)$ 的符号不易判断时，可再次求导利用单调性做判别；

（4）当直接利用单调性证明有困难时，要结合具体情况做改进与变通，如前面例 9 和例 10.

例 12　设 $a>0$，$b>0, a+b=1$，证明 $a^b+b^a \leqslant \sqrt{a}+\sqrt{b} \leqslant a^a+b^b$.

分析　利用关系式 $a+b=1$ 可将不等式中的两个参数化为一个来处理. 为避免讨论幂指函数，可令 $f(x)=a^x+b^{1-x}$ ，问题转化为证明不等式 $f(b) \leqslant f\left(\dfrac{1}{2}\right) \leqslant f(a)$. 因而可考虑用函数的单调性来证明.

证明　当 $a=b=\dfrac{1}{2}$ 时，显然不等式中的等号成立. 当 $a \neq b$ 时，不妨设 $0<a<\dfrac{1}{2}<b<1$ ，考虑函数 $f(x)=a^x+b^{1-x}$ ，只需证明 $f(x)$ 在 $(0,b]$ 上单调递减，则有 $f(b) \leqslant f\left(\dfrac{1}{2}\right) \leqslant f(a)$ ，不等式得证.

对 $x \in (0,b)$ ，因为 $f'(x)=a^x \ln a - b^{1-x}\ln b$ ，而 $f''(x)=a^x(\ln a)^2+b^{1-x}(\ln b)^2>0$ ，所以 $f'(x)$ 单调递增，有 $f'(x)<f'(b)$. 下证 $f'(b) \leqslant 0$ ，即证

$$a^b \ln a \leqslant b^a \ln b \Leftrightarrow a^{1-a}\ln a \leqslant b^{1-b}\ln b \Leftrightarrow \frac{\ln a^a}{a^a} \leqslant \frac{\ln b^b}{b^b} . \qquad ①$$

令 $g(x)=\dfrac{\ln x}{x}(0<x<1)$. 因为 $g'(x)=\dfrac{1}{x^2}(1-\ln x)>0$ ，所以 $g(x)=\dfrac{\ln x}{x}$ 在 $(0,1)$ 内单调递增. 问题归结为证明 $0<a^a<b^b<1$，这等价于 $\dfrac{\ln a}{1-a}<\dfrac{\ln b}{1-b}$，而这由函数 $h(x)=\dfrac{\ln x}{1-x}$ 在 $(0,1)$ 内单调递增得到. 这是因为

$$h'(x)=\frac{1}{(1-x)^2}\left(\ln x-\frac{x-1}{x}\right)>0 .$$

故不等式①成立，从而 $f'(x)<f'(b) \leqslant 0$ ， $f(x)$ 在 $(0,b]$ 上单调递减，所证不等式成立.

评注　利用单调性证明含字母参数的不等式，一定要将所证不等式做适当变形，以便辅助函数的选取，如本题中的①式；要使辅助函数的形式尽量简单，如本题中 $f(x)$ 的选取（而不是简单的将 a 换为 x）；所选的辅助函数在所考虑的区间中要有单调性，如本题中证明 $a^a<b^b$ 选取了 $h(x)=\dfrac{\ln x}{1-x}$ ，而不是选取 $h(x)=x^x$（因为该函数在$(0,1)$内不单调）.

例 13　证明 $\cos\sqrt{2}x<-x^2+\sqrt{1+x^4}$，$x \in \left(0, \dfrac{\sqrt{2}}{4}\pi\right)$.

分析　只需证明 $\sqrt{1+x^4}-x^2-\cos\sqrt{2}x>0$ ，也可将不等式变形为 $\cos\sqrt{2}x \cdot (x^2+\sqrt{1+x^4})<1$ 或 $2x^2<\tan\sqrt{2}x \cdot \sin\sqrt{2}x$ ，利用函数的单调性都能完成其证明.

证明　**方法 1**　令 $f(x)=\sqrt{1+x^4}-x^2-\cos\sqrt{2}x$，$x \in \left(0, \dfrac{\sqrt{2}}{4}\pi\right)$，则

$$f'(x)=2x\left(\frac{x^2}{\sqrt{1+x^4}}-1\right)+\sqrt{2}\sin\sqrt{2}x .$$

由泰勒展开式，有

$$\sin x>x-\frac{1}{3!}x^3 \ (x>0) ,$$

所以

$$f'(x)>2x\left(\frac{x^2}{\sqrt{1+x^4}}-1\right)+2x-\frac{2x^3}{3}=\frac{2x^3}{\sqrt{1+x^4}}-\frac{2x^3}{3}>0 .$$

因此，当 $x\in\left(0,\dfrac{\sqrt{2}\pi}{4}\right)$ 时，$f(x)$ 单调递增，又 $f(0)=0$，所以 $f(x)>0$.

方法 2 所证不等式变形为 $\dfrac{\cos\sqrt{2}x}{\sqrt{1+x^4}-x^2}<1$，即 $\cos\sqrt{2}x\cdot(x^2+\sqrt{1+x^4})<1$.

令 $g(x)=\cos\sqrt{2}x\cdot(x^2+\sqrt{1+x^4})$，$x\in\left(0,\dfrac{\sqrt{2}\pi}{4}\right)$，则 $f(0)=1$，

$$g'(x)=-\sqrt{2}\sin\sqrt{2}x\cdot(x^2+\sqrt{1+x^4})+\cos\sqrt{2}x\cdot\left(2x+\frac{2x^3}{\sqrt{1+x^4}}\right)$$

$$=(-\sqrt{2}\sin\sqrt{2}x\cdot\sqrt{1+x^4}+2x\cos\sqrt{2}x)\cdot\frac{x^2+\sqrt{1+x^4}}{\sqrt{1+x^4}}. \qquad ①$$

设 $\varphi(x)=-\sqrt{2}\sin\sqrt{2}x\cdot\sqrt{1+x^4}+2x\cos\sqrt{2}x$，则

$$\varphi'(x)=-2\cos\sqrt{2}x\cdot(\sqrt{1+x^4}-1)-\sqrt{2}\sin\sqrt{2}x\cdot\frac{2x^3}{\sqrt{1+x^4}}-2\sqrt{2}x\sin\sqrt{2}x<0.$$

因此，当 $x\in\left(0,\dfrac{\sqrt{2}\pi}{4}\right)$ 时，$\varphi(x)$ 单调递减，又 $\varphi(0)=0$，所以 $\varphi(x)<0$.

由①式知 $g'(x)<0$，$g(x)$ 在区间 $\left(0,\dfrac{\sqrt{2}\pi}{4}\right)$ 内单调递减，所以 $g(x)<g(0)=1$. 得证.

方法 3 将所证不等式变形：

$$\cos\sqrt{2}x<-x^2+\sqrt{1+x^4}\Leftrightarrow(\cos\sqrt{2}x+x^2)^2<1+x^4$$
$$\Leftrightarrow\cos^2\sqrt{2}x+2x^2\cos\sqrt{2}x<1\Leftrightarrow 2x^2\cos\sqrt{2}x<\sin^2\sqrt{2}x$$
$$\Leftrightarrow 2x^2<\tan\sqrt{2}x\cdot\sin\sqrt{2}x.$$

令 $h(x)=\tan x\cdot\sin x-x^2$，$x\in\left(0,\dfrac{\pi}{4}\right)$，则

$$h'(x)=\sec^2 x\sin x+\tan x\cdot\cos x-2x=\tan x\left(\frac{1}{\cos x}+\cos x\right)-2x\geqslant 2(\tan x-x)>0,$$

对 $x\in\left(0,\dfrac{\pi}{2}\right)$，有 $h(x)=\tan x\cdot\sin x-x^2>h(0)=0$，从而

$$\tan\sqrt{2}x\cdot\sin\sqrt{2}x>2x^2,\ x\in\left(0,\frac{\sqrt{2}\pi}{4}\right).$$

评注 由该题可见，对同一问题建立辅助函数的方法可能有多种，其难易程度也会不同. 当需要用到二阶以上的导数时还是用泰勒公式为好.

例 14 设 $f(x)$ 与 $g(x)$ 在 $[a,+\infty)$ 上 n 阶可导，且 $f^{(k)}(a)=g^{(k)}(a)\ (k=0,1,\cdots,n-1)$，$f^{(n)}(x)>g^{(n)}(x)\ (x>a)$. 证明当 $x>a$ 时，有 $f(x)>g(x)$.

分析 令 $F(x)=f(x)-g(x)$，只需证当 $x>a$ 时，$F(x)>0$. 题设条件中有函数的高阶导数，可考虑用泰勒公式.

证明 令 $F(x)=f(x)-g(x)$，$x\geqslant a$. 则

$$F^{(k)}(x)=f^{(k)}(x)-g^{(k)}(x)\ \ (k=0,1,2,\cdots,n).$$

注意到 $f^{(k)}(a)=g^{(k)}(a)(k=0,1,2,\cdots,n-1)$，对 $F(x)$ 在 $x=a$ 点用 $n-1$ 阶泰勒公式，得

$$F(x)=\frac{F^{(n)}(\xi)}{n!}(x-a)^n \quad (a<\xi<x).$$

因为 $F^{(n)}(\xi)=f^{(n)}(\xi)-g^{(n)}(\xi)>0$，所以 $F(x)>0$．即 $f(x)>g(x)$．

例 15　证明不等式：$\left(\frac{\sin x}{x}\right)^3>\cos x$，$0<|x|<\frac{\pi}{2}$.

分析 分离函数，即证 $\sin^3 x\cdot(\cos x)^{-1}>x^3\left(0<x<\frac{\pi}{2}\right)$. 可用单调性或泰勒公式来证明.

证明 方法 1　记 $f(x)=\sin x\cdot(\cos x)^{-1/3}-x$，$0<x<\frac{\pi}{2}$，则

$$f'(x)=\frac{1}{3}\left(3\cos^2 x+\sin^2 x\right)(\cos x)^{-4/3}-1=\frac{1}{3}\left(2\cos^2 x+1-3(\cos x)^{4/3}\right)(\cos x)^{-4/3}.$$

利用均值不等式

$$2\cos^2 x+1=\cos^2 x+\cos^2 x+1>3(\cos x)^{4/3}.$$

则 $f'(x)>0$，$f(x)$ 严格单调递增，有 $f(x)>f(0)=0$．变形即得

$$\left(\frac{\sin x}{x}\right)^3>\cos x.$$

由于不等式两边都是偶函数，所以当 $0<|x|<\frac{\pi}{2}$ 时，不等式仍成立.

方法 2　用上例的结论来证明.

记 $f(x)=\sin^3 x\cdot(\cos x)^{-1}$，$g(x)=x^3$，则

$f'(x)=2\sin^2 x+(\cos x)^{-2}-1$，$g'(x)=3x^2$，有 $f'(0)=g'(0)=0$．

$f''(x)=4\sin x\cos x+2(\cos x)^{-3}\sin x$，$g''(x)=6x$，有 $f''(0)=g''(0)=0$．

$f'''(x)=4\cos 2x+6(\cos x)^{-4}\sin^2 x+2(\cos x)^{-2}$，$g'''(x)=6$，有 $f'''(0)=g'''(0)=6$．

$f^{(4)}(x)=[24(\cos x)^{-5}-8(\cos x)^{-3}-16\cos x]\sin x$，$g^{(4)}(x)=0$．

当 $0<x<\frac{\pi}{2}$ 时，$0<\cos x<1$，则

$$(\cos x)^{-5}>(\cos x)^{-3}>\cos x,\quad f^{(4)}(x)>0=g^{(4)}(x).$$

由例 14 的结论得

$$f(x)>g(x)\left(0<x<\frac{\pi}{2}\right)，即\left(\frac{\sin x}{x}\right)^3>\cos x.$$

评注　例 14 结论的本质仍是泰勒公式.

例 16　设 $f(x)$ 是二次可微的函数，满足 $f(0)=1$，$f'(0)=0$，且对任意的 $x(x\geqslant 0)$，有 $f''(x)-5f'(x)+6f(x)\geqslant 0$．证明对每个 $x(x\geqslant 0)$，都有 $f(x)\geqslant 3\mathrm{e}^{2x}-2\mathrm{e}^{3x}$．

分析　由于 $(f''(x)-2f'(x))-3(f'(x)-2f(x))\geqslant 0$，令 $g(x)=f'(x)-2f(x)$，则 $g'(x)-3g(x)\geqslant 0$，因此 $(g(x)\mathrm{e}^{-3x})'\geqslant 0$，从而可利用函数的单调性.

证明 方法 1 令 $g(x)=f'(x)-2f(x)$，则 $g'(x)-3g(x)\geqslant 0$，因此 $(g(x)\mathrm{e}^{-3x})'\geqslant 0$，当 $x\geqslant 0$ 时，$g(x)\mathrm{e}^{-3x}$ 单调递增，有

$$g(x)\mathrm{e}^{-3x}\geqslant g(0)=-2\Rightarrow f'(x)-2f(x)\geqslant -2\mathrm{e}^{3x}.$$

上式两边同乘以 e^{-2x}，又有

$$(f(x)\mathrm{e}^{-2x})'\geqslant -2\mathrm{e}^{x}，即 (f(x)\mathrm{e}^{-2x}+2\mathrm{e}^{x})'\geqslant 0，$$

再由单调性，得

$$f(x)\mathrm{e}^{-2x}+2\mathrm{e}^{x}\geqslant f(0)+2=3\text{，即 } f(x)\geqslant 3\mathrm{e}^{2x}-2\mathrm{e}^{3x}.$$

方法 2 上面的做法是从条件入手来思考的，如果从结论入手来思考，又有下面的做法.

要证 $f(x)\geqslant 3\mathrm{e}^{2x}-2\mathrm{e}^{3x}$，只需证明 $\dfrac{f(x)+2\mathrm{e}^{3x}}{3\mathrm{e}^{2x}}\geqslant 1$.

令 $\varphi(x)=\dfrac{f(x)+2\mathrm{e}^{3x}}{3\mathrm{e}^{2x}}$，则

$$\varphi'(x)=\frac{\mathrm{e}^{x}}{3}\left(\frac{f'(x)-2f(x)}{\mathrm{e}^{3x}}+2\right).$$

设 $h(x)=\dfrac{f'(x)-2f(x)}{\mathrm{e}^{3x}}$，则 $h'(x)=\dfrac{f''(x)-5f'(x)+6f(x)}{\mathrm{e}^{3x}}\geqslant 0$，这说明当 $x\geqslant 0$ 时，$h(x)$ 单调递增，所以

$$h(x)\geqslant h(0)=-2\text{，即 } h(x)+2\geqslant 0\Rightarrow \varphi'(x)\geqslant 0.$$

故当 $x\geqslant 0$ 时，$\varphi(x)$ 单调递增，有

$$\varphi(x)\geqslant \varphi(0)=1\text{，即 } f(x)\geqslant 3\mathrm{e}^{2x}-2\mathrm{e}^{3x}.$$

评注 （1）“方法1”利用了凑微分的思想，技巧性较强；“方法2”是利用单调性证明不等式较为常规的方法，更容易掌握. 读者还可构造其他的辅助函数，利用单调性来证明.

（2）事实上，函数 $g(x)=3\mathrm{e}^{2x}-2\mathrm{e}^{3x}$ 是二阶线性齐次微分方程 $y''-5y'+6y=0$ 满足初值条件 $y(0)=1,\ y'(0)=0$ 的解，读者可由此得到更一般的结论. 此结论也可用微分方程的知识来解决（见7.2节例18）.

例 17* 设 n 为正整数，$f(x)=x^n+x-1$. 证明：

（1）若 n 为奇数，则 $f(x)$ 存在唯一零点，是正的（记为 x_n）；若 n 为偶数，则恰存在两个零点，一正（仍记为 x_n），一负（记为 $\overline{x}_n$）.

（2）$\{x_n\}$ 与 $\{\overline{x}_n\}$ 均为严格单调递增的，并求 $\lim\limits_{n\to\infty}x_n$ 与 $\lim\limits_{n\to\infty}\overline{x}_n$.

分析 （1）函数的具体表达式已知，零点的存在性可用介值定理证明，唯一性可根据函数的单调性或最值来判断.

（2）数列的单调性可用对应的函数的导数来判断；极限要存在，还得说明数列有上界.

解 （1）$f'(x)=nx^{n-1}+1$.

（1）当 n 为奇数时，$n-1$ 为偶数，$f'(x)>0$，$f(x)$ 严格单调递增. 又 $f(0)=-1<0, f(1)=1>0$，故 $f(x)$ 有且仅有1个零点 x_n，且 $0<x_n<1$.

（2）当 n 为偶数时，$n-1$ 为奇数.

在区间 $(0,+\infty)$ 内，$f'(x)>0,\ f(0)=-1,\ f(1)=1$，所以在区间 $(0,+\infty)$ 内 $f(x)$ 有且仅有 1 个零点 x_n，且 $0<x_n<1$.

在区间 $(-\infty,-1)$ 内，$f'(x)=nx^{n-1}+1<0,\ f(-2)>0,\ f(-1)<0$，$f(x)$ 在区间 $(-\infty,-1)$ 内有且仅有1个零点 $\overline{x}_n$，且 $-2<\overline{x}_n<-1$.

在区间 $[-1,0]$ 内，$f(0)=-1<0,\ f(-1)=-1<0$. 由 $f'(x)=nx^{n-1}+1=0$，得驻点 $x_0=-\left(\dfrac{1}{n}\right)^{\frac{1}{n-1}}$，

$$f(x_0)=\left[-\left(\frac{1}{n}\right)^{\frac{1}{n-1}}\right]^{n}-\left(\frac{1}{n}\right)^{\frac{1}{n-1}}-1=\left(\frac{1}{n}\right)^{\frac{n}{n-1}}-\left(\frac{1}{n}\right)^{\frac{1}{n-1}}-1=\left(\frac{1}{n}\right)^{\frac{1}{n-1}}\left(\frac{1}{n}-1\right)-1<0,$$

$$f''(x)=n(n-1)x^{n-2}>0.$$

曲线 $y=f(x)$ 在区间 $[-1,0]$ 内是下凸的，唯一极小值也是最小值 $f(x_0)<0$; 最大值 $\max\{f(-1), f(0)\}=-1<0$，所以在区间 $[-1,0]$ 上均有 $f(x)<0$. 无零点.（1）证毕.

（2）对于给定的正整数 n，记对应的正零点 $x_n=\varphi(n)$，满足

$$(\varphi(n))^n+\varphi(n)-1=0. \qquad ①$$

为了利用导数来判断单调性，将①式改写为连续变量的隐函数方程

$$(\varphi(u))^u+\varphi(u)-1=0 \quad (u\geqslant 1).$$

两边对 u 求导，得

$$\mathrm{e}^{u\ln\varphi(u)}\left(\ln\varphi(u)+\frac{u\varphi'(u)}{\varphi(u)}\right)+\varphi'(u)=0\Rightarrow \varphi'(u)=-\frac{(\varphi(u))^u\ln\varphi(u)}{u\varphi^{u-1}(u)+1}.$$

由于当 $u=n$ 时，$\varphi(u)=x_n$，$0<x_n<1$，所以 $\ln\varphi(u)<0$，$\varphi'(u)>0$. 从而知 $\{x_n\}$ 严格单调递增，又因 $0<x_n<1$，所以 $\lim\limits_{n\to\infty}x_n$ 存在. 记 $\lim\limits_{n\to\infty}x_n=a$，则有 $0<a\leqslant 1$.

以下证明 $a=1$. 用反证法，设 $0<a<1$. 由于 $\{x_n\}$ 严格单调递增且趋于 a，所以 $x_n<a$，则

$$0=x_n^n+x_n-1<a^n+a-1.$$

令 $n\to\infty$，并注意到 $\lim\limits_{n\to\infty}a^n=0$，可得 $a>1$，矛盾. 所以 $a=1$.

以下证明：当 n 为偶数时，$\{\overline{x}_n\}$ 严格单调递增，且 $\lim\limits_{n\to\infty}\overline{x}_n=-1$.

做变换 $y=-x$，原函数成为 $f(-y)=(-y)^n-y-1=y^n-y-1$，记为 $\overline{f}(y)=y^n-y-1$. 因为

$$\overline{f}'(y)=ny^{n-1}-1>0,\ y\in(1,+\infty),$$

又 $\overline{f}(1)=-1<0$，$\overline{f}(+\infty)>0$，所以当 $y\in(1,+\infty)$ 时，$\overline{f}(y)$ 存在唯一零点 y_n，$1<y_n<+\infty$.

记 $y_n=\psi(n)\in(1,+\infty)$，它满足 $(\psi(n))^n-\psi(n)-1=0$. 对应隐函数方程

$$(\psi(v))^v-\psi(v)-1=0.$$

两边对 v 求导，得

$$e^{v\ln\psi(v)}\left(\ln\psi(v)+\frac{v\psi'(v)}{\psi(v)}\right)-\psi'(v)=0\Rightarrow\psi'(v)=-\frac{(\psi(v))^v\ln\psi(v)}{v\psi^{v-1}(v)-1}.$$

由于当 $v=n$ 时，$\psi(v)=y_n$，$1<y_n<+\infty$，$\ln\psi(v)>0$，所以 $\psi'(v)<0$. 从而 $\{y_n\}$ 严格单调递减，$\{\overline{x}_n\}=\{-y_n\}$，所以 $\{\overline{x}_n\}$ 严格单调递增，且 $\overline{x}_n<-1$，所以 $\lim\limits_{n\to\infty}\overline{x}_n\triangleq b$ 存在，且有 $b\leqslant -1$.

以下证明 $b=-1$. 用反证法，设 $b<-1$，由于 $\{\overline{x}_n\}$ 严格单调递增且趋于 b，所以 $\overline{x}_n<b<-1$，有

$$1-\overline{x}_n=\overline{x}_n^n>b^n>1,\ (\text{由于}n\text{为偶数})\Rightarrow\frac{1}{b^n}-\frac{\overline{x}_n}{b^n}>1.$$

令 $n\to\infty$，并注意到 $\lim\limits_{n\to\infty}b^n=\infty$，得 $0\geqslant 1$，矛盾. 所以 $b=-1$，即 $\lim\limits_{n\to\infty}\overline{x}_n=-1$.

评注　数列 $\{x_n\}$ 的单调性也可用初等运算来得到：由 $x_{n+1}^{n+1}+x_{n+1}-1=0$ 与 $x_n^n+x_n-1=0$，有

$$\begin{aligned}0&=(x_{n+1}^{n+1}+x_{n+1}-1)-(x_n^n+x_n-1)=x_{n+1}^{n+1}-x_n^n+(x_{n+1}-x_n)\\&=x_{n+1}^{n+1}-x_n^{n+1}+x_n^{n+1}-x_n^n+(x_{n+1}-x_n)=x_{n+1}^{n+1}-x_n^{n+1}+x_n^{n+1}-x_n^n+(x_{n+1}-x_n)\\&=(x_{n+1}-x_n)(x_{n+1}^n+x_{n+1}^{n-1}x_n+\cdots+x_n^n)+x_n^n(x_n-1)+(x_{n+1}-x_n)\\&=(x_{x+1}-x_n)(x_{n+1}^n+x_{n+1}^{n-1}x_n+\cdots+x_n^n+1)+x_n^n(x_n-1).\end{aligned}$$

所以 $$x_{n+1}-x_n=\frac{(1-x_n)x_n^n}{x_{n+1}^n+x_{n+1}^{n-1}x_n+\cdots+x_n^n+1}>0.$$

例 18　若 a 是一个正常数，证明方程 $a\mathrm{e}^x=1+x+\dfrac{x^2}{2}$ 恰有一个实根.

分析 利用连续函数的介值定理证明方程有根，由单调性或反证法证明根唯一.

解 **方法 1** 设 $f(x)=a\mathrm{e}^x-1-x-\dfrac{x^2}{2}$，显然 $f(x)\in C(-\infty,+\infty)$.

又 $\lim\limits_{x\to-\infty}f(x)=-\infty$，$\lim\limits_{x\to+\infty}f(x)=+\infty$，故 $f(x)=0$ 有实根.

下面证明根的唯一性：

$$f'(x)=a\mathrm{e}^x-1-x=a\left(1+x+\frac{\mathrm{e}^{\xi}}{2}x^2\right)-1-x\quad(\xi\text{ 介于 }0\text{ 与 }x\text{ 之间}).$$

当 $a\geqslant1$ 时，$f'(x)\geqslant\dfrac{\mathrm{e}^{\xi}}{2}x^2>0$，$f(x)$ 单调递增，$f(x)=0$ 的根唯一；

当 $0<a<1$ 时，若 $f(x)$ 至少有两个根，设 x_1,x_2 是其中最小的两个，且 $x_1<x_2$，由 $f(0)\neq0$，知 $x_1x_2\neq0$. 又 $\lim\limits_{x\to-\infty}f(x)=-\infty$，则必有 $f'(x_1)\geqslant0, f'(x_2)\leqslant0$. 但 $f'(x_2)=a\mathrm{e}^{x_2}-1-x_2=f(x_2)+\dfrac{x_2^2}{2}>0$，矛盾. 所以方程不可能有两个以上的根.

方法 2 设 $f(x)=\dfrac{1+x+\dfrac{x^2}{2}}{\mathrm{e}^x}-a$（好处：避开 a 对 e^x 的影响!），则 $\lim\limits_{x\to-\infty}f(x)=+\infty$，$\lim\limits_{x\to+\infty}f(x)=-a<0$，且

$$f'(x)=\frac{\mathrm{e}^x(1+x)-\left(1+x+\dfrac{x^2}{2}\right)\mathrm{e}^x}{\mathrm{e}^{2x}}=\frac{x^2}{2\mathrm{e}^x}>0.$$

所以原方程恰有一个实根.

评注 当方程中因有字母参数而不便确定 $f'(x)$ 的符号时，最好将方程做恒等变形，使字母参数与变量分离开来，再做辅助函数.

例 19 讨论方程 $a^x=bx(a>1)$ 实根的个数.

分析 即求函数 $f(x)=a^x-bx$ 的零点个数. 用连续函数的介值定理，需对 $f(x)$ 的最值，以及 $\lim\limits_{x\to-\infty}f(x)$ 和 $\lim\limits_{x\to+\infty}f(x)$ 的符号做讨论.

解 令 $f(x)=a^x-bx$，则 $f'(x)=a^x\ln a-b$.

（1）当 $b<0$ 时，$f'(x)>0$，$f(x)$ 单调递增，而

$$\lim_{x\to-\infty}f(x)=-\infty,\quad\lim_{x\to+\infty}f(x)=+\infty.$$

由介值定理，知方程 $f(x)=0$ 在 $(-\infty,+\infty)$ 内有且仅有一个根.

（2）当 $b>0$ 时，令 $f'(x)=0$，得唯一驻点

$$x_0=\log_a\frac{b}{\ln a}=\frac{\ln b-\ln\ln a}{\ln a}.$$

因 $f''(x_0)=a^{x_0}(\ln a)^2>0$，所以

$$f(x_0)=a^{\log_a\frac{b}{\ln a}}-b\log_a\frac{b}{\ln a}=\frac{b}{\ln a}-b\frac{\ln b-\ln\ln a}{\ln a}=\frac{b}{\ln a}\ln\frac{\mathrm{e}\ln a}{b}$$

是 $f(x)$ 在 $(-\infty,+\infty)$ 上的极小值，也是最小值.

又 $\lim\limits_{x\to-\infty}f(x)=+\infty$，$\lim\limits_{x\to+\infty}f(x)=+\infty$. 因此当 $f(x_0)<0$，即 $\dfrac{b}{\ln a}\ln\dfrac{\mathrm{e}\ln a}{b}<0$，$b>\mathrm{e}\ln a$ 时，方程 $f(x)=0$ 有两个实根；当 $f(x_0)>0$，即 $0<b<\mathrm{e}\ln a$ 时，方程无实根；当 $f(x_0)=0$，即 $b=\mathrm{e}\ln a$ 时，方程有唯一实根.

（3）当 $b=0$ 时，原方程为 $a^x=0$，无实根.

评注　确定连续函数零点（方程的根）的个数的方法如下：

（1）用函数的极值点将其定义区间分成若干个单调区间，这样每个单调区间至多只有一个零点；

（2）计算各单调区间端点的函数值（极值），若为开区间，则可能需要计算端点的极限，并由连续函数的介值定理判断在各单调区间内函数是否有零点.

例 20*　求方程 $x^2\sin\dfrac{1}{x}=2x-501$ 的近似解，精确到 0.001.

分析　为求得满足题设条件的近似解，只需将 $\sin\dfrac{1}{x}$ 做一阶泰勒展开，并估计其误差.

解　由泰勒公式 $\sin t=t-\dfrac{\sin(\theta t)}{2}t^2\ (0<\theta<1)$，令 $t=\dfrac{1}{x}$，得

$$\sin\frac{1}{x}=\frac{1}{x}-\frac{\sin\left(\frac{\theta}{x}\right)}{2x^2},$$

代入原方程，得

$$x-\frac{1}{2}\sin\left(\frac{\theta}{x}\right)=2x-501\text{，即 }x=501-\frac{1}{2}\sin\left(\frac{\theta}{x}\right).$$

由此知 $x>500$，$0<\dfrac{\theta}{x}<\dfrac{1}{500}$，则有

$$|x-501|=\frac{1}{2}\left|\sin\left(\frac{\theta}{x}\right)\right|\leqslant\frac{1}{2}\frac{\theta}{x}<\frac{1}{1000}=0.001.$$

所以 $x=501$ 是满足题设条件的解.

例 21　设函数 $f(x)$ 满足方程 $\dfrac{1}{x}f''(x)+3x(f'(x))^2=\left(1+\dfrac{1}{x}\right)\ln^2(1+x)-x$，若 $x_0>0$ 是 $f(x)$ 的一个驻点，能否确定 x_0 是 $f(x)$ 的极值点？若是，说明是极大值点还是极小值点.

分析　由于 $f'(x_0)=0$，若 $f''(x_0)\neq0$，则 x_0 就是 $f(x)$ 的极值点，是极大值点还是极小值点取决于 $f''(x_0)$ 的符号.

解　将 $f'(x_0)=0$ 代入所给方程，有

$$f''(x_0)=(1+x_0)\ln^2(1+x_0)-x_0^2.$$

下证 $f''(x_0)<0$：

记 $\varphi(x)=(1+x)\ln^2(1+x)-x^2$，因为

$$\varphi'(x)=\ln^2(1+x)+2\ln(1+x)-2x,\quad \varphi''(x)=\frac{2}{1+x}(\ln(1+x)-x).$$

当 $x>0$ 时，由 $\ln(1+x)<x$，知 $\varphi''(x)<0$，所以 $\varphi'(x)$ 单调递减. 又 $\varphi'(0)=0$，得 $\varphi'(x)<0$，故 $\varphi(x)$ 在 $x>0$ 处单调递减，又 $\varphi(0)=0$，所以 $\varphi(x)<0$.

根据上面的判断，知 $f(x)$ 在 x_0 点处取得极大值.

例 22　求函数 $f(x)=|x|\mathrm{e}^{-|x-1|}$ 的极值与最值.

分析　（1）去掉绝对值，将函数用分段函数表示. 求出函数的驻点与不可导点，再确定其极值.

（2）函数的定义域为 $(-\infty,+\infty)$，是否存在最值与 $\lim\limits_{x\to\pm\infty}f(x)$ 有关.

解

$$f(x)=|x|\mathrm{e}^{-|x-1|}=\begin{cases}-x\mathrm{e}^{x-1}, & x\leqslant0,\\ x\mathrm{e}^{x-1}, & 0<x\leqslant1,\\ x\mathrm{e}^{1-x}, & x>1.\end{cases}$$

显然 $f(x)$ 在 $x=0$，1 处不可导. 且有

$$f'(x)=\begin{cases}e^{x-1}(-1-x),\ x<0,\\ e^{x-1}(1+x),\quad 0<x<1,\\ e^{1-x}(1-x),\quad x>1.\end{cases}$$

令 $f'(x)=0$，得唯一驻点 $x=-1$. 情况讨论如下：

x	$(-\infty,\ -1)$	-1	$(-1,\ 0)$	0	$(0,\ 1)$	1	$(1,\ +\infty)$
$f'(x)$	+		−		+		−
$f(x)$	↗	极大	↘	极小	↗	极大	↘

由此可知 $f(-1)=e^{-2}$ 是函数的极大值；$f(0)=0$ 是函数的极小值；$f(1)=1$ 是函数的极大值.

显然 $f(x)$ 非负，且 $\lim\limits_{x\to\infty}f(x)=0$，所以函数的最小值为 $f(0)=0$，最大值为 $f(1)=1$.

评注 （1）求函数的极值，要注意对不可导点的讨论；

（2）当可能的极值点较多时，采用列表的方式来讨论较为简洁.

例 23 设 $g(x)$ 为连续函数，当 $x\neq 0$ 时，$\dfrac{g(x)}{x}>0$，且 $\lim\limits_{x\to 0}\dfrac{g(x)}{x}=1$. 又设 $f(x)$ 在包含 $x=0$ 在内的某区间 (a,b) 内存在二阶导数且满足式子：

$$x^2f''(x)-\left(f'(x)\right)^2=\frac{1}{4}xg(x).$$

证明：（1）$x=0$ 是 $f(x)$ 在区间 (a,b) 内的唯一驻点，且是极小值点；

（2）曲线 $y=f(x)$ 在区间 (a,b) 内是凹（下凸）的.

分析 （1）显然 $f'(0)=0$，要确定 $x=0$ 是 $f(x)$ 的极小值点，只需确定 $f''(0)>0$. 若驻点不唯一，则 $f''(x)$ 在两驻点之间会有零点，这会出现矛盾.

（2）容易看出，当 $x\neq 0$ 时，总有 $f''(x)>0$，所以曲线 $y=f(x)$ 是凹的.

证明 （1）将 $x=0$ 代入所给等式，得 $f'(0)=0$. 所以 $x=0$ 是 $f(x)$ 的一个驻点.

由 $f''(0)$ 的定义：

$$\begin{aligned}f''(0)&=\lim_{x\to 0}\frac{f'(x)-f'(0)}{x-0}=\lim_{x\to 0}f''(x)\quad\text{(洛必达法则)}\\&=\lim_{x\to 0}\left[\left(\frac{f'(x)}{x}\right)^2+\frac{1}{4}\cdot\frac{g(x)}{x}\right]=\lim_{x\to 0}\left(\frac{f'(x)-f'(0)}{x-0}\right)^2+\frac{1}{4}\lim_{x\to 0}\frac{g(x)}{x}\\&=\left(f''(0)\right)^2+\frac{1}{4},\end{aligned}$$

得

$$\left(f''(0)\right)^2-f''(0)+\frac{1}{4}=0\Rightarrow f''(0)=\frac{1}{2}>0.$$

所以 $x=0$ 是 $f(x)$ 的极小值点.

（2）当 $x\neq 0$ 时，$f''(x)=\left(\dfrac{f'(x)}{x}\right)^2+\dfrac{1}{4}\cdot\dfrac{g(x)}{x}>0$，且 $f''(0)=\dfrac{1}{2}>0$，所以 $f''(x)>0$（当 $x\in(a,b)$）.

显然 $f(x)$ 连续，从而曲线 $y=f(x)$ 在区间 (a,b) 内是凹的.

若函数 $f(x)$ 在 (a,b) 内还有驻点 $x_0\neq 0$，即 $f'(x_0)=0$，根据罗尔定理，在0与 x_0 之间必存在 $f''(x)$ 的一个零点，这显然不可能. 所以 $x=0$ 是 $f(x)$ 在区间 (a,b) 内的唯一驻点.

例24 设 $y=f(x)$ 在点 x_0 处 $n(n\geqslant 3)$ 阶可导，且 $f^{(k)}(x_0)=0(k=1,2,\cdots,n-1)$. 证明若 $f^{(n)}(x_0)\neq 0$，当 n 为奇数时，x_0 不是函数 $f(x)$ 的极值点，$(x_0,f(x_0))$ 是曲线 $y=f(x)$ 的拐点；当 n 为偶数时，x_0 是

函数 $f(x)$ 的极值点，$(x_0, f(x_0))$ 不是曲线 $y=f(x)$ 的拐点.

分析　x_0 是否是 $f(x)$ 的极值点，在于 $f'(x)$ 在点 x_0 的左、右两侧附近是否异号；$(x_0, f(x_0))$ 是否为曲线的拐点，在于 $f''(x)$ 在点 x_0 的左、右两侧附近是否异号. 由于 $f^{(k)}(x_0)=0(k=1,2,\cdots,n-1)$，所以只需将 $f'(x)$ 与 $f''(x)$ 在点 x_0 处分别做 $n-1$ 与 $n-2$ 阶泰勒展开.

解　将 $f'(x)$ 与 $f''(x)$ 在点 x_0 处分别做 $n-1$ 与 $n-2$ 阶泰勒展开，有

$$f'(x)=\frac{f^{(n)}(x_0)}{(n-1)!}(x-x_0)^{n-1}+o((x-x_0)^{n-1}), \tag{①}$$

$$f''(x)=\frac{f^{(n)}(x_0)}{(n-2)!}(x-x_0)^{n-2}+o((x-x_0)^{n-2}). \tag{②}$$

由于 $f^{(n)}(x_0)\neq 0$，不妨设 $f^{(n)}(x_0)>0$.

（1）当 n 为奇数时，由①式知 $f'(x)$ 在点 x_0 的左、右两侧附近是同号的（为正），由②式知 $f''(x)$ 在点 x_0 的左、右两侧附近是异号的，所以 x_0 不是函数的极值点，$(x_0, f(x_0))$ 是曲线 $y=f(x)$ 的拐点.

（2）当 n 为偶数时，由①式知 $f'(x)$ 在点 x_0 的左、右两侧附近是异号的，由②式知 $f''(x)$ 在点 x_0 的左、右两侧附近是同号的（为正），所以 x_0 是函数的极值点，$(x_0, f(x_0))$ 不是曲线 $y=f(x)$ 的拐点.

评注　该题结论可作为定理来用.

例 25　求所有实数 α 的集合，使得对于任意正数 x,y，有不等式 $x\leqslant\frac{\alpha-1}{\alpha}y+\frac{1}{\alpha}\frac{x^\alpha}{y^{\alpha-1}}$.

分析　记 $f(y)=\frac{\alpha-1}{\alpha}y+\frac{1}{\alpha}\cdot\frac{x^\alpha}{y^{\alpha-1}}$，只需讨论 α 的范围，使 $f(y)$ 在 $(0,+\infty)$ 内的最小值大于或等于 x 即可.

解　记 $f(y)=\frac{\alpha-1}{\alpha}y+\frac{1}{\alpha}\cdot\frac{x^\alpha}{y^{\alpha-1}}\ (y>0)$，则 $f'(y)=\frac{\alpha-1}{\alpha}\left[1-\left(\frac{x}{y}\right)^\alpha\right]$，当 $\alpha\neq 1$ 时，令 $f'(y)=0$，得唯一的驻点 $y=x$.

（1）当 $\alpha<1$ 时，若 $y<x$，则 $f'(y)>0$；若 $y>x$，则 $f'(y)<0$；所以 $y=x$ 是 $f(y)$ 的极大值点，也是最大值点. 其最大值为 $f(x)=x$. 此时不等式不可能成立.

（2）当 $\alpha>1$ 时，若 $y<x$，则 $f'(y)<0$；若 $y>x$，则 $f'(y)>0$；所以 $y=x$ 是 $f(y)$ 的极小值点，也是最小值点. 其最小值为 $f(x)=x$. 此时有 $f(y)\geqslant x$.

（3）当 $\alpha=1$ 时，有 $f(y)\equiv x$.

故使所给不等式成立的 α 的范围是 $[1,+\infty)$.

例 26　证明：（1）若 $x>0$，则 $\frac{4}{\pi^2}<\frac{1}{(\arctan x)^2}-\frac{1}{x^2}<\frac{2}{3}$；（2）若 $x\neq 0$，则 $\left|\frac{1}{\arctan x}-\frac{1}{x}\right|<\frac{2}{\pi}$.

分析　（1）不等式两边均为数，只需证明它们分别是中间函数的最大与最小值（或上下确界）；（2）绝对值内的函数是奇函数，只需证明当 $x>0$ 时，有 $\frac{1}{\arctan x}-\frac{1}{x}<\frac{2}{\pi}$.

证明　（1）　令 $f(x)=\frac{1}{(\arctan x)^2}-\frac{1}{x^2}\ (x>0)$，则

$$f'(x)=\frac{-2}{(1+x^2)(\arctan x)^3}+\frac{2}{x^3}=\frac{2[(1+x^2)(\arctan x)^3-x^3]}{x^3(1+x^2)(\arctan x)^3}. \tag{①}$$

下证 $(1+x^2)(\arctan x)^3-x^3<0$，即 $\arctan x<\frac{x}{\sqrt[3]{1+x^2}}$.

令 $g(x)=\arctan x-\dfrac{x}{\sqrt[3]{1+x^2}}(x>0)$，因为

$$g'(x)=\frac{1}{1+x^2}-\frac{1}{\sqrt[3]{1+x^2}}-\frac{2x^2}{3\sqrt[3]{(1+x^2)^4}}<0,$$

所以当 $x>0$ 时，$g(x)$ 单调递减. 又 $g(0)=0$，故 $g(x)<0$，即有 $\arctan x<\dfrac{x}{\sqrt[3]{1+x^2}}$. 由①式，知当 $x>0$ 时，$f'(x)<0$，从而 $f(x)$ 单调递减. 所以 $\lim\limits_{x\to+\infty}f(x)<f(x)<\lim\limits_{x\to0^+}f(x)$.

由于

$$\lim_{x\to0^+}f(x)=\lim_{x\to0^+}\frac{x^2-(\arctan x)^2}{x^2(\arctan x)^2}=\lim_{x\to0^+}\frac{x+\arctan x}{x}\cdot\frac{x-\arctan x}{x^3}$$

$$=2\lim_{x\to0^+}\frac{x-\arctan x}{x^3}=2\lim_{x\to0^+}\frac{1-\dfrac{1}{1+x^2}}{3x^2}=\frac{2}{3};$$

$$\lim_{x\to+\infty}f(x)=\frac{4}{\pi^2}.$$

所以

$$\frac{4}{\pi^2}<\frac{1}{(\arctan x)^2}-\frac{1}{x^2}<\frac{2}{3}\ (x>0).$$

（2）令 $h(x)=\dfrac{1}{\arctan x}-\dfrac{1}{x}(x\neq0)$，则

$$h'(x)=\frac{1}{(1+x^2)(\arctan x)^2}-\frac{1}{x^2}=\frac{(1+x^2)(\arctan x)^2-x^2}{x^2(1+x^2)(\arctan x)^2}.$$

类似于（1），易证当 $x>0$ 时，有 $\arctan x>\dfrac{x}{\sqrt{1+x^2}}$，所以当 $x>0$ 时，$h'(x)>0$，$h(x)$ 单调递增.

由于 $\lim\limits_{x\to+\infty}h(x)=\dfrac{2}{\pi}$，所以当 $x>0$ 时，$h(x)<\dfrac{2}{\pi}$，即

$$\frac{1}{\arctan x}-\frac{1}{x}<\frac{2}{\pi}.$$

由于 $h(x)$ 是奇函数，所以当 $x\neq0$ 时，有

$$\left|\frac{1}{\arctan x}-\frac{1}{x}\right|<\frac{2}{\pi}.$$

评注 若所证不等式两边均为数值，则只需证明它们分别是中间函数的最大值与最小值（或上下确界）.

例 27* 求最大的数 α 和最小的数 β，使得对所有的自然数 n，有 $\left(1+\dfrac{1}{n}\right)^{n+\alpha}\leqslant \mathrm{e}\leqslant\left(1+\dfrac{1}{n}\right)^{n+\beta}$.

分析 只需求出满足条件 $\left(1+\dfrac{1}{n}\right)^{n+f(n)}=\mathrm{e}$ 的函数 $f(n)$ 的最小值与最大值.

解 设 $\left(1+\dfrac{1}{n}\right)^{n+f(n)}=\mathrm{e}$，得 $f(n)=\dfrac{1}{\ln\left(1+\dfrac{1}{n}\right)}-n$，问题转化为求最大的数 α 和最小的数 β，使得 $\alpha\leqslant f(n)\leqslant\beta$，即 α 与 β 分别为函数 $f(n)$ 的最小值与最大值（或下确界与上确界）.

记 $g(x)=f\left(\dfrac{1}{x}\right)=\dfrac{1}{\ln(1+x)}-\dfrac{1}{x}$，$x\in(0,1]$，则

$$g'(x)=\frac{(1+x)\ln^2(1+x)-x^2}{x^2(1+x)\ln^2(1+x)}.$$

在例 21 中已证明，$g'(x)$ 的分子 $\varphi(x)=(1+x)\ln^2(1+x)-x^2<0$．所以当 $x\in(0,1)$ 时，$g'(x)<0$，$g(x)$ 在 $(0,1)$ 内单调递减，从而 $f(n)$ 单调递增. 有

$$f(1)\leqslant f(n)<\lim_{n\to\infty}f(n).$$

由于

$$\lim_{n\to\infty}f(n)=\lim_{x\to0^+}\left(\frac{1}{\ln(1+x)}-\frac{1}{x}\right)=\lim_{x\to0^+}\frac{x-\ln(1+x)}{x\ln(1+x)}$$
$$=\lim_{x\to0^+}\frac{x-\ln(1+x)}{x^2}=\lim_{x\to0^+}\frac{x}{2x(1+x)}=\frac{1}{2},$$
$$f(1)=\frac{1}{\ln2}-1.$$

所以

$$\frac{1}{\ln2}-1\leqslant f(n)<\frac{1}{2}.\ \text{即}\ \alpha=\frac{1}{\ln2}-1,\ \beta=\frac{1}{2}.$$

评注　题解将不等式问题转换成了求函数的最大与最小值问题，这种转换使我们很快就找到了解决问题的方法. 它启示我们：对陌生问题要尽可能地改写或变形它的描述，使之成为我们熟悉的问题.

例 28　已知 $y^2=6x$，试从其所有与法线重合的弦中找出一条最短弦.

分析　为便于计算，将曲线方程化为参数形式. 当弦与法线重合时，可得到弦的两个端点处参数之间的关系，从而得到弦长的一元函数表达式，再求其最小值.

解　抛物线的参数方程为 $\begin{cases}x=6t^2\\ y=6t\end{cases}$，其上点 $A(6t^2,6t)$ 处的法线斜率为 $-\dfrac{\mathrm{d}x}{\mathrm{d}y}=-2t$．

设 $B(6s^2,6s)$ 是抛物线上的另一点，则线段 AB 的斜率为 $\dfrac{6(s-t)}{6(s^2-t^2)}=\dfrac{1}{s+t}$．若此弦与法线重合，则有 $\dfrac{1}{s+t}=-2t$，即 $s=-t-\dfrac{1}{2t}$．

设 $f(t)=AB^2=(6t-6s)^2+(6t^2-6s^2)^2=\dfrac{9}{4}\dfrac{(4t^2+1)^3}{t^4}$，由 $f'(t)=\dfrac{9(4t^2+1)^3(2t^2-1)}{t^5}=0$，得 $t^2=\dfrac{1}{2}$.

在 $t^2=\dfrac{1}{2}$ 的两侧，$f'(t)$ 的值由负变正，$f(t)$ 取得极小值 $9^2\cdot3$．又因为当 $t\to0$ 或 ∞ 时，$f(t)\to\infty$，所以该极小值也是 $f(t)$ 的最小值，即 $AB_{\min}=9\sqrt{3}$．

评注　该题解利用曲线的参数方程，巧妙地将二元函数（两点间的距离）转化成了一元函数来处理，使问题得到了简化. 如果用直角坐标计算，计算量会更大.

例 29*　根据经验，一架水平飞行的飞机其降落曲线为一条三次抛物线，如图 2.1 所示，已知飞机的飞行高度为 h，飞机的着陆点为原点 O，且在整个降落过程中，飞机的水平速度始终保持着常数 u. 出于安全考虑，飞机垂直加速度的最大绝大值不得超过 $\dfrac{g}{10}$，此处 g 为重力加速度.

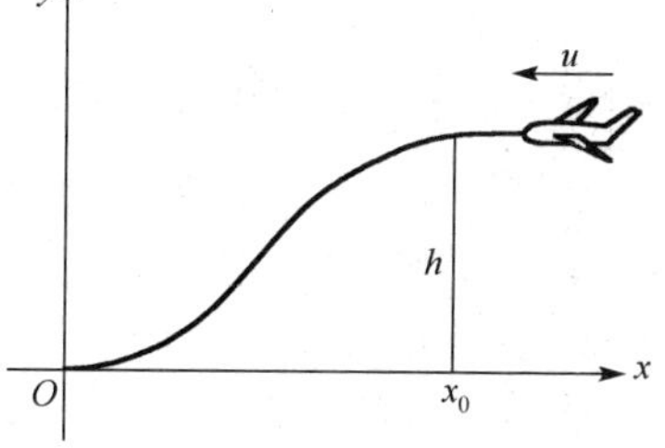

图 2.1

（1）若飞机从 $x = x_0$ 处开始下降，试确定其降落曲线；

（2）求开始下降点 x_0 所能允许的最小值.

分析 由于降落前飞机是水平飞行的，所以在起降点与着陆点飞机的垂直速度均为零，再由起降点与着陆点飞机的高度就可确定出飞机的降落曲线；由降落曲线可求得飞机降落中垂直加速度的最大绝对值，由该值不超过 $\dfrac{g}{10}$ 就可定出 x_0 的最小值.

解 （1）设飞机的降落曲线为 $y = ax^3 + bx^2 + cx + d$ ，由题设条件知：$y(0) = 0$，$y(x_0) = h$. 由于飞机的飞行曲线是光滑的，即 $y(x)$ 连续可导，所以 $y(x)$ 还应满足 $y'(0) = 0$，$y'(x_0) = 0$. 将上述 4 个条件代入 y 的表达式，有

$$y(0) = d = 0,\ y'(0) = c = 0,\ y(x_0) = ax_0^3 + bx_0^2 + cx_0 + d = h,\ y'(x_0) = 3ax_0^2 + 2bx_0 + c = 0.$$

解此方程组，得到 $a == -\dfrac{2h}{x_0^3}$，$b = \dfrac{3h}{x_0^2}$，$c = d = 0$. 即飞机的飞行曲线为

$$y = -\frac{2h}{x_0^3}x^3 + \frac{3h}{x_0^2}x^2 = -\frac{h}{x_0^2}\left(\frac{2}{x_0}x^3 - 3x^2\right).$$

（2）飞行的垂直速度是 y 关于时间 t 的导数，故

$$\frac{\mathrm{d}y}{\mathrm{d}t} = \frac{\mathrm{d}y}{\mathrm{d}x}\cdot\frac{\mathrm{d}x}{\mathrm{d}t} = -\frac{h}{x_0^2}\left(\frac{6}{x_0}x^2 - 6x\right)\frac{\mathrm{d}x}{\mathrm{d}t},$$

其中 $\dfrac{\mathrm{d}x}{\mathrm{d}t}$ 是飞行的水平速度. 据题设 $\dfrac{\mathrm{d}x}{\mathrm{d}t} = u$ ，因此

$$\frac{\mathrm{d}y}{\mathrm{d}t} = -\frac{6hu}{x_0^2}\left(\frac{x^2}{x_0} - x\right).$$

垂直加速度为

$$\frac{\mathrm{d}^2y}{\mathrm{d}t^2} = -\frac{6hu}{x_0^2}\left(\frac{2x}{x_0} - 1\right)\frac{\mathrm{d}x}{\mathrm{d}t} = -\frac{6hu^2}{x_0^2}\left(\frac{2x}{x_0} - 1\right).$$

将垂直加速度记为 $\alpha(x)$ ，则

$$|\alpha(x)| = \frac{6hu^2}{x_0^2}\left|\frac{2x}{x_0} - 1\right|,\ x \in [0, x_0].$$

因此，垂直加速度的最大绝对值为 $\max\limits_{x\in[0,x_0]}|\alpha(x)| = \dfrac{6hu^2}{x_0^2}$.

根据要求，有 $\dfrac{6hu^2}{x_0^2} \leqslant \dfrac{g}{10}$ ，此时 x_0 应满足 $x_0 \geqslant u\sqrt{\dfrac{60h}{g}}$ ，所以 x_0 所能允许的最小值为 $u\sqrt{\dfrac{60h}{g}}$ ，飞机降落所需的水平距离不得小于 $u\sqrt{\dfrac{60h}{g}}$.

例 30[*] 设函数 $f(x)$ 在 $[a,b]$ 上连续，在 (a,b) 内二阶可导，且对 $x \in (a,b)$ ，$|f''(x)| \geqslant 1$. 证明在曲线 $y = f(x)\ (a \leqslant x \leqslant b)$ 上，存在 3 个点 A、B、C，使 $\triangle ABC$ 的面积 $S_{\triangle ABC} \geqslant \dfrac{(b-a)^3}{16}$.

分析 根据所证不等式右边的形式，需将点 $(a, f(a)), (b, f(b))$ 选为三角形的两个顶点，另一点可在曲线上任选一点待定. 三角形的面积用向量的叉积来计算较为简便. 由于题设条件给出了函数 $f(x)$ 二阶导数的估计，因此证明不等式可考虑利用泰勒公式.

证明 **方法 1** 以 $A(a, f(a)), B(b, f(b)), C(x_0, f(x_0))$ 为顶点的三角形面积为

$$S(x_0)=\frac{1}{2}\|\overrightarrow{CA}\times\overrightarrow{CB}\|=\frac{1}{2}\left\|\begin{vmatrix} \boldsymbol{i} & \boldsymbol{j} & \boldsymbol{k} \\ a-x_0 & f(a)-f(x_0) & 0 \\ b-x_0 & f(b)-f(x_0) & 0 \end{vmatrix}\right\|$$

$$=\frac{1}{2}\left|[f(b)-f(x_0)](a-x_0)-[f(a)-f(x_0)](b-x_0)\right|$$

由泰勒公式

$$f(a)-f(x_0)=f'(x_0)(a-x_0)+\frac{1}{2}f''(\xi_1)(a-x_0)^2,$$

$$f(b)-f(x_0)=f'(x_0)(b-x_0)+\frac{1}{2}f''(\xi_2)(b-x_0)^2,$$

$$\left(a<\xi_1<x_0<\xi_2<b\right).$$

取 $x_0=\dfrac{a+b}{2}$，并将上面两式代入 $S(x_0)$，得

$$S\left(\frac{a+b}{2}\right)=\frac{1}{4}\left(\frac{b-a}{2}\right)^3\left|f''(\xi_1)+f''(\xi_2)\right|. \qquad ①$$

由题设条件 $\forall x\in(a,b),\ |f''(x)|\geqslant 1$，由导数的达布定理（2.3 节例 1），知要么 $f''(x)\geqslant 1$，要么 $f''(x)\leqslant -1$. 根据上面①式可得

$$S\left(\frac{a+b}{2}\right)\geqslant\frac{(b-a)^3}{16}.$$

方法 2　以曲线 $y=f(x)$ 上 3 点 $A(a,f(a)),B(b,f(b)),C(x,f(x))\ (a\leqslant x\leqslant b)$ 为顶点的三角形的面积为

$$F(x)=\frac{1}{2}\begin{vmatrix} 1 & 1 & 1 \\ a & b & x \\ f(a) & f(b) & f(x) \end{vmatrix}\text{的绝对值.}$$

由于

$$F''(x)=\frac{1}{2}\begin{vmatrix} 1 & 1 & 0 \\ a & b & 0 \\ f(a) & f(b) & f''(x) \end{vmatrix}=\frac{1}{2}(b-a)f''(x),$$

且已知 $|f''(x)|\geqslant 1$，故 $|F''(x)|\geqslant\dfrac{b-a}{2}$.

又 $F(a)=F(b)=0$，由 2.2 节例 22 的结论，知存在 $x_0\in(a,b)$，使

$$|F(x_0)|=\max_{a\leqslant x\leqslant b}|F(x)|\geqslant\frac{b-a}{2}\cdot\frac{(b-a)^2}{8}=\frac{(b-a)^3}{16}.$$

例 31*　设单位圆 Γ 的外切 n 边形 $A_1A_2\cdots A_n$ 各边与 Γ 分别切于 $B_1B_2\cdots B_n$. 令 P_A,P_B 分别表示多边形 $A_1A_2\cdots A_n$ 与 $B_1B_2\cdots B_n$ 的周长，证明 $P_A^{\frac{1}{3}}P_B^{\frac{2}{3}}>2\pi$.

分析　2π 是圆周角. 要证明所给不等式，需先找到 P_A、P_B 与圆心角之间的关系，再证对应不等式.

证明（如图 2.2 所示）设 Γ 的圆心为 O，$\alpha_i=\dfrac{1}{2}\angle B_iOB_{i+1}$，$B_{n+1}=B_1$，则

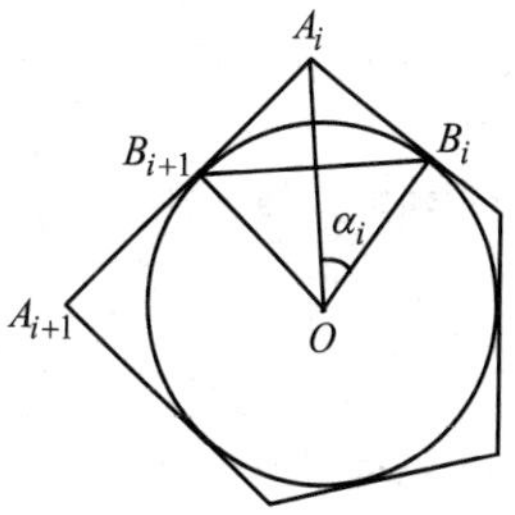

图 2.2

$$P_A = 2\sum_{i=1}^{n}\tan\alpha_i\text{，}\quad P_B = 2\sum_{i=1}^{n}\sin\alpha_i\text{．}$$

下面先证明：当$0<x<\dfrac{\pi}{2}$时，有

$$\tan^{\frac{1}{3}}x\cdot\sin^{\frac{2}{3}}x > x\text{．} \qquad ①$$

令$f(x)=\dfrac{\sin x}{\cos^{\frac{1}{3}}x}-x$，则$f(0)=0$，

$$f'(x)=\frac{\cos^{\frac{4}{3}}x+\frac{1}{3}\cos^{-\frac{2}{3}}x\sin^2 x}{\cos^{\frac{2}{3}}x}-1=\frac{2\cos^2 x+1}{3\cos^{\frac{4}{3}}x}-1>\frac{3\sqrt[3]{\cos^2 x\cdot\cos^2 x\cdot 1}}{3\cos^{\frac{4}{3}}x}-1=0.$$

故$f(x)$严格单调递增，因而$f(x)>f(0)=0$，即①式成立.

利用赫尔德（Hölder）不等式及上面的①式，可得

$$\begin{aligned}P_A^{\frac{1}{3}}P_B^{\frac{2}{3}}&=2\left(\sum_{i=1}^{n}\tan\alpha_i\right)^{\frac{1}{3}}\left(\sum_{i=1}^{n}\sin\alpha_i\right)^{\frac{2}{3}}=2\left(\sum_{i=1}^{n}(\tan^{\frac{1}{3}}\alpha_i)^3\right)^{\frac{1}{3}}\left(\sum_{i=1}^{n}(\sin^{\frac{2}{3}}\alpha_i)^{\frac{3}{2}}\right)^{\frac{2}{3}}\\&\geqslant 2\sum_{i=1}^{n}(\tan^{\frac{1}{3}}\alpha_i\cdot\sin^{\frac{2}{3}}\alpha_i)>2\sum_{i=1}^{n}\alpha_i=2\pi\text{．}\end{aligned}$$

评注　（1）赫尔德不等式：设$a_i,b_i(i=1,2,\cdots,n)$为非负实数，$p,q>1$，$\dfrac{1}{p}+\dfrac{1}{q}=1$．则有

$$\left(\sum_{i=1}^{n}a_i^p\right)^{\frac{1}{p}}\left(\sum_{i=1}^{n}b_i^q\right)^{\frac{1}{q}}\geqslant\sum_{i=1}^{n}a_ib_i,$$

当且仅当$a_i^p=\lambda b_i^q(i=1,2,\cdots,n)$时取等号.

当$p=q=2$时，赫尔德不等式即为常见的柯西不等式.

（2）不等式①即是例15中的不等式.

例32*　在区间$\left(0,\dfrac{\pi}{2}\right)$内，试比较函数$\tan(\sin x)$与$\sin(\tan x)$的大小，并证明结论.

分析　令$f(x)=\tan(\sin x)-\sin(\tan x)$，显然$f(0)=0$，只需判断$f(x)$在区间$\left(0,\dfrac{\pi}{2}\right)$内的单调性.

证明　设$f(x)=\tan(\sin x)-\sin(\tan x)$，则

$$f'(x)=\sec^2(\sin x)\cos x-\cos(\tan x)\sec^2 x=\frac{\cos^3 x-\cos(\tan x)\cos^2(\sin x)}{\cos^2(\sin x)\cos^2 x}. \qquad ①$$

当$0<x<\arctan\dfrac{\pi}{2}$时，$0<\tan x<\dfrac{\pi}{2}$，$0<\sin x<\dfrac{\pi}{2}$.

利用均值不等式，再由余弦函数在区间$\left(0,\dfrac{\pi}{2}\right)$内是上凸的，有

$$\sqrt[3]{\cos(\tan x)\cos^2(\sin x)}\leqslant\frac{1}{3}[\cos(\tan x)+2\cos(\sin x)]\leqslant\cos\frac{\tan x+2\sin x}{3}. \qquad ②$$

设$\varphi(x)=\tan x+2\sin x-3x$，则

$$\begin{aligned}\varphi'(x)&=\sec^2 x+2\cos x-3=\sec^2 x+\cos x+\cos x-3\\&\geqslant 3\sqrt[3]{\sec^2 x\cdot\cos x\cdot\cos x}-3=0\text{．}\end{aligned}$$

所以当 $x>0$ 时，$\varphi(x)>\varphi(0)$，于是 $\tan x+2\sin x>3x$，从而

$$\cos\frac{\tan x+2\sin x}{3}<\cos x.\ \text{由②式知}\cos(\tan x)\cos^2(\sin x)<\cos^3 x.$$

于是当 $x\in\left(0,\arctan\dfrac{\pi}{2}\right)$ 时，$f'(x)>0$，又 $f(0)=0$，所以 $f(x)>0$.

当 $x\in\left[\arctan\dfrac{\pi}{2},\dfrac{\pi}{2}\right)$ 时，$\sin\left(\arctan\dfrac{\pi}{2}\right)<\sin x<1$，由于

$$\sin\left(\arctan\frac{\pi}{2}\right)=\frac{\tan\left(\arctan\dfrac{\pi}{2}\right)}{\sqrt{1+\tan^2\left(\arctan\dfrac{\pi}{2}\right)}}=\frac{\dfrac{\pi}{2}}{\sqrt{1+\dfrac{\pi^2}{4}}}=\frac{\pi}{\sqrt{4+\pi^2}}>\frac{\pi}{4},$$

故 $\dfrac{\pi}{4}<\sin x<1$，于是 $1<\tan(\sin x)<\tan 1$，所以当 $x\in\left[\arctan\dfrac{\pi}{2},\dfrac{\pi}{2}\right)$ 时，$f(x)>0$.

综上可得，当 $x\in\left(0,\dfrac{\pi}{2}\right)$ 时，$\tan(\sin x)>\sin(\tan x)$.

评注　本章有多处涉及不等式的证明，归纳起来有以下一些常见方法：

（1）利用导数的定义；

（2）利用微分中值定理；

（3）利用函数的单调性；

（4）利用泰勒公式；

（5）利用函数的极值与最值；

（6）利用函数的凸凹性；

（7）利用一些重要不等式；

（8）利用归纳法或反正法.

在应用中要合理设置函数，注意方法的灵活与综合运用.

例 33　设 $y=f(x)$ 有渐近线，且 $f''(x)>0$. 证明函数 $y=f(x)$ 的图象从上方趋近于此渐近线.

分析　设渐近线为 $y=ax+b$，该题即为：已知 $\lim\limits_{x\to+\infty}(f(x)-ax-b)=0$ (或 $x\to-\infty$) 且 $f''(x)>0$. 证明当 $|x|$ 较大时，有 $f(x)>ax+b$. 由于 $f'(x)$ 的情况未知，所以需要做讨论.

证明　由题意，此渐近线为水平渐近线或斜渐近线，设其方程为 $y=ax+b$.

令 $F(x)=f(x)-ax-b$，则

$$\lim_{x\to+\infty}F(x)=\lim_{x\to+\infty}(f(x)-ax-b)=0\ (\text{或}\ x\to-\infty).$$

下面证明：当 $|x|$ 较大时（记 $|x|>c$），有 $F(x)>0$.

这里仅讨论 $x\to+\infty$ 的情况（$x\to-\infty$ 可类似）. 由于 $F''(x)=f''(x)>0$，因此 $F'(x)$ 在区间 $[c,+\infty)$ 上严格递增.

若 $\exists\alpha\in(c,+\infty)$，使 $F'(\alpha)>0$，在 $[\alpha,x]$ 上应用拉格朗日中值定理，必有 $\exists\xi\in(\alpha,x)$，使得

$$F(x)=F(\alpha)+F'(\xi)(x-\alpha)>F(\alpha)+F'(\alpha)(x-\alpha),$$

令 $x\to+\infty$，得 $\lim\limits_{x\to+\infty}F(x)=+\infty$，此与 $F(+\infty)=0$ 矛盾. 故 $\forall x\in(c,+\infty)$，有 $F'(x)\leqslant 0$. 因此 $F(x)$ 在 $[c,+\infty)$ 上单调递减.

若 $\exists\beta\in(c,+\infty)$，使 $F(\beta)<0$，则当 $x>\beta$ 时，有

$$F(x)\leqslant F(\beta)<0,$$

故 $\lim\limits_{x\to+\infty}F(x)\leqslant F(\beta)<0$，此与 $F(+\infty)=0$ 矛盾.

若 $F(\beta)=0$，因为 $F(+\infty)=0$，所以当 $x>\beta$ 时，$F(x)\equiv 0$，因而当 $x>\beta$ 时，$F'(x)=0$，此与

$F''(x)>0$ 矛盾.

故 $\forall x\in(c,+\infty)$，$F(x)>0$. 此表明 $f(x)>ax+b$，即 $y=f(x)$ 的图象从上方趋近于渐近线.

例 34 如果一个质点在平面内运动，它的坐标可以表示为时间 t 的函数，$x=t^3-t$，$y=t^4+t$. 证明曲线在 $t=0$ 处有一个拐点，并且质点运动的速度在 $t=0$ 有一个极大值.

分析 直接计算参数曲线的拐点与速度函数的极值即可验证命题的正确性.

证明 因为当 $t=0$ 时，$\dfrac{\mathrm{d}x}{\mathrm{d}t}\neq 0$. 在 $t=0$ 的某邻域，y 可作为 x 的函数，且有

$$\frac{\mathrm{d}y}{\mathrm{d}x}=\frac{\mathrm{d}y}{\mathrm{d}t}\Big/\frac{\mathrm{d}x}{\mathrm{d}t}=\frac{4t^3+1}{3t^2-1},\quad \frac{\mathrm{d}^2y}{\mathrm{d}x^2}=\frac{6t(2t^3-2t-1)}{(3t^2-1)}.$$

因 $\left.\dfrac{\mathrm{d}^2y}{\mathrm{d}x^2}\right|_{i=0}=0$，且 $\dfrac{\mathrm{d}^2y}{\mathrm{d}x^2}$ 在 $t=0$ 两侧附近异号，所以曲线在 $t=0$ 处有一个拐点.

速度的大小 v 的平方为

$$v^2=\left(\frac{\mathrm{d}x}{\mathrm{d}t}\right)^2+\left(\frac{\mathrm{d}y}{\mathrm{d}t}\right)^2=(3t^2-1)^2+(4t^3+1)=2-6t^2+8t^3+9t^4+16t^6,$$

$$\frac{\mathrm{d}v^2}{\mathrm{d}t}=-12t+24t^2+36t^3+96t^5,\quad \frac{\mathrm{d}^2v^2}{\mathrm{d}t^2}=-12+48t+108t^2+480t^4.$$

由 $\left.\dfrac{\mathrm{d}v^2}{\mathrm{d}t}\right|_{t=0}=0$ 及 $\left.\dfrac{\mathrm{d}^2v^2}{\mathrm{d}t^2}\right|_{t=0}=-12<0$，可知 v 在 $t=0$ 处有一个极大值.

评注 *由曲线拐点的判别法易知：函数的拐点一定是其一阶导数的极值点.*

例 35 证明三角形三边之和不大于 $3\sqrt{3}R$，这里 R 为其外接圆半径.

分析 首先要建立三角形边长与外接圆半径的关系，自然会想到正弦定理.

证明 设三角形的三边为 a,b,c，它们所对应的角分别为 A,B,C. 由正弦定理

$$a=2R\sin A,\ b=2R\sin B,\ c=2R\sin C,$$

得

$$a+b+c=2R(\sin A+\sin B+\sin C).$$

考虑函数 $y=\sin x(0<x<\pi)$. 由于 $y''=-\sin x<0$，所以曲线 $y=\sin x$ 在区间 $(0,\pi)$ 内是上凸的，从而

$$\frac{\sin A+\sin B+\sin C}{3}\leqslant\sin\left(\frac{A+B+C}{3}\right)=\sin\frac{\pi}{3}=\frac{\sqrt{3}}{2},$$

所以

$$a+b+c\leqslant 3\sqrt{3}R.$$

例 36 求曲线 $2y^3-2y^2+2xy-x^2=1$ 在点 $(1,1)$ 处的曲率半径.

分析 用隐函数求导法则得到 y' 和 y''，代入曲率公式.

解 方程两端对 x 求导，得

$$6y^2y'-4yy'+2y+2xy'-2x=0, \tag{①}$$

所以 $y'=\dfrac{x-y}{3y^2-2y+x}$. 在点(1, 1)处有 $y'=0$.

将①式两端对 x 求导，得

$$(6yy'-2y'+1)y'+(3y^2-2y+x)y''+y'-1=0,$$

$$y''=-\frac{(6yy'-2y'+1)y'+y'-1}{3y^2-2y+x}.$$

在点(1, 1)处有 $y''=\dfrac{1}{2}$. 故曲线 $2y^3-2y^2+2xy-x^2=1$ 在(1, 1)处的曲率为

$$\kappa|_{(1,1)}=\frac{|y''|}{(1+y'^2)^{\frac{3}{2}}}=\frac{1}{2}.$$

曲率半径为$R=\dfrac{1}{\kappa}=2$.

例 37　设$f(x)$满足$2f(x)+f\left(\dfrac{1}{x}\right)=\dfrac{1}{x}$，$\rho=\rho(x)$是曲线$y=3f(x)+x$上任一点$M(x,y)(x\geqslant 1)$处的曲率半径，$s=s(x)$是曲线上的动点$M$到定点$M_0(x_0,y_0)$的弧长函数(当$x\geqslant x_0$时，$s\geqslant 0$；当$x\leqslant x_0$时，$s\leqslant 0$)，求$\dfrac{\mathrm{d}\rho}{\mathrm{d}s}$.

分析　将x作为参数，该题即为参数式函数$\begin{cases}\rho=\rho(x)\\ s=s(x)\end{cases}$的求导问题，为此须先求得$f(x)$，再分别计算$\rho(x)$、$s(x)$及所求的导数.

解　令$t=\dfrac{1}{x}$，则$2f\left(\dfrac{1}{t}\right)+f(t)=t$，联立已知条件，得

$$\begin{cases}2f\left(\dfrac{1}{x}\right)+f(x)=x\\ 2f(x)+f\left(\dfrac{1}{x}\right)=\dfrac{1}{x}\end{cases}\Rightarrow f(x)=\frac{1}{3}\left(\frac{2}{x}-x\right).$$

则$y=\dfrac{2}{x}$，$y'=-\dfrac{2}{x^2}$，$y''=\dfrac{4}{x^3}$.

曲率半径

$$\rho=\frac{1}{\kappa}=\frac{(1+y'^2)^{3/2}}{|y''|}=\frac{1}{4}(x^4+4)^{3/2}x^{-3}.$$

弧长函数

$$s=\overset{\frown}{AM}=\int_{x_0}^{x}\sqrt{1+y'^2}\,\mathrm{d}t=\int_{x_0}^{x}\sqrt{1+\frac{4}{t^4}}\,\mathrm{d}t.$$

所以

$$\frac{\mathrm{d}\rho}{\mathrm{d}s}=\frac{\mathrm{d}\rho}{\mathrm{d}x}\Big/\frac{\mathrm{d}s}{\mathrm{d}x}=\frac{3}{4}\cdot\frac{(x^4+4)^{1/2}(1-4x^{-4})}{(1+4x^{-4})^{1/2}}=\frac{3}{4}(x^2-4x^{-2})\quad(x>0).$$

评注　该题求解的精妙之处在于将$\dfrac{\mathrm{d}\rho}{\mathrm{d}s}$作为参数方程的求导来处理，当然也可视为复合函数求导.

习题 2.3

习题 2.3 答案

1. 证明当$0<x<a$时，多项式$(a-x)^6-3a(a-x)^5+\dfrac{5}{2}a^2(a-x)^4-\dfrac{1}{2}a^4(a-x)^2$仅取负值.

2. 设$0<x<y<1$或$1<x<y$，证明$\dfrac{y}{x}>\dfrac{y^x}{x^y}$.

3. 证明不等式$x^y+y^x>1\,(x,y>0)$.

4. 证明$\sin(\tan x)\geqslant x$，$x\in\left[0,\dfrac{\pi}{4}\right]$.

5. 证明不等式$\dfrac{e^b-e^a}{b-a}<\dfrac{e^b+e^a}{2}\ (a\neq b)$.

6. 设$0<x<+\infty$，证明$\left(1+\dfrac{1}{x}\right)^x(1+x)^{\frac{1}{x}}\leqslant 4$. 且仅当$x=1$时等号成立.

7. 设在$[0,2]$上定义函数$f(x)\in C^{(2)}$，且$f(a)\geqslant f(a+b)$，$f''(x)\leqslant 0$，证明对于$0<a<b<a+b<2$，恒有

$$\frac{af(a)+bf(b)}{a+b}\geqslant f(a+b).$$

8. 试比较π^e与e^π的大小.

9. 比较$\prod\limits_{n=1}^{25}\left(1-\dfrac{n}{365}\right)$与$\dfrac{1}{2}$的大小.

10. 比较$\left(\sqrt{n}\right)^{\sqrt{n+1}}$与$\left(\sqrt{n+1}\right)^{\sqrt{n}}$的大小，这里$n>8$.

11. 设$f(x)$二阶可导，$f(1)=6$，$f'(1)=0$. 若对任意$x\geqslant 1$，有$x^2f''(x)-3xf'(x)-5f(x)\geqslant 0$，证明$f(x)\geqslant x^5+\dfrac{5}{x}\ (x\geqslant 1)$.

12. 设$f(x)$满足方程$3f(x)+4x^2f\left(-\dfrac{1}{x}\right)+\dfrac{7}{x}=0$，求$f(x)$的极值.

13. 设函数$y=y(x)$由$x^3+3x^2y-2y^3=2$所确定，求$y(x)$的极值.

14. 设$f(x)=\begin{cases}\dfrac{x}{1+e^{1/x}}, & x\neq 0\\ 0, & x=0\end{cases}$，讨论$f(x)$的单调性与极值.

15. 求由参数方程$\begin{cases}x=t-\lambda\sin t\\ y=1-\lambda\cos t\end{cases}$所确定的函数$y=y(x)$的极值，其中$0<\lambda<1$.

16. 求函数$f(x)=|\sin x+\cos x+\tan x+\cot x+\sec x+\csc x|$的最小值.

17. 设a为常数，若方程$3x^4-8x^3-30x^2+72x+a=0$有 3 个不同的实根，试确定a的取值.

18. 设$f(x)$在$[a,b]$内有二阶连续导数，且满足方程$f''(x)+xf'(x)-2f(x)=0$，若$f(a)=f(b)=0$，则$f(x)$在$[a,b]$上恒等于 0.

19. 设$x\in(0,1)$，证明$\dfrac{1}{\ln 2}-1<\dfrac{1}{\ln(1+x)}-\dfrac{1}{x}<\dfrac{1}{2}$.

20. 设$0<x<1$，证明$x^n(1-x)<\dfrac{1}{ne}$，其中$n\in\mathbb{N}_+$.

21. 在区间$(-\infty,+\infty)$内确定方程$|x|^{\frac{1}{4}}+|x|^{\frac{1}{2}}-\cos x=0$根的个数.

22. 确定方程$xe^{-x}=a(a>0)$实根的个数.

23. 设当$x>0$时，方程$kx+\dfrac{1}{x^2}=1$有且仅有一个实根，求k的取值范围.

24. 设f是二次可微的实值函数，且满足$f(x)+f''(x)=-xg(x)f'(x)$，其中对所有实数x，$g(x)\geqslant 0$. 证明$f(x)$有界.

25. 设曲线$y=4-x^2$与$y=2x+1$相交于A、B两点，C为弧段AB上的一点，问C点在何处时$\triangle ABC$的面积最大？并求此最大面积.

26. 求曲线$y=x^2\ln(ax)(a>0)$的拐点，并求当a变动时，拐点的轨迹方程.

27. 已知曲线 $y=x^4+ax^2+bx$ 与曲线 $y=\begin{cases}\ln x, & x\geqslant 1\\ \sin(x-1), & x<1\end{cases}$ 在 $x=1$ 处相切. 求 a,b 的值，以及曲线 $y=x^4+ax^2+bx$ 的凸凹区间及拐点.

28. 若 $f(x)$ 二阶可导，且 $f(x)>0$，$f''(x)f(x)-(f'(x))^2>0$，$x\in\mathbb{R}$.

（1）证明 $f(x_1)f(x_2)\geqslant f^2\left(\dfrac{x_1+x_2}{2}\right)$，$\forall x_1,x_2\in\mathbb{R}$；

（2）若 $f(0)=1$，证明 $f(x)\geqslant \mathrm{e}^{f'(0)x}$，$\forall x\in\mathbb{R}$.

29. 设 $f(x)=x^2(x-1)^2(x-3)^2$，试问曲线 $y=f(x)$ 有几个拐点，并证明结论.

30. 设 $f(x)$ 在 $(0,+\infty)$ 内连续可导，$\lim\limits_{x\to+\infty}f(x)$ 存在，$f(x)$ 的图形在 $(0,+\infty)$ 内是下凸的，证明 $\lim\limits_{x\to+\infty}f'(x)=0$.

31. 对于 $i=1,2,\cdots,n$，设 $0<x_i<\pi$ 并且取 $\overline{x}=\dfrac{x_1+x_2+\cdots+x_n}{n}$，证明：

$$\prod_{i=1}^{n}\frac{\sin x_i}{x_i}\leqslant\left(\frac{\sin\overline{x}}{\overline{x}}\right)^n.$$

32. 过正弦曲线 $y=\sin x$ 上点 $M\left(\dfrac{\pi}{2},1\right)$ 处作一抛物线 $y=ax^2+bx+c$，使抛物线与正弦曲线在 M 点具有相同的曲率与凸向，并写出 M 点处两曲线的公共曲率圆方程.

33. 设曲线 $y=f(x)$ 与 $y=2\sin x+x^2$ 在原点有相同的曲率圆，求曲线 $y=x\left[1+f\left(\dfrac{1}{2x}\right)\right]^x$ 的斜渐近线.

综合题 2*

综合题 2*答案

1. 设 $f(x)=\begin{cases}\lim\limits_{n\to\infty}\left(\dfrac{|x|^{1/n}}{n+\frac{1}{n}}+\dfrac{|x|^{2/n}}{n+\frac{2}{n}}+\cdots+\dfrac{|x|^{n/n}}{n+\frac{n}{n}}\right), & x\neq 0\\ \lim\limits_{n\to\infty}\dfrac{1}{n}\ln\left(\dfrac{\pi}{2}-\arctan n\right), & x=0\end{cases}$，求 $f'(x)$.

2. 证明 $\dfrac{1}{2}\tan\dfrac{x}{2}+\dfrac{1}{4}\tan\dfrac{x}{4}+\cdots+\dfrac{1}{2^n}\tan\dfrac{x}{2^n}=\dfrac{1}{2^n}\cot\dfrac{x}{2^n}-\cot x$.

3. 证明极坐标方程 $r=f(\theta)$ 给出的曲线 C 在曲线上点 $M(\theta,f(\theta))$ 处的切线与向径 OM 的夹角 $\varphi=\arctan\dfrac{f(\theta)}{f'(\theta)}$.

4. 设 A 为正常数，直线 l 与双曲线 $x^2-y^2=2\ (x>0)$ 所围成有限部分的面积为 A. 证明：

（1）所有上述 l 与双曲线 $x^2-y^2=2\ (x>0)$ 的截线段的中点的轨迹为双曲线.

（2）l 总是（1）中轨迹曲线的切线.

5. 某人以 5/3(m/s)的速率，沿直径为 200/3(m)且四周有围墙的圆形球场的一条直径前进，在与此直径相垂直的另一直径的一端有一灯，灯光照射人影于围墙上，问此人行进到离中心 20/3(m)时，围墙上人影的移动速率是多少？

6. 求下列函数的 n 阶导数值 $f^{(n)}(0)\ (n\geqslant 1)$.

（1）$f(x)=\cos(\beta\arcsin x)$；　　（2）$f(x)=\mathrm{e}^{-x}\int_0^x\arctan t\,\mathrm{d}t$.

7. 设 $y=x^{n-1}\ln x$，求 $y^{(n)}$.

8. 设函数 $f(x)$ 在 $[0,1]$ 上二阶可导，且 $f(0)=0$，$f(1)=1$，证明存在 $\xi\in(0,1)$，使得

$$\xi f''(\xi)+(1+\xi)f'(\xi)=1+\xi.$$

9. 设函数 $f(x)$ 在 $[0,1]$ 上有二阶连续导数，证明对任意 $\xi\in\left(0,\frac{1}{4}\right)$ 和 $\eta\in\left(\frac{3}{4},1\right)$，有

$$|f'(x)|<2|f(\xi)-f(\eta)|+\int_0^1|f''(x)|\mathrm{d}x,\quad x\in[0,1].$$

10. 设函数 $f(x)$ 在 $[0, 1]$ 上二阶可导. 证明 $\exists\xi\in(0,1)$，使得 $f''(\xi)=4f(0)+4f(1)-8f\left(\frac{1}{2}\right)$.

11. 设函数 $f(x)$ 在 $[-2, 2]$ 上二阶可导，且 $|f(x)|<1$，$f^2(0)+[f'(0)]^2=4$. 证明 $\exists\xi\in(-2,2)$，使得 $f(\xi)+f''(\xi)=0$.

12. 设函数 $f(x)$ 在 $(a,+\infty)$ 内有二阶导数，且 $f(a+1)=0$，$\lim\limits_{x\to a^+}f(x)=0$，$\lim\limits_{x\to+\infty}f(x)=0$. 证明在 $(a,+\infty)$ 内至少有一点 ξ，满足 $f''(\xi)=0$.

13. 设 $f(x)$ 在 $[a,b]$ 上连续，在 (a,b) 内二阶可导，证明 $\exists\xi\in(a,b)$，使

$$f(x)=\frac{x-b}{a-b}f(a)+\frac{x-a}{b-a}f(b)+\frac{f''(\xi)}{2}(x-a)(x-b).$$

14. 设 $f(x)$在$(0,1)$内有三阶导数，$0<a<b<1$，证明存在 $\xi\in(a,b)$，使得

$$f(b)=f(a)+\frac{1}{2}(b-a)(f'(a)+f'(b))-\frac{(b-a)^3}{12}f'''(\xi).$$

15. 设在 $[0, 2]$ 上定义函数 $f(x)\in C^{(2)}$，且 $f(a)\geqslant f(a+b)$，$f''(x)\leqslant 0$，证明对于 $0<a<b<a+b<2$，恒有

$$\frac{af(a)+bf(b)}{a+b}\geqslant f(a+b).$$

16. 设 s 为正数，证明 $\dfrac{n^{s+1}}{s+1}<1^s+2^s+\cdots+n^s<\dfrac{(n+1)^{s+1}}{s+1}$.

17. 证明方程 $\sum\limits_{k=0}^{2n+1}\dfrac{x^k}{k!}=0$ 有且仅有一个实数根，其中 n 为自然数.

18. 设 $P(x)$是一个实系数多项式. 构造多项式 $Q(x)$ 如下：

$$Q(x)=(x^2+1)P(x)P'(x)+x\left[(P(x))^2+(P'(x))^2\right].$$

假定方程 $P(x)=0$ 有 n 个大于 1 的互异实数根. 证明或否定下列结论：方程 $Q(x)=0$ 至少有 $2n-1$ 个互异的实数根.

19. 设函数 $f(x)$ 在 $(-\infty,+\infty)$ 上具有二阶导数，满足 $f''(x)>0$，$\lim\limits_{x\to+\infty}f'(x)=\alpha>0$，$\lim\limits_{x\to-\infty}f'(x)=\beta<0$，且存在一点 x_0，使得 $f(x_0)<0$. 证明方程 $f(x)=0$ 在 $(-\infty,+\infty)$ 上恰有两个实根.

20. 在 $(-\infty,+\infty)$ 上，函数 $f(x)=\sum\limits_{k=1}^{n}c_k\mathrm{e}^{a_kx}$ 最多有几个不同的零点？这里 a_k 为互不相同的实数，c_k 为不同时等于零的实数.

21. 设 $f(x)=a_nx^n+a_{n-1}x^{n-1}+\cdots+a_1x+a_0$ 是实系数多项式，$n\geqslant 2$，且某个 $a_k=0\ (1\leqslant k\leqslant n-1)$ 及当 $l\neq k$ 时，$a_l\neq 0$. 证明若 $f(x)$ 有 n 个相异的实根，则 $a_{k-1}a_{k+1}<0$.

22. 设 $k_0<k_1<\cdots<k_n$ 为给定的正整数，$A_1,A_2,\cdots,A_n$ 为实参数，指出函数

$$f(x)=\sin k_0x+A_1\sin k_1x+\cdots+A_n\sin k_nx$$

在 $[0,2\pi)$ 上零点的个数（当 $A_1,A_2,\cdots,A_n$ 变化时）的最小可能值并加以证明.

23. 设函数 $f(x)$ 二阶可导，且 $f(0)=0$，$f'(0)=0$，$f''(0)>0$. 在曲线 $y=f(x)$ 上任意取一点 $(x,f(x))$ $(x\neq 0)$ 作曲线的切线，此切线在 x 轴上的截距记为 u，求 $\lim\limits_{x\to 0}\dfrac{xf(u)}{uf(x)}$.

24. 设 f 是区间 I 上的三次可导函数，$a,b,c\in I$，证明 $\exists\xi\in I$，使得

$$f\left(\frac{a+2b}{3}\right)+f\left(\frac{b+2c}{3}\right)+f\left(\frac{c+2a}{3}\right)-f\left(\frac{2a+b}{3}\right)-f\left(\frac{2b+c}{3}\right)-f\left(\frac{2c+a}{3}\right)$$
$$=\frac{1}{27}(a-b)(b-c)(c-a)f'''(\xi).$$

25. 设 $f(x)$ 在区间 $(-1,1)$ 内二阶可导，且 $|f''(x)|\leqslant|f(x)|+|f'(x)|$，$\lim\limits_{x\to 0}\dfrac{f(x)}{x}=0$. 证明 $f(x)$ 在区间 $(-1,1)$ 内恒等于零.

26. 设 $f(x)$ 在 $(-\infty,\infty)$ 上无穷次可微，并且满足：存在 $M>0$，使得 $|f^{(k)}(x)|\leqslant M\,(k=1,2,\cdots)$，$\forall x\in(-\infty,\infty)$. 且 $f\left(\dfrac{1}{2^n}\right)=0\ \ (n=1,2,\cdots)$. 证明在 $(-\infty,\infty)$ 上 $f(x)\equiv 0$.

27. 设函数 $f(x)$ 在 $(x_0-\delta,x_0+\delta)$ 上有 n 阶连续导数，且 $f^{(k)}(x_0)=0(k=2,3,\cdots,n-1)$，$f^{(n)}(x_0)\neq 0$，当 $0<|h|<\delta$ 时，$f(x_0+h)-f(x_0)=hf'(x_0+\theta h)(0<\theta<1)$. 证明 $\lim\limits_{h\to 0}\theta=\dfrac{1}{\sqrt[n-1]{n}}$.

28. 设 $f(x)$ 在区间 I 内有直到 $n+1\,(n\geqslant 2)$ 阶连续导数，且 $\forall x\in I$，$f^{(n)}(x)\neq 0$. 若对 $\forall h\neq 0$，$x+h\in I$，有

$$f(x+h)=f(x)+f'(x)h+\frac{f''(x)}{2!}h^2+\cdots+\frac{f^{(n-2)}(x)}{(n-2)!}h^{n-2}+\frac{f^{(n-1)}\left(x+\dfrac{h}{n}\right)}{(n-1)!}h^{n-1},$$

证明 $f(x)$ 是 n 次多项式.

29. 设 $f(x)$ 在 $\mathbb{R}$ 上 n 阶可导，若对任意 $n+1$ 个不同的点 $x_0,x_1,\cdots,x_n$，都有

$$\sum_{i=0}^{n}\frac{f(x_i)}{(x_i-x_0)\cdots(x_i-x_{i-1})(x_i-x_{i+1})\cdots(x_i-x_n)}=\sum_{i=0}^{n}\alpha_i f^{(n)}(x_i),$$

其中 $\alpha_0,\alpha_1,\cdots,\alpha_n$ 是 $n+1$ 个常数. 证明 $f(x)$ 是次数不超过 $n+1$ 的多项式.

30. 证明 $\sin 1$ 是无理数.

31. 设 $f(x)$ 在 $[0,1]$ 上连续可微，在 $x=0$ 处有任意阶导数，$f^{(n)}(0)=0\ (\forall n\geqslant 0)$，且存在常数 $C>0$，使得 $|xf'(x)|\leqslant C|f(x)|$，$\forall x\in[0,1]$. 证明：（1）$\lim\limits_{x\to 0^+}\dfrac{f(x)}{x^n}=0\ (\forall n\geqslant 0)$；（2）在 $[0,1]$ 上 $f(x)\equiv 0$.

32. 设 $\alpha>1$，证明不存在 $[0,+\infty)$ 上的正可导函数 $f(x)$，满足 $f'(x)\geqslant f^{\alpha}(x)$，$x\in[0,+\infty)$.

33. 设 $f(x)$ 在 $\mathbb{R}$ 上二阶可导，$f(x),f'(x),f''(x)$ 都大于零，假设存在正数 a,b，使得对一切 $x\in\mathbb{R}$，都有 $f''(x)\leqslant af(x)+bf'(x)$ 成立：

（1）证明 $\lim\limits_{x\to-\infty}f'(x)=0$；

（2）证明存在常数 c，使得 $f'(x)\leqslant cf(x)$；

（3）求使上面不等式成立的最小常数 c.

34. 设 $y>x>0$，证明 $y^{x^y}>x^{y^x}$.

35. 对于所有$n>1$的整数，证明$\dfrac{1}{2n\mathrm{e}}<\dfrac{1}{\mathrm{e}}-\left(1-\dfrac{1}{n}\right)^n<\dfrac{1}{n\mathrm{e}}$.

36. 设n为自然数，证明$\left(1+\dfrac{1}{2n+1}\right)\left(1+\dfrac{1}{n}\right)^n<\mathrm{e}<\left(1+\dfrac{1}{2n}\right)\left(1+\dfrac{1}{n}\right)^n$.

37. 设$0<x<\dfrac{\pi}{2}$，证明$\dfrac{4}{\pi^2}<\dfrac{1}{x^2}-\dfrac{1}{\tan^2 x}<\dfrac{2}{3}$.

38. 对于一切满足$1\leqslant r\leqslant s\leqslant t\leqslant 4$的实数$r, s, t$，求$(r-1)^2+\left(\dfrac{s}{r}-1\right)^2+\left(\dfrac{t}{s}-1\right)^2+\left(\dfrac{4}{t}-1\right)^2$的最小值.

39. 方程$x^3-3x+1=0$有几个实数根？求出其绝对值最小的一个近似根. 精确到0.001.

40. 设$f(x)$是一具有三阶连续导数的实函数，并且对所有的x，$f(x)$，$f'(x)$，$f''(x)$，$f'''(x)$为正值. 假设有$\forall x$，$f'''(x)\leqslant f(x)$. 证明对一切x有$f'(x)<2f(x)$.

41. 研究由微分方程$f''(x)=(x^3+ax)f(x)$及初始条件$f(0)=1$，$f'(0)=0$定义的函数f. 证明$f(x)$的根有上界而无下界.

42. 点A到点B的距离为S，若质点M从点A沿直线由静止状态运动到点B停止，耗时$T(s)$，证明在此运动过程中某一时刻加速度的绝对值大于或等于$\dfrac{4S}{T^2}$.

43. 众所周知，为判别二次三项式x^2+bx+c的实根的情况，我们可以引入判别式$\varDelta=b^2-4c$. 那么，当$\varDelta>0$、$\varDelta=0$和$\varDelta<0$时，二次三项式x^2+bx+c分别具有两个不等实根、两个相等实根、没有实根. 对于三次三项式$p(x)=x^3+bx+c$，请给出一个利用b, c判别$p(x)$的实根情况的方法，并且证明其结论.

44. 设函数f满足$f''(x)>0$, $\int_0^1 f(x)\mathrm{d}x=0$，证明对$\forall x\in[0,1]$，有$|f(x)|\leqslant\max\{f(0), f(1)\}$.

45. 设n为大于1的奇数，证明n次实系数多项式最少有一个拐点.

第3章　一元函数积分学

知识结构

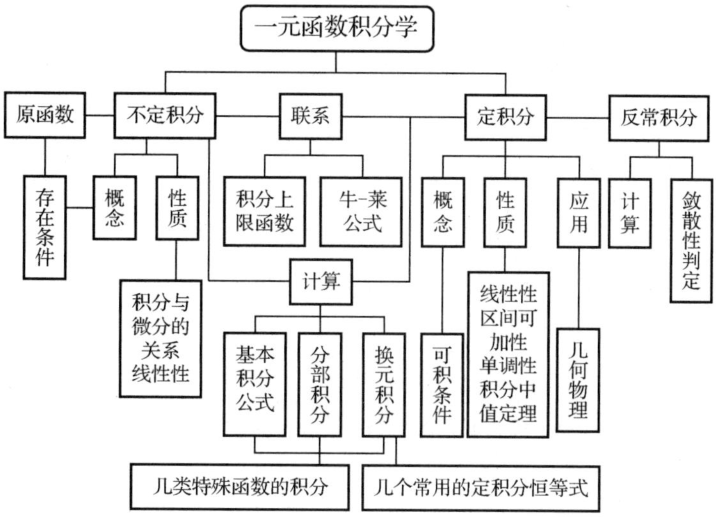

3.1　不定积分

1. 换元积分法

换元积分法是微分学中“复合函数求导法则”的逆运算，作积分变量代换的目的是引入中间变量，使被积函数的结构更为清晰、简单，从而找到原函数. 对同一个积分，其变量代换（中间变量的选取）可能有多种方式，代换不同积分的难易程度也会不同，有的甚至不能有效算出积分. 因此要熟悉一些常见形式的变量代换或凑微分方法，以便尽快找到解决问题的有效途径.

常见的凑微分形式：

$$\frac{1}{x^2}\mathrm{d}x=-\mathrm{d}\left(\frac{1}{x}\right),\qquad \frac{1}{\sqrt{x}}\mathrm{d}x=2\mathrm{d}\sqrt{x},\qquad \frac{1}{1+x^2}\mathrm{d}x=\mathrm{d}\arctan x,$$

$$\frac{1}{\sqrt{1-x^2}}\mathrm{d}x=\mathrm{d}\arcsin x,\qquad \frac{1}{ax+b}\mathrm{d}x=\frac{1}{a}\mathrm{d}\ln(ax+b),\qquad \frac{\mathrm{e}^x}{1+\mathrm{e}^x}\mathrm{d}x=\mathrm{d}\ln(1+\mathrm{e}^x).$$

常见的变量代换形式：

被积式中含有的因式	变量代换形式
$\sqrt{a^2-x^2}$	$x=a\sin t$
$\sqrt{a^2+x^2}$	$x=a\tan t$
$\sqrt{x^2-a^2}$	$x=a\sec t$
$\sqrt[n]{ax+b}$	$t=\sqrt[n]{ax+b}$
$\sqrt{a\mathrm{e}^{bx}+c}$	$t=\sqrt{a\mathrm{e}^{bx}+c}$
有理（或无理）分式，分母次数－分子次数>1	$t=1/x$
三角函数有理式	$\tan(x/2)=t$

例 1 计算积分$\int x^3\sqrt{4-x^2}\,\mathrm{d}x$.

分析 为消去根号，可令$x=2\sin t$，也可令$\sqrt{4-x^2}=t$.

解 **方法 1** 令$x=2\sin t$，则$\mathrm{d}x=2\cos t\mathrm{d}t$，有

$$\begin{aligned}\int x^3\sqrt{4-x^2}\,\mathrm{d}x&=\int(2\sin t)^3\sqrt{4-4\sin^2 t}\cdot 2\cos t\,\mathrm{d}t\\&=32\int\sin^3 t\cos^2 t\,\mathrm{d}t=32\int\sin t(1-\cos^2 t)\cos^2 t\,\mathrm{d}t\\&=-32\int(\cos^2 t-\cos^4 t)\,\mathrm{d}\cos t=-32\left(\frac{1}{3}\cos^3 t-\frac{1}{5}\cos^5 t\right)+C\\&=-\frac{4}{3}\left(\sqrt{4-x^2}\right)^3+\frac{1}{5}\left(\sqrt{4-x^2}\right)^5+C.\end{aligned}$$

方法 2 令$\sqrt{4-x^2}=t$，则$x^2=4-t^2$，$x\,\mathrm{d}x=-t\,\mathrm{d}t$，有

$$\begin{aligned}\int x^3\sqrt{4-x^2}\,\mathrm{d}x&=-\int(4-t^2)t^2\,\mathrm{d}t=\frac{1}{5}t^5-\frac{4}{3}t^3+C\\&=\frac{1}{5}\left(\sqrt{4-x^2}\right)^5-\frac{4}{3}\left(\sqrt{4-x^2}\right)^3+C.\end{aligned}$$

评注 （1）对积分$\int x^m f\left(\sqrt{a^2\pm x^2}\right)\mathrm{d}x$，仅当 m 为奇数时，作代换$\sqrt{a^2\pm x^2}=t$才能消去根式，否则需作三角代换.

（2）在方法 1 中涉及积分$\int\sin^3 t\cos^2 t\,\mathrm{d}t$，一般对$\int\sin^m x\cos^n x\,\mathrm{d}x$型积分（$m,n$ 为自然数），可分两种情况求积分：

① 当m和n中至少有一个为奇数时，如 $m=2k+1(k=0,1,2,\cdots)$，则

$$\int\sin^{2k+1}x\cdot\cos^n x\,\mathrm{d}x=-\int(1-\cos^2 x)^k\cos^n x\,\mathrm{d}\cos x$$

这是关于$\cos x$的多项式的积分，容易求得结果.

② 当m和n都是偶数（不太大）或其中之一为零时，用倍角公式

$$\sin^2 x=\frac{1-\cos 2x}{2},\quad \cos^2 x=\frac{1+\cos 2x}{2},\quad \sin x\cos x=\frac{1}{2}\sin 2x$$

降次（降到 1 次为止）或用下面（3）中的分解式求积分.

（3）三角函数的“倍角公式”与“积化和差”都可视为“三角多项式的分解”，其效果是降次. 由欧拉公式可得更一般的分解：

$$\sin^{2m}x\cos^n x=A_0\cos(2m+n)x+A_1\cos(2m+n-2)x+\cdots \qquad ①$$

$$\sin^{2m+1}x\cos^n x=A_0\sin(2m+n+1)x+A_1\sin(2m+n-1)x+\cdots \qquad ②$$

其系数$A_0,A_1,\cdots$可由欧拉公式运算得到，也可由“赋值法”确定. 注意①式的两端是偶函数，②式的两端是奇函数，这有助于我们的记忆.

这些分解式在对应函数求导（高阶导数）、积分、幂级数展开等方面都会带来很大的方便.

例 2 计算积分$\int\frac{\mathrm{d}x}{(x+1)^2\sqrt{x^2+2x+2}}$.

分析 将根式中的二次三项式配方，再作三角代换；由于分母次数较高，因此也可用倒代换.

解 **方法 1**

$$\begin{aligned}I&=\int\frac{\mathrm{d}(x+1)}{(x+1)^2\sqrt{(x+1)^2+1}}\xlongequal{x+1=\tan t}\int\frac{1}{\tan^2 t\sec t}\cdot\frac{\mathrm{d}t}{\cos^2 t}\\&=\int\frac{\cos t\,\mathrm{d}t}{\sin^2 t}=-\frac{1}{\sin t}+C=-\frac{\sqrt{x^2+2x+2}}{x+1}+C.\end{aligned}$$

方法 2
$$I=\int\frac{d(x+1)}{(x+1)^2\sqrt{(x+1)^2+1}}\xlongequal{x+1=\frac{1}{t}}-\int\frac{t\,dt}{\sqrt{1+t^2}}=-\sqrt{1+t^2}+C$$
$$=-\frac{\sqrt{x^2+2x+2}}{x+1}+C.$$

评注　当分式函数中分母次数高于分子次数 2 次及以上时，适宜作倒代换.

例 3　计算积分 $\int\frac{dx}{\sqrt[3]{(x+1)^2(x-1)^4}}$.

分析　将被积函数变形后再作变量代换.

解　$\sqrt[3]{(x+1)^2(x-1)^4}=\sqrt[3]{\left(\frac{x-1}{x+1}\right)^4}\cdot(x+1)^2$，令 $t=\frac{x-1}{x+1}$，则有 $dt=\frac{2}{(x+1)^2}dx$，
$$I=\int\frac{dx}{\sqrt[3]{\left(\frac{x-1}{x+1}\right)^4}\cdot(x+1)^2}=\frac{1}{2}\int t^{-\frac{4}{3}}dt=-\frac{3}{2}t^{-\frac{1}{3}}+C=-\frac{3}{2}\sqrt[3]{\frac{x+1}{x-1}}+C.$$

评注　由于 $\sqrt[3]{(x+1)^2(x-1)^4}=\sqrt[3]{\left(\frac{x+1}{x-1}\right)^2}\cdot(x-1)^2$，所以也可作变量代换 $t=\frac{x+1}{x-1}$.

一般情形：若积分 $\int\frac{dx}{\sqrt[k]{(x+a)^m(x+b)^n}}$ 满足 $\frac{m+n}{2}=k$，则令 $t=\frac{x+a}{x+b}$ 或 $t=\frac{x+b}{x+a}$ 都是很有效的.

例 4　计算积分 $\int\frac{x\,dx}{(1+x^2+\sqrt{x^2+1})\ln(1+\sqrt{x^2+1})}$.

分析　被积函数的分子为 x 的一次式，分母中的变量可统一为 $\sqrt{x^2+1}$ 的形式，做凑微分，使 $\sqrt{x^2+1}$ 为积分变量，积分式就简单了.

解
$$I=\frac{1}{2}\int\frac{d(1+x^2)}{\sqrt{x^2+1}(1+\sqrt{x^2+1})\ln(1+\sqrt{x^2+1})}$$
$$=\int\frac{d\sqrt{x^2+1}}{(1+\sqrt{x^2+1})\ln(1+\sqrt{x^2+1})}=\int\frac{d\ln(1+\sqrt{x^2+1})}{\ln(1+\sqrt{x^2+1})}$$
$$=\ln\left|\ln(1+\sqrt{x^2+1})\right|+C.$$

评注　若积分式中含有根式，但通过凑微分就能完成积分的，就没必要作变量代换消去根式. 一般说来用第一类型换元法（凑微分法）较用第二类型换元法更简便，所以应该注意观察被积函数的特点，尽可能用第一类型换元法.

例 5　计算积分 $\int\frac{dx}{\sin^4x+\cos^4x}$.

分析　三角函数有理式的积分，要利用三角函数的恒等式把它化简后再积分. 尽量用凑微分法，把被积函数化为积分变量的有理函数形式，积分就容易计算了. 必要时可作万能代换.

解　**方法 1**　用倍角公式降次，得
$$I=\int\frac{dx}{\left(\frac{1-\cos 2x}{2}\right)^2+\left(\frac{1+\cos 2x}{2}\right)^2}=\int\frac{\sec^2 2x}{\sec^2 2x+1}d(2x)$$

$$=\int\frac{\mathrm{d}\tan 2x}{\tan^2 2x+2}=\frac{1}{\sqrt{2}}\arctan\left(\frac{\tan 2x}{\sqrt{2}}\right)+C.$$

方法 2

$$I=\int\frac{\sec^4 x\mathrm{d}x}{\tan^4 x+1}=\int\frac{1+\tan^2 x}{\tan^4 x+1}\mathrm{d}(\tan x)$$

$$\overset{\tan x=t}{=\!=\!=}\int\frac{t^2+1}{t^4+1}\mathrm{d}t=\int\frac{1+1/t^2}{t^2+1/t^2}\mathrm{d}t=\int\frac{\mathrm{d}(t-1/t)}{(t-1/t)^2+2}$$

$$=\frac{1}{\sqrt{2}}\arctan\left(\frac{t-1/t}{\sqrt{2}}\right)+C=\frac{1}{\sqrt{2}}\arctan\left(\frac{\tan x-\cot x}{\sqrt{2}}\right)+C.$$

评注　当被积函数为三角函数有理式 $R(\sin x,\cos x)$，作以下代换，积分会更为简便：
若 $R(-\sin x,\cos x)=-R(\sin x,\cos x)$，令 $\cos x=t$；
若 $R(\sin x,-\cos x)=-R(\sin x,\cos x)$，令 $\sin x=t$；
若 $R(-\sin x,-\cos x)=R(\sin x,\cos x)$，令 $\tan x=t$.

例 6　计算积分 $\int\frac{\mathrm{d}x}{\sin x\sqrt{1+\cos x}}$.

分析　被积函数属 $R(-\sin x,\cos x)=-R(\sin x,\cos x)$ 型，宜作变量代换 $\cos x=t$.

解　被积函数分子、分母同乘以 $\sin x$，有

$$I=-\int\frac{\mathrm{d}(\cos x)}{\sin^2 x\sqrt{1+\cos x}}\overset{\cos x=t}{=\!=\!=}-\int\frac{\mathrm{d}t}{(1-t^2)\sqrt{1+t}}$$

$$=-2\int\frac{\mathrm{d}\sqrt{1+t}}{1-t^2}\overset{\sqrt{1+t}=u}{=\!=\!=}-2\int\frac{\mathrm{d}u}{1-(u^2-1)^2}=-2\int\frac{\mathrm{d}u}{u^2(2-u^2)}$$

$$=-\int\left(\frac{1}{u^2}+\frac{1}{2-u^2}\right)\mathrm{d}u=\frac{1}{u}+\frac{1}{2\sqrt{2}}\ln\left|\frac{\sqrt{2}-u}{\sqrt{2}+u}\right|+C$$

$$=\frac{1}{\sqrt{1+\cos x}}+\frac{1}{2\sqrt{2}}\ln\left|\frac{\sqrt{2}-\sqrt{1+\cos x}}{\sqrt{2}+\sqrt{1+\cos x}}\right|+C.$$

例 7　计算积分 $\int\frac{\mathrm{d}x}{\sin^3 x+\cos^3 x}$.

分析　将分母做因式分解，化简后再寻找变量代换方法或凑微分方法.

解　**方法 1**　由于

$$\sin^3 x+\cos^3 x=(\sin x+\cos x)(\sin^2 x-\sin x\cos x+\cos^2 x)$$

$$=\frac{1}{2}(\sin x+\cos x)[1+(\sin x-\cos x)^2]$$

$$=\frac{1}{\sqrt{2}}\cos\left(x-\frac{\pi}{4}\right)\left(1+2\sin^2\left(x-\frac{\pi}{4}\right)\right).$$

得

$$I=\sqrt{2}\int\frac{\mathrm{d}x}{\cos\left(x-\frac{\pi}{4}\right)\left(1+2\sin^2\left(x-\frac{\pi}{4}\right)\right)}.$$

令 $u=x-\frac{\pi}{4}$，得

$$I=\sqrt{2}\int\frac{\mathrm{d}u}{\cos u(1+2\sin^2 u)}=\sqrt{2}\int\frac{d\sin u}{\cos^2 u(1+2\sin^2 u)}$$

$$\xlongequal{t=\sin u}\sqrt{2}\int\frac{\mathrm{d}t}{(1-t^2)(1+2t^2)}=\frac{\sqrt{2}}{3}\left(\int\frac{\mathrm{d}u}{1-t^2}+\int\frac{2\mathrm{d}t}{1+2t^2}\right)$$

$$=\frac{\sqrt{2}}{3}\left(\frac{1}{2}\ln\left|\frac{1+t}{1-t}\right|+\sqrt{2}\arctan\sqrt{2}t\right)+C$$

$$=\frac{\sqrt{2}}{6}\ln\left|\frac{1+\sin\left(x-\frac{\pi}{4}\right)}{1-\sin\left(x-\frac{\pi}{4}\right)}\right|+\frac{2}{3}\arctan\left(\sqrt{2}\sin\left(x-\frac{\pi}{4}\right)\right)+C.$$

方法 2

$$I=\frac{2}{3}\int\frac{[1+(\sin x-\cos x)^2]+(\sin x+\cos x)^2}{(\sin x+\cos x)[1+(\sin x-\cos x)^2]}\mathrm{d}x$$

$$=\frac{2}{3}\left[\int\frac{1}{\sin x+\cos x}\mathrm{d}x+\int\frac{\sin x+\cos x}{1+(\sin x-\cos x)^2}\mathrm{d}x\right].$$

其中

$$\int\frac{\mathrm{d}x}{\sin x+\cos x}=\frac{1}{\sqrt{2}}\int\frac{\mathrm{d}x}{\cos\left(x-\frac{\pi}{4}\right)}=\frac{\sqrt{2}}{2}\ln\left|\sec\left(x-\frac{\pi}{4}\right)+\tan\left(x-\frac{\pi}{4}\right)\right|+C_1,$$

$$\int\frac{\sin x+\cos x}{1+(\sin x-\cos x)^2}\mathrm{d}x=\int\frac{\mathrm{d}(\sin x-\cos x)}{1+(\sin x-\cos x)^2}=\arctan(\sin x-\cos x)+C_2.$$

所以原积分

$$I=\frac{\sqrt{2}}{3}\ln\left|\sec\left(x-\frac{\pi}{4}\right)+\tan\left(x-\frac{\pi}{4}\right)\right|+\frac{2}{3}\arctan(\sin x-\cos x)+C.$$

2. 分部积分法

分部积分法是微分学中“两个函数乘积求导法则”的逆运算，该方法与换元积分法的针对性是不同的，要根据被积函数的特点选取合理的方法. 一般来说，以下任意两类函数乘积的积分宜用分部积分：

（1）幂函数（多项式，某些分式）类；

（2）指数函数（对数函数）类；

（3）三角函数（反三角函数）类；

（4）含有 $f'(x), f''(x)$ 的函数类.

例 8　计算积分 $\int\cos(\ln x)\,\mathrm{d}x$.

分析　作变量代换 $\ln x=t$，被积函数变为 $\cos t\cdot\mathrm{e}^t$，故用分部积分计算.

解　令 $\ln x=t$，则 $x=\mathrm{e}^t$， $\mathrm{d}x=\mathrm{e}^t\mathrm{d}t$

$$\int\cos(\ln x)\mathrm{d}x=\int\mathrm{e}^t\cos t\mathrm{d}t=\mathrm{e}^t\sin t-\int\mathrm{e}^t\sin t\mathrm{d}t$$

$$=\mathrm{e}^t\sin t+\mathrm{e}^t\cos t-\int\mathrm{e}^t\cos t\mathrm{d}t,$$

移项得到

$$\int\mathrm{e}^t\cos t\,\mathrm{d}t=\frac{\mathrm{e}^t}{2}(\sin t+\cos t)+C.$$

即

$$\int\cos(\ln x)\mathrm{d}x=\frac{x}{2}(\sin(\ln x)+\cos(\ln x))+C.$$

评注 该题也可以不作变量代换，直接用分部积分计算. 但要留意多次使用分部积分后出现的循环.

例 9 设函数 $f(x)$ 的一个原函数是 $\dfrac{\sin x}{x}$，计算积分 $\int xf'(2x)\mathrm{d}x$.

分析 被积函数中含有抽象函数的导数，一般要用分部积分. 通常将导数形式的函数置于微分符号后.

解 因为 $f(x)=\left(\dfrac{\sin x}{x}\right)'=\dfrac{x\cos x-\sin x}{x^2}$，做分部积分

$$I=\frac{1}{2}\int x\,\mathrm{d}\,f(2x)=\frac{1}{2}xf(2x)-\frac{1}{2}\int f(2x)\,\mathrm{d}\,x=\frac{1}{2}x\cdot\frac{2x\cos 2x-\sin 2x}{(2x)^2}-\frac{1}{4}\int f(2x)\,\mathrm{d}\,2x$$
$$=\frac{1}{2}x\cdot\frac{2x\cos 2x-\sin 2x}{(2x)^2}-\frac{\sin 2x}{8x}+C=\frac{\cos 2x}{4}-\frac{\sin 2x}{4x}+C.$$

例 10 计算积分 $\int\dfrac{x\ln x}{(1+x^2)^2}\mathrm{d}x$.

分析 $\ln x$ 以外的函数 $\dfrac{x}{(1+x^2)^2}$ 能凑微分并置于微分符号后，所以适宜做分部积分.

解
$$I=-\frac{1}{2}\int\ln x\,\mathrm{d}\frac{1}{1+x^2}=-\frac{1}{2}\left(\frac{\ln x}{1+x^2}-\int\frac{1}{x(1+x^2)}\mathrm{d}\,x\right)$$
$$=-\frac{\ln x}{2(1+x^2)}+\frac{1}{2}\int\left(\frac{1}{x}-\frac{x}{1+x^2}\right)\mathrm{d}x$$
$$=-\frac{\ln x}{2(1+x^2)}+\frac{1}{2}\ln x-\frac{1}{4}\ln(1+x^2)+C.$$

评注 积分式中含有对数函数的几种情况：

- 当 $f(x)$ 能凑微分时，则 $\int f(x)\ln g(x)\mathrm{d}x=\int\ln g(x)\mathrm{d}F(x)$ ，再分部积分；
- $\int\dfrac{f(\ln x)}{x}\mathrm{d}\,x=\int f(\ln x)\,\mathrm{d}\ln x$ ，凑微分（或换元）后再积分；
- $\int f(\ln x)\,\mathrm{d}\,x$ ，令 $t=\ln x$ ，换元后再积分，或直接做分部积分.

例 11 计算积分 $\int\dfrac{x\ln(x+\sqrt{1+x^2})}{(1-x^2)^2}\mathrm{d}\,x$.

分析 与上题类似，可将 $\dfrac{x}{(1-x^2)^2}$ 凑到微分符号后做分部积分.

解 $I=\dfrac{1}{2}\displaystyle\int\ln(x+\sqrt{1+x^2})\,\mathrm{d}\frac{1}{1-x^2}=\frac{1}{2}\ln(x+\sqrt{1+x^2})\frac{1}{1-x^2}-\frac{1}{2}\int\frac{1}{1-x^2}\cdot\frac{1}{\sqrt{1+x^2}}\mathrm{d}\,x$

$$\overset{x=\tan t}{=\!=}\frac{\ln(x+\sqrt{1+x^2})}{2(1-x^2)}-\frac{1}{2}\int\frac{1}{1-\tan^2 t}\cdot\frac{1}{\sec t}\cdot\sec^2 t\,\mathrm{d}\,t=\frac{\ln(x+\sqrt{1+x^2})}{2(1-x^2)}-\frac{1}{2}\int\frac{\cos t}{1-2\sin^2 t}\mathrm{d}t$$
$$=\frac{\ln(x+\sqrt{1+x^2})}{2(1-x^2)}-\frac{1}{2\sqrt{2}}\int\frac{\mathrm{d}\sqrt{2}\sin t}{1-2\sin^2 t}=\frac{\ln(x+\sqrt{1+x^2})}{2(1-x^2)}-\frac{1}{4\sqrt{2}}\ln\frac{1+\sqrt{2}\sin t}{1-\sqrt{2}\sin t}+C$$
$$=\frac{\ln(x+\sqrt{1+x^2})}{2(1-x^2)}-\frac{1}{4\sqrt{2}}\ln\frac{\sqrt{1+x^2}+\sqrt{2}x}{\sqrt{1+x^2}-\sqrt{2}x}+C.$$

例 12 计算积分 $I=\int\ln\left(\sqrt{1+x}+\sqrt{1-x}\right)\mathrm{d}\,x$.

分析　适宜直接做分部积分.

解 方法 1

$$I = x\ln\left(\sqrt{1+x}+\sqrt{1-x}\right)-\int\frac{x\left(\dfrac{1}{2\sqrt{1+x}}-\dfrac{1}{2\sqrt{1-x}}\right)}{\sqrt{1+x}+\sqrt{1-x}}\mathrm{d}x$$

$$= x\ln\left(\sqrt{1+x}+\sqrt{1-x}\right)-\frac{1}{2}\int\frac{x\left(\sqrt{1-x}-\sqrt{1+x}\right)}{(\sqrt{1+x}+\sqrt{1-x})\sqrt{1-x^2}}\mathrm{d}x$$

$$= x\ln\left(\sqrt{1+x}+\sqrt{1-x}\right)+\frac{1}{4}\int\frac{\left(\sqrt{1-x}-\sqrt{1+x}\right)^2}{\sqrt{1-x^2}}\mathrm{d}x$$

$$= x\ln\left(\sqrt{1+x}+\sqrt{1-x}\right)+\frac{1}{2}\int\frac{1-\sqrt{1-x^2}}{\sqrt{1-x^2}}\mathrm{d}x$$

$$= x\ln\left(\sqrt{1+x}+\sqrt{1-x}\right)+\frac{1}{4}[\arcsin x-x]+C.$$

方法 2　用组合积分法. 记 $J=\int\ln\left(\sqrt{1+x}-\sqrt{1-x}\right)\mathrm{d}x$，则

$$I+J=\int\left(\ln\left(\sqrt{1+x}+\sqrt{1-x}\right)+\ln\left(\sqrt{1+x}-\sqrt{1-x}\right)\right)\mathrm{d}x=\int\ln 2x\,\mathrm{d}x=x\ln 2x-x+C_1. \quad ①$$

$$I-J=\int\left(\ln\left(\sqrt{1+x}+\sqrt{1-x}\right)-\ln\left(\sqrt{1+x}-\sqrt{1-x}\right)\right)\mathrm{d}x=\int\ln\frac{1+\sqrt{1-x^2}}{x}\mathrm{d}x$$

$$\overset{x=\sin t}{=\!=}\int\ln\cot\frac{t}{2}\mathrm{d}\sin t=\sin t\cdot\ln\cot\frac{t}{2}+\int\mathrm{d}t=\sin t\cdot\ln\cot\frac{t}{2}+t+C_2$$

$$=x\ln\frac{\left(\sqrt{1+x}+\sqrt{1-x}\right)^2}{2x}+\arcsin x+C_2. \quad ②$$

联立①，②式，解得

$$I=x\ln\left(\sqrt{1+x}+\sqrt{1-x}\right)-\frac{x}{2}+\frac{1}{2}\arcsin x+C.$$

评注　“组合积分法”的关键是引入适当的积分式 J，使得 k_1I+k_2J 与 k_3I+k_4J 易于计算(常数 $k_1k_4-k_2k_3\neq 0$)，再求解关于 I,J 的线性方程组得到所求积分（常取 $k_1=k_2=k_3=1$，$k_4=-1$）.

例 13　设 $f(\sin^2 x)=\dfrac{x}{\sin x}$，求 $\displaystyle\int\frac{\sqrt{x}}{\sqrt{1-x}}f(x)\,\mathrm{d}x$.

分析　$f(x)$ 的表达式容易计算，算出后再根据被积函数的特点选取适当的积分方法.

解　令 $u=\sin^2 x$，则 $\sin x=\sqrt{u}$，$x=\arcsin\sqrt{u}$，$\Rightarrow f(x)=\dfrac{\arcsin\sqrt{x}}{\sqrt{x}}$. 所以

$$\int\frac{\sqrt{x}}{\sqrt{1-x}}f(x)\,\mathrm{d}x=\int\frac{\arcsin\sqrt{x}}{\sqrt{1-x}}\mathrm{d}x=-2\int\arcsin\sqrt{x}\,\mathrm{d}\sqrt{1-x}$$

$$=-2\sqrt{1-x}\arcsin\sqrt{x}+2\int\sqrt{1-x}\cdot\frac{1}{\sqrt{1-x}}\mathrm{d}\sqrt{x}$$

$$=-2\sqrt{1-x}\arcsin\sqrt{x}+2\sqrt{x}+C.$$

评注　积分式中含有反三角函数 arcsin*x*、arctan*x* 的几种情况：

（1）当 $f(x)$能凑微分时，则 $\int f(x)\arctan g(x)\,\mathrm{d}x=\int\arctan g(x)\,\mathrm{d}F(x)$ 再分部积分；

（2）当 $f(x)$不能凑微分时，则令 $t=\arctan g(x)$，换元后，化简被积函数再积分.

例 14 计算积分 $\int \frac{\sqrt{x-1}\arctan\sqrt{x-1}}{x}\mathrm{d}x$.

分析 按上例评注提供的方法，可得到几种不同的解法.

解 方法 1 令 $t=\arctan\sqrt{x-1}$，则 $\sqrt{x-1}=\tan t$，$x=\sec^2 t$，$\mathrm{d}x=2\sec^2 t\tan t\mathrm{d}t$，

$$I=\int \frac{\tan t\cdot t}{\sec^2 t}\cdot 2\sec^2 t\tan t\,\mathrm{d}t=2\int t\tan^2 t\,\mathrm{d}t=2\int (t\sec^2 t-t)\,\mathrm{d}t$$

$$=-t^2+2\int t\,\mathrm{d}\tan t=-t^2+2t\tan t+2\ln|\cos t|+C$$

$$=-(\arctan\sqrt{x-1})^2+2\sqrt{x-1}\arctan\sqrt{x-1}-\ln x+C.$$

方法 2 因 $\int \frac{\sqrt{x-1}}{x}\mathrm{d}x \xlongequal{\sqrt{x-1}=t} \int \frac{2t^2}{t^2+1}\mathrm{d}t=\int\left(2-\frac{2}{t^2+1}\right)\mathrm{d}t=2t-2\arctan t+C$，则

$$I\xlongequal{\sqrt{x-1}=t}2\int \arctan t\,\mathrm{d}\left(t-\arctan t\right)=2\left(t-\arctan t\right)\arctan t-2\int\frac{\left(t-\arctan t\right)}{1+t^2}\mathrm{d}t$$

$$=2\left(t-\arctan t\right)\arctan t-\ln(1+t^2)+2\int \arctan t\,\mathrm{d}\arctan t$$

$$=2t\arctan t-\left(\arctan t\right)^2-\ln(1+t^2)+C$$

$$=2\sqrt{x-1}\arctan\sqrt{x-1}-(\arctan\sqrt{x-1})^2-\ln x+C.$$

方法 3

$$I\xlongequal{\sqrt{x-1}=t}2\int\frac{t^2\arctan t}{t^2+1}\mathrm{d}t=2\int\arctan t\,\mathrm{d}t-2\int\frac{\arctan t}{t^2+1}\mathrm{d}t$$

$$=2t\arctan t-2\int\frac{t}{1+t^2}\mathrm{d}t-2\int\arctan t\,\mathrm{d}\arctan t$$

$$=2t\arctan t-\ln\left(1+t^2\right)-\left(\arctan t\right)^2+C$$

$$=2\sqrt{x-1}\arctan\sqrt{x-1}-(\arctan\sqrt{x-1})^2-\ln x+C.$$

例 15 求 $\int\frac{\mathrm{e}^x(1+\sin x)}{1+\cos x}\mathrm{d}x$.

分析 被积函数为指数函数与三角函数的乘积，需用分部积分.

解 方法 1

$$I=\int\frac{1+\sin x}{1+\cos x}\mathrm{d}\,\mathrm{e}^x=\mathrm{e}^x\cdot\frac{1+\sin x}{1+\cos x}-\int\mathrm{e}^x\cdot\frac{1+\cos x+\sin x}{(1+\cos x)^2}\mathrm{d}x$$

$$=\mathrm{e}^x\cdot\frac{1+\sin x}{1+\cos x}-\int\frac{\mathrm{d}\,\mathrm{e}^x}{1+\cos x}-\int\frac{\mathrm{e}^x\sin x}{(1+\cos x)^2}\mathrm{d}x$$

$$=\mathrm{e}^x\cdot\frac{1+\sin x}{1+\cos x}-\frac{\mathrm{e}^x}{1+\cos x}+\int\frac{\mathrm{e}^x\sin x}{(1+\cos x)^2}\mathrm{d}x-\int\frac{\mathrm{e}^x\sin x}{(1+\cos x)^2}\mathrm{d}x$$

$$=\frac{\mathrm{e}^x\sin x}{1+\cos x}+C.$$

方法 2

$$I=\int\frac{\mathrm{e}^x\left(1+2\sin\frac{x}{2}\cos\frac{x}{2}\right)}{2\cos^2\frac{x}{2}}\mathrm{d}x=\int\left(\mathrm{e}^x\frac{1}{2\cos^2\frac{x}{2}}+\mathrm{e}^x\tan\frac{x}{2}\right)\mathrm{d}x$$

$$=\int\left[\mathrm{e}^x\,\mathrm{d}\left(\tan\frac{x}{2}\right)+\tan\frac{x}{2}\mathrm{d}\,\mathrm{e}^x\right]=\int\mathrm{d}\left(\mathrm{e}^x\tan\frac{x}{2}\right)=\mathrm{e}^x\tan\frac{x}{2}+C.$$

评注 （1）凑微分的方式不同，分部积分的形式会有所差异. 若需多次使用分部积分法，则每次应将同类函数凑到微分符号后.

（2）分部积分计算中，某些难以算出的部分可能在合并中被消掉.

例 16　求积分 $I_n=\int\frac{\mathrm{d}x}{\sin^n x}\,(n>2)$ 的递推公式，并计算 $I_5=\int\frac{\mathrm{d}x}{\sin^5 x}$.

分析　分子利用 $1=\sin^2 x+\cos^2 x$，可降低分母次数，得到递推式.

解　**方法 1**　$I_n=\int\frac{\mathrm{d}x}{\sin^n x}=\int\frac{\sin^2 x+\cos^2 x}{\sin^n x}\mathrm{d}x=I_{n-2}-\frac{1}{n-1}\int\cos x\,\mathrm{d}\left(\frac{1}{\sin^{n-1}x}\right)$

$$=I_{n-2}-\frac{\cos x}{(n-1)\sin^{n-1}x}-\frac{1}{n-1}I_{n-2}=-\frac{\cos x}{(n-1)\sin^{n-1}x}+\frac{n-2}{n-1}I_{n-2}$$

$$I_5=\int\frac{\mathrm{d}x}{\sin^5 x}=-\frac{\cos x}{4\sin^4 x}+\frac{3}{4}I_3=-\frac{\cos x}{4\sin^4 x}+\frac{3}{4}\cdot\left(-\frac{\cos x}{2\sin^2 x}+\frac{1}{2}I_1\right)$$

$$=-\frac{\cos x}{4\sin^4 x}-\frac{3\cos x}{8\sin^2 x}+\frac{3}{8}\ln\left|\tan\frac{x}{2}\right|+C$$

方法 2　$I_n=-\int\frac{\mathrm{d}\cot x}{\sin^{n-2}x}=-\frac{\cot x}{\sin^{n-2}x}-(n-2)\int\frac{\cot x\cos x}{\sin^{n-1}x}\mathrm{d}x$

$$=-\frac{\cos x}{\sin^{n-1}x}-(n-2)\int\frac{1-\sin^2 x}{\sin^n x}\mathrm{d}x=-\frac{\cos x}{\sin^{n-1}x}-(n-2)(I_n-I_{n-2}),$$

移项得

$$I_n=-\frac{\cos x}{(n-1)\sin^{n-1}x}+\frac{n-2}{n-1}I_{n-2}.$$

评注　（1）类似可求得 $I_n=\int\frac{\mathrm{d}x}{(a\sin x+b\cos x)^n}\,(n>2)$ 的递推公式. 因为

$$a\sin x+b\cos x=\sqrt{a^2+b^2}\sin(x+\theta)，\text{式中 }\theta=\arctan\frac{b}{a}.$$

（2）若 $I_n=\int f(x,n)\mathrm{d}x$ 难以计算，而 I_0 或 I_1 容易计算，可考虑用分部积分来得到 I_n 的递推式.

对 $I_n=\int f^n(x)\mathrm{d}x$，常利用恒等变形 $f^n(x)=f^{n-1}(x)(1+g(x))$，$f^n(x)=f^{n-2}(x)(1+h(x))$ 或 $f^n(x)=f^{n-1}(x)\cdot f(x)$，$f^n(x)=f^{n-2}(x)\cdot f^2(x)$ 等方式，再用分部积分来获得递推公式. 例如，$I_n=\int\sin^n x\,\mathrm{d}x$，可通过 $I_n=-\int\sin^{n-1}x\,\mathrm{d}\cos x$ 或 $I_n=\int\sin^{n-2}x\cdot(1-\cos^2 x)\mathrm{d}x$，再用分部积分得到递推公式 $I_n=-\frac{\sin^{n-1}x\cos x}{n}+\frac{n-1}{n}I_{n-2}$；例 16 中的积分利用了变形 $\frac{1}{\sin^n x}=\frac{\csc^2 x}{\sin^{n-2}x}$.

再如 $I_n=\int\tan^n x\,\mathrm{d}x$，可利用 $\tan^n x=\tan^{n-2}x\cdot(\sec^2 x-1)$，得到 $I_n=\frac{1}{n-1}\tan^{n-1}x-I_{n-2}$.

例 17　设 $\int f(x)\mathrm{d}x=F(x)+C$，$f(x)$ 可微，且 $f(x)$ 的反函数 $f^{-1}(x)$ 存在，证明：

$$\int f^{-1}(x)\mathrm{d}x=xf^{-1}(x)-F\left[f^{-1}(x)\right]+C.$$

分析　由于已知 $f(x)$ 的原函数，所以只需作变量代换 $x=f(y)$，就可将被积函数转化为 $f(y)$ 的形式.

证明　令 $x=f(y)$，则 $y=f^{-1}(x)$，$\mathrm{d}x=f'(y)\mathrm{d}y$.

$$\int f^{-1}(x)\mathrm{d}x=\int y\,\mathrm{d}f(y)=yf(y)-\int f(y)\mathrm{d}y$$

$$=yf(y)-F(y)+C=xf^{-1}(x)-F\left(f^{-1}(x)\right)+C.$$

评注 分部积分计算中应注意的几个问题：

（1）正确选择u与v'，原则上不将幂函数拿到微分符号后面去；

（2）在接连几次应用分部积分公式时，注意前后几次所选的u应为同类型函数；

（3）注意利用在接连几次应用分部积分后所产生的循环（如例8）；

（4）注意换元积分与分部积分的综合应用.

3. 几类特殊函数的积分

例18 计算积分$\int\frac{x^4+x+1}{x^3+1}\mathrm{d}x$.

分析 若有理函数的积分不能通过凑微分或换元法来化简，则一般的求解方法是：

（1）用多项式除法化被积函数为整式与真分式之和；

（2）将真分式的分母做因式分解（分解为一次与二次不可约因式的乘积），再化分式为最简部分分式之和；

（3）逐项积分各部分分式.

解 $\frac{x^4+x+1}{x^3+1}=x+\frac{1}{x^3+1}$，由于$x^3+1=(x+1)(x^2-x+1)$，设

$$\frac{1}{x^3+1}=\frac{A}{x+1}+\frac{Bx+C}{x^2-x+1}.$$

将右边通分合并，再比较两边分子，可得$A=\frac{1}{3}$，$B=-\frac{1}{3}$，$C=\frac{2}{3}$. 于是

$$I=\int x\mathrm{d}x+\int\frac{\mathrm{d}x}{x^3+1}=\frac{1}{2}x^2+\frac{1}{3}\int\left(\frac{1}{x+1}-\frac{x-2}{x^2-x+1}\right)\mathrm{d}x$$

$$=\frac{1}{2}x^2+\frac{1}{3}\int\frac{1}{x+1}\mathrm{d}x-\frac{1}{6}\int\frac{2x-1}{x^2-x+1}\mathrm{d}x+\frac{1}{2}\int\frac{\mathrm{d}\left(x-\frac{1}{2}\right)}{\left(x-\frac{1}{2}\right)^2+\frac{3}{4}}$$

$$=\frac{1}{2}x^2+\frac{1}{6}\ln\frac{(x+1)^2}{x^2-x+1}+\frac{1}{\sqrt{3}}\arctan\frac{2x-1}{\sqrt{3}}+C.$$

评注 若被积函数为$\frac{hx+k}{ax^2+bx+c}$型，则将其分拆为$\frac{2ax+b}{ax^2+bx+c}$与$\frac{1}{ax^2+bx+c}$的线性组合. 前式用凑微分法，后式将分母配方再积分.

例19 计算积分$\int\frac{\mathrm{d}x}{x^8+x^4+1}$.

分析 将被积函数拆分为最简部分分式之和再逐项积分. 如果能凑微分应尽量避免前者.

解 方法1 因为

$$x^8+x^4+1=(x^4+1)^2-x^4=(x^4+x^2+1)(x^4-x^2+1),$$

$$x^4+x^2+1=(x^2+1)^2-x^2=(x^2+x+1)(x^2-x+1),$$

$$x^4-x^2+1=(x^2+1)^2-3x^2=(x^2+\sqrt{3}x+1)(x^2-\sqrt{3}x+1),$$

所以

$$\frac{1}{x^8+x^4+1}=\frac{1}{2}\left(\frac{x^2+1}{x^4+x^2+1}-\frac{x^2-1}{x^4-x^2+1}\right)$$

$$=\frac{1}{4}\left(\frac{1}{x^2+x+1}+\frac{1}{x^2-x+1}\right)-\frac{1}{2}\left(\frac{-\frac{1}{\sqrt{3}}x-\frac{1}{2}}{x^2+\sqrt{3}x+1}+\frac{\frac{1}{\sqrt{3}}x-\frac{1}{2}}{x^2-\sqrt{3}x+1}\right).$$

$$I=\frac{1}{4}\int\frac{\mathrm{d}x}{x^2+x+1}+\frac{1}{4}\int\frac{\mathrm{d}x}{x^2-x+1}+\frac{1}{4\sqrt{3}}\int\frac{2x+\sqrt{3}}{x^2+\sqrt{3}x+1}\mathrm{d}x-\frac{1}{4\sqrt{3}}\int\frac{2x-\sqrt{3}}{x^2-\sqrt{3}x+1}\mathrm{d}x$$
$$=\frac{1}{2\sqrt{3}}\left(\arctan\left(\frac{2x+1}{\sqrt{3}}\right)+\arctan\left(\frac{2x-1}{\sqrt{3}}\right)\right)+\frac{1}{4\sqrt{3}}\left(\ln(x^2+\sqrt{3}x+1)-\ln(x^2-\sqrt{3}x+1)\right)+C$$
$$=\frac{1}{2\sqrt{3}}\arctan\left(\frac{\sqrt{3}x}{1-x^2}\right)+\frac{1}{4\sqrt{3}}\ln\frac{x^2+\sqrt{3}x+1}{x^2-\sqrt{3}x+1}+C.$$

方法 2　$$I=\frac{1}{2}\int\left(\frac{x^2+1}{x^4+x^2+1}-\frac{x^2-1}{x^4-x^2+1}\right)\mathrm{d}x=\frac{1}{2}\int\left(\frac{1+1/x^2}{x^2+1+1/x^2}-\frac{1-1/x^2}{x^2-1+1/x^2}\right)\mathrm{d}x$$
$$=\frac{1}{2}\int\frac{\mathrm{d}(x-1/x)}{(x-1/x)^2+3}-\frac{1}{2}\int\frac{\mathrm{d}(x+1/x)}{(x+1/x)^2-3}$$
$$=\frac{1}{2\sqrt{3}}\arctan\frac{x-1/x}{\sqrt{3}}-\frac{1}{4\sqrt{3}}\ln\left|\frac{(x+1/x)-\sqrt{3}}{(x+1/x)+\sqrt{3}}\right|+C.$$

评注　(1) 化真分式为最简部分分式做积分是计算有理函数积分的有效方法，但未必简单. 要尽量利用凑微分法做计算.

(2) 注意计算积分 $\int\frac{x^2+b}{x^4+ax^2+b^2}\mathrm{d}x$ 的凑微分法.

例 20　计算积分 $\int\frac{7\sin x+\cos x}{3\sin x+4\cos x}\mathrm{d}x$.

分析　当被积函数是正弦、余弦的线性齐次分式函数时，可将分子拆分为分母及其导数的常数倍，再分项积分；也可以用“组合积分法”来计算.

解　**方法 1**　因为 $7\sin x+\cos x=(3\sin x+4\cos x)-(3\sin x+4\cos x)'$，所以

$$I=\int\mathrm{d}x-\int\frac{\mathrm{d}(3\sin x+4\cos x)}{3\sin x+4\cos x}=x-\ln|3\sin x+4\cos x|+C.$$

方法 2　记 $I_1=\int\frac{\sin x}{3\sin x+4\cos x}\mathrm{d}x$，$I_2=\int\frac{\cos x}{3\sin x+4\cos x}\mathrm{d}x$，则

$$3I_1+4I_2=\int\mathrm{d}x=x+C_1, \tag{①}$$

$$-4I_1+3I_2=\int\frac{-4\sin x+3\cos x}{3\sin x+4\cos x}\mathrm{d}x=\int\frac{\mathrm{d}(3\sin x+4\cos x)}{3\sin x+4\cos x}=\ln|3\sin x+4\cos x|+C_2. \tag{②}$$

①－②式得

$$I=7I_1+I_2=x-\ln|3\sin x+4\cos x|+C.$$

评注　若被积函数为 $\frac{a\sin x+b\cos x}{c\sin x+d\cos x}$，则可令

$$a\sin x+b\cos x=A(c\sin x+d\cos x)+B(c\sin x+d\cos x)',$$

解出 A，B 得到拆分式，再积分.

例 21　$\int\frac{1+\sin x}{1+\sin x+\cos x}\mathrm{d}x$.

分析　可用类似于例 20 的方法，将分子拆分，再分项积分；也可作万能代换化为有理函数的积分；最简单的方法是做凑微分.

解 方法 1
$$原式=\int\frac{\frac{1}{2}(1+\sin x+\cos x)+\frac{1}{2}(\sin x-\cos x)+\frac{1}{2}}{1+\sin x+\cos x}\mathrm{d}x$$
$$=\frac{1}{2}\int\mathrm{d}x-\frac{1}{2}\int\frac{\cos x-\sin x}{1+\sin x+\cos x}\mathrm{d}x+\frac{1}{2}\int\frac{1}{1+\sin x+\cos x}\mathrm{d}x$$
$$=\frac{1}{2}x-\frac{1}{2}\int\frac{\mathrm{d}(1+\sin x+\cos x)}{1+\sin x+\cos x}+\frac{1}{2}\int\frac{1}{2\sin\frac{x}{2}\cos\frac{x}{2}+2\cos^2\frac{x}{2}}\mathrm{d}x$$
$$=\frac{1}{2}x-\frac{1}{2}\ln|1+\sin x+\cos x|+\frac{1}{2}\int\frac{1}{\tan\frac{x}{2}+1}\mathrm{d}\tan\frac{x}{2}$$
$$=\frac{1}{2}x-\frac{1}{2}\ln|1+\sin x+\cos x|+\frac{1}{2}\ln\left|\tan\frac{x}{2}+1\right|+C.$$

方法 2 令 $u=\tan\frac{x}{2}$，则 $x=2\arctan u$， $\mathrm{d}x=\frac{2}{1+u^2}\mathrm{d}u$， $\sin x=\frac{2u}{1+u^2}$， $\cos x=\frac{1-u^2}{1+u^2}$.

$$原式=\int\frac{1+\frac{2u}{1+u^2}}{1+\frac{2u}{1+u^2}+\frac{1-u^2}{1+u^2}}\cdot\frac{2}{1+u^2}\mathrm{d}u=\int\frac{u+1}{1+u^2}\mathrm{d}u$$
$$=\arctan u+\frac{1}{2}\ln(1+u^2)+C=\frac{x}{2}+\ln\left|\sec\frac{x}{2}\right|+C.$$

方法 3
$$原式=\int\frac{\left(\sin\frac{x}{2}+\cos\frac{x}{2}\right)^2}{2\sin\frac{x}{2}\cos\frac{x}{2}+2\cos^2\frac{x}{2}}\mathrm{d}x=\frac{1}{2}\int\frac{\left(1+\tan\frac{x}{2}\right)^2}{1+\tan\frac{x}{2}}\mathrm{d}x$$
$$=\frac{1}{2}\int\left(1+\tan\frac{x}{2}\right)\mathrm{d}x=\frac{x}{2}+\ln\left|\sec\frac{x}{2}\right|+C.$$

评注 三角函数有理式的积分 $\int R(\sin x,\cos x)\mathrm{d}x$，作万能代换 $u=\tan\frac{x}{2}$，可化为有理函数积分：
$$\int R(\sin x,\cos x)\,\mathrm{d}x=\int R\left(\frac{2u}{1+u^2},\frac{1-u^2}{1+u^2}\right)\frac{2}{1+u^2}\mathrm{d}u\cdot$$
这种方法一定可行，但未必简单.

例 22 计算积分 $\int\frac{\sin 2x+\cos x}{2\sin^4 x+\cos^2 x+7}\mathrm{d}x$.

分析 被积函数属于 $R(\sin x,-\cos x)=-R(\sin x,\cos x)$ 型，宜作变量代换 $\sin x=t$.

解
$$I=\int\frac{2\sin x+1}{2\sin^4 x-\sin^2 x+8}\mathrm{d}\sin x\overset{t=\sin x}{=\!=\!=}\int\frac{2t+1}{2t^4-t^2+8}\mathrm{d}t$$
$$=\int\frac{1}{2t^4-t^2+8}\mathrm{d}t^2+\frac{1}{4}\int\frac{t^2+2}{2t^4-t^2+8}\mathrm{d}t-\frac{1}{4}\int\frac{t^2-2}{2t^4-t^2+8}\mathrm{d}t$$
$$=\frac{2}{3\sqrt{7}}\arctan\frac{4t^2-1}{3\sqrt{7}}+\frac{1}{8}\int\frac{1+2/t^2}{(t-2/t)^2+7/2}\mathrm{d}t+\frac{1}{8}\int\frac{1-2/t^2}{9/2-(t+2/t)^2}\mathrm{d}t$$
$$=\frac{2}{3\sqrt{7}}\arctan\frac{4t^2-1}{3\sqrt{7}}+\frac{1}{8}\int\frac{\mathrm{d}(t-2/t)}{(t-2/t)^2+7/2}+\frac{1}{8}\int\frac{\mathrm{d}(t-2/t)}{9/2-(t+2/t)^2}$$

$$=\frac{2}{3\sqrt{7}}\arctan\frac{4\sin^2 x-1}{3\sqrt{7}}+\frac{\sqrt{14}}{56}\arctan\frac{\sqrt{14}}{7}\left(\sin x-\frac{2}{\sin x}\right)+$$

$$\frac{\sqrt{2}}{48}\ln\frac{\sin x+\dfrac{2}{\sin x}+\dfrac{3\sqrt{2}}{2}}{\sin x+\dfrac{2}{\sin x}-\dfrac{3\sqrt{2}}{2}}+C.$$

评注　三角函数有理数式的积分在无法用凑微分计算时，通常是作变量代换化为有理函数的积分.

例 23　计算积分 $\int\frac{\sin 10x}{\sin x}\mathrm{d}x$.

分析　若能将分母中的 $\sin x$ 消掉，积分就容易计算了. 为此，可将分子做增项，再利用和差化积公式.

解　将分子增项，再利用和差化积公式，有

$$\begin{aligned}\sin 10x&=(\sin 10x-\sin 8x)+(\sin 8x-\sin 6x)+(\sin 6x-\sin 4x)+(\sin 4x-\sin 2x)+\sin 2x\\&=2\sin x(\cos 9x+\cos 7x+\cos 5x+\cos 3x+\cos x).\end{aligned}$$

所以

$$\begin{aligned}I&=2\int(\cos 9x+\cos 7x+\cos 5x+\cos 3x+\cos x)\,\mathrm{d}x\\&=2\left(\frac{1}{9}\sin 9x+\frac{1}{7}\sin 7x+\frac{1}{5}\sin 5x+\frac{1}{3}\sin 3x+\sin x\right)+C.\end{aligned}$$

评注　一般有 $\frac{\sin 2nx}{\sin x}=2\sum_{k=1}^{n}\cos(2k-1)x$，$\frac{\sin(2n+1)x}{\sin x}=1+2\sum_{k=1}^{n}\cos 2kx$.

例 24　设 $f(x)=\lim_{n\to\infty}\sqrt[n]{1+x^n+\left(\frac{x^2}{2}\right)^n}\ (x>0)$，求 $\int f(x)\mathrm{d}x$.

分析　计算极限，求出 $f(x)$ 的表达式，再做积分.

解　由极限运算的夹逼法则，易得

$$\lim_{n\to\infty}\sqrt[n]{a^n+b^n+c^n}=\max\{a,b,c\}\quad(a,b,c>0),$$

所以

$$f(x)=\max_{(0,+\infty)}\left\{1,x,\frac{x^2}{2}\right\}=\begin{cases}1, & 0<x\leqslant 1,\\ x, & 1<x\leqslant 2,\\ \dfrac{x^2}{2}, & x>2.\end{cases}$$

记 $F(x)=\int f(x)\mathrm{d}x$，则有

$$F(x)=\begin{cases}x+C_1, & 0<x\leqslant 1,\\ \dfrac{1}{2}x^2+C_2, & 1<x\leqslant 2,\\ \dfrac{x^3}{6}+C_3, & x>2.\end{cases}$$

由于 $F(x)$ 连续，有 $\lim_{x\to 1^-}F(x)=\lim_{x\to 1^+}F(x)$，$\lim_{x\to 2^-}F(x)=\lim_{x\to 2^+}F(x)$，得

$$C_2=C_1+\frac{1}{2},\ C_3=C_2+\frac{2}{3}.$$

记 C_1 为 C，得到

$$F(x)=\begin{cases} x+C, & 0<x\leqslant 1, \\ \dfrac{1}{2}(x^2+1)+C, & 1<x\leqslant 2, \\ \dfrac{1}{6}(x^3+7)+C, & x>2. \end{cases}$$

评注 若 $f(x)$ 为分段函数，求 $\int f(x)\mathrm{d}x$ 的常用方法如下：

(1) 分段积分法：分段积分得到各区间段的不定积分，由原函数的连续性确定各区间段积分常数的关系，最后保留一个积分常数.

(2) 定积分法：$\int f(x)\mathrm{d}x=\int_a^x f(t)\mathrm{d}t+C$，求定积分时要在积分区间中插入 $f(x)$ 的分段点（见下例）.

(3) 若分段点 x_0 是 $f(x)$ 的第一类的间断点，则在包含 x_0 的区间上 $f(x)$ 不存在原函数. 其理由如下：设 $F(x)$ 是 $f(x)$ 的一个原函数，由于 $F(x)$ 在 x_0 点处可导，则有

$$\lim_{x\to x_0^-} f(x)=\lim_{x\to x_0^-} F'(x)=F'_-(x_0)=F'(x_0)=f(x_0).$$

同理有 $\lim\limits_{x\to x_0^+} f(x)=f(x_0)$，从而 $f(x)$ 在 x_0 点处连续，矛盾.

例 25* 计算 $\int [x]|\sin \pi x|\mathrm{d}x(x\geqslant 0)$，其中 $[x]$ 为取整函数.

分析 被积函数是分段函数，分段点是全体整数，但被积函数在这些点处均连续，所以有原函数. 由 $\int [x]|\sin \pi x|\mathrm{d}x=\int_0^x [t]|\sin \pi t|\mathrm{d}t+C$，在区间 $[0,x]$ 内插入整数点，再分段积分即可.

解
$$\begin{aligned}
\int [x]|\sin \pi x|\mathrm{d}x&=\int_0^x [t]|\sin \pi t|\mathrm{d}t+C\\
&=\int_0^1 [t]|\sin \pi t|\mathrm{d}t+\int_1^2 [t]|\sin \pi t|\mathrm{d}t+\int_2^3 [t]|\sin \pi t|\mathrm{d}t+\cdots+\int_{[x]-1}^{[x]} [t]|\sin \pi t|\mathrm{d}t+\int_{[x]}^x [t]|\sin \pi t|\mathrm{d}t+C\\
&=0-\int_1^2 \sin \pi t\mathrm{d}t+2\int_2^3 \sin \pi t\mathrm{d}t+\cdots+(-1)^{[x]-1}([x]-1)\int_{[x]-1}^{[x]} \sin \pi t\mathrm{d}t+(-1)^{[x]}[x]\int_{[x]}^x \sin \pi t\mathrm{d}t+C\\
&=\frac{1}{\pi}\cdot 2+\frac{2}{\pi}\cdot 2+\cdots+\frac{(-1)^{[x]}([x]-1)}{\pi}\cdot 2(-1)^{[x]}+\frac{(-1)^{[x]+1}[x]}{\pi}\left(\cos \pi x-(-1)^{[x]}\right)+C\\
&=\frac{2}{\pi}\left(1+2+\cdots+([x]-1)\right)+\frac{[x]}{\pi}+\frac{(-1)^{[x]+1}[x]}{\pi}\cos \pi x+C\\
&=\frac{[x]}{\pi}\left([x]-(-1)^{[x]}\cos \pi x\right)+C.
\end{aligned}$$

评注 当不定积分中的被积函数是分段函数，且分段点较多时，将其转换为变上限的定积分来计算更为方便（利用定积分的区间可加性，插入分段点，再分段积分即可）. 但需要注意的是，被积函数的分段点不允许出现第一类间断点，否则积分不存在.

例 26 设 $y(x-y)^2=x$，求 $\int \frac{1}{x-3y}\mathrm{d}x$.

分析 由所给的隐函数方程难以得到函数的显表达式 $y=y(x)$（或 $x=x(x)$），较好的方法是将隐函数化为参数式函数，再做积分. 积分后消去参数.

解 已知 $y(x-y)^2=x$，令 $x-y=t$，则 $y=x-t$，代入前式，得 $(x-t)t^2=x$，可得

$$x=\frac{t^3}{t^2-1}，\quad y=\frac{t}{t^2-1}，\quad \mathrm{d}x=\frac{t^2(t^2-3)}{(t^2-1)^2}\mathrm{d}t，$$

$$\int \frac{\mathrm{d}x}{x-3y}=\int \frac{1}{\dfrac{t^3}{t^2-1}-\dfrac{3t}{t^2-1}}\cdot\frac{t^2(t^2-3)}{(t^2-1)^2}\mathrm{d}t=\int \frac{t^2-1}{t(t^2-3)}\cdot\frac{t^2(t^2-3)}{(t^2-1)^2}\mathrm{d}t$$

$$=\int\frac{t}{t^2-1}\mathrm{d}t=\frac{1}{2}\ln\left|t^2-1\right|+C=\frac{1}{2}\ln\left|(x-y)^2-1\right|+C.$$

评注　隐函数的积分，通常是将其化为参数式函数来积分，其本质仍是换元积分法.

习题 3.1

习题 3.1 答案

1. 已知 $\int\frac{x^2\mathrm{d}x}{\sqrt{1-x^2}}=(Ax+B)\sqrt{1-x^2}+K\int\frac{\mathrm{d}x}{\sqrt{1-x^2}}$，试确定常数 A,B,K.

2. 已知函数 $f(x)=f(x+4)$，$f(0)=1$，且在 $(-2,2)$ 上有 $f'(x)=|x-1|$，求 $f(19)$.

3. 计算下列积分：

（1）$\int\frac{\mathrm{d}x}{1+\sin x+\cos x}$；　（2）$\int\frac{\mathrm{d}x}{\sqrt{2}+\sqrt{1+x}+\sqrt{1-x}}$；　（3）$\int\frac{1}{(1+x^4)\sqrt[4]{1+x^4}}\mathrm{d}x$.

4. 计算下列积分：

（1）$\int\frac{\ln(\tan x)}{\sin x\cos x}\mathrm{d}x$；　（2）$\int\frac{1-\ln x}{(x-\ln x)^2}\mathrm{d}x$.

5. 设 $0<a<1$，$b>0$，计算积分 $\int\frac{\mathrm{d}x}{x+bx^{1/a}}$.

6. 计算积分 $\int\max\left\{x^3,x^2,1\right\}\mathrm{d}x$.

7. 设不定积分 $\int xf(x)\mathrm{d}x=\arcsin x+C$，求 $\int\frac{1}{f(x)}\mathrm{d}x$.

8. 设函数 $y=y(x)$，满足 $\Delta y=\frac{1-x}{\sqrt{2x-x^2}}\Delta x+o(\Delta x)$，且 $y(1)=1$，求 $\int y(x)\mathrm{d}x$.

9. 设不定积分 $\int\frac{x^2+ax+2}{(x+1)(x^2+1)}\mathrm{d}x$ 的结果中不含反正切函数，计算该不定积分.

10. 计算下列积分：

（1）$\int\frac{1}{x(x^5+1)^2}\mathrm{d}x$；　（2）$\int\frac{x^4+1}{x^6+1}\mathrm{d}x$；　（3）$\int\frac{1}{x^4+x^2+1}\mathrm{d}x$.

11. 计算下列积分：

（1）$\int\frac{1}{x\sqrt{x^4+2x^2-1}}\mathrm{d}x$；　（2）$\int\frac{1}{(x+1)\sqrt[3]{x^3-x^2-x+1}}\mathrm{d}x$.

12. 计算积分 $\int\frac{\cos^2 x}{\sin x+\sqrt{3}\cos x}\mathrm{d}x$.

13. 计算下列积分：

（1）$\int\frac{x\,\mathrm{e}^{\arctan x}}{\sqrt{(1+x^2)^3}}\mathrm{d}x$；　（2）$\int\frac{(\cos x-\sin x)\mathrm{e}^x}{\sqrt{\cos x}}\mathrm{d}x$.

14. 计算下列积分：

（1）$\int\mathrm{e}^{\sin x}\frac{x\cos^3 x-\sin x}{\cos^2 x}\mathrm{d}x$；　（2）$\int\frac{\arcsin x}{x^2}\cdot\frac{1+x^2}{\sqrt{1-x^2}}\mathrm{d}x$；　（3）$\int\frac{\mathrm{e}^{-\sin x}\sin 2x}{(1-\sin x)^2}\mathrm{d}x$.

15. 计算下列积分：

（1）$\int\frac{1+\ln(\sqrt{x+1}+\sqrt{x-1})}{\sqrt{x^2-1}(\sqrt{x+1}-\sqrt{x-1})}\mathrm{d}x$；　（2）$\int\frac{\ln(x+\sqrt{1+x^2})}{\sqrt{(1+x^2)^3}}\mathrm{d}x$；　（3）$\int\ln\left(1+\sqrt{\frac{1+x}{x}}\right)\mathrm{d}x\ (x>0)$.

16. 设 $F(x)$ 为 $f(x)$ 的原函数，当 $x\geqslant 0$ 时，$f(x)F(x)=\dfrac{xe^x}{2(1+x)^2}$，已知 $F(0)=1$，求 $f(x)$.

17. 设 y 是由方程 $y^3(x+y)=x^3$ 所确定的隐函数，求 $\int\dfrac{\mathrm{d}x}{y^3}$.

3.2 定积分

1. 变限积分函数及其导数

变限积分给出了函数与其原函数的关系，是一种很重要的函数形式. 在应用中以抽象函数形式居多，并且常涉及其导数的计算. 由于这类函数是以定积分形式呈现的，所以它又具有定积分的各种性质.

基本定理： 设 $f(x)$ 在区间 I 上可积，则 $\varPhi(x)=\int_{x_0}^{x}f(t)\,\mathrm{d}t\ (x_0\in I)$ 在区间 I 上连续；若 $f(x)$ 在 I 上连续，则 $\varPhi(x)$ 在 I 上可导，且 $\varPhi'(x)=f(x)$.

例 1 设函数 $f(x)$ 连续，且 $\int_0^x tf(2x-t)\mathrm{d}t=\dfrac{1}{2}\arctan x^2$，已知 $f(1)=1$，求 $\int_1^2 f(x)\,\mathrm{d}x$.

分析 无论是想解出 $f(x)$ 或找到计算 $\int_1^2 f(x)\,\mathrm{d}x$ 的方法都需对所给方程两端关于变量 x 求导数. 由于被积函数中含有变量 x，因此需先做积分变量代换将其从被积函数中置换出来.

解 令 $u=2x-t$，$\mathrm{d}t=-\mathrm{d}u$，则右端积分为

$$\int_0^x tf(2x-t)\mathrm{d}t=-\int_{2x}^{x}(2x-u)f(u)\,\mathrm{d}t=2x\int_x^{2x}f(u)\,\mathrm{d}u-\int_x^{2x}uf(u)\,\mathrm{d}u,$$

所给等式为

$$2x\int_x^{2x}f(u)\,\mathrm{d}u-\int_x^{2x}uf(u)\,\mathrm{d}u=\frac{1}{2}\arctan x^2.$$

等式两边对 x 求导，得

$$2\int_x^{2x}f(u)\,\mathrm{d}u+2x[2f(2x)-f(x)]-[4xf(2x)-xf(x)]=\frac{x}{1+x^4},$$

即

$$2\int_x^{2x}f(u)\,\mathrm{d}u=\frac{x}{1+x^4}+xf(x).$$

取 $x=1$，可求得

$$\int_1^2 f(x)\,\mathrm{d}x=\frac{3}{4}.$$

评注 (1) 变限积分函数的求导公式：设 $f(x)$ 连续，$\varphi(x),\psi(x)$ 可导，则

$$\left(\int_{\psi(x)}^{\varphi(x)}f(t)\mathrm{d}t\right)'=f[\varphi(x)]\cdot\varphi'(x)-f[\psi(x)]\cdot\psi'(x).$$

(2) 含参变量积分 $F(x)=\int_{\psi(x)}^{\varphi(x)}f(x,t)\mathrm{d}t$ 的求导有以下两种方式：

① 积分变量代换，使被积函数中不含有参变量 x，再用 (1) 中的公式求导；

② 利用含参变量积分的求导公式：

定理 设函数 $f(x,y)$ 及偏导数 $f_y(x,y)$ 在矩形区域 $[a,b]\times[c,d]$ 上连续，$\varphi(x),\psi(x)\in D[a,b]$，且 $c\leqslant\varphi(x)\leqslant d,c\leqslant\psi(x)\leqslant d$，则 $F(x)$ 在 $[a,b]$ 上可导，且

$$F'(x)=\int_{\psi(x)}^{\varphi(x)}f_x(x,t)\mathrm{d}t+f(x,\varphi(x))\varphi'(x)-f(x,\psi(x))\psi'(x).$$

本题是按方法①来计算的，若利用方法②中的公式，则有

$$\frac{\mathrm{d}}{\mathrm{d}x}\int_0^x tf(2x-t)\,\mathrm{d}t=2\int_0^x tf'(2x-t)\,\mathrm{d}t+xf(x)\xlongequal{\text{分部积分}}2\int_0^x f(2x-t)\,\mathrm{d}t-xf(x).$$

例 2　设 $f(x)$ 在 $(-\infty,+\infty)$ 上连续，如果 $f(x)$ 为单调递增的奇函数，且 $F(x)=\int_0^x(2t-x)f(x-t)\,\mathrm{d}t$，试讨论 $F(x)$ 的奇偶性与单调性.

分析　考虑先换元，使被积函数中不含有变量 x，再讨论函数的奇偶性与单调性.

解　令 $x-t=u$，则

$$F(x)=\int_x^0(2x-2u-x)f(u)\,\mathrm{d}(-u)=x\int_0^x f(u)\,\mathrm{d}u-2\int_0^x uf(u)\,\mathrm{d}u. \qquad ①$$

$f(x)$ 是奇函数，则

$$F(-x)=-x\int_0^{-x}f(u)\,\mathrm{d}u-2\int_0^{-x}uf(u)\,\mathrm{d}u\xlongequal{\text{令}u=-t}x\int_0^x f(-t)\,\mathrm{d}t-2\int_0^x tf(-t)\,\mathrm{d}t$$
$$=-x\int_0^x f(t)\,\mathrm{d}t+2\int_0^x tf(t)\,\mathrm{d}t=-F(x).$$

$F(x)$ 也是奇函数.

又

$$F'(x)=\int_0^x f(u)\mathrm{d}u+xf(x)-2xf(x)=\int_0^x f(u)\mathrm{d}u-xf(x)$$
$$=xf(\xi)-xf(x)<0\quad(x>0,0<\xi<x).$$

所以 $F(x)$ 是单调递减函数.

评注　$\Phi(x)=\int_a^x f(t)\mathrm{d}t$ 与 $f(t)$ 的奇偶性关系如下：

（1）若 $f(x)$ 为奇函数，则 $\Phi(x)$ 为偶函数（$f(x)$ 的全体原函数均为偶函数）；

（2）若函数 $f(x)$ 为偶函数，则 $\Phi(x)$ 为奇函数的充分必要条件为 $\Phi(0)=0$，即 $\int_0^a f(t)\,\mathrm{d}t=0$.

根据这两条性质，本题中函数 $F(x)$ 的奇偶性也可直接由①式看出.

例 3　设 $f(x)$ 是以 T 为周期的连续函数，证明 $F(x)=\int_a^x\left(Tf(t)-\int_0^T f(t)\,\mathrm{d}t\right)\mathrm{d}t$ 也是以 T 为周期的函数.

分析　只需验证 $F(x+T)=F(x)$. 推导中要抓住定积分 $\int_0^T f(t)\,\mathrm{d}t$ 是常数这一概念，并注意周期函数在任意一个周期区间上的积分都相等.

解　由于 $\int_0^T f(t)\,\mathrm{d}t$ 是一个常数，为便于书写，记为 k，则 $F(x)=\int_a^x[Tf(t)-k]\,\mathrm{d}t$. 从而

$$F(x+T)=\int_a^{x+T}[Tf(t)-k]\,\mathrm{d}t=\int_a^x[Tf(t)-k]\,\mathrm{d}t+\int_x^{x+T}[Tf(t)-k]\,\mathrm{d}t.$$

不难验证，$\varphi(t)=Tf(t)-k$ 也以 T 为周期，利用 $\int_a^{a+T}\varphi(t)\,\mathrm{d}t=\int_0^T\varphi(t)\,\mathrm{d}t$，得

$$F(x+T)=F(x)+\int_0^T[Tf(t)-k]\,\mathrm{d}t=F(x).$$

因此，$F(x)$ 以 T 为周期.

评注　设 $f(x)$ 是以 T 为周期的连续函数，则 $F(x)=\int_0^x f(t)\,\mathrm{d}t$ 的周期性如下：

（1）$F(x)$ 是以 T 为周期的连续函数的充分必要条件为 $\int_0^T f(t)\,\mathrm{d}t=0$.

（2）如果 $\int_0^T f(t)\,\mathrm{d}t\neq 0$，则 $F(x)$ 可表示成一线性函数与以 T 为周期的周期函数之和，即

$$F(x)=\int_0^x f(t)\,\mathrm{d}t=\int_0^x\left(f(t)-\frac{k}{T}\right)\mathrm{d}t+\frac{k}{T}x\,,$$

其中 $k=\int_0^T f(t)\,\mathrm{d}t$.

例 4 设 $F(x)=-\frac{1}{2}(1+\mathrm{e}^{-1})+\int_{-1}^{1}|x-t|\mathrm{e}^{-t^2}\,\mathrm{d}t$ ，判断函数 $F(x)$ 在区间 $(-1,1)$ 内有几个零点.

分析 用介值定理判断函数零点的存在性，用单调性判断零点的个数. 为判断函数值与导数的符号，需将积分化简. 为此，需将被积函数的分段点 $t=x$ 插入积分区间做分段积分.

解

$$\begin{aligned}F(x)&=-\frac{1}{2}(1+\mathrm{e}^{-1})+\int_{-1}^{x}(x-t)\,\mathrm{e}^{-t^2}\mathrm{d}t+\int_x^1(t-x)\,\mathrm{e}^{-t^2}\,\mathrm{d}t\\&=-\frac{1}{2}(1+\mathrm{e}^{-1})+x\int_{-1}^{x}\mathrm{e}^{-t^2}\,\mathrm{d}t-\int_{-1}^{x}t\mathrm{e}^{-t^2}\,\mathrm{d}t+\int_x^1 t\mathrm{e}^{-t^2}\,\mathrm{d}t-x\int_x^1 t\mathrm{e}^{-t^2}\,\mathrm{d}t\\&=-\frac{1}{2}-\frac{3}{2}\mathrm{e}^{-1}+\mathrm{e}^{-x^2}+x\int_{-1}^{0}\mathrm{e}^{-t^2}\,\mathrm{d}t+x\int_1^0\mathrm{e}^{-t^2}\,\mathrm{d}t+2x\int_0^x\mathrm{e}^{-t^2}\,\mathrm{d}t\\&=-\frac{1}{2}-\frac{3}{2}\mathrm{e}^{-1}+\mathrm{e}^{-x^2}+2x\int_0^x\mathrm{e}^{-t^2}\,\mathrm{d}t.\end{aligned}$$

由于 e^{-x^2} 是偶函数，所以 $\int_0^x\mathrm{e}^{-t^2}\mathrm{d}t$ 是奇函数，$2x\int_0^x\mathrm{e}^{-t^2}\mathrm{d}t$ 是偶函数，于是知 $F(x)$ 为偶函数.

又注意到：

$$F(0)=\frac{1}{2}-\frac{3}{2}\mathrm{e}^{-1}=\frac{\mathrm{e}-3}{2\mathrm{e}}<0\,,$$

$$F(1)=-\left(\frac{1}{2}+\frac{1}{2\mathrm{e}}\right)+2\int_0^t\mathrm{e}^{-t^2}\,\mathrm{d}t>-\left(\frac{1}{2}+\frac{1}{2\mathrm{e}}\right)+2\int_0^t\mathrm{e}^{-t}\mathrm{d}t=\frac{3}{2}-\frac{5}{2\mathrm{e}}>0\,.$$

$$F'(x)=-2x\mathrm{e}^{-x^2}+2x\mathrm{e}^{-x^2}+2\int_0^x\mathrm{e}^{-t^2}\,\mathrm{d}t=2\int_0^x\mathrm{e}^{-t^2}\,\mathrm{d}t>0\ (\text{当 } x>0 \text{ 时}).$$

因此，函数 $F(x)$ 在区间 $(0,1)$ 内有且仅有一个零点；又 $F(x)$ 为偶函数，所以 $F(x)$ 在区间 $(-1,0)$ 内同样有且仅有一个零点. 于是知函数 $F(x)$ 在区间 $(-1,1)$ 内有且仅有两个零点.

例 5 设 $f(x)$ 对任意 x 及 a 满足 $\frac{1}{2a}\int_{x-a}^{x+a}f(t)\,\mathrm{d}t=f(x)\ (a\neq 0)$ ，证明 $f(x)$ 是线性函数.

分析 只需证明 $f'(x)=$ 常数. 要得到 $f(x)$ 可导，由所给关系式需证 $f(x)$ 连续.

证明 首先，若 $f(x)$ 在区间 I 上可积，则 $F(x)=\int_a^x f(t)\,\mathrm{d}t$ 在区间 I 上连续.

因为可积函数一定有界，则存在常数 $M>0$ ，使得 $\forall x\in I$ ，$|f(x)|<M$.

所以，当 $\Delta x>0$ 时，有

$$\begin{aligned}|\Delta F|=|F(x+\Delta x)-F(x)|&=\left|\int_a^{x+\Delta x}f(t)\mathrm{d}t-\int_a^x f(t)\mathrm{d}t\right|\\&=\left|\int_x^{x+\Delta x}f(t)\mathrm{d}t\right|\leqslant\int_x^{x+\Delta x}|f(t)|\,\mathrm{d}t<M\Delta x.\end{aligned}$$

得到 $\lim\limits_{\Delta x\to 0}\Delta F=0$.

当 $\Delta x<0$ 时，只需将积分 $\left|\int_x^{x+\Delta x}f(t)\mathrm{d}t\right|$ 中的上、下限交换即可，仍有 $\lim\limits_{\Delta x\to 0}\Delta F=0$. 故函数 $F(x)$ 连续，进而 $\int_{x-a}^{x+a}f(t)\mathrm{d}t$ 连续，由所给等式得到 $f(x)$ 连续并且可导.

由 $\int_{x-a}^{x+a}f(t)\mathrm{d}t=2af(x)$ ，两边对 a 求导，得

$$f(x+a)+f(x-a)=2f(x)\,,$$

再对 a 求导得

$$f'(x+a)-f'(x-a)=0.$$

取 $a=x$，得 $f'(2x)=f'(0)$，所以 $f'(x)$ 为常数，记 $f'(x)=k$，则 $f(x)=kx+c$.

例 6 求极限 $\lim\limits_{x\to0}\dfrac{\int_0^x\left[\int_0^{u^2}\arctan(1+t)\mathrm{d}t\right]\mathrm{d}u}{\sin x\int_0^1\tan(xt)^2\,\mathrm{d}t}$.

分析 极限属于 $\dfrac{0}{0}$ 型，可用洛必达法则. 为便于分母求导，需要作积分变量代换.

解 令 $v=xt$，则 $\int_0^1\tan(xt)^2\,\mathrm{d}t=\dfrac{1}{x}\int_0^x\tan v^2\mathrm{d}v$，

$$原式=\lim_{x\to0}\frac{\int_0^x\left[\int_0^{u^2}\arctan(1+t)\mathrm{d}t\right]\mathrm{d}u}{\frac{\sin x}{x}\int_0^x\tan v^2\mathrm{d}v}=\lim_{x\to0}\frac{\int_0^x\left[\int_0^{u^2}\arctan(1+t)\mathrm{d}t\right]\mathrm{d}u}{\int_0^x\tan v^2\mathrm{d}v}$$

$$=\lim_{x\to0}\frac{\int_0^{x^2}\arctan(1+t)\mathrm{d}t}{\tan x^2}=\lim_{x\to0}\frac{2x\arctan(1+x^2)}{2x\sec^2x^2}=\frac{\pi}{4}.$$

例 7 计算极限 $\lim\limits_{x\to+\infty}\dfrac{1}{x}\int_0^x|\sin t|\mathrm{d}t$.

分析 由于 $\lim\limits_{x\to+\infty}|\sin x|$ 不存在，故不能用洛必达法则. 注意积分 $\int_0^x|\sin t|\mathrm{d}t$，当 $x=n\pi$ 时是容易计算的，所以将积分区间做适当放大与缩小就能用夹逼原理求得极限.

解 对任意 $x>0$，$\exists n\in\mathbb{N}$，使 $n\pi\leqslant x<(n+1)\pi$，于是

$$\int_0^{n\pi}|\sin t|\mathrm{d}t\leqslant\int_0^x|\sin t|\mathrm{d}t\leqslant\int_0^{(n+1)\pi}|\sin t|\mathrm{d}t.$$

由于 $\int_0^{n\pi}|\sin t|\mathrm{d}t=n\int_0^{\pi}\sin t\,\mathrm{d}t=2n$，由上式得 $2n\leqslant\int_0^x|\sin t|\mathrm{d}t\leqslant2(n+1)$，从而

$$\frac{2n}{(n+1)\pi}\leqslant\frac{1}{x}\int_0^x|\sin t|\,\mathrm{d}t\leqslant\frac{2(n+1)}{n\pi}.$$

注意当 $x\to+\infty$ 时，有 $n\to\infty$，利用夹逼原理，得

$$\lim_{x\to+\infty}\frac{1}{x}\int_0^x|\sin t|\mathrm{d}t=\frac{2}{\pi}.$$

评注 (1) 本题的一般情形：若 $f(x)$ 是以 T 为周期的连续函数，则 $\lim\limits_{x\to\infty}\dfrac{1}{x}\int_0^x f(t)\,\mathrm{d}t=\dfrac{1}{T}\int_0^T f(t)\,\mathrm{d}t$.

(2) 可以将本题做许多不同形式的演变（见习题 3.2 第 27 (2) 题，综合题 3[*]第 12 题，3.3 节例 19 等），但解题思路与基本方法却是一致的.

(3) 涉及积分变限函数的极限问题，通常有以下 4 种处理方法：

- 用洛必达法则；
- 用积分中值定理；
- 当积分容易计算时，算出积分再求极限；
- 当积分不易计算时，做适当放大与缩小，用夹逼原理.

例 8 设 $f(x)$ 是 $[0,+\infty)$ 上的单调函数，证明 $\lim\limits_{x\to+\infty}\dfrac{1}{x}\int_0^x f(t)\,\mathrm{d}t=a$ 的充要条件是 $\lim\limits_{x\to+\infty}f(x)=a$.

分析 由于 $f(x)$ 不一定连续，所以上面提到的 4 种方法中的前 3 种都不可行，可用 $f(x)$ 的单调

性建立不等式，再用夹逼原理.

证明 不妨设 $f(x)$ 单调递增. 当 $x>1$ 时，有

$$f(x)\geqslant\frac{1}{x}\int_0^x f(t)\,\mathrm{d}t=\frac{1}{x}\int_0^{\sqrt{x}} f(t)\,\mathrm{d}t+\frac{1}{x}\int_{\sqrt{x}}^x f(t)\,\mathrm{d}t\geqslant\frac{\sqrt{x}}{x}f(0)+\frac{x-\sqrt{x}}{x}f(\sqrt{x}).$$

当 $\lim\limits_{x\to+\infty}f(x)=a$ 时，有

$$\lim_{x\to+\infty}\left[\frac{\sqrt{x}}{x}f(0)+\frac{x-\sqrt{x}}{x}f(\sqrt{x})\right]=a,$$

由夹逼原理，得 $\lim\limits_{x\to+\infty}\frac{1}{x}\int_0^x f(t)\,\mathrm{d}t=a$.

另一方面，又有

$$\frac{1}{x}\int_x^{2x} f(t)\,\mathrm{d}t\geqslant f(x)\geqslant\frac{1}{x}\int_0^x f(t)\,\mathrm{d}t.$$

若 $\lim\limits_{x\to+\infty}\frac{1}{x}\int_0^x f(t)\,\mathrm{d}t=a$，由于

$$\lim_{x\to+\infty}\frac{1}{x}\int_x^{2x} f(t)\,\mathrm{d}t=\lim_{x\to+\infty}\left(2\cdot\frac{1}{2x}\int_0^{2x} f(t)\,\mathrm{d}t-\frac{1}{x}\int_0^x f(t)\,\mathrm{d}t\right)=2a-a=a,$$

由夹逼原理，得 $\lim\limits_{x\to+\infty}f(x)=a$.

例 9* 设 $f(x)\in C[-1,1]$，求 $\lim\limits_{h\to0^+}\int_{-1}^1\frac{h}{h^2+x^2}f(x)\,\mathrm{d}x$.

分析 由于 $f(x)$ 为抽象函数，无法计算积分，可考虑用积分中值定理去掉积分号再求极限. 由于被积函数的极限与 x 是否为 0 有很大的不同，所以需做一个小区间将 0 点隔离开来.

解 $\int_{-1}^1\frac{h}{h^2+x^2}f(x)\mathrm{d}x=\int_{-1}^{-\sqrt{h}}\frac{h}{h^2+x^2}f(x)\mathrm{d}x+\int_{-\sqrt{h}}^{\sqrt{h}}\frac{h}{h^2+x^2}f(x)\mathrm{d}x+\int_{\sqrt{h}}^1\frac{h}{h^2+x^2}f(x)\mathrm{d}x$.

由于 $f(x)\in C[-1,1]$，当 $h>0$ 时，利用积分第一中值定理，得

$$\begin{aligned}\int_{-1}^1\frac{h}{h^2+x^2}f(x)\,\mathrm{d}x&=f(\xi_1)\int_{-1}^{-\sqrt{h}}\frac{h}{h^2+x^2}\,\mathrm{d}x+f(\xi_2)\int_{-\sqrt{h}}^{\sqrt{h}}\frac{h}{h^2+x^2}\,\mathrm{d}x+f(\xi_3)\int_{\sqrt{h}}^1\frac{h}{h^2+x^2}\,\mathrm{d}x\\&=f(\xi_1)\arctan\frac{x}{h}\Big|_{-1}^{-\sqrt{h}}+f(\xi_2)\arctan\frac{x}{h}\Big|_{-\sqrt{h}}^{\sqrt{h}}+f(\xi_3)\arctan\frac{x}{h}\Big|_{\sqrt{h}}^1\end{aligned}$$

（其中 $-1\leqslant\xi_1\leqslant-\sqrt{h}\leqslant\xi_2\leqslant\sqrt{h}\leqslant\xi_3\leqslant1$）.

利用 $f(x)$ 在 $[-1,1]$ 上的连续性与有界性，有

$$\lim_{h\to0^+}f(\xi_1)\arctan\frac{x}{h}\Big|_{-1}^{-\sqrt{h}}=\lim_{h\to0^+}f(\xi_1)\left[\arctan\frac{1}{h}-\arctan\frac{1}{\sqrt{h}}\right]=0,$$

$$\lim_{h\to0^+}f(\xi_3)\arctan\frac{x}{h}\Big|_{\sqrt{h}}^1=\lim_{h\to0^+}f(\xi_3)\left[\arctan\frac{1}{h}-\arctan\frac{1}{\sqrt{h}}\right]=0,$$

$$\lim_{h\to0^+}f(\xi_2)\arctan\frac{x}{h}\Big|_{-\sqrt{h}}^{\sqrt{h}}=\lim_{h\to0^+}f(\xi_2)2\arctan\frac{1}{\sqrt{h}}=\pi f(0).$$

所以

$$\lim_{h\to0^+}\int_{-1}^1\frac{h}{h^2+x^2}f(x)\,\mathrm{d}x=\pi f(0).$$

评注 要注意，该题的以下做法是错误的：

$$\lim_{h\to0^+}\int_{-1}^{1}\frac{h}{h^2+x^2}f(x)\,\mathrm{d}x=\int_{-1}^{1}\lim_{h\to0^+}\frac{h}{h^2+x^2}f(x)\,\mathrm{d}x=\int_{-1}^{1}0\,\mathrm{d}x=0.$$

原因是被积函数 $g(x,h)=\dfrac{h}{h^2+x^2}f(x)$ 在点 $(0,0)$ 处不连续，所以不能直接将极限符号与积分号交换.

关于极限符号与积分号的可交换性，有以下结论：

定理　记 $D=[a,b]\times[c,d]$，若 $f\in C(D)$，则 $F(y)=\int_a^b f(x,y)\,\mathrm{d}x$ 在 $[c,d]$ 上连续. 因而

$$\lim_{y\to y_0}\int_a^b f(x,y)\,\mathrm{d}x=\int_a^b\lim_{y\to y_0}f(x,y)\,\mathrm{d}x,\quad \forall y_0\in[c,d].$$

例 10　设 $f(x)$ 是正值连续函数，且

$$g(x)=\begin{cases}\dfrac{\int_0^x tf(t)\,\mathrm{d}t}{\int_0^x f(t)\,\mathrm{d}t}, & x\neq0,\\ 0, & x=0.\end{cases}$$

求 $g'(x)$，并判断 $g'(x)$ 是否是连续函数.

分析　分段函数在分段点的导数要用定义做计算. $g'(x)$ 在 $x=0$ 处的连续性需考察 $\lim\limits_{x\to0}g'(x)=g'(0)$ 是否成立.

解　当 $x\neq0$ 时，$g'(x)=\dfrac{xf(x)\int_0^x f(t)\,\mathrm{d}t-f(x)\int_0^x tf(t)\,\mathrm{d}t}{\left[\int_0^x f(t)\,\mathrm{d}t\right]^2}$；

$$g'(0)=\lim_{x\to0}\frac{g(x)-g(0)}{x-0}=\lim_{x\to0}\frac{\int_0^x tf(t)\,\mathrm{d}t}{x\int_0^x f(t)\,\mathrm{d}t}=\lim_{x\to0}\frac{xf(x)}{xf(x)+\int_0^x f(t)\,\mathrm{d}t}$$

$$=\lim_{x\to0}\frac{xf(x)}{xf(x)+xf(\xi_1)}=\frac{1}{2}\quad(0<\xi_1<x).$$

又

$$\lim_{x\to0}g'(x)=\lim_{x\to0}\frac{xf(x)\int_0^x f(t)\,\mathrm{d}t-f(x)\int_0^x tf(t)\,\mathrm{d}t}{\left[\int_0^x f(t)\,\mathrm{d}t\right]^2}$$

$$=\lim_{x\to0}\frac{x^2f(x)f(\xi_1)-f(x)f(\xi_2)\int_0^x t\,\mathrm{d}t}{x^2f^2(\xi_1)}\quad(\xi_1,\xi_2\text{在}0\text{与}x\text{之间})$$

$$=\lim_{x\to0}\frac{x^2f(x)f(\xi_1)-\frac{1}{2}x^2f(x)f(\xi_2)}{x^2f^2(\xi_1)}=\frac{1}{2}.$$

所以 $g'(x)$ 连续.

例 11*　设 $f(x)=\int_0^x\left(1+\dfrac{(x-t)}{1!}+\dfrac{(x-t)^2}{2!}+\cdots+\dfrac{(x-t)^{n-1}}{(n-1)!}\right)\mathrm{e}^{nt}\mathrm{d}t$，求 $f^{(n)}(x)$.

分析　记 $\varphi_k(x)=\int_0^x\dfrac{(x-t)^k}{k!}\mathrm{e}^{nt}\mathrm{d}t$，易发现 $\varphi_k'(x)=\varphi_{k-1}(x)$. 因此，问题归结为 $\varphi_0(x)$ 的导数计算.

解 设 $\varphi_k(x)=\int_0^x \frac{(x-t)^k}{k!}\mathrm{e}^{nt}\mathrm{d}t$，则

$$\varphi_k'(x)=\int_0^x \frac{\partial}{\partial x}\left(\frac{(x-t)^k}{k!}\mathrm{e}^{nt}\right)\mathrm{d}t=\int_0^x \frac{(x-t)^{k-1}}{(k-1)!}\mathrm{e}^{nt}\mathrm{d}t=\varphi_{k-1}(x)\quad (k>0).$$

注意 $\varphi_0(x)=\int_0^x \mathrm{e}^{nt}\mathrm{d}t=\frac{\mathrm{e}^{nx}-1}{n}$. 所以对于 $n>k$，有

$$[\varphi_k(x)]^{(n)}=[\varphi_{k-1}(x)]^{(n-1)}=\cdots=[\varphi_0(x)]^{(n-k)}=n^{n-k-1}\mathrm{e}^{nx}.$$

由此可得

$$\begin{aligned}f^{(n)}(x)&=[\varphi_0(x)+\varphi_1(x)+\cdots+\varphi_{n-1}(x)]^{(n)}\\&=(n^{n-1}+n^{n-2}+\cdots+n+1)\,\mathrm{e}^{nx}=\begin{cases}\dfrac{n^n-1}{n-1}\mathrm{e}^{nx}, & n\neq 1,\\ \mathrm{e}^x, & n=1.\end{cases}\end{aligned}$$

评注 题中 $\varphi_k'(x)$ 的计算用到了“含参变量积分的求导公式”，见3.2节例1评注（2）.

2. 定积分的计算

一般来说，定积分的计算只要求出被积函数的一个原函数，再用牛顿-莱布尼兹公式即可得出结果. 在不定积分部分我们已较详尽地介绍了各种寻找原函数的方法（积分法），但定积分还有它的一些特殊性. 例如，积分对区间的可加性；积分与积分变量的选取无关；换元积分要同时改变积分限等. 这些特性进一步丰富了定积分的计算，使我们在处理分段函数的积分、对称区间上奇偶函数的积分、周期函数的积分时更为方便；同时利用换元积分还可导出许多积分公式，这些公式为积分的计算与应用带来了更多的方便. 学习中，我们要留意这些不同于不定积分的地方.

例 12 设 $f(x)\in C[-\pi,\pi]$，且 $f(x)=\frac{x}{1+\cos^2 x}+\int_{-\pi}^{\pi}f(x)\sin x\mathrm{d}x$，求 $f(x)$.

分析 只需算出 $f(x)$表达式中的常数 $\int_{-\pi}^{\pi}f(x)\sin x\mathrm{d}x$. 因而在函数表达式两边乘以 $\sin x$ 后，在 $[-\pi,\pi]$ 上积分即可求得.

解 记 $\int_{-\pi}^{\pi}f(x)\sin x\mathrm{d}x=l$，将 $f(x)=\frac{x}{1+\cos^2 x}+l$ 两边乘以 $\sin x$ 后，在 $[-\pi,\pi]$ 上积分，有

$$\begin{aligned}\int_{-\pi}^{\pi}f(x)\sin x\mathrm{d}x&=\int_{-\pi}^{\pi}\frac{x\sin x}{1+\cos^2 x}\mathrm{d}x+\int_{-\pi}^{\pi}l\cdot\sin x\mathrm{d}x=2\int_0^{\pi}\frac{x\sin x}{1+\cos^2 x}\mathrm{d}x+0\\&=2\cdot\frac{\pi}{2}\int_0^{\pi}\frac{\sin x}{1+\cos^2 x}\mathrm{d}x=-\pi\arctan(\cos x)\Big|_0^{\pi}=\frac{\pi^2}{2}.\end{aligned}$$

故

$$f(x)=\frac{x}{1+\cos^2 x}+\frac{\pi^2}{2}.$$

评注 （1）需确定区间或区域上的积分（如定积分、重积分、线面积分等）都是一个常数，明确这一点有助于问题的解决；

（2）题中计算用到了积分公式：$\int_0^{\pi}xf(\sin x)\mathrm{d}x=\frac{\pi}{2}\int_0^{\pi}f(\sin x)\mathrm{d}x$.

例 13 已知 $f(x)$ 是微分方程 $xf'(x)-f(x)=\sqrt{2x-x^2}$ 满足初始条件 $f(1)=0$ 的特解，求 $\int_0^1 f(x)\mathrm{d}x$.

分析 先求出 $f(x)$ 再积分，这是基本思路，但求 $f(x)$ 需解微分方程，比较麻烦. 若利用所给条件做分部积分就容易计算了.

解 $\int_0^1 f(x)\,\mathrm{d}x = xf(x)\big|_0^1 - \int_0^1 xf'(x)\,\mathrm{d}x = -\int_0^1\left[f(x)+\sqrt{2x-x^2}\right]\mathrm{d}x$，

于是

$$\int_0^1 f(x)\,\mathrm{d}x = -\frac{1}{2}\int_0^1\sqrt{2x-x^2}\,\mathrm{d}x = -\frac{1}{2}\int_0^1\sqrt{1-(x-1)^2}\,\mathrm{d}x = -\frac{\pi}{8}.$$

评注 注意等式 $\int_0^1\sqrt{1-(x-1)^2}\,\mathrm{d}x = \frac{\pi}{4}$ 的左端是单位圆 $(x-1)^2+y^2=1$ 四分之一的面积.

例 14 设 $f(x)$ 在 $\left[0,\frac{\pi}{2}\right]$ 上连续，求 $\int_0^{\frac{\pi}{2}}\frac{f(\sin x)}{f(\cos x)+f(\sin x)}\mathrm{d}x$.

分析 由于 $f(x)$ 是一个抽象函数的形式，因此没法直接计算积分，而 $\sin x$ 与 $\cos x$ 互为余函数，通过变量代换 $x=\frac{\pi}{2}-t$ 可以做到相互转换，但转换后被积函数的分母没变，从而积分就容易计算了.

解 因为

$$\int_0^{\frac{\pi}{2}}\frac{f(\sin x)}{f(\cos x)+f(\sin x)}\mathrm{d}x \xlongequal{x=\frac{\pi}{2}-u} -\int_{\frac{\pi}{2}}^0\frac{f(\cos u)}{f(\cos u)+f(\sin u)}\mathrm{d}x = \int_0^{\frac{\pi}{2}}\frac{f(\cos x)}{f(\cos x)+f(\sin x)}\mathrm{d}x,$$

所以

$$I=\frac{1}{2}\left[\int_0^{\frac{\pi}{2}}\frac{f(\sin x)}{f(\cos x)+f(\sin x)}\mathrm{d}x+\int_0^{\frac{\pi}{2}}\frac{f(\cos x)}{f(\cos x)+f(\sin x)}\mathrm{d}x\right]=\frac{\pi}{4}.$$

评注 （1）赋予 $f(x)$ 的具体形式可得到一些相关的积分结果. 如

$$\int_0^{\frac{\pi}{2}}\frac{\mathrm{e}^{\sin x}}{\mathrm{e}^{\sin x}+\mathrm{e}^{\cos x}}\mathrm{d}x=\frac{\pi}{4};\quad \int_0^{\frac{\pi}{2}}\frac{\mathrm{d}x}{1+(\tan x)^{\alpha}}=\int_0^{\frac{\pi}{2}}\frac{(\cos x)^{\alpha}}{(\cos x)^{\alpha}+(\sin x)^{\alpha}}\mathrm{d}x=\frac{\pi}{4};$$

$$\int_0^{+\infty}\frac{\mathrm{d}x}{(1+x^2)(1+x^{\alpha})}\xlongequal{令x=\tan t}\int_0^{\frac{\pi}{2}}\frac{\mathrm{d}t}{1+(\tan t)^{\alpha}}=\frac{\pi}{4}\ 等.$$

（2）该题的特点是，被积函数的分母有两项，分子是分母中的一项. 作变量代换使分子变为分母中的另一项，而分母与积分区间均保持不变（上、下限可能互换）. 其一般情况为

$$\int_a^b\frac{f(x)\,\mathrm{d}x}{f(x)+f(a+b-x)}\xlongequal{a+b-x=t}\int_a^b\frac{f(a+b-t)}{f(t)+f(a+b-t)}\mathrm{d}t,$$

因此

$$\int_a^b\frac{f(x)\,\mathrm{d}x}{f(x)+f(a+b-x)}=\frac{1}{2}\int_a^b\frac{f(x)+f(a+b-x)}{f(x)+f(a+b-x)}\mathrm{d}x=\frac{1}{2}\int_a^b\mathrm{d}x=\frac{b-a}{2}.$$

结论：积分值是积分区间长度的一半，与函数 $f(x)$ 无关.

例 15 计算积分 $\int_0^{\frac{\pi}{4}}\frac{1-\sin 2x}{1+\sin 2x}\mathrm{d}x$.

分析 作变量代换 $x=\frac{\pi}{4}-t$，可保持积分区间 $\left[0,\frac{\pi}{4}\right]$ 不变，将被积函数化为余弦形式，再用半角公式化简积分；也可直接用半角公式来化简积分.

解 **方法 1** 令 $x=\frac{\pi}{4}-t$，则

$$I=\int_0^{\frac{\pi}{4}}\frac{1-\sin 2\left(\frac{\pi}{4}-x\right)}{1+\sin 2\left(\frac{\pi}{4}-x\right)}\mathrm{d}x=\int_0^{\frac{\pi}{4}}\frac{1-\cos 2x}{1+\cos 2x}\mathrm{d}x=\int_0^{\frac{\pi}{4}}\frac{\sin^2 x}{\cos^2 x}\mathrm{d}x$$

$$=\int_0^{\frac{\pi}{4}}(\sec^2 x-1)\mathrm{d}x=(\tan x-x)\Big|_0^{\frac{\pi}{4}}=1-\frac{\pi}{4}.$$

方法 2
$$I=\int_0^{\frac{\pi}{4}}\frac{(\sin x-\cos x)^2}{(\sin x+\cos x)^2}\mathrm{d}x=\int_0^{\frac{\pi}{4}}(\sin x-\cos x)\,\mathrm{d}\left(\frac{1}{\sin x+\cos x}\right)$$
$$=\frac{\sin x-\cos x}{\sin x+\cos x}\Big|_0^{\frac{\pi}{4}}-\int_0^{\frac{\pi}{4}}\mathrm{d}x=1-\frac{\pi}{4}.$$

评注 方法 1 中的代换比较常见（它特别适用于三角函数式的积分），其一般形式为
$$\int_0^a f(x)\mathrm{d}x\overset{x=a-t}{=\!=\!=}\int_0^a f(a-t)\mathrm{d}t.$$
由此还可得到较常用的积分公式：$\int_0^a f(x)\mathrm{d}x=\frac{1}{2}\int_0^a[f(x)+f(a-x)]\mathrm{d}x$.

例 16 计算积分$\int_0^1\frac{\arcsin\sqrt{x}}{\sqrt{1-x(1-x)}}\mathrm{d}x$.

分析 容易想到作变量代换$t=\arcsin\sqrt{x}$，但计算却较困难；若用上题评注中给出的积分公式就比较简单了.

解
$$I=\frac{1}{2}\int_0^1\frac{\arcsin\sqrt{x}+\arcsin\sqrt{1-x}}{\sqrt{1-x(1-x)}}\mathrm{d}x$$
$$=\frac{\pi}{4}\int_0^1\frac{1}{\sqrt{1-x(1-x)}}\mathrm{d}x\quad\left(\because\arcsin t+\arcsin\sqrt{1-t^2}=\frac{\pi}{2}，这里 t=\sqrt{x}\right)$$
$$=\frac{\pi}{4}\int_0^1\frac{1}{\sqrt{\frac{3}{4}+\left(x-\frac{1}{2}\right)^2}}\mathrm{d}x=\frac{\pi}{4}\ln\left(\left(x-\frac{1}{2}\right)+\sqrt{\frac{3}{4}+\left(x-\frac{1}{2}\right)^2}\right)\Bigg|_0^1=\frac{\pi}{4}\ln 3.$$

例 17 计算积分$I=\int_0^{\pi/2}\frac{\sin x}{1+\tan x}\mathrm{d}x$与$J=\int_0^{\pi/2}\frac{\cos x}{1+\tan x}\mathrm{d}x$.

分析 三角函数有理式的积分，作万能代换化为有理函数的积分总是可行的，但未必计算简单；将被积函数统一为$\sin x,\cos x$的形式，更利于运算.

解
$$I=\int_0^{\pi/2}\frac{\cos x\sin x}{\cos x+\sin x}\mathrm{d}x=\frac{1}{2}\int_0^{\pi/2}\frac{(\cos^2 x+\sin^2 x+2\cos x\sin x)-1}{\cos x+\sin x}\mathrm{d}x$$
$$=\frac{1}{2}\int_0^{\pi/2}\frac{(\cos x+\sin x)^2-1}{\cos x+\sin x}\mathrm{d}x=\frac{1}{2}\left[\int_0^{\pi/2}(\cos x+\sin x)\,\mathrm{d}x-\int_0^{\pi/2}\frac{1}{\cos x+\sin x}\mathrm{d}x\right]$$
$$=\frac{1}{2}\left[2-\frac{1}{\sqrt{2}}\int_0^{\pi/2}\frac{1}{\sin(x+\pi/4)}\mathrm{d}(x+\pi/4)\right]=1-\frac{1}{2\sqrt{2}}\ln\left|\csc(x+\pi/4)-\cot(x+\pi/4)\right|_0^{\pi/2}$$
$$=1-\frac{1}{2\sqrt{2}}\ln\frac{\sqrt{2}+1}{\sqrt{2}-1}.$$

又
$$I+J=\int_0^{\pi/2}\frac{\cos x+\sin x}{1+\tan x}\mathrm{d}x=\int_0^{\pi/2}\frac{\cos x(1+\tan x)}{1+\tan x}\mathrm{d}x=\int_0^{\pi/2}\cos x\,\mathrm{d}x=1,$$
所以 $J=1-I=\frac{1}{2\sqrt{2}}\ln\frac{\sqrt{2}+1}{\sqrt{2}-1}$.

评注 该题也可以先计算J，再由J来计算I，读者可自行练习.

例 18　设函数 $f(y)=\int_0^y \frac{\ln(1+x)}{1+x^2}\mathrm{d}x$．（1）求 $f(1)$；　（2）计算 $\int_0^1 xf(x)\mathrm{d}x$．

分析　（1）由被积函数分母的形式会想到作变量代换 $x=\tan t$，用换元积分法来计算；也可利用例 15 评注中的公式来计算.

（2）被积函数中含有变限积分函数，最常用的两种计算方法：分部积分法、二次积分换序.

解　（1）**方法 1**　令 $x=\tan t$，则 $\mathrm{d}x=\sec^2 t\mathrm{d}t$，于是

$$f(1)=\int_0^{\frac{\pi}{4}}\frac{\ln(1+\tan t)}{1+\tan^2 t}\sec^2 t\mathrm{d}t=\int_0^{\frac{\pi}{4}}\ln(1+\tan t)\,\mathrm{d}t$$

$$\overset{t=\frac{\pi}{4}-u}{=\!=\!=}\int_0^{\frac{\pi}{4}}\ln\left(1+\tan\left(\frac{\pi}{4}-u\right)\right)\mathrm{d}u=\int_0^{\frac{\pi}{4}}\ln\left(1+\frac{1-\tan u}{1+\tan u}\right)\mathrm{d}t$$

$$=\int_0^{\frac{\pi}{4}}\ln\left(\frac{2}{1+\tan u}\right)\mathrm{d}u=\int_0^{\frac{\pi}{4}}\ln 2\mathrm{d}u-f(1),$$

移项得 $f(1)=\frac{\pi}{8}\ln 2$．

方法 2　令 $x=\frac{1-t}{1+t}$，则

$$f(1)=\int_1^0\frac{\ln\frac{2}{1+t}}{\frac{2(1+t^2)}{(1+t)^2}}\left(-\frac{2}{(1+t)^2}\right)\mathrm{d}t=\int_0^1\frac{\ln 2-\ln(1+t)}{1+t^2}\mathrm{d}t$$

$$=\int_0^1\frac{\ln 2}{1+t^2}\mathrm{d}t-\int_0^1\frac{\ln(1+t)}{1+t^2}\mathrm{d}t=\ln 2\cdot\arctan t\Big|_0^1-f(1),$$

移项得

$$f(1)=\frac{1}{2}\ln 2\cdot(\arctan 1-\arctan 0)=\frac{\pi}{8}\ln 2.$$

方法 3　利用例 15 题评注中的公式，有

$$f(1)=\int_0^{\frac{\pi}{4}}\ln(1+\tan t)\,\mathrm{d}t=\frac{1}{2}\int_0^{\frac{\pi}{4}}\ln\left[(1+\tan t)\left(1+\tan\left(\frac{\pi}{4}-t\right)\right)\right]\mathrm{d}t$$

$$=\frac{1}{2}\int_0^{\frac{\pi}{4}}\ln 2\,\mathrm{d}t=\frac{\pi}{8}\ln 2\left(\because\frac{\tan t+\tan\left(\frac{\pi}{4}-t\right)}{1-\tan t\cdot\tan\left(\frac{\pi}{4}-t\right)}=\tan\frac{\pi}{4}=1\right).$$

（2）**方法 1**　因为 $f'(x)=\frac{\ln(1+x)}{1+x^2}$，用分部积分法，有

$$\int_0^1 xf(x)\mathrm{d}x=\frac{1}{2}\int_0^1 f(x)\mathrm{d}x^2=\frac{1}{2}x^2f(x)\Big|_0^1-\frac{1}{2}\int_0^1 x^2f'(x)\mathrm{d}x$$

$$=\frac{1}{2}f(1)-\frac{1}{2}\int_0^1 x^2\cdot\frac{\ln(1+x)}{1+x^2}\mathrm{d}x=\frac{1}{2}f(1)-\frac{1}{2}\int_0^1\ln(1+x)\mathrm{d}x+\frac{1}{2}\int_0^1\frac{\ln(1+x)}{1+x^2}\mathrm{d}x$$

$$=f(1)-\frac{1}{2}\int_0^1\ln(1+x)\,\mathrm{d}x=f(1)-\frac{1}{2}\left(x\ln(1+x)\Big|_0^1-\int_0^1\frac{x}{1+x}\mathrm{d}x\right)$$

$$=f(1)-\frac{1}{2}\left(\ln 2-1+\ln(1+x)\Big|_0^1\right)=f(1)-\ln 2+\frac{1}{2}=\frac{\pi}{8}\ln 2-\ln 2+\frac{1}{2}.$$

方法 2　将 $f(x)$ 的积分表达式代入，再交换二次积分的次序，得

$$\int_0^1 xf(x)\mathrm{d}x=\int_0^1\mathrm{d}x\int_0^x x\frac{\ln(1+t)}{1+t^2}\mathrm{d}t=\int_0^1\mathrm{d}t\int_t^1 x\frac{\ln(1+t)}{1+t^2}\mathrm{d}x$$

$$=\frac{1}{2}\int_0^1(1-t^2)\frac{\ln(1+t)}{1+t^2}\mathrm{d}t=-\frac{1}{2}\int_0^1\ln(1+t)\mathrm{d}t+\int_0^1\frac{\ln(1+t)}{1+t^2}\mathrm{d}t$$

$$=-\frac{1}{2}\left(t\ln(1+t)\Big|_0^1-\int_0^1\frac{t}{1+t}\mathrm{d}t\right)+f(1)$$

$$=-\frac{1}{2}\ln 2+\frac{1}{2}(t-\ln(1+t))\Big|_0^1+f(1)=f(1)-\ln 2+\frac{1}{2}$$

$$=\frac{\pi}{8}\ln 2-\ln 2+\frac{1}{2}.$$

评注 当被积函数中含有变上限积分时，通常有两种方法解决：一是做分部积分，将变上限积分取作u，其余的部分取作$\mathrm{d}v$；二是将积分视为一个二次积分. 若直接计算有困难，可先交换积分次序，再做计算.

例 19 计算积分$\int_{-\pi}^{\pi}x\sin^5 x\arctan \mathrm{e}^x\mathrm{d}x$.

分析 对称区间上的积分，被积函数不具奇偶性，可考虑用$\int_{-a}^{a}f(x)\mathrm{d}x=\int_0^a[f(x)+f(-x)]\mathrm{d}x$来化简.

解 记$f(x)=x\sin^5 x\arctan\mathrm{e}^x$，则

$$I=\int_0^{\pi}[f(x)+f(-x)]\mathrm{d}x=\int_0^{\pi}(\arctan\mathrm{e}^x+\arctan\mathrm{e}^{-x})\,x\sin^5 x\mathrm{d}x$$

$$=\int_0^{\pi}\frac{\pi}{2}x\sin^5 x\mathrm{d}x=\left(\frac{\pi}{2}\right)^2\int_0^{\pi}\sin^5 x\mathrm{d}x\quad\left(\because \arctan\mathrm{e}^x+\arctan\mathrm{e}^{-x}=\frac{\pi}{2}\right)$$

$$=2\left(\frac{\pi}{2}\right)^2\int_0^{\frac{\pi}{2}}\sin^5 x\mathrm{d}x=2\left(\frac{\pi}{2}\right)^2\frac{2\cdot 4}{1\cdot 3\cdot 5}=\frac{4\pi^2}{15}.$$

评注 （1）对称区间上的积分首先要考察被积函数（或其部分项）的奇偶性，对不具奇偶性的可考虑应用公式$\int_{-a}^{a}f(x)\mathrm{d}x=\int_0^a[f(x)+f(-x)]\,\mathrm{d}x$来化简.

（2）题中计算用到了例12评注（2）中的积分公式以及下面的瓦里斯（**Wallis**）公式：

$$\int_0^{\frac{\pi}{2}}\sin^n x\,\mathrm{d}x=\int_0^{\frac{\pi}{2}}\cos^n x\mathrm{d}x=\begin{cases}\dfrac{(n-1)!!}{n!!}\cdot\dfrac{\pi}{2}, & n\text{为偶数},\\[2mm] \dfrac{(n-1)!!}{n!!}, & n\text{为奇数}.\end{cases}$$

例 20 计算积分$\int_{\pi}^{4\pi}x\sin^3 x\cos^4 x\mathrm{d}x$.

分析 积分区间的中点为$x=\frac{5}{2}\pi$，函数$\sin^3 x\cos^4 x$关于直线$x=\frac{5}{2}\pi$对称，将被积函数拆分为$\left(x-\frac{5}{2}\pi\right)\sin^3 x\cos^4 x+\frac{5}{2}\pi\sin^3 x\cos^4 x$，易知前项的积分为零.

解 $$I=\int_{\pi}^{4\pi}\left(x-\frac{5}{2}\pi\right)\sin^3 x\cos^4 x\mathrm{d}x+\frac{5}{2}\pi\int_{\pi}^{4\pi}\sin^3 x\cos^4 x\mathrm{d}x.$$

对第1项积分，令$x-\frac{5}{2}\pi=t$，则

$$\int_{\pi}^{4\pi}\left(x-\frac{5}{2}\pi\right)\sin^3 x\cos^4 x\mathrm{d}x=\int_{-\frac{3}{2}\pi}^{\frac{3}{2}\pi}t\cos^3 t\sin^4 t\mathrm{d}t=0\quad(\text{被积函数为奇函数}).$$

所以

$$I=\frac{5}{2}\pi\int_{\pi}^{4\pi}\sin^3 x\cos^4 x\mathrm{d}x=\frac{5}{2}\pi\int_{\pi}^{4\pi}(\cos^2 x-1)\cos^4 x\mathrm{d}\cos x$$

$$=\frac{5}{2}\pi\left[\frac{1}{7}\cos^7 x-\frac{1}{5}\cos^5 x\right]_{\pi}^{4\pi}=-\frac{2}{7}\pi.$$

评注　(1) 用该题方法可得一般结论：若 $f(x)$ 关于 $x=\dfrac{a+b}{2}$ 对称，则

$$\int_a^b xf(x)\,\mathrm{d}x=\frac{a+b}{2}\int_a^b f(x)\,\mathrm{d}x.$$

(2) 该题本属于分部积分的类型，可将 $\sin^3 x\cos^4 x$ 凑微分再做分部积分，但计算要困难些.

例 21*　设函数 $y=f(x)$ 由方程 $(x^2+y^2)^2=(x^2-y^2)\ (y>0)$ 所确定，计算积分 $\int_0^1 xy^2\,\mathrm{d}x$.

分析　函数由隐函数方程确定，当隐函数不易显化时，最好是化为参数式函数再求积分. 题设中的方程是双纽线，用极坐标表示较为简单，可借助直角坐标与极坐标的关系来得到参数方程.

解　在极坐标下，方程 $(x^2+y^2)^2=(x^2-y^2)$ 化为 $\rho^2=\cos 2\theta$，则函数 $y=f(x)$ 的参数形式为

$$\begin{cases} x=\sqrt{\cos 2\theta}\cos\theta, \\ y=\sqrt{\cos 2\theta}\sin\theta. \end{cases}$$

所以

$$\int_0^1 xy^2\,\mathrm{d}x=\frac{1}{2}\int_{\pi/4}^{0}\cos 2\theta\sin^2\theta\,\mathrm{d}(\cos 2\theta\cos^2\theta)$$

$$=\int_0^{\pi/4}\cos 2\theta\sin^2\theta\left(\sin 2\theta\cos^2\theta+\cos 2\theta\cos\theta\sin\theta\right)\mathrm{d}\theta$$

$$=\frac{1}{4}\int_0^{\pi/4}\cos 2\theta\sin^3 2\theta\,\mathrm{d}\theta+\frac{1}{4}\int_0^{\pi/4}\cos^2 2\theta\left(1-\cos 2\theta\right)\sin 2\theta\,\mathrm{d}\theta$$

$$=\frac{1}{8}\int_0^{\pi/4}\sin^3 2\theta\,\mathrm{d}\sin 2\theta-\frac{1}{8}\int_0^{\pi/4}\left(\cos^2 2\theta-\cos^3 2\theta\right)\mathrm{d}\cos 2\theta$$

$$=\frac{1}{8}\left[\frac{1}{4}\sin^4 2\theta-\left(\frac{1}{3}\cos^3 2\theta-\frac{1}{4}\cos^4 2\theta\right)\right]_0^{\pi/4}=\frac{1}{24}.$$

评注　由参数式函数 $\begin{cases} x=x(t) \\ y=y(t) \end{cases}$ 确定的积分 $\int_a^b f(x,y)\,\mathrm{d}x=\int_\alpha^\beta f\left(x(t),y(t)\right)x'(t)\,\mathrm{d}t$，其中 $x(t)$ 单调可导，且 $x(\alpha)=a$，$x(\beta)=b$. 其本质仍是换元积分法.

例 22　已知函数 $f(x)=\begin{cases} x, & 0\leqslant x\leqslant 1 \\ 2-x, & 1<x\leqslant 2 \end{cases}$，求 $I_n=\int_{2n}^{2n+2} f(x-2n)\,\mathrm{e}^{-x}\mathrm{d}x\ \ (n=2,3,\cdots)$.

分析　由于仅知道 $f(x)$ 在区间[0, 2]的表达式，因此可做平移变换，将积分区间平移至[0, 2]上来计算；分段函数的积分，若分段点在积分区间中，要插入分段点，分段做积分.

解　设 $x-2n=t$，则 $x=t+2n$. 当 $x=2n$ 时，$t=0$；当 $x=2n+2$ 时，$t=2$.

$$I_n=\int_0^2 f(t)\mathrm{e}^{-t-2n}\mathrm{d}t=\mathrm{e}^{-2n}\int_0^2 f(t)\,\mathrm{e}^{-t}\mathrm{d}t=\mathrm{e}^{-2n}\left(\int_0^1 x\mathrm{e}^{-x}\mathrm{d}x+\int_1^2(2-x)\mathrm{e}^{-x}\mathrm{d}x\right)$$

$$=\mathrm{e}^{-2n}\left(-[x\mathrm{e}^{-x}]_0^1+\int_0^1\mathrm{e}^{-x}\mathrm{d}x-[(2-x)\mathrm{e}^{-x}]_0^1-\int_1^2\mathrm{e}^{-x}\mathrm{d}x\right)=\mathrm{e}^{-2n}(1-\mathrm{e}^{-1})^2.$$

评注　(1) 被积函数在积分区间内，除有限个第一类间断点外处处连续，定积分是存在的.
(2) 注意区别分段函数的不定积分与定积分的差异与联系（见 3.1 节例 24 和例 25）.

例 23 设 $f(x)$ 在 $(-\infty,+\infty)$ 上满足 $f(x)=f(x-\pi)+\sin x$，在 $[0,\pi]$ 上 $f(x)=x$，计算 $\int_{\pi}^{3\pi} f(x)\,\mathrm{d}x$.

分析 由于仅知道 $f(x)$ 在区间 $[0,\pi]$ 上的表达式，所以需做换元积分，将积分区间平移至 $[0,\pi]$ 区间计算；也可根据给定的函数关系式求出 $f(x)$ 在区间 $[\pi,3\pi]$ 上的表达式，再做积分.

解 **方法 1**
$$\int_{\pi}^{3\pi} f(x)\,\mathrm{d}x=\int_{\pi}^{3\pi}[f(x-\pi)+\sin x]\mathrm{d}x=\int_{\pi}^{3\pi} f(x-\pi)\,\mathrm{d}x \xlongequal{x-\pi=t} \int_{0}^{2\pi} f(t)\mathrm{d}t$$
$$=\int_{0}^{\pi} f(t)\,\mathrm{d}x+\int_{\pi}^{2\pi} f(t)\mathrm{d}x=\int_{0}^{\pi} t\,\mathrm{d}x+\int_{\pi}^{2\pi}[f(t-\pi)+\sin t]\mathrm{d}t$$
$$=\frac{\pi^2}{2}-2+\int_{\pi}^{2\pi} f(t-\pi)\mathrm{d}t=\frac{\pi^2}{2}-2+\int_{0}^{\pi} f(u)\,\mathrm{d}u=\pi^2-2.$$

方法 2 先求出 $f(x)$ 在区间 $[\pi,3\pi]$ 上的表达式，再做积分.

当 $x\in[\pi,2\pi]$ 时，$x-\pi\in[0,\pi]$，有 $f(x)=(x-\pi)+\sin x$；

当 $x\in[2\pi,3\pi]$ 时，$x-\pi\in[\pi,2\pi]$，有 $f(x)=[(x-\pi)-\pi+\sin(x-\pi)]+\sin x=x-2\pi$.

即
$$f(x)=\begin{cases} x-\pi+\sin x, & x\in[\pi,2\pi], \\ x-2\pi, & x\in[2\pi,3\pi]. \end{cases}$$

所以
$$\int_{\pi}^{3\pi} f(x)\,\mathrm{d}x=\int_{\pi}^{2\pi}(x-\pi+\sin x)\,\mathrm{d}x+\int_{2\pi}^{3\pi}(x-2\pi)\,\mathrm{d}x=\pi^2-2.$$

方法 3 易验证 $f(x)$ 是以 2π 为周期的函数，则
$$\int_{\pi}^{3\pi} f(x)\mathrm{d}x=\int_{0}^{2\pi} f(x)\mathrm{d}x=\int_{0}^{\pi} f(x)\mathrm{d}x+\int_{\pi}^{2\pi} f(x)\mathrm{d}x=\pi^2-2.$$

评注 若 $f(x)$ 以 T 为周期，则 $\int_{a}^{a+T} f(x)\mathrm{d}x=\int_{0}^{T} f(x)\mathrm{d}x$. 即“周期函数在任一周期区间上的积分值相等”.

例 24 计算积分 $\int_{\mathrm{e}^{-2n\pi}}^{1}\left|\left[\cos\left(\ln\frac{1}{x}\right)\right]'\right|\ln\frac{1}{x}\,\mathrm{d}x$（$n$ 为正整数）.

分析 根据被积函数的特点，适合选 $\ln\frac{1}{x}$ 为积分变量；绝对值函数是分段函数，需要将分段点插入积分区间，去掉绝对值符号做计算.

解 令 $u=\ln\frac{1}{x}$，则 $x=\mathrm{e}^{-u}$，$\mathrm{d}x=-\mathrm{e}^{-u}\mathrm{d}u$.
$$I=\int_{2n\pi}^{0}\left|\frac{\mathrm{d}\cos u}{\mathrm{d}u}\cdot\frac{\mathrm{d}u}{\mathrm{d}x}\right|u\mathrm{e}^{-u}\mathrm{d}u=\int_{0}^{2n\pi}\left|\mathrm{e}^{u}\cdot\sin u\right|u\mathrm{e}^{-u}\mathrm{d}u=\int_{0}^{2n\pi}\left|\sin u\right|u\mathrm{d}u$$
$$=\sum_{k=1}^{2n}\int_{(k-1)\pi}^{k\pi}(-1)^{k-1}u\sin u\mathrm{d}u=\sum_{k=1}^{2n}(-1)^{k-1}(-u\cos u+\sin u)\Big|_{(k-1)\pi}^{k\pi}$$
$$=\sum_{k=1}^{2n}(-1)^{k-1}[-k\pi(-1)^k+(k-1)\pi(-1)^{k-1})]=\sum_{k=1}^{2n}(2k-1)\pi=4n^2\pi.$$

评注 用换元积分法计算 $\int_{0}^{2n\pi}\left|\sin u\right|u\mathrm{d}u$ 会简单些：

令 $u=2n\pi-t$，则
$$\int_{0}^{2n\pi}\left|\sin u\right|u\mathrm{d}u=-\int_{2n\pi}^{0}(2n\pi-t)\left|\sin u\right|\mathrm{d}t=2n\pi\int_{0}^{2n\pi}\left|\sin t\right|\mathrm{d}t-\int_{0}^{2n\pi}t\left|\sin t\right|\mathrm{d}t.$$

移项，合并得

$$\int_0^{2n\pi}|\sin u|u\mathrm{d}u = n\pi\int_0^{2n\pi}|\sin t|\mathrm{d}t = 2n^2\pi\int_0^{\pi}|\sin t|\mathrm{d}t = 4n^2\pi\cdot$$

例 25　求 $\int_0^{x^3-1}\max\{1,t^2\}\mathrm{d}t$，$x\in(-\infty,+\infty)$.

分析　有 $\max\{1,t^2\}=\begin{cases}1, & |t|\leqslant 1\\ t^2, & |t|>1\end{cases}$，这是分段函数的积分，要分别对 $|x^3-1|\leqslant 1$ 与 $|x^3-1|>1$ 的情况做讨论，确定被积函数式，再做积分.

解　当 $|x^3-1|\leqslant 1$ 时，即 $0\leqslant x\leqslant\sqrt[3]{2}$，

$$\int_0^{x^3-1}\max\{1,t^2\}\,\mathrm{d}t=\int_0^{x^3-1}\mathrm{d}t=x^3-1.$$

当 $x^3-1>1$ 时，即 $x>\sqrt[3]{2}$，

$$\int_0^{x^3-1}\max\{1,t^2\}\,\mathrm{d}t=\int_0^{1}\max\{1,t^2\}\,\mathrm{d}t+\int_1^{x^3-1}\max\{1,t^2\}\,\mathrm{d}t=1+\int_0^{x^3-1}t^2\mathrm{d}t=\frac{2}{3}+\frac{1}{3}(x^3-1)^3.$$

当 $x^3-1<1$ 时，即 $x<0$，

$$\int_0^{x^3-1}\max\{1,t^2\}\,\mathrm{d}t=\int_0^{-1}\max\{1,t^2\}\,\mathrm{d}t+\int_1^{x^3-1}\max\{1,t^2\}\,\mathrm{d}t=-\frac{2}{3}+\frac{1}{3}(x^3-1)^3.$$

综上

$$\int_0^{x^3-1}\max\{1,t^2\}\,\mathrm{d}t=\begin{cases}-\dfrac{2}{3}+\dfrac{1}{3}(x^3-1)^3, & x<0,\\ x^3-1, & 0\leqslant x\leqslant\sqrt[3]{2},\\ \dfrac{2}{3}+\dfrac{1}{3}(x^3-1)^3, & x>\sqrt[3]{2}.\end{cases}$$

评注　定积分的计算中常出现分段函数，除明显的分段形式外，我们常见的分段函数还有：绝对值函数、符号函数、取整函数、最值函数、极限形式的函数等. 计算时要注意在积分区间中插入分段点，分段做积分.

例 26　计算积分 $\int_0^1\left|x-\frac{1}{2}\right|^5x^n(1-x)^n\,\mathrm{d}x$（$n$ 为正整数）.

分析　$x=\frac{1}{2}$ 是绝对值函数的分段点，可插入分段点分段积分. 但 $x=\frac{1}{2}$ 又是积分区间的中点，作变量代换 $x-\frac{1}{2}=t$，化为对称区间上的积分更好，同时被积函数也化简了.

解

$$\begin{aligned}I &\xlongequal{x=t+\frac{1}{2}}\int_{-\frac{1}{2}}^{\frac{1}{2}}|t|^5\left(t+\frac{1}{2}\right)^n\left(\frac{1}{2}-t\right)^n\mathrm{d}t=(-1)^n\int_{-\frac{1}{2}}^{\frac{1}{2}}|t|^5\left(t^2-\frac{1}{4}\right)^n\mathrm{d}t\\
&=(-1)^n2\int_0^{\frac{1}{2}}t^5\left(t^2-\frac{1}{4}\right)^n\mathrm{d}t\xlongequal{t^2=u+1/4}(-1)^n\int_{-\frac{1}{4}}^{0}\left(u+\frac{1}{4}\right)^2u^n\,\mathrm{d}t\\
&=(-1)^n\int_{-\frac{1}{4}}^{0}\left(u^{n+2}+\frac{1}{2}u^{n+1}+\frac{1}{16}u^n\right)\mathrm{d}t\\
&=(-1)^n\left(\frac{1}{n+3}u^{n+3}+\frac{1}{2(n+2)}u^{n+2}+\frac{1}{16(n+1)}u^{n+1}\right)\Bigg|_{-\frac{1}{4}}^{0}\\
&=\frac{2}{(n+1)(n+2)(n+3)}\left(\frac{1}{4}\right)^{n+3}.\end{aligned}$$

例 27 计算积分 $\int_0^1 x^m (\ln x)^n \mathrm{d}x$（$m, n$ 为自然数）.

分析 幂函数与对数函数的乘积需做分部积分. 分部积分后，对数函数的幂指数会有变化，便得到积分的递推式.

解 记 $I_n = \int_0^1 x^m (\ln x)^n \mathrm{d}x$，则

$$I_n = \int_0^1 (\ln x)^n \mathrm{d}\left(\frac{x^{m+1}}{m+1}\right) = \frac{x^{m+1}}{m+1}(\ln x)^n\Big|_0^1 - \int_0^1 \frac{x^{m+1}}{m+1}\cdot n(\ln x)^{n-1}\cdot\frac{1}{x}\mathrm{d}x$$

$$= -\frac{n}{m+1}\int_0^1 x^m (\ln x)^{n-1}\mathrm{d}x \quad \left(\lim_{x\to 0}\frac{x^{m+1}}{m-1}(\ln x)^n = 0\right).$$

由此得

$$I_n = -\frac{n}{m+1}\cdot I_{n-1} = (-1)\frac{n}{m+1}\cdot(-1)\frac{n-1}{m+1}\cdot I_{n-2}$$

$$= \cdots = \frac{(-1)n}{m+1}\cdot\frac{(-1)(n-1)}{m+1}\cdot\cdots\cdot\frac{(-1)2}{m+1}\cdot I_1 .$$

由于

$$I_1 = \int_0^1 x^m \ln x \mathrm{d}x = \int_0^1 \ln x \mathrm{d}\left(\frac{x^{m+1}}{m+1}\right)$$

$$= \frac{x^{m+1}}{m+1}\ln x\Big|_0^1 - \int_0^1 \frac{x^{m+1}}{m+1}\cdot\frac{1}{x}\mathrm{d}x = \frac{-1}{(m+1)^2},$$

所以 $I_n = \dfrac{(-1)^n\cdot n!}{(m+1)^{n+1}}$.

评注 若被积函数中有自然数参数，而积分又难以直接积出时，常用分部积分法建立积分的递推公式来求积分值. 关于求积分递推公式的方法可参见本章 3.1 节例 16 及评注.

例 28 计算积分 $\int_0^{\frac{\pi}{2}} \cos^n x \sin nx \mathrm{d}x$（$n$ 为自然数）.

分析 被积函数中含有因子 $\cos^n x$，为了得到递推公式，需要对该因子降次，因此想到三角函数的积化和差公式.

解

$$I_n = \frac{1}{2}\int_0^{\frac{\pi}{2}} \cos^{n-1}x\left[\sin(n-1)x + \sin(n+1)x\right]\mathrm{d}x$$

$$= \frac{1}{2}I_{n-1} + \frac{1}{2}\int_0^{\frac{\pi}{2}} \cos^{n-1}x(\sin nx\cos x + \cos nx\sin x)\mathrm{d}x$$

$$= \frac{1}{2}(I_{n-1} + I_n) - \frac{1}{2n}\int_0^{\frac{\pi}{2}}\cos nx\mathrm{d}(\cos^n x) = \frac{1}{2n} + \frac{1}{2}I_{n-1} \quad \text{(分部积分)}$$

$$= \frac{1}{2n} + \frac{1}{2}\left(\frac{1}{2(n-1)} + \frac{1}{2}I_{n-2}\right) = \frac{1}{2n} + \frac{1}{2^2(n-1)} + \frac{1}{2^3(n-2)} + \cdots + \frac{1}{2^{n-1}\cdot 2} + \frac{1}{2^{n-1}}I_1$$

$$= \frac{1}{2n} + \frac{1}{2^2(n-1)} + \frac{1}{2^3(n-2)} + \cdots + \frac{1}{2^{n-1}\cdot 2} + \frac{1}{2^n} \quad \left(I_1 = \int_0^{\frac{\pi}{2}}\cos x\sin x\mathrm{d}x = \frac{1}{2}\right).$$

评注 该递推公式也可做分部积分 $I_n = -\dfrac{1}{n}\int_0^{\pi/2}\cos^n x\,\mathrm{d}\cos nx$ 得到.

例 29* 计算积分$\int_0^1 \sin\left(\ln\frac{1}{x}\right)\frac{x^b-x^a}{\ln x}\mathrm{d}x\ (b>a>0)$.

分析 这里的a,b是任意常数，用前面所讲的积分法计算很困难. 这里有两种处理方法：一是将被积函数表示成$[a,b]$区间上的一个定积分，则原积分就是一个二次积分，交换二次积分次序就能算出所求的积分；二是将a或b视为参数，将积分看成参数的函数，对参数求导后算出积分，再对求导的参数积分即可.

解 因为当$b>a>0$时，$\lim\limits_{x\to0^+}\sin\left(\ln\frac{1}{x}\right)\frac{x^b-x^a}{\ln x}=0$，所以积分不是反常积分.

方法 1 因为$\frac{x^b-x^a}{\ln x}=\int_a^b x^y\mathrm{d}y$，则

$$\int_0^1\sin\left(\ln\frac{1}{x}\right)\frac{x^b-x^a}{\ln x}\mathrm{d}x=\int_0^1\sin\left(\ln\frac{1}{x}\right)\mathrm{d}x\int_a^b x^y\,\mathrm{d}y=\int_a^b\mathrm{d}y\int_0^1 x^y\sin\left(\ln\frac{1}{x}\right)\mathrm{d}x\cdot$$

而

$$\begin{aligned}\int_0^1 x^y\sin\left(\ln\frac{1}{x}\right)\mathrm{d}x&=\frac{1}{y+1}x^{y+1}\sin\left(\ln\frac{1}{x}\right)\Bigg|_0^1+\frac{1}{y+1}\int_0^1 x^y\cos\left(\ln\frac{1}{x}\right)\mathrm{d}x\\&=\frac{1}{y+1}\int_0^1 x^y\cos\left(\ln\frac{1}{x}\right)\mathrm{d}x\\&=\frac{1}{(y+1)^2}x^{y+1}\cos\left(\ln\frac{1}{x}\right)\Bigg|_0^1-\frac{1}{(y+1)^2}\int_0^1 x^y\sin\left(\ln\frac{1}{x}\right)\mathrm{d}x\\&=\frac{1}{(y+1)^2}-\frac{1}{(y+1)^2}\int_0^1 x^y\sin\left(\ln\frac{1}{x}\right)\mathrm{d}x,\end{aligned}$$

于是

$$\int_0^1 x^y\sin\left(\ln\frac{1}{x}\right)\mathrm{d}x=\frac{1}{1+(y+1)^2}. \qquad ①$$

所以

$$\int_0^1\sin\left(\ln\frac{1}{x}\right)\frac{x^b-x^a}{\ln x}\mathrm{d}x=\int_a^b\frac{1}{1+(y+1)^2}\mathrm{d}y=\arctan(b+1)-\arctan(a+1).$$

方法 2 记$F(t)=\int_0^1\sin\left(\ln\frac{1}{x}\right)\frac{x^t-x^a}{\ln x}\mathrm{d}x$，则

$$F'(t)=\int_0^1\sin\left(\ln\frac{1}{x}\right)\cdot x^t\mathrm{d}x=\frac{1}{1+(t+1)^2}\quad(\text{①式结论}).$$

积分得$F(t)=\arctan(t+1)+C$.

由$F(a)=0$，得$C=-\arctan(a+1)$，所以

$$\int_0^1\sin\left(\ln\frac{1}{x}\right)\frac{x^b-x^a}{\ln x}\mathrm{d}x=F(b)=\arctan(b+1)-\arctan(a+1).$$

评注 (1) 方法 1 的一般情况：若积分$I=\int_a^b g(x)[f(x,\beta)-f(x,\alpha)]\mathrm{d}x$不易计算，则可将积分转化为二次积分$I=\int_a^b\mathrm{d}x\int_\alpha^\beta g(x)f_y(x,y)\mathrm{d}y$，再交换积分顺序来计算.

(2) 方法 2 中用到了“含参变量积分的求导公式”，见 3.2 节例 1 评注.

例 30* 计算积分$\int_0^\pi\ln(1-2a\cos x+a^2)\mathrm{d}x\ (a\neq1)$.

分析 将积分式视为含参变量a的积分，若先对a求导后再积分，就能算出积分值；最后再对a

积分即可.

解 记$I(t)=\int_0^{\pi}\ln(1-2t\cos x+t^2)\,\mathrm{d}x$.

（1）当$|a|<1$时，有

$$1-2a\cos x+a^2\geqslant 1-2|a|+a^2=(1-|a|)^2>0.$$

不妨设$a>0$，则被积函数$f(x,t)=\ln(1-2t\cos x+t^2)$与其偏导数$f_t(x,t)=\dfrac{-2\cos x+2t}{1-2t\cos x+t^2}$在区域$D:[0,\pi]\times[-a,a]$上均连续. 则

$$I'(t)=\int_0^{\pi}\frac{-2\cos x+2t}{1-2t\cos x+t^2}\mathrm{d}x=\frac{1}{t}\int_0^{\pi}\left(1+\frac{t^2-1}{1-2t\cos x+t^2}\right)\mathrm{d}x$$
$$=\frac{\pi}{t}-\frac{1-t^2}{t}\int_0^{\pi}\frac{1}{1-2t\cos x+t^2}\mathrm{d}x.$$

令$u=\tan\dfrac{x}{2}$，则$\cos x=\dfrac{1-u^2}{1+u^2}$，$\mathrm{d}x=\dfrac{2}{1+u^2}\mathrm{d}u$，有

$$I'(t)=\frac{\pi}{t}-\frac{2(1-t^2)}{t}\int_0^{+\infty}\frac{\mathrm{d}u}{(1-t)^2+(1+t)^2u^2}$$
$$=\frac{\pi}{t}-\frac{2}{t}\arctan\left(\frac{1+t}{1-t}u\right)\Bigg|_0^{+\infty}=\frac{\pi}{t}-\frac{2}{t}\cdot\frac{\pi}{2}=0.$$

则$I(t)\equiv C$（常数），又$I(0)=0$，所以$I(t)\equiv 0\ (-a\leqslant t\leqslant a)$. 故

$$\int_0^{\pi}\ln(1-2a\cos x+a^2)\,\mathrm{d}x=I(a)=0.$$

（2）当$|a|>1$时，则$\dfrac{1}{|a|}<1$，因为

$$\int_0^{\pi}\ln(1-2a\cos x+a^2)\,\mathrm{d}x=\int_0^{\pi}\left[2\ln|a|+\ln\left(\frac{1}{a^2}-2\frac{1}{a}\cos x+1\right)\right]\mathrm{d}x$$
$$=2\pi\ln|a|+\int_0^{\pi}\ln\left(\frac{1}{a^2}-2\frac{1}{a}\cos x+1\right)\mathrm{d}x.$$

利用（1）的结论，有

$$\int_0^{\pi}\ln\left(\frac{1}{a^2}-2\frac{1}{a}\cos x+1\right)\mathrm{d}x=0,$$

所以

$$\int_0^{\pi}\ln\left(1-2a\cos x+a^2\right)\mathrm{d}x=2\pi\ln|a|.$$

3．积分等式的证明

利用定积分的定义、性质、换元积分、分部积分以及积分变限函数的性质等，可以得到各种形式的积分等式. 在题解中要针对等式的特点，选择适当的方法. 很多题目都有多种证明方法，学习中要勤于总结、归纳，找到解决问题的突破口.

例 31 设函数$f(x)$在闭区间$[a,b]$上具有连续导数，证明：

$$\lim_{n\to\infty}n\left[\int_a^b f(x)\,\mathrm{d}x-\frac{b-a}{n}\sum_{k=1}^{n}f\left(a+\frac{k(b-a)}{n}\right)\right]=\frac{b-a}{2}[f(a)-f(b)].$$

分析　$x_k=a+\dfrac{k(b-a)}{n}(k=1,2,\cdots,n)$ 是区间 $[a,b]$ n 等分的各分点，积分区间中插入这些分点，$\int_a^b f(x)\,\mathrm{d}x$ 也可写成和的形式，这样便于左边的极限运算，极限算出来了等式也就证明了.

证明　将区间 $[a,b]$ n 等分，设分点为 $a=x_0<x_1<\cdots<x_{n-1}<x_n=b$，则 $x_k=a+\dfrac{k(b-a)}{n}$，$\Delta x_k=x_k-x_{k-1}=\dfrac{b-a}{n}$ $(k=1,2,\cdots,n)$. 所证等式

$$\begin{aligned}
\text{左边}&=\lim_{n\to\infty}n\left[\sum_{k=1}^{n}\int_{x_{k-1}}^{x_k}f(x)\,\mathrm{d}x-\sum_{k=1}^{n}f(x_k)(x_k-x_{k-1})\right]=\lim_{n\to\infty}n\sum_{k=1}^{n}\int_{x_{k-1}}^{x_k}[f(x)-f(x_k)]\,\mathrm{d}x\\
&=\lim_{n\to\infty}n\sum_{k=1}^{n}\int_{x_{k-1}}^{x_k}f'(\xi_k)(x-x_k)\,\mathrm{d}x\quad(\text{微分中值定理，}\xi_k\text{介于}x_k\text{与}x\text{之间})\\
&=\lim_{n\to\infty}n\sum_{k=1}^{n}f'(\eta_k)\int_{x_{k-1}}^{x_k}(x-x_k)\,\mathrm{d}x\quad(\text{积分第一中值定理，}x_{k-1}\leqslant\eta_k\leqslant x_k)\qquad ①\\
&=\lim_{n\to\infty}n\sum_{k=1}^{n}f'(\eta_k)\left(-\frac{1}{2}\right)(x_k-x_{k-1})^2=-\frac{b-a}{2}\lim_{n\to\infty}\sum_{k=1}^{n}f'(\eta_k)\Delta x_k\\
&\xlongequal[\text{的定义}]{\text{定积分}}-\frac{b-a}{2}\int_a^b f'(x)\,\mathrm{d}x=\frac{b-a}{2}[f(a)-f(b)]=\text{右边}.
\end{aligned}$$

评注　(1) ①式成立的充分条件是 $f'(\xi_k(x))$ 在 $[x_{k-1},x_k]$ 上连续. 事实上由微分中值定理知

$$f'(\xi_k(x))=\frac{f(x)-f(x_k)}{x-x_k}.$$

当 $x\neq x_k$ 时，显然 $f'(\xi_k(x))$ 是连续的，又 $\lim\limits_{x\to x_k}f'(\xi_k(x))=\lim\limits_{x\to x_k}\dfrac{f(x)-f(x_k)}{x-x_k}=f'(x_k)$，即 $f'(\xi_k(x))$ 在 $x=x_k$ 时也连续，从而在 $[x_{k-1},x_k]$ 上连续.

(2) 由于 $\lim\limits_{n\to\infty}\dfrac{b-a}{n}\sum\limits_{k=1}^{n}f\left(a+\dfrac{k(b-a)}{n}\right)=\int_a^b f(x)\,\mathrm{d}x$，所以该题等式右边仍属于加边极限问题. 类似例子见 1.2 节例 55，也可得到更多解法.

例 32　函数 $f(x)$ 在 $[a,b]$ 上连续，且 $f(x)$ 关于 $x=\dfrac{a+b}{2}$ 对称. 证明 $\int_a^b f(x)\,\mathrm{d}x=2\int_a^{\frac{a+b}{2}}f(x)\,\mathrm{d}x$.

分析　显然 $\int_a^b f(x)\,\mathrm{d}x=\int_a^{\frac{a+b}{2}}f(x)\,\mathrm{d}x+\int_{\frac{a+b}{2}}^b f(x)\,\mathrm{d}x$，只需证明 $\int_{\frac{a+b}{2}}^b f(x)\,\mathrm{d}x=\int_a^{\frac{a+b}{2}}f(x)\,\mathrm{d}x$.

证明　由 $f(x)$ 关于 $x=\dfrac{a+b}{2}$ 对称，得

$$f(x)=f\left(\frac{a+b}{2}-\left(\frac{a+b}{2}-x\right)\right)=f\left(\frac{a+b}{2}+\left(\frac{a+b}{2}-x\right)\right)=f(a+b-x).$$

又

$$\int_a^b f(x)\,\mathrm{d}x=\int_a^{\frac{a+b}{2}}f(x)\,\mathrm{d}x+\int_{\frac{a+b}{2}}^b f(x)\,\mathrm{d}x,$$

由于

$$\int_{\frac{a+b}{2}}^b f(x)\,\mathrm{d}x=\int_{\frac{a+b}{2}}^b f(a+b-x)\,\mathrm{d}x\xlongequal{u=a+b-x}-\int_{\frac{a+b}{2}}^a f(u)\,\mathrm{d}x=\int_a^{\frac{a+b}{2}}f(x)\,\mathrm{d}x,$$

所以

$$\int_a^b f(x)\,dx = 2\int_a^{\frac{a+b}{2}} f(x)\,dx.$$

评注 若需证明的等式两边均为积分形式，且被积函数或其主要部分类型相同，则可采用换元积分法. 要根据等式两边被积函数或积分限的差异找到适当的代换，当作变量代换难以将积分的一端化为另一端时，也可将两端都用换元法化为同一形式.

例 33 设 $x \geqslant 0$，$f_0(x) > 0$，若 $f_n(x) = \int_0^x f_{n-1}(t)\,dt\ (n = 1,2,3,\cdots)$，证明：

$$f_n(x) = \frac{1}{(n-1)!}\int_0^x (x-t)^{n-1} f_0(t)\,dt.$$

分析 只需将已知的递推公式转化为需要证明的等式，对 n 用数学归纳法是比较好的选择；另一方面，$f_n(x)$ 是积分上限函数，用分部积分来实现等式的转换也是容易想到的.

证明 方法 1 用数学归纳法证明. 当 $n = 1$ 时，

$$f_1(x) = \int_0^x f_0(t)\,dt = \frac{1}{(1-1)!}\int_0^x (x-t)^{1-1} f_0(t)\,dt,$$

结论成立. 假设当 $n = k$ 时，结论成立，即

$$f_k(x) = \frac{1}{(k-1)!}\int_0^x (x-t)^{k-1} f_0(t)\,dt = \frac{1}{(k-1)!}\int_0^x (x-u)^{k-1} f_0(u)\,du;$$

当 $n = k+1$ 时，有

$$\begin{aligned} f_{k+1}(x) &= \int_0^x f_k(t)\,dt = \int_0^x \left[\frac{1}{(k-1)!}\int_0^t (t-u)^{k-1} f_0(u)\,du\right] dt \\ &= \frac{1}{(k-1)!}\int_0^x du\int_u^x (t-u)^{k-1} f_0(u)\,dt \quad \text{(交换积分次序)} \\ &= \frac{1}{(k-1)!}\int_0^x \left[\frac{1}{k}(t-u)^k\Big|_u^x f_0(u)\right] du \\ &= \frac{1}{k!}\int_0^x (x-u)^k f_0(u)\,du = \frac{1}{k!}\int_0^x (x-t)^k f_0(t)\,dt. \end{aligned}$$

结论也成立. 因此对任意正整数 n 均成立.

方法 2 用分部积分法.

$$\begin{aligned} f_n(x) &= -\int_0^x f_{n-1}(t)\,d(x-t) = -(x-t)f_{n-1}(t)\Big|_0^x + \int_0^x (x-t)\,d f_{n-1}(t) \\ &= \int_0^x (x-t) f_{n-2}(t)\,dt = -\frac{1}{2}\int_0^x f_{n-2}(t)\,d(x-t)^2 \\ &= -\frac{1}{2}(x-t)^2 f_{n-2}(t)\Big|_0^x + \frac{1}{2}\int_0^x (x-t)^2\,d f_{n-2}(t) \\ &= \frac{1}{2}\int_0^x (x-t)^2 f_{n-3}(t)\,dt = \cdots = \frac{1}{(n-1)!}\int_0^x (x-t)^{n-1} f_0(t)\,dt. \end{aligned}$$

例 34 若 $f(x)$ 在 $[a,b]$ 上连续，证明：

（1）若 $f(x) \geqslant 0$，且 $f(x) \not\equiv 0$，则 $\int_a^b f(x)\,dx > 0$.

（2）对于任意选定的连续函数 $\Phi(x)$，均有 $\int_a^b f(x)\Phi(x)\,dx = 0$，则 $f(x) \equiv 0$.

分析 （1）若能找到一个子区间 $[\alpha,\beta] \subset [a,b]$，有 $\int_\alpha^\beta f(x)\,dx > 0$ 即可. 根据连续函数的局部保号

性，这样的子区间是容易找到的.

（2）利用（1）的结论，取$\Phi(x)=f(x)$即可.

证明　（1）因为$f(x)\geqslant 0$，且$f(x)\not\equiv 0$，必有$\exists x_0\in[a,b]$，使$f(x_0)>0$.

若$x_0\in(a,b)$，由连续函数的保号性，知$\exists\delta>0$，当$x\in(x_0-\delta,x_0+\delta)$时，有$f(x)>0$. 从而

$$\begin{aligned}\int_a^b f(x)\,\mathrm{d}x&=\int_a^{x_0-\delta}f(x)\,\mathrm{d}x+\int_{x_0-\delta}^{x_0+\delta}f(x)\,\mathrm{d}x+\int_{x_0+\delta}^{b}f(x)\,\mathrm{d}x\\&\geqslant\int_{x_0-\delta}^{x_0+\delta}f(x)\,\mathrm{d}x=f(\xi)2\delta>0\ \ (x_0-\delta\leqslant\xi\leqslant x_0+\delta).\end{aligned}$$

当$x_0=a$或b时，只需将区间$[x_0-\delta,\ x_0+\delta]$换为$[a,\ a+\delta]$或$[b-\delta,b]$即可.

（2）若$f(x)\not\equiv 0$，则有$\exists x_0\in[a,b]$，使$f(x_0)\neq 0$. 取$\Phi(x)=f(x)$，则有$f(x)\Phi(x)=f^2(x)\geqslant 0$. 利用（1）的结论，有$\int_a^b f(x)\Phi(x)\mathrm{d}x>0$，矛盾，所以$f(x)\equiv 0$.

评注　本题（1）中的结论较常用，与该命题等价的形式有多种，例如：

① 设$f(x)\in C[a,b]$，且$f(x)\geqslant 0$，若$\int_a^b f(x)\,\mathrm{d}x=0$，则$f(x)\equiv 0$.

② 设$f(x),g(x)\in C[a,b]$，且$f(x)\geqslant g(x)$，若$\int_a^b[f(x)-g(x)]\,\mathrm{d}x=0$，则$f(x)\equiv g(x)$.

③ 设$f(x)\in C(-\infty,+\infty)$，$a,b$为任意常数，若$\int_a^b f(x)\,\mathrm{d}x=0$，则$f(x)\equiv 0$.

例 35　设$f(x)$在$[0,1]$上连续可导，$f(0)=f(1)=0$，且满足$\int_0^1[f'(x)]^2\,\mathrm{d}x-8\int_0^1 f(x)\,\mathrm{d}x+\frac{4}{3}=0$，求$f(x)$.

分析　由$f(0)=f(1)=0$，知$\int_0^1 f(x)\,\mathrm{d}x=-\int_0^1 xf'(x)\,\mathrm{d}x$，$\int_0^1 f'(x)\,\mathrm{d}x=0$. 从而题设条件可转化为$\int_0^1[f'(x)]^2\,\mathrm{d}x+2\int_0^1(4x-k)f'(x)\,\mathrm{d}x+\frac{4}{3}=0$. 只需确定$k$的值，使$\int_0^1(4x-k)^2\,\mathrm{d}x=\frac{4}{3}$，就有$\int_0^1[f'(x)+4x-k]^2\,\mathrm{d}x=0\Leftrightarrow f'(x)+4x-k=0$. 问题就解决了.

解　因为$f(0)=f(1)=0$，则

$$\int_0^1 f(x)\,\mathrm{d}x=-\int_0^1 xf'(x)\,\mathrm{d}x,\quad \int_0^1 f'(x)\,\mathrm{d}x=0.$$

又$\int_0^1(4x-2)^2\,\mathrm{d}x=\frac{4}{3}$，则

$$\begin{aligned}\int_0^1[f'(x)+4x-2]^2\,\mathrm{d}x&=\int_0^1\left[f'^2(x)+2(4x-2)f'(x)+(4x-2)^2\right]\mathrm{d}x\\&=\int_0^1[f'(x)]^2\,\mathrm{d}x+8\int_0^1 xf'(x)\,\mathrm{d}x-4\int_0^1 f'(x)\,\mathrm{d}x+\int_0^1(4x-2)^2\,\mathrm{d}x\\&=\int_0^1[f'(x)]^2\,\mathrm{d}x-8\int_0^1 f(x)\,\mathrm{d}x+\frac{4}{3}=0.\end{aligned}$$

因为$f'(x)+4x-2$在$[0,1]$上连续，故必有$f'(x)+4x-2\equiv 0$. 积分得$f(x)=2x-2x^2+C$，由$f(0)=0$，得$C=0$. 因此$f(x)=2x-2x^2$.

例 36　设函数$f(x)$是闭区间$[a,b]$上的非负连续函数，M是$f(x)$在$[a,b]$上的最大值，证明$\lim\limits_{n\to+\infty}\sqrt[n]{\int_a^b f^n(x)\mathrm{d}x}=M$.

分析 从结论来看，只要不改变函数的最大值 M，其极限与积分区间的选取无关. 因此可考虑通过缩小积分区间或放大被积函数来得到积分式的缩小与放大，再用极限的夹逼原理来得到所证结论.

证明 设 $M=\max\limits_{a\leqslant x\leqslant b} f(x)=f(x_0)$. 若 $M=0$，则 $f(x)\equiv 0$，等式显然成立.

若 $M>0$，不妨设 $x_0\in(a,b)$，当 n 充分大时，有 $\left(x_0-\dfrac{1}{n}, x_0+\dfrac{1}{n}\right)\subset(a,b)$，则

$$f^n(\xi_n)\frac{2}{n}=\int_{x_0-\frac{1}{n}}^{x_0+\frac{1}{n}} f^n(x)\mathrm{d}x\leqslant\int_a^b f^n(x)\mathrm{d}x\leqslant M^n(b-a),$$

上面第1个等式用了积分中值定理，其中 $\xi_n\in\left(x_0-\dfrac{1}{n}, x_0+\dfrac{1}{n}\right)$. 即有

$$f(\xi_n)\sqrt[n]{\frac{2}{n}}\leqslant\sqrt[n]{\int_a^b f^n(x)\mathrm{d}x}\leqslant M\sqrt[n]{b-a}.$$

上式取极限，并注意到 $\lim\limits_{n\to\infty}\sqrt[n]{\dfrac{2}{n}}=1=\lim\limits_{n\to\infty}\sqrt[n]{b-a}$，$\lim\limits_{n\to\infty} f(\xi_n)=f(x_0)=M$，由夹逼原理得到

$$\lim_{n\to\infty}\sqrt[n]{\int_a^b f^n(x)\mathrm{d}x}=M=\max_{a\leqslant x\leqslant b} f(x).$$

评注 由此可得：若 $f(x)$ 在 $[a,b]$ 上连续且大于0，则 $\lim\limits_{n\to-\infty}\left[\int_a^b f^n(x)\mathrm{d}x\right]^{\frac{1}{n}}=\min\limits_{a\leqslant x\leqslant b} f(x)$.

例 37* 设函数 $f(x)$ 在闭区间 $[a,b]$ 上是非负的连续函数，且严格单调递增，由积分中值定理，知对任意的正整数 n，存在唯一的 $x_n\in(a,b)$，使 $\left[f(x_n)\right]^n=\dfrac{1}{b-a}\int_a^b\left[f(x)\right]^n\mathrm{d}x$. 试求极限 $\lim\limits_{n\to\infty} x_n$，并证明结论.

分析 若设 $f(x)=x$，$[a,b]=[0,1]$，不难算出 $x_n=\dfrac{1}{\sqrt[n]{n+1}}\to 1\ (n\to\infty)$，这启发我们猜测结论：$\lim\limits_{n\to\infty} x_n=b$. 证明过程可先考虑 $x\in[0,1]$ 的情况，再做变换 $t=a+x(b-a)$，就可将区间 $[0,1]$ 变为 $[a,b]$.

另一种思考方式是利用上题的结论，并结合题设条件，有

$$\lim_{n\to\infty} f(x_n)=\lim_{n\to\infty}\sqrt[n]{\frac{1}{b-a}}\sqrt[n]{\int_a^b\left[f(x)\right]^n\mathrm{d}x}=\max_{a\leqslant x\leqslant b} f(x)=f(b),$$

由 $f(x)$ 连续且严格单调递增，知 $\lim\limits_{n\to\infty} x_n=b$.

证明 **方法1** 先考虑特殊情形：$a=0$，$b=1$. 下证 $\lim\limits_{n\to\infty} x_n=1$.

由于 $x_n\in(0,1)$，只需证明 $\forall\varepsilon>0$，$\exists N>0$，当 $n>N$ 时，有 $1-\varepsilon<x_n$.

因为 $f(x)$ 非负连续且严格单调递增，所以 $\forall c\in(0,1)$，有

$$\int_c^1\left[f(x)\right]^n\mathrm{d}x>\left[f(c)\right]^n(1-c).$$

取 $c=1-\dfrac{\varepsilon}{2}$，则 $f(1-\varepsilon)<f(c)$，$\dfrac{f(1-\varepsilon)}{f(c)}<1$，$\lim\limits_{n\to\infty}\left[\dfrac{f(1-\varepsilon)}{f(c)}\right]^n=0$. 故 $\exists N>0$，当 $n>N$ 时，有

$$\left[\frac{f(1-\varepsilon)}{f(c)}\right]^n<\frac{\varepsilon}{2}=1-c,$$

得

$$[f(1-\varepsilon)]^n<[f(c)]^n(1-c)<\int_c^1\left[f(x)\right]^n\mathrm{d}x<\int_0^1\left[f(x)\right]^n\mathrm{d}x=\left[f(x_n)\right]^n.$$

由此得到 $f(1-\varepsilon)<f(x_n)$. 再由 $f(x)$ 严格单调递增，知 $1-\varepsilon<x_n\leqslant 1$. 由 ε 的任意性，得 $\lim\limits_{n\to\infty}x_n=1$.

再考虑一般情形. 令 $F(t)=f(a+t(b-a))$，由 f 在 $[a,b]$ 上非负连续且严格单调递增，知 F 在 $[0,1]$ 上非负连续且严格单调递增，从而存在 $t_n\in(0,1)$，使 $[F(t_n)]^n=\int_0^1[F(t)]^n\,\mathrm{d}x$，且 $\lim\limits_{n\to\infty}t_n=1$.

记 $x_n=a+t_n(b-a)$，则有

$$[f(x_n)]^n=\frac{1}{b-a}\int_a^b[f(x)]^n\,\mathrm{d}x\text{，且}\lim_{n\to\infty}x_n=a+(b-a)=b.$$

方法 2　利用例 36 的结论及 $f(x)$ 的单调递增性证明（该方法已在“分析”中给出简略证明，这里不再赘述）.

方法 3（反证法）　因为 $x_n\in(a,b)$，若 $\lim\limits_{n\to\infty}x_n\neq b$，则存在 $\{x_n\}$ 的一个列子 $\{x_{n_k}\}$ 和正整数 k_0，使当 $k\geqslant k_0$ 时，有 $b-x_{n_k}>p>0$，其中 p 是常数. 这样就有

$$1=\frac{1}{b-a}\int_a^b\left(\frac{f(t)}{f(x_{n_k})}\right)^{n_k}\mathrm{d}t>\frac{1}{b-a}\int_{b-\frac{p}{2}}^{b}\left(\frac{f(t)}{f(x_{n_k})}\right)^{n_k}\mathrm{d}t$$

$$>\frac{p}{2(b-a)}\left[\frac{f\left(b-\dfrac{p}{2}\right)}{f(x_{n_k})}\right]^{n_k}>\frac{p}{2(b-a)}\left[\frac{f\left(b-\dfrac{p}{2}\right)}{f(b-p)}\right]^{n_k}\quad(\because x_{n_k}<b-p).$$

因为 $f\left(b-\dfrac{p}{2}\right)>f(b-p)$，所以 $\left[\dfrac{f\left(b-\dfrac{p}{2}\right)}{f(b-p)}\right]^{n_k}\to\infty\ (k\to\infty)$. 从而得 $1\geqslant\infty$，矛盾.故 $\lim\limits_{n\to\infty}x_n=b$.

评注　对抽象函数的一些存在性命题，当我们难以判断其结果时，通常可以通过某些特例去探求其结果，以帮助我们找到一般性的结论. 证明过程也可考虑从特殊到一般的方式，关键要找到将一般转化为特殊的桥梁；如果对一般性结论的证明有困难，可考虑用反证法.

例 38[*]　设 $f(x)$ 在 $(-\infty,+\infty)$ 上具有连续导数，且 $|f(x)|\leqslant 1$，$f'(x)>0$，$x\in(-\infty,+\infty)$. 证明对于 $0<\alpha<\beta$，有 $\lim\limits_{n\to\infty}\int_\alpha^\beta f'\left(nx-\dfrac{1}{x}\right)\mathrm{d}x=0$.

分析　因为积分无法算出，若积分式适当放大后仍趋于 0，问题就解决了. 为化简被积函数，可作变量代换 $y=x-\dfrac{1}{nx}$，其目的是要将 f' 通过积分转化为 f 来讨论.

证明　令 $y=x-\dfrac{1}{nx}$，则 $y'=1+\dfrac{1}{nx^2}>0$，故函数 $y(x)$ 在 $[\alpha,\beta]$ 上严格单调递增. 记 $y(x)$ 的反函数为 $x(y)$，则 $x(y)$ 定义在 $\left[\alpha-\dfrac{1}{n\alpha},\beta-\dfrac{1}{n\beta}\right]$ 上，且 $x'(y)=\dfrac{1}{y'(x)}=\dfrac{1}{1+\dfrac{1}{nx^2}}>0$. 于是

$$\int_\alpha^\beta f'\left(nx-\frac{1}{x}\right)\mathrm{d}x=\int_{\alpha-\frac{1}{n\alpha}}^{\beta-\frac{1}{n\beta}}f'(ny)x'(y)\,\mathrm{d}y.$$

由积分中值定理，$\exists\xi_n\in\left[\alpha-\dfrac{1}{n\alpha},\beta-\dfrac{1}{n\beta}\right]$，使得

$$\int_{\alpha-\frac{1}{n\alpha}}^{\beta-\frac{1}{n\beta}}f'(ny)x'(y)\,\mathrm{d}y=x'(\xi_n)\int_{\alpha-\frac{1}{n\alpha}}^{\beta-\frac{1}{n\beta}}f'(ny)\,\mathrm{d}y=\frac{x'(\xi_n)}{n}\left[f\left(n\beta-\frac{1}{\beta}\right)-f\left(n\alpha-\frac{1}{\alpha}\right)\right],$$

因此

$$\left|\int_{\alpha}^{\beta} f'\left(nx-\frac{1}{x}\right)\mathrm{d}x\right| \leqslant \frac{|x'(\xi_n)|}{n}\left|f\left(n\beta-\frac{1}{\beta}\right)-f\left(n\alpha-\frac{1}{\alpha}\right)\right| \leqslant \frac{2|x'(\xi_n)|}{n}.$$

注意到$0<x'(\xi_n)=\dfrac{1}{1+\dfrac{1}{n\xi_n^{\ 2}}}<1$，则$\left|\int_{\alpha}^{\beta} f'\left(nx-\frac{1}{x}\right)\mathrm{d}x\right| \leqslant \frac{2}{n}$，所以$\lim\limits_{n\to\infty}\int_{\alpha}^{\beta} f'\left(nx-\frac{1}{x}\right)\mathrm{d}x=0$.

例 39* 设$f(x)$在$[0,1]$上可积，在$x=1$处左连续，证明$\lim\limits_{n\to\infty} n\int_0^1 f(x)x^{n-1}\mathrm{d}x=f(1)$.

分析 $f(x)$有界，对$\delta>0$，有$\lim\limits_{n\to\infty} n\int_0^{1-\delta} f(x)x^{n-1}\mathrm{d}x=0$．故只需证明$\lim\limits_{n\to\infty} n\int_{1-\delta}^1 f(x)x^{n-1}\mathrm{d}x=f(1)$．利用$f(x)$在$x=1$处左连续，该等式也是不难证明的.

证明 因为$f(x)$在$x=1$处左连续，对$\forall\varepsilon>0$，$\exists\delta>0$，当$x\in(1-\delta,1)$时，有

$$f(1)-\varepsilon<f(x)<f(1)+\varepsilon. \qquad ①$$

又$f(x)$在$[0,1]$上可积，故必有界，设$|f(x)|\leqslant M$，则

$$n\int_0^1 f(x)x^{n-1}\mathrm{d}x=n\int_0^{1-\delta} f(x)x^{n-1}\mathrm{d}x+n\int_{1-\delta}^1 f(x)x^{n-1}\mathrm{d}x. \qquad ②$$

对等式右端的第 1 项积分，有

$$\left|n\int_0^{1-\delta} f(x)x^{n-1}\mathrm{d}x\right| \leqslant Mn\int_0^{1-\delta} x^{n-1}\mathrm{d}x=M(1-\delta)^n\to 0\ (n\to\infty).$$

所以$\lim\limits_{n\to\infty} n\int_0^{1-\delta} f(x)x^{n-1}\mathrm{d}x=0$.

对第 2 项积分，利用①式，有

$$[f(1)-\varepsilon][1-(1-\delta)^n]<n\int_{1-\delta}^1 f(x)x^{n-1}\mathrm{d}x<[f(1)+\varepsilon][1-(1-\delta)^n],$$

取极限，并注意到$\lim\limits_{n\to\infty}(1-\delta)^n=0$，有

$$f(1)-\varepsilon\leqslant \lim_{n\to\infty} n\int_{1-\delta}^1 f(x)x^{n-1}\mathrm{d}x\leqslant f(1)+\varepsilon.$$

由ε的任意性，知$\lim\limits_{n\to\infty} n\int_{1-\delta}^1 f(x)x^{n-1}\mathrm{d}x=f(1)$. ②式两边取极限，就得到所证等式.

评注 类比例 36、例 37、例 39，读者不难发现它们的共性. 其实，例 37、例 39 都是例 36 的不同演变，如果能察觉这种联系，就不难找到它们的证明方法.

例 40 $f(x)\in C[-a,a](a>0)$，且$f'(0)\neq 0$.

（1）证明$\forall x\in(0,a)$，$\theta\in(0,1)$，等式$\int_0^x f(t)\mathrm{d}t+\int_0^{-x} f(t)\mathrm{d}t=x[f(\theta x)-f(-\theta x)]$成立.

（2）求极限$\lim\limits_{x\to 0^+}\theta$.

分析 （1）中所证等式的右边含有中值θ，可对左边函数用微分（或积分）中值定理；（2）中的极限可利用（1）中的等式来计算.

证明 令$F(x)=\int_0^x f(t)\mathrm{d}t+\int_0^{-x} f(t)\mathrm{d}t,\ x\in(0,a)$. 由微分中值定理得

$$F(x)-F(0)=F'(\theta x)(x-0),\quad \theta\in(0,1),$$

因$F(0)=0$，则

$$\int_0^x f(t)\,\mathrm{d}t+\int_0^{-x} f(t)\,\mathrm{d}t=x[f(\theta x)-f(-\theta x)].$$

（2）由上式变形得

$$\frac{\int_0^x f(t)\mathrm{d}t+\int_0^{-x} f(t)\mathrm{d}t}{2x^2}=\frac{f(\theta x)-f(-\theta x)}{2x\theta}\theta .$$

两边取极限 $x\to 0^+$，有

$$左=\lim_{x\to 0^+}\frac{f(x)-f(-x)}{4x}=\frac{1}{2}f'(0)，右=f'(0)\lim_{x\to 0^+}\theta .$$

因为 $f'(0)\neq 0$，所以 $\lim\limits_{x\to 0^+}\theta=\frac{1}{2}$.

评注　由于（1）中等式的左边 $\int_0^x f(t)\mathrm{d}t+\int_0^{-x} f(t)\mathrm{d}t=\int_0^x[f(t)-f(-t)]\mathrm{d}t$，所以也可由积分中值定理来得到所证的等式.

例 41　设 $f(x)$ 在 $[a,b]$ 上连续，且 $\int_a^b f(x)\mathrm{d}x=\int_a^b xf(x)\mathrm{d}x=\int_a^b x^2 f(x)\mathrm{d}x=0$. 证明 $f(x)$ 在 (a,b) 内至少有 3 个零点.

分析　判断函数的零点，常用介值定理或罗尔定理. 若用罗尔定理，需考察 $f(x)$ 原函数的零点.

解　如果 $f(x)$ 在 $[a,b]$ 的某个区间上恒为零，则结论成立. 排除这种情况进行以下讨论.

方法 1　因为 $f(x)$ 在 $[a,b]$ 上连续，令 $F(x)=\int_a^x f(t)\,\mathrm{d}t$，则 $F(a)=F(b)=0$，且 $F'(x)=f(x)$，应用积分中值定理，$\exists c\in(a,b)$，使得

$$\int_a^b xf(x)\mathrm{d}x=xF(x)\Big|_a^b-\int_a^b F(x)\mathrm{d}x=-F(c)(b-a)=0,$$

所以 $F(c)=0$. 对 $F(x)$ 在 $[a,c]$ 与 $[c,b]$ 上分别应用罗尔定理，$\exists c_1\in(a,c)$，$\exists c_2\in(c,b)$，使得

$$F'(c_1)=f(c_1)=0，\quad F'(c_2)=f(c_2)=0,$$

则 $f(x)$ 在(a,b)内至少有两个零点 $c_1,c_2(a<c_1<c_2<b)$.

下证 $f(x)$ 在(a,b)内至少还有另外的零点. 否则，$f(x)$ 在3个区间 $(a,c_1),(c_1,c_2),(c_2,b)$ 内恒不为零，且依次符号相异（因为 $F(c)=F(b)=0$）.

构造多项式

$$p(x)=(x-c_1)(x-c_2),$$

则在(a,b)内除 c_1,c_2 外，恒有 $p(x)f(x)>0$ 或 $p(x)f(x)<0$，因此 $\int_a^b p(x)f(x)\mathrm{d}x\neq 0$.

将 $p(x)$ 展开，设 $p(x)=x^2+b_1x+b_2$，于是

$$\int_a^b p(x)f(x)\mathrm{d}x=\int_a^b (x^2+b_1x+b_2)f(x)\mathrm{d}x=0.$$

矛盾. 所以 $f(x)$ 在(a,b)内至少有 3 个零点.

方法 2　令 $F(x)=\int_a^x f(t)\mathrm{d}t$，$G(x)=\int_a^x F(t)\mathrm{d}t$，则 $F(a)=F(b)=0$，$G(a)=0$. 应用分部积分，有

$$0=\int_a^b xf(x)\mathrm{d}x=xF(x)\Big|_a^b-\int_a^b F(x)\mathrm{d}x=-\int_a^b F(x)\mathrm{d}x, \quad ①$$

从而 $G(b)=0$.

再做分部积分，有

$$\begin{aligned}0&=\int_a^b x^2 f(x)\,\mathrm{d}x=x^2F(x)\Big|_a^b-2\int_a^b xF(x)\,\mathrm{d}x=-2xG(x)\Big|_a^b+2\int_a^b G(x)\,\mathrm{d}x\\&=2\int_a^b G(x)\,\mathrm{d}x=2(b-a)G(c)\ （a<c<b，积分中值定理）.\end{aligned}$$

即有

$$G(c)=\int_a^c F(t)\,\mathrm{d}t=0. \tag{②}$$

再由①式可得

$$\int_c^b F(t)\,\mathrm{d}t=0. \tag{③}$$

对②，③式，用积分中值定理，知存在$\xi_1\in(a,c)$，$\xi_2\in(c,b)$，使得$F(\xi_1)=F(\xi_2)=0$，由罗尔定理，知$f(x)$在$(a,\xi_1),(\xi_1,\xi_2),(\xi_2,b)$内各至少有一个零点.

方法 3 受方法 1 的启发，可对$f(x)$直接用介值定理.

若$f(x)$在(a,b)内最多只有两个零点$x=c_1,x=c_2$，则$f(x)$在区间$(a,c_1),(c_1,c_2),(c_2,b)$内恒不为零，构造多项式

$$p(x)=(x-c_1)(x-c_2),$$

则在区间(a,b)内除c_1,c_2外，恒有$p(x)f(x)>0$或$p(x)f(x)<0$，因此$\int_a^b p(x)f(x)\mathrm{d}x\neq 0$.

将$p(x)$展开，设$p(x)=x^2+b_1x+b_2$，于是

$$\int_a^b p(x)f(x)\mathrm{d}x=\int_a^b (x^2+b_1x+b_2)f(x)\mathrm{d}x=0.$$

矛盾，所以$f(x)$在区间(a,b)内至少有 3 个零点.

评注 该题的结论可做如下推广：设$f(x)\in C[a,b]$，如果对$k=0,1,2,\cdots n$，总有$\int_a^b x^k f(x)\mathrm{d}x=0$，则$f(x)$在$(a,b)$内至少有$n+1$个零点.

例 42* 设$f(x)$是$[0,2\pi]$上的连续函数，证明$\lim\limits_{n\to\infty}\int_0^{2\pi} f(x)|\sin nx|\,\mathrm{d}x=\dfrac{2}{\pi}\int_0^{2\pi} f(x)\,\mathrm{d}x$.

分析 只需将等式左端的极限计算出来. 为此，可用$\sin nx$的周期分隔点$\dfrac{2\pi k}{n}$ $(k=1,2,\cdots,n-1)$插入积分区间做分段积分，再利用积分第一中值定理将$f(x)$提到积分符号外，问题就解决了.

证明

$$\begin{aligned}\int_0^{2\pi} f(x)|\sin nx|\,\mathrm{d}x&=\sum_{k=1}^{n}\int_{\frac{2\pi(k-1)}{n}}^{\frac{2\pi k}{n}} f(x)|\sin nx|\,\mathrm{d}x\\&=\sum_{k=1}^{n} f(\xi_k)\int_{\frac{2\pi(k-1)}{n}}^{\frac{2\pi k}{n}}|\sin nx|\,\mathrm{d}x\ \text{（积分第一中值定理）}\\&\xlongequal{nx=t}\frac{1}{n}\sum_{k=1}^{n} f(\xi_k)\int_0^{2\pi}|\sin t|\,\mathrm{d}t=\frac{4}{n}\sum_{k=1}^{n} f(\xi_k),\end{aligned}$$

其中$\dfrac{2\pi(k-1)}{n}\leqslant\xi_k\leqslant\dfrac{2\pi k}{n}$ $(k=1,2,\cdots,n)$. 由于$f(x)$在$[0,2\pi]$上连续，所以可积，则有

$$\lim_{n\to\infty}\int_0^{2\pi} f(x)|\sin nx|\,\mathrm{d}x=\lim_{n\to\infty}\frac{4}{n}\sum_{k=1}^{n} f(\xi_k)=\lim_{n\to\infty}\frac{2}{\pi}\sum_{k=1}^{n} f(\xi_k)\frac{2\pi}{n}=\frac{2}{\pi}\int_0^{2\pi} f(x)\,\mathrm{d}x.$$

例 43 设$f(x)$在$[0,1]$上有连续导数，且$\int_0^1 f(x)\,\mathrm{d}x=\dfrac{5}{2}$，$\int_0^1 xf(x)\,\mathrm{d}x=\dfrac{3}{2}$. 证明存在$\xi\in(0,1)$，使得$f'(\xi)=3$.

分析 若能找到$[0,1]$上的函数$g(x)\geqslant 0$（等号仅在端点 0,1 取到），满足$\int_0^1 g(x)[3-f'(x)]\,\mathrm{d}x=0$，利用积分中值定理问题就解决了. 显然取$g(x)=x(1-x)$是合适的.

证明　考虑积分$\int_0^1 x(1-x)[3-f'(x)]\,\mathrm{d}x$，利用分部积分及题设条件，得

$$\int_0^1 x(1-x)[3-f'(x)]\,\mathrm{d}x = x(1-x)[3x-f(x)]\Big|_0^1 - \int_0^1 (1-2x)[3x-f(x)]\,\mathrm{d}x$$

$$= \int_0^1 3x(2x-1)\,\mathrm{d}x + \int_0^1 (1-2x)f(x)\,\mathrm{d}x = \left(2x^3 - \frac{3}{2}x^2\right)\Big|_0^1 + \int_0^1 f(x)\,\mathrm{d}x - 2\int_0^1 xf(x)\,\mathrm{d}x$$

$$= 2 - \frac{3}{2} + \frac{5}{2} - 3 = 0.$$

根据积分中值定理，存在$\xi \in (0,1)$，使得$\xi(1-\xi)[3-f'(\xi)]=0$，从而$f'(\xi)=3$.

例 44*　设$f(x)\in C^{(2)}[a,b]$，证明$\exists \xi \in (a,b)$，使

$$\int_a^b f(x)\mathrm{d}x = f\left(\frac{a+b}{2}\right)(b-a) + \frac{1}{24}f''(\xi)(b-a)^3.$$

分析　由等式右边的形式可看出应将$f(x)$在点$x_0=\frac{a+b}{2}$处展开为一阶泰勒公式，再做积分即可.

证明　将$f(x)$在点$x_0=\frac{a+b}{2}$处展开为一阶泰勒公式.

$$f(x) = f\left(\frac{a+b}{2}\right) + f'\left(\frac{a+b}{2}\right)\left(x-\frac{a+b}{2}\right) + \frac{1}{2!}f''(\eta)\left(x-\frac{a+b}{2}\right)^2$$

（其中η在x与$\frac{a+b}{2}$之间）.

积分得

$$\int_a^b f(x)\mathrm{d}x = f\left(\frac{a+b}{2}\right)(b-a) + \frac{1}{2}\int_a^b f''(\eta)\left(x-\frac{a+b}{2}\right)^2\mathrm{d}x.$$

由积分第一中值定理，知$\exists \xi \in (a,b)$，使

$$\int_a^b f''(\eta)\left(x-\frac{a+b}{2}\right)^2\mathrm{d}x = f''(\xi)\int_a^b \left(x-\frac{a+b}{2}\right)^2\mathrm{d}x = f''(\xi)\frac{1}{12}(b-a)^3.$$

所以

$$\int_a^b f(x)\mathrm{d}x = f\left(\frac{a+b}{2}\right)(b-a) + \frac{1}{24}f''(\xi)(b-a)^3.$$

评注　当所证明的等式的一边为积分形式，另一边为导数形式时，可将被积函数在对应点（由导数形式端确定对应点）用泰勒公式展开，再做积分，并对泰勒公式余项做适当的处理（用介值定理或积分中值定理）.

例 45*　设$f(x)$在$[-1,1]$上二阶导数连续，证明存在$\xi\in(-1,1)$，使得

$$\int_{-1}^1 xf(x)\mathrm{d}x = \frac{1}{3}[2f'(\xi)+\xi f''(\xi)].$$

分析　记$F(x)=xf(x)$，问题即证$\exists \xi\in(-1,1)$，使得$\int_{-1}^1 F(x)\mathrm{d}x = \frac{1}{3}F''(\xi)$. 这里涉及函数的二阶导数，可考虑对$F(x)$用一阶麦克劳林公式，再积分.

证明　令$F(x)=xf(x)$，则$F(x)$在$[-1,1]$上二阶导数连续，且

$$F(0)=0，\ F'(0)=f(0)，\ F''(x)=2f'(x)+xf''(x)，$$

问题等价于证明存在$\xi\in(-1,1)$，使得

$$\int_{-1}^{1} F(x)\mathrm{d}x = \frac{1}{3}F''(\xi). \qquad ①$$

对 $F(x)$ 应用一阶麦克劳林公式，存在 $\eta(x)$，使得

$$F(x) = F(0) + F'(0)x + \frac{1}{2!}F''(\eta(x))x^2 = f(0)x + \frac{1}{2}F''(\eta(x))x^2,$$

其中 $\eta(x)$ 介于 0 与 x 之间. 于是

$$\int_{-1}^{1} F(x)\mathrm{d}x = \int_{-1}^{1} f(0)x\mathrm{d}x + \frac{1}{2}\int_{-1}^{1} F''(\eta(x))x^2\mathrm{d}x = \frac{1}{2}\int_{-1}^{1} F''(\eta(x))x^2\mathrm{d}x. \qquad ②$$

应用最值定理，记 $m = \min\limits_{[-1,1]} F''(x)$，$M = \max\limits_{[-1,1]} F''(x)$，则 $m \leqslant F''(\eta(x)) \leqslant M$，即

$$\frac{1}{2}mx^2 \leqslant \frac{1}{2}F''(\eta(x))x^2 \leqslant \frac{1}{2}Mx^2,$$

$$\frac{1}{2}\int_{-1}^{1} mx^2\mathrm{d}x < \frac{1}{2}\int_{-1}^{1} F''(\eta(x))x^2\mathrm{d}x < \frac{1}{2}\int_{-1}^{1} Mx^2\mathrm{d}x,$$

即

$$m < \frac{3}{2}\int_{-1}^{1} F''(\eta(x))x^2\mathrm{d}x < M.$$

由介值定理知，$\exists \xi \in (-1,1)$，使得 $F''(\xi) = \frac{3}{2}\int_{-1}^{1} F''(\eta(x))x^2\,\mathrm{d}x$，即 $\frac{1}{2}\int_{-1}^{1} F''(\eta(x))x^2\mathrm{d}x = \frac{1}{3}F''(\xi)$. 代入②式，得 $\int_{-1}^{1} F(x)\mathrm{d}x = \frac{1}{3}F''(\xi)$. 命题得证.

评注 题解方法可做些改进：由②式利用积分第一中值定理得（易验证 $F''(\eta(x))$ 在 $[-1,1]$ 上连续）：

$$\int_{-1}^{1} F(x)\mathrm{d}x = \frac{1}{2}\int_{-1}^{1} F''(\eta(x))x^2\mathrm{d}x = \frac{1}{2}F''(\xi)\int_{-1}^{1} x^2\mathrm{d}x = \frac{1}{3}F''(\xi)\ \left(\xi \in (-1,1)\right).$$

4．积分不等式的证明

含有积分形式的不等式是一类常见的不等式，证明这类不等式的主要途径如下：一是对被积函数做适当的放大或缩小，再利用定积分的单调性（积分估值定理与绝对值不等式均是其特例）证明；二是利用积分变限函数将积分不等式转化为函数不等式，再利用微分学的方法（如有界性、单调性、极值、凸凹性等）完成不等式的证明；三是利用积分中值定理或由定积分的定义与计算去掉积分号，再做估计；四是利用一些已知不等式（如均值不等式、柯西不等式、三角不等式等）. 下面各题，读者可留意它所归属的方法，我们不再一一赘述.

例 46 证明下列不等式.

（1）$\int_0^{\sqrt{2\pi}} \sin x^2\mathrm{d}x > 0$；　　（2）$\frac{1}{3} < \int_0^1 (\mathrm{e}^x - 1)\ln(x+1)\mathrm{d}x < \frac{1}{2}$.

分析 （1）被积函数的原函数不是初等函数，积分不能算出，将积分做适当的变形，能判断被积函数在积分区域内大于零即可. 因此需要将被积函数符号改变的分界点插入积分区间做分段积分.

（2）不等式左端，只需证明 $(\mathrm{e}^x - 1)\ln(x+1) > x^2\ (0 < x < 1)$；右端利用 $\ln(x+1) < x$ 即可得到.

证明 （1）令 $x = \sqrt{t}$，则

$$\int_0^{\sqrt{2\pi}} \sin x^2\mathrm{d}x = \frac{1}{2}\int_0^{2\pi} \frac{\sin t}{\sqrt{t}}\mathrm{d}t = \frac{1}{2}\left[\int_0^{\pi} \frac{\sin t}{\sqrt{t}}\mathrm{d}t + \int_{\pi}^{2\pi} \frac{\sin t}{\sqrt{t}}\mathrm{d}t\right].$$

对第 2 个积分，令 $u = t - \pi$，则

$$\int_{\pi}^{2\pi} \frac{\sin t}{\sqrt{t}}\mathrm{d}t = \int_0^{\pi} \frac{\sin(u+\pi)}{\sqrt{u+\pi}}\mathrm{d}u = -\int_0^{\pi} \frac{\sin u}{\sqrt{u+\pi}}\mathrm{d}u,$$

所以

$$\int_0^{\sqrt{2\pi}} \sin x^2 \mathrm{d}x = \frac{1}{2}\int_0^{\pi}\left(\frac{\sin t}{\sqrt{t}} - \frac{\sin t}{\sqrt{t+\pi}}\right)\mathrm{d}t > 0 .$$

（2）由 2.3 节例 9 知，当 $x>0$ 时，有 $(\mathrm{e}^x-1)\ln(x+1) > x^2$，所以

$$\int_0^1 (\mathrm{e}^x-1)\ln(x+1)\mathrm{d}x > \int_0^1 x^2\mathrm{d}x = \frac{1}{3}.$$

又因为当 $x>0$ 时，$\ln(x+1)<x$，所以

$$\int_0^1 (\mathrm{e}^x-1)\ln(x+1)\mathrm{d}x < \int_0^1 (\mathrm{e}^x-1)x\mathrm{d}x ,$$

而

$$\int_0^1 (\mathrm{e}^x-1)x\mathrm{d}x = \int_0^1 x\mathrm{d}(\mathrm{e}^x-x) = x(\mathrm{e}^x-x)\Big|_0^1 - \int_0^1 (\mathrm{e}^x-x)\,\mathrm{d}x = \mathrm{e}-1-\left(\mathrm{e}^x-\frac{1}{2}x^2\right)\Bigg|_0^1 = \frac{1}{2}.$$

所以原不等式成立.

评注　（1）若积分不等式的一端为常数，可考虑用定积分的单调性（被积函数大的积分值也大）证明，关键是要将被积函数做适当的放大与缩小，便于算出积分.

（2）若被积函数在积分区间中不保号，则函数的放大或缩小就会有困难，此时，通常是将函数变号的分界点（零点）插入积分区间分段积分，再做放缩；或作变量代换，将两积分化为同一区间的积分后再放缩.

例 47　设 $I_n = \int_0^{\frac{\pi}{4}} \tan^n x\mathrm{d}x$，$n$ 为大于 1 的正整数，证明 $\dfrac{1}{2(n+1)} < I_n < \dfrac{1}{2(n-1)}$.

分析　作积分变量代换 $t=\tan x$，将被积函数化为有理函数形式，更便于被积函数的放大或缩小.

证明　令 $t=\tan x$，则 $I_n = \int_0^{\frac{\pi}{4}} \tan^n x\mathrm{d}x = \int_0^1 \dfrac{t^n}{1+t^2}\mathrm{d}t$.

因为 $\left(\dfrac{t}{1+t^2}\right)' = \dfrac{1-t^2}{(1+t^2)^2} > 0\ (0<t<1)$，所以

$$\frac{t}{1+t^2} < \frac{1}{1+1^2} = \frac{1}{2}.$$

于是

$$\frac{1}{2}\int_0^1 t^n\mathrm{d}t < \int_0^1 \frac{t^n}{1+t^2}\mathrm{d}t < \frac{1}{2}\int_0^1 t^{n-1}\mathrm{d}t .$$

即

$$\frac{1}{2(n+1)} < I_n < \frac{1}{2n} < \frac{1}{2(n-1)} .$$

评注　若积分不等式中含有参数（本例中的参数为 n），则当对被积函数做放大或缩小时一般应保留含有参数的部分.

例 48　设 $|f(x)| \leqslant \pi$，$f'(x) \geqslant m > 0\ (a \leqslant x \leqslant b)$，证明 $\left|\int_a^b \sin f(x)\,\mathrm{d}x\right| \leqslant \dfrac{2}{m}$.

分析　显然 $f(x)$ 单调递增，有反函数，作变量代换 $y=f(x)$，被积函数中会出现 $f'(x)$，利于已知条件的选用.

证明　因为 $f'(x) \geqslant m > 0\ (a \leqslant x \leqslant b)$，所以 $f(x)$ 在 $[a,b]$ 上严格单调递增，从而有反函数，作积分变量代换 $y=f(x)$，则 $x=f^{-1}(y)$，$\mathrm{d}x = [f^{-1}(y)]'\mathrm{d}y$. 记 $A=f(a)$，$B=f(b)$，由于

$$0 < [f^{-1}(y)]' = \frac{1}{f'(x)} \leqslant \frac{1}{m},$$

又$|f(x)|\leqslant\pi$，则$-\pi\leqslant A<B\leqslant\pi$，所以

$$\left|\int_a^b \sin f(x)\,\mathrm{d}x\right|=\left|\int_A^B \sin y\cdot[f^{-1}(y)]'\,\mathrm{d}y\right|\leqslant\int_0^\pi \frac{1}{m}\sin y\,\mathrm{d}y=\frac{2}{m}.$$

例 49　若$f'(x)$在$[0,2\pi]$上连续，且$f'(x)\geqslant 0$，证明对$\forall n\in\mathbb{N}_+$，有

$$\left|\int_0^{2\pi} f(x)\sin nx\mathrm{d}x\right|\leqslant\frac{2[f(2\pi)-f(0)]}{n}.$$

分析　由于$\int_0^{2\pi} f'(x)\mathrm{d}x=f(2\pi)-f(0)$，因此可考虑对左边积分做分部积分，使之出现$f'(x)$.

证明　$\int_0^{2\pi} f(x)\sin nx\mathrm{d}x=-\frac{1}{n}\int_0^{2\pi} f(x)\mathrm{d}\cos nx=-\frac{1}{n}(f(2\pi)-f(0))+\frac{1}{n}\int_0^{2\pi} f'(x)\cos nx\mathrm{d}x$，

所以

$$\begin{aligned}\left|\int_0^{2\pi} f(x)\sin nx\mathrm{d}x\right|&\leqslant\frac{f(2\pi)-f(0)}{n}+\frac{1}{n}\int_0^{2\pi}\left|f'(x)\cos x\right|\mathrm{d}x\\&\leqslant\frac{f(2\pi)-f(0)}{n}+\frac{1}{n}\int_0^{2\pi} f'(x)\mathrm{d}x=\frac{2[f(2\pi)-f(0)]}{n}.\end{aligned}$$

例 50　设$f(x)$在$[0,1]$上有连续导数，则

$$\int_0^1\left|f(x)\right|\mathrm{d}x\leqslant\max\left\{\int_0^1\left|f'(x)\right|\mathrm{d}x,\ \left|\int_0^1 f(x)\mathrm{d}x\right|\right\}.$$

分析　若$f(x)$在$[0,1]$内不变号，则显然有$\int_0^1\left|f(x)\right|\mathrm{d}x=\left|\int_0^1 f(x)\mathrm{d}x\right|$，所以只需证明当$f(x)$在$[0,1]$内变号时（此时$f(x)$必有零点$x_0$），有$\int_0^1\left|f(x)\right|\mathrm{d}x\leqslant\int_0^1\left|f'(x)\right|\mathrm{d}x$.

证明　若存在$x_0\in[0,1]$，使得$f(x_0)=0$，则

$$\begin{aligned}\int_0^1|f(x)|\,\mathrm{d}x&=\int_0^1\left|\int_{x_0}^x f'(t)\,\mathrm{d}t\right|\mathrm{d}x\leqslant\int_0^1\int_{x_0}^x|f'(t)|\,\mathrm{d}t\,\mathrm{d}x\\&\leqslant\int_0^1\int_0^1|f'(t)|\,\mathrm{d}t\,\mathrm{d}x=\int_0^1|f'(t)|\,\mathrm{d}t.\end{aligned}$$

若不存在$x_0\in[0,1]$，使得$f(x_0)=0$，则$f(x)$在$[0,1]$上不变号，故

$$\int_0^1|f(x)|\,\mathrm{d}x=\left|\int_0^1 f(x)\,\mathrm{d}x\right|.$$

综上，知总有$\int_0^1|f(x)|\,\mathrm{d}x\leqslant\max\left\{\left|\int_0^1 f(x)\,\mathrm{d}x\right|,\int_0^1|f'(x)|\,\mathrm{d}x\right\}$成立.

例 51*　设C是在区间$0\leqslant x\leqslant 1$上的所有实值连续可微函数的集合，且$f(0)=0$和$f(1)=1$．求出最大实数u，对于C中的所有f满足$u\leqslant\int_0^1\left|f'(x)-f(x)\right|\mathrm{d}x$.

分析　由于$f'(x)-f(x)=[f(x)\mathrm{e}^{-x}]'\mathrm{e}^x$，所以只需找到函数$\left|[f(x)\mathrm{e}^{-x}]'\mathrm{e}^x\right|$在区间[0,1]上的积分值的最大下界. 显然$\left|[f(x)\mathrm{e}^{-x}]'\mathrm{e}^x\right|\geqslant[f(x)\mathrm{e}^{-x}]'$，两端积分问题就容易解决了.

解　下面证明满足题目要求的$u=1/\mathrm{e}$.

因为$f'(x)-f(x)=[f(x)\mathrm{e}^{-x}]'\,\mathrm{e}^x$，对于$x\geqslant 0$，有$\mathrm{e}^x\geqslant 1$，所以

$$\int_0^1\left|f'(x)-f(x)\right|\mathrm{d}x=\int_0^1\left|\left[f(x)\mathrm{e}^{-x}\right]'\mathrm{e}^x\right|\mathrm{d}x>\int_0^1\left[f(x)\mathrm{e}^{-x}\right]'\mathrm{d}x=\left[f(x)\mathrm{e}^{-x}\right]_0^1=\frac{1}{\mathrm{e}}.$$

为了看出 $\frac{1}{\mathrm{e}}$ 是一个最大的下界，构造函数

$$f_a(x)=\begin{cases}\dfrac{\mathrm{e}^{a-1}}{a}x, & 0\leqslant x<a,\\ \mathrm{e}^{x-1}, & a\leqslant x\leqslant 1.\end{cases}$$

令 $m=\mathrm{e}^{a-1}/a$，则

$$\begin{aligned}\int_0^1\left|f_a'(x)-f_a(x)\right|\mathrm{d}x&=\int_0^a|m-mx|\mathrm{d}x+\int_a^1\left|\mathrm{e}^{x-1}-\mathrm{e}^{x-1}\right|\mathrm{d}x\\&=\int_0^a|m-mx|\mathrm{d}x=m\left(a-\frac{a^2}{2}\right)=\mathrm{e}^{a-1}\left(1-\frac{a}{2}\right)\to\frac{1}{\mathrm{e}}\quad(a\to 0).\end{aligned}$$

这说明凡是大于 $\frac{1}{\mathrm{e}}$ 的数都不可能是所给积分的下界. 所以 $u=\frac{1}{\mathrm{e}}$.

评注　函数 $f_a(x)$ 的由来：取 $f(x)=k\mathrm{e}^x$，显然 $\int_0^1\left|f'(x)-f(x)\right|\mathrm{d}x=0$，积分值最小；由条件 $f(1)=1$，知 $k=\mathrm{e}^{-1}$，即 $f(x)=\mathrm{e}^{x-1}$，但 $f(0)=\mathrm{e}^{-1}\neq 0$，为此取 $a\in(0,1)$，作两点 $(0,0),(a,f(a))$ 的连线 $y=\frac{\mathrm{e}^{a-1}}{a}x$ 来替代区间 $[0,a]$ 上的 $f(x)$，于是就得到 $f_a(x)$.

例 52　设 $f(x)$ 在 $[a,b]$ 上连续，且 $f(x)>0$，证明：

$$\ln\left[\frac{1}{b-a}\int_a^b f(x)\mathrm{d}x\right]\geqslant\frac{1}{b-a}\int_a^b\ln f(x)\mathrm{d}x.$$

分析　记 $T=\frac{1}{b-a}\int_a^b f(x)\mathrm{d}x$，则只需证 $\int_a^b[\ln f(x)-\ln T]\mathrm{d}x\leqslant 0$.

证明　方法 1　因为

$$\ln f(x)-\ln T=\ln\left[1+\left(\frac{f(x)}{T}-1\right)\right]\leqslant\frac{f(x)}{T}-1,$$

所以

$$\int_a^b[\ln f(x)-\ln T]\mathrm{d}x\leqslant\int_a^b\left[\frac{f(x)}{T}-1\right]\mathrm{d}x=\frac{1}{T}\int_a^b f(x)\mathrm{d}x-(b-a)=0.$$

方法 2　令 $g(x)=\ln t$，因为 $g''(x)=-\frac{1}{t^2}<0$，所以 $g(x)$ 是上凸函数.

将区间 $[a,b]$ n 等分，记分点为 x_k，$f_k=f(x_k)$，由上凸函数的 Jensen 不等式，有

$$\ln\left[\frac{1}{n}\sum_{k=1}^n f_k\right]\geqslant\frac{1}{n}\sum_{k=1}^n\ln(f_k),$$

所以

$$\lim_{n\to\infty}\ln\left[\frac{1}{n}\sum_{k=1}^n f_k\right]\geqslant\lim_{n\to\infty}\frac{1}{n}\sum_{k=1}^n\ln(f_k).$$

由定积分的定义，得 $\ln\left(\frac{1}{b-a}\int_a^b f(x)\mathrm{d}x\right)\geqslant\frac{1}{b-a}\int_a^b\ln f(x)\mathrm{d}x$.

评注　(1) 类似可证明：若 $g(x)\in C[a,b]$，且为上凸函数，$f(x)$ 在 $[a,b]$ 上可积分，则有

$$g\left(\frac{1}{b-a}\int_a^b f(x)\mathrm{d}x\right)\geqslant\frac{1}{b-a}\int_a^b g(f(x))\mathrm{d}x.$$

若 $g(x)$ 下凸，则不等式反向.

（2）利用定积分的定义将定积分转化为离散和的极限来处理，对于某些问题的解决会较为方便.

例 53 设 $f(x)$ 在 $[a,b]$ 上连续且单调递增，证明 $\int_a^b xf(x)\mathrm{d}x \geqslant \dfrac{a+b}{2}\int_a^b f(x)\mathrm{d}x$.

分析 移项，将参数 b 或 a 作为自变量引入辅助函数，利用函数的单调性就可证明不等式，还可利用积分的单调性，以及积分中值定理等方法来证明.

证明 **方法 1** 构造辅助函数，令

$$F(x)=\int_a^x tf(t)\mathrm{d}t-\frac{a+x}{2}\int_a^x f(t)\mathrm{d}t,\quad x\in[a,b].$$

显然 $F(a)=0$，且

$$\begin{aligned}F'(x)&=xf(x)-\frac{1}{2}\int_a^x f(t)\mathrm{d}t-\frac{a+x}{2}f(x)\\&=\frac{x-a}{2}f(x)-\frac{1}{2}\int_a^x f(t)\mathrm{d}t=\frac{1}{2}\int_a^x[f(x)-f(t)]\,\mathrm{d}t\geqslant 0,\end{aligned}$$

即 $F(x)$ 单调递增. 所以 $F(x)\geqslant 0$，从而 $F(b)\geqslant 0$，即

$$\int_a^b xf(x)\mathrm{d}x\geqslant\frac{a+b}{2}\int_a^b f(x)\mathrm{d}x.$$

方法 2 利用定积分的单调性（不等式性质）.

由于 $f(x)$ 在 $[a,b]$ 上单调递增，则有

$$\left(x-\frac{a+b}{2}\right)\left[f(x)-f\left(\frac{a+b}{2}\right)\right]\geqslant 0,\quad \int_a^b\left(x-\frac{a+b}{2}\right)\left[f(x)-f\left(\frac{a+b}{2}\right)\right]\mathrm{d}x\geqslant 0.$$

又

$$\int_a^b\left(x-\frac{a+b}{2}\right)f\left(\frac{a+b}{2}\right)\mathrm{d}x\xlongequal{t=x-(a+b)/2}f\left(\frac{a+b}{2}\right)\int_{-\frac{b-a}{2}}^{\frac{b-a}{2}}t\mathrm{d}t=0,$$

代入上面积分式，可得 $\int_a^b xf(x)\mathrm{d}x\geqslant\dfrac{a+b}{2}\int_a^b f(x)\mathrm{d}x$.

方法 3 利用积分第一中值定理.

$$\begin{aligned}\int_a^b\left(x-\frac{a+b}{2}\right)f(x)\,\mathrm{d}x&=\int_a^{\frac{a+b}{2}}\left(x-\frac{a+b}{2}\right)f(x)\,\mathrm{d}x+\int_{\frac{a+b}{2}}^b\left(x-\frac{a+b}{2}\right)f(x)\mathrm{d}x\\&=f(\xi_1)\int_a^{\frac{a+b}{2}}\left(x-\frac{a+b}{2}\right)\mathrm{d}x+f(\xi_2)\int_{\frac{a+b}{2}}^b\left(x-\frac{a+b}{2}\right)\mathrm{d}x=[f(\xi_2)-f(\xi_1)]\frac{(b-a)^2}{8}.\end{aligned}$$

其中 $0<\xi_1<\dfrac{a+b}{2}<\xi_2<b$. 因为 $f(x)$ 单调递增，所以上式右端非负，故

$$\int_a^b\left(x-\frac{a+b}{2}\right)f(x)\,\mathrm{d}x\geqslant 0.$$

方法 4 利用二重积分的单调性.

由 $f(x)$ 单调递增，知 $\forall x,y\in[a,b]$，有

$$(x-y)[f(x)-f(y)]\geqslant 0.$$

做二重积分，得

$$\int_a^b\int_a^b(x-y)[f(x)-f(y)]\mathrm{d}x\mathrm{d}y\geqslant 0.$$

左端的二重积分为

$$I=(b-a)\int_a^b xf(x)\mathrm{d}x-\frac{b^2-a^2}{2}\int_a^b f(x)\mathrm{d}x+(b-a)\int_a^b yf(y)\mathrm{d}y-\frac{b^2-a^2}{2}\int_a^b f(y)\mathrm{d}y$$
$$=2(b-a)\int_a^b xf(x)\mathrm{d}x-(b^2-a^2)\int_a^b f(x)\mathrm{d}x.$$

所以

$$\int_a^b xf(x)\mathrm{d}x\geqslant\frac{a+b}{2}\int_a^b f(x)\mathrm{d}x.$$

评注　(1) 若不等式的两边含有同一参数（或常数），将该参数（或常数）作为自变量引入辅助函数，再用微分学的方法寻求不等式的证明，会使问题更容易处理.

(2) 积分中值定理建立了函数值与定积分的关系，为我们用积分形式研究函数或用函数研究定积分提供了方便；积分中值定理常用来消除定积分号，使问题得到简化. 方法 3 中将积分区间对分的目的是使函数 $x-\dfrac{a+b}{2}$ 在对应的积分区间内保持符号，使之满足积分第一中值定理的条件.

(3) 利用二重积分来解决定积分的问题也是较常见的方法.

(4) 本题的几何意义：若曲线 $y=f(x)$ 单调递增，则曲边梯形 $\{(x,y)\mid a\leqslant x\leqslant b,0\leqslant y\leqslant f(x)\}$ 的形心一定落在直线 $x=\dfrac{a+b}{2}$ 的右边.

例 54　设 $f(x)$ 和 $g(x)$ 在 $[0,1]$ 上的导数连续，且 $f(0)=0$，$f'(x)\geqslant 0$，$g'(x)\geqslant 0$. 证明对 $\forall a\in[0,1]$，有

$$\int_0^a g(x)f'(x)\mathrm{d}x+\int_0^1 f(x)g'(x)\mathrm{d}x\geqslant f(a)g(1).$$

分析　两边做差，将参数 a 作为自变量引入辅助函数，再用函数的单调性证明；也可做分部积分，化简左端积分式.

证明　**方法 1**　设 $F(x)=\int_0^x g(t)f'(t)\mathrm{d}t+\int_0^1 f(t)g'(t)\mathrm{d}t-f(x)g(1)$，则 $F(x)$ 在 $[0,1]$ 上的导数连续，并且

$$F'(x)=g(x)f'(x)-f'(x)g(1)=f'(x)[g(x)-g(1)].$$

由于当 $x\in[0,1]$ 时，$f'(x)\geqslant 0$，$g'(x)\geqslant 0$，因此 $F'(x)\leqslant 0$，即 $F(x)$ 在 $[0,1]$ 上单调递减. 注意到

$$F(1)=\int_0^1 g(t)f'(t)\mathrm{d}t+\int_0^1 f(t)g'(t)\mathrm{d}t-f(1)g(1),$$

而

$$\int_0^1 g(t)f'(t)\mathrm{d}t=\int_0^1 g(t)\mathrm{d}f(t)=g(t)f(t)\Big|_0^1-\int_0^1 f(t)g'(t)\mathrm{d}t=f(1)g(1)-\int_0^1 f(t)g'(t)\mathrm{d}t.$$

故 $F(1)=0$. 因此当 $x\in[0,1]$ 时，$F(x)\geqslant 0$. 由此可得对任何 $a\in[0,1]$，有

$$\int_0^a g(x)f'(x)\mathrm{d}x+\int_0^1 f(x)g'(x)\mathrm{d}x\geqslant f(a)g(1).$$

方法 2　做分部积分化简右端的积分式.

$$\int_0^a g(x)f'(x)\mathrm{d}x=g(x)f(x)\Big|_0^a-\int_0^a f(x)g'(x)\mathrm{d}x=f(a)g(a)-\int_0^a f(x)g'(x)\mathrm{d}x.$$

从而

$$\int_0^a g(x)f'(x)\mathrm{d}x+\int_0^1 f(x)g'(x)\mathrm{d}x=f(a)g(a)-\int_0^a f(x)g'(x)\mathrm{d}x+\int_0^1 f(x)g'(x)\mathrm{d}x$$
$$=f(a)g(a)+\int_a^1 f(x)g'(x)\mathrm{d}x.$$

由于当 $x\in[0,1]$ 时，$g'(x)\geqslant 0$，因此 $f(x)g'(x)\geqslant f(a)g'(x)$，$x\in[a,1]$，有

$$\int_a^1 f(x)g'(x)\mathrm{d}x\geqslant\int_a^1 f(a)g'(x)\mathrm{d}x=f(a)[g(1)-g(a)].$$

从而

$$\int_0^a g(x)f'(x)\mathrm{d}x+\int_0^1 f(x)g'(x)\mathrm{d}x \geqslant f(a)g(a)+f(a)[g(1)-g(a)]=f(a)g(1).$$

例 55 设 $f(x)$ 在 $[0,1]$ 上有连续导数，且满足 $f(0)=0$，$0<f'(x)\leqslant 1$，证明：

$$\left(\int_0^1 f(x)\mathrm{d}x\right)^2 \geqslant \int_0^1 [f(x)]^3\,\mathrm{d}x,$$

并给出一个出现等式的例子.

分析 将积分上限 1 换为参数引入辅助函数，将不等式转化为函数不等式，再用微分学的方法证明；还可以用其他多种方法.

证明 方法 1 因为 $0<f'(x)\leqslant 1$，$f(0)=0$，则 $f(x)>f(0)=0$.

令 $F(t)=\left(\int_0^t f(x)\mathrm{d}x\right)^2-\int_0^t f^3(x)\mathrm{d}x$，$t\in[0,1]$. 则 $F(0)=0$，且

$$F'(t)=f(t)\left(2\int_0^t f(x)\mathrm{d}x-[f(t)]^2\right)\triangleq f(t)G(t),$$

其中 $G(t)=2\int_0^t f(x)\mathrm{d}x-[f(t)]^2$，则 $G(0)=0$ 和 $G'(t)=2f(t)[1-f'(t)]\geqslant 0$，因此 $G(t)\geqslant 0$. 于是 $F'(t)=f(t)G(t)\geqslant 0$，所以 $F(t)\geqslant 0$， $F(1)\geqslant 0$，所以原不等式成立.

仅当对一切 t，$f(t)G(t)=F'(t)=0$ 时，等式成为可能. 由此推出：对某个 k，在 $[0,k]$ 上 $f(t)=0$ 且在 $(k,1)$ 内 $f(t)>0$，同时 $G'(t)=0$，然后在 $(k,1)$ 上，有 $f'(t)=1$. 这仅当 $k=0$ 或 $k=1$ 才行，否则 $f'(k)$ 不存在，所以出现等式的唯一的答案是 $f(x)=x$.

方法 2 设 $F(x)=\left[\int_0^x f(t)\mathrm{d}t\right]^2$，$G(x)=\int_0^x f^3(t)\,\mathrm{d}t$，只需证明 $\dfrac{F(1)}{G(1)}\geqslant 1$.

显然，在区间 $[0,1]$ 上，$F(x)$ 和 $G(x)$ 满足柯西中值定理的条件，且 $F(0)=G(0)=0$，故对任意 $x\in[0,1]$，存在一点 $\xi\in(0,x)$，使

$$\frac{F(x)}{G(x)}=\frac{F(x)-F(0)}{G(x)-G(0)}=\frac{F'(\xi)}{G'(\xi)}=\frac{2f(\xi)\int_0^\xi f(t)\,\mathrm{d}t}{f^3(\xi)}=\frac{2\int_0^\xi f(t)\,\mathrm{d}t}{f^2(\xi)}$$

$$=\frac{2\int_0^\xi f(t)\mathrm{d}t-2\int_0^0 f(t)\mathrm{d}t}{f^2(\xi)-f^2(0)}=\frac{2f(\eta)}{2f(\eta)f'(\eta)}=\frac{1}{f'(\eta)}\geqslant 1 \quad (\eta\in(0,\xi)).$$

上式的倒数第 2 个等式是对函数 $\int_0^x f(t)\mathrm{d}t$ 和 $f^2(x)$ 在区间 $[0,\xi]$ 上用柯西中值定理所得.

于是，对任意 $x\in[0,1]$，$\dfrac{F(x)}{G(x)}\geqslant 1$，$\dfrac{F(1)}{G(1)}\geqslant 1$.

方法 3 设 $f(1)=c$，由题设推出 f 有反函数 g，且在 $0\leqslant y\leqslant c$ 上有 $g'(y)=\dfrac{1}{f'(x)}\geqslant 1$.

记 $A=\left(\int_0^1 f(x)\,\mathrm{d}x\right)^2$，$B=\int_0^1 [f(x)]^3\mathrm{d}x$. 做积分换元 $x=g(y)$，有

$$A=\left(\int_0^c yg'(y)\mathrm{d}y\right)^2=\int_0^c\int_0^c yg'(y)zg'(z)\mathrm{d}z\mathrm{d}y$$

$$=2\int_0^c \mathrm{d}z\int_0^z yg'(y)zg'(z)\mathrm{d}y \text{ (被积函数与积分区域关于 } y,z \text{ 对称).}$$

由于 $g'(y)\geqslant 1$， 则

$$A \geqslant \int_0^c z g'(z)\left(\int_0^z 2y\mathrm{d}y\right)\mathrm{d}z = \int_0^c z^3 g'(z)\,\mathrm{d}z = B.$$

方法 4
$$\int_0^1 [f(x)]^3\,\mathrm{d}x = \int_0^1 f(x)\mathrm{d}x\int_0^x 2f(y)f'(y)\mathrm{d}y.$$

因为 $0 < f'(x) \leqslant 1$， $f(0)=0$，则 $f(x) > f(0) = 0$．所以

$$\int_0^1 (f(x))^3\,\mathrm{d}x \leqslant \int_0^1 f(x)\mathrm{d}x\int_0^x 2f(y)\mathrm{d}y = \int_0^1 f(x)\mathrm{d}x\int_0^1 f(y)\mathrm{d}y\ (\text{二重积分的对称性})$$

$$= \left(\int_0^1 f(x)\mathrm{d}x\right)^2.$$

评注　(1) 二重积分的对称性见 5.1 节例 4 评注 (2).

(2) 从证明过程可看出，该题的积分区间可换为任意有限形式 $[a,b]$，只需 $f(a)=0$ 即可.

例 56　设 $f(x), g(x)$ 是 $[0,1]\to[0,1]$ 的连续函数，且 $f(x)$ 单调递增，证明：

$$\int_0^1 f(g(x))\,\mathrm{d}x \leqslant \int_0^1 f(x)\,\mathrm{d}x + \int_0^1 g(x)\,\mathrm{d}x.$$

分析　(1) 令 $F(x) = f(x) - x$，则问题转化为证明 $\int_0^1 [F(g(x)) - F(x)]\,\mathrm{d}x \leqslant \int_0^1 x\,\mathrm{d}x = \frac{1}{2}$. 这只需证明 $\max\limits_{0\leqslant x\leqslant 1} F(x) - \int_0^1 F(x)\,\mathrm{d}x \leqslant \frac{1}{2}$，即 $\int_0^1 F(x)\,\mathrm{d}x \geqslant \max\limits_{0\leqslant x\leqslant 1} F(x) - \frac{1}{2}$.

(2) 由积分中值定理 $\int_0^1 [f(g(x)) - g(x)]\,\mathrm{d}x = f(g(\xi)) - g(\xi)$，只需证明 $\forall t\in(0,1)$，有

$$f(t) - t \leqslant \int_0^1 f(x)\,\mathrm{d}x.$$

证明　方法 1　令 $F(x) = f(x) - x$，记 $\max\limits_{0\leqslant x\leqslant 1} F(x) = F(x_0) = a$. 由于 $0\leqslant f(x)\leqslant 1$，则 $-x \leqslant F(x) \leqslant 1 - x$，所以 $a \leqslant 1 - x_0$.

因为 $f(x)$ 单调递增，当 $x\in[x_0,1]$ 时， $f(x)\geqslant f(x_0)$，即 $F(x) + x \geqslant F(x_0) + x_0 = a + x_0$. 所以

$$\int_0^1 F(x)\,\mathrm{d}x = \int_0^{x_0} F(x)\,\mathrm{d}x + \int_{x_0}^1 F(x)\,\mathrm{d}x \geqslant \int_0^{x_0} (-x)\,\mathrm{d}x + \int_{x_0}^1 (a + x_0 - x)\,\mathrm{d}x$$

$$= a - \frac{1}{2} + x_0(1 - a - x_0) \geqslant a - \frac{1}{2} = \max_{0\leqslant x\leqslant 1} F(x) - \frac{1}{2}$$

$$\geqslant \int_0^1 F(g(x))\,\mathrm{d}x - \frac{1}{2} = \int_0^1 f(g(x))\,\mathrm{d}x - \int_0^1 g(x)\,\mathrm{d}x - \frac{1}{2}.$$

将 $F(x) = f(x) - x$ 代入左端积分式，即得所证不等式.

方法 2　$\int_0^1 f(g(x))\,\mathrm{d}x - \int_0^1 g(x)\,\mathrm{d}x = \int_0^1 [f(g(x)) - g(x)]\,\mathrm{d}x = f(g(\xi)) - g(\xi)\ (0<\xi<1)$.

记 $g(\xi) = t$. 因为 $0\leqslant f(x)\leqslant 1$， $0\leqslant g(x)\leqslant 1$，且 $f(x)$ 单调递增，则有

$$\int_0^1 f(g(x))\,\mathrm{d}x - \int_0^1 g(x)\,\mathrm{d}x = f(t) - t \leqslant f(t)(1-t)$$

$$= \int_t^1 f(t)\,\mathrm{d}x \leqslant \int_t^1 f(x)\,\mathrm{d}x \leqslant \int_0^1 f(x)\,\mathrm{d}x.$$

例 57　设 $f(x)$ 在 $[0,1]$ 上具有二阶连续导数，且 $f(0) = f(1) = 0$，在 $(0,1)$ 内 $f(x)\neq 0$. 证明 $\int_0^1 \left|\frac{f''(x)}{f(x)}\right|\mathrm{d}x > 4$.

分析　令 $f(x_0) = \max\limits_{0\leqslant x\leqslant 1} f(x)$，由题设条件易知 $|f(x_0)| > 0$，于是 $\int_0^1 \left|\frac{f''(x)}{f(x)}\right|\mathrm{d}x > \frac{1}{|f(x_0)|}\int_0^1 |f''(x)|\mathrm{d}x$.

只需证明$\dfrac{1}{|f(x_0)|}\displaystyle\int_0^1 |f''(x)|\,\mathrm{d}x > 4$.

证明 如果$\displaystyle\int_0^1 \left|\frac{f''(x)}{f(x)}\right|\mathrm{d}x$发散，则显然有$\displaystyle\int_0^1 \left|\frac{f''(x)}{f(x)}\right|\mathrm{d}x \geqslant 4$. 以下设$\displaystyle\int_0^1 \left|\frac{f''(x)}{f(x)}\right|\mathrm{d}x$收敛.

因为$(0,1)$内$f(x)\neq 0$，可设$f(x)>0$. 由$f(0)=f(1)=0$，知$\exists x_0\in(0,1)$，使$f(x_0)=\max\limits_{0\leqslant x\leqslant 1}\{f(x)\}$. 所以

$$\int_0^1 \left|\frac{f''(x)}{f(x)}\right|\mathrm{d}x \geqslant \frac{1}{f(x_0)}\int_0^1 |f''(x)|\,\mathrm{d}x. \qquad ①$$

在区间$[0,x_0]$与$[x_0,1]$上分别用拉格朗日中值定理，有

$$f'(\alpha)=\frac{f(x_0)}{x_0},\quad f'(\beta)=-\frac{f(x_0)}{1-x_0}\quad (0<\alpha<x_0<\beta<1).$$

所以

$$\int_0^1 |f'''(x)|\,\mathrm{d}x \geqslant \int_\alpha^\beta |f''(x)|\,\mathrm{d}x \geqslant \left|\int_\alpha^\beta f''(x)\,\mathrm{d}x\right|$$

$$=|f'(\beta)-f'(\alpha)|=\frac{f(x_0)}{x_0(1-x_0)}\geqslant 4f(x_0).$$

即$\dfrac{1}{f(x_0)}\displaystyle\int_0^1 |f''(x)|\,\mathrm{d}x \geqslant 4$. 由①式得$\displaystyle\int_0^1 \left|\frac{f''(x)}{f(x)}\right|\mathrm{d}x > 4$.

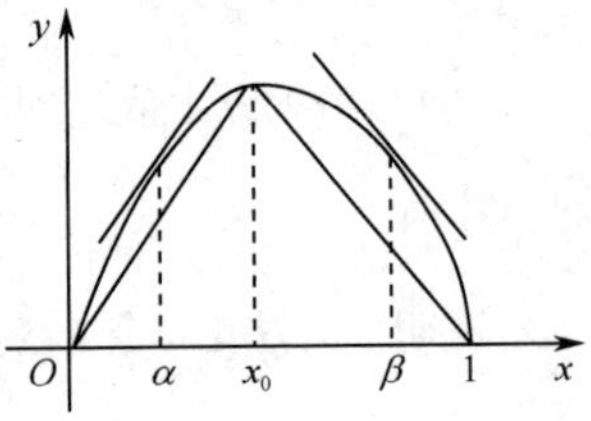

图 3.1

评注 由拉格朗日中值定理的几何意义（如图 3.1 所示）可知，证明中之所以选取函数的最大值点x_0，是为了使$|f'(\beta)-f'(\alpha)|$的值相对较大.

例 58 设$f''(x)\in C[a,b]$，且$f(a)=f(b)=0$，证明$\left|\displaystyle\int_a^b f(x)\,\mathrm{d}x\right| \leqslant \dfrac{(b-a)^3}{12}\max\limits_{a\leqslant x\leqslant b}|f''(x)|$.

分析 $f''(x)\in C[a,b]$，知$\max\limits_{a\leqslant x\leqslant b}|f''(x)|$存在. 涉及函数的二阶导数，容易想到用泰勒公式将函数放大来得到积分不等式.

证明 **方法 1** 由泰勒公式

$$f(t)=f(x)+f'(x)(t-x)+\frac{f''(\xi)}{2!}(t-x)^2\quad \left(t,x\in[a,b],\ \xi\text{介于}t\text{与}x\text{之间}\right).$$

所以

$$0=f(a)=f(x)+f'(x)(a-x)+\frac{f''(\xi)}{2!}(a-x)^2,$$

$$f(x)=f'(x)(x-a)-\frac{f''(\xi)}{2!}(a-x)^2.$$

$$\int_a^b f(x)\,\mathrm{d}x=\int_a^b f'(x)(x-a)\,\mathrm{d}x-\int_a^b \frac{f''(\xi)}{2!}(x-a)^2\,\mathrm{d}x$$

$$=f(x)(x-a)\Big|_a^b-\int_a^b f(x)\,\mathrm{d}x-\frac{1}{2}\int_a^b f''(\xi)(x-a)^2\,\mathrm{d}x.$$

所以

$$\int_a^b f(x)\,\mathrm{d}x=-\frac{1}{4}\int_a^b f''(\xi)(x-a)^2\,\mathrm{d}x.$$

于是

$$\left|\int_a^b f(x)\,\mathrm{d}x\right|\leqslant\frac{1}{4}\int_a^b |f''(\xi)|(x-a)^2\,\mathrm{d}x$$

$$\leqslant \frac{1}{4}\max_{a\leqslant x\leqslant b}\left|f''(x)\right|\int_a^b (x-a)^2\mathrm{d}x = \frac{(b-a)^3}{12}\max_{a\leqslant x\leqslant b}\left|f''(x)\right|.$$

方法 2　为了将 $f''(x)$ 引入积分式中，可考虑用分部积分

$$\begin{aligned}
&\frac{1}{2}\int_a^b f''(x)(x-a)(x-b)\mathrm{d}x = \frac{1}{2}\int_a^b (x-a)(x-b)\mathrm{d}f'(x)\\
&=\frac{1}{2}(x-a)(x-b)f'(x)\Big|_a^b - \frac{1}{2}\int_a^b f'(x)(2x-a-b)\mathrm{d}x\\
&=-\frac{1}{2}\int_a^b (2x-a-b)\mathrm{d}f(x) = -\frac{1}{2}f(x)(2x-a-b)\Big|_a^b + \frac{1}{2}\int_a^b f(x)2\mathrm{d}x\\
&=\int_a^b f(x)\mathrm{d}x.
\end{aligned}$$

所以

$$\left|\int_a^b f(x)\mathrm{d}x\right| = \left|\frac{1}{2}\int_a^b f''(x)(x-a)(x-b)\mathrm{d}x\right| \leqslant \frac{1}{2}\int_a^b \left|f''(x)(x-a)(x-b)\right|\mathrm{d}x$$

$$\leqslant \frac{1}{2}\max_{a\leqslant x\leqslant b}\left|f''(x)\right|\int_a^b (x-a)(b-x)\mathrm{d}x = \frac{(b-a)^3}{12}\max_{a\leqslant x\leqslant b}\left|f''(x)\right|.$$

评注　当被积函数为抽象形式，且知道其（一、二阶）导数单侧或双侧有界时，可用微分中值定理或泰勒公式将函数放大或缩小来得到积分不等式.

例 59　设 $f(x)$ 在 $(-\infty,+\infty)$ 上连续，对 $\forall a,b>0$ 满足 $f\left(\dfrac{a+b}{2}\right)\leqslant\dfrac{1}{2}[f(a)+f(b)]$. 记 $F(x)=\dfrac{1}{x}\int_0^x f(t)\mathrm{d}t$，证明：（1）$F\left(\dfrac{a+b}{2}\right)\leqslant\dfrac{1}{2}[F(a)+F(b)]$；（2）$f\left(\dfrac{x}{2}\right)\leqslant F(x)\leqslant\dfrac{1}{2}[f(0)+f(x)]$.

分析　（1）将不等式两边的积分限换到同一区间上，就容易判断积分值的大小了；

（2）不等式的两边没有积分形式，一定是利用凸函数的性质（弧与弦的位置关系），放大或缩小后计算出了积分.

证明　（1）由 $F(x)$ 的定义，知 $F\left(\dfrac{a+b}{2}\right)=\dfrac{2}{a+b}\int_0^{\frac{a+b}{2}} f(t)\mathrm{d}t$，作变量代换 $t=\dfrac{a+b}{2}u$，有

$$F\left(\frac{a+b}{2}\right)=\int_0^1 f\left(\frac{a+b}{2}u\right)\mathrm{d}u\leqslant\frac{1}{2}\int_0^1\left[f(au)+f(bu)\right]\mathrm{d}u. \qquad ①$$

在 $\int_0^1 f(au)\mathrm{d}u$ 中令 $au=v$，则

$$\int_0^1 f(au)\mathrm{d}u=\frac{1}{a}\int_0^a f(v)\mathrm{d}v=F(a). \qquad ②$$

同理可知

$$\int_0^1 f(bu)\mathrm{d}u=\frac{1}{b}\int_0^b f(v)\mathrm{d}v=F(b). \qquad ③$$

由①，②，③式可得：

$$F\left(\frac{a+b}{2}\right)\leqslant\frac{1}{2}\left[F(a)+F(b)\right].$$

（2）曲线 $y=f(x)$ 上过点 $(0,f(0))$ 与 $(x,f(x))$ 的直线方程为

$$y=f(0)+\frac{f(x)-f(0)}{x}t.$$

由于 $y=f(x)$ 在 $(0,+\infty)$ 内是下凸的，故当 $t\in[0,x]$ 时，有

$$f(t)\leqslant f(0)+\frac{f(x)-f(0)}{x}t.$$

上式两边对 t 在 $[0,x]$ 上积分，有

$$\int_0^x f(t)\mathrm{d}t \leqslant xf(0)+\frac{1}{2}x[f(x)-f(0)]=\frac{1}{2}x[f(x)+f(0)].$$

即

$$\frac{1}{x}\int_0^x f(t)\mathrm{d}t \leqslant \frac{1}{2}[f(x)+f(0)]. \tag{4}$$

对积分 $\int_0^x f(t)\mathrm{d}t$，作变量代换 $t=\frac{x}{2}+v$，则

$$\int_0^x f(t)\mathrm{d}t=\int_{-\frac{x}{2}}^{\frac{x}{2}} f\left(\frac{x}{2}+v\right)\mathrm{d}v=\int_0^{\frac{x}{2}}\left[f\left(\frac{x}{2}+v\right)+f\left(\frac{x}{2}-v\right)\right]\mathrm{d}v \geqslant 2\int_0^{\frac{x}{2}} f\left(\frac{x}{2}\right)\mathrm{d}v=xf\left(\frac{x}{2}\right).$$

得到

$$\frac{1}{x}\int_0^x f(t)\mathrm{d}t \geqslant f\left(\frac{x}{2}\right). \tag{5}$$

由④，⑤式知

$$f\left(\frac{x}{2}\right) \leqslant F(x) \leqslant \frac{1}{2}\left[f(0)+f(x)\right].$$

评注 （1）不等式（1）说明：凸函数的平均值函数仍保持其凸性不变. 但该结论的逆命题是不成立的. 例如，取 $F(x)=\mathrm{e}^{-x}$，显然 $F''(x)=\mathrm{e}^{-x}>0$，即 $F(x)$ 是一个下凸函数，$\forall a,b>0$，有

$$F\left(\frac{a+b}{2}\right) \leqslant \frac{1}{2}\left[F(a)+F(b)\right].$$

另一方面，由 $F(x)=\frac{1}{x}\int_0^x f(t)\mathrm{d}t$，得 $\int_0^x f(t)\mathrm{d}t=x\mathrm{e}^{-x}$，两边求导得 $f(x)=(x-1)\mathrm{e}^{-x}$. 显然 $f(x)$ 在 $(0,+\infty)$ 内不是下凸函数，即不等式 $f\left(\frac{a+b}{2}\right) \leqslant \frac{1}{2}\left[f(a)+f(b)\right]$ 在 $(0,+\infty)$ 内不恒成立.

（2）不等式（2）的几何意义是明显的：凸函数在任意区间与 x 轴围成的面积总是介于区间中点函数值为高的矩形面积与两端点连线的梯形面积之间. 从几何意义着眼，其证明方法也就容易想到了.

例 60 证明下列不等式.

（1）设 $x\in[0,\pi]$，$t\in[0,1]$，则 $\sin xt \geqslant t\sin x$；

（2）设 $p>0$，则 $\int_0^{\frac{\pi}{2}}(\sin t)^p\,\mathrm{d}t \geqslant \frac{\pi}{2(p+1)}$；

（3）设 $x\geqslant 0, p>0$，则 $\int_0^x |\sin t|^p\,\mathrm{d}t \geqslant \frac{x|\sin x|^p}{p+1}$.

分析 （1）中不等式只需证明 $f(t)=\sin xt-t\sin x\geqslant 0$. 这利用函数的凹凸性是容易解决的；以（1）中不等式为桥梁，（2）中不等式就容易证明了；注意到（3）中的被积函数 $|\sin t|$ 以 π 为周期，为利用周期函数的积分性质及（1）（2）的结论，自然要将积分上限表示为 $x=k\pi+v$，$k\in\mathbb{N}$，$v\in[0,\pi)$ 的形式.

证明 （1）对 $x\in[0,\pi]$，做函数 $f(t)=\sin xt-t\sin x$，$t\in[0,1]$，则 $f''(t)=-x^2\sin xt\leqslant 0$，$f(t)$ 在区间 $[0,1]$ 中是上凸的. 注意到 $f(0)=f(1)=0$，则有

$$f(t)=f\left((1-t)\cdot 0+t\cdot 1\right)\geqslant(1-t)f(0)+tf(1)=0，即 \sin xt\geqslant t\sin x.$$

（2）因为 $p>0$，令 $t=\frac{\pi}{2}u$，则

$$\int_0^{\frac{\pi}{2}}(\sin t)^p\,\mathrm{d}t=\frac{\pi}{2}\int_0^1\left(\sin\frac{\pi}{2}u\right)^p\mathrm{d}u \geqslant \frac{\pi}{2}\int_0^1\left(u\sin\frac{\pi}{2}\right)^p\mathrm{d}u=\frac{\pi}{2(p+1)}.$$

（3）对任意 $x\geqslant 0$，则存在 $k\in\mathbb{N}$，使得 $x=k\pi+v, v\in[0,\pi)$. 注意到 $|\sin x|$ 以 π 为周期，则

$$\int_0^x |\sin t|^p\,dt = \int_0^{k\pi} |\sin t|^p\,dt + \int_{k\pi}^{k\pi+v} |\sin t|^p\,dt = k\int_0^{\pi} |\sin t|^p\,dt + \int_0^{v} (\sin t)^p\,dt .$$

由于

$$\int_0^{\pi} |\sin t|^p\,dt = 2\int_0^{\frac{\pi}{2}} (\sin t)^p\,dt > \frac{\pi}{p+1},$$

$$\int_0^{v} (\sin t)^p\,dt \xlongequal{t=vu} v\int_0^{1} (\sin vu)^p\,du \geqslant v\int_0^{1} (u\sin v)^p\,du = \frac{v(\sin v)^p}{p+1} = \frac{v|\sin x|^p}{p+1},$$

所以

$$\int_0^x |\sin t|^p\,dt \geqslant \frac{k\pi}{p+1} + \frac{v|\sin x|^p}{p+1} \geqslant \frac{(k\pi+v)|\sin x|^p}{p+1} = \frac{x|\sin x|^p}{p+1}.$$

例 61　设 $f(x)$ 在$[0, 1]$上连续，且$1\leqslant f(x)\leqslant 3$，证明$1\leqslant \int_0^1 f(x)\,dx\cdot\int_0^1 \frac{1}{f(x)}dx \leqslant \frac{4}{3}$.

分析　由柯西不等式很容易得到左边不等式；注意到$1\leqslant f(x)\leqslant 3 \Rightarrow f(x)+\frac{3}{f(x)}\leqslant 4$，所以对右边不等式会想到用均值不等式来放大.

证明　由柯西不等式，有

$$\int_0^1 f(x)dx\cdot\int_0^1 \frac{1}{f(x)}dx \geqslant \left(\int_0^1 \sqrt{f(x)}\sqrt{\frac{1}{f(x)}}dx\right)^2 = 1.$$

又由于$(f(x)-1)(f(x)-3)\leqslant 0$，故有$\frac{(f(x)-1)(f(x)-3)}{f(x)}\leqslant 0$，即

$$f(x)+\frac{3}{f(x)}\leqslant 4，从而\int_0^1\left(f(x)+\frac{3}{f(x)}\right)dx\leqslant 4.$$

由均值不等式$ab\leqslant\frac{(a+b)^2}{4}$，得

$$\int_0^1 f(x)dx\cdot\int_0^1 \frac{3}{f(x)}dx \leqslant \frac{\left(\int_0^1 f(x)dx+\int_0^1 \frac{3}{f(x)}dx\right)^2}{4} \leqslant 4.$$

综上，得

$$1\leqslant \int_0^1 f(x)dx\cdot\int_0^1 \frac{1}{f(x)}dx \leqslant \frac{4}{3}.$$

评注　（1）一般，若 $f(x)$ 在$[0,1]$上连续，且$0<m\leqslant f(x)\leqslant M$，则

$$1\leqslant\left(\int_0^1 \frac{dx}{f(x)}\right)\left(\int_0^1 f(x)\,dx\right)\leqslant\frac{(m+M)^2}{4mM}.$$

（2）柯西不等式：设 $f(x)$ 与 $g(x)$ 在$[a, b]$上可积，则有

$$\left(\int_a^b f(x)g(x)\,dx\right)^2 \leqslant \int_a^b f^2(x)\,dx\cdot\int_a^b g^2(x)\,dx .$$

当 $f(x)=kg(x)$ 时，等号成立（若 $f(x)$ 与 $g(x)$ 连续，则等号成立的充要条件是 $f(x)=kg(x)$）.

例 62　设 $f(x)$ 是$[0,1]$上的连续函数，且满足$\int_0^1 f(x)dx=1$，求一个函数 $f(x)$，使得积分 $I=\int_0^1 (1+x^2)f^2(x)\,dx$ 取得最小值.

分析　利用柯西不等式，并选择使等号成立的 $f(x)$ 即可.

解
$$1=\int_0^1 f(x)\mathrm{d}x=\int_0^1 f(x)\frac{\sqrt{1+x^2}}{\sqrt{1+x^2}}\mathrm{d}x$$
$$\leqslant\left(\int_0^1(1+x^2)f^2(x)\mathrm{d}x\right)^{1/2}\left(\int_0^1\frac{1}{1+x^2}\mathrm{d}x\right)^{1/2}\quad\text{(柯西不等式)}$$
$$=\left(\int_0^1(1+x^2)f^2(x)\mathrm{d}x\right)^{1/2}\left(\frac{\pi}{4}\right)^{1/2}.$$

所以
$$\int_0^1(1+x^2)f^2(x)\mathrm{d}x\geqslant\frac{4}{\pi}.$$

取 $f(x)=\dfrac{4}{\pi(1+x^2)}$ 可使等号成立，从而满足题设条件的要求.

评注 这不是通常意义下函数的最小（大）值问题，不能用求函数极值的方法来解决. 由于被积函数连续，其柯西不等式中等号成立的充要条件是两函数线性相关，即 $f(x)\sqrt{1+x^2}=k\dfrac{1}{\sqrt{1+x^2}}$，再由条件 $\int_0^1 f(x)\mathrm{d}x=1$ 知 $k=\dfrac{4}{\pi}$，也就是满足题设条件的函数是唯一的.

例63 设 $f(x)$ 在 $[0,1]$ 上有二阶连续导数，且 $f(0)=f(1)=f'(0)=0$，$f'(1)=1$. 证明 $\int_0^1[f''(x)]^2\mathrm{d}x\geqslant 4$. 并指出不等式中等号成立的条件.

分析 （1）满足题设条件的三次多项式是容易确定的，因此可用多项式做近似，再用平方误差非负来得到不等式.

（2）如果被积函数是 $f''(x)$ 与已知函数的乘积，则可通过分部积分来完成计算. 因此要得到 $\int_0^1[f''(x)]^2\mathrm{d}x$ 的估计式，可借助柯西不等式来实现被积函数的转换.

证明 设 $g(x)=ax^3+bx^2+cx+d$，若 $g(0)=g(1)=g'(0)=0$，$g'(1)=1$，则可得 $a=6$，$b=-2$，$c=d=0$. 即 $g(x)=x^3-x^2$，$g''(x)=6x-2$.

方法1 因为
$$0\leqslant\int_0^1[f''(x)-(6x-2)]^2\mathrm{d}x=\int_0^1[f''(x)]^2\mathrm{d}x-2\int_0^1 f''(x)(6x-2)\mathrm{d}x+\int_0^1(6x-2)^2\mathrm{d}x$$
$$=\int_0^1[f''(x)]^2\mathrm{d}x-2f'(x)(6x-2)\Big|_0^1+12\int_0^1 f'(x)\mathrm{d}x+\frac{1}{18}(6x-2)^3\Big|_0^1$$
$$=\int_0^1[f''(x)]^2\mathrm{d}x-8+0+4.$$

所以
$$\int_0^1[f''(x)]^2\mathrm{d}x\geqslant 4.$$

由于 $f''(x)-(6x-2)$ 是连续函数，所以
$$\int_0^1[f''(x)]^2\mathrm{d}x=4\Leftrightarrow\int_0^1[f''(x)-(6x-2)]^2\mathrm{d}x=0\Leftrightarrow f''(x)-(6x-2)=0,$$
即 $f''(x)=6x-2$. 结合条件 $f(0)=f(1)=f'(0)=0$，$f'(1)=1$，得 $f(x)=x^3-x^2$.

方法2 取 $g(x)$ 同上，由柯西不等式，得
$$\int_0^1[g''(x)]^2\mathrm{d}x\int_0^1[f''(x)]^2\mathrm{d}x\geqslant\left[\int_0^1 g''(x)f''(x)\mathrm{d}x\right]^2 \qquad ①$$

由于
$$\int_0^1 [g''(x)]^2 \,\mathrm{d}x = \int_0^1 (6x-2)^2 \,\mathrm{d}x = 4,$$
$$\int_0^1 g''(x)f''(x)\mathrm{d}x = \int_0^1 (6x-2)f''(x)\mathrm{d}x = f'(x)(6x-2)\Big|_0^1 - 6f(x)\Big|_0^1 = 4,$$
所以
$$\int_0^1 [f''(x)]^2 \,\mathrm{d}x \geqslant 4. \qquad ②$$

②式取等号的充要条件是①式取等号,①式取等号的充要条件是 $f''(x) = kg''(x)$. 再由条件 $f(0) = f(1) = f'(0) = 0$，$f'(1) = 1$，可得 $f(x) = g(x)$.

评注　方法 1 与方法 2 在本质上是相同的（读者可查阅柯西不等式的证明）. 方法 1 利用了证明柯西不等式的原理，这里按两种方式写出来，是为了帮助读者加深对柯西不等式的理解.

例 64[*]　设 f 是从 $[0,+\infty)$ 到 $[0,+\infty)$ 的严格递增可导函数. 设 $g = f^{-1}$，证明 $\forall a,b \in [0,+\infty)$，都有
$$\int_0^a f(x)\,\mathrm{d}x + \int_0^b g(x)\,\mathrm{d}x \geqslant ab.$$
并确定等式成立的条件.

分析　(1) 由于 $ab = \int_0^a f(x)\,\mathrm{d}x + \int_0^a [b - f(x)]\,\mathrm{d}x$，所以只需证明 $\int_0^a [b-f(x)]\mathrm{d}x \leqslant \int_0^b g(y)\,\mathrm{d}y$. 这可通过定积分及反函数的定义来完成.

(2) 构造函数 $h(t) = \int_0^t f(x)\,\mathrm{d}x + \int_0^b g(x)\,\mathrm{d}x - bt$，只需证明该函数在区间 $[0,+\infty)$ 上的最小值为 0.

(3) 从几何上看，$\int_0^a f(x)\,\mathrm{d}x + \int_0^b g(y)\,\mathrm{d}y$ 是如图 3.2 所示的两曲边梯形的面积之和(阴影部分)，该面积显然大于或等于边长分别为 a,b 的矩形的面积. 所以也可以借助二重积分（面积）来证明.

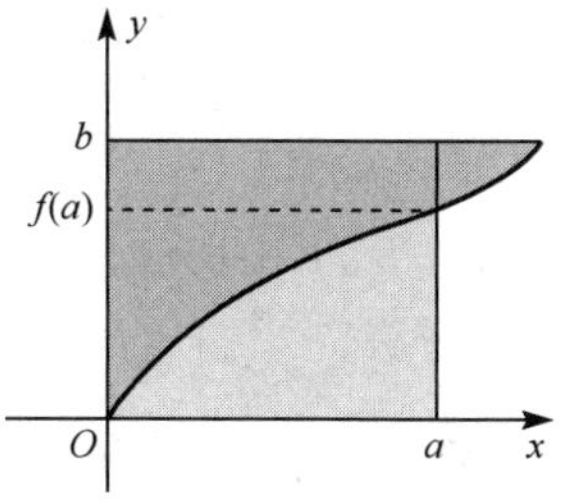

图 3.2

证明　方法 1　由题意知 f 与 g 都是 $[0,+\infty)$ 上的单调递增函数，从而是可积的，且有 $f(0) = g(0) = 0$.

不失一般性，假设 $f(a) \leqslant b$，有
$$ab = \int_0^a f(x)\,\mathrm{d}x + \int_0^a [b - f(x)]\,\mathrm{d}x.$$

注意到 $g \circ f$ 是恒等映射，根据定积分的定义，有
$$\begin{aligned}\int_0^a [b - f(x)]\mathrm{d}x &= \lim_{n\to\infty}\sum_{k=0}^{n-1}\left(b - f\left(\frac{(k+1)a}{n}\right)\right)\frac{a}{n} \\ &= ab - \lim_{n\to\infty}\sum_{k=0}^{n-1} f\left(\frac{(k+1)a}{n}\right)\frac{a}{n} \\ &= ab - \lim_{n\to\infty}\sum_{k=0}^{n-1} f\left(\frac{(k+1)a}{n}\right)\left[g\circ f\left(\frac{(k+1)a}{n}\right) - g\circ f\left(\frac{ka}{n}\right)\right] \\ &= ab - af(a) + \lim_{n\to\infty}\sum_{k=0}^{n-1} g\circ f\left(\frac{ka}{n}\right)\left[f\left(\frac{(k+1)a}{n}\right) - f\left(\frac{ka}{n}\right)\right] \qquad ① \\ &= a[b - f(a)] + \int_0^{f(a)} g(y)\mathrm{d}y.\end{aligned}$$

注意上面等式①用到了关系式
$$\lim_{n\to\infty}\sum_{k=0}^{n-1} f\left(\frac{(k+1)a}{n}\right) g\circ f\left(\frac{(k+1)a}{n}\right) = \lim_{n\to\infty}\sum_{k=0}^{n-1} f\left(\frac{ka}{n}\right) g\circ f\left(\frac{ka}{n}\right) + f(a)a \left(\because f(0) = 0\right).$$

由于对 $y\in(f(a),b)$，有 $g(y)\geqslant a$，便得

$$a[b-f(a)]\leqslant\int_{f(a)}^{b}g(y)\mathrm{d}y\cdot$$

所以

$$\int_0^a[b-f(x)]\mathrm{d}x\leqslant\int_0^{f(a)}g(y)\mathrm{d}y+\int_{f(a)}^{b}g(y)\mathrm{d}y=\int_0^b g(y)\mathrm{d}y\cdot$$

即

$$ab\leqslant\int_0^a f(x)\,\mathrm{d}x+\int_0^b g(y)\,\mathrm{d}y\cdot$$

同时，不难看出等式成立的充要条件是 $f(a)=b$．

方法 2 构造函数 $h(t)=\int_0^t f(x)\,\mathrm{d}x+\int_0^b g(x)\,\mathrm{d}x-bt$，$t\in[0,+\infty)$，则 $h'(t)=f(t)-b$.

令 $h'(t)=0$，得 $b=f(t_0)$，$t_0=g(b)$．

当 $0<t<t_0$ 时，由 f 严格递增，知 $f(t)<f(t_0)=f(g(b))=b$，有 $h'(t)<0$；当 $t_0<t$ 时，有 $f(t_0)=b<f(t)$，有 $h'(t)>0$．故当 $t_0=g(b)$ 时，$h(t)$ 取得极小值，也是最小值 $\min\limits_{t\in[0,+\infty)}h(t)=h(g(b))$．

由于
$$h(g(b))=\int_0^{g(b)}f(x)\,\mathrm{d}x+\int_0^b g(y)\,\mathrm{d}y-bg(b),$$

其中

$$\int_0^b g(y)\,\mathrm{d}y\overset{y=f(x)}{=\!=\!=}\int_0^{g(b)}x\,\mathrm{d}f(x)=xf(x)\Big|_0^{g(b)}-\int_0^{g(b)}f(x)\,\mathrm{d}x=bg(b)-\int_0^{g(b)}f(x)\,\mathrm{d}x,$$

所以 $h(g(b))=0$，即有 $\min\limits_{t\in[0,+\infty)}h(t)=0$．所以对 $\forall a>0$，都有 $h(a)\geqslant0$，即

$$\int_0^a f(x)\,\mathrm{d}x+\int_0^b g(x)\,\mathrm{d}x\geqslant ab.$$

当且仅当 $a=g(b)$ 时，上式取等号.

方法 3 不失一般性，假设 $g(b)\geqslant a$（或 $f(a)\leqslant b$），则

$$\int_0^b g(x)\,\mathrm{d}x=\int_0^b g(y)\mathrm{d}y=\int_0^b\mathrm{d}y\int_0^{g(y)}\mathrm{d}x=\int_0^{g(b)}\mathrm{d}x\int_{f(x)}^{b}\mathrm{d}y\ (\text{积分换序})$$
$$=\int_0^{g(b)}[b-f(x)]\,\mathrm{d}x\geqslant\int_0^a[b-f(x)]\,\mathrm{d}x=ab-\int_0^a f(x)\mathrm{d}x.$$

等号成立当且仅当 $g(b)=a$（或 $f(a)=b$）时.

评注 事实上“方法 2”的证明需要 $f(x)$ 的导函数可积；“方法 1”和“方法 3”仅要求 $f(x)$ 单调，存在反函数就行. 也就是该命题可以去掉 $f(x)$ 可导的条件.

注意函数可积的充分条件：闭区域间上的单调函数一定可积.

例 65 满足下列条件，是否存在区间 $[0,5]$ 上的函数，并说明理由.

（1）$f(x)$ 在 $[0,5]$ 上可微；（2）$f(0)=f(5)=1$；（3）$|f'(x)|\leqslant\dfrac{2}{5}$；（4）$\left|\int_0^5 f(x)\mathrm{d}x\right|\leqslant\dfrac{5}{2}$.

分析 由前 3 个条件，利用拉格朗日中值定理容易得到 $f(x)$ 在区间 $[0,5]$ 上的不等式，然后积分，看得到的结果是否会与条件（4）发生矛盾.

解 如果存在，则有 $f(0)=f(5)=1$，$-\dfrac{2}{5}\leqslant f'(x)\leqslant\dfrac{2}{5}$．将区间 $[0,5]$ 分成两个小区间 $\left[0,\dfrac{5}{2}\right]$ 与 $\left[\dfrac{5}{2},5\right]$，由拉格朗日中值定理，有

$$f(x)=f(0)+f'(\xi)x\geqslant1-\frac{2}{5}x,\quad x\in\left[0,\frac{5}{2}\right];$$

$$f(x)=f(5)+f'(\xi)(x-5)\geqslant 1+\frac{2}{5}(x-5),\quad x\in\left[\frac{5}{2},5\right].$$

由于 $f(x)$ 在 $[0,5]$ 上可微，所以上面两个不等式不可能同时取等号，否则 $f(x)$ 在 $x=\frac{5}{2}$ 处不可微. 因而

$$\int_0^5 f(x)\mathrm{d}x=\int_0^{\frac{5}{2}} f(x)\mathrm{d}x+\int_{\frac{5}{2}}^5 f(x)\mathrm{d}x>\int_0^{\frac{5}{2}}\left(1-\frac{2}{5}x\right)\mathrm{d}x+\int_{\frac{5}{2}}^5\left(1+\frac{2}{5}(x-5)\right)\mathrm{d}x=\frac{5}{2}.$$

这与条件（4）相矛盾，所以满足所给条件的函数不存在.

评注　(1) 对存在性问题的判断，首先是分析所给条件是否会导致矛盾；其次是看能否找到正反方面的例子；最后才考虑一般性的证明.

(2) 从几何角度看，该题的结论也是很明显的. 将积分 $\left|\int_0^5 f(x)\mathrm{d}x\right|$ 视为曲线 $y=f(x)$ 与 x 轴在区间 $[0,5]$ 上所围成图形的面积，显然 $f(x)=\begin{cases}1-(2/5)x, & x\in[0,5/2]\\ 1+(2/5)(x-5), & x\in[5/2,5]\end{cases}$ 是满足题设条件（仅在一点不满足）中对应面积最小的那一个，而这个面积就是 $5/2$.

例 66[*]　设 $f:[-1,1]\to\mathbb{R}$ 为偶函数，f 在 $[0,1]$ 上单调递增，又设 g 是 $[-1,1]$ 上的下凸函数，即对任意 $x,y\in[-1,1]$ 及 $t\in(0,1)$，有 $g(tx+(1-t)y)\leqslant tg(x)+(1-t)g(y)$. 证明：

$$2\int_{-1}^1 f(x)g(x)\,\mathrm{d}x\geqslant\int_{-1}^1 f(x)\,\mathrm{d}x\cdot\int_{-1}^1 g(x)\,\mathrm{d}x.$$

分析　根据已知条件，应将积分区间换到 $[0,1]$ 上来考虑. 由于 $f(x)$ 与 $h(x)=g(x)+g(-x)$ 在 $[0,1]$ 上都单调递增，因此对任意 $x,y\in[0,1]$，有 $[f(x)-f(y)][h(x)-h(y)]\geqslant 0$，利用二重积分的单调性，问题就解决了.

证明　由于 f 为偶函数，如果 $f(x)g(x)$ 在 $[-1,1]$ 上可积，则有

$$\int_{-1}^1 f(x)g(x)\,\mathrm{d}x=\int_{-1}^1 f(x)g(-x)\,\mathrm{d}x.$$

因而

$$2\int_{-1}^1 f(x)g(x)\,\mathrm{d}x=\int_{-1}^1 f(x)[g(x)+g(-x)]\,\mathrm{d}x=2\int_0^1 f(x)[g(x)+g(-x)]\,\mathrm{d}x. \qquad ①$$

因为 g 为下凸函数，所以 $h(x)=g(x)+g(-x)$ 在 $[0,1]$ 上单调递增（见 1.1 节例 9）. 从而 $f(x)$ 与 $h(x)$ 在 $[-1,1]$ 上都是可积的，且对任意 $x,y\in[0,1]$，有

$$[f(x)-f(y)][h(x)-h(y)]\geqslant 0.$$

因而

$$\int_0^1\int_0^1[f(x)-f(y)][h(x)-h(y)]\mathrm{d}x\mathrm{d}y\geqslant 0. \qquad ②$$

由于②式左端的积分

$$\begin{aligned}I&=\int_0^1\int_0^1[f(x)h(x)+f(y)h(y)-f(x)h(y)-f(y)h(x)]\mathrm{d}x\mathrm{d}y\\&=2\int_0^1 f(x)h(x)\mathrm{d}x-2\int_0^1 f(x)\mathrm{d}x\cdot\int_0^1 h(x)\mathrm{d}x,\end{aligned}$$

于是得到

$$2\int_0^1 f(x)h(x)\,\mathrm{d}x\geqslant 2\int_0^1 f(x)\,\mathrm{d}x\cdot\int_0^1 h(x)\,\mathrm{d}x=\int_{-1}^1 f(x)\,\mathrm{d}x\cdot\int_{-1}^1 g(x)\,\mathrm{d}x.$$

结合①式即得结论.

评注　(1) 由于题设没告知 $f(x)$ 与 $g(x)$ 是可积函数，所以有必要说明 $f(x)$ 与 $h(x)$ 的可积性.

(2) 该题求解的关键是要知道 $h(x)=g(x)+g(-x)$ 的单调性，否则是很困难的.

5. 定积分的应用

这里主要介绍定积分在几何与物理上的应用. 用定积分解决应用问题的基本方法是微元法，要根据问题的背景正确建立微元，再将微元在对应的区间上做累加（定积分）. 计算中要合理建立坐标系并充分利用对称性、奇偶性、周期性等使计算简化.

例 67 求曲线$|\ln x|+|\ln y|=1$所围成平面图形的面积.

分析 将曲线方程化简（去掉绝对值），画草图，用定积分或二重积分计算面积.

解 方法 1 曲线方程去掉绝对值后为

$$\begin{cases} xy=\mathrm{e},\ x\geqslant 1,\ y\geqslant 1, \\ y=\mathrm{e}x,\ 0<x<1,\ y\geqslant 1, \\ y=\dfrac{x}{\mathrm{e}},\ x\geqslant 1,\ 0<y<1, \\ xy=\dfrac{x}{\mathrm{e}},\ 0<x<1,\ 0<y<1. \end{cases}$$

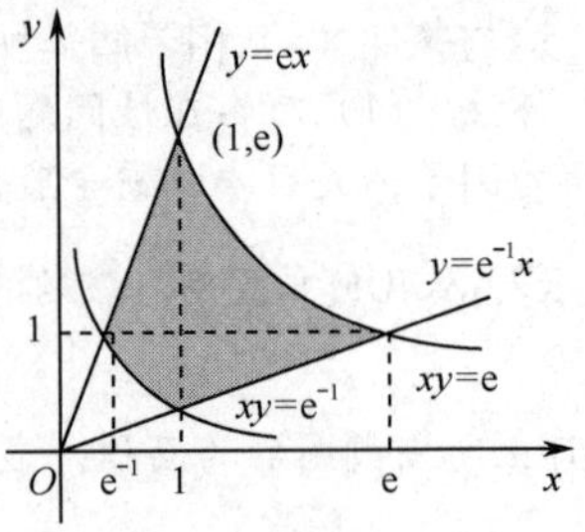

图 3.3

对应图形如图 3.3 所示. 所求面积为

$$A=\int_{\frac{1}{\mathrm{e}}}^{1}\left(\mathrm{e}x-\frac{1}{\mathrm{e}x}\right)\mathrm{d}x+\int_{1}^{\mathrm{e}}\left(\frac{\mathrm{e}}{x}-\frac{x}{\mathrm{e}}\right)\mathrm{d}x=\mathrm{e}-\frac{1}{\mathrm{e}}.$$

方法 2 利用极坐标计算.

直线$y=\dfrac{x}{\mathrm{e}}$与$y=\mathrm{e}x\ (x>0)$的极坐标方程为$\varphi=\arctan\dfrac{1}{\mathrm{e}}$，$\varphi=\arctan\mathrm{e}$.

曲线$xy=\dfrac{1}{\mathrm{e}}$与$xy=\mathrm{e}\ (x>0)$的极坐标方程为$\rho^2=\dfrac{2}{\mathrm{e}\sin 2\varphi}$，$\rho^2=\dfrac{2\mathrm{e}}{\sin 2\varphi}$.

所求面积为

$$A=\frac{1}{2}\int_{\arctan\frac{1}{\mathrm{e}}}^{\arctan\mathrm{e}}\left(\frac{2\mathrm{e}}{\sin 2\varphi}-\frac{2}{\mathrm{e}\sin 2\varphi}\right)\mathrm{d}\theta=\left(\mathrm{e}-\frac{1}{\mathrm{e}}\right)\cdot\frac{1}{2}\ln\tan\varphi\Big|_{\arctan\frac{1}{\mathrm{e}}}^{\arctan\mathrm{e}}=\mathrm{e}-\frac{1}{\mathrm{e}}.$$

方法 3 令$\ln x=u$，$\ln y=v$，则$x=\mathrm{e}^u$，$y=\mathrm{e}^v$，$\dfrac{\partial(x,y)}{\partial(u,v)}=\begin{vmatrix}\mathrm{e}^u & 0\\ 0 & \mathrm{e}^v\end{vmatrix}=\mathrm{e}^u\mathrm{e}^v$.

曲线所围成的区域为D：$|u|+|v|\leqslant 1$. 故

$$A=\iint_D\left|\frac{\partial(x,y)}{\partial(u,v)}\right|\mathrm{d}u\mathrm{d}v=\int_{-1}^{0}\mathrm{e}^u\mathrm{d}u\int_{-u-1}^{u+1}\mathrm{e}^v\mathrm{d}v+\int_{0}^{1}\mathrm{e}^u\mathrm{d}u\int_{u-1}^{1-u}\mathrm{e}^v\mathrm{d}v=\mathrm{e}-\frac{1}{\mathrm{e}}.$$

评注 当平面图形由过原点的直线（或以原点为中心的圆周）与其他曲线所围成时，宜选用极坐标计算.

例 68 设曲线为$f(x)=ax+b-\ln x$，在$[1,3)$上$f(x)\geqslant 0$，求常数a,b，使$\int_1^3 f(x)\,\mathrm{d}x$最小.

分析 由于$f(x)\geqslant 0$，则直线$y=ax+b$位于曲线$y=\ln x$的上方，积分$\int_1^3 f(x)\,\mathrm{d}x$是直线与曲线在区间[1,3]所夹的面积，当直线$y=ax+b$为曲线$y=\ln x$的切线时，该面积为最小.

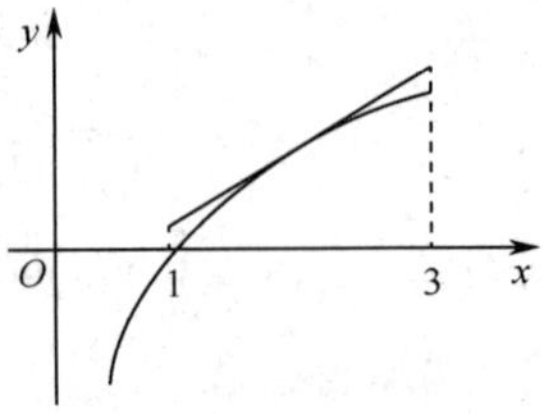

图 3.4

解 由于$f(x)\geqslant 0$，则当直线$y=ax+b$为曲线$y=\ln x$的切线时（如图 3.4 所示），积分$\int_1^3 f(x)\,\mathrm{d}x$（直线与曲线在区间[1, 3] 上所夹面积）为最小.

设切点坐标为$(x_0,\ln x_0)$，则$y=\ln x$的切线方程为

$$y=\frac{1}{x_0}(x-x_0)+\ln x_0,$$

即有 $a=\frac{1}{x_0}$，$b=\ln x_0-1=-(\ln a+1)$. 此时

$$S=\int_1^3 f(x)\,\mathrm{d}x=\int_1^3(ax+b-\ln x)\mathrm{d}x=4a-2(1+\ln a)-\int_1^3\ln x\,\mathrm{d}x\cdot$$

令 $S_a'=4-\frac{2}{a}=0\Rightarrow a=\frac{1}{2}$，$b=\ln 2-1$，而 $S_a''=\frac{2}{a^2}>0$，所以 S 取得最小值，即

$$S=\int_1^3 f(x)\mathrm{d}x=2-4\ln 2-3\ln 3.$$

评注　该题利用几何直观地将二元函数 $S(a,b)$ 在区域 $f(x)\geqslant 0\ (1\leqslant x\leqslant 3)$ 上的最小值问题转化成了一元函数 $S(a)$ 在区间 $[1/3,1]$ 上的最小值问题，使问题得到很好简化.

例 69　点 $A(1, 0, 1)$与点 $B(0, 1, 0)$所成的线段 AB 绕 z 轴旋转一周得一旋转曲面 S，求由 S 及平面 $z=0$，$z=1$ 所围成立体的体积.

分析　过区间[0,1]内任一点 z 作 z 轴的垂平面，只要能算出该平面截立体的面积 $A(z)$，可得所求体积为 $V=\int_0^1 A(z)\mathrm{d}z$.

解　直线 AB 的方程为 $\frac{x}{-1}=\frac{y-1}{1}=\frac{z}{-1}$，即 $\begin{cases}x=z\\y=1-z\end{cases}$.

任取[0, 1]上一点 z，过它作垂直于 z 轴的平面，此平面截旋转体得一截面，设此平面与线段 AB 的交点为 $M(z,1-z,z)$，与 z 轴的交点则是 $N(0,0,z)$，截面面积 $A(z)$ 是圆面积，圆心为 N，半径

$$r=|MN|=\sqrt{z^2+(1-z)^2},$$

则

$$A(z)=\pi r^2=\pi[z^2+(1-z)^2],$$

$$V=\int_0^1 A(z)\mathrm{d}z=\int_0^1\pi[z^2+(1-z)^2]\mathrm{d}z=\frac{2}{3}\pi.$$

评注（1）该题也可先求出旋转曲面的方程（单叶双曲面），再利用三重积分计算曲面与两平面 $z=0, z=1$ 所围成立体的体积，但计算会略困难一些.

（2）一直线绕固定轴旋转，当动直线与旋转轴共面时，旋转曲面是圆柱面或圆锥面；当动直线与旋转轴异面时，旋转曲面是单叶双曲面.

例 70　设函数 $f(x)$ 在[0, 1]上连续，在(0, 1)内大于零，且满足 $xf'(x)=f(x)+\frac{3a}{2}x^2$（$a$ 为常数），又设曲线 $y=f(x)$ 与 $x=1$ 及 $y=0$ 所围面（图形 S）的面积为 2. 求 a 为何值时，图形 S 绕 x 轴旋转一周所得的旋转体的体积最小.

分析　要求得图形 S 绕 x 轴旋转一周所得的旋转体的体积，必须要知道函数 $f(x)$ 的表达式. 再利用体积最小就可得到所需的 a 的值.

解　由已知，得

$$\left(\frac{f(x)}{x}\right)'=\frac{xf'(x)-f(x)}{x^2}=\frac{3a}{2}\Rightarrow\frac{f(x)}{x}=\frac{3a}{2}x+C,$$

即有

$$f(x)=\frac{3a}{2}x^2+Cx,\ x\in[0,1].$$

再由已知条件，有

$$2=\int_0^1\left(\frac{3a}{2}x^2+Cx\right)\mathrm{d}x=\frac{a}{2}+\frac{C}{2},$$

得$C=4-a$．因此

$$f(x)=\frac{3a}{2}x^2+(4-a)x.$$

旋转体体积为

$$V(a)=\pi\int_0^1 f^2(x)\mathrm{d}x=\frac{\pi}{30}(a^2+10a+160).$$

令$V'(a)=\frac{\pi}{30}(2a+10)=0$，得$a=-5$．又$V''(a)=\frac{\pi}{15}>0$，故当$a=-5$时，旋转体的体积最小.

例 71[*] 求由曲线$y=x^2$与直线$y=mx(m>0)$在第一象限内所围成的图形绕该直线旋转所成立体的体积.

分析 做坐标旋转，以直线$y=mx$为新坐标系横轴，再计算旋转体体积；不做坐标旋转，可用微元法求得体积微元，再积分.

方法 1 做坐标旋转，使新坐标系中Ox'轴与直线$y=mx$重合，旋转角度为φ（如图 3.5 所示），所以

$$\tan\varphi=\frac{y}{x}=m\Rightarrow\cos\varphi=\frac{1}{\sqrt{1+m^2}},\quad \sin\varphi=\frac{m}{\sqrt{1+m^2}}.$$

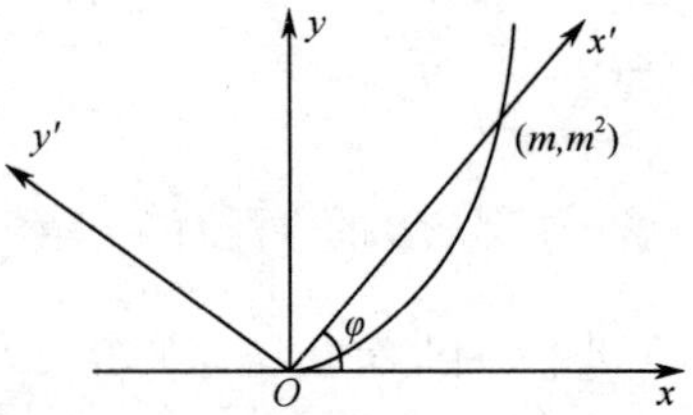

图 3.5

由旋转公式，得

$$\begin{pmatrix}x'\\y'\end{pmatrix}=\begin{pmatrix}\cos\varphi & \sin\varphi\\-\sin\varphi & \cos\varphi\end{pmatrix}\begin{pmatrix}x\\y\end{pmatrix}\Rightarrow\begin{cases}x'=x\dfrac{1}{\sqrt{1+m^2}}+y\dfrac{m}{\sqrt{1+m^2}},\\ y'=-x\dfrac{m}{\sqrt{1+m^2}}+y\dfrac{1}{\sqrt{1+m^2}}.\end{cases}$$

体积微元

$$\mathrm{d}V=\pi y'^2\mathrm{d}x'=\pi\left(y\frac{1}{\sqrt{1+m^2}}-x\frac{m}{\sqrt{1+m^2}}\right)^2\mathrm{d}\left(x\frac{1}{\sqrt{1+m^2}}+y\frac{m}{\sqrt{1+m^2}}\right),$$

由$y=x^2$，得

$$\mathrm{d}V=\frac{\pi}{(1+m^2)^{3/2}}(x^2-mx)^2(1+2mx)\,\mathrm{d}x.$$

所以

$$V=\frac{\pi}{(1+m^2)^{3/2}}\int_0^m(x^2-mx)^2(1+2mx)\,\mathrm{d}x=\frac{\pi m^5}{30\sqrt{1+m^2}}.$$

方法 2 在曲线上取一点$P(x,y)$，该点到旋转轴的距离为

$$\rho=\frac{|y-mx|}{\sqrt{1+m^2}}=\frac{|x^2-mx|}{\sqrt{1+m^2}}.$$

过该点垂直于旋转轴的截面面积为$\pi\rho^2$，沿旋转轴给截面一个厚度$\mathrm{d}l$，$\mathrm{d}l$在x轴上的投影为$\mathrm{d}x$，则$\mathrm{d}l=\sqrt{1+m^2}\,\mathrm{d}x$．于是体积微元为

$$\mathrm{d}V=\pi\rho^2\mathrm{d}l=\frac{\pi(x^2-mx)^2}{\sqrt{1+m^2}}\mathrm{d}x,$$

于是

$$V=\frac{\pi}{\sqrt{1+m^2}}\int_0^m (x^2-mx)^2\mathrm{d}x=\frac{\pi m^5}{30\sqrt{1+m^2}}.$$

评注　由两种方法可看出，体积微元选取方式不同，积分的难易程度也不一样，这在三重积分部分尤为明显. 读者可参见 5.2 节中的相关例子.

例 72[*]　相切的两个球面有一公共的切锥面. 这三个曲面把空间分成许多部分，只有一个“环形”部分由所有 3 个曲面围成. 假设两个球面的半径分别是 r 和 R，试求“环形”部分的体积（答案要求表示为 r 和 R 的有理函数）.

分析　这是旋转体体积问题. 根据题意画出草图（截面图），找到所求体积与锥体、球体（部分）体积的关系，建立适当的坐标系便于相关体积的计算.

解　设 α 为锥面的半顶角，两球面的位置如截面图（图 3.6）所示，球心为 O_1 和 O_2，坐标原点在切点 O 处. 较大圆的方程是 $x^2+y^2+2Rx=0$，较小圆的方程是 $x^2+y^2-2rx=0$. 由图可知

$$\sin\alpha=\frac{|O_1P|}{|O_1O_2|}=\frac{R-r}{R+r}，从而 \cos^2\alpha=\frac{4Rr}{(R+r)^2}.$$

设四边形 $A_1A_2B_2B_1$ 绕 x 轴旋转所生成的正圆锥台的体积为 V_1. 因为以 B_1T 为高的圆锥的体积为

$$V_{B_1T}=\frac{1}{3}\pi|A_1B_1|^2\cdot|B_1T|=\frac{1}{3}\pi R^2\cos^2\alpha\cdot R\cot\alpha\cos\alpha$$

$$=\frac{16\pi}{3}R^3\frac{r^2R^2}{(R-r)(R+r)^3},$$

以 B_2T 为高的圆锥的体积为

$$V_{B_2T}=\frac{16\pi}{3}r^3\frac{r^2R^2}{(R-r)(R+r)^3}.$$

它们的差为

$$V_1=\frac{16\pi}{3}\cdot\frac{r^2R^2}{(R+r)^3}\cdot(R^2+Rr+r^2).$$

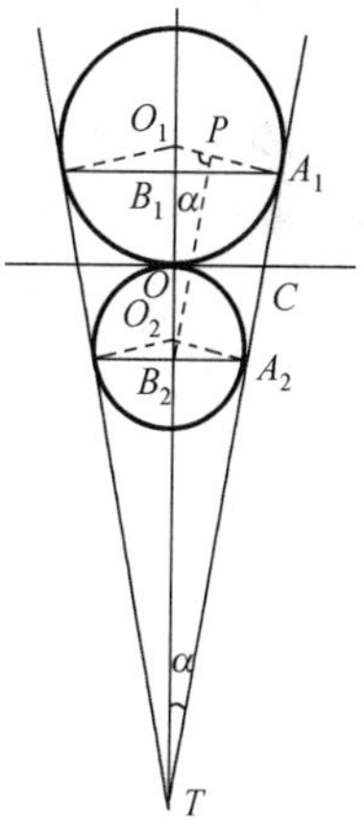

图 3.6

设 V_2 和 V_3 分别是大、小两球含于大、小两圆锥体内的体积，则

$$V_2=\pi\int_{R(\sin\alpha-1)}^{0}(-x^2-2Rx)\mathrm{d}x=\pi\left[-\frac{x^3}{3}-Rx^2\right]_{R(\sin\alpha-1)}^{0}=\frac{4\pi R^3r^2}{3(R+r)^3}(3R+r).$$

这里利用了 $R(\sin\alpha-1)=\dfrac{-2Rr}{R+r}$.

同样有

$$V_3=\pi\int_0^{r(1+\sin\alpha)}(-x^2+2rx)\mathrm{d}x=\pi\left[-\frac{x^3}{3}+rx^2\right]_0^{r(1+\sin\alpha)}=\frac{4\pi}{3}\cdot\frac{R^2r^3}{(R+r)^3}(R+3r).$$

于是，所求的体积为

$$V=V_1-V_2-V_3=\frac{4\pi}{3}\cdot\frac{R^2r^2}{(R+r)^3}\left[4(R^2+Rr+r^2)-3R^2-Rr-Rr-3r^2\right]=\frac{4\pi}{3}\cdot\frac{R^2r^2}{R+r}.$$

评注　对几何问题，如果题设没给出坐标系，则需要自己建立. 建立坐标系要根据图形的对称性与已知条件，使关键点的坐标以及相关曲线的方程尽可能简单，以便问题求解.

例 73　半径为 r 的球沉入水中，球的上顶与水平面齐平. 球的密度与水相同，现将球从水中取出，需做多少功?

分析　这是变力做功问题，应先建立坐标系. 功微元可取为将厚度为 $\mathrm{d}y$ 的薄圆片（球切片的近似）

提升 $2r$ 高度所做的功.

解　过球心作垂直剖面，取坐标系如图 3.7 所示. 球面与剖面的交线方程为 $x^2+y^2=r^2$. 水平面的直线方程为 $y=r$，将球从水中取出，上提高度为 $2r$，取 y 为积分变量，任取小区间 $[y, y+\mathrm{d}y]\subseteq[-r,r]$，对应该小区间的球片重量的近似值为

$$\mathrm{d}p = g\mathrm{d}V = g\pi x^2\mathrm{d}y = g\pi(r^2-y^2)\,\mathrm{d}y\,.$$

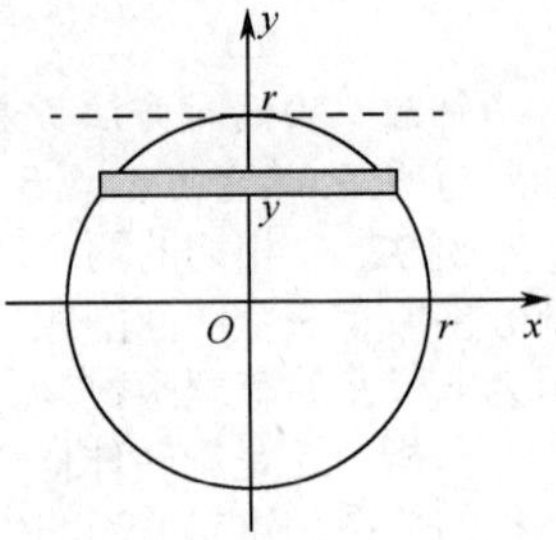

图 3.7

取水的密度为 1，g 为重力加速度. 将其提高 $2r$，在水中的行程为 $r-y$，在水面上的行程为 $2r-(r-y)=r+y$.

由于水下行程不做功，因此功微元

$$\mathrm{d}w=(r+y)\,\mathrm{d}p = g\pi(r+y)(r^2-y^2)\mathrm{d}y\,.$$

将球从水中取出做功为

$$w=\int_{-r}^{r}\mathrm{d}w=\int_{-r}^{r}g\pi(r+y)\,(r^2-y^2)\,\mathrm{d}y=\frac{4}{3}g\pi r^4\,.$$

评注　变力做功问题的关键是要正确建立功微元，功微元有两个要素：一是力，二是位移. 该题所对应的力是球切片的重力.

例 74　某建筑工程打地基时，需用气锤将桩打进土层，气锤每次击打都将克服土层对桩的阻力而做功，设土层对桩的阻力的大小与桩被打进地下的深度成正比（比例系数为 k）. 气锤第 1 次击打将桩打进地下 a 米，根据设计方案，要求气锤每次打桩时所做的功与前一次击打所做的功之比为常数 $r(0<r<1)$. 问：

（1）气锤击打 3 次后，可将桩打进地下多深?

（2）若击打次数不限，气锤至多能将桩打进地下多深?

分析　这是变力做功问题. 题设中给出了阻力的大小（与深度成正比），从而很容易求得气锤每次打桩时所做的功. 根据前、后两次击打所做的功之比为常数，易求得第 n 次击打后桩被打进地下的深度.

解　（1）设第 n 次击打后，桩被打进地下 x_n 米，第 n 次击打时气锤所做的功为 $w_n(n=1,2,\cdots)$. 由题意，知桩被打进地下 x 米深时，土层对桩的阻力为 kx，则

$$w_1=\int_0^{x_1}kx\mathrm{d}x=\frac{k}{2}x_1^2=\frac{k}{2}a^2,\quad w_2=\int_{x_1}^{x_2}kx\mathrm{d}x=\frac{k}{2}(x_2^2-x_1^2)=\frac{k}{2}(x_2^2-a^2)\,.$$

由 $w_2=rw_1$，可得 $x_2^2-a^2=ra^2\Rightarrow x_2=\sqrt{1+r}a$，

$$w_3=\int_{x_2}^{x_3}kx\mathrm{d}x=\frac{k}{2}(x_3^2-x_2^2)=\frac{k}{2}[x_3^2-(1+r)a^2]\,.$$

由 $w_3=rw_2=r^2w_1$，可得

$$x_3^2-(1+r)a^2=r^2a^2\Rightarrow x_3=\sqrt{1+r+r^2}a\,.$$

（2）利用归纳法. 设 $x_n=\sqrt{1+r+\cdots r^{n-1}}a$，则

$$w_{n+1}=\int_{x_n}^{x_{n+1}}kx\mathrm{d}x=\frac{k}{2}(x_{n+1}^2-x_n^2)=\frac{k}{2}[x_{m+1}^2-(1+r+\cdots+r^{n-1})a^2]\,.$$

由于 $w_{n+1}=rw_n=r^2w_{n-1}=\cdots=r^nw_1$，得

$$x_{n+1}^2-(1+r+\cdots+r^{n-1})a^2=r^na^2\,.$$

所以

$$x_{n+1}=\sqrt{1+r+r^2+\cdots+r^n}\;a=\sqrt{\frac{1-r^{n+1}}{1-r}}\;a\,,\quad \lim_{n\to\infty}x_n=\sqrt{\frac{1}{1-r}}\;a.$$

不限击打次数，气锤至多能将桩打进地下 $\sqrt{\frac{1}{1-r}}\,a$ 米.

例 75* 已知有两根均匀的竿子，每根的质量为 m，长度为 $2a$，相互平行，相距为 b 并且其中心连线与它们垂直，试计算相互引力，并考虑 a 为零的情形.

分析 将其中一根竿子的长度细分，取其一小段（视为质点），先求得另一根竿子对该质点的引力，即为引力微元，再对引力微元沿整根竿子做积分就得到所求的引力（注意：力的累加要按同向分量进行）.

解 设其中一根竿子位于 x 轴上的 $[0, 2a]$ 区间，另一根竿子位于其上方，两端点分别为 $(0, b)$、$(2a, b)$（如图 3.8 所示）. 由对称性知两竿的引力一定沿两竿中心连线，即为垂直分力，而水平分力为零.

在上方竿子的点 $P(h,b)$ 处取长度为 $\mathrm{d}h$ 的一小段，在下方竿子的点 $Q(x,0)$ 处取长度为 $\mathrm{d}x$ 的一小段. 令 α, β, θ 是如图 3.8 所示标记的角度，则这两小段细竿（视为质点）的引力大小为 $G\dfrac{m}{2a}\mathrm{d}h\cdot\dfrac{m}{2a}\mathrm{d}x\cdot\dfrac{\sin^2\theta}{b^2}$，其垂直分量为 $G\dfrac{m}{2a}\mathrm{d}h\cdot\dfrac{m}{2a}\mathrm{d}x\cdot\dfrac{\sin^2\theta}{b^2}\sin\theta$（$G$ 是引力常数）. 因此下方细竿对位于点 P 处长度为 $\mathrm{d}h$ 的一小段竿引力的垂直分量为

$$f_y = \frac{Gm^2}{4a^2b^2}\mathrm{d}h\int_0^{2a}\sin^3\theta\mathrm{d}x .$$

x 与 θ 的关系为 $x + b\cot\theta = h$. 如果将积分变量换为 θ，则有 $\mathrm{d}x = \dfrac{b}{\sin^2\theta}\mathrm{d}\theta$，故

$$f_y = \frac{Gm^2}{4a^2b}\mathrm{d}h\int_\alpha^\beta \sin\theta\mathrm{d}\theta = \frac{Gm^2}{4a^2b}\mathrm{d}h\cdot(\cos\alpha - \cos\beta)$$

$$= \frac{Gm^2}{4a^2b}\left[\frac{h}{\sqrt{h^2+b^2}} - \frac{h-2a}{\sqrt{(h-2a)^2+b^2}}\right]\mathrm{d}h .$$

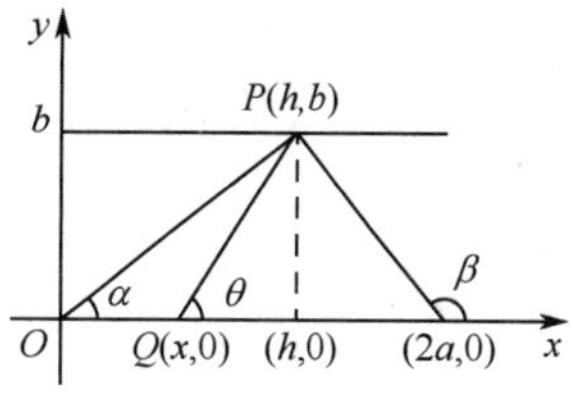

图 3.8

两竿之间的引力的垂直分量为

$$F_y = \frac{Gm^2}{4a^2b}\int_0^{2a}\left[\frac{h}{\sqrt{h^2+b^2}} - \frac{h-2a}{\sqrt{(h-2a)^2+b^2}}\right]\mathrm{d}h$$

$$= \frac{Gm^2}{4a^2b}\left[\sqrt{h^2+b^2} - \sqrt{(h-2a)^2+b^2}\right]_0^{2a} = \frac{Gm^2}{2a^2b}\left(\sqrt{4a^2+b^2} - b\right).$$

这也就是两竿的相互引力，其方向沿两竿中心连线.

取 $a \to 0$，有 $F_y \to \dfrac{Gm^2}{b^2}$. 所以，当 a 为零时，其引力即为两质点的引力.

习题 3.2

习题 3.2 答案

1．求下列函数在指定点的导数：

（1）设 $f(x) = \int_{\sin x}^{\cos x} \mathrm{e}^{(xt)^2}\,\mathrm{d}t$，求 $f'(0)$；

（2）设 $f''(x)$ 连续，当 $x \to 0$ 时，$F(x) = \int_0^x (x^2 - t^2)f''(t)\,\mathrm{d}t$ 的导数与 x^2 为等价无穷小，求 $f''(0)$.

2．设 $f(x)$ 为非负连续函数，且当 $x > 0$ 时，有 $\int_0^x f(x)f(x-t)\,\mathrm{d}t = x^3$，求 $f(x)$.

3．设函数 $f(x)$ 在点 $x = 0$ 处有 $f(0) = 0$，$f'(0) = -2$，求 $\lim\limits_{x\to 0}\dfrac{\int_0^x \ln\cos(x-t)\mathrm{d}t}{\sqrt{1-2f^2(x)}-1}$.

4. 设$a_n=\int_0^{n^2\pi}(|\sin x|+|\cos x|)\,\mathrm{d}x, b_n=\int_0^{\frac{1}{n}}\mathrm{e}^{-x}\sin x\,\mathrm{d}x\ (n=1,2,\cdots)$，求极限$\lim\limits_{n\to\infty}n(a_nb_n-2)$.

5. 已知$g(x)$是以T为周期的连续函数，且$g(0)=1$，$f(x)=\int_0^{2x}|x-t|g(t)\mathrm{d}t$，求$f'(T)$.

6. 设$f(x)$连续，$\varphi(x)=\int_0^1 f(xt)\mathrm{d}t$，且$\lim\limits_{x\to 0}\dfrac{f(x)}{x}=A$（$A$为常数），求$\varphi'(x)$，并讨论$\varphi'(x)$在$x=0$处的连续性.

7. 确定方程$\int_0^x\sqrt{1+t^2}\,\mathrm{d}t+\int_{\cos x}^0\mathrm{e}^{-t^2}\mathrm{d}t=0$在$(-\infty,+\infty)$内根的个数.

8. 计算下列积分：

（1）$\int_{-\pi/2}^{\pi/2}\dfrac{\mathrm{e}^x}{1+\mathrm{e}^x}\sin^4 x\,\mathrm{d}x$；（2）$\int_0^{\pi}\dfrac{\cos x}{a+\cos x}\mathrm{d}x\ (a>1)$；（3）$\int_0^{\pi}\dfrac{\pi+\cos x}{x^2-\pi x+2023}\mathrm{d}x$；

（4）$\int_0^{\pi/2}\dfrac{\cos x-\sin x}{1+\tan x}\mathrm{d}x$；（5）$\int_{\pi/6}^{\pi/3}\dfrac{\sin^2 x}{x(\pi-2x)}\mathrm{d}x$.

9. 计算下列积分：

（1）$\int_{\frac{1}{2}}^{2}\left(1+x-\dfrac{1}{x}\right)\mathrm{e}^{x+\frac{1}{x}}\mathrm{d}x$；（2）$\int_0^2\dfrac{x}{\mathrm{e}^x+\mathrm{e}^{2-x}}\mathrm{d}x$.

10*. 定义$C(\alpha)$为$(1+x)^{\alpha}$在$x=0$处的幂级数展开式中x^{2014}的系数，计算积分

$$\int_0^1 C(-y-1)\left(\frac{1}{y+1}+\frac{1}{y+2}+\frac{1}{y+3}+\cdots+\frac{1}{y+2014}\right)\mathrm{d}y.$$

11. 设$f(x)$在区间$[0,1]$上有定义，当$0<x<\dfrac{1}{2}$时，$f(x)=\dfrac{\arcsin\sqrt{x}}{\sqrt{x(1-x)}}$，又$f\left(x+\dfrac{1}{2}\right)-f(x)=\sqrt{\dfrac{x}{1+x}}$，求$\int_0^1 f(x)\mathrm{d}x$.

12. 计算下列积分：

（1）$\int_0^{\pi/2}\dfrac{1}{\sqrt{x}}f(x)\mathrm{d}x$，其中$f(x)=\int_{\sqrt{\pi/2}}^{\sqrt{x}}\dfrac{\mathrm{d}t}{1+(\tan t^2)^{\sqrt{2}}}$；

（2）$\int_0^1(x-1)^2 f(x)\,\mathrm{d}x$，其中$f(x)=\int_0^x\mathrm{e}^{-t^2+2t}\mathrm{d}t$.

13. 设非负连续函数$f(x)$满足$\int_x^{\frac{\pi}{2}}f(t-x)f(t)\,\mathrm{d}t=\cos^4 x$，求$f(x)$在区间$\left[0,\dfrac{\pi}{2}\right]$上的平均值.

14. 设n为自然数，$I_n=\int_0^{\frac{\pi}{4}}\tan^{2n}x\mathrm{d}x$，则：（1）建立$I_n$关于下标$n$的递推公式；（2）计算$I_n$的值.

15. 计算积分$\int_0^{\pi}\dfrac{\sin(2n+1)x}{\sin x}\mathrm{d}x$（$n$为整数）.

16. 设$|y|<1$，求$\int_{-1}^1|x-y|\mathrm{e}^x\mathrm{d}x$.

17. 设$f(x)=x$，$x\geqslant 0$，$g(x)=\begin{cases}\sin x, & 0\leqslant x\leqslant\dfrac{\pi}{2}\\ 0, & x>\dfrac{\pi}{2}\end{cases}$，求$\Phi(x)=\int_0^x f(t)g(x-t)\mathrm{d}t\ (x\geqslant 0)$的表达式.

18．证明$\int_1^a [x]f'(x)\mathrm{d}x=[a]f(a)-(f(1)+\cdots+f([a]))$，这里$a$大于 1，$[x]$表示不超过$x$的最大整数，并求出$\int_1^a [x^2]f'(x)\mathrm{d}x$与上式相当的表达式.

19*．计算下列积分：

（1）$\int_0^{\frac{\pi}{2}} \ln(\cos^2 x+a^2\sin^2 x)\mathrm{d}x\ (a>0)$；（2）$\int_0^{\frac{\pi}{2}} \ln\frac{1+a\sin x}{1-a\sin x}\cdot\frac{\mathrm{d}x}{\sin x}\ (1>a>0)$.

20* 设$f(x)\in C[0,1]$，记$I(f)=\int_0^1 x^2 f(x)\mathrm{d}x$，$J(f)=\int_0^1 x^2(f(x))^2\mathrm{d}x$，求函数$f(x)$使$I(f)-J(f)$取得最大值.

21．求下列极限：

（1）$\lim\limits_{n\to\infty}\int_0^1 |\ln t|\left[\ln(1+t)\right]^n\mathrm{d}t$；（2）$\lim\limits_{n\to\infty} n\int_1^a \frac{\mathrm{d}t}{1+t^n}\ (a>1)$.

22* 设$a_n=\int_0^1 x^n\sqrt{1-x^2}\,\mathrm{d}x\ (n=0,1,2,\cdots)$，求$\lim\limits_{n\to\infty}\frac{a_n}{a_{n-1}}$.

23*．设$f(x)=x-[x]$（$[x]$表示不超过x的最大整数），求$\lim\limits_{x\to\infty}\frac{1}{x}\int_0^x f(t)\mathrm{d}t$.

24．设函数$f(x)$在$[a,b]$上连续，且$f(x)>0$，求$\lim\limits_{n\to\infty}\int_a^b x^2\sqrt[n]{f(x)}\mathrm{d}x$.

25．设$f(x)=\sqrt[4]{1-\sin x}$，$F(x)$是$f(x)$的一个原函数，证明$\lim\limits_{x\to+\infty}F(x)=+\infty$.

26．设$f(x)$是$\mathbb{R}$以上以$T>0$为周期的连续函数，证明$\lim\limits_{x\to\infty}\frac{1}{x}\int_0^x f(t)\mathrm{d}t=\frac{1}{T}\int_0^T f(t)\mathrm{d}t$.

27．求下列极限：

（1）$\lim\limits_{n\to\infty}\int_0^{n\pi} |\mathrm{e}^{-x}\sin x|\mathrm{d}x$；（2）$\lim\limits_{n\to\infty}\frac{\int_0^{n\pi} x|\sin x|\mathrm{d}x}{n(n+1)}$.

28*．设$f(x)$在$[0,1]$上连续且严格单调递减，$f(0)=1$，$f(1)=0$．证明$\forall\delta\in(0,1)$，有

$$\lim_{n\to\infty}\frac{\int_\delta^1 [f(x)]^n\mathrm{d}x}{\int_0^\delta [f(x)]^n\mathrm{d}x}=0.$$

29．设$f'(x)$是连续函数，$F(x)=\int_0^x f(t)f'(2a-t)\mathrm{d}t$．证明：

$$F(2a)-2F(a)=f^2(a)-f(0)f(2a).$$

30．设$\varphi(x)$为可微函数$y=f(x)$的反函数，且$f(1)=0$，证明：

$$\int_0^1\left[\int_0^{f(x)}\varphi(t)\mathrm{d}t\right]\mathrm{d}x=2\int_0^1 xf(x)\mathrm{d}x.$$

31．（1）设$f(x)$在$[0, 1]$上有连续导数，证明$\int_0^1 x^n f(x)\mathrm{d}x=\frac{f(1)}{n}+o\left(\frac{1}{n}\right)$；

（2）若$f(x)$仅在$[0, 1]$上连续，（1）中的结论是否还成立？

32*．证明$f(n)=\sum\limits_{m=1}^n\int_0^m \cos\frac{2\pi n[x+1]}{m}\mathrm{d}x$等于$n$的所有因子（包括 1 和$n$本身）之和，其中$[x+1]$表示不超过$x+1$的最大整数，并计算$f(2022)$.

33．设$a>0$，证明$\int_1^a f\left(x^2+\frac{a^2}{x^2}\right)\frac{dx}{x}=\int_1^a f\left(x+\frac{a^2}{x}\right)\frac{dx}{x}$.

34．证明$\int_0^{\pi/2}\sqrt{a^2\sin^2\theta+b^2\cos^2\theta}\,d\theta=a^2b^2\int_0^{\pi/2}\frac{1}{\left(\sqrt{a^2\sin^2\theta+b^2\cos^2\theta}\right)^3}d\theta$.

35．设函数$f(x)$在区间$[a,b]$上连续，在任意区间$[\alpha,\beta]\subseteq[a,b]$上有$\left|\int_\alpha^\beta f(x)dx\right|\leqslant M|\beta-\alpha|^{1+\delta}$（$M,\delta$是正的常数），证明$f(x)$恒等于零.

36．设$f(x)$在$[a,b]$上连续，证明$f(x)$在$[a,b]$上恒为常数的充要条件是：对于任何$[a,b]$上的连续函数$g(x)$且$\int_a^b g(x)dx=0$，总有$\int_a^b f(x)g(x)dx=0$.

37．设$f(x)\in C^1[-1,1]$，证明$\exists\xi\in[-1,1]$，使$2f'(\xi)=3\int_{-1}^1 xf(x)\,dx$.

38．设函数$f(x)$在$[0,\pi]$上连续，且$\int_0^\pi f(x)dx=0$，$\int_0^\pi f(x)\cos x dx=0$，证明在$(0,\pi)$内至少存在两个不同的点$\xi_1,\xi_2$，使$f(\xi_1)=f(\xi_2)=0$.

39*．设$f(x)$在区间$[0,1]$上连续，$\int_0^1 f(x)\,dx=\frac{1}{3}$，证明在区间$(0,1)$内存在$n$个不同的点$\xi_i(i=1,2,\cdots,n)$，使$\sum_{i=1}^n(f(\xi_i)-\xi_i^2)=0$.

40．设函数$f(x)$在区间$[0,1]$上连续，且$I=\int_0^1 f(x)\,dx\neq 0$，证明在$[0,1]$上存在不同的两点$x_1,x_2$，使得

$$\frac{1}{f(x_1)}+\frac{1}{f(x_2)}=\frac{2}{I}.$$

41．令$P(t)$是一个不为常数的实系数多项式，证明联立方程组$0=\int_0^x P(t)\sin t dt=\int_0^x P(t)\cos t dt$只有有限多个实数解.

42*．设$f(x),g(x)$在$[a,b]$上连续，$g(x)>0$，由积分第一中值定理知，对$\forall x\in(a,b)$，$\exists\xi\in(a,x)$使得$\int_a^x f(t)g(t)dt=f(\xi)\int_a^x g(t)\,dt$，若$f'_+(a)$存在且不为零，证明$\lim\limits_{x\to a^+}\frac{\xi-a}{x-a}=\frac{1}{2}$.

43．设$f(x)$在$[a,b]$上具有连续的二阶导数，且$f'(a)=f'(b)=0$，证明$\exists\xi\in(a,b)$，使得

$$\int_a^b f(x)dx=(b-a)\frac{f(a)+f(b)}{2}+\frac{1}{6}(b-a)^3f''(\xi).$$

44．设常数$a>0$，函数$f(x)$在区间$\left[-\frac{1}{a},a\right]$上连续且非负，但不恒等于零，$\int_{-\frac{1}{a}}^a xf(x)\,dx=0$. 证明$\int_{-\frac{1}{a}}^a x^2f(x)\,dx<\int_{-\frac{1}{a}}^a f(x)\,dx$.

45．证明$\int_a^{a+2\pi}\ln(2+\cos x)\cdot\cos x\,dx>0$，其中$a$为常数.

46．设α是满足$0<\alpha<\frac{\pi}{2}$的常数，证明$\int_0^{2\pi}\frac{\sin x}{x}dx>\sin\alpha\cdot\ln\left(\frac{\pi^2-\alpha^2}{(2\pi-\alpha)\alpha}\right)$.

47．设函数$f(x)$在$[0,1]$上非负连续，且满足$\left(f(x)\right)^2\leqslant 1+2\int_0^x f(t)\,dt$，$x\in[0,1]$. 证明$f(x)\leqslant 1+x, x\in[0,1]$.

48．设 $f(x)=\int_x^{x+1}\sin \mathrm{e}^t\mathrm{d}t$，证明 $\mathrm{e}^x\left|f(x)\right|\leqslant 2$．

49．设 $f(x)$ 与 $g(x)$ 是 $[a,b]$ 上的连续可微函数，对 $x\in[a,b)$，有 $\int_a^x f(t)\mathrm{d}t\geqslant\int_a^x g(t)\mathrm{d}t$，且 $\int_a^b f(t)\mathrm{d}t=\int_a^b g(t)\mathrm{d}t$．证明 $\int_a^b xf(x)\mathrm{d}x\leqslant\int_a^b xg(x)\mathrm{d}x$．

50．证明下列不等式：

（1）$\dfrac{1}{200}(1-\mathrm{e}^{-100})\leqslant\int_0^{100}\dfrac{\mathrm{e}^{-x}}{x+100}\mathrm{d}x\leqslant\dfrac{1}{100}(1-\mathrm{e}^{-100})$；　（2）$\int_0^{\sqrt{2\pi}}\sin x^2\,\mathrm{d}x>\dfrac{2-\sqrt{2}}{2\sqrt{\pi}}$；

（3*）$\dfrac{1}{3}<\int_1^2\mathrm{e}^{\frac{1}{x}-x}\mathrm{d}x<\dfrac{1}{2}$；　（4*）$\int_0^{\frac{\pi}{2}}x\left(\dfrac{\sin nx}{\sin x}\right)^4\mathrm{d}x\leqslant\left(\dfrac{n^2}{4}-\dfrac{1}{8}\right)\pi^2$（$n$ 为正整数）．

51．设 n 为自然数，$f(x)=\int_0^x(t-t^2)\sin^{2n}t\mathrm{d}t$．证明 $f(x)$ 在 $[0,+\infty)$ 可取得最大值，且

$$\max_{x\in[0,+\infty)}f(x)\leqslant\frac{1}{(2n+2)(2n+3)}.$$

52．证明对任意连续函数 $f(x)$，有 $\max\left\{\int_{-1}^1\left|x-\sin^2x-f(x)\right|\mathrm{d}x,\int_{-1}^1\left|\cos^2x-f(x)\right|\mathrm{d}x\right\}\geqslant 1$．

53．设 $f(x)$ 在 $[0,2]$ 上连续，且 $\int_0^2 f(x)\mathrm{d}x=0$，$\int_0^2 xf(x)\mathrm{d}x=a>0$. 证明 $\exists\xi\in[0,2]$，使 $\left|f(\xi)\right|\geqslant a$．

54．设 $f(x)$ 在 $[0,2]$ 上有连续的导数，$f(0)=f(2)=1$，$|f'(x)|\leqslant 1$，证明 $\left|\int_0^2 f(x)\mathrm{d}x\right|>1$．

55．设 $f(x)$ 是以 T 为周期的连续函数，$\int_0^T f(x)\mathrm{d}x=0$，$|f(x)-f(y)|\leqslant L|x-y|\ (\forall x,y\in\mathbb{R})$，证明 $|f(x)|\leqslant\dfrac{1}{2}LT$．

56．设函数 $f(x)$ 在 $[a,b]$ 上有连续导数，证明：

$$\left|\frac{1}{b-a}\int_a^b f(x)\,\mathrm{d}x\right|+\int_a^b\left|f'(x)\right|\mathrm{d}x\geqslant\max_{a\leqslant x\leqslant b}|f(x)|.$$

57*. 求最小实数 C，对于 $[0,1]$ 上连续函数 $f(x)$，总有不等式 $\int_0^1 f(\sqrt{x})\mathrm{d}x\leqslant C\int_0^1|f(x)|\mathrm{d}x$ 成立.

58．设 $f(x)\in C[0,1]$，且严格单调递减，证明对任意 $\alpha\in(0,1)$，有 $\int_0^\alpha f(x)\mathrm{d}x>\alpha\int_0^1 f(x)\mathrm{d}x$.

59．设函数 $f(x)$ 在 $[0,1]$ 上非负连续，且单调递减，常数 a,b 满足 $0<a<b<1$，证明 $\int_0^a f(x)\mathrm{d}x\geqslant\dfrac{a}{b}\int_a^b f(x)\mathrm{d}x$．

60．设 $f(x)$ 是 $[0,1]$ 上的可微函数，当 $x\in(0,1)$ 时，$0<f'(x)<1$，且 $f(0)=0$，证明对任一 $p>1$，有 $\left(\int_0^1 f(x)\mathrm{d}x\right)^p>2^{1-p}p\int_0^1 f^{2p-1}(x)\mathrm{d}x$．

61. 设 $f(x)\in C[0,1]$，且 $|f(x)|<1$，$\int_0^1 f(x)\,\mathrm{d}x=0$，证明对任意 $a,b\in[0,1]$，均有 $\left|\int_a^b f(x)\,\mathrm{d}x\right|\leqslant\dfrac{1}{2}$.

62．设在 $[a,b]$ 上 $\left|f'(x)\right|\leqslant M$，$f\left(\dfrac{a+b}{2}\right)=0$，证明 $\int_a^b\left|f(x)\right|\mathrm{d}x\leqslant\dfrac{M}{4}(b-a)^2$．

63．设函数 $f(x)$ 在 $[0,1]$ 上一阶连续可导，$f(0)=f(1)=0$，证明 $\left|\int_0^1 f(x)\mathrm{d}x\right|\leqslant\frac{1}{4}\max\limits_{x\in[0,1]}|f'(x)|$.

64．设函数 $f(x)$ 在 $[0,1]$ 上二阶连续可导，且 $f(x)\geqslant 0$，$f''(x)<0$，令 $I_n=\int_0^1 f(x^n)\mathrm{d}x$（$n$ 为自然数），证明 $0<I_n\leqslant f\left(\frac{1}{n+1}\right)$.

65．设 $f:[0,1]\to[-a,b]$ 连续，且 $\int_0^1 f^2(x)\mathrm{d}x=ab$，证明 $0\leqslant\frac{1}{b-a}\int_0^1 f(x)\mathrm{d}x\leqslant\frac{1}{4}\left(\frac{a+b}{a-b}\right)^2$.

66．设 $c(x)$ 和 $f(x)$ 是区间 $[a,b]$ 上给定的连续函数，再设 $y(x)$ 在区间 $[a,b]$ 满足不等式 $y'(x)+c(x)y(x)\leqslant f(x)$，证明 $y(x)\leqslant y(a)\mathrm{e}^{-\int_a^x c(t)\mathrm{d}t}+\int_a^x f(s)\mathrm{e}^{-\int_s^x c(t)\mathrm{d}t}\mathrm{d}s$.

67．已知函数 $f(x)$ 在区间 $[a,b]$ 上连续并单调递增，证明：

$$\int_a^b\left(\frac{b-x}{b-a}\right)^n f(x)\mathrm{d}x\leqslant\frac{1}{n+1}\int_a^b f(x)\mathrm{d}x\ \ (n\in\mathbb{N}).$$

68．设 $f(x)$ 在 $[a,b]$ 上连续，$f'(x)$ 在 $[a,b]$ 上存在且可积，且 $f(a)=f(b)=0$，证明：

$$|f(x)|\leqslant\frac{1}{2}\int_a^b|f'(x)|\mathrm{d}x\ \ (a<x<b).$$

69．设 $f(x)$ 在 $[0,1]$ 上有连续的导数，证明 $\forall x\in(0,1)$，有 $|f(x)|\leqslant\int_0^1(|f(t)|+|f'(t)|)\mathrm{d}t$.

70．已知 $f(x)$ 在 $[0,1]$ 上可导，且 $|f'(x)|\leqslant M$，证明 $\left|\int_0^1 f(x)\mathrm{d}x-\frac{1}{n}\sum\limits_{k=1}^n f\left(\frac{k}{n}\right)\right|\leqslant\frac{M}{2n}$.

71．设 $f:[0,1]\to\mathbb{R}$ 有连续导数，并且 $\int_0^1 f(x)\mathrm{d}x=0$，证明对每一个 $b\in(0,1)$，有

$$\left|\int_0^b f(x)\mathrm{d}x\right|\leqslant\frac{1}{8}\max_{0\leqslant x\leqslant 1}|f'(x)|.$$

72．设函数 $f(x)$ 在 $(-\infty,+\infty)$ 上二阶可导，函数 $g(x)$ 在区间 $[0,a]$ 上连续（$a>0$）.

（1）证明若 $f''(x)\geqslant 0$，$x\in(-\infty,+\infty)$，则 $\frac{1}{a}\int_0^a f(g(t))\mathrm{d}t\geqslant f\left(\frac{1}{a}\int_0^a g(t)\mathrm{d}t\right)$.

（2）若 $f''(x)>0$，$x\in(-\infty,+\infty)$，则（1）中不等式成为严格不等式的充分必要条件是什么？

73．设函数 $\varphi(x),p(x)\in C[a,b]$，$m\leqslant\varphi(x)\leqslant M$，$p(x)$ 非负，且 $\int_a^b p(x)\mathrm{d}x=1$，函数 $f(u)$ 在 $[m,M]$ 上具有二阶连续导数，且 $f''(u)\leqslant 0$，证明 $f\left(\int_a^b p(x)\varphi(x)\mathrm{d}x\right)\geqslant\int_a^b p(x)f(\varphi(x))\mathrm{d}x$.

74．设函数 $f(x)$ 在 $[0,1]$ 上连续，且 $\int_0^1 f(x)\mathrm{d}x=1$，$\int_0^1 xf(x)\mathrm{d}x=\frac{27}{2}$，证明 $\int_0^1 f^2(x)\mathrm{d}x>2022$.

75*．设 $f(x)$ 是区间 $[a,b]$ 上具有一阶连续导数的非常值函数，且 $f(a)=0$．证明：

（1）$\max\limits_{x\in[a,b]}|f(x)|\leqslant\sqrt{b-a}\left(\int_a^b|f'(x)|^2\mathrm{d}x\right)^{1/2}$；

（2）$\int_a^b f^2(x)\mathrm{d}x\leqslant\frac{1}{2}(b-a)^2\int_a^b|f'(x)|^2\mathrm{d}x$；

（3）$\int_a^b f^2(x)\mathrm{d}x<4\int_a^b(b-x)^2|f'(x)|^2\mathrm{d}x$.

76. 设函数 $f(x)$ 在 $[0,1]$ 上连续，证明 $\left(\int_0^1 \frac{f(x)}{t^2+x^2}\mathrm{d}x\right)^2 \leqslant \frac{\pi}{2t}\int_0^1 \frac{f^2(x)}{t^2+x^2}\mathrm{d}x, t>0$.

77. 设 $a>0$，证明 $\int_0^{\pi} xa^{\sin x}\mathrm{d}x \cdot \int_0^{\frac{\pi}{2}} a^{-\cos x}\mathrm{d}x \geqslant \frac{\pi^3}{4}$.

78*. 设 $f(x)$ 在 $[a,b]$ 上连续且 $f(x)\geqslant 0$，$\int_a^b f(x)\mathrm{d}x=1$，$k$ 为任意实数，证明：

$$\left(\int_a^b f(x)\cos kx\mathrm{d}x\right)^2+\left(\int_a^b f(x)\sin kx\mathrm{d}x\right)^2 \leqslant 1 .$$

79*. 设 $f(x)$ 在区间 $[0,1]$ 上连续可导，且 $f(0)=f(1)=0$. 证明：

$$\left[\int_0^1 xf(x)\mathrm{d}x\right]^2 \leqslant \frac{1}{45}\int_0^1 [f'(x)]^2\mathrm{d}x .$$

等号当且仅当 $f(x)=A(x-x^3)$ 时成立，其中 A 是常数.

80*. 设 $f(x)$ 在 $[0,1]$ 上有二阶连续导数，且 $f'(0)=\mathrm{e}f(1)$. 证明若 $\int_0^1[f''(x)]^2\mathrm{d}x\leqslant 1$，则 $\left|\int_0^1 \mathrm{e}^x(x+1)f(x)\mathrm{d}x\right|<1$.

81*. 设 $f(x)$ 为 $(-\infty,+\infty)$ 上连续的周期为 1 的函数，且满足 $0\leqslant f(x)\leqslant 1$ 与 $\int_0^1 f(x)\mathrm{d}x=1$. 证明当 $0\leqslant x\leqslant 13$ 时，有 $\int_0^{\sqrt{x}} f(t)\mathrm{d}t+\int_0^{\sqrt{x+27}} f(t)\mathrm{d}t+\int_0^{\sqrt{13-x}} f(t)\mathrm{d}t\leqslant 11$，并给出取等号的条件.

82*. 求 $\sum_{n=1}^{10^9} n^{-\frac{2}{3}}$ 的整数部分.

83. 设 $f(x)=\int_{-1}^{x} t|t|\,\mathrm{d}t\ (x\geqslant -1)$，求曲线 $y=f(x)$ 与 x 轴所围成的封闭图形的面积.

84. 求常数 a、b、c，使得曲线 $y=ax^2+bx+c$ 满足：（1）通过点 $(0,0)$ 及 $(1,2)$；（2）$a<0$；（3）当 $x>0$ 时，与抛物线 $y=-x^2+2x$ 有交点，且与 $y=-x^2+2x$ 所围成的图形面积最小.

85. 设函数 $f(x)$ 在 $[a,b]$ 上连续，且在 (a,b) 内 $f'(x)>0$，证明在 (a,b) 内存在唯一的 ξ，使曲线 $y=f(x)$ 与两直线 $y=f(\xi)$ 及 $x=a$ 所围平面图形 S_1 的面积是曲线 $y=f(x)$ 与两直线 $y=f(\xi)$ 及 $x=b$ 所围平面图形 S_2 面积的 3 倍.

86. 设抛物线 $y=ax^2+bx+2\ln c$ 过原点，当 $0\leqslant x\leqslant 1$ 时，$y\geqslant 0$，又已知该抛物线与 x 轴及直线 $x=1$ 所围图形的面积为 $\frac{1}{3}$. 试确定 a,b,c，使此图形绕 x 轴旋转一周而成的旋转体的体积 V 最小.

87. 设 $D: x^2+y^2\leqslant 4x$，$y\leqslant -x$，在 D 的边界 $y=-x$ 上任取一点 P，设 P 到原点的距离为 t，作 PQ 垂直于 $y=-x$ 交 D 的边界 $x^2+y^2=4x$ 于 Q.

（1）试将 PQ 的距离 $|PQ|$ 表示为 t 的函数；

（2）求 D 绕 $y=-x$ 旋转一周所得旋转体的体积.

88. 设 s 是单位圆周的任意一段整个位于第一象限的弧，A 是位于弧 s 下方和 x 轴上方的区域的面积，B 是位于 y 轴右边和弧 s 左边之间区域的面积. 证明 $A+B$ 只依赖于弧 s 的长度而不依赖于弧 s 的位置.

89. 设 L 是一闭凸区域 D（D 中任意两点的连线均含于 D）的边界曲线，L 的周长为 l. 自 L 上一点 P 向外作它的法线，并沿法线截取线段 $PP'=h$（定长）. 当 P 沿 L 绕行一周，P' 的轨迹构成曲线 L'. 证明 L' 的长度 $l'=l+2\pi h$，L 与 L' 所围成的图形的面积 $A=lh+\pi h^2$.

90．一容器的外表面是曲线 $y=x^2(0\leqslant y\leqslant H)$ 绕 y 轴旋转一周所成的曲面，其容积为 $72\pi\text{m}^3$，其中盛满了水，如果将水吸出 $64\pi\text{m}^3$，问至少需要做多少功？

91．有一半径为 R 的实心球，其密度 ρ 是离开球心的距离 r 的函数. 如果球对球内任意一点的引力量值是 kr^2（k 为常数），试求出函数 $\rho=\rho(r)$. 并且求出在球外面距球心为 r 远处的一点所受引力的量值.（对于一薄球壳体做如下假设：如果点 P 在壳体里面，则设壳体对 P 的引力值为零；如果点 P 在壳体外面，则设壳体对 P 的引力值为 m/r^2，其中 m 是壳体的质量，r 是 P 到球心的距离.）

3.3 反常积分

反常积分又称广义积分，它是常义积分（黎曼积分）突破了积分区间有限或被积函数在积分区间有上界两个限制条件的情形. 由于反常积分是常义积分的极限，所以在积分计算中可使用定积分的常用方法，如换元积分、分部积分、牛顿-莱布尼兹公式等，以及定积分的各种性质. 反常积分的内容十分丰富，除了积分的计算与应用，等式、不等式证明，还有敛散性问题（其敛散性可与级数做类比，它们有许多相似之处；必要时还可与级数做转换）. 这里仅做简略的介绍.

例 1 计算积分 $\displaystyle\int_0^{+\infty}\frac{x\mathrm{e}^{-x}}{(1+\mathrm{e}^{-x})^2}\mathrm{d}x$.

分析 该积分计算需做分部积分. 先作变量代换 $\mathrm{e}^x=t$，可使积分形式简洁些.

解 设 $\mathrm{e}^x=t$，则 $x=\ln t$，$\mathrm{d}x=\dfrac{\mathrm{d}t}{t}$. 当 $x=0$ 时，$t=1$；当 $x\to+\infty$ 时，$t\to+\infty$. 于是

$$\begin{aligned}原式&=\int_0^{+\infty}\frac{x\mathrm{e}^x}{(1+\mathrm{e}^x)^2}\mathrm{d}x=\int_1^{+\infty}\frac{t\ln t}{(1+t)^2}\cdot\frac{\mathrm{d}t}{t}=\lim_{b\to+\infty}\int_1^b\frac{\ln t}{(1+t)^2}\mathrm{d}t\\&=-\lim_{b\to+\infty}\int_1^b\ln t\,\mathrm{d}\left(\frac{1}{1+t}\right)=-\lim_{b\to+\infty}\left[\frac{\ln t}{1+t}\bigg|_1^b-\int_1^b\frac{\mathrm{d}t}{t(1+t)}\right]\\&=\lim_{b\to+\infty}\int_1^b\left(\frac{1}{t}-\frac{1}{t+1}\right)\mathrm{d}t=\lim_{b\to+\infty}\left[\ln\frac{b}{1+b}-\ln\frac{1}{2}\right]=\ln 2.\end{aligned}$$

评注 为书写方便，在反常积分的计算中常常保留原积分限而略去极限符号.

例 2* 计算积分 $I=\displaystyle\int_0^{+\infty}\frac{1}{\sqrt{t}}\mathrm{e}^{-\left(t+\frac{1}{t}\right)}\mathrm{d}t$.

分析 易知 $t=0$ 不是积分的瑕点，令 $\sqrt{t}=x$，可得 $I=2\mathrm{e}^2\displaystyle\int_0^{+\infty}\mathrm{e}^{-\left(x+\frac{1}{x}\right)^2}\mathrm{d}x$. 该积分可作变量代换 $u=x+\dfrac{1}{x}$ 尝试.

解 因为 $\displaystyle\lim_{t\to0^+}\frac{1}{\sqrt{t}}\mathrm{e}^{-\left(t+\frac{1}{t}\right)}=0$，所以 $t=0$ 不是积分的瑕点. 令 $\sqrt{t}=x$，则

$$I=2\int_0^{+\infty}\mathrm{e}^{-\left(x^2+\frac{1}{x^2}\right)}\mathrm{d}x=2\mathrm{e}^2\int_0^{+\infty}\mathrm{e}^{-\left(x+\frac{1}{x}\right)^2}\mathrm{d}x.$$

令 $u=x+\dfrac{1}{x}\,(u\geqslant 2)$，得 $x=\dfrac{u\pm\sqrt{u^2-4}}{2}$. 当 $x\in(0,1]$ 时，$x=\dfrac{u-\sqrt{u^2-4}}{2}$；当 $x\in[1,+\infty)$ 时，$x=\dfrac{u+\sqrt{u^2-4}}{2}$. 所以

$$I=2\mathrm{e}^2\left[\int_0^1 \mathrm{e}^{-\left(x+\frac{1}{x}\right)^2}\mathrm{d}x+\int_1^{+\infty}\mathrm{e}^{-\left(x+\frac{1}{x}\right)^2}\mathrm{d}x\right]$$
$$=\mathrm{e}^2\left[\int_{+\infty}^2 \mathrm{e}^{-u^2}\mathrm{d}(u-\sqrt{u^2-4})+\int_2^{+\infty}\mathrm{e}^{-u^2}\mathrm{d}(u+\sqrt{u^2-4})\right]$$
$$=2\mathrm{e}^2\int_2^{+\infty}\mathrm{e}^{-u^2}\mathrm{d}(\sqrt{u^2-4})\xlongequal{v=\sqrt{u^2-4}}2\mathrm{e}^{-2}\int_0^{+\infty}\mathrm{e}^{-v^2}\mathrm{d}v=\mathrm{e}^{-2}\sqrt{\pi}.$$

评注　最后一个等式用到了结论$\int_0^{+\infty}\mathrm{e}^{-x^2}\mathrm{d}x=\frac{\sqrt{\pi}}{2}$，该结论可由二重积分得到，过程如下：

$$\left(\int_0^{+\infty}\mathrm{e}^{-x^2}\mathrm{d}x\right)^2=\int_0^{+\infty}\int_0^{+\infty}\mathrm{e}^{-(x^2+y^2)}\mathrm{d}x\mathrm{d}y=\lim_{a\to+\infty}\int_0^{\frac{\pi}{2}}\mathrm{d}\varphi\int_0^a \mathrm{e}^{-\rho^2}\rho\,\mathrm{d}\rho=-\lim_{a\to+\infty}\frac{\pi}{4}\mathrm{e}^{-\rho^2}\Big|_0^a=\frac{\pi}{4}.$$

例 3*　计算反常积分$\int_1^{+\infty}\frac{(x)}{x^3}\mathrm{d}x$，这里$(x)$表示$x$的小数部分.

分析　当$x>1$时，显然$(x)=x-[x]$，所有自然数点都是函数的分段点，计算积分要插入分段点，分段积分.

解　对$\forall b>1$，记$[b]=n$，则

$$\int_1^b\frac{(x)}{x^3}\mathrm{d}x=\left[\int_1^n\frac{(x)}{x^3}\mathrm{d}x+\int_n^b\frac{(x)}{x^3}\mathrm{d}x\right]=\sum_{k=1}^{n-1}\int_k^{k+1}\frac{x-k}{x^3}\mathrm{d}x+\int_n^b\frac{x-n}{x^3}\mathrm{d}x$$
$$=\sum_{k=1}^{n-1}\left[\left(\frac{1}{k}-\frac{1}{k+1}\right)-\frac{k}{2}\left(\frac{1}{k^2}-\frac{1}{(k+1)^2}\right)\right]+\left(\frac{1}{n}-\frac{1}{b}\right)-\frac{n}{2}\left(\frac{1}{n^2}-\frac{1}{b^2}\right)$$
$$=\sum_{k=1}^{n-1}\left[\frac{1}{2}\left(\frac{1}{k}-\frac{1}{k+1}\right)-\frac{1}{2}\frac{1}{(k+1)^2}\right]+\left(\frac{1}{n}-\frac{1}{b}\right)-\frac{1}{2}\left(\frac{1}{n}-\frac{n}{b^2}\right)$$
$$=\frac{1}{2}\left(1-\frac{1}{n}\right)-\frac{1}{2}\sum_{k=2}^{n}\frac{1}{k^2}+\left(\frac{1}{n}-\frac{1}{b}\right)-\frac{1}{2}\left(\frac{1}{n}-\frac{n}{b^2}\right).$$

注意当$b\to+\infty$时，有$n\to+\infty$，且$\lim\limits_{b\to+\infty}\frac{n}{b^2}=0$，$\sum\limits_{k=1}^{\infty}\frac{1}{k^2}=\frac{\pi^2}{6}$，得到

$$\int_1^{+\infty}\frac{(x)}{x^3}\mathrm{d}x=\lim_{b\to+\infty}\int_1^b\frac{(x)}{x^3}\mathrm{d}x=\frac{1}{2}-\frac{1}{2}\sum_{k=2}^{\infty}\frac{1}{k^2}=1-\frac{\pi^2}{12}.$$

例 4　设$f(x^2-1)=\ln\frac{x^2}{x^2-2}$，且$f[\varphi(x)]=\ln x$，求$\int_0^2\frac{\varphi'(x)}{4+\varphi^2(x)}\mathrm{d}x$.

分析　求出$\varphi(x)$的表达式，再计算积分.

解　因为$f(x^2-1)=\ln\frac{x^2-1+1}{x^2-1-1}$，所以$f(x)=\ln\frac{x+1}{x-1}$，而$f[\varphi(x)]=\ln\frac{\varphi(x)+1}{\varphi(x)-1}=\ln x$，得

$$\frac{\varphi(x)+1}{\varphi(x-1)}=x\Rightarrow\varphi(x)=\frac{x+1}{x-1}.$$

$x=1$是积分的瑕点，则

$$\int_0^2\frac{\varphi'(x)}{4+\varphi^2(x)}\mathrm{d}x=\int_0^1\frac{1}{2^2+\varphi^2(x)}\mathrm{d}\varphi(x)+\int_1^2\frac{1}{2^2+\varphi^2(x)}\mathrm{d}\varphi(x)$$
$$=\frac{1}{2}\arctan\frac{\varphi(x)}{2}\Big|_0^1+\frac{1}{2}\arctan\frac{\varphi(x)}{2}\Big|_1^2=\frac{1}{2}\left(-\frac{\pi}{2}+\arctan\frac{1}{2}\right)+\frac{1}{2}\left(\arctan\frac{3}{2}-\frac{\pi}{2}\right)$$

$$=\frac{1}{2}(\arctan 8-\pi).$$

评注 若不注意$\varphi(x)$在$x=1$的邻域内无界，将得出如下错误的结果：

$$\int_0^2\frac{\varphi'(x)}{2^2+\varphi^2(x)}\mathrm{d}x=\frac{1}{2}\arctan\frac{\varphi(x)}{2}\bigg|_0^2=\frac{1}{2}\left(\arctan\frac{3}{2}+\arctan\frac{1}{2}\right)=\frac{1}{2}\arctan 8.$$

产生错误的原因在于将上述积分看作常义积分计算，而在常义积分的换元法中，要求变换函数$u=\varphi(x)$在积分区间$[0,2]$上单调可微，显然这一条件不满足.

例5 计算积分$I=\int_0^{\frac{\pi}{2}}\sqrt{\tan x}\,\mathrm{d}x$.

分析 $x=\frac{\pi}{2}$是积分的瑕点，容易判定积分是收敛的. 直接积分有困难，利用$\int_0^{\frac{\pi}{2}}\sqrt{\tan x}\,\mathrm{d}x=\int_0^{\frac{\pi}{2}}\sqrt{\cot x}\,\mathrm{d}x$，计算就容易了.

解 $x=\frac{\pi}{2}$是积分的瑕点. 由于

$$\lim_{x\to\frac{\pi}{2}^-}(\pi/2-x)^{1/2}\sqrt{\tan x}=\left(\lim_{x\to\frac{\pi}{2}^-}\frac{\pi/2-x}{\cot x}\right)^{1/2}=\left(\lim_{x\to\frac{\pi}{2}^-}\frac{1}{\csc^2 x}\right)^{1/2}=1,$$

而积分$\int_0^{\frac{\pi}{2}}\frac{1}{\sqrt{\pi/2-x}}\mathrm{d}x$是收敛的，故积分$\int_0^{\frac{\pi}{2}}\sqrt{\tan x}\,\mathrm{d}x$收敛. 令$x=\frac{\pi}{2}-t$，则

$$I=-\int_{\frac{\pi}{2}}^0\sqrt{\cot t}\,\mathrm{d}t=\int_0^{\frac{\pi}{2}}\sqrt{\cot x}\,\mathrm{d}x.$$

所以

$$I=\frac{1}{2}\int_0^{\frac{\pi}{2}}\left(\sqrt{\tan x}+\sqrt{\cot x}\right)\mathrm{d}x=\frac{1}{2}\int_0^{\frac{\pi}{2}}\frac{\tan x+1}{\sqrt{\tan x}}\mathrm{d}x\overset{u=\sqrt{\tan x}}{=\!=\!=}\int_0^{+\infty}\frac{u^2+1}{1+u^4}\mathrm{d}u$$

$$=\int_0^{+\infty}\frac{1+1/u^2}{1/u^2+u^2}\mathrm{d}u=\int_0^{+\infty}\frac{\mathrm{d}(u-1/u)}{(u-1/u)^2+2}=\frac{1}{\sqrt{2}}\arctan\left(\frac{u-1/u}{\sqrt{2}}\right)\bigg|_0^{+\infty}=\frac{\pi}{\sqrt{2}}.$$

评注 (1) 先检验积分的收敛性是必要的，因为两个发散的积分不能做和运算. 该题所用的方法抽象出来就是积分公式：$\int_0^a f(x)\mathrm{d}x=\frac{1}{2}\int_0^a[f(x)+f(a-x)]\mathrm{d}x$.

(2) 由于反常积分是定积分的极限，因此在积分的性质与计算方法上两者有诸多共同点，也有一些不同的地方，读者要善于总结，明了它们的异同，以及产生这些异同的原因. 清楚这些对我们求解反常积分的相关问题会有很好的帮助.

例6 计算$\int_0^{\frac{\pi}{4}}\ln\sin 2x\mathrm{d}x$.

分析 $x=0$是积分的瑕点，直接计算积分很困难. 作变量代换$2x=t$，被积函数为$\ln\sin t$；另一方面，$\ln\sin 2x=\ln 2+\ln\cos x+\ln\sin x$，也会出现$\ln\sin x$的积分，由此可找到计算积分的方法.

解 $x=0$是积分的瑕点. 令$2x=t$，则

$$\int_0^{\frac{\pi}{4}}\ln\sin 2x\mathrm{d}x=\frac{1}{2}\int_0^{\frac{\pi}{2}}\ln\sin t\mathrm{d}t.$$

又

$$I=\int_0^{\frac{\pi}{4}}\ln\sin 2x\mathrm{d}x=\int_0^{\frac{\pi}{4}}\ln(2\sin x\cos x)\mathrm{d}x=\int_0^{\frac{\pi}{4}}(\ln 2+\ln\sin x+\ln\cos x)\mathrm{d}x$$

$$=\frac{\pi}{4}\ln 2+\int_0^{\frac{\pi}{4}}\ln\sin x\mathrm{d}x+\int_{\frac{\pi}{4}}^{\frac{\pi}{2}}\ln\sin x\mathrm{d}x=\frac{\pi}{4}\ln 2+\int_0^{\frac{\pi}{2}}\ln\sin x\mathrm{d}x=\frac{\pi}{4}\ln 2+2I.$$

所以 $I=-\frac{\pi}{4}\ln 2$.

评注　(1) 在该题计算中我们没检验积分的收敛性，因为计算中没涉及两个不同反常积分的运算.
(2) 该题也可用公式 $\int_0^a f(x)\mathrm{d}x=\frac{1}{2}\int_0^a[f(x)+f(a-x)]\mathrm{d}x$ 计算，读者可自行练习.

例 7　求曲线 $y=\mathrm{e}^{-x}\sin x$ 与其渐近线在 $x\geqslant 0$ 部分所围图形的面积.

分析　先求曲线的渐近线，再用积分计算面积.

解　因为 $\lim\limits_{x\to+\infty}\mathrm{e}^{-x}\sin x=0$，所以 $y=0$ 为其渐近线. 所求面积为 $A=\int_0^{+\infty}|\mathrm{e}^{-x}\sin x|\,\mathrm{d}x$.

由于 $|\mathrm{e}^{-x}\sin x|\leqslant\mathrm{e}^{-x}$，而 $\int_0^{+\infty}\mathrm{e}^{-x}\,\mathrm{d}x$ 收敛，所以 $\int_0^{+\infty}|\mathrm{e}^{-x}\sin x|\,\mathrm{d}x$ 收敛，且有

$$A=\sum_{n=0}^{\infty}\int_{n\pi}^{(n+1)\pi}\mathrm{e}^{-x}\,|\sin x|\,\mathrm{d}x=\sum_{n=0}^{\infty}\left[\int_{2n\pi}^{(2n+1)\pi}\mathrm{e}^{-x}\sin x\,\mathrm{d}x-\int_{(2n+1)\pi}^{(2n+2)\pi}\mathrm{e}^{-x}\sin x\,\mathrm{d}x\right]$$

$$=\sum_{n=0}^{\infty}\left[-\frac{\sin x+\cos x}{2}\mathrm{e}^{-x}\Big|_{2n\pi}^{(2n+1)\pi}+\frac{\sin x+\cos x}{2}\mathrm{e}^{-x}\Big|_{(2n+1)\pi}^{(2n+2)\pi}\right]$$

$$=\frac{1}{2}\sum_{n=0}^{\infty}[\mathrm{e}^{-2n\pi}+2\mathrm{e}^{-(2n+1)\pi}+\mathrm{e}^{-(2n+2)\pi}]=\frac{1}{2}\left[\frac{1}{1-\mathrm{e}^{-2\pi}}+\frac{2\mathrm{e}^{-\pi}}{1-\mathrm{e}^{-2\pi}}+\frac{\mathrm{e}^{-2\pi}}{1-\mathrm{e}^{-2\pi}}\right]=\frac{1}{2}\cdot\frac{1+\mathrm{e}^{-\pi}}{1-\mathrm{e}^{-\pi}}.$$

例 8[*]　计算积分 $\int_0^{+\infty}\frac{\mathrm{d}x}{x^3(\mathrm{e}^{\pi/x}-1)}$.

分析　容易判断积分是收敛的，直接积分有困难，可将含指数函数的分式做泰勒展开，再做积分. 为了消除分母中的幂函数，可先作倒代换 $x=1/u$.

解

$$I=-\int_0^{+\infty}\frac{\mathrm{d}\left(\frac{1}{x}\right)}{x\left(\mathrm{e}^{\pi/x}-1\right)}=\int_0^{+\infty}\frac{u\,\mathrm{d}u}{\mathrm{e}^{\pi u}-1}=\int_0^{+\infty}\frac{u\,\mathrm{e}^{-\pi u}}{1-\mathrm{e}^{-\pi u}}\mathrm{d}u=\int_0^{+\infty}u\sum_{n=0}^{\infty}\mathrm{e}^{-(n+1)\pi u}\,\mathrm{d}u$$

$$=\sum_{n=0}^{\infty}\int_0^{+\infty}u\,\mathrm{e}^{-(n+1)\pi u}\,\mathrm{d}u=\sum_{n=0}^{\infty}\frac{-1}{(n+1)\pi}\int_0^{+\infty}u\,\mathrm{d}\mathrm{e}^{-(n+1)\pi u}$$

$$=\sum_{n=0}^{\infty}\frac{-1}{(n+1)^2\pi^2}\mathrm{e}^{-(n+1)\pi u}\Big|_0^{+\infty}=\frac{1}{\pi^2}\sum_{n=0}^{\infty}\frac{1}{(n+1)^2}=\frac{1}{6}.$$

评注　(1) 该题的求解过程有一点小瑕疵，也就是积分号与级数和号做交换是有条件的，但题解中并未进行相应交代. 高数竞赛题解中偶尔会出现这种情况.

(2) 最后一个等式用到了结论 $\sum\limits_{n=1}^{\infty}\frac{1}{n^2}=\frac{\pi^2}{6}$.

例 9　讨论积分 $\int_0^{\frac{\pi}{2}}\frac{\mathrm{d}x}{\sin^p x\cos^q x}\ (p>0,q>0)$ 的敛散性.

分析　这是无界函数的积分，$x=0$，$x=\frac{\pi}{2}$ 都是积分的瑕点，需要在积分区间中插入分点将积分化为两项，再分别讨论两个积分的敛散性.

解 $x=0$，$x=\dfrac{\pi}{2}$都是积分的瑕点，有

$$\int_0^{\frac{\pi}{2}}\frac{\mathrm{d}x}{\sin^p x\cos^q x}=\int_0^{\frac{\pi}{4}}\frac{\mathrm{d}x}{\sin^p x\cos^q x}+\int_{\frac{\pi}{4}}^{\frac{\pi}{2}}\frac{\mathrm{d}x}{\sin^p x\cos^q x}.$$

因为 $\lim\limits_{x\to 0^+}x^p\dfrac{1}{\sin^p x\cos^q x}=1\neq 0$，而 $\int_0^{\frac{\pi}{4}}\dfrac{\mathrm{d}x}{x^p}$ 当 $0<p<1$ 时收敛，当 $p\geqslant 1$ 时发散. 所以积分 $\int_0^{\frac{\pi}{4}}\dfrac{\mathrm{d}x}{\sin^p x\cos^q x}$ 当$0<p<1$时收敛，当$p\geqslant 1$时发散.

又 $\lim\limits_{x\to \frac{\pi}{2}^-}\left(\dfrac{\pi}{2}-x\right)^q\dfrac{1}{\sin^p x\cos^q x}=1$，且 $\int_{\frac{\pi}{4}}^{\frac{\pi}{2}}\dfrac{\mathrm{d}x}{\left(\dfrac{\pi}{2}-x\right)^q}$ 当$0<q<1$时收敛，当$q\geqslant 1$时发散. 所以积分 $\int_{\frac{\pi}{4}}^{\frac{\pi}{2}}\dfrac{\mathrm{d}x}{\sin^p x\cos^q x}$ 当$0<q<1$时收敛，当$q\geqslant 1$时发散..

综上，当$0<p<1$，$0<q<1$时原积分收敛，其他情况均发散.

评注 (1) 判断反常积分的敛散性首先需要确定积分的类型. 对无界函数的积分，要找出积分的瑕点，并用瑕点分割积分区间做分段积分（每项积分只能有一个瑕点），再逐项讨论各积分的敛散性.

(2) 反常积分的比较审敛法（下面仅给出无穷区间的情况，无界函数积分有类似的结论）:

比较准则 I: 设函数 $f(x)$，$g(x)$ 在区间 $[a,+\infty)$ 上连续，且 $0\leqslant f(x)\leqslant g(x)$ $(a\leqslant x<+\infty)$，则

① 当 $\int_a^{+\infty}g(x)\mathrm{d}x$ 收敛时，$\int_a^{+\infty}f(x)\mathrm{d}x$ 收敛;

② 当 $\int_a^{+\infty}f(x)\mathrm{d}x$ 发散时，$\int_a^{+\infty}g(x)\mathrm{d}x$ 发散.

比较准则 II: 设函数 $f(x)$、$g(x)\in C[a,+\infty)$，且 $g(x)>0$，$\lim\limits_{x\to+\infty}\dfrac{f(x)}{g(x)}=\lambda$（有限或$\infty$），则

① 当 $\lambda\neq 0$ 时，$\int_a^{+\infty}f(x)\mathrm{d}x$ 与 $\int_a^{+\infty}g(x)\mathrm{d}x$ 有相同的敛散性;

② 当 $\lambda=0$ 时，若 $\int_a^{+\infty}g(x)\mathrm{d}x$ 收敛，则 $\int_a^{+\infty}f(x)\mathrm{d}x$ 也收敛;

③ 当 $\lambda=\infty$ 时，若 $\int_a^{+\infty}g(x)\mathrm{d}x$ 发散，则 $\int_a^{+\infty}f(x)\mathrm{d}x$ 也发散.

(3) 比较审敛法中，两类反常积分的常用比较标准是 p 积分:

$$\int_a^b\frac{1}{(x-a)^p}\mathrm{d}x \text{ 当且仅当 } p<1 \text{ 时收敛；} \int_a^{+\infty}\frac{1}{x^p}\mathrm{d}x(a>0) \text{ 当且仅当 } p>1 \text{ 时收敛.}$$

例 10 判断反常积分 $\int_0^1\dfrac{\sqrt[m]{\ln^2(1-x)}}{\sqrt[n]{x}}\mathrm{d}x$ 的敛散性.

分析 $x=0$与$x=1$是积分的瑕点，可插入分点 $x=\dfrac{1}{2}$，分别讨论两个积分的敛散性.

解 被积函数在 $x=0$与$x=1$处无界.

$$\int_0^1\frac{\sqrt[m]{\ln^2(1-x)}}{\sqrt[n]{x}}\mathrm{d}x=\int_0^{\frac{1}{2}}\frac{\sqrt[m]{\ln^2(1-x)}}{\sqrt[n]{x}}\mathrm{d}x+\int_{\frac{1}{2}}^1\frac{\sqrt[m]{\ln^2(1-x)}}{\sqrt[n]{x}}\mathrm{d}x.$$

在第 1 个积分中 $\sqrt[m]{\ln^2(1-x)} \sim x^{\frac{2}{m}}\ (x \to 0^+)$，则 $\int_0^{\frac{1}{2}} \frac{\sqrt[m]{\ln^2(1-x)}}{\sqrt[n]{x}} \mathrm{d}x$ 与 $\int_0^{\frac{1}{2}} \frac{x^{\frac{2}{m}}}{\sqrt[n]{x}} \mathrm{d}x = \int_0^{\frac{1}{2}} \frac{\mathrm{d}x}{x^{\frac{1}{n}-\frac{2}{m}}}$ 同敛散.

由于 m, n 是大于 1 的自然数，总有 $\frac{1}{n} - \frac{2}{m} < 1$，所以积分 $\int_0^{\frac{1}{2}} \frac{\mathrm{d}x}{x^{\frac{1}{n}-\frac{2}{m}}}$ 收敛，从而 $\int_0^{\frac{1}{2}} \frac{\sqrt[m]{\ln^2(1-x)}}{\sqrt[n]{x}} \mathrm{d}x$ 收敛.

对第 2 个积分，因为

$$\lim_{x \to 1^-} \frac{\sqrt[m]{\ln^2(1-x)}}{\sqrt[n]{x}} \Bigg/ \frac{1}{\sqrt{1-x}} = \lim_{x \to 1^-} \sqrt{1-x} \ln^{\frac{2}{m}}(1-x) = 0,$$

且反常积分 $\int_{\frac{1}{2}}^1 \frac{\mathrm{d}x}{\sqrt{1-x}}$ 收敛，所以 $\int_{\frac{1}{2}}^1 \frac{\sqrt[m]{\ln^2(1-x)}}{\sqrt[n]{x}} \mathrm{d}x$ 收敛.

综上所述，无论 m, n 取何正整数，反常积分 $\int_0^1 \frac{\sqrt[m]{\ln^2(1-x)}}{\sqrt[n]{x}} \mathrm{d}x$ 均收敛.

例 11　记 $I(n) = \int_0^{+\infty} \frac{\ln x}{a^2 + x^n} \mathrm{d}x\ (a > 0, n > 0)$.

（1）讨论积分的敛散性；

（2）计算积分 $I(2)$.

分析　这是无穷区间的反常积分. $x = 0$ 又是积分的瑕点，所以需插入分点将积分拆分为两项，再分别讨论其敛散性.

解　（1）$x = 0$ 是积分的瑕点.

$$\int_0^{+\infty} \frac{\ln x}{a^2 + x^n} \mathrm{d}x = \int_0^1 \frac{\ln x}{a^2 + x^n} \mathrm{d}x + \int_1^{+\infty} \frac{\ln x}{a^2 + x^n} \mathrm{d}x.$$

对右边的第 1 项，因为

$$\lim_{x \to 0^+} x^{\frac{1}{2}} \frac{\ln x}{a^2 + x^n} = 0,$$

所以对任意 n，积分 $\int_0^1 \frac{\ln x}{a^2 + x^n} \mathrm{d}x$ 均收敛.

对右边的第 2 项，若 $n \leqslant 1$，有 $\lim\limits_{x \to +\infty} x \frac{\ln x}{a^2 + x^n} = +\infty$，积分发散.

若 $n > 1$，$\forall \alpha > 0$，有 $0 < x^{n-\alpha} \frac{\ln x}{a^2 + x^n} < \frac{\ln x}{x^\alpha}$，且 $\lim\limits_{x \to +\infty} \frac{\ln x}{x^\alpha} = 0$，则 $\lim\limits_{x \to +\infty} x^{n-\alpha} \frac{\ln x}{a^2 + x^n} = 0$.

所以当 $n - \alpha > 1$，即 $n > 1 + \alpha$ 时，积分 $\int_1^{+\infty} \frac{\ln x}{a^2 + x^n} \mathrm{d}x$ 收敛. 由 α 的任意性，知当 $n > 1$ 时，积分收敛.

综上所述，当且仅当 $n > 1$ 时，积分 $I(n)$ 收敛.

（2）
$$I(2) = \int_0^{+\infty} \frac{\ln x}{a^2 + x^2} \mathrm{d}x \xlongequal{x=at} \frac{1}{a} \int_0^{+\infty} \frac{\ln a + \ln t}{1 + t^2} \mathrm{d}t = \frac{\pi \ln a}{2a} + \frac{1}{a} \int_0^{+\infty} \frac{\ln t}{1 + t^2} \mathrm{d}t,$$

而

$$\begin{aligned}\int_0^{+\infty} \frac{\ln t}{1 + t^2} \mathrm{d}t &= \int_0^1 \frac{\ln t}{1 + t^2} \mathrm{d}t + \int_1^{+\infty} \frac{\ln t}{1 + t^2} \mathrm{d}t \\ &= \int_0^1 \frac{\ln t}{1 + t^2} \mathrm{d}t - \int_0^1 \frac{\ln u}{1 + u^2} \mathrm{d}u = 0 \quad \left(u = \frac{1}{t}\right),\end{aligned}$$

所以 $I(2) = \frac{\pi \ln a}{2a}$.

例 12 设在区间$[0,+\infty)$上$f(x)$具有一阶连续导数，且$f(0)>0$，$f'(x)\geqslant 0$，积分$\int_0^{+\infty}\frac{\mathrm{d}x}{f(x)+f'(x)}$收敛，证明积分$\int_0^{+\infty}\frac{\mathrm{d}x}{f(x)}$亦收敛.

分析 显然$f(x)>0$，只需证明$\forall N>0$，积分$\int_0^N\frac{1}{f(x)}\mathrm{d}x$有上界.

证明 由$f(0)>0$，$f'(x)\geqslant 0$，故当$0\leqslant x<+\infty$时，$f(x)>0$，且

$$0<\int_0^N\frac{1}{f(x)}\mathrm{d}x-\int_0^N\frac{1}{f(x)+f'(x)}\mathrm{d}x=\int_0^N\frac{f'(x)}{f(x)[f(x)+f'(x)]}\mathrm{d}x$$

$$\leqslant\int_0^N\frac{f'(x)}{[f(x)]^2}\mathrm{d}x=\left[-\frac{1}{f(x)}\right]_0^N=-\frac{1}{f(N)}+\frac{1}{f(0)}<\frac{1}{f(0)}.$$

所以

$$\int_0^N\frac{1}{f(x)}\mathrm{d}x<\frac{1}{f(0)}+\int_0^N\frac{1}{f(x)+f'(x)}\mathrm{d}x<\frac{1}{f(0)}+\int_0^{+\infty}\frac{1}{f(x)+f'(x)}\mathrm{d}x.$$

由于$\int_0^N\frac{1}{f(x)}\mathrm{d}x$随$N$单调递增且有上界$\frac{1}{f(0)}+\int_0^{+\infty}\frac{1}{f(x)+f'(x)}\mathrm{d}x$，所以极限$\lim\limits_{N\to+\infty}\int_0^N\frac{1}{f(x)}\mathrm{d}x$存在，即$\int_0^{+\infty}\frac{1}{f(x)}\mathrm{d}x$收敛. 证毕.

例 13* 证明反常积分$\int_0^{+\infty}\frac{\sin x}{x}\mathrm{d}x$不是绝对收敛的.

分析 记$a_n=\int_{n\pi}^{(n+1)\pi}\frac{|\sin x|}{x}\mathrm{d}x$，只需证明$\sum\limits_{n=0}^{\infty}a_n$发散；也可考虑反证法.

证明 方法 1 记$a_n=\int_{n\pi}^{(n+1)\pi}\frac{|\sin x|}{x}\mathrm{d}x$. 如果$\int_0^{+\infty}\left|\frac{\sin x}{x}\right|\mathrm{d}x$收敛，则有$\int_0^{+\infty}\left|\frac{\sin x}{x}\right|\mathrm{d}x=\sum\limits_{n=0}^{\infty}a_n$.

因为

$$a_n\geqslant\frac{1}{(n+1)\pi}\int_{n\pi}^{(n+1)\pi}|\sin x|\,\mathrm{d}x=\frac{1}{(n+1)\pi}\int_0^{\pi}\sin x\,\mathrm{d}x=\frac{2}{(n+1)\pi},$$

而$\sum\limits_{n=0}^{\infty}\frac{2}{(n+1)\pi}$发散，故$\sum\limits_{n=0}^{\infty}a_n$发散，所以$\int_0^{+\infty}\frac{\sin x}{x}\mathrm{d}x$不是绝对收敛的.

方法 2 （反证法）当$x>0$时，有$0\leqslant\frac{\sin^2 x}{x}\leqslant\left|\frac{\sin x}{x}\right|$. 若$\int_0^{+\infty}\left|\frac{\sin x}{x}\right|\mathrm{d}x$收敛，则$\int_0^{+\infty}\frac{\sin^2 x}{x}\mathrm{d}x$也收敛.

又

$$0\leqslant\int_{\frac{\pi}{2}}^{+\infty}\frac{\cos^2 x}{x}\mathrm{d}x=\int_0^{+\infty}\frac{\sin^2 x}{x+\frac{\pi}{2}}\mathrm{d}x\leqslant\int_0^{+\infty}\frac{\sin^2 x}{x}\mathrm{d}x,$$

故$\int_{\frac{\pi}{2}}^{+\infty}\frac{\cos^2 x}{x}\mathrm{d}x$也收敛. 但

$$\int_{\frac{\pi}{2}}^{+\infty}\frac{\cos^2 x}{x}\mathrm{d}x+\int_{\frac{\pi}{2}}^{+\infty}\frac{\sin^2 x}{x}\mathrm{d}x=\int_{\frac{\pi}{2}}^{+\infty}\frac{1}{x}\mathrm{d}x=+\infty，矛盾.$$

所以$\int_0^{+\infty}\frac{\sin x}{x}\mathrm{d}x$不绝对收敛.

评注　反常积分与无穷级数在基本性质与审敛方法上有很多类似之处，请读者注意对比、总结. 同时两者之间又有密切的联系，常常借助其中一个去研究另一个.

例 14　设$f(x)$是$[0,+\infty)$上非负可导函数，$f(0)=0$，$f'(x)\leqslant\frac{1}{2}$. 假设$\int_0^{+\infty}f(x)\mathrm{d}x$收敛，证明对任意$\alpha>1$，$\int_0^{+\infty}f^{\alpha}(x)\mathrm{d}x$也收敛，并且

$$\int_0^{+\infty}f^{\alpha}(x)\mathrm{d}x\leqslant\left(\int_0^{+\infty}f(x)\mathrm{d}x\right)^{\beta},\quad \beta=\frac{\alpha+1}{2}.$$

分析　只需证明对$\forall t>0$，有$\int_0^t f^{\alpha}(x)\mathrm{d}x\leqslant\left(\int_0^t f(x)\mathrm{d}x\right)^{\beta}$. 可考虑用函数的单调性来证明.

证明　令$g(t)=\left(\int_0^t f(x)\mathrm{d}x\right)^{\beta}-\int_0^t f^{\alpha}(x)\mathrm{d}x$，则$g(t)$可导，且

$$g'(t)=f(t)\left[\beta\left(\int_0^t f(x)\mathrm{d}x\right)^{\beta-1}-f^{\alpha-1}(t)\right]=f(t)\left[\left(\beta^{\frac{1}{\beta-1}}\int_0^t f(x)\mathrm{d}x\right)^{\beta-1}-f^{2(\beta-1)}(t)\right].$$

令$h(t)=\beta^{\frac{1}{\beta-1}}\int_0^t f(x)\mathrm{d}x-f^2(t)$，则

$$h'(t)=f(t)[\beta^{\frac{1}{\beta-1}}-2f'(t)].$$

由于$\beta>1$，$f'(t)\leqslant\frac{1}{2}$，则$h'(t)\geqslant 0$，这说明$h(t)$单调递增. 又$h(0)=0$，得$h(t)\geqslant 0$，因而$g'(t)\geqslant 0$. 再由$g(0)=0$，可得$g(t)\geqslant 0$，即

$$\int_0^t f^{\alpha}(x)\mathrm{d}x\leqslant\left(\int_0^t f(x)\mathrm{d}x\right)^{\beta}.$$

由于$\int_0^{+\infty}f(x)\mathrm{d}x$收敛，令$t\to+\infty$，即得证.

例 15　设函数$f(x)$在$(-\infty,+\infty)$上是导数连续的有界函数，$|f(x)-f'(x)|\leqslant 1$，证明$|f(x)|\leqslant 1$.

分析　已知不等式两边同乘e^{-x}可得$\left|\left[\mathrm{e}^{-x}f(x)\right]'\right|\leqslant\mathrm{e}^{-x}$，去掉绝对值，在区间$[t,+\infty)$上积分就可得到函数的估计.

证明　因为$\mathrm{e}^{-x}f'(x)-\mathrm{e}^{-x}f(x)=\left[\mathrm{e}^{-x}f'(x)\right]'$，在不等式$|f(x)-f'(x)|\leqslant 1$两边同乘$\mathrm{e}^{-x}$可得$\left|\left[\mathrm{e}^{-x}f(x)\right]'\right|\leqslant\mathrm{e}^{-x}$，即有

$$-\mathrm{e}^{-x}\leqslant\left[\mathrm{e}^{-x}f(x)\right]'\leqslant\mathrm{e}^{-x}. \qquad ①$$

对$\forall t\in(-\infty,+\infty)$，①式三部分分别积分得

$$-\int_t^{+\infty}\mathrm{e}^{-x}\mathrm{d}x\leqslant\int_t^{+\infty}\left[\mathrm{e}^{-x}f(x)\right]'\mathrm{d}x\leqslant\int_t^{+\infty}\mathrm{e}^{-x}\mathrm{d}x. \qquad ②$$

f有界，则$\lim\limits_{x\to+\infty}\mathrm{e}^{-x}f(x)=0$，上式即为$-\mathrm{e}^{-t}\leqslant-\mathrm{e}^{-t}f(t)\leqslant\mathrm{e}^{-t}$，即$-1\leqslant f(t)\leqslant 1$. 由$t$的任意性，知$|f(x)|\leqslant 1$.

例 16 设 $f(x)>0$，在 $(-\infty,+\infty)$ 内连续，且对任意 t，有 $\int_{-\infty}^{+\infty}\mathrm{e}^{-|t-x|}f(x)\mathrm{d}x\leqslant 1$，证明对任意 a 和 $b\,(a<b)$，有 $\int_a^b f(x)\,\mathrm{d}x\leqslant\dfrac{b-a}{2}+1$.

分析 因为 $\mathrm{e}^{-|t-x|}f(x)>0$，所以 $\forall a,b(a<b)$，有 $\int_a^b\mathrm{e}^{-|t-x|}f(x)\mathrm{d}x\leqslant\int_{-\infty}^{+\infty}\mathrm{e}^{-|t-x|}f(x)\mathrm{d}x\leqslant 1$，该式两边对 t 在 $[a,b]$ 上积分，可将 $\mathrm{e}^{-|t-x|}$ 的积分算出来而得到关于 $\int_a^b f(x)\mathrm{d}x$ 的不等式.

证明 令 $F(t)=\int_a^b\mathrm{e}^{-|t-x|}f(x)\,\mathrm{d}x$，由已知条件，易知 $F(t)$ 在 $(-\infty,+\infty)$ 上连续，且 $F(t)\leqslant 1$，则 $\int_a^b F(t)\mathrm{d}x\leqslant b-a$，而

$$\begin{aligned}\int_a^b F(t)\mathrm{d}t&=\int_a^b f(x)\mathrm{d}x\int_a^b\mathrm{e}^{-|t-x|}\mathrm{d}t=\int_a^b f(x)(2-\mathrm{e}^{a-x}-\mathrm{e}^{x-b})\mathrm{d}x\\&=2\int_a^b f(x)\mathrm{d}x-\int_a^b f(x)\mathrm{e}^{a-x}\mathrm{d}x-\int_a^b f(x)\mathrm{e}^{x-b}\mathrm{d}x.\end{aligned}$$

所以

$$\begin{aligned}\int_a^b f(x)\mathrm{d}x&\leqslant\frac{b-a}{2}+\frac{1}{2}\int_a^b f(x)\mathrm{e}^{-|a-x|}\mathrm{d}x+\frac{1}{2}\int_a^b f(x)\mathrm{e}^{-|b-x|}\mathrm{d}x\\&\leqslant\frac{b-a}{2}+\frac{1}{2}\int_{-\infty}^{+\infty}f(x)\mathrm{e}^{-|a-x|}\mathrm{d}x+\frac{1}{2}\int_{-\infty}^{+\infty}f(x)\mathrm{e}^{-|b-x|}\mathrm{d}x\leqslant\frac{b-a}{2}+1.\end{aligned}$$

例 17* 证明若 $\int_a^{+\infty}f(x)\,\mathrm{d}x$ 收敛，$f(x)$ 为单调函数，则 $f(x)=o\left(\dfrac{1}{x}\right)$.

分析 只需证明 $\lim\limits_{x\to+\infty}xf(x)=0$. 由于 $\int_a^{+\infty}f(x)\,\mathrm{d}x$ 收敛，根据柯西收敛准则及 $f(x)$ 的单调性就容易得到所需的证明.

证明 不妨设 $f(x)$ 单调递减. 先证当 $x\geqslant a$ 时，$f(x)\geqslant 0$. 否则，$\exists c\geqslant a$，使 $f(c)<0$. 而当 $x>c$ 时，$f(x)\leqslant f(c)$，从而

$$\int_c^{+\infty}f(x)\,\mathrm{d}x\leqslant\int_c^{+\infty}f(c)\,\mathrm{d}x=-\infty,$$

得出 $\int_c^{+\infty}f(x)\,\mathrm{d}x$ 发散，这与 $\int_a^{+\infty}f(x)\,\mathrm{d}x$ 收敛矛盾. 故 $f(x)$ 为非负的单调函数.

因为 $\int_a^{+\infty}f(x)\,\mathrm{d}x$ 收敛，由柯西收敛原理，知 $\forall\varepsilon>0$，$\exists X>1$，当 $x>X$ 时，恒有

$$\left|\int_{x/2}^{x}f(t)\mathrm{d}t\right|<\frac{\varepsilon}{2}.$$

但是

$$\left|\int_{x/2}^{x}f(t)\mathrm{d}t\right|=\int_{x/2}^{x}f(t)\mathrm{d}t\geqslant f(x)\left(x-\frac{x}{2}\right)=\frac{x}{2}f(x),$$

所以，当 $x>X$ 时，$0\leqslant xf(x)<\varepsilon$，即 $\lim\limits_{x\to+\infty}xf(x)=0$ 或 $f(x)=o\left(\dfrac{1}{x}\right)$.

当 $f(x)$ 单调递增时，只需要考虑 $-f(x)$，其结论仍成立.

评注 积分 $\int_a^{+\infty}f(x)\,\mathrm{d}x$ 收敛的柯西准则：

$$\int_a^{+\infty} f(x)\,\mathrm{d}x \text{ 收敛} \Leftrightarrow \forall \varepsilon>0,\ \exists X>a,\ \text{当 } x_1,x_2>X \text{ 时，有} \left|\int_{x_1}^{x_2} f(t)\mathrm{d}t\right|<\varepsilon .$$

例 18* 函数 $f(x)$ 在 $x\geqslant 0$ 时非负且有一阶导数，$|f'(x)|\leqslant 2$，又知 $\int_0^{+\infty} f(x)\,\mathrm{d}x$ 收敛，由此可否得到结论 $\lim\limits_{x\to+\infty} f(x)=0$？说明理由.

分析 由于 $|f'(x)|\leqslant 2$，这就限制了曲线 $y=f(x)$ 的升降斜率. 由 $\int_0^{+\infty} f(x)\,\mathrm{d}x$ 收敛，知 $\lim\limits_{a\to+\infty}\int_a^{+\infty} f(x)\,\mathrm{d}x=0$. 如果对充分大的 a，$f(x)$ 在 $[N,N+1]\subset(a,+\infty)$ 上的最大值能受到 $\int_a^{+\infty} f(x)\,\mathrm{d}x$ 的控制，则必有 $\lim\limits_{x\to+\infty} f(x)=0$. 为了利用导数有界，自然会想到使用拉格朗日公式来做函数的估计.

解 对任意自然数 N，设 x_N 是 $f(x)$ 在区间 $[N,N+1]$ 上的最大值点. 由于 $|f'(x)|\leqslant 2$，则在区间 $\left[x_N, x_N+\dfrac{1}{2}f(x_N)\right]$ 上，利用拉格朗日公式有

$$f(x)=f(x_N)+f'(\xi)(x-x_N)\geqslant f(x_N)-2(x-x_N).$$

积分得

$$\int_{x_N}^{x_N+\frac{1}{2}f(x_N)} f(x)\,\mathrm{d}x \geqslant \int_{x_N}^{x_N+\frac{1}{2}f(x_N)} [f(x_N)-2(x-x_N)]\,\mathrm{d}x=\frac{1}{4}f^2(x_N)$$

$$\Rightarrow f^2(x_N)\leqslant 4\int_{x_N}^{x_N+\frac{1}{2}f(x_N)} f(x)\,\mathrm{d}x\leqslant 4\int_{x_N}^{+\infty} f(x)\,\mathrm{d}x .$$

由于 $\int_0^{+\infty} f(x)\,\mathrm{d}x$ 收敛，所以 $\int_{x_N}^{+\infty} f(x)\,\mathrm{d}x\to 0\ (N\to\infty)$，由上式得 $\lim\limits_{N\to\infty} f(x_N)=0$，所以 $\lim\limits_{x\to+\infty} f(x)=0$.

评注 (1) 若该题去掉条件 $|f'(x)|\leqslant 2$，则结论不一定成立. 例如：

$$f(x)=\begin{cases} 1, & x=n+\dfrac{1}{2}, \\ 0, & x=n+\dfrac{1}{2}\pm\dfrac{1}{n^2}, \\ 1-n^2\left|x-\left(n+\dfrac{1}{2}\right)\right|, & n+\dfrac{1}{2}-\dfrac{1}{n^2}\leqslant x\leqslant n+\dfrac{1}{2}+\dfrac{1}{n^2}, \\ 0, & \text{其余地方}. \end{cases}$$

显然 $f(x)$ 在 $x\geqslant 0$ 非负，且 $\int_0^{+\infty} f(x)\,\mathrm{d}x$ 收敛，但 $\lim\limits_{x\to+\infty} f(x)\neq 0$（极限不存在）.

事实上，即使 $f(x)$ 无穷阶可导，由 $\int_0^{+\infty} f(x)\,\mathrm{d}x$ 收敛也得不到 $\lim\limits_{x\to+\infty} f(x)=0$（见 8.2 节例 15）.

(2) 请思考，以下做法是否正确：

由柯西收敛原理，$\forall\varepsilon>0$，$\exists X>0$，当 X 足够大时，有 $\left|\int_{\frac{X}{2}}^{X} f(x)\mathrm{d}x\right|<\varepsilon$. 利用积分中值定理，

$$\left|f(\xi)\frac{X}{2}\right|<\varepsilon\ \left(\frac{X}{2}<\xi<X\right)\Rightarrow \lim_{X\to+\infty} f(\xi)\frac{X}{2}=0\Rightarrow \lim_{x\to+\infty} f(x)=0 .$$

答案：以上做法不正确，错在最后一步. 原因是：由 $\lim\limits_{X\to+\infty} f(\xi)\dfrac{X}{2}=0$，可得 $\lim\limits_{X\to+\infty} f(\xi)=0$，虽然当 $X\to+\infty$ 时，有 $\xi\to+\infty$，但 ξ 不一定是连续地趋于 $+\infty$，因而得不到 $\lim\limits_{x\to+\infty} f(x)=0$.

例 19* 设 $f(x)$ 是定义在 $\mathbb{R}$ 上且以 $T>0$ 为周期的连续函数，证明：

$$\lim_{n\to\infty} n\int_n^{+\infty}\frac{f(x)}{x^2}\,\mathrm{d}x=\frac{1}{T}\int_0^T f(x)\,\mathrm{d}x .$$

分析 从左、右两端的积分形式来看，左端被积函数的分母不能保留，并且积分区间要用 $f(x)$ 的周期来分段. 为了将左端被积函数的分母移出积分号，只能将分母在每个周期段做放大与缩小，求极限时利用夹逼原理来得到等式.

解 因为 $f(x)$ 是连续的周期函数，故必有最大与最小值. 记 $M=\max\limits_{0\leqslant x\leqslant T}|f(x)|$，则有 $\left|\dfrac{f(x)}{x^2}\right|\leqslant\dfrac{M}{x^2}$. 由于积分 $\int_n^{+\infty}\dfrac{1}{x^2}\mathrm{d}x$ 收敛，所以 $\int_n^{+\infty}\dfrac{f(x)}{x^2}\mathrm{d}x$ 是绝对收敛的. 因而

$$n\int_n^{+\infty}\frac{f(x)}{x^2}\mathrm{d}x=\lim_{m\to\infty}n\int_n^{n+mT}\frac{f(x)}{x^2}\mathrm{d}x=\lim_{m\to\infty}n\sum_{k=0}^{m-1}\int_{n+kT}^{n+(k+1)T}\frac{f(x)}{x^2}\mathrm{d}x\quad(m\in\mathbb{N}).\qquad ①$$

不妨设 $f(x)$ 非负，否则可用 $f(x)+M$ 去替换. 因为

$$n\sum_{k=0}^{m-1}\frac{1}{\left(n+(k+1)T\right)^2}\int_0^T f(x)\mathrm{d}x\leqslant n\sum_{k=0}^{m-1}\int_{n+kT}^{n+(k+1)T}\frac{f(x)}{x^2}\mathrm{d}x\leqslant n\sum_{k=0}^{m-1}\frac{1}{\left(n+kT\right)^2}\int_0^T f(x)\mathrm{d}x,\qquad ②$$

而

$$\begin{aligned}n\sum_{k=0}^{m-1}\frac{1}{\left(n+(k+1)T\right)^2}&=n\sum_{k=1}^{m}\frac{1}{\left(n+kT\right)^2}>n\sum_{k=1}^{m}\int_k^{k+1}\frac{\mathrm{d}x}{\left(n+xT\right)^2}\\&=n\int_1^{m+1}\frac{\mathrm{d}x}{\left(n+xT\right)^2}=\frac{n}{T}\left(\frac{1}{n+T}-\frac{1}{n+(m+1)T}\right),\end{aligned}\qquad ③$$

$$n\sum_{k=0}^{m-1}\frac{1}{\left(n+kT\right)^2}<\frac{1}{n}+n\sum_{k=1}^{m}\int_{k-1}^{k}\frac{\mathrm{d}x}{\left(n+xT\right)^2}=\frac{1}{n}+n\int_0^m\frac{\mathrm{d}x}{\left(n+xT\right)^2}=\frac{1}{n}+\frac{n}{T}\left(\frac{1}{n}-\frac{1}{n+mT}\right).\qquad ④$$

将③，④式代入②式得

$$\frac{n}{T}\left(\frac{1}{n+T}-\frac{1}{n+(m+1)T}\right)\int_0^T f(x)\mathrm{d}x\leqslant n\sum_{k=0}^{m-1}\int_{n+kT}^{n+(k+1)T}\frac{f(x)}{x^2}\mathrm{d}x\leqslant\left[\frac{1}{n}+\frac{n}{T}\left(\frac{1}{n}-\frac{1}{n+mT}\right)\right]\int_0^T f(x)\mathrm{d}x.$$

取 $m\to\infty$，并由①式得

$$\frac{n}{T(n+T)}\int_0^T f(x)\mathrm{d}x\leqslant n\int_n^{+\infty}\frac{f(x)}{x^2}\mathrm{d}x\leqslant\left(\frac{1}{n}+\frac{1}{T}\right)\int_0^T f(x)\mathrm{d}x,$$

再取 $n\to\infty$，利用夹逼原理得

$$\lim_{n\to\infty}n\int_n^{+\infty}\frac{f(x)}{x^2}\mathrm{d}x=\frac{1}{T}\int_0^T f(x)\mathrm{d}x.$$

评注 （1）题解中处理 $f(x)$ 非负的方法值得借鉴.

（2）注意周期函数的积分性质：$\int_a^{a+T}f(x)\mathrm{d}x=\int_0^T f(x)\mathrm{d}x$.

（3）该题结论也可改写为：$\lim\limits_{n\to\infty}\int_1^{+\infty}\dfrac{f(nx)}{x^2}\mathrm{d}x=\dfrac{1}{T}\int_0^T f(x)\mathrm{d}x$.

习题 3.3

习题 3.3 答案

1．计算下列积分：

（1）$\int_0^{+\infty}\dfrac{\arctan x}{(1+x^2)^{3/2}}\mathrm{d}x$；（2）$\int_0^1\sin(\ln x)\mathrm{d}x$.

2．计算下列积分：

（1）$\int_{\frac{1}{2}}^{\frac{3}{2}}\dfrac{\mathrm{d}x}{\sqrt{|x-x^2|}}$；（2）$\int_0^a x^3\cdot\sqrt{\dfrac{x}{a-x}}\mathrm{d}x\ (a>0)$.

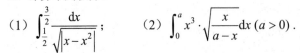

3*. 计算下列积分：

（1）$\int_0^{+\infty}\frac{\arctan(\pi x)-\arctan x}{x}\mathrm{d}x$；　　（2）$\int_0^{+\infty}\frac{x-x^2+\cdots-x^{2020}+x^{2021}}{(1+x)^{2023}}\mathrm{d}x$.

4*. 已知 $\int_0^{+\infty}\frac{\sin x}{x}\mathrm{d}x=\frac{\pi}{2}$，求 $\int_0^{+\infty}\int_0^{+\infty}\frac{\sin x\sin(x+y)}{x(x+y)}\mathrm{d}x\mathrm{d}y$.

5. 设 $f(x)=[2x]-2[x]\,(x\geqslant 1)$.

（1）证明 $\int_1^{+\infty}\frac{f(x)}{x^2}\mathrm{d}x$ 收敛；

（2）计算 $\int_1^{+\infty}\frac{f(x)}{x^2}\mathrm{d}x$. 这里 $[x]$ 表示不超过 x 的最大整数.

6. 设 $f(x)=\mathrm{e}^{x^2/2}\int_x^{+\infty}\mathrm{e}^{-t^2/2}\mathrm{d}t\,(x>0)$，证明 $0<f(x)<\frac{1}{x}$.

7. 设 a,b 均为常数，$a>-2$，$a\neq 0$，求 a,b 的值，使

$$\int_1^{+\infty}\left(\frac{2x^2+bx+a}{x(2x+a)}-1\right)\mathrm{d}x=\int_0^1\ln(1-x^2)\,\mathrm{d}x.$$

8. 讨论积分 $\int_0^{+\infty}\frac{\ln(1+x)}{x^n}\mathrm{d}x$（$n$ 为正数）的敛散性.

9. 讨论下列积分的敛散性：

（1）$\int_0^{+\infty}\left(\frac{x}{x^2+p}-\frac{p}{1+x}\right)\mathrm{d}x\,(p\neq 0)$；（2）$\int_1^{+\infty}\frac{\mathrm{d}x}{x^p\ln^q x}\,(p,q>0)$.

10. 设 $f(x)$ 是 $[1,+\infty)$ 上的连续正值函数，且 $\lim\limits_{x\to+\infty}\frac{\ln f(x)}{\ln x}=-\lambda$. 证明若 $\lambda>1$，则 $\int_1^{+\infty}f(x)\mathrm{d}x$ 收敛.

11. 证明 $\int_0^{+\infty}\frac{\cos x}{1+x}\mathrm{d}x$ 收敛，且 $\left|\int_0^{+\infty}\frac{\cos x}{1+x}\mathrm{d}x\right|\leqslant 1$.

12. 设 $f(x)$ 是 $(-\infty,+\infty)$ 上的连续正值函数，且在任意有限区域 $[-a,b]$ 上可积 $(a,b>0)$，又 $\int_{-\infty}^{+\infty}\mathrm{e}^{-|x|/k}f(x)\,\mathrm{d}x\leqslant M$（$M$ 为常数）对任意 $k>0$ 成立，证明 $\int_{-\infty}^{+\infty}f(x)\,\mathrm{d}x$ 收敛.

13. 设 $f(x)=\int_0^x\cos\frac{1}{t}\mathrm{d}t$，求 $f'(0)$.

14. 设函数 $f(x)$ 满足 $f(1)=1$，且对 $x\geqslant 1$，有 $f'(x)=\frac{1}{x^2+f^2(x)}$，证明极限 $\lim\limits_{x\to+\infty}f(x)$ 存在，且极限值小于 $1+\frac{\pi}{4}$.

15. 设 $f(x)$ 与 $f'(x)$ 在区间 $[a,+\infty)$ 上都连续，且 $\int_a^{+\infty}f(x)\mathrm{d}x$ 与 $\int_a^{+\infty}f'(x)\mathrm{d}x$ 都收敛，证明 $\lim\limits_{x\to+\infty}f(x)=0$.

16*. 设函数 $f(x)$ 在区间 $[0,+\infty)$ 上连续，且满足 $0<f(x)<1$，$\int_0^{+\infty}f(x)\mathrm{d}x$ 与 $\int_0^{+\infty}xf(x)\mathrm{d}x$ 都收敛，证明 $\int_0^{+\infty}xf(x)\mathrm{d}x>\frac{1}{2}\left(\int_0^{+\infty}f(x)\mathrm{d}x\right)^2$.

若 $f(x)$ 不连续，其他条件不变，上面的结论还成立吗？请给出证明或反例.

17. 在平面上，有一条从点 $(a,0)$ 向右的射线，线密度为常数 ρ，在点 $(0,h)$ 处（其中 $h>0$）有一质量为 m 的质点，求射线对该质点的引力.

综合题 3^*答案

综合题 3^*

1. 计算不定积分$\int \frac{\mathrm{d}x}{\sin(x+a)\sin(x+b)}$

2. 计算不定积分$\int x\arctan x\ln(1+x^2)\mathrm{d}x$.

3. 计算不定积分$I=\int \frac{\mathrm{e}^{-\sin x}\sin 2x}{\sin^4\left(\frac{\pi}{4}-\frac{x}{2}\right)}\mathrm{d}x$.

4. 计算积分$\int_0^{3\pi}\left|x-\frac{\pi}{2}\right|\cos^3 x\,\mathrm{d}x$.

5. 计算积分$\int_0^1 \frac{\arctan x}{1+x}\mathrm{d}x$.

6. 计算积分$I=\int_{-\frac{\pi}{2}}^{\frac{\pi}{2}}\frac{x\sin x}{(\mathrm{e}^x+1)(1+\cos x)^2}\mathrm{d}x$.

7. 计算积分$\int_0^{\pi}\frac{q-\cos x}{1-2q\cos x+q^2}\mathrm{d}x\ (|q|\neq 1)$.

8. 求$I_n=\int_0^{\frac{\pi}{2}}\sin^n x\sin nx\mathrm{d}x$（$n$ 为自然数）的递推公式.

9. 设$I_n=\int_1^{1+\frac{1}{n}}\sqrt{1+x^n}\,\mathrm{d}x$，求$\lim\limits_{n\to\infty}nI_n$.

10. 计算下列积分：

（1）$\int_0^{\frac{\pi}{2}}\ln(a^2-\sin^2 x)\,\mathrm{d}x\ (a>1)$；　　（2）$\int_0^{\frac{\pi}{2}}\frac{\arctan(a\tan x)}{\tan x}\mathrm{d}x\ (|a|<1)$；

（3）$\int_0^{\frac{\pi}{2}}\ln\left(99\cos^4 x+891\cos^2 x\sin^2 x+9\sin^2 x+\cos^2 x\right)\mathrm{d}x$.

11. 设$f''(x)$连续，且$f''(x)>0$，$f(0)=f'(0)=0$，试求极限$\lim\limits_{x\to 0^+}\frac{\int_0^{u(x)}f(t)\,\mathrm{d}t}{\int_0^x f(t)\,\mathrm{d}t}$，其中$u(x)$是曲线$y=f(x)$在点$(x,f(x))$处的切线在$x$轴上的截距.

12. 计算极限$\lim\limits_{x\to+\infty}\frac{\int_0^x t^{m-1}|\sin t|\,\mathrm{d}t}{x^m}(m>0)$.

13. 设$f(x)$是$\mathbb{R}$上有最小值的连续函数，且存在正数a，使得$f(x)+a\int_{x-1}^x f(t)\,\mathrm{d}t$为常数，证明$f(x)$必为常数.

14. 设$a(x),b(x),c(x)$和$d(x)$都是x的多项式. 证明：

$$\int_1^x a(t)c(t)\,\mathrm{d}t\cdot\int_1^x b(t)d(t)\,\mathrm{d}t-\int_1^x a(t)d(t)\,\mathrm{d}t\cdot\int_1^x b(t)c(t)\,\mathrm{d}t$$

可被$(x-1)^4$除尽.

15. 设 $f(x)$ 在 $(-\infty,+\infty)$ 上可积，$\lim\limits_{x\to+\infty} f(x)=A$，记 $F(x)=\dfrac{1}{x}\int_0^x f(t)\mathrm{d}t$，证明 $\lim\limits_{x\to+\infty}F(x)=A$.

16. 设 $n>1$ 且为整数，$F(x)=\int_0^x \mathrm{e}^{-t}\left(1+\dfrac{t}{1!}+\dfrac{t^2}{2!}+\cdots+\dfrac{t^n}{n!}\right)\mathrm{d}t$，证明方程 $F(x)=\dfrac{n}{2}$ 在 $\left(\dfrac{n}{2},n\right)$ 内至少有一个根.

17. 设 $f(x)$ 满足微分方程 $\dfrac{\mathrm{d}y}{\mathrm{d}x}-xy=x\mathrm{e}^{x^2}$，且 $f(0)=1$，证明 $\lim\limits_{n\to\infty}\int_0^1 \dfrac{n}{n^2x^2+1}f(x)\mathrm{d}x=\dfrac{\pi}{2}$.

18. 设函数 $f(x)$ 在 $[a,b]$ 上具有二阶连续导数，证明 $\exists\eta\in(a,b)$，使

$$\int_a^b f(x)\mathrm{d}x=\frac{b-a}{2}[f(a)+f(b)]-\frac{(b-a)^3}{12}f''(\eta).$$

19. 设函数 $f(x)$ 在闭区间 $[a,b]$ 上有连续的二阶导数，证明：

$$\lim_{n\to\infty}n^2\left[\int_a^b f(x)\,\mathrm{d}x-\frac{b-a}{n}\sum_{k=1}^n f\left(a+\frac{2k-1}{2n}(b-a)\right)\right]=\frac{(b-a)^2}{24}[f'(b)-f'(a)].$$

20. 设函数 $f(x)$ 在 $[-1,1]$ 上可积，在点 $x=0$ 处连续，又设 $\varPhi_n(x)=\begin{cases}\mathrm{e}^{nx}, & x\in[-1,0)\\ (1-x)^n, & x\in[0,1]\end{cases}$，证明：

$$\lim_{n\to\infty}\frac{n}{2}\int_{-1}^1 f(x)\varPhi_n(x)\mathrm{d}x=f(0).$$

21．设连续实函数 f 与 g 都是周期为 1 的周期函数，证明：

$$\lim_{n\to\infty}\int_0^1 f(x)g(nx)\mathrm{d}x=\left(\int_0^1 f(x)\mathrm{d}x\right)\left(\int_0^1 g(x)\mathrm{d}x\right).$$

22．在 $0\leqslant x\leqslant 1$，$0\leqslant y\leqslant 1$ 上函数 $K(x,y)$ 是正的且连续，在 $0\leqslant x\leqslant 1$ 上函数 $f(x)$ 和 $g(x)$ 是正的且连续. 假设对于所有满足 $0\leqslant x\leqslant 1$ 的 x，有 $\int_0^1 f(y)K(x,y)\,\mathrm{d}y=g(x)$ 和 $\int_0^1 g(y)K(x,y)\,\mathrm{d}y=f(x)$，证明对于 $0\leqslant x\leqslant 1$，有 $f(x)=g(x)$.

23．设 f 在 $[a,b]$ 上不恒为零，且其导数 f' 连续，并有 $f(a)=f(b)=0$，证明存在点 $\xi\in[a,b]$，使得 $|f'(\xi)|>\dfrac{4}{(b-a)^2}\int_a^b f(x)\mathrm{d}x$.

24．给定一个 $[a,b]$ 上的函数列 $\{f_n(x)\}$，并且 $\int_a^b f_n^2(x)\mathrm{d}x=1$，证明可以找到自然数 N 及数 $c_1,c_2,\cdots,c_N$，使 $\sum\limits_{k=1}^N c_k^2=1$，$\max\limits_{x\in[a,b]}\left|\sum\limits_{k=1}^N c_k f_k(x)\right|>100$.

25. 设 $f(x)$ 在 $[0,1]$ 上连续，满足对任意 $x\in[0,1]$ 有 $\int_{x^2}^x f(t)\,\mathrm{d}t\geqslant\dfrac{x^2-x^4}{2}$，证明 $\int_0^1 f(x)\,\mathrm{d}x\geqslant\dfrac{1}{10}$.

26. 设 $f(x)$ 在 $[a,b]$ 上连续，且 $\int_a^b f^3(x)\,\mathrm{d}x=0$，证明若存在正数 M，使 $|f(x)|\leqslant M$，则

$$\frac{1-\sqrt{5}}{2}M\leqslant\frac{1}{b-a}\int_a^b f(x)\mathrm{d}x\leqslant\frac{\sqrt{5}-1}{2}M.$$

27. 设 $f(x)$ 在 $[a,b]$ 上连续可导，证明下列结论：

（1）若 $f(a)=f(b)=0$，$\int_a^b f^2(x)\mathrm{d}x=1$，则 $\int_a^b [f'(x)]^2\mathrm{d}x\geqslant\dfrac{8}{(b-a)^2}$；

（2）若 $f(a)=f\left(\dfrac{a+b}{2}\right)$，$\int_a^{\frac{a+b}{2}} f(x)\,\mathrm{d}x=0$，则 $\left(\int_a^b f(x)\,\mathrm{d}x\right)^2\leqslant\dfrac{1}{12}(b-a)^3\int_a^b[f'(x)]^2\,\mathrm{d}x$.

28. 设 $f(x)$ 是区间 $[a,b]$ 上的连续正值函数，定义 $x_n=\int_a^b f^n(x)\,\mathrm{d}x\ (n=1,2,\cdots)$，证明：

（1）$(x_{n+1})^2\leqslant x_n x_{n+2}\ (n=1,2,\cdots)$；

（2）数列 $\left\{\dfrac{x_{n+1}}{x_n}\right\}$ 收敛，且 $\lim\limits_{n\to\infty}\dfrac{x_{n+1}}{x_n}=\max\limits_{a\leqslant x\leqslant b}\{f(x)\}$.

29. 设 $f:[0,1]\to\mathbb{R}$ 可微，$f(0)=f(1)$，$\int_0^1 f(x)\mathrm{d}x=0$，且 $f'(x)\neq 1$，$\forall x\in[0,1]$，证明对任意正整数 n，有 $\left|\sum\limits_{k=0}^{n-1} f\left(\dfrac{k}{n}\right)\right|<\dfrac{1}{2}$.

30. 设 $f:\mathbb{R}\to(0,+\infty)$ 是一可微函数，且对所有 $x,y\in\mathbb{R}$，有 $|f'(x)-f'(y)|\leqslant|x-y|^{\alpha}$，其中 $\alpha\in(0,1]$ 是常数，证明对所有 $x\in\mathbb{R}$，有 $|f'(x)|^{\frac{\alpha+1}{\alpha}}<\dfrac{\alpha+1}{\alpha}f(x)$.

31. 设 $f(x)$ 在[0,1]上有二阶连续导函数，且 $f(0)f(1)\geqslant 0$. 证明：

$$\int_0^1|f'(x)|\mathrm{d}x\leqslant 2\int_0^1|f(x)|\mathrm{d}x+\int_0^1|f''(x)|\mathrm{d}x.$$

32. 证明对于每个正整数 n，有 $\dfrac{2}{3}n\sqrt{n}<\sqrt{1}+\sqrt{2}+\cdots+\sqrt{n}<\dfrac{4n+3}{6}\sqrt{n}$.

33. 证明 e^x 的麦克劳林展开式的积分余项形式为 $\mathrm{e}^x=\sum\limits_{k=0}^{n}\dfrac{x^k}{k!}+\dfrac{1}{n!}\int_0^x \mathrm{e}^t(x-t)^n\,\mathrm{d}t$. 并利用该结论证明：

（1）$1+x+\dfrac{x^2}{2!}+\dfrac{x^3}{3!}+\cdots+\dfrac{x^n}{n!}>\dfrac{1}{2}\mathrm{e}^x\ (0\leqslant x\leqslant n)$；

（2）$\exists\xi\in(50,100)$，使得 $\int_0^{\xi}\mathrm{e}^{-x}\left(1+x+\dfrac{x^2}{2!}+\dfrac{x^3}{3!}+\cdots+\dfrac{x^{100}}{100!}\right)\mathrm{d}x=50$.

34. 设 $f(x)$ 是区间 $[0,1]$ 上的非负连续上凸函数，并且 $f(0)=1$，证明 $\int_0^1 xf(x)\mathrm{d}x\leqslant\dfrac{2}{3}\left(\int_0^1 f(x)\mathrm{d}x\right)^2$.

35.（最大微分熵）设 $p(x)$ 是区间 $[a,b]$ 上的连续型概率密度函数，即 $p(x)\geqslant 0$，$\int_a^b p(x)\mathrm{d}x=1$. $p(x)$ 的微分熵定义为 $H[p(x)]=-\int_a^b p(x)\ln p(x)\mathrm{d}x$，证明当且仅当在 $[a,b]$ 上恒有 $p(x)=\dfrac{1}{b-a}$ 时，$H[p(x)]$ 达到最大值 $\ln(b-a)$.

36. 证明边界由数目有限的直线段组成，而在面积不小于 $\dfrac{\pi}{4}$ 的平面凸区域（区域内任意两点间的线段完全含于该区域）中，至少存在一对相距为 1 的点.

37. 刘维尔（Liouville）曾证明了：如果 $f(x)$ 和 $g(x)$ 为有理函数，$g(x)$ 的阶大于 0，且 $\int f(x)\mathrm{e}^{g(x)}\mathrm{d}x$ 为初等函数，则 $\int f(x)\mathrm{e}^{g(x)}\,\mathrm{d}x=h(x)\mathrm{e}^{g(x)}$，其中 $h(x)$ 为有理函数. 试应用刘维尔的这一结果证明 $\int\mathrm{e}^{-x^2}\mathrm{d}x$ 不是初等函数.

38. 设 $a>0$，$f(x)\in C[0,a]$，且 $f(x)>0$，已知曲线 $y=f(x)$ 与直线 $x=0$，$x=a$，$y=0$ 所围成平面区域的质心坐标 $x_c=g(a)$，其中 $g(x)$ 是某个可微函数，证明 $f(x)=\dfrac{Ag'(x)}{[x-g(x)]^2}\mathrm{e}^{\int\frac{\mathrm{d}x}{x-g(x)}}$，其中

$A>0$ 且为常数.

39. (1)设函数 f 在闭区间 $[0,\pi]$ 上连续，且有 $\int_0^{\pi} f(\theta)\cos\theta \mathrm{d}\theta=\int_0^{\pi} f(\theta)\sin\theta \mathrm{d}\theta=0$，证明在 $(0,\pi)$ 内存在两点 α,β，使得 $f(\alpha)=f(\beta)=0$.

(2) 设 D 是欧氏平面上任一有界的凸的开区域. 试应用 (1) 的结论证明 D 的形心（重心）至少平分 D 内 3 条不同的弦.

40. 点 A 位于半径为 a 的圆周内部，且离圆心的距离为 $b(0\leqslant b<a)$，从点 A 向圆周上所有点的切线作垂线，求所有垂足所围成的图形的面积.

41. 证明在内切于正方形的所有椭圆中，以圆的周长最长.

42. 有一个立体物体，两底位于水平面 $z=\frac{h}{2}$ 与 $z=-\frac{h}{2}$ 内，包围它的侧面是曲面. 它的每一个水平截面的面积为 $a_0z^3+a_1z^2+a_2z+a_3$（特殊情形系数可以为零）. 证明它的体积为

$$V=\frac{1}{6}h(B_1+B_2+4M).$$

这里 B_1 与 B_2 是底的面积，M 是正中间的水平截面的面积. 当 $a_0=0$ 时，该公式包含锥与球的体积公式.

43. 设有一长度为 l，线密度为 μ 的均匀细直棒，在其中垂线上距棒 a 单位处有一质量为 m 的质点. 现将质点沿中垂线从距细棒 a 单位处移动到距细棒 $b(a<b)$ 单位处，求克服细棒引力所做的功.

44. 计算下列积分：

(1) $\int_0^{+\infty}\left(x-\frac{x^3}{2}+\frac{x^5}{2\cdot 4}-\frac{x^7}{2\cdot 4\cdot 6}+\cdots\right)\cdot\left(1+\frac{x^2}{2^2}+\frac{x^4}{2^2\cdot 4^2}+\frac{x^6}{2^2\cdot 4^2\cdot 6^2}+\cdots\right)\mathrm{d}x$；

(2) $\int_0^1\frac{\arctan x}{x\sqrt{1-x^2}}\mathrm{d}x$.

45. 讨论积分 $\int_0^{+\infty}\frac{x}{1+x^{\alpha}\sin^2 x}\mathrm{d}x$ 的敛散性，其中 α 是一个实常数.

46. 证明反常积分 $\int_1^{+\infty}\sin x\sin x^2\,\mathrm{d}x$ 收敛.

47. 设 $y_1(x)=(-1)^{n+1}\frac{1}{3(n+1)^2}\left(n\pi\leqslant x<(n+1)\pi\right)$，$n=0,1,2,\cdots$；$y_2(x)$ 是微分方程 $y''+2y'-y=\mathrm{e}^{-x}\sin x$ 满足初值条件 $y(0)=0$，$y'(0)=-\frac{1}{3}$ 的解，求反常积分 $\int_0^{+\infty}\min\{y_1(x),y_2(x)\}\mathrm{d}x$.

48. 已知 $\varphi:(0,+\infty)\to(0,+\infty)$ 是一个严格单调递减的连续函数，满足 $\lim\limits_{t\to 0^+}\varphi(t)=+\infty$. 若 $\int_0^{+\infty}\varphi(t)\mathrm{d}t=\int_0^{+\infty}\varphi^{-1}(t)\mathrm{d}t=a<+\infty$，其中 φ^{-1} 表示 φ 的反函数. 证明 $\int_0^{+\infty}[\varphi(t)]^2\mathrm{d}t+\int_0^{+\infty}[\varphi^{-1}(t)]^2\mathrm{d}t\geqslant\frac{1}{2}a^{\frac{3}{2}}$.

49. 设 $f(x)=\int_0^x\left(1-\frac{[u]}{u}\right)\mathrm{d}u$，其中 $[x]$ 表示不超过 x 的最大整数. 试讨论 $\int_1^{+\infty}\frac{\mathrm{e}^{f(x)}}{x^p}\cos\left(x^2-\frac{1}{x^2}\right)\mathrm{d}x$ 的敛散性，其中 $p>0$.

第 4 章　多元函数微分学

知识结构

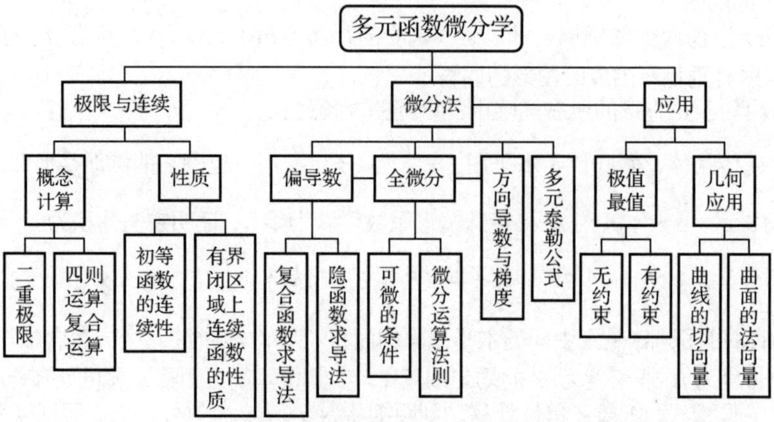

4.1　多元函数的极限与连续

多元函数的极限是多元函数微分学的基础. 高等数学只简单介绍了二元函数的极限（二重极限）. 二重极限保持了一元函数极限的很多良好性质，如唯一性、局部有界性、局部保号性、夹逼性、四则运算性与复合运算性等. 但由于平面上点趋于某定点的方式的多样性，又使得二重极限较一元函数的极限更为复杂；同时一元函数极限中与序有关的、与微分中值定理有关的极限方法在二重极限中不再成立（如极限的单调有界原理、洛必达法则、级数等），这就使得求二重极限更为困难. 所以我们只能求一些较为简单的极限，了解一些常用方法，并判断一些极限不存在的情况.

例 1　设函数 f 对任意 $x,y\in\mathbb{R}$，有 $\left|f(x+y)-f(x-y)-y\right|\leqslant y^2$，求 $f(x+y)$.

分析　作变量代换，将已知不等式转化为函数增量与自变量增量比的形式，再取极限转化为微分方程求解.

解　记 $u=x+y$，$v=x-y$，构造函数 $g(t)=f(t)-\dfrac{t}{2}$，则条件 $\left|f(x+y)-f(x-y)-y\right|\leqslant y^2$ 转化为

$$\left|g(u)-g(v)\right|\leqslant\frac{(u-v)^2}{4}.$$

当 $u\neq v$ 时，有 $\left|\dfrac{g(u)-g(v)}{u-v}\right|\leqslant\dfrac{|u-v|}{4}$，令 $u\to v$，得到

$$\lim_{u\to v}\frac{g(u)-g(v)}{u-v}=0\text{，即 }g'(v)=0\ (v\in\mathbb{R}).$$

所以 $g(t)$ 是常函数. 又 $g(0)=f(0)$，所以 $f(x+y)=\dfrac{x+y}{2}+f(0)$.

例 2　求极限 $\lim\limits_{\substack{x\to 0\\ y\to 0}}\dfrac{(4+\sin xy)^{x+y}-4^{x+y}}{\sqrt{\cos\sqrt{x^2+y^2}}-1}$.

分析　这属于 $\dfrac{0}{0}$ 型的极限，可利用一元函数极限中的等价无穷小来化简极限式.

解

$$\lim_{\substack{x\to0\\y\to0}}\frac{(4+\sin xy)^{x+y}-4^{x+y}}{\sqrt{\cos\sqrt{x^2+y^2}}-1}=\lim_{\substack{x\to0\\y\to0}}4^{x+y}\left(\sqrt{\cos\sqrt{x^2+y^2}}+1\right)\frac{\left(1+\frac{1}{4}\sin xy\right)^{x+y}-1}{\cos\sqrt{x^2+y^2}-1}$$

$$=2\lim_{\substack{x\to0\\y\to0}}\frac{e^{(x+y)\ln\left(1+\frac{1}{4}\sin xy\right)}-1}{\cos\sqrt{x^2+y^2}-1}=-2\lim_{\substack{x\to0\\y\to0}}\frac{(x+y)\ln\left(1+\frac{1}{4}\sin xy\right)}{\frac{1}{2}\left(x^2+y^2\right)}$$

$$=-\lim_{\substack{x\to0\\y\to0}}\frac{(x+y)\sin xy}{x^2+y^2}=-\lim_{\substack{x\to0\\y\to0}}\frac{(x+y)xy}{x^2+y^2}.$$

由于 $0\leqslant\left|\frac{(x+y)xy}{x^2+y^2}\right|\leqslant\frac{|x+y|}{2}\to0\ (x\to0,\ y\to0)$，所以 $\lim\limits_{\substack{x\to0\\y\to0}}\frac{(x+y)xy}{x^2+y^2}=0$，故原极限为 0.

例 3　求极限 $\lim\limits_{\substack{x\to0\\y\to0}}(e^{xy}+x+y)^{\frac{1}{xy}}$.

分析　这属于 1^∞ 型的极限，可利用一元函数极限的运算法则将其化简，再看极限是否存在或求其极限.

解

$$\lim_{\substack{x\to0\\y\to0}}(e^{xy}+x+y)^{\frac{1}{xy}}=\lim_{\substack{x\to0\\y\to0}}\left[1+(e^{xy}-1+x+y)\right]^{\frac{1}{xy}}=e^{\lim\limits_{\substack{x\to0\\y\to0}}\frac{e^{xy}-1+x+y}{xy}},$$

取 $y=-x+kx^2\to0$，有

$$\lim_{\substack{x\to0\\y\to0}}\frac{e^{xy}-1+x+y}{xy}=\lim_{\substack{x\to0\\y\to0}}\frac{e^{xy}-1}{xy}+\lim_{x\to0}\frac{kx^2}{x(-x+kx^2)}=1-k.$$

如果原极限存在，则其极限值为 e^{1-k}，该值与 k 有关，显然原极限不存在.

评注　否定一个极限存在的常用方法：取一条特殊路径，说明沿该路径极限不存在；或取两条（或多条）不同的路径，说明沿不同的路径的极限值也不同.

例 4　讨论函数的连续性 $f(x,y)=\begin{cases}\dfrac{\sin(x^2y)}{x^2+y^2}, & (x,y)\neq(0,0)\\ 0, & (x,y)=(0,0)\end{cases}$.

分析　当 $(x,y)\neq(0,0)$ 时，函数显然连续；当 $(x,y)=(0,0)$ 时，只需计算是否有 $\lim\limits_{\substack{x\to0\\y\to0}}f(x,y)=0$.

解　**方法 1**　当 $(x,y)\neq(0,0)$ 时，$f(x,y)=\frac{\sin(x^2y)}{x^2+y^2}$ 是初等函数，在其定义区域内处处连续.

又

$$\lim_{\substack{x\to0\\y\to0}}f(x,y)=\lim_{\substack{x\to0\\y\to0}}\frac{\sin(x^2y)}{x^2+y^2}=\lim_{\substack{x\to0\\y\to0}}\frac{\sin(x^2y)}{x^2y}\cdot\frac{x^2y}{x^2+y^2},$$

其中

$$\lim_{\substack{x\to0\\y\to0}}\frac{\sin(x^2y)}{x^2y}\xlongequal{u=x^2y}\lim_{u\to0}\frac{\sin u}{u}=1,\quad\left|\frac{x^2y}{x^2+y^2}\right|\leqslant\frac{1}{2}|x|\xrightarrow{x\to0}0,$$

所以 $\lim\limits_{\substack{x\to0\\y\to0}}f(x,y)=0=f(0,0)$，函数在(0,0)点连续. 所以函数在全平面上处处连续.

方法2 取极坐标 $x=\rho\cos\varphi$，$y=\rho\sin\varphi$，则当 $(x,y)\to(0,0)$ 时，有 $\rho\to 0$，得

$$\lim_{\substack{x\to 0\\ y\to 0}}\frac{\sin(x^2y)}{x^2+y^2}=\lim_{\rho\to 0^+}\frac{\sin(\rho^3\cos^2\varphi\sin\varphi)}{\rho^2}=\lim_{\rho\to 0^+}\frac{\rho^3\cos^2\varphi\sin\varphi}{\rho^2}=0.$$

评注 当极限式中有 x^2+y^2 的因子时，用极坐标代换求极限是比较方便的，读者可考虑对例1中化简后的极限用极坐标代换做计算.

计算二重极限的常用方法：

（1）通过恒等变形，将函数化为在极限点的连续函数，则极限值等于函数值；

（2）作变量代换(或用极坐标)，转化为一元函数的极限；

（3）利用极限的四则运算法则、无穷小的性质；

（4）利用夹逼原理.

例5 设函数 $f(x,y)=\begin{cases}\dfrac{x^2y}{x^4+y^2}, & x^2+y^2\neq 0\\ 0, & x^2+y^2=0\end{cases}$，证明当 (x,y) 沿过点 $(0,0)$ 的每一条射线 $\begin{cases}x=t\cos\alpha\\ y=t\sin\alpha\end{cases}$ $(0<t<+\infty)$ 趋于点 $(0,0)$ 时，$f(x,y)$ 的极限等于 $f(0,0)$，即 $\lim\limits_{t\to 0^+}f(t\cos\alpha,t\sin\alpha)=f(0,0)$，但 $f(x,y)$ 在点 $(0,0)$ 处不连续.

分析 要说明 $f(x,y)$ 在点 $(0,0)$ 处不连续，只需说明 $\lim\limits_{\substack{x\to 0\\ y\to 0}}f(x,y)$ 不存在，或 $\lim\limits_{\substack{x\to 0\\ y\to 0}}f(x,y)\neq f(0,0)$.

证明
$$\lim_{t\to 0^+}f(t\cos\alpha,t\sin\alpha)=\lim_{t\to 0^+}\frac{t\cos^2\alpha\sin\alpha}{t^2\cos^4\alpha+\sin^2\alpha}=0=f(0,0).$$

又 $\lim\limits_{\substack{x\to 0\\ y=kx^2}}f(x,y)=\lim\limits_{x\to 0}\dfrac{kx^4}{x^4+k^2x^4}=\dfrac{k}{1+k^2}$，与 k 有关，所以极限 $\lim\limits_{\substack{x\to 0\\ y\to 0}}f(x,y)$ 不存在，从而 $f(x,y)$ 在点 $(0,0)$ 处不连续.

评注 极限 $\lim\limits_{t\to 0^+}f(t\cos\alpha,t\sin\alpha)$ 与 $\lim\limits_{\substack{x\to 0\\ y\to 0}}f(x,y)$ 的极坐标代换 $\lim\limits_{\rho\to 0^+}f(\rho\cos\varphi,\rho\sin\varphi)$ 是两个不同的极限，计算中不要产生混淆. 前者中的 α 是与变量 t 无关的常数，极限是一元函数的极限；极坐标中的 ρ 与 φ 是两个独立的变量，后者是二重极限. 当选定某条确定的路径 $\rho=\rho(\varphi)$ 时，ρ 与 φ 又有相应的函数关系. 对本题来说，用极坐标代换，其极限也是不存在的. 因为

$$\lim_{\substack{x\to 0\\ y\to 0}}f(x,y)=\lim_{\rho\to 0^+}\frac{\rho\cos^2\varphi\sin\varphi}{\rho^2\cos^4\varphi+\sin^2\varphi},$$

沿曲线 $\rho=\dfrac{k\sin\varphi}{\cos^2\varphi}\to 0\ (\varphi\to 0)$，得

$$\lim_{\substack{x\to 0\\ y\to 0}}f(x,y)=\lim_{\substack{\rho\to 0^+\\ (\varphi\to 0)}}\frac{k\sin^2\varphi}{k^2\sin^2\varphi+\sin^2\varphi}=\frac{k}{k^2+1},$$

与 k 有关，所以极限不存在.

例6 设二元函数 $f(x,y)=\begin{cases}\dfrac{(x+y)^n}{x^2+y^2}, & x^2+y^2\neq 0\\ 0, & x^2+y^2=0\end{cases}$，求使 $f(x,y)$ 在点 $(0,0)$ 处连续的正整数 n.

分析 由于 $0\leqslant\dfrac{(x+y)^2}{x^2+y^2}=1+\dfrac{2xy}{x^2+y^2}\leqslant 2$，可知当 $n>2$ 时，$\lim\limits_{\substack{x\to 0\\ y\to 0}}f(x,y)=0$，函数连续；当 $n=1$ 或

2 时，取特殊路径 $y=kx$，易知极限不存在.

解　当 $n=1$ 时，沿直线 $y=x\to 0$，有

$$\lim_{\substack{x\to 0\\ y\to 0}} f(x,y)=\lim_{\substack{x\to 0\\ y\to 0}}\frac{x+y}{x^2+y^2}=\lim_{x\to 0}\frac{2x}{2x^2}=\lim_{x\to 0}\frac{1}{x},$$

极限不存在，所以函数 $f(x,y)$ 在点 $(0,0)$ 处不连续.

当 $n=2$ 时，沿直线 $y=kx\to 0$，有

$$\lim_{\substack{x\to 0\\ y\to 0}} f(x,y)=\lim_{x\to 0}\frac{x^2(1+k)^2}{x^2(1+k^2)}=\frac{(1+k)^2}{1+k^2},$$

与 k 有关，极限不存在. 从而不连续.

当 $n>2$ 时，由于 $0\leqslant \dfrac{(x+y)^2}{x^2+y^2}\leqslant 2$，则

$$|f(x,y)|=\frac{|x+y|^n}{x^2+y^2}=|x+y|^{n-2}\frac{(x+y)^2}{x^2+y^2}\leqslant 2|x+y|^{n-2}\to 0\ ((x,y)\to(0,0)).$$

所以 $\lim\limits_{\substack{x\to 0\\ y\to 0}} f(x,y)=0=f(0,0)$，$f(x,y)$ 在点 $(0,0)$ 处连续.

综上可知，使 $f(x,y)$ 在点 $(0,0)$ 处连续的正整数 $n=3,4,\cdots$.

评注　该题用极坐标代换计算极限会更为简便（读者可自行完成）.

例 7　设 $z=f(x,y)$ 满足 $\dfrac{\partial z}{\partial x}=-\sin y+\dfrac{1}{1-xy}$，且有 $f(1,y)=\sin y$，讨论 $f(x,y)$ 在点(1,1)处的连续性.

分析　题设给出了函数 $f(x,y)$ 的微分方程，积分可求出 $f(x,y)$ 的表达式，再讨论连续性.

解　$f(1,1)=\sin 1$，当 $(x,y)\neq(1,1)$ 时，由 $\dfrac{\partial z}{\partial x}=-\sin y+\dfrac{1}{1-xy}$ 对x求积分，得

$$z=-x\sin y-\frac{1}{y}\ln|1-xy|+\varphi(y),$$

$\varphi(y)$为待定函数. 又由 $f(1,y)=\sin y$，得

$$-\sin y-\frac{1}{y}\ln|1-y|+\varphi(y)=\sin y,$$

所以

$$\varphi(y)=2\sin y+\frac{1}{y}\ln|1-y|,$$

从而

$$f(x,y)=(2-x)\sin y+\frac{1}{y}\ln\left|\frac{1-y}{1-xy}\right|.$$

由于 $\lim\limits_{\substack{x\to 1\\ y\to 1}} f(x,y)=\sin 1+\lim\limits_{\substack{x\to 1\\ y\to 1}}\ln\left|\dfrac{1-y}{1-xy}\right|$，取 $x=y^k\to 1\ (k\in\mathbb{N})$，则有

$$\lim_{\substack{x\to 1\\ y\to 1}}\ln\left|\frac{1-y}{1-xy}\right|=\lim_{y\to 1}\ln\left|\frac{1-y}{1-y^{k+1}}\right|=\lim_{y\to 1}\ln\left|\frac{1}{y^k+y^{k-1}+\cdots+y+1}\right|=\ln\frac{1}{k+1}.$$

该极限与 k 有关，所以 $\lim\limits_{\substack{x\to 1\\ y\to 1}} f(x,y)$ 不存在，故函数 $f(x,y)$ 在点(1,1)处不连续.

例 8　设 $f(x)$ 在 $(0,1)$ 内连续，且存在两两互异的点 $x_1,x_2,x_3,x_4\in(0,1)$，使得 $\alpha=\dfrac{f(x_1)-f(x_2)}{x_1-x_2}<$

$\dfrac{f(x_3)-f(x_4)}{x_3-x_4}=\beta$.证明对任意$\lambda\in(\alpha,\beta)$，存在互异的点$x_5,x_6\in(0,1)$，使得$\lambda=\dfrac{f(x_5)-f(x_6)}{x_5-x_6}$.

分析 不妨设$x_1<x_2$，$x_3<x_4$，由连续函数的介值定理，只需证明$F(x,y)=\dfrac{f(x)-f(y)}{x-y}$在区域$D:\begin{cases}0<x<1\\x<y<1\end{cases}$内连续. 该结论是显然的.

证明 方法1 令$F(x,y)=\dfrac{f(x)-f(y)}{x-y}$. 因为$f(x)$在$(0,1)$内连续，故$F(x,y)$在区域$D:\begin{cases}0<x<1\\x<y<1\end{cases}$内连续.

不妨设$x_1<x_2$，$x_3<x_4$，则有$(x_1,x_2),(x_3,x_4)\in D$. 由于$\alpha=F(x_1,x_2)<\beta=F(x_3,x_4)$，由连续函数的介值定理知，对任意$\lambda\in(\alpha,\beta)$，必存在$(x_5,x_6)\in D$（$x_5,x_6\in(0,1)$且$x_5<x_6$），使得

$$\lambda=F(x_5,x_6)=\frac{f(x_5)-f(x_6)}{x_5-x_6}.$$

事实上，点(x_5,x_6)也可在由两点$(x_1,x_2),(x_3,x_4)$连成的线段上取得. 据此又有如下方法.

方法2 不妨设$x_1<x_2,x_3<x_4$，令

$$F(t)=\frac{f\big((1-t)x_2+tx_4\big)-f\big((1-t)x_1+tx_3\big)}{\big((1-t)x_2+tx_4\big)-\big((1-t)x_1+tx_3\big)},$$

则$F(t)$在闭区间$[0,1]$上连续，且$F(0)=\alpha<\lambda<\beta=F(1)$，根据连续函数的介值定理，$\exists t_0\in(0,1)$，使得$F(t_0)=\lambda$.

令$x_5=(1-t_0)x_1+t_0x_3$，$x_6=(1-t_0)x_2+t_0x_4$，则$x_5,x_6\in(0,1)$，$x_5<x_6$，且

$$\lambda=F(t_0)=\frac{f(x_5)-f(x_6)}{x_5-x_6}.$$

评注 (1) 与一元函数相同，有界闭区域上的多元连续函数具有以下性质：

①有界；②有最大与最小值；③可取到介于最小值与最大值之间的所有值.

(2) 方法1中的区域D虽然不是闭区域，但连续函数总可以取到介于两个函数值之间的所有值. 因为可在区域D内以两个已知点为端点作一条曲线段，这条曲线段就是一个连通闭集，连通闭集上的连续函数可取到介于两个函数值之间的所有值.

习题 4.1

习题 4.1 答案

1. 设$u(x,y)=y^2F(3x+2y)$，其中$u\left(x,\dfrac{1}{2}\right)=x^2$，求$u(x,y)$.

2. 已知$z=\sqrt{y}+f(\sqrt{x}-1)$，若当$y=1$时，$z=x$，求函数$f(t)$和z.

3. 求下列极限：

(1) $\lim\limits_{\substack{x\to0\\y\to0}}\dfrac{(x^2+y^2)\sin(xy^2)}{1-\cos(x^2+y^2)}$；(2) $\lim\limits_{\substack{x\to0\\y\to0}}\ln(1+xy)^{\frac{1}{x+y}}$；(3) $\lim\limits_{\substack{x\to+\infty\\y\to+\infty}}\left(\dfrac{xy}{x^2+y^2}\right)^{x^2}\sin(xy)$；

(4) $\lim\limits_{\substack{x\to0\\y\to0}}\big(|x|+|y|\big)^{|xy|}$；(5) $\lim\limits_{\substack{x\to0\\y\to0}}\dfrac{\sqrt{xy+1}-1}{(x+y)\ln|xy|}$.

4. 讨论函数$f(x,y)=\begin{cases}\dfrac{(xy)^n}{x^2+y^2}, & x^2+y^2\neq0\\0, & x^2+y^2=0\end{cases}$在$(0,0)$点处的连续性.

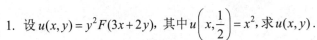

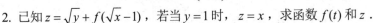

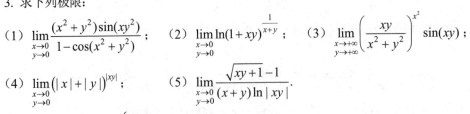

5. 讨论函数 $f(x,y)=\begin{cases}\dfrac{x\sin(x-2y)}{x-2y}, & x\neq 2y\\ 0, & x=2y\end{cases}$ 的连续性.

6. 设 $D=\{(x,y)\,|\,x\geqslant 0, y\geqslant 0\}$，$f(x,y)=\begin{cases}\dfrac{x^2+y^2}{x^2y^2}\mathrm{e}^{-\frac{x+y}{xy}}, & 当(x,y)\in D, 且 xy\neq 0时\\ 0, & 当(x,y)\in D, 且 xy=0时\end{cases}$.

试讨论 $f(x,y)$ 在 D 上的连续性.

7. 设 $f(x,y)$ 在 $D=\{(x,y)\,|\,x^2+y^2\leqslant 1\}$ 上连续，且 $f(1,0)=1$，$f(0,1)=-1$. 证明至少存在两个不同的点 (ξ_1,η_1) 与 (ξ_2,η_2)，$(\xi_1,\eta_1)\neq(\xi_2,\eta_2)$，$\xi_i^2+\eta_i^2=1\,(i=1,2)$，使 $f(\xi_i,\eta_i)=0\,(i=1,2)$.

4.2　多元函数的微分法

本节主要讨论多元函数偏导数、方向导数与全微分的概念与计算. 由于这些概念是一元函数相关概念的推广，所以在处理方式与计算方法上都有很多相似之处，学习中要善于类比、归纳，要善于将多元问题转化为一元问题去解决. 由于变量个数的增加使得多元函数的变化规律较一元函数更为复杂，在研究上也更为困难，同时一元函数中的某些性质在多元函数中也不再保持（如与单调性相关的命题；函数的连续、偏导数存在、可微之间的关系；罗尔定理、柯西中值定理等），学习中要注意这些相异性. 要熟悉相关概念与计算，掌握定理、法则的应用以及它们成立的条件.

1. 偏导数、方向导数与全微分的概念与计算

例 1　已知函数 $z=f(x,y)$ 连续，且满足 $\lim\limits_{\substack{x\to 1\\ y\to 0}}\dfrac{f(x,y)-2x+y+1}{\sqrt{(x-1)^2+y^2}}=0$，求 $\lim\limits_{t\to 0}\dfrac{f(1+t,0)-f(1,2t)}{t}$.

分析　因为 $\lim\limits_{t\to 0}\dfrac{f(1+t,0)-f(1,2t)}{t}=\lim\limits_{t\to 0}\dfrac{[f(1+t,0)-f(1,0)]-[f(1,2t)-f(1,0)]}{t}$，所以若能求得 $f_x(1,0)$ 与 $f_y(1,0)$ 的值，问题就解决了；从另一个方面看，由所给极限式可得到 $f(x,y)$ 的局部表达式，因而所求极限也就容易计算了.

解　方法 1　由 $\lim\limits_{\substack{x\to 1\\ y\to 0}}\dfrac{f(x,y)-2x+y+1}{\sqrt{(x-1)^2+y^2}}=0$，得

$$\lim_{\substack{x\to 1\\ y\to 0}}[f(x,y)-2x+y+1]=0\Rightarrow\lim_{\substack{x\to 1\\ y\to 0}}f(x,y)=1.$$

因为 $f(x,y)$ 连续，所以 $f(1,0)=1$. 从而

$$\lim_{\substack{x\to 1\\ y\to 0}}\frac{f(x,y)-2x+y+1}{\sqrt{(x-1)^2+y^2}}=\lim_{\substack{x\to 1\\ y\to 0}}\frac{[f(x,y)-1]-[2(x-1)-y]}{\sqrt{(x-1)^2+y^2}}=0.$$

由微分的定义，知函数 $z=f(x,y)$ 在点 $(1,0)$ 处可微，并且 $f_x(1,0)=2$，$f_y(1,0)=-1$. 所以

$$\begin{aligned}\lim_{t\to 0}\frac{f(1+t,0)-f(1,2t)}{t}&=\lim_{t\to 0}\frac{f(1+t,0)-f(1,0)}{t}-2\lim_{t\to 0}\frac{f(1,2t)-f(1,0)}{2t}\\&=f_x(1,0)-2f_y(1,0)=2+2=4.\end{aligned}$$

方法 2　由 $\lim\limits_{\substack{x\to 1\\ y\to 0}}\dfrac{f(x,y)-2x+y+1}{\sqrt{(x-1)^2+y^2}}=0$，得

$$f(x,y)=2x-y-1+o(\sqrt{(x-1)^2+y^2}),$$

所以

$$\lim_{t\to0}\frac{f(1+t,0)-f(1,2t)}{t}=\lim_{t\to0}\frac{2(1+t)-1+o(|t|)-[2-2t-1+o(|t|)]}{t}$$
$$=\lim_{t\to0}\frac{4t++o(|t|)}{t}=4.$$

评注 由微分的定义容易得到：若 $f(x,y)$ 在点 (x_0,y_0) 处连续，且 $\lim\limits_{\substack{x\to x_0\\y\to y_0}}\dfrac{f(x,y)-(ax+by+c)}{\sqrt{(x-x_0)^2+(y-y_0)^2}}=0$，则 $f(x,y)$ 在点 (x_0,y_0) 处可微，且 $f_x(x_0,y_0)=a$，$f_y(x_0,y_0)=b$.

例2 设函数 $f(x,y)$ 可微，$\dfrac{\partial f}{\partial x}=-f(x,y)$，$f\left(0,\dfrac{\pi}{2}\right)=1$，且满足 $\lim\limits_{n\to\infty}\left(\dfrac{f\left(0,y+\dfrac{1}{n}\right)}{f(0,y)}\right)^n=\mathrm{e}^{\cot y}$ 处，求 $f(x,y)$.

分析 （1）求出左边的极限就可得到一个函数等式或微分方程，$f(x,y)$ 的表达式就容易求得了.

（2）也可以先解微分方程 $\dfrac{\partial f}{\partial x}=-f(x,y)$，再由所给极限式确定通解中的待定函数.

解 **方法1** 利用偏导数的定义，得

$$\lim_{n\to\infty}\left[\frac{f\left(0,y+\frac{1}{n}\right)}{f(0,y)}\right]^n=\lim_{n\to\infty}\left[1+\frac{f\left(0,y+\frac{1}{n}\right)-f(0,y)}{f(0,y)}\right]^n$$
$$=\exp\left[\lim_{n\to\infty}\frac{f\left(0,y+\frac{1}{n}\right)-f(0,y)}{\frac{1}{n}f(0,y)}\right]=\exp\left(\frac{f_y(0,y)}{f(0,y)}\right),$$

所给等式化为

$$\mathrm{e}^{\frac{f_y(0,y)}{f(0,y)}}=\mathrm{e}^{\cot y}，\text{即}\ \frac{f_y(0,y)}{f(0,y)}=\cot y.$$

对 y 积分得

$$\ln f(0,y)=\ln\sin y+\ln C，\text{即}\ f(0,y)=C\sin y.$$

代入 $f\left(0,\dfrac{\pi}{2}\right)=1$，得 $C=1$，所以 $f(0,y)=\sin y$. 又已知 $\dfrac{\partial f}{\partial x}=-f(x,y)$，解得

$$f(x,y)=\varphi(y)\mathrm{e}^{-x}，\ \varphi(y)\ \text{为待定函数.}$$

由 $f(0,y)=\sin y$，得 $\varphi(y)=\sin y$，故 $f(x,y)=\mathrm{e}^{-x}\sin y$.

方法2 将方程 $\dfrac{\partial f}{\partial x}=-f(x,y)$ 化为 $\dfrac{f_x(x,y)}{f(x,y)}=-1$，视 y 为常数，两边关于 x 求积分，得

$$\ln f(x,y)=-x+\ln\varphi(y)\Rightarrow f(x,y)=\varphi(y)\mathrm{e}^{-x}，\ \varphi(y)\ \text{为待定函数.}$$

将上式代入所给极限式，有

$$\mathrm{e}^{\cot y}=\lim_{n\to\infty}\left[\frac{\varphi\left(y+\frac{1}{n}\right)}{\varphi(y)}\right]^n=\lim_{n\to\infty}\left[1+\frac{\varphi\left(y+\frac{1}{n}\right)-\varphi(y)}{\varphi(y)}\right]^n=\mathrm{e}^{\frac{\varphi'(y)}{\varphi(y)}},$$

所以

$$\frac{\varphi'(y)}{\varphi(y)}=\cot y\Rightarrow\varphi(y)=C\sin y.$$

再由$\varphi\left(\frac{\pi}{2}\right)=f\left(0,\frac{\pi}{2}\right)=1\Rightarrow C=1$，所以$f(x,y)=\mathrm{e}^{-x}\sin y$.

例 3*　设$f(x,y)=\begin{cases}\dfrac{x^5}{(y-x^2)^2+x^6}, & x^2+y^2\neq 0\\ 0, & x^2+y^2=0\end{cases}$，求：

（1）使方向导数$\left.\frac{\partial f}{\partial \boldsymbol{l}}\right|_{(0,0)}\neq 0$（方向$\boldsymbol{l}=(\cos\alpha,\sin\alpha)$，$\alpha\in[0,2\pi)$）的最大$\alpha$值（记为$\alpha_0$）；

（2）过点$M(2,-1,3)$，与直线L_1：$\frac{x-1}{1}=\frac{y}{-1}=\frac{z+2}{1}$相交，且与平面$\pi_1$：$3x-2y+z+5=0$夹角为$\alpha_0$的直线$L$的方程.

分析　（1）由于$(0,0)$是函数的分段点，所以$\left.\frac{\partial f}{\partial \boldsymbol{l}}\right|_{(0,0)}$需用定义计算.

（2）求直线L方程的方法有多种，关键是要求得L的方向向量或与已知直线L_1的交点.

解　（1）设过原点方向向量为$\boldsymbol{l}$的射线为$\varGamma$，$(r\cos\alpha,r\sin\alpha)$是$\varGamma$上的任一点，则

$$\left.\frac{\partial f}{\partial \boldsymbol{l}}\right|_{(0,0)}=\lim_{r\to 0}\frac{f(r\cos\alpha,r\sin\alpha)-f(0,0)}{r}=\lim_{r\to 0}\frac{\dfrac{r^5\cos^5\alpha}{(r\sin\alpha-r^2\cos^2\alpha)^2+r^6\cos^6\alpha}}{r}$$

$$=\lim_{r\to 0}\frac{r^2\cos^5\alpha}{(\sin\alpha-r\cos^2\alpha)^2+r^4\cos^6\alpha}=\begin{cases}1, & \alpha=0,\\ -1, & \alpha=\pi,\\ 0, & \text{其他}.\end{cases}$$

因此使$\left.\frac{\partial f}{\partial \boldsymbol{l}}\right|_{(0,0)}\neq 0$的最大$\alpha$值$\alpha_0=\pi$.

（2）**方法 1**　设L的方向向量为$\boldsymbol{s}=(l,m,n)$，则由L过点$M(2,-1,3)$及与直线L_1相交，知向量$\overrightarrow{M_0M},\boldsymbol{s}_1,\boldsymbol{s}$共面（其中$M_0(1,0,-2)\in L_1$，$\boldsymbol{s}_1=(1,-1,1)$是$L_1$的方向向量），于是有

$$[\overrightarrow{M_0M},\boldsymbol{s}_1,\boldsymbol{s}]=0\text{，即}\begin{vmatrix}1 & -1 & 5\\ 1 & -1 & 1\\ l & m & n\end{vmatrix}=0.$$

由此得到

$$l+m=0. \qquad ①$$

此外，由于L与平面π_1的夹角为$\alpha_0=\pi$，即L与平面π_1平行，所以

$$\boldsymbol{s}\cdot\boldsymbol{n}=3l-2m+n=0. \qquad ②$$

由①，②式解得$l=-\frac{1}{5}n$，$m=\frac{1}{5}n$，所以L的方向向量可取为$\boldsymbol{s}=(-1,1,5)$，L的方程为

$$\frac{x-2}{-1}=\frac{y+1}{1}=\frac{z-3}{5}.$$

方法 2　只需求得直线L与已知直线L_1的交点.

过点$M(2,-1,3)$作与已知平面π_1平行的平面π：$3(x-2)-2(y+1)+(z-3)=0$，求得平面π与直线L_1的交点为$N\left(\frac{8}{3},-\frac{5}{3},-\frac{1}{3}\right)$.

由于L过点$M(2,-1,3)$且与平面π_1平行，所以点N也是L与L_1的交点，由此可写出L的方程.

方法 3 直线 L_1 的参数形式为 $\begin{cases} x=1+t \\ y=-t \\ z=-2+t \end{cases}$，设 L 与 L_1 的交点为 $N(1+t,-t,-2+t)$，由 L 平行于 π_1，得

$$\overrightarrow{MN}\cdot\boldsymbol{n}=0\text{，即 }3(t-1)-2(1-t)+(t-5)=0\,.$$

求得 $t=\dfrac{5}{3}$，点 $N\left(\dfrac{8}{3},-\dfrac{5}{3},-\dfrac{1}{3}\right)$.

评注 几何问题通常有多种解法；求直（曲）线与某平（曲）面的交点，用直（曲）线的参数式方程便于计算.

例 4 设 $\boldsymbol{n}$ 是曲面 $2x^2+3y^2+z^2=6$ 在点 $P(1,1,1)$ 处指向外侧的法向量，求函数 $u=\dfrac{\sqrt{6x^2+8y^2}}{z}$ 在点 P 处沿方向 $\boldsymbol{n}$ 的方向导数. 函数在该点沿什么方向的方向导数最大？最大值为多少？

分析 计算 $\boldsymbol{n}$ 方向的方向导数必须要先求得 $\boldsymbol{n}$ 的表达式；函数沿梯度方向的方向导数最大，最大值为梯度的模.

解 $\boldsymbol{n}=(4x,\ 6y,\ 2z)\big|_P=2(2,\ 3,\ 1)$，方向余弦为

$$\cos\alpha=\frac{2}{\sqrt{14}},\quad \cos\beta=\frac{3}{\sqrt{14}},\quad \cos\gamma=\frac{1}{\sqrt{14}}\,.$$

又

$$\left.\frac{\partial u}{\partial x}\right|_P=\left.\frac{6x}{z\sqrt{6x^2+8y^2}}\right|_P=\frac{6}{\sqrt{14}}\text{，同理得 }\left.\frac{\partial u}{\partial y}\right|_P=\frac{8}{\sqrt{14}}\text{，}\left.\frac{\partial u}{\partial z}\right|_P=-\sqrt{14}\,.$$

所以

$$\left.\frac{\partial u}{\partial \boldsymbol{n}}\right|_P=\left.\left(\frac{\partial u}{\partial x}\cos\alpha+\frac{\partial u}{\partial y}\cos\beta+\frac{\partial u}{\partial z}\cos\gamma\right)\right|_{(1,1,1)}=\frac{1}{14}(6\times 2+8\times 3-14\times 1)=\frac{11}{7}\,.$$

函数在该点沿梯度方向 $\mathrm{grad}\,u\,|_{(1,1,1)}=\left(\dfrac{6}{\sqrt{14}},\dfrac{8}{\sqrt{14}},-\sqrt{14}\right)$ 的方向导数最大，最大值为

$$\|\,\mathrm{grad}\,u\,\|_{(1,1,1)}=\sqrt{\left(\frac{6}{\sqrt{14}}\right)^2+\left(\frac{8}{\sqrt{14}}\right)^2+\left(-\sqrt{14}\right)^2}=2\sqrt{\frac{37}{7}}\,.$$

评注 (1) 方向导数公式

$$\left.\frac{\partial f}{\partial \boldsymbol{l}}\right|_P=\left.\left(\frac{\partial f}{\partial x}\cos\alpha+\frac{\partial f}{\partial y}\cos\beta+\frac{\partial f}{\partial z}\cos\gamma\right)\right|_P$$

成立的条件是函数 f 在点 P 处可微. 否则，上面公式可能不成立. 如 4.2 节例 3（1）中的方向导数用该公式计算就不正确.

(2) 函数沿梯度方向的方向导数最大，即梯度的方向是函数增长最快的方向，其增长率就是梯度的模 $\|\mathrm{grad}\,f\|$.

例 5 设函数

$$f(x,y)=\begin{cases} xy\sin\dfrac{1}{\sqrt{x^2+y^2}}, & x^2+y^2\neq 0, \\ 0, & x^2+y^2=0. \end{cases}$$

(1) 求 $f(x,y)$ 的偏导数，并讨论其连续性.

(2) 函数 $f(x,y)$ 在点 $(0,0)$ 处是否可微？

分析　由于点$(0,0)$是分段点，所以其偏导数要用定义计算；偏导数的连续性要考察其极限值是否存在且等于偏导数的函数值；f 在点(0,0)处的可微性需检验是否有$\Delta f=(f_x(0,0)\cdot\Delta x+f_y(0,0)\cdot\Delta y)+o(\rho)$.

解　由偏导数的定义易，得$f_x(0,0)=f_y(0,0)=0$.

当$(x,y)\neq(0,0)$时，

$$f_x(x,y)=y\sin\frac{1}{\sqrt{x^2+y^2}}-\frac{x^2y}{\sqrt{(x^2+y^2)^3}}\cos\frac{1}{\sqrt{x^2+y^2}},$$

$$f_y(x,y)=x\sin\frac{1}{\sqrt{x^2+y^2}}-\frac{xy^2}{\sqrt{(x^2+y^2)^3}}\cos\frac{1}{\sqrt{x^2+y^2}}.$$

当点(x,y)沿直线$y=x$趋于$(0,0)$时，

$$\lim_{(x,x)\to(0,0)}f_x(x,y)=\lim_{x\to0}\left(x\sin\frac{1}{\sqrt{2}\,|x|}-\frac{x^3}{2\sqrt{2}\,|x|^3}\cos\frac{1}{\sqrt{2}\,|x|}\right),$$

该极限不存在，所以$f_x(x,y)$在点$(0,0)$处不连续. 同理$f_y(x,y)$在点$(0,0)$处也不连续.

又

$$\Delta f-(f_x(0,0)\cdot\Delta x+f_y(0,0)\cdot\Delta y)=\Delta f=\Delta x\cdot\Delta y\cdot\sin\frac{1}{\sqrt{(\Delta x)^2+(\Delta y)^2}}.$$

而

$$\left|\Delta x\cdot\Delta y\cdot\sin\frac{1}{\sqrt{(\Delta x)^2+(\Delta y)^2}}\right|\leqslant\frac{1}{2}[(\Delta x)^2+(\Delta y)^2]=\frac{1}{2}\rho^2\ \left(\rho=[(\Delta x)^2+(\Delta y)^2]^{\frac{1}{2}}\right)$$

$$\Rightarrow\frac{|\Delta f-(f_x(0,0)\cdot\Delta x+f_y(0,0)\cdot\Delta y)|}{\rho}\leqslant\frac{1}{2}\rho\to0\ (\rho\to0).$$

即有

$$\Delta f=f_x(0,0)\cdot\Delta x+f_y(0,0)\cdot\Delta y+o(\rho).$$

故f在点$(0,0)$处可微，且$\mathrm{d}f|_{(0,0)}=0$.

评注　函数可微的概念：

$z=f(x,y)$在点(x_0,y_0)处可微

$$\Leftrightarrow\Delta z=f_x(x_0,y_0)\cdot\Delta x+f_y(x_0,y_0)\cdot\Delta y+o(\rho)\quad\left(\rho=\sqrt{(\Delta x)^2+(\Delta y)^2}\right)$$

$$\Leftrightarrow\lim_{\rho\to0^+}\frac{\Delta f-\big(f_x(x_0,y_0)\cdot\Delta x+f_y(x_0,y_0)\cdot\Delta y\big)}{\rho}=0.$$

例 6　设$f(x,y)=\begin{cases}x\sin(4\arctan\dfrac{y}{x}), & x\neq0,\\ 0, & x=0.\end{cases}$

（1）求$f_x(x,y)$与$f_x(x,y)$，并讨论它们的连续性与有界性；

（2）$f(x,y)$在点$(0,0)$处是否可微？

分析　与上例相同 .

解　（1）当$x\neq0$时，有

$$f_x(x,y)=\sin\left(4\arctan\frac{y}{x}\right)+\cos\left(4\arctan\frac{y}{x}\right)\cdot\left(\frac{-4xy}{x^2+y^2}\right);\qquad ①$$

当$x=0$时，有

$$f_x(0,y)=\lim_{x\to 0}\frac{f(x,y)-f(0,y)}{x-0}=\lim_{x\to 0}\frac{x\sin\left(4\arctan\dfrac{y}{x}\right)}{x}=\lim_{x\to 0}\sin\left(4\arctan\frac{y}{x}\right). \qquad ②$$

当 $y=0$ 时，②式中的极限显然为 0.

当 $y\neq 0$，则分 4 种情形：（I） $y>0$，$x\to 0^+$；（II） $y>0$，$x\to 0^-$；（III） $y<0$，$x\to 0^+$；（IV） $y<0$，$x\to 0^-$. 对于(I)（IV)两种情形，$\lim\limits_{x\to 0}\arctan\dfrac{y}{x}=\dfrac{\pi}{2}$；对于(II)（III)两种情形，$\lim\limits_{x\to 0}\arctan\dfrac{y}{x}=-\dfrac{\pi}{2}$. 所以总有

$$f_x(0,y)=\lim_{x\to 0}\sin\left(4\arctan\frac{y}{x}\right)=0.$$

所以

$$f_x(x,y)=\begin{cases}\sin(4\arctan\dfrac{y}{x})-\dfrac{4xy}{x^2+y^2}\cos(4\arctan\dfrac{y}{x}), & x\neq 0,\\ 0, & x=0.\end{cases}$$

同理可得

$$f_y(x,y)=\begin{cases}\cos\left(4\arctan\dfrac{y}{x}\right), & x\neq 0,\\ 0, & x=0.\end{cases}$$

当 $x\neq 0$ 时，$f_x(x,y)$ 与 $f_y(x,y)$ 都是初等函数，它们是连续的；当 $x=0$ 时，$f_x(x,y)$ 与 $f_y(x,y)$ 都不连续，其原因是

$$\lim_{\substack{x\to 0\\ y=x}}f_x(x,y)=2,\ \lim_{\substack{x\to 0\\ y=-x}}f_x(x,y)=-2；\ \lim_{\substack{x\to 0\\ y=kx}}f_y(x,y)=\cos\left(4\arctan k\right).$$

即 $\lim\limits_{\substack{x\to 0\\ y\to 0}}f_x(x,y)$ 与 $\lim\limits_{\substack{x\to 0\\ y\to 0}}f_y(x,y)$ 均不存在.

由于 $\left|\dfrac{-4xy}{x^2+y^2}\right|\leqslant 2$，所以无论是 $x=0$ 还是 $x\neq 0$，均有 $|f_x(x,y)|\leqslant 3$，$|f_y(x,y)|\leqslant 1$. 两个函数均有界.

（2）因为 $\Delta f\big|_{(0,0)}=f(0+\Delta x,0+\Delta y)-f(0,0)=\Delta x\sin\left(4\arctan\dfrac{\Delta y}{\Delta x}\right)$，所以有

$$\lim_{\rho\to 0^+}\frac{\Delta f-(f_x(0,0)\Delta x+f_y(0,0)\Delta y)}{\rho}=\lim_{\rho\to 0^+}\frac{\Delta x\sin\left(4\arctan\dfrac{\Delta y}{\Delta x}\right)}{\rho},$$

其中 $\rho=[(\Delta x)^2+(\Delta y)^2]^{\frac{1}{2}}$.

若取 $\Delta y=k\Delta x$，让 $\Delta x\to 0$，则有

$$\lim_{\rho\to 0^+}\frac{\Delta x\sin\left(4\arctan\dfrac{\Delta y}{\Delta x}\right)}{\rho}=\lim_{\Delta x\to 0}\frac{\Delta x\sin(4\arctan k)}{|\Delta x|\sqrt{1+k^2}}.$$

显然上式右边不等于零. 即有 $\Delta f\neq f_x(0,0)\Delta x+f_y(0,0)\Delta y+o(\rho)$，故知 $f(x,y)$ 在点 $(0,0)$ 处不可微.

例 7 证明若函数 $f(x,y)$ 在点 $P(x_0,y_0)$ 的某邻域 $U(P)$ 内的两个偏导数 $f_x(x,y)$ 与 $f_y(x,y)$ 均存在且有界，则 $f(x,y)$ 在 $U(P)$ 内连续.

分析 要建立函数与偏导数的联系，自然会想到拉格朗日中值定理. 所以只需将二元函数在一点的增量转化为一元函数的增量（偏增量）.

证明 因为 f 的两个偏导数在 $U(P)$ 内有界，则存在常数 $M>0$，使得 $\forall(x,y)\in U(P)$，有

$$|f_x(x,y)| \leqslant M, \quad |f_y(x,y)| \leqslant M.$$

取 $(x+\Delta x, y+\Delta y) \in U(P)$，由一元函数的拉格朗日中值定理，有

$$\begin{aligned}\Delta f &= f(x+\Delta x, y+\Delta y) - f(x, y) \\ &= \left[f(x+\Delta x, y+\Delta y) - f(x, y+\Delta y)\right] + \left[f(x, y+\Delta y) - f(x, y)\right] \\ &= f_x(x+\theta_1 \Delta x, y+\Delta y)\Delta x + f_x(x, y+\theta_2 \Delta y)\Delta y,\end{aligned}$$

其中 $0<\theta_1<1$，$0<\theta_2<1$. 由此可得

$$|\Delta f| \leqslant |f_x(x+\theta_1 \Delta x, y+\Delta y)\Delta x| + |f_x(x, y+\theta_2 \Delta y)\Delta y| \leqslant M(|\Delta x| + |\Delta y|).$$

所以 $\lim\limits_{\substack{\Delta x \to 0 \\ \Delta y \to 0}} \Delta f = 0$，$f(x,y)$ 在点 (x,y) 处连续. 由点 (x,y) 的任意性，知 $f(x,y)$ 在 $U(P)$ 内连续.

评注　函数的可微、连续、偏导数及方向导数之间的关系如下：

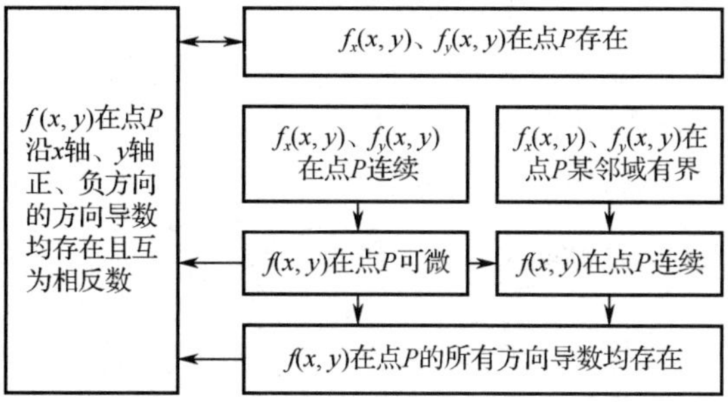

例 8　设二元函数 $f(x,y)=\begin{cases} xy\dfrac{x^2-y^2}{x^2+y^2}, & x^2+y^2 \neq 0 \\ 0, & x^2+y^2=0 \end{cases}$，求 $f_{xy}(0,0)$ 与 $f_{yx}(0,0)$.

分析　由于 $(0,0)$ 是函数的分段点，所以其一阶与二阶偏导数只能用定义计算.

解　由偏导数的定义，得

$$f_x(0,0)=\lim_{x\to 0}\frac{f(x,0)-f(0,0)}{x-0}=0, \quad f_y(0,0)=\lim_{y\to 0}\frac{f(0,y)-f(0,0)}{y-0}=0.$$

当 $y \neq 0$ 时，有

$$f_x(0,y)=\frac{\partial}{\partial x}\left(xy\frac{x^2-y^2}{x^2+y^2}\right)\bigg|_{x=0}=\frac{y(x^4+4x^2y^2-y^4)}{(x^2+y^2)^2}\bigg|_{x=0}=-y,$$

当 $x \neq 0$ 时，有

$$f_y(x,0)=\frac{\partial}{\partial y}\left(xy\frac{x^2-y^2}{x^2+y^2}\right)\bigg|_{y=0}=\frac{x(x^4-4x^2y^2-y^4)}{(x^2+y^2)^2}\bigg|_{y=0}=x.$$

所以

$$f_{xy}(0,0)=\lim_{y\to 0}\frac{f_x(0,y)-f_x(0,0)}{y}=\lim_{y\to 0}\frac{-y}{y}=-1,$$

$$f_{yx}(0,0)=\lim_{x\to 0}\frac{f_y(x,0)-f_y(0,0)}{x}=\lim_{x\to 0}\frac{x}{x}=1.$$

评注　混合偏导数 $f_{xy}(x,y)$ 与 $f_{yx}(x,y)$ 不一定相等，但在它们的连续点处是相等的. 对高阶混合偏导数也有相应的结论.

例 9　设 $f(x,y)$ 在点 $(2,-2)$ 处可微，满足

$$f\left(\sin(xy)+2\cos x, xy-2\cos y\right)=1+x^2+y^2+o(x^2+y^2),$$

其中 $o(x^2+y^2)$ 是 x^2+y^2 的高阶无穷小 $\left((x,y)\to(0,0)\right)$. 求曲面 $z=f(x,y)$ 在点 $\left(2,-2,f(2,-2)\right)$ 处的切平面.

分析　只需求得函数值 $f(2,-2)$ 与曲面 $z=f(x,y)$ 的法向量 $\boldsymbol{n}=\left(-f_x(2,-2),-f_y(2,-2),1\right)$.

解　由所给等式，知

$$f(2,-2)=1,\quad f(2\cos x,-2)=1+x^2+o(x^2),\quad f(2,-2\cos y)=1+y^2+o(y^2).$$

则

$$f_x(2,-2)=\lim_{x\to 0}\frac{f\left(2+2(\cos x-1),-2\right)-f(2,-2)}{2(\cos x-1)}=\lim_{x\to 0}\frac{\left(1+x^2+o(x^2)\right)-1}{-x^2}=-1,$$

$$f_y(2,-2)=\lim_{y\to 0}\frac{f\left(2,-2+2(1-\cos y)\right)-f(2,-2)}{2(1-\cos y)}=\lim_{y\to 0}\frac{\left(1+y^2+o(y^2)\right)-1}{y^2}=1.$$

得曲面 $z=f(x,y)$ 在点 $(2,-2)$ 处的法向量 $\boldsymbol{n}=(1,-1,1)$. 所求切平面为

$$1\cdot(x-2)-1\cdot(y+2)+1\cdot(z-1)=0\text{，即 } x-y+z=5.$$

例 10*　设 $\boldsymbol{l}_k\,(k=1,2,\cdots,n)$ 是平面上点 P_0 处的 $n\,(n\geqslant 2)$ 个方向向量，相邻两个向量之间的夹角为 $\dfrac{2\pi}{n}$，若函数 $f(x,y)$ 在点 P_0 处有连续的偏导数，则证明 $\displaystyle\sum_{k=1}^{n}\frac{\partial f(P_0)}{\partial \boldsymbol{l}_k}=0$.

分析　由方向导数的公式 $\dfrac{\partial f(P_0)}{\partial \boldsymbol{l}_k}=\nabla f(P_0)\cdot\boldsymbol{l}_k$，只需证明 $\displaystyle\sum_{k=1}^{n}\boldsymbol{l}_k=0$. 根据向量加法的几何意义这是显然的. 若用代数方法计算，则需要设出 $\boldsymbol{l}_k$ 的分量形式.

证明　方法 1　由方向导数的公式 $\dfrac{\partial f(P_0)}{\partial \boldsymbol{l}_k}=\nabla f(P_0)\cdot\boldsymbol{l}_k$，得

$$\sum_{k=1}^{n}\frac{\partial f(P_0)}{\partial \boldsymbol{l}_k}=\sum_{k=1}^{n}\nabla f(P_0)\cdot\boldsymbol{l}_k=\nabla f(P_0)\cdot\sum_{k=1}^{n}\boldsymbol{l}_k.$$

由于 $\boldsymbol{l}_k\,(k=1,2,\cdots,n)$ 是 n 个单位向量，且相邻两个向量之间的夹角为 $\dfrac{2\pi}{n}$，由向量加法的多边形法则（相邻向量首尾相接），这 n 个向量刚好构成一个正 n 边形（其外角和为 $n\cdot\dfrac{2\pi}{n}=2\pi$），因而 $\displaystyle\sum_{k=1}^{n}\boldsymbol{l}_k=0$，所以 $\displaystyle\sum_{k=1}^{n}\frac{\partial f(P_0)}{\partial \boldsymbol{l}_k}=0$.

方法 2　设 $\boldsymbol{l}_k=\left(\cos\left(\alpha+k\dfrac{2\pi}{n}\right),\ \sin\left(\alpha+k\dfrac{2\pi}{n}\right)\right)\quad\left(\alpha\in[0,\pi);\ k=1,2,\cdots,n\right)$.

则

$$\begin{aligned}\sum_{k=1}^{n}\frac{\partial f(P_0)}{\partial \boldsymbol{l}_k}&=\sum_{k=1}^{n}\left(\frac{\partial f(P_0)}{\partial x}\cdot\cos\left(\alpha+k\frac{2\pi}{n}\right)+\frac{\partial f(P_0)}{\partial y}\cdot\sin\left(\alpha+k\frac{2\pi}{n}\right)\right)\\&=\frac{\partial f(P_0)}{\partial x}\cdot\sum_{k=1}^{n}\cos\left(\alpha+k\frac{2\pi}{n}\right)+\frac{\partial f(P_0)}{\partial y}\cdot\sum_{j=1}^{n}\sin\left(\alpha+k\frac{2\pi}{n}\right)\\&=\frac{\partial f(P_0)}{\partial x}\cdot\sum_{k=1}^{n}\left(\cos\alpha\cdot\cos\left(k\frac{2\pi}{n}\right)-\sin\alpha\cdot\sin\left(k\frac{2\pi}{n}\right)\right)+\\&\quad\frac{\partial f(P_0)}{\partial y}\cdot\sum_{k=1}^{n}\left(\sin\alpha\cdot\cos\left(k\frac{2\pi}{n}\right)+\cos\alpha\cdot\sin\left(k\frac{2\pi}{n}\right)\right)\end{aligned}$$

$$=\frac{\partial f(P_0)}{\partial x}\cdot\left(\cos\alpha\cdot\sum_{k=1}^{n}\cos\left(k\frac{2\pi}{n}\right)-\sin\alpha\cdot\sum_{k=1}^{n}\sin\left(k\frac{2\pi}{n}\right)\right)+$$
$$\frac{\partial f(P_0)}{\partial y}\cdot\left(\sin\alpha\cdot\sum_{k=1}^{n}\cos\left(k\frac{2\pi}{n}\right)+\cos\alpha\cdot\sum_{k=1}^{n}\sin\left(k\frac{2\pi}{n}\right)\right).$$

由于

$$\sum_{k=1}^{n}\cos\left(k\frac{2\pi}{n}\right)=\frac{1}{\sin\frac{\pi}{n}}\cdot\sum_{k=1}^{n}\cos\left(k\frac{2\pi}{n}\right)\cdot\sin\frac{\pi}{n}$$
$$=\frac{1}{2\sin\frac{\pi}{n}}\cdot\sum_{k=1}^{n}\left(\sin(2k+1)\frac{\pi}{n}-\sin(2k-1)\frac{\pi}{n}\right)$$
$$=\frac{1}{2\sin\frac{\pi}{n}}\cdot\left(\sin(2n+1)\frac{\pi}{n}-\sin\frac{\pi}{n}\right)=\frac{1}{2\sin\frac{\pi}{n}}\cdot\left(\sin\frac{\pi}{n}-\sin\frac{\pi}{n}\right)=0\text{；}$$

$$\sum_{k=1}^{n}\sin\left(k\frac{2\pi}{n}\right)=\frac{1}{\sin\frac{\pi}{n}}\cdot\sum_{k=1}^{n}\sin\left(k\frac{2\pi}{n}\right)\cdot\sin\frac{\pi}{n}$$
$$=\frac{1}{2\sin\frac{\pi}{n}}\cdot\sum_{k=1}^{n}\left(\cos(2k-1)\frac{\pi}{n}-\cos(2k+1)\frac{\pi}{n}\right)$$
$$=\frac{1}{2\sin\frac{\pi}{n}}\cdot\left(\cos\frac{\pi}{n}-\cos(2n+1)\frac{\pi}{n}\right)=\frac{1}{2\sin\frac{\pi}{n}}\cdot\left(\cos\frac{\pi}{n}-\cos\frac{\pi}{n}\right)=0.$$

所以$\sum\limits_{k=1}^{n}\frac{\partial f(P_0)}{\partial \boldsymbol{l}_k}=0$.

例 11　设$u(x,y)$有二阶连续偏导数，证明$u(x,y)=f(x)g(y)$的充分必要条件是$u\frac{\partial^2 u}{\partial x\partial y}=\frac{\partial u}{\partial x}\cdot\frac{\partial u}{\partial y}\ (u\neq 0)$.

分析　对函数$u(x,y)=f(x)g(y)$求二阶混合偏导数，很容易验证必要性成立；对充分性部分，由于$u\frac{\partial^2 u}{\partial x\partial y}=\frac{\partial u}{\partial x}\cdot\frac{\partial u}{\partial y}$是一个二阶方程，令$\frac{\partial u}{\partial y}=v$，可将方程降为一阶，再凑微分求解方程，最后可求得方程的解为$u(x,y)=f(x)g(y)$.

证明　必要性：若$u(x,y)=f(x)g(y)$，则

$$\frac{\partial u}{\partial x}=f'(x)g(y),\quad \frac{\partial u}{\partial y}=f(x)g'(y),\quad \frac{\partial^2 u}{\partial x\partial y}=f'(x)g'(y),$$

所以

$$u\frac{\partial^2 u}{\partial x\partial y}=f(x)g(y)f'(x)g'(y)=\frac{\partial u}{\partial x}\cdot\frac{\partial u}{\partial y}.$$

充分性：令$\frac{\partial u}{\partial y}=v$，则$\frac{\partial^2 u}{\partial x\partial y}=\frac{\partial}{\partial x}\left(\frac{\partial u}{\partial y}\right)=\frac{\partial v}{\partial x}$. 由$u\frac{\partial^2 u}{\partial x\partial y}=\frac{\partial u}{\partial x}\cdot\frac{\partial u}{\partial y}$，有

$$u\cdot\frac{\partial v}{\partial x}=v\cdot\frac{\partial u}{\partial x},$$

变形为

$$\frac{u\cdot\frac{\partial v}{\partial x}-v\cdot\frac{\partial u}{\partial x}}{u^2}=0，\ 即\frac{\partial}{\partial x}\left(\frac{v}{u}\right)=0.$$

两边对 x 积分，得

$$\frac{v}{u}=\varphi(y)，\ 即\frac{\frac{\partial u}{\partial y}}{u}=\varphi(y)\quad (\varphi(y)\text{ 是任意的待定函数}).$$

上式即为 $\frac{\partial(\ln u)}{\partial y}=\varphi(y)$，两边对 y 积分，得

$$\ln u=\int\varphi(y)\mathrm{d}y+h(x)\quad (h(x)\text{ 是任意的待定函数}),$$

即

$$u=\mathrm{e}^{\int\varphi(y)\mathrm{d}y+h(x)}=\mathrm{e}^{h(x)}\cdot\mathrm{e}^{\int\varphi(y)\mathrm{d}y}=f(x)g(y).$$

评注 注意，二元函数对其某一变量做偏积分时，积分常数应该是另一变量的任意函数.

2. 复合函数、隐函数的微分法

多元复合函数的偏导计算关键是要弄清楚函数的复合结构，按链式法则从外层到内层逐层计算；隐函数的偏导数可由公式计算，也可利用复合函数求导法则在方程两边对某一变量求偏导数（或求微分）再求解；对求由方程组所确定的隐函数的偏导数，最好采用方程两边求微分的方法求解.

例 12 设 $f(x,y)$ 在点 $(1,1)$ 处可微，且 $f(1,1)=1$，$f_x(1,1)=2$，$f_y(1,1)=3$，$\varphi(x)=f(x,f(x,x))$，求 $\left.\frac{\mathrm{d}[\varphi^3(x)]}{\mathrm{d}x}\right|_{x=1}$.

分析 $\varphi(x)$ 虽然是一元函数，但却有多重复合关系，记 $w=f(u,v)$，则函数的结构图如图 4.1 所示.

解 $$\frac{\mathrm{d}[\varphi^3(x)]}{\mathrm{d}x}=3\varphi^2(x)\varphi'(x).$$

记 $f(x,y)$ 的两个变量分别为 $1,2$，则

$$\varphi'(x)=f_1\big(x,f(x,x)\big)+f_2\big(x,f(x,x)\big)[f_1(x,x)+f_2(x,x)],$$

又 $\varphi(1)=f[1,f(1,1)]=f(1,1)=1$，则

$$\varphi'(1)=f_1[1,f(1,1)]+f_2[1,f(1,1)][f_1(1,1)+f_2(1,1)]=2+3(2+3)=17.$$

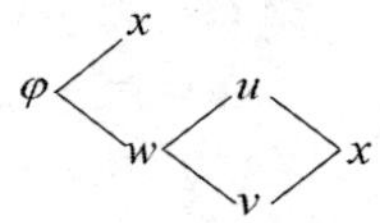

图 4.1

所以

$$\left.\frac{\mathrm{d}[\varphi^3(x)]}{\mathrm{d}x}\right|_{x=1}=3\cdot1^2\cdot17=51.$$

评注 多元复合函数求偏导数的关键是要捋清楚变量之间的关系，即函数结构. 画出函数结构图，然后再按链式法则逐层求偏导数，求偏导顺序可依次从外层到内层，也可以顺序相反.

例 13 设 $f(u,v)$ 有一阶连续偏导数，$z=f(x^2-y^2,\cos xy)$，$x=\rho\cos\varphi$，$y=\rho\sin\varphi$. 证明：

$$\cos\varphi\cdot\frac{\partial z}{\partial\rho}-\frac{1}{\rho}\sin\varphi\cdot\frac{\partial z}{\partial\varphi}=2x\frac{\partial z}{\partial u}-y\frac{\partial z}{\partial v}\sin xy$$

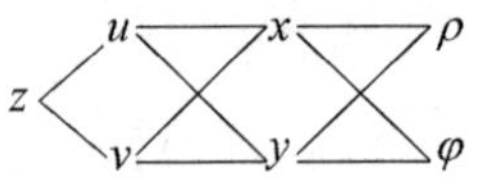

图 4.2

分析 这里 $u=x^2-y^2,v=\cos xy$，函数的复合结构如图 4.2 所示. 只需分别求出 $\frac{\partial z}{\partial r},\frac{\partial z}{\partial\theta}$，代入等式左边化简即可.

证明 因为 $x=\rho\cos\varphi$，$y=\rho\sin\varphi$，则 $\frac{\partial x}{\partial\rho}=\cos\varphi$，$\frac{\partial y}{\partial\rho}=\sin\varphi$. 记 $u=x^2-y^2$，$v=\cos xy$，则

$$\frac{\partial z}{\partial \rho}=\frac{\partial z}{\partial x}\cdot\frac{\partial x}{\partial \rho}+\frac{\partial z}{\partial y}\cdot\frac{\partial y}{\partial \rho}=\left(\frac{\partial z}{\partial u}\cdot\frac{\partial u}{\partial x}+\frac{\partial z}{\partial v}\cdot\frac{\partial v}{\partial x}\right)\frac{\partial x}{\partial \rho}+\left(\frac{\partial z}{\partial u}\cdot\frac{\partial u}{\partial y}+\frac{\partial z}{\partial v}\cdot\frac{\partial v}{\partial y}\right)\frac{\partial y}{\partial \rho}$$

$$=2(x\cos\varphi-y\sin\varphi)\frac{\partial z}{\partial u}-\sin xy\cdot(y\cos\varphi+x\sin\varphi)\frac{\partial z}{\partial v},$$

$$\frac{\partial z}{\partial \varphi}=\frac{\partial z}{\partial x}\cdot\frac{\partial x}{\partial \varphi}+\frac{\partial z}{\partial y}\cdot\frac{\partial y}{\partial \varphi}=\left(\frac{\partial z}{\partial u}\cdot\frac{\partial u}{\partial x}+\frac{\partial z}{\partial v}\cdot\frac{\partial v}{\partial x}\right)\frac{\partial x}{\partial \varphi}+\left(\frac{\partial z}{\partial u}\cdot\frac{\partial u}{\partial y}+\frac{\partial z}{\partial v}\cdot\frac{\partial v}{\partial y}\right)\frac{\partial y}{\partial \varphi}$$

$$=-2\rho(x\sin\varphi+y\cos\varphi)\frac{\partial z}{\partial u}+\rho\sin xy\cdot(y\sin\varphi-x\cos\varphi)\frac{\partial z}{\partial v}.$$

代入所证等式左边化简即可得到所证等式右边.

评注　该题的函数有两层中间变量，偏导数的计算是从内到外的，也可从外到内，即

$$\frac{\partial z}{\partial \rho}=\frac{\partial z}{\partial u}\cdot\frac{\partial u}{\partial \rho}+\frac{\partial z}{\partial v}\cdot\frac{\partial v}{\partial \rho}=\frac{\partial z}{\partial u}\cdot\left(\frac{\partial u}{\partial x}\cdot\frac{\partial x}{\partial \rho}+\frac{\partial u}{\partial y}\cdot\frac{\partial y}{\partial \rho}\right)+\frac{\partial z}{\partial v}\cdot\left(\frac{\partial v}{\partial x}\cdot\frac{\partial x}{\partial \rho}+\frac{\partial v}{\partial y}\cdot\frac{\partial y}{\partial \rho}\right).$$

例 14　设$u=f(x,y,z)$，f是可微函数，若$\dfrac{f_x}{x}=\dfrac{f_y}{y}=\dfrac{f_z}{z}$，证明$u$仅为$r$的函数. 其中$r=\sqrt{x^2+y^2+z^2}$.

分析　引入球坐标$x=r\cos\theta\sin\varphi$，$y=r\sin\theta\sin\varphi$，$z=r\cos\varphi$，则 u 为r,θ,φ的函数，只需证明$\dfrac{\partial u}{\partial \theta}$与$\dfrac{\partial u}{\partial \varphi}$均等于 0.

证明　$u=f(x,y,z)=f(r\cos\theta\sin\varphi,r\sin\theta\sin\varphi,r\cos\varphi)$，令$\dfrac{f_x}{x}=\dfrac{f_y}{y}=\dfrac{f_z}{z}=t$，则

$$f_x=tx,\ f_y=ty,\ f_z=tz,$$

于是

$$\frac{\partial u}{\partial \theta}=f_x\frac{\partial x}{\partial \theta}+f_y\frac{\partial y}{\partial \theta}+f_z\frac{\partial z}{\partial \theta}=f_x\cdot r(-\sin\theta)\sin\varphi+f_y\cdot r\cos\theta\sin\varphi+0$$

$$=txr(-\sin\theta)\sin\varphi+tyr\cos\theta\sin\varphi=t(-xy+xy)=0;$$

$$\frac{\partial u}{\partial \varphi}=f_x\frac{\partial x}{\partial \varphi}+f_y\frac{\partial y}{\partial \varphi}+f_z\frac{\partial z}{\partial \varphi}$$

$$=f_x\cdot r\cos\theta\cos\varphi+f_y\cdot r\sin\theta\cos\varphi-f_z\cdot r\sin\varphi$$

$$=tr^2(\cos^2\theta\sin\varphi\cos\varphi+\sin^2\theta\sin\varphi\cos\varphi-\sin\varphi\cos\varphi)$$

$$=tr^2(\sin\varphi\cos\varphi-\sin\varphi\cos\varphi)=0.$$

由此可知u仅为r的函数.

例 15*　设$f(x,y)$具有连续偏导数，且满足方程$x\dfrac{\partial f}{\partial x}=ky\dfrac{\partial f}{\partial y}$，$k\in\mathbb{N}_+$，$f(1,1)=1$，求$f\left(10,\dfrac{1}{10^k}\right)$.

分析　所给方程是关于$f(x,y)$的一阶线性齐次偏微分方程，该方程的特征线方程为$\dfrac{\mathrm{d}y}{\mathrm{d}x}=-\dfrac{ky}{x}$，其通解为$yx^k=C$，沿该曲线$f(x,y)$的值不变. 所以作变量代换 $u=x^ky$，$t=x$，可化简方程或得到方程的解.

解　设 $u=x^ky$，$t=x$，则$f(x,y)=f\left(t,\dfrac{u}{t^k}\right)$. 求偏导数，得

$$\frac{\partial f}{\partial x}=f_1+f_2\cdot\left(\frac{ku}{t^{k+1}}-\frac{ku}{t^{k+1}}\right)=f_1,\quad \frac{\partial f}{\partial y}=f_2.$$

代入方程$x\dfrac{\partial f}{\partial x}=ky\dfrac{\partial f}{\partial y}$，得

$$tf_1 = k\frac{u}{t^k}f_2 \Rightarrow tf_1 - \frac{ku}{t^k}f_2 = 0 .$$

由于$\frac{\partial f}{\partial t} = f_1 - \frac{ku}{t^{k+1}}f_2$，所以方程化为

$$t\frac{\partial f}{\partial t} = 0 \Rightarrow \frac{\partial f}{\partial t} = 0 .$$

所以f与t无关．记$f\left(t,\frac{u}{t^k}\right) = g(u)$，则$f(1,1) = g(1) = 1$，故$f\left(10,\frac{1}{10^k}\right) = g(1) = 1$．

评注　一阶线性方程$af_x + bf_y = 0$（a,b为已知函数）的特征线方程为$\frac{\mathrm{d}y}{\mathrm{d}x} = \frac{b}{a}$，沿特征线$f$为常数．读者不难从隐函数方程$f(x,y) = C$（$C$为常数）的导数公式$\frac{\mathrm{d}y}{\mathrm{d}x} = -\frac{f_x}{f_y}$去理解．

例 16　设函数$z = z(x,y)$具有二阶连续偏导数，变换$\begin{cases} u = x + a\sqrt{y} \\ v = x + 2\sqrt{y} \end{cases}$，把方程$\frac{\partial^2 z}{\partial x^2} - y\frac{\partial^2 z}{\partial y^2} - \frac{1}{2}\cdot\frac{\partial z}{\partial y} = 0$化为$\frac{\partial^2 z}{\partial u\partial v} = 0$，试确定$a$的值．

分析　将u, v作为中间变量分别计算$\frac{\partial z}{\partial y},\frac{\partial^2 z}{\partial y^2},\frac{\partial^2 z}{\partial x^2}$，代入方程化简，再与方程$\frac{\partial^2 z}{\partial u\partial v} = 0$比较即可确定$a$的值．

解

$$\frac{\partial z}{\partial x} = \frac{\partial z}{\partial u} + \frac{\partial z}{\partial v},\quad \frac{\partial z}{\partial y} = \frac{\partial z}{\partial u}\cdot\frac{a}{2\sqrt{y}} + \frac{\partial z}{\partial v}\cdot\frac{1}{\sqrt{y}} = \frac{1}{\sqrt{y}}\left(\frac{a}{2}\cdot\frac{\partial z}{\partial u} + \frac{\partial z}{\partial v}\right);$$

$$\frac{\partial^2 z}{\partial x^2} = \frac{\partial^2 z}{\partial u^2} + 2\frac{\partial^2 z}{\partial u\partial v} + \frac{\partial^2 z}{\partial v^2},$$

$$\frac{\partial^2 z}{\partial y^2} = -\frac{1}{2}y^{-\frac{3}{2}}\left(\frac{a}{2}\cdot\frac{\partial z}{\partial u} + \frac{\partial z}{\partial v}\right) + \frac{1}{\sqrt{y}}\left(\frac{\partial^2 z}{\partial u^2}\cdot\frac{a^2}{4\sqrt{y}} + \frac{\partial^2 z}{\partial u\partial v}\cdot\frac{a}{\sqrt{y}} + \frac{\partial^2 z}{\partial v^2}\cdot\frac{1}{\sqrt{y}}\right).$$

代入方程$\frac{\partial^2 z}{\partial x^2} - y\frac{\partial^2 z}{\partial y^2} - \frac{1}{2}\cdot\frac{\partial z}{\partial y} = 0$，得到

$$\frac{\partial^2 z}{\partial x^2} - y\frac{\partial^2 z}{\partial y^2} - \frac{1}{2}\cdot\frac{\partial z}{\partial y} = \left(1 - \frac{a^2}{4}\right)\frac{\partial^2 z}{\partial u^2} + (2-a)\frac{\partial^2 z}{\partial u\partial u} = 0.$$

可见，当$1 - \frac{a^2}{4} = 0,\ 2 - a \neq 0$，即$a = -2$时，上面方程化为$\frac{\partial^2 z}{\partial u\partial v} = 0$．

评注　（1）化简中用到了$\frac{\partial^2 z}{\partial u\partial v} = \frac{\partial^2 z}{\partial v\partial u}$，二阶混合偏导数在其连续点处与偏导顺序无关．

（2）求复合函数$f\left(u(x,y),v(x,y)\right)$的高阶偏导数时应注意：$f_u, f_v$与$f$具有相同的函数结构，对$f_u, f_v$求偏导数时仍按与$f$相同的链式法则进行．

（3）在变换$\begin{cases} u = x - 2\sqrt{y} \\ v = x + 2\sqrt{y} \end{cases}$下，原方程化为$\frac{\partial^2 z}{\partial u\partial v} = 0$．进一步求解此方程可得$z = f(u) + g(v)$，即原方程的解为$z = f(x - 2\sqrt{y}) + g(x + 2\sqrt{y})$，其中$f, g$为任意二阶连续可微函数．

例 17　设$\varphi \in C^{(2)}$，$z = \varphi(\mathrm{e}^x\cos y, \mathrm{e}^x\sin y)$，求$\Delta z = z_{xx} + z_{yy}$．

分析　为便于计算，引入中间变量$u = \mathrm{e}^x\cos y$，$v = \mathrm{e}^x\sin y$，函数结构如图 4.3 所示．

解　令 $u=\mathrm{e}^x\cos y$，$v=\mathrm{e}^x\sin y$，则 $z_x=\varphi_u u_x+\varphi_v v_x$，

$$z_{xx}=\varphi_{uu}u_x^2+2\varphi_{uv}u_x v_x+\varphi_{vv}v_x^2++\varphi_u u_{xx}+\varphi_v v_{xx}.$$

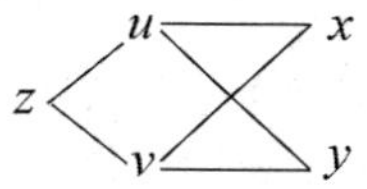

图 4.3

将上式中的 x 换为 y，可得 z_{yy}，相加可得

$$\Delta z=\varphi_{uu}(u_x^2+u_y^2)+2\varphi_{uv}(u_x v_x+u_y v_y)+\varphi_{vv}(v_x^2+v_y^2)+\varphi_u\Delta u+\varphi_v\Delta v. \quad ①$$

由 u,v 的表达式，有

$$u_x=\mathrm{e}^x\cos y=v_y,\quad u_y=-\mathrm{e}^x\sin y=-v_x.$$

据此得到

$$u_x^2+u_y^2=v_x^2+v_y^2=\mathrm{e}^{2x},\quad u_x v_x+u_y v_y=0,\quad \Delta u=\Delta v=0.$$

代入①式得到

$$\Delta z=\mathrm{e}^{2x}(\varphi_{uu}+\varphi_{vv}).$$

评注　(1) 引入中间变量 u, v 可使函数结构清晰，书写简洁. 在演算过程中出现的 u_x,u_y,v_x,v_y 等不宜过早写出其具体表达式（延迟代入），以免多余的计算（对有消去项或约分化简的情况更是如此）.

(2) 题中得到的①式与函数 φ, u, v 的具体形式无关，所以①式可视为二元复合函数 Δz 的计算公式. 且由此可看出：若 $\varphi(u,v)$ 满足拉普拉斯方程 $\varphi_{uu}+\varphi_{vv}=0$，且变换 $u=u(x,y)$, $v=v(x,y)$ 满足 $u_x=v_y$，$u_y=-v_x$，则仍有 $\varphi_{xx}+\varphi_{yy}=0$.

(3) 计算中利用对称性，可使计算工作量减少. 常见的对称性有以下两种形式：

① 抽象形式的对称. 如本题中 $z_x=\varphi_u u_x+\varphi_v v_x$，将 x 换为 y 即得 $z_y=\varphi_u u_y+\varphi_v v_y$；$z_{xx}$ 与 z_{yy} 的关系也一样.

② 具体变量的对称. 若 $f(x,y)=f(y,x)$，$z=f(u(x),v(y))$，则互换 $u(x)$ 与 $v(y)$，$u'(x)$ 与 $v'(y)$，就可由 z_x 得到 z_y；z_{xx} 与 z_{yy} 的关系也一样.

例 18　设 $z=z(x,y)$ 是由方程 $x^2+y^2-z=\varphi(x+y+z)$ 所确定的函数，其中 φ 具有二阶导数，且 $\varphi'\neq -1$.（1）求 dz；（2）记 $u(x,y)=\dfrac{1}{x-y}\left(\dfrac{\partial z}{\partial x}-\dfrac{\partial z}{\partial y}\right)$，求 $\dfrac{\partial u}{\partial x}$.

分析　这是隐函数的求导问题. 对（1），可利用隐函数的偏导数公式计算 $\dfrac{\partial z}{\partial x}$ 和 $\dfrac{\partial z}{\partial y}$，再写出 dz，也可将方程两边求微分，解出 dz. 对（2），只需将（1）中所求的 $\dfrac{\partial z}{\partial x}$ 和 $\dfrac{\partial z}{\partial y}$ 代入 $u(x,y)$，整理后再求 $\dfrac{\partial u}{\partial x}$.

解　（1）对 $x^2+y^2-z=\varphi(x+y+z)$ 两边求微分，得

$$2x\,\mathrm{d}x+2y\,\mathrm{d}y-\mathrm{d}z=\varphi'(x+y+z)(\mathrm{d}x+\mathrm{d}y+\mathrm{d}z),$$

解得

$$\mathrm{d}z=\frac{1}{(1+\varphi')}[(2x-\varphi')\mathrm{d}x-(2y-\varphi')\mathrm{d}y].$$

（2）$u(x,y)=\dfrac{1}{x-y}\left(\dfrac{2x-\varphi'}{1+\varphi'}-\dfrac{2y-\varphi'}{1+\varphi'}\right)=\dfrac{2}{1+\varphi'}$，则

$$\frac{\partial u}{\partial x}=-\frac{2}{(1+\varphi')^2}\cdot\varphi''\cdot\left(1+\frac{\partial z}{\partial x}\right)=-\frac{2\varphi''}{(1+\varphi')^2}\cdot\left(1+\frac{2x-\varphi'}{1+\varphi'}\right)=-\frac{2(1+2x)\varphi''}{(1+\varphi')^3}.$$

评注　(1) 读者不难发现该题中的方程 $x^2+y^2-z=\varphi(x+y+z)$ 与函数 $u(x,y)=\dfrac{1}{x-y}\left(\dfrac{\partial z}{\partial x}-\dfrac{\partial z}{\partial y}\right)$ 均关于 x,y 对称，所以将 x,y 互换就可由 $\dfrac{\partial z}{\partial x}$ 得到 $\dfrac{\partial z}{\partial y}$，也可由 $\dfrac{\partial u}{\partial x}$ 得到 $\dfrac{\partial u}{\partial y}$.

（2）该题在求$\dfrac{\partial z}{\partial x}$和$\dfrac{\partial z}{\partial y}$时，采用的是在方程$x^2+y^2-z=\varphi(x+y+z)$两边求微分，当然也可用复合函数求导法则，或隐函数的偏导数公式来计算. 当函数关系较复杂时，采用求微分的方式来计算偏导数更为方便，因为这样能避免复杂函数关系所造成的困扰.

例 19 已知函数$z=z(x,y)$满足$x^2\dfrac{\partial z}{\partial x}+y^2\dfrac{\partial z}{\partial y}=z^2$，设$u=x$，$v=\dfrac{1}{y}-\dfrac{1}{x}$，$\psi=\dfrac{1}{z}-\dfrac{1}{x}$，对函数$\psi=\psi(u,v)$，求证$\dfrac{\partial \psi}{\partial u}=0$.

分析 这是由方程组所确定的隐函数的求导问题. 计算$\dfrac{\partial \psi}{\partial u}$时需将$x,y$作为中间变量（化为$u,v$的函数），再利用关系式$x^2\dfrac{\partial z}{\partial x}+y^2\dfrac{\partial z}{\partial y}=z^2$化简. 为避免复杂的函数关系，也可用求全微分的方式来计算.

证明 **方法 1** 由$\begin{cases}u=x\\ v=\dfrac{1}{y}-\dfrac{1}{x}\end{cases}$，解得$\begin{cases}x=u,\\ y=\dfrac{u}{1+uv}\end{cases}$. 这样$\psi=\dfrac{1}{z}-\dfrac{1}{x}$便是$u,v$的复合函数，对$u$求偏导数，得

$$\frac{\partial \psi}{\partial u}=-\frac{1}{z^2}\left(\frac{\partial z}{\partial x}\frac{\partial x}{\partial u}+\frac{\partial z}{\partial y}\frac{\partial y}{\partial u}\right)+\frac{1}{u^2}=-\frac{1}{z^2}\left(\frac{\partial z}{\partial x}+\frac{\partial z}{\partial y}\frac{1}{(1+uv)^2}\right)+\frac{1}{u^2},$$

利用$\dfrac{1}{1+uv}=\dfrac{y}{x}$和$z(x,y)$满足的等式，有

$$\frac{\partial \psi}{\partial u}=-\frac{1}{z^2x^2}\left(x^2\frac{\partial z}{\partial x}+y^2\frac{\partial z}{\partial y}\right)+\frac{1}{u^2}=-\frac{1}{x^2}+\frac{1}{u^2}=0.$$

方法二 因为$v=\dfrac{1}{y}-\dfrac{1}{x}$，$\psi=\dfrac{1}{z}-\dfrac{1}{x}$，两边求微分，有

$$\mathrm{d}v=-\frac{1}{y^2}\mathrm{d}y+\frac{1}{x^2}\mathrm{d}x, \qquad ①$$

$$\mathrm{d}\psi=-\frac{1}{z^2}\mathrm{d}z+\frac{1}{x^2}\mathrm{d}x. \qquad ②$$

将$\mathrm{d}z=\dfrac{\partial z}{\partial x}\mathrm{d}x+\dfrac{\partial z}{\partial y}\mathrm{d}y$代入②式，并与①式联立消去$\mathrm{d}y$，得到

$$\mathrm{d}\psi=\left(\frac{1}{x^2}-\frac{1}{z^2}\cdot\frac{\partial z}{\partial x}-\frac{y^2}{x^2z^2}\cdot\frac{\partial z}{\partial y}\right)\mathrm{d}x+\frac{y^2}{z^2}\cdot\frac{\partial z}{\partial y}\mathrm{d}z.$$

由一阶微分形式不变性，得到

$$\frac{\partial \psi}{\partial x}=\frac{1}{x^2}-\frac{1}{z^2}\cdot\frac{\partial z}{\partial x}-\frac{y^2}{x^2z^2}\cdot\frac{\partial z}{\partial y}=\frac{1}{x^2}-\frac{1}{z^2x^2}\left(x^2\frac{\partial z}{\partial x}+y^2\frac{\partial z}{\partial y}\right)=\frac{1}{x^2}-\frac{1}{x^2}=0.$$

即$\dfrac{\partial \psi}{\partial u}=0$.

例 20 设$z=f(x,y)$在$\mathbb{R}^2$上有连续的一阶偏导数，$w=w(u,v)$是由方程组$u=x^2+y^2$，$v=\dfrac{1}{x}+\dfrac{1}{y}$，$z=\mathrm{e}^{w+x+y}$所确定的隐函数，试将方程$y\dfrac{\partial z}{\partial x}-x\dfrac{\partial z}{\partial y}=(y-x)z\ (x\neq y)$化为以$w$为未知函数，$u,v$为自变量的形式.

分析　这与上题是同类型问题. 为将 $\frac{\partial w}{\partial u}$ 和 $\frac{\partial w}{\partial v}$ 引入方程，需将 $z=f(x,y)$ 看成由 $z=\mathrm{e}^{w+x+y}$，$w=w(u,v)$，$u=u(x,y)$，$v=v(x,y)$ 复合而成，只需计算 $\frac{\partial z}{\partial x}$ 和 $\frac{\partial z}{\partial y}$ 并代入方程化简即可. 为避免复杂的函数关系，也可用一阶微分形式不变性来计算两个偏导数.

解　**方法 1**　将 $z=f(x,y)$ 看成由 $z=\mathrm{e}^{w+x+y}$，$w=w(u,v)$，$u=u(x,y)$，$v=v(x,y)$ 复合而成，由链式法则，有

$$\frac{\partial z}{\partial x}=\frac{\partial f}{\partial x}+\frac{\partial f}{\partial w}\cdot\frac{\partial w}{\partial x}=\mathrm{e}^{w+x+y}+\mathrm{e}^{w+x+y}\left(\frac{\partial w}{\partial u}\cdot\frac{\partial u}{\partial x}+\frac{\partial w}{\partial v}\cdot\frac{\partial v}{\partial x}\right)$$
$$=z\left(1+2x\cdot\frac{\partial w}{\partial u}-\frac{1}{x^2}\cdot\frac{\partial w}{\partial v}\right),$$

利用 x,y 的对称性，有

$$\frac{\partial z}{\partial y}=z\left(1+2y\cdot\frac{\partial w}{\partial u}-\frac{1}{y^2}\cdot\frac{\partial w}{\partial v}\right).$$

将 $\frac{\partial z}{\partial x}$ 和 $\frac{\partial z}{\partial y}$ 代入所给方程，化简得

$$z\left(\frac{x}{y^2}-\frac{y}{x^2}\right)\cdot\frac{\partial w}{\partial v}=0.$$

由题设，知 $z\left(\frac{x}{y^2}-\frac{y}{x^2}\right)=\frac{z(x^3-y^3)}{x^2y^2}\neq 0$，故原方程可化为 $\frac{\partial w}{\partial v}=0$.

方法 2　在等式 $z=\mathrm{e}^{w+x+y}$，$w=w(u,v)$，$u=x^2+y^2$，$v=\frac{1}{x}+\frac{1}{y}$ 两边取微分，得

$$\begin{cases}\mathrm{d}z=\mathrm{e}^{w+x+y}(\mathrm{d}w+\mathrm{d}x+\mathrm{d}y),\\ \mathrm{d}w=\frac{\partial w}{\partial u}\mathrm{d}u+\frac{\partial w}{\partial v}\mathrm{d}v,\\ \mathrm{d}u=2x\,\mathrm{d}x+2y\,\mathrm{d}y,\\ \mathrm{d}v=-\frac{1}{x^2}\mathrm{d}x-\frac{1}{y^2}\mathrm{d}y.\end{cases}$$

将后 3 式代入第 1 式化简得

$$\mathrm{d}z=\mathrm{e}^{w+x+y}\left[\left(1+2x\frac{\partial w}{\partial u}-\frac{1}{x^2}\frac{\partial w}{\partial v}\right)\mathrm{d}x+\left(1+2y\frac{\partial w}{\partial u}-\frac{1}{y^2}\frac{\partial w}{\partial v}\right)\mathrm{d}y\right],$$

由此可得到 $\frac{\partial z}{\partial x}$ 和 $\frac{\partial z}{\partial y}$，此后同方法 1.

评注　由于微分运算是将各变量地位平等对待，所以对函数结构较复杂或由方程组所确定的隐函数的求导问题，采用微分运算会更为方便.

例 21　设函数 $z=f(x,y)$ 具有二阶连续偏导数，$\frac{\partial f}{\partial y}\neq 0$，证明对任意常数 C，$f(x,y)=C$ 为一直线的充分必要条件是 $f_{xx}(f_y)^2-2f_xf_yf_{xy}+f_{yy}(f_x)^2=0$.

分析　由于 $\frac{\partial f}{\partial y}\neq 0$，则方程 $f(x,y)=C$ 确定了隐函数 $y=y(x)$. 则 $f(x,y)=C$ 为一直线的充要条件是 $\frac{\mathrm{d}^2y}{\mathrm{d}x^2}=0$.

证明 必要性显然.

因为当 $f(x,y)=C$ 为直线时，$\dfrac{\partial f}{\partial x}$ 和 $\dfrac{\partial f}{\partial y}$ 均为常数，故 $f_{xx}=f_{yy}=f_{xy}=0$，从而等式成立.

充分性：因为 $f_y\neq 0$，方程 $f(x,y)=C$ 两边对 x 求导，得 $f_x+f_y\dfrac{\mathrm{d}y}{\mathrm{d}x}=0$，两边再对$x$求导，得

$$f_{xx}+f_{xy}\frac{\mathrm{d}y}{\mathrm{d}x}+\left(f_{yx}+f_{yy}\frac{\mathrm{d}y}{\mathrm{d}x}\right)\frac{\mathrm{d}y}{\mathrm{d}x}+f_y\frac{\mathrm{d}^2y}{\mathrm{d}x^2}=0,$$

代入 $\dfrac{\mathrm{d}y}{\mathrm{d}x}=-\dfrac{f_x}{f_y}$，即有

$$f_{xx}-\frac{2f_xf_{xy}}{f_y}+\frac{f_{yy}(f_x)^2}{(f_y)^2}+f_y\frac{\mathrm{d}^2y}{\mathrm{d}x^2}=0,$$

得到

$$\frac{\mathrm{d}^2y}{\mathrm{d}x^2}=-\frac{f_{xx}(f_y)^2-2f_xf_yf_{xy}+f_{yy}(f_x)^2}{(f_y)^3}.$$

由题设条件可得 $\dfrac{\mathrm{d}^2y}{\mathrm{d}x^2}=0$，所以 $y=y(x)$为线性函数，故方程 $f(x,y)=C$ 为一直线.

例 22 已知函数 $z=f(x,y)$ 有连续的二阶偏导数，且 $f_x(x,y)\neq 0$，$\dfrac{\partial^2z}{\partial x^2}\dfrac{\partial^2z}{\partial y^2}-\left(\dfrac{\partial^2z}{\partial x\partial y}\right)^2=0$，又设 $x=x(y,z)$ 是由 $z=f(x,y)$ 所确定的函数，证明 $\dfrac{\partial^2x}{\partial y^2}\cdot\dfrac{\partial^2x}{\partial z^2}-\left(\dfrac{\partial^2x}{\partial y\partial z}\right)^2=0$.

分析 将 $z=f(x,y)$ 视为隐函数方程（x 为 y,z 的函数），由此计算 $\dfrac{\partial x}{\partial y}$ 和 $\dfrac{\partial x}{\partial z}$，再计算 $\dfrac{\partial^2x}{\partial y^2}$、$\dfrac{\partial^2x}{\partial z^2}$ 和 $\dfrac{\partial^2x}{\partial y\partial z}$ 代入等式左端，利用所给条件化简即得证.

证明 记 $F(x,y,z)=f(x,y)-z$，则 $F_x=f_x$，$F_y=f_y$，$F_z=-1$，由隐函数的偏导公式，得

$$\frac{\partial x}{\partial y}=-\frac{F_y}{F_x}=-\frac{f_y}{f_x},\quad \frac{\partial x}{\partial z}=-\frac{F_z}{F_x}=\frac{1}{f_x};$$

对上式再求偏导数，得

$$\frac{\partial^2x}{\partial y^2}=-\frac{\left(f_{yx}\dfrac{\partial x}{\partial y}+f_{yy}\right)f_x-\left(f_{xx}\dfrac{\partial x}{\partial y}+f_{xy}\right)f_y}{(f_x)^2}=\frac{2f_{yx}f_xf_y-f_{xx}(f_y)^2-f_{yy}(f_x)^2}{(f_x)^3},$$

$$\frac{\partial^2x}{\partial z^2}=-\frac{f_{xx}\dfrac{\partial x}{\partial z}}{(f_x)^2}=-\frac{f_{xx}}{(f_x)^3},\quad \frac{\partial^2x}{\partial y\partial z}=\frac{\partial^2x}{\partial z\partial y}=-\frac{f_{xx}\dfrac{\partial x}{\partial y}+f_{xy}}{(f_x)^2}=\frac{f_{xx}f_y-f_{xy}f_x}{(f_x)^3}.$$

由已知条件 $\dfrac{\partial^2z}{\partial x^2}\cdot\dfrac{\partial^2z}{\partial y^2}-\left(\dfrac{\partial^2z}{\partial x\partial y}\right)^2=0$，故

$$\begin{aligned}\frac{\partial^2x}{\partial y^2}\cdot\frac{\partial^2x}{\partial z^2}-\left(\frac{\partial^2x}{\partial y\partial z}\right)^2&=-\frac{2f_{yx}f_xf_y-f_{xx}(f_y)^2-f_{yy}(f_x)^2}{(f_x)^3}\cdot\frac{f_{xx}}{(f_x)^3}-\frac{(f_{xx}f_y-f_{xy}f_x)^2}{(f_x)^6}\\&=\frac{(f_x)^2f_{xx}f_{yy}-(f_{xy})^2(f_x)^2}{(f_x)^6}=0.\end{aligned}$$

例 23　设函数 $z=z(x,y)$ 有连续的二阶偏导数，且满足方程

$$\operatorname{div}(\operatorname{grad} z)-2\frac{\partial^2 z}{\partial y^2}=0.$$

（1）用变量代换 $u=x-y,\ v=x+y$ 将上述方程化为以 u,v 为自变量的方程；

（2）已知 $z(x,2x)=x,\ z_x(x,2x)=x^2$，求 $z(x,y)$.

分析　（1）将 $\operatorname{div}(\operatorname{grad} z)$ 写成偏导数的形式，按复合函数求导法则计算、化简即可.

（2）求解（1）中化简后的微分方程得到一般解，再由所给条件确定一般解中的待定函数.

解　（1）$\operatorname{div}(\operatorname{grad} z)=\operatorname{div}(z_x,z_y)=z_{xx}+z_{yy}$，于是原方程为

$$\frac{\partial^2 z}{\partial x^2}-\frac{\partial^2 z}{\partial y^2}=0. \qquad ①$$

由于

$$\frac{\partial z}{\partial x}=\frac{\partial z}{\partial u}\cdot\frac{\partial u}{\partial x}+\frac{\partial z}{\partial v}\cdot\frac{\partial v}{\partial x}=\frac{\partial z}{\partial u}+\frac{\partial z}{\partial v},$$

$$\frac{\partial z}{\partial y}=\frac{\partial z}{\partial u}\cdot\frac{\partial u}{\partial y}+\frac{\partial u}{\partial v}\cdot\frac{\partial v}{\partial y}=-\frac{\partial z}{\partial u}+\frac{\partial z}{\partial v};$$

$$\frac{\partial^2 z}{\partial x^2}=\frac{\partial^2 z}{\partial u^2}\cdot\frac{\partial u}{\partial x}+\frac{\partial^2 z}{\partial u\partial v}\cdot\frac{\partial v}{\partial x}+\frac{\partial^2 z}{\partial v\partial u}\cdot\frac{\partial u}{\partial x}+\frac{\partial^2 z}{\partial v^2}\cdot\frac{\partial v}{\partial x}=\frac{\partial^2 z}{\partial u^2}+2\frac{\partial^2 z}{\partial u\partial v}+\frac{\partial^2 z}{\partial v^2}, \qquad ②$$

$$\frac{\partial^2 z}{\partial y^2}=-\frac{\partial^2 z}{\partial u^2}\cdot\frac{\partial u}{\partial y}-\frac{\partial^2 z}{\partial u\partial v}\cdot\frac{\partial v}{\partial y}+\frac{\partial^2 z}{\partial v\partial u}\cdot\frac{\partial u}{\partial y}+\frac{\partial^2 z}{\partial v^2}\cdot\frac{\partial v}{\partial y}=\frac{\partial^2 z}{\partial u^2}-2\frac{\partial^2 z}{\partial u\partial v}+\frac{\partial^2 z}{\partial v^2}. \qquad ③$$

将②，③式代入①式，方程化为 $\dfrac{\partial^2 z}{\partial u\partial v}=0$.

（2）方程 $\dfrac{\partial^2 z}{\partial u\partial v}=0$ 两边对 v 求积分，得

$$\frac{\partial z}{\partial u}=\varphi(u)\quad(\varphi(u)\text{为 }u\text{ 的任意可微函数}).$$

此式两边对 u 求积分，得

$$z=\int\varphi(u)\,\mathrm{d}u+g(v)=f(u)+g(v),$$

这里 f,g 为任意可微函数. 于是

$$z(x,y)=f(x-y)+g(x+y). \qquad ④$$

由条件 $z(x,2x)=x$，得

$$f(-x)+g(3x)=x. \qquad ⑤$$

④式两边对 x 求偏导，得

$$z_x=f'(x-y)+g'(x+y),$$

由条件 $z_x(x,2x)=x^2$，得

$$z_x(x,2x)=f'(-x)+g'(3x)=x^2. \qquad ⑥$$

⑥式两边对 x 求积分，得

$$-3f(-x)+g(3x)=x^3+C. \qquad ⑦$$

联立⑤式与⑦式，解得

$$f(-x)=\frac{1}{4}(x-x^3)-\frac{1}{4}C,\ g(3x)=\frac{1}{4}(3x+x^3)+\frac{1}{4}C,$$

即有

$$f(x)=\frac{1}{4}(x^3-x)-\frac{1}{4}C,\ g(x)=\frac{1}{4}x+\frac{1}{108}x^3+\frac{1}{4}C.$$

于是由④式可得所求函数为

$$z(x,y)=\frac{1}{4}[(x-y)^3-(x-y)]-\frac{1}{4}C+\frac{1}{4}(x+y)+\frac{1}{108}(x+y)^3+\frac{1}{4}C$$
$$=\frac{1}{4}(x-y)^3+\frac{1}{108}(x+y)^3+\frac{1}{2}y.$$

例 24* 设 $u=f(z)$，而 z 是由方程 $z=x+y\varphi(z)$ 确定的. φ,f 都是任意次可微的函数，证明 $\frac{\partial^n u}{\partial y^n}=\frac{\partial^{n-1}}{\partial x^{n-1}}\left[\left(\varphi(z)\right)^n\frac{\partial u}{\partial x}\right]$.

分析 n 阶偏导数问题，可对求导阶数 n 用归纳法.

证明 $z=x+y\varphi(z)$ 的两边分别对 x,y 求偏导数后，解得

$$\frac{\partial z}{\partial x}=\frac{1}{1-y\varphi'(z)}，\ \frac{\partial z}{\partial y}=\frac{\varphi(z)}{1-y\varphi'(z)}=\varphi(z)\frac{\partial z}{\partial x}，$$

于是

$$\frac{\partial u}{\partial x}=f'(z)\frac{\partial z}{\partial x}，\ \frac{\partial u}{\partial y}=f'(z)\frac{\partial z}{\partial y}=f'(z)\varphi(z)\frac{\partial z}{\partial x}=\varphi(z)\frac{\partial u}{\partial x}. \qquad ①$$

$$\Rightarrow\frac{\partial z}{\partial y}\cdot\frac{\partial u}{\partial x}=\varphi(z)\frac{\partial z}{\partial x}\cdot\frac{\partial u}{\partial x}=\frac{\partial z}{\partial x}\cdot\frac{\partial u}{\partial y}.$$

由①式，知当 $n=1$ 时，等式成立.

设对 n 阶偏导数等式成立，即 $\frac{\partial^n u}{\partial y^n}=\frac{\partial^{n-1}}{\partial x^{n-1}}\left[\left(\varphi(z)\right)^n\frac{\partial u}{\partial x}\right]$，对 y 求偏导，得

$$\frac{\partial^{n+1}u}{\partial y^{n+1}}=\frac{\partial}{\partial y}\cdot\frac{\partial^{n-1}}{\partial x^{n-1}}\left[\left(\varphi(z)\right)^n\frac{\partial u}{\partial x}\right]=\frac{\partial^{n-1}}{\partial x^{n-1}}\cdot\frac{\partial}{\partial y}\left[\left(\varphi(z)\right)^n\frac{\partial u}{\partial x}\right]$$
$$=\frac{\partial^{n-1}}{\partial x^{n-1}}\left[n\left(\varphi(z)\right)^{n-1}\varphi'(z)\frac{\partial z}{\partial y}\cdot\frac{\partial u}{\partial x}+\left(\varphi(z)\right)^n\frac{\partial^2 u}{\partial x\partial y}\right]$$
$$=\frac{\partial^{n-1}}{\partial x^{n-1}}\left[n\left(\varphi(z)\right)^{n-1}\varphi'(z)\frac{\partial z}{\partial x}\cdot\frac{\partial u}{\partial y}+\left(\varphi(z)\right)^n\frac{\partial^2 u}{\partial x\partial y}\right]$$
$$=\frac{\partial^{n-1}}{\partial x^{n-1}}\frac{\partial}{\partial x}\left[\left(\varphi(z)\right)^n\frac{\partial u}{\partial y}\right]=\frac{\partial^n}{\partial x^n}\left[\left(\varphi(z)\right)^{n+1}\frac{\partial u}{\partial x}\right].$$

可见对 $n+1$ 阶偏导数等式也成立，由归纳法，知对任意自然数 n 等式成立.

3. 泰勒公式

多元函数的泰勒公式虽不及一元函数泰勒公式应用那样广泛，但在多元函数微分学中仍有重要的作用，在求函数极限、等式与不等式的证明、函数极值的判定等方面都有诸多应用. 这里以二元函数为例（n 元函数有类似的结果），进行简单介绍.

二元函数的 n 阶泰勒公式：

定理 设 $f(x,y)$ 在凸区域 $D\subset\mathbb{R}^2$ 上具有 $n+1$ 阶连续偏导数，(x_0,y_0) 与 (x_0+h,y_0+k) 是 D 内两点，则至少有一个 $\theta\in(0,1)$，使得

$$f(x_0+h,y_0+k)=f(x_0,y_0)+\left(h\frac{\partial}{\partial x}+k\frac{\partial}{\partial y}\right)f(x_0,y_0)+\frac{1}{2!}\left(h\frac{\partial}{\partial x}+k\frac{\partial}{\partial y}\right)^2f(x_0,y_0)$$
$$+\cdots+\frac{1}{n!}\left(h\frac{\partial}{\partial x}+k\frac{\partial}{\partial y}\right)^nf(x_0,y_0)+R_n,$$

其中 $R_n=\dfrac{1}{(n+1)!}\left(h\dfrac{\partial}{\partial x}+k\dfrac{\partial}{\partial y}\right)^{n+1} f(x_0+\theta k,y_0+\theta k)$（称为 Lagrange 型余项），或 $R_n=o(\rho^n)$，$\rho=\sqrt{k^2+h^2}$（称为Peano 型余项. 该余项的 n 阶泰勒公式只要求 f 在 (x_0,y_0) 点处有 n 阶连续偏导数）.

零阶泰勒公式就是函数的拉格朗日中值公式.

例 25　设函数 $f(x,y,z)$ 有连续偏导数，且 $f(0,0,0)=1$，当 $x^2+y^2+z^2\leqslant 9$ 时，$\|\mathrm{grad}\,f\|\leqslant 1$，证明在球体 $x^2+y^2+z^2\leqslant 9$ 上，$|f(x,y,z)|\leqslant 4$.

分析　因为 $f(0,0,0)=1$，$\|\mathrm{grad}\,f\|\leqslant 1$，所以可将 $f(x,y,z)$ 在原点做零阶泰勒展开，再做估计.

证明　由泰勒公式，得

$$\begin{aligned}f(x,y,z)&=f(0,0,0)+f_x(\xi,\eta,\zeta)x+f_y(\xi,\eta,\zeta)y+f_z(\xi,\eta,\zeta)z\\&=1+\mathrm{grad}\,f(\xi,\eta,\zeta)\cdot(x,y,z)\end{aligned}$$

其中 ξ,η,ζ 分别在 0 与 x，0 与 y，0 与 z 之间. 由柯西不等式，得

$$\begin{aligned}|f(x,y,z)|&\leqslant 1+|\mathrm{grad}\,f(\xi,\eta,\zeta)\cdot(x,y,z)|\leqslant 1+\|\mathrm{grad}\,f(\xi,\eta,\zeta)\|\cdot\|(x,y,z)\|\\&\leqslant 1+\sqrt{x^2+y^2+z^2}\leqslant 4.\end{aligned}$$

例 26　设函数 $f(x,y)$ 在平面上有连续的二阶偏导数. 对任何角度 α，定义一元函数 $g_\alpha(t)=f(t\cos\alpha,t\sin\alpha)$. 若对任何 α 都有 $\dfrac{\mathrm{d}g_\alpha(0)}{\mathrm{d}t}=0$ 且 $\dfrac{\mathrm{d}^2g_\alpha(0)}{\mathrm{d}t^2}>0$. 证明 $f(0,0)$ 是 $f(x,y)$ 的极小值.

分析　只需证明在点 $(0,0)$ 的某去心邻域内有 $f(x,y)>f(0,0)$. 根据题设条件会想到利用函数的二阶泰勒公式.

证明　由于 $\dfrac{\mathrm{d}g_\alpha(0)}{\mathrm{d}t}=(f_x,f_y)_{(0,0)}\begin{pmatrix}\cos\alpha\\ \sin\alpha\end{pmatrix}=0$ 对一切 α 成立，故 $(f_x,f_y)_{(0,0)}=(0,0)$.

又

$$\begin{aligned}\frac{\mathrm{d}^2g_\alpha(t)}{\mathrm{d}t^2}&=\frac{\mathrm{d}}{\mathrm{d}t}(f_x,f_y)\begin{pmatrix}\cos\alpha\\ \sin\alpha\end{pmatrix}=(f_{xx}\cos\alpha+f_{xy}\sin\alpha,f_{yx}\cos\alpha+f_{yy}\sin\alpha)\begin{pmatrix}\cos\alpha\\ \sin\alpha\end{pmatrix}\\&=(\cos\alpha,\sin\alpha)\begin{pmatrix}f_{xx}&f_{yx}\\ f_{xy}&f_{yy}\end{pmatrix}\begin{pmatrix}\cos\alpha\\ \sin\alpha\end{pmatrix}.\end{aligned}$$

由于 $\dfrac{\mathrm{d}^2g_\alpha(0)}{\mathrm{d}t^2}>0$，由 α 的任意性，知黑塞矩阵 $H_f(0,0)=\begin{pmatrix}f_{xx}&f_{yx}\\ f_{xy}&f_{yy}\end{pmatrix}_{(0,0)}$ 正定.

由泰勒公式，得

$$f(x,y)-f(0,0)=(x,y)H_f(0,0)\begin{pmatrix}x\\ y\end{pmatrix}+o(\rho^2)>0\text{，当}(x,y)\neq(0,0)\text{时.}$$

其中 $\rho=\sqrt{x^2+y^2}$. 所以 $f(0,0)$ 是 $f(x,y)$ 的极小值.

评注　由于矩阵 H_f 正定的充要条件是其顺序主子式全大于 0，即 $f_{xx}>0, f_{xx}f_{yy}-{f_{xy}}^2>0$，所以证明过程也可以用极小值的判定定理来描述.

例 27*　设二元函数 $f(u,v)$ 具有连续的偏导数，且对任意实数 t 满足 $f(tu,tv)=t^2f(u,v)$，$f(1,2)=0$ 和 $f_u(1,2)=3$，求极限 $\lim\limits_{x\to 0}\dfrac{1}{x}\displaystyle\int_0^x\left[1+f\left(t-\sin t+1,\sqrt{1+t^3}+1\right)\right]^{\frac{1}{\ln(1+t^3)}}\mathrm{d}t$.

分析　该极限属于 $\dfrac{0}{0}$ 型，可用洛必达法则与等价无穷小代替等方法计算. 求导时要注意利用多元函数的全导数公式. 也可用泰勒公式将 f 展开后再求极限.

解　方法1　该极限属于$\frac{0}{0}$型，由洛必达法则，得

$$\text{原式}=\lim_{x\to 0}\left[1+f\left(x-\sin x+1,\sqrt{1+x^3}+1\right)\right]^{\frac{1}{\ln(1+x^3)}}$$

$$=\exp\left[\lim_{x\to 0}\frac{\ln\left[1+f\left(x-\sin x+1,\sqrt{1+x^3}+1\right)\right]}{\ln(1+x^3)}\right]. \qquad ①$$

由于 f 连续，则有 $\lim\limits_{x\to 0}f\left(x-\sin x+1,\sqrt{1+x^3}+1\right)=f(1,2)=0$，利用等价无穷小替换，有

$$\lim_{x\to 0}\frac{\ln\left[1+f\left(x-\sin x+1,\sqrt{1+x^3}+1\right)\right]}{\ln(1+x^3)}=\lim_{x\to 0}\frac{f\left(x-\sin x+1,\sqrt{1+x^3}+1\right)}{x^3}$$

$$=\frac{1}{3}\lim_{x\to 0}\frac{\frac{\mathrm{d}}{\mathrm{d}x}f\left(x-\sin x+1,\sqrt{1+x^3}+1\right)}{x^2}\text{（洛必达法则）}$$

$$=\frac{1}{3}\lim_{x\to 0}\frac{f_u\left(x-\sin x+1,\sqrt{1+x^3}+1\right)(1-\cos x)+f_v\left(x-\sin x+1,\sqrt{1+x^3}+1\right)\frac{3x^2}{2\sqrt{1+x^3}}}{x^2}$$

$$=\frac{1}{3}\left[\lim_{x\to 0}f_u\left(x-\sin x+1,\sqrt{1+x^3}+1\right)\frac{1-\cos x}{x^2}+\lim_{x\to 0}f_v\left(x-\sin x+1,\sqrt{1+x^3}+1\right)\frac{3}{2\sqrt{1+x^3}}\right]$$

$$=\frac{1}{3}\left[f_u(1,2)\times\frac{1}{2}+f_v(1,2)\times\frac{3}{2}\right]. \qquad ②$$

为计算 $f_v(1,2)$，在等式 $f(tu,tv)=t^2f(u,v)$ 的两边对 t 求导，得

$$f_1(tu,tv)u+f_2(tu,tv)v=2tf(u,v),$$

令 $t=1$，$u=1$，$v=2$，得

$$f_1(1,2)\cdot 1+f_2(1,2)\cdot 2=2f(1,2),$$

即

$$f_v(1,2)=f_2(1,2)=f(1,2)-\frac{1}{2}f_1(1,2)=0-\frac{1}{2}\times 3=-\frac{3}{2}.$$

代入②式，得

$$\lim_{x\to 0}\frac{\ln\left[1+f\left(x-\sin x+1,\sqrt{1+x^3}+1\right)\right]}{\ln(1+x^3)}=\frac{1}{3}\left[3\times\frac{1}{2}+\left(-\frac{3}{2}\right)\times\frac{3}{2}\right]=-\frac{1}{4}. \qquad ③$$

将③式代入①式，得

$$\lim_{x\to 0}\frac{1}{x}\int_0^x\left[1+f\left(t-\sin t+1,\sqrt{1+t^3}+1\right)\right]^{\frac{1}{\ln(1+t^3)}}\mathrm{d}t=\mathrm{e}^{-\frac{1}{4}}.$$

方法2　利用泰勒公式计算极限 $\lim\limits_{x\to 0}\dfrac{f\left(x-\sin x+1,\sqrt{1+x^3}+1\right)}{x^3}$.

由 f 在点 $(1,2)$ 的一阶泰勒公式，有

$$f\left(x-\sin x+1,\sqrt{1+x^3}+1\right)=f(1,2)+f_u(1,2)(x-\sin x)+f_v(1,2)\left(\sqrt{1+x^3}-1\right)+o(\rho)$$

$$=3(x-\sin x)-\frac{3}{2}\left(\sqrt{1+x^3}-1\right)+o(\rho),$$

其中 $\rho=\sqrt{(x-\sin x)^2+\left(\sqrt{1+x^3}-1\right)^2}\sim\sqrt{\frac{5}{18}}x^3\quad\left(\because x-\sin x\sim\frac{1}{6}x^3,\sqrt{1+x^3}-1\sim\frac{1}{2}x^3\right)$.

所以

$$\lim_{x\to0}\frac{f\left(x-\sin x+1,\sqrt{1+x^3}+1\right)}{x^3}=\lim_{x\to0}\frac{3(x-\sin x)-\frac{3}{2}\left(\sqrt{1+x^3}-1\right)+o(x^3)}{x^3}$$

$$=\lim_{x\to0}\frac{3(x-\sin x)-\frac{3}{2}\left(\sqrt{1+x^3}-1\right)+o(x^3)}{x^3}=3\cdot\frac{1}{6}-\frac{3}{2}\cdot\frac{1}{2}=-\frac{1}{4}.$$

评注　注意，该题是一元函数的极限问题，不要误解为二重极限.

例 28*　设 $f(x,y)$ 在凸区域 $D\subset\mathbb{R}^2$ 上具有三阶连续偏导数，若对 D 内任意两点 (x,y) 与 $(x+h,y+k)$，都有

$$f(x+h,y+k)=f(x,y)+f_x\left(x+\frac{1}{2}h,y+\frac{1}{2}k\right)h+f_y\left(x+\frac{1}{2}h,y+\frac{1}{2}k\right)k. \qquad ①$$

证明 $f(x,y)$ 是 D 上的二元二次多项式.

分析　由二阶泰勒公式，知只需证明 $f_{xx}(x,y)$，$f_{yy}(x,y)$，$f_{xy}(x,y)$ 均为常数.

证明　①式两边对 h 求导，得

$$f_x(x+h,y+k)=f_x\left(x+\frac{1}{2}h,y+\frac{1}{2}k\right)+\frac{1}{2}f_{xx}\left(x+\frac{1}{2}h,y+\frac{1}{2}k\right)h+\frac{1}{2}f_{xy}\left(x+\frac{1}{2}h,y+\frac{1}{2}k\right)k. \qquad ②$$

②式两边分别对 x,h 求导，得

$$f_{xx}(x+h,y+k)=f_{xx}\left(x+\frac{1}{2}h,y+\frac{1}{2}k\right)+\frac{1}{2}f_{xxx}\left(x+\frac{1}{2}h,y+\frac{1}{2}k\right)h+\frac{1}{2}f_{xxy}\left(x+\frac{1}{2}h,y+\frac{1}{2}k\right)k,$$

$$f_{xx}(x+h,y+k)=f_{xx}\left(x+\frac{1}{2}h,y+\frac{1}{2}k\right)+\frac{1}{4}f_{xxx}\left(x+\frac{1}{2}h,y+\frac{1}{2}k\right)h+\frac{1}{4}f_{xxy}\left(x+\frac{1}{2}h,y+\frac{1}{2}k\right)k.$$

上面两式相减，可得

$$f_{xxx}\left(x+\frac{1}{2}h,y+\frac{1}{2}k\right)h+f_{xxy}\left(x+\frac{1}{2}h,y+\frac{1}{2}k\right)k=0. \qquad ③$$

②式两边分别对 y,k 求导，得

$$f_{xy}(x+h,y+k)=f_{xy}\left(x+\frac{1}{2}h,y+\frac{1}{2}k\right)+\frac{1}{2}f_{xxy}\left(x+\frac{1}{2}h,y+\frac{1}{2}k\right)h+\frac{1}{2}f_{xyy}\left(x+\frac{1}{2}h,y+\frac{1}{2}k\right)k,$$

$$f_{xy}(x+h,y+k)=f_{xy}\left(x+\frac{1}{2}h,y+\frac{1}{2}k\right)+\frac{1}{4}f_{xxy}\left(x+\frac{1}{2}h,y+\frac{1}{2}k\right)h+\frac{1}{4}f_{xyy}\left(x+\frac{1}{2}h,y+\frac{1}{2}k\right)k.$$

上面两式相减，可得

$$f_{xxy}\left(x+\frac{1}{2}h,y+\frac{1}{2}k\right)h+f_{xyy}\left(x+\frac{1}{2}h,y+\frac{1}{2}k\right)k=0. \qquad ④$$

①式两边对 x 求一阶、二阶导数，得

$$f_x(x+h,y+k)=f_x(x,y)+f_{xx}\left(x+\frac{1}{2}h,y+\frac{1}{2}k\right)h+f_{xy}\left(x+\frac{1}{2}h,y+\frac{1}{2}k\right)k, \qquad ⑤$$

$$f_{xx}(x+h,y+k)=f_{xx}(x,y)+f_{xxx}\left(x+\frac{1}{2}h,y+\frac{1}{2}k\right)h+f_{xxy}\left(x+\frac{1}{2}h,y+\frac{1}{2}k\right)k. \tag{⑥}$$

③式代入⑥式，得

$$f_{xx}(x+h,y+k)=f_{xx}(x,y).$$

由 x,y,h,k 的任意性，知 $f_{xx}(x,y)$ 为常数．同理 $f_{yy}(x,y)$ 也为常数．

⑤式两边对 y 求导，得

$$f_{xy}(x+h,y+k)=f_{xy}(x,y)+f_{xxy}\left(x+\frac{1}{2}h,y+\frac{1}{2}k\right)h+f_{xyy}\left(x+\frac{1}{2}h,y+\frac{1}{2}k\right)k. \tag{⑦}$$

④式代入⑦式，得

$$f_{xy}(x+h,y+k)=f_{xy}(x,y).$$

所以 $f_{xy}(x,y)$ 也为常数．

由于 $f_{xx}(x,y)$，$f_{yy}(x,y)$，$f_{xy}(x,y)$ 均为常数，由二阶泰勒公式，知 $f(x,y)$ 是二元二次多项式．

习题 4.2 答案

习题 4.2

1．设 $S=\mathbb{R}^2\setminus\{(x,y)\mid x=0,y\geqslant 0\}$，$D=\{(x,y)\mid x>0,y>0\}$，$f(x,y)=\begin{cases}y^2, & (x,y)\in D\\ 0, & (x,y)\in S\setminus D\end{cases}$．试求 $f_x(x,y)$，$f_y(x,y)$；并说明 $f(x,y)$ 是否与 x 无关．

2．已知函数 $z=f(x,y)$ 连续，且满足 $\lim\limits_{\substack{x\to -1\\ y\to 0}}\dfrac{f(x,y)-x+2y+1}{(x+1)^2+y^2}=1$，求曲面 $z=f(x,y)$ 在点 $(-1,0)$ 处的切平面．

3．设函数 $f(x,y)=\begin{cases}\dfrac{\sin xy}{\sqrt{x^2+y^2}}, & (x,y)\neq(0,0)\\ 0, & (x,y)=(0,0)\end{cases}$，讨论函数在点 $(0,0)$ 处的可微性．

4．设函数 $f(x,y)=|x-y|g(x,y)$，其中 $g(x,y)$ 在点 $(0,0)$ 的某邻域内连续，试问：

（1）$g(0,0)$ 为何值时，偏导数 $f_x(0,0)$，$f_y(0,0)$ 存在？

（2）$g(0,0)$ 为何值时，$f(x,y)$ 在点 $(0,0)$ 处可微？

5*．设 $f(x,y)=\begin{cases}\dfrac{x-y}{x^2+y^2}\tan(x^2+y^2), & (x,y)\neq(0,0)\\ 0, & (x,y)=(0,0)\end{cases}$，问

（1）$f(x,y)$ 在 $(0,0)$ 点处是否可微？如果可微，求 $\mathrm{d}f(x,y)\big|_{(0,0)}$．

（2）$f_x(x,y)$ 在 $(0,0)$ 点处是否连续？

6．求函数 $f(x,y)=\begin{cases}\dfrac{xy^2}{x^2+y^4}, & x^2+y^2\neq 0\\ 0, & x^2+y^2=0\end{cases}$ 在点 $(0,0)$ 处沿方向 $\boldsymbol{l}=(\cos\varphi,\sin\varphi)$ 的方向导数．

7．设 $f(x)$ 在 $\mathbb{R}$ 上连续，且 $f(0)=0$，$f'(0)=2$．如果 $g(x,y)=\int_0^y f(xt)\,\mathrm{d}t$ 关于 x 的偏导数存在，求 $\dfrac{\partial g}{\partial x}$．

8．设 $f(x,y)$ 具有一阶连续偏导数，且满足方程 $\dfrac{\partial f}{\partial x}+y\dfrac{\partial f}{\partial y}=0$，且 $f(0,y)=y^3$，求 $f(x,y)$．

9. 已知 $(axy^3 - y^2\cos x)\mathrm{d}x + (1 + by\sin x + 3x^2y^2)\mathrm{d}y$ 为某函数 $f(x,y)$ 的全微分，求 a,b 的值.

10. 设函数 $f(x,y)$ 可微，又 $f(0,0)=0$，$f_x(0,0)=a$，$f_y(0,0)=b$，且 $\varphi(t)=f[t,f(t,t^2)]$，求 $\varphi'(0)$.

11. 已知函数 $u(x,y)$ 满足 $2\dfrac{\partial^2 u}{\partial x^2} - 2\dfrac{\partial^2 u}{\partial y^2} + 3\dfrac{\partial u}{\partial x} + 3\dfrac{\partial u}{\partial y} = 0$，求 a,b 的值，使得在变换 $u(x,y) = v(x,y)\mathrm{e}^{ax+by}$ 下，等式可以化为 $v(x,y)$ 不含一阶偏导数的形式.

12. 设 $z=z(x,y)$ 是由方程 $F\left(z+\dfrac{1}{x}, z+\dfrac{1}{y}\right)=0$ 确定的隐函数，且具有连续的二阶偏导数. 证明 $x^2\dfrac{\partial z}{\partial x} + y^2\dfrac{\partial z}{\partial y} = 1$ 和 $x^3\dfrac{\partial^2 z}{\partial x^2} + xy(x+y)\dfrac{\partial^2 z}{\partial x\partial y} + y^3\dfrac{\partial^2 z}{\partial y^2} = -2$.

13. 设函数 $f(x,y)$ 有二阶连续偏导数，满足 $f_x^2 f_{yy} - 2f_x f_y f_{xy} + f_y^2 f_{xx} = 0$，且 $f_y \neq 0$，$y=y(x,z)$ 是由方程 $z=f(x,y)$ 所确定的函数，求 $\dfrac{\partial^2 y}{\partial x^2}$.

14. 设 $f(x,y)$ 具有连续二阶偏导数，$u=\int_0^{2\pi} f(r\cos\theta, r\sin\theta)\mathrm{d}\theta$，且满足

$$\frac{\mathrm{d}u}{\mathrm{d}r} = \int_0^{2\pi}\frac{\partial}{\partial r} f(r\cos\theta, r\sin\theta)\mathrm{d}\theta,\quad \frac{\mathrm{d}^2u}{\mathrm{d}r^2} = \int_0^{2\pi}\frac{\partial^2}{\partial r^2} f(r\cos\theta, r\sin\theta)\mathrm{d}\theta,\quad f_{11}+f_{22}=\frac{1}{r}.$$

求 $r\dfrac{\mathrm{d}^2u}{\mathrm{d}r^2} + \dfrac{\mathrm{d}u}{\mathrm{d}r}$.

15. 已知函数 $z=f(r)$ 具有二阶连续导数，$r=\sqrt{x^2+y^2}$，满足 $\dfrac{\partial^2 z}{\partial x^2} + \dfrac{\partial^2 z}{\partial y^2} = \sin\sqrt{x^2+y^2}$，$f(\pi)=0$，且 $\lim\limits_{t\to 0^+} f'(t)=0$，求积分 $\int_0^{\pi} f(t)\mathrm{d}t$.

16. 设 $z=z(x,y)$ 具有二阶连续偏导数，且满足 $\begin{cases} z = ux + y\varphi(u) + \psi(u) \\ 0 = x + y\varphi'(u) + \psi'(u) \end{cases}$. 证明：

$$\frac{\partial^2 z}{\partial x^2}\cdot\frac{\partial^2 z}{\partial y^2} - \left(\frac{\partial^2 z}{\partial x\partial y}\right)^2 = 0.$$

17. 设 $u=f(x,y,z)$ 有连续的一阶偏导数，又函数 $y=y(x)$ 及 $z=z(x)$ 分别由下列两式确定：$\mathrm{e}^{xy} - xy = 2$ 和 $\mathrm{e}^x = \int_0^{x-z}\dfrac{\sin t}{t}\mathrm{d}t$，求 $\dfrac{\mathrm{d}u}{\mathrm{d}x}$.

18. 设 $x=\dfrac{1}{u}+\dfrac{1}{v}$，$y=\dfrac{1}{u^2}+\dfrac{1}{v^2}$，$z=\dfrac{1}{u^3}+\dfrac{1}{v^3}+\mathrm{e}^x$，求 $\dfrac{\partial z}{\partial y}$ 和 $\dfrac{\partial z}{\partial v}$.

19. 设 $f(u,v)$ 具有二阶连续偏导数，且满足 $\dfrac{\partial^2 f}{\partial u^2} + \dfrac{\partial^2 f}{\partial v^2} = 1$，又 $g(x, y) = f\left(xy, \dfrac{1}{2}(x^2-y^2)\right)$，求 $\dfrac{\partial^2 g}{\partial x^2} + \dfrac{\partial^2 g}{\partial y^2}$.

20. 设函数 $u(x,y)$ 二阶连续可微，且满足 $u_{xx} - u_{yy} = 0$ 与 $u(x,2x)=x$，$u_x(x,2x)=x^2$，求 $u_{xx}(x,2x)$，$u_{xy}(x,2x)$，$u_{yy}(x,2x)$.

21. 设 $z^3 - 3xyz = a^3$，求 $\Delta z = z_{xx} + z_{yy}$.

22. 已知 $C^{(2)}$ 函数 $z=z(x,y)$ 满足方程 $\dfrac{\partial^2 z}{\partial x^2} + \dfrac{\partial^2 z}{\partial x\partial y} + \dfrac{\partial z}{\partial x} = z$. 做变换 $u=\dfrac{1}{2}(x+y)$，$v=\dfrac{1}{2}(x-y)$，

$w=ze^y$，将方程化为以u,v为自变量，w为因变量的微分方程.

23*. 若$u=\dfrac{x+y}{x-y}$，求$\left.\dfrac{\partial^{m+n}u}{\partial x^m\partial y^n}\right|_{(2,1)}$.

24. 对于函数$F(x,y)$，如果存在常数k，使得对于任何x,y及$t>0$恒有$F(tx,ty)=t^kF(x,y)$成立，则称$F(x,y)$是k次齐次函数. 证明可微函数$F(x,y)$是k次齐次函数的充要条件为对任何x,y恒有$xF_1(x,y)+yF_2(x,y)=kF(x,y)$成立.

25. 设$z=f(x,y)$在区域D有连续的偏导数，$\Gamma: x=x(t), y=y(t)\ (a\leqslant t\leqslant b)$是$D$中的光滑曲线，$\Gamma$的端点为$A,B$. 若$f(A)=f(B)$，证明存在点$M_0(x_0,y_0)\in\Gamma$，使得$\dfrac{\partial f(M_0)}{\partial \boldsymbol{l}}=0$，其中$\boldsymbol{l}$是$\Gamma$在$M_0$点的切线的方向向量.

26. 设$P(x,y,z)$为曲面S上一点，$\boldsymbol{n}$为S在点P处的法向量，点$A(a,b,c)$为空间中一定点（不在S上）. 证明函数$r=\sqrt{(x-a)^2+(y-b)^2+(z-c)^2}$在点$P$处沿$\boldsymbol{n}$方向的方向导数等于$\boldsymbol{n}$与$\overrightarrow{PA}$夹角余弦的相反数，即$\dfrac{\partial r}{\partial \boldsymbol{n}}=-\cos(\boldsymbol{n},\overrightarrow{PA})$.

27. 设二元函数$f(x,y)$有一阶连续偏导数，且$f(0,1)=f(1,0)$. 证明在单位圆周$x^2+y^2=1$上至少存在两个不同的点满足方程$y\cdot\dfrac{\partial f}{\partial x}=x\cdot\dfrac{\partial f}{\partial y}$.

28. 设$f(x,y)$在$\mathbb{R}^2$上可微，$\boldsymbol{l}_1$和$\boldsymbol{l}_2$是两个给定的方向，它们之间的夹角为$\varphi\ (0<\varphi<\pi)$. 证明：

$$\left(\frac{\partial f}{\partial x}\right)^2+\left(\frac{\partial f}{\partial y}\right)^2\leqslant\frac{2}{\sin^2\varphi}\left[\left(\frac{\partial f}{\partial \boldsymbol{l}_1}\right)^2+\left(\frac{\partial f}{\partial \boldsymbol{l}_2}\right)^2\right].$$

29. 设$\triangle ABC$的外接圆半径为一定值，且$\angle A,\angle B,\angle C$所对的边长分别为$a,b,c$. 证明：

$$\frac{\mathrm{d}a}{\cos A}+\frac{\mathrm{d}b}{\cos B}+\frac{\mathrm{d}c}{\cos C}=0.$$

30. 设$f(x,y)$可微，$\boldsymbol{l}_1$与$\boldsymbol{l}_2$是$\mathbb{R}^2$上一组线性无关的向量，证明若$\dfrac{\partial f(x,y)}{\partial \boldsymbol{l}_i}\equiv 0\ (i=1,2)$，则$f(x,y)\equiv$常数.

31. 设$f(x,y)$在区域D内可微，且$\sqrt{\left(\dfrac{\partial f}{\partial x}\right)^2+\left(\dfrac{\partial f}{\partial y}\right)^2}\leqslant M$，$A(x_1,y_1)$，$B(x_2,y_2)$是$D$内两点，线段$AB$包含在$D$内. 证明$|f(x_1,y_1)-f(x_2,y_2)|\leqslant M|AB|$. 其中$|AB|$表示线段$AB$的长度.

32. 设$f(x,y)$在xoy面上具有连续偏导数，且$f(0,0)=0$，$|f_x(x,y)|\leqslant 2|x-y|$，$|f_y(x,y)|\leqslant 2|x-y|$，证明$|f(5,4)|\leqslant 1$.

33*. 设$f(x,y)$在凸区域$D\subset\mathbb{R}^2$上具有二阶连续偏导数，且有

$$f(x+h,y+k)=f(x,y)+f_x(x+\theta h,y+\theta k)h+f_y(x+\theta h,y+\theta k)k.$$

若$f_{xy}^2(x,y)-f_{xx}(x,y)f_{yy}(x,y)<0$，证明$\lim\limits_{\substack{h\to 0\\k\to 0}}\theta=\dfrac{1}{2}$.

34. 设函数$z=f(x,y)$具有二阶连续偏导数，$f_x(0,0)=f_y(0,0)=f(0,0)=0$. 证明：

$$f(x,y)=\int_0^1(1-t)\left[x^2f_{11}(tx,ty)+2xyf_{12}(tx,ty)+y^2f_{22}(tx,ty)\right]\mathrm{d}t.$$

4.3　多元函数微分学的应用

1. 函数的极值与最值

函数的极值是函数在一点附近的最大与最小值（局部最值），是一个局部概念. 极值的判定常用到其定义、泰勒公式或在驻点处函数黑塞（Hesse）矩阵的正（负）定性.

函数的最值是针对某一确定的范围来说的，是一个整体概念. 有界闭区域上连续函数的最值可通过比较函数在区域内的可能极值（驻点或偏导数不存在点的函数值）与区域边界上的可能最值（驻点、不可导点或区间端点的函数值）的大小来确定.

条件极值是求函数在某些约束条件下的最值问题，可用降元法（利用约束条件使目标函数中的变量个数减少），化为无条件极值问题. 当用降元法求解困难时，常用拉格朗日乘数法（升元法）. 拉格朗日乘数法是求条件极值的有效方法. 先求拉格朗日函数的驻点，再比较目标函数在各驻点值的大小来确定最值. 当驻点唯一时，可根据问题的实际意义来确定它是最大值还是最小值.

例 1　已知$f(x,y)$在点(0,0)的某邻域内连续，且$\lim\limits_{\substack{x\to 0\\ y\to 0}}\dfrac{f(x,y)-xy^2}{1-\cos\sqrt{x^2+y^2}}=1$，证明点(0,0)是$f(x,y)$的驻点，也是$f(x,y)$的极小值点.

分析　由极限与函数的关系得到函数在点(0,0)附近的局部表达式，再进行证明.

解　因为$\lim\limits_{\substack{x\to 0\\ y\to 0}}\dfrac{f(x,y)-xy^2}{1-\cos\sqrt{x^2+y^2}}=\dfrac{1}{2}\lim\limits_{\substack{x\to 0\\ y\to 0}}\dfrac{f(x,y)-xy^2}{x^2+y^2}=1$，则

$$\frac{f(x,y)-xy^2}{x^2+y^2}=2+\alpha(\rho)\ (\rho=\sqrt{x^2+y^2})\text{，其中}\lim_{\rho\to 0}\alpha(\rho)=0\,.$$

从而

$$f(x,y)=2x^2+(x+2)y^2+o(\rho^2)\,. \qquad ①$$

由$f(x,y)$在点(0,0)处连续，知$f(0,0)=0$，且

$$f_x(0,0)=\lim_{x\to 0}\frac{f(x,0)}{x}=\lim_{x\to 0}(2x+o(x))=0\,,\quad f_y(0,0)=\lim_{y\to 0}\frac{f(0,y)}{y}=\lim_{y\to 0}(2y+o(y))=0. \qquad ②$$

即(0,0)是$f(x,y)$的驻点.

再由①式，知当$0<|x|<1$，$0<|y|<1$时，必有

$$f(x,y)>f(0,0)\,,$$

所以$(0,0)$也是$f(x,y)$的极小值点.

评注　(1) 函数的极值是一个局部概念，它是函数在一点的值与附近（邻域）函数值比较而定义的，它常常与极限或函数的局部表达式相关联.

(2) 如果题目仅要求证明$(0,0)$是$f(x,y)$的极小值点，则②式无须给出，按极值的定义，只要是局部最值即可.

例 2　设$f(x,y)=(x^2-y^2)\mathrm{e}^{-x^2-y^2}$，求$f$的极值与最值.

分析　求函数的驻点，再判定在驻点处是否取得极值. f在$\mathbb{R}^2$上均有定义，要确定最值，需考虑$r=\sqrt{x^2+y^2}\to\infty$时函数的极限值.

解　求函数的一、二阶偏导数，得到

$$\frac{\partial z}{\partial x}=-2x(x^2-y^2-1)\mathrm{e}^{-x^2-y^2}\,,\quad \frac{\partial z}{\partial y}=-2y(x^2-y^2+1)\mathrm{e}^{-x^2-y^2}\,,$$

$$\frac{\partial^2 z}{\partial x^2}=2(2x^4-2x^2y^2-5x^2+y^2+1)\mathrm{e}^{-x^2-y^2}\,,$$

$$\frac{\partial^2 z}{\partial x\partial y}=-4xy(x^2-y^2)\mathrm{e}^{-x^2-y^2},$$

$$\frac{\partial^2 z}{\partial y^2}=-2(2y^4-2x^2y^2-5y^2+x^2+1)\mathrm{e}^{-x^2-y^2}.$$

令 $\frac{\partial z}{\partial x}=\frac{\partial z}{\partial y}=0$，得到函数的5个驻点 $(0,0),(0,\pm 1),(\pm 1,0)$.

在点(0,0)处，有

$$A=\left.\frac{\partial^2 z}{\partial x^2}\right|_{(0,0)}=2,\quad B=\left.\frac{\partial^2 z}{\partial x\partial y}\right|_{(0,0)}=0,\quad C=\left.\frac{\partial^2 z}{\partial y^2}\right|_{(0,0)}=-2,$$

此时 $AC-B^2=-4<0$，不是极值点.

在点 $(0,\pm 1)$ 处，有

$$A=\left.\frac{\partial^2 z}{\partial x^2}\right|_{(0,\pm 1)}=4\mathrm{e}^{-1},\quad B=\left.\frac{\partial^2 z}{\partial x\partial y}\right|_{(0,\pm 1)}=0,\quad C=\left.\frac{\partial^2 z}{\partial y^2}\right|_{(0,\pm 1)}=4\mathrm{e}^{-1},$$

此时 $AC-B^2=16\mathrm{e}^{-2}>0$，$A>0$，是极小值点，极小值为 $-\mathrm{e}^{-1}$.

在点 $(\pm 1,0)$ 处，有

$$A=\left.\frac{\partial^2 z}{\partial x^2}\right|_{(\pm 1,0)}=-4\mathrm{e}^{-1},\quad B=\left.\frac{\partial^2 z}{\partial x\partial y}\right|_{(\pm 1,0)}=0,\quad C=\left.\frac{\partial^2 z}{\partial y^2}\right|_{(\pm 1,0)}=-4\mathrm{e}^{-1},$$

此时 $AC-B^2=16\mathrm{e}^{-2}>0$，$A<0$，是极大值点，极大值为 e^{-1}.

所给函数的定义域为 $\mathbb{R}^2$. 令 $x=r\cos\theta$，$y=r\sin\theta$，则

$$f(x,y)=(\cos^2\theta-\sin^2\theta)r^2\mathrm{e}^{-r^2},$$

易看出当 $r=\sqrt{x^2+y^2}\to\infty$ 时，有 $f\to 0$. 取充分大的 R，使得在 $\bar{D}:\sqrt{x^2+y^2}\leqslant R$ 内含有函数的全部极值点，而在 $\bar{D}$ 之外有 $-\mathrm{e}^{-1}<f(x,y)<\mathrm{e}^{-1}$. 则在点 $(\pm 1,0)$ 处函数取得在 $\bar{D}$ 上的最大值 e^{-1}，在点 $(0,\pm 1)$ 处函数取得在 $\bar{D}$ 上的最小值 $-\mathrm{e}^{-1}$，从而它们也是函数在定义域 $\mathbb{R}^2$ 上的最大值和最小值.

评注 求连续函数在某区域上的最值，只需将函数在该区域内的可能极值点（驻点与奇点）处的函数值与区域边界上函数的最值进行比较. 如果区域是无界的，则需与自变量趋于无穷时函数的极限值进行比较.

例3* 求函数 $f(x,y)=3(x-2y)^2+x^3-8y^3$ 的极值，并证明 $f(0,0)=0$ 不是 $f(x,y)$ 的极值.

分析 先求驻点，再判定驻点是否为极值点.

解 由 $\begin{cases}f_x=6(x-2y)+3x^2=0\\ f_y=-12(x-2y)-24y^2=0\end{cases}$ 解得驻点 $P_1(-4,2)$ 和 $P_2(0,0)$. 因为

$$A=\frac{\partial^2 f}{\partial x^2}=6x+6,\ B=\frac{\partial^2 f}{\partial x\partial y}=-12,\ C=\frac{\partial^2 f}{\partial y^2}=-48y+24,$$

在 P_1 处，$A=-18$，$B=-12$，$C=-72$，$AC-B^2=1152>0$，且 $A<0$，所以 $f(-4,2)=64$ 为极大值；在 P_2 处，$A=6,B=-12$，$C=24$，$AC-B^2=0$，不能判定 $f(0,0)$ 是否为极值.

下面用极值的定义来判断. 任取 $(0,0)$ 的去心领域 $\overset{o}{U}_\delta=\{(x,y)\,|\,0<\sqrt{x^2+y^2}<\delta\}$.

（1）在 $y=0$ 上，取 $(x_n,y_n)=\left(\frac{1}{n},0\right)(n\in\mathbb{N}^+)$，则当 n 充分大时，显然有 $(x_n,y_n)\in\overset{o}{U}_\delta$，且

$$f(x_n,y_n)=f\left(\frac{1}{n},0\right)=\frac{1}{n^2}\left(3+\frac{1}{n}\right)>0;$$

（2）在 $x=ky(0<k<2)$ 处，有 $f(ky,y)=(k^3-8)y^2\left(y-\dfrac{3(2-k)}{4+2k+k^2}\right)$，取 $y=\dfrac{4(2-k)}{4+2k+k^2}>0$，有 $f(ky,y)=(k^3-8)y^2\dfrac{2-k}{4+2k+k^2}<0$，即取 $(x_k,y_k)=\left(\dfrac{4k(2-k)}{4+2k+k^2},\dfrac{4(2-k)}{4+2k+k^2}\right)$ 时，有

$$f(x_k,y_k)=f\left(\frac{4k(2-k)}{4+2k+k^2},\frac{4(2-k)}{4+2k+k^2}\right)=(k^3-8)\frac{16(2-k)^3}{(4+2k+k^2)^3}=-\frac{16(2-k)^4}{(4+2k+k^2)^2}<0.$$

又因为

$$\lim_{k\to 2^-}(x_k,y_k)=\lim_{k\to 2^-}\left(\frac{4k(2-k)}{4+2k+k^2},\frac{4(2-k)}{4+2k+k^2}\right)=(0,0),$$

所以当 k 小于 2 且充分接近 2 时，$(x_k,y_k)\in\overset{o}{U}_\delta$.

由上述（1）和（2）可得，在 $P_2(0,0)$ 的任意小领域 $\overset{o}{U}_\delta$ 内，既存在点 (x_n,y_n)，使得 $f(x_n,y_n)>0$，也存在点 (x_k,y_k)，使得 $f(x_k,y_k)<0$，故 $f(0,0)=0$ 不是极值.

例4　设 $f(x,y)$ 有二阶连续偏导数，且 $f(x,y)=1-x-y+o(\sqrt{(x-1)^2+y^2})$，若 $g(x,y)=f(e^{xy},x^2+y^2)$，则证明 $g(x,y)$ 在 $(0,0)$ 取得极值，判断此极值是极大值还是极小值，并求出此极值.

分析　（1）只需证明 $(0,0)$ 是函数 $g(x,y)$ 的驻点，且在该点处有 $AC-B^2>0$. 为此需计算 $g(x,y)$ 在点 $(0,0)$ 处的一阶与二阶偏导数，因而需先求得 f 在点 $(1,0)$ 处的一阶偏导数值.

（2）根据函数 $g(x,y)$ 局部表达式看能否由极值的定义做出判断.

解　方法 1　由于 $f(x,y)=1-x-y+o(\sqrt{(x-1)^2+y^2})$，由全微分的定义，知

$$f(1,0)=0,\ f_1(1,0)=f_2(1,0)=-1$$

则

$$g_x=f_1\cdot e^{xy}y+f_2\cdot 2x,\quad g_y=f_1\cdot e^{xy}x+f_2\cdot 2y,$$
$$g_x(0,0)=0,\quad g_y(0,0)=0.$$

又

$$g_{xx}=(f_{11}\cdot e^{xy}y+f_{12}\cdot 2x)e^{xy}y+f_1\cdot e^{xy}y^2+(f_{21}\cdot e^{xy}y+f_{22}\cdot 2x)2x+2f_2,$$
$$g_{xy}=(f_{11}\cdot e^{xy}x+f_{12}\cdot 2y)e^{xy}y+f_1\cdot(e^{xy}xy+e^{xy})+(f_{21}\cdot e^{xy}x+f_{22}\cdot 2y)2x,$$
$$g_{yy}=(f_{11}\cdot e^{xy}x+f_{12}\cdot 2y)e^{xy}x+f_1\cdot e^{xy}x^2+(f_{21}\cdot e^{xy}x+f_{22}\cdot 2y)2y+2f_2,$$
$$A=g_{xx}(0,0)=2f_2(1,0)=-2,\quad B=g_{xy}(0,0)=f_1(1,0)=-1,\quad C=g_{yy}(0,0)=2f_2(1,0)=-2.$$

因此 $AC-B^2=3>0$，且 $A<0$，故 $g(0,0)=f(1,0)=0$ 是极大值.

方法 2　由于

$$g(x,y)=f(e^{xy},x^2+y^2)=1-e^{xy}-(x^2+y^2)+o\left(\sqrt{(e^{xy}-1)^2+(x^2+y^2)^2}\right),$$

显然 $g(0,0)=0$；在点 $(0,0)$ 附近，$g(x,y)$ 的符号由 $h(x,y)=1-e^{xy}-(x^2+y^2)$ 所确定.

当 $xy=0$，且 x,y 不同时为 0 时，有

$$h(x,y)=-(x^2+y^2)<0\Rightarrow g(x,y)<0;$$

当 $xy\neq 0$ 时，由于 $e^{xy}>1+xy$，$x^2+y^2\geqslant 2|xy|$，所以

$$h(x,y)<-xy-2|xy|<0\Rightarrow g(x,y)<0.$$

综上知，在点 $(0,0)$ 附近总有 $g(x,y)\leqslant 0$，故 $g(0,0)=0$ 是函数的极大值.

评注　知道函数在一点附近的局部表达式，通常可从定义出发去判断函数是否在该点取得极值.

例 5 设函数 $f(x,y)$ 在 $\mathbb{R}^2$ 上有一阶连续偏导数，$r=\sqrt{x^2+y^2}$，证明若 $\lim\limits_{r\to+\infty}\left(x\dfrac{\partial f}{\partial x}+y\dfrac{\partial f}{\partial y}\right)=a>0$，则 $f(x,y)$ 在 $\mathbb{R}^2$ 上有最小值.

分析 由 $\lim\limits_{r\to+\infty}\left(x\dfrac{\partial f}{\partial x}+y\dfrac{\partial f}{\partial y}\right)=a>0$，知当 r 较大时，f 沿任意方向的方向导数均为正，从而 f 的最小值只可能在某有界闭圆内取得，由 f 的连续性，知在有界闭圆内必有最小值.

证明 由 $\lim\limits_{r\to+\infty}\left(x\dfrac{\partial f}{\partial x}+y\dfrac{\partial f}{\partial y}\right)=a>0$，知存在 $R>0$，当 $r\geqslant R$ 时，有 $x\dfrac{\partial f}{\partial x}+y\dfrac{\partial f}{\partial y}>0$.

令 $x=r\cos\theta$，$y=r\sin\theta$，$\boldsymbol{e}=(\cos\theta,\sin\theta)$，则有

$$\frac{\partial f}{\partial \boldsymbol{e}}=\frac{\partial f}{\partial x}\cos\theta+\frac{\partial f}{\partial y}\sin\theta=\frac{1}{r}\left(x\frac{\partial f}{\partial x}+y\frac{\partial f}{\partial y}\right)>0.$$

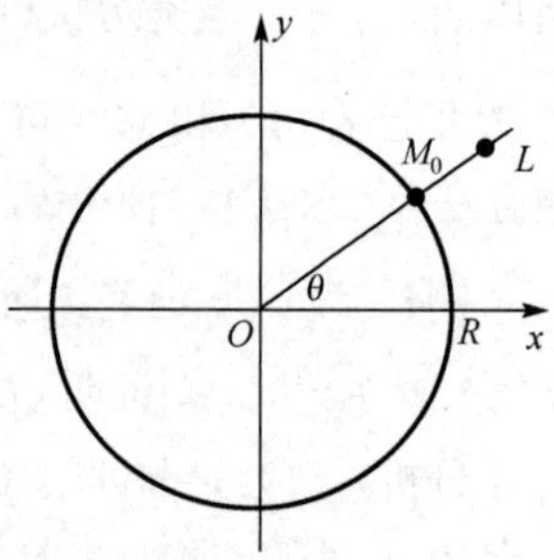

图 4.4

如图 4.4 所示，设 M_0 是圆 $r=R$ 上的点，L 是过 O,M_0 的射线，则当 $M\in L$，且 $OM>OM_0$ 时，有 $f(M)>f(M_0)$. 因此，当 $r\geqslant R$ 时，$f(x,y)$ 在圆 $r=R$ 上取得最小值.

又 $f(x,y)$ 在有界闭区域 $r\leqslant R$ 上有最小值，则该最小值也是 $f(x,y)$ 在全平面上的最小值.

例 6 设 f 是在 $x^2+y^2\leqslant 1$ 上有偏导数，且 $|f(x,y)|\leqslant 1$，证明在这单位元内存在一点 (x_0,y_0)，满足 $\left(\dfrac{\partial f(x_0,y_0)}{\partial x}\right)^2+\left(\dfrac{\partial f(x_0,y_0)}{\partial y}\right)^2\leqslant 16$.

分析 由于函数 $z=2(x^2+y^2)$ 在单位圆内处处满足所证结论，因此只需选取 (x_0,y_0) 为函数 $f(x,y)+2(x^2+y^2)$ 在单位圆内的极值点即可.

解 令 $g(x,y)=f(x,y)+2(x^2+y^2)$，在单位圆 $x^2+y^2=1$ 上，由于 $|f(x,y)|\leqslant 1$，则有 $g(x,y)\geqslant 1$，而在原点 $|g(0,0)|\leqslant 1$，故 $g(x,y)$ 在 $x^2+y^2<1$ 内取得极小值，令 (x_0,y_0) 是 $g(x,y)$ 在圆内的极小值点，则

$$\frac{\partial f(x_0,y_0)}{\partial x}=\frac{\partial g(x_0,y_0)}{\partial x}-4x_0=-4x_0,\quad \frac{\partial f(x_0,y_0)}{\partial y}=\frac{\partial g(x_0,y_0)}{\partial y}-4y_0=-4y_0;$$

$$\left(\frac{\partial f(x_0,y_0)}{\partial x}\right)^2+\left(\frac{\partial f(x_0,y_0)}{\partial y}\right)^2=16\left(x_0^2+y_0^2\right)\leqslant 16.$$

例 7 给定半径为 R 的圆，问：是否存在该圆的一个外切三角形，使其面积为圆面积的 $\dfrac{3}{2}$ 倍？是否存在该圆的一个外切三角形，使其面积为圆面积的 2 倍？证明结论.

分析 由于圆外切三角形面积一定有最小值而无最大值，所以只需将其最小值与 $\dfrac{3}{2}\pi R^2$（圆面积的 $\dfrac{3}{2}$ 倍值）及 $2\pi R^2$（圆面积的 2 倍值）比较，就可做出判断.

解 构造该圆的任一外切三角形，连接圆心与 3 个切点，设 3 个圆心角分别为 $x,y,\ 2\pi-(x+y)$，则外切三角形的面积

$$S(x,y)=R^2\left(\tan\frac{x}{2}+\tan\frac{y}{2}-\tan\frac{x+y}{2}\right),$$

其定义域为 $D=\{(x,y)\,|\,0<x,y<\pi,x+y>\pi\}$. 令

$$\frac{\partial S}{\partial x}=\frac{R^2}{2\cos^2\frac{x}{2}}-\frac{R^2}{2\cos^2\frac{x+y}{2}}=0,$$

$$\frac{\partial S}{\partial y}=\frac{R^2}{2\cos^2\frac{y}{2}}-\frac{R^2}{2\cos^2\frac{x+y}{2}}=0.$$

求得唯一驻点 $x_0=\frac{2\pi}{3}$，$y_0=\frac{2\pi}{3}$.

由于圆外切三角形的面积一定有最小值，而驻点又唯一，所以

$$\min_{(x,y)\in D} S(x,y)=S(x_0,y_0)=3\sqrt{3}R^2>\frac{3}{2}\pi R^2.$$

这表明面积等于圆面积 $\frac{3}{2}$ 倍的外切三角形不存在.

下面回答第 2 个问题：

取定圆周上两点 A,B，使劣弧 $\overset{\frown}{AB}$ 对应的圆心角为 $\frac{2\pi}{3}$，在优弧 $\overset{\frown}{AB}$ 上取点 P，设劣弧 $\overset{\frown}{AP}$ 对应的圆心角为 x，$0<x<\pi$，则以 A,B,P 为切点的外切三角形的面积为

$$f(x)=S\left(x,\frac{2\pi}{3}\right)=R^2\left[\tan\frac{\pi}{3}+\tan\frac{x}{2}-\tan\left(\frac{\pi}{3}+\frac{x}{2}\right)\right],$$

$$f\left(\frac{2\pi}{3}\right)=3\sqrt{3}R^2<2\pi R^2.$$

当 $x\to\pi^-$ 时，$f(x)\to+\infty$，故存在 $x_1\in\left(\frac{2\pi}{3},\pi\right)$，使 $f(x_1)>2\pi R^2$.

由 $f(x)$ 是 x 的连续函数，根据介值定理，故存在 $\xi\in\left(\frac{2\pi}{3},x_1\right)$，使 $f(\xi)=2\pi R^2$，即存在面积等于圆面积 2 倍的外切三角形.

例 8*　求 $f(x,y,z)=(x-1)^2+\left(\frac{y}{x}-1\right)^2+\left(\frac{z}{y}-1\right)^2+\left(\frac{4}{z}-1\right)^2$ 在区域 $\{(x,y,z)\,|\,1\leqslant x\leqslant y\leqslant z\leqslant 4\}$ 上的最大值与最小值.

分析　直接求三元函数在给定区域上的最值有困难，可考虑作变量代换将函数式化简，转化为条件极值问题来解决.

解　作变量代换：$a=x$，$b=\frac{y}{x}$，$c=\frac{z}{y}$，$d=\frac{4}{z}$，则问题转化为求函数

$$f(a,b,c,d)=(a-1)^2+(b-1)^2+(c-1)^2+(d-1)^2$$

在区域 $\{(a,b,c,d)\,|\,1\leqslant a,b,c,d\leqslant 4\}$ 上满足约束条件 $abcd=4$ 的极值. 构造拉格朗日函数，得

$$L=(a-1)^2+(b-1)^2+(c-1)^2+(d-1)^2+\lambda(abcd-4),$$

令 $\frac{\partial L}{\partial a}=0$，$\frac{\partial L}{\partial b}=0$，$\frac{\partial L}{\partial c}=0$，$\frac{\partial L}{\partial d}=0$，可得

$$2(a-1)=-\lambda bcd,\quad 2(b-1)=-\lambda acd,\quad 2(c-1)=-\lambda abd,\quad 2(d-1)=-\lambda abc,$$

由此得 $a(a-1)=b(b-1)=c(c-1)=d(d-1)$. 因此 $a=b=c=d=\sqrt{2}$，从而有

$$f(\sqrt{2},\sqrt{2},\sqrt{2},\sqrt{2})=4(\sqrt{2}-1)^2=4(3-2\sqrt{2}).$$

在区域边界上，a,b,c,d 中仅有一个等于 4，其余 3 个都等于 1，此时 $f=9$.

因此，函数的最大值与最小值分别为 $f_{\max}=9$ 和 $f_{\min}=4(3-2\sqrt{2})$.

评注 （1）该题也可转化为一元函数的最值问题，见综合题 2[*]第 38 题.

（2）将一个 n 元函数换元为 $n+1$ 元函数，要使这种换元可逆，一定会增加一个约束条件.

例 9 证明 $f(x,y)=Ax^2+2Bxy+Cy^2$ 在约束条件 $\dfrac{x^2}{a^2}+\dfrac{y^2}{b^2}=1$ 下有最大值和最小值，且它们是方程 $t^2-(Aa^2+Cb^2)t+(AC-B^2)a^2b^2=0$ 的根.

分析 由于椭圆 $\dfrac{x^2}{a^2}+\dfrac{y^2}{b^2}=1$ 是一个闭集，$f(x,y)$ 在椭圆上连续，最值的存在性是显然的；其后半问只需求出其最值并证明它们满足所给方程即可. 条件极值问题要用拉格朗日乘数法.

证明 因为 $f(x,y)$ 在全平面连续，$\dfrac{x^2}{a^2}+\dfrac{y^2}{b^2}=1$ 为有界闭集，故 $f(x,y)$ 在此约束条件下必有最大和最小值.

设 $(x_1,y_1),(x_2,y_2)$ 分别为最大值点和最小值点，做拉格朗日函数，得

$$L(x,y,\lambda)=Ax^2+2Bxy+Cy^2+\lambda\left(1-\frac{x^2}{a^2}-\frac{y^2}{b^2}\right),$$

则 $(x_1,y_1),(x_2,y_2)$ 应满足方程组

$$\begin{cases}\dfrac{\partial L}{\partial x}=2\left[\left(A-\dfrac{\lambda}{a^2}\right)x+By\right]=0,\\ \dfrac{\partial L}{\partial y}=2\left[Bx+\left(C-\dfrac{\lambda}{b^2}\right)y\right]=0,\\ \dfrac{\partial L}{\partial \lambda}=1-\dfrac{x^2}{a^2}-\dfrac{y^2}{b^2}=0.\end{cases}$$

记相应乘子为 λ_1,λ_2，则 (x_1,y_1,λ_1) 满足

$$\left(A-\frac{\lambda_1}{a^2}\right)x_1+By_1=0,\quad Bx_1+\left(C-\frac{\lambda_1}{b^2}\right)y_1=0. \qquad ①$$

解得 $\lambda_1=Ax_1^2+2Bx_1y_1+Cy_1^2$，同理 $\lambda_2=Ax_2^2+2Bx_2y_2+Cy_2^2$. 即 λ_1,λ_2 分别是 $f(x,y)$ 在椭圆 $\dfrac{x^2}{a^2}+\dfrac{y^2}{b^2}=1$ 上的最大值和最小值.

又线性方程组①有非零解，其系数行列式为 0，有

$$\left(A-\frac{\lambda}{a^2}\right)\left(C-\frac{\lambda}{b^2}\right)-B^2=0\text{，即 }\lambda^2-(Aa^2+Cb^2)\lambda+(AC-B^2)a^2b^2=0.$$

所以，λ_1,λ_2 是上述方程（即题目所给方程）的根.

例 10 在椭圆 $\dfrac{x^2}{a^2}+\dfrac{y^2}{b^2}=1$ 上绘制距原点最远的法线，求其方程.

分析 这是条件极值问题，目标函数是原点到椭圆法线的距离，所以需先求法线的方程.

解 方程 $\dfrac{x^2}{a^2}+\dfrac{y^2}{b^2}=1$ 两边对 x 求导，得

$$\frac{2x}{a^2}+\frac{2yy'}{b^2}=0,\quad y'=-\frac{b^2x}{a^2y}.$$

过点 (x,y) 的法线方程为

$$Y-y=\frac{a^2y}{b^2x}(X-x).$$

原点到该直线的距离的平方为

$$d^2=\frac{\left(-\frac{a^2y}{b^2}+y\right)^2}{\left(\frac{a^2y}{b^2x}\right)^2+1}=\frac{(a^2-b^2)^2x^2y^2}{a^4y^2+b^4x^2}=\frac{(a^2-b^2)^2\frac{x^2}{a^2}\cdot\frac{y^2}{b^2}}{b^2\frac{x^2}{a^2}+a^2\frac{y^2}{b^2}}.$$

令 $u=\frac{x^2}{a^2}$，$v=\frac{y^2}{b^2}$，$f(u,v)=\frac{uv}{b^2u+a^2v}$，则 d 与 f 同时取到最大值与最小值. 下面求 $f(u,v)$ 在条件 $u+v=1\ (u\geqslant 0,v\geqslant 0)$ 下的最大值点. 令

$$L(u,v,\lambda)=\frac{uv}{b^2u+a^2v}+\lambda(u+v-1),$$

$$\begin{cases}L_u=\dfrac{a^2v^2}{(b^2u+a^2v)^2}+\lambda=0,\\ L_v=\dfrac{b^2u^2}{(b^2u+a^2v)^2}+\lambda=0,\\ L_\lambda=u+v-1=0.\end{cases}$$

解得 $u=\frac{a}{a+b}$，$v=\frac{b}{a+b}$. 由实际问题，d^2 确有最大值，故 f 确有最大值. 因此当 $u=\frac{a}{a+b}$，$v=\frac{b}{a+b}$ 时，即 $x=\sqrt{\frac{a^3}{a+b}}$，$y=\sqrt{\frac{b^3}{a+b}}$ 时，d^2 取得最大值. 利用对称性，距原点最远的法线有 4 条，其方程分别为

$$Y-\sqrt{\frac{b^3}{a+b}}=\pm\sqrt{\frac{a}{b}}\left(X\mp\sqrt{\frac{a^3}{a+b}}\right),\quad Y+\sqrt{\frac{b^3}{a+b}}=\pm\sqrt{\frac{a}{b}}\left(X\pm\sqrt{\frac{a^3}{a+b}}\right).$$

评注　当目标函数的表达式较复杂时，其拉格朗日函数的驻点就难以计算. 在不影响目标函数最值点的情况下要尽量使其函数的偏导数易于计算且形式简单（如作变量代换，取倒数，取对数，平方，开方等）.

例 11　设椭球面 $\Sigma: x^2+3y^2+z^2=1$，π 为 Σ 在第一卦限内的切平面，求：

（1）使 π 与 3 个坐标平面所围成的四面体的体积最小的切点坐标；

（2）使 π 与 3 个坐标平面截出的三角形的面积最小的切点坐标.

分析　这是条件极值问题. 问题(1)的目标函数是平面 π 与 3 个坐标平面所围成的四面体的体积；问题（2）的目标函数是平面 π 与三个坐标平面截出的三角形的面积. 约束条件为 $x^2+3y^2+z^2=1$.

解　记 $F(x,y,z)=x^2+3y^2+z^2-1$，则椭球面 Σ 在第一卦限内的点 $P(x,y,z)$ 处的法向量为

$$\boldsymbol{n}=(F_x,F_y,F_z)=2(x,3y,z).$$

Σ 在点 P 处的切平面 π 为

$$x(X-x)+3y(Y-y)+z(Z-x)=0，即\ xX+3yY+zZ=1.$$

切平面 π 与 3 个坐标轴的交点分别为 $A\left(\frac{1}{x},0,0\right),B\left(0,\frac{1}{3y},0\right),C\left(0,0,\frac{1}{z}\right)$.

（1）π 与 3 个坐标平面所围成的四面体的体积为

$$V=\frac{1}{6}\cdot\frac{1}{x}\cdot\frac{1}{3y}\cdot\frac{1}{z}.$$

由于点 P 在 Σ 上，即满足约束条件 $x^2+3y^2+z^2=1$，故

$$xyz=\frac{1}{\sqrt{3}}\sqrt{x^2\cdot 3y^2\cdot z^2}\leqslant\frac{1}{\sqrt{3}}\sqrt{\left(\frac{x^2+3y^2+z^2}{3}\right)^3}=\frac{1}{9}.$$

其中等号当且仅当$x^2=3y^2=z^2$，即$x=z=\frac{\sqrt{3}}{3}$，$y=\frac{1}{3}$时成立，此时 xyz 取最大值$\frac{1}{9}$，从而 V 取最小值$\frac{1}{2}$，故所求的点为$\left(\frac{\sqrt{3}}{3},\frac{1}{3},\frac{\sqrt{3}}{3}\right)$.

（2）三角形ABC的面积为

$$S=\frac{1}{2}\left\|\overrightarrow{AB}\times\overrightarrow{AC}\right\|=\frac{1}{2}\left\|\left(-\frac{1}{x},\frac{1}{3y},0\right)\times\left(-\frac{1}{x},0,\frac{1}{z}\right)\right\|$$
$$=\frac{1}{2}\left\|\left(\frac{1}{3yz},\frac{1}{zx},\frac{1}{3xy}\right)\right\|=\frac{1}{2}\sqrt{\frac{1}{9y^2z^2}+\frac{1}{z^2x^2}+\frac{1}{9x^2y^2}}.$$

记$f(x,y,z)=\frac{1}{9y^2z^2}+\frac{1}{z^2x^2}+\frac{1}{9x^2y^2}$，则 S 与 f 同时取最小值，做拉格朗日函数

$$L(x,y,z,\lambda)=\frac{1}{9y^2z^2}+\frac{1}{z^2x^2}+\frac{1}{9x^2y^2}+\lambda\left(x^2+3y^2+z^2-1\right),$$

解方程组

$$\begin{cases}L_x=-\dfrac{2}{9x^3}\left(\dfrac{9}{z^2}+\dfrac{1}{y^2}\right)+2x\lambda=0,\\ L_y=-\dfrac{2}{9y^3}\left(\dfrac{1}{z^2}+\dfrac{1}{x^2}\right)+6y\lambda=0,\\ L_z=-\dfrac{2}{9z^3}\left(\dfrac{9}{x^2}+\dfrac{1}{y^2}\right)+2z\lambda=0,\\ L_\lambda=x^2+3y^2+z^2-1=0.\end{cases}$$

由于函数$L(x,y,z,\lambda)$关于x^2,z^2对称，且(x,y,z)在第一卦限内，故上面方程组的解应满足$x=z$，解出

$$x=z=\frac{\sqrt{6}}{4},\ y=\frac{\sqrt{3}}{6}.$$

由于题设中具有最小面积的三角形是实际存在的，并且所求的驻点唯一，故点$P\left(\frac{\sqrt{6}}{4},\frac{\sqrt{3}}{6},\frac{\sqrt{6}}{4}\right)$即为所求.

评注 （1）解方程组求驻点时，要尽量利用 L 函数中自变量的**对称性**，使计算简便. 若该题中没有$x,y,z>0$的限制，其对称性表现为$x,\pm z$对称，则有$x=\pm z$.

（2）该题在求函数$f(x,y,z)=\frac{1}{9y^2z^2}+\frac{1}{z^2x^2}+\frac{1}{9x^2y^2}$的条件极值时，也可用**降元法**：

① 将条件$x^2+3y^2+z^2=1$，代入函数$f(x,y,z)$消去y，有

$$f(x,z)=\frac{1}{3(1-x^2-z^2)z^2}+\frac{1}{z^2x^2}+\frac{1}{3x^2(1-x^2-z^2)}=\frac{3-2(x^2+z^2)}{3x^2z^2(1-x^2-z^2)}.$$

令$f_x(x,z)=0$，化简整理得

$$2x^4+2z^4+4x^2z^2-6x^2-5z^2+3=0,$$

由$f(x,z)$的对称性，将上式中的x,z互换，可得$f_z(x,z)=0$的简化方程为

$$2z^4+2x^4+4x^2z^2-6z^2-5x^2+3=0.$$

两式相减，得 $x^2=z^2$. 注意到 $x>0$，$z>0$，故 $x=z$，且 $8x^2-11x^2+3=0$，解该方程可求得驻点.

② 由 $f(x,z)=\dfrac{3-2(x^2+z^2)}{3x^2z^2(1-x^2-z^2)}$ 关于 x,z 对称，将 $x=z$ 代入，可将目标函数化为 $f(x,z)=\dfrac{3-4x^2}{3x^4(1-2x^2)}$，最后归结为一元函数的极值问题.

例 12　设有一小山，取它的底面所在的平面为 xOy 坐标面，其底部所占的区域为 $D=\{(x,y)\mid x^2+y^2-xy\leqslant 75\}$，小山的高度函数为 $h(x,y)=75-x^2-y^2+xy$. 现欲利用此小山开展攀岩活动，为此需要在山脚寻找一上山坡度最大的点作为攀登的起点. 试确定攀登起点的位置.

分析　上山坡度最大的点即为高度函数 $h(x,y)$ 增长最快的点，也就是 $h(x,y)$ 的方向导数取最大值的点. 由于 $\|\operatorname{grad} h(x,y)\|$ 是 $h(x,y)$ 在点 (x,y) 处的最大方向导数，所以问题即求 $\|\operatorname{grad} h(x,y)\|$ 在条件 $x^2+y^2-xy=75$ 下的极大值点.

解　因为 $\operatorname{grad} h(x,y)=(y-2x)\boldsymbol{i}+(x-2y)\boldsymbol{j}$，则 $h(x,y)$ 在点 (x,y) 处的最大方向导数为

$$\|\operatorname{grad} h(x,y)\|=\sqrt{5x^2+5y^2+8xy}.$$

令 $f=5x^2+5y^2+8xy$，下面求 f 在条件 $x^2+y^2-xy=75$ 下的极值.

做拉格朗日函数

$$L=5x^2+5y^2+8xy+\lambda(75-x^2-y^2+xy),$$

解方程组

$$\begin{cases}L_x=10x-8y+\lambda(y-2x)=0,\\ L_y=10y-8x+\lambda(x-2y)=0,\\ L_\lambda=75-x^2-y^2+xy=0.\end{cases}$$

利用函数 $L(x,y,z)$ 关于 $x,\pm y$ 的对称性，解得 $x=y=\pm5\sqrt{3}$，$x=-y=\pm5$. 得到4个可能的极值点：

$$M_1(5\sqrt{3},5\sqrt{3}),\ M_2(-5\sqrt{3},-5\sqrt{3}),\ M_3(5,-5),\ M_4(-5,5)$$

由于 $f(M_1)=f(M_2)=150$，$f(M_3)=f(M_4)=450$，所以 M_3 或 M_4 可作为攀登的起点.

例 13　设三角形三边长之和为定值 $2p$，将此三角形绕其一条边旋转产生一旋转体，欲使此旋转体体积最大，求此三角形各边分别为多长？并问是绕哪条边旋转的？最大体积 V 是多少？

分析　无论三角形的两底角都是锐角或者有一底角为钝角或直角，绕其底边旋转产生的旋转体体积 V 的公式都是 $V=\dfrac{\pi}{3}H^2B$，其中 B 为底边的长，H 为对于此底边的高（图 4.5）. 利用此公式，可较方便地解决本问题.

解　**方法 1**　设三角形的一边长为 $2c(c<p)$，则另两边长之和为 $2p-2c\triangleq 2a$，因此顶点 C 位于以底边两端点为焦点，半长轴为 a 的椭圆弧上. 由椭圆标准方程，知顶点 C 到对边的高

$$y=b\sqrt{1-\frac{x^2}{a^2}},$$

其中 $b=\sqrt{a^2-c^2}$，上面的 H 就是这里的 y，于是

$$V=\frac{\pi}{3}\left[\frac{(a^2-c^2)(a^2-x^2)}{a^2}\right]\cdot 2c.$$

将 $a=p-c$ 代入化为 (x,c) 的二元函数：

$$V=\frac{2\pi}{3}\left[p^2-2pc-\frac{p^2-2pc}{(p-c)^2}x^2\right]c.$$

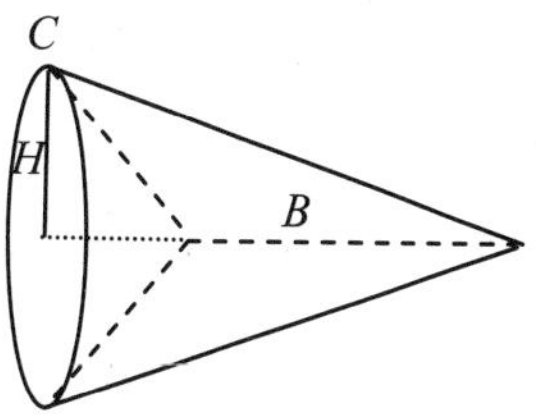

图 4.5

下求 V 的驻点：

$$\frac{\partial V}{\partial x}=\frac{2\pi}{3}\left(-\frac{p^2-2pc}{(p-c)^2}\cdot 2x\right)c,$$

$$\frac{\partial V}{\partial c}=\frac{2\pi}{3}\left[\left(p^2-2pc-\frac{p^2-2pc}{(p-c)^2}x^2\right)+\left(-2p-\frac{(p-c)(-2p)+2(p^2-2pc)}{(p-c)^3}x^2\right)c\right],$$

由 $\dfrac{\partial V}{\partial c}=0$，解得 $x=0$ 或 $c=\dfrac{p}{2}$. 但当 $c=\dfrac{p}{2}$ 时，$a=p-c=\dfrac{p}{2}$，这不能构成三角形. 所以只能有 $x=0$. 代入 $\dfrac{\partial V}{\partial c}=0$ 中，得 $c=\dfrac{p}{4}$.

以下验证当 $x=0$，$c=\dfrac{p}{4}$ 时，V 达最大（实际上可以不必验证. 因为由实际问题本身可知必有最大值）. 经简单的计算，并将 $x=0$，$c=\dfrac{p}{4}$ 代入，得

$$\frac{\partial^2 V}{\partial x^2}=-\frac{32\pi}{27}<0,\quad \frac{\partial^2 V}{\partial x\partial c}=0,\quad \frac{\partial^2 V}{\partial c^2}=-\frac{8\pi p}{3}<0,$$

$$\left(\frac{\partial^2 V}{\partial x^2}\right)\left(\frac{\partial^2 V}{\partial c^2}\right)-\left(\frac{\partial^2 V}{\partial x\partial c}\right)^2>0,$$

所以在 $x=0$，$c=\dfrac{p}{4}$ 处，V 达最大，$V_{\max}=\dfrac{p^3}{12}$.

方法 2 用三边求三角形面积的公式. 设三角形的三边长分别为 x、y、z，则由平面几何公式，知该三角形的面积

$$S=\sqrt{p(p-x)(p-y)(p-z)}.$$

设绕其旋转的那条边长为 $B=y$，则又有 $S=\dfrac{1}{2}Hy$. 于是

$$V=\frac{\pi}{3}H^2B=\frac{4\pi}{3}\cdot\frac{S^2}{y}=\frac{4}{3}\pi p\frac{(p-x)(p-y)(p-z)}{y},$$

其中 $x+y+z=2p$.

将 V 取对数以化简计算：

$$\ln V=\ln\left(\frac{4}{3}\pi p\right)+\ln(p-x)+\ln(p-y)+\ln(p-z)-\ln y.$$

做拉格朗日函数. 令

$$L(x,y,z,\lambda)=\ln(p-x)+\ln(p-y)+\ln(p-z)-\ln y+\lambda(x+y+z-2p),$$

由

$$\frac{\partial L}{\partial x}=-\frac{1}{p-x}+\lambda=0,\quad \frac{\partial L}{\partial y}=-\frac{1}{p-y}-\frac{1}{y}+\lambda=0,$$

$$\frac{\partial L}{\partial z}=-\frac{1}{p-z}+\lambda=0,\quad \frac{\partial L}{\partial \lambda}=x+y+z-2p=0.$$

解得 $x=z=\dfrac{3}{4}p$，$y=\dfrac{p}{2}$，为唯一可能的极值点. 而根据问题本身知旋转最大体积是存在的，所以知当 $x=z=\dfrac{3}{4}p$，$y=\dfrac{p}{2}$ 时，V 最大，最大值为 $\dfrac{\pi}{12}p^3$.

例 14 设 $D=\left\{(x,y)\mid x^2+y^2<1\right\}$，$f(x,y)$ 在 D 内连续，$g(x,y)$ 在 D 内连续且有界，并满足条件：

（1）当 $x^2+y^2\to 1$ 时，$f(x,y)\to +\infty$；

（2）在 D 内 f 与 g 有二阶偏导数，$\dfrac{\partial^2 f}{\partial x^2}+\dfrac{\partial^2 f}{\partial y^2}=\mathrm{e}^f$ 和 $\dfrac{\partial^2 g}{\partial x^2}+\dfrac{\partial^2 g}{\partial y^2}\geqslant \mathrm{e}^g$.

证明 $f(x,y)\geqslant g(x,y)$ 在 D 内处处成立.

分析　如果命题结论不成立，则函数 $F(x,y)=f(x,y)-g(x,y)$ 的最小值（如果存在）应该为负. 由于区域内的最值也是极值，这就会与二阶偏导数产生联系，再去发现矛盾.

证明　用反证法. 假设该不等式在 D 内某一点不成立，我们将导出矛盾.

令 $F(x,y)=f(x,y)-g(x,y)$. 由题设条件，知当 $x^2+y^2\to 1$ 时，$F(x,y)\to +\infty$. 由 $F(x,y)$ 的连续性，知它在 D 内必然有最小值，设最小值点为 $(x_0,y_0)\in D$，根据反证法假设，必有

$$F(x_0,y_0)=f(x_0,y_0)-g(x_0,y_0)<0.$$

记 $\Delta=\dfrac{\partial^2}{\partial x^2}+\dfrac{\partial^2}{\partial y^2}$，由已知条件知

$$\Delta F=\Delta f-\Delta g\leqslant \mathrm{e}^{f(x,y)}-\mathrm{e}^{g(x,y)},\quad (x,y)\in D.$$

特别地，

$$\Delta F|_{(x_0,y_0)}\leqslant \mathrm{e}^{f(x_0,y_0)}-\mathrm{e}^{g(x_0,y_0)}<0.$$

但 (x_0,y_0) 是 $F(x,y)$ 在 D 内的最小值，也是极小值，应该有 $F_{xx}(x_0,y_0)\geqslant 0$，$F_{yy}(x_0,y_0)\geqslant 0$，由此得 $\Delta F|_{(x_0,y_0)}\geqslant 0$，矛盾. 该矛盾说明在 D 内只可能处处有 $f(x,y)\geqslant g(x,y)$.

例 15　证明当 $0<x<1$，$0<y<+\infty$ 时，有 $\mathrm{e}y(1-x)<x^{-y}$.

分析　所证不等式变形为 $yx^y(1-x)<\mathrm{e}^{-1}$，记 $f(x,y)=yx^y(1-x)$，只需证 e^{-1} 是 $f(x,y)$ 的最大值或一个上界. 故需要求函数的极值与最值.

证明　**方法 1**　令 $f(x,y)=yx^y(1-x)\quad(0<x<1,0<y<+\infty)$，由

$$f_x=yx^{y-1}(y-xy-x)=0,\quad f_y=x^y(1-x)(1+y\ln x)=0,$$

得驻点所满足的方程为

$$y(1-x)=x,\quad x^y=\mathrm{e}^{-1}. \qquad ①$$

在驻点处有

$$A=f_{xx}=-(y+1)yx^{y-1}+y(y-xy-x)(y-1)x^{y-2}=-(y+1)yx^{y-1}<0,$$
$$B=f_{xy}=-x^y(1+y\ln x)+x^{y-1}y(1-x)(2+y\ln x)=x^{y-1}y(1-x)=\mathrm{e}^{-1},$$
$$C=f_{yy}=x^y(1-x)(2+y\ln x)\ln x=\mathrm{e}^{-1}(1-x)\ln x.$$

由于

$$AC-B^2=-\mathrm{e}^{-1}(y+1)yx^{y-1}(1-x)\ln x-\mathrm{e}^{-2}=\left(\frac{1}{x}-1\right)\mathrm{e}^{-2}>0,$$

所以满足①式的点 (x_0,y_0) 是函数 f 的极大值点，其极大值为

$$f(x_0,y_0)=x_0\mathrm{e}^{-1}<\mathrm{e}^{-1}.$$

又对任一确定的 $0<x_0<1$，均有 $\lim\limits_{y\to 0^+}f(x_0,y)=\lim\limits_{y\to+\infty}f(x_0,y)=0$；以及对任一确定的 $0<y_0<+\infty$，均有 $\lim\limits_{x\to 0^+}f(x,y_0)=\lim\limits_{x\to 1^-}f(x,y_0)=0$，所以 $f(x_0,y_0)=x_0\mathrm{e}^{-1}$ 也是函数在所给区域内的最大值. 故

$$f(x,y)=yx^y(1-x)<\mathrm{e}^{-1}.$$

方法 2　对 $\forall y_0>0$，$f(x,y_0)=y_0x^{y_0}(1-x)$ 是定义在区间 $(0,1)$ 内的一元恒正连续函数. 由于

$$\lim_{x\to 0^+}f(x,y_0)=\lim_{x\to 1^-}f(x,y_0)=0,$$

则 $f(x,y_0)$ 在区间 $(0,1)$ 内必有最大值，令

$$f_x(x,y_0)=y_0x^{y_0-1}(y_0-xy_0-x)=0,$$

得函数的唯一驻点 $x=\dfrac{y_0}{1+y_0}$，这也是 $f(x,y_0)$ 的最大值点，其最大值为

$$g(y_0)=f\left(\frac{y_0}{1+y_0},y_0\right)=\left(\frac{y_0}{1+y_0}\right)^{y_0+1}=\frac{1}{\left(1+\dfrac{1}{y_0}\right)^{y_0+1}}.$$

由于当 $y_0\to+\infty$（此时 $x_0\to1^-$）时，$g(y_0)$ 递增地趋于 e^{-1}，所以 e^{-1} 是 $f(x,y)$ 在所给区域内的上界. 故所证不等式成立.

评注　证明多元函数不等式常用的方法有：

（1）变形、移项，将不等式的一端视为某个变量的一元函数，利用一元函数不等式的方法证明；

（2）利用多元函数的极值（最值）或条件极值等；

（3）利用泰勒公式；

（4）利用一些已知不等式，如均值不等式、柯西不等式、凸函数的 Jensen 不等式等；

（5）用反证法.

例 16　证明对任何正实数 a,b,c，恒有不等式 $abc^3\leqslant27\left(\dfrac{a+b+c}{5}\right)^5$.

分析　只需证明目标函数 $f(x,y,z)=xyz^3\ (x,y,z>0)$ 在条件 $x+y+z=r$ 下的最大值为 $27\left(\dfrac{r}{5}\right)^5$.

证明　设目标函数为

$$f(x,y,z)=xyz^3\quad(x,y,z>0),$$

约束条件为 $x+y+z=r$.

做拉格朗日函数，得

$$L(x,y,z,\lambda)=xyz^3+\lambda(x+y+z-r),$$

令

$$\begin{cases}L_x=yz^3+\lambda=0, & ①\\ L_y=xz^3+\lambda=0, & ②\\ L_z=3xyz^2+\lambda=0, & ③\\ L_\lambda=x+y+z-r=0. & ④\end{cases}$$

由前 3 式得 $x=y=\dfrac{z}{3}$，代入第④式得驻点 $x=y=\dfrac{r}{5},\ z=\dfrac{3r}{5}$.

因 $f(x,y,z)=xyz^3$ 在有界闭集 $x+y+z=r\ (x\geqslant0,y\geqslant0,z\geqslant0)$ 上必有最大值，且最大值必在 $x>0$，$y>0$，$z>0$ 取得，而 $\left(\dfrac{r}{5},\dfrac{r}{5},\dfrac{3r}{5}\right)$ 为唯一驻点，故最大值为 $f\left(\dfrac{r}{5},\dfrac{r}{5},\dfrac{3r}{5}\right)=27\left(\dfrac{r}{5}\right)^5$. 所以

$$xyz^3\leqslant27\left(\frac{r}{5}\right)^5=27\left(\frac{x+y+z}{5}\right)^5.$$

即对任何正实数 a,b,c，恒有 $abc^3\leqslant27\left(\dfrac{a+b+c}{5}\right)^5$.

评注　（1）该题若用降元法求解，也可取目标函数为 $f=\ln x+\ln y+3\ln z$.

（2）由目标函数与约束条件在形式上的对偶性，还可将题解中的条件极大值问题改为下述条件极小值问题：求目标函数 $f(x,y,z)=x+y+z\ (x,y,z>0)$ 在条件 $xyz^3=r$ 下的最小值. 只是在计算上略困难.

2．几何应用

几何应用涉及较多的是曲线的切线、曲面的切平面、动点轨迹方程. 读者要熟悉曲线的切线与曲面的切平面方程的计算及向量代数的基本知识；了解一些常见曲面的几何特征与代数特征. 几何问题还常与极值问题相交互，在上面的极值问题中我们已有部分接触.

例 17　设有曲面 $S:\mathrm{e}^{2x+y-z}=f(x-2y+z)$，$f$ 可微，证明：

（1）S 上任意一点处的切平面都平行于某一确定的直线；

（2）如果 $f(0)=1$，则 S 是过坐标原点的柱面，并写出它的一条母线与准线方程.

分析　（1）只需证明曲面上任意一点处的法向量都与一固定方向（直线的方向向量）垂直.

（2）在（1）中找到的固定方向就是柱面的母线方向，只需验证过曲面上任意一点以固定方向为方向向量的直线都在曲面上，则 S 就是一柱面.

证明　（1）令 $F(x,y,z)=\mathrm{e}^{2x+y-z}-f(x-2y+z)$，则

$$F_x=2\mathrm{e}^{2x+y-z}-f'(x-2y+z),\ F_y=\mathrm{e}^{2x+y-z}+2f'(x-2y+z),$$

$$F_z(x,y,z)=-\mathrm{e}^{2x+y-z}-f'(x-2y+z).$$

曲面上点(x,y,z)处的法向量为

$$\boldsymbol{n}=(F_x,F_y,F_z)$$

$$=\left(2\mathrm{e}^{2x+y-z}-f'(x-2y+z),\ \mathrm{e}^{2x+y-z}+2f'(x-2y+z),\ -\mathrm{e}^{2x+y-z}-f'(x-2y+z)\right).$$

取直线的方向向量为 $\boldsymbol{s}=(1,3,5)$，由于

$$\boldsymbol{s}\cdot\boldsymbol{n}=2\mathrm{e}^{2x+y-z}-f'(x-2y+z)+3\mathrm{e}^{2x+y-z}+6f'(x-2y+z)-5\mathrm{e}^{2x+y-z}-5f'(x-2y+z)=0,$$

所以曲面上任意一点处的切平面都平行于直线 $\dfrac{x}{1}=\dfrac{y}{3}=\dfrac{z}{5}$.

（2）设 (x_0,y_0,z_0) 是曲面 S 上的任意一点，过该点作直线 $l:\begin{cases}x=x_0+t\\ y=y_0+3t\\ z=z_0+5t\end{cases}$，将 l 的方程分别代入曲面方程的左、右两边，有

$$\text{左边}=\mathrm{e}^{2(x_0+t)+(y_0+3t)-(z_0+5t)}=\mathrm{e}^{2x_0+y_0-z_0},$$

$$\text{右边}=f\left((x_0+t)-2(y_0+3t)+(z_0+5t)\right)=f(x_0-2y_0+z_0).$$

因为 (x_0,y_0,z_0) 是曲面 S 上的点，所以

$$\mathrm{e}^{2x_0+y_0-z_0}=f(x_0-2y_0+z_0).$$

即曲线 l 上的点都满足曲面 S 的方程，这说明 l 在曲面 S 上，故 S 是一柱面.

由于 $f(0)=1$，故曲面经过坐标原点，直线 $l:\dfrac{x}{1}=\dfrac{y}{3}=\dfrac{z}{5}$ 就是 S 的一条母线. 过原点，以 $\boldsymbol{n}=(1,3,5)$ 为法向量的平面为 $\pi:x+3y+5z=0$，则 π 与 S 的交线就是 S 的一条准线，其方程为

$$\begin{cases}\mathrm{e}^{2x+y-z}=f(x-2y+z),\\ x+3y+5z=0.\end{cases}$$

评注　一般而言，由方程 $F(a_1x+b_1y+c_1z,a_2x+b_2y+c_2z)=0$ 所确定的曲面 S 都是柱面. 其原因如下：

设 $P_0(x_0,y_0,z_0)$ 是曲面 S 上的任一点，记

$$\boldsymbol{n}_i=(a_i,b_i,c_i)\ \ (i=1,2)$$

若 $\boldsymbol{n}_1/\!/\boldsymbol{n}_2$，取 $\boldsymbol{\tau}=(l,m,n)\perp\boldsymbol{n}_1$，则过 P_0 点以 $\boldsymbol{\tau}$ 为方向向量的直线 L 一定在曲面 S 上；

若$\boldsymbol{n}_1 \not\parallel \boldsymbol{n}_2$，取$\boldsymbol{\tau}=\boldsymbol{n}_1\times\boldsymbol{n}_2$，则过$P_0$点以$\boldsymbol{\tau}$为方向向量的直线$L$一定在曲面$S$上.

故无论何种情况，S都是柱面.

例 18 设$F(x,y,z)$具有连续偏导数，且对任意实数t有$F(tx,ty,tz)=t^kF(x,y,z)$（k是自然数），证明曲面$F(x,y,z)=0$上任意一点的切平面相交于一点.

分析 求出曲面上任意一点处的切平面方程，再看是否所有切平面都过同一点.

证明 在$F(tx,ty,tz)=t^kF(x,y,z)$的两边对t求导，并令$t=1$，得

$$xF_x+yF_y+zF_z=kF. \qquad ①$$

设$M_0(x_0,y_0,z_0)$为曲面上的一点，则过该点的切平面

$$F_x(M_0)(x-x_0)+F_y(M_0)(y-y_0)+F_z(M_0)(z-z_0)=0,$$

利用①式化简得

$$xF_x(M_0)+yF_y(M_0)+zF_z(M_0)=0.$$

可见，曲面在任意一点的切平面均过坐标原点.

评注 若F对任意t均有$F(tx,ty,tz)=t^kF(x,y,z)$，则称F为x,y,z的k次齐次函数. 易验证：若$F(x,y,z)$为x,y,z的齐次函数，则曲面$F(x-x_0,y-y_0,z-z_0)=0$是以(x_0,y_0,z_0)为顶点的锥面，锥面上任意一点的切平面都过顶点.

例 19 已知锐角$\triangle ABC$，若取点$P(x,y)$，令$f(x,y)=|AP|+|BP|+|CP|$（$|\cdot|$表示线段的长度）. 证明在$f(x,y)$取极值的点P_0处，向量$\overrightarrow{P_0A},\overrightarrow{P_0B},\overrightarrow{P_0C}$所夹的角相等.

分析 为便于讨论，需写出$f(x,y)$的坐标表达式，由P_0一定是f的驻点可得$\left.\dfrac{\partial f}{\partial x}\right|_{P_0}=\left.\dfrac{\partial f}{\partial y}\right|_{P_0}=0$，根据该关系式去讨论几个向量夹角的余弦，并说明它们相等.

证明 设A,B,C三点的坐标为$(x_i,y_i)(i=1,2,3)$，极值点P_0的坐标为(x_0,y_0)，则

$$\overrightarrow{P_0A}=(x_1-x_0,y_1-y_0),\quad \overrightarrow{P_0B}=(x_2-x_0,y_2-y_0),\quad \overrightarrow{P_0C}=(x_3-x_0,y_3-y_0),$$

又$f(x,y)=\sum\limits_{i=1}^{3}\sqrt{(x-x_i)^2+(y-y_i)^2}$，得

$$\begin{cases}\dfrac{\partial f}{\partial x}=\sum\limits_{i=1}^{3}\dfrac{x-x_i}{\sqrt{(x-x_i)^2+(y-y_i)^2}},\\[2ex] \dfrac{\partial f}{\partial y}=\sum\limits_{i=1}^{3}\dfrac{y-y_i}{\sqrt{(x-x_i)^2+(y-y_i)^2}}.\end{cases}$$

极值点$P_0=(x_0,y_0)$应满足$\left.\dfrac{\partial f}{\partial x}\right|_{P_0}=\left.\dfrac{\partial f}{\partial y}\right|_{P_0}=0$，即

$$\begin{cases}-\dfrac{x_0-x_1}{\sqrt{(x_0-x_1)^2+(y_0-y_1)^2}}=\sum\limits_{i=2}^{3}\dfrac{x_0-x_i}{\sqrt{(x_0-x_i)^2+(y_0-y_i)^2}},\\[2ex] -\dfrac{y_0-y_1}{\sqrt{(x_0-x_1)^2+(y_0-y_1)^2}}=\sum\limits_{i=2}^{3}\dfrac{y_0-y_i}{\sqrt{(x_0-x_i)^2+(y_0-y_i)^2}}.\end{cases}$$

以上两式两边平方再相加，得

$$\cos(\overrightarrow{P_0B},\overrightarrow{P_oC})=\frac{(x_0-x_2)(x_0-x_3)+(y_0-y_2)(y_0-y_3)}{\sqrt{(x_0-x_2)^2+(y_0-y_2)^2}\sqrt{(x_0-x_3)^2+(y_0-y_3)^2}}=-\frac{1}{2}.$$

同理 $\cos(\overrightarrow{P_0A}, \overrightarrow{P_0B}) = \cos(\overrightarrow{P_0A}, \overrightarrow{P_0C}) = -\dfrac{1}{2}$. 所以命题成立.

例 20　证明曲线 $C: x = a\mathrm{e}^t\cos t$，$y = a\mathrm{e}^t\sin t$，$z = a\mathrm{e}^t$（其中 $a > 0$ 且为常数，t 为参数）与锥面 $x^2 + y^2 - z^2 = 0$ 的任意一条母线都交成定角.

分析　容易看出 C 就是锥面上的曲线. 只需求出锥面母线的方向向量与曲线 C 的切向量，证明两向量在曲线 C 上任意一点的夹角都相等.

证明　由 C 的方程，有

$$x^2 + y^2 = a^2\mathrm{e}^{2t}\cos^2 t + a^2\mathrm{e}^{2t}\sin^2 t = a^2\mathrm{e}^{2t} = z^2,$$

所以 C 在锥面 $x^2 + y^2 = z^2$ 上.

锥面的顶点为坐标原点，C 上的任意一点 $P(x, y, z)$ 与原点连线都是锥面的母线，其方向向量为

$$\boldsymbol{l} = \overrightarrow{OP} = (x, y, z).$$

曲线 C 在 P 点的切向量为

$$\begin{aligned}\boldsymbol{\tau} &= (\dot{x}, \dot{y}, \dot{z}) = (a\mathrm{e}^t\cos t - a\mathrm{e}^t\sin t, a\mathrm{e}^t\sin t + a\mathrm{e}^t\cos t, a\mathrm{e}^t)\\ &= (x - y, x + y, z).\end{aligned}$$

两向量夹角的余弦为

$$\begin{aligned}\cos(\boldsymbol{l}, \boldsymbol{\tau}) &= \frac{x(x-y) + y(x+y) + z^2}{\sqrt{x^2 + y^2 + z^2}\cdot\sqrt{(x-y)^2 + (x+y)^2 + z^2}}\\ &= \frac{x^2 + y^2 + z^2}{\sqrt{x^2 + y^2 + z^2}\sqrt{2x^2 + 2y^2 + z^2}} = \frac{2z^2}{\sqrt{2z^2}\sqrt{3z^2}} = \frac{1}{3}\sqrt{6}.\end{aligned}$$

为一常数. 所以曲线 C 与锥面的任意一条母线都交成定角，得证.

例 21　经过定点 $M_0(x_0, 0, 0)$ 作椭球面 $S: \dfrac{x^2}{a^2} + \dfrac{y^2}{b^2} + \dfrac{z^2}{c^2} = 1$ 的切平面，其中 $x_0 > a > 0$，$b > 0$，$c > 0$. 当切点 $M(X, Y, Z)$ 在 S 上运动时，求直线 M_0M（包括它的延长线）的轨迹方程.

分析　由 S 在点 M 处的法向量与 $\overrightarrow{M_0M}$ 垂直可得到关于 (X, Y, Z) 的一个关系式，再由 $M \in S$ 可得一个关系式. 又设 $P(x, y, z)$ 为直线 M_0M 上任意一点，便可得 P 的轨迹方程.

解　S 在点 $M(X, Y, Z)$ 处的法向量 $\boldsymbol{n} = \left(\dfrac{2X}{a^2}, \dfrac{2Y}{b^2}, \dfrac{2Z}{c^2}\right)$，因为 $\overrightarrow{M_0M} \perp \boldsymbol{n}$，所以

$$\frac{2X}{a^2}(X - x_0) + \frac{2Y}{b^2}(Y - 0) + \frac{2Z}{c^2}(Z - 0) = 0.$$

利用 S 的方程，上式可化简为

$$\frac{x_0X}{a^2} = 1. \qquad ①$$

又因 $M \in S$，所以

$$\frac{X^2}{a^2} + \frac{Y^2}{b^2} + \frac{Z^2}{c^2} = 1. \qquad ②$$

设 $P(x, y, z)$ 为直线 M_0M 上任意一点，则

$$\frac{X - x_0}{x - x_0} = \frac{Y}{y} = \frac{Z}{z}. \qquad ③$$

将①式代入③式，再代入②式，消去 X, Y, Z，便得

$$(x - x_0)^2 - \left(\frac{x_0^2 - a^2}{b^2}\right)y^2 - \left(\frac{x_0^2 - a^2}{c^2}\right)z^2 = 0.$$

此为顶点在点 $(x_0,0,0)$ 的一个锥面.

例 22 设光滑闭曲面 $S:F(x,y,z)=0$，证明 S 上任意两个相距最远点处的切平面相互平行，且垂直于这两点的连线.

分析 S 上两个相距最远点是两点间的距离函数满足曲面方程 $F(x,y,z)=0$ 的最大值点，因而是对应拉格朗日函数的驻点，由此可推出所证结论.

证明 因为 S 是光滑封闭曲面，故满足：

（1）$F(x,y,z)$ 在一个包含 S 的开域内有连续一阶偏导数，且 $F_x^2+F_y^2+F_z^2\neq 0$；

（2）S 上必有相距最远的点.

设 $P_0(x_0,y_0,z_0)$, $Q_0(u_0,v_0,w_0)$ 为 S 上两个相距最远的点，则点 $R_0(x_0,y_0,z_0,u_0,v_0,w_0)$ 是函数 $f(x,y,z,u,v,w)=(x-u^2)+(y-v)^2+(z-w)^2$ 在约束条件 $F(x,y,z)=0, F(u,v,w)=0$ 下的极大值点.

做拉格朗日函数

$$L(x,y,z,u,v,w,\lambda,\mu)=f(x,y,z,u,v,w)+\lambda F(x,y,z)+\mu F(u,v,w),$$

则存在 λ_0，μ_0，使 $\nabla L|_{R_0}=0$，即有

$$\begin{cases}2(x_0-u_0)+\lambda_0F_x(x_0,y_0,z_0)=0,\\2(y_0-v_0)+\lambda_0F_y(x_0,y_0,z_0)=0,\\2(z_0-w_0)+\lambda_0F_z(x_0,y_0,z_0)=0,\\-2(x_0-u_0)+\mu_0F_u(u_0,v_0,w_0)=0,\\-2(y_0-v_0)+\mu_0F_v(u_0,v_0,w_0)=0,\\-2(z_0-w_0)+\mu_0F_w(u_0,v_0,w_0)=0.\end{cases}$$

由以上方程组的前 3 式，知 $(x_0-u_0,y_0-v_0,z_0-w_0)\,/\!/\,(F_x,F_y,F_z)|_{P_0}$，这说明 S 在点 P_0 处的切平面垂直于 $\overline{P_0Q_0}$；由以上方程组的后 3 式，知 S 在点 Q_0 处的切平面也垂直于 $\overline{P_0Q_0}$，故 S 在点 P_0，Q_0 处的切平面相互平行，且垂直于这两点之间的连线 $\overline{P_0Q_0}$.

例 23 设空间曲线 L 的方程为 $\begin{cases}F(x,y,z)=0\\G(x,y,z)=0\end{cases}$，其中 F,G 具有一阶连续的偏导数；又 $Q(\alpha,\beta,\gamma)$ 为空间一定点，且 $Q\notin L$. 若曲线 L 上存在到 Q 最近或最远的点 $P_0(x_0,y_0,z_0)$，则 L 在点 P_0 处的切向量 $\vec{s}$ 与向量 $\overrightarrow{P_0Q}$ 垂直.

分析 记 $\boldsymbol{n}_1=(F_x,F_y,F_z)|_{P_0}$，$\boldsymbol{n}_2=(G_x,G_y,G_z)|_{P_0}$，则 $\boldsymbol{s}=\boldsymbol{n}_1\times\boldsymbol{n}_2$，$\boldsymbol{s}$ 与 $\overrightarrow{P_0Q}$ 垂直的充要条件是 $\overrightarrow{P_0Q}\cdot\boldsymbol{s}=0$，故只需证明 $\overrightarrow{P_0Q}\cdot(\boldsymbol{n}_1\times\boldsymbol{n}_2)=0$.

证明 曲线 L 上任取一点 $P(x,y,z)$ 到 Q 的距离 $d=\sqrt{(x-\alpha)^2+(y-\beta)^2+(z-\gamma)^2}$，若曲线 L 上存在到 Q 最近或最远的点 $P_0(x_0,y_0,z_0)$，则点 P_0 应该是目标函 d（或 d^2）满足条件 $\begin{cases}F(x,y,z)=0\\G(x,y,z)=0\end{cases}$ 的极值点.

做拉格朗日函数

$$L(x,y,z,\lambda,\mu)=(x-\alpha)^2+(y-\beta)^2+(z-\gamma)^2+\lambda F(x,y,z)+\mu G(x,y,z),$$

令

$$\begin{cases}L_x=2(x-\alpha)+\lambda F_x(P)+\mu G_x(P)=0,\\L_y=2(y-\beta)+\lambda F_y(P)+\mu G_y(P)=0,\\L_z=2(z-\gamma)+\lambda F_z(P)+\mu G_z(P)=0,\\L_\lambda=F(P)=0,\\L_\mu=G(P)=0.\end{cases}\qquad ①$$

将该方程组的前 3 视为以 $2, \lambda, \mu$ 为未知数的齐次线性方程组，显然有非零解，从而其系数行列式等于 0，即有

$$\begin{vmatrix} x-\alpha & F_x(P) & G_x(P) \\ y-\beta & F_y(P) & G_y(P) \\ z-\gamma & F_z(P) & G_z(P) \end{vmatrix} = 0 \qquad ②$$

由于 $P_0(x_0, y_0, z_0)$ 是方程组①的解，故它必满足②式，即有 $\boldsymbol{s}\cdot\overrightarrow{P_0Q} = (\boldsymbol{n}_1 \times \boldsymbol{n}_2)\cdot\overrightarrow{P_0Q} = 0$.

评注　上面两例均属于几何问题中的“最近（远）距离的垂线原理”问题. 它的一般情形可参见习题 4. 3 第 27 题.

例 24　设一礼堂的顶部是一个半椭球面，其方程为 $z = 4\sqrt{1-\dfrac{x^2}{16}-\dfrac{y^2}{36}}$ ，求下雨时过房顶上点 $P(1,3,\sqrt{11})$ 处的雨水流下的路线方程（不计摩擦）.

分析　雨水在椭球面上总是沿着 z 值下降最快的方向下流，即沿着 z 的梯 $\mathrm{grad}z = \left(\dfrac{\partial z}{\partial x}, \dfrac{\partial z}{\partial y}\right)$ 的反方向向下流，因而雨水从椭球面上流下的路线在坐标面 xOy 上的投影曲线上任意一点处的切线应与 $\mathrm{grad}z$ 平行. 由此可得到所求问题的解.

解　由椭球方程 $z = 4\sqrt{1-\dfrac{x^2}{16}-\dfrac{y^2}{36}}$ ，得

$$\mathrm{grad}z = \left(\frac{\partial z}{\partial x}, \frac{\partial z}{\partial y}\right) = \left(-\frac{x}{4\sqrt{1-\dfrac{x^2}{16}-\dfrac{y^2}{36}}}, -\frac{y}{9\sqrt{1-\dfrac{x^2}{16}-\dfrac{y^2}{36}}}\right).$$

设雨水从椭球面上流下的路线在坐标面 xOy 上的投影曲线为 $C: f(x,y)=0$ ，由于雨水总是沿着 z 下降最快的方向向下流，即沿着 $\mathrm{grad}z$ 的反方向向下流，因而 C 上任一点处的切向量 $(\mathrm{d}x, \mathrm{d}y)$ 应与 $\mathrm{grad}z$ 平行，由此得到

$$\frac{\mathrm{d}y}{\mathrm{d}x} = \frac{4y}{9x},$$

解之得 $y = Cx^{\frac{4}{9}}$. 以它为准线，母线平行于 z 轴的柱面方程为 $y = Cx^{\frac{4}{9}}$.

令 $x=1$， $y=3$ ，知 $C=3$ ，故过房顶上点 $P(1,3,\sqrt{11})$ 的雨水流下的路线方程为

$$\begin{cases} z = 4\sqrt{1-\dfrac{x^2}{16}-\dfrac{y^2}{36}}, \\ y = 3x^{\frac{4}{9}}. \end{cases}$$

习题 4.3

习题 4.3 答案

1. 已知 $f(x,y)$ 在点 $(0,0)$ 的某邻域内连续，且 $\lim\limits_{\substack{x\to 0\\ y\to 0}} \dfrac{f(x,y)-x^k y}{(x^2+y^2)^2} = 1\ (k\in\mathbb{N})$. 试问： $f(x,y)$ 在点 $(0,0)$ 处是否取得极值，是极大值还是极小值？

2. 求函数 $z = (1+\mathrm{e}^y)\cos x - y\mathrm{e}^y$ 的极值点与极值.

3*. 设二次函数 $y=\varphi(x)$（其中, x^2 项的系数为 1）的图形与 x 轴的交点为 $\left(\dfrac{1}{2}, 0\right)$ 及 $(B,0)$, 其中 $B=$

$\lim\limits_{x\to0^+}\left(\dfrac{\mathrm{d}}{\mathrm{d}x}\displaystyle\int_0^{\sqrt{x}}2\mathrm{e}^{\sin t}\mathrm{d}t-\dfrac{1}{\sqrt{x}}\right)$，求使二元函数 $I(\alpha,\beta)=\displaystyle\int_0^1[\varphi(x)-(\alpha x+\beta)]^2\mathrm{d}x$ 取得最小值的实数 α,β 的值.

4. 设 $z=z(x,y)$ 是由 $x^2-6xy+10y^2-2yz-z^2+18=0$ 确定的函数，求 $z=z(x,y)$ 的极值点和极值.

5*. 设 $f(x,y)=Ax^2+2Bxy+Cy^2+2Dx+2Ey+F$，其中 $AC-B^2>0$，A,B,C,D,E,F 均是常数，证明 $f(x,y)$ 有唯一的极值 $\dfrac{1}{AC-B^2}\begin{vmatrix}A & B & D\\ B & C & E\\ D & E & F\end{vmatrix}$.

6. 设 $z=f(x,y)$ 在有界闭区域 D 上有二阶连续偏导数，且 $\dfrac{\partial^2 z}{\partial x^2}+\dfrac{\partial^2 z}{\partial y^2}=0$，$\dfrac{\partial^2 z}{\partial x\partial y}\neq0$，证明 z 的最值只能在 D 的边界上取到.

7*. 设 $f(x,y)$ 在沿着经过点 $M_0(x_0,y_0)$ 的任意直线上，$f(x_0,y_0)$ 总是极小值，它是否是 $f(x_0,y_0)$ 为二元函数 $f(x,y)$ 的极小值的充分条件？试考察 $f(x,y)=(x-y^2)(2x-y^2)$ 在点 $(0,0)$ 处的情形.

8. 求使函数

$$f(x,y)=\frac{1}{y^2}\exp\left\{-\frac{1}{2y^2}[(x-a)^2+(y-b)^2]\right\}\ (y\neq0,b>0)$$ 达到最大值的 (x_0,y_0) 以及相应的 $f(x_0,y_0)$.

9*. 如图4.6所示，$ABCD$ 是等腰梯形，$BC/\!/AD$，$AB+BC+CD=8$，求 AB，BC，AD 的长，使该梯形绕 AD 旋转一周所得旋转体的体积最大.

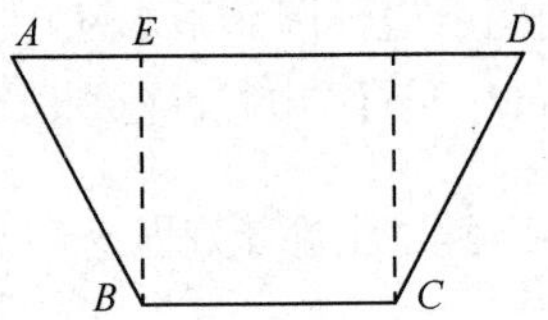

图4.6

10*. 证明下列不等式：

（1）$xy\leqslant x\ln x-x+\mathrm{e}^y\ (x\geqslant1,y\geqslant0)$；　　（2）$\dfrac{x^2+y^2}{4}\leqslant\mathrm{e}^{x+y-2}(x\geqslant0,y\geqslant0)$.

11. 求二元函数 $z=f(x,y)=x^2y(4-x-y)$ 在由直线 $x+y=6$、x 轴和 y 轴所围成的闭区域 D 上的最大值与最小值.

12. 已知 a,b 满足 $\displaystyle\int_a^b|x|\,dx=\frac{1}{2}(a\leqslant0\leqslant b)$，求曲线 $y=x^2+ax$ 与直线 $y=bx$ 所围区域的面积的最大值与最小值.

13. 在椭球面 $2x^2+2y^2+z^2=1$ 上求一点，使函数 $f(x,y,z)=x^2+y^2+z^2$ 在该点沿方向 $\boldsymbol{l}=\boldsymbol{i}-\boldsymbol{j}$ 的方向导数最大.

14. 设曲面 Σ 的参数方程为 $\begin{cases}x=\cos\theta\cos\varphi\\ y=\cos\theta\sin\varphi\\ z=\sin\theta\end{cases}$，$\theta\in\left[0,\dfrac{\pi}{2}\right]$，$\varphi\in[0,2\pi]$，求曲面 Σ 上的点到平面 $x+y+z=1$ 的距离的最大值.

15. 某公司可通过电台及报纸两种方式做销售某种商品的广告，根据统计资料，销售收入 R（万元）与电台广告费用 x_1（万元）及报纸广告费用 x_2（万元）之间的关系有如下经验公式：

$$R=15+14x_1+32x_2-8x_1x_2-2x_1^2-10x_2^2$$

（1）在广告费用不限的情况下，求最优广告策略；

（2）若提供的广告费用为1.5万元，求相应的最优广告策略.

16. 从△ABC 内部的点 P 向三条边作三条垂线，求使此三条垂线的乘积为最大的点 P 的位置.

17. 在第一卦限内作椭球面 $\dfrac{x^2}{a^2}+\dfrac{y^2}{b^2}+\dfrac{z^2}{c^2}=1$ 的切平面，使切平面与三个坐标面所围成的四面体体积最小，求切点坐标.

18. 设四边形各边长一定，分别为 a,b,c,d. 问何时四边形面积最大？

19*. 设正数 x,y,z 满足方程 $x^k+y^k+z^k=1$（常数 $k>0$），a,b,c 为正常数，证明：

（1）$(x^a y^b z^c)^k \leqslant \dfrac{a^a b^b c^c}{(a+b+c)^{a+b+c}}$.

（2）对任意正数 u,v,w，均有 $\left(\dfrac{u}{a}\right)^a\left(\dfrac{v}{b}\right)^b\left(\dfrac{w}{c}\right)^c \leqslant \left(\dfrac{u+v+w}{a+b+c}\right)^{a+b+c}$.

20. 设 f 为可微函数，证明曲面 $z=xf\left(\dfrac{y+1}{x}\right)+2$ 上任意一点处的切平面都相交于一点.

21. 证明曲面 $z+\sqrt{x^2+y^2+z^2}=x^3 f\left(\dfrac{y}{x}\right)$ 在任意一点处的切平面在 Oz 轴上的截距与切点到坐标原点的距离之比为常数，并求出此常数.

22. 设 $F(x,y,z)$ 和 $G(x,y,z)$ 有连续偏导数，$\dfrac{\partial(F,G)}{\partial(x,z)}\neq 0$，曲线 Γ: $\begin{cases}F(x,y,z)=0\\G(x,y,z)=0\end{cases}$ 过点 $P_0(x_0,y_0,z_0)$. 记 Γ 在 xOy 平面上的投影曲线为 S. 求 S 上过点 (x_0,y_0) 的切线方程.

23. 设 $a,b,c>0$，曲面 $xyz=\mu$ 与 $\dfrac{x^2}{a^2}+\dfrac{y^2}{b^2}+\dfrac{z^2}{c^2}=1$ 相切，求 μ 的值.

24. 试求一平面，使它通过曲线 $\begin{cases}y^2=x\\z=3(y-1)\end{cases}$ 在 $y=1$ 处的切线，且与曲面 $x^2+y^2=4z$ 相切.

25. 证明旋转曲面 $z=f\left(\sqrt{x^2+y^2}\right)(f'\neq 0)$ 上任意一点处的法线与旋转轴相交.

26. 设 $a,b,c,\alpha,\beta,\gamma$ 都是正实数，满足 $\dfrac{\alpha}{a}+\dfrac{\beta}{b}+\dfrac{\gamma}{c}=1$. 给定两个曲面：

$$\Sigma_1:\ \frac{x^2}{a^2}+\frac{y^2}{b^2}+\frac{z^2}{c^2}=1 \text{ 和 } \Sigma_2:\ \frac{\alpha^2}{x^2}+\frac{\beta^2}{y^2}+\frac{\gamma^2}{z^2}=1.$$

求此二曲面在第一卦限的切点及相应的切平面方程.

27.（最近（远）距离的垂线原理）在空间（平面）中，设 P_1,P_2 分别属于点集 T_1,T_2，如果距离 $|P_1P_2|$ 是 T_1,T_2 中任意两点距离中的最小（大）值，则称 P_1,P_2 是点集 T_1,T_2 的最近（远）点. 证明下列结论成立：

（1）在空间（平面）中，如果 Γ 是光滑闭曲线，点 P 是 Γ 上与点 Q 的最近（远）点，则直线 PQ 在点 P 处与 Γ 垂直（即 PQ 与 Γ 在点 P 处的切线垂直. 如果两点 P 与 Q 重合，则规定 PQ 与任何直线垂直）.

（2）在空间中，如果 Σ 是光滑闭曲面，点 P 是 Σ 上与点 Q 的最近（远）点，则直线 PQ 在点 P 处与 Σ 垂直（即 PQ 与 Σ 在点 P 处的切平面垂直. 如果两点 P 与 Q 重合，则规定 PQ 与任何平面垂直）.

（3）在空间（平面）中，点 P_1,P_2 分别是光滑闭曲线 Γ_1,Γ_2 之间的最近（远）点，则直线 P_1P_2 是 Γ_1,Γ_2 的公垂线.

（4）在空间中，点 P_1,P_2 分别是光滑闭曲面 Σ_1,Σ_2 之间的最近（远）点. 则直线 P_1P_2 是 Σ_1,Σ_2 的公垂线.

28. 设函数 $u=F(x,y,z)$ 在条件 $\varphi(x,y,z)=0$ 和 $\psi(x,y,z)=0$ 下，在点 (x_0,y_0,z_0) 处取得极值 m，证明三曲面 $F(x,y,z)=m$、$\varphi(x,y,z)=0$ 和 $\psi(x,y,z)=0$ 在点 (x_0,y_0,z_0) 处的三条法线共面，其中 F,φ,ψ 均具有一阶连续偏导数，且偏导数不同时为零.

29. 设曲面 $S: z=1+\left(\dfrac{x^2}{a^2}+\dfrac{y^2}{b^2}\right)$，$a>0$，$b>0$. 经过点 $O(0,0,0)$ 作 S 的切平面. 设切点为 $M(X,Y,Z)$，当点 M 在 S 上运动时，求直线 OM（包括它的延长线）的轨迹方程，并说明切点 M 的轨迹线为一个平面上的椭圆.

30. 设有一表面光滑的橄榄球，它的表面形状是由长半轴为 6，短半轴为 3 的椭圆绕其长轴旋转所得的旋转椭球面. 在无风的细雨天，将该球放在室外草坪上，使长轴在水平位置，求雨水从椭球面上流下的路线方程.

综合题 4*

综合题 4*答案

1. 试求通过三条直线：$\begin{cases}x=0\\ y-z=0\end{cases}$，$\begin{cases}x=0\\ x+y-z=-2\end{cases}$，$\begin{cases}x=\sqrt{2}\\ y-z=0\end{cases}$ 的圆柱面方程.

2. 证明若函数 $f(x,y)$ 在区域 D 内对每一个变量 x 和 y 都是连续的，而且对其中一个是单调的，则 $f(x,y)$ 是 D 内的二元连续函数.

3. 设 $F(u,v)$ 可微，$y=y(x)$ 是由方程 $F(x\mathrm{e}^{x+y},f(xy))=x^2+y^2$ 所确定的隐函数，其中 $f(x)$ 满足 $\int_1^{xy}f(t)\mathrm{d}t=x\int_1^y f(t)\mathrm{d}t+y\int_1^x f(t)\mathrm{d}t$，$f(1)=1$ 的连续函数，求 $\frac{\mathrm{d}y}{\mathrm{d}x}$.

4. 设有方程 $\frac{x^2}{a^2+u}+\frac{y^2}{b^2+u}+\frac{z^2}{c^2+u}=1$，证明 $\|\operatorname{grad}u\|^2=2\boldsymbol{r}\cdot\operatorname{grad}u$，其中 $\boldsymbol{r}=(x,y,z)$.

5. 设 $F(x_1,x_2,x_3)=\int_0^{2\pi}f(x_1+x_3\cos\varphi,x_2+x_3\sin\varphi)\mathrm{d}\varphi$，其中 $f(u,v)$ 具有二阶连续偏导数. 已知 $\frac{\partial F}{\partial x_i}=\int_0^{2\pi}\frac{\partial}{\partial x_i}f(x_1+x_3\cos\varphi,x_2+x_3\sin\varphi)\mathrm{d}\varphi$，$\frac{\partial^2F}{\partial x_i^2}=\int_0^{2\pi}\frac{\partial^2}{\partial x_i^2}f(x_1+x_3\cos\varphi,x_2+x_3\sin\varphi)\mathrm{d}\varphi$，$\frac{\partial^2F}{\partial x_i^2}=\int_0^{2\pi}\frac{\partial^2}{\partial x_i^2}f(x_1+x_3\cos\varphi,x_2+x_3\sin\varphi)\mathrm{d}\varphi(i=1,2,3)$. 证明：

$$x_3\left(\frac{\partial^2F}{\partial x_1^2}+\frac{\partial^2F}{\partial x_2^2}-\frac{\partial^2F}{\partial x_3^2}\right)-\frac{\partial F}{\partial x_3}=0.$$

6. 设 A,B,C 为常数，$B^2-AC>0$，$A\neq0$，$u(x,y)$ 具有二阶连续偏导数，试证明必存在非奇异线性变换 $\xi=\lambda_1x+y$，$\eta=\lambda_2x+y$ (λ_1,λ_2为常数)，将方程 $A\frac{\partial^2u}{\partial x^2}+2B\frac{\partial^2u}{\partial x\partial y^2}+C\frac{\partial^2u}{\partial y^2}=0$ 化成 $\frac{\partial^2u}{\partial\xi\partial\eta}=0$.

7. 取 x 作为 y 和 z 的函数，解方程 $\left(\frac{\partial z}{\partial y}\right)^2\frac{\partial^2z}{\partial x^2}-2\frac{\partial z}{\partial x}\frac{\partial z}{\partial y}\frac{\partial^2z}{\partial x\partial y}+\left(\frac{\partial z}{\partial x}\right)^2\frac{\partial^2z}{\partial y^2}=0$.

8. 设 $z=z(u,v)$ 具有二阶连续偏导数，且 $z=z(x-2y,x+3y)$ 满足 $6\frac{\partial^2z}{\partial x^2}+\frac{\partial^2z}{\partial x\partial y}-\frac{\partial^2z}{\partial y^2}=2\frac{\partial z}{\partial x}+\frac{\partial z}{\partial y}$，求 $z=z(u,v)$ 的一般表达式.

9. 设 $f(x,y)$ 有二阶连续偏导数，且 $\lim\limits_{\substack{x\to1\\y\to0}}\frac{f(x,y)+\sin(\pi x-2y)-1}{\sqrt{(x-1)^2+y^2}}=0$，若 $g(x,y)=f(\mathrm{e}^{xy},x^2+y^2)$，证明 $g(x,y)$ 在 $(0,0)$ 处取得极值，判断此极值是极大值还是极小值，并求出此极值.

10. 设 $a^2+b^2+c^2\neq0$，求 $w=(ax+by+cz)\mathrm{e}^{-(x^2+y^2+z^2)}$ 在整个空间上的最大值与最小值.

11. 设平面上 3 条直线两两相交于点 $A(2,4)$，$B(3,3)$，$C(1,2)$. 求点 $P(x,y)$ 的位置，使得它到 3 条直线的距离之和最小.

12. 对于$\triangle ABC$，求 $3\sin A+4\sin B+18\sin C$ 的最大值.

13. 设 $a>b>1$，证明 $a^{b^a}>b^{a^b}$.

14. 求椭球面 $\frac{x^2}{a^2}+\frac{y^2}{b^2}+\frac{z^2}{c^2}=1$ 与平面 $Ax+By+Cz=0$ 相交所得椭圆的面积.

15. 设 $S_1: \dfrac{x^2}{a^2}+\dfrac{y^2}{b^2}+\dfrac{z^2}{c^2}=1$，其中 $a>b>2c>0$，$S_2: z^2=x^2+y^2$，$\varGamma$ 为 S_1, S_2 的交线. 求椭球面 S_1 在 $\varGamma$ 上各点的切平面到原点的距离的最大值和最小值.

16. 在平面上有 $\triangle ABC$，三边长分别为 $BC=a$，$CA=b$，$AB=c$，以此三角形为底，h 为高，可作无数个三棱锥，试求其中表面积最小的三棱锥的面积.

17. 设 $f(x,y,z)$ 在空间区域 $\varOmega$ 上有连续偏导数，$\varGamma: x=x(t)$，$y=y(t)$，$z=z(t)\ (\alpha<t<\beta)$ 是 $\varOmega$ 中的一条光滑曲线. 若 P_0 是 $f(x,y,z)$ 在 $\varGamma$ 上的极值点，证明：

（1）$\dfrac{\partial f(P_0)}{\partial \tau}=0$，其中 τ 是 $\varGamma$ 在 P_0 点的单位切向量.

（2）$\varGamma$ 在 P_0 点的切线位于等值面 $f(x,y,z)=f(P_0)$ 在 P_0 点的切平面上.

18. 记曲面 $z=x^2+y^2-2x-y$ 在区域 $D: x\geqslant 0$，$y\geqslant 0$，$2x+y\leqslant 4$ 上的最低点 P 处的切平面为 π，曲线 $\begin{cases} x^2+y^2+z^2=6 \\ x+y+z=0 \end{cases}$ 在点 $Q(1,1,-2)$ 处的切线为 l，求点 P 到直线 l 在平面 π 上的投影 l' 的距离 d.

19. 设 $\triangle ABC$ 的三个顶点 A, B, C 分别位于曲线 $L_1: f(x,y)=0$，$L_2: g(x,y)=0$，$L_3: h(x,y)=0$ 上，证明若 $\triangle ABC$ 的面积达到最大值，则曲线在 A, B, C 处的法线都与三角形的对边垂直.

20. 过椭球面 $ax^2+by^2+cz^2=1$ 外一定点 (α,β,γ) 作其切平面，再过原点作切平面的垂线，求垂足的轨迹方程.

21. 在 A, B 两种物质的溶液中，我们想提取出物质 A，可采取这样的方法：在 A, B 的溶液中加入第 3 种物质 C，而 C 与 B 不互溶，利用 A 在 C 中的溶解度较大的特点，将 A 提取出来. 这种方法就是化工中的萃取过程.

现有稀水溶液的醋酸，利用苯作为溶剂，设苯的总体积为 m，进行 3 次萃取来回收醋酸. 若萃取时苯中的醋酸重量浓度与水溶液中醋酸重量浓度成正比. 问每次应取多少苯量，方能使水溶液中取出的醋酸最多？

第5章　多元数量值函数积分学

知识结构

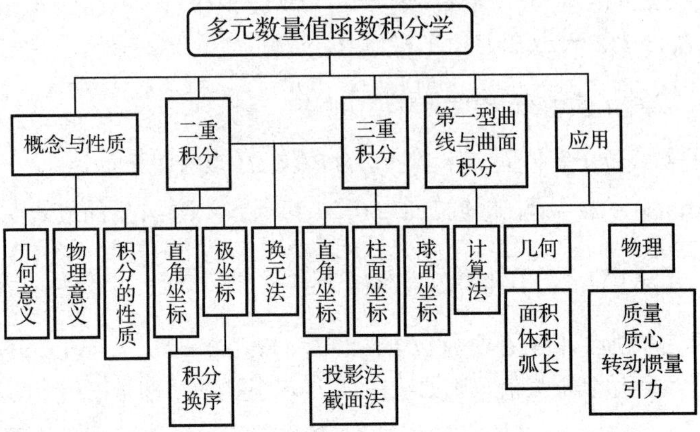

多元数量值函数的积分包括二重积分、三重积分和第一型曲线与曲面积分. 这些积分与定积分类似，都是以积分和式的极限来定义的，只是所对应的几何形体不同. 如果将被积函数视为对应几何形体的密度，则积分就是其质量. 这类积分与定积分有相同的积分性质，在应用上也都涉及同类型的问题（如几何度量、质量、质心、转动惯量、引力等）. 学习本章，要掌握不同类型积分的计算以及解决问题的方法.

5.1　二重积分

1. 二重积分的计算与简单应用

二重积分是化为二次积分来计算的，计算中要把握好两个重要环节：一是根据被积函数和积分区域的特点，选择适当的坐标系和相宜的积分顺序，否则有可能使二次积分难以进行；二是根据已确定的坐标系与积分顺序，正确的定出积分限. 对具有对称性的情况，利用对称性可使计算更为简便.

例 1　设 $f(x,y)$ 连续且，$f(x,y)=\mathrm{e}^{x^2+y^2}+xy\iint\limits_{D_1}xyf(x,y)\,\mathrm{d}x\,\mathrm{d}y$，$D_1$: $0\leqslant x\leqslant 1$，$0\leqslant y\leqslant 1$. 计算积分 $\iint\limits_{D_2}f(x,y)\,\mathrm{d}x\,\mathrm{d}y$ ，其中 D_2: $x>0$，$y>0$，$x^2+y^2\leqslant 1$.

分析　注意 $\iint\limits_{D_1}xyf(x,y)\,\mathrm{d}x\,\mathrm{d}y$ 为常数，需先确定此常数，再积分.

解　令 $\iint\limits_{D_1}xyf(x,y)\,\mathrm{d}x\,\mathrm{d}y=A$ ，则

$$f(x,y)=\mathrm{e}^{x^2+y^2}+Axy\,,\quad xyf(x,y)=xy\mathrm{e}^{x^2+y^2}+Ax^2y^2\,.$$

两边在区域 D_1 上积分得

$$\begin{aligned}A=\iint\limits_{D_1}xyf(x,y)\,\mathrm{d}x\,\mathrm{d}y&=\iint\limits_{D_1}xy\mathrm{e}^{x^2+y^2}\,\mathrm{d}x\,\mathrm{d}y+A\iint\limits_{D_1}x^2y^2\,\mathrm{d}x\,\mathrm{d}y\\&=\left(\int_0^1 x\mathrm{e}^{x^2}\,\mathrm{d}x\right)^2+A\left(\int_0^1 x^2\,\mathrm{d}x\right)^2=\frac{1}{4}(\mathrm{e}-1)^2+\frac{1}{9}A\,,\end{aligned}$$

解得 $A=\frac{9}{32}(\mathrm{e}-1)^2$，所以 $f(x,y)=\mathrm{e}^{x^2+y^2}+\frac{9}{32}(\mathrm{e}-1)^2xy$．

利用极坐标，在 D_2 上积分，有

$$\iint_{D_2} f(x,y)\,\mathrm{d}x\,\mathrm{d}y=\int_0^{\pi/2}\mathrm{d}\varphi\int_0^1 \mathrm{e}^{\rho^2}\rho\,\mathrm{d}\rho+\frac{9}{32}(\mathrm{e}-1)^2\int_0^{\pi/2}\cos\varphi\sin\varphi\,\mathrm{d}\varphi\int_0^1\rho^3\,\mathrm{d}\rho$$

$$=\frac{\pi}{4}(\mathrm{e}-1)+\frac{9}{256}(\mathrm{e}-1)^2.$$

评注　在 D_2 上积分时，由于被积函数中含有 $\mathrm{e}^{x^2+y^2}$ 项，因此无法利用直角坐标系计算，而选用极坐标计算就十分方便．一般情况下，当积分区域为圆域、环形域、扇形域及极坐标曲线围成的区域，被积函数形如 $f(x^2+y^2)$ 或 $f\left(\frac{y}{x}\right)$ 时，宜选用极坐标计算．

例 2　计算 $I=\int_{1/4}^{1/2}\mathrm{d}y\int_{1/2}^{\sqrt{y}}\mathrm{e}^{\frac{y}{x}}\,\mathrm{d}x+\int_{1/2}^{1}\mathrm{d}y\int_{y}^{\sqrt{y}}\mathrm{e}^{\frac{y}{x}}\,\mathrm{d}x$．

分析　先对 x 积分有困难，交换积分次序再积分．

解　积分区域由两部分构成（如图 5.1 所示）：

$$D_1:\frac{1}{2}\leqslant x\leqslant\sqrt{y},\ \frac{1}{4}\leqslant y\leqslant\frac{1}{2},\quad D_2:y\leqslant x\leqslant\sqrt{y},\ \frac{1}{2}\leqslant y\leqslant 1.$$

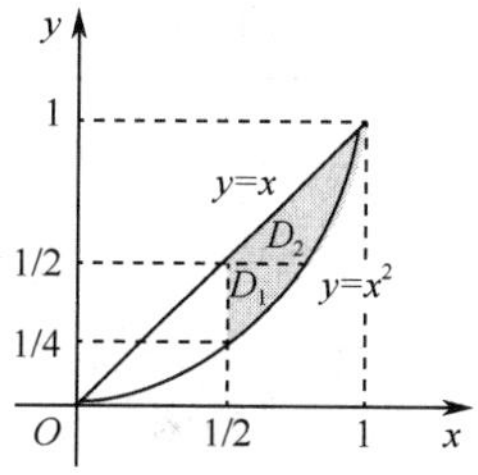

图 5.1

将它们表示为 X 型区域为 $D:x^2\leqslant y\leqslant x,\ \frac{1}{2}\leqslant x\leqslant 1$.

所以

$$I=\int_{1/2}^{1}\mathrm{d}x\int_{x^2}^{x}\mathrm{e}^{\frac{y}{x}}\,\mathrm{d}y=\int_{1/2}^{1}x(\mathrm{e}-\mathrm{e}^x)\,\mathrm{d}x=\frac{3}{8}\mathrm{e}-\frac{1}{2}\sqrt{\mathrm{e}}.$$

评注　(1) 积分次序的选择原则：

- 容易积分的先计算．如果被积函数出现以下形式之一，则必须先对 x 积分，后对 y 积分．

$$\mathrm{e}^{y^2},\ \mathrm{e}^{\frac{x}{y}},\ \frac{\mathrm{e}^y}{y},\ \sin y^2,\ \sin\frac{x}{y},\ \frac{\sin y}{y},\ \frac{\ln y}{1+y}.$$

- 使积分区域不分块或少分块为宜．

(2) 交换积分次序的方法：由已知二次积分的上、下限，写出积分区域的不等式组，画出对应区域，确定交换次序后的积分上、下限，有时需先改变坐标系，再确定相应的二次积分的上、下限．

例 3　计算 $\lim\limits_{n\to\infty}\sum\limits_{i=1}^{n}\sum\limits_{j=1}^{2n}\frac{2}{n^2}\left[\frac{2i+j}{n}\right]$，这里 $[x]$ 是不超过 x 的最大整数.

分析　这是一个积分和形式的极限，利用二重积分的定义可将极限转化为二重积分. 关键要找准积分区域与被积函数.

解　所求极限是函数 $f(x,y)=[x+y]$ 在区域 $D:0\leqslant x\leqslant 2$，$0\leqslant y\leqslant 2$ 上的二重积分. 按二重积分的定义，将 x 轴上的区间 $[0,2]$ n 等分，y 轴上的区间 $[0,2]$ $2n$ 等分，则各小矩形面积为 $\Delta\sigma_i=\frac{2}{n^2}$，取 $\Delta\sigma_i$ 的右上顶点 $\left(\frac{2i}{n},\frac{j}{n}\right)$ 的函数值，由于 $f(x,y)$ 在区域 D 上分片连续，则二重积分存在，即有

$$\lim_{n\to\infty}\sum_{i=1}^{n}\sum_{j=1}^{2n}\frac{2}{n^2}\left[\frac{2i+j}{n}\right]=\iint_D [x+y]\,\mathrm{d}x\,\mathrm{d}y.$$

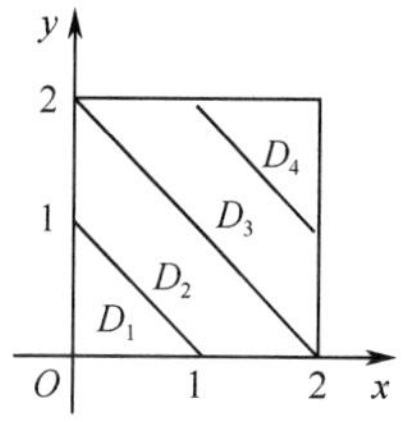

图 5.2

直线 $x+y=i\ (i=1,2,3)$ 将 D 分为 D_1,D_2,D_3,D_4 4 个部分（如图 5.2 所示），

其面积分别为$\frac{1}{2},\frac{3}{2},\frac{3}{2},\frac{1}{2}$. 在各小区域内被积函数分别取值 0,1,2,3. 于是

$$\lim_{n\to\infty}\sum_{i=1}^{n}\sum_{j=1}^{2n}\frac{2}{n^2}\left[\frac{2i+j}{n}\right]=\iint_{D_1}0\,\mathrm{d}x\,\mathrm{d}y+\iint_{D_2}1\,\mathrm{d}x\,\mathrm{d}y+\iint_{D_3}2\,\mathrm{d}x\,\mathrm{d}y+\iint_{D_4}3\,\mathrm{d}x\,\mathrm{d}y$$

$$=1\cdot\frac{3}{2}+2\cdot\frac{3}{2}+3\cdot\frac{1}{2}=6.$$

评注 （1）由二重积分的定义易得：若$f(x,y)$在$D=[0,1]\times[0,1]$上分片连续，则

$$\lim_{n\to\infty}\sum_{i=1}^{n}\sum_{j=1}^{n}f\left(\frac{i}{n},\frac{j}{n}\right)\frac{1}{n^2}=\iint_D f(x,y)\,\mathrm{d}x\,\mathrm{d}y.$$

（我们称等式左端的极限为积分和形式的极限. 注意，不是任意无穷和都能化为积分和形式!）

（2）当被积函数为分段函数时，如绝对值函数、取整函数、最大（小）值函数等，要先用函数的分段线将积分区域分块，再计算积分.

例 4 设 $f(x,y)=\begin{cases}3xy\max\{x,y\}, & 0\leqslant x\leqslant 1,\ 0\leqslant y\leqslant 1\\ 0, & \text{其他}\end{cases}$，求$F(t)=\iint\limits_{x+y\leqslant t}f(x,y)\,\mathrm{d}\sigma$.

分析 由于被积函数是分段函数，而积分区域与t的取值有关，所以需对t的取值进行分段讨论.

解 记$D:x+y\leqslant t$，对每个确定的t值，$x+y=t$表示xOy面上斜率为-1的直线.

当$t\leqslant 0$时，如图 5.3(a)所示，由于在D上有$f(x,y)=0$，故$F(t)=\iint\limits_D 0\,\mathrm{d}x\,\mathrm{d}y=0$.

当$0<t\leqslant 1$时，如图 5.3(b)所示，仅在D的子集D_1上有

$$f(x,y)=\begin{cases}3x^2y, & y<x,\\ 3xy^2, & x\leqslant y.\end{cases}$$

由于D_1关于$y=x$对称，且$f(x,y)=f(y,x)$，所以积分等于其半区域（被直线$y=x$对分）上积分的 2 倍，即

$$F(t)=\iint_{D_1}f(x,y)\,\mathrm{d}x\,\mathrm{d}y=2\int_0^{\frac{t}{2}}\mathrm{d}x\int_x^{t-x}3xy^2\,\mathrm{d}y=\frac{3}{32}t^5.$$

当$t>2$时，如图 5.3(d)所示，仅在D的子集D_3上有

$$f(x,y)=\begin{cases}3x^2y, & y<x,\\ 3xy^2, & x\leqslant y.\end{cases}$$

由对称性

$$F(t)=\iint_{D_3}f(x,y)\,\mathrm{d}x\,\mathrm{d}y=2\int_0^1\mathrm{d}x\int_x^1 3xy^2\,\mathrm{d}y=\frac{3}{5}.$$

当$1<t\leqslant 2$时，如图 5.3(c)所示，仅在D的子集D_2上有

$$f(x,y)=\begin{cases}3x^2y, & y<x,\\ 3xy^2, & x\leqslant y.\end{cases}$$

由对称性

$$F(t)=\iint_{D_2}f(x,y)\,\mathrm{d}x\,\mathrm{d}y=\iint_{D_3}f(x,y)\,\mathrm{d}x\,\mathrm{d}y-2\int_{\frac{t}{2}}^1\mathrm{d}y\int_{t-y}^{y}3xy^2\,\mathrm{d}x=\frac{5}{3}-\frac{3}{2}t+t^2-\frac{1}{32}t^5.$$

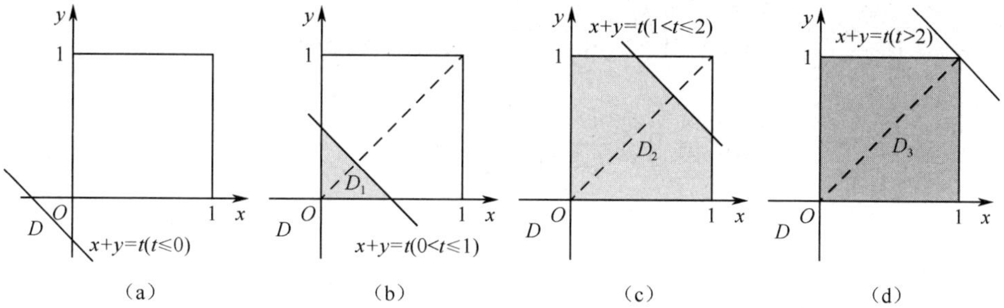

图 5.3

综上有

$$F(t)=\begin{cases}0, & t\leqslant 0,\\ \dfrac{3}{32}t^5, & 0<t\leqslant 1,\\ \dfrac{5}{3}-\dfrac{3}{2}t+t^2-\dfrac{1}{32}t^5, & 1<t\leqslant 2,\\ \dfrac{3}{5}, & t>2,\end{cases}.$$

评注 (1) 当被积函数为分段函数，而积分区域又依赖于某个参数变化时，就需要根据被积函数的分段情况对确定区域的参数进行相应的讨论.

(2) 二重积分的轮换对称性：

设平面区域 D 关于直线 $y=x$ 对称，D_1 是 D 位于 $y=x$ 一侧的区域，则有

$$\iint_D f(x,y)\,\mathrm{d}\sigma=\begin{cases}0, & 若\ f(x,y)=-f(y,x),\\ 2\iint_{D_1} f(x,y)\,\mathrm{d}\sigma, & 若\ f(x,y)=f(y,x).\end{cases}$$

例 5 设函数 $f(x)=\begin{cases}x, & 0\leqslant x\leqslant 2\\ 0, & x<0\ 或\ x>2\end{cases}$，试求二重积分 $\iint_D \dfrac{f(x+y)}{f(\sqrt{x^2+y^2})}\mathrm{d}x\,\mathrm{d}y$，其中 $D=\{(x,y)\mid x^2+y^2\leqslant 4\}$.

分析 积分区域为圆形区域适宜选极坐标积分. 只需在被积函数的非零区域内积分.

解 根据题意可得

$$f(x+y)=\begin{cases}x+y, & 0\leqslant x+y\leqslant 2,\\ 0, & 其他.\end{cases}$$

$$f(\sqrt{x^2+y^2})=\begin{cases}\sqrt{x^2+y^2}, & x^2+y^2\leqslant 4,\\ 0, & x^2+y^2>4.\end{cases}$$

被积函数的非零区域为：$D'=\{(x,y)\mid 0\leqslant x+y\leqslant 2,\ x^2+y^2\leqslant 4\}$. 则

$$\iint_D \frac{f(x+y)}{f(\sqrt{x^2+y^2})}\mathrm{d}x\,\mathrm{d}y=\iint_{D'}\frac{x+y}{\sqrt{x^2+y^2}}\mathrm{d}x\,\mathrm{d}y.$$

用坐标轴将区域 D' 分为 D_1, D_2, D_3（如图 5.4 所示）. 用极坐标计算得

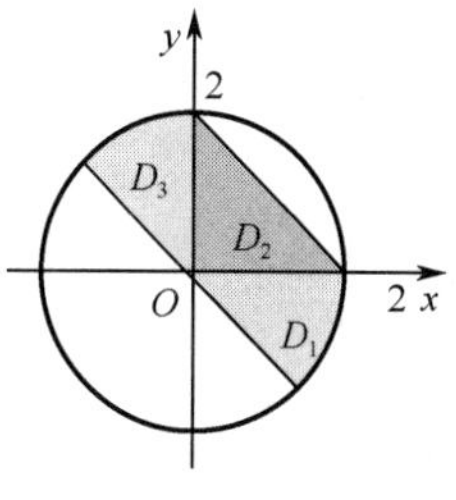

图 5.4

$$\iint_{D_1}\frac{x+y}{\sqrt{x^2+y^2}}\mathrm{d}x\,\mathrm{d}y=\int_{-\pi/4}^{0}\mathrm{d}\varphi\int_0^2\rho(\cos\varphi+\sin\varphi)\,\mathrm{d}\rho$$

$$=2(\sin\varphi-\cos\varphi)\Big|_{-\pi/4}^{0}=2(\sqrt{2}-1);$$

$$\iint\limits_{D_2}\frac{x+y}{\sqrt{x^2+y^2}}\mathrm{d}x\mathrm{d}y=\int_0^{\pi/2}\mathrm{d}\varphi\int_0^{\frac{2}{\cos\varphi+\sin\varphi}}\rho(\cos\varphi+\sin\varphi)\mathrm{d}\rho$$

$$=2\int_0^{\pi/2}\frac{1}{\cos\varphi+\sin\varphi}\mathrm{d}\varphi=\sqrt{2}\int_0^{\pi/2}\sec\left(\varphi-\frac{\pi}{4}\right)\mathrm{d}\varphi$$

$$=\sqrt{2}\ln\left|\sec\left(\varphi-\frac{\pi}{4}\right)+\tan\left(\varphi-\frac{\pi}{4}\right)\right|_0^{\pi/2}=2\sqrt{2}\ln(1+\sqrt{2})\text{；}$$

$$\iint\limits_{D_3}\frac{x+y}{\sqrt{x^2+y^2}}\mathrm{d}x\mathrm{d}y=\int_{\pi/2}^{3\pi/4}\mathrm{d}\varphi\int_0^2\rho(\cos\varphi+\sin\varphi)\mathrm{d}\rho$$

$$=2(\sin\varphi-\cos\varphi)\Big|_{\pi/2}^{3\pi/4}=2(\sqrt{2}-1).$$

于是

$$\text{原式}=\iint\limits_{D_1}\frac{x+y}{\sqrt{x^2+y^2}}\mathrm{d}x\mathrm{d}y+\iint\limits_{D_2}\frac{x+y}{\sqrt{x^2+y^2}}\mathrm{d}x\mathrm{d}y+\iint\limits_{D_3}\frac{x+y}{\sqrt{x^2+y^2}}\mathrm{d}x\mathrm{d}y$$

$$=2(\sqrt{2}-1)+2\sqrt{2}\ln(1+\sqrt{2})+2(\sqrt{2}-1)=4(\sqrt{2}-1)+2\sqrt{2}\ln(1+\sqrt{2}).$$

评注 对二重积分，若满足下列条件之一，则适宜选极坐标计算：

- 积分区域为圆形区域或其部分；
- 积分区域的边界曲线用极坐标表示其方程比较简单；
- 被积函数(或部分)形式为 $f(x^2+y^2)$ 或 $f\left(\frac{y}{x}\right)$.

例 6 计算 $\iint\limits_D x^2y^2\mathrm{d}x\mathrm{d}y$，其中$D$由直线$y=0$，$y=2$，$x=-2$及曲线$x=-\sqrt{2y-y^2}$所围成.

分析 积分区域由直线与圆弧所围成，对方形区域用直角坐标计算较简便，对圆形区域用极坐标计算较简便. 因此可将积分区域视为方形区域与圆形区域的差.

解 记半圆形区域为D_1，即 $D_1:-\sqrt{2y-y^2}\leqslant x\leqslant 0$（如图 5.5 所示），

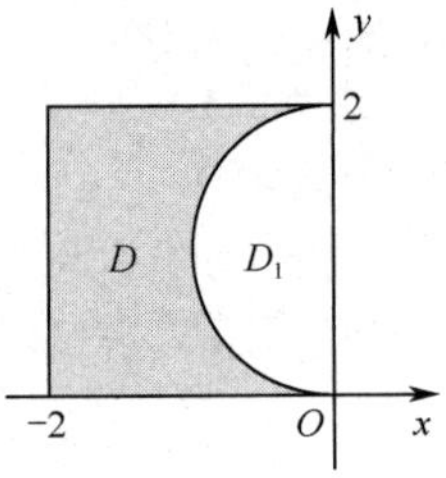

图 5.5

则

$$\iint\limits_D x^2y^2\mathrm{d}x\mathrm{d}y=\iint\limits_{D+D_1}x^2y^2\mathrm{d}x\mathrm{d}y-\iint\limits_{D_1}x^2y^2\mathrm{d}x\mathrm{d}y,$$

而

$$\iint\limits_{D+D_1}x^2y^2\mathrm{d}x\mathrm{d}y=\int_{-2}^0\mathrm{d}x\int_0^2x^2y^2\mathrm{d}y=\frac{64}{9},$$

在极坐标系中

$$\iint\limits_{D_1}x^2y^2\mathrm{d}x\mathrm{d}y=\int_{\frac{\pi}{2}}^{\pi}\mathrm{d}\varphi\int_0^{2\sin\varphi}(\rho\cos\varphi)^2(\rho\sin\varphi)^2\rho\mathrm{d}\rho=\frac{32}{3}\int_{\frac{\pi}{2}}^{\pi}\sin^8\varphi(1-\sin^2\varphi)\mathrm{d}\varphi$$

$$=\frac{32}{3}\left(\int_0^{\frac{\pi}{2}}\sin^8t\mathrm{d}t-\int_0^{\frac{\pi}{2}}\sin^{10}t\mathrm{d}t\right)\quad\left(\text{令}\varphi=t+\frac{\pi}{2}\right)$$

$$=\frac{32}{3}\left(\frac{7!!}{8!!}\cdot\frac{\pi}{2}-\frac{9!!}{10!!}\cdot\frac{\pi}{2}\right)=\frac{7\pi}{48}.$$

所以

$$\iint\limits_D x^2y^2\mathrm{d}x\mathrm{d}y=\frac{64}{9}-\frac{7\pi}{48}.$$

评注　(1) 对积分区域做适当的“割补”以适合选取不同的坐标系，使计算简便.
(2) 计算中用到了**瓦里斯（Wallis）**公式：

$$\int_0^{\frac{\pi}{2}}\sin^n x\,\mathrm{d}x=\begin{cases}\dfrac{(n-1)!!}{n!!}\cdot\dfrac{\pi}{2}, & n\text{为偶数},\\ \dfrac{(n-1)!!}{n!!}, & n\text{为奇数}.\end{cases}$$

例 7　设 $f(u)$ 是连续函数，求 $\iint\limits_D x[1+yf(x^2+y^2)]\,\mathrm{d}x\,\mathrm{d}y$，其中 D 由 $y=x^3$，$y=1$，$x=-1$ 所围成.

分析　由于被积函数中含有抽象函数，所以积分没法直接计算，通常采用设置原函数或用分部积分的方法.

解　**方法 1**　令 $F(x)=\int_0^x f(t)\,\mathrm{d}t$ 为 $f(x)$ 的一个原函数，区域 D 如图 5.6(a)所示. 则

$$\begin{aligned}I&=\iint\limits_D x\,\mathrm{d}x\,\mathrm{d}y+\iint\limits_D xyf(x^2+y^2)]\,\mathrm{d}x\,\mathrm{d}y\\&=\int_{-1}^1 x\,\mathrm{d}x\int_{x^3}^1\mathrm{d}y+\int_{-1}^1 x\,\mathrm{d}x\int_{x^3}^1 yf(x^2+y^2)\,\mathrm{d}y\\&=-\int_{-1}^1 x^4\,\mathrm{d}x+\frac{1}{2}\int_{-1}^1 x\cdot F(x^2+y^2)\Big|_{x^3}^1\,\mathrm{d}x\\&=-\frac{2}{5}+\frac{1}{2}\int_{-1}^1 x[F(x^2+1)-F(x^2+x^6)]\,\mathrm{d}x\\&=-\frac{2}{5}.\quad x[F(x^2+1)-F(x^2+x^6)]\text{为}x\text{的奇函数}.\end{aligned}$$

方法 2　添辅助线 $y=-x^3$，如图 5.6(b)所示，将 D 分成关于 y 轴与 x 轴对称的两块 D_1 与 D_2，由被积函数的奇偶性可知

$$\iint\limits_{D_1} xyf(x^2+y^2)\,\mathrm{d}\sigma=\iint\limits_{D_2} xyf(x^2+y^2)\,\mathrm{d}\sigma=0,$$

所以

$$\iint\limits_D x[1+yf(x^2+y^2)]\,\mathrm{d}\sigma=\iint\limits_D x\,\mathrm{d}\sigma=-\frac{2}{5}.$$

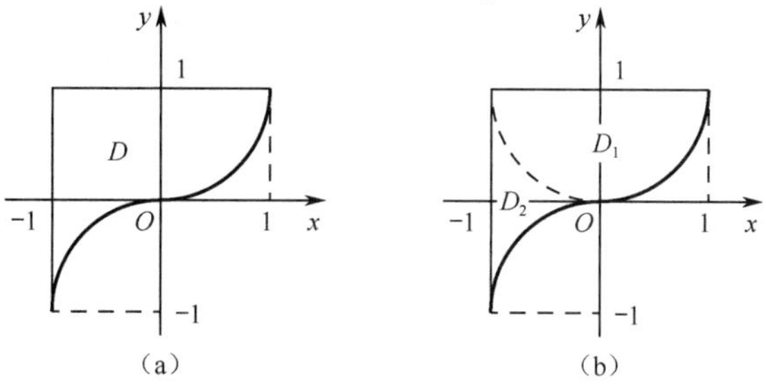

图 5.6

评注　(1) 二重积分的对称性：
设平面区域 D 关于 $x=0$ 对称，D_1 是 D 位于 $x=0$ 一侧的区域，则有

$$\iint\limits_D f(x,y)\,\mathrm{d}\sigma=\begin{cases}0, & \text{若} f(-x,y)=-f(x,y),\\ 2\iint\limits_{D_1} f(x,y)\,\mathrm{d}\sigma, & \text{若} f(-x,y)=f(x,y).\end{cases}$$

D 关于 $y=0$ 对称有类似的结果（以上结论可推广到三重积分、曲线与曲面积分）.

（2）当被积函数是某个变量的奇函数，而积分区域做适当的“割补”有对称性时，要利用对称性来简化计算.

例 8 计算 $\iint\limits_D \frac{\mathrm{d}x\,\mathrm{d}y}{xy}$，其中 $D: 2 \leqslant \frac{x}{x^2+y^2} \leqslant 4,\ 2 \leqslant \frac{y}{x^2+y^2} \leqslant 4$.

分析 积分区域由 4 个圆弧所围成，选用极坐标计算较好. 关键是把 D 的边界曲线用极坐标表示，从而确定二次积分的上、下限. 并注意该题中的积分区域与被积函数均关于 x, y 对称.

解 D 的 4 条边界曲线为 $x^2+y^2=\frac{1}{2}x$，$x^2+y^2=\frac{1}{4}x$，$x^2+y^2=\frac{1}{2}y$，$x^2+y^2=\frac{1}{4}y$，在极坐标系中，它们的方程分别为 $\rho=\frac{1}{2}\cos\varphi$，$\rho=\frac{1}{4}\cos\varphi$，$\rho=\frac{1}{2}\sin\varphi$，$\rho=\frac{1}{4}\sin\varphi$.

求得 D 的边界曲线的 4 个交点分别为（如图 5.7 所示）$\left(\frac{\sqrt{2}}{4},\frac{\pi}{4}\right)$，$\left(\frac{\sqrt{2}}{8},\frac{\pi}{4}\right)$，$\left(\frac{\sqrt{5}}{10},\arctan\frac{1}{2}\right)$，$\left(\frac{\sqrt{5}}{10},\arctan 2\right)$. 利用对称性，得

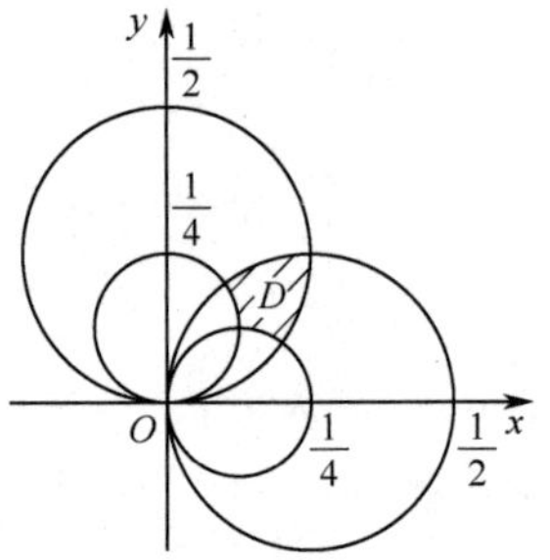

图 5.7

$$\begin{aligned}\iint\limits_D \frac{\mathrm{d}x\,\mathrm{d}y}{xy} &= 2\int_{\arctan\frac{1}{2}}^{\frac{\pi}{4}}\mathrm{d}\varphi\int_{\frac{\cos\varphi}{4}}^{\frac{\sin\varphi}{2}}\frac{\mathrm{d}\rho}{\rho\sin\varphi\cos\varphi}\\ &= 2\int_{\arctan\frac{1}{2}}^{\frac{\pi}{4}}\frac{1}{\sin\varphi\cos\varphi}\ln(2\tan\varphi)\,\mathrm{d}\varphi\\ &= 2\int_{\arctan\frac{1}{2}}^{\frac{\pi}{4}}\frac{1}{\tan\varphi}(\ln 2+\ln\tan\varphi)\,\mathrm{d}\tan\varphi\\ &= 2\left(\ln 2\cdot\ln\tan\varphi+\frac{1}{2}\ln^2\tan\varphi\right)\Bigg|_{\arctan\frac{1}{2}}^{\frac{\pi}{4}} = \ln^2 2.\end{aligned}$$

例 9 求二重积分 $I=\iint\limits_{x^2+y^2\leqslant 1}\left|x^2+y^2-x-y\right|\mathrm{d}x\,\mathrm{d}y$.

分析 积分区域与被积函数均关于 x, y 对称，故只需考虑积分区域在 $y \geqslant x$ 内的部分. 为去掉被积函数中的绝对值符号，需用圆 $x^2+y^2-x-y=0$ 将积分区域分块. 积分区域为圆形域，宜用极坐标计算.

解 由对称性，所求积分为 $y \geqslant x$ 内对应区域积分的二倍，利用极坐标，有

$$I=2\int_{\pi/4}^{5\pi/4}\mathrm{d}\varphi\int_0^1\left|\rho-\sqrt{2}\sin\left(\varphi+\frac{\pi}{4}\right)\right|\rho^2\,\mathrm{d}\rho \xlongequal{\varphi=\theta-\pi/4} 2\int_0^{\pi}\mathrm{d}\theta\int_0^1\left|\rho-\sqrt{2}\cos\theta\right|\rho^2\,\mathrm{d}\rho$$

记积分的区域 $D: 0 \leqslant \theta \leqslant \pi,\ 0 \leqslant \rho \leqslant 1$. 把 D 分解为 $D_1 \cup D_2$，其中

$$D_1: 0 \leqslant \theta \leqslant \frac{\pi}{2},\ 0 \leqslant \rho \leqslant 1;\quad D_2: \frac{\pi}{2} \leqslant \theta \leqslant \pi,\ 0 \leqslant \rho \leqslant 1.$$

圆 $\rho=\sqrt{2}\cos\theta$ 将 D_1 分成两块，其中一块为

$$D_3: \frac{\pi}{4} \leqslant \theta \leqslant \frac{\pi}{2},\ \sqrt{2}\cos\theta \leqslant \rho \leqslant 1\quad（见图 5.8）.$$

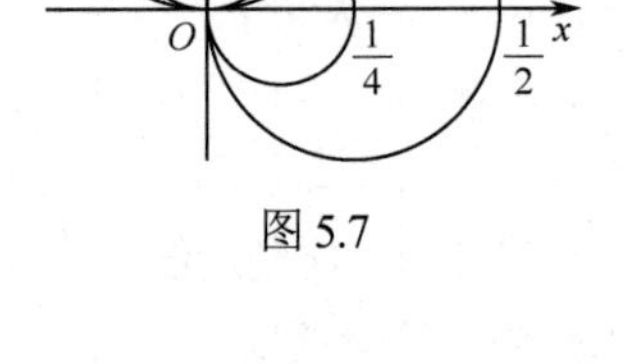

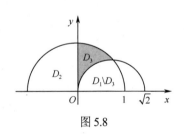

图 5.8

记 $I_i=\iint\limits_{D_i}\left|\rho-\sqrt{2}\cos\theta\right|\rho^2\,\mathrm{d}\theta\,\mathrm{d}\rho\ (i=1,2,3)$，则 $I=2(I_1+I_2)$.

注意到 $\left(\rho-\sqrt{2}\cos\theta\right)\rho^2$ 在 $D_1 \setminus D_3, D_2, D_3$ 的符号分别为负、正、正. 则

$$I_3=\int_{\pi/4}^{\pi/2}\mathrm{d}\theta\int_{\sqrt{2}\cos\theta}^{1}\left(\rho-\sqrt{2}\cos\theta\right)\rho^2\,\mathrm{d}\rho=\frac{3\pi}{32}+\frac{1}{4}-\frac{\sqrt{2}}{3},$$

$$I_1=\iint_{D_1}\left(\sqrt{2}\cos\theta-\rho\right)\rho^2\,\mathrm{d}\theta\,\mathrm{d}\rho+2I_3=\frac{\sqrt{2}}{3}-\frac{\pi}{8}+2I_3=\frac{\pi}{16}+\frac{1}{2}-\frac{\sqrt{2}}{3},$$

$$I_2=\iint_{D_2}\left(\rho-\sqrt{2}\cos\theta\right)\rho^2\,\mathrm{d}\theta\,\mathrm{d}\rho=\frac{\pi}{8}+\frac{\sqrt{2}}{3}.$$

所以

$$I=2(I_1+I_2)=1+\frac{3\pi}{8}.$$

例 10　计算积分 $\iint\limits_D\cos\frac{x-y}{x+y}\mathrm{d}\sigma$，其中 $D=\{(x,y)\,|\,x+y\leqslant 1,x\geqslant 0,y\geqslant 0\}$.

分析　由被积函数表达式，可知无论先对哪个变量积分都是困难的，所以可考虑用极坐标或进行变换 $u=x-y$，$v=x+y$.

解　**方法 1**　画出区域 D，如图 5.9(a)所示. 直线 $x+y=1$ 的极坐标方程为 $\rho=\dfrac{1}{\cos\varphi+\sin\varphi}$，则

$$D=\left\{(\rho,\varphi)\,|\,0\leqslant\rho\leqslant\frac{1}{\cos\varphi+\sin\varphi},0\leqslant\varphi\leqslant\frac{\pi}{2}\right\};$$

$$\begin{aligned}\iint_D\cos\frac{x-y}{x+y}\mathrm{d}\sigma&=\int_0^{\frac{\pi}{2}}\mathrm{d}\varphi\int_0^{\frac{1}{\cos\varphi+\sin\varphi}}\cos\left(\frac{\cos\varphi-\sin\varphi}{\cos\varphi+\sin\varphi}\right)\rho\,\mathrm{d}\rho\\&=\frac{1}{2}\int_0^{\frac{\pi}{2}}\cos\left(\frac{1-\tan\varphi}{1+\tan\varphi}\right)\cdot\frac{1}{(\cos\varphi+\sin\varphi)^2}\mathrm{d}\varphi\\&=\frac{1}{2}\int_0^{\frac{\pi}{2}}\cos\left[\tan\left(\varphi-\frac{\pi}{4}\right)\right]\frac{1}{2\cos^2\left(\varphi-\frac{\pi}{4}\right)}\mathrm{d}\left(\varphi-\frac{\pi}{4}\right)\\&=\frac{1}{4}\int_0^{\frac{\pi}{2}}\cos\left[\tan\left(\varphi-\frac{\pi}{4}\right)\right]\mathrm{d}\tan\left(\varphi-\frac{\pi}{4}\right)\\&=\frac{1}{4}\sin\left[\tan\left(\varphi-\frac{\pi}{4}\right)\right]\Bigg|_0^{\frac{\pi}{2}}=\frac{1}{2}\sin 1.\end{aligned}$$

方法 2*　令 $u=x-y$，$v=x+y$，则 $x=\dfrac{u+v}{2}$，$y=\dfrac{v-u}{2}$. 在该变换下，直线 $x=0$，$y=0$，$x+y=1$ 分别变为 $u=-v$，$u=v$，$v=1$，如图 5.9(b)所示.

记变换后的区域为 D'，则有

$$D':\begin{cases}-v\leqslant u\leqslant v\\0\leqslant v\leqslant 1\end{cases}.\ \text{又}\ J=\frac{\partial(x,y)}{\partial(u,v)}=\begin{vmatrix}\frac{1}{2}&\frac{1}{2}\\-\frac{1}{2}&\frac{1}{2}\end{vmatrix}=\frac{1}{2}$$

所以

$$\begin{aligned}I&=\iint_{D'}\cos\frac{u}{v}|J|\,\mathrm{d}u\mathrm{d}v=\frac{1}{2}\int_0^1\mathrm{d}v\int_{-v}^{v}\cos\frac{u}{v}\mathrm{d}u\\&=\frac{1}{2}\int_0^1 2\sin 1\cdot v\,\mathrm{d}v=\frac{1}{2}\sin 1.\end{aligned}$$

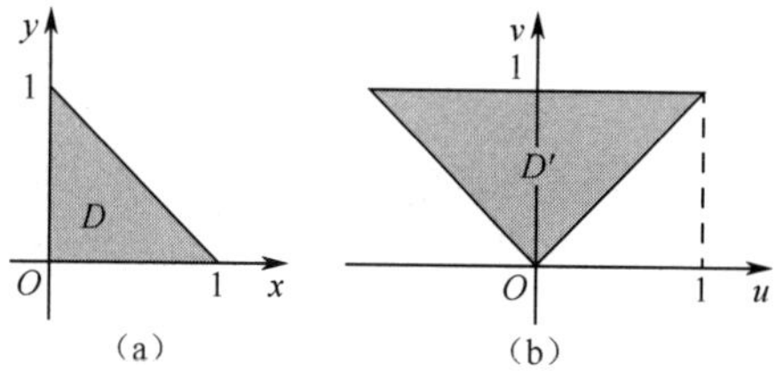

图 5.9

评注 （1）二重积分的换元公式：

设 $f(x,y)$ 在 xOy 平面上的闭区域 D 上连续，变换 $T: x=x(u,v)$，$y=y(u,v)$ 将 uOv 平面上的闭区域 D' 变为 xOy 平面上的区域 D，且满足：

- $x(u,v)$，$y(u,v)$ 在 D' 上具有一阶连续偏导数；
- 在 D' 上雅可比行列式 $J(u,v)=\dfrac{\partial(x,y)}{\partial(u,v)}\neq 0.$

则有

$$\iint_D f(x,y)\,\mathrm{d}x\,\mathrm{d}y=\iint_{D'} f[x(u,v),y(u,v)]\left|J(u,v)\right|\mathrm{d}u\,\mathrm{d}v.$$

（2）换元公式中变换 $T: x=x(u,v)$，$y=y(u,v)$ 的选取，通常由被积函数的特点或积分区域的形状来确定，其目的是使积分便于计算.

例 11[*] 计算积分 $I=\iint\limits_D \arctan\left(\sqrt{\dfrac{x-c}{a}}+\sqrt{\dfrac{y-c}{b}}\right)\mathrm{d}x\mathrm{d}y$，其中 D 由曲线 $\sqrt{\dfrac{x-c}{a}}+\sqrt{\dfrac{y-c}{b}}=1$ 和 $x=c$，$y=c$ $(a>0,b>0,c>0)$ 所围成.

分析 为化简被积函数，作变量代换 $\sqrt{\dfrac{x-c}{a}}=\rho\cos^2\varphi$，$\sqrt{\dfrac{y-c}{b}}=\rho\sin^2\varphi$ 是较好的选择. 但根据被积函数与积分区域的特点（D 的一条边界曲线是被积函数的等值线），改变面积微元的选取，会使积分更为简单.

解 方法1 作变量代换：$x=c+a\rho^2\cos^4\varphi$，$y=c+b\rho^2\sin^4\varphi$，则 D 变为

$$D': 0\leqslant\varphi\leqslant\frac{\pi}{2},\ 0\leqslant\rho\leqslant 1.$$

又

$$J=\frac{\partial(x,y)}{\partial(\rho,\varphi)}=\begin{vmatrix}2a\rho\cos^4\varphi & -4a\rho^2\cos^3\varphi\sin\varphi\\ 2b\rho\sin^4\varphi & 4b\rho^2\cos\varphi\sin^3\varphi\end{vmatrix}=8ab\rho^3\cos^3\varphi\sin^3\varphi,$$

所以

$$I=8ab\int_0^{\frac{\pi}{2}}\cos^3\varphi\sin^3\varphi\mathrm{d}\varphi\int_0^1\arctan\rho\cdot\rho^3\,\mathrm{d}\rho; \qquad ①$$

其中

$$\int_0^{\frac{\pi}{2}}\cos^3\varphi\sin^3\varphi\mathrm{d}\varphi=\int_0^{\frac{\pi}{2}}(1-\sin^2\varphi)\sin^3\varphi\mathrm{d}\sin\varphi=\frac{1}{12},$$

$$\int_0^1\arctan\rho\cdot\rho^3\,\mathrm{d}\rho=\frac{1}{4}\rho^4\arctan\rho\Big|_0^1-\frac{1}{4}\int_0^1\frac{\rho^4}{1+\rho^2}\mathrm{d}\rho$$

$$=\frac{\pi}{16}-\frac{1}{4}\int_0^1\left[(\rho^2-1)+\frac{1}{1+\rho^2}\right]\mathrm{d}\rho=\frac{1}{6}.$$

上面结果代入①式，得 $I=\dfrac{1}{9}ab.$

方法2 设被积函数在 D 中的等值线为 $l:\sqrt{\dfrac{x-c}{a}}+\sqrt{\dfrac{y-c}{b}}=t$，则 $0\leqslant t\leqslant 1$. l 与直线 $x=c$，$y=c$ 所围成的面积

$$S(t)=\int_c^{at^2+c}\mathrm{d}x\int_c^{bt^2+\frac{b}{a}(x-c)+2bt\sqrt{\frac{x-c}{a}}+c}\mathrm{d}y=\int_c^{at^2+c}\left[bt^2+\frac{b}{a}(x-c)+2bt\sqrt{\frac{x-c}{a}}\right]\mathrm{d}x=\frac{1}{6}abt^4.$$

选面积微元 $\mathrm{d}S=\dfrac{2}{3}abt^3\mathrm{d}t$，则

$$I=\int_0^1\arctan t\cdot\frac{2}{3}abt^3\mathrm{d}t=\frac{1}{6}ab\int_0^1\arctan t\,\mathrm{d}t^4=\frac{1}{6}ab\left(t^4\arctan t\Big|_0^1-\int_0^1\frac{t^4}{1+t^2}\mathrm{d}t\right)=\frac{1}{9}ab.$$

评注　若积分区域的一条边界曲线是被积函数的等值线，则采用这种改变面积微元选取的方法，可起到降维的作用，将二重积分化为定积分，使计算更简单. 这种方法也可推广到三重积分的情形.

例 12[*]　计算积分 $I=\int_0^{2\pi}\mathrm{d}\varphi\int_0^{\pi}\mathrm{e}^{\sin\theta(\cos\varphi-\sin\varphi)}\sin\theta\,\mathrm{d}\theta$.

分析　直接积分有困难，可以将积分视为单位球面上的曲面积分，化为直角坐标形式，再寻求积分的解决办法. 也可以将积分作变量代换 $\rho=\sin\theta$，化为极坐标下的二重积分，再选直角坐标来计算.

解　作单位球面 $\Sigma: x^2+y^2+z^2=1$. 球面参数方程为

$$x=\sin\theta\cos\varphi,\ y=\sin\theta\sin\varphi,\ z=\cos\theta.$$

球面面积微元为 $\mathrm{d}S=\sin\theta\,\mathrm{d}\varphi\,\mathrm{d}\theta$，故

$$I=\iint_{\Sigma}\mathrm{e}^{x-y}\,\mathrm{d}S \qquad ①$$

方法 1　记 $\Sigma_1: z=\sqrt{1-x^2-y^2}$，则 $\mathrm{d}S=\dfrac{1}{\sqrt{1-x^2-y^2}}\mathrm{d}x\mathrm{d}y$，由对称性得

$$I=2\iint_{\Sigma_1}\mathrm{e}^{x-y}\,\mathrm{d}S=2\iint_{x^2+y^2\leqslant 1}\mathrm{e}^{x-y}\frac{1}{\sqrt{1-x^2-y^2}}\mathrm{d}x\mathrm{d}y.$$

进行坐标旋转变换：$x=\dfrac{1}{\sqrt{2}}(u+v),\ y=\dfrac{1}{\sqrt{2}}(u-v)$. 则 $J=\dfrac{\partial(x,y)}{\partial(u,v)}=\begin{vmatrix}\dfrac{1}{\sqrt{2}} & \dfrac{1}{\sqrt{2}}\\ \dfrac{1}{\sqrt{2}} & -\dfrac{1}{\sqrt{2}}\end{vmatrix}=-1$，有

$$I=2\iint_{u^2+v^2\leqslant 1}\mathrm{e}^{\sqrt{2}v}\frac{1}{\sqrt{1-u^2-v^2}}|J|\,\mathrm{d}u\mathrm{d}v=2\int_{-1}^{1}\mathrm{e}^{\sqrt{2}v}\,\mathrm{d}v\int_{-\sqrt{1-v^2}}^{\sqrt{1-v^2}}\frac{1}{\sqrt{1-u^2-v^2}}\mathrm{d}u \qquad ②$$

$$=2\int_{-1}^{1}\mathrm{e}^{\sqrt{2}v}\arcsin\frac{u}{\sqrt{1-v^2}}\Bigg|_{-\sqrt{1-v^2}}^{\sqrt{1-v^2}}\mathrm{d}v=2\pi\int_{-1}^{1}\mathrm{e}^{\sqrt{2}v}\,\mathrm{d}v=\sqrt{2}\pi\left(\mathrm{e}^{\sqrt{2}}-\mathrm{e}^{-\sqrt{2}}\right).$$

方法 2　对①式进行坐标旋转变换：$x=\dfrac{1}{\sqrt{2}}(u+v),\ y=\dfrac{1}{\sqrt{2}}(u-v),\ z=w$，则

$$I=\iint_{u^2+v^2+w^2=1}\mathrm{e}^{\sqrt{2}v}\,\mathrm{d}S=\iint_{u^2+v^2+w^2=1}\mathrm{e}^{\sqrt{2}w}\,\mathrm{d}S\ （球面关于 u,v,w 轮换对称）.$$

再利用球面参数方程 $u=\sin\theta\cos\varphi,\ v=\sin\theta\sin\varphi,\ w=\cos\theta$，得到

$$I=\int_0^{2\pi}\mathrm{d}\varphi\int_0^{\pi}\mathrm{e}^{\sqrt{2}\cos\theta}\sin\theta\,\mathrm{d}\theta=-2\pi\int_0^{\pi}\mathrm{e}^{\sqrt{2}\cos\theta}\,\mathrm{d}\cos\theta=\sqrt{2}\pi\left(\mathrm{e}^{\sqrt{2}}-\mathrm{e}^{-\sqrt{2}}\right).$$

方法 3

$$I=2\int_0^{2\pi}\mathrm{d}\varphi\int_0^{\pi/2}\mathrm{e}^{\sin\theta(\cos\varphi-\sin\varphi)}\sin\theta\,\mathrm{d}\theta=2\int_0^{2\pi}\mathrm{d}\varphi\int_0^{\pi/2}\mathrm{e}^{\sqrt{2}\sin\theta\cos\left(\varphi+\frac{\pi}{4}\right)}\sin\theta\,\mathrm{d}\theta \qquad ③$$

$$\xlongequal[\bar{\varphi}=\varphi+\frac{\pi}{4}]{\rho=\sin\theta}2\int_{\frac{\pi}{4}}^{2\pi+\frac{\pi}{4}}\mathrm{d}\bar{\varphi}\int_0^1\mathrm{e}^{\sqrt{2}\rho\cos\bar{\varphi}}\rho\frac{1}{\sqrt{1-\rho^2}}\mathrm{d}\rho=2\iint_{x^2+y^2\leqslant 1}\mathrm{e}^{\sqrt{2}x}\frac{1}{\sqrt{1-x^2-y^2}}\mathrm{d}x\mathrm{d}y.$$

于是就得到了与上面②式完全相同的积分.

注意③式中的第 1 个等式用到了公式：$\int_0^{\pi} f(\sin\theta)\,\mathrm{d}\theta = 2\int_0^{\pi/2} f(\sin\theta)\,\mathrm{d}\theta$.

评注　方法 3 中的变量代换$\overline{\varphi} = \varphi + \dfrac{\pi}{4}$与前两种方法中的旋转变换其本质是一致的，只是形式不同.

例 13*　设D是半径为r的一个圆所围成的平面区域. 设(x,y)是D上的一点，并考虑作以(x,y)为圆心，δ为半径的一个圆，用$l(x,y)$表示此圆在D外边的那段弧的长度. 试求$a = \lim\limits_{\delta\to0^+}\dfrac{1}{\delta^2}\iint\limits_D l(x,y)\,\mathrm{d}x\,\mathrm{d}y$.

分析　积分区域是圆形，适宜于用极坐标计算. 问题的关键是将函数$l(x,y)$用极坐标表示出来.

解　取已知圆圆心为原点，设点$(x,y)\in D$的极坐标为(ρ,φ)，则 $l(x,y) = L(\rho)$.

显然，当$0\leqslant\rho\leqslant r-\delta$时，有$L(\rho)=0$，如图 5.10(a)所示.

当$r-\delta<\rho\leqslant r$时，对$\triangle OPQ$，如图 5.10(b)所示，由余弦定理知

$$L(\rho) = 2\delta\theta = 2\delta\arccos\left(\frac{r^2-\rho^2-\delta^2}{2\rho\delta}\right).$$

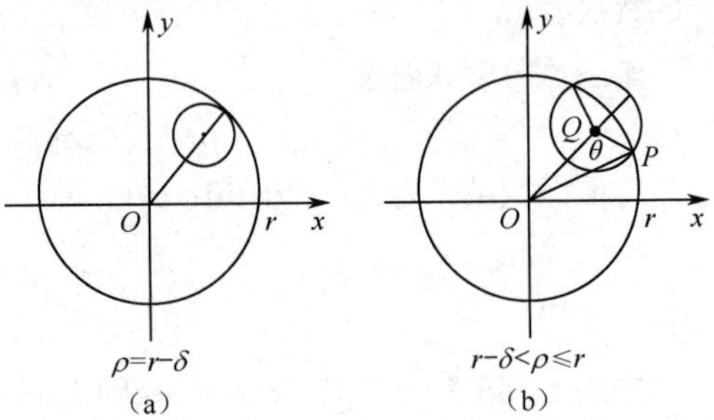

图 5.10

则

$$\begin{aligned}
a &= \lim_{\delta\to0^+}\frac{1}{\delta^2}\int_0^{2\pi}\int_0^{r} L(\rho)\rho\,\mathrm{d}\rho\,\mathrm{d}\varphi \\
&= \lim_{\delta\to0^+}\frac{2\pi}{\delta^2}\int_0^{r} L(\rho)\rho\,\mathrm{d}\rho \\
&= \lim_{\delta\to0^+}\frac{2\pi}{\delta^2}\int_{r-\delta}^{r} 2\delta\rho\arccos\left(\frac{r^2-\rho^2-\delta^2}{2\rho\delta}\right)\mathrm{d}\rho \\
&= \lim_{\delta\to0^+}\frac{4\pi}{\delta}\int_{r-\delta}^{r} \rho\arccos\left(\frac{r^2-\rho^2-\delta^2}{2\rho\delta}\right)\mathrm{d}\rho \\
&\xlongequal{\rho=r-\delta u} \lim_{\delta\to0^+}4\pi\int_0^1 (r-\delta u)\arccos\left(\frac{2ur-\delta(1+u^2)}{2(r-\delta u)}\right)\mathrm{d}u
\end{aligned}$$

因为当$u\in[0,1]$和$\delta\in\left[0,\dfrac{1}{2}r\right]$时，被积函数是$u$和$\delta$的连续函数，且积分区域是有界的，所以极限$a$存在，而且

$$\begin{aligned}
a &= 4\pi\int_0^1 \lim_{\delta\to0^+}(r-\delta u)\arccos\left(\frac{2ur-\delta(1+u^2)}{2(r-\delta u)}\right)\mathrm{d}u = 4\pi\int_0^1 r\arccos u\,\mathrm{d}u \\
&= 4\pi r[u\arccos u]\Big|_0^1 + 4\pi r\int_0^1\frac{u\mathrm{d}u}{\sqrt{1-u^2}} = 0 + 4\pi r[-\sqrt{1-u^2}\,]\Big|_0^1 = 4\pi r.
\end{aligned}$$

例 14　求抛物面$z=1+x^2+y^2$的一个切平面，使得它与该抛物面及圆柱面$(x-1)^2+y^2=1$围成区域的体积最小. 试写出切平面方程并求出最小的体积.

分析　确定切平面的关键是定出切点坐标，这可从所求的体积为最小而得到，所以需先求出其体积的表达式.

解　**方法 1**　抛物面$z=1+x^2+y^2$的法向量为 $\boldsymbol{n}=(2x,2y,-1)$，设切点为$(x_0,y_0,z_0)$，则切平面方程为

$$2x_0(x-x_0)+2y_0(y-y_0)-(z-z_0)=0\ ,$$

即

$$z=2x_0x+2y_0y+(2-z_0)\ . \qquad ①$$

所求立体的体积为

$$V=\iint\limits_D[(1+x^2+y^2)-(2x_0x+2y_0y+2-z_0)]\mathrm{d}x\,\mathrm{d}y\ ,$$

其中 $D:(x-1)^2+y^2\leqslant 1$. 利用极坐标，易求得

$$V=\frac{5}{2}\pi-[2\pi x_0+(2-z_0)\pi]\ . \qquad ②$$

下面求 V 在条件 $z_0=1+x_0^2+y_0^2$ 下的极值.

做拉格朗日函数

$$L(x,y,z,\lambda)=\frac{5}{2}\pi-[2\pi x+(2-z)\pi]+\lambda(1+x^2+y^2-z)\ ,$$

由

$$L_x=-2\pi+2x\lambda=0，L_y=2y\lambda=0，L_z=\pi-\lambda=0，L_\lambda=1+x^2+y^2-z=0\ ,$$

解得 $x=1$，$y=0$，$z=2$.

由于所求的体积一定存在最小值，所以 $(1,0,2)$ 即为所求的切点坐标. 代入①式得切平面方程 $z=2x$，代入②式得最小体积 $V=\dfrac{\pi}{2}$.

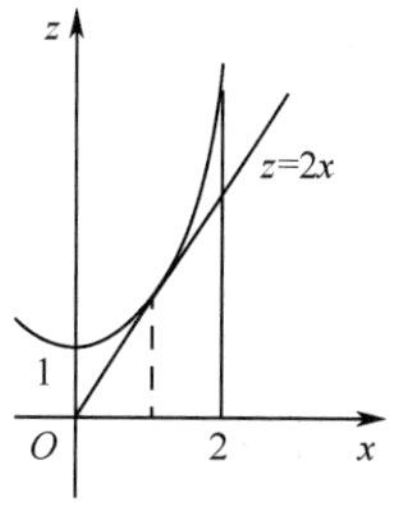

图 5.11

方法 2　由图形的几何特性（图 5.11），知要使所求的体积达到最小，切点只能是圆柱的中心线 $\begin{cases}x=1\\y=0\end{cases}$ 与抛物面 $z=1+x^2+y^2$ 的交点 $(1,0,2)$. 切平面的法向量为

$$\boldsymbol{n}=(2x,2y,-1)|_{(1,0,2)}=(2,0,-1)\ ,$$

切平面方程为

$$2\cdot(x-1)+0\cdot(y-0)-1\cdot(z-2)=0\text{，即}\ \ z=2x\ .$$

所求的最小体积为

$$V=\iint\limits_D[(1+x^2+y^2)-2x]\mathrm{d}x\,\mathrm{d}y=\frac{\pi}{2}\text{，其中 } D\text{：}(x-1)^2+y^2\leqslant 1\ .$$

评注　求几何问题的极值，要善于利用几何特征去寻找解题方法.

例 15　求由曲面 $x^2+y^2=cz$，$x^2-y^2=\pm a^2$，$xy=\pm b^2$ 和 $z=0$ 围成区域的体积（其中 a, b, c 为正实数）.

分析　这是求曲顶柱体的体积问题，上顶为曲面 $z=\dfrac{1}{c}(x^2+y^2)$，下底为 $z=0$，其侧面为 4 个双曲柱面 $x^2-y^2=\pm a^2$，$xy=\pm b^2$. 由对称性，知所求体积是第一卦限中体积的 4 倍. 为便于积分计算，宜选用极坐标或做积分换元 $x^2-y^2=u$，$xy=v$.

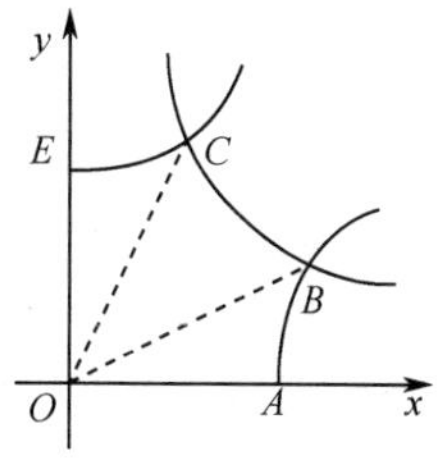

图 5.12

解　方法 1　由所给曲面的对称性，可知所求体积是第一卦限中体积的 4 倍. 第一卦限中立体在 xOy 面的投影区域 D 由曲线 $x^2-y^2=\pm a^2$，$xy=b^2$ 及两坐标轴所围成（如图 5.12 所示），记其中区域 $OABO$ 为 D_1，$\angle AOB$ 为 α；记区域 $OBCO$ 为 D_2，$\angle AOC$ 为 β. 曲线 $\overset{\frown}{AB}, \overset{\frown}{BC}, \overset{\frown}{CE}$ 的极坐标方程分别为

$$\rho_1^2=\frac{a^2}{\cos 2\varphi}，\ \rho_2^2=\frac{2b^2}{\sin 2\varphi}，\ \rho_3^2=\frac{-a^2}{\cos 2\varphi}.$$

因此，立体区域的体积为

$$V=4\iint_{D}\frac{1}{c}(x^2+y^2)\,\mathrm{d}x\,\mathrm{d}y$$

$$=\frac{4}{c}\int_0^{\alpha}\mathrm{d}\varphi\int_0^{\rho_1(\varphi)}\rho^3\,\mathrm{d}\rho+\frac{4}{c}\int_{\alpha}^{\beta}\mathrm{d}\varphi\int_0^{\rho_2(\varphi)}\rho^3\,\mathrm{d}\rho+\frac{4}{c}\int_{\beta}^{\frac{\pi}{2}}\mathrm{d}\varphi\int_0^{\rho_3(\varphi)}\rho^3\,\mathrm{d}\rho$$

$$=\frac{1}{c}\int_0^{\alpha}\frac{a^4}{\cos^2 2\varphi}\mathrm{d}\varphi+\frac{1}{c}\int_{\alpha}^{\beta}\frac{4b^4}{\sin^2 2\varphi}\mathrm{d}\varphi+\frac{1}{c}\int_{\beta}^{\frac{\pi}{2}}\frac{a^4}{\cos^2 2\varphi}\mathrm{d}\varphi.$$

由于 $\rho_1(\alpha)=\rho_2(\alpha)$，$\rho_2(\beta)=\rho_3(\beta)$，所以 $\tan 2\alpha=\dfrac{2b^2}{a^2}$，$\tan 2\beta=-\dfrac{2b^2}{a^2}$. 于是

$$V=\frac{a^2b^2}{c}-\frac{2b^4}{c}\left(-\frac{a^2}{2b^2}-\frac{a^2}{2b^2}\right)+\frac{a^4}{2c}\left(0+\frac{2b^2}{a^2}\right)=\frac{4}{c}a^2b^2.$$

方法 2 直线 $y=x$ 将第一象限的投影区域 D 分为两部分，记直线 $y=x$ 下方部分的区域为 D_1，由对称性，知

$$V=8\iint_{D_1}\frac{1}{c}(x^2+y^2)\,\mathrm{d}x\,\mathrm{d}y.$$

作变量代换 $x^2-y^2=u$，$xy=v$，则 D_1 变为 uOv 坐标系中的区域 $D_1'=\left\{(u,v)\,|\,0\leqslant u\leqslant a^2,0\leqslant v\leqslant b^2\right\}$.

又

$$\frac{\partial(u,v)}{\partial(x,y)}=\begin{vmatrix}2x & -2y\\ y & x\end{vmatrix}=2(x^2+y^2)\Rightarrow\frac{\partial(x,y)}{\partial(u,v)}=\frac{1}{2(x^2+y^2)},$$

所以

$$V=\frac{8}{c}\iint_{D_1'}\frac{1}{2}\mathrm{d}u\,\mathrm{d}v=\frac{4}{c}a^2b^2.$$

例 16 求曲线 $y^2=x$ 与直线 $x=1$ 围成的均匀薄板关于通过原点的任意一直线的转动惯量，并讨论该转动惯量在何种情况下取得最大值、最小值？

分析 如图 5.13 所示，为求得薄板关于一直线的转动惯量，需求得薄板上的点到直线的距离，再用微元法得到该转动惯量.

解 设薄板的密度为 1，过原点的直线为 $l: y=kx\quad(0\leqslant k<+\infty)$. 薄片上任意一点 (x,y) 到该直线 l 的距离为

$$d=\frac{|y-kx|}{\sqrt{1+k^2}}.$$

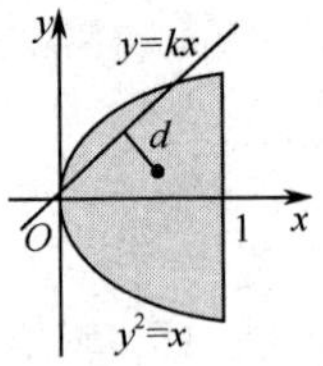

图 5.13

薄片绕 l 的转动惯量为

$$I_l=\iint_D d^2\,\mathrm{d}\sigma=\iint_D\frac{(y-kx)^2}{1+k^2}\mathrm{d}x\,\mathrm{d}y=\int_0^1\mathrm{d}x\int_{-\sqrt{x}}^{\sqrt{x}}\frac{(y-kx)^2}{1+k^2}\mathrm{d}(y-kx)$$

$$=\frac{1}{3(1+k^2)}\int_0^1(2x^{3/2}+k^2x^{5/2})\mathrm{d}x=\frac{28+60k^2}{105(1+k^2)}.$$

因为 $\dfrac{\mathrm{d}I_l}{\mathrm{d}k}=\dfrac{64k}{105(1+k^2)^2}>0$，所以当 $k=0$ 时，$I_l=\dfrac{4}{15}$ 为最小值；当 $k\to\infty$ 时，$I_l=\dfrac{4}{7}$ 为最大值. 即绕 x 轴的转动惯量最小，绕 y 轴的转动惯量最大.

例 17 一块均匀的平面薄板以任意方式沉浸在液体中，试证明薄板一侧所受液体的侧压力等于当此薄板水平放在和它的质心同样的深度时，板上液柱的重量.

分析 用微元法算出平面薄板以任意方式沉浸在液体中的侧压力，由质心坐标公式算出质心坐标，再验证题目的结果.

解　设液体的密度为 μ，薄板 D 与液面的倾斜角为 $\alpha\left(0\leqslant\alpha\leqslant\dfrac{\pi}{2}\right)$. 在薄板 D 所在的平面上建立直角坐标系，使 y 轴与液面齐平（如图 5.14 所示）. 则薄板上点 (x,y) 处的面积微元 $\mathrm{d}\sigma$ 在液体中的深度为 $x\sin\alpha$，压力微元 $\mathrm{d}p=\mu gx\sin\alpha\,\mathrm{d}\sigma$，薄板 D 上的侧压力为

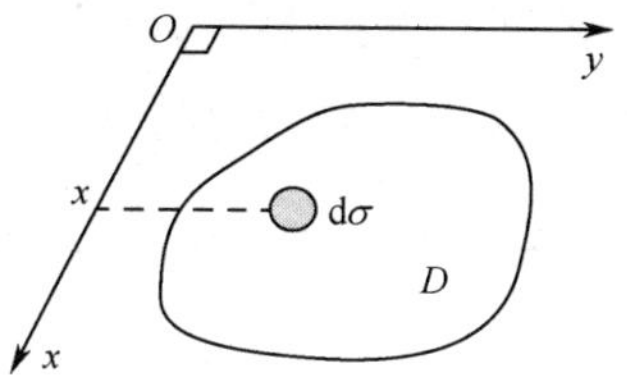

图 5.14

$$p=\iint_D \mu gx\sin\alpha\,\mathrm{d}\sigma\cdot$$

质心的 x 坐标为 $\bar{x}=\dfrac{\iint_D \mu x\,\mathrm{d}\sigma}{\iint_D \mu\,\mathrm{d}\sigma}$，质心的深度为 $\bar{x}\sin\alpha$. 以质心深度为高，薄板 D 水平放置为底的液柱的重量为

$$W=(\bar{x}\sin\alpha)\,\mu g\iint_D \mathrm{d}\sigma=\sin\alpha\cdot\frac{\iint_D \mu x\,\mathrm{d}\sigma}{\iint_D \mu\,\mathrm{d}\sigma}\cdot\mu g\iint_D \mathrm{d}\sigma=\sin\alpha\iint_D \mu gx\,\mathrm{d}\sigma=p\,.$$

2. 重积分的相关证明

例 18　设 $f(x,y)$ 在单位圆上有连续的偏导数，且在边界上取值为零，证明：

$$\lim_{\varepsilon\to0^+}\iint_D\frac{x\dfrac{\partial f}{\partial x}+y\dfrac{\partial f}{\partial y}}{x^2+y^2}\mathrm{d}x\,\mathrm{d}y=-2\pi f(0,0)\,.$$

其中 D 为圆环域，$\varepsilon^2\leqslant x^2+y^2\leqslant1$.

分析　只需算出右边的积分. D 为圆环域，选极坐标为好. 关键是将被积函数的分子化为极坐标形式. 由于被积函数中有抽象函数符号，因此当积分有困难时可考虑用积分中值定理.

证明　令 $x=\rho\cos\varphi,\ y=\rho\sin\varphi$，则

$$\frac{\partial f}{\partial\rho}=\frac{\partial f}{\partial x}\cdot\frac{\partial x}{\partial\rho}+\frac{\partial f}{\partial y}\cdot\frac{\partial y}{\partial\rho}=\frac{\partial f}{\partial x}\cos\varphi+\frac{\partial f}{\partial y}\sin\varphi\text{，即}\quad\rho\frac{\partial f}{\partial\rho}=x\frac{\partial f}{\partial x}+y\frac{\partial f}{\partial y}\,.$$

由已知，当 $\rho=1$ 时，$f(\cos\varphi,\sin\varphi)=0$，则

$$\begin{aligned}I&=\iint_D\frac{xf_x+yf_y}{x^2+y^2}\mathrm{d}x\,\mathrm{d}y=\iint_D\frac{\rho\dfrac{\partial f}{\partial\rho}}{\rho^2}\rho\,\mathrm{d}\rho\,\mathrm{d}\varphi=\int_0^{2\pi}\mathrm{d}\varphi\int_\varepsilon^1\frac{\partial f}{\partial\rho}\mathrm{d}\rho\\&=\int_0^{2\pi}f(\cos\varphi,\sin\varphi)\,\mathrm{d}\varphi-\int_0^{2\pi}f(\varepsilon\cos\varphi,\varepsilon\sin\varphi)\,\mathrm{d}\varphi\\&=0-2\pi f(\varepsilon\cos\varphi^*,\varepsilon\sin\varphi^*)\quad(\text{积分中值定理，}\varphi^*\in[0,\ 2\pi]).\end{aligned}$$

故

$$\lim_{\varepsilon\to0^+}I=-2\pi f(0,0).$$

例19　设函数 $f(x,y)$ 在 $0\leqslant x,y\leqslant1$ 内连续，$f(0,0)=0$，且在(0,0)处可微，$f_y(0,0)=1$，证明：

$$\lim_{x\to0^+}\frac{\int_0^{x^2}\mathrm{d}t\int_x^{\sqrt{t}}f(t,u)\,\mathrm{d}u}{1-\mathrm{e}^{-\frac{x^4}{4}}}=-1\,.$$

分析 只需将左边极限算出. 易知该极限属于$\frac{0}{0}$型，为便于用洛必达法则，需将分子内层积分限中的x去掉. 这可通过交换积分次序来完成.

解 利用等价无穷小$1-e^{-\frac{x^4}{4}}\sim\frac{x^4}{4}$，并将分子交换积分次序，有

$$原极限=\lim_{x\to0^+}\frac{-\int_0^x du\int_0^{u^2}f(t,u)dt}{\frac{x^4}{4}}=\lim_{x\to0^+}\frac{-\int_0^{x^2}f(t,x)dt}{x^3}\xlongequal{积分中定理}-\lim_{x\to0^+}\frac{f(\xi,x)}{x}\quad(0<\xi<x^2)$$

由 $f(x,y)$ 在$(0,0)$处可微，$f(0,0)=0$，$f_y(0,0)=1$，得

$$f(\xi,x)=f(0,0)+f_x(0,0)\xi+f_y(0,0)x+o(\sqrt{\xi^2+x^2})=f_x(0,0)\xi+x+o(x).$$

所以

$$原极限=-\lim_{x\to0^+}\frac{f_x(0,0)\xi+x+o(x)}{x}=-1\quad(注意\lim_{x\to0^+}\frac{\xi}{x}=0).$$

评注 由f在$(0,0)$处可微得到函数在$(0,0)$处的局部表达式是问题得以解决的关键.

例 20 证明$\frac{\pi(R^2-r^2)}{R+K}\leqslant\iint_D\frac{d\sigma}{\sqrt{(x-a)^2+(y-b)^2}}\leqslant\frac{\pi(R^2-r^2)}{r-K}$，其中，$0<K=\sqrt{a^2+b^2}<r<R$，$D:r^2\leqslant x^2+y^2\leqslant R^2$.

分析 只需找出被积函数在积分区域中的最大与最小值，利用积分估值定理就可得到所证不等式.

证明 易知$\sqrt{(x-a)^2+(y-b)^2}$是两点间的距离函数，如图 5.15 所示，由几何图直观可见，环形域$D:r^2\leqslant x^2+y^2\leqslant R^2$中的点到点$(a,b)$的最小距离为$r-K$，最大距离为$R+K$，所以有

$$\frac{1}{R+K}\leqslant\frac{1}{\sqrt{(x-a)^2+(y-b)^2}}\leqslant\frac{1}{r-K},\quad (x,y)\in D$$

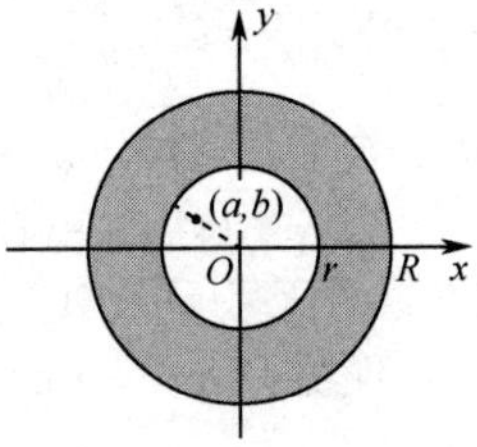

图 5.15

由积分估值定理可得

$$\frac{1}{R+K}\iint_D d\sigma\leqslant\iint_D\frac{d\sigma}{\sqrt{(x-a)^2+(y-b)^2}}\leqslant\frac{1}{r-K}\iint_D d\sigma.$$

由于$\iint_D d\sigma=\pi(R^2-r^2)$，所以原不等式成立.

评注 利用被积函数在积分区域上的最值来估计积分值的大小是比较常用的方法，但这种估计比较粗略，只有当函数的最大值与最小值相差不大时，这种估计才较好. 要得到更好的积分估计，通常是将被积函数做适当放大或缩小再积分.

例 21 设$f(x)$是$[a,b]$上的正值连续函数，$\int_a^b f(x)dx=A$. 证明：

$$\int_a^b f(x)e^{f(x)}dx\int_a^b\frac{1}{f(x)}dx\geqslant(b-a)(b-a+A).$$

分析 左边可视为二重积分$\int_a^b dx\int_a^b\frac{f(x)}{f(y)}e^{f(x)}dy$，注意积分区域关于$x,y$轮换对称，再利用一些已知不等式将被积函数缩小，以便得到所证的不等式.

解 记$D=\{(x,y)|a\leqslant x\leqslant b,a\leqslant y\leqslant b)\}$，则$D$关于$x,y$轮换对称，有

$$\int_a^b f(x)\mathrm{e}^{f(x)}\,\mathrm{d}x\int_a^b \frac{1}{f(x)}\mathrm{d}x=\int_a^b f(x)\mathrm{e}^{f(x)}\,\mathrm{d}x\int_a^b \frac{1}{f(y)}\mathrm{d}y$$
$$=\iint_D \frac{f(x)}{f(y)}\mathrm{e}^{f(x)}\,\mathrm{d}x\,\mathrm{d}y=\iint_D \frac{f(y)}{f(x)}\mathrm{e}^{f(y)}\,\mathrm{d}x\,\mathrm{d}y$$
$$=\frac{1}{2}\iint_D\left[\frac{f(x)}{f(y)}\mathrm{e}^{f(x)}+\frac{f(y)}{f(x)}\mathrm{e}^{f(y)}\right]\mathrm{d}x\,\mathrm{d}y$$
$$\geqslant\iint_D \mathrm{e}^{\frac{f(x)+f(y)}{2}}\,\mathrm{d}x\,\mathrm{d}y\geqslant\iint_D\left[1+\frac{f(x)+f(y)}{2}\right]\mathrm{d}x\,\mathrm{d}y.$$
$$=(b-a)^2+\int_a^b f(x)\,\mathrm{d}x\int_a^b \mathrm{d}y=(b-a)(b-a+A).$$

评注　重积分不等式的证明与定积分不等式的证明方法很类似，但也有一些不同点，读者要善于观察、总结.

例 22*　设 $f(x,y)$ 在 $x^2+y^2\leqslant 1$ 上有连续的二阶偏导数，$f(0,0)=0$，$f_x(0,0)=f_y(0,0)=0$，$(f_{xx})^2+2(f_{xy})^2+(f_{yy})^2\leqslant M$，证明 $\left|\iint\limits_{x^2+y^2\leqslant 1} f(x,y)\,\mathrm{d}x\,\mathrm{d}y\right|\leqslant\frac{\pi\sqrt{M}}{4}$.

分析　根据所给条件，容易想到将 $f(x,y)$ 先在点 $(0,0)$ 处做一阶泰勒展开，再做放大 .

证明　将函数 $f(x,y)$ 在 $(0,0)$ 处做一阶泰勒展开，有

$$f(x,y)=f(0,0)+xf_x(0,0)+yf_y(0,0)+\frac{1}{2}[x^2f_{xx}(\theta x,\theta y)+2xyf_{xy}(\theta x,\theta y)+y^2f_{yy}(\theta x,\theta y)]$$
$$=\frac{1}{2}[x^2f_{xx}(\theta x,\theta y)+2xyf_{xy}(\theta x,\theta y)+y^2f_{yy}(\theta x,\theta y)].$$

应用柯西不等式，得

$$[x^2f_{xx}(\theta x,\theta y)+2xyf_{xy}(\theta x,\theta y)+y^2f_{yy}(\theta x,\theta y)]^2$$
$$=[x^2\cdot f_{xx}(\theta x,\theta y)+\sqrt{2}xy\cdot\sqrt{2}f_{xy}(\theta x,\theta y)+y^2\cdot f_{yy}(\theta x,\theta y)]^2$$
$$\leqslant(x^4+2x^2y^2+y^4)\cdot[(f_{xx}(\theta x,\theta y))^2+2(f_{xy}(\theta x,\theta y))^2+(f_{yy}(\theta x,\theta y))^2].$$

于是

$$|f(x,y)|\leqslant\frac{1}{2}(x^2+y^2)\cdot\sqrt{(f_{xx}(\theta x,\theta y))^2+2(f_{xx}(\theta x,\theta y))^2+(f_{yy}(\theta x,\theta y))^2}\leqslant\frac{1}{2}\sqrt{M}(x^2+y^2).$$

所以

$$\left|\iint\limits_{x^2+y^2\leqslant 1} f(x,y)\,\mathrm{d}x\,\mathrm{d}y\right|\leqslant\iint\limits_{x^2+y^2\leqslant 1}|f(x,y)|\,\mathrm{d}x\,\mathrm{d}y\leqslant\frac{1}{2}\sqrt{M}\iint\limits_{x^2+y^2\leqslant 1}(x^2+y^2)\,\mathrm{d}x\,\mathrm{d}y$$
$$=\frac{1}{2}\sqrt{M}\int_0^{2\pi}\mathrm{d}\varphi\int_0^1\rho^3\,\mathrm{d}\rho=\frac{\pi\sqrt{M}}{4}.$$

例 23　设 $u(x)\in C[0,1]$ 且 $u(x)=1+\lambda\int_x^1 u(y)u(y-x)\,\mathrm{d}y$，证明 $\lambda\leqslant\frac{1}{2}$.

分析　由于不知道 $u(x)$ 的大小信息，也很难从题设条件求得 $u(x)$ 的表达式，所以想通过 x 的取值或求导解微分方程的思路去考虑是行不通的. 较好的方法是方程两边在 $[0,1]$ 上积分，将函数关系式转化为数量关系式，再寻求 λ 的大小估计.

证明　记 $a=\int_0^1 u(x)\mathrm{d}x$，对已知等式积分，得

$$a=1+\lambda\int_0^1 \mathrm{d}x\int_x^1 u(y)u(y-x)\mathrm{d}y=1+\lambda\int_0^1 u(y)\mathrm{d}y\int_0^y u(y-x)\mathrm{d}x \quad (积分换序)$$

$$\xlongequal{y-x=t}1+\lambda\int_0^1 u(y)\mathrm{d}y\int_0^y u(t)\mathrm{d}t=1+\frac{\lambda}{2}\int_0^1 u(y)\mathrm{d}y\int_0^1 u(t)\mathrm{d}t \quad (对称性，见本节例 4 评注（2）)$$

$$=1+\frac{\lambda}{2}a^2.$$

方程 $\frac{\lambda}{2}x^2-x+1=0$ 有实根，则判别式 $1-2\lambda\geqslant 0$，即 $\lambda\leqslant\frac{1}{2}$.

评注 题解的关键是利用积分的对称性 $\int_0^1 u(y)\mathrm{d}y\int_0^y u(t)\mathrm{d}t=\frac{1}{2}\int_0^1 u(y)\mathrm{d}y\int_0^1 u(t)\mathrm{d}t$ 来实现问题的转换.

例 24 设函数 $f(x,y)$ 在区域 $D:x^2+y^2\leqslant a^2(a>0)$ 具有一阶连续偏导数，且在 D 的边界 ∂D 上 $f(x,y)=a^2$，以及 $\max\limits_{(x,y)\in D}\left\{\left[(f_x)^2+(f_y)^2\right]\right\}=a^2$. 证明 $\left|\iint\limits_D f(x,y)\mathrm{d}x\mathrm{d}y\right|\leqslant\frac{4}{3}\pi a^4$.

分析 题设条件给出了 $f(x,y)$ 在 D 的边界 ∂D 上的取值，要建立函数在区域内二重积分与边界上积分的关系，自然会想到格林公式 $\iint\limits_D\left(\frac{\partial Q}{\partial x}-\frac{\partial P}{\partial y}\right)\mathrm{d}x\mathrm{d}y=\oint_{\partial D}P\mathrm{d}x+Q\mathrm{d}y$. 问题证明的关键是如何选择函数 P,Q，使得 $\frac{\partial Q}{\partial x}-\frac{\partial P}{\partial y}=f(x,y)$，结合所证结论可以看出，取 $P=yf(x,y)$，$Q=0$ 与 $P=0$，$Q=xf(x,y)$ 是较为适宜的.

证明 在格林公式 $\iint\limits_D\left(\frac{\partial Q}{\partial x}-\frac{\partial P}{\partial y}\right)\mathrm{d}x\mathrm{d}y=\oint_{\partial D}P\mathrm{d}x+Q\mathrm{d}y$ 中，取 $P=yf(x,y)$，$Q=0$ 与 $P=0$，$Q=xf(x,y)$，分别可得

$$\iint\limits_D f(x,y)\mathrm{d}x\mathrm{d}y=-\oint_{\partial D}yf(x,y)\mathrm{d}x-\iint\limits_D yf_y(x,y)\mathrm{d}x\mathrm{d}y,$$

$$\iint\limits_D f(x,y)\mathrm{d}x\mathrm{d}y=\oint_{\partial D}xf(x,y)\mathrm{d}y-\iint\limits_D xf_x(x,y)\mathrm{d}x\mathrm{d}y.$$

两式相加可得

$$\iint\limits_D f(x,y)\mathrm{d}x\mathrm{d}y=\frac{a^2}{2}\oint_{\partial D}x\mathrm{d}y-y\mathrm{d}x-\frac{1}{2}\iint\limits_D\left(xf_x(x,y)+yf_y(x,y)\right)\mathrm{d}x\mathrm{d}y=I_1+I_2.$$

对 I_1 利用格林公式，有

$$I_1=\frac{a^2}{2}\oint_{\partial D}x\mathrm{d}y-y\mathrm{d}x=a^2\iint\limits_D\mathrm{d}x\mathrm{d}y=\pi a^4.$$

对 I_2 中的被积函数利用柯西不等式，有

$$|I_2|\leqslant\frac{1}{2}\iint\limits_D\left|xf_x(x,y)+yf_y(x,y)\right|\mathrm{d}x\mathrm{d}y\leqslant\frac{1}{2}\iint\limits_D\sqrt{x^2+y^2}\sqrt{(f_x)^2+(f_y)^2}\,\mathrm{d}x\mathrm{d}y$$

$$\leqslant\frac{a}{2}\iint\limits_D\sqrt{x^2+y^2}\,\mathrm{d}x\mathrm{d}y=\frac{1}{3}\pi a^4.$$

因此

$$\left|\iint\limits_D f(x,y)\mathrm{d}x\mathrm{d}y\right|\leqslant\pi a^4+\frac{1}{3}\pi a^4=\frac{4}{3}\pi a^4.$$

评注　格林公式建立了二重积分与区域边界曲线积分的关系. 如果仅知道函数在边界上的信息，或者仅知道函数偏导数的信息，做积分运算就常用格林公式来做转换.

格林公式及其应用将在第 6 章中介绍.

例 25　设四阶可微函数 $f(x,y)$ 在平面区域 D：$0\leqslant x\leqslant 1$，$0\leqslant y\leqslant 1$ 的边界为零，且在 D 上有 $\left|\dfrac{\partial^4 f}{\partial x^2\partial y^2}\right|\leqslant b$. 证明 $\left|\iint\limits_D f(x,y)\,\mathrm{d}x\,\mathrm{d}y\right|\leqslant \dfrac{b}{144}$.

分析　从已知条件看，若能将二重积分中的函数转化为 $\dfrac{\partial^4 f}{\partial x^2\partial y^2}$ 的形式，问题就容易解决了. 实现这一目标的有效方法是做分部积分. 为此需引入一个在 D 的边界上取值为 0 的简单函数 $g(x,y)$，使之与 $\dfrac{\partial^4 f}{\partial x^2\partial y^2}$ 做乘积来完成这一转换. 显然取 $g(x,y)=x(1-x)y(1-y)$ 是最容易想到的.

证明　令 $g(x,y)=x(1-x)y(1-y)$，显然 g 在 D 的边界上为零. 利用分部积分，有

$$\int_0^1 \frac{\partial^4 f}{\partial x^2\partial y^2}g(x,y)\,\mathrm{d}x=\int_0^1 g(x,y)\,\mathrm{d}\frac{\partial^3 f}{\partial x\partial y^2}$$

$$=g(x,y)\frac{\partial^3 f}{\partial x\partial y^2}\bigg|_0^1-\int_0^1\frac{\partial^3 f}{\partial x\partial y^2}\cdot\frac{\partial g}{\partial x}\,\mathrm{d}x=-\int_0^1\frac{\partial^3 f}{\partial x\partial y^2}\cdot\frac{\partial g}{\partial x}\,\mathrm{d}x,$$

则

$$\iint\limits_D \frac{\partial^4 f}{\partial x^2\partial y^2}g(x,y)\,\mathrm{d}x\,\mathrm{d}y=\int_0^1\mathrm{d}y\int_0^1\frac{\partial^4 f}{\partial x^2\partial y^2}g(x,y)\,\mathrm{d}x=-\int_0^1\mathrm{d}y\int_0^1\frac{\partial^3 f}{\partial x\partial y^2}\cdot\frac{\partial g}{\partial x}\,\mathrm{d}x$$

$$=-\int_0^1\mathrm{d}x\int_0^1\frac{\partial^3 f}{\partial x\partial y^2}\cdot\frac{\partial g}{\partial x}\,\mathrm{d}y=\int_0^1\mathrm{d}x\int_0^1\frac{\partial^2 f}{\partial x\partial y}\cdot\frac{\partial^2 g}{\partial x\partial y}\,\mathrm{d}y.$$

同理得到

$$\iint\limits_D \frac{\partial^4 g}{\partial x^2\partial y^2}f(x,y)\,\mathrm{d}x\,\mathrm{d}y=\int_0^1\mathrm{d}x\int_0^1\frac{\partial^2 f}{\partial x\partial y}\cdot\frac{\partial^2 g}{\partial x\partial y}\,\mathrm{d}y.$$

从而

$$\iint\limits_D \frac{\partial^4 g}{\partial x^2\partial y^2}f(x,y)\,\mathrm{d}x\,\mathrm{d}y=\iint\limits_D \frac{\partial^4 f}{\partial x^2\partial y^2}g(x,y)\,\mathrm{d}x\,\mathrm{d}y.$$

又因为 $\dfrac{\partial^4 g}{\partial x^2\partial y^2}=4$，所以

$$\left|\iint\limits_D f(x,y)\mathrm{d}x\mathrm{d}y\right|=\frac{1}{4}\left|\iint\limits_D \frac{\partial^4 g}{\partial x^2\partial y^2}f(x,y)\,\mathrm{d}x\,\mathrm{d}y\right|=\frac{1}{4}\left|\iint\limits_D \frac{\partial^4 f}{\partial x^2\partial y^2}g(x,y)\,\mathrm{d}x\,\mathrm{d}y\right|$$

$$\leqslant\frac{1}{4}\iint\limits_D\left|\frac{\partial^4 f}{\partial x^2\partial y^2}\right|g(x,y)\,\mathrm{d}x\,\mathrm{d}y\leqslant\frac{b}{4}\iint\limits_D g(x,y)\,\mathrm{d}x\,\mathrm{d}y.$$

而 $\iint\limits_D g(x,y)\,\mathrm{d}x\,\mathrm{d}y=\left(\int_0^1 x(1-x)\,\mathrm{d}x\right)^2=\dfrac{1}{36}$，所以原不等式成立.

评注　该题的关键是利用被积函数在积分区域边界为零的特点，通过分部积分将被积函数转化为其偏导数的积分. 实现这一转化的桥梁是找一个在区域边界取值也为零的最简多项式函数.

例 26*　设函数 $f(x,y)$ 在区域 $D:x^2+y^2\leqslant 1$ 上有二阶连续偏导数，且 $\dfrac{\partial^2 f}{\partial x^2}+\dfrac{\partial^2 f}{\partial y^2}=\mathrm{e}^{-(x^2+y^2)}$，证明

$$\iint_D \left(x\frac{\partial f}{\partial x} + y\frac{\partial f}{\partial y} \right) \mathrm{d}x\,\mathrm{d}y = \frac{\pi}{2\mathrm{e}}.$$

分析 积分区域是圆形域，采用极坐标. 关键是要将被积函数用 $\frac{\partial^2 f}{\partial x^2} + \frac{\partial^2 f}{\partial y^2}$ 来表示，为此可在半径为 $\rho(0 \leqslant \rho \leqslant 1)$ 的圆周 L_ρ 上运用格林公式；另外的方法是利用二重积分的分部积分公式.

证明 **方法 1** 采用极坐标 $x = \rho\cos\varphi$，$y = \rho\sin\varphi$，则左边积分

$$I = \int_0^1 \rho\,\mathrm{d}\rho \int_0^{2\pi} \left(\rho\cos\varphi \cdot \frac{\partial f}{\partial x} + \rho\sin\varphi \cdot \frac{\partial f}{\partial y} \right) \mathrm{d}\varphi = \int_0^1 \rho\,\mathrm{d}\rho \int_{x^2+y^2=\rho^2} \left(\frac{\partial f}{\partial x}\mathrm{d}y - \frac{\partial f}{\partial y}\mathrm{d}x \right).$$

记 $L_\rho: x = \rho\cos\varphi$，$y = \rho\sin\varphi$（逆时针方向）是半径为 $\rho(0 \leqslant \rho \leqslant 1)$ 的圆，则

$$\rho\cos\varphi\,\mathrm{d}\varphi = \mathrm{d}y,\quad \rho\sin\varphi\,\mathrm{d}\varphi = -\mathrm{d}x,$$

$$I = \int_0^1 \rho\,\mathrm{d}\rho \int_{L\rho} \left(\frac{\partial f}{\partial x}\mathrm{d}y - \frac{\partial f}{\partial y}\mathrm{d}x \right).$$

对曲线积分利用格林公式，有

$$\int_{L\rho} \left(\frac{\partial f}{\partial x}\mathrm{d}y - \frac{\partial f}{\partial y}\mathrm{d}x \right) = \iint_{x^2+y^2 \leqslant \rho^2} \left(\frac{\partial^2 f}{\partial x^2} + \frac{\partial^2 f}{\partial y^2} \right) \mathrm{d}x\,\mathrm{d}y$$

$$= \iint_{x^2+y^2 \leqslant \rho^2} \mathrm{e}^{-(x^2+y^2)}\,\mathrm{d}x\,\mathrm{d}y = \int_0^{2\pi} \mathrm{d}\theta \int_0^\rho \mathrm{e}^{-r^2} r\,\mathrm{d}r = \pi(1 - \mathrm{e}^{-\rho^2}).$$

所以

$$I = \int_0^1 \pi\rho(1 - \mathrm{e}^{-\rho^2})\,\mathrm{d}\rho = \frac{\pi}{2\mathrm{e}}.$$

方法 2 由格林公式，可导出二重积分的分部积分公式：

$$\iint_D u\frac{\partial v}{\partial x}\mathrm{d}x\,\mathrm{d}y = \oint_{\partial D} uv\,\mathrm{d}y - \iint_D v\frac{\partial u}{\partial x}\mathrm{d}x\,\mathrm{d}y \text{ 及 } \iint_D u\frac{\partial v}{\partial y}\mathrm{d}x\,\mathrm{d}y = -\oint_{\partial D} uv\,\mathrm{d}x - \iint_D v\frac{\partial u}{\partial y}\mathrm{d}x\,\mathrm{d}y.$$

其中 ∂D 为闭区域 D 的正向边界，它是一条分段光滑闭曲线，函数 $u(x,y)$ 和 $v(x,y)$ 在闭区域 D 上有一阶连续偏导数，因为

$$I = \iint_D \left(x\frac{\partial f}{\partial x} + y\frac{\partial f}{\partial y} \right) \mathrm{d}x\,\mathrm{d}y = \frac{1}{2}\iint_D \left(f_x \frac{\partial(x^2+y^2)}{\partial x} + f_y \frac{\partial(x^2+y^2)}{\partial y} \right) \mathrm{d}x\,\mathrm{d}y,$$

依据这两个二重积分的分部积分公式，得

$$I = \frac{1}{2}\oint_{\partial D} (x^2+y^2) f_x\,\mathrm{d}y - (x^2+y^2) f_y\,\mathrm{d}x - \frac{1}{2}\iint_D (x^2+y^2)(f_{xx} + f_{yy})\,\mathrm{d}x\,\mathrm{d}y.$$

本题中 $D: x^2+y^2 \leqslant 1$ 的边界为 $\partial D: x^2+y^2 = 1$，所以

$$I = \frac{1}{2}\oint_{\partial D} f_x\,\mathrm{d}y - f_y\,\mathrm{d}x - \frac{1}{2}\iint_D (x^2+y^2)(f_{xx} + f_{yy})\,\mathrm{d}x\,\mathrm{d}y$$

$$\xlongequal{\text{格林公式}} \frac{1}{2}\iint_D (f_{xx} + f_{yy})\,\mathrm{d}x\,\mathrm{d}y - \frac{1}{2}\iint_D (x^2+y^2)(f_{xx} + f_{yy})\,\mathrm{d}x\,\mathrm{d}y$$

$$= \frac{1}{2}\iint_D (1 - x^2 - y^2)\mathrm{e}^{-(x^2+y^2)}\,\mathrm{d}x\,\mathrm{d}y = \frac{1}{2}\int_0^{2\pi} \mathrm{d}\varphi \int_0^1 (1 - \rho^2)\mathrm{e}^{-\rho^2} \rho\,\mathrm{d}\rho = \frac{\pi}{2\mathrm{e}}.$$

评注 方法 1 的关键是利用被积函数的特点，将定积分转化为曲线积分，再用格林公式. 要使被积函数与其(偏)导数产生联系，常用的手段是使用分部积分、格林公式、高斯公式、斯托克斯公式等.

例 27* 证明积分方程 $f(x,y)=1+\int_0^x\int_0^y f(u,v)\,\mathrm{d}u\,\mathrm{d}v$ 在 $0\leqslant x\leqslant 1$ 和 $0\leqslant y\leqslant 1$ 中至多有一个连续解.

分析 若命题不成立，则两个解的差 $g(x,y)$ 是非零函数，且满足方程：$g(x,y)=\int_0^x\int_0^y g(u,v)\,\mathrm{d}u\,\mathrm{d}v$. 由 g 的连续性可证，这是不可能的.

解 设存在两个连续解，令 g 是它们的差，则 g 连续且

$$g(x,y)=\int_0^x\int_0^y g(u,v)\,\mathrm{d}u\,\mathrm{d}v.$$

因为 g 连续，则它在给定的正方形上有界. 设 M 是它的一个界，则当 $0\leqslant x\leqslant 1$，$0\leqslant y\leqslant 1$ 时，有

$$|g(x,y)|\leqslant\int_0^x\int_0^y|g(u,v)|\,\mathrm{d}u\,\mathrm{d}v\leqslant\int_0^x\int_0^y M\,\mathrm{d}u\,\mathrm{d}v=Mxy.$$

下面证明对于任何正整数 n，有

$$|g(x,y)|\leqslant M\frac{x^n}{n!}\cdot\frac{y^n}{n!}. \qquad ①$$

当 $n=1$ 时的情况已证. 假定当 $n=k$ 时为真，则

$$|g(x,y)|\leqslant\int_0^x\int_0^y|g(u,v)|\,\mathrm{d}u\,\mathrm{d}v\leqslant\int_0^x\int_0^y M\frac{u^k}{k!}\cdot\frac{v^k}{k!}\mathrm{d}u\,\mathrm{d}v=M\frac{x^{k+1}}{(k+1)!}\cdot\frac{y^{k+1}}{(k+1)!}.$$

由数学归纳法，知①式成立.

由于对任意固定的 x 与 y，$\lim\limits_{n\to\infty}M\frac{x^n}{n!}\cdot\frac{y^n}{n!}=0$，所以 $|g(x,y)|\leqslant 0$，故 $g(x,y)=0$. 因而不可能存在两个不同的连续解.

习题 5.1

习题 5.1 答案

1. 计算积分 $\iint\limits_D\frac{a\sqrt{f(x)}+b\sqrt{f(y)}}{\sqrt{f(x)}+\sqrt{f(y)}}\mathrm{d}\sigma$，其中 $D=\left\{(x,y)\middle|x^2+y^2\leqslant 4,x\geqslant 0,y\geqslant 0\right\}$.

2. 计算下列积分：

（1）$\iint\limits_D\left(\sin x^2\cos y^2+x\sqrt{x^2+y^2}\right)\mathrm{d}x\,\mathrm{d}y$，其中 $D=\{(x,y)\,|\,x^2+y^2\leqslant\pi\}$；

（2）$\iint\limits_D\frac{x^2y}{\mathrm{e}^x(y\mathrm{e}^x+x\mathrm{e}^y)}\mathrm{d}x\mathrm{d}y$，其中 $D=\{(x,y)\,|\,0\leqslant x\leqslant 1,0\leqslant y\leqslant 1\}$.

3. 计算积分 $\iint\limits_D(x+y)\,\mathrm{d}x\,\mathrm{d}y$，其中 $D=\{(x,y)\,|\,x^2+y^2\leqslant 2x+2y\}$.

4. 计算积分 $I=\iint\limits_D f(x,y)\,\mathrm{d}x\,\mathrm{d}y$，其中 $D:|x|+|y|\leqslant 2$，$f(x,y)=\begin{cases}x^2, & |x|+|y|<1\\ \dfrac{1}{\sqrt{x^2+y^2}}, & 1\leqslant|x|+|y|\leqslant 2\end{cases}$.

5. 设 D 是 xOy 面上圆 $x^2+y^2=1$ 与直线 $y=x$ 所围成的上半圆区域，若

$$\iint\limits_D x(a+\arctan y)\,\mathrm{d}x\mathrm{d}y+\int_0^1\mathrm{d}y\int_y^1\left[\frac{\mathrm{e}^{x^2}}{x}-\mathrm{e}^{y^2}\right]\mathrm{d}x=0,$$

则求常数 a 的值.

6. 设 $f(x)$ 在 $[0,1]$ 上连续，$f(x)=x+\int_x^1 f(y)f(y-x)\,\mathrm{d}y$，求 $\int_0^1 f(x)\mathrm{d}x$，

7. 求曲面$(z+1)^2=(x-z-1)^2+y^2$与平面$z=0$所围成立体的体积.

8. 计算$\iint\limits_D |\sin(x-y)|\,\mathrm{d}\sigma$，其中$D:0\leqslant x\leqslant y\leqslant 2\pi$.

9. 计算$\iint\limits_D \operatorname{sgn}(xy-1)\mathrm{d}x\mathrm{d}y$，其中$D=\{(x,y)\,|\,0\leqslant x\leqslant 2, 0\leqslant y\leqslant 2\}$.

10. 计算$\iint\limits_D (x+y)\mathrm{d}\sigma$，其中$D=\{(x,y)|\,y^2\leqslant x+2, x^2\leqslant y+2\}$.

11. 设$D=\{(x,y)\,|\,0\leqslant y\leqslant 1-x, 0\leqslant x\leqslant 1\}$，试求二重积分$I=\iint\limits_D |x^2+y^2-x|\,\mathrm{d}x\,\mathrm{d}y$.

12*. 设D是由直线$x+y=1$与两坐标轴围成的区域，求$\iint\limits_D \dfrac{(x+y)\ln(1+y/x)}{\sqrt{1-x-y}}\mathrm{d}x\,\mathrm{d}y$.

13*. 计算积分$\iint\limits_D \dfrac{x^2}{y}\sin(xy)\,\mathrm{d}\sigma$，其中$D=\left\{(x,y)|\,0<\dfrac{\pi y}{2}\leqslant x^2\leqslant \pi y,\ 0<x\leqslant y^2\leqslant 2x\right\}$.

14. 计算积分$I=\iint\limits_D \sqrt[3]{\sqrt{x}+\sqrt{y}}\,\mathrm{d}x\mathrm{d}y$，积分区域$D:\sqrt{x}+\sqrt{y}\leqslant 1$.

15*. 若D是xOy面上的无界区域，$f(x,y)$在D上连续，$\forall R>0$，$D_R=D\bigcap\left\{(x,y)\,|\,x^2+y^2\leqslant R^2\right\}$，如果$\lim\limits_{R\to+\infty}\iint\limits_{D_R} f(x,y)\mathrm{d}\sigma$存在，则称该极限是$f(x,y)$在$D$上的二重反常积分，并记作$\iint\limits_D f(x,y)\,\mathrm{d}\sigma$，即

$$\iint\limits_D f(x,y)\mathrm{d}\sigma=\lim_{R\to+\infty}\iint\limits_{D_R} f(x,y)\mathrm{d}\sigma .$$

设函数$P(x,y)$和$Q(x,y)$在xOy平面上有连续的偏导数，且对$(x,y)\neq(0,0)$，有$\sqrt{[P(x,y)]^2+[Q(x,y)]^2}\leqslant\dfrac{M}{x^2+y^2}$，$M$为常数. 证明二重反常积分$\iint\limits_{xOy面}\left(\dfrac{\partial Q}{\partial x}-\dfrac{\partial P}{\partial y}\right)\mathrm{d}\sigma=0$.

16*. 设$D=\{(x,y)\,|\,0\leqslant y<+\infty, 0\leqslant x<+\infty\}$，计算$\iint\limits_D \mathrm{e}^{-x-y}\dfrac{\cos(2k\sqrt{xy})}{\sqrt{xy}}\mathrm{d}x\,\mathrm{d}y$，其中$k$为常数.

17*. 计算$\iint\limits_{\mathbb{R}^2} \mathrm{e}^{-\frac{x^2-2\mu xy+y^2}{2(1-\mu^2)}}\,\mathrm{d}x\,\mathrm{d}y$，其中$0\leqslant\mu<1$.

18*. $f(x,y)$是$\{(x,y)\,|\,x^2+y^2\leqslant 1\}$上二次连续可微函数，满足$\dfrac{\partial^2 f}{\partial x^2}+\dfrac{\partial^2 f}{\partial y^2}=x^2y^2$，计算积分：

$$I=\iint\limits_{x^2+y^2\leqslant 1}\left(\frac{x}{\sqrt{x^2+y^2}}\cdot\frac{\partial f}{\partial x}+\frac{y}{\sqrt{x^2+y^2}}\cdot\frac{\partial f}{\partial y}\right)\mathrm{d}x\,\mathrm{d}y .$$

19. 设$f(t)$在$(-\infty,+\infty)$上连续，且$f(t)=2\iint\limits_{x^2+y^2\leqslant t^2}(x^2+y^2)f(\sqrt{x^2+y^2})\,\mathrm{d}x\,\mathrm{d}y+t^4$，求$f(t)$.

20.（1）设函数$f(t)$在$[0,+\infty)$上连续，且满足方程$f(t)=\mathrm{e}^{4\pi t^2}+\iint\limits_{x^2+y^2\leqslant 4t^2} f\left(\dfrac{1}{2}\sqrt{x^2+y^2}\right)\mathrm{d}x\,\mathrm{d}y$，求$\lim\limits_{t\to 0}\big(f(t)\big)^{\frac{1}{t^2}}$.

（2）设$f(x,y)$连续，$f(0,0)=0$，$f(x,y)$在$(0,0)$处可微，且$f_y(0,0)=1$，$I(x)=\dfrac{\int_0^{x^3}\mathrm{d}t\int_{\sqrt[3]{t}}^{x} f(t,u)\mathrm{d}u}{1-\sqrt[3]{1-x^5}}$，

求 $\lim\limits_{x\to 0^+} I(x)$.

21. $f(x)=\begin{cases} x^x, & x>0 \\ 1, & x=0 \end{cases}$，$D=\{(x,y)\mid 0\leqslant x\leqslant 1, 0\leqslant y\leqslant 1\}$，证明 $\iint\limits_D f(xy)\,\mathrm{d}x\,\mathrm{d}y=\int_0^1 f(x)\,\mathrm{d}x$.

22. 设 $f(x)$ 在 $[a,b]$ 上连续，证明 $\left[\int_a^b f(x)\,\mathrm{d}x\right]^2\leqslant (b-a)\int_a^b f^2(x)\,\mathrm{d}x$.

23. 设 $f(x)$ 是 $[a,b]$ 上的正值连续函数，$\int_a^b f(x)\,\mathrm{d}x=A$. 证明：

$$\int_a^b f(x)\mathrm{e}^{f(x)}\,\mathrm{d}x\int_a^b \frac{1}{f(x)}\,\mathrm{d}x\geqslant (b-a)(b-a+A).$$

24*. 设 $D:0\leqslant x\leqslant 2$，$0\leqslant y\leqslant 2$，完成下面的计算与证明：

（1）求 $B=\iint\limits_D |xy-1|\,\mathrm{d}x\,\mathrm{d}y$；

（2）设 $f(x,y)$ 在 D 上连续，且 $\iint\limits_D f(x,y)\,\mathrm{d}x\,\mathrm{d}y=0$，$\iint\limits_D xyf(x,y)\,\mathrm{d}x\,\mathrm{d}y=1$，证明存在 $(\xi,\eta)\in D$，使 $|f(\xi,\eta)|\geqslant \dfrac{1}{B}$.

25. 设 $f(x)\in C[0,1]$ 且正值递减，证明 $\dfrac{\int_0^1 xf^2(x)\,\mathrm{d}x}{\int_0^1 xf(x)\,\mathrm{d}x}\leqslant \dfrac{\int_0^1 f^2(x)\,\mathrm{d}x}{\int_0^1 f(x)\,\mathrm{d}x}$.

26. 设 $f(x)\in C[a,b]$，而在 $[a,b]$ 之外等于0，记 $\varphi(x)=\dfrac{1}{2h}\int_{x-h}^{x+h} f(t)\,\mathrm{d}t\ (h>0)$，证明：

$$\int_a^b |\varphi(t)|\,\mathrm{d}t\leqslant \int_a^b |f(t)|\,\mathrm{d}t.$$

27. 证明 $\dfrac{\pi}{4}(1-\mathrm{e}^{-1})<\left(\int_0^1 \mathrm{e}^{-x^2}\,\mathrm{d}x\right)^2<\dfrac{\pi}{4}(1-\mathrm{e}^{-\frac{4}{\pi}})$.

28. 设 $p(x)$ 在 $[a,b]$ 上非负且连续，$f(x)$ 与 $g(x)$ 在 $[a,b]$ 上连续且有相同的单调性. $D=\{(x,y)\mid a\leqslant x\leqslant b, a\leqslant y\leqslant b\}$，证明：

$$\iint\limits_D p(x)f(x)p(y)g(y)\,\mathrm{d}x\,\mathrm{d}y\leqslant \iint\limits_D p(x)f(y)p(y)g(y)\,\mathrm{d}x\,\mathrm{d}y.$$

29. 设 $D=\{(x,y)\mid 0\leqslant x\leqslant 1, 0\leqslant y\leqslant 1\}$，$I=\iint\limits_D f(x,y)\mathrm{d}x\mathrm{d}y$，其中函数 $f(x,y)$ 在 D 上有连续二阶偏导数. 若对任何 x, y 有 $f(0,y)=f(x,0)=0$，且 $\dfrac{\partial^2 f}{\partial x\partial y}\leqslant A$，证明 $I\leqslant \dfrac{A}{4}$.

30. 证明 $1\leqslant \iint\limits_D (\cos x^2+\sin y^2)\,\mathrm{d}x\,\mathrm{d}y\leqslant \sqrt{2}$，其中 $D:0\leqslant x\leqslant 1$，$0\leqslant y\leqslant 1$.

31. 设 $f(x)\in C[0,+\infty)$，且满足 $\forall x, y\geqslant 0$，有 $f(x)f(y)\leqslant xf\left(\dfrac{y}{2}\right)+yf\left(\dfrac{x}{2}\right)$，证明：

$$\int_0^x f(t)\,\mathrm{d}t\leqslant 2x^2.$$

32. 求由曲面 $1-z=\sqrt{x^2+y^2}$，$x=z$，$x=0$ 所围成的立体的体积.

33. 设有一半径为 R，高为 H 的圆柱形容器，盛有高 $\dfrac{2}{3}H$ 的水，放在离心机上高速旋转，因受离心力的作用，水面呈抛物面形，问当水刚要溢出容器时，液面的最低点在何处？

34. 如图5.16所示，有一平面均匀的薄片是由抛物线 $y=a(1-x^2)\ (a>0)$ 及 x 轴所围成. 现要求当此薄片以 $(1,0)$ 为支点向右边倾斜时，只要 θ 不超过 45°，则该薄片便不会向右翻倒，问参数 a 最大不能超过多少？

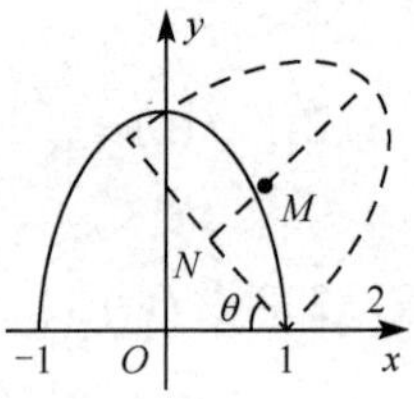

图 5.16

35. 给定面密度为1的平面薄板 $D: x^2 \leqslant y \leqslant 1$，求该薄板过 D 的质心和点 $(1,1)$ 的直线和转动惯量.

36. 设 D 为椭圆形 $\dfrac{x^2}{a^2}+\dfrac{y^2}{b^2}\leqslant 1\ (a>b>0)$，是面密度为 μ 的均质薄板；l 为通过椭圆焦点 $(-c,0)$（其中 $c^2=a^2-b^2$）垂直于薄板的旋转轴.

（1）求薄板 D 绕 l 旋转的转动惯量 J；

（2）对于固定的转动惯量，讨论椭圆薄板的面积是否有最大值和最小值.

5.2 三重积分

三重积分的计算与二重积分的计算类似，是化为累次积分进行的. 由于积分变量更多，积分顺序的选取方式也更多，不同方式对计算积分的难易程度有很大的影响. 为便于计算，首先要根据积分区域的形状以及被积函数的特点选择适当的坐标系，在选定坐标系后再确定化为累次积分的方法. 在直角坐标或柱面坐标系中常用的方法有两种：

一是“先一后二法（投影法）”，即先计算某坐标轴方向的一个定积分（由区域的边界曲面确定积分限），再算投影区域上的二重积分，如

$$\iiint\limits_{\Omega} f(x,y,z)\,\mathrm{d}V=\iint\limits_{D}\mathrm{d}x\,\mathrm{d}y\int_{z_1(x,y)}^{z_2(x,y)} f(x,y,z)\,\mathrm{d}z\,,$$

其中，$z=z_1(x,y)$，$z=z_2(x,y)$ 是区域 Ω 的下、上边界曲面，D 是 Ω 在 xOy 面上的投影区域. 当 D 是圆（环）形区域时，常选用极坐标，也就是空间的柱面坐标.

二是“先二后一法（平行截面法）”，即先计算平行截面区域上的二重积分，再计算其垂直方向上的定积分，如

$$\iiint\limits_{\Omega} f(x,y,z)\,\mathrm{d}V=\int_c^d \mathrm{d}z\iint\limits_{D(z)} f(x,y,z)\,\mathrm{d}x\,\mathrm{d}y\,,$$

其中，$[c,d]$ 是区域 Ω 在 z 轴上的投影区间，$D(z)$ 是过点 $(0,0,z)(z\in[c,d])$ 与 xOy 面平行的平面截 Ω 所得的平面区域. 当 $D(z)$ 是圆（环）形区域时，常选用平面极坐标（空间柱面坐标）.

在球面坐标系中通常是以过原点的射线去穿积分区域 Ω 而确定积分限的，化为先对径向变量 r，再对其余两个变量的三次积分

$$\iiint\limits_{\Omega} f(x,y,z)\,\mathrm{d}V=\iiint\limits_{\Omega} f(r\sin\theta\cos\varphi, r\sin\theta\sin\varphi, r\cos\theta)\, r^2\sin\theta\,\mathrm{d}r\,\mathrm{d}\theta\,\mathrm{d}\varphi\,.$$

除了坐标系与积分顺序的选择，还要注意利用积分区域的对称性和被积函数关于变量的奇、偶性与对称性来简化计算.

例 1 计算 $\iiint\limits_{\Omega}\dfrac{1}{x^2+y^2}\mathrm{d}V$，其中 Ω 是由 6 个顶点 $A(1,0,0), B(1,1,0), C(1,1,2), D(2,0,0), E(2,2,0), F(2,2,4)$ 组成的三棱锥台.

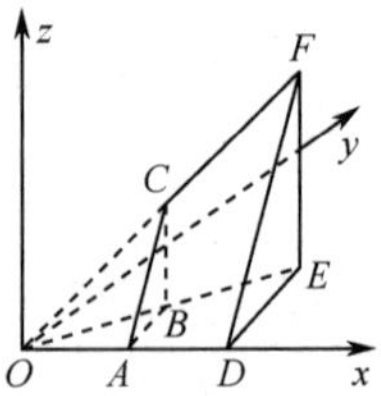

图 5.17

分析 Ω 的边界曲面是平面，选直角坐标系计算为宜. 用投影法计算，关键是要求出上顶的平面方程与 Ω 在 xOy 平面上的投影区域.

解 如图 5.17 所示，Ω 在 xOy 面上的投影为梯形 $ABED$. Ω 是以梯形 $ABED$ 为底，以梯形 $ACFD$ 为顶的柱体. 由于梯形 $ACFD$ 所在 平面

过 x 轴，因此设其方程为 $ay+bz=0$，平面又过 $C(1,1,2)$ 点，得其方程为 $z-2y=0$．所以积分区域为 Ω: $0\leqslant z\leqslant 2y$，$0\leqslant y\leqslant x$，$1\leqslant x\leqslant 2$.

$$\iiint\limits_{\Omega}\frac{1}{x^2+y^2}\mathrm{d}v=\int_1^2\mathrm{d}x\int_0^x\frac{1}{x^2+y^2}\mathrm{d}y\int_0^{2y}\mathrm{d}z$$

$$=\int_1^2\mathrm{d}x\int_0^x\frac{2y}{x^2+y^2}\mathrm{d}y=\int_1^2[\ln(2x^2)-\ln x^2]\mathrm{d}x=\ln 2.$$

评注　当积分区域由平面、柱面、抛物面等围成时，宜选用直角坐标系中的“先一后二法”计算.

例 2　计算 $I=\iiint\limits_{\Omega}(x-y)^2\,\mathrm{d}x\mathrm{d}y\mathrm{d}z$，其中 $\Omega: x^2+y^2+(z-a)^2\leqslant a^2$，$z\geqslant\sqrt{x^2+y^2}$.

分析　积分区域由球面与锥面所围成，选球面坐标计算较好. 首先需将曲面方程化为球面坐标形式并根据图形确定积分限. 要注意利用对称性简化计算.

解　为便于比较，这里用球面坐标系、柱面坐标系、直角坐标系分别计算.

$$I=\iiint\limits_{\Omega}(x^2+y^2)\mathrm{d}x\mathrm{d}y\mathrm{d}z-2\iiint\limits_{\Omega}xy\mathrm{d}x\mathrm{d}y\mathrm{d}z.$$

由于积分区域 Ω 关于 $x=0$ 对称，则 $\iiint\limits_{\Omega}xy\mathrm{d}x\mathrm{d}y\mathrm{d}z=0$.

（1）用球面坐标系计算.

用球面坐标变换，Ω 的边界曲面 $x^2+y^2+(z-a)^2=a^2$ 与 $z=\sqrt{x^2+y^2}$ 的方程分别为 $r=2a\cos\theta$ 与 $\theta=\dfrac{\pi}{4}$. 如图 5.18 所示，可得区域的球面坐标表示 Ω: $\begin{cases}0\leqslant r\leqslant 2a\cos\theta\\ 0\leqslant\theta\leqslant\dfrac{\pi}{4}\\ 0\leqslant\varphi\leqslant 2\pi\end{cases}$.

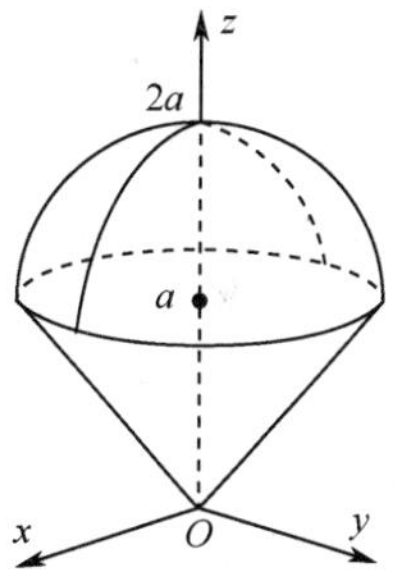

图 5.18

于是 $I=\iiint\limits_{\Omega}(x^2+y^2)\mathrm{d}x\mathrm{d}y\mathrm{d}z=\int_0^{2\pi}\mathrm{d}\varphi\int_0^{\frac{\pi}{4}}\mathrm{d}\theta\int_0^{2a\cos\theta}r^4\sin^3\theta\mathrm{d}r$

$$=2\pi\cdot\frac{32a^5}{5}\int_0^{\frac{\pi}{4}}\cos^5\theta\sin^3\theta\mathrm{d}\theta=\frac{11}{30}\pi a^5.$$

（2）用柱面坐标系计算.

用柱面坐标变换，曲面 $x^2+y^2+(z-a)^2=a^2$ 与 $z=\sqrt{x^2+y^2}$ 的方程分别为 $z=a+\sqrt{a^2-\rho^2}$ 与 $z=\rho$. 由 $\begin{cases}z=a+\sqrt{a^2-\rho^2}\\ z=\rho\end{cases}$ 消去 z 得 $\rho=a$. 所以 Ω 在 xOy 面的投影区域 D_{xy}: $\begin{cases}0\leqslant\rho\leqslant a\\ 0\leqslant\varphi\leqslant 2\pi\end{cases}$.

$$I=\iiint\limits_{V}(x^2+y^2)\mathrm{d}x\mathrm{d}y\mathrm{d}z=\int_0^{2\pi}\mathrm{d}\varphi\int_0^a\rho^3\,\mathrm{d}\rho\int_{\rho}^{a+\sqrt{a^2-\rho^2}}\mathrm{d}z$$

$$=2\pi\int_0^a\rho^3\left(a+\sqrt{a^2-\rho^2}-\rho\right)\mathrm{d}\rho=\frac{11}{30}\pi a^5.$$

（3）用直角坐标系计算.

Ω 介于两平行平面 $z=0$ 与 $z=2a$ 之间，用平行于这两个平面的平面去截 Ω 所得的截面区域为

$$D_z:\begin{cases}\{(x,y)\,|\,x^2+y^2\leqslant z^2\}, & 0\leqslant z\leqslant a,\\ \{(x,y)\,|\,x^2+y^2\leqslant 2az-z^2\}, & a\leqslant z\leqslant 2a.\end{cases}$$

由“先二后一法”，有

$$I=\int_0^{2a}\mathrm{d}z\iint\limits_{D_z}(x^2+y^2)\mathrm{d}\sigma=\int_0^a\mathrm{d}z\int_0^{2\pi}\mathrm{d}\varphi\int_0^z\rho^3\mathrm{d}\rho+\int_a^{2a}\mathrm{d}z\int_0^{2\pi}\mathrm{d}\varphi\int_0^{\sqrt{2az-z^2}}\rho^3\mathrm{d}\rho$$

$$=\frac{\pi}{10}a^5+\frac{4\pi}{15}a^5=\frac{11}{30}\pi a^5.$$

评注 （1）若三重积分满足下列条件之一，宜选柱面坐标系计算：

● 积分区域由旋转曲面(或部分)所围成；

● 被积函数(或部分)形式为 $f(x^2+y^2)$ 或 $f\left(\frac{y}{x}\right)$.

（2）若三重积分满足下列条件之一，宜选球面坐标系计算：

● 积分区域由球面、圆锥面等所围成，或区域边界曲面方程中有 $x^2+y^2+z^2$ 的形式；

● 被积函数(或部分)形式为 $f(x^2+y^2+z^2)$ 或 $f\left(\frac{z}{\sqrt{x^2+y^2}}\right)$.

（3）当平行于某一坐标面的平面截积分区域所得的截面区域易于解析表示，且对应的二重积分易于计算时，常用“先二后一法”(也叫平行截面法)计算；直角坐标系与柱面坐标系中的“先一后二法”(也叫投影法)确定“先一”的积分限时，是用平行于坐标轴的直线去穿积分区域来确定的；球面坐标系中积分限的确定是作一条从原点出发的射线去穿积分区域来确定的. 计算中要注意各自不同的定限方法.

例 3 计算 $I=\int_{-1}^1\mathrm{d}x\int_0^{\sqrt{1-x^2}}\mathrm{d}y\int_1^{1+\sqrt{1-x^2-y^2}}\frac{1}{\sqrt{x^2+y^2+z^2}}\mathrm{d}z$.

分析 若直接计算，则积分较困难，易知积分区域是球形区域的一部分，被积函数是 $f(x^2+y^2+z^2)$ 的类型，因此选用球面坐标系计算为好.

解 积分区域为 Ω: $1\leqslant z\leqslant 1+\sqrt{1-x^2-y^2}$，$0\leqslant y\leqslant\sqrt{1-x^2}$，$-1\leqslant x\leqslant 1$.

如图 5.19 所示，在球面坐标系中，边界曲面 $z=1+\sqrt{1-x^2-y^2}$ 和 $z=1$ 的方程分别为 $r=2\cos\theta$ 和 $r=\frac{1}{\cos\theta}$. 两曲面的交线满足 $\theta=\frac{\pi}{4}$. 积分区域为

$$\Omega:\ \frac{1}{\cos\theta}\leqslant r\leqslant 2\cos\theta,\ 0\leqslant\theta\leqslant\frac{\pi}{4},\ 0\leqslant\varphi\leqslant\pi.$$

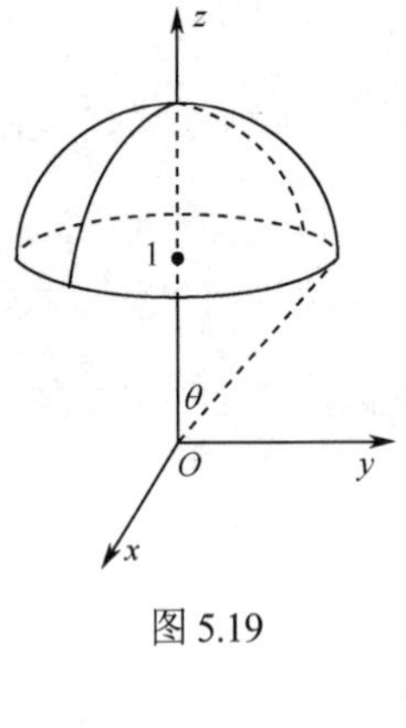

图 5.19

所以

$$I=\iiint\limits_{\Omega}\frac{1}{r}r^2\sin\theta\mathrm{d}\theta\mathrm{d}\varphi\mathrm{d}r=\int_0^{\pi}\mathrm{d}\varphi\int_0^{\frac{\pi}{4}}\sin\theta\mathrm{d}\theta\int_{\frac{1}{\cos\theta}}^{2\cos\theta}r\mathrm{d}r$$

$$=\frac{1}{2}\pi\int_0^{\frac{\pi}{4}}\sin\theta\left(4\cos^2\theta-\frac{1}{\cos^2\theta}\right)\mathrm{d}\theta=\frac{\pi}{6}(7-4\sqrt{2}).$$

例 4 计算积分 $\iiint\limits_{\Omega}\left(\frac{x}{a}+\frac{y}{b}+\frac{z}{c}\right)^2\mathrm{d}V$，其中 Ω: $x^2+y^2+z^2\leqslant R^2$.

分析 Ω 为球域，宜用球面坐标系计算，利用对称性可使计算更简便.

解
$$I=\iiint\limits_{\Omega}\left(\frac{x^2}{a^2}+\frac{y^2}{b^2}+\frac{z^2}{c^2}+\frac{2xy}{ab}+\frac{2yz}{bc}+\frac{2zx}{ca}\right)\mathrm{d}V.$$

由于 Ω 关于三坐标面均对称，则

$$\iiint\limits_{\Omega}\frac{2xy}{ab}\mathrm{d}V=\iiint\limits_{\Omega}\frac{2yz}{bc}\mathrm{d}V=\iiint\limits_{\Omega}\frac{2zx}{ca}\mathrm{d}V=0,$$

再由Ω关于x, y, z轮换对称，有$\iiint\limits_{\Omega} x^2\,\mathrm{d}V=\iiint\limits_{\Omega} y^2\,\mathrm{d}V=\iiint\limits_{\Omega} z^2\,\mathrm{d}V$. 因此

$$I=\frac{1}{a^2}\iiint\limits_{\Omega} x^2\,\mathrm{d}V+\frac{1}{b^2}\iiint\limits_{\Omega} y^2\,\mathrm{d}V+\frac{1}{c^2}\iiint\limits_{\Omega} z^2\,\mathrm{d}V$$

$$=\left(\frac{1}{a^2}+\frac{1}{b^2}+\frac{1}{c^2}\right)\iiint\limits_{\Omega} x^2\,\mathrm{d}V=\frac{1}{3}\left(\frac{1}{a^2}+\frac{1}{b^2}+\frac{1}{c^2}\right)\iiint\limits_{\Omega}(x^2+y^2+z^2)\,\mathrm{d}V$$

$$=\frac{1}{3}\left(\frac{1}{a^2}+\frac{1}{b^2}+\frac{1}{c^2}\right)\int_0^{2\pi}\mathrm{d}\varphi\int_0^{\pi}\mathrm{d}\theta\int_0^{R} r^2\cdot r^2\sin\theta\,\mathrm{d}r=\frac{4}{15}\pi R^5\left(\frac{1}{a^2}+\frac{1}{b^2}+\frac{1}{c^2}\right).$$

评注　(1) 三重积分的对称性与二重积分完全类似，见 5.1 节例 7 评注.

(2) 轮换对称性：若积分区域Ω的边界曲面中的x, y, z依次轮换$x\to y\to z\to x$，其方程不变，则称Ω关于x, y, z具有轮换对称性. 此时有

$$\iiint\limits_{\Omega} f(x,y,z)\,\mathrm{d}V=\iiint\limits_{\Omega} f(y,z,x)\,\mathrm{d}V=\iiint\limits_{\Omega} f(z,x,y)\,\mathrm{d}V.$$

例 5　设Ω是由曲面$z=y^2$，$z=4y^2(y>0)$，平面$z=x$，$z=2x$及$z=2$所围成的区域. 计算下列积分：(1) $\iiint\limits_{\Omega} x^2\,\mathrm{d}x\mathrm{d}y\mathrm{d}z$；　(2)* $\iiint\limits_{\Omega}\frac{z\sqrt{z}}{y^3}\cos\frac{z}{y^2}\,\mathrm{d}x\mathrm{d}y\mathrm{d}z$.

分析　(1) 积分区域由柱面与平面所围成，宜选用直角坐标系，先对x积分，再将Ω向yOz面投影，做二重积分；

(2) 采用 (1) 中的方法直接积分较困难. 可利用换元积分法，化简被积函数，再做积分.

解 (1)如图 5.20 所示，Ω在yOz面上的投影区域为D: $\begin{cases}\frac{1}{2}\sqrt{z}\leqslant y\leqslant\sqrt{z}\\ 0\leqslant z\leqslant 2\end{cases}$.

所以

$$I_1=\iint\limits_{D}\mathrm{d}y\mathrm{d}z\int_{\frac{1}{2}z}^{z} x^2\,\mathrm{d}x=\int_0^2\mathrm{d}z\int_{\frac{1}{2}\sqrt{z}}^{\sqrt{z}}\mathrm{d}y\int_{\frac{1}{2}z}^{z} x^2\,\mathrm{d}x=\frac{14}{27}\sqrt{2}.$$

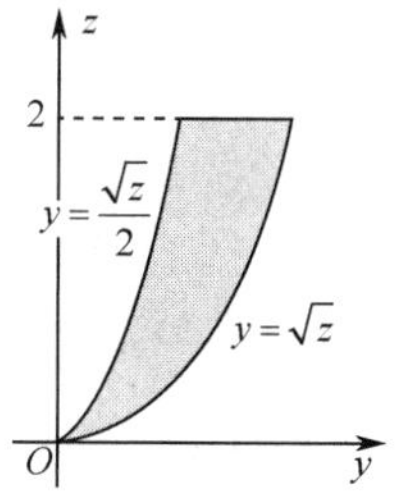

图 5.20

(2) 令$u=\frac{z}{y^2}$，$v=\frac{z}{x}$，$z=z$，即$x=\frac{z}{v}$，$y=\sqrt{\frac{z}{u}}$，$z=z$，则Ω变成

$$\bar{\Omega}: 0\leqslant z\leqslant 2,\ 1\leqslant v\leqslant 2,\ 1\leqslant u\leqslant 4.$$

且

$$J=\frac{\partial(x,y,z)}{\partial(u,v,z)}=\begin{vmatrix}0 & -\frac{z}{v^2} & \frac{1}{v}\\ -\frac{1}{2}\sqrt{\frac{z}{u^3}} & 0 & \frac{1}{2}\sqrt{\frac{1}{uz}}\\ 0 & 0 & 1\end{vmatrix}=-\frac{z}{2v^2}\left(\frac{z}{u}\right)^{3/2}.$$

所以

$$I_2=\iiint\limits_{\bar{\Omega}}(u)^{3/2}\cos u\cdot|J|\,\mathrm{d}u\mathrm{d}v\mathrm{d}z=\iiint\limits_{\bar{\Omega}}(u)^{3/2}\cos u\cdot\frac{z}{2v^2}\left(\frac{z}{u}\right)^{3/2}\mathrm{d}u\mathrm{d}v\mathrm{d}z$$

$$=\frac{1}{2}\int_1^4\cos u\,\mathrm{d}u\int_1^2\frac{1}{v^2}\mathrm{d}v\int_0^2 z^{5/2}\,\mathrm{d}z=\frac{4\sqrt{2}}{7}(\sin 4-\sin 1).$$

评注 (1) 若空间积分区域作图有困难，可画出它在坐标平面上的投影区域，以帮助正确确定积分限.

(2) 做换元积分要兼顾被积函数与积分区域，使积分容易计算. 柱面坐标系与球面坐标系均属于换元积分法的特例.

例 6[*] 某物体所在的空间区域为$\Omega: x^2+y^2+2z^2 \leqslant x+y+2z$，密度函数为$x^2+y^2+z^2$，求质量$M=\iiint\limits_{\Omega}(x^2+y^2+z^2)\,\mathrm{d}x\,\mathrm{d}y\,\mathrm{d}z$.

分析 Ω为椭球形区域，适宜选择广义球面坐标变换. 但椭球中心不在坐标原点，需做平移.

解 做平移变换，令$x-\dfrac{1}{2}=u$，$y-\dfrac{1}{2}=v$，$z-\dfrac{1}{2}=w$，Ω化为$\Omega_1: u^2+v^2+2w^2 \leqslant 1$，体积微元$\mathrm{d}V=\mathrm{d}x\,\mathrm{d}y\,\mathrm{d}z=\mathrm{d}u\,\mathrm{d}v\,\mathrm{d}w$，并应用三重积分的奇偶、对称性得

$$M=\iiint\limits_{\Omega_1}\left(\frac{1}{4}+u+u^2+\frac{1}{4}+v+v^2+\frac{1}{4}+w+w^2\right)\mathrm{d}u\,\mathrm{d}v\,\mathrm{d}w$$

$$=\frac{3}{4}V(\Omega_1)+0+\iiint\limits_{\Omega_1}(u^2+v^2+w^2)\,\mathrm{d}u\,\mathrm{d}v\,\mathrm{d}w$$

$$=\frac{\sqrt{2}}{2}\pi+\iiint\limits_{\Omega_1}(u^2+v^2+w^2)\,\mathrm{d}u\,\mathrm{d}v\,\mathrm{d}w.$$

再做广义球面坐标变换，令$u=r\sin\theta\cos\varphi$，$v=r\sin\theta\sin\varphi$，$w=\dfrac{1}{\sqrt{2}}r\cos\theta$，则$|J|=\dfrac{1}{\sqrt{2}}r^2\sin\theta$，

$$\iiint\limits_{\Omega_1}(u^2+v^2+w^2)\,\mathrm{d}u\,\mathrm{d}v\,\mathrm{d}w=\frac{1}{\sqrt{2}}\int_0^{2\pi}\mathrm{d}\varphi\int_0^{\pi}\mathrm{d}\theta\int_0^1\left(r^2\sin^2\theta+\frac{1}{2}r^2\cos^2\theta\right)r^2\sin\theta\,\mathrm{d}r$$

$$=\frac{\sqrt{2}\pi}{5}\int_0^{\pi}\left(\sin^2\theta+\frac{1}{2}\cos^2\theta\right)\sin\theta\,\mathrm{d}\theta$$

$$=\frac{\sqrt{2}\pi}{5}\left(\frac{1}{6}\cos^3\theta-\cos\theta\right)\Bigg|_0^{\pi}=\frac{\sqrt{2}}{3}\pi.$$

于是$M=\dfrac{\sqrt{2}}{2}\pi+\dfrac{\sqrt{2}}{3}\pi=\dfrac{5\sqrt{2}}{6}\pi$.

例 7[*] 设$f(x,y,z)$在区域$\Omega=\{(x,y,z)\,|\,x^2+y^2+z^2\leqslant R^2$，常数$R>0\}$上有二阶连续偏导数，且$\dfrac{\partial^2 f}{\partial x^2}+\dfrac{\partial^2 f}{\partial y^2}+\dfrac{\partial^2 f}{\partial z^2}=\sqrt{x^2+y^2+z^2}$，计算$I=\iiint\limits_{\Omega}\left(x\dfrac{\partial f}{\partial x}+y\dfrac{\partial f}{\partial y}+z\dfrac{\partial f}{\partial z}\right)\mathrm{d}V$.

分析 由于被积函数未知，因此无法直接积分. 要将被积函数用$\dfrac{\partial^2 f}{\partial x^2}+\dfrac{\partial^2 f}{\partial y^2}+\dfrac{\partial^2 f}{\partial z^2}$来表示，有效的方法是利用高斯公式，因而需要借助曲面积分.

解 **方法1** 记$S=\{(x,y,z)\,|\,x^2+y^2+z^2=R^2\}$，法向量向外，由高斯公式，有

$$\iiint\limits_{\Omega}xf_x\,\mathrm{d}V=\iint\limits_{S}\frac{1}{2}(x^2+y^2+z^2)f_x\,\mathrm{d}y\,\mathrm{d}z-\frac{1}{2}\iiint\limits_{\Omega}(x^2+y^2+z^2)f_{xx}\,\mathrm{d}V,$$

$$\iiint\limits_{\Omega}yf_y\,\mathrm{d}V=\iint\limits_{S}\frac{1}{2}(x^2+y^2+z^2)f_y\,\mathrm{d}z\,\mathrm{d}x-\frac{1}{2}\iiint\limits_{\Omega}(x^2+y^2+z^2)f_{yy}\,\mathrm{d}V,$$

$$\iiint\limits_{\Omega}zf_z\,\mathrm{d}V=\iint\limits_{S}\frac{1}{2}(x^2+y^2+z^2)f_z\,\mathrm{d}x\,\mathrm{d}y-\frac{1}{2}\iiint\limits_{\Omega}(x^2+y^2+z^2)f_{zz}\,\mathrm{d}V.$$

于是

$$I=\iint_S \frac{1}{2}(x^2+y^2+z^2)(f_x\,\mathrm{d}y\mathrm{d}z+f_y\,\mathrm{d}z\mathrm{d}x+f_z\,\mathrm{d}x\mathrm{d}y)-\frac{1}{2}\iiint_\Omega (x^2+y^2+z^2)(f_{xx}+f_{yy}+f_{zz})\mathrm{d}V$$

$$=\frac{R^2}{2}\iint_S (f_x\,\mathrm{d}y\mathrm{d}z+f_y\,\mathrm{d}z\mathrm{d}x+f_z\,\mathrm{d}x\mathrm{d}y)-\frac{1}{2}\iiint_\Omega (x^2+y^2+z^2)^{\frac{3}{2}}\mathrm{d}V.$$

前者再用高斯公式，然后与后者合并，再用球面坐标系计算三重积分：

$$I=\frac{R^2}{2}\iiint_\Omega (f_{xx}+f_{yy}+f_{zz})\mathrm{d}V-\frac{1}{2}\iiint_\Omega (x^2+y^2+z^2)^{\frac{3}{2}}\mathrm{d}V$$

$$=\frac{1}{2}\iiint_\Omega [R^2(x^2+y^2+z^2)^{\frac{1}{2}}-(x^2+y^2+z^2)^{\frac{3}{2}}]\mathrm{d}V$$

$$=\frac{1}{2}\int_0^{2\pi}\mathrm{d}\varphi\int_0^{\pi}\sin\theta\,\mathrm{d}\theta\int_0^R (R^2r-r^3)r^2\,\mathrm{d}r=\frac{\pi}{6}R^6.$$

方法 2　用球面坐标系计算.

$$I=\iiint_\Omega (xf_x+yf_y+zf_z)\mathrm{d}V.$$

取球面 $S_r=\{(x,y,z)\,|\,x^2+y^2+z^2=r^2\}$，$0<r\leqslant R$. 空间区域 Ω 的体积元素 $\mathrm{d}V=\mathrm{d}r\,\mathrm{d}S$，其中 $\mathrm{d}S$ 为球面 S_r 的面积微元. 由于 S_r 的外法线单位向量为

$$(\cos\alpha,\cos\beta,\cos\gamma)=\left(\frac{x}{r},\ \frac{y}{r},\ \frac{z}{r}\right),$$

于是

$$I=\iiint_\Omega (xf_x+yf_y+zf_z)\mathrm{d}V=\int_0^R r\,\mathrm{d}r\iint_{S_r}\left(\frac{x}{r}f_x+\frac{y}{r}f_y+\frac{z}{r}f_z\right)\mathrm{d}S$$

$$=\int_0^R r\,\mathrm{d}r\iint_{S_r}(\cos\alpha\cdot f_x+\cos\beta\cdot f_y+\cos\gamma\cdot f_z)\mathrm{d}S$$

$$=\int_0^R r\,\mathrm{d}r\iiint_{\Omega_r}(f_{xx}+f_{yy}+f_{zz})\mathrm{d}V\quad \text{(高斯公式)}$$

$$=\int_0^R r\,\mathrm{d}r\iiint_{\Omega_r}(x^2+y^2+z^2)^{\frac{1}{2}}\mathrm{d}V.$$

其中

$$\iiint_{\Omega_r}(x^2+y^2+z^2)^{\frac{1}{2}}\mathrm{d}V=\int_0^{2\pi}\mathrm{d}\varphi\int_0^{\pi}\mathrm{d}\theta\int_0^r r\cdot r^2\sin\theta\,\mathrm{d}r=\pi r^4,$$

于是

$$I=\int_0^R \pi r^5\,\mathrm{d}r=\frac{\pi}{6}R^6.$$

评注　(1)　一般，设 $f(x,y,z)$ 与 $g(x,y,z)$ 在空间有界闭区域 Ω 上连续且有连续的一阶偏导数，S 为 Ω 的全部边界，逐片光滑，在外侧，利用高斯公式（见 6.2 节）可得

$$\iiint_\Omega f_x\cdot g\,\mathrm{d}V=\oiint_S f\cdot g\,\mathrm{d}y\mathrm{d}z-\iiint_\Omega f\cdot g_x\,\mathrm{d}V,$$

$$\iiint_\Omega f_y\cdot g\,\mathrm{d}V=\oiint_S f\cdot g\,\mathrm{d}z\mathrm{d}x-\iiint_\Omega f\cdot g_y\,\mathrm{d}V,$$

$$\iiint_\Omega f_z\cdot g\,\mathrm{d}V=\oiint_S f\cdot g\,\mathrm{d}x\mathrm{d}y-\iiint_\Omega f\cdot g_z\,\mathrm{d}V.$$

（2）将$\mathrm{d}V$写成$\mathrm{d}V=\mathrm{d}r\mathrm{d}S$，积分$\iiint\limits_{\Omega}f\mathrm{d}V=\int_0^R\mathrm{d}r\iint\limits_{S_r}f\mathrm{d}S$ 就是在球面坐标系中先对(φ,θ)积分，后对r积分.

例 8 证明$\int_0^x\left[\int_0^v\left(\int_0^u f(t)\mathrm{d}t\right)\mathrm{d}u\right]\mathrm{d}v=\frac{1}{2}\int_0^x(x-t)^2f(t)\mathrm{d}t.$

分析 将左边积分两次就会得到右边. 直接积分有困难，需先交换积分次序.

证明 改变二次积分的次序，有

$$\int_0^v\mathrm{d}u\int_0^u f(t)\mathrm{d}t=\int_0^v\mathrm{d}t\int_t^v f(t)\mathrm{d}u=\int_0^v(v-t)f(t)\mathrm{d}t,$$

所以

$$\int_0^x\left[\int_0^v\left(\int_0^u f(t)\mathrm{d}t\right)\mathrm{d}u\right]\mathrm{d}v=\int_0^x\mathrm{d}v\int_0^v(v-t)f(t)\mathrm{d}t$$
$$=\int_0^x\mathrm{d}t\int_t^x(v-t)f(t)\mathrm{d}v=\frac{1}{2}\int_0^x(x-t)^2f(t)\mathrm{d}t.$$

评注 交换三次积分顺序的关键是正确定出交换后的积分限，这可通过空间区域的图形来确定，也可仿照本题的方法，通过改变二次积分的顺序来达到改变三次积分顺序的目的，这样做会更容易些.

例 9* 设函数$f(x)$连续，a、b、c为常数，$\delta=\sqrt{a^2+b^2+c^2}>0$，$\Omega=\{(x,y,z)\mid x^2+y^2+z^2\leqslant 1\}$.
证明：

$$I=\iiint\limits_{\Omega}f(ax+by+cz)\mathrm{d}V=\pi\int_{-1}^1(1-u^2)f(\delta u)\mathrm{d}u.$$

分析 （1）等式右边是一个定积分，若左边积分采用"先二后一法"，则能将截面区域的二重积分计算出来，问题就解决了. 从左、右两边被积函数的形式看，作变量代换$ax+by+cz=\delta u$是必要的.

（2）另一种思考是：用平行截面法选择体积微元，这样三重积分就可直接化为一个定积分.

证明 **方法 1** 做正交变换 $(x,y,z)\mapsto(w,v,u)$，其中第3个变换关系为

$$\frac{ax+by+cz}{\delta}=u.$$

在$O-wvu$坐标系中用柱面坐标：$w=\rho\cos\varphi$, $v=\rho\sin\varphi$, $u=u$, 于是

$$\iiint\limits_{\Omega}f(ax+by+cz)\mathrm{d}V=\iiint\limits_{\Omega}f(\delta u)\mathrm{d}V=\int_{-1}^1\mathrm{d}u\iint\limits_{D_u}f(\delta u)\rho\mathrm{d}\rho\mathrm{d}\varphi,$$

其中$D_u=\{(\rho,\varphi)\mid 0\leqslant\rho\leqslant\sqrt{1-u^2},\ 0\leqslant\varphi\leqslant 2\pi\}$为平面$u=u$与$\Omega$的截面区域. 于是

$$\iint\limits_{D_u}\rho\mathrm{d}\rho\mathrm{d}\varphi=\pi(1-u^2),$$

从而

$$\iiint\limits_{\Omega}f(ax+by+cz)\mathrm{d}V=\pi\int_{-1}^1(1-u^2)f(\delta u)\mathrm{d}u.$$

方法 2 对于固定的u，作平面

$$P_u: ax+by+cz=\delta u.$$

由点到平面的距离公式，知点$O(0,0)$到平面P_u的距离$d=|u|$，故知平面P_u与Ω有交的充要条件是

$$|u|\leqslant 1.$$

作平面族

$$P_u: ax+by+cz=\delta u,\ |u|\leqslant 1,$$

用它来分割Ω，当$\mathrm{d}u$很小时，两平行平面$P_u, P_{u+\mathrm{d}u}$所夹的体积微元为$\pi(1-u^2)\mathrm{d}u$. 于是

$$I=\iiint\limits_{\Omega} f(ax+by+cz)\,\mathrm{d}V=\pi\int_{-1}^{1} f(\delta u)(1-u^2)\,\mathrm{d}u.$$

例 10　设$\Omega: x^2+y^2+z^2\leqslant 1$，证明$\dfrac{4\sqrt[3]{2}\pi}{3}\leqslant\iiint\limits_{\Omega}\sqrt[3]{x+2y-2z+5}\,\mathrm{d}V\leqslant\dfrac{8\pi}{3}.$

分析　只需求出被积函数在积分区域上的最大值与最小值，再利用积分的估值定理就可得证.

证明　设$f(x,y,z)=x+2y-2z+5$. 由于$f_x=1\neq 0$，$f_y=2\neq 0$，$f_z=-2\neq 0$，所以函数$f(x,y,z)$在区域Ω内部无驻点，必在边界上取得最值.

令$L(x,y,z,\lambda)=x+2y-2z+5+\lambda(x^2+y^2+z^2-1)$，由

$$L_x=1+2\lambda x=0,\ L_y=2+2\lambda y=0,\ L_z=-2+2\lambda z=0,\ L_\lambda=x^2+y^2+z^2-1=0,$$

得驻点$P_1\left(\dfrac{1}{3},\dfrac{2}{3},\dfrac{-2}{3}\right)$, $P_2\left(-\dfrac{1}{3},-\dfrac{2}{3},\dfrac{2}{3}\right)$.

而$f(P_1)=8$，$f(P_2)=2$，所以函数$f(x,y,z)$在闭域Ω上的最大值为 8，最小值为 2.

由于$f(x,y,z)$与$\sqrt[3]{f(x,y,z)}$同时取得最值，所以函数$\sqrt[3]{f(x,y,z)}$的最大值为 2，最小值为$\sqrt[3]{2}$，所以有

$$\frac{4\sqrt[3]{2}\pi}{3}=\iiint\limits_{\Omega}\sqrt[3]{2}\,\mathrm{d}V\leqslant\iiint\limits_{\Omega}\sqrt[3]{x+2y-2z+5}\,\mathrm{d}V\leqslant\iiint\limits_{\Omega}2\,\mathrm{d}V=\frac{8\pi}{3}.$$

评注　与二重积分一样，只有当被积函数在积分区域上的最大值与最小值相差不大时，这种估计才较好. 要得到更好的积分估计，通常是将被积函数做适当放大或缩小来完成.

例 11　设一球面的方程为$x^2+y^2+(z+1)^2=4$，从原点向球面上任意一点Q处的切平面作垂线，垂足为点P，当点Q在球面上变动时，点P的轨迹形成一封闭曲面S，求此封闭曲面S所围成的立体Ω的体积.

分析　问题的关键是求闭曲面S的方程，计算体积时再根据方程的特点选取适当的坐标系.

解　过球面上点$Q(x_0,y_0,z_0)$的切平面的方程为

$$\pi: x_0(x-x_0)+y_0(y-y_0)+(z_0+1)(z-z_0)=0,$$

即

$$x_0x+y_0y+(z_0+1)(z+1)=4. \qquad ①$$

过原点向该切平面作垂线l，其参数方程为

$$x=x_0t,\ y=y_0t,\ z=(z_0+1)t\Rightarrow x_0=\frac{x}{t},\ y_0=\frac{y}{t},\ z_0=\frac{z}{t}-1. \qquad ②$$

将②式代入球面方程与切平面方程①，得

$$x^2+y^2+z^2=4t^2,\quad x^2+y^2+z^2+z=4t,$$

两式消去t，得l与切平面π的交点（垂足P）的轨迹方程为

$$(x^2+y^2+z^2+z)^2=4(x^2+y^2+z^2),$$

用球面坐标表示为$r=2-\cos\theta$. 所求体积为

$$V=\int_0^{2\pi}\mathrm{d}\varphi\int_0^{\pi}\sin\theta\,\mathrm{d}\theta\int_0^{2-\cos\theta}r^2\,\mathrm{d}r=\frac{2\pi}{3}\int_0^{\pi}(2-\cos\theta)^3\,\mathrm{d}(2-\cos\theta)=\frac{40\pi}{3}.$$

例 12　某仪器上有一只圆柱形的无盖水桶，桶高为 6 cm，半径为 1 cm，在桶壁上钻有两个小孔，用于安装支架，使水桶可以自由倾斜，两个小孔距桶底 2 cm，且两孔连线恰为直径，水可以从两个小孔向外流出，当水桶以不同角度倾斜放置且没有水漏出时，这时水桶最多可装多少水？

分析　记两个小孔为A,B. 显然，要使倾斜后桶中的水最多，必须使A,B点均在倾斜后的液面上. 由于A,B两点距桶底等高，且两点连线恰为直径，所以桶的倾斜方向只能向着线段AB的垂直方向，这样就可算出倾斜后桶中水的体积及其最大值.

解 建立如图 5.21 所示坐标系，设两孔位置为 $A(1,0,2)$ 和 $B(-1,0,2)$．当桶向 y 轴正方向倾斜时，水面所在平面经过孔 A,B 及点 $M(0,1,t)$ $(2\leqslant t\leqslant 6)$，经过此 3 点的平面方程为

$$(t-2)y-z+2=0.$$

由于 $z\geqslant 0$，故有 $y\geqslant\dfrac{2}{2-t}$.

设水桶中水的容积为 $V(t)$，则当 $2\leqslant t\leqslant 6$ 时，$V(t)$ 是以 $z=(t-2)y+2$ 为顶面的曲顶柱体，该柱体在 xOy 面的投影区域为

$$D:\begin{cases}x^2+y^2\leqslant 1\\ y\geqslant\dfrac{2}{2-t}\end{cases},$$

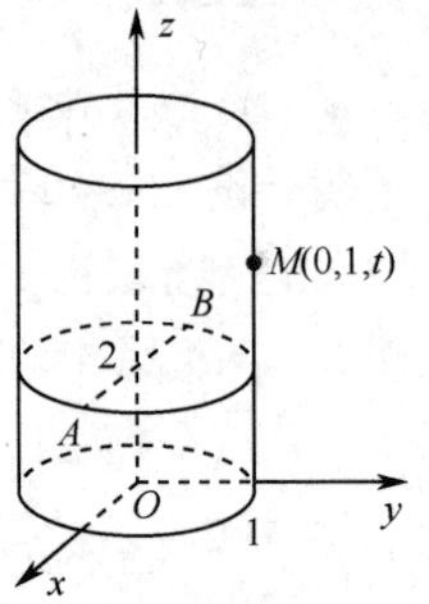

图 5.21

所以
$$V(t)=\iint_D[(t-2)y+2]\,\mathrm{d}x\mathrm{d}y=\int_{\frac{2}{2-t}}^{1}\mathrm{d}y\int_{-\sqrt{1-y^2}}^{\sqrt{1-y^2}}[(t-2)y+2]\,\mathrm{d}x$$
$$=2\int_{\frac{2}{2-t}}^{1}[(t-2)y+2]\sqrt{1-y^2}\,\mathrm{d}y$$
$$=2t\int_{\frac{2}{2-t}}^{1}y\sqrt{1-y^2}\,\mathrm{d}y+4\int_{\frac{2}{2-t}}^{1}(1-y)\sqrt{1-y^2}\,\mathrm{d}y.$$

$$V'(t)=2\int_{\frac{2}{2-t}}^{1}y\sqrt{1-y^2}\,\mathrm{d}y-\left[2t\cdot\frac{2}{2-t}\sqrt{1-\left(\frac{2}{2-t}\right)^2}+4\left(1-\frac{2}{2-t}\right)\sqrt{1-\left(\frac{2}{2-t}\right)^2}\right]\left(\frac{2}{2-t}\right)'$$
$$=2\int_{\frac{2}{2-t}}^{1}y\sqrt{1-y^2}\,\mathrm{d}y=\frac{2}{3}\frac{[t(t-4)]^{\frac{3}{2}}}{(t-2)^3}\quad(2\leqslant t\leqslant 6).$$

令 $V'(t)=0$，得 $t=4$．由于

$$V(4)=2\int_{-1}^{1}[2y+2]\sqrt{1-y^2}\,\mathrm{d}y=2\pi,$$
$$V(6)=2\int_{-\frac{1}{2}}^{1}[4y+2]\sqrt{1-y^2}\,\mathrm{d}y=\frac{3\sqrt{3}}{2}+\frac{4}{3}\pi,$$
$$V(2)=\pi\cdot 1^2\cdot 2=2\pi.$$

比较 $V(2)$、$V(4)$、$V(6)$ 的值，得 $V_{\max}=V(6)=\dfrac{3\sqrt{3}}{2}+\dfrac{4}{3}\pi$.

评注 几何应用问题往往需要建立适当的坐标系，建立坐标系要考虑图形的对称性与已知条件，使关键点的坐标、相关线、面的方程尽可能简单．同时要将题目的问题用准确的数学语言来描述，再用正确的方法求解.

例 13 一半径为 a 的圆面绕其所在平面内与圆心相距为 $b(b>a)$ 的一条直线旋转 180°，问当 $\dfrac{b}{a}$ 为何值时，旋转所生成的立体的重心位于立体的表面上.

分析 由对称性，以旋转轴为一个坐标轴，使旋转体的重心位于另一坐标轴上，如果立体的重心又位于旋转体表面上，则重心的坐标就确定了．由重心的坐标就可定出 $\dfrac{b}{a}$ 的值.

解 按下面方法建立坐标系：把母圆开始所在的平面作为 xOz 平面，则母圆方程为 $(x-b)^2+z^2=a^2$．把旋转轴作为 z 轴，则生成的立体为一半环体（环体即由圆环面所界的立体），环面的方程为 $\left(\sqrt{x^2+y^2}-b\right)^2+z^2=a^2$．由图形的对称性，知重心必位于 y 轴上，设为 $(0,\overline{y},0)$，若重心位于立体的

表面上，则必有 $\overline{y}=b-a$（如图 5.22 所示）.

为计算 $\overline{y}$，取柱坐标. 由重心公式

$$\overline{y}=\frac{\iiint\limits_{\Omega} y\,\mathrm{d}V}{\iiint\limits_{\Omega}\mathrm{d}V}=\frac{2\int_0^{\pi}\mathrm{d}\varphi\int_{b-a}^{b+a}\rho\,\mathrm{d}\rho\int_0^{\sqrt{a^2-(\rho-b)^2}}\rho\sin\varphi\,\mathrm{d}z}{2\int_0^{\pi}\mathrm{d}\varphi\int_{b-a}^{b+a}\rho\,\mathrm{d}\rho\int_0^{\sqrt{a^2-(\rho-b)^2}}\mathrm{d}z}$$

$$=\frac{4\pi\int_{b-a}^{b+a}\sqrt{a^2-(\rho-b)^2}\,\rho^2\,\mathrm{d}\rho}{2\pi\int_{b-a}^{b+a}\sqrt{a^2-(\rho-b)^2}\,\rho\,\mathrm{d}\rho}=\frac{\frac{1}{2}a^4+2a^2b^2}{\pi a^2 b}=\frac{a^2+4b^2}{2\pi b}.$$

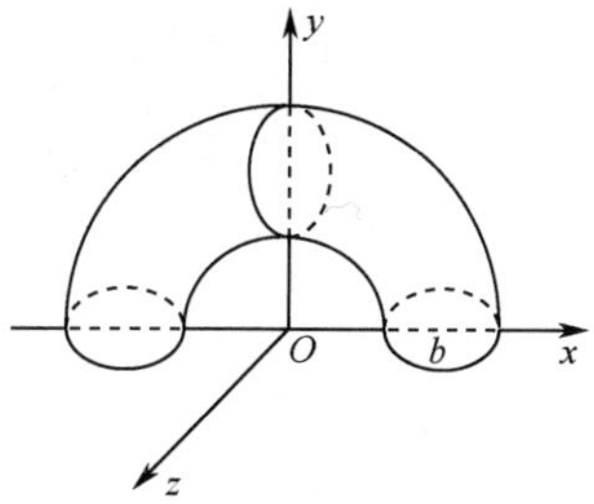

图 5.22

在计算分子与分母的积分时，均用到代换 $\rho=b+a\sin t$.

当 $\overline{y}=b-a$ 时，有 $a^2+4b^2=2\pi b(b-a)$，若令 $c=b/a$，则 $(2\pi-4)c^2-2\pi c-1=0$，结果有 $c=\dfrac{\pi+\sqrt{\pi^2+2\pi-4}}{2\pi-4}$（因为 c 必是正数，故根号前取正号）.

例 14　有一形状为 $x^2+y^2\leqslant z\leqslant 1$ 的均匀物体，斜放置于水平桌面上，试求物体静止时的位置（即求轴线与桌面的夹角 θ）.

分析　物体静止时的位置一定是其重心与桌面距离最近的位置，而桌面又是抛物面 $z=x^2+y^2$ 的切平面，故问题求解的关键在于求出对应的切点. 切平面确定后就容易得到所求的夹角 θ.

解　由于物体为关于 z 轴对称的旋转体，所以质心在 z 轴上，设为 $A(0,0,\overline{z})$.

$$\overline{z}=\frac{\iiint\limits_{V} z\,\mathrm{d}V}{\iiint\limits_{V}\mathrm{d}V}=\frac{\int_0^1 z\,\mathrm{d}z\iint\limits_{D_z}\mathrm{d}x\,\mathrm{d}y}{\int_0^1\mathrm{d}z\iint\limits_{D_z}\mathrm{d}x\,\mathrm{d}y}=\frac{\int_0^1 z\pi z\,\mathrm{d}z}{\int_0^1\pi z\,\mathrm{d}z}=\frac{2}{3}.$$

为简化问题，不妨设切点 B 在 yOz 面上，于是化为求 yOz 面上的抛物线 $z=y^2$ 离点 $A\left(0,\dfrac{2}{3}\right)$ 最近的切线，然后求此切线和 z 轴的夹角 θ，如图 5.23(a)所示.

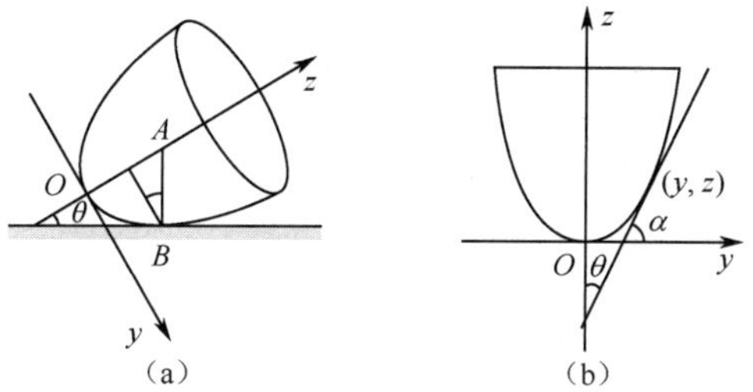

图 5.23

方法 1　设 (y,y^2) 是抛物线上任意一点，过此点的切线方程为

$$Z-y^2=2y(Y-y)，即\ 2yY-Z-y^2=0.$$

点 $A\left(0,\dfrac{2}{3}\right)$ 到此切线的距离为

$$d=\frac{\left|-\dfrac{2}{3}-y^2\right|}{\sqrt{4y^2+1}}=\frac{y^2+\dfrac{2}{3}}{\sqrt{4y^2+1}}.$$

令 $f(y)=d^2=\dfrac{9y^4+12y^2+4}{36y^2+9}$ $(0\leqslant y\leqslant 1)$，由 $f'(y)=\dfrac{36y(18y^4+9y^2-2)}{(36y^2+9)^2}=0$，得 $y=0$ 或 $y=\dfrac{1}{\sqrt{6}}$.

而 $d^2(0)=\dfrac{4}{9}$，$d^2\left(\dfrac{1}{\sqrt{6}}\right)=\dfrac{5}{12}$，$d^2(1)=\dfrac{5}{9}$. 经比较，知当 $y=\dfrac{1}{\sqrt{6}}$ 时，d 取得最小值.

此时切线斜率为 $\dfrac{\mathrm{d}z}{\mathrm{d}y}=2y=\sqrt{\dfrac{2}{3}}=\tan\alpha$，由于 $\theta+\alpha=\dfrac{\pi}{2}$，故有 $\tan\theta=\sqrt{\dfrac{3}{2}}$，$\theta=\arctan\sqrt{\dfrac{3}{2}}$.

方法 2 如图 5.23(b)所示，当处于稳定平衡时，切点 $B(y,z)$ 处的法线必过重心 $A\left(0,\dfrac{2}{3}\right)$，由此得法线的斜率 $k_1=\dfrac{z-\dfrac{2}{3}}{y}$；切线斜率 $k_2=2y$. 由 $k_1\cdot k_2=-1$，得 $z=\dfrac{1}{6}$，故 $y=\sqrt{\dfrac{1}{6}}$. 这样，切线斜率 $k_2=\sqrt{\dfrac{2}{3}}$，即 $\tan\alpha=\sqrt{\dfrac{2}{3}}$，于是 $\tan\theta=\dfrac{1}{\tan\alpha}=\sqrt{\dfrac{3}{2}}$，即 $\theta=\arctan\sqrt{\dfrac{3}{2}}$.

评注 题设条件已给出物体所在空间区域的解析表达式，所以坐标系已经建立. 题解的首要任务是要将待解问题用准确的数学语言来描述，然后用正确的方法求解.

习题 5.2

习题 5.2 答案

1. 求由两曲面所围的体积：$\dfrac{x^2}{a^2}+\dfrac{y^2}{b^2}+\dfrac{z^2}{c^2}=1$，$\dfrac{x^2}{a^2}+\dfrac{y^2}{b^2}=\dfrac{z}{c}$.

2. 计算 $I=\int_0^1\mathrm{d}x\int_0^{1-x}\mathrm{d}z\int_0^{1-x-z}(1-y)\mathrm{e}^{-(1-y-z)^2}\,\mathrm{d}y$.

3. 计算积分 $\iiint\limits_{\Omega}(x+y+z)\mathrm{d}x\,\mathrm{d}y\,\mathrm{d}z$，其中 $\Omega:0\leqslant x+y+z\leqslant\sqrt{3},x^2+y^2+z^2\leqslant 4$.

4. 设 $f(x)$ 在闭区间[0,1]上连续，且 $\int_0^1 f(x)\,\mathrm{d}x=m$，试求 $\int_0^1\int_x^1\int_x^y f(x)f(y)f(z)\,\mathrm{d}x\,\mathrm{d}y\,\mathrm{d}z$.

5. 设三元函数 $f(x,y,z)$ 连续，且

$$\int_0^1\mathrm{d}x\int_0^{\sqrt{1-x^2}}\mathrm{d}y\int_{\frac{1}{4}(x^2+y^2)}^{\frac{1}{4}}f(x,y,z)\,\mathrm{d}z=\iiint\limits_{\Omega}f(x,y,z)\,\mathrm{d}V.$$

在积分区域 Ω 的边界曲面 S 上求一点 $P(x_0,y_0,z_0)$，使 S 在点 P 处的切平面 π 经过点 $Q_1(1/2,0,0)$ 和 $Q_2(1,-1,-1/8)$.

6. 设 $f(x)$ 为连续函数，$t>0$.区域 Ω 是由抛物面 $z=x^2+y^2$ 和球面 $x^2+y^2+z^2=t^2(t>0)$ 所围起来的部分. 定义三重积分 $F(t)=\iiint\limits_{\Omega}f(x^2+y^2+z^2)\mathrm{d}V$，求 $F(t)$ 的导数 $F'(t)$.

7. 计算三重积分 $\iiint\limits_{V}(x^2+y^2)\mathrm{d}V$，其中 V 是由 $x^2+y^2+(z-2)^2\geqslant 4$，$x^2+y^2+(z-1)^2\leqslant 9$ 及 $z\geqslant 0$ 所围成的空间图形.

8. 设 a 与 b 都是常数，且 $b\geqslant a>0$，将 yOz 平面上的圆 $(y-b)^2+z^2=a^2$ 绕 Oz 轴旋转一周生成的环面所围成的实心环的空间区域记为 Ω，计算三重积分 $\iiint\limits_{\Omega}(x+y)^2\,\mathrm{d}V$.

9. 计算下列积分：

（1）$I=\iiint\limits_{\Omega}\dfrac{\mathrm{d}x\mathrm{d}y\mathrm{d}z}{(1+x^2+y^2+z^2)^2}$，其中 $\Omega: 0\leqslant x\leqslant 1, 0\leqslant y\leqslant 1, 0\leqslant z\leqslant 1$；

（2）$I=\iiint\limits_{\Omega}\dfrac{(\cos x+\sin y+z)^2}{x^2+y^2+1}\mathrm{d}x\mathrm{d}y\mathrm{d}xz$，其中 $\Omega: x^2+y^2+z^2\leqslant 1$.

10. 计算三重积分 $\iiint\limits_{\Omega}\dfrac{xyz}{x^2+y^2}\mathrm{d}x\mathrm{d}y\mathrm{d}z$，其中 Ω 是由曲面 $(x^2+y^2+z^2)^2=2xy$ 围成的区域在第一卦限的部分.

11*. 计算三重积分 $\iiint\limits_{\Omega}\dfrac{\mathrm{d}x\mathrm{d}y\mathrm{d}z}{(x-1)^2+(y-1)^2+z^2}$，其中 Ω 是由曲面 $x^2+y^2+z^2\leqslant 2$ 围成的区域.

12*. 设 $a,b>0$，$\Omega=\left\{(x,y,z)\middle| a\leqslant\dfrac{xy}{z},\dfrac{yz}{x},\dfrac{zx}{y}\leqslant b\right\}$，计算三重积分 $\iiint\limits_{\Omega}(x^2+y^2+z^2)\mathrm{d}x\mathrm{d}y\mathrm{d}z$.

13. 设函数 $f(x)$ 连续且恒大于零，记

$$F(t)=\frac{\iiint\limits_{\Omega(t)}f(x^2+y^2+z^2)\mathrm{d}V}{\iint\limits_{D(t)}f(x^2+y^2)\mathrm{d}\sigma},\quad G(t)=\frac{\iint\limits_{D(t)}f(x^2+y^2)\mathrm{d}\sigma}{\int_{-t}^{t}f(x^2)\mathrm{d}x},$$

其中 $\Omega(t)=\{(x,y,z)\mid x^2+y^2+z^2\leqslant t^2\}$，$D(t)=\{(x,y)\mid x^2+y^2\leqslant t^2\}$.

（1）讨论 $F(t)$ 在 $(0,+\infty)$ 上的单调性；

（2）证明当 $t>0$ 时，$F(t)>\dfrac{2}{\pi}G(t)$.

14. 设有一半径为 R 的球形物体，其内任意一点P处的体密度$\rho=\dfrac{1}{|PP_0|}$，其中 P_0 为一定点，且 P_0 到球心的距离 r_0 大于R，求该物体的质量.

15. 如图 5.24 所示，求曲线 AB 的方程，使图形 $OABC$ 绕 x 轴旋转所形成的旋转体的重心的横坐标等于 B 点的横坐标的 $\dfrac{4}{5}$.

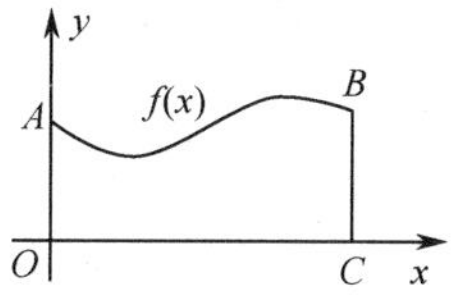

图 5.24

16. 设均匀空间立体 Ω 是由 yOz 面内曲线 $y^2+z^4-z^3=0$ 绕 z 轴旋转一周所围成的区域，求其形心坐标.

17. 求密度为常数 μ 的球体（半径为 R），对于它的某条切线的转动惯量.

18. 求由曲面 $1-z=\sqrt{x^2+y^2}$，$x=z$，$x=0$ 所围成的立体 Ω 绕 z 轴的转动惯量.

19. 在某平地上向下挖一个坑，坑分为上、下两部分，上半部分是底面半径与高度均为 a 的圆柱形，下半部分是半径为 a 的半球. 若某点泥土的密度为 $\mu=\rho^2/a^2$，其中 ρ 为此点离坑中心轴的距离，求挖此坑需做的功.

20. 一均匀圆锥体高为 h，半顶角为 α，求圆锥体对位于其顶点处且质量为 m 的质点的引力.

5.3 第一型曲线与曲面积分

第一型曲线积分又称为对弧长的曲线积分；第一型曲面积分又称为对面积的曲面积分.

第一型曲线积分的计算类似于定积分的换元积分法，只需将曲线方程以参数形式表示并代入积分式化为定积分.

定理 设 $L: x=x(t)$，$y=y(t)$，$z=z(t)$ $(\alpha\leqslant t\leqslant\beta)$ 是空间光滑曲线，$f(x,y,z)$ 在 L 上连续，则

$$\int_L f(x,y,z)\,\mathrm{d}s=\int_\alpha^\beta f[x(t),y(t),z(t)]\ \sqrt{\dot{x}^2(t)+\dot{y}^2(t)+\dot{z}^2(t)}\,\mathrm{d}t\,,$$

其中$\mathrm{d}s=\sqrt{\dot{x}^2(t)+\dot{y}^2(t)+\dot{z}^2(t)}\,\mathrm{d}t$叫**弧长元或弧微分**.

特别地：(1) 若$L: x=x(t)$，$y=y(t)$ $(\alpha\leqslant t\leqslant\beta)$为平面曲线，则上面积分式中$z(t)\equiv 0$；

(2)若$L:\rho=\rho(\varphi)$ $(\alpha\leqslant\varphi\leqslant\beta)$为极坐标曲线，则参数方程为$L: x=\rho(\varphi)\cos\varphi$，$y=\rho(\varphi)\sin\varphi$. 弧微分$\mathrm{d}s=\sqrt{(\mathrm{d}x)^2+(\mathrm{d}y)^2}=\sqrt{\rho^2(\varphi)+\rho'^2(\varphi)}\,\mathrm{d}\varphi$.

第一型曲面积分是化为投影域上的二重积分来计算的，也类似于二重积分的换元积分法.

定理 设$S: z=z(x,y)$是空间的光滑曲面，D_{xy}是S在xOy面上的投影区域，$f(x,y,z)$在S上连续，则

$$\iint_S f(x,y,z)\,\mathrm{d}S=\iint_{D_{xy}} f[x,y,z(x,y)]\sqrt{1+\left(\frac{\partial z}{\partial x}\right)^2+\left(\frac{\partial z}{\partial y}\right)^2}\,\mathrm{d}x\mathrm{d}y\,,$$

其中$\mathrm{d}S=\sqrt{1+\left(\frac{\partial z}{\partial x}\right)^2+\left(\frac{\partial z}{\partial y}\right)^2}\,\mathrm{d}x\mathrm{d}y$叫曲面**面积微元**.

第一型曲线与曲面积分都有与重积分相同的积分性质与类似应用. 它们都有与重积分类似的对称性，利用积分的对称性可使某些计算更为简便.

例1 求空间曲线$\Gamma:\begin{cases}x^2+y^2=z\\ y=x\tan z\end{cases}$从原点到第一卦限中的点$(a,b,c)$的一段弧长.

分析 曲线弧长为$\int_\Gamma \mathrm{d}s$，关键是要求得$\mathrm{d}s$的一元表达式. 为此可将曲线方程参数化，或由Γ的方程通过微分运算来得到.

解 **方法1** 取曲线的参数方程$x=\sqrt{z}\cos z$，$y=\sqrt{z}\sin z, z=z$，则

$$x_z=\frac{1}{2\sqrt{z}}\cos z-\sqrt{z}\sin z,\ y_z=\frac{1}{2\sqrt{z}}\sin z+\sqrt{z}\cos z, z_z=1.$$

弧长微元为

$$\mathrm{d}s=\sqrt{1+(x_z)^2+(y_z)^2}\,\mathrm{d}z=\sqrt{1+\left(\frac{1}{2\sqrt{z}}\cos z-\sqrt{z}\sin z\right)^2+\left(\frac{1}{2\sqrt{z}}\sin z+\sqrt{z}\cos z\right)^2}\,\mathrm{d}z$$

$$=\sqrt{1+\frac{1}{4z}+z}\,\mathrm{d}z=\sqrt{\frac{1+4z+4z^2}{4z}}\,\mathrm{d}z=\frac{2z+1}{2\sqrt{z}}\mathrm{d}z.$$

所求弧长为

$$L=\int_\Gamma \mathrm{d}s=\int_0^c\frac{2z+1}{2\sqrt{z}}\mathrm{d}z=\frac{1}{3}\sqrt{c}(3+2c).$$

方法2 曲线方程变形为$\begin{cases}x^2+y^2=z\\ \arctan\dfrac{y}{x}=z\end{cases}$，两边求微分得

$$\begin{cases}2x\mathrm{d}x+2y\mathrm{d}y=\mathrm{d}z\\ \dfrac{x\mathrm{d}y-y\mathrm{d}x}{x^2+y^2}=\mathrm{d}z\end{cases}\xrightarrow{x^2+y^2=z}(\mathrm{d}x)^2+(\mathrm{d}y)^2=\left(\frac{1}{4z}+z\right)(\mathrm{d}z)^2,$$

$$\mathrm{d}s=\sqrt{(\mathrm{d}x)^2+(\mathrm{d}y)^2+(\mathrm{d}z)^2}=\sqrt{1+\frac{1}{4z}+z}\,\mathrm{d}z\quad(\text{后略}).$$

例 2　计算积分$\oint_{\Gamma}\frac{(x+2)^2+(y-3)^2}{(x-1)^2+(y-1)^2+z^2}\mathrm{d}s$，其中$\Gamma:\begin{cases}x^2+y^2+z^2=a^2\\x+y=0\end{cases}(a>0)$.

分析　将曲线方程化为参数形式做计算. 计算中要充分利用曲线方程来化简被积函数，并利用对称性简化计算.

解　利用曲线方程，有

$$I=\frac{1}{a^2+2}\oint_{\Gamma}\left[(x+2)^2+(y-3)^2\right]\mathrm{d}s.$$

由于曲线Γ关于x,y对称，则有

$$\oint_{\Gamma}x^2\,\mathrm{d}s=\oint_{\Gamma}y^2\,\mathrm{d}s,$$

从而

$$I=\frac{1}{a^2+2}\oint_{\Gamma}(2x^2+4x-6y+13)\,\mathrm{d}s.$$

Γ的参数方程为$x=\frac{a}{\sqrt{2}}\cos\theta$，$y=-\frac{a}{\sqrt{2}}\cos\theta$，$z=a\sin\theta\ (0\leqslant\theta\leqslant 2\pi)$，

$$\mathrm{d}s=\sqrt{x'^2(\theta)+y'^2(\theta)+z'^2(\theta)}\,\mathrm{d}\theta=a\,\mathrm{d}\theta,$$

所以

$$I=\frac{a}{a^2+2}\int_0^{2\pi}\left(a^2\cos^2\theta+\frac{10a}{\sqrt{2}}\cos\theta+13\right)\mathrm{d}\theta=\frac{a\pi}{a^2+2}(a^2+26).$$

评注　计算曲线积分时一定要充分利用曲线方程来化简被积函数，使积分更易于计算，对曲面积分也是如此，而重积分就不能这样做了！

例 3　计算积分$\oint_{\Gamma}(x^3+2xy^2)\,\mathrm{d}s$，其中$\Gamma:\begin{cases}x^2+y^2+z^2=1\\x+y+z=1\end{cases}$.

分析　将曲线方程化为参数形式来计算有一定的难度，但曲线方程关于x,y,z是轮换对称的且两方程分别为x,y,z的一次与二次形式，而被积函数又是x,y,z的三次齐次函数，因此利用对称性及曲线方程就能将被积函数化为常数，积分计算就简单了.

解　由于曲线Γ关于x,y,z轮换对称，则有

$$\oint_{\Gamma}x^3\,\mathrm{d}s=\oint_{\Gamma}y^3\,\mathrm{d}s=\oint_{\Gamma}z^3\,\mathrm{d}s,$$

$$\oint_{\Gamma}xy^2\,\mathrm{d}s=\oint_{\Gamma}yz^2\,\mathrm{d}s=\oint_{\Gamma}zx^2\,\mathrm{d}s.$$

从而

$$\oint_{\Gamma}(x^3+2xy^2)\,\mathrm{d}s=\frac{1}{6}\oint_{\Gamma}\left[2x(x^2+y^2+z^2)+2y(x^2+y^2+z^2)+2z(x^2+y^2+z^2)\right]\mathrm{d}s$$

$$=\frac{1}{3}\oint_{\Gamma}(x^2+y^2+z^2)(x+y+z)\,\mathrm{d}s=\frac{1}{3}\oint_{\Gamma}\mathrm{d}s=\frac{1}{3}L.$$

其中L为曲线Γ的弧长.

由于Γ是一个圆周，所以只需求出它的半径.

原点到平面$x+y+z=1$的距离$d=\frac{1}{\sqrt{3}}$，圆Γ的半径$r=\sqrt{1-\frac{1}{3}}=\sqrt{\frac{2}{3}}$（如图 5.25 所示），周长$L=2\pi\sqrt{\frac{2}{3}}$. 所以

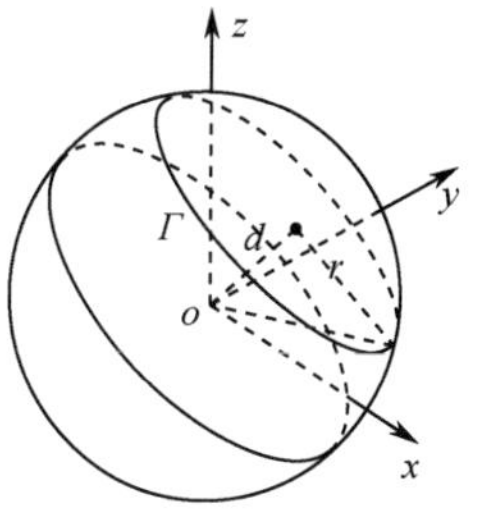

图 5.25

$$\oint_{\Gamma}(x^3+2xy^2)\,\mathrm{d}s=\frac{2\pi}{3}\sqrt{\frac{2}{3}}.$$

评注 (1) 第一型曲线与曲面积分有与重积分完全类似的对称性质（见 5.1 节例 4、例 7，5.2 节例 4 评注），计算中要注意利用对称性来简化运算.

(2) 读者不妨思考，如何将该题的曲线方程化为参数式求解.

例 4 求圆柱面$x^2+y^2=ax(a>0)$位于球面 $x^2+y^2+z^2=a^2$ 内的面积.

分析 柱面的面积既可用曲线积分计算，也可用曲面积分计算.

方法 1 利用曲线积分计算.

圆柱面在 xOy 面的投影曲线为L: $\begin{cases}x=\dfrac{1}{2}a(1+\cos\theta)\\ y=\dfrac{1}{2}a\sin\theta\end{cases}\quad(0\leqslant\theta\leqslant 2\pi)$，

$$\mathrm{d}s=\sqrt{x'^2(\theta)+y'^2(\theta)}\,\mathrm{d}\theta=\frac{1}{2}a\,\mathrm{d}\theta.$$

所求面积为xOy 面上方部分的 2 倍，即

$$A=2\oint_L|z|\,\mathrm{d}s=2\oint_L\sqrt{a^2-(x^2+y^2)}\,\mathrm{d}s=2\int_0^{2\pi}a\left|\sin\frac{\theta}{2}\right|\cdot a\,\mathrm{d}\theta=4a^2.$$

方法 2 利用曲面积分计算.

由$x^2+y^2=ax$，$x^2+y^2+z^2=a^2$ 消去 y 得 $z^2=a(a-x)$，对应曲面块（圆柱面）在 zOx 平面的投影区域为 D_{zx}: $\begin{cases}-\sqrt{a(a-x)}\leqslant z\leqslant\sqrt{a(a-x)}\\ 0\leqslant x\leqslant a\end{cases}$.

曲面块方程为$y=\pm\sqrt{x(a-x)}$，则$\mathrm{d}S=\sqrt{1+(y_x)^2+(y_z)^2}\,\mathrm{d}z\,\mathrm{d}x=\dfrac{a}{2\sqrt{x(a-x)}}\mathrm{d}z\,\mathrm{d}x$，由对称性，得面积

$$A=2\iint_{D_{zx}}\frac{a}{2\sqrt{x(a-x)}}\mathrm{d}z\,\mathrm{d}x=\int_0^a\mathrm{d}x\int_{-\sqrt{a(a-x)}}^{\sqrt{a(a-x)}}\frac{a}{\sqrt{x(a-x)}}\mathrm{d}z=2\int_0^a\frac{a\sqrt{a}}{\sqrt{x}}\mathrm{d}x=4a^2.$$

评注 设 L 为 xOy 面上的光滑曲线，以 L 为准线，母线平行于 z 轴作柱面，此柱面在 xOy 面与连续曲面 $z=f(x,y)$ 之间部分的面积 $A=\int_L|z|\,\mathrm{d}s$. 这往往比用曲面积分计算柱面面积简便些.

例 5 设双纽线$L:(x^2+y^2)^2=a^2(x^2-y^2)$，将其右支绕$x$轴旋转一周生成的曲面记为$S$.

(1) 计算曲线积分$\oint_L\dfrac{|x|(x^2-y^2)}{x^2+y^2}\mathrm{d}s$；

(2) 求S的面积；

(3) 计算曲面积分$\iint_S x^2\,\mathrm{d}S$.

分析 因为双纽线方程用极坐标表示更为简便，所以曲线积分宜用极坐标计算；由于S是旋转曲面，在求曲面面积与曲面积分时，其面积微元宜用弧长元绕x轴旋转一周来生成.

解 令$x=\rho\cos\varphi$，$y=\rho\sin\varphi$，则双纽线方程为$\rho^2=a^2\cos2\varphi$，它在第一象限的部分为

$$L_1:\rho=a\sqrt{\cos2\varphi}\quad\left(0\leqslant\theta\leqslant\frac{\pi}{4}\right).$$

因为$\rho\rho'=-a^2\sin2\varphi$，所以弧长元

$$\mathrm{d}s=\sqrt{\rho^2+\rho'^2}\,\mathrm{d}\varphi=\sqrt{\rho^2+\frac{1}{\rho^2}a^4\sin^2 2\varphi}\,\mathrm{d}\varphi=\frac{a^2}{\rho}\mathrm{d}\varphi .$$

（1）利用曲线方程及曲线的对称性，可得

$$\oint_L \frac{|x|(x^2-y^2)}{x^2+y^2}\mathrm{d}s=\frac{4}{a^2}\int_{L_1} x(x^2+y^2)\,\mathrm{d}s=\frac{4}{a^2}\int_0^{\pi/4}\rho^3\cos\varphi\cdot\frac{a^2}{\rho}\mathrm{d}\varphi$$

$$=4\int_0^{\pi/4}a^2\cos 2\varphi\cos\varphi\,\mathrm{d}\varphi=2a^2\int_0^{\pi/4}(\cos 3\varphi+\cos\varphi)\,\mathrm{d}\varphi=\frac{4}{3}\sqrt{2}a^2 .$$

（2）将 S 的面积记为 A，由旋转曲面面积公式，有

$$A=2\pi\int_{L_1} y\,\mathrm{d}s=2\pi\int_0^{\pi/4}\rho\sin\varphi\cdot\frac{a^2}{\rho}\mathrm{d}\varphi=2\pi a^2\int_0^{\frac{\pi}{4}}\sin\varphi\,\mathrm{d}\varphi=\pi a^2(2-\sqrt{2}).$$

（3）取面积微元 $\mathrm{d}S=2\pi y\,\mathrm{d}s$，则

$$\iint_S x^2\,\mathrm{d}S=2\pi\int_{L_1}x^2y\,\mathrm{d}s=2\pi\int_0^{\frac{\pi}{4}}\rho^3\cos^2\varphi\sin\varphi\cdot\frac{a^2}{\rho}\mathrm{d}\varphi$$

$$=2\pi a^4\int_0^{\frac{\pi}{4}}\cos 2\varphi\cos^2\varphi\sin\varphi\,\mathrm{d}\varphi$$

$$=2\pi a^4\int_0^{\frac{\pi}{4}}(1-2\cos^2\varphi)\cos^2\varphi\,\mathrm{d}\cos\varphi$$

$$=2\pi a^4\left[-\frac{2}{5}\cos^5\varphi+\frac{1}{3}\cos^3\varphi\right]_0^{\frac{\pi}{4}}=\frac{\pi}{15}a^4(2+\sqrt{2}) .$$

评注　该题的一般情形：平面曲线 $y=f(x)\ (a\leqslant x\leqslant b)$ 绕 x 轴旋转，取旋转曲面 S 的面积微元 $\mathrm{d}S=2\pi|f(x)|\,\mathrm{d}s$，其中 $\mathrm{d}s=\sqrt{1+[f'(x)]^2}\,\mathrm{d}x$ 是弧长元. 则曲面积分

$$\iint_S F(x,y)\,\mathrm{d}S=2\pi\int_a^b F[x,f(x)]\,|f(x)|\sqrt{1+[f'(x)]^2}\,\mathrm{d}x .$$

通常情况下这比用二重积分来计算曲面积分要简单. 但是当被积函数中含有变量 z 时，就不能这样做了.

例 6　设曲面 $\Sigma:|x|+|y|+|z|=1$，计算 $\oiint_\Sigma[\tan(xy)+|y|]\,\mathrm{d}S$.

分析　Σ 是分块光滑曲面，若要分块积分比较麻烦，计算中可利用曲面的对称性与被积函数的奇偶性来化简运算.

解　曲面关于平面 $x=0$ 对称，所以 $\oiint_\Sigma \tan(xy)\,\mathrm{d}S=0$.

曲面关于 x, y, z 轮换对称，有

$$\oiint_\Sigma|x|\,\mathrm{d}S=\oiint_\Sigma|y|\,\mathrm{d}S=\oiint_\Sigma|z|\,\mathrm{d}S ,$$

所以

$$\oiint_\Sigma[\tan(xy)+|y|]\,\mathrm{d}S=\oiint_\Sigma|y|\,\mathrm{d}S=\frac{1}{3}\oiint_\Sigma(|x|+|y|+|z|)\,\mathrm{d}S$$

$$=\frac{1}{3}\oiint_\Sigma\mathrm{d}S=\frac{1}{3}\times 8\times\frac{\sqrt{3}}{2}=\frac{4}{3}\sqrt{3}.$$

评注　$\oiint_\Sigma\mathrm{d}S$ 是曲面 Σ 的面积，它是平面 $x+y+z=1$ 在第一卦限中对应三角形面积的 8 倍.

例 7　计算积分 $\oiint_\Sigma(x^2+2y^2-z^2)\,\mathrm{d}S$，其中 Σ 是球面 $x^2+y^2+z^2=2(x+y+z)$.

分析 用球面坐标计算会容易些，但考虑到球面Σ的对称性及被积函数的特点，利用曲面形心坐标公式来计算会更为简单.

解 球面Σ的方程可化为$(x-1)^2+(y-1)^2+(z-1)^2=3$，球心（形心）坐标$\overline{x}=\overline{y}=\overline{z}=1$，半径$r=\sqrt{3}$. 因为球面$\Sigma$关于$x,y,z$轮换对称，则

$$\begin{aligned}\oint\!\!\!\oint_{\Sigma}(x^2+2y^2-z^2)\,\mathrm{d}S&=\oint\!\!\!\oint_{\Sigma}2y^2\,\mathrm{d}S=\frac{2}{3}\oint\!\!\!\oint_{\Sigma}(x^2+y^2+z^2)\,\mathrm{d}S\\&=\frac{2}{3}\oint\!\!\!\oint_{\Sigma}(x+y+z)\,\mathrm{d}S=2\oint\!\!\!\oint_{\Sigma}x\,\mathrm{d}S=2\overline{x}\oint\!\!\!\oint_{\Sigma}\mathrm{d}S\\&=2\cdot1\cdot4\pi\left(\sqrt{3}\right)^2=24\pi.\end{aligned}$$

评注 (1) 曲面形心公式：$\overline{x}=\dfrac{1}{A}\iint\limits_{\Sigma}x\,\mathrm{d}S$，$\overline{y}=\dfrac{1}{A}\iint\limits_{\Sigma}y\,\mathrm{d}S,\overline{z}=\dfrac{1}{A}\iint\limits_{\Sigma}z\,\mathrm{d}S$. 其中$A=\iint\limits_{\Sigma}\mathrm{d}S$是$\Sigma$的面积.

(2) 在数量值函数的积分中（重积分与线面积分），若几何形体有对称中心（形心），被积函数是一次函数，则可利用形心公式来简化计算.

例 8 求$I(t)=\iint\limits_{x+y+z=t}f(x,y,z)\,\mathrm{d}S$，其中$f(x,y,z)=\begin{cases}1-x^2-y^2-z^2, & x^2+y^2+z^2\leqslant1\\0, & x^2+y^2+z^2>1\end{cases}$.

分析 容易看出，积分曲面应该是平面$x+y+z=t$在球面$x^2+y^2+z^2=1$内的部分. 由于t的不确定性，所以要对t的取值做出讨论.

解 球面$x^2+y^2+z^2=1$中心（原点）到平面$x+y+z=t$的距离为$d=\dfrac{|t|}{\sqrt{3}}$.

当$d=\dfrac{|t|}{\sqrt{3}}\geqslant1$，即$|t|\geqslant\sqrt{3}$时，平面$x+y+z=t$与球面$x^2+y^2+z^2=1$相切或不相交，这时总有

$$\iint\limits_{x+y+z=t}f(x,y,z)\,\mathrm{d}S=0.$$

故考虑$|t|<\sqrt{3}$的情况. 此时$f(x,y,z)=1-r^2$，$r=\sqrt{x^2+y^2+z^2}$是球体$x^2+y^2+z^2\leqslant1$与平面$x+y+z=t$所交成的圆域上的任意一点(x,y,z)到原点的距离. 积分域就是此圆域. 原点到此圆域的距离为$\dfrac{|t|}{\sqrt{3}}$. 由对称性，知可以将坐标系做一旋转，使平面$x+y+z=t$上的积分域旋转到$z=\dfrac{|t|}{\sqrt{3}}$这一平面上. 则

$$\begin{aligned}I(t)&=\iint\limits_{z=\frac{t}{\sqrt{3}}}f(x,y,z)\,\mathrm{d}S=\iint\limits_{x^2+y^2\leqslant1-\frac{t^2}{3}}\left(1-\frac{t^2}{3}-x^2-y^2\right)\mathrm{d}x\,\mathrm{d}y\\&=\pi\left(1-\frac{t^2}{3}\right)^2-\int_0^{2\pi}\mathrm{d}\varphi\int_0^{\sqrt{1-\frac{t^2}{3}}}\rho^3\,\mathrm{d}\rho=\frac{\pi}{18}(3-t^2)^2.\end{aligned}$$

所以

$$I(t)=\begin{cases}\dfrac{\pi}{18}(3-t^2)^2, & |t|<\sqrt{3},\\0, & |t|\geqslant\sqrt{3}.\end{cases}$$

例 9 设$\varphi(x,y,z)$为原点到椭圆面$\Sigma:\dfrac{x^2}{a^2}+\dfrac{y^2}{b^2}+\dfrac{z^2}{c^2}=1\,(a>0,b>0,c>0)$上点$(x,y,z)$处的切平面的距离，求$\iint\limits_{\Sigma}\varphi(x,y,z)\,\mathrm{d}S$.

分析　要求出$\varphi(x,y,z)$的表达式，需先求切平面的方程，最后计算曲面积分.

解　方法 1　椭球面$\dfrac{x^2}{a^2}+\dfrac{y^2}{b^2}+\dfrac{z^2}{c^2}=1$上任意一点$P(x,y,z)$处的切平面方程为$\dfrac{xX}{a^2}+\dfrac{yY}{b^2}+\dfrac{zZ}{c^2}=1$，坐标原点到切平面的距离为 $\varphi(x,y,z)=\dfrac{1}{\sqrt{\dfrac{x^2}{a^4}+\dfrac{y^2}{b^4}+\dfrac{z^2}{c^4}}}$.

设Σ位于xOy面上方的部分曲面为$\Sigma_1: z=c\sqrt{1-\dfrac{x^2}{a^2}-\dfrac{y^2}{b^2}}$，$\Sigma_1$在$xOy$面的投影为$D_{xy}:\dfrac{x^2}{a^2}+\dfrac{y^2}{b^2}\leqslant 1$.
由对称性，可得

$$\iint_{\Sigma}\varphi(x,y,z)\,\mathrm{d}S=2\iint_{\Sigma_1}\varphi(x,y,z)\,\mathrm{d}S, \tag{①}$$

由于$z_x=\dfrac{-cx}{a^2\sqrt{1-\dfrac{x^2}{a^2}-\dfrac{y^2}{b^2}}}$，$z_y=\dfrac{-cy}{b^2\sqrt{1-\dfrac{x^2}{a^2}-\dfrac{y^2}{b^2}}}$，$\mathrm{d}S=\sqrt{1+z_x^2+z_y^2}\,\mathrm{d}x\,\mathrm{d}y=\dfrac{c^2}{z}\sqrt{\dfrac{x^2}{a^4}+\dfrac{y^2}{b^4}+\dfrac{z^2}{c^4}}\,\mathrm{d}x\,\mathrm{d}y$，
代入①式，并令$x=a\rho\cos\varphi$，$y=b\rho\sin\varphi$，则

$$\iint_{\Sigma}\varphi(x,y,z)\,\mathrm{d}S=2c\iint_{D_{xy}}\frac{1}{\sqrt{1-\dfrac{x^2}{a^2}-\dfrac{y^2}{b^2}}}\mathrm{d}x\,\mathrm{d}y=2c\int_0^{2\pi}\mathrm{d}\varphi\int_0^1\frac{1}{\sqrt{1-\rho^2}}ab\rho\,\mathrm{d}\rho=4\pi abc.$$

方法 2　$\varphi(x,y,z)=\dfrac{1}{\sqrt{\dfrac{x^2}{a^4}+\dfrac{y^2}{b^4}+\dfrac{z^2}{c^4}}}$的方法同方法 1.

记$u=\dfrac{x^2}{a^4}+\dfrac{y^2}{b^4}+\dfrac{z^2}{c^4}$，则$\varphi(x,y,z)=\dfrac{1}{\sqrt{u}}$. 于是

$$\iint_{\Sigma}\varphi(x,y,z)\,\mathrm{d}S=\iint_{\Sigma}\frac{1}{\sqrt{u}}\mathrm{d}S=\iint_{\Sigma}\frac{1}{\sqrt{u}}\left(\frac{x^2}{a^2}+\frac{y^2}{b^2}+\frac{z^2}{c^2}\right)\mathrm{d}S. \tag{②}$$

因椭球面Σ上P点处的外侧法向量的方向余弦为$\cos\alpha=\dfrac{x}{\sqrt{u}a^2}$，$\cos\beta=\dfrac{y}{\sqrt{u}b^2}$，$\cos\gamma=\dfrac{z}{\sqrt{u}c^2}$，由此化简②式得

$$\begin{aligned}\iint_{\Sigma}\varphi(x,y,z)\,\mathrm{d}S&=\iint_{\Sigma}(x\cos\alpha+y\cos\beta+z\cos\gamma)\,\mathrm{d}S\\&=\iint_{\Sigma}x\,\mathrm{d}y\,\mathrm{d}z+y\,\mathrm{d}z\,\mathrm{d}x+z\,\mathrm{d}x\,\mathrm{d}y\overset{\text{高斯公式}}{=\!=\!=}\iiint_{\Omega}3\,\mathrm{d}V=4\pi abc.\end{aligned}$$

评注　高斯公式及其应用将在第 6 章中介绍.

例 10　设$f(x,y,z)=2x^4-y^4+3z^4+x^2y^2-2x^2z^2+y^2z^2$，求$\displaystyle\oiint_{\Sigma}f(x,y,z)\,\mathrm{d}S$，其中$\Sigma$为球心在原点，半径为 2 的球面.

分析　被积函数是x,y,z的齐次函数，利用齐次函数的性质可将该积分转化为第二型曲面积分，再用高斯公式计算会更为简便. 直接积分计算量较大，若利用曲面的对称性，其计算量能够大幅减小.

解　方法 1　方程$f(tx,ty,tz)=t^4f(x,y,z)$两边对t求导，并取$t=1$，可得

$$x\frac{\partial f}{\partial x}+y\frac{\partial f}{\partial y}+z\frac{\partial f}{\partial z}=4f(x,y,z).$$

注意到Σ的外侧单位法向量为$\left(\dfrac{x}{2},\dfrac{y}{2},\dfrac{z}{2}\right)$，记$\Sigma$所围空间区域为$\Omega$，则有

$$\oiint_{\Sigma} f(x,y,z)\mathrm{d}S=\frac{1}{4}\oiint_{\Sigma}\left(x\frac{\partial f}{\partial x}+y\frac{\partial f}{\partial y}+z\frac{\partial f}{\partial z}\right)\mathrm{d}S=\frac{1}{2}\oiint_{\Sigma}\frac{\partial f}{\partial x}\mathrm{d}y\mathrm{d}z+\frac{\partial f}{\partial y}\mathrm{d}z\mathrm{d}x+\frac{\partial f}{\partial z}\mathrm{d}x\mathrm{d}y$$

$$\xlongequal{\text{高斯公式}}\frac{1}{2}\iiint_{\Omega}\left(\frac{\partial^2 f}{\partial x^2}+\frac{\partial^2 f}{\partial y^2}+\frac{\partial^2 f}{\partial z^2}\right)\mathrm{d}V=\iiint_{\Omega}(11x^2-4y^2+17z^2)\mathrm{d}V.$$

由于Ω关于x,y,z轮换对称，有

$$\iiint_{\Omega}x^2\mathrm{d}V=\iiint_{\Omega}y^2\mathrm{d}V=\iiint_{\Omega}z^2\mathrm{d}V=\frac{1}{3}\iiint_{\Omega}(x^2+y^2+z^2)\mathrm{d}V$$

$$=\frac{1}{3}\int_0^{2\pi}\mathrm{d}\varphi\int_0^{\pi}\mathrm{d}\theta\int_0^2 r^4\sin\theta\mathrm{d}r=\frac{128}{15}\pi,$$

所以

$$\oiint_{\Sigma} f(x,y,z)\mathrm{d}S=(11-4+17)\cdot\frac{128}{15}\pi=\frac{1024\pi}{5}.$$

方法2 由球面的对称性，知

$$\oiint_{\Sigma}x^4\mathrm{d}S=\oiint_{\Sigma}y^4\mathrm{d}S=\oiint_{\Sigma}z^4\mathrm{d}S,\quad \oiint_{\Sigma}x^2y^2\mathrm{d}S=\oiint_{\Sigma}x^2z^2\mathrm{d}S=\oiint_{\Sigma}y^2z^2\mathrm{d}S.$$

所以

$$\oiint_{\Sigma} f(x,y,z)\mathrm{d}S=4\oiint_{\Sigma}x^4\mathrm{d}S.$$

取球面坐标，在Σ上有$x=2\sin\theta\cos\varphi$，$\mathrm{d}S=2^2\sin\theta\mathrm{d}\theta\mathrm{d}\varphi$，所以

$$\oiint_{\Sigma} f(x,y,z)\mathrm{d}S=4\oiint_{\Sigma}x^4\mathrm{d}S=4\cdot 2^6\int_0^{2\pi}\cos^4\varphi\mathrm{d}\varphi\int_0^{\pi}\sin^5\theta\mathrm{d}\theta$$

$$=4\cdot 2^6\cdot 4\cdot 2\int_0^{\frac{\pi}{2}}\cos^4\varphi\mathrm{d}\varphi\int_0^{\frac{\pi}{2}}\sin^5\theta\mathrm{d}\theta$$

$$=2^{11}\cdot\frac{3\cdot 1}{4\cdot 2}\cdot\frac{\pi}{2}\cdot\frac{4\cdot 2}{5\cdot 3\cdot 1}=\frac{1024}{5}\pi.$$

评注 （1）若f是n元k次齐次函数，即$f(tx_1,tx_2,\cdots,tx_n)=t^k f(x_1,x_2,\cdots,x_n)$，则有

$$x_1 f_{x_1}+x_1 f_{x_2}+\cdots+x_n f_{x_n}=k f(x_1,x_2,\cdots,x_n)\ \text{（称为欧拉齐次函数定理）}.$$

利用该结论可较方便地将齐次函数在球面上的第一型曲面积分化为第二型曲面积分.

（2）球面坐标下的面积微元$\mathrm{d}S=R^2\sin\theta\mathrm{d}\theta\mathrm{d}\varphi$（$R$是已知球的半径），这可从几何意义去理解，对照球面坐标下的体积微元$\mathrm{d}V=r^2\sin\theta\mathrm{d}\theta\mathrm{d}\varphi\mathrm{d}r=\mathrm{d}S\mathrm{d}r$，就容易理解面积微元了.

例11 设P是椭球面$S:x^2+y^2+z^2-yz=1$上的动点，若S在点P处的切平面与xOy面垂直，求点P的轨迹C，并计算曲面积分$I=\displaystyle\iint_{\Sigma}\frac{(x+\sqrt{3})|y-2z|}{\sqrt{4+y^2+z^2-4yz}}\mathrm{d}S$，其中$\Sigma$是椭球面$S$位于曲线$C$上方的部分.

分析 曲线C在曲面S上，所以只要算出曲面S的切平面与xOy面垂直所满足的等式即可，该等式与S的方程联立就是曲线C的方程. 由于S的方程是隐函数形式，因此计算$\mathrm{d}S$时要用到隐函数方程求偏导数.

解 令P的坐标为(x,y,z)，由$S:x^2+y^2+z^2-yz=1$，得S在点P处的切平面的法向量为

$$\boldsymbol{n}=(2x,2y-z,2z-y).$$

因为S在点P处的切平面与xOy面垂直，所以有$y=2z$，注意到$P\in S$，所以点P的轨迹方程为

$$C:\begin{cases}x^2+y^2+z^2-yz=1,\\ y=2z.\end{cases}$$

将 Σ 向 xOy 面投影，其投影区域为 $D_{xy}:x^2+\dfrac{3y^2}{4}\leqslant 1$.

$x^2+y^2+z^2-yz=1$ 两边对 x 求导，得

$$2x+2z\frac{\partial z}{\partial x}-y\frac{\partial z}{\partial x}=0\Rightarrow\frac{\partial z}{\partial x}=\frac{2x}{y-2z},$$

$x^2+y^2+z^2-yz=1$ 两边对 y 求导，得

$$2y+2z\frac{\partial z}{\partial y}-z-y\frac{\partial z}{\partial y}=0\Rightarrow\frac{\partial z}{\partial y}=\frac{z-2y}{y-2z},$$

$$\mathrm{d}S=\sqrt{1+\left(\frac{\partial z}{\partial x}\right)^2+\left(\frac{\partial z}{\partial y}\right)^2}\,\mathrm{d}x\mathrm{d}y=\frac{\sqrt{4+y^2+z^2-4yz}}{|y-2z|}\mathrm{d}x\mathrm{d}y,$$

所以

$$I=\iint\limits_{\Sigma}\frac{(x+\sqrt{3})|y-2z|}{\sqrt{4+y^2+z^2-4yz}}\mathrm{d}S=\iint\limits_{D_{xy}}(x+\sqrt{3})\mathrm{d}x\mathrm{d}y=\sqrt{3}\iint\limits_{D_{xy}}\mathrm{d}x\mathrm{d}y=\sqrt{3}\cdot\pi\cdot 1\cdot\frac{2}{\sqrt{3}}=2\pi.$$

例 12*　设 Σ 是曲面 $z=\dfrac{1}{2}(x^2+y^2)$ 在椭球面 $x^2+y^2+4z^2=2$ 内的部分，证明：

$$\frac{2\pi}{3}\left(2-\frac{\sqrt{2}}{2}\right)<\iint\limits_{\Sigma}\sqrt{x+y+2z+1}\,\mathrm{d}S\leqslant\frac{3\pi}{2}.$$

分析　直接计算曲面积分有困难，可考虑对被积函数做估计或利用一些已知不等式.

证明　记 $f(x,y,z)=\sqrt{x+y+2z+1}$，先求 $f(x,y,z)$ 满足条件 $(x,y,z)\in\Sigma$ 的极值.

由于在 Σ 上，$x+y+2z+1=\left(x+\dfrac{1}{2}\right)^2+\left(y+\dfrac{1}{2}\right)^2+\dfrac{1}{2}$，所以当且仅当 $x=-\dfrac{1}{2}$，$y=-\dfrac{1}{2}$ 时，$f=\dfrac{\sqrt{2}}{2}$ 为最小值，则有

$$\iint\limits_{\Sigma}\sqrt{x+y+2z+1}\,\mathrm{d}S\geqslant\frac{\sqrt{2}}{2}\iint\limits_{\Sigma}\mathrm{d}S.$$

由 $\begin{cases}z=\dfrac{1}{2}(x^2+y^2)\\ x^2+y^2+4z^2=2\end{cases}$ 消去 z，得 Σ 在 xOy 平面的投影区域 $D_{xy}:x^2+y^2\leqslant 1$，

$$\iint\limits_{\Sigma}\mathrm{d}S=\iint\limits_{D_{xy}}\sqrt{1+\left(\frac{\partial z}{\partial x}\right)^2+\left(\frac{\partial z}{\partial y}\right)^2}\,\mathrm{d}x\mathrm{d}y=\iint\limits_{D_{xy}}\sqrt{1+x^2+y^2}\,\mathrm{d}x\mathrm{d}y$$

$$=\int_0^{2\pi}\mathrm{d}\varphi\int_0^1\sqrt{1+\rho^2}\,\rho\,\mathrm{d}\rho=\frac{2\pi}{3}\left(2\sqrt{2}-1\right).$$

所以

$$\iint\limits_{\Sigma}\sqrt{x+y+2z+1}\,\mathrm{d}S\geqslant\frac{2\pi}{3}\left(2-\frac{\sqrt{2}}{2}\right).$$

另一方面，由柯西不等式

$$\iint\limits_{\Sigma}\sqrt{x+y+2z+1}\,\mathrm{d}S=\iint\limits_{D_{xy}}\sqrt{x+y+x^2+y^2+1}\sqrt{1+x^2+y^2}\,\mathrm{d}x\mathrm{d}y$$

$$\leqslant\left[\iint_{D_{xy}}(x+y+x^2+y^2+1)\,\mathrm{d}x\,\mathrm{d}y\right]^{\frac{1}{2}}\left[\iint_{D_{xy}}(x^2+y^2+1)\,\mathrm{d}x\,\mathrm{d}y\right]^{\frac{1}{2}}$$

$$=\iint_{D_{xy}}(x^2+y^2+1)\,\mathrm{d}x\,\mathrm{d}y=\frac{3\pi}{2},$$

所以原不等式成立.

评注 （1）由于曲面积分的被积函数是定义在曲面块上的，所以其最大值与最小值都应该是条件极值问题（曲线积分也一样）.

（2）积分的柯西不等式：$\left|\int_{\Omega} f\cdot g\,\mathrm{d}\Omega\right|\leqslant\left(\int_{\Omega} f^2\,\mathrm{d}\Omega\right)^{\frac{1}{2}}\left(\int_{\Omega} g^2\,\mathrm{d}\Omega\right)^{\frac{1}{2}}$. 这里的积分可以是重积分或线面积分.

例 13 设有一高度为$h(t)$（t为时间）的雪堆，其在融化过程中，侧面满足方程$z=h(t)-\dfrac{2x^2+2y^2}{h(t)}$（长度的单位为cm，时间的单位为小时）. 已知体积减小的速率与侧面面积成比例（比例系数为0.9），问高度为130cm的雪堆完全融化需多少小时.

分析 雪堆完全融化的标志是其高度$h(t)=0$. 为求得$h(t)$的表达式，可由题意“体积减小的速率与侧面面积成比例”建立方程.

解 侧面曲面$\Sigma: z=h(t)-\dfrac{2x^2+2y^2}{h(t)}\quad(z\geqslant 0)$，

$$\mathrm{d}S=\sqrt{1+z_x^2+z_y^2}\,\mathrm{d}x\,\mathrm{d}y=\sqrt{1+\frac{16}{h^2(t)}(x^2+y^2)}\,\mathrm{d}x\,\mathrm{d}y.$$

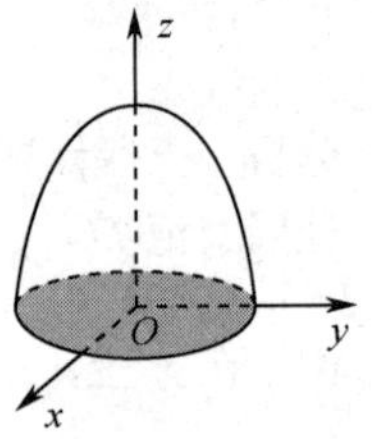

图 5.26

Σ在xOy面的投影区域为（极坐标）$D_{xy}: 0\leqslant\varphi\leqslant 2\pi, 0\leqslant\rho\leqslant\dfrac{\sqrt{2}}{2}h(t)$.

如图5.26所示，t时刻雪堆的侧面面积为

$$S(t)=\iint_{\Sigma}\mathrm{d}S=\int_0^{2\pi}\mathrm{d}\varphi\int_0^{\frac{\sqrt{2}}{2}h(t)}\sqrt{1+\frac{16}{h^2(t)}\rho^2}\,\rho\,\mathrm{d}\rho=\frac{13}{12}\pi h^2(t),$$

体积为

$$V(t)=\iint_{D_{xy}}\left[h(t)-\frac{2x^2+2y^2}{h(t)}\right]\mathrm{d}\sigma=\int_0^{2\pi}\mathrm{d}\varphi\int_0^{\frac{\sqrt{2}}{2}h(t)}\left[h(t)-\frac{2\rho^2}{h(t)}\right]\rho\,\mathrm{d}\rho=\frac{1}{4}\pi h^3(t).$$

由题意$\dfrac{\mathrm{d}V}{\mathrm{d}t}=-0.9S(t)$，有 $\dfrac{\mathrm{d}h(t)}{\mathrm{d}t}=-\dfrac{13}{10}$，得$h(t)=-\dfrac{13}{10}t+c$.

由$h(0)=130$，得$c=130$，所以$h(t)=-\dfrac{13}{10}t+130$. 令$h(t)=0$，得$t=100$（小时）.

例 14[*] 证明一个薄的均匀的球壳对一个在球外的质点产生的引力，相当于这个球壳的质量全部集中于它的几何中心时所产生的引力.

分析 只需计算球壳对质点的引力，再验证结果. 为便于计算，可设球心为原点，质点在某坐标轴上.

证明 设球面的方程为$\Sigma: x^2+y^2+z^2=R^2$，单位质点在z轴上，其坐标为$(0,0,a)$ $(a>R)$. 设球壳对质点的引力为$\boldsymbol{F}=(F_x,F_y,F_z)$，由对称性，知$F_x=F_y=0$，利用球面坐标，有

$$\Sigma:\begin{cases}x=R\sin\theta\cos\varphi\\ y=R\sin\theta\sin\varphi\quad(0\leqslant\theta\leqslant\pi,\ 0\leqslant\varphi\leqslant 2\pi),\\ z=R\cos\theta\end{cases}\quad \mathrm{d}S=R^2\sin\theta\,\mathrm{d}\theta\,\mathrm{d}\varphi.$$

$$F_z=\iint_{\Sigma}\frac{G(z-a)}{[x^2+y^2-(z-a)^2]^{3/2}}\mathrm{d}S=\iint_{D}\frac{G(R\cos\theta-a)}{[R^2+a^2-2aR\cos\theta]^{3/2}}R^2\sin\theta\mathrm{d}\theta\mathrm{d}\varphi$$

$$=-GR^2\int_0^{2\pi}\mathrm{d}\varphi\int_0^{\pi}\frac{(R\cos\theta-a)}{[R^2+a^2-2aR\cos\theta]^{3/2}}\mathrm{d}\cos\theta$$

$$=-G\frac{2\pi R}{a}\int_0^{\pi}(R\cos\theta-a)\mathrm{d}[R^2+a^2-2aR\cos\theta]^{-1/2}$$

$$=-G\frac{2\pi R}{a}\left[[(R\cos\theta-a)(R^2+a^2-2aR\cos\theta)^{-1/2}]_0^{\pi}-\int_0^{\pi}[R^2+a^2-2aR\cos\theta]^{-1/2}\mathrm{d}(R\cos\theta-a)\right]$$

$$=-G\frac{2\pi R}{a}\left[0+\frac{1}{2a}\int_0^{\pi}[R^2+a^2-2aR\cos\theta]^{-1/2}\mathrm{d}(R^2+a^2-2aR\cos\theta)\right]$$

$$=-G\frac{2\pi R}{a^2}[R^2+a^2-2aR\cos\theta]^{1/2}\Big|_0^{\pi}=-G\frac{4\pi R^2}{a^2}$$ （G 为引力系数，负号表示引力的方向).

评注　若该题用直角坐标系计算，则较为困难. 一是直角坐标系中球面必须要分块才便于写出曲面的显函数方程；二是积分计算也相对困难. 对大于半球的球冠都适宜选球面坐标系计算积分.

习题 5.3

习题 5.3 答案

1. 设平面曲线 Γ 由 $y^2=\frac{1}{3}x^2(1-4x)$，$y>0$，$x\in\left[0,\frac{1}{4}\right]$所定义，求曲线的长度.

2. 计算 $\oint_L(2x^2+3y^2)\mathrm{d}s$，其中 L 为 $x^2+y^2=2(x+y)$.

3. 计算 $\oint_L(x^3+z)\mathrm{d}s$，其中 L 为圆柱面 $x^2+y^2=x$ 与圆锥面 $z=\sqrt{x^2+y^2}$ 的交线.

4. 求八分之一球面 $x^2+y^2+z^2=R^2$，$x\geqslant 0$，$y\geqslant 0$，$z\geqslant 0$ 的边界曲线的质心. 设曲线的密度为 1.

5. 求柱面 $x^{2/3}+y^{2/3}=1$ 在平面 $z=0$ 与马鞍面 $z=xy$ 之间部分的面积.

6. 计算 $I=\oint_{\Gamma}(xy+yz+zx)\mathrm{d}s$，其中 $\Gamma:\begin{cases}x^2+y^2+z^2=4\\x+y+z=1\end{cases}$.

7. 计算球面 $x^2+y^2+z^2=a^2$ 包含在柱面 $\frac{x^2}{a^2}+\frac{y^2}{b^2}=1$ $(b\leqslant a)$ 内部分的面积.

8. 已知球 A 的半径为 R，另一半径为 r 的球 B 的中心在球 A 的表面上($r<2R$). 求球 B 被夹在球 A 内部的表面积；问 r 值为多少时该表面积最大？并求最大表面积的值.

9. 计算曲面积分 $\iint\limits_{x^2+y^2+z^2=1}(ax+by+cz)^2\mathrm{d}S$.

10. 计算积分 $I(t)=\iint_S f(x,y,z)\mathrm{d}S$，其中 $f(x,y,z)=\begin{cases}x^2+y^2, & z\geqslant\sqrt{x^2+y^2}\\0, & z<\sqrt{x^2+y^2}\end{cases}$，$S:x^2+y^2+z^2=t^2$.

11. 设 Σ 为椭球面 $\frac{x^2}{2}+\frac{y^2}{2}+z^2=1$ 的上半部分，点 $P(x,y,z)\in\Sigma$，π 为Σ 在点 P 处的切平面，$\rho(x,y,z)$ 是点 $O(0,0,0)$ 到平面 π 的距离，求 $\iint_{\Sigma}\frac{z}{\rho(x,y,z)}\mathrm{d}S$.

12. 设曲面 Σ 是圆锥面 $z=\sqrt{x^2+y^2}$ 被平面 $x+y+2z=1$ 与 $x+y+2z=2$ 所截的部分，求 $\iint_{\Sigma}\frac{\mathrm{d}S}{z}$.

13. 计算曲面积分 $I=\iint_{\Sigma}xyz(y^2z^2+z^2x^2+x^2y^2)\mathrm{d}S$，其中 Σ 是球面 $x^2+y^2+z^2=a^2(a>0)$ 的第

一卦限部分.

14. 计算曲面积分 $\iint\limits_S z\left(\frac{\alpha x}{a^2}+\frac{\beta y}{b^2}+\frac{\gamma z}{c^2}\right)\mathrm{d}S$，其中 S 为 $\frac{x^2}{a^2}+\frac{y^2}{b^2}+\frac{z^2}{c^2}=1$ 的上半部分（$z\geqslant 0$），α,β,γ 为 S 的外法向的方向余弦.

15. 设 $f(x,y,z)=a_1x^4+a_2y^4+a_3z^4+3a_4x^2y^2+3a_5y^2z^2+3a_6x^2z^2$，求 $\oiint\limits_{\Sigma} f(x,y,z)\mathrm{d}S$，其中 Σ 为球心在原点的单位球面.

16. 已知 Σ 是空间曲线 $\begin{cases}x^2+3y^2=1\\ z=0\end{cases}$ 绕着 y 轴旋转而成的椭球面，S 表示曲面 Σ 的上半部分（$z\geqslant 0$），Π 是椭球面 S 在 $P(x,y,z)$ 点处的切平面，$d(x,y,z)$ 是原点到切平面 Π 的距离，λ,μ,ν 表示 S 的外法线的方向余弦.

（1）计算 $\iint\limits_S \frac{z}{d(x,y,z)}\mathrm{d}S$；（2）计算 $\iint\limits_S z(\lambda x+3\mu y+\nu z)\mathrm{d}S$，其中 Σ 为外侧.

17. 设函数 $f(x)$ 连续，a,b,c 为常数，Σ 是单位球面 $x^2+y^2+z^2=1$. 记第一型曲面积分 $I=\iint\limits_{\Sigma} f(ax+by+cz)\mathrm{d}S$. 证明 $I=2\pi\int_{-1}^{1} f\left(\sqrt{a^2+b^2+c^2}u\right)\mathrm{d}u$，并计算 $\iint\limits_{\Sigma}(2x+3y+6z)^{2/3}\mathrm{d}S$.

18. 设球 $\Omega_1: x^2+y^2+z^2\leqslant R^2$ 与球 $\Omega_2: x^2+y^2+z^2\leqslant 2Rz(R>0)$ 的公共部分的体积为 $\frac{5\pi}{12}$，求 Ω_1 的表面位于 Ω_2 内部分的面积.

19. 在半径为 R 的圆柱体的上镗上一个半径为 $r(r\leqslant R)$ 的圆柱形的孔，使两圆柱体的轴线垂直相交.

（1）证明小圆柱体套上大圆柱体的表面的面积为 $S=8r^2\int_0^1\frac{1-v^2}{\sqrt{(1-v^2)(1-m^2v^2)}}\mathrm{d}v$，这里 $m=r/R$.

（2）如果 $K=\int_0^1\frac{\mathrm{d}v}{\sqrt{(1-v^2)(1-m^2v^2)}}$，$E=\int_0^1\sqrt{\frac{1-m^2v^2}{1-v^2}}\mathrm{d}v$，证明 $S=8\left[R^2E-(R^2-r^2)K\right]$.

20. 求高度为 $2h$，半径为 R，质量均匀的正圆柱面对柱面中央横截面一条直径的转动惯量.

21. 设球面 $\Sigma: x^2+y^2+z^2=a^2$ 的密度等于点到 xOy 平面的距离，求球面被柱面 $x^2+y^2=ax$ 截下部分曲面的重心.

综合题 5*答案

综合题 5*

1. 计算积分 $\iint\limits_D\sqrt{[y-x^2]}\,\mathrm{d}x\mathrm{d}y$，其中 $D=\{(x,y)\,|\,x^2\leqslant y\leqslant 4\}$，$[\cdot]$ 为取整函数.

2. 计算下列积分：

（1）$\iint\limits_D\left|\frac{x+y}{\sqrt{2}}-x^2-y^2\right|\mathrm{d}x\mathrm{d}y$，其中 $D=\{(x,y)\,|\,x^2+y^2\leqslant 1\}$.

（2）$\iint\limits_D\frac{\mathrm{d}x\mathrm{d}y}{x^4+y^2}$，其中 $D=\left\{(x,y)\,|\,y\geqslant x^2+1\right\}$.

3. 设二元函数 $f(x,t)=\dfrac{\int_0^{\sqrt{t}}\mathrm{d}x\int_{x^2}^{t}\sin y^2\,\mathrm{d}y}{\left[\left(\dfrac{2}{\pi}\arctan\dfrac{x}{t^2}\right)^x-1\right]\arctan t^{\frac{3}{2}}}$，计算二次极限 $\lim\limits_{t\to0^+}\lim\limits_{x\to+\infty}f(x,t)$.

4. 设 $F(x)=\dfrac{x^4}{\mathrm{e}^{x^3}}\int_0^x\int_0^{x-u}\mathrm{e}^{u^3+v^3}\,\mathrm{d}u\,\mathrm{d}v$，求 $\lim\limits_{x\to\infty}F(x)$ 或者证明它不存在.

5. 设 $f(x,y)$ 在单位圆 $D:x^2+y^2\leqslant1$ 上具有二阶连续的偏导数，且 $\dfrac{\partial^2 f}{\partial x^2}+\dfrac{\partial^2 f}{\partial y^2}=x^2+y^2$，求：

$$\lim_{r\to0^+}\frac{\iint\limits_{x^2+y^2\leqslant r^2}\left(x\dfrac{\partial f}{\partial x}+y\dfrac{\partial f}{\partial y}\right)\mathrm{d}x\,\mathrm{d}y}{(\tan r-\sin r)^2}.$$

6. 设 $D=\{(x,y)\mid0\leqslant x\leqslant1,\ 0\leqslant y\leqslant1\}$，$D_\varepsilon=\{(x,y)\mid0\leqslant x\leqslant1-\varepsilon,\ 0\leqslant y\leqslant1-\varepsilon\}$ $(0<\varepsilon<1)$. 考虑积分 $I=\iint\limits_D\dfrac{\mathrm{d}x\mathrm{d}y}{1-xy}$ 与 $I_\varepsilon=\iint\limits_{D_\varepsilon}\dfrac{\mathrm{d}x\mathrm{d}y}{1-xy}$，定义 $I=\lim\limits_{\varepsilon\to0^+}I_\varepsilon$.

（1）证明 $I=\sum\limits_{n=1}^{\infty}\dfrac{1}{n^2}$.

（2）利用变量代换 $\begin{cases}u=\dfrac{1}{2}(x+y)\\ v=\dfrac{1}{2}(y-x)\end{cases}$，计算 I 的值，并由此推出 $\dfrac{\pi^2}{6}=\sum\limits_{n=1}^{\infty}\dfrac{1}{n^2}$.

7. 设 $D:x^2+y^2\leqslant1$，证明不等式 $\dfrac{61}{165}\pi\leqslant\iint\limits_D\sin\sqrt{(x^2+y^2)^3}\,\mathrm{d}x\,\mathrm{d}y\leqslant\dfrac{2}{5}\pi$.

8. 设 $f(x)$ 在 $[0,1]$ 上连续，满足对任意 $x\in[0,1]$，有 $\int_{x^2}^{x}f(t)\,\mathrm{d}t\geqslant\dfrac{x^2-x^4}{2}$. 证明 $\int_0^1 f(x)\,\mathrm{d}x\geqslant\dfrac{1}{10}$.

9. 设 $f(x,y)$ 在区域 $D:a\leqslant x\leqslant b$，$\varphi(x)\leqslant y\leqslant\phi(x)$ 上可微，其中 $\varphi(x)$，$\phi(x)$ 在 $[a,b]$ 上连续，且 $f(x,\varphi(x))=0$，证明 $\exists K>0$，使得 $\iint\limits_D f^2(x,y)\,\mathrm{d}x\,\mathrm{d}y\leqslant K\iint\limits_D\left(\dfrac{\partial f}{\partial y}\right)^2\mathrm{d}x\,\mathrm{d}y$.

10. 令 $f(x)$ 是定义在区间 $[0,1]$ 上的一个实值连续函数. 证明：

$$\int_0^1\int_0^1|f(x)+f(y)|\,\mathrm{d}x\,\mathrm{d}y\geqslant\int_0^1|f(x)|\,\mathrm{d}x.$$

11. 设函数 $f(x,y)$ 在 D：$0\leqslant x\leqslant1$，$0\leqslant y\leqslant1$ 上连续，对任意 $(a,b)\in D$，设 $D(a,b)$ 是以 (a,b) 为中心含于 D 内且各边与 D 的边平行的最大正方形，若总有 $\iint\limits_{D(a,b)}f(x,y)\,\mathrm{d}x\,\mathrm{d}y=0$，则证明在 D 上有 $f(x,y)\equiv0$.

12. 设 D 是由简单光滑闭曲线 L 围成的平面区域，$f(x,y)$ 在 D 及其边界上有连续偏导数，且在 L 上有 $f(x,y)\equiv0$. 证明 $\iint\limits_D f^2(x,y)\,\mathrm{d}x\,\mathrm{d}y\leqslant\max\limits_{(x,y)\in D}\{x^2+y^2\}\iint\limits_D\left(f_x^2(x,y)+f_y^2(x,y)\right)\mathrm{d}x\,\mathrm{d}y$.

13. 计算积分 $\iiint\limits_{\Omega}\sqrt{x^2+y^2+z^2}\,\mathrm{d}x\,\mathrm{d}y\,\mathrm{d}z$，其中 Ω 是由曲线 $\Gamma:\begin{cases}x^2+z^2=x\\ y=\sqrt{x^2+z^2}\end{cases}$ 绕 z 轴旋转一周所成曲面所围成的区域.

14. 设 $f(x)$ 在 $[0,+\infty)$ 上连续可导，$f(x)\neq 0$ 且 $\lim\limits_{x\to+\infty}\dfrac{xf'(x)}{f(x)}=c>0$．记

$$F(t)=\iiint\limits_{x^2+y^2+z^2\leqslant t^2} f\left(\sqrt{x^2+y^2+z^2}\right)\mathrm{d}V,\quad G(t)=\iint\limits_{x^2+y^2\leqslant t^2} f\left(\sqrt{x^2+y^2}\right)\mathrm{d}\sigma,$$

试求函数 $h(t)$，使得 $\lim\limits_{t\to+\infty}\dfrac{F(t)}{h(t)G(t)}=1$.

15. 设 $F(t)=\iiint\limits_{\Omega_t} f(xyz)\mathrm{d}V$，其中 f 有一阶连续导数，$\Omega_t:0\leqslant x\leqslant t,0\leqslant y\leqslant t,0\leqslant z\leqslant t$．证明：

$$F'(t)=\frac{3}{t}\left[F(t)+\iiint\limits_{\Omega_t} xyzf'(xyz)\mathrm{d}V\right].$$

16. 设椭球 $\dfrac{x^2}{a^2}+\dfrac{y^2}{b^2}+\dfrac{z^2}{c^2}\leqslant 1\ (a>b>c>0)$ 的密度为1，求它对过原点的任意一直线 L：$\dfrac{x}{l}=\dfrac{y}{m}=\dfrac{z}{n}$ 的转动惯量（其中 $l^2+m^2+n^2=1$），并求此转动惯量的最大值、最小值.

17. 设 Ω 是由光滑的简单闭曲面 Σ 围成的有界闭区域，函数 $f(x,y,z)$ 在 Ω 上具有连续二阶偏导数，且 $f(x,y,z)\big|_{(x,y,z)\in\Sigma}=0$．记 ∇f 为 f 的梯度，$\Delta f=\dfrac{\partial^2 f}{\partial x^2}+\dfrac{\partial^2 f}{\partial y^2}+\dfrac{\partial^2 f}{\partial z^2}$．证明对任意常数 $C>0$，恒有

$$C\iiint\limits_{\Omega} f^2\,\mathrm{d}x\mathrm{d}y\mathrm{d}z+\frac{1}{C}\iiint\limits_{\Omega}(\Delta f)^2\,\mathrm{d}x\mathrm{d}y\mathrm{d}z\geqslant 2\iiint\limits_{\Omega}\|\nabla f\|^2\,\mathrm{d}x\mathrm{d}y\mathrm{d}z.$$

18. 求曲线 $L_1:y=\dfrac{1}{3}x^3+2x(0\leqslant x\leqslant 1)$ 绕直线 $L_2:y=\dfrac{4}{3}x$ 旋转所生成旋转曲面的面积.

19. 设曲线 $C:y=\sin x,\ 0\leqslant x\leqslant \pi$，证明 $\dfrac{3\sqrt{2}}{8}\pi^2\leqslant\int_C x\,\mathrm{d}s\leqslant\dfrac{\sqrt{2}}{2}\pi^2$.

20. 计算积分 $I=\int_0^{\frac{\pi}{2}}\mathrm{d}\varphi\int_0^{\frac{\pi}{2}}\dfrac{\sin\theta\ln(2-\sin\theta\cos\varphi)}{2-2\sin\theta\cos\varphi+\sin^2\theta\cos^2\varphi}\mathrm{d}\theta$.

21. 设曲面 $\Sigma:x^2+y^2+z^2=2(x+y+z)$，计算 $\oiint\limits_{\Sigma}(x+y+1)^2\mathrm{d}S$.

22. 设曲面 Σ 为球面 $x^2+y^2+z^2=a^2$，$M_0(x_0,y_0,z_0)$ 是空间中任意一点，计算曲面积分 $\oiint\limits_{\Sigma}\dfrac{\mathrm{d}S}{\rho}$，其中，$\rho=\sqrt{(x-x_0)^2+(y-y_0)^2+(z-z_0)^2}$.

23. 点 $A(3,1,-1)$ 是闭曲面 $S_1:x^2+y^2+z^2-2x-6y+4z=10$ 内的定点，求以 A 为球心的球面 S_2，使 S_2 被包含在 S_1 内的那部分面积 S 为最大.

第 6 章　多元向量值函数积分学

知识结构

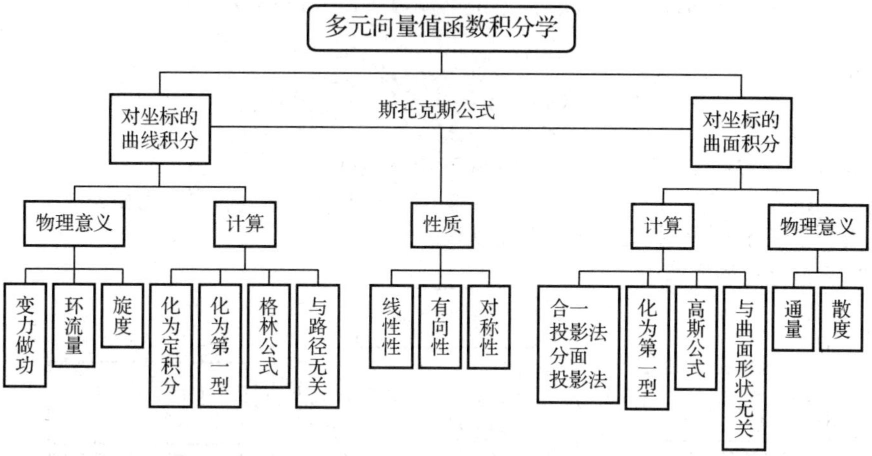

6.1　对坐标的曲线积分

对坐标的曲线积分又称为第二型曲线积分. 该类积分的计算，通常是将曲线的参数方程代入积分表达式，化为定积分来计算.

定理　设 $L: x = x(t)$，$y = y(t)$，$z = z(t)$ $(t:\alpha \to \beta)$ 是空间有向光滑曲线，向量值函数 $\boldsymbol{F}(x,y,z) = \big(P(x,y,z), Q(x,y,z), R(x,y,z)\big)$ 在 L 上连续，则

$$\int_L \boldsymbol{F}(x,y,z)\cdot \mathrm{d}\boldsymbol{s} = \int_L P(x,y,z)\,\mathrm{d}x + Q(x,y,z)\,\mathrm{d}y + R(x,y,z)\,\mathrm{d}z$$

$$= \int_\alpha^\beta [P(x(t),y(t),z(t))\dot{x}(t) + Q(x(t),y(t),z(t))\dot{y}(t) + R(x(t),y(t),z(t))\dot{z}(t)]\,\mathrm{d}t.$$

其中 $\mathrm{d}\boldsymbol{s} = (\mathrm{d}x, \mathrm{d}y, \mathrm{d}z)$ 叫**有向弧微分或弧微分向量**，它是 L 正向的一个切向量.

特别地，若 $L: x = x(t)$，$y = y(t)$　$(t:\alpha \to \beta)$ 为 xOy 面的平面曲线，则上面积分中 $z(t) \equiv 0$.

当曲线积分难以直接计算时，常常需要考虑积分是否与路径无关，或利用格林公式（平面曲线积分）、斯托格斯公式（空间曲线积分）来计算.

平面曲线积分与路径无关的条件：

定理　设 D 是平面单连通区域，函数 $P(x,y)$ 和 $Q(x,y)$ 在 D 上有一阶连续偏导数，则下列 4 条等价.

（1）对于 D 内任一分段光滑的简单闭曲线 L ，有

$$\oint_L P(x,y)\,\mathrm{d}x + Q(x,y)\,\mathrm{d}y = 0 .$$

（2）曲线积分 $\int_L P(x,y)\,\mathrm{d}x + Q(x,y)\,\mathrm{d}y$ 的值在 D 内与曲线的路径无关，只与曲线的起点、终点的位置有关.

（3）在 D 内存在二元函数 $u(x,y)$ ，使得

$$\mathrm{d}[u(x,y)] = P(x,y)\,\mathrm{d}x + Q(x,y)\,\mathrm{d}y ,$$

此时

$$u(x,y)=\int_{(x_0,y_0)}^{(x,y)}P(x,y)\,\mathrm{d}x+Q(x,y)\,\mathrm{d}y=\int_{x_0}^{x}P(x,y_0)\,\mathrm{d}x+\int_{y_0}^{y}Q(x,y)\,\mathrm{d}y\text{，其中}(x_0,y_0)\in D.$$

（4）$\forall(x,y)\in D$，满足 $\dfrac{\partial Q}{\partial x}=\dfrac{\partial P}{\partial y}$.

格林（Green）公式：

设 D 是由分段光滑的曲线 L 所围成的平面区域，函数 $P(x,y)$ 和 $Q(x,y)$ 在 D 上具有一阶连续偏导数，则有

$$\oint_L P\,\mathrm{d}x+Q\,\mathrm{d}y=\iint_D\left(\frac{\partial Q}{\partial x}-\frac{\partial P}{\partial y}\right)\mathrm{d}x\,\mathrm{d}y.$$

其中 L 为 D 的正向边界曲线（沿正向，D 保持在 L 的左边）.

第二型曲线积分不具有"积分不等式性质"与"积分中值公式"，若要利用相关性质，需将积分转换为第一型或利用格林公式转换为二重积分来处理.

平面曲线积分的常用方法：

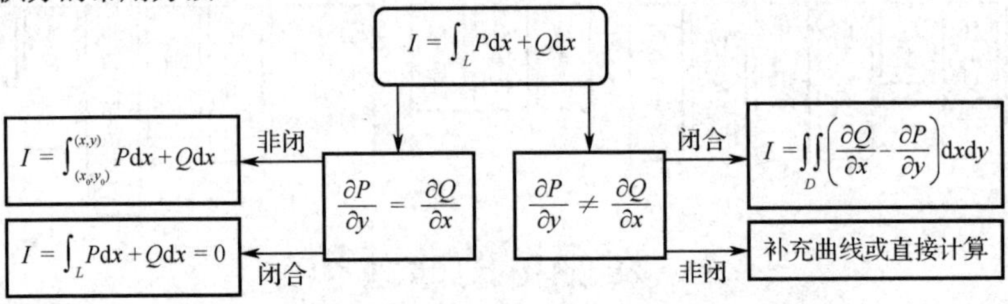

计算中要注意：①曲线的方向、起点与终点及分段点；②曲线是否封闭，所围区域是否包含被积函数的奇点；③是否满足格林公式的条件；④曲线积分是否与路径无关.

斯托克斯（Stokes）公式：

设 L 为分段光滑的空间有向闭曲线，S 是以 L 为边界的分片光滑的有向曲面，L 的正向与 S 的侧（即法向量的指向）符合右手法则，向量值函数 $\boldsymbol{F}(x,y,z)=\big(P(x,y,z),Q(x,y,z),R(x,y,z)\big)$ 在曲面 S（连同边界 L）上具有一阶连续偏导数，则有

$$\oint_L\boldsymbol{F}\cdot\mathrm{d}\boldsymbol{s}=\iint_S\mathrm{rot}\boldsymbol{F}\cdot\mathrm{d}\boldsymbol{S}，$$

即

$$\oint_L P\,\mathrm{d}x+Q\,\mathrm{d}y+R\,\mathrm{d}z=\iint_S\left(\frac{\partial R}{\partial y}-\frac{\partial Q}{\partial z}\right)\mathrm{d}y\,\mathrm{d}z+\left(\frac{\partial P}{\partial z}-\frac{\partial R}{\partial x}\right)\mathrm{d}z\,\mathrm{d}x+\left(\frac{\partial Q}{\partial x}-\frac{\partial P}{\partial y}\right)\mathrm{d}x\,\mathrm{d}y$$

$$=\iint_S\begin{vmatrix}\mathrm{d}y\,\mathrm{d}z & \mathrm{d}z\,\mathrm{d}x & \mathrm{d}x\,\mathrm{d}y\\ \dfrac{\partial}{\partial x} & \dfrac{\partial}{\partial y} & \dfrac{\partial}{\partial z}\\ P & Q & R\end{vmatrix}.$$

例 1 计算曲线积分 $I=\int_L\dfrac{x\mathrm{d}y-y\mathrm{d}x}{4x^2+y^2}$，其中曲线 L 为以下几种情况：

（1）L 沿圆周 $(x-1)^2+y^2=a^2$ $(a>0，a\neq1)$，其方向为逆时针方向；

（2）L 是从点 $A(-1,0)$ 经点 $B(1,0)$ 到点 $C(-1,2)$ 的路径，$\overset{\frown}{AB}$ 为下半圆周，$\overline{BC}$ 为直线段.

分析 这里 $P=\dfrac{-y}{4x^2+y^2}$，$Q=\dfrac{x}{4x^2+y^2}$，易验证 $\dfrac{\partial P}{\partial y}=\dfrac{\partial Q}{\partial x}$，$(x,y)\neq(0,0)$，在不包含原点在内的单连通区域内，积分与路径无关. 因而在第（1）小题中，需讨论圆周 $(x-1)^2+y^2=a^2$ 是否包围了原点，并分情况计算；在第（2）小题中，L 是非闭的，虽然积分与路径无关，但不能选择直线段 $\overline{AC}$

为路径，因为由 $\overset{\frown}{AB}+\overline{BC}+\overline{CA}$ 构成的闭曲线包围了原点. 可以选取下面两种方法解决：一是添加有向线段 $\overline{CA}$ 以及挖去原点的椭圆（充分小），使之构成一个复连通区域，用格林公式求解；二是选择平行于坐标轴的 4 条直线段（非闭路）作为路径，以简化计算.

解　(1) 这里 $P=\dfrac{-y}{4x^2+y^2}$，$Q=\dfrac{x}{4x^2+y^2}$，有

$$\frac{\partial P}{\partial y}=\frac{y^2-4x^2}{(4x^2+y^2)^2}=\frac{\partial Q}{\partial x},\quad (x,y)\neq(0,0).$$

记 $L:(x-1)^2+y^2=a^2$ 所围成的平面区域为 D.

当 $a<1$ 时，$(0,0)\notin D$，由格林公式，得

$$I=\oint_L \frac{x\mathrm{d}y-y\mathrm{d}x}{4x^2+y^2}=\iint_D\left(\frac{\partial Q}{\partial x}-\frac{\partial P}{\partial y}\right)\mathrm{d}x\mathrm{d}y=0.$$

当 $a>1$ 时，$(0,0)\in D$，$(0,0)$ 为奇点，在 D 内作一小椭圆 $L_1:4x^2+y^2=\varepsilon^2$ ($\varepsilon>0$，充分小)，其方向为顺时针方向，记 L_1 与 L 所围成的区域为 D_1，于是

$$\oint_{L+L_1}\frac{x\mathrm{d}y-y\mathrm{d}x}{4x^2+y^2}=\iint_{D_1}\left(\frac{\partial Q}{\partial x}-\frac{\partial P}{\partial y}\right)\mathrm{d}x\mathrm{d}y=0.$$

从而

$$\oint_L\frac{x\mathrm{d}y-y\mathrm{d}x}{4x^2+y^2}=\oint_{L_1^-}\frac{x\mathrm{d}y-y\mathrm{d}x}{4x^2+y^2}=\frac{1}{\varepsilon^2}\oint_{L_1^-}x\mathrm{d}y-y\mathrm{d}x=\frac{1}{\varepsilon^2}\iint_D 2\mathrm{d}\sigma=\frac{2}{\varepsilon^2}\pi\cdot\frac{\varepsilon}{2}\cdot\varepsilon=\pi.$$

(2) **方法 1**　添加有向线段 $\overline{CA}:x=-1\,(y:\ 2\to 0)$，并在闭路 $L+\overline{CA}$ 内作一小椭圆 $L_\varepsilon:4x^2+y^2=\varepsilon^2$ ($\varepsilon>0$，充分小)，其方向为顺时针方向，如图 6.1(a)所示，由 L、$\overline{CA}$ 与 L_ε 所围成的平面复连通区域记为 D，由格林公式，得

$$\oint_{L+\overline{CA}+L_\varepsilon}\frac{x\mathrm{d}y-y\mathrm{d}x}{4x^2+y^2}=\iint_D\left(\frac{\partial Q}{\partial x}-\frac{\partial P}{\partial y}\right)\mathrm{d}\sigma=0.$$

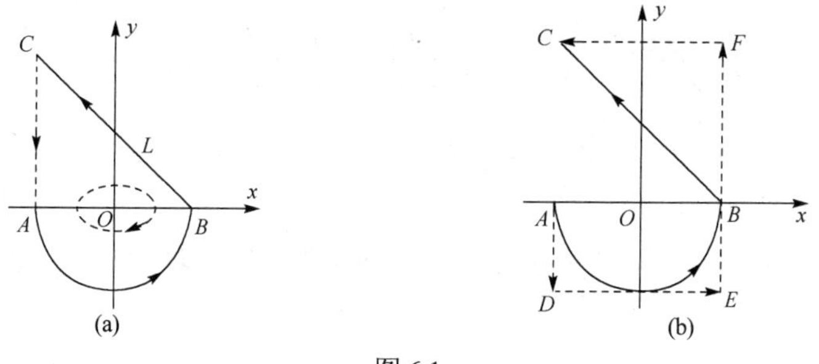

图 6.1

又

$$\int_{\overline{CA}}\frac{x\mathrm{d}y-y\mathrm{d}x}{4x^2+y^2}=-\int_2^0\frac{1}{4+y^2}\mathrm{d}y=\int_0^2\frac{1}{4+y^2}\mathrm{d}y=\frac{\pi}{8},$$

$$\oint_{L_\varepsilon}\frac{x\mathrm{d}y-y\mathrm{d}x}{4x^2+y^2}=\frac{1}{\varepsilon^2}\oint_{L_\varepsilon}x\mathrm{d}y-y\mathrm{d}x=-\frac{2}{\varepsilon^2}\iint_{D_\varepsilon}\mathrm{d}\sigma=-\frac{2}{\varepsilon^2}\cdot\pi\cdot\frac{\varepsilon}{2}\cdot\varepsilon=-\pi.$$

故

$$I=\int_L=\oint_{L+\overline{CA}+L_\varepsilon}-\int_{\overline{CA}}-\oint_{L_\varepsilon}=0-\frac{\pi}{8}-(-\pi)=\frac{7\pi}{8}.$$

方法 2 由$\dfrac{\partial P}{\partial y}=\dfrac{y^2-4x^2}{(4x^2+y^2)^2}=\dfrac{\partial Q}{\partial x}$，$(x,y)\neq(0,0)$，知曲线积分与路径无关，选择路径为直线段$\overline{AD}\to\overline{DE}\to\overline{EF}\to\overline{FC}$，如图6.1(b)所示.

$\overline{AD}: x=-1$，y 从0到-1，$\mathrm{d}x=0$，

$$\int_{\overline{AD}}\frac{x\mathrm{d}y-y\mathrm{d}x}{4x^2+y^2}=-\int_0^{-1}\frac{1}{4+y^2}\mathrm{d}y=\frac{1}{2}\arctan\frac{1}{2};$$

$\overline{DE}: y=-1$，x 从-1到1，$\mathrm{d}y=0$，

$$\int_{\overline{DE}}\frac{x\mathrm{d}y-y\mathrm{d}x}{4x^2+y^2}=\int_{-1}^{1}\frac{1}{4x^2+1}\mathrm{d}x=\arctan 2;$$

$\overline{EF}: x=1$，y 从-1到2，$\mathrm{d}x=0$，

$$\int_{\overline{EF}}\frac{x\mathrm{d}y-y\mathrm{d}x}{4x^2+y^2}=\int_{-1}^{2}\frac{1}{4+y^2}\mathrm{d}y=\frac{\pi}{8}+\frac{1}{2}\arctan\frac{1}{2};$$

$\overline{FC}: y=2$，x 从1到-1，$\mathrm{d}y=0$，

$$\int_{\overline{FC}}\frac{x\mathrm{d}y-y\mathrm{d}x}{4x^2+y^2}=\int_{1}^{-1}\frac{-2}{4x^2+4}\mathrm{d}x=\frac{\pi}{4}.$$

所以

$$I=\int_L\frac{x\mathrm{d}y-y\mathrm{d}x}{4x^2+y^2}=\left(\int_{\overline{AD}}+\int_{\overline{DE}}+\int_{\overline{EF}}+\int_{\overline{FC}}\right)\frac{x\mathrm{d}y-y\mathrm{d}x}{4x^2+y^2}$$

$$=\arctan 2+\arctan\frac{1}{2}+\frac{\pi}{8}+\frac{\pi}{4}=\frac{\pi}{2}+\frac{3\pi}{8}=\frac{7\pi}{8}.$$

评注 （1）因为积分$\displaystyle\int_L\frac{x\mathrm{d}y-y\mathrm{d}x}{4x^2+y^2}$的分母为$4x^2+y^2$，所以作挖去奇点$(0,0)$的辅助曲线，为椭圆$L_\varepsilon: 4x^2+y^2=\varepsilon^2$，以便于积分计算. 如果分母改变，则辅助曲线也要相应改变.

（2）在第（2）小题的计算中，如果取$\overline{AC}: x=-1\ (y:0\to 2)$，则

$$\int_L\frac{x\mathrm{d}y-y\mathrm{d}x}{4x^2+y^2}=\int_{\overline{AC}}\frac{x\mathrm{d}y-y\mathrm{d}x}{4x^2+y^2}=-\int_0^2\frac{1}{4+y^2}\mathrm{d}y=-\frac{\pi}{8}.$$

这样做是不对的. 原因是闭曲线$L+\overline{AC}$内包含了积分的奇点$(0,0)$，在该区域内$\dfrac{\partial P}{\partial y}=\dfrac{\partial Q}{\partial x}$不恒成立.

例 2 设椭圆$\dfrac{x^2}{4}+\dfrac{y^2}{9}=1$在$A\left(1,\dfrac{3\sqrt{3}}{2}\right)$点的切线交$y$轴于$B$点，设$L$为从$A$到$B$的直线段，试计算：

$$\int_L\left(\frac{\sin y}{x+1}-\sqrt{3}y\right)\mathrm{d}x+[\cos y\ln(x+1)+2\sqrt{3}x-\sqrt{3}]\mathrm{d}y.$$

分析 容易验证曲线积分与路径有关，所以应先求出直线段AB的方程，再做曲线积分. 若直接积分有困难，则可添加路径构成闭曲线，再用格林公式.

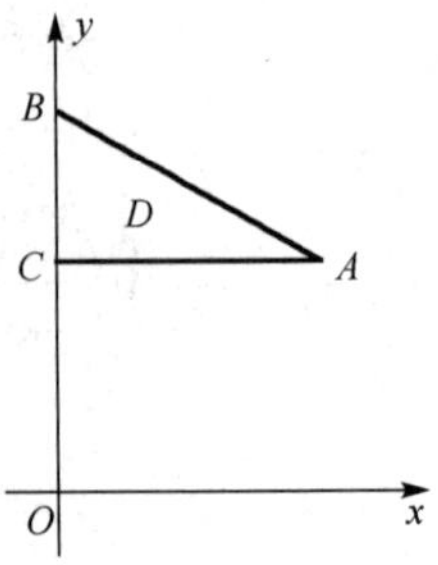

图 6.2

解 先求椭圆在点A的切线方程.

椭圆在点A的切线斜率为$y'=-\dfrac{9x}{4y}\Big|_A=-\dfrac{3}{2\sqrt{3}}$，切线方程为

$$y-\frac{3\sqrt{3}}{2}=-\frac{3}{2\sqrt{3}}(x-1).$$

如图6.2所示，切线与y轴的交点为$B(0,2\sqrt{3})$，得直线段AB的方程为

$$L: y=-\frac{\sqrt{3}}{2}x+2\sqrt{3} \quad (x:1\to 0).$$

直接积分有困难，取点$C\left(0,\frac{3\sqrt{3}}{2}\right)$，添加辅助线段$\overline{BC}$与$\overline{CA}$，有

$$\int_L=\oint_{L+\overline{BC}+\overline{CA}}-\int_{\overline{BC}}-\int_{\overline{CA}},$$

由格林公式，得

$$\oint_{l+\overline{BC}+\overline{CA}}=\iint_D\left[\frac{\cos y}{x+1}+2\sqrt{3}-\frac{\cos y}{x+1}+\sqrt{3}\right]\mathrm{d}\sigma$$

$$=\iint_D 3\sqrt{3}\mathrm{d}\sigma=3\sqrt{3}\cdot\frac{1}{2}\cdot 1\cdot\frac{\sqrt{3}}{2}=\frac{9}{4}.$$

又

$$\int_{\overline{BC}}=\int_{2\sqrt{3}}^{\frac{3\sqrt{3}}{2}}(-\sqrt{3})\mathrm{d}y=\frac{3}{2}.$$

$$\int_{\overline{CA}}=\int_0^1\left(\frac{\sin\frac{3\sqrt{3}}{2}}{x+1}-3\cdot\frac{3\sqrt{3}}{2}\right)\mathrm{d}x=\sin\frac{3\sqrt{3}}{2}\cdot\ln 2-\frac{9}{2}.$$

所以，所求的积分

$$\int_L=\frac{9}{4}-\frac{3}{2}-\sin\frac{3\sqrt{3}}{2}\cdot\ln 2+\frac{9}{2}=\frac{21}{4}-\sin\frac{3\sqrt{3}}{2}\cdot\ln 2.$$

例 3　设连续可微函数$z=z(x,y)$由方程$F(xz-y,x-yz)=0$唯一确定，其中$F(u,v)$有连续偏导数. L为$x^2+\frac{y^2}{4}=1$，正向. 试求曲线积分$I=\oint_L(xz^2+2yz+x^2)\mathrm{d}y-(2xz+yz^2+y^2)\mathrm{d}x$.

分析　因为$z=z(x,y)$的表达式不明确，直接积分有困难，所以可考虑用格林公式化为二重积分，此时被积函数中会出现偏导数z_x',z_y'，这可以通过对所给的隐函数方程求偏导数来化简.

解　记$P=-(2xz+yz^2+y^2)$，$Q=xz^2+2yz+x^2$，则

$$\frac{\partial Q}{\partial x}-\frac{\partial P}{\partial y}=2(xz+y)\frac{\partial z}{\partial x}+2(x+yz)\frac{\partial z}{\partial y}+2z^2+2(x+y).$$

由格林公式，有

$$I=2\iint_{x^2+\frac{y^2}{4}\leqslant 1}\left[(xz+y)\frac{\partial z}{\partial x}+(x+yz)\frac{\partial z}{\partial y}+z^2+x+y\right]\mathrm{d}x\mathrm{d}y.$$

由隐函数$F(xz-y,x-yz)=0$求偏导数，得

$$\frac{\partial z}{\partial x}=-\frac{zF_1+F_2}{xF_1-yF_2},\quad \frac{\partial z}{\partial y}=\frac{F_1+zF_2}{xF_1-yF_2},$$

由此可得到

$$(xz+y)\frac{\partial z}{\partial x}+(x+yz)\frac{\partial z}{\partial y}=1-z^2.$$

于是

$$I=2\iint_{x^2+\frac{y^2}{4}\leqslant 1}(1+x+y)\mathrm{d}x\mathrm{d}y=2\iint_{x^2+\frac{y^2}{4}\leqslant 1}\mathrm{d}x\mathrm{d}y+0=4\pi.$$

评注 如果 xOy 面上的曲线积分中含有由方程 $F(x,y,z)=0$ 所确定的隐函数 $z=z(x,y)$，但函数的表达式又难以求出，那么通常可考虑用格林公式并结合隐函数方程求导来化简积分.

例 4 设函数 $u(x,y)$ 和 $v(x,y)$ 在闭区域 $D: x^2+y^2\leqslant 1$ 上有一阶连续偏导数，又 $\boldsymbol{f}(x,y)=v(x,y)\boldsymbol{i}+u(x,y)\boldsymbol{j}$，$\boldsymbol{g}(x,y)=\left(\dfrac{\partial u}{\partial x}-\dfrac{\partial u}{\partial y}\right)\boldsymbol{i}+\left(\dfrac{\partial v}{\partial x}-\dfrac{\partial v}{\partial y}\right)\boldsymbol{j}$，且在 D 的边界上有 $u(x,y)\equiv 1$，$v(x,y)\equiv y$，求 $\iint\limits_D \boldsymbol{f}\cdot\boldsymbol{g}\,\mathrm{d}\sigma$.

分析 由于只知道函数 $u(x,y)$ 和 $v(x,y)$ 在区域 D 的边界上的表达式，所以需利用格林公式将二重积分化为曲线积分来计算.

解 因为 $\boldsymbol{f}\cdot\boldsymbol{g}=v\left(\dfrac{\partial u}{\partial x}-\dfrac{\partial u}{\partial y}\right)+u\left(\dfrac{\partial v}{\partial x}-\dfrac{\partial v}{\partial y}\right)=v\cdot\dfrac{\partial u}{\partial x}+u\cdot\dfrac{\partial v}{\partial x}-\left(v\cdot\dfrac{\partial u}{\partial y}+u\cdot\dfrac{\partial v}{\partial y}\right)=\dfrac{\partial(uv)}{\partial x}-\dfrac{\partial(uv)}{\partial y}$.

D 的边界正向曲线为 $L: x=\cos\theta$，$y=\sin\theta\ (\theta: 0\to 2\pi)$，由格林公式，得

$$\iint\limits_D \boldsymbol{f}\cdot\boldsymbol{g}\,\mathrm{d}\sigma=\iint\limits_D\left(\frac{\partial(uv)}{\partial x}-\frac{\partial(uv)}{\partial y}\right)\mathrm{d}\sigma=\oint_L uv\mathrm{d}x+uv\mathrm{d}y$$
$$=\oint_L y\mathrm{d}x+y\mathrm{d}y=-\iint\limits_D \mathrm{d}x\,\mathrm{d}y=-\pi.$$

评注 格林公式建立了二重积分与其区域边界上曲线积分的联系，当只有被积函数在区域边界上的信息时，要将二重积分转化为曲线积分来计算.

例 5 设 $u(x,y)$ 具有连续的一阶偏导数，l_{OA} 为自点 $O(0,0)$ 沿曲线 $y=\sin x$ 至点 $A(2\pi,0)$ 的有向弧段，求曲线积分

$$I=\int_{l_{OA}}(yu(x,y)+xyu_x(x,y)+y+x\sin x)\,\mathrm{d}x$$
$$+(xu(x,y)+xyu_y(x,y)+\mathrm{e}^{y^2}-x)\,\mathrm{d}y.$$

分析 积分式中有未知函数，无法直接积分. 若用格林公式，要出现 $\dfrac{\partial}{\partial y}u_x(x,y)$，为 u 的二阶偏导数，题中未设它存在. 为避免该情况发生，可将 I 拆成两项，一项直接积分，一项用格林公式.

解
$$I=\int_{l_{OA}}(yu(x,y)+xyu_x(x,y))\,\mathrm{d}x+(xu(x,y)+xyu_y(x,y))\,\mathrm{d}y$$
$$+\int_{l_{OA}}(y+x\sin x)\,\mathrm{d}x+(\mathrm{e}^{y^2}-x)\,\mathrm{d}y.$$

其中第 1 项积分，利用凑微分法，

$$I_1=\int_{l_{OA}}(yu(x,y)+xyu_x(x,y))\,\mathrm{d}x+(xu(x,y)+xyu_y(x,y))\,\mathrm{d}y$$
$$=\int_{l_{OA}}u(x,y)(y\,\mathrm{d}x+x\,\mathrm{d}y)+xy\,\mathrm{d}u(x,y)$$
$$=\int_{l_{OA}}\mathrm{d}(xyu(x,y))=xyu(x,y)\Big|_{(0,0)}^{(2\pi,0)}=0.$$

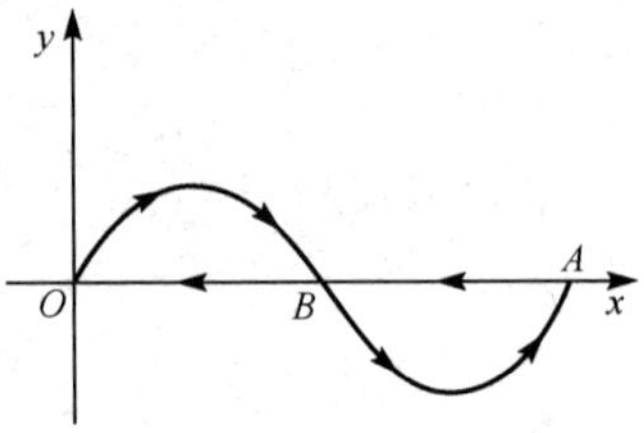

图 6.3

对于第 2 项积分，添加线段 $\overline{AO}$，与原弧 $y=\sin x\ (0\leqslant x\leqslant 2\pi)$ 构成 8 字形，围成两块区域（见图 6.3）：

$D_1=\{(x,y)\,|\,0\leqslant y\leqslant\sin x, 0\leqslant x\leqslant\pi\}$，$D_2=\{(x,y)\,|\,\sin x\leqslant y\leqslant 0, \pi\leqslant x\leqslant 2\pi\}$.

其中 D_1 的边界 $\widehat{OB}+\overline{BO}$ 为顺时针方向，D_2 的边界 $\widehat{BA}+\overline{AB}$ 为逆时针方向. 在 D_1 与 D_2 上分别用格式公式，有

$$I_2=\int_{l_{OA}+\overline{AO}}-\int_{\overline{AO}}(y+x\sin x)\,\mathrm{d}x+(\mathrm{e}^{y^2}-x)\,\mathrm{d}y$$
$$=\int_{l_{OB}+\overline{BO}}(y+x\sin x)\,\mathrm{d}x+(\mathrm{e}^{y^2}-x)\,\mathrm{d}y+\int_{l_{BA}+\overline{AB}}(y+x\sin x)\,\mathrm{d}x+(\mathrm{e}^{y^2}-x)\,\mathrm{d}y-\int_{2\pi}^{0}x\sin x\,\mathrm{d}x$$

$$=-\iint_{D_1}(-1-1)\,d\sigma+\iint_{D_2}(-1-1)\,d\sigma+\int_0^{2\pi}x\sin x\,dx$$

$$=\int_0^{\pi}dx\int_0^{\sin x}2\,dy-\int_{\pi}^{2\pi}dx\int_{\sin x}^{0}2\,dy+[-x\cos x+\sin x]_0^{2\pi}$$

$$=2\int_0^{2\pi}\sin x\,dx-2\pi=-2\pi\,.$$

所以原积分为-2π.

例 6　计算曲线积分$I=\oint_L\dfrac{ydx-xdy}{3x^2-2xy+3y^2}$，其中$L$为$|x|+|y|=1$，沿正向一周.

分析　L是由 4 条直线段构成的闭曲线，分别沿 4 条直线段做积分计算工作量较大. 易验证当$(x,y)\neq(0,0)$时，有$\dfrac{\partial P}{\partial y}=\dfrac{\partial Q}{\partial x}$，所以在挖掉原点的复连通区域内利用格林公式计算会更简便.

解　这里$P(x,y)=\dfrac{y}{3x^2-2xy+3y^2}$，$Q(x,y)=\dfrac{-x}{3x^2-2xy+3y^2}$，当$(x,y)\neq(0,0)$时，有

$$\frac{\partial P}{\partial y}=\frac{\partial Q}{\partial x}=\frac{3(x^2-y^2)}{(3x^2-2xy+3y^2)^2}\,.$$

方法 1　在曲线L内作圆$C:x=r\cos\theta,\ y=r\sin\theta$（沿顺时针方向），记$L$与$C$围成的区域为$D$，由格林公式，得

$$\oint_{L+C}Pdx+Qdy=\iint_D\left(\frac{\partial Q}{\partial x}-\frac{\partial P}{\partial y}\right)dx\,dy=0\,.$$

所以

$$I=-\oint_C\frac{y\,dx-x\,dy}{3x^2-2xy+3y^2}=\int_0^{2\pi}-\frac{d\theta}{3-\sin 2\theta}=-\int_0^{2\pi}\frac{dt}{3-\sin t}$$

$$=-\left(\int_0^{\pi}\frac{dt}{3-\sin t}+\int_{\pi}^{2\pi}\frac{dt}{3-\sin t}\right)=-\left(\int_0^{\pi}\frac{dt}{3-\sin t}+\int_0^{\pi}\frac{du}{3+\sin u}\right)\quad(u=t-\pi)$$

$$=-\int_0^{\pi}\left(\frac{1}{3-\sin t}+\frac{1}{3+\sin t}\right)dt=-6\int_0^{\pi}\frac{dt}{9-\sin^2 t}=-12\int_0^{\frac{\pi}{2}}\frac{dt}{9-\sin^2 t}$$

$$\overset{\tan t=v}{=\!=\!=}-12\int_0^{+\infty}\frac{dv}{9+8v^2}=-\frac{\sqrt{2}}{2}\pi.$$

方法 2　在曲线L内作闭曲线$C:3x^2-2xy+3y^2=a(a>0)$，方向为顺时针方向. 则

$$I=-\oint_C\frac{y\,dx-x\,dy}{3x^2-2xy+3y^2}=-\oint_C\frac{y\,dx-x\,dy}{a}=-\frac{2}{a}\iint_D dx\,dy\quad(D\text{ 为曲线 }C\text{ 围成的区域}).$$

由于二次型$3x^2-2xy+3y^2$的矩阵为$\begin{pmatrix}3&-1\\-1&3\end{pmatrix}$，其特征值为 2 与 4，所以曲线$C$是椭圆. 经正交变换可化为$2\tilde{x}^2+4\tilde{y}^2=a$，面积为

$$\iint_D dx\,dy=\pi\frac{\sqrt{a}}{\sqrt{2}}\cdot\frac{\sqrt{a}}{2}=\frac{\sqrt{2}}{4}a\pi\,,$$

所以

$$I=-\frac{2}{a}\cdot\frac{\sqrt{2}}{4}a\pi=-\frac{\sqrt{2}}{2}\pi\,.$$

评注　辅助曲线C（挖掉奇点）的选取与曲线积分值无关，但对积分的难易程度却有很大的影响，计算中要根据被积函数的特点选取适当的曲线，使积分容易计算.

例 7* 计算曲线积分$\oint_L \frac{u\mathrm{d}v - v\mathrm{d}u}{u^2+v^2}$，其中$u = ax+by$，$v = cx+\mathrm{d}y\ (ad-bc\neq 0)$，$L$为$xy$平面上环绕坐标原点的简单闭曲线，取逆时针方向.

分析 将$u = ax+by$，$v = cx+\mathrm{d}y$代入积分式，考察曲线积分是否与路径无关. 若是，则在 L 内作椭圆$\varGamma$: $(ax+by)^2+(cx+\mathrm{d}y)^2=\rho^2$，曲线积分会更容易计算.

解 将$u = ax+by$，$v = cx+\mathrm{d}y$代入积分式，得

$$\text{原式} = (ad-bc)\oint_L \frac{x\mathrm{d}y - y\mathrm{d}x}{(ax+by)^2+(cx+dy)^2}.$$

记$P = \frac{-y}{(ax+by)^2+(cx+dy)^2}$，$Q = \frac{x}{(ax+by)^2+(cx+dy)^2}$，则

$$\frac{\partial Q}{\partial x} = \frac{(b^2+d^2)y^2-(a^2+c^2)x^2}{[(ax+by)^2+(cx+dy)^2]^2} = \frac{\partial P}{\partial y}.$$

由于$(u,v)=(0,0)\Leftrightarrow(x,y)=(0,0)$，所以在$(x,y)\neq(0,0)$的区域上，曲线积分与线路无关. 在简单闭曲线$L$内部取椭圆$\varGamma$: $(ax+by)^2+(cx+dy)^2=\rho^2$（逆时针方向，$\rho>0$充分小），则

$$\begin{aligned}\text{原式} &= (ad-bc)\oint_\varGamma \frac{x\mathrm{d}y - y\mathrm{d}x}{(ax+by)^2+(cx+dy)^2}\\ &= (ad-bc)\frac{1}{\rho^2}\oint_\varGamma x\mathrm{d}y - y\mathrm{d}x = (ad-bc)\frac{1}{\rho^2}\iint_D 2\mathrm{d}x\mathrm{d}y.\end{aligned}$$

这里D为椭圆$\varGamma$包围的区域. 对上式右边的二重积分作变量代换，令$u = ax+by$，$v = cx+\mathrm{d}y$，则

$$J = \frac{\partial(x,y)}{\partial(u,v)} = \frac{1}{\frac{\partial(u,v)}{\partial(x,y)}} = \frac{1}{ad-bc},$$

于是

$$\begin{aligned}\text{原式} &= \frac{ad-bc}{\rho^2}\cdot\iint_{D_1} 2|J|\mathrm{d}u\mathrm{d}v \quad (D_1: u^2+v^2\leqslant\rho^2)\\ &= \frac{ad-bc}{\rho^2}\frac{2}{|ad-bc|}\cdot\pi\rho^2 = \pm 2\pi.\end{aligned}$$

这里$\pm$的选取依照：当$ad-bc>0$时，取正号；当$ad-bc<0$时，取负号.

例8* 设L是围绕原点的正向光滑闭曲线，计算积分$\oint_L P\mathrm{d}x+Q\mathrm{d}y$，其中$P=\frac{\mathrm{e}^x}{x^2+y^2}(x\sin y - y\cos y)$，$Q=\frac{\mathrm{e}^x}{x^2+y^2}(x\cos y + y\sin y)$.

分析 易验证当$(x,y)\neq(0,0)$时，有$\frac{\partial P}{\partial y}=\frac{\partial Q}{\partial x}$，根据函数$P,Q$的特点在$L$内作圆，挖掉原点再利用格林公式计算较好.

解 当$(x,y)\neq(0,0)$时，有

$$\frac{\partial P}{\partial y} = \frac{\mathrm{e}^x(x\cos y-\cos y+y\sin y)(x^2+y^2)-2y\mathrm{e}^x(x\sin y-y\cos y)}{(x^2+y^2)^2} = \frac{\partial Q}{\partial x}.$$

在曲线L内作圆$C_r: x=r\cos\theta$，$y=r\sin\theta$（沿顺时针方向），于是对于充分小的r，总有

$$F(r) = \oint_L P\mathrm{d}x+Q\mathrm{d}y = -\oint_{C_r} P\mathrm{d}x+Q\mathrm{d}y.$$

这表明$F(r)$是常数（与r的取值无关）. 于是

$$F(r)=\int_0^{2\pi}\mathrm{e}^{r\cos\theta}\{-[\cos\theta\cdot\sin(r\sin\theta)-\sin\theta\cdot\cos(r\sin\theta)]\sin\theta$$
$$+[\cos\theta\cdot\cos(r\sin\theta)+\sin\theta\cdot\sin(r\sin\theta)]\cos\theta\}\,\mathrm{d}\theta.$$

由于被积函数是连续的，从而这个含参数 r 的积分 $F(r)$ 也连续. 于是

$$\lim_{r\to0}F(r)=F(0)=\int_0^{2\pi}(\sin^2\theta+\cos^2\theta)\,\mathrm{d}\theta=2\pi.$$

评注　这里利用含参变量积分的连续性得到 $\lim\limits_{r\to0}F(r)=F(0)$，否则直接计算 $F(r)$ 对应的积分是很困难的. 关于含参变量积分的连续性，有以下结论：

定理　若函数 $f(x,y)$ 在区域 D: $[a,b]\times[c,d]$ 上连续，则含参变量积分 $F(y)=\int_a^b f(x,y)\,\mathrm{d}x$ 在 $[c,d]$ 上连续. 即对 $\forall y_0\in[c,d]$，有 $\lim\limits_{y\to y_0}F(y)=F(y_0)=\int_a^b f(x,y_0)\,\mathrm{d}x$.

例 9　设 L 是不经过点 $(2,0),(-2,0)$ 的分段光滑的简单闭曲线，试就 L 的不同情形计算曲线积分

$$I=\oint_L\left[\frac{y}{(2-x)^2+y^2}+\frac{y}{(2+x)^2+y^2}\right]\mathrm{d}x+\left[\frac{2-x}{(2-x)^2+y^2}-\frac{2+x}{(2+x)^2+y^2}\right]\mathrm{d}y,$$

L 取正向.

分析　点 $(2,0),(-2,0)$ 是被积函数的两个奇点，重新组合积分表达式，使每个积分表达式只有一个奇点，再判别是否有 $\dfrac{\partial P}{\partial y}=\dfrac{\partial Q}{\partial x}$，分别对点 $(2,0),(-2,0)$ 在 L 所围区域的内、外情况计算曲线积分.

解　$I=\oint_L\dfrac{y\,\mathrm{d}x}{(2-x)^2+y^2}+\dfrac{2-x}{(2-x)^2+y^2}\mathrm{d}y+\oint_L\dfrac{y\,\mathrm{d}x}{(2+x)^2+y^2}-\dfrac{(2+x)\,\mathrm{d}y}{(2+x)^2+y^2}=I_1+I_2$.

不难验证，对 I_1 有

$$\frac{\partial}{\partial y}\left[\frac{y}{(2-x)^2+y^2}\right]=\frac{\partial}{\partial x}\left[\frac{2-x}{(2-x)^2+y^2}\right]=\frac{(2-x)^2-y^2}{\left[(2-x)^2+y^2\right]^2};$$

对 I_2 有

$$\frac{\partial}{\partial y}\left[\frac{y}{(2+x)^2+y^2}\right]=\frac{\partial}{\partial x}\left[\frac{-(2+x)}{(2+x)^2+y^2}\right]=\frac{(2+x)^2-y^2}{[(2+x)^2+y^2]^2}.$$

即它们都分别满足 $\dfrac{\partial P}{\partial y}=\dfrac{\partial Q}{\partial x}$.

以下就 L 的位置情况做讨论：

（1）当点 $(2,0),(-2,0)$ 均在 L 所围区域的外部时，$I_1=0=I_2$，从而 $I=0$.

（2）当点 $(2,0),(-2,0)$ 均在 L 所围区域的内部时，分别作以这两个点为圆心，以 $\varepsilon_1,\varepsilon_2$ 为半径的圆 C_1,C_2（方向为顺时针方向），使它们也都在区域内部. 记 C_i 所围区域为 $D_i\,(i=1,2)$，于是

$$I_1=\oint_L\frac{y\,\mathrm{d}x+(2-x)\,\mathrm{d}y}{(x-2)^2+y^2}=-\oint_{C_1}\frac{y\,\mathrm{d}x+(2-x)\,\mathrm{d}y}{\varepsilon_1^2}=-\frac{2}{\varepsilon_1^2}\iint_{D_1}\mathrm{d}x\,\mathrm{d}y=-2\pi.$$

同理 $I_2=-2\pi$，所以 $I=-4\pi$.

（3）当点 $(2,0),(-2,0)$ 有一个在 L 所围区域的内部，另一个在外部时，综合（1），（2）得 $I=-2\pi$.

评注　将积分表达式重新组合，使每个积分表达式只有一个奇点，其目的是便于对积分路径 L 的情况做出讨论，如果 L 是一条确定的曲线，就没必要对积分表达式做这样的处理.

例 10　设 $Q(x,y)$ 在 xOy 平面上具有一阶连续偏导数，曲线积分 $\int_L 2xy\,\mathrm{d}x+Q(x,y)\,\mathrm{d}y$ 与路径无关，并且对任意的 t，恒有 $\int_{(0,0)}^{(t,1)}2xy\,\mathrm{d}x+Q(x,y)\,\mathrm{d}y=\int_{(0,0)}^{(1,t)}2xy\,\mathrm{d}x+Q(x,y)\,\mathrm{d}y$. 求 $Q(x,y)$.

分析 由曲线积分与路径无关的条件得$\dfrac{\partial Q}{\partial x}=\dfrac{\partial P}{\partial y}$，容易求出$Q(x,y)=x^2+\varphi(y)$，再代入所给等式做积分就可求得$\varphi(y)$.

解 由曲线积分与路径无关的条件得$\dfrac{\partial Q}{\partial x}=\dfrac{\partial}{\partial y}(2xy)=2x$，对$x$积分得$Q(x,y)=x^2+\varphi(y)$，下面用两种方法求$\varphi(y)$.

方法 1 选择平行于坐标轴的折线段（如图 6.4 所示），分别计算曲线积分

$$\begin{aligned}&\int_{(0,0)}^{(t,1)}2xy\,\mathrm{d}x+[x^2+\varphi(y)]\,\mathrm{d}y\\&=\int_{(0,0)}^{(t,0)}2xy\,\mathrm{d}x+[x^2+\varphi(y)]\,\mathrm{d}y+\int_{(t,0)}^{(t,1)}2xy\,\mathrm{d}x+[x^2+\varphi(y)]\,\mathrm{d}y\\&=0+\int_0^1[t^2+\varphi(y)]\,\mathrm{d}y=t^2+\int_0^1\varphi(y)\,\mathrm{d}y\,;\end{aligned}$$

$$\begin{aligned}&\int_{(0,0)}^{(1,t)}2xy\,\mathrm{d}x+[x^2+\varphi(y)]\,\mathrm{d}y\\&=\int_{(0,0)}^{(1,0)}2xy\,\mathrm{d}x+[x^2+\varphi(y)]\,\mathrm{d}y+\int_{(1,0)}^{(1,t)}2xy\,\mathrm{d}x+[x^2+\varphi(y)]\,\mathrm{d}y\\&=0+\int_0^t[1+\varphi(y)]\,\mathrm{d}y=t+\int_0^t\varphi(y)\,\mathrm{d}y.\end{aligned}$$

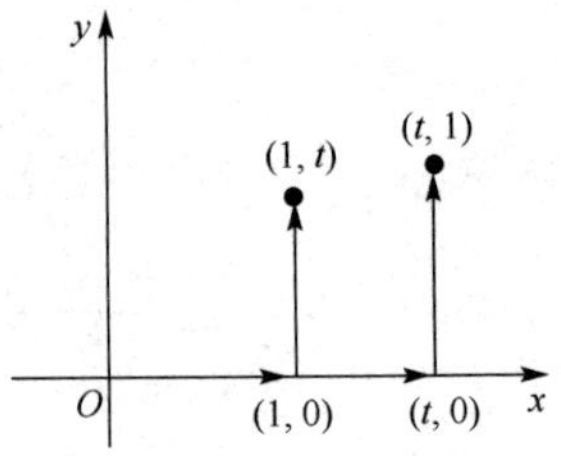

图 6.4

由已知条件，有

$$t^2+\int_0^1\varphi(y)\,\mathrm{d}y=t+\int_0^t\varphi(y)\,\mathrm{d}y\,,$$

两端关于t求导，得$2t=1+\varphi(t)$，$\varphi(t)=2t-1$．于是

$$Q(x,y)=x^2+\varphi(y)=x^2+2y-1\,.$$

方法 2

$$\begin{aligned}&2xy\,\mathrm{d}x+[x^2+\varphi(y)]\,\mathrm{d}y=2xy\,\mathrm{d}x+x^2\,\mathrm{d}y+\varphi(y)\,\mathrm{d}y\\&=\mathrm{d}(x^2y)+\mathrm{d}\left[\int_0^y\varphi(u)\,\mathrm{d}u\right]=\mathrm{d}\left[x^2y+\int_0^y\varphi(u)\,\mathrm{d}u\right].\end{aligned}$$

因曲线积分与路径无关，由已知条件，得

$$\left[x^2y+\int_0^y\varphi(u)\,\mathrm{d}u\right]\Bigg|_{(0,0)}^{(t,1)}=\left[x^2y+\int_0^y\varphi(u)\,\mathrm{d}u\right]\Bigg|_{(0,0)}^{(1,t)}\,,$$

即

$$t^2+\int_0^1\varphi(u)\,\mathrm{d}u=t+\int_0^t\varphi(u)\,\mathrm{d}u\,.$$

两端关于t求导，得$2t=1+\varphi(t)$，$\varphi(t)=2t-1$．因此

$$Q(x,y)=x^2+\varphi(y)=x^2+2y-1\,.$$

评注 方法 2 是利用凑微分法求被积表达式的势函数. 求势函数问题可归结为全微分方程求解，其常见方法可参见 7.1 节例 12.

例 11 设函数$\varphi(y)$具有连续导数，在围绕原点的任意分段光滑简单闭曲线L上，曲线积分

$$\oint_L\frac{\varphi(y)\,\mathrm{d}x+2xy\,\mathrm{d}y}{2x^2+y^4}$$

的值恒为同一常数.

（1）证明对右半平面$x>0$内的任意分段光滑简单闭曲线C，有$\oint_L\dfrac{\varphi(y)\,\mathrm{d}x+2xy\,\mathrm{d}y}{2x^2+y^4}=0$；

（2）求函数 $\varphi(y)$ 的表达式.

分析　由于右半平面 $x>0$ 内的任意有向简单闭曲线均可通过添加辅助线化为两条包围原点的有向简单闭曲线的差（如图 6.5 所示），从而结论（1）是显然的；再由结论（1）可知在右半平面内曲线积分与路径无关，由此可求得函数 $\varphi(y)$ 的表达式.

解　（1）如图 6.5 所示，设 C 是右半平面 $x>0$ 内的任意分段光滑简单闭曲线，在 C 上任取两点 M 与 N，过 M 与 N 作围绕原点的曲线 $\widehat{MQN}$，从而得到两条围绕原点的闭曲线 $\widehat{MQNRM}$ 与 $\widehat{MQNPM}$，根据题设可知

$$\oint_{\widehat{MQNRM}}\frac{\varphi(y)\,\mathrm{d}x+2xy\,\mathrm{d}y}{2x^2+y^4}=\oint_{\widehat{MQNPM}}\frac{\varphi(y)\,\mathrm{d}x+2xy\,\mathrm{d}y}{2x^2+y^4},$$

所以

$$\begin{aligned}\oint_C\frac{\varphi(y)\,\mathrm{d}x+2xy\,\mathrm{d}y}{2x^2+y^4}&=\int_{\widehat{NRM}}\frac{\varphi(y)\,\mathrm{d}x+2xy\,\mathrm{d}y}{2x^2+y^4}+\int_{\widehat{MPN}}\frac{\varphi(y)\,\mathrm{d}x+2xy\,\mathrm{d}y}{2x^2+y^4}\\&=\oint_{\widehat{NRM}+\widehat{MQN}}\frac{\varphi(y)\,\mathrm{d}x+2xy\,\mathrm{d}y}{2x^2+y^4}-\oint_{\widehat{NPM}+\widehat{MQN}}\frac{\varphi(y)\,\mathrm{d}x+2xy\,\mathrm{d}y}{2x^2+y^4}\\&=\oint_{\widehat{MQNRM}}\frac{\varphi(y)\,\mathrm{d}x+2xy\,\mathrm{d}y}{2x^2+y^4}-\oint_{\widehat{MQNPM}}\frac{\varphi(y)\,\mathrm{d}x+2xy\,\mathrm{d}y}{2x^2+y^4}=0.\end{aligned}$$

（2）设 $P=\dfrac{\varphi(y)}{2x^2+y^4}$，$Q=\dfrac{2xy}{2x^2+y^4}$，$P,Q$ 在单连通区域 $x>0$ 内具有一阶连续偏导数，由（1）知，曲线积分 $\displaystyle\int_C\frac{\varphi(y)\,\mathrm{d}x+2xy\,\mathrm{d}y}{2x^2+y^4}$ 与积分路径无关，所以当 $x>0$ 时，总有 $\dfrac{\partial Q}{\partial x}=\dfrac{\partial P}{\partial y}$.

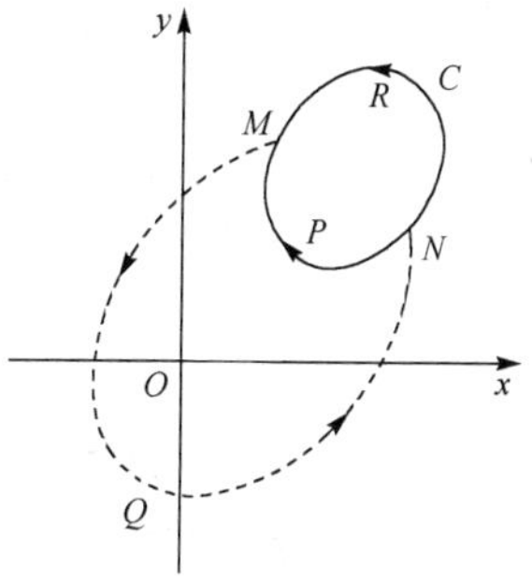

图 6.5

经计算，有

$$\frac{\partial Q}{\partial x}=\frac{-4x^2y+2y^5}{(2x^2+y^4)^2},\quad \frac{\partial P}{\partial y}=\frac{2x^2\varphi'(y)+\varphi'(y)y^4-4\varphi(y)y^3}{(2x^2+y^4)^2},$$

由此可得

$$\begin{cases}\varphi'(y)=-2y, & ①\\ \varphi'(y)y^4-4\varphi(y)y^3=2y^5. & ②\end{cases}$$

由①式，得 $\varphi(y)=-y^2+C$，将 $\varphi(y)$ 代入②式，得 $2y^5-4Cy^3=2y^5$，所以 $C=0$，从而 $\varphi(y)=-y^2$.

评注　本题证明的关键在于通过添加辅助线找到右半平面内的有向简单闭曲线与包围原点的有向简单闭曲线的关系，从而将右半平面内闭曲线上的积分转化为围绕原点的两闭曲线上积分的差，使问题得到解决.

例 12　已知平面区域 $D=\{(x,y)\,|\,x^2+y^2\leqslant 1\}$，$l$ 为 D 的边界正向一周. 证明：

（1）$\displaystyle\oint_l\frac{x\mathrm{e}^{\sin y}\,\mathrm{d}y-y\mathrm{e}^{-\sin x}\,\mathrm{d}x}{4x^2+5y^2}=\oint_l\frac{x\mathrm{e}^{-\sin y}\,\mathrm{d}y-y\mathrm{e}^{\sin x}\,\mathrm{d}x}{5x^2+4y^2}$；

（2）$\displaystyle I=\oint_l\frac{x\mathrm{e}^{\sin y}\,\mathrm{d}y-y\mathrm{e}^{-\sin x}\,\mathrm{d}x}{4x^2+5y^2}\geqslant\frac{53}{120}\pi$.

分析　（1）只需将等式的左、右两边都化为定积分，再看它们的被积函数是否相等；也可利用格林公式将曲线积分化为二重积分，再看被积函数.

（2）只需利用二重积分的不等式性质，关键是要对被积函数做适当的缩小，得到积分值 $\dfrac{53}{120}\pi$.

证明　（1）**方法 1**　l 的参数方程为 $x=\cos t$，$y=\sin t$，于是，等式的左边

$$I_1=\int_0^{2\pi}\frac{\cos^2 t\cdot e^{\sin(\sin t)}+\sin^2 t\cdot e^{-\sin(\cos t)}}{4+\sin^2 t}dt;$$

等式的右边

$$\begin{aligned}I_2&=\oint_l\frac{xe^{-\sin y}dy-ye^{\sin x}dx}{5x^2+4y^2}=\int_{\frac{\pi}{2}}^{\frac{5\pi}{2}}\frac{\cos^2 t\cdot e^{-\sin(\sin t)}+\sin^2 t\cdot e^{\sin(\cos t)}}{4+\cos^2 t}dt\\&=\int_0^{2\pi}\frac{\sin^2 u\cdot e^{-\sin(\cos u)}+\cos^2 u\cdot e^{-\sin(\sin u)}}{4+\sin^2 u}du\quad\left(t=\frac{\pi}{2}+u\right)\\&=-\int_0^{-2\pi}\frac{\sin^2 v\cdot e^{-\sin(\cos v)}+\cos^2 v\cdot e^{\sin(\sin v)}}{4+\sin^2 v}dv\quad(v=-u)\\&=\int_{-2\pi}^{0}\frac{\sin^2 v\cdot e^{-\sin(\cos v)}+\cos^2 v\cdot e^{\sin(\sin v)}}{4+\sin^2 v}dv=I_1.\end{aligned}$$

方法2 将l的方程代入被积函数的分母变形后再用格林公式.

等式的左边

$$I_1=\oint_l\frac{xe^{\sin y}}{4+y^2}dy-\frac{ye^{-\sin x}}{5-x^2}dx=\iint_D\left[\frac{e^{\sin y}}{4+y^2}+\frac{e^{-\sin x}}{5-x^2}\right]dxdy;$$

等式的右边

$$\begin{aligned}I_2&=\oint_l\frac{xe^{-\sin y}}{5-y^2}dy-\frac{ye^{\sin x}}{4+x^2}dx=\iint_D\left[\frac{e^{-\sin y}}{5-y^2}+\frac{e^{\sin x}}{4+x^2}\right]dxdy\\&=I_1\text{（在区域}D\text{上，}x\text{与}y\text{轮换对称）}.\end{aligned}$$

（2） 由于

$$e^t+e^{-t}=\sum_{n=0}^{\infty}\frac{t^n}{n!}+\sum_{n=0}^{\infty}\frac{(-t)^n}{n!}=2\sum_{n=0}^{\infty}\frac{t^{2n}}{(2n)!}\geqslant 2+t^2,$$

由（1）及二重积分的轮换对称性，知

$$\begin{aligned}I&=\iint_D\left(\frac{e^{\sin y}}{4+y^2}+\frac{e^{-\sin x}}{5-x^2}\right)dxdy\geqslant\frac{1}{5}\left[\iint_D e^{\sin y}d\sigma+\iint_D e^{-\sin x}dxdy\right]\\&=\frac{1}{5}\left[\iint_D e^{\sin x}dxdy+\iint_D e^{-\sin x}dxdy\right]=\frac{1}{5}\iint_D(e^{\sin x}+e^{-\sin x})dxdy\\&\geqslant\frac{1}{5}\iint_D(2+\sin^2 x)dxdy=\frac{1}{5}\iint_D\left[2+\frac{1}{2}(1-\cos 2x)\right]dxdy\\&\geqslant\frac{1}{5}\iint_D\left[2+\frac{1}{2}(2x^2-\frac{2}{3}x^4)\right]dxdy\quad(\because\cos x\leqslant 1-\frac{1}{2}x^2+\frac{1}{4!}x^4)\\&=\frac{4}{5}\int_0^{\frac{\pi}{2}}d\varphi\int_0^1(2+\rho^2\cos^2\varphi-\frac{1}{3}\rho^4\cos^4\varphi)\rho d\rho=\frac{53}{120}\pi.\end{aligned}$$

评注 证明第二型曲线（曲面）积分的不等式，常用的方法有：

① 转化为第一型曲线（曲面）积分，再利用积分不等式性质；

② 利用格林公式将曲线积分化为二重积分，或利用高斯公式将曲面积分化为三重积分，再利用积分不等式性质.

例13* 设函数$f(x,y)$二阶可微，k,h是给定的常数，若存在正数M使得

$$\left|h^2\frac{\partial^2 f}{\partial x^2}+2kh\frac{\partial^2 f}{\partial x\partial y}+k^2\frac{\partial^2 f}{\partial y^2}\right|\leqslant M,\quad|f(x,y)|\leqslant M,$$

则证明$\left|\oint_C -kf(x,y)\,\mathrm{d}x+hf(x,y)\,\mathrm{d}y\right|\leqslant \frac{5}{2}M\pi$，其中$C$是以原点为圆心的单位圆周.

分析　题设条件给出了f及其二阶偏导数关系式的界，对曲线积分用格林公式会出现f的一阶偏导数，为利用已知条件，很容易想到泰勒公式.

证明　记C围成的区域为D，由格林公式，知

$$\left|\oint_C -kf(x,y)\,\mathrm{d}x+hf(x,y)\,\mathrm{d}y\right|=\left|\iint_D\left(h\frac{\partial f}{\partial x}+k\frac{\partial f}{\partial y}\right)\mathrm{d}x\,\mathrm{d}y\right|\leqslant\iint_D\left|h\frac{\partial f}{\partial x}+k\frac{\partial f}{\partial y}\right|\mathrm{d}x\,\mathrm{d}y. \quad ①$$

由泰勒公式

$$f(x+h,y+k)=f(x,y)+\left(h\frac{\partial f}{\partial x}+k\frac{\partial f}{\partial y}\right)+\frac{1}{2}\left(h^2\frac{\partial^2 f}{\partial x^2}+2kh\frac{\partial^2 f}{\partial x\partial y}+k^2\frac{\partial^2 f}{\partial y^2}\right)\Bigg|_{(\xi,\eta)}$$

(ξ介于x与$x+h$之间，η介于y与$y+k$之间)，可得到

$$\left|\left(h\frac{\partial f}{\partial x}+k\frac{\partial f}{\partial y}\right)\right|=\left|f(x+h,y+k)-f(x,y)-\frac{1}{2}\left(h^2\frac{\partial^2 f}{\partial x^2}+2kh\frac{\partial^2 f}{\partial x\partial y}+k^2\frac{\partial^2 f}{\partial y^2}\right)\Bigg|_{(\xi,\eta)}\right|\leqslant\frac{5}{2}M.$$

代入①式便得到

$$\left|\oint_C -kf(x,y)\,\mathrm{d}x+hf(x,y)\,\mathrm{d}y\right|\leqslant\frac{5}{2}M\iint_D\mathrm{d}x\,\mathrm{d}y=\frac{5}{2}M\pi.$$

例 14　设$f(x,y)$为具有二阶连续偏导数的二次齐次函数，即对任何x,y,t有$f(tx,ty)=t^2f(x,y)$，设D是由$L:x^2+y^2=4$所围成的闭区域，证明：

$$\oint_L f(x,y)\,\mathrm{d}s=\iint_D \operatorname{div}\big(\operatorname{grad} f(x,y)\big)\,\mathrm{d}\sigma.$$

分析　由于$\operatorname{div}(\operatorname{grad} f(x,y))=\frac{\partial^2 f}{\partial x^2}+\frac{\partial^2 f}{\partial y^2}$，利用格林公式，有$\iint_D \operatorname{div}\big(\operatorname{grad} f(x,y)\big)\,\mathrm{d}\sigma=$ $\oint_L f_x(x,y)\,\mathrm{d}y-f_y(x,y)\,\mathrm{d}x$，所以只需证明$\oint_L f(x,y)\,\mathrm{d}s=\oint_L f_x(x,y)\,\mathrm{d}y-f_y(x,y)\,\mathrm{d}x$，这就需要将左边第一型曲线积分化为第二型曲线积分.

证明　在方程$f(tx,ty)=t^2f(x,y)$两边对t求导，并取$t=1$，得

$$xf_x(x,y)+yf_y(x,y)=2f(x,y).$$

又$L:\begin{cases}x=2\cos\theta\\ y=2\sin\theta\end{cases}$，$L$沿逆时针方向的单位切向量为

$$\boldsymbol{e}_\tau=\frac{1}{\sqrt{\dot{x}^2+\dot{y}^2}}(\dot{x},\dot{y})=(-\sin\theta,\cos\theta)=\frac{1}{2}(-y,x).$$

再由$\boldsymbol{e}_\tau\,\mathrm{d}s=(\mathrm{d}x,\mathrm{d}y)$，可得

$$\oint_L f(x,y)\,\mathrm{d}s=\frac{1}{2}\oint_L\left[xf_x(x,y)+yf_y(x,y)\right]\mathrm{d}s=\oint_L f_x(x,y)\,\mathrm{d}y-f_y(x,y)\,\mathrm{d}x$$

$$\overset{\text{格林公式}}{=\!=\!=}\iint_D\left(\frac{\partial^2 f}{\partial x^2}+\frac{\partial^2 f}{\partial y^2}\right)\mathrm{d}x\,\mathrm{d}y=\iint_D \operatorname{div}\big(\operatorname{grad} f(x,y)\big)\,\mathrm{d}\sigma.$$

评注　两类曲线积分的关系：设$\boldsymbol{F}=(P(x,y),Q(x,y))$，$\boldsymbol{e}_\tau=(\cos\theta,\sin\theta)$是有向曲线$L$的单位切向量，则

$$\int_L \boldsymbol{F}\cdot\mathrm{d}\boldsymbol{s}=\int_L \boldsymbol{F}\cdot\boldsymbol{e}_\tau\mathrm{d}s \quad 或 \quad \int_L P\mathrm{d}x+Q\mathrm{d}y=\int_L(P\cos\theta+Q\sin\theta)\mathrm{d}s.$$

例 15 设函数$u(x,y)$在有界闭区域D上有二阶连续偏导数，且满足

$$\frac{\partial^2 u}{\partial x^2}+\frac{\partial^2 u}{\partial y^2}=0,\quad (x,y)\in D.$$

记D的正向边界曲线为∂D，∂D的外法线向量为$\boldsymbol{n}$．若当$(x,y)\in\partial D$时，$u(x,y)=A$（常数）．

（1）求曲线积分$\oint_{\partial D} u\frac{\partial u}{\partial \boldsymbol{n}}\mathrm{d}s$的值；

（2）证明$u(x,y)=A,(x,y)\in D$．

分析 由于（1）中积分涉及$u(x,y)$的方向导数，且知道$\frac{\partial^2 u}{\partial x^2}+\frac{\partial^2 u}{\partial y^2}=0$，$(x,y)\in D$，因此用格林公式即可将被积函数转化为$\frac{\partial^2 u}{\partial x^2}+\frac{\partial^2 u}{\partial y^2}$的形式；要证明（2）中的结论，只需证明在$D$上有$\frac{\partial u}{\partial x}=0$，$\frac{\partial u}{\partial y}=0$，这需利用（1）中的结论.

证明 (1)令$\boldsymbol{n}=(\cos\alpha,\cos\beta)$，则$\frac{\partial u}{\partial \boldsymbol{n}}=\frac{\partial u}{\partial x}\cos\alpha+\frac{\partial u}{\partial y}\cos\beta$，$\partial D$的单位切向量$\boldsymbol{\tau}=(-\cos\beta,\cos\alpha)$，于是

$$I=\int_{\partial D} u\frac{\partial u}{\partial \boldsymbol{n}}\mathrm{d}s=A\int_{\partial D}\left(\frac{\partial u}{\partial x}\cos\alpha+\frac{\partial u}{\partial y}\cos\beta\right)\mathrm{d}s$$

$$=A\int_{\partial D}\frac{\partial u}{\partial x}\mathrm{d}y-\frac{\partial u}{\partial y}\mathrm{d}x=A\iint_D\left(\frac{\partial^2 u}{\partial x^2}+\frac{\partial^2 u}{\partial y^2}\right)\mathrm{d}x\mathrm{d}y,$$

因为$\frac{\partial^2 u}{\partial x^2}+\frac{\partial^2 u}{\partial y^2}=0$，$(x,y)\in D$，所以 $I=0$.

（2）由于

$$I=\oint_{\partial D} u\frac{\partial u}{\partial \boldsymbol{n}}\mathrm{d}s=\oint_{\partial D} u\frac{\partial u}{\partial x}\mathrm{d}y-u\frac{\partial u}{\partial y}\mathrm{d}x$$

$$=\iint_D\left[u\left(\frac{\partial^2 u}{\partial x^2}+\frac{\partial^2 u}{\partial y^2}\right)+\left(\frac{\partial u}{\partial x}\right)^2+\left(\frac{\partial u}{\partial y}\right)^2\right]\mathrm{d}\sigma$$

$$=\iint_D\left[\left(\frac{\partial u}{\partial x}\right)^2+\left(\frac{\partial u}{\partial y}\right)^2\right]\mathrm{d}\sigma\quad\left(\because\frac{\partial^2 u}{\partial x^2}+\frac{\partial^2 u}{\partial y^2}=0,\quad (x,y)\in D\right).$$

由（1）知$I=0$，所以$\iint_D\left[\left(\frac{\partial u}{\partial x}\right)^2+\left(\frac{\partial u}{\partial y}\right)^2\right]\mathrm{d}\sigma=0$．由于$\left(\frac{\partial u}{\partial x}\right)^2+\left(\frac{\partial u}{\partial y}\right)^2$是$D$上的非负连续函数，从而$\left(\frac{\partial u}{\partial x}\right)^2+\left(\frac{\partial u}{\partial y}\right)^2=0$．于是，$\frac{\partial u}{\partial x}=0$，$\frac{\partial u}{\partial y}=0$．因此，$u(x,y)=$常数，$(x,y)\in D$．又因为当$(x,y)\in\partial D$时，$u(x,y)=A$，所以由连续性，知$u(x,y)=A$，$(x,y)\in D$.

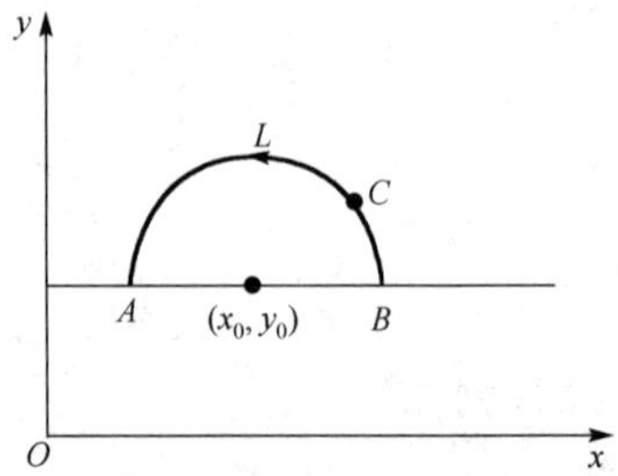

图 6.6

例 16* 如图 6.6 所示，设$P(x,y),Q(x,y)$具有连续的偏导数，且对以任意点(x_0,y_0)为圆心，以任意正数r为半径的上半圆$L: x=x_0+r\cos\theta$，$y=y_0+r\sin\theta\ (0\leqslant\theta\leqslant\pi)$，恒有

$$\int_L P(x,y)\mathrm{d}x+Q(x,y)\mathrm{d}y=0.$$

证明 $P(x,y)=0$，$\dfrac{\partial Q(x,y)}{\partial x}\equiv 0$.

分析　要从积分值得到函数值，最常用的方法是用积分中值定理. 而积分中值定理只有数量值函数的积分才具备. 因此，可考虑用格林公式将曲线积分转化为二重积分.

证明　记上半圆周 L 的直径为 AB，取 $AB+L$ 为逆时针方向；记 D 为 $AB+L$ 所包围的区域. 由于 $\int_L P(x,y)\,\mathrm{d}x+Q(x,y)\,\mathrm{d}y=0$，则有

$$\begin{aligned}\int_{AB}P(x,y)\,\mathrm{d}x+Q(x,y)\,\mathrm{d}y&=\oint_{AB+L}P(x,y)\,\mathrm{d}x+Q(x,y)\,\mathrm{d}y\\&\xlongequal{\text{格林公式}}\iint_D\left(\frac{\partial Q}{\partial x}-\frac{\partial P}{\partial y}\right)\mathrm{d}x\,\mathrm{d}y\xlongequal{\text{积分中值定理}}\left(\frac{\partial Q}{\partial x}-\frac{\partial P}{\partial y}\right)\bigg|_{M_1}\iint_D\mathrm{d}x\,\mathrm{d}y\\&=\left(\frac{\partial Q}{\partial x}-\frac{\partial P}{\partial y}\right)\bigg|_{M_1}\cdot\frac{\pi r^2}{2}\quad(\text{其中 }M_1\in D\text{ 为某一点}).\end{aligned}$$

另一方面

$$\begin{aligned}\int_{AB}P(x,y)\,\mathrm{d}x+Q(x,y)\,\mathrm{d}y&=\int_{x_0-r}^{x_0+r}P(x,y_0)\,\mathrm{d}x\\&\xlongequal{\text{积分中值定理}}P(\xi,y_0)\cdot 2r\quad(x_0-r<\xi<x_0+r).\end{aligned}$$

于是有

$$\left(\frac{\partial Q}{\partial x}-\frac{\partial P}{\partial y}\right)\bigg|_{M_1}\cdot\frac{\pi r^2}{2}=P(\xi,y_0)\cdot 2r\text{，即}\left(\frac{\partial Q}{\partial x}-\frac{\partial P}{\partial y}\right)\bigg|_{M_1}\cdot\frac{\pi r}{2}=2P(\xi,y_0).\qquad ①$$

令 $r\to 0$，两边取极限，得到 $P(x_0,y_0)=0$，由 (x_0,y_0) 的任意性，知 $P(x,y)=0$，再由①式可得

$$\frac{\partial Q(x,y)}{\partial x}\bigg|_{M_1}=0\text{，从而}\lim_{r\to 0}\frac{\partial Q(x,y)}{\partial x}\bigg|_{M_1}=0\text{，即}\frac{\partial Q(x,y)}{\partial x}\bigg|_{(x_0,y_0)}=0.$$

由 (x_0,y_0) 的任意性知 $\dfrac{\partial Q(x,y)}{\partial x}\equiv 0$.

评注　第二型曲线积分不具有"积分中值公式"，若要利用相关性质，则需将其化为定积分或利用格林公式化为二重积分来处理.

例 17*　一质量为 m 的彗星，在地球引力的作用下，绕以地球球心为焦点的椭圆轨道运动. 已知地球质量为 M，半径为 R. 在彗星运动轨道平面内，以地球中心为极点，过近地点的射线为极轴建立极坐标系（如图 6.7 所示），此时彗星的轨道方程为 $\rho=\dfrac{\varepsilon p}{1-\varepsilon\cos\varphi}$，其中常数 ε,p 满足 $0<\varepsilon<1$，$\dfrac{\varepsilon p}{1+\varepsilon}>R$. 彗星在地球引力的作用下，按逆时针方向绕地球旋转一周时，证明地球引力所做的功为零.

分析　只需根据万有引力定律在所建立的坐标系中写出地球引力 $\boldsymbol{F}$ 的表达式，则彗星沿其轨道曲线 L 绕地球旋转一周所做的功为 $\oint_L\boldsymbol{F}\cdot\mathrm{d}\boldsymbol{s}$.

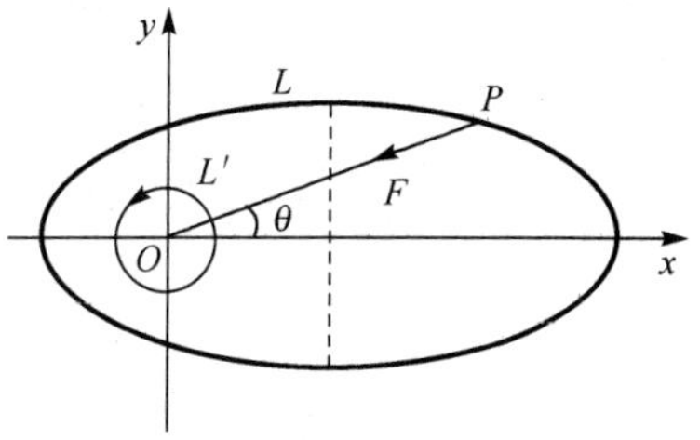

图 6.7

证明　把彗星和地球视为质点，当彗星运动到点 P 时，在平面直角坐标系中写出其表达式.

$$\boldsymbol{F}=\frac{GmM}{x^2+y^2}\left(\frac{-x}{\sqrt{x^2+y^2}},\frac{-y}{\sqrt{x^2+y^2}}\right)=-\frac{GmM}{(x^2+y^2)^{\frac{3}{2}}}(x,y),$$

对应位移为 $\mathbf{ds}=(\mathrm{d}x,\mathrm{d}y)$ 的功微元为

$$\mathrm{d}W = \boldsymbol{F}\cdot \mathrm{d}\boldsymbol{s} = -GmM\frac{x\mathrm{d}x + y\mathrm{d}y}{(x^2+y^2)^{\frac{3}{2}}}.$$

在地球引力的作用下，彗星沿其轨道曲线 L 绕地球旋转一周所做的功为

$$W = -GmM\oint_L \frac{x\,\mathrm{d}x + y\,\mathrm{d}y}{(x^2+y^2)^{\frac{3}{2}}}.$$

由 $P=\dfrac{x}{(x^2+y^2)^{\frac{3}{2}}}$，$Q=\dfrac{y}{(x^2+y^2)^{\frac{3}{2}}}$，可得 $\dfrac{\partial Q}{\partial x}=-\dfrac{3xy}{(x^2+y^2)^{\frac{5}{2}}}=\dfrac{\partial P}{\partial x}$. 但由于 P,Q 在 L 所围的区域内有奇点 $O(0,0)$，所以不能直接使用格林公式. 根据分母特点，取一个以 O 为圆心，充分小的正数 $a\left(0<a<\dfrac{\varepsilon p}{1+\mathrm{e}}\right)$ 为半径的逆时针方向的圆周

$$l: x = a\cos t,\ \ y = a\sin t,\ \ t: 0\to 2\pi,$$

则

$$W = -GmM\oint_l \frac{x\,\mathrm{d}x + y\,\mathrm{d}y}{(x^2+y^2)^{\frac{3}{2}}} = -\frac{GmM}{a}\int_0^{2\pi}(-\cos t\sin t + \sin t\cos t)\,\mathrm{d}t = 0.$$

例 18　设函数 $f(x,y)$ 在全平面具有一阶连续偏导数，且 $f(0,0)=0$，$\left|\dfrac{\partial f}{\partial x}\right|\leqslant 2|x-y|$，$\left|\dfrac{\partial f}{\partial y}\right|\leqslant 2|x-y|$，证明 $|f(5,4)|\leqslant 1$.

分析　因为 $f(5,4)-f(0,0)=\displaystyle\int_{(0,0)}^{(5,4)}\mathrm{d}f(x,y)=\int_{(0,0)}^{(5,4)}\frac{\partial f}{\partial x}\mathrm{d}x+\frac{\partial f}{\partial y}\mathrm{d}y$，故只需证明 $\left|\displaystyle\int_{(0,0)}^{(5,4)}\frac{\partial f}{\partial x}\mathrm{d}x+\frac{\partial f}{\partial y}\mathrm{d}y\right|\leqslant 1$，对此可取积分路径为折线段：$O(0,0)\to A(4,4)\to B(5,4)$，如图 6.8 所示.

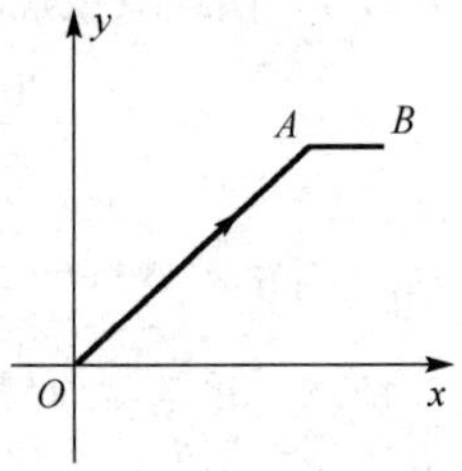

图 6.8

证明　由题设条件知 $f(x,y)$ 在全平面可微，由于 $\mathrm{d}f=\dfrac{\partial f}{\partial x}\mathrm{d}x+\dfrac{\partial f}{\partial y}\mathrm{d}y$，故曲线积分 $\displaystyle\int_L \frac{\partial f}{\partial x}\mathrm{d}x+\frac{\partial f}{\partial y}\mathrm{d}y$ 与路径无关.

设 $O(0,0), A(4,4), B(5,4)$，由条件 $\left|\dfrac{\partial f}{\partial x}\right|\leqslant 2|x-y|$，$\left|\dfrac{\partial f}{\partial y}\right|\leqslant 2|x-y|$，在直线 $\overline{OA}: y=x$ 上，$\dfrac{\partial f}{\partial x}=\dfrac{\partial f}{\partial y}=0$，所以

$$\begin{aligned} f(5,4)-f(0,0) &= \int_{(0,0)}^{(5,4)}\mathrm{d}f(x,y)=\int_{(0,0)}^{(5,4)}\frac{\partial f}{\partial x}\mathrm{d}x+\frac{\partial f}{\partial y}\mathrm{d}y \\ &= \int_{\overline{OA}}\frac{\partial f}{\partial x}\mathrm{d}x+\frac{\partial f}{\partial y}\mathrm{d}y+\int_{\overline{AB}}\frac{\partial f}{\partial x}\mathrm{d}x+\frac{\partial f}{\partial y}\mathrm{d}y = 0+\int_4^5\frac{\partial f(x,4)}{\partial x}\mathrm{d}x. \end{aligned}$$

而 $f(0,0)=0$，故

$$|f(5,4)| = \left|\int_4^5\frac{\partial f(x,4)}{\partial x}\mathrm{d}x\right| \leqslant \int_4^5 2|x-4|\,\mathrm{d}x = 1.$$

评注　由于 $f(x,y)-f(x_0,y_0)=\displaystyle\int_{(x_0,y_0)}^{(x,y)}\frac{\partial f}{\partial x}\mathrm{d}x+\frac{\partial f}{\partial y}\mathrm{d}y$，借助于对偏导数的某些估计可得到对函数

值一定程度的估计.

例 19　已知Γ为$x^2+y^2+z^2=6y$与$x^2+y^2=4y\ (z\geqslant 0)$的交线，从 z 轴正向看上去为逆时针方向，计算曲线积分$\oint_{\Gamma}(x^2+y^2-z^2)\,\mathrm{d}x+(y^2+z^2-x^2)\,\mathrm{d}y+(z^2+x^2-y^2)\,\mathrm{d}z$.

分析　空间曲线积分，需将曲线方程参数化，在此过程中要尽量先将曲线方程化简. 由于这里是闭曲线的积分，因此也可以考虑用斯托克斯公式化为曲面积分计算.

解　方法1　Γ 的方程可化为$\begin{cases} z=\sqrt{2y} \\ x^2+y^2=4y \end{cases}$，记$\Gamma$ 的$x\geqslant 0$与$x\leqslant 0$的两部分分别为Γ_1与Γ_2，其参数方程分别为$\Gamma_1: x=\sqrt{4t-t^2}$，$y=t$，$z=\sqrt{2t}\ (t:0\to 4)$；$\Gamma_2: x=-\sqrt{4t-t^2}$，$y=t$，$z=\sqrt{2t}\ (t:4\to 0)$.

分别在Γ_1和Γ_2上积分，有

$$\begin{aligned}&\oint_{\Gamma_1}(x^2+y^2-z^2)\,\mathrm{d}x+(y^2+z^2-x^2)\,\mathrm{d}y+(z^2+x^2-y^2)\,\mathrm{d}z\\&=\int_0^4\left[\left(\frac{2t(2-t)}{\sqrt{4t-t^2}}+2(t^2-t)+\sqrt{2}\,\frac{3t-t^2}{\sqrt{t}}\right)\right]\mathrm{d}t\ ;\end{aligned}$$

$$\begin{aligned}&\oint_{\Gamma_2}(x^2+y^2-z^2)\,\mathrm{d}x+(y^2+z^2-x^2)\,\mathrm{d}y+(z^2+x^2-y^2)\,\mathrm{d}z\\&=\int_4^0\left[\left(\frac{-2t(2-t)}{\sqrt{4t-t^2}}+2(t^2-t)+\sqrt{2}\,\frac{3t-t^2}{\sqrt{t}}\right)\right]\mathrm{d}t\\&=\int_0^4\left[\left(\frac{2t(2-t)}{\sqrt{4t-t^2}}-2(t^2-t)-\sqrt{2}\,\frac{3t-t^2}{\sqrt{t}}\right)\right]\mathrm{d}t.\end{aligned}$$

两式相加，则

$$\begin{aligned}\text{原式}&=4\int_0^4\frac{t(2-t)}{\sqrt{4t-t^2}}\,\mathrm{d}t\overset{t-2=u}{=\!=\!=}4\int_{-2}^{2}\frac{-(2+u)}{\sqrt{4-u^2}}\,\mathrm{d}u\\&=-8\int_0^2\frac{u^2}{\sqrt{4-u^2}}\,\mathrm{d}u\overset{u=2\sin t}{=\!=\!=}-8\int_0^{\frac{\pi}{2}}4\sin^2 t\,\mathrm{d}t=-8\pi.\end{aligned}$$

方法 2　记$P=x^2+y^2-z^2$，$Q=y^2+z^2-x^2$，$R=z^2+x^2-y^2$，Σ为球面$x^2+y^2+z^2=6y$位于交线Γ上方的部分，取上侧. 利用斯托克斯公式，则

$$\begin{aligned}\text{原式}&=\iint_{\Sigma}\left(\frac{\partial R}{\partial y}-\frac{\partial Q}{\partial z}\right)\mathrm{d}y\,\mathrm{d}z+\left(\frac{\partial P}{\partial z}-\frac{\partial R}{\partial x}\right)\mathrm{d}z\,\mathrm{d}x+\left(\frac{\partial Q}{\partial x}-\frac{\partial P}{\partial y}\right)\mathrm{d}x\,\mathrm{d}y\\&=-2\iint_{\Sigma}(y+z)\,\mathrm{d}y\,\mathrm{d}z+(z+x)\,\mathrm{d}z\,\mathrm{d}x+(x+y)\,\mathrm{d}x\,\mathrm{d}y.\end{aligned}$$

采用合一投影法计算. Σ 在 xOy 面的投影区域为$D=\{(x,y)\,|\,x^2+y^2\leqslant 4y\}$，$\Sigma: z=\sqrt{6y-x^2-y^2}$的上侧法向量为$\boldsymbol{n}=(-z_x,-z_y,1)=\left(\dfrac{x}{z},\dfrac{y-3}{z},1\right)$，故

$$\begin{aligned}\text{原式}&=-2\iint_{\Sigma}\left((y+z)\frac{x}{z}+(z+x)\frac{y-3}{z}+(x+y)\right)\mathrm{d}x\,\mathrm{d}y\\&=-2\iint_{\Sigma}\frac{1}{z}(2xy+2yz+2zx-3z-3x)\,\mathrm{d}x\,\mathrm{d}y\\&=-2\iint_{D}\frac{x(2y-3)}{\sqrt{6y-x^2-y^2}}\,\mathrm{d}x\,\mathrm{d}y-2\iint_{D}(2y+2x-3)\,\mathrm{d}x\,\mathrm{d}y\\&=0-2\iint_{D}(2y-3)\,\mathrm{d}x\,\mathrm{d}y\quad(\text{因}D\text{关于}x=0\text{对称});\end{aligned}$$

即

$$\text{原式}=-4\int_0^{\pi}\mathrm{d}\varphi\int_0^{4\sin\varphi}\rho^2\sin\varphi\,\mathrm{d}\rho+6\pi\cdot 2^2$$

$$=-\frac{4}{3}\cdot 64\int_0^{\pi}\sin^4\varphi\,\mathrm{d}\varphi+24\pi=-32\pi+24\pi=-8\pi.$$

评注 （1）曲线 Γ 的参数方程也可取为 $\Gamma:\begin{cases}x=2\cos t\\ y=2(1+\sin t)\ (t:0\to 2\pi).\\ z=2\sqrt{1+\sin t}\end{cases}$ 积分会更容易一些.

(2) 利用斯托克斯公式做计算时，有向曲面 Σ 的选取不是唯一的，只要 Σ 的边界曲线为 Γ，且 Σ 侧与 Γ 的正向符合右手法则即可. 选取 Σ 的有效方法是便于曲面积分的计算.

例 20 在变力 $\boldsymbol{F}=yz\,\boldsymbol{i}+zx\,\boldsymbol{j}+xy\,\boldsymbol{k}$ 的作用下，质点由原点沿直线运动到椭球面 $\dfrac{x^2}{a^2}+\dfrac{y^2}{b^2}+\dfrac{z^2}{c^2}=1$ 上第一卦限的点 $M(\xi,\eta,\zeta)$ 处，问 ξ,η,ζ 取何值时，力 $\boldsymbol{F}$ 所做的功 W 最大？并求出 W 的最大值.

分析 需先求出质点由原点沿直线运动到椭球面上第一卦限的点 $M(\xi,\eta,\zeta)$ 时，在变力 $\boldsymbol{F}$ 的作用下所做的功 $W(\xi,\eta,\zeta)$，然后再求目标函数 $W(\xi,\eta,\zeta)$ 在条件 $\dfrac{\xi^2}{a^2}+\dfrac{\eta^2}{b^2}+\dfrac{\zeta^2}{c^2}=1$ 下的极值.

解 直线 $\overline{OM}$ 的方程为 $x=\xi t$，$y=\eta t$，$z=\zeta t$，t 从 0 到 1，质点由原点沿直线运动到点 $M(\xi,\eta,\zeta)$ 处，力 $\boldsymbol{F}$ 所做的功 W 为

$$W=\int_{\overline{OM}}yz\,\mathrm{d}x+zx\,\mathrm{d}y+xy\,\mathrm{d}z=\int_0^1 3\xi\eta\zeta t^2\,\mathrm{d}t=\xi\eta\zeta\ ;$$

为了求功 $W=\xi\eta\zeta$ 在条件 $\dfrac{\xi^2}{a^2}+\dfrac{\eta^2}{b^2}+\dfrac{\zeta^2}{c^2}=1$ $(\xi\geqslant 0,\ \eta\geqslant 0,\ \zeta\geqslant 0)$ 下的极值，用拉格朗日乘数法，令

$$L(\xi,\eta,\zeta,\lambda)=\xi\eta\zeta+\lambda\left(\frac{\xi^2}{a^2}+\frac{\eta^2}{b^2}+\frac{\zeta^2}{c^2}-1\right),$$

由

$$\begin{cases}L_\xi=\eta\zeta+\lambda\dfrac{2\xi}{a^2}=0,\\ L_\eta=\xi\zeta+\lambda\dfrac{2\eta}{b^2}=0,\\ L_\zeta=\xi\eta+\lambda\dfrac{2\zeta}{c^2}=0,\\ L_\lambda=\dfrac{\xi}{a^2}+\dfrac{\eta^2}{b^2}+\dfrac{\zeta^2}{c^2}-1=0.\end{cases}$$

得 $\dfrac{\xi^2}{a^2}=\dfrac{\eta^2}{b^2}=\dfrac{\zeta^2}{c^2}$，从而 $\dfrac{\xi^2}{a^2}=\dfrac{\eta^2}{b^2}=\dfrac{\zeta^2}{c^2}=\dfrac{1}{3}$，于是得 $\xi=\dfrac{a}{\sqrt{3}}$，$\eta=\dfrac{b}{\sqrt{3}}$，$\zeta=\dfrac{c}{\sqrt{3}}$.

由于驻点 $\left(\dfrac{a}{\sqrt{3}},\dfrac{b}{\sqrt{3}},\dfrac{c}{\sqrt{3}}\right)$ 唯一，且该实际问题最值存在，该点必为所求的最值点，故质点由原点沿直线运动到点 $M\left(\dfrac{a}{\sqrt{3}},\dfrac{b}{\sqrt{3}},\dfrac{c}{\sqrt{3}}\right)$ 时，力 $\boldsymbol{F}$ 所做的功 W 最大，功的最大值为 $W_{\max}=\dfrac{\sqrt{3}}{9}abc.$

习题 6.1

习题 6.1 答案

1. 设 L 为封闭曲线 $|x|+|x+y|=1$ 的正向一周，计算 $I=\oint_L x^2y^2\mathrm{d}x-\cos(x+y)\mathrm{d}y$.

2. 计算下列积分：

（1）$\int_L\left[1+(xy+y^2)\sin x\right]\mathrm{d}x+(x^2+xy)\sin y\,\mathrm{d}y$，其中 $L: x^2+xy+y^2=1\ (y\geqslant 0)$ 是从点 $(-1,0)$ 到 $(1,0)$ 的弧.

（2）$\int_C(2xy^3-y^2\cos x)\,\mathrm{d}x+(1+xy-2y\sin x+3x^2y^2)\,\mathrm{d}y$，其中 C 为抛物线 $2x=\pi y^2$ 从点 $(0,0)$ 到点 $\left(\dfrac{\pi}{2},1\right)$ 的一段弧.

3. 计算下列积分：

（1）$\oint_L\dfrac{x\,\mathrm{d}y-y\,\mathrm{d}x}{4x^2+y^2}$. 其中 L 是以 $(1,0)$ 为中心，$R\ (\neq 0,1)$ 为半径的逆时针方向的圆.

（2）$\oint_L\dfrac{x^2+y^2}{2\sqrt{1-x^2}}\mathrm{d}x+f(x)\,\mathrm{d}y$. 其中 $f(x)$ 是 $[-1,1]$ 上的连续的偶函数，L 是正向圆周 $x^2+y^2=-2y$.

（3）$\oint_L\dfrac{f(xy)}{y}\mathrm{d}y$. 其中 f 是可微函数，且 $f(1)=2$，$f(4)=3$. L 是 $y=x, y=4x, xy=1, xy=4$ 所围成的在第一象限的区域边界，取逆时针方向.

4. 计算 $\int_L\dfrac{\left(x-\dfrac{1}{2}-y\right)\mathrm{d}x+\left(x-\dfrac{1}{2}+y\right)\mathrm{d}y}{\left(x-\dfrac{1}{2}\right)^2+y^2}$，其中 L 是由点 $(0,-1)$ 到点 $(0,1)$ 经过圆 $x^2+y^2=1$ 的右半部分的路径.

5. 设 $F(u,v)$ 有连续偏导数，连续可微函数 $z=z(x,y)$ 由方程 $F(z+x,z-y)=0$ 唯一确定，L 为正向单位圆周 $x^2+y^2=1$，计算曲线积分 $I=\oint_L(z-3y)\,\mathrm{d}x+(z+x^2)\,\mathrm{d}y$.

6. 设 $C: x^2+y^2=1$，取逆时针方向，求 $I=\oint_C\dfrac{\mathrm{e}^y}{x^2+y^2}\left[(x\sin x+y\cos x)\mathrm{d}x+(y\sin x-x\cos x)\mathrm{d}y\right]$.

7*. 设 L 是圆 $x^2+y^2=a^2$ 的正向边界曲线，计算积分 $I=\oint_L\dfrac{-y\,\mathrm{d}x+x\,\mathrm{d}y}{Ax^2+2Bxy+Cy^2}\ (A>0,\ AC-B^2>0)$.

8. 设 $u(x,y)$ 于圆盘 $D: x^2+y^2\leqslant\pi$ 内有二阶连续偏导数，且 $\dfrac{\partial^2u}{\partial x^2}+\dfrac{\partial^2u}{\partial y^2}=\mathrm{e}^{\pi-x^2-y^2}\sin(x^2+y^2)$，记 D 的正向边界曲线为 ∂D，∂D 的外法线向量为 $\boldsymbol{n}$，求 $\int_{\partial D}\dfrac{\partial u}{\partial\boldsymbol{n}}\mathrm{d}s$.

9. 设 Γ 是 $x^2+y^2=2x(y\geqslant 0)$ 上从 $O(0,0)$ 到 $A(2,0)$ 的一段弧，连续函数 $f(x)$ 满足

$$f(x)=x^2+\int_\Gamma y[f(x)+\mathrm{e}^x]\,\mathrm{d}x+(\mathrm{e}^x-xy^2)\,\mathrm{d}y,$$

求函数 $f(x)$.

10. 设函数 $f(x)$ 和 $g(x)$ 有连续导数，且 L 为平面上任意简单光滑闭曲线，L 围成的平面区域为 D，已知 $\oint_L y[x-f(x)]\,\mathrm{d}x+[yf(x)+g(x)]\,\mathrm{d}y=\iint_D yg(x)\,\mathrm{d}\sigma$，求函数 $f(x)$ 和 $g(x)$.

11. 设函数 $f(t)$ 在 $t\neq 0$ 时一阶连续可导，且 $f(1)=0$，求函数 $f(x^2-y^2)$，使得曲线积分

$\int_L y\left[2-f(x^2-y^2)\right]\mathrm{d}x+xf(x^2-y^2)\mathrm{d}y$ 与路径无关，其中 L 为任意一条不与直线 $y=\pm x$ 相交的光滑曲线.

12. 设曲线积分 $\oint_L 2[xf(y)+g(y)]\mathrm{d}x+[x^2g(y)+2xy^2-2xf(y)]\mathrm{d}y=0$

，其中 L 为任意一条平面曲线. 求：

（1）可微函数 $f(y)$ 和 $g(y)$，已知 $f(0)=-2$，$g(0)=1$.

（2）沿 L 从原点 $O(0,0)$ 到点 $M\left(\pi,\dfrac{\pi}{2}\right)$ 的曲线积分.

13. 计算 $I=\oint_\Gamma|\sqrt{3}y-x|\mathrm{d}x-5z\mathrm{d}z$，曲线 $\Gamma:\begin{cases}x^2+y^2+z^2=8\\x^2+y^2=2z\end{cases}$，从 z 轴正向往坐标原点看并取逆时针方向.

14. 设 D 是 xOy 面上的有界单连通区域，C 是 D 的正向边界曲线，确定 C 的方程，使得曲线积分 $I=\oint_C\left(\dfrac{1}{2}y\mathrm{e}^{x^2+y^2}-\dfrac{\mathrm{e}}{3}y^3\right)\mathrm{d}x+\left(\mathrm{e}x+\dfrac{\mathrm{e}}{3}x^3-\dfrac{1}{2}x\mathrm{e}^{x^2+y^2}\right)\mathrm{d}y$ 取得最大值，并求这个最大值.

15. 计算 $\oint_\Gamma x^2yz\mathrm{d}x+(x^2+y^2)\mathrm{d}y+(x+y+1)\mathrm{d}z$，其中 Γ 为曲面 $x^2+y^2+z^2=5$ 和 $z=x^2+y^2+1$ 的交线，取 Γ 的方向为面对 z 轴正向看是顺时针方向.

16. 求 $I=\oint_L(y^2+z^2)\mathrm{d}x+(z^2+x^2)\mathrm{d}y+(x^2+y^2)\mathrm{d}z$，其中 L 是球面 $x^2+y^2+z^2=2bx\ (z\geqslant 0)$ 与柱面 $x^2+y^2=2ax(b>a>0)$ 的交线，将 L 的方向规定为，当沿 L 的方向运动时，从 z 轴正向往下看，曲线 L 所围球面部分总在左边.

17. 设 $R(x,y,z)=\int_0^{x^2+y^2}f(z-t)\mathrm{d}t$，其中 f 的导函数连续，曲面 S 为 $z=x^2+y^2$ 被 $y+z=1$ 所截的下面部分，取内侧，L 为 S 的正向边界，求

$$\oint_L 2xzf(z-x^2-y^2)\mathrm{d}x+[x^3+2yzf(z-x^2-y^2)]\mathrm{d}y+R(x,y,z)\mathrm{d}z.$$

18. 设 $\mathrm{d}u=\dfrac{(x+y-z)(\mathrm{d}x+\mathrm{d}y)+(x+y+z)\mathrm{d}z}{x^2+y^2+z^2+2xy}$，求 $u(x,y,z)$.

19. 设函数 $P(x,y)$ 和 $Q(x,y)$ 在光滑曲线 Γ 上可积，L 为 Γ 的弧长，而 $M=\max\limits_{(x,y)\in\Gamma}\sqrt{P^2+Q^2}$，证明 $\left|\int_\Gamma P\mathrm{d}x+Q\mathrm{d}y\right|\leqslant ML$，并证明 $\left|\oint_{x^2+y^2=a^2}\dfrac{y\mathrm{d}x-x\mathrm{d}y}{(x^2+xy+y^2)^2}\right|\leqslant\dfrac{8}{a^2}\pi$.

20. 设 C 是圆周 $(x-1)^2+(y-1)^2=1$，取逆时针方向，又 $f(x)$ 为正值连续函数，证明：

$$\oint_C xf(y)\mathrm{d}y-\frac{y}{f(x)}\mathrm{d}x\geqslant 2\pi.$$

21. 已知平面区域 $D=\{(x,y)\,|\,0\leqslant x\leqslant\pi,0\leqslant y\leqslant\pi\}$，$L$ 为 D 的正向边界，证明：

（1）$\oint_L x\mathrm{e}^{\sin y}\mathrm{d}y-y\mathrm{e}^{-\sin x}\mathrm{d}x=\oint_L x\mathrm{e}^{-\sin y}\mathrm{d}y-y\mathrm{e}^{\sin x}\mathrm{d}x$；

（2）$\oint_L x\mathrm{e}^{\sin y}\mathrm{d}y-y\mathrm{e}^{-\sin x}\mathrm{d}x\geqslant\dfrac{5}{2}\pi^2$.

22. 设 $f(x,y)$ 在区域 $D=\{(x,y)\,|\,x>0,y>0\}$ 内具有连续的一阶偏导数，且为二次齐次函数，证明：对于 D 内任意一条逐段光滑的简单封闭曲线 l，均有

$$\oint_l f(x,y)\left(\frac{\mathrm{d}y}{xy^2}-\frac{\mathrm{d}x}{x^2y}\right)=0.$$

23. 设 $u=u(x,y)$ 有二阶连续偏导数，若 $\Delta u=\dfrac{\partial^2 u}{\partial x^2}+\dfrac{\partial^2 u}{\partial y^2}=0$，则称 $u=u(x,y)$ 为调和函数. 证明 $u=u(x,y)$ 为调和函数的充分必要条件是 $\oint_L \dfrac{\partial u}{\partial \boldsymbol{n}}\,\mathrm{d}s=0$，其中 L 是任意平面简单闭曲线，$\dfrac{\partial u}{\partial \boldsymbol{n}}$ 是沿 L 外法线方向的方向导数.

24. 设一力场 $\boldsymbol{F}$ 的大小与作用点 $M(x,y,z)$ 到原点 O 的距离成反比（比例系数为 k），方向总是指向原点，质点受 $\boldsymbol{F}$ 的作用从点 $A(0,0,\mathrm{e})$ 沿螺旋线 $x=\dfrac{1}{2}(1+\cos t)$，$y=\sin t$，$z=\dfrac{\mathrm{e}}{\pi}t$ 运动到点 $B(1,0,0)$，求力场 $\boldsymbol{F}$ 对质点所做的功 W.

6.2 对坐标的曲面积分

对坐标的曲面积分又称为第二型的曲面积分，计算该类曲面积分的常见方法如下.

1）合一投影法

定理 设向量值函数 $\boldsymbol{F}(x,y,z)=\big(P(x,y,z),Q(x,y,z),R(x,y,z)\big)$ 在有向光滑曲面 $S:z=z(x,y)$ 上连续，$\boldsymbol{n}=\pm(-z_x,-z_y,1)$ 是 S 所在侧的法向量（上侧取+，下侧取 −），D_{xy} 是 S 在 xOy 面上的投影区域，则有

$$\iint_S P\,\mathrm{d}y\,\mathrm{d}z+Q\,\mathrm{d}z\,\mathrm{d}x+R\,\mathrm{d}x\,\mathrm{d}y=\iint_S \boldsymbol{F}\cdot\mathrm{d}\boldsymbol{S}=\iint_{D_{xy}}\boldsymbol{F}[x,y,z(x,y)]\cdot\boldsymbol{n}\,\mathrm{d}x\,\mathrm{d}y.$$

其中 $\mathrm{d}\boldsymbol{S}=(\mathrm{d}y\,\mathrm{d}z,\mathrm{d}z\,\mathrm{d}x,\mathrm{d}x\,\mathrm{d}y)$ 叫**有向面积微元或面积微元向量**.

2）分面投影法

定理 设 $R(x,y,z)$ 是定义在有向光滑曲面 $S:z=z(x,y)$ 上的连续函数，D_{xy} 是 S 在 xOy 面上的投影区域，则有

$$\iint_S R(x,y,z)\,\mathrm{d}x\,\mathrm{d}y=\pm\iint_{D_{xy}}R[x,y,z(x,y)]\,\mathrm{d}x\,\mathrm{d}y,$$

若 S 的法向量 $\boldsymbol{n}$ 与 z 轴正向的夹角为锐角，则上式右端取+，否则取 −.

类似地，将 S 向另外两个坐标面投影，可分别得到 $\iint_S P(x,y,z)\,\mathrm{d}y\,\mathrm{d}z$ 与 $\iint_S Q(x,y,z)\,\mathrm{d}z\,\mathrm{d}x$ 的计算式.

3）高斯（Gauss）公式

设 Ω 是由分片光滑的闭曲面所围成的空间区域，$\boldsymbol{F}(x,y,z)=\big(P(x,y,z),Q(x,y,z),R(x,y,z)\big)$ 在 Ω 上具有一阶连续偏导数，S 是 Ω 的边界外侧，则有

$$\oiint_S \boldsymbol{F}\cdot\mathrm{d}\boldsymbol{S}=\iiint_\Omega \operatorname{div}\boldsymbol{F}\,\mathrm{d}V,$$

即

$$\oiint_S P\,\mathrm{d}y\,\mathrm{d}z+Q\,\mathrm{d}z\,\mathrm{d}x+R\,\mathrm{d}x\,\mathrm{d}y=\iiint_\Omega\left(\frac{\partial P}{\partial x}+\frac{\partial Q}{\partial y}+\frac{\partial R}{\partial z}\right)\mathrm{d}x\,\mathrm{d}y\,\mathrm{d}z.$$

4）两类曲面积分的关系

定理 设 $\boldsymbol{e}_n=(\cos\alpha,\cos\beta,\cos\gamma)$ 是有向曲面 S 所在侧的单位法向量，则

$$\iint_S \boldsymbol{F}\cdot\mathrm{d}\boldsymbol{S}=\iint_S \boldsymbol{F}\cdot\boldsymbol{e}_n\,\mathrm{d}S,$$

即

$$\iint_S P\,\mathrm{d}y\,\mathrm{d}z+Q\,\mathrm{d}z\,\mathrm{d}x+R\,\mathrm{d}x\,\mathrm{d}y=\iint_S(P\cos\alpha+Q\cos\beta+R\cos\gamma)\,\mathrm{d}S.$$

第二型曲面积分的解题思路与第二型曲线积分有许多相似之处，要善于总结、类比.

例 1 计算曲面积分 $\iint\limits_S \frac{ax\,\mathrm{d}y\,\mathrm{d}z+(z+a)^2\,\mathrm{d}x\,\mathrm{d}y}{(x^2+y^2+z^2)^{\frac{1}{2}}}$，其中 S 为下半球面 $z=-\sqrt{a^2-x^2-y^2}$ 的上侧，a 为大于零的常数.

分析 将曲面 S 的方程代入积分式的分母，使积分式化简，再做计算.

解 将曲面方程 $x^2+y^2+z^2=a^2$ 代入积分式的分母，有

$$I=\iint\limits_S \frac{ax\,\mathrm{d}y\,\mathrm{d}z+(z+a)^2\,\mathrm{d}x\,\mathrm{d}y}{(x^2+y^2+z^2)^{\frac{1}{2}}}=\frac{1}{a}\iint\limits_S ax\,\mathrm{d}y\,\mathrm{d}z+(z+a)^2\,\mathrm{d}x\,\mathrm{d}y .$$

下面用 3 种方法计算.

方法 1 补一有向圆片 $S_1: z=0\ (x^2+y^2\leqslant a^2)$，取下侧，设 S 与 S_1 所围立体为 Ω，如图 6.9 所示，由高斯公式得

$$\iint\limits_{S+S_1}\!\!\!\!\!\!\!\!\!\!\!\!\!\bigcirc\;\; ax\,\mathrm{d}y\,\mathrm{d}z+(z+a)^2\,\mathrm{d}x\,\mathrm{d}y=-\iiint\limits_{\Omega}(3a+2z)\,\mathrm{d}V$$

$$=-3a\iiint\limits_{\Omega}\mathrm{d}V-2\iiint\limits_{\Omega}z\,\mathrm{d}V=-3a\left(\frac{2}{3}\pi a^3\right)-2\int_{-a}^{0}z\,\mathrm{d}z\iint\limits_{D(z)}\mathrm{d}\sigma$$

$$=-2\pi a^4-2\pi\int_{-a}^{0}z(a^2-z^2)\mathrm{d}z \qquad (D(z): x^2+y^2=a^2-z^2)$$

$$=-2\pi a^4-2\pi\cdot\left(-\frac{1}{4}a^4\right)=-\frac{3}{2}\pi a^4 .$$

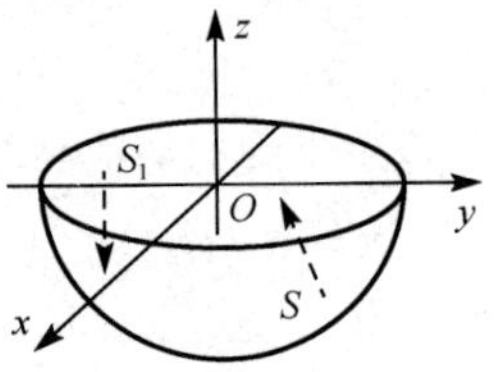

图 6.9

对平面 S_1 的积分用分面投影法，因为平面 S_1 垂直于坐标面 yOz，S_1 取下侧，所以有

$$\iint\limits_{S_1}ax\,\mathrm{d}y\,\mathrm{d}z+(z+a)^2\,\mathrm{d}x\,\mathrm{d}y=0+\iint\limits_{S_1}(z+a)^2\,\mathrm{d}x\,\mathrm{d}y=-a^2\iint\limits_{D_{xy}}\mathrm{d}x\,\mathrm{d}y=-\pi a^4 .$$

$$I=\frac{1}{a}\left(\oiint\limits_{S+S_1}-\iint\limits_{S_1}\right)ax\,\mathrm{d}y\,\mathrm{d}z+(z+a)^2\,\mathrm{d}x\,\mathrm{d}y=\frac{1}{a}\left[-\frac{3}{2}\pi a^4-(-\pi a^4)\right]=-\frac{1}{2}\pi a^3 .$$

方法 2 用分面投影法计算 $I=\frac{1}{a}\iint\limits_S ax\,\mathrm{d}y\,\mathrm{d}z+(z+a)^2\,\mathrm{d}x\,\mathrm{d}y$.

设 S 的前半球面为 $S_{前}: x=\sqrt{a^2-y^2-z^2}$（后侧），$S$ 的后半球面为 $S_{后}: x=-\sqrt{a^2-y^2-z^2}$（前侧），则

$$\frac{1}{a}\iint\limits_S ax\,\mathrm{d}y\,\mathrm{d}z=\iint\limits_S x\,\mathrm{d}y\,\mathrm{d}z=\iint\limits_{S_{前}}x\,\mathrm{d}y\,\mathrm{d}z+\iint\limits_{S_{后}}x\,\mathrm{d}y\,\mathrm{d}z$$

$$=\iint\limits_{D_{yz}}\sqrt{a^2-y^2-z^2}(-\mathrm{d}y\,\mathrm{d}z)+\iint\limits_{D_{yz}}(-\sqrt{a^2-y^2-z^2})\mathrm{d}y\,\mathrm{d}z$$

$$=-2\iint\limits_{D_{yz}}\sqrt{a^2-y^2-z^2}\,\mathrm{d}y\,\mathrm{d}z \qquad \left(D_{yz}: y^2+z^2\leqslant a^2,\ z\leqslant 0\right)$$

$$=-2\int_{-\pi}^{0}\mathrm{d}\varphi\int_0^a\sqrt{a^2-\rho^2}\,\rho\,\mathrm{d}\rho=-\frac{2}{3}\pi a^2 .$$

$$\frac{1}{a}\iint\limits_S(z+a)^2\,\mathrm{d}x\,\mathrm{d}y=\frac{1}{a}\iint\limits_{D_{xy}}(a-\sqrt{a^2-x^2-y^2})^2\,\mathrm{d}x\,\mathrm{d}y \qquad \left(D_{xy}: x^2+y^2\leqslant a^2\right)$$

$$=\frac{1}{a}\int_0^{2\pi}\mathrm{d}\varphi\int_0^a(a-\sqrt{a^2-\rho^2})^2\rho\,\mathrm{d}\rho=\frac{\pi}{6}a^3.$$

故

$$I=\frac{1}{a}\iint_S ax\,\mathrm{d}y\,\mathrm{d}z+(z+a)^2\,\mathrm{d}x\,\mathrm{d}y=-\frac{2}{3}\pi a^3+\frac{\pi}{6}a^3=-\frac{\pi}{2}a^3.$$

方法 3　合一投影法.

积分 $I=\frac{1}{a}\iint_S ax\,\mathrm{d}y\,\mathrm{d}z+(z+a)^2\,\mathrm{d}x\,\mathrm{d}y$ 对应的向量值函数为 $\boldsymbol{F}=(ax,0,(z+a)^2)$，曲面 $S: z=-\sqrt{a^2-x^2-y^2}$ 的上侧法向量为

$$\boldsymbol{n}=\left(-\frac{\partial z}{\partial x},-\frac{\partial z}{\partial y},1\right)=\left(\frac{-x}{\sqrt{a^2-x^2-y^2}},\frac{-y}{\sqrt{a^2-x^2-y^2}},1\right).$$

S 在 xOy 面的投影区域为 $D_{xy}: x^2+y^2\leqslant a^2$，则

$$I=\frac{1}{a}\iint_S\boldsymbol{F}\cdot\mathrm{d}\boldsymbol{S}=\frac{1}{a}\iint_{D_{xy}}\boldsymbol{F}[x,y,z(x,y)]\cdot\boldsymbol{n}\,\mathrm{d}x\,\mathrm{d}y$$

$$=\frac{1}{a}\iint_{D_{xy}}\left(\frac{-ax^2}{\sqrt{a^2-x^2-y^2}}+(a-\sqrt{a^2-x^2-y^2})^2\right)\mathrm{d}x\,\mathrm{d}y$$

$$\xlongequal{\text{极坐标}}\frac{1}{a}\int_0^{2\pi}\mathrm{d}\varphi\int_0^a\left(\frac{-a\rho^2\cos^2\varphi}{\sqrt{a^2-\rho^2}}+(a-\sqrt{a^2-\rho^2})^2\right)\rho\,\mathrm{d}\rho$$

$$=\frac{1}{a}\left(-\frac{2}{3}a^4\pi+\frac{1}{6}a^4\pi\right)=-\frac{1}{2}a^3\pi.$$

评注　(1) 利用曲面方程化简积分表达式是计算中常用的方法. 本题的方法 1 中若不先将分母化简，就不能用高斯公式，因为积分在平面 S_1 上有奇点 $(0,0)$.

(2) 曲面积分要根据积分式的特点合理选择计算方法. 一般说来，若积分式为多项（至少两项），而曲面又不是平面或柱面，则不适宜选分面投影法计算.

例 2　计算 $\iint_\Sigma \mathrm{rot}\boldsymbol{F}\cdot\mathrm{d}\boldsymbol{S}$，其中 $\boldsymbol{F}=(x-z, x^3+yz, -3xy^2)$，$\Sigma$ 是锥面 $z=2-\sqrt{x^2+y^2}$ 在 xOy 平面上方的部分，取上侧.

分析　由于旋度场是无源场，即有 $\mathrm{div}(\mathrm{rot}\,\boldsymbol{F})=0$，所以积分与曲面无关（只与曲面的边界曲线有关），从而可选择较简单的曲面；也可以通过添加辅助平面 $z=0$，再用高斯公式计算；利用斯托格斯公式计算也是容易想到的.

解　**方法 1**　改变积分曲面，把沿锥面的积分化为沿平面的积分.

由于 $\mathrm{div}(\mathrm{rot}\,\boldsymbol{F})=0$，所以积分与曲面无关（只与曲面的边界曲线有关），取 $\Sigma_1: z=0$ $(x^2+y^2\leqslant 4)$ 上侧，则有

$$\iint_\Sigma\mathrm{rot}\boldsymbol{F}\cdot\mathrm{d}\boldsymbol{S}=\iint_{\Sigma_1}\mathrm{rot}\boldsymbol{F}\cdot\mathrm{d}\boldsymbol{S}=\iint_{\Sigma_1}\begin{vmatrix}\boldsymbol{i} & \boldsymbol{j} & \boldsymbol{k}\\ \frac{\partial}{\partial x} & \frac{\partial}{\partial y} & \frac{\partial}{\partial z}\\ x-z & x^3+yz & -3xy^2\end{vmatrix}\cdot\mathrm{d}\boldsymbol{S}$$

$$=\iint_{\Sigma_1}(-6xy-y)\,\mathrm{d}y\,\mathrm{d}z+(3y^2-1)\,\mathrm{d}z\,\mathrm{d}x+3x^2\,\mathrm{d}x\,\mathrm{d}y$$

$$=3\iint\limits_{x^2+y^2\leqslant 4} x^2\,\mathrm{d}x\,\mathrm{d}y=12\pi.$$

方法 2 利用高斯公式.

添加辅助平面 $\Sigma_2: z=0\ (x^2+y^2\leqslant 4)$并取下侧，记 $\Sigma^+\Sigma_2$ 所围成的立体为 Ω ，由高斯公式有

$$\iint\limits_{\Sigma+\Sigma_2}\mathrm{rot}\boldsymbol{F}\cdot\mathrm{d}\boldsymbol{S}=-\iiint\limits_{\Omega}\mathrm{div}(\mathrm{rot}\,\boldsymbol{F})\mathrm{d}V=-\iiint\limits_{\Omega}0\mathrm{d}V=0,$$

所以

$$\iint\limits_{\Sigma}\mathrm{rot}\boldsymbol{F}\cdot\mathrm{d}\boldsymbol{S}=-\iint\limits_{\Sigma_2}\mathrm{rot}\boldsymbol{F}\cdot\mathrm{d}\boldsymbol{S}=12\pi\quad(\text{具体计算同方法 1}).$$

方法 3 利用斯托克斯公式把曲面积分化为曲线积分.

记Σ与xOy平面的交线（即Σ的边界）为L，则 $L:\begin{cases}x^2+y^2=4\\ z=0\end{cases}$，取逆时针方向，由斯托克斯公式

$$\iint\limits_{\Sigma}\mathrm{rot}\boldsymbol{F}\cdot\mathrm{d}\boldsymbol{S}=\oint_L\boldsymbol{F}\cdot\mathrm{d}\boldsymbol{s}=\oint_L(x-z,x^3+yz,-3xy^2)\cdot(\mathrm{d}x,\mathrm{d}y,\mathrm{d}z)$$

$$=\oint_L(x-z)\,\mathrm{d}x+(x^3+yz)\,\mathrm{d}y-3xy^2\,\mathrm{d}z.$$

由于在曲线 L 上，有 $z=0$ ， $\mathrm{d}z=0$ ，所以

$$\iint\limits_{\Sigma}\mathrm{rot}\boldsymbol{F}\cdot\mathrm{d}\boldsymbol{S}=\oint_L x\,\mathrm{d}x+x^3\,\mathrm{d}y\overset{\text{格林公式}}{=\!=\!=}3\iint\limits_{x^2+y^2\leqslant 4}x^2\,\mathrm{d}x\,\mathrm{d}y=12\pi.$$

评注 *方法 1 与方法 2 本质上是同一种方法.*

例 3 计算曲面积分 $I=\iint\limits_{S}\dfrac{x\mathrm{d}y\mathrm{d}z+y\mathrm{d}z\mathrm{d}x+z\mathrm{d}x\mathrm{d}y}{(x^2+y^2+4z^2)^{3/2}}$.

（1） S 为旋转抛物面 $z=2-x^2-y^2\ (z\geqslant 1)$，取上侧;

（2） S 为球面 $(x-1)^2+y^2+z^2=a^2(a>0,\ a\neq 1)$，取外侧;

（3） S 为旋转抛物面 $z=2-x^2-y^2\ (z\geqslant -2)$，取上侧.

分析 在第（1）小题中，可补平面 $S_0: z=1\ (x^2+y^2\leqslant 1)$，在 S 与 S_0 围成的区域中用高斯公式.

在第（2）小题中，对于球面 S ，当 $a<1$ 时，原点不在球面内，可用高斯公式；当 $a>1$ 时，原点为奇点，不能直接用高斯公式，可在 S 内作闭曲面 S_ε 并挖去奇点，在 S与S_ε 围成的区域中用高斯公式.

在第（3）小题中，为了用高斯公式，除补平面 $S_0: z=-2\ (x^2+y^2\leqslant 4)$ 外，同时还需在 S 与 S_0 围成的区域内作闭曲面 S_δ 并挖去原点.

解 （1）补平面 $S_0: z=1\ (x^2+y^2\leqslant 1)$，取下侧，在 S 与 S_0 围成的区域中 $(x,y,z)\neq(0,0,0)$，且

$$\frac{\partial P}{\partial x}+\frac{\partial Q}{\partial y}+\frac{\partial R}{\partial z}=\frac{-2x^2+y^2+4z^2}{(x^2+y^2+4z^2)^{5/2}}+\frac{x^2-2y^2+4z^2}{(x^2+y^2+4z^2)^{5/2}}+\frac{x^2+y^2-8z^2}{(x^2+y^2+4z^2)^{5/2}}=0,$$

由高斯公式，得

$$\oiint\limits_{S+S_0}\frac{x\mathrm{d}y\mathrm{d}z+y\mathrm{d}z\mathrm{d}x+z\mathrm{d}x\mathrm{d}y}{(x^2+y^2+4z^2)^{3/2}}=0.$$

对 $S_0: z=1\ (x^2+y^2\leqslant 1)$（下侧）的积分用分面投影法，

$$\iint\limits_{S_0}\frac{x\mathrm{d}y\mathrm{d}z+y\mathrm{d}z\mathrm{d}x+z\mathrm{d}x\mathrm{d}y}{(x^2+y^2+4z^2)^{3/2}}=-\iint\limits_{D_{xy}}\frac{\mathrm{d}x\mathrm{d}y}{(x^2+y^2+4)^{3/2}}\quad\left(D_{xy}: x^2+y^2\leqslant 1\right)$$

$$= -\int_0^{2\pi} \mathrm{d}\varphi \int_0^1 \frac{\rho}{(\rho^2+4)^{3/2}} \mathrm{d}\rho = -2\pi\left(\frac{1}{2}-\frac{1}{\sqrt{5}}\right).$$

故

$$I = \left(\oiint\limits_{S+S_0} - \iint\limits_{S_0} \right) \frac{x\mathrm{d}y\mathrm{d}z + y\mathrm{d}z\mathrm{d}x + z\mathrm{d}x\mathrm{d}y}{(x^2+y^2+4z^2)^{3/2}} = 2\pi\left(\frac{1}{2}-\frac{1}{\sqrt{5}}\right).$$

（2）当$0<a<1$时，S 围成的立体 Ω 不包含原点，由高斯公式，有

$$I = \iiint\limits_{\Omega} \left(\frac{\partial P}{\partial x} + \frac{\partial Q}{\partial y} + \frac{\partial R}{\partial z} \right) \mathrm{d}V = 0.$$

当$a>1$时，S 包含原点，在原点处$\dfrac{\partial P}{\partial x},\dfrac{\partial Q}{\partial y},\dfrac{\partial R}{\partial z}$ 均不连续，故不能直接用高斯公式. 在 S 内作椭球面 $S_\varepsilon : x^2+y^2+4z^2=\varepsilon^2$，取内侧，由高斯公式，得

$$\oiint\limits_{S+S_\varepsilon} \frac{x\mathrm{d}y\mathrm{d}z + y\mathrm{d}z\mathrm{d}x + z\mathrm{d}x\mathrm{d}y}{(x^2+y^2+4z^2)^{3/2}} = 0.$$

在椭球面 $S_\varepsilon : x^2+y^2+4z^2=\varepsilon^2$ （内侧）上积分为

$$\iint\limits_{S_\varepsilon} \frac{x\mathrm{d}y\mathrm{d}z + y\mathrm{d}z\mathrm{d}x + z\mathrm{d}x\mathrm{d}y}{(x^2+y^2+4z^2)^{3/2}} = -\frac{1}{\varepsilon^3}\iint\limits_{S_\varepsilon} x\mathrm{d}y\mathrm{d}z + y\mathrm{d}z\mathrm{d}x + z\mathrm{d}x\mathrm{d}y$$

$$= -\frac{1}{\varepsilon^3}\iiint\limits_{\Omega_1} 3\mathrm{d}V = -\frac{3}{\varepsilon^3}\cdot\frac{4}{3}\pi\cdot\varepsilon\cdot\varepsilon\cdot\frac{1}{2}\varepsilon = -2\pi \quad (\Omega_1 \text{ 是 } S_\varepsilon \text{ 围成的立体区域}).$$

故

$$I = \left(\oiint\limits_{S+S_\varepsilon} - \iint\limits_{S_\varepsilon} \right) \frac{x\mathrm{d}y\mathrm{d}z + y\mathrm{d}z\mathrm{d}x + z\mathrm{d}x\mathrm{d}y}{(x^2+y^2+4z^2)^{3/2}} = 0-(-2\pi) = 2\pi.$$

（3）如图 6.10 所示，补平面$S_0 : z=-2\ (x^2+y^2 \leqslant 4)$，取下侧，在 S 与 S_0 围成的区域内作椭球面 $S_\delta : x^2+y^2+4z^2=\delta^2$，取内侧，记 S, S_0, S_δ 所围立体为 Ω_2，由高斯公式，得

$$\iint\limits_{S+S_0+S_\delta} \frac{x\mathrm{d}y\mathrm{d}z + y\mathrm{d}z\mathrm{d}x + z\mathrm{d}x\mathrm{d}y}{(x^2+y^2+4z^2)^{3/2}} = \iiint\limits_{\Omega_2} \left(\frac{\partial P}{\partial x} + \frac{\partial P}{\partial y} + \frac{\partial P}{\partial z} \right) \mathrm{d}V = 0.$$

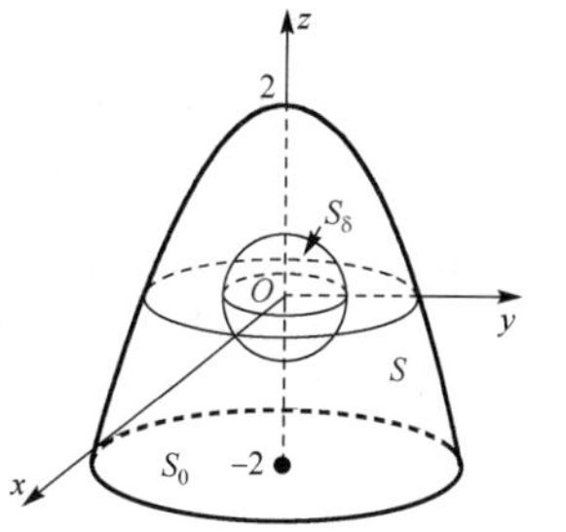

图 6.10

又

$$\iint\limits_{S_0} \frac{x\mathrm{d}y\mathrm{d}z + y\mathrm{d}z\mathrm{d}x + z\mathrm{d}x\mathrm{d}y}{(x^2+y^2+4z^2)^{3/2}} = -\iint\limits_{D_{xy}} \frac{-2\mathrm{d}x\mathrm{d}y}{(x^2+y^2+16)^{3/2}}$$

$$= 2\int_0^{2\pi} \mathrm{d}\varphi \int_0^2 \frac{\rho\mathrm{d}\rho}{(\rho^2+16)^{3/2}} = \left(1-\frac{2}{\sqrt{5}}\right)\pi.$$

$$\iint\limits_{S_\delta} \frac{x\mathrm{d}y\mathrm{d}z + y\mathrm{d}z\mathrm{d}x + z\mathrm{d}x\mathrm{d}y}{(x^2+y^2+4z^2)^{3/2}} = \frac{1}{\delta^3}\iint\limits_{S_\delta} x\mathrm{d}x\mathrm{d}y + y\mathrm{d}y\mathrm{d}z + z\mathrm{d}z\mathrm{d}x$$

$$= -\frac{1}{\delta^3}\iiint\limits_{\Omega_3} 3\mathrm{d}V = -\frac{3}{\delta^3}\cdot\frac{4}{3}\pi\cdot\delta\cdot\delta\cdot\frac{\delta}{2} = -2\pi \quad (\Omega_3 \text{ 是 } S_\delta \text{ 围成的立体区域}).$$

故

$$I = \left(\iint\limits_{S+S_0+S_\delta} - \iint\limits_{S_0} - \iint\limits_{S_\delta} \right) \frac{x\mathrm{d}y\mathrm{d}z + y\mathrm{d}z\mathrm{d}x + z\mathrm{d}x\mathrm{d}y}{(x^2+y^2+4z^2)^{3/2}} = 0-\left(1-\frac{2}{\sqrt{5}}\right)\pi-(-2\pi) = \left(1+\frac{2}{\sqrt{5}}\right)\pi.$$

评注　该题的几个积分中，其被积式均相同，但曲面不同，用高斯公式处理的方法也不同. 计算中要

注意几点：一是要利用曲面方程化简被积函数；二是曲面是否为封闭，不封闭如何增补；三是闭曲面内是否有被积函数的奇点，若有，如何挖掉.

例4 设Σ是一个光滑封闭曲面，方向朝外. 给定第二型曲面积分

$$I=\iint_{\Sigma}(x^3-x)\mathrm{d}y\mathrm{d}z+(2y^3-y)\mathrm{d}z\mathrm{d}x+(3z^3-z)\mathrm{d}x\mathrm{d}y .$$

试确定曲面Σ，使得积分I的值最小，并求该最小值.

分析 由于Σ是光滑封闭曲面，可考虑用高斯公式来计算. 在三重积分中，若积分区域是被积函数取负值的最大区域，则积分值为最小.

解 记Σ围成的空间区域为Ω，由高斯公式，得

$$I=\iiint_{\Omega}(3x^2+6y^2+9z^2-3)\mathrm{d}V=3\iiint_{\Omega}(x^2+2y^2+3z^2-1)\mathrm{d}x\mathrm{d}y\mathrm{d}z .$$

为了使I达到最小，就要求Ω是$x^2+2y^2+3z^2-1\leqslant 0$的对应区域，即

$$\Omega=\left\{(x,y,z)\mid x^2+2y^2+3z^2\leqslant 1\right\}.$$

所以Ω是一个椭球，当Σ是Ω的表面时，积分I最小.

为便于三重积分计算，做变换$\begin{cases}x=u\\ y=v/\sqrt{2}\\ z=w/\sqrt{3}\end{cases}$，则$J=\dfrac{\partial(x,y,z)}{\partial(u,v,w)}=\dfrac{1}{\sqrt{6}}$，有

$$I=\frac{3}{\sqrt{6}}\iiint_{u^2+v^2+w^2\leqslant 1}(u^2+v^2+w^2-1)\mathrm{d}u\mathrm{d}v\mathrm{d}w .$$

利用球面坐标，有

$$I=\frac{3}{\sqrt{6}}\int_0^{2\pi}\mathrm{d}\varphi\int_0^{\pi}\mathrm{d}\theta\int_0^1(r^2-1)r^2\sin\theta\,\mathrm{d}r=-\frac{4\sqrt{6}}{15}\pi .$$

例5 计算$I=\oiint_{\Sigma}\dfrac{2\mathrm{d}y\mathrm{d}z}{x\cos^2 x}+\dfrac{\mathrm{d}z\mathrm{d}x}{\cos^2 y}-\dfrac{\mathrm{d}x\mathrm{d}y}{z\cos^2 z}$，其中$\Sigma$为球面$x^2+y^2+z^2=1$的外侧.

分析 虽然Σ是闭曲面，但从积分式可看出该题不适宜用高斯公式计算. 可利用曲面Σ（球面）的对称性来简化计算；为便于利用积分的对称性，将其转化为第一型曲面积分也是不错的选择.

解 **方法1** 由球面Σ的对称性，知

$$I=\oiint_{\Sigma}\left(\frac{2}{z\cos^2 z}+\frac{1}{\cos^2 z}-\frac{1}{z\cos^2 z}\right)\mathrm{d}x\mathrm{d}y=\oiint_{\Sigma}\left(\frac{1}{z\cos^2 z}+\frac{1}{\cos^2 z}\right)\mathrm{d}x\mathrm{d}y .$$

又由于Σ关于$z=0$对称，$\dfrac{1}{\cos^2 z}$是关于z的偶函数，$\dfrac{1}{z\cos^2 z}$是关于z的奇函数，所以

$$\oiint_{\Sigma}\frac{1}{\cos^2 z}\mathrm{d}x\mathrm{d}y=0,\quad \oiint_{\Sigma}\frac{1}{z\cos^2 z}\mathrm{d}x\mathrm{d}y=2\oiint_{\Sigma_1}\frac{1}{z\cos^2 z}\mathrm{d}x\mathrm{d}y ,$$

其中，Σ_1为半球面$z=\sqrt{1-x^2-y^2}$的上侧.

由于Σ_1在xOy面的投影为$D_{xy}:x^2+y^2\leqslant 1$，于是

$$I=2\iint_{D_{xy}}\frac{\mathrm{d}x\mathrm{d}y}{\sqrt{1-x^2-y^2}\cos^2\sqrt{1-x^2-y^2}}=2\int_0^{2\pi}\mathrm{d}\varphi\int_0^1\frac{\rho\,\mathrm{d}\rho}{\sqrt{1-\rho^2}\cos^2\sqrt{1-\rho^2}}$$

$$=4\pi\int_0^1\frac{-\mathrm{d}\sqrt{1-\rho^2}}{\cos^2\sqrt{1-\rho^2}}=-4\pi\tan\sqrt{1-\rho^2}\Big|_0^1=4\pi\tan 1.$$

方法2 化为第一型曲面积分计算.

球面 $\Sigma: x^2+y^2+z^2=1$ 的外侧单位法向量为 $\boldsymbol{e_n}=(x,y,z)$，将第二型曲面积分化为第一型，有

$$I=\oiint_{\Sigma}\left(\frac{2}{x\cos^2 x},\frac{1}{\cos^2 y},-\frac{1}{z\cos^2 z}\right)\cdot(x,y,z)\,\mathrm{d}S=\oiint_{\Sigma}\left(\frac{2}{\cos^2 x}+\frac{y}{\cos^2 y}-\frac{1}{\cos^2 z}\right)\mathrm{d}S.$$

由对称性，知 $\oiint_{\Sigma}\frac{y}{\cos^2 y}\mathrm{d}S=0$，$\oiint_{\Sigma}\frac{\mathrm{d}S}{\cos^2 x}=\oiint_{\Sigma}\frac{\mathrm{d}S}{\cos^2 z}$，故

$$I=\oiint_{\Sigma}\frac{\mathrm{d}S}{\cos^2 z}=2\iint_{x^2+y^2\leqslant 1}\frac{1}{\cos^2\sqrt{1-x^2-y^2}}\cdot\frac{1}{\sqrt{1-x^2-y^2}}\mathrm{d}x\,\mathrm{d}y=4\pi\tan 1.$$

评注 第二型曲面积分的对称性：

(1)（轮换对称性）设有向曲面 Σ 关于变量 x,y,z 具有轮换对称性，则

$$\iint_{\Sigma}\boldsymbol{F}(x,y,z)\cdot\mathrm{d}\boldsymbol{S}=\iint_{\Sigma}\boldsymbol{F}(y,z,x)\cdot\mathrm{d}\boldsymbol{S}=\iint_{\Sigma}\boldsymbol{F}(z,x,y)\cdot\mathrm{d}\boldsymbol{S}$$

(2)（关于坐标面对称）设有向曲面 $\Sigma=\Sigma_1+\Sigma_2$，其中 Σ_1,Σ_2 关于 $z=0$ 对称，则有

$$\iint_{\Sigma}R(x,y,z)\,\mathrm{d}x\,\mathrm{d}y=\begin{cases}0, & \text{若 } R(x,y,-z)=R(x,y,z),\\ 2\iint_{\Sigma_1}R(x,y,z)\,\mathrm{d}x\,\mathrm{d}y, & \text{若 } R(x,y,-z)=-R(x,y,z).\end{cases}$$

例 6 记第二型曲面积分 $I_t=\iint_{\Sigma_t}P\mathrm{d}y\mathrm{d}z+Q\mathrm{d}z\mathrm{d}x+R\mathrm{d}x\mathrm{d}y$，其中 $P=Q=R=f\left((x^2+y^2)z\right)$，有向曲面 Σ_t 是圆柱体 $x^2+y^2\leqslant t^2$，$0\leqslant z\leqslant 1$ 的表面外侧.

（1）若函数 $f(x)$ 连续可导，求极限 $\lim\limits_{t\to 0^+}\frac{I_t}{t^4}$；

（2）若 $f(x)$ 仅在 $x=0$ 可导，在其余点连续，求（1）中的极限.

分析 由于积分式中的函数没有具体给出，所以不可能先算出积分再求极限. 较好的办法是将积分化简成含有未知函数的定积分，求极限时可用洛必达法则. 曲面积分可考虑用高斯公式或合一投影法、分面投影法. 选取哪种方法要根据曲面积分的特点与所给条件来定，计算中要尽量利用积分的对称性来简化计算. 本题（1）适宜选用高斯公式，（2）适宜选用分面投影法，因为积分曲面是柱面与平面.

解 （1）记 Σ_t 围成的区域为 Ω，由高斯公式

$$I_t=\iiint_{\Omega}\left(\frac{\partial P}{\partial x}+\frac{\partial Q}{\partial y}+\frac{\partial R}{\partial z}\right)\mathrm{d}x\,\mathrm{d}y\,\mathrm{d}z=\iiint_{\Omega}(2xz+2yz+x^2+y^2)f'((x^2+y^2)z)\,\mathrm{d}x\,\mathrm{d}y\,\mathrm{d}z,$$

由对称性 $\iiint_{\Omega}(2xz+2yz)f'((x^2+y^2)z)\,\mathrm{d}x\,\mathrm{d}y\,\mathrm{d}z=0$，从而

$$I_t=\iiint_{V}(x^2+y^2)f'((x^2+y^2)z)\,\mathrm{d}x\,\mathrm{d}y\,\mathrm{d}z=\int_0^1\left[\int_0^{2\pi}\mathrm{d}\varphi\int_0^t f'(\rho^2 z)\rho^3\,\mathrm{d}\rho\right]\mathrm{d}z$$

$$=2\pi\int_0^1\left[\int_0^t f'(\rho^2 z)\rho^3\,\mathrm{d}\rho\right]\mathrm{d}z.$$

所以

$$\lim_{t\to 0^+}\frac{I_t}{t^4}=\lim_{t\to 0^+}\frac{2\pi\int_0^1\left[\int_0^t f'(\rho^2 z)\rho^3\,\mathrm{d}\rho\right]\mathrm{d}z}{t^4}=\lim_{t\to 0^+}\frac{2\pi\int_0^1 f'(t^2 z)t^3\,\mathrm{d}z}{4t^3}$$

$$=\lim_{t\to 0^+}\frac{\pi}{2}\int_0^1 f'(t^2 z)\,\mathrm{d}z=\frac{\pi}{2}f'(0).$$

（2）若 $f(x)$ 仅在 $x=0$ 处可导，在其余点连续，则不能用高斯公式，此时可分片计算曲面积分.

把 Σ_t 分为下底面、上底面和侧面，分别记为 Σ_t^b 、Σ_t^u 和 Σ_t^s . 由于下底、上底在 yOz 面上的投影面积为零，故

$$\iint_{\Sigma_t^b} P\,\mathrm{d}y\,\mathrm{d}z = \iint_{\Sigma_t^u} P\,\mathrm{d}y\,\mathrm{d}z = 0.$$

而函数 P 是关于变量 x 的偶函数，Σ_t^s 关于平面 $x=0$ 对称，故 $\iint_{\Sigma_t^s} P\,\mathrm{d}y\,\mathrm{d}z = 0$ ，从而 $\iint_{\Sigma_t} P\,\mathrm{d}y\,\mathrm{d}z = 0$.

类似地，$\iint_{\Sigma_t} Q\,\mathrm{d}z\,\mathrm{d}x = 0$.

由于侧面在 xOy 面上的投影面积为零，$\iint_{\Sigma_t^s} R\,\mathrm{d}x\,\mathrm{d}y = 0$. 故 $\iint_{\Sigma_t} R\,\mathrm{d}x\,\mathrm{d}y$ 等于在 Σ_t^b 和 Σ_t^u 上的积分之和，即有

$$I_t = \left(\iint_{\Sigma_t^b} + \iint_{\Sigma_t^u}\right) f((x^2+y^2)z)\,\mathrm{d}x\,\mathrm{d}y = -\iint_{D_b} f(0)\,\mathrm{d}\sigma + \iint_{D_u} f(x^2+y^2)\,\mathrm{d}\sigma$$

$$= -\pi f(0)t^2 + 2\pi\int_0^t f(\rho^2)\rho\,\mathrm{d}\rho \quad (D_b \text{ 与 } D_u \text{ 是对应曲面在 } xOy \text{ 面的投影区域}).$$

所以

$$\lim_{t\to 0^+}\frac{I_t}{t^4} = \lim_{t\to 0^+}\frac{-\pi f(0)t^2 + 2\pi\int_0^t f(\rho^2)\rho\,\mathrm{d}\rho}{t^4}$$

$$= \lim_{t\to 0^+}\frac{-2\pi f(0)t + 2\pi f(t^2)t}{4t^3} = \frac{\pi}{2}\lim_{t\to 0^+}\frac{f(t^2)-f(0)}{t^2} = \frac{\pi}{2}f'(0).$$

评注 若曲面积分中含有未知函数，则积分宜选用高斯公式、合一投影法或化为第一型曲面积分来计算，这样做有可能在合并计算中将含有未知函数的项消掉. 否则就要充分利用积分的对称性，看含有未知函数的积分项是否为零. 当积分曲面是母线平行于坐标轴的柱面或平面时宜选用分面投影法.

例 7 设曲面 Σ 是由空间曲线 $C: x=t$ ， $y=2t$ ， $z=t^2$ $(0\leqslant t\leqslant 1)$ 绕 z 轴旋转一周生成的曲面，其法向量与 z 轴正向成钝角，已知连续函数 $f(x,y,z)$ 满足

$$f(x,y,z) = (x+y+z)^2 + \iint_{\Sigma} f(x,y,z)\,\mathrm{d}y\,\mathrm{d}z + x^2\,\mathrm{d}x\,\mathrm{d}y,$$

求函数 $f(x,y,z)$ 的表达式.

分析 关键是确定曲面积分 $\iint_{\Sigma} f(x,y,z)\,\mathrm{d}y\,\mathrm{d}z$. 因此，需要先求出 Σ 的方程，再对所给等式两边在 Σ 上做曲面积分.

解 曲线 C 绕 z 轴旋转一周生成的曲面方程为

$$\begin{cases} x^2+y^2=5t^2, \\ z=t^2. \end{cases}$$

即 $\Sigma: x^2+y^2=5z\ (0\leqslant z\leqslant 1)$ ，于是

$$\iint_{\Sigma} x^2\,\mathrm{d}x\,\mathrm{d}y = -\iint_{D_{xy}} x^2\,\mathrm{d}x\,\mathrm{d}y \quad (D_{xy}: x^2+y^2\leqslant 5)$$

$$= -\int_0^{2\pi}\mathrm{d}\varphi\int_0^{\sqrt{5}}\rho^2\cos^2\varphi\cdot\rho\,\mathrm{d}\rho = -\frac{25}{4}\pi.$$

记 $A=\iint\limits_{\Sigma} f(x,y,z)\,\mathrm{d}y\,\mathrm{d}z$，则题设等式为

$$f(x,y,z)=(x+y+z)^2+A-\frac{25}{4}\pi.$$

两边在 Σ 上做曲面积分，得

$$\iint\limits_{\Sigma} f(x,y,z)\,\mathrm{d}y\,\mathrm{d}z=\iint\limits_{\Sigma}\left[(x+y+z)^2+A-\frac{25}{4}\pi\right]\mathrm{d}y\,\mathrm{d}z,$$

即

$$A=\iint\limits_{\Sigma}\left[(x+y+z)^2+A-\frac{25}{4}\pi\right]\mathrm{d}y\,\mathrm{d}z;$$

添加平面 $S: z=0\ (x^2+y^2\leqslant 5)$，取上侧，记 $\Sigma+S$ 围成的区域为 Ω，则

$$\begin{aligned}A&=\left(\iint\limits_{\Sigma+S}-\iint\limits_{S}\right)\left[(x+y+z)^2+A-\frac{25}{4}\pi\right]\mathrm{d}y\,\mathrm{d}z\\&=2\iiint\limits_{\Omega}(x+y+z)\,\mathrm{d}x\,\mathrm{d}y\,\mathrm{d}z-0=2\iiint\limits_{\Omega}z\,\mathrm{d}x\,\mathrm{d}y\,\mathrm{d}z\\&=2\int_0^{2\pi}\mathrm{d}\varphi\int_0^{\sqrt{5}}\rho\,\mathrm{d}\rho\int_{\frac{1}{2}\rho^2}^{1}z\,\mathrm{d}z=\frac{10}{3}\pi.\end{aligned}$$

所以 $f(x,y,z)=(x+y+z)^2-\dfrac{35}{12}\pi.$

评注　该题的本质是通过积分来求解函数 f 中的待定常数 $\iint\limits_{\Sigma} f\,\mathrm{d}y\,\mathrm{d}z$，类似的例子前面已出现多次（见 2.1 节例 2，3.2 节例 12，5.1 节例 1 等）.

例 8*　设区域 Ω 由分片光滑的闭曲面 Σ 围成，函数 $u(x,y,z)$ 在 Ω 及其边界上具有连续的二阶偏导数，且满足 $\Delta u=\dfrac{\partial^2 u}{\partial x^2}+\dfrac{\partial^2 u}{\partial y^2}+\dfrac{\partial^2 u}{\partial z^2}=0$. 证明对任意 $(x_0,y_0,z_0)\in\Omega$，有

$$u(x_0,y_0,z_0)=\frac{1}{4\pi}\oiint\limits_{\Sigma}\left(u\frac{\cos(\boldsymbol{r},\boldsymbol{n})}{r^2}+\frac{1}{r}\cdot\frac{\partial u}{\partial \boldsymbol{n}}\right)\mathrm{d}S.$$

其中 $\boldsymbol{n}$ 是 Σ 的外侧单位法向量，$\boldsymbol{r}=(x-x_0,y-y_0,z-z_0)$，$r=\|\boldsymbol{r}\|$.

分析　要使积分值等于函数值，自然会想到积分中值定理. 因而需要将等式右边的积分做必要的运算，使被积函数仅与 $u(x,y,z)$ 有关.

证明　由于 $\cos(\boldsymbol{r},\boldsymbol{n})=\dfrac{\boldsymbol{r}\cdot\boldsymbol{n}}{r}$，$\dfrac{\partial u}{\partial \boldsymbol{n}}=\operatorname{grad}u\cdot\boldsymbol{n}$，于是

$$\begin{aligned}\frac{1}{4\pi}\oiint\limits_{\Sigma}\left(u\frac{\cos(\boldsymbol{r},\boldsymbol{n})}{r^2}+\frac{1}{r}\cdot\frac{\partial u}{\partial \boldsymbol{n}}\right)\mathrm{d}S&=\frac{1}{4\pi}\oiint\limits_{\Sigma}\left(u\frac{\boldsymbol{r}}{r^3}+\frac{1}{r}\operatorname{grad}u\right)\cdot\boldsymbol{n}\mathrm{d}S\\&=\frac{1}{4\pi}\oiint\limits_{\Sigma}P\mathrm{d}y\mathrm{d}z+Q\mathrm{d}z\mathrm{d}x+R\mathrm{d}x\mathrm{d}y,\end{aligned}$$

其中 $P=\dfrac{(x-x_0)u+r^2u_x}{r^3}$，$Q=\dfrac{(y-y_0)u+r^2u_y}{r^3}$，$R=\dfrac{(z-z_0)u+r^2u_z}{r^3}$.

经计算得到

$$\frac{\partial P}{\partial x}=\frac{u}{r^3}-3\frac{(x-x_0)^2u}{r^5}+\frac{u_{xx}}{r},\quad \frac{\partial Q}{\partial y}=\frac{u}{r^3}-3\frac{(y-y_0)^2u}{r^5}+\frac{u_{yy}}{r},\quad \frac{\partial R}{\partial z}=\frac{u}{r^3}-3\frac{(z-z_0)^2u}{r^5}+\frac{u_{zz}}{r}.$$

则有

$$\frac{\partial P}{\partial x}+\frac{\partial Q}{\partial y}+\frac{\partial R}{\partial z}=0.$$

在Ω内作以(x_0,y_0,z_0)为中心，$\delta>0$为半径的球面S，取S的法向量为内侧. 在S与Σ围成的区域Ω_1上用高斯公式，有

$$\frac{1}{4\pi}\oiint_{\Sigma+S}\left(u\frac{\cos(\boldsymbol{r},\boldsymbol{n})}{r^2}+\frac{1}{r}\cdot\frac{\partial u}{\partial \boldsymbol{n}}\right)\mathrm{d}S=\frac{1}{4\pi}\iiint_{\Omega_1}\left(\frac{\partial P}{\partial x}+\frac{\partial Q}{\partial y}+\frac{\partial R}{\partial z}\right)\mathrm{d}V=0,$$

所以

$$\frac{1}{4\pi}\oiint_{\Sigma}\left(u\frac{\cos(\boldsymbol{r},\boldsymbol{n})}{r^2}+\frac{1}{r}\cdot\frac{\partial u}{\partial \boldsymbol{n}}\right)\mathrm{d}S=-\frac{1}{4\pi}\oiint_{S}\left(u\frac{\cos(\boldsymbol{r},\boldsymbol{n})}{r^2}+\frac{1}{r}\cdot\frac{\partial u}{\partial \boldsymbol{n}}\right)\mathrm{d}S.$$

注意在S上$r=\delta$，$\cos(\boldsymbol{r},\boldsymbol{n})=-1$，且

$$\oiint_{S}\frac{\partial u}{\partial \boldsymbol{n}}\mathrm{d}S=\oiint_{S}\mathrm{grad}\,u\cdot\boldsymbol{n}\mathrm{d}S=-\iiint_{V}\left(\frac{\partial^2 u}{\partial x^2}+\frac{\partial^2 u}{\partial y^2}+\frac{\partial^2 u}{\partial z^2}\right)\mathrm{d}V=0,$$

其中V是S围成空间区域. 所以

$$\frac{1}{4\pi}\oiint_{\Sigma}\left(u\frac{\cos(\boldsymbol{r},\boldsymbol{n})}{r^2}+\frac{1}{r}\frac{\partial u}{\partial \boldsymbol{n}}\right)\mathrm{d}S=\frac{1}{4\pi\delta^2}\oiint_{S}u\mathrm{d}S\xlongequal{\text{积分中值定理}}u(\xi,\eta,\zeta)\quad((\xi,\eta,\zeta)\in V).$$

取$\delta\to 0$，即得

$$u(x_0,y_0,z_0)=\frac{1}{4\pi}\oiint_{\Sigma}\left(u\frac{\cos(\boldsymbol{r},\boldsymbol{n})}{r^2}+\frac{1}{r}\frac{\partial u}{\partial \boldsymbol{n}}\right)\mathrm{d}S.$$

评注 (1) 注意，只有数量值函数的积分（定积分、第一型曲线与曲面积分、重积分）才有积分中值定理.

(2) 注意到$\dfrac{\cos(\boldsymbol{r},\boldsymbol{n})}{r^2}=\dfrac{\boldsymbol{r}\cdot\boldsymbol{n}}{r^3}=-\dfrac{\partial(1/r)}{\partial \boldsymbol{n}}$，且$\Delta\left(\dfrac{1}{r}\right)=0\ ((x,y,z)\neq(x_0,y_0,z_0))$，所以该题利用"空间第二格林公式"（习题6.2第13(2)题，取$v=\dfrac{1}{r}$）来证明会更简单（其方法类似综合题6*第11题）.

例 9 已知Σ是yOz面上经过原点的单调上升光滑曲线$y=f(z)(0\leqslant z\leqslant h)$绕$z$轴旋转一周所成的曲面，其法向量与$z$轴正向夹角小于$\dfrac{\pi}{2}$. 现有稳定流动的密度为1的不可压缩流体，其速度场为$\boldsymbol{v}=x(1+z)\boldsymbol{i}-yz\boldsymbol{j}+\boldsymbol{k}$，设在单位时间内流过曲面$\Sigma$的流体的质量为$\Phi(h)$，当$h$增加时，为使$\Phi(h)$增加的速度恒为$\pi$，$y=f(z)$应为什么曲线?

分析 由曲面积分的物理意义知$\Phi(h)=\iint\limits_{\Sigma}\boldsymbol{v}\cdot\mathrm{d}\boldsymbol{S}$，问题即求满足方程$\Phi'(h)=\pi$的光滑曲线$y=f(z)(0\leqslant z\leqslant h)$，为此需要先计算曲面积分$\iint\limits_{\Sigma}\boldsymbol{v}\cdot\mathrm{d}\boldsymbol{S}$.

解 曲面Σ的方程为$x^2+y^2=f^2(z)$，添加有向平面$S:z=h\ (x^2+y^2\leqslant f^2(h))$，法向量为$z$轴负向. 设曲面$\Sigma$和$S$围成的区域为$\Omega$，则

$$\Phi(h)=\iint_{\Sigma}\boldsymbol{v}\cdot\mathrm{d}\boldsymbol{S}=\iint_{\Sigma}x(1+z)\mathrm{d}y\mathrm{d}z-yz\mathrm{d}z\mathrm{d}x+\mathrm{d}x\mathrm{d}y$$

$$=\left(\iint_{\Sigma+S}-\iint_{S}\right)x(1+z)\mathrm{d}y\mathrm{d}z-yz\mathrm{d}z\mathrm{d}x+\mathrm{d}x\mathrm{d}y$$

$$=-\iiint_{\Omega}\mathrm{d}x\,\mathrm{d}y\,\mathrm{d}z-\iint_{S}\mathrm{d}x\,\mathrm{d}y=-\int_0^h\mathrm{d}z\iint_{D(z)}\mathrm{d}x\,\mathrm{d}y+\iint_{D_{xy}}\mathrm{d}x\,\mathrm{d}y$$

$$=-\int_0^h\pi f^2(z)\,\mathrm{d}z+\pi f^2(h).$$

其中区域 $D(z):\begin{cases}x^2+y^2\leqslant f^2(z)\\ z=z\end{cases}$，区域 $D_{xy}:\begin{cases}x^2+y^2\leqslant f^2(h)\\ z=0\end{cases}$.

由题意，知

$$\frac{\mathrm{d}\Phi(h)}{\mathrm{d}h}=-\pi f^2(h)+2\pi f(h)f'(h)=\pi\text{，}\quad f(0)=0.$$

解微分方程得 $f(h)=\sqrt{\mathrm{e}^h-1}$，即所求曲线为 $y=\sqrt{\mathrm{e}^z-1}$.

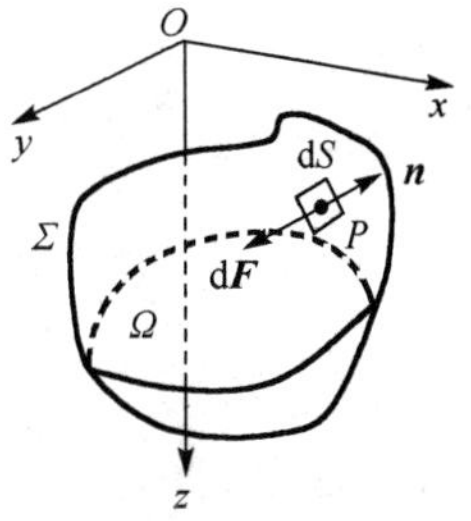

图 6.11

例 10　证明物体在水中所受的浮力等于物体排开水的重力.

分析　物体在水中所受的浮力是物体表面受到水的压力的和，所以只需证明物体表面所受水的压力的和等于物体排开水的重力即可. 水压力是矢量，求和时要沿不同坐标轴方向进行，即求各分力的和.

证明　在水平面上建立 xOy 坐标面，垂直向下为 z 轴，如图 6.11 所示，设物体 Ω 的表面 Σ 是一个光滑的闭曲面，其方程为 $f(x,y,z)=0$.

在曲面 Σ 上任取一包含点 $P(x,y,z)$ 的面积元素 $\mathrm{d}S$，Σ 在点 P 处的单位外法向量为 $\boldsymbol{e}_n$，由于在点 P 处的水压强为 ρgz，所以作用在 $\mathrm{d}S$ 上的压力元素为 $\mathrm{d}F=\rho gz\,\mathrm{d}S$，由于压力是一个向量，所以

$$\mathrm{d}\boldsymbol{F}=-\boldsymbol{e}_n\,\mathrm{d}F=-\rho gz\boldsymbol{e}_n\,\mathrm{d}S=-\rho gz\mathrm{d}\boldsymbol{S}.$$

$\boldsymbol{F}$ 在 x 轴方向的分力为

$$F_x=\oiint_{\Sigma}\boldsymbol{i}\cdot\mathrm{d}\boldsymbol{F}=-\oiint_{\Sigma}\rho gz(1,0,0)\cdot(\mathrm{d}y\,\mathrm{d}z,\mathrm{d}z\,\mathrm{d}x,\mathrm{d}x\,\mathrm{d}y)=-\oiint_{\Sigma}\rho gz\,\mathrm{d}y\,\mathrm{d}z$$

$$=-\iiint_{\Omega}\frac{\partial(\rho gz)}{\partial x}\mathrm{d}x\,\mathrm{d}y\,\mathrm{d}z=0.$$

类似地，$\boldsymbol{F}$ 在 y 轴方向的分力也为零，在 z 轴方向的分力为

$$F_z=\oiint_{\Sigma}\boldsymbol{k}\cdot\mathrm{d}\boldsymbol{F}=-\oiint_{\Sigma}\rho gz(0,0,1)\cdot(\mathrm{d}y\,\mathrm{d}z,\mathrm{d}z\,\mathrm{d}x,\mathrm{d}x\,\mathrm{d}y)$$

$$=-\oiint_{\Sigma}\rho gz\,\mathrm{d}x\,\mathrm{d}y=-\iiint_{\Omega}\frac{\partial(\rho gz)}{\partial z}\mathrm{d}x\,\mathrm{d}y\,\mathrm{d}z=-\rho gV.$$

其中 V 是 Ω 的体积. 所以 $\boldsymbol{F}=-\rho gV\boldsymbol{k}$，这就是物体排开水的重力，得证.

习题 6.2

习题 6.2 答案

1. 计算 $I=\iint_S -y\,\mathrm{d}z\,\mathrm{d}x+(z+1)\,\mathrm{d}x\,\mathrm{d}y$，其中 S 为圆柱面 $x^2+y^2=4$ 被平面 $x+z=2$ 和 $z=0$ 所截部分的外侧.

2. 计算曲面积分 $\iint_{\Sigma}\frac{zx\mathrm{d}y\mathrm{d}z+xy\mathrm{d}z\mathrm{d}x+yz\mathrm{d}x\mathrm{d}y}{z+x^2+y^2}$，其中 Σ 为曲面 $z=2-x^2-y^2(x\geqslant 0,y\geqslant 0)$ 被柱面 $x^2+y^2=1$ 所截部分的上侧.

3. 设曲面 Σ 是圆锥面 $z=\sqrt{x^2+y^2}$ 被平面 $z=1$ 与 $z=2$ 所截的部分的下侧，计算曲面积分

$$I=\iint\limits_{\Sigma} x|yz|\,\mathrm{d}y\mathrm{d}z+y|xz|\,\mathrm{d}z\mathrm{d}x+z|xy|\,\mathrm{d}x\mathrm{d}y.$$

4. 计算曲面积分 $\iint\limits_{S}\dfrac{x\,\mathrm{d}y\mathrm{d}z+z^2\,\mathrm{d}x\mathrm{d}y}{x^2+y^2+z^2}$，其中 S 是由曲面 $x^2+y^2=R^2$ 及两平面 $z=R$，$z=-R(R>0)$ 围成的立体表面的外侧.

5. 设函数 $u(x,y,z)$ 在由球面 $S:x^2+y^2+z^2=2z$ 包围的闭区域 Ω 上具有二阶连续偏导数，且满足关系式 $\dfrac{\partial^2 u}{\partial x^2}+\dfrac{\partial^2 u}{\partial y^2}+\dfrac{\partial^2 u}{\partial z^2}=x^2+y^2+z^2$. $\boldsymbol{n}$ 为 S 的外法线方向的单位向量. 计算 $\iint\limits_{S}\dfrac{\partial u}{\partial \boldsymbol{n}}\mathrm{d}S$.

6. 设曲面 $\Sigma:(x-1)^2+(y-1)^2+\dfrac{z^2}{4}=1(y\geqslant 1)$ 取右侧. 计算 $I=\iint\limits_{\Sigma}x^2\mathrm{d}y\mathrm{d}z+y^2\mathrm{d}z\mathrm{d}x+z^2\mathrm{d}x\mathrm{d}y$.

7. 设 Σ 为椭球面 $\dfrac{x^2}{2}+\dfrac{y^2}{2}+z^2=1$ 的上半部分的上侧，点 $P(x,y,z)\in\Sigma$，π 为 Σ 在点 P 处的切平面，$\rho(x,y,z)$ 是点 $O(0,0,0)$ 到平面 π 的距离，求 $I=\iint\limits_{\Sigma}\dfrac{1}{\rho^2(x,y,z)}(\mathrm{d}y\mathrm{d}z+\mathrm{d}z\mathrm{d}x+\mathrm{d}x\mathrm{d}y)$.

8. 计算向量场 $\boldsymbol{r}=(x,y,z)$ 对有向曲面 S 的通量.

（1）S 为球面 $x^2+y^2+z^2=1$ 的外侧；

（2）S 为锥面 $z=\sqrt{x^2+y^2}$ 与平面 $z=1$ 围成的锥体表面的外侧.

9. 设 $u=\dfrac{1}{(x^2+y^2+z^2)^{1/2}}$，求向量场 grad u 通过曲面 $S:1-\dfrac{z}{5}=\dfrac{(x-2)^2}{16}+\dfrac{(y-1)^2}{9}$ $(z\geqslant 0)$ 上侧的通量.

10. 设 S 是锥面 $x=\sqrt{y^2+z^2}$ 与两球面 $x^2+y^2+z^2=1$，$x^2+y^2+z^2=2$ 围成的立体表面的外侧，计算曲面积分 $\iint\limits_{S}x^3\,\mathrm{d}y\mathrm{d}z+[y^3+f(yz)]\mathrm{d}z\mathrm{d}x+[z^3+f(yz)]\mathrm{d}x\mathrm{d}y$，其中 $f(u)$ 是连续可微的奇函数.

11*. 设 S 是以 L 为边界的光滑曲面，试求可微函数 $\varphi(x)$，使曲面积分

$$\iint\limits_{S}(1-x^2)\varphi(x)\,\mathrm{d}y\mathrm{d}z+4xy\varphi(x)\,\mathrm{d}z\mathrm{d}x+4xz\,\mathrm{d}x\mathrm{d}y$$

与曲面 S 的形状无关.

12*. 设 $f(x)$ 在 $(-\infty,+\infty)$ 内存在连续的一阶导数，并设 S 为任意一个双侧的逐片光滑的曲面片，它的边界曲线为 l，l 的走向与曲面片 S 的侧的定向按右手法则规定，设

$$\iint\limits_{S}(xf(x)-xy+z^2)\,\mathrm{d}y\mathrm{d}z+(3f(x)y+y^2z)\,\mathrm{d}z\mathrm{d}x+(yz-yz^2-2x^4z+y)\,\mathrm{d}x\mathrm{d}y$$

的值仅与 l 及其走向有关，与绷在 l 上的具体 S 无关，求 $f(x)$.

13. 设 S 是光滑的简单封闭曲面，法向量向外，Ω 是 S 包围的有界闭区域. 函数 $u(x,y,z)$ 和 $v(x,y,z)$ 在 Ω 上具有二阶连续偏导数，$\dfrac{\partial u}{\partial \boldsymbol{n}}$ 与 $\dfrac{\partial v}{\partial \boldsymbol{n}}$ 分别为 u 与 v 沿 S 的外法线方向向量 $\boldsymbol{n}$ 的方向导数，试证明：

（1）$\displaystyle\oiint\limits_{S}u\frac{\partial v}{\partial \boldsymbol{n}}\mathrm{d}S=\iiint\limits_{\Omega}[\mathrm{grad}\,u\cdot\mathrm{grad}\,v+u\,\mathrm{div}(\mathrm{grad}\,v)]\mathrm{d}V$；

（2）$\displaystyle\oiint\limits_{S}\left(v\frac{\partial u}{\partial \boldsymbol{n}}-u\frac{\partial v}{\partial \boldsymbol{n}}\right)\mathrm{d}S=\iiint\limits_{\Omega}(v\Delta u-u\Delta v)\,\mathrm{d}V$. 记号 $\Delta=\dfrac{\partial^2}{\partial x^2}+\dfrac{\partial^2}{\partial y^2}+\dfrac{\partial^2}{\partial z^2}$（该结论称为“空间第二格林公式”）.

14. 设光滑的闭曲面 Σ 所围成的区域为 Ω，$\boldsymbol{n}$ 是 Σ 的外侧单位法向量，若 (x_0,y_0,z_0) 是 Ω 外的一点，记 $\boldsymbol{r}=(x-x_0,y-y_0,z-z_0)$，$r=\|\boldsymbol{r}\|$，证明 $\iiint\limits_{\Omega}\frac{1}{r}\mathrm{d}x\mathrm{d}y\mathrm{d}z=\frac{1}{2}\oiint\limits_{\Sigma}\cos(\boldsymbol{r},\boldsymbol{n})\mathrm{d}S$.

综合题 6* 答案

综合题 6*

1. 假设 L 为平面上一条不经过原点的光滑闭曲线，试确定 k 的值，使曲线积分 $\oint_L\frac{x\mathrm{d}x-ky\mathrm{d}y}{x^2+4y^2}=0$，并说明理由.

2. 半径为 a 的圆在内半径为 $3a$ 的一个圆环的内侧滚动，求在动圆圆周上一点生成的闭曲线包围的面积.

3. 计算积分 $I=\oint_L(y+xy+y^2)(x^2+\cos x)\mathrm{d}x+(x+x^2+xy)\cos y\mathrm{d}y$，其中 $L:x^2+xy+y^2=1$，方向为逆时针方向.

4. 设 l 是任意一条不经过原点的分段光滑的简单封闭曲线，为正向一周. a、b、m、n 均为正常，且 m、n 为整数. 讨论并求曲线积分

$$I=\oint_l\frac{my^nx^{m-1}\mathrm{d}x-ny^{n-1}x^m\mathrm{d}y}{b^2x^{2m}+a^2y^{2n}}.$$

5. 设 $I_a(r)=\int_C\frac{y\mathrm{d}x-x\mathrm{d}y}{(x^2+y^2)^a}$，其中 a 为常数，曲线 C 为椭圆 $x^2+xy+y^2=r^2$，取正向. 求极限 $\lim\limits_{r\to+\infty}I_a(r)$.

6. 设 $f(x)$、$g(x)$ 为连续可微函数，且 $w=yf(xy)\mathrm{d}x+xg(xy)\mathrm{d}y$.

（1）若存在 u，使得 $\mathrm{d}u=w$，则求 $f-g$.

（2）若 $f(x)=\varphi'(x)$，求 u 使得 $\mathrm{d}u=w$.

7. 设函数 $f(x)=\int_x^{x+\frac{\pi}{2}}|\cos t|\mathrm{d}t$，$L$ 是从点 $A(1,0)$ 到原点的位于第一象限的光滑曲线，并且与线段 $\overline{OA}$ 围成的闭区域 D 的面积为1.

（1）求 $f(x)$ 在 $[0,\pi]$ 上的最大值 a 与最小值 b；

（2）对（1）中的 a 和 b，求曲线积分 $I=\int_L(3+by+\mathrm{e}^x\sin y)\mathrm{d}x+(ax+\mathrm{e}^x\cos y)\mathrm{d}y$.

8. 已知曲线积分 $\int_L\frac{1}{\varphi(x)+y^2}(x\mathrm{d}y-y\mathrm{d}x)\equiv A$（常数）. 其中 $\varphi(x)$ 是可导函数且 $\varphi(1)=1$，L 是绕原点 $(0,0)$ 一周的任意正向闭曲线，试求出 $\varphi(x)$ 及 A.

9. 已知 Γ 为 $x^2+y^2+z^2=1$ 与 $x+y+z=1$ 的交线，从 z 轴正向看为逆时针方向，计算曲线积分 $\oint_\Gamma(x-y)^2\mathrm{d}x+(x-z)(y-z)\mathrm{d}y+(x+3y-2z)\mathrm{d}z$.

10. 设 D 是平面上的有界闭区域，函数 u,v 在 D 上具有二阶连续偏导数，证明平面第二格林公式：

$$\iint\limits_D\begin{vmatrix}\Delta u & \Delta v\\ u & v\end{vmatrix}\mathrm{d}x\mathrm{d}y=\oint_{\partial D}\begin{vmatrix}\dfrac{\partial u}{\partial\boldsymbol{n}} & \dfrac{\partial v}{\partial\boldsymbol{n}}\\ u & v\end{vmatrix}\mathrm{d}s$$（$\boldsymbol{n}$ 是 ∂D 的外法向单位向量）.

11. 设 $u=u(x,y)$ 为平面有界闭区域 D 上的调和函数，$\boldsymbol{n}$ 是 ∂D 的外法向单位向量，证明对 $\forall(x_0,y_0)\in D$，有

$$u(x_0,y_0)=\frac{1}{2\pi}\oint_{\partial D}\left(u\frac{\partial\ln r}{\partial \boldsymbol{n}}-\ln r\cdot\frac{\partial u}{\partial \boldsymbol{n}}\right)\mathrm{d}s \quad （其中 r=\sqrt{(x-x_0)^2+(y-y_0)^2}）.$$

12. 已知点 $A(1,0,0)$ 与点 $B(1,1,1)$，$\varSigma$ 是由直线 AB 绕 Oz 轴旋转一周而成的旋转曲面介于平面 $z=0$ 与 $z=1$ 之间部分的外侧，函数 $f(u)$ 在 $(-\infty,+\infty)$ 内具有连续导数，计算曲面积分

$$I=\iint_{\varSigma}[xf(xy)-2x]\mathrm{d}y\mathrm{d}z+[y^2-yf(xy)]\mathrm{d}z\mathrm{d}x+(z+1)^2\mathrm{d}x\mathrm{d}y.$$

13. 计算曲面积分 $I=\iint_{S}(xy+y-z)\mathrm{d}y\mathrm{d}z+[yz+\cos(z+x)]\mathrm{d}z\mathrm{d}x+(6z+\mathrm{e}^{x+y})\mathrm{d}x\mathrm{d}y$，其中 S 为曲面 $|x-y+z|+|y-z+x|+|z-x+y|=1$ 的外侧.

14. 设 S 为一光滑闭曲面，原点不在 S 上，$\boldsymbol{n}$ 为 S 上点(x, y, z)处的外法向量，$\boldsymbol{r}=(x,y,z)$，计算曲面积分 $I=\oiint_{S}\frac{\cos(\boldsymbol{r},\boldsymbol{n})}{r^2}\mathrm{d}S$，其中 $r=\|\boldsymbol{r}\|$.

15. 设 $A=\iint_{S}x^2z\mathrm{d}y\mathrm{d}z+y^2z\mathrm{d}z\mathrm{d}x+z^2x\mathrm{d}x\mathrm{d}y$，$S$ 是曲面 $az=x^2+y^2(0\leqslant z\leqslant a)$ 的第一卦限部分的上侧. 求二阶可导函数 $f(x)$，使之满足 $f(0)=A$，$f'(0)=-A$，并使 $y[f(x)+3\mathrm{e}^{2x}]\mathrm{d}x+f'(x)\mathrm{d}y$ 是某个函数的全微分.

16. 设上半球面 $S:z=z_0+\sqrt{r^2-(x-x_0)^2-(y-y_0)^2}$，方向向上，$P(x,y,z)$，$R(x,y,z)$ 在空间上具有连续偏导数，若对任何点 (x_0,y_0,z_0) 和 $r>0$，第二型曲面积分 $\iint_{S}P\mathrm{d}y\mathrm{d}z+R\mathrm{d}x\mathrm{d}y=0$，证明 $\frac{\partial P}{\partial x}\equiv 0$.

17. 设 $u=u(x,y,z)$ 是调和函数，$\varSigma$ 是以 (x_0,y_0,z_0) 为中心，R 为半径的球面. 证明：

$$u(x_0,y_0,z_0)=\frac{1}{4\pi R^2}\oiint_{\varSigma}u(x,y,z)\mathrm{d}S.$$

第 7 章　常微分方程

知识结构

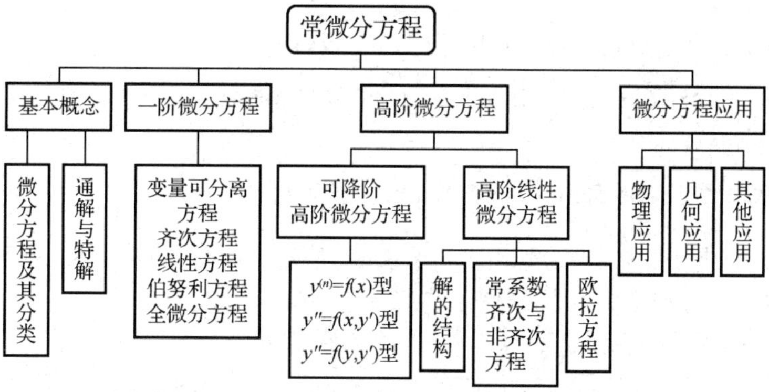

高等数学中涉及的微分方程主要有 3 类：一阶微分方程、可降阶高阶微分方程、高阶线性微分方程. 微分方程的主要任务是求满足一定条件的未知函数，其过程通常可归结为以下几个步骤：

（1）建立方程并判断其类型（有时方程并未直接给出，需要一些相关运算或化简才能得到方程）；

（2）根据方程类型确定求解方法（方程求解都是按分类进行的，读者要熟知各种分类与求解方法）；

（3）解方程确定所求函数（定解问题要明确定解条件，并按条件确定所求特解，必要时需做讨论）.

各类方程的求解方法可概括如下：

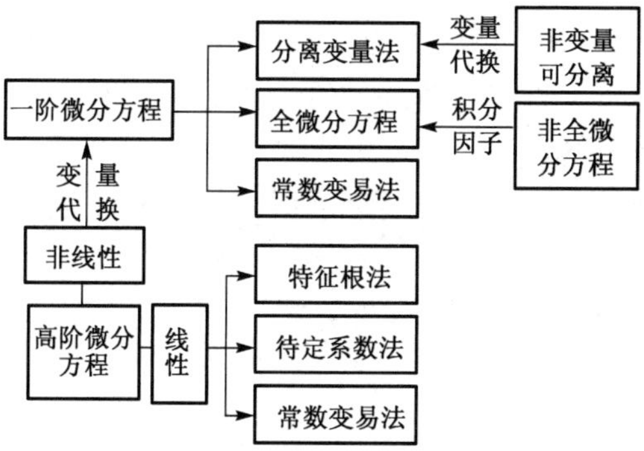

7.1　一阶微分方程

变量可分离方程、线性方程与全微分方程是一阶微分方程中的 3 种基本形式，其他类型的一阶方程都是通过变量代换转化为这三种之一来求解的. 当然仍有大量的一阶微分方程不能通过初等积分法来求解. 如果未知函数所满足的关系式不是微分方程的形式，则需要通过适当的运算（通常为求导运算）或等价转换来建立微分方程.

例 1　设 $f(x)$ 在 $(0,+\infty)$ 内可导，$f(x)>0$，且 $\lim\limits_{x\to+\infty} f(x)=1$，又 $\lim\limits_{h\to 0}\left[\dfrac{f(x+xh)}{f(x)}\right]^{\frac{1}{h}}=e^{\frac{1}{x}}$，求 $f(x)$.

分析　利用导数的定义算出等式左边的极限就可得到关于 $f(x)$的微分方程.

解
$$e^{\frac{1}{x}}=\lim_{h\to 0}\left[\frac{f(x+xh)}{f(x)}\right]^{\frac{1}{h}}=\lim_{h\to 0}\left[1+\frac{f(x+xh)-f(x)}{f(x)}\right]^{\frac{1}{h}}$$

$$=\exp\left(\lim_{h\to 0}\frac{f(x+xh)-f(x)}{f(x)}\cdot\frac{1}{h}\right)=\exp\left(f'(x)\cdot\frac{x}{f(x)}\right),$$

所以

$$\frac{1}{x}=f'(x)\cdot\frac{x}{f(x)}，\ 即\ \frac{f'(x)}{f(x)}=\frac{1}{x^2}.$$

两边积分得 $f(x)=Ce^{-\frac{1}{x}}$. 由 $\lim\limits_{x\to+\infty}f(x)=1$ 得 $C=1$，故 $f(x)=e^{-\frac{1}{x}}$.

评注 要求未知函数，首先要建立关于未知函数的方程（代数方程或微分方程），该题以极限形式间接给出了函数的导数.

例 2 设 f 处处可微且对所有 $xy\neq 1$ 的实数 x,y，都有 $f(x)+f(y)=f\left(\dfrac{x+y}{1-xy}\right)$，求 $f(x)$.

分析 由于 f 处处可微，且所给等式关于变量 x,y 对称，所以在等式两边分别对 x,y 求偏导数，就容易消掉复合函数部分的导数，从而得到形式较简单的微分方程.

解 **方法 1** 在所给等式两边分别对 x 和 y 求偏导数，得

$$f'(x)=\frac{1+y^2}{(1-xy)^2}f'\left(\frac{x+y}{1-xy}\right),\ f'(y)=\frac{1+y^2}{(1-xy)^2}f'\left(\frac{x+y}{1-xy}\right),$$

化简得

$$(1+x^2)f'(x)=(1+y^2)f'(y).$$

由于上式的左端仅依赖于 x，而右端仅依赖于 y，故它们必为常数 K，于是有

$$f'(x)=\frac{K}{1+x^2},$$

积分得

$$f(x)=K\arctan x+C.$$

又在题设条件的等式中取 $y=0$，得 $f(x)+f(0)=f(x)$，故 $f(0)=0$，所以 $C=0$. 故所求函数为 $f(x)=K\arctan x$，其中 K 为常数.

方法 2 令 $x=\tan\theta,\ y=\tan\varphi$，所给等式化为 $f(\tan\theta)+f(\tan\varphi)=f(\tan(\theta+\varphi))$，记 $g(x)=f(\tan x)$，则有 $g(x)+g(y)=g(x+y)$，$g(0)=0$. 由此可得

$$\lim_{\Delta x\to 0}\frac{g(x+\Delta x)-g(x)}{\Delta x}=\lim_{\Delta x\to 0}\frac{g(\Delta x)}{\Delta x}，即\ g'(x)=g'(0).$$

积分得

$$g(x)=g'(0)x，即\ f(\tan x)=f'(0)x，\ f(x)=f'(0)\arctan x.$$

评注 (1) 当直接利用代数方程求未知函数有困难时，要考虑利用函数的可导性来建立微分方程. 求解中要尽可能利用初等运算使方程形式得到简化.

(2) 求变量可分离微分方程初值问题的解的方法有两种：一是对分离变量后的方程 $f(y)\mathrm{d}y=g(x)\mathrm{d}x$ 做不定积分，再确定其中的常数；二是做定积分 $\int_{y_0}^{y}f(t)\mathrm{d}t=\int_{x_0}^{x}g(t)\mathrm{d}t$（其中 $y(x_0)=y_0$ 为初始条件）.

(3) 由“方法 2”可知，该题中的条件“f 处处可微”可减弱为“$f'(0)$ 存在”.

例 3 设 $f(x)$ 在 $\mathbb{R}$ 上连续，且对任意 $x,y\in\mathbb{R}$ 有 $f(x+y)=f(x)+f(y)+xy(x+y)$，已知 $f(1)=\dfrac{2}{3}$，求 $f(x)$.

分析 题设没有函数可导的信息，无法直接建立微分方程. 但可以利用 f 连续来做积分，得到变限积分再求导，从而建立微分方程.

解 记$\int_0^1 f(x)\,\mathrm{d}x = a$，对任意固定的$x$，等式两边对$y$在$[0,1]$上积分，有

$$\int_0^1 f(x+y)\,\mathrm{d}y = f(x)+a+\frac{x}{3}+\frac{x^2}{2}.$$

令$x+y=t$，积分$\int_0^1 f(x+y)\,\mathrm{d}y=\int_x^{x+1} f(t)\,\mathrm{d}t$，上式为

$$\int_x^{x+1} f(t)\,\mathrm{d}t = f(x)+a+\frac{x}{3}+\frac{x^2}{2},$$

可见$f(x)$可导，等式两边对x求导，得

$$f(x+1)-f(x)=f'(x)+x+\frac{1}{3}. \quad ①$$

在题设等式中取$y=1$，得

$$f(x+1)-f(x)=\frac{2}{3}+x+x^2. \quad ②$$

由①和②式得：$f'(x)=x^2+\frac{1}{3}$，则$f(x)=\frac{1}{3}x^3+\frac{1}{3}x+C$，再由$f(1)=\frac{2}{3}$，得$C=0$，所以$f(x)=\frac{1}{3}x^3+\frac{1}{3}x.$

例 4 求方程$x\,\mathrm{d}y-y\,\mathrm{d}x=\sqrt{x^2+y^2}\,\mathrm{d}x$的通解.

分析 这是齐次方程，作变量代换$u=\frac{y}{x}$，方程化为变量可分离方程.

解 $\frac{\mathrm{d}y}{\mathrm{d}x}=\frac{y+\sqrt{x^2+y^2}}{x}=\frac{y}{x}\pm\sqrt{1+\left(\frac{y}{x}\right)^2}$ （$x>0$，根式取正；$x<0$，根式取负）.

当$x>0$时，令$u=\frac{y}{x}$. 方程化为

$$u+xu'=u+\sqrt{1+u^2}\text{，即 }\frac{\mathrm{d}u}{\sqrt{1+u^2}}=\frac{\mathrm{d}x}{x}.$$

积分得通解

$$\ln(u+\sqrt{1+u^2})=\ln|x|+\ln|C|\text{，即 }\frac{u+\sqrt{1+u^2}}{x}=C.$$

代回原变量为$y+\sqrt{x^2+y^2}=Cx^2$.

当$x<0$时，类似可得通解 $-y+\sqrt{x^2+y^2}=C$.

例 5 求微分方程$2yy'=\mathrm{e}^{\frac{x^2+y^2}{x}}+\frac{x^2+y^2}{x}-2x$的通解.

分析 难以直接看出方程的类型，凑微分方程化为$(x^2+y^2)'=\mathrm{e}^{\frac{x^2+y^2}{x}}+\frac{x^2+y^2}{x}$，令$x^2+y^2=u$，易知是齐次方程.

解 令$x^2+y^2=u$，则$2x+2yy'=u'$，方程化为

$$u'=\frac{u}{x}+\mathrm{e}^{\frac{u}{x}}\text{ （齐次方程）}.$$

令$v=\frac{u}{x}$，方程化为$\mathrm{e}^{-v}\,\mathrm{d}v=\frac{1}{x}\mathrm{d}x$，积分得通解

$$-e^{-v}=\ln|x|+C\text{，即}-e^{\frac{x^2+y^2}{x}}=\ln|x|+C.$$

评注 凑微分或作变量代换将方程化为我们熟悉的类型，是解微分方程常用的方法.

例 6 求解微分方程 $(x-2\sin y+3)\mathrm{d}x-(2x-4\sin y-3)\cos y\,\mathrm{d}y=0$.

分析 该方程有多种解法，作变量代换可化为变量可分离的方程；该方程也是全微分方程.

解 方法 1 凑微分，方程为

$$(x-2\sin y+3)\mathrm{d}x-(2x-4\sin y-3)\mathrm{d}(\sin y)=0,$$

令 $\sin y=z$，方程化为

$$\frac{\mathrm{d}z}{\mathrm{d}x}=\frac{x-2z+3}{2x-4z-3}, \qquad ①$$

再令 $x-2z=u$，则 $1-2\cdot\frac{\mathrm{d}z}{\mathrm{d}x}=\frac{\mathrm{d}u}{\mathrm{d}x}$ 代入①式得

$$\frac{1}{2}-\frac{1}{2}\cdot\frac{\mathrm{d}u}{\mathrm{d}x}=\frac{u+3}{2u-3}\text{，即}\ (3-2u)\mathrm{d}u=9\mathrm{d}x.$$

两边积分得 $3u-u^2=9x+C$. 变量还原得原方程的通解

$$3(x-2\sin y)-(x-2\sin y)^2=9x+C.$$

方法 2 记 $P=x-2\sin y+3$，$Q=-(2x-4\sin y-3)\cos y$，有 $\frac{\partial P}{\partial y}=-2\cos y=\frac{\partial Q}{\partial x}$，所以原方程是全微分方程. 做曲线积分

$$\begin{aligned}&\int_{(0,0)}^{(x,y)}(x-2\sin y+3)\mathrm{d}x-(2x-4\sin y-3)\cos y\,\mathrm{d}y\\=&\int_0^x(x+3)\mathrm{d}x-\int_0^y(2x-4\sin y-3)\cos y\,\mathrm{d}y\\=&\frac{1}{2}x^2+3x-2x\sin y+2\sin^2y+3\sin y.\end{aligned}$$

原方程的通解为

$$\frac{1}{2}x^2+3x-2x\sin y+2\sin^2y+3\sin y=C.$$

评注 （1）对应于方程①的一般形式方程为 $\frac{\mathrm{d}y}{\mathrm{d}x}=f\left(\frac{a_1x+b_1y+c_1}{a_2x+b_2y+c_2}\right)$（$c_1$，$c_2$ 不全为 0），其求解方法为：

- 若 $\Delta=\begin{vmatrix}a_1&b_1\\a_2&b_2\end{vmatrix}\neq0$，令 $x=t+\alpha$，$y=u+\beta$（α,β 是方程组 $\begin{cases}a_1\alpha+b_1\beta+c_1=0\\a_2\alpha+b_2\beta+c_2=0\end{cases}$ 的解），则原方程化为齐次方程：$\frac{\mathrm{d}u}{\mathrm{d}t}=f\left(\frac{a_1t+b_1u}{a_2t+b_2u}\right)$；
- 若 $\Delta=\begin{vmatrix}a_1&b_1\\a_2&b_2\end{vmatrix}=0$，记 $\frac{a_2}{a_1}=\frac{b_2}{b_1}=\lambda$，令 $u=a_1x+b_1y$，则原方程化为变量可分离方程：$\frac{\mathrm{d}u}{\mathrm{d}x}=a_1+b_1f\left(\frac{u+c_1}{\lambda u+c_2}\right)$.

（2）全微分方程有多种解法，具体参见本节例 12.

例 7 设 $f(x)$在$(-\infty,+\infty)$上有定义，$f'(0)=1$，且对任何 $x,y\in(-\infty,+\infty)$ 恒有 $f(x+y)=e^yf(x)+e^xf(y)$，求 $f(x)$.

分析 利用所给函数关系式来建立微分方程. 由于题设只给出了函数在点 $x=0$ 可导的信息，所以

只能利用导数的定义来求函数的导数.

解　令 $x=y=0$，得 $f(0)=f(0)+f(0)\Rightarrow f(0)=0$. 则

$$\lim_{y\to 0}\frac{f(x+y)-f(x)}{y}=\lim_{y\to 0}\frac{\mathrm{e}^y f(x)+\mathrm{e}^x f(y)-f(x)}{y}$$

$$=\lim_{y\to 0}\left[\mathrm{e}^x\cdot\frac{f(y)-f(0)}{y}+f(x)\cdot\frac{\mathrm{e}^y-1}{y}\right]=\mathrm{e}^x f'(0)+f(x),$$

即

$$f'(x)=\mathrm{e}^x+f(x)\Rightarrow f'(x)-f(x)=\mathrm{e}^x.$$

该一阶线性微分方程的通解为

$$f(x)=\mathrm{e}^{\int \mathrm{d}x}\left[\int \mathrm{e}^x\mathrm{e}^{-\int \mathrm{d}x}\,\mathrm{d}x+C\right]=\mathrm{e}^x[x+C].$$

由 $f(0)=0$，得 $C=0$. 所以 $f(x)=x\mathrm{e}^x$.

评注　一阶线性微分方程 $y'+p(x)y=q(x)$ 的求解有以下 3 种常见的方法:

① 公式法: $y=\mathrm{e}^{-\int p(x)\mathrm{d}x}\left[\int q(x)\mathrm{e}^{\int p(x)\mathrm{d}x}\mathrm{d}x+C\right]$ 或 $y=\mathrm{e}^{-\int_{x_0}^{x}p(t)\mathrm{d}t}\left[\int_{x_0}^{x}q(s)\mathrm{e}^{\int_{x_0}^{s}p(t)\mathrm{d}t}\mathrm{d}s+C\right]$.

② 常数变易法: 先求对应齐次方程的通解 $y=C\mathrm{e}^{-\int p(x)\mathrm{d}x}$；设非齐次方程的解为 $y=C(x)\mathrm{e}^{-\int p(x)\mathrm{d}x}$，代入非齐次方程解得$C(x)=\int q(x)\mathrm{e}^{\int p(x)\mathrm{d}x}\mathrm{d}x+C$，得非齐次方程的通解$y=\mathrm{e}^{-\int p(x)\mathrm{d}x}\left[\int q(x)\mathrm{e}^{\int p(x)\mathrm{d}x}\mathrm{d}x+C\right]$.

③ 积分因子法: 方程两边乘 $\mathrm{e}^{\int p(x)\mathrm{d}x}$，得 $\frac{\mathrm{d}}{\mathrm{d}x}\left(\mathrm{e}^{\int p(x)\mathrm{d}x}y\right)=q(x)\mathrm{e}^{\int p(x)\mathrm{d}x}$，两边积分得通解.

例 8　求微分方程 $y'=\dfrac{\cos y}{\cos y\sin 2y-x\sin y}$ 的通解.

分析　若把 x 作为自变量，则这不属于我们熟悉的基本方程类型. 由于方程中的 x 是一次的，若把 y 作为自变量，x 作为未知函数，则它就是一阶线性微分方程.

解　$\dfrac{\mathrm{d}x}{\mathrm{d}y}=\dfrac{\cos y\sin 2y-x\sin y}{\cos y}=\sin 2y-x\tan y$，方程为

$$\frac{\mathrm{d}x}{\mathrm{d}y}+(\tan y)\cdot x=\sin 2y,$$

其通解为

$$x=\mathrm{e}^{\ln\cos y}\left(\int\sin 2y\cdot\mathrm{e}^{-\ln\cos y}\,\mathrm{d}y+C\right)=\cos y(C-2\cos y).$$

评注　一阶微分方程中 x, y 的地位是对等的，有时将 x 视为 y 的函数，方程可变为已知的类型.

例 9　设 $f(x)$ 为连续函数，解方程 $f(x)=\mathrm{e}^x+\mathrm{e}^x\int_0^x[f(t)]^2\,\mathrm{d}t$.

分析　积分方程，两边求导化为微分方程. 同时要注意利用方程确定定解条件.

解　由 $f(x)$ 连续知右端函数可导，方程两边求导得

$$f'(x)=\mathrm{e}^x+\mathrm{e}^x\int_0^x[f(t)]^2\,\mathrm{d}t+\mathrm{e}^x[f(x)]^2,$$

再将原方程代入得

$$f'(x)=f(x)+\mathrm{e}^x[f(x)]^2.$$

这是伯努利（Bernoulli）方程，两边除以 $f^2(x)$，得

$$\frac{f'(x)}{f^2(x)}-\frac{1}{f(x)}=e^x.$$

令 $u=\dfrac{1}{f(x)}$，方程化为

$$u'+u=-e^x\ （一阶线性）.$$

解出

$$u(x)=Ce^{-x}-\frac{1}{2}e^x，即\ f(x)=\frac{1}{Ce^{-x}-\frac{1}{2}e^x}.$$

由原方程知 $f(0)=1$，代入上式得 $C=\dfrac{3}{2}$，所以 $f(x)=\dfrac{2}{3e^{-x}-e^x}$.

评注 (1) 伯努利方程 $\dfrac{dy}{dx}+p(x)y=q(x)y^n(n\neq 0,1)$ 的求解方法是：方程两边除以 y^n，凑微分得 $\dfrac{1}{1-n}\cdot\dfrac{dy^{1-n}}{dx}+p(x)y^{1-n}=q(x)$，这是关于 y^{1-n} 的一阶线性微分方程.

(2) 若方程中含有未知函数的积分，则常采用方程两边求导去掉积分号，化为微分方程求解. 积分方程通常是定解问题，要注意用方程确定定解条件.

例 10 设初值问题 $\begin{cases}x\dfrac{dy}{dx}-(2x^2+1)y=x^2,\ x\geqslant 1\\ y(1)=y_1\end{cases}$ 的解为 $y(x)$，确定 y_1 的值，使得 $\lim\limits_{x\to+\infty}y(x)$ 存在，并求该极限.

分析 一阶线性方程容易求得其解. 为便于讨论极限，解的公式中用定积分表示较好.

解 初值问题写成 $\begin{cases}\dfrac{dy}{dx}-\left(2x+\dfrac{1}{x}\right)y=x,\ x\geqslant 1\\ y(1)=y_1\end{cases}$.

由一阶线性方程的求解公式得到

$$\begin{aligned}y(x)&=e^{\int_1^x\left(2t+\frac{1}{t}\right)dt}\left[\int_1^x t\,e^{-\int_1^t\left(2s+\frac{1}{s}\right)ds}dt+y_1\right]\\&=e^{-1}xe^{x^2}\left[\int_1^x e\cdot e^{-t^2}dt+y_1\right]=xe^{x^2}\left(\int_1^x e^{-t^2}dt+y_1e^{-1}\right).\end{aligned}$$

注意到 $\lim\limits_{x\to+\infty}xe^{x^2}=+\infty$，$\lim\limits_{x\to+\infty}\int_0^x e^{-t^2}dt=\dfrac{\sqrt{\pi}}{2}$，要使 $\lim\limits_{x\to+\infty}y(x)$ 存在，必须有

$$\lim_{x\to+\infty}\left(\int_1^x e^{-t^2}dt+y_1e^{-1}\right)=0,$$

即

$$y_1=-e\lim_{x\to+\infty}\int_1^x e^{-t^2}dt=e\left(\int_0^1 e^{-t^2}dt-\frac{\sqrt{\pi}}{2}\right).$$

此时

$$\lim_{x\to+\infty}y(x)=\lim_{x\to+\infty}\frac{\int_1^x e^{-t^2}dt+y_1e^{-1}}{\frac{1}{x}e^{-x^2}}=\lim_{x\to+\infty}\frac{e^{-x^2}}{-\frac{1}{x^2}e^{-x^2}-2e^{-x^2}}=-\frac{1}{2}.$$

评注　一阶线性方程$\dfrac{dy}{dx}+p(x)y=q(x)$的通解公式常用不定积分表示，但如果要对其解函数的某些性质进行研讨，则用如下定积分形式更方便：

$$y(x)=e^{-\int_{x_0}^{x}p(t)dt}\left(\int_{x_0}^{x}q(t)e^{\int_{x_0}^{t}p(s)ds}dt+y_0\right).$$

若$y_0=y(x_0)$，上式就是满足该初值的特解；若y_0是任意常数，上式就是通解.

本题方程的解若用不定积分表示，就很难讨论其极限情况. 下题也类似.

例 11　设$f(x)$在$(-\infty,+\infty)$连续且有界，又设$\int_{-\infty}^{0}e^x f(x)dx$收敛. 求证：

（1）方程$y'+y=f(x)$只有一个解在$(-\infty,+\infty)$有界.

（2）若又有$f(x)$且以T为周期，则上述方程只有一个解是以T为周期的.

分析　这是一阶线性常系数微分方程的特解问题. 只需求出其解再验证条件.

证明　（1）**方法 1**　设$y(x)$是所给方程的有界解. 方程两边乘以积分因子$e^{\int dx}=e^x$，得

$$(e^x y)'=e^x f(x).$$

由于$\int_{-\infty}^{0}e^x f(x)dx$收敛，将上式两边从$-\infty$到$x$积分，注意到$\lim\limits_{x\to-\infty}(e^x y(x))=0$（$\because y(x)$有界），得

$$e^x y=\int_{-\infty}^{x}e^t f(t)dt\text{，即}\quad y=e^{-x}\int_{-\infty}^{x}e^t f(t)dt. \qquad ①$$

易验证：

① $y'=e^{-x}\cdot e^x f(x)-e^{-x}\int_{-\infty}^{x}e^t f(t)dt=f(x)-y$，即 $y'+y=f(x)$. 这说明①式是满足题中微分方程唯一的解；

② $|y(x)|=\left|e^{-x}\int_{-\infty}^{x}e^t f(t)dt\right|\leqslant e^{-x}\int_{-\infty}^{x}e^t M dt=M$，其中$|f(x)|\leqslant M$（$x\in(-\infty,+\infty)$）.这说明①式确定的解在$(-\infty,+\infty)$内是有界的.

方法 2　先求所给方程的通解，再确定常数，使之成为$(-\infty,+\infty)$上的有界解.

由通解公式得所给方程的全部解为

$$y=e^{-x}\left[\int_0^x e^t f(t)dt+C\right].$$

对任一常数C，当$x\in[0,+\infty)$时，有

$$|y(x)|\leqslant e^{-x}\left[\int_0^x e^t M dt+|C|\right]=e^{-x}(M(e^x-1)+|C|)\leqslant M+|C|\text{（有界）}.$$

当$x\in(-\infty,0]$时，如果$\int_0^{-\infty}e^t f(t)dt+C\neq0$，即$C\neq\int_{-\infty}^{0}e^t f(t)dt$，就有

$$\lim_{x\to-\infty}y(x)=\lim_{x\to-\infty}e^{-x}\left[\int_0^x e^t f(t)dt+C\right]=\infty.$$

所以只有当$C=\int_{-\infty}^{0}e^t f(t)dt$时，对应解$y=e^{-x}\int_{-\infty}^{x}e^t f(t)dt\overset{记}{=}y^*$在$(-\infty,0]$才有界.

综上，方程有且仅有一个解$y^*=e^{-x}\int_{-\infty}^{x}e^t f(t)dt$在$(-\infty,+\infty)$有界.

（2）若 $y(x)$ 是所给方程的以 T 为周期的解，则它必是有界的，故只可能是 y^* .

下面验证如果 $f(x)$ 以 T 为周期，则 y^* 也以 T 为周期.

由于

$$y^*(x+T)=\mathrm{e}^{-(x+T)}\int_{-\infty}^{x+T}\mathrm{e}^t f(t)\mathrm{d}t=\mathrm{e}^{-x}\int_{-\infty}^{x+T}\mathrm{e}^{t-T}f(t)\,\mathrm{d}t$$

$$\xlongequal{u=t-T}\mathrm{e}^{-x}\int_{-\infty}^{x}\mathrm{e}^u f(u+T)\,\mathrm{d}u=\mathrm{e}^{-x}\int_{-\infty}^{x}\mathrm{e}^u f(u)\,\mathrm{d}u=y^*(x),$$

由 $y^*(x)$ 的唯一性知原方程只有一个以 T 为周期的解.

评注 这是求微分方程满足某种性质（如有界性、周期性等）的特解，不是初值问题. 解决这类问题的常用方法有两种：

① 利用题设条件求解，再验证得到的解符合题目要求.

② 先求出方程的通解，再根据题设条件确定其常数值.

例 12 已知方程 $(6y+x^2y^2)\,\mathrm{d}x+(8x+x^3y)\,\mathrm{d}y=0$ 的两边乘以 $y^3f(x)$ 后便成为全微分方程，试求出可导函数 $f(x)$，并解此微分方程.

分析 $P\mathrm{d}x+Q\mathrm{d}y=0$ 是全微分方程的充要条件是 $\dfrac{\partial Q}{\partial x}=\dfrac{\partial P}{\partial y}$，由此可求得 $f(x)$.

解 记 $P(x,y)=(6y^4+x^2y^5)f(x)$，$Q(x,y)=(8xy^3+x^3y^4)f(x)$，由 $\dfrac{\partial Q}{\partial x}=\dfrac{\partial P}{\partial y}$，得

$$(8y^3+3x^2y^4)f(x)+(8xy^3+x^3y^4)f'(x)=(24y^3+5x^2y^4)f(x).$$

化简为 $xf'(x)=2f(x)$，解得 $f(x)=Cx^2$，且全微分方程为

$$(6y^4+x^2y^5)x^2\mathrm{d}x+(8xy^3+x^3y^4)x^2\mathrm{d}y=0.$$

全微分方程求解有以下几种常见的方法.

① 曲线积分法：

$$u(x,y)=\int_{(0,0)}^{(x,y)}(6y^4+x^2y^5)x^2\,\mathrm{d}x+(8xy^3+x^3y^4)x^2\,\mathrm{d}y$$

$$=\int_0^x 0\,\mathrm{d}x+\int_0^y(8xy^3+x^3y^4)x^2\,\mathrm{d}y=2x^3y^4+\frac{1}{5}x^5y^5,$$

故微分方程的通解为 $10x^3y^4+x^5y^5=C$.

② 凑微分法：

由于

$$\begin{aligned}&(6y^4+x^2y^5)x^2\,\mathrm{d}x+(8xy^3+x^3y^4)x^2\,\mathrm{d}y\\&=(6x^2y^4\,\mathrm{d}x+8x^3y^3\,\mathrm{d}y)+(x^4y^5\,\mathrm{d}x+x^5y^4\,\mathrm{d}y)\\&=2\mathrm{d}(x^3y^4)+\frac{1}{5}\mathrm{d}(x^5y^5)=\mathrm{d}\left(2x^3y^4+\frac{1}{5}x^5y^5\right),\end{aligned}$$

得方程的通解为 $2x^3y^4+\dfrac{1}{5}x^5y^5=C$.

③ 偏积分法：

设原函数为 $u(x,y)$，即 $\mathrm{d}u=(6y^4+x^2y^5)x^2\mathrm{d}x+(8xy^3+x^3y^4)x^2\mathrm{d}y$，则有

$$\frac{\partial u}{\partial x}=(6y^4+x^2y^5)x^2, \qquad ①$$

$$\frac{\partial u}{\partial y}=(8xy^3+x^3y^4)x^2 . \quad ②$$

①式对 x 积分得

$$u=2y^4x^3+\frac{1}{5}x^5y^5+\varphi(y)\Rightarrow\frac{\partial u}{\partial y}=8y^3x^3+x^5y^4+\varphi'(y) . \quad ③$$

比较②、③两式得 $\varphi'(y)=0\Rightarrow\varphi(y)=C$，得方程的通解为 $2x^3y^4+\frac{1}{5}x^5y^5=C$.

评注　对于微分方程 $P\mathrm{d}x+Q\mathrm{d}y=0$，若存在 $\mu=\mu(x,y)$ 使得 $\mu P\mathrm{d}x+\mu Q\mathrm{d}y=0$ 为全微分方程，则称 μ 为原方程的一个积分因子. 求积分因子没有一般性规律，但下面两种情形可利用公式求得：

（1）若 $\frac{1}{Q}\left(\frac{\partial Q}{\partial x}-\frac{\partial P}{\partial y}\right)$ 与 y 无关，则 $\mu(x)=\mathrm{e}^{\int\frac{1}{Q}\left(\frac{\partial P}{\partial y}-\frac{\partial Q}{\partial x}\right)\mathrm{d}x}$ 是方程 $P\mathrm{d}x+Q\mathrm{d}y=0$ 的一个积分因子；

（2）若 $\frac{1}{P}\left(\frac{\partial Q}{\partial x}-\frac{\partial P}{\partial y}\right)$ 与 x 无关，则 $\mu(y)=\mathrm{e}^{\int\frac{1}{P}\left(\frac{\partial Q}{\partial x}-\frac{\partial P}{\partial y}\right)\mathrm{d}y}$ 是方程 $P\mathrm{d}x+Q\mathrm{d}y=0$ 的一个积分因子.

例 13　求下列微分方程的通解：

（1）$2xy\,\mathrm{d}x-\left(x^2+y^3\sin y\right)\mathrm{d}y=0$；

（2）$\left(y\cos x-x\sin x\right)\mathrm{d}x+\left(y\sin x+x\cos x\right)\mathrm{d}y=0$.

分析　两个方程都难以判断其类型，看能否用上题评注中的方法找到积分因子，或通过凑微分化为全微分方程.

解　（1）**方法 1**　将方程左端重新组合并凑微分，有

$$\left(y\,\mathrm{d}x^2-x^2\,\mathrm{d}y\right)-y^3\sin y\,\mathrm{d}y=0 ,$$

$$\frac{y\,\mathrm{d}x^2-x^2\,\mathrm{d}y}{y^2}-y\sin y\,\mathrm{d}y=0 ,$$

$$\mathrm{d}\left(\frac{x^2}{y}\right)-\mathrm{d}\left(\sin y-y\cos y\right)=0 .$$

得方程的通解

$$\frac{x^2}{y}-\sin y+y\cos y=C .$$

方法 2　找积分因子，这里 $P=2xy$，$Q=-\left(x^2+y^3\sin y\right)$，有

$$\frac{1}{P}\left(\frac{\partial Q}{\partial x}-\frac{\partial P}{\partial y}\right)=\frac{1}{P}\left[-2x-2x\right]=-\frac{2}{y} ,$$

因而 $\mu=\mathrm{e}^{\int-\frac{2}{y}\mathrm{d}y}=\frac{1}{y^2}$ 是方程的一个积分因子，用 $\frac{1}{y^2}$ 乘以原方程得全微分方程，再求解（略）.

（2）**方法 1**　找积分因子，这里 $P=y\cos x-x\sin x$，$Q=y\sin x+x\cos x$，有

$$\frac{1}{P}\left(\frac{\partial Q}{\partial x}-\frac{\partial P}{\partial y}\right)=\frac{1}{P}\left[\left(y\cos x+\cos x-x\sin x\right)-\cos x\right]=1 ,$$

因而 $\mu=\mathrm{e}^{\int\mathrm{d}y}=\mathrm{e}^y$ 是方程的一个积分因子，用 e^y 乘以原方程得全微分方程

$$\mathrm{e}^y\left(y\cos x-x\sin x\right)\mathrm{d}x+\mathrm{e}^y\left(y\sin x+x\cos x\right)\mathrm{d}y=0 .$$

用曲线积分求势函数

$$\begin{aligned}u(x,y)&=\int_{(0,0)}^{(x,y)}\mathrm{e}^y\left(y\cos x-x\sin x\right)\mathrm{d}x+\mathrm{e}^y\left(y\sin x+x\cos x\right)\mathrm{d}y\\&=\int_0^x -x\sin x\,\mathrm{d}x+\int_0^y \mathrm{e}^y\left(y\sin x+x\cos x\right)\mathrm{d}y\\&=\left[x\cos x-\sin x\right]+\left[\mathrm{e}^y(y-1)\sin x+\sin x+(\mathrm{e}^y-1)x\cos x\right]\\&=\mathrm{e}^y\left[(y-1)\sin x+x\cos x\right].\end{aligned}$$

则原方程的通解为

$$\mathrm{e}^y\left[(y-1)\sin x+x\cos x\right]=C.$$

方法 2 将方程左端重新组合并凑微分，有

$$\begin{aligned}&\left(y\cos x-x\sin x\right)\mathrm{d}x+\left(y\sin x+x\cos x\right)\mathrm{d}y\\&=\left(y\,\mathrm{d}\sin x+\sin x\,\mathrm{d}y\right)-x\sin x\,\mathrm{d}x+\left[(y-1)\sin x+x\cos x\right]\mathrm{d}y\\&=\mathrm{d}(y\sin x)+\mathrm{d}(x\cos x-\sin x)+\left[(y-1)\sin x+x\cos x\right]\mathrm{d}y\\&=\mathrm{d}\left[(y-1)\sin x+x\cos x\right]+\left[(y-1)\sin x+x\cos x\right]\mathrm{d}y.\end{aligned}$$

则原方程可化为

$$\frac{\mathrm{d}\left[(y-1)\sin x+x\cos x\right]}{(y-1)\sin x+x\cos x}+\mathrm{d}y=0.$$

积分可得通解 $\mathrm{e}^y\left[(y-1)\sin x+x\cos x\right]=C$.

评注 可以证明，凡能用初等积分法求解的一阶微分方程都能通过乘以积分因子化为全微分方程，所以当一个方程的类型难以辨别时，不妨从化为全微分方程（凑微分或求积分因子）的思路去寻找求解方法.

例 14* 设 S 是以 L 为边界的光滑曲面，试求可微函数 $\varphi(x)$，使曲面积分

$$\iint_S (1-x^2)\varphi(x)\,\mathrm{d}y\,\mathrm{d}z+4xy\varphi(x)\,\mathrm{d}z\,\mathrm{d}x+4xz\,\mathrm{d}x\,\mathrm{d}y$$

与曲面 S 的形状无关.

分析 若曲面积分与曲面的形状无关，则任意闭曲面上的积分为 0，利用高斯公式得到三重积分的恒等式，可得到对应的微分方程.

解 以 L 为边界任作两个光滑曲面 S_1、S_2，它们的法向量指向同一侧，由题意有 $\iint_{S_1}=\iint_{S_2}$. 记 S^* 为 S_1 与 S_2 所围成的闭曲面，取外侧，则 $\oiint_{S^*}=\iint_{S_1}+\iint_{S_2^-}=\iint_{S_1}-\iint_{S_2}=0$.

记 S^*所围立体区域为 Ω，由高斯公式得

$$\iiint_\Omega\left(\frac{\partial P}{\partial x}+\frac{\partial Q}{\partial y}+\frac{\partial R}{\partial z}\right)\mathrm{d}V=0.$$

由 Ω 的任意性得

$$\frac{\partial P}{\partial x}+\frac{\partial Q}{\partial y}+\frac{\partial R}{\partial z}=0\Rightarrow -2x\varphi(x)+(1-x^2)\varphi'(x)+4x\varphi(x)+4x=0,$$

即 $\varphi'(x)+\dfrac{2x}{1-x^2}\varphi(x)=-\dfrac{4x}{1-x^2}$，解出 $\varphi(x)=-Cx^2+C-2$.

评注 利用曲线积分与路径无关，曲面积分与曲面形状无关等条件可建立微分方程，确定被积式中的某些未知函数.

例 15* 设级数 $\dfrac{x^4}{2\cdot 4}+\dfrac{x^6}{2\cdot 4\cdot 6}+\dfrac{x^8}{2\cdot 4\cdot 6\cdot 8}+\cdots(-\infty<x<+\infty)$ 的和函数为 $S(x)$，求 $S(x)$的表达式.

分析 对 $S(x)$求导，找出 $S'(x)$ 与 $S(x)$的关系，也就是找到 $S(x)$所满足的微分方程，解方程可得 $S(x)$ 的表达式.

解 （1）$S(x)=\dfrac{x^4}{2\cdot 4}+\dfrac{x^6}{2\cdot 4\cdot 6}+\dfrac{x^8}{2\cdot 4\cdot 6\cdot 8}+\cdots$，易见 $S(0)=0$，

$$S'(x)=\frac{x^3}{2}+\frac{x^5}{2\cdot 4}+\frac{x^7}{2\cdot 4\cdot 6}+\cdots=x\left(\frac{x^2}{2}+\frac{x^4}{2\cdot 4}+\frac{x^6}{2\cdot 4\cdot 6}+\cdots\right)=x\left[\frac{x^2}{2}+S(x)\right],$$

因此 $S(x)$是初值问题 $\begin{cases} y'=xy+\dfrac{x^3}{2} \\ y(0)=0 \end{cases}$ 的解. 方程的通解为

$$y=\mathrm{e}^{\int x\,\mathrm{d}x}\left[\int \frac{x^3}{2}\mathrm{e}^{-\int x\,\mathrm{d}x}\,\mathrm{d}x+C\right]=-\frac{x^2}{2}-1+C\mathrm{e}^{\frac{x^2}{2}},$$

由初始条件 $y(0)=0$，得 $C=1$. 故 $S(x)=-\dfrac{x^2}{2}+\mathrm{e}^{\frac{x^2}{2}}-1$.

评注 当幂级数的系数为分式，且分母为阶乘形式时，其和函数通常会满足某个微分方程（不一定是一阶方程），找到对应的微分方程是求解的关键.

例 16* 求微分方程 $y+y'=\ln\sqrt{1+y'^2}$ 的通解.

分析 方程的特点是不显含变量 x. 如果令 $y'=\tan t$，代入方程可得 $y=\ln|\sec t|-\tan t$，若能求得 x 关于变量 t 的表达式，则微分方程的解就找到了（解为参数式函数）.

解 令 $y'=\tan t$，代入方程得 $y=\ln|\sec t|-\tan t$. 所以

$$\mathrm{d}x=\frac{\mathrm{d}y}{y'}=\left(1-\frac{\sec^2 t}{\tan t}\right)\mathrm{d}t，积分得\ x=t-\ln|\tan t|+C.$$

于是得到微分方程参数形式的通解

$$\begin{cases} x=t-\ln|\tan t|+C, \\ y=\ln|\sec t|-\tan t. \end{cases}$$

评注 （1）通常称微分方程的这类解法叫“参数式解法”. 若能消去参数，则就是通积分（隐函数解）.

（2）形如 $F(y,y')=0$ 或 $F(x,y')=0$ 的方程，可考虑用“参数式解法”求解.

对方程 $F(y,y')=0$，可令 $y=\varphi(t)$，由方程解得 $y'=\psi(t)$（或令 $y'=\psi(t)$，解得 $y=\varphi(t)$），再由 $\mathrm{d}x=\dfrac{\mathrm{d}y}{y'}=\dfrac{\varphi'(t)}{\psi(t)}\mathrm{d}t$，积分得 $x=\displaystyle\int\frac{\varphi'(t)}{\psi(t)}\mathrm{d}t$. 即微分方程的通解为 $\begin{cases} x=\displaystyle\int\frac{\varphi'(t)}{\psi(t)}\mathrm{d}t \\ y=\varphi(t) \end{cases}$（显然 $y=\varphi(t)$ 或 $y'=\psi(t)$ 的选取具有多样性）.

将上面解法中的 y 换为 x，很容易得到 $F(x,y')=0$ 型方程的求解.

例 17* 求微分方程 $y'+x=\sqrt{x^2+y}$ 的通解.

分析 很难看出该方程属于哪一类可求解的方程. 若能将等式右端的函数分离变量，方程的求解就容易了. 为此，可作变量代换 $y=x^2u$.

解 令 $y=x^2u$，则 $y'=2xu+x^2u'$，代入方程化为

$$2xu + x^2u' + x = x\sqrt{1+u}\text{，即}\frac{\mathrm{d}u}{\sqrt{1+u}-1-2u} = \frac{\mathrm{d}x}{x}. \quad ①$$

由于

$$\int\frac{\mathrm{d}u}{\sqrt{1+u}-1-2u} \overset{t=\sqrt{1+u}}{=\!=\!=} -\int\frac{2t\mathrm{d}t}{2t^2-t-1} = -\frac{1}{3}\int\left[\frac{2}{t-1}+\frac{1}{t+1/2}\right]\mathrm{d}t$$

$$= -\frac{1}{3}\ln(t-1)^2\left(t+\frac{1}{2}\right)+C.$$

所以方程①两边积分得

$$-\frac{1}{3}\ln(t-1)^2\left(t+\frac{1}{2}\right) = \ln x - \frac{1}{3}\ln C\text{，即}\left(t^3-\frac{3}{2}t^2+\frac{1}{2}\right)x^3 = C.$$

于是，所给微分方程的通解为

$$\left[\left(1+\frac{y}{x^2}\right)^{\frac{3}{2}} - \frac{3}{2}\left(1+\frac{y}{x^2}\right)^2 + \frac{1}{2}\right]x^3 = C\text{，即}\left(x^2+y^2\right)^{\frac{3}{2}} - x^3 - \frac{3}{2}xy = C.$$

评注 根据方程的特点作变量代换，化方程为已知方程类型是较常见的求解方法.

例 18* 考虑 x 的两个可微的且不恒为零的函数，使得它们之商的导数等于它们的导数之商. 如果已知其中一个函数，试求出另一个函数的表达式，并给出这样两个具体函数的例子.

分析 需找出非零函数 f 和 g，使得 $\left(\frac{f}{g}\right)' = \frac{f'}{g'}$. 由于 f 与 g 不可交换，即 $\left(\frac{f}{g}\right)' = \frac{f'}{g'}$ 成立时，未必有 $\left(\frac{g}{f}\right)' = \frac{g'}{f'}$ 也成立，所以需分别讨论已知 f 与已知 g 的情况.

解 设 f 和 g 是两个满足题设条件的函数，由题意 $\frac{f'g-fg'}{g^2} = \frac{f'}{g'}$ 变形为

$$g(g'-g)f' - g'^2 f = 0. \quad ①$$

若 g 是某区间 I 上已知的可微函数，当 g、$g'-g$ 和 g' 在 I 上都不等于零时，则①式是未知函数 f 的一个一阶线性齐次微分方程，其通解为

$$f(x) = C\exp\int\frac{g'^2}{g(g'-g)}\mathrm{d}x \quad \text{（任意常数 } C \neq 0\text{）}. \quad ②$$

为确定出一个具体的函数，取 $I = \mathbb{R}$ 和 $g(x) = \mathrm{e}^{\lambda x}$，若 $\lambda \neq 1$，由②式可得 $f(x) = C\exp\left(\frac{\lambda^2}{\lambda-1}\right)x$. 例如选择 $\lambda = 2$，$C = 1$，便有 $f(x) = \mathrm{e}^{4x}$，$g(x) = \mathrm{e}^{2x}$，$f(x)/g(x) = \mathrm{e}^{2x}$，且 $(f/g)' = 2\mathrm{e}^{2x} = f'/g'$.

若 f 是某区间 I 上已知的可微函数，当 f 在 I 上不等于零时，则①式是未知函数 g 的一个一阶非线性齐次微分方程（“齐次微分方程”的概念与求解，参看 7.2 节例 7 评注）. 令 $g(x) = \mathrm{e}^{\int z(x)\mathrm{d}x}$，方程①化为

$$fz^2 - f'z + f' = 0.$$

解得 $z = \frac{f' \pm \sqrt{f'^2 - 4f'f}}{2f}$，则方程①的通解为

$$g(x) = C\exp\int\frac{f' \pm \sqrt{f'^2-4f'f}}{2f}\mathrm{d}x \quad \text{（任意常数 } C \neq 0\text{）}. \quad ③$$

若取 $f(x)=\mathrm{e}^{\lambda x}$（$\lambda\neq 1$），由③式可得 $g(x)=C\exp\left(\dfrac{\lambda\pm\sqrt{\lambda^2-4\lambda}}{2}\right)x$，取 $\lambda=4$，$C=1$，有 $f(x)=\mathrm{e}^{4x}$，$g(x)=\mathrm{e}^{2x}$，这与前面所给出的具体例子完全一样.

例 19　设 $y=y(x)$ 是微分方程 $\dfrac{\mathrm{d}y}{\mathrm{d}x}=\dfrac{1}{1+x^2+y^2}$ 的任意一个解，证明 $\lim\limits_{x\to+\infty}y(x)$ 与 $\lim\limits_{x\to-\infty}y(x)$ 都存在.

分析　显然 $y(x)$ 为严格单调递增函数，只需证明 $y(x)$ 有界即可.

证明　在 $y=y(x)$ 的定义域内取 x_0，记 $y_0=y(x_0)$．将 $y=y(x)$ 代入所给方程，有

$$\frac{\mathrm{d}y(x)}{\mathrm{d}x}=\frac{1}{1+x^2+y^2(x)}>0,$$

所以 $y(x)$ 为严格单调递增函数. 以下证它有界. 由于

$$\mathrm{d}y(x)=\frac{1}{1+x^2+y^2(x)}\mathrm{d}x,$$

两边从 x_0 到 x 积分，有

$$y(x)=y(x_0)+\int_{x_0}^{x}\frac{1}{1+x^2+y^2(x)}\mathrm{d}x.$$

设 $x\geqslant x_0$，于是

$$\begin{aligned}y(x)&\leqslant y(x_0)+\int_{x_0}^{x}\frac{1}{1+x^2}\mathrm{d}x\\&=y(x_0)+\arctan x-\arctan x_0<y_0+\frac{\pi}{2}-\arctan x_0,\end{aligned}$$

$y(x)$ 有上界，所以 $\lim\limits_{x\to+\infty}y(x)$ 存在.

类似可证，当 $x\leqslant x_0$ 时，$y(x)$ 有下界，所以 $\lim\limits_{x\to-\infty}y(x)$ 也存在.

例 20[*]　设函数 $h_1(x)$、$h_2(x)$ 以及 $g(x)$ 当 $x\geqslant x_0$ 时连续，且 $h_1(x)\geqslant h_2(x)$，若函数 $u(x)$ 与 $v(x)$ 分别是微分方程 $y'+g(x)y=h_1(x)$ 与 $y'+g(x)y=h_2(x)$ 满足初值条件 $u(x_0)=v(x_0)=c$ 的解，证明:

（1）当 $x\geqslant x_0$ 时，有 $v(x)\geqslant u(x)$.

（2）在 $x>x_0$ 的附近，初值问题 $v'+g(x)v=v^2$，$v(x_0)=c$ 的解可以写成

$$v(x)=\max_{w}\left(c\,\mathrm{e}^{-\int_{x_0}^{x}[g(t)-2w(t)]\mathrm{d}t}-\int_{x_0}^{x}\mathrm{e}^{\int_{x}^{s}[g(t)-2w(t)]\mathrm{d}t}w^2(s)\,\mathrm{d}s\right).$$

其中，极大值对任何连续函数 $w(t)$ 在某个区间 $[x_0,x]$ 上是确定的.

分析（1）只需证明方程 $w'+g(x)w=\varphi(x)$（$\varphi(x)\geqslant 0$）满足初值 $w(x_0)=0$ 的解在 $x\geqslant x_0$ 时非负.

（2）借用（1）的结果，需要构造 $u(x)$ 所对应的一阶线性微分方程. 由需要证明的结论可看出该方程应该是 $u'+(g-2w)u=-w^2$.

解　（1）记 $w(x)=v(x)-u(x)$，$\varphi(x)=h_2(x)-h_1(x)$，由题意知，当 $x\geqslant x_0$ 时，$\varphi(x)\geqslant 0$，且有

$$u'+g(x)u=h_1(x),\quad v'+g(x)v=h_2(x).$$

两式相减得

$$w'+g(x)w=\varphi(x),\quad w(x_0)=0.$$

满足初值的解为

$$w(x)=\mathrm{e}^{-\int_{x_0}^{x}g(t)\mathrm{d}t}\left(\int_{x_0}^{x}\mathrm{e}^{\int_{x_0}^{s}g(t)\mathrm{d}t}\varphi(s)\,\mathrm{d}s\right).$$

当 $x \geqslant x_0$ 时，显然有 $w(x) \geqslant 0$，即 $v(x) \geqslant u(x)$.

(2)假定 v 在某个区间 $[x_0, x]$ 上满足 $v' + g(x)v = v^2$，$v(x_0) = c$，并在 $[x_0, x]$ 上任选一个连续函数 w，则 $(v-w)^2 \geqslant 0$，$v^2 \geqslant 2wv - w^2$，$v' + g(x)v \geqslant 2wv - w^2$，即有

$$v' + (g - 2w)v \geqslant -w^2, \quad v(x_0) = c. \qquad ①$$

做方程

$$u' + (g - 2w)u = -w^2, \quad u(x_0) = c. \qquad ②$$

方程②的解为

$$u(x) = \mathrm{e}^{-\int_{x_0}^{x}[g(t)-2w(t)]\mathrm{d}t}\left(c - \int_{x_0}^{x} \mathrm{e}^{\int_{x_0}^{s}[g(t)-2w(t)]\mathrm{d}t} w^2(s)\,\mathrm{d}s\right)$$

$$= c\mathrm{e}^{-\int_{x_0}^{x}[g(t)-2w(t)]\mathrm{d}t} - \int_{x_0}^{x} \mathrm{e}^{\int_{x}^{s}[g(t)-2w(t)]\mathrm{d}t} w^2(s)\,\mathrm{d}s.$$

由（1）知 $v(x) \geqslant u(x)$. 若取 $w = v$，则上面一系列不等式成为等式. 因此

$$v(x) = \max_{w}\left(c\,\mathrm{e}^{-\int_{x_0}^{x}[g(t)-2w(t)]\mathrm{d}t} - \int_{x_0}^{x} \mathrm{e}^{\int_{x}^{s}[g(t)-2w(t)]\mathrm{d}t} w^2(s)\,\mathrm{d}s\right).$$

评注 该题中的结论（1）也称为一阶线性微分方程的比较定理，该结论也可推广到二阶线性微分方程的初值问题（见 7.2 节例 18）.

习题 7.1

习题 7.1 答案

1. 设 $f(x)$ 在区间 $(0, +\infty)$ 内有定义，且 $f'(1) = a \neq 1$，又设对任意 $x, y \in (0, +\infty)$，恒有

$$f(xy) = f(x) + f(y) + (x-1)(y-1).$$

求 $f(x)$.

2. 若函数 $y = y(x)$ 连续，且满足 $x\int_1^x y(t)\,\mathrm{d}t = (x+1)\int_1^x t\,y(t)\,\mathrm{d}t - x + 1$，求函数 $y(x)$.

3. 设函数 $f(x)$ 在区间 I 上处处可导，对 $\forall a \in I$，有 $\lim\limits_{x \to a} \dfrac{xf(a) - af(x)}{x - a} = a^2\mathrm{e}^a$，求 $f(x)$.

4. 设函数 $f(x)$ 可导，且对任何实数 x，h 满足 $f(x) \neq 0$，$f(x+h) = \int_x^{x+h} \dfrac{t(t^2+1)}{f(t)}\mathrm{d}t + f(x)$. 此外，$f(1) = \sqrt{2}$，求 $f(x)$ 的表达式.

5. 求下列微分方程的通解：（1）$\dfrac{\mathrm{d}y}{\mathrm{d}x} = \dfrac{1}{x\sin^2(xy)} - \dfrac{y}{x}$；（2）$y' + \dfrac{y}{x} = y^2 - \dfrac{4}{x^2}$.

6. 微分学中的一个错误结论是：$(fg)' = f'g'$. 如果 $f(x) = \mathrm{e}^{x^2}$，是否存在一个开区间(a,b)和定义在 (a,b) 上的非零函数 g 使得这个错误的乘积对于 (a,b) 中的 x 是对的.

7. 求下列微分方程的通解：（1）$(1-x)y' + y = x$；（2）$(x^2 + y^2 + 3)\dfrac{\mathrm{d}y}{\mathrm{d}x} = 2x\left(2y - \dfrac{x^2}{y}\right)$.

8. 设 $\int_0^1 f(tx)\,\mathrm{d}t = \dfrac{1}{2}f(x) + 1$，其中 $f(x)$ 为连续函数，求 $f(x)$.

9. 设 $f(x)$ 在 $(-\infty, +\infty)$ 上可导，且其反函数存在，为 $g(x)$. 若 $\int_0^{f(x)} g(t)\,\mathrm{d}t + \int_0^x f(t)\,\mathrm{d}t = x\mathrm{e}^x - \mathrm{e}^x + 1$，求函数 $f(x)$.

10. 设$\varphi(x)$是以2π为周期的连续函数，且$\Phi'(x)=\varphi(x)$，$\Phi(0)=0$，$\Phi(2\pi)\neq 0$.

（1）求解 $y'+y\sin x=\varphi(x)\mathrm{e}^{\cos x}$；

（2）以上解中是否存在以2π为周期的解，若有，则求之.

11. 设有微分方程 $y'-2y=\varphi(x)$，其中 $\varphi(x)=\begin{cases}2, & x<1\\ 0, & x>1\end{cases}$，试求在 $(-\infty,+\infty)$ 内的连续函数 $y=y(x)$，使之在$(-\infty,1)$和$(1,+\infty)$内都满足所给方程，且满足条件 $y(0)=0$.

12. 设 $z=z(x,y)$ 在 $x>0$ 处有连续的二阶偏导数，曲线积分 $\oint_L \frac{z}{2x}\mathrm{d}x+\frac{\partial z}{\partial y}\mathrm{d}y=0$（其中 L 是半平面 $x>0$ 内的任一简单闭曲线），求函数 $z(x,y)$，使满足 $z(1,y)=\sin y$，$z(x,\pi)=x\ln x$，并计算曲线积分 $I=\int_{(1,0)}^{(\pi,\pi)}\frac{z}{2x}\mathrm{d}x+\frac{\partial z}{\partial y}\mathrm{d}y$.

13. 求下列微分方程的通解：

（1）$y'+x\sin 2y=x\mathrm{e}^{-x^2}\cos^2 y$；（2）$\frac{\mathrm{d}x}{\sqrt{xy}}+\left(\frac{2}{y}-\sqrt{\frac{x}{y^3}}\right)\mathrm{d}y=0$；（3）$y'=\frac{x\cos y}{\sin 2y-x^2\sin y+\cos y}$.

14. 求下列微分方程的通解：

（1）$\frac{\mathrm{d}y}{\mathrm{d}x}=\frac{y}{x^6y^3-x}$；　（2）$y'=\frac{4x^3y}{x^4+y^2}$.

15. 设函数 $f(u)$ 有连续的一阶导数，$f(2)=1$，且函数 $z=xf\left(\frac{y}{x}\right)+yf\left(\frac{y}{x}\right)$满足

$$\frac{\partial z}{\partial x}+\frac{\partial z}{\partial y}=\frac{y}{x}-\left(\frac{y}{x}\right)^3 \quad (x>0,\ y>0),$$

求 z 的表达式.

16. 设 $L: y=y(x)>0$ 是从点 $A(0,1)$ 到点 $B(x,y)$ 的有向光滑曲线，$y=y(x)$ 满足关系式

$$\int_{L(AB)}\left(6x^2-x+2x\sqrt{y}\right)\mathrm{d}x+\frac{1}{2\sqrt{y}}\mathrm{d}y=2x^3,$$

求 $y(x)$.

17. 求下列微分方程的通解：

（1）$(\ln y+2x-1)\frac{\mathrm{d}y}{\mathrm{d}x}=2y$；　（2）$\left(x^2+y^2+y\right)\mathrm{d}x-x\,\mathrm{d}y=0$；

（3）$\left(xy+y+\sin y\right)\mathrm{d}x+\left(x+\cos y\right)\mathrm{d}y=0$.

18*. 求下列微分方程的通解：（1）$x^3+y'^3-3xy'=0$；　（2）$y'^3-y^2(a-y')=0$.

19. 设 $y=y(x)$ 满足关系式 $y(x)=x^3-x\int_1^x\frac{y(t)}{t^2}\mathrm{d}t+y'(x)\ (x>0)$，且极限 $\lim\limits_{x\to+\infty}\frac{y(x)}{x^3}$ 存在，求 $y(x)$.

20. 设 $F(x)=f(x)g(x)$，其中函数 $f(x),g(x)$ 在 $(-\infty,+\infty)$ 内满足条件 $f'(x)=g(x)$，$g'(x)=f(x)$ 且 $f(0)=0$，$f(x)+g(x)=2\mathrm{e}^x$，求 $F(x)$的表达式.

21. 设微分方程 $y'+ay=f(x)$ 中的 $f(x)$ 在区间$[0,+\infty)$上连续，且 $\lim\limits_{x\to+\infty}f(x)=b$（常数），证明：

（1）若常数 $a>0$，则该方程的一切解 $y(x)$ 均有 $\lim\limits_{x\to+\infty}y(x)=\frac{b}{a}$；

（2）若常数 $a<0$，则该方程仅有一个解 $y_1(x)$ 满足 $\lim\limits_{x\to+\infty}y_1(x)=\frac{b}{a}$，其余的解 $y(x)$ 均有 $\lim\limits_{x\to+\infty}y(x)=\infty$，并求出 $y_1(x)$.

7.2 高阶微分方程

1. 可降阶高阶微分方程

某些高阶微分方程通过适当的变量代换可降低其阶数，最终化为一阶微分方程求解，这就是所谓降阶法. 降阶法的关键是要根据方程的特点选取有效的代换.

例 1 已知$z=xf\left(\dfrac{y}{x}\right)+2yf\left(\dfrac{x}{y}\right)$，其中 f 二次可微. 若$\left.\dfrac{\partial^2 z}{\partial x\partial y}\right|_{x=a}=-by^2$，求函数 f .

分析 f 是一元函数，对 z 的函数式求$\dfrac{\partial^2 z}{\partial x\partial y}$，代入所给偏导数方程便可得到关于 f 的微分方程.

解 $\dfrac{\partial z}{\partial x}=f\left(\dfrac{y}{x}\right)-\dfrac{y}{x}f'\left(\dfrac{y}{x}\right)+2f'\left(\dfrac{x}{y}\right)$，$\dfrac{\partial^2 z}{\partial x\partial y}=-\dfrac{y}{x^2}f''\left(\dfrac{y}{x}\right)-\dfrac{2x}{y^2}f''\left(\dfrac{x}{y}\right)$.

由$\left.\dfrac{\partial^2 z}{\partial x\partial y}\right|_{x=a}=-by^2$，可得到

$$\frac{y}{a^2}f''\left(\frac{y}{a}\right)+\frac{2a}{y^2}f''\left(\frac{a}{y}\right)=by^2 .$$

令 $y=au$，得

$$u^3 f''(u)+2f''\left(\frac{1}{u}\right)=a^3bu^4 ,$$

上式中以$\dfrac{1}{u}$换 u 得

$$f''\left(\frac{1}{u}\right)+2u^3 f''(u)=a^3b\frac{1}{u} .$$

上面两式联立可解得

$$f''(u)=\frac{a^3b}{3}\left(\frac{2}{u^4}-u\right).$$

这是一个可降阶方程，积分两次得 $f(u)=\dfrac{a^3b}{3}\left(\dfrac{1}{3u^2}-\dfrac{1}{6}u^3\right)+C_1u+C_2$.

例 2 求微分方程$(1-x)y''=\dfrac{1}{5}\sqrt{1+y'^2}$ 满足 $y(0)=0$，$y'(0)=0$ 的特解.

分析 此方程不显含 y ，属于 $y''=f(x,y')$ 型，令 $y'=p(x)$ ，将方程转化为一阶方程求解.

解 令 $y'=p(x)$，则 $y''=p'$ ，代入方程得

$$(1-x)p'=\frac{1}{5}\sqrt{1+p^2}\Rightarrow\frac{\mathrm{d}p}{\sqrt{1+p^2}}=\frac{\mathrm{d}x}{5(1-x)}.$$

积分得

$$\ln(p+\sqrt{1+p^2})=-\frac{1}{5}\ln(1-x)+C_1 ，由 p(0)=0 ，得 C_1=0 .$$

即 $y'+\sqrt{1+y'^2}=(1-x)^{-\frac{1}{5}}$ ，由此得 $y'-\sqrt{1+y'^2}=-(1-x)^{\frac{1}{5}}$ ，两式相加得

$$2y'=(1-x)^{-\frac{1}{5}}-(1-x)^{\frac{1}{5}} ,$$

积分，并由 $y(0)=0$ 得

$$y=-\frac{5}{8}(1-x)^{\frac{4}{5}}+\frac{5}{12}(1-x)^{\frac{6}{5}}+\frac{5}{24}.$$

评注　在解出 p 的通解后，应及时利用初值条件 $y'(x_0)=y_0$ 确定通解中的任意常数，这样可能使后面的计算简化；同时要将关于 p 的通解 $F(p,x)=0$ 化为显函数 $p=p(x)$ 的形式，以便于下一步求解 y.

例 3　求方程 $y''+(y')^2=2\mathrm{e}^{-y}$ 的通解.

分析　此方程不显含 x，属于 $y''=f(y,y')$ 型，令 $y'=p(y)$，将方程转化为一阶方程求解.

解　令 $y'=p(y)$，则 $y''=p\dfrac{\mathrm{d}p}{\mathrm{d}y}$，原方程可化为

$$p\frac{\mathrm{d}p}{\mathrm{d}y}+p^2=2\mathrm{e}^{-y}.$$

这是伯努利方程，令 $z=p^2$，上式化为一阶线性方程 $\dfrac{\mathrm{d}p}{\mathrm{d}x}=q$，其通解为

$$z=\mathrm{e}^{-\int 2\mathrm{d}y}\left(\int 4\mathrm{e}^{-y}\mathrm{e}^{\int 2\mathrm{d}y}\,\mathrm{d}y+c_1\right)=4\mathrm{e}^{-y}+c_1\mathrm{e}^{-2y},$$

即 $y'^2=p^2=4\mathrm{e}^{-y}+c_1\mathrm{e}^{-2y}\Rightarrow y'=\pm\sqrt{4\mathrm{e}^{-y}+c_1\mathrm{e}^{-2y}}$.

分离变量并积分得

$$\pm\frac{1}{2}\sqrt{4\mathrm{e}^{y}+c_1}=x+c_2\Rightarrow \mathrm{e}^{y}+c_3=(x+c_2)^2\left(\text{其中}c_3=\frac{c_1}{4}\right).$$

故原方程的通解为 $y=\ln(x^2+ax+b)$（a,b 为任意常数）.

评注　注意不显含 x 与不显含 y 两类可降阶微分方程在求解中，其二阶导数在形式上的差异.

例 4　求解微分方程 $y'y'''-2(y'')^2=0$.

分析　此方程不显含 x，也不显含 y，因此可按两种方法分别求解，但按不显含 y 的方程求解更简单.

解　**方法 1**　按不显含 y 的方程求解.　令 $y'=p$，则 $y''=\dfrac{\mathrm{d}p}{\mathrm{d}x}$，$y'''=\dfrac{\mathrm{d}^2p}{\mathrm{d}x^2}$，代入方程得

$$p\frac{\mathrm{d}^2p}{\mathrm{d}x^2}-2\left(\frac{\mathrm{d}p}{\mathrm{d}x}\right)^2=0\ （\text{不显含 }x）.$$

令 $\dfrac{\mathrm{d}p}{\mathrm{d}x}=q$，代入上面方程得

$$pq\frac{\mathrm{d}q}{\mathrm{d}p}-2q^2=0.$$

当 $q=\dfrac{\mathrm{d}p}{\mathrm{d}x}=y''\neq 0$ 且 $p\neq 0$ 时，方程为 $\dfrac{\mathrm{d}q}{q}=2\dfrac{\mathrm{d}p}{p}$. 其通解为

$$q=C_1p^2,\ \text{即}\ \frac{\mathrm{d}p}{\mathrm{d}x}=C_1p^2.$$

解出 $p=\dfrac{1}{\tilde{C}_1x+C_2}$（其中 $\tilde{C}_1=-C_1$），即 $\dfrac{\mathrm{d}y}{\mathrm{d}x}=\dfrac{1}{\tilde{C}_1x+C_2}$，积分得原方程的通解为

$$y=\frac{1}{\tilde{C}_1}\ln\left|\tilde{C}_1x+C_2\right|+C_3.$$

当$q=\dfrac{\mathrm{d}p}{\mathrm{d}x}=y''=0$时，有$y=a_1x+a_2$（$a_1,a_2$为任意常数），也是方程的解.

若$p=y'=0$，则有$y=a$，它已包含在上面的解中.

方法 2 $y'y'''-2(y'')^2=0\Rightarrow\dfrac{y'y'''-2(y'')^2}{(y')^3}=0$（当$y'\neq 0$时），即

$$\left(\frac{y''}{(y')^2}\right)'=0\Rightarrow\frac{y''}{(y')^2}=C\Rightarrow\left(\frac{1}{y'}\right)'=C_1\Rightarrow\frac{1}{y'}=C_1x+C_2\Rightarrow y'=\frac{1}{C_1x+C_2}.$$

积分得通解$y=\dfrac{1}{C_1}\ln|C_1x+C_2|+C_3$. 显然，$y''=0$的解$y=a_1x+a_2$也满足方程.

评注 方程变形时，可能会丢失某些解. 只要求出的解中含有独立的任意常数的个数与方程的阶数相同，它就是通解. 若题目是求通解，则无须考虑丢失的解. 否则，还是应将丢失的解补上.

例 5 设函数$y=f(x)$由参数方程$\begin{cases}x=2t+t^2\\ y=\psi(t)\end{cases}$ $(t>-1)$所确定，且$\dfrac{\mathrm{d}^2y}{\mathrm{d}x^2}=\dfrac{1}{4(1+t)}$，其中$\psi(t)$具有二阶导数，曲线$y=\psi(t)$与曲线$y+\mathrm{e}^{-\frac{1}{2}y}=t$在$t=1$处相切，求函数$\psi(t)$.

分析 由参数方程求得$\dfrac{\mathrm{d}^2y}{\mathrm{d}x^2}$，代入等式$\dfrac{\mathrm{d}^2y}{\mathrm{d}x^2}=\dfrac{1}{4(1+t)}$可得到$\psi(t)$的二阶方程，其余条件即为方程的定解条件.

解 因为

$$\frac{\mathrm{d}y}{\mathrm{d}x}=\frac{\psi'(t)}{2+2t},\quad \frac{\mathrm{d}^2y}{\mathrm{d}x^2}=\frac{1}{2+2t}\cdot\frac{(2+2t)\psi''(t)-2\psi'(t)}{(2+2t)^2}=\frac{(1+t)\psi''(t)-\psi'(t)}{4(1+t)^3},$$

由题设$\dfrac{\mathrm{d}^2y}{\mathrm{d}x^2}=\dfrac{1}{4(1+t)}$，故$\dfrac{(1+t)\psi''(t)-\psi'(t)}{4(1+t)^3}=\dfrac{1}{4(1+t)}$，从而得方程

$$(1+t)\psi''(t)-\psi'(t)=(1+t)^2\text{，即}\psi''(t)-\frac{1}{1+t}\psi'(t)=1+t.$$

这是不显含未知函数$\psi(t)$的方程. 设$p=\psi'(t)$，则方程化为

$$p'-\frac{1}{1+t}p=1+t.$$

其通解为

$$p=\mathrm{e}^{\int\frac{1}{1+t}\mathrm{d}t}\left[\int(1+t)\mathrm{e}^{-\int\frac{1}{1+t}\mathrm{d}t}\mathrm{d}t+C_1\right]=(1+t)\left[\int(1+t)(1+t)^{-1}\mathrm{d}t+C_1\right]=(1+t)(t+C_1).\qquad ①$$

由于曲线$y+\mathrm{e}^{-\frac{1}{2}y}=t$，当$t=1$时，$y=0$. 且 $y'-\dfrac{1}{2}\mathrm{e}^{-\frac{1}{2}y}y'=1\Rightarrow y'|_{t=1}=2$.

由曲线$y=\psi(t)$与$y+\mathrm{e}^{-\frac{1}{2}y}=t$在$t=1$处相切知$\psi(1)=0$，$\psi'(1)=2$. 所以$p|_{t=1}=\psi'(1)=2$，由①式知$C_1=0$. 于是$\psi'(t)=(1+t)t$. 所以

$$\psi(t)=\int(1+t)t\mathrm{d}t=\frac{1}{3}t^3+\frac{1}{2}t^2+C_2.$$

由$\psi(1)=0$，知$C_2=-\dfrac{5}{6}$，故 $\psi(t)=\dfrac{1}{3}t^3+\dfrac{1}{2}t^2-\dfrac{5}{6}$ $(t>-1)$.

例 6　设函数 $y(x)$ 满足方程 $y(x)=x^3-x\int_1^x\frac{y(t)}{t^2}\mathrm{d}t+y'(x)\ (x>0)$，并且 $\lim\limits_{x\to+\infty}\frac{y(x)}{x^3}$ 存在，求函数 $y(x)$.

分析　积分方程，求导去掉积分号化为微分方程求解. 为达到去掉积分号的效果，求导前需对方程适当变形.

解　将所给方程改写为

$$\frac{y(x)}{x}=x^2-\int_1^x\frac{y(t)}{t^2}\mathrm{d}t+\frac{y'(x)}{x}\ (x>0). \quad ①$$

①式两边分别对 x 求导得

$$y''-\frac{x+1}{x}y'=-2x^2\ (x>0)\ （不显含\ y）. \quad ②$$

令 $p=y'$，则②式成为

$$p'-\frac{x+1}{x}p=-2x^2\ (x>0),$$

它的通解为

$$p=\mathrm{e}^{\int\frac{x+1}{x}\mathrm{d}x}\left(C_1+\int-2x^2\mathrm{e}^{-\int\frac{x+1}{x}\mathrm{d}x}\mathrm{d}x\right)=C_1x\mathrm{e}^x+2x^2+2x.$$

得②式的通解为

$$y(x)=\int(C_1x\mathrm{e}^x+2x^2+2x)\mathrm{d}x=C_1(x-1)\mathrm{e}^x+\frac{2}{3}x^3+x^2+C_2. \quad ③$$

由 $\lim\limits_{x\to+\infty}\frac{y(x)}{x^3}=\lim\limits_{x\to+\infty}\frac{C_1(x-1)\mathrm{e}^x+\frac{2}{3}x^3+x^2+C_2}{x^3}$ 存在，得 $C_1=0$，代入③式得

$$y(x)=\frac{2}{3}x^3+x^2+C_2.$$

此外，由①式知 $y(1)=1+y'(1)$，即 $\left.\left(\frac{2}{3}x^3+x^2+C_2\right)\right|_{x=1}=1+\left.\left(\frac{2}{3}x^3+x^2+C_2\right)'\right|_{x=1}$，得 $C_2=\frac{10}{3}$，因此所求的函数 $y(x)=\frac{1}{3}(2x^3+3x^2+10)$.

例 7*　求方程 $x^2yy''=(y-xy')^2$ 的通解.

分析　这是关于未知函数 y 及其导数的二次齐次方程，作变量代换 $y=\mathrm{e}^{\int z\mathrm{d}x}$，可将所求方程化为未知函数 z 的一阶方程.

解　设 $y=\mathrm{e}^{\int z\mathrm{d}x}$，则 $y'=z\mathrm{e}^{\int z\mathrm{d}x}$，$y''=(z'+z^2)\mathrm{e}^{\int z\mathrm{d}x}$，代入原方程，化简得

$$z'+\frac{2}{x}z=\frac{1}{x^2}.$$

解其通解为 $z=\frac{1}{x}+\frac{C_1}{x^2}$，原方程通解为 $y=\mathrm{e}^{\int\left(\frac{1}{x}+\frac{C_1}{x^2}\right)\mathrm{d}x}=C_2x\mathrm{e}^{-\frac{C_1}{x}}$.

评注　若微分方程 $F(x,y,y',\cdots,y^{(n)})=0$ 中的函数 F 是关于未知函数 y 及其导数的齐次函数，即对 $\forall t$，$\exists k$ 使 $F(x,ty,ty',\cdots,ty^{(n)})=t^kF(x,y,y',\cdots,y^{(n)})$，则称该方程为齐次微分方程. 对齐次微分方程，令 $y=\mathrm{e}^{\int z\mathrm{d}x}$，可达到降阶的效果.

例 8　设当 $x>-1$ 时，可微函数 $f(x)$ 满足条件 $f'(x)+f(x)-\dfrac{1}{x+1}\int_0^x f(t)\,\mathrm{d}t=0$，且 $f(0)=1$，证明当 $x\geqslant 0$ 时，有 $\mathrm{e}^{-x}\leqslant f(x)\leqslant 1$ 成立.

分析　方程中含有未知函数的积分形式，需求导消去积分化为一个二阶微分方程. 求解微分方程，再对 $f(x)$ 做放缩来得到所证结论.

解　将所给等式变形为 $[f'(x)+f(x)](x+1)=\int_0^x f(t)\,\mathrm{d}t$. 两边对 x 求导得

$$[f''(x)+f'(x)](x+1)+[f'(x)+f(x)]=f(x),$$

即有

$$(x+1)f''(x)+(x+2)f'(x)=0.$$

这是一个可降阶的二阶微分方程（不显含 $f(x)$），用分离变量法求得 $f'(x)=\dfrac{C\mathrm{e}^{-x}}{x+1}$.

由 $f(0)=1$ 代入原方程可得 $f'(0)=-1$，从而 $C=-1$，代入 $f'(x)$，并在 $[0,x]$ 上做积分得

$$f(x)-1=-\int_0^x \frac{\mathrm{e}^{-t}}{1+t}\mathrm{d}t. \qquad ①$$

由于 $f'(x)=-\dfrac{\mathrm{e}^{-x}}{1+x}<0$，所以 $f(x)$ 单调递减. 而 $f(0)=1$，故当 $x\geqslant 0$ 时，$f(x)\leqslant 1$.

又由①式得 $f(x)=1-\int_0^x \dfrac{\mathrm{e}^{-t}}{1+t}\mathrm{d}t\geqslant 1-\int_0^x \mathrm{e}^{-t}\mathrm{d}t=\mathrm{e}^{-x}$. 所以当 $x\geqslant 0$ 时，有 $\mathrm{e}^{-x}\leqslant f(x)\leqslant 1$.

2. 高阶线性微分方程

这里主要涉及线性微分方程解的结构以及二阶常系数与特殊变系数线性微分方程的求解.

（1）二阶常系数齐次线性微分方程求解（特征根法）$y''+py'+qy=0$.

① 写出特征方程 $r^2+pr+q=0$；

② 求特征方程的根 r_1,r_2；

③ 根据特征根，由表 7.1 写出微分方程的通解.

表 7.1

特征根	通解
$r_1\neq r_2$ 为实根	$y=C_1\mathrm{e}^{r_1x}+C_2\mathrm{e}^{r_2x}$
$r_1=r_2$ 为重实根	$y=(C_1+C_2x)\mathrm{e}^{r_1x}$
$r_{1,2}=\alpha\pm i\beta$ 为共轭复根	$y=\mathrm{e}^{\alpha x}(C_1\cos\beta x+C_2\sin\beta x)$

（2）二阶常系数非齐次线性微分方程求解 $y''+py'+qy=f(x)$.

① 解的结构：

若 Y 是对应齐次方程的通解，y^* 是非齐次方程的一个特解，则非齐次方程的通解为 $y=Y+y^*$.

② 特解的确定（待定系数法）：

由自由项 $f(x)$ 及特征根按表 7.2 确定特解形式，再代入微分方程确定特解形式中的待定系数.

表 7.2

$f(x)$ 的类型	特征根	特解形式
$\mathrm{e}^{\lambda x}P_m(x)$ （$P_m(x)$为m次多项式）	λ 是 k 重特征根 $(k=0,1,2)$	$y^*=x^k\mathrm{e}^{\lambda x}Q_m(x)$ （$Q_m(x)$为m次系数待定多项式）
$\mathrm{e}^{\lambda x}[P_l(x)\cos\omega x+P_n(x)\sin\omega x]$ （$P_l(x),P_n(x)$分别为l,n 次多项式）	$\lambda\pm i\omega$ 是 k 重特征根 $(k=0,1,2)$	$y^*=x^k\mathrm{e}^{\lambda x}[R_m^{(1)}(x)\cos\omega x+R_m^{(2)}(x)\sin\omega x]$ （$R_m^{(1)}(x)$、$R_m^{(2)}(x)$为m次系数待定多项式） $m=\max\{l,n\}$

（3）欧拉方程求解 $x^2y''+pxy'+qy=f(x)$.

作变量代换 $x=\mathrm{e}^t$ 或 $t=\ln x$，方程化为二阶常系数线性微分方程

$$D(D-1)y+pDy+qy=f(\mathrm{e}^t)\quad（其中\ D=\frac{\mathrm{d}}{\mathrm{d}t}）.$$

例 9　求 $y''+2ay'+a^2y=\mathrm{e}^{bx}$ 的通解，$a>0$，a，b 为常数.

分析　常系数非齐次线性微分方程的解法是：由特征方程法写出对应齐次方程的通解，由待定系数法确定非齐次方程的特解，再由非齐次方程解的结构写出其通解.

解　对应齐次方程的特征方程为 $r^2+2ar+a^2=0$，特征根为二重根 $r_{1,2}=-a$，齐次方程通解为

$$Y=(C_1+C_2x)\mathrm{e}^{-ax}$$

① 当 $b\neq -a$ 时，$\lambda=b$ 不是特征根，设非齐次方程的特解为 $y^*=A\mathrm{e}^{bx}$，代入方程得 $A=\dfrac{1}{b^2+2ab+a^2}$，所以原非齐次方程的通解为

$$y=(C_1+C_2x)\mathrm{e}^{-ax}+\frac{1}{b^2+2ab+a^2}\mathrm{e}^{bx}.$$

② 当 $b=-a$ 时，$\lambda=b$ 是二重特征根，设非齐次方程的特解为 $y^*=Bx^2\mathrm{e}^{bx}$，代入方程得 $B=\dfrac{1}{2}$，所以原非齐次方程的通解为

$$y=(C_1+C_2x)\mathrm{e}^{-ax}+\frac{1}{2}x^2\mathrm{e}^{-ax}.$$

评注　当方程中含有字母常数时，需留意它对特征根的影响，从而会影响到齐次方程的通解与非齐次方程的特解.

例 10　解方程 $y''-3y'+2y=2\mathrm{e}^{-x}\cos x+\mathrm{e}^{2x}(4x+5)$.

分析　方程右端的自由项是两个不同类型的函数之和，要利用解的叠加原理分别求特解，两特解之和就是原方程的特解.

解　特征方程为 $r^2-3r+2=0$，两个特征根分别为 $r_1=2$，$r_2=1$. 对应的齐次方程通解为 $Y=C_1\mathrm{e}^x+C_2\mathrm{e}^{2x}$.

为求非齐次方程的一个特解，将原方程分解成两个方程

$$y''-3y'+2y=2\mathrm{e}^{-x}\cos x, \qquad ①$$

$$y''-3y'+2y=\mathrm{e}^{2x}(4x+5). \qquad ②$$

对方程①，$\lambda+i\omega=-1+i$ 不是特征根，设方程的特解为 $y_1=\mathrm{e}^{-x}(A\cos x+B\sin x)$，代入原方程可以求得 $A=\dfrac{1}{5}$，$B=-\dfrac{1}{5}$，即 $y_1=\dfrac{1}{5}\mathrm{e}^{-x}(\cos x-\sin x)$.

对方程②，$\lambda=2$ 是单特征根，设方程的特解为 $y_2=\mathrm{e}^{2x}x(ax+b)$，代入原方程可以求得 $a=2$，$b=1$，即 $y_2=\mathrm{e}^{2x}(2x^2+x)$.

则 y_1+y_2 是原方程的一个特解，得原方程的通解为

$$y=C_1\mathrm{e}^x+C_2\mathrm{e}^{2x}+\frac{1}{5}\mathrm{e}^{-x}(\cos x-\sin x)+\mathrm{e}^{2x}(2x^2+x).$$

评注　非齐次线性微分方程**解的叠加原理：**

设 y_1 与 y_2 分别为方程 $y''+P(x)y'+Q(x)y=f_1(x)$ 与 $y''+P(x)y'+Q(x)y=f_2(x)$ 的解，则 y_1+y_2 就是方程 $y''+P(x)y'+Q(x)y=f_1(x)+f_2(x)$ 的解.

例 11　求 $y''+2y'-3y=f(x)$ 满足 $y(0)=0$，$y'(0)=1$ 的特解，其中 $f(x)=\begin{cases}x+1, & x\geqslant 0\\ \mathrm{e}^x, & x<0\end{cases}$.

分析 由于自由项 $f(x)$ 是一个分段函数，所以求解方程时要分段进行.

解 易求得方程的通解为

$$y=\begin{cases} C_1\mathrm{e}^{-3x}+C_2\mathrm{e}^{x}-\dfrac{1}{3}x-\dfrac{5}{9}, & x\geqslant 0, \\ C_3\mathrm{e}^{-3x}+C_4\mathrm{e}^{x}+\dfrac{1}{4}x\mathrm{e}^{x}, & x<0. \end{cases}$$

在 $x=0$ 处 y 连续可微，且满足初值条件，则有 $\begin{cases} y(+0)=y(-0)=0 \\ y'_-(0)=y'_+(0)=1 \end{cases}$. 即

$$\begin{cases} C_1+C_2-\dfrac{5}{9}=C_3+C_4=0, \\ -3C_1+C_2-\dfrac{1}{3}=-3C_3+C_4+\dfrac{1}{4}=1. \end{cases}$$

解出 $C_1=-\dfrac{7}{36}$，$C_2=\dfrac{3}{4}$，$C_3=-\dfrac{3}{16}$，$C_4=\dfrac{3}{16}$，所以所求特解为

$$y=\begin{cases} -\dfrac{7}{36}\mathrm{e}^{-3x}+\dfrac{3}{4}\mathrm{e}^{x}-\dfrac{1}{3}x-\dfrac{5}{9}, & x\geqslant 0, \\ -\dfrac{3}{16}\mathrm{e}^{-3x}+\dfrac{3}{16}\mathrm{e}^{x}+\dfrac{1}{4}x\mathrm{e}^{x}, & x<0. \end{cases}$$

评注 由于自由项函数在分段点两侧的表达式不同，对应的方程也就不同，所以对应齐次方程通解中的常数要用不同的字母表示，同时未知函数在分段点连续、可导，这些常数又存在一定的联系，在确定特解时要充分利用这些信息.

例12 设 $f(x)$ 在 $(-\infty,+\infty)$ 二阶可导，且对任意 x,y 有 $f^2(x)-f^2(y)=f(x+y)f(x-y)$，求 $f(x)$.

分析 要建立微分方程，在方程两边需对 x 或 y 求偏导. 若求一阶导数不能化简方程，则可求二阶.

解 取 $x=y=0$，可得 $f(0)=0$，方程两边对 x 求偏导得

$$2f(x)f'(x)=f'(x+y)f(x-y)+f(x+y)f'(x-y).$$

上式两边对 y 求偏导得

$$0=f''(x+y)f(x-y)-f(x+y)f''(x-y),$$

令 $u=x+y$，$v=x-y$，得

$$f''(u)f(v)=f(u)f''(v)\Rightarrow \frac{f''(u)}{f(u)}=\frac{f''(v)}{f(v)}.$$

这说明 $\dfrac{f''(u)}{f(u)}$ 与变量取值无关，即 $\dfrac{f''(u)}{f(u)}=C$（C 为常数），有

$$f''(u)-Cf(u)=0.$$

解得

$$f(u)=\begin{cases} C_1\mathrm{e}^{\sqrt{C}u}+C_2\mathrm{e}^{-\sqrt{C}u}, & C>0, \\ C_1u+C_2, & C=0, \\ C_2\cos\sqrt{-C}u+C_1\sin\sqrt{-C}u, & C<0. \end{cases}$$

由于 $f(x)$ 连续，并注意到 $f(0)=0$，可得到：当 $C>0$ 时，$C_1=-C_2$；当 $C=0$ 时，$C_2=0$；当 $C<0$ 时，$C_2=0$. 所以

$$f(u)=\begin{cases} C_1(\mathrm{e}^{\sqrt{C}x}-\mathrm{e}^{-\sqrt{C}x}), & C>0, \\ C_1x, & C=0, \\ C_1\sin\sqrt{-C}u, & C<0. \end{cases}$$（其中 C_1 为任意常数）

评注　原方程中有两个自变量 x, y，求解中一定要将其转化成一个自变量的情形，才便于利用微分方程求解.

例 13　已知 $y_1 = xe^x + e^{2x}$，$y_2 = xe^x - e^{-x}$，$y_3 = xe^x + e^{2x} - e^{-x}$ 都是某二阶非齐次线性微分方程的解，求此微分方程.

分析　由题设条件容易得到对应齐次方程的两个线性无关的解，从而可写出对应齐次线性微分方程. 再由非齐次线性微分方程的一个特解就可确定自由项；也可根据非齐次线性微分方程解的结构写出通解，再消去通解中的任意常数得到微分方程.

解　方法 1　因为 y_1, y_2, y_3 是非齐次线性微分方程的解，则 $y_3 - y_1 = -e^{-x}$ 及 $y_3 - y_2 = e^{2x}$ 是对应齐次方程的解，则 $r = -1$，$r = 2$ 是齐次方程的特征根，特征方程为

$$(r+1)(r-2) = 0，即 r^2 - r - 2 = 0 .$$

得所求的非齐次线性微分方程方程为

$$y'' - y' - 2y = f(x) .$$

由非齐次线性微分方程解的结构易知，xe^x 也是非齐次线性微分方程的一个特解，代入方程得

$$f(x) = (xe^x)'' - (xe^x)' - 2xe^x = e^x - 2xe^x .$$

因此所求方程为 $y'' - y' - 2y = e^x - 2xe^x$.

方法 2　根据非齐次线性微分方程解的结构可得到其通解为

$$y = C_1 e^{-x} + C_2 e^{2x} + xe^x . \qquad ①$$

求导得

$$y' = -C_1 e^{-x} + 2C_2 e^{2x} + (x+1)e^x , \qquad ②$$

$$y'' = C_1 e^{-x} + 4C_2 e^{2x} + (x+2)e^x . \qquad ③$$

从上面 3 式中消去 C_1 和 C_2 即可得到所求的微分方程.

评注　如果已知微分方程的通解，求方程的常用方法是：对通解求导数（求导阶数与通解中任意常数的个数相同），消去任意常数就可得到对应的微分方程；如果所求微分方程是线性的，也可根据解的结构来确定方程中的待定系数或待定函数.

例 14*　解微分方程组 $\dfrac{dx}{dt} = x + y - 3$，$\dfrac{dy}{dt} = -2x + 3y + 1$，当 $t = 0$ 时，满足条件 $x = y = 0$.

分析　对所给线性微分方程组消元，化为一个未知函数的二阶线性微分方程求解.

解　由第 1 个方程解出 y 得

$$y = \frac{dx}{dt} - x + 3 , \qquad ①$$

两边求导得

$$\frac{dy}{dt} = \frac{d^2x}{dt^2} - \frac{dx}{dt} . \qquad ②$$

将①，②式代入原来的第 2 个方程中消去 y 得

$$\frac{d^2x}{dt^2} - \frac{dx}{dt} = -2x + 3\left(\frac{dx}{dt} - x + 3\right) ,$$

即

$$\frac{d^2x}{dt^2} - 4\frac{dx}{dt} + 5x = 10 . \qquad ③$$

由条件 $x(0) = y(0) = 0$ 得 $\left.\dfrac{dx}{dt}\right|_{t=0} = -3$，方程③满足该初值的解为

$$x = e^{2t}(-2\cos t + \sin t) + 2 . \qquad ④$$

由①式得

$$y = e^{2t}(-\cos t + 3\sin t) + 1 . \qquad ⑤$$

容易验证④，⑤两式中的函数为已知方程组的解.

评注 常系数线性微分方程组的求解方法之一是消元转化为高阶常系数线性微分方程求解.

例 15* 求微分方程 $y'' + y = \dfrac{1}{\cos x}$ 的通解.

分析 这是二阶常系数非齐次线性微分方程，但自由项不属于用待定系数法的类型. 由于对应齐次微分方程的通解易于求得，因此用常数变异法去求非齐次方程的特解.

解 易知对应齐次方程的通解为

$$y(x) = C_1 \cos x + C_2 \sin x . \qquad ①$$

用常数变易法求非齐次微分方程的特解：

设非齐次方程的解为 $y(x) = C_1(x)\cos x + C_2(x)\sin x$，则

$$y' = C_1'(x)\cos x + C_2'(x)\sin x - C_1(x)\sin x + C_2(x)\cos x , \qquad ②$$

令

$$C_1'(x)\cos x + C_2'(x)\sin x = 0 , \qquad ③$$

将③式代入②式再求导得

$$y'' = -C_1'(x)\sin x + C_2'(x)\cos x - C_1(x)\cos x - C_2(x)\sin x , \qquad ④$$

将①，④两式代入原方程得

$$-C_1'(x)\sin x + C_2'(x)\cos x = \frac{1}{\cos x} . \qquad ⑤$$

方程组③，⑤联立求解得 $C_1'(x) = -\dfrac{\sin x}{\cos x}$，$C_2'(x) = 1$，积分得

$$C_1(x) = \ln|\cos x| + C_1 ,\quad C_2(x) = x + C_2 .$$

所以，原方程的通解为

$$y(x) = C_1 \cos x + C_2 \sin x + \cos x \ln|\cos x| + x\sin x .$$

评注 常数变易法求解二阶线性方程 $y'' + py' + qy = f(x)$ 的步骤为：

（1）求对应齐次方程的通解 $y(x) = C_1 y_1(x) + C_2 y_2(x)$；

（2）变换常数，令 $y(x) = C_1(x)y_1(x) + C_2(x)y_2(x)$ 是非齐次方程的解，计算

$$y'(x) = C_1'(x)y_1(x) + C_2'(x)y_2(x) + C_1(x)y_1'(x) + C_2(x)y_2'(x) ,$$

并设 $C_1'(x)y_1(x) + C_2'(x)y_2(x) = 0$，再求 $y''(x)$. 将 $y(x)$，$y'(x)$，$y''(x)$ 代入原非齐次方程得

$$C_1'(x)y_1'(x) + C_2'(x)y_2'(x) = f(x) ;$$

（3）解方程组 $\begin{cases} C_1'(x)y_1(x) + C_2'(x)y_2(x) = 0 \\ C_1'(x)y_1'(x) + C_2'(x)y_2'(x) = f(x) \end{cases}$，得 $C_1'(x)$，$C_2'(x)$，积分后代入（2）中所设就得到非齐次方程的通解.

例 16 设 $f(x)$ 具有二阶导数，且 $f(x) + f'(\pi - x) = \sin x$，$f\left(\dfrac{\pi}{2}\right) = 0$. 求 $f(x)$.

分析 方程中含 $f(x)$ 与 $f'(\pi - x)$，其中变元分别为 x 与 $\pi - x$，没法求解. 为使方程中只保留一种变元形式，可对方程两边求导得到新的方程，再联立消元、求解.

解 由 $f(x) + f'(\pi - x) = \sin x$，两边对 x 求导，有

$$f'(x) - f''(\pi - x) = \cos x.$$

第 2 个方程中令 $x = \pi - u$，并将 u 仍写为 x，得

$$f'(\pi - x) - f''(x) = -\cos x,$$

代入第 1 个方程，得

$$f(x)+f''(x)=\sin x+\cos x.$$

求得通解

$$f(x)=C_1\cos x+C_2\sin x+x\left(-\frac{1}{2}\cos x+\frac{1}{2}\sin x\right).$$

初值条件 $f\left(\frac{\pi}{2}\right)=0$．又由 $f(x)+f'(\pi-x)=\sin x$ 得 $f'\left(\frac{\pi}{2}\right)=1$．求得特解

$$f(x)=\left(\frac{\pi}{4}-\frac{1}{2}-\frac{x}{2}\right)\cos x+\left(-\frac{\pi}{4}+\frac{x}{2}\right)\sin x.$$

评注　未知函数与其导数中的自变量不在同一个 x 处的微分方程又叫“差分-微分方程”．该类方程的求解通常是采用“求导消元法”，将它化为同一变量形式的微分方程来处理.

例 17　设二阶常系数非齐次线性方程为 $y''+py'+qy=f(x)$，其中 p,q 为常数. 其对应的齐次方程的特征根分别为 r_1,r_2. 证明该方程的通解为

$$y=\mathrm{e}^{r_1x}\left(\int\mathrm{e}^{-r_1x}\left(\mathrm{e}^{r_2x}\int\mathrm{e}^{-r_2x}f(x)\mathrm{d}x+C_1\right)\mathrm{d}x+C_2\right).$$

分析　由特征根可确定方程中的系数 p 与 q. 为得到积分形式的解，需要作变量代换将二阶微分方程降阶为一阶方程，再积分求解.

证明　因 $r_1+r_2=-p$，$r_1\cdot r_2=q$，所以原方程可化为

$$(y'-r_1y)'-r_2(y'-r_1y)=f(x).$$

令 $u=y'-r_1y$，则方程变为一阶线性方程

$$u'-r_2u=f(x).$$

通解为

$$u=\mathrm{e}^{r_2x}\left(\int\mathrm{e}^{-r_2x}f(x)\mathrm{d}x+C_1\right),$$

即

$$y'-r_1y=\mathrm{e}^{r_2x}\left(\int\mathrm{e}^{-r_2x}f(x)\mathrm{d}x+C_1\right).$$

再解此一阶线性方程得

$$y=\mathrm{e}^{r_1x}\left(\int\mathrm{e}^{-r_1x}\left(\mathrm{e}^{r_2x}\int\mathrm{e}^{-r_2x}f(x)\mathrm{d}x+C_1\right)\mathrm{d}x+C_2\right).$$

例 18*　设 $h_1(x)$ 与 $h_2(x)$ 当 $x\geqslant x_0$ 时连续，且 $h_1(x)\geqslant h_2(x)$，若函数 $f(x)$ 与 $g(x)$ 分别是下列微分方程①与②满足初值条件 $y(x_0)=c_1$，$y'(x_0)=c_2$ 的解（其中 $p^2-4q\geqslant 0$）.

$$y''+py'+qy=h_1(x),\qquad ①$$

$$y''+py'+qy=h_2(x).\qquad ②$$

证明当 $x\geqslant x_0$ 时，有 $f(x)\geqslant g(x)$.

分析　我们已经知道一阶线性微分方程的比较定理（7.1 节例 20），故只需作变量代换将二阶线性方程转化为一阶线性方程来处理.

证明　因为 $p^2-4q\geqslant 0$，所以对应齐次方程的特征根为实数，设为 a,b，则有 $p=-(a+b)$，$q=ab$. 从而

$$y''+py'+qy=(y'-ay)'-b(y'-ay),$$

记 $z=y'-ay$，则方程①，②可分别写成

$$z'-bz=h_1(x),\qquad ③$$

$$z'-bz=h_2(x).\qquad ④$$

由已知条件知，$f'(x)-af(x)$ 与 $g'(x)-ag(x)$ 分别是方程③与④满足初值条件 $z(x_0)=c_2-ac_1$ 的

解，根据一阶微分方程的比较定理（7.1节例20（1）），有

$$f'(x)-af(x)\leqslant g'(x)-ag(x),$$

令$v(x)=g(x)-f(x)$，则有

$$v'(x)-av(x)\geqslant 0，且\ v(x_0)=0.$$

显然$u(x)=0$是方程$u'(x)-au(x)=0$满足初值$u(x_0)=0$的解，再次利用一阶微分方程的比较定理得，当$x\geqslant x_0$时，有$v(x)\geqslant u(x)=0$，即$f(x)\geqslant g(x)$.

评注 本题结论又叫二阶线性微分方程的比较定理，利用该定理我们可以得到许多具体的函数不等式，如2.3节例16，习题2.3第11题等.

例19 求$y''-\dfrac{3}{x-1}y'-\dfrac{5}{(x-1)^2}y=3$的通解.

分析 方程两边同时乘以$(x-1)^2$，是欧拉方程. 将$x-1=\mathrm{e}^t$转化为常系数非齐次线性方程.

解 方程为$(x-1)^2y''-3(x-1)y'-5y=3(x-1)^2$，这是一个欧拉方程.

令$x-1=\mathrm{e}^t$，或$t=\ln(x-1)$，记$D=\dfrac{\mathrm{d}}{\mathrm{d}t}$，方程化为

$$D(D-1)y-3Dy-5y=3\mathrm{e}^{2t}\Rightarrow D^2y-4Dy-5y=3\mathrm{e}^{2t}.$$

方程的通解为

$$y=C_1\mathrm{e}^{5t}+C_2\mathrm{e}^{-t}-\frac{1}{3}\mathrm{e}^{2t}=C_1(x-1)^5+C_2\frac{1}{x-1}-\frac{1}{3}(x-1)^2.$$

例20* 设$f(x,y)$有二阶连续偏导数，$u(r)=\displaystyle\int_0^{2\pi}f(r\cos\theta,r\sin\theta)\,\mathrm{d}\theta$，若$f_{11}+f_{22}=\dfrac{1}{r}$，求函数$u(r)$.

分析 只需对函数$u(r)$求导（一至二阶），将方程$f_{11}+f_{22}=\dfrac{1}{r}$转化为$u(r)$的常微分方程求解.

解 因为$f(x,y)$有二阶连续偏导数，则

$$\frac{\mathrm{d}u}{\mathrm{d}r}=\int_0^{2\pi}\frac{\partial}{\partial r}f(r\cos\theta,r\sin\theta)\,\mathrm{d}\theta=\int_0^{2\pi}(f_1\cdot\cos\theta+f_2\cdot\sin\theta)\,\mathrm{d}\theta,$$

$$\frac{\mathrm{d}^2u}{\mathrm{d}r^2}=\int_0^{2\pi}\frac{\partial^2}{\partial r^2}f(r\cos\theta,r\sin\theta)\,\mathrm{d}\theta=\int_0^{2\pi}(f_{11}\cdot\cos^2\theta+2f_{12}\cdot\sin\theta\cos\theta+f_{22}\cdot\sin^2\theta)\,\mathrm{d}\theta. \quad ①$$

又

$$\begin{aligned}\frac{\mathrm{d}u}{\mathrm{d}r}&=\int_0^{2\pi}f_1\,\mathrm{d}\sin\theta-\int_0^{2\pi}f_2\,\mathrm{d}\cos\theta\\&=f_1\cdot\sin\theta\Big|_0^{2\pi}-\int_0^{2\pi}[f_{11}(-r\sin\theta)+f_{12}\cdot r\cos\theta]\sin\theta\,\mathrm{d}\theta-\\&\quad f_2\cdot\cos\theta\Big|_0^{2\pi}+\int_0^{2\pi}[f_{21}(-r\sin\theta)+f_{22}\cdot r\cos\theta]\cos\theta\,\mathrm{d}\theta\\&=\int_0^{2\pi}r[f_{11}\cdot\sin^2\theta-2f_{12}\cdot\sin\theta\cos\theta+f_{22}\cdot\cos^2\theta]\,\mathrm{d}\theta.\end{aligned} \quad ②$$

由①，②两式可得

$$r\frac{\mathrm{d}^2u}{\mathrm{d}r^2}+\frac{\mathrm{d}u}{\mathrm{d}r}=r\int_0^{2\pi}(f_{11}+f_{22})\,\mathrm{d}\theta=\int_0^{2\pi}\mathrm{d}\theta=2\pi,$$

即

$$r^2\frac{\mathrm{d}^2u}{\mathrm{d}r^2}+r\frac{\mathrm{d}u}{\mathrm{d}r}=2\pi r\ （欧拉方程）.$$

令 $r=e^t$，记 $D=\frac{d}{dt}$，则原方程化为

$$D(D-1)u+Du=2\pi e^t\text{，即 }D^2u=2\pi e^t.$$

方程通解为

$$u=2\pi e^t+C_1t+C_2=2\pi r+C_1\ln r+C_2.$$

例 21[*]　求微分方程 $(x^2\ln x)y''-xy'+y=0$ 的通解.

分析　该方程形式类似于欧拉方程，可作变量代换 $x=e^t$ 尝试.

解　令 $x=e^t$，则

$$xy'\ xy'=Dy,\ x^2y''=D(D-1)y\ \left(D=\frac{d}{dt}\right),$$

方程化为

$$tD(D-1)y-Dy+y=0\Rightarrow(tD-1)(D-1)y=0.$$

令 $u=(D-1)y$，方程为

$$t\frac{du}{dt}-u=0.$$

其通解为 $u=C_1t$，即

$$\frac{dy}{dt}-y=C_1t.$$

该方程的通解为

$$y=e^{-\int -dt}\left(\int C_1te^{\int -dt}dt+C_2\right)=e^t\left(C_1\int te^{-t}dt+C_2\right)=C_2e^t-C_1(t+1).$$

将 $x=e^t$ 代入，得所给微分方程的通解

$$y=C_2x-C_1(\ln x+1).$$

例 22[*]　求方程 $(\cos x-\sin x)y''+2\cos x\cdot y'+(\cos x+\sin x)y=0$ 的通解.

分析　这是二阶线性齐次方程，只需求得两个线性无关的的特解就可得到通解. 由方程的系数 $(\cos x-\sin x)-2\cos x+(\cos x+\sin x)=0$，知 $y=e^{-x}$ 是方程的一个解，方程的另一个解可通过常数变异法求得.

解　易验证 $y=e^{-x}$ 是所给方程的一个解. 设 $y=ue^{-x}$ 是方程的另一个解，则

$$y'=u'e^{-x}-ue^{-x},\ y''=u''e^{-x}-2u'e^{-x}+ue^{-x},$$

代入方程得

$$(\cos x-\sin x)u''+2\sin x\cdot u'=0\Rightarrow\frac{u''}{u'}=\frac{2\sin x}{\sin x-\cos x}$$

$$\Rightarrow\ln u'=\int\frac{2\sin x}{\sin x-\cos x}dx=\int\frac{(\sin x-\cos x)+(\sin x+\cos x)}{\sin x-\cos x}dx$$

$$=x+\ln(\sin x-\cos x)+C.$$

由于只需求 u 的一个特解，因此取 $C=0$，得

$$u'=e^x(\sin x-\cos x)\Rightarrow u=-e^x\cos x.$$

所以方程的另一个特解为 $y=ue^{-x}=\cos x$. 所求方程的通解为

$$y=C_1e^{-x}+C_2\cos x.$$

评注　若线性齐次方程 $a(x)y''+b(x)y'+c(x)y=0$ 的系数满足 $a(x)+b(x)+c(x)=0$，则 $y=e^x$ 是方程的一个解；若系数满足 $a(x)-b(x)+c(x)=0$，则 $y=e^{-x}$ 是方程的一个解.

例 23* 设微分方程 $y''-\dfrac{1}{x}y'+q(x)y=0$ 的两个特解 $y_1(x),y_2(x)$ 满足 $y_1y_2=1$，求该方程的通解.

分析 这是二阶齐次线性微分方程. 要求方程的通解，首先要确定方程中的未知函数 $q(x)$，再分别求得方程的两个线性无关的特解即可. 显然 $q(x)$ 可由方程的任意一个非零解唯一确定.

解 因为 $y_1y_2=1$，若 y_1,y_2 中有一个为常函数，则另一个也必为常函数，且均非 0. 设 $y_1=a\neq 0$，代入微分方程，可得 $q(x)=0$，此时微分方程为

$$y''-\frac{1}{x}y'=0.$$

显然 $y=x^2$ 是该方程的一个解，且与 $y_1=a$ 线性无关. 此时所给方程的通解为

$$y=C_1+C_2x^2\ （C_1,C_2 \text{为任意常数}）.$$

若 y_1,y_2 中有一个不是常函数，则另一个也不会是常函数，且 $y_1,y_2=\dfrac{1}{y_1}$ 线性无关. 此时微分方程的通解为 $y=C_1y_1+C_2\dfrac{1}{y_1}$. 下面计算 y_1.

将 y_1 与 $\dfrac{1}{y_1}$ 代入微分方程，得

$$y_1''-\frac{1}{x}y_1'+q(x)y_1=0, \quad ①$$

$$\left(\frac{1}{y_1}\right)''-\frac{1}{x}\left(\frac{1}{y_1}\right)'+q(x)\frac{1}{y_1}=0. \quad ②$$

②式即为

$$-\frac{y_1''y_1-2(y_1')^2}{y_1^3}+\frac{y_1'}{xy_1^2}+q(x)\frac{1}{y_1}=0. \quad ③$$

由①式得 $y_1''=\dfrac{1}{x}y_1'-q(x)y_1$，代入③式化简，得

$$\frac{2(y_1')^2}{y_1^3}+2q(x)\frac{1}{y_1}=0\Rightarrow q(x)=-\frac{(y_1')^2}{y_1^2},$$

则①式为

$$y_1''-\frac{1}{x}y_1'-\frac{(y_1')^2}{y_1^2}y_1=0，\text{即}\ \frac{y_1''}{y_1}-\left(\frac{y_1'}{y_1}\right)^2-\frac{1}{x}\frac{y_1'}{y_1}=0. \quad ④$$

令 $z=\dfrac{y_1'}{y_1}$，④式为

$$\frac{\mathrm{d}z}{\mathrm{d}x}-\frac{1}{x}\cdot z=0,$$

该方程的一个特解为 $z=2x$，由此得到 $y_1=C\mathrm{e}^{x^2}$（可取 $C=1$），则 $y_2=\mathrm{e}^{-x^2}$. 从而原微分方程的通解为 $y=C_1\mathrm{e}^{x^2}+C_2\mathrm{e}^{-x^2}$.

评注 当方程的解是非常函数时，很难找到一个特解来确定 $q(x)$，只能在方程中代入两个形式特解 y_1 与 $\dfrac{1}{y_1}$，作为方程组来求解 $q(x)$ 与 y_1. 作变量代换 $z=\dfrac{y_1'}{y_1}$ 的目的是将微分方程降阶，便于求解.

例 24* 求微分方程 $x^2y''(x)+4(x+1)y'(x)+2y(x)=\dfrac{2}{x^3}$ 满足初始条件 $y(1)=-\dfrac{1}{6}$，$y'(1)=0$ 的特解.

分析 这是二阶非齐次线性微分方程，变系数，又不是欧拉方程，不便于求解. 看是否能通过凑微分化为"恰当方程"来降阶.

解 先看第 1 项，由于

$$[x^2y'(x)]'=x^2y''(x)+2xy'(x),$$

所以

$$x^2y''(x)=[x^2y'(x)]'-2xy'(x),$$

原方程成为

$$[x^2y'(x)]'-2xy'(x)+4(x+1)y'(x)+2y(x)=\frac{2}{x^3},$$

即

$$[x^2y'(x)]'+2[xy'(x)+y(x)]+4y'(x)=\frac{2}{x^3},$$

$$[x^2y'(x)+2xy(x)+4y(x)]'=\frac{2}{x^3}.$$

两边从1到 x 积分，得

$$x^2y'(x)+2xy(x)+4y(x)-(-1)=-\frac{1}{x^2}+1,$$

即

$$y'(x)+\frac{2(x+2)}{x^2}y=-\frac{1}{x^4}.$$

满足 $y(1)=-\dfrac{1}{6}$ 和 $y'(1)=0$ 的解为

$$y(x)=\mathrm{e}^{-\int_1^x\frac{2(t+2)}{t^2}\mathrm{d}t}\left[-\int_1^x\frac{1}{s^4}\mathrm{e}^{\int_1^s\frac{2(t+2)}{t^2}\mathrm{d}t}\mathrm{d}s+\left(-\frac{1}{6}\right)\right],$$

由于 $\displaystyle\int_1^x\frac{2(t+2)}{t^2}\mathrm{d}t=2\ln|x|-\frac{4}{x}+4$，所以

$$y(x)=\frac{\mathrm{e}^{\frac{4}{x}}}{\mathrm{e}^4x^2}\left[-\int_1^x\mathrm{e}^4s^{-2}\mathrm{e}^{-\frac{4}{s}}\mathrm{d}s-\frac{1}{6}\right]=\frac{\mathrm{e}^{\frac{4}{x}}}{\mathrm{e}^4x^2}\left[-\frac{\mathrm{e}^4}{4}(\mathrm{e}^{-\frac{4}{x}}-\mathrm{e}^{-4})-\frac{1}{6}\right]=-\frac{1}{4x^2}+\frac{\mathrm{e}^{\frac{4}{x}}}{12\mathrm{e}^4x^2}.$$

此解的存在区间为 $(0,+\infty)$.

评注 该方程是一个二阶恰当线性微分方程，可通过凑微分来降阶. 关于二阶恰当线性微分方程的判定有下面的定理：

定理 设 $a_k(x)$ $(k=0,1,2)$ 在区间 (a,b) 内具有二阶连续导数，$a_0(x)\neq 0$，$f(x)$ 在 (a,b) 内连续，则线性微分方程

$$a_0(x)y''(x)+a_1(x)y'(x)+a_2(x)y(x)=f(x)$$

是二阶恰当线性微分方程的充分必要条件是

$$a_0''(x)-a_1'(x)+a_2(x)\equiv 0,\ x\in(a,b).$$

证明 由于

$$a_0(x)y''(x)=\left[a_0(x)y'(x)\right]'-a_0'(x)y'(x)=\left[a_0(x)y'(x)\right]'-\left[a_0'(x)y(x)\right]'+a_0''(x)y(x),$$

$$a_1(x)y'(x)=\left[a_1(x)y(x)\right]'-a_1'(x)y(x),$$

代入方程可化为

$$\left[a_0(x)y'(x)+\left(a_1(x)-a_0'(x)\right)y(x)\right]'+\left[a_0''(x)-a_1'(x)+a_2(x)\right]y(x)=f(x).$$

读者可类似讨论更高阶恰当线性微分方程的情况.

例 25* 求微分方程 $\cos^4 x\dfrac{d^2y}{dx^2}+2\cos^2 x(1-\sin x\cos x)\dfrac{dy}{dx}+y=\tan x$ 的通解.

分析 方程是二阶变系数线性微分方程，不易直接求解. 注意到 $\dfrac{1}{\cos^2 x}dx=d\tan x$，令 $\tan x=t$，可将方程化为常系数.

解 令 $\tan x=t$，则

$$\frac{dy}{dx}=\frac{dy}{dt}\cdot\frac{dt}{dx}=\frac{dy}{dt}\sec^2 x,$$

$$\begin{aligned}\frac{d^2y}{dx^2}&=\frac{dy}{dx}\left(\frac{dy}{dt}\sec^2 x\right)=\frac{d^2y}{dt^2}\cdot\frac{dt}{dx}\sec^2 x+\frac{dy}{dt}\cdot 2\sec^2 x\tan x\\&=\frac{d^2y}{dt^2}\sec^4 x+\frac{dy}{dt}\cdot 2\sec^2 x\tan x.\end{aligned}$$

将它们代入所给微分方程，得

$$\left(\frac{d^2y}{dt^2}+\frac{dy}{dt}\cdot 2\cos^2 x\tan x\right)+2(1-\sin x\cos x)\frac{dy}{dt}+y=t,$$

化简得

$$\frac{d^2y}{dt^2}+2\frac{dy}{dt}+y=t.$$

易求得该方程的通解为 $y=(C_1t+C_2)e^{-t}+t-2$. 将 $\tan x=t$ 代入，得原微分方程的通解为

$$y=(C_1\tan x+C_2)e^{-\tan x}+\tan x-2.$$

评注 二阶变系数线性微分方程的求解，通常是作变量代换或凑微分，将其化为常系数线性微分方程或恰当方程（降阶）来求解.

例 26* 求微分方程 $y''+(4x+e^{2y})(y')^3=0$ 的通解.

分析 该方程不是线性微分方程，也不属于可降阶方程类型. 但方程中含 x 的项仅有一次形式，可考虑将 y 作为自变量，x 作为未知函数来转化方程形式.

解 因为 $\dfrac{dy}{dx}=\left(\dfrac{dx}{dy}\right)^{-1}$，则

$$\frac{d^2y}{dx^2}=\frac{d}{dx}\left(\frac{dx}{dy}\right)^{-1}=\frac{d}{dy}\left(\frac{dx}{dy}\right)^{-1}\cdot\frac{dy}{dx}=-\left(\frac{dx}{dy}\right)^{-2}\frac{d^2x}{dy^2}\cdot\frac{dy}{dx}=-\frac{d^2x}{dy^2}\cdot\left(\frac{dy}{dx}\right)^3.$$

代入所给方程，得到

$$-\frac{d^2x}{dy^2}\cdot\left(\frac{dy}{dx}\right)^3+(4x+e^{2y})\left(\frac{dy}{dx}\right)^3=0，即\frac{d^2x}{dy^2}-4x=e^{2y}.$$

这是二阶常系数非齐次线性微分方程，易求得其通解为

$$x=C_1e^{-2y}+C_2e^{2y}+\frac{1}{4}ye^{2y}.$$

评注 若读者熟悉反函数二阶导数结论：$\dfrac{d^2y}{dx^2}=-\dfrac{d^2x}{dy^2}\cdot\left(\dfrac{dy}{dx}\right)^3$，就容易看出该题作反函数代换的有效性.

习题 7.2

习题 7.2 答案

1. 求方程 $y''+2x(y')^2=0$ 满足 $y(0)=1$， $y'(0)=-\frac{1}{2}$ 的特解.

2. 求方程 $yy''+1=y'^2$ 满足条件 $y(0)=1$， $y'(0)=-\sqrt{2}$ 的特解.

3. 设当 $x>-1$ 时，可微函数 $f(x)$ 满足条件 $f'(x)+f(x)-\frac{1}{x+1}\int_0^x f(t)\,\mathrm{d}t=0$，且 $f(0)=1$. 证明当 $x\geqslant 0$ 时，有 $\mathrm{e}^{-x}\leqslant f(x)\leqslant 1$ 成立.

4. 求解微分方程：（1）$(y''')^2-y''y^{(4)}=0$；（2）$xy''=y'(\ln y'-\ln x)$.

5. 若 $u=f(xyz)$，$f(0)=0$，$f'(1)=1$，且 $\frac{\partial^3 u}{\partial x\partial y\partial z}=x^2y^2z^2f'''(xyz)$，求 u.

6*. 求方程 $xyy''-xy'^2=yy'$ 的通解.

7. 求满足 $x=\int_0^x f(t)\,\mathrm{d}t+\int_0^x tf(t-x)\,\mathrm{d}t$ 的可微函数 $f(x)$，并计算 $I=\int_{-\frac{\pi}{4}}^{\frac{3\pi}{4}}|f(x)|^n\,\mathrm{d}x\ (n=2,3,\cdots)$.

8. 求代数多项式 $F(x)$ 和 $G(x)$，使得

$$\int\left[(2x^4-1)\cos x+(8x^3-x^2-1)\sin x\right]\mathrm{d}x=F(x)\cos x+G(x)\sin x+C.$$

9. 求微分方程 $y''+a^2y=\sin x$ 的通解，其中常数 $a>0$.

10. 求方程 $y''+4y=\frac{1}{2}(x+\cos 2x)$ 的通解.

11. 设 $f(x)$ 具有二阶连续导数，$f(0)=0$，$f'(0)=1$，且

$$[xy(x+y)-f(x)y]\,\mathrm{d}x+[f'(x)+x^2y]\,\mathrm{d}y=0$$

为一全微分方程，求 $f(x)$ 及此全微分方程的通解.

12. 设有曲线积分 $\oint_L 2[xf(y)+g(y)]\,\mathrm{d}x+[x^2g(y)+2xy^2-2xf(y)]\,\mathrm{d}y=0$，其中，$L$ 为任意一条平面曲线，求可微函数 $f(y), g(y)$. 已知 $f(0)=-2$，$g(0)=1$.

13. 解微分方程 $x^3y'''-x^2y''+2xy'-2y=x\sin(\ln x)$.

14. 设函数 $u=f(r)$，$r=\sqrt{x^2+y^2+z^2}$ 满足拉普拉斯方程 $\frac{\partial^2 u}{\partial x^2}+\frac{\partial^2 u}{\partial y^2}+\frac{\partial^2 u}{\partial z^2}=0$，其中 $f(r)$ 二阶可导, 且 $f(1)=f'(1)=1$，求 $f(r)$.

15. 设函数 $y=y(x)$ 满足 $xy+\int_1^x\left[3y+t^2y''\right]\mathrm{d}t=5\ln x\ (x\geqslant 1)$，且 $y'(1)=0$，求 $y=y(x)$ 的表达式.

16. 设 $u=u(\sqrt{x^2+y^2})$ 具有连续二阶偏导数，且满足 $\frac{\partial^2 u}{\partial x^2}+\frac{\partial^2 u}{\partial y^2}-\frac{1}{x}\cdot\frac{\partial u}{\partial x}+u=x^2+y^2$，试求函数 u 的表达式.

17. 求区间 $[0,1]$ 上的连续函数 $f(x)$，使之满足

$$f(x)=\int_0^1 k(x,y)f(y)\,\mathrm{d}y+1，其中 k(x,y)=\begin{cases}x(1-y)，& x\leqslant y\\(1-x)y，& x>y\end{cases}.$$

18. 设 $\varphi(x)$ 是常系数二阶方程 $y''+ay'+by=0$ 满足条件 $\varphi(0)=0, \varphi'(0)=1$ 的特解.

（1）证明 $y(x)=\int_{x_0}^x \varphi(x-t)f(t)\,\mathrm{d}t$ 是方程 $y''+ay'+by=f(x)$ 的一个特解.

（2）求 $y''+y=\sec x$ 的通解.

19. 设 $f(x)$ 在 $(-\infty,+\infty)$ 上连续，$y(x)=\int_0^x \cos t\,\mathrm{d}t\int_0^{x-t} f(u)\,\mathrm{d}u\ (-\infty<x<+\infty)$.

（1）证明 $y=y(x)$ 是微分方程 $y''+y'=f(x)$ 满足初始条件 $y(0)=0,\ y'(0)=0$ 的解.

（2）求微分方程 $y''+y'=f(x)$ 的通解.

20*. 求方程 $\cos^4 x\cdot y''+2\cos^2 x(1-\sin x\cos x)y'+y=\tan x$ 的通解.

21*. 求下列方程的通解：

（1）$\cos x\cdot y''+(\sin x-2\cos x)y'+(\cos x-\sin x)y=0$；

（2）$xy''+(2x+1)y'+(x+1)y=(x^2+x)\mathrm{e}^{-x}$.

22. 设 $xy=C_1\mathrm{e}^x+C_2\mathrm{e}^{-x}$ 是某微分方程的通解，求对应的微分方程.

23. 设 $y''+p(x)y'=f(x)$ 有一个特解 $\dfrac{1}{x}$，对应的齐次方程有一个特解 x^2，求该方程的通解.

24*. 求下列初值问题的特解：

$$\begin{cases} xy'''+y''+xy'+y=1, \\ y(\pi)=-1,\ y'(\pi)=0,\ y''(\pi)=2. \end{cases}$$

7.3 微分方程应用

微分方程在各个领域中都有大量的应用，这里主要涉及几何与物理中的应用. 求解过程通常可分为 3 个步骤：建立方程，解方程，对结果进行必要的讨论（简单问题无须此步）.建立方程是解决问题的核心.

（1）建立方程的主要步骤如下.

① 根据实际问题确定要研究的量（自变量、未知函数、必要的参数等），建立适当的坐标系.

② 找出这些量所满足的基本规律（几何的、物理的、化学的等）.

③ 运用这些规律列出微分方程和定解条件.

（2）列方程常用的方法如下.

① 由已知规律直接列出方程.

在数学、物理、化学等领域，许多自然现象所满足的规律已被人们熟知，并可直接由方程描述，如牛顿第二定律、基尔霍夫定律等.

② 微元分析法.

自然界中许多现象所满足的规律可通过变量的微元之间的关系来描述. 对这类问题我们不能直接找到变量之间或变量与导数的关系式，但我们可以通过对变量的局部线性近似（均匀化），并利用已知的规律建立这些微元之间的关系，然后通过取极限或在任意区间上做积分的方法来建立微分方程.

（3）列方程中常见的几何量与物理定律如下.

几何量：切线、法线、曲率、弧长、面积、体积等.

物理定律：力学中的牛顿第二定律、万有引力定律；弹性问题中的虎克定律；电学中的基尔霍夫定律；浓度问题.

例 1 在 13 时到 14 时的什么时刻，一个时钟的分针恰好与时针重和.

分析 若 t 时刻分针与时针分别位于 $x(t)$ 和 $y(t)$ 处，则由 $x(t)=y(t)$ 就可求得两针重和的时间，所以问题的关键是求得 $x(t)$ 与 $y(t)$ 的表达式. 由于分针与时针都是做匀速运动，其位置函数是容易求得的.

解 将圆周角 60 等分，设每份为一个单位，又设 t（min）时刻分针与时针分别位于 $x(t)$ 和 $y(t)$ 处，由于初始时间为 13 时，分针与时针的速度分别为 1（单位/min）与 5/60（单位/min），故有

$$\begin{cases} \dfrac{\mathrm{d}x}{\mathrm{d}t}=1 \\ x(0)=0 \end{cases},\quad \begin{cases} \dfrac{\mathrm{d}y}{\mathrm{d}t}=\dfrac{1}{12} \\ y(0)=5 \end{cases}.$$

解得 $x=t$，$y=\dfrac{1}{12}t+5$. 由 $x=y$，得 $t=\dfrac{60}{11}\min\approx 5\min 27\mathrm{s}$. 即两针在 13 时 5 分 27 秒重和.

例 2 设 $f(x)$ 是区间 $[0,+\infty)$ 上具有连续导数的单调递增函数，且 $f(0)=1$，对任意的 $t\in[0,+\infty)$，

直线 $x=0$，$x=t$，曲线 $y=f(x)$以及 x 轴所围成的曲边梯形绕 x 轴旋转一周生成一旋转体，若该旋转体的侧面积在数值上等于其体积的 2 倍，求 $f(x)$的表达式.

分析　只需由 $f(x)$分别表示其旋转体的体积与侧面积就可写出方程.

解　旋转体的体积 $V=\pi\int_0^t f^2(x)\mathrm{d}x$，侧面积 $S=2\pi\int_0^t f(x)\sqrt{1+[f'(x)]^2}\,\mathrm{d}x$.

由题设条件知

$$\int_0^t f^2(x)\mathrm{d}x=\int_0^t f(x)\sqrt{1+[f'(x)]^2}\mathrm{d}x .$$

上式两边对 t 求导，得 $f^2(t)=f(t)\sqrt{1+[f'(t)]^2}$，即 $y'=\sqrt{y^2-1}$，分离变量积分可得通解

$$y+\sqrt{y^2-1}=C\mathrm{e}^t .$$

由 $y(0)=1$，得 $C=1$，故　$y=f(x)=\dfrac{1}{2}(\mathrm{e}^x+\mathrm{e}^{-x})$.

例 3　求一曲线，使其上每一点的向径与切线的夹角等于切线斜角的$\dfrac{1}{3}$.

分析　要刻画曲线上点的向径与角度，用极坐标表示更为方便. 利用已知条件及导数的几何意义就可建立微分方程.

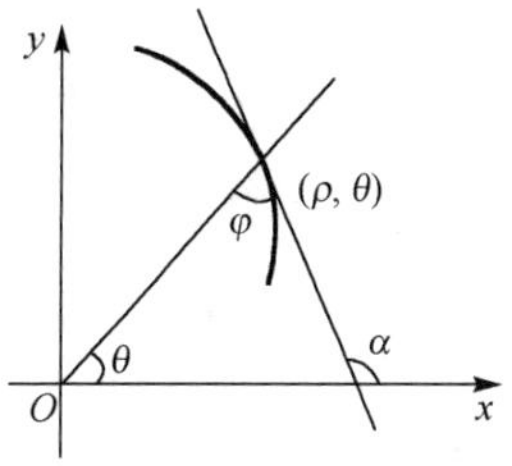

图 7.1

解　设曲线的极坐标方程为 $\rho=\rho(\theta)$，φ表示曲线上点(ρ,θ)处极径与曲线切线的夹角，切线的斜角为α（如图 7.1 所示），则

$$\alpha=\theta+\varphi \Rightarrow \tan\alpha=\tan(\theta+\varphi)=\frac{\tan\theta+\tan\varphi}{1-\tan\theta\cdot\tan\varphi}.$$

由于 $\tan\alpha=\dfrac{\mathrm{d}y}{\mathrm{d}x}=\dfrac{\sin\theta\,\mathrm{d}\rho+\rho\cos\theta\,\mathrm{d}\theta}{\cos\theta\,\mathrm{d}\rho-\rho\sin\theta\,\mathrm{d}\theta}$，代入上式化简得

$$\tan\varphi=\rho\frac{\mathrm{d}\theta}{\mathrm{d}\rho}. \qquad ①$$

由题意 $\varphi=\dfrac{\alpha}{3}=\dfrac{\varphi+\theta}{3}\Rightarrow\varphi=\dfrac{\theta}{2}$，代入①式得微分方程

$$\tan\frac{\theta}{2}=\rho\frac{\mathrm{d}\theta}{\mathrm{d}\rho}.$$

分离变量积分得曲线方程 $\rho=C\sin^2\dfrac{\theta}{2}=\dfrac{1}{2}C(1-\cos\theta)$.

例 4　设函数 $y=f(x)$ 在$\left[\dfrac{1}{2},+\infty\right)$上连续，且 $f(2)=\dfrac{4}{3}$. 若曲线 $y=f(x)$ 与直线 $x=\dfrac{1}{2}$，$x=t$ $\left(t>\dfrac{1}{2}\right)$及 x 轴围成的平面图形 D_t 绕 x 轴旋转一周而成的旋转体体积为 $V(t)=\dfrac{\pi}{2}\left[4t^2f(t)-f\left(\dfrac{1}{2}\right)\right]$，求 D_t 绕 y 轴旋转一周而成的旋转体体积 V_y.

分析　利用旋转体体积公式 $V(t)=\pi\int_{\frac{1}{2}}^t f^2(x)\mathrm{d}x$ 与题设条件可建立未知函数 $f(x)$ 的积分方程，求导可得到微分方程. 解出 $f(x)$ 后再求 V_y.

解　D_t 绕 x 轴旋转一周而成的旋转体体积为 $V(t)=\pi\int_{\frac{1}{2}}^t f^2(t)$，由题意得方程

$$\pi\int_{\frac{1}{2}}^t f^2(x)\mathrm{d}x=\frac{\pi}{2}\left[4t^2f(t)-f\left(\frac{1}{2}\right)\right]\ \left(t\geqslant\frac{1}{2}\right),$$

上式两边分别对 t 求导，得

$$f^2(t)=4tf(t)+2t^2f'(t)\Rightarrow y'+\frac{2}{t}y=\frac{1}{2t^2}y^2\text{（伯努利方程）}.$$

求得其通解为

$$\frac{1}{y}=t^2\left(C+\frac{1}{6t^3}\right).$$

由 $f(2)=\frac{4}{3}$，得 $C=\frac{1}{6}$，代入上式得

$$y=f(x)=\frac{6x}{1+x^3}\quad\left(x\geqslant\frac{1}{2}\right).$$

于是

$$V_y=2\pi\int_{\frac{1}{2}}^{t}x|f(x)|\,\mathrm{d}x=2\pi\int_{\frac{1}{2}}^{t}\frac{6x^2}{1+x^3}\mathrm{d}x=4\pi\left[\ln(1+x^3)\right]_{\frac{1}{2}}^{t}=4\pi\left[\ln(1+t^3)-\ln\frac{9}{8}\right].$$

例 5 在上半平面求一条凹的曲线，其上任意一点 $P(x,y)$处的曲率等于此曲线在该点的法线段 PQ 长度的倒数（Q 是法线与 x 轴的交点），且曲线在点(1,1)处的切线与 x 轴平行.

分析 要计算 PQ 的长度，需知道点 Q 的坐标，从而需先写出曲线在点 P 处的法线方程.

解 设曲线方程为 $y=f(x)$，则它在点 P 处的法线方程为 $Y-y=-\frac{1}{y'}(X-x)$.

令 $Y=0$，得它与x轴的交点为 $Q(x+yy',0)$，则 $PQ=\sqrt{(yy')^2+y^2}$，由题设 $y>0$，$y''>0$，且 $\frac{|y''|}{\sqrt{(1+y'^2)^3}}=\frac{1}{\sqrt{(yy')^2+y^2}}$，得 $\begin{cases}yy''=1+(y')^2\\ y(1)=1,\ y'(1)=0\end{cases}$（不显含 x）. 解得 $y+\sqrt{y^2-1}=\mathrm{e}^{\pm(x+1)}$.

评注 曲线 $y=f(x)$的曲率公式：$\kappa=\frac{|y''|}{\sqrt{(1+y'^2)^3}}$.

例 6 一小船 A 从原点出发，以匀速 v_0 沿 y 轴正向行驶. 另一小船 B 从 x 轴上的点 $(x_0,0)(x_0<0)$ 出发，朝 A 追去，其速度方向始终指向 A，速度大小为常数 v_1.

（1）求船 B 的运动方程；

（2）如果 $v_1>v_0$，问船 B 需要多少时间才能追上船 A.

分析 这是追击问题. 它所隐含的等量关系有两个：一是船 B 的运动方向（切线方向）始终为 BA 方向；二是两船在相同时间段所走过的路程比等于其速度比. 若船 B 的运动轨迹为 $y=y(x)$，则船 B 能追上船 A 的标志是 $y(x)$ 在 $x=0$ 有意义或 $\lim\limits_{x\to0^-}y(x)$ 存在.

解 （1）设船 B 的轨迹线为 $y=y(x)$. 经过时间 t，两船的位置分别为 $A(0,v_0t)$ 与 $B(x,y)$. 因为船 B 的速度的方向指向船 A（如图 7.2 所示），故

$$\frac{\mathrm{d}y}{\mathrm{d}x}=\frac{v_0t-y}{0-x}，\text{即}\ -x\frac{\mathrm{d}y}{\mathrm{d}x}=v_0t-y. \quad ①$$

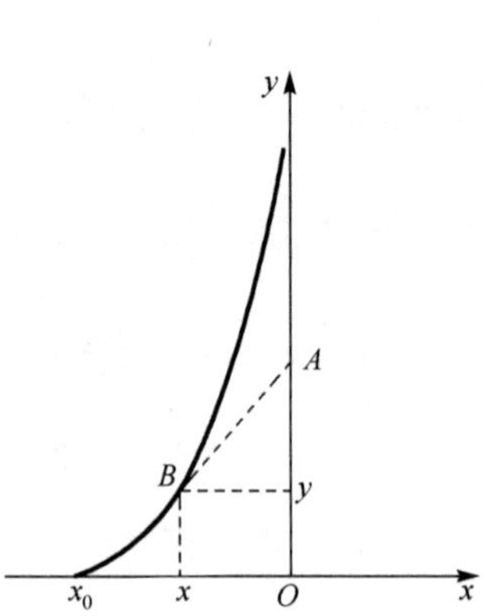

图 7.2

船 A 所走过的路程为 v_0t，船 B 所走过的路程为 $\int_0^x\sqrt{1+y'^2}\,\mathrm{d}x$，它们的路程比等于其速度比，有

$$\int_0^x\sqrt{1+y'^2}\,\mathrm{d}x\,/v_0t=v_1/v_0，\text{即}\ v_0t=\frac{v_0}{v_1}\int_0^x\sqrt{1+y'^2}\,\mathrm{d}x. \quad ②$$

将②式代入①式得

$$-x\frac{\mathrm{d}y}{\mathrm{d}x}=\frac{v_0}{v_1}\int_0^x\sqrt{1+y'^2}\,\mathrm{d}x-y.$$

两边对 x 求导，得方程

$$xy''+\frac{v_0}{v_1}\sqrt{1+(y')^2}=0，且有 y\big|_{x=x_0}=0，\ y'\big|_{x=x_0}=0. \qquad ③$$

这是可降阶方程，令 $p=\dfrac{\mathrm{d}y}{\mathrm{d}x}$，$k=\dfrac{v_0}{v_1}>0$，得到 $\begin{cases}x\dfrac{\mathrm{d}p}{\mathrm{d}x}+k\sqrt{1+p^2}=0\\ p(x_0)=0\end{cases}$.

解此初值问题，得 $p=\dfrac{1}{2}\left[\left(\dfrac{x_0}{x}\right)^k-\left(\dfrac{x}{x_0}\right)^k\right]$. 再积分，以及利用 $y(x_0)=0$，于是小船的运动轨迹为

$$y(x)=\begin{cases}-\dfrac{x_0}{2}\left[\dfrac{1}{k-1}\left(\dfrac{x_0}{x}\right)^{k-1}+\dfrac{1}{k+1}\left(\dfrac{x}{x_0}\right)^{k+1}-\dfrac{2k}{k^2-1}\right],\ k\neq 1,\\ -\dfrac{x_0}{2}\left[\ln\dfrac{x_0}{x}+\dfrac{1}{2}\left(\dfrac{x}{x_0}\right)^2-\dfrac{1}{2}\right],\ k=1.\end{cases}$$

（2）只有当 $k=\dfrac{v_0}{v_1}<1$ 时，船 B 才能追上船 A；而当船 B 追上船 A 时，其 x 坐标为 0，由于

$$\lim_{x\to 0^-}y(x)=\lim_{x\to 0^-}-\frac{x_0}{2}\left[\frac{1}{k-1}\left(\frac{x_0}{x}\right)^{k-1}+\frac{1}{k+1}\left(\frac{x}{x_0}\right)^{k+1}-\frac{2k}{k^2-1}\right]=\frac{x_0k}{k^2-1},$$

则船 B 追上船 A 需要费时 $T=\dfrac{x_0k}{(k^2-1)v_0}=\dfrac{x_0v_1}{v_0^2-v_1^2}$.

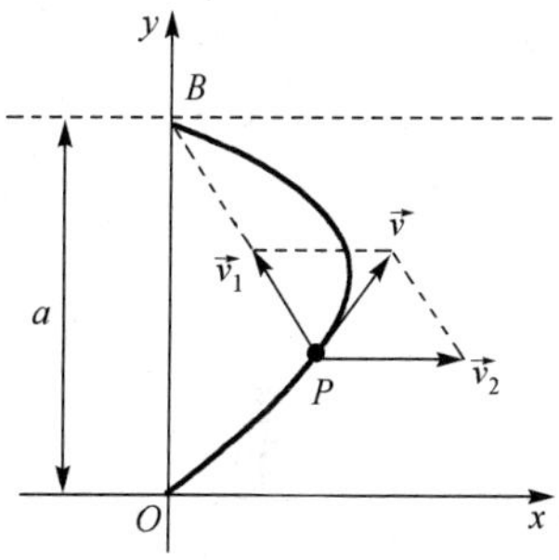

图 7.3

例 7　如图 7.3 所示，设河宽为 a，一条船从岸边一点 O 出发驶向对岸，船头总是指向对岸与点 O 相对的一点 B. 假设船在静水中的船速为常数 v_1，河流中水的流速为常数 v_2，试求船过河所走的路线（曲线方程），并讨论在什么条件下船能到达对岸，以及船能到达点 B.

分析　船的实际速度是其航行速度（大小为静水速度，方向指向点 B）及水流速度的合成，由此可建立其航迹的微分方程. 若船的航迹方程为 $x=g(y)$，则船能到达对岸的标志是 $g(y)$ 在 $y=a$ 有意义或 $\lim\limits_{y\to a^-}g(y)$ 存在；船能到达点 B 的标志是 $g(a)=0$ 或 $\lim\limits_{y\to a^-}g(y)=0$.

解　如图建立坐标系，则点 B 的坐标为(0,a)，设在时刻 t 船的位置为 $P(x,y)$，船实际速度 $\vec{v}$ 是由船的航行速度 $\boldsymbol{v}_1=\left(-\dfrac{v_1x}{\sqrt{x^2+(a-y)^2}},\dfrac{v_1(a-y)}{\sqrt{x^2+(a-y)^2}}\right)$ 与水流速度 $\boldsymbol{v}_2=(v_2,0)$ 的合成 $\boldsymbol{v}=\boldsymbol{v}_1+\boldsymbol{v}_2$，所以有

$$\frac{\mathrm{d}x}{\mathrm{d}t}=v_2-\frac{v_1x}{\sqrt{x^2+(a-y)^2}},\quad \frac{\mathrm{d}y}{\mathrm{d}t}=\frac{v_1(a-y)}{\sqrt{x^2+(a-y)^2}}.$$

两式做商，消去 t 得

$$\frac{\mathrm{d}y}{\mathrm{d}x}=\frac{a-y}{k\sqrt{x^2+(a-y)^2}-x}\quad\left(k=\frac{v_2}{v_1}\right)，初始条件 y(0)=0.$$

这是齐次方程，解此初值问题，得

$$(a-y)^k=\frac{a(a-y)}{x+\sqrt{x^2+(y-a)^2}}, \qquad ①$$

变形为
$$(a-y)^{1-k}=x+\sqrt{x^2+(y-a)^2}\ . \qquad ②$$
再将①式分母有理化，变形得
$$(a-y)^{1+k}=x-\sqrt{x^2+(y-a)^2}\ . \qquad ③$$
由②，③式可得
$$x=\frac{a}{2}\left[\left(\frac{a-y}{a}\right)^{1-k}-\left(\frac{a-y}{a}\right)^{1+k}\right].$$

讨论：（1）当 $k<1$，即 $v_2<v_1$ 时，则 $\lim\limits_{y\to a^-}x=0$，即船可到达点 $B(0,a)$；

（2）当 $k=1$，即 $v_2=v_1$ 时，则 $\lim\limits_{y\to a^-}x=\frac{a}{2}$，即船可到达对岸点 $\left(\frac{a}{2},a\right)$；

（3）当 $k>1$，即 $v_2>v_1$ 时，$\lim\limits_{y\to a^-}x$ 不存在，即船不能到达对岸.

例 8* 有一个直径为 3 寸水平放置的圆盘，正在按每分钟 4 周旋转. 离圆盘较远但在同一平面上有一个点在发光. 将一个昆虫放在圆盘的边上离光源最远处，头对光源. 这时它立即惊起按每秒 1 寸爬行，而且总是头对着光源. 试建立运动的微分方程，并求出昆虫再次到达圆盘的边上的点的坐标.

分析 昆虫的实际爬行速度是圆盘的转动速度与昆虫的爬行速度的合成，由此可建立昆虫运动的微分方程.

解 取圆盘的中心为原点，如图 7.4 所示建立坐标系. 昆虫开始在点 $\left(\frac{3}{2},0\right)$ 处，光源在 $(-\infty,0)$ 处. 圆盘按反时钟方向旋转. 假设在时间 t 昆虫位于 (x,y)，即 (r,θ) 处，此时昆虫随圆盘转动的方向为（圆周切线方向）$\boldsymbol{e}_\tau=\left(\frac{-y}{r},\frac{x}{r}\right)$，昆虫的爬行方向为 $\boldsymbol{e}_s=(-1,0)$（当光源离圆盘较远时，可视 $\boldsymbol{e}_s$ 不变），则昆虫的实际运动速度为 $\omega r\boldsymbol{e}_\tau+\boldsymbol{e}_s\left(\omega=\frac{2\pi}{15}\right)$，即有

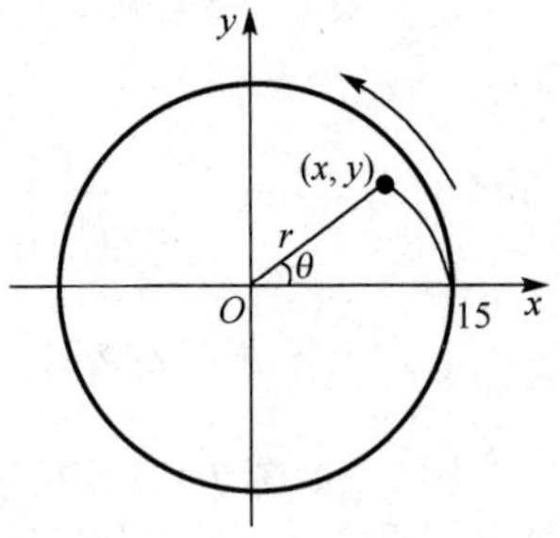

图 7.4

$$\frac{\mathrm{d}x}{\mathrm{d}t}=-\omega y-1 \quad ①, \qquad \frac{\mathrm{d}y}{\mathrm{d}t}=\omega x \quad ②,$$
这是一阶线性微分方程组，除用方程组的知识求解外，还可用下面两种方法求解：

（1）两式相除得
$$\frac{\mathrm{d}y}{\mathrm{d}x}=-\frac{\omega x}{1+\omega y}.$$

分离变量积分，得昆虫的运动轨迹为 $x^2+\left(y+\frac{1}{\omega}\right)^2=A^2$，由初始条件 $x(0)=\frac{3}{2}$，$y(0)=0$ 得 $A^2=\left(\frac{3}{2}\right)^2+\left(\frac{15}{2\pi}\right)^2$. 这个圆周与圆盘的边界交于点 $\left(-\frac{3}{2},0\right)$，即昆虫从这一点离开圆盘.

（2）对①式两边求导，并将②式代入，得
$$\frac{\mathrm{d}^2x}{\mathrm{d}t^2}=-\omega\frac{\mathrm{d}y}{\mathrm{d}t}=-\omega^2x\text{，即}\ \frac{\mathrm{d}^2x}{\mathrm{d}t^2}+\omega^2x=0\text{，}$$

它的解为 $x=A\cos(\omega t-\phi)$，代入式①式，得 $y=A\sin(\omega t-\phi)-\frac{1}{\omega}$，消去参数，得 $x^2+\left(y+\frac{1}{\omega}\right)^2=A^2$.

评注 （1）$\boldsymbol{e}_\tau$ 表达式的源由：t 时刻圆周方程 $x=r\cos\theta,\ y=r\sin\theta$，切向量为 $(\dot{x},\dot{y})=(-r\sin\theta,r\cos\theta)=(-y,x)$，单位化即得 $\boldsymbol{e}_\tau$.

（2）将光源置于坐标轴上的无穷远点对方程的建立至关重要，否则方程形式会较复杂，难以求解.

例 9　设桥墩的水平截面是圆，桥墩上方压力均匀分布，其总压力为 P kN. 又设建桥材料的密度为 $\mu\,\text{kg/m}^3$，每个截面圆上的允许压强为 $k\,\text{kN/m}^2$，求使材料最省的桥墩形状.

分析　桥墩侧面是旋转曲面，只需求得一条母线即可. 当每个截面圆上的压强等于允许压强时，是材料最省的情况. 可由此建立方程.

解　如图 7.5 所示，设桥墩侧面由曲线 $y=f(x)$ 绕 x 轴旋转而成. 在 x 点处截面上所受的总载荷为上方的压力 P 与区间 $[0,x]$上桥墩的自重之和，即$P+\mu g\pi\int_0^x y^2(t)\,\mathrm{d}t$. 而该截面的面积为 $\pi y^2(x)$，它允许承受的压强为 $k\,\text{kN/m}^2$，得

$$P+\mu g\pi\int_0^x y^2(t)\,\mathrm{d}t=k\pi y^2(x).$$

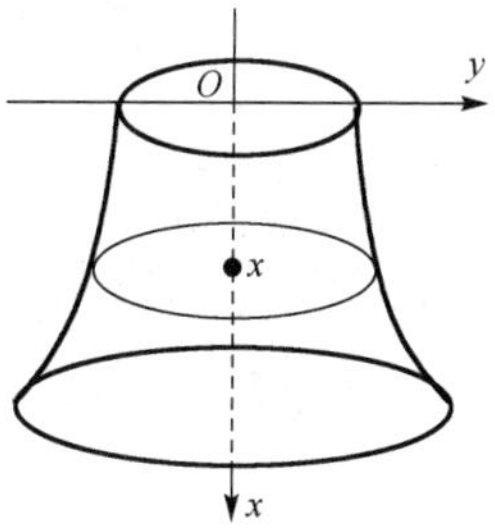

图 7.5

两边对 x 求导得 $y'=\dfrac{\mu g}{2k}y$，解得 $y=c\mathrm{e}^{\frac{\mu g}{2k}x}$，由初始条件 $y(0)=\sqrt{\dfrac{P}{k\pi}}$，代入得 $y=\sqrt{\dfrac{P}{k\pi}}\mathrm{e}^{\frac{\mu g}{2k}x}$.

例 10　设甲容器中有 100 升盐水，并含盐 10 升，乙容器中有 100 升清水. 现以 2 升/分的速率将清水注入甲，搅均匀后以 2 升/分的速率将盐水注入乙容器，搅匀后又以 1 升/分的速率流出乙容器，求乙容器中含盐量的变化规律.

分析　应先求得甲容器中含盐量的变化规律，为此可考虑经过较短时间段$[t,t+\Delta t]$，甲容器中含盐量的变化（等量关系：含盐改变量 = 流入量 − 流出量），取极限建立微分方程，再求解. 类似可求得乙容器中含盐量的变化规律.

解　设 t 时刻，甲容器中含盐量为 $x(t)$，则其浓度为$\dfrac{x}{100}$，由t到$t+\Delta t$时间段甲容器中盐的改变量为$\Delta x\approx-\dfrac{x}{100}2\Delta t$，两边除以$\Delta t$，取极限$\Delta t\to 0$得

$$\frac{\mathrm{d}x}{\mathrm{d}t}=-\frac{x}{50}，\ 初值\ x(0)=10.$$

解出$x=10\mathrm{e}^{-\frac{1}{50}t}$.

再设 t 时刻，乙容器中含盐量为$y(t)$，由t到$t+\Delta t$ 时间段流入乙容器的盐量约为$\dfrac{10}{100}\mathrm{e}^{-\frac{1}{50}t}\cdot 2\Delta t$，流出乙容器的盐量约为$\dfrac{y(t)}{100+t}\cdot\Delta t$，从而

$$\Delta y\approx\frac{1}{5}\mathrm{e}^{-\frac{1}{50}t}\Delta t-\frac{y}{100+t}\Delta t.$$

两边除以Δt，取极限$\Delta t\to 0$得

$$\frac{\mathrm{d}y}{\mathrm{d}t}=\frac{1}{5}\mathrm{e}^{-\frac{1}{50}t}-\frac{y}{100+t}，\ 初值\ y(0)=0.$$

解出 $y=\dfrac{10}{100+t}[150-(150+t)\mathrm{e}^{-\frac{t}{50}}]$.

评注　*为叙述及书写方便，题解中常常将增量Δt、Δx、Δy写成其微元$\mathrm{d}t$、$\mathrm{d}x$、$\mathrm{d}y$，这样就可不用求极限而直接写出对应的微分方程.*

例 11　某种飞机在机场降落时，为了减小滑行距离，在触地的瞬间，飞机尾部将打开减速伞，以增大阻力，使飞机迅速减速并停下. 现有一质量为 9000kg 的飞机，着陆时的水平速度为 700km/h，经

测试，减速伞打开后，飞机所受的总阻力与飞机的速度成正比（比例系数为 $k = 6.0\times10^6$）. 问从着陆点算起，飞机滑行的最长距离是多少？

分析 需先求得飞机滑行的运动方程. 由于飞机受到的外力仅有空气阻力，根据牛顿第二定律很容易建立微分方程.

解 方法 1 由题设，飞机的质量 $m=9000\text{kg}$，着陆时的水平速度 $v_0=700\text{km/h}$. 从飞机接触跑道时开始计时，设 t 时刻飞机的滑行距离为 $x(t)$，速度为 $v(t)$. 根据牛顿第二定律，得

$$m\frac{\mathrm{d}v}{\mathrm{d}t}=-kv.$$

又 $\dfrac{\mathrm{d}v}{\mathrm{d}t}=\dfrac{\mathrm{d}v}{\mathrm{d}x}\cdot\dfrac{\mathrm{d}x}{\mathrm{d}t}=v\dfrac{\mathrm{d}v}{\mathrm{d}x}$，代入上式得 $\mathrm{d}x=-\dfrac{m}{k}\mathrm{d}v$，积分得 $x(t)=-\dfrac{m}{k}v+C$. 由于 $v(0)=v_0$，$x(0)=0$，故得 $C=\dfrac{m}{k}v_0$，从而

$$x(t)=\frac{m}{k}[v_0-v(t)].$$

当 $v(t)\to 0$ 时，$x(t)\to\dfrac{mv_0}{k}=\dfrac{9000\times700}{6.0\times10^6}=1.05\text{ km}$. 所以，飞机滑行的最长距离为 1.05km.

方法 2 根据牛顿第二定律，得 $m\dfrac{\mathrm{d}v}{\mathrm{d}t}=-kv$，所以 $\dfrac{\mathrm{d}v}{v}=-\dfrac{k}{m}\mathrm{d}t$.

两端积分得通解 $v=C\mathrm{e}^{-\frac{k}{m}t}$，代入初始条件 $v|_{t=0}=v_0$，解得 $C=v_0$，故 $v(t)=v_0\mathrm{e}^{-\frac{k}{m}t}$.

飞机滑行的最长距离为

$$x=\int_0^{+\infty}v(t)\,\mathrm{d}t=-\frac{mv_0}{k}\mathrm{e}^{-\frac{k}{m}t}\Big|_0^{+\infty}=\frac{mv_0}{k}=1.05\text{ km}.$$

方法 3 根据牛顿第二定律，得 $m\dfrac{\mathrm{d}^2x}{\mathrm{d}t}=-k\dfrac{\mathrm{d}x}{\mathrm{d}t}$，即 $\dfrac{\mathrm{d}^2x}{\mathrm{d}t^2}+\dfrac{k}{m}\cdot\dfrac{\mathrm{d}x}{\mathrm{d}t}=0$，其特征方程为 $r^2+\dfrac{k}{m}r=0$，

解得 $r_1=0$，$r_2=-\dfrac{k}{m}$，故 $x=C_1+C_2\mathrm{e}^{-\frac{k}{m}t}$.

由 $x\Big|_{t=0}=0$，$v\Big|_{t=0}=\dfrac{\mathrm{d}x}{\mathrm{d}t}\Big|_{t=0}=-\dfrac{kC_2}{m}\mathrm{e}^{-\frac{k}{m}t}\Big|_{t=0}=v_0$，得 $C_1=-C_2=\dfrac{mv_0}{k}$，于是

$x(t)=\dfrac{mv_0}{k}(1-\mathrm{e}^{-\frac{k}{m}t})$. 当 $t\to+\infty$ 时，$x(t)\to\dfrac{mv_0}{k}=1.05\text{ km}$.

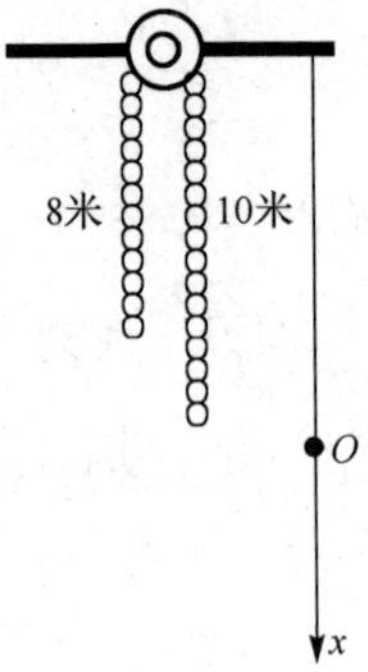

图 7.6

例 12 一质量均匀的链条挂在一无摩擦的钉子上，运动开始时，链条的一边下垂 8 米，另一边下垂 10 米，如图 7.6 所示，试问整个链条滑过钉子需多少时间.

分析 需先求得链条下滑的运动方程. 链条下滑是由钉子两侧链条的重量差引起的，由牛顿第二定律容易建立微分方程.

解 设链条的线密度为 μ，经过时间 t，链条下滑了 x 米，则由牛顿第二定律得

$$m\frac{\mathrm{d}^2x}{\mathrm{d}t^2}=(10+x)\mu g-(8-x)\mu g\quad(m=18\mu),$$

即

$$x''-\frac{g}{9}x=\frac{g}{9},\quad x(0)=0,\ x'(0)=0.$$

解此方程得 $x(t)=\dfrac{1}{2}(\mathrm{e}^{-\frac{1}{3}\sqrt{g}t}+\mathrm{e}^{\frac{1}{3}\sqrt{g}t})-1$.

整个链条滑过钉子，即 $x=8$，代入上式得 $t=\frac{3}{\sqrt{g}}\ln(9+\sqrt{80})$(秒)．

习题 7.3 答案

习题 7.3

1. 设函数 f 定义在有限或无限区间 I 上，I 的左端点为 0. 若正数 $x\in I$，则 f 在 $[0,x]$ 上的平均值等于 $f(0)$ 与 $f(x)$ 的几何平均值，求满足上述条件的函数 $f(x)$．

2. 设 $y=f(x)$ 是第一象限内连接点 $A(0,1),B(1,0)$ 的一段连续曲线，$M(x,y)$ 为该曲线上任意一点，点 C 为 M 在 x 轴上的投影，O 为坐标原点. 若梯形 $OCMA$ 的面积与曲边三角形 CBM 的面积之和为 $\frac{x^3}{6}+\frac{1}{3}$，求 $f(x)$ 的表达式.

3. 求一曲线，使得在其上任意一点 P 处的切线在 y 轴上的截距等于原点到点 P 的距离.

4. 设函数 $y(x)$ $(x\geqslant 0)$ 二阶可导，且 $y'(x)>0$，$y(0)=1$．过曲线 $y=y(x)$ 上任意一点 $P(x,y)$ 作该曲线的切线及 x 轴的垂线，上述两直线与 x 轴所围成的三角形的面积记为 S_1，区间 $[0,x]$ 上以 $y=y(x)$ 为曲边的梯形面积记为 S_2，并设 $2S_1-S_2$ 恒为 1，求此曲线 $y=y(x)$ 的方程.

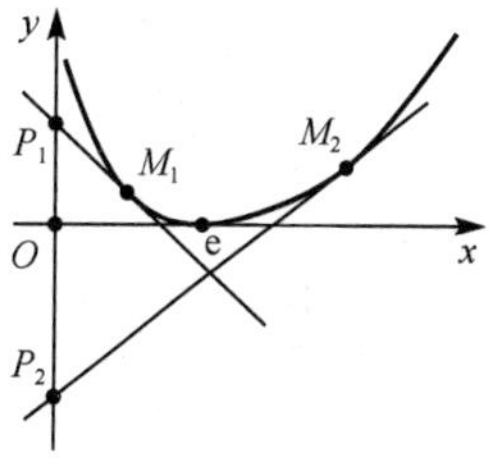

图 7.7

5．在第一象限内求一条与 x 轴相切于点 $A(\mathrm{e},0)$ 的凹曲线 $y=f(x)$，$f''(x)\geqslant 0$，使曲线上任意两点 M_1,M_2 之间的弧长，等于曲线在这两点处的切线在 y 轴上截下的线段 P_1P_2 之长（图 7.7）．

6. 设 $y=y(x)$ 是一向上凸的连续曲线，其上任意一点 (x,y) 处的曲率为 $\frac{1}{\sqrt{1+y'^2}}$，且此曲线上点 $(0,1)$ 处的切线方程为 $y=x+1$，求该曲线的方程，并求函数 $y=y(x)$ 的极值.

7.（CPU 降温问题）一台计算机启动后，其芯片 CPU 温度会不断升高，升高速度为 20℃/h. 为防止温度无限升高而烧坏 CPU，在计算机启动后就要使用风扇，将恒温空气传送给它，使它冷却降温. 根据牛顿冷却定律可知冷却速度和物体与空气的温差成正比. 设空气的温度一直保持 15℃不变，试求 CPU 温度的变化规律.

（1）试证明在这种冷却方法下，CPU 温度 T 是关于时间 t 的单调递增函数，但 $T(t)$ 有上界;

（2）若已知计算机在启动 1h 后其温度的升高率为 14℃/h，试求在启动 2h 后 CPU 温度的升高率.

8. 拖拉机后面通过长为 a(m) 不可拉伸的钢绳拖拉着一个重物，拖拉机的初始位置在坐标原点，重物的初始位置在 $A=(0,a)$ 点. 现在拖拉机沿 x 轴正向前进，求重物运动的轨迹曲线方程.

9. 从船上向海中沉放某种探测仪器，按探测要求，需确定仪器的下沉深度 y（从海平面算起）与下沉速度 v 之间的函数关系. 设仪器在重力作用下，从海平面由静止开始铅直下沉，在下沉过程中还受到阻力和浮子的作用. 设仪器的质量为 m，体积为 B，海水密度为 ρ，仪器所受的阻力与下沉速度成正比，比例系数为 $k\,(k>0)$. 试建立 y 与 v 所满足的微分方程，并求出函数关系式 $y=y(v)$．

10. 某湖泊的水量为 V，每年排入湖泊内含污染物 A 的污水量为 $V/6$，流入湖泊内不含 A 的水量为 $V/6$，流出湖泊的水量为 $V/3$. 已知 1999 年年底，湖中 A 的含量为 $5m_0$，超过国家规定指标，为了治理污染，从 2000 年年初起，限定排入湖泊中含 A 污水的浓度不超过 m_0/V. 问至少需经过多少年，湖泊中污染物 A 的含量降至 m_0 以内.（注：设湖水中 A 的浓度是均匀的.）

11. 有一小船从岸边的 O 点出发驶向对岸，假定河流两岸是互相平行的直线，并设船速为 a 方向始终垂直于对岸，又设河宽为 $2l$，河面上任意一点处的水速与该点到两岸距离之积成正比，比例系数为 $k=\frac{v_0}{l^2}$，求小船航行的轨迹方程.

12. 一条鲨鱼在发现血腥味时，总是沿血腥味最浓的方向追寻. 在海平面上进行试验表明，如果把坐标原点取在血源处，在海平面上建立直角坐标系，那么点 (x,y) 处血液的浓度 u（每百万份水中所含血的份数）的近似值为 $u=\mathrm{e}^{-(x^2+2y^2)/10^4}$. 求鲨鱼从点 (x_0,y_0) 出发向血源前进的路线.

综合题 7*答案

综合题 7*

1. 找出所有的可微函数 $f:(0,+\infty)\to(0,+\infty)$，对于这样的函数，存在一个正实数 a，使得对于所有的 $x>0$，有 $f'\left(\dfrac{a}{x}\right)=\dfrac{x}{f(x)}$.

2. 设 $g(x)$ 与 $f(x)$ 都是以 ω 为周期的连续函数，讨论方程

$$\frac{\mathrm{d}y}{\mathrm{d}x}=g(x)y+f(x) \qquad ①$$

（1）存在唯一以 ω 为周期的周期解的条件，并求出此唯一解；

（2）一切解都是以 ω 为周期的周期解的条件，并求出所有这些解；

（3）不存在以 ω 为周期的解的条件.

3. 设函数 $a(x)$ 和 $b(x)$ 在区间 $[0,+\infty)$ 上连续，并且 $\lim\limits_{x\to+\infty}a(x)=\alpha<0$，$|b(x)|\leqslant\beta$（$\alpha$ 与 β 都是常数）. 试证明：

（1）方程 $\dfrac{\mathrm{d}y}{\mathrm{d}x}=a(x)y+b(x)$ 的一切解在 $[0,+\infty)$ 有上界；

（2）若 $\lim\limits_{x\to+\infty}b(x)=0$，则该方程的一切解 $y(x)$ 满足 $\lim\limits_{x\to+\infty}y(x)=0$.

4. 设 $f(x)$ 在 $[0,+\infty)$ 上具有连续导数，满足 $3\left[3+f^2(x)\right]f'(x)=2\left[1+f^2(x)\right]^2\mathrm{e}^{-x^2}$，且 $f(0)\leqslant 1$. 证明存在常数 $M>0$，使得 $x\in[0,+\infty)$ 时，恒有 $|f(x)|\leqslant M$.

5. 设 $\mu_1(x,y)$ 和 $\mu_2(x,y)$ 为方程 $M(x,y)\mathrm{d}x+N(x,y)\mathrm{d}y=0$ 的两个积分因子，且 $\dfrac{\mu_1}{\mu_2}\neq$ 常数，证明 $\dfrac{\mu_1}{\mu_2}=C$ 是该方程的通解，其中 C 为任意常数.

6. 设函数 $u=f(\sqrt{x^2+y^2})$，满足 $\dfrac{\partial^2u}{\partial x^2}+\dfrac{\partial^2u}{\partial y^2}=\iint\limits_{s^2+t^2\leqslant x^2+y^2}\dfrac{1}{1+s^2+t^2}\mathrm{d}s\mathrm{d}t$，且 $\lim\limits_{x\to0^+}f'(x)=0$.

（1）试求函数 $f'(x)$ 的表达式. （2）若 $f(0)=0$，求 $\lim\limits_{x\to0^+}\dfrac{f(x)}{x^4}$.

7. 设函数 $f(x)$ 在 $[0,+\infty)$ 上连续，$\Omega(t)=\left\{(x,y,z)\mid x^2+y^2+z^2\leqslant t^2,z\geqslant 0\right\}$，$S(t)$ 是 $\Omega(t)$ 的表面，$D(t)$ 是 $\Omega(t)$ 在 xOy 面的投影区域，$L(t)$ 是 $D(t)$ 的边界曲线，已知当 $t\in(0,+\infty)$ 时，恒有

$$\oint_{L(t)}f(x^2+y^2)\sqrt{x^2+y^2}\,\mathrm{d}s+\oiint\limits_{S(t)}(x^2+y^2+z^2)\mathrm{d}S=\iint\limits_{D(t)}f(x^2+y^2)\mathrm{d}\sigma+\iiint\limits_{\Omega(t)}\sqrt{x^2+y^2+z^2}\,\mathrm{d}V,$$

求 $f(x)$ 的表达式.

8. 求微分方程 $y''+3y'+2y=\dfrac{1}{\mathrm{e}^x+1}$ 的通解.

9. 求下面初值问题的特解.

$$\begin{cases}y''+\dfrac{1}{x}y'-\dfrac{1}{x^2}y=\dfrac{1}{1+x^2},\\ y(1)=0,\ y'(1)=\dfrac{\pi}{4}.\end{cases}$$

10. 求微分方程 $\dfrac{\mathrm{d}^2 y}{\mathrm{d}x^2}\cos x-2\dfrac{\mathrm{d}y}{\mathrm{d}x}\sin x+3y\cos x=\mathrm{e}^x$ 的通解.

11. 当 λ 为何值时，方程 $\int_0^1 \min(x,y)f(y)\,\mathrm{d}y=\lambda f(x)$ 在(0,1)内有不恒等于零的连续解？这些解是什么？

12. 设 $f(x)$ 和 $g(x)$ 都有连续导数，满足 $f'(x)=g(x), g'(x)=2\mathrm{e}^x-f(x)$，且 $f(0)=0$，$g(0)=2$，求定积分 $\int_0^{\pi}\left[\dfrac{g(x)}{1+x}-\dfrac{f(x)}{(1+x)^2}\right]\mathrm{d}x$.

13. 设 $f(x)$ 在 $\mathbb{R}$ 上二阶可导，且 $f(0)=0$，$f'(0)=1$，设 $g(x,y)=\int_0^y f(xt)\,\mathrm{d}t$ 满足方程 $\dfrac{\partial^2 g}{\partial x\partial y}-xyg(x,y)=xy^2\sin xy$，求 $g(x,y)$.

14. 求微分方程 $yy''+\left(\dfrac{x}{y}+\ln y\right)(y')^3=0$ 的通解.

15. 求微分方程 $\left(x^2+y^2\right)y''=2\left(1+y'^2\right)\left(xy'-y\right)$ 的通解.

16. 设有非齐次线性微分方程组 $\begin{cases}\dfrac{\mathrm{d}x}{\mathrm{d}t}=\dfrac{1}{t}x-y+t\\ \dfrac{\mathrm{d}y}{\mathrm{d}t}=\dfrac{1}{t^2}x+\dfrac{2}{t}y-t^2\end{cases}$，已知 $\begin{cases}x=t^2\\ y=-t\end{cases}$ 是对应其次微分方程组的一个解，求非齐次线性微分方程组的通解.

17. 设函数 $y=y(x)$ 是微分方程 $y''+6y'+5y=f(x)$ 的任一解，其中 $f(x)$ 是 $[a,+\infty)$ 上的连续函数，且 $\lim\limits_{x\to+\infty}f(x)=A$（有限常数），求 $\lim\limits_{x\to+\infty}y(x)$.

18. 设 $f(x)$ 是 $[0,+\infty)$ 上的有界连续函数，证明方程 $y''+14y'+13y=f(x)$ 的每一个解在 $[0,+\infty)$ 上都是有界的.

19. 设 $y=f(x)$ 是微分方程 $y''-2y'-3y=\ln(1+x)$ 满足初值条件 $y(0)=\dfrac{2}{9}$，$y'(0)=\dfrac{11}{3}$ 的解，证明当 $x>0$ 时，有 $f(x)<\mathrm{e}^{3x}-\mathrm{e}^{-x}-\dfrac{1}{3}x+\dfrac{2}{9}$.

20. 求出所有在 $[0,+\infty)$ 上连续，在 $(0,+\infty)$ 上函数值为正的函数 $y=g(x)$，使得对所有 $x>0$，区域 $R_x=\{(s,t)\,|\,0\leqslant s\leqslant x, 0\leqslant t\leqslant g(s)\}$ 的质心的 y 坐标和 g 在 $[0,x]$ 上的平均值相同，并证明结论.

21. 设 $p_1(x),p_2(x)$ 是连续函数，$y_1(x),y_2(x)$ 是方程 $y''+p_1(x)y'+p_2(x)y=0$ 的两个线性无关的解. 证明如果 α,β 是 $y_1(x)$ 的两个零点，则在 α,β 之间必存在 $y_2(x)$ 的一个零点.

22. 一个质点在直线上运动，仅有与速度成反比的力作用于其上. 如果初速为每秒 1000 尺，当它经过 1200 尺后，速度为每秒 900 尺. 试计算运行这段距离的时间. 误差不超过百分之一秒.

23. 飞机在机场开始滑行着陆. 在着陆时刻已失去垂直速度，水平速度为 v_0 米/秒. 飞机与地面的摩擦系数为 μ，且飞机运动时所受空气的阻力与速度的平方成正比，在水平方向的比例系数为 k_x 千克·秒^2/米^2，在垂直方向的比例系数为 k_y 千克·秒^2/米^2. 设飞机的质量为 m 千克，求飞机从着陆到停止所需的时间.

24. 有一圆锥形的塔，底半径为 R，高为 $h\ (h>R)$，现沿塔身建一登上塔顶的楼梯，要求楼梯曲线在每一点的切线与过该点垂直于 xOy 平面的直线的夹角为 $\dfrac{\pi}{4}$，设楼梯入口在点 $(R,0,0)$ 处，试求楼梯曲线的方程（设塔底面为 xOy 平面）.

25. 设过曲线上任意一点 $M(x,y)$ 的切线 MT 与坐标原点到此点的连线 OM 相交成定角 ω，求此曲线方程.

26.（四人追逐问题）位于边长为 $2a$ 的一个正方形的 4 个顶点有 4 个人 P_1,P_2,P_3,P_4，一开始分别位于点 $A_1(a,a),A_2(-a,a),A_3(-a,-a),A_4(a,-a)$ 处. 他们玩依次追逐的游戏，P_1 追逐 P_2，P_2 追逐 P_3，P_3 追逐 P_4，P_4 追逐 P_1. 求各自追逐路线的方程.

27. 一个质点缚在一根轻的竿 AB 的一端 A 上. 竿长为 a，竿的 B 端有铰链使它能在一个垂直平面上自由转动. 竿在铰链上面竖直的位置处于平衡，然后轻微地扰动它. 证明竿从通过水平位置降到最低位置的时间是 $\sqrt{a/g}\ln(1+\sqrt{2})$.

28. 一个质量为 $m=1\text{kg}$ 的爆竹，以初速度 $v_0=21\text{m/s}$ 铅直向上飞向高空，已知在上升的过程中，空气对它的阻力与它运动速度 v 的平方成正比，比例系数为 $k=0.025\text{kg/m}$. 求该爆竹能够到达的最高高度.

29. 一质点在一与距离 k 次方成反比的有心力作用下运动. 如果质点的运动轨道为一圆（假设有心力由圆周上的点出发），试求 k 的值.

30.（雨滴下落的速度）有一滴雨滴，以初速度零开始从高空落下，设其初始质量为 $m_0(\text{g})$. 在下落的过程中，由于不断蒸发，所以其质量以 $a(\text{g/s})$ 的速率逐渐减少. 已知雨滴在下落时，所受到的空气阻力和下落的速度成正比，比例系数为 $k(>0)$. 试求在时刻 $t\left(0<t<\dfrac{m_0}{a}\right)$，雨滴的下落速度 $v(t)$.

第 8 章　无穷级数

知识结构

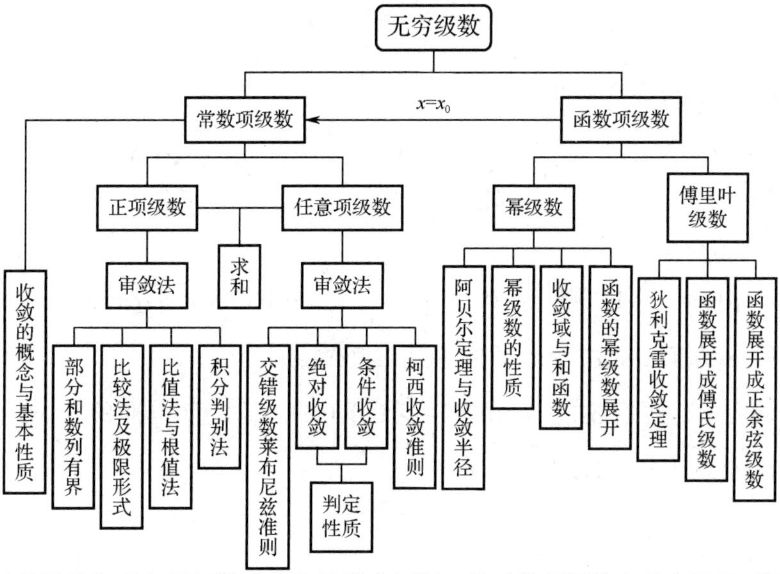

常数项级数的敛散性与求和是级数研究中的基本问题，使函数项级数中的变量相对固定，就可视为常数项级数. 级数是否收敛表现为其部分和数列是否有极限，所以在第 1 章中有关数列极限的理论与方法对本节内容的学习会很有帮助. 本章将常数项级数分为正项级数与任意项级数两个部分讨论.

函数项级数可视为数项级数的一般形式，高等数学只研究两类函数项级数，即幂级数与傅里叶级数. 由于幂级数形式简单、有良好的性质，因此被广泛应用. 傅里叶级数在形式上不如幂级数简洁，但函数展开为傅里叶级数的条件极低，所以用它来表示函数（尤其是周期函数）是更为广泛的，但高等数学涉及傅里叶级数的内容却不多.

8.1　正项级数

正项级数的敛散性易于研究，级数有良好的运算性质（加法满足交换律、结合律，乘法满足分配律等）与广泛的应用. 正项级数的显著特点是其部分和数列 $\{S_n\}$ 单调递增，因此，级数是否收敛就取决于 $\{S_n\}$ 是否有上界. 基于这个原理就产生了很多审敛法（充分条件）. 读者要熟悉各种审敛法以及它们所适用的级数类型，做到知识的灵活应用.

正项级数 $\sum\limits_{n=1}^{\infty}u_n$ 的敛散性判定，常按以下步骤进行：

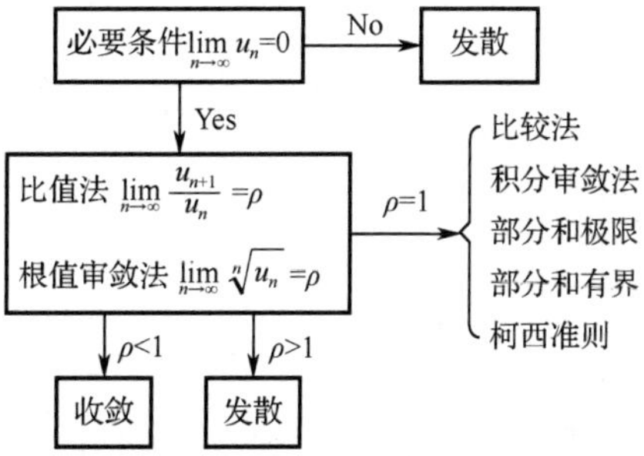

比较法中两个常用的标准：

$$\text{几何级数}\sum_{n=1}^{\infty} ar^{n-1}=\begin{cases}\dfrac{a}{1-r}, & |r|<1,\\ \text{发散}, & |r|\geqslant 1.\end{cases}$$

$$p\text{ 级数}\sum_{n=1}^{\infty}\frac{1}{n^p}\begin{cases}\text{收敛}, & p>1,\\ \text{发散}, & p\leqslant 1.\end{cases}$$

例 1 判别下列级数的敛散性：

（1）$\displaystyle\sum_{n=1}^{\infty}\frac{n^{n+\frac{1}{n}}}{\left(n+\frac{1}{n}\right)^n}$； （2）$\displaystyle\sum_{n=1}^{\infty}\left(n\sin\frac{1}{n}\right)^{n^3}$； （3）$\displaystyle\sum_{n=3}^{\infty}\frac{\ln^q n}{n^p}\ (p,q>0)$．

分析 （1）由于 $n^{\frac{1}{n}}\to 1$，则其通项 $u_n\sim\left(1+\dfrac{1}{n^2}\right)^{-n}\not\to 0$，级数是发散的.

（2）通项是 n 的幂指函数，且趋于 0，宜用根值法判断.

（3）通项趋于 0，但比值法失效. 由于 $\dfrac{\ln^q n}{n^p}$ 趋于 0 的快慢主要由 p 值的大小来确定，而与 q 值的关系甚微，所以会想到与 p 级数进行比较.

解 （1）$u_n=\dfrac{n^n\cdot n^{\frac{1}{n}}}{\left(n+\frac{1}{n}\right)^n}=\dfrac{n^{\frac{1}{n}}}{\left(1+\frac{1}{n^2}\right)^n}$.

由于 $\lim\limits_{n\to\infty}n^{\frac{1}{n}}=1$，$\lim\limits_{n\to\infty}\left(1+\dfrac{1}{n^2}\right)^n=\lim\limits_{n\to\infty}\left[\left(1+\dfrac{1}{n^2}\right)^{n^2}\right]^{\frac{1}{n}}=\mathrm{e}^0=1$. 所以 $\lim\limits_{n\to\infty}u_n=1\neq 0$，级数发散.

（2）$\sqrt[n]{u_n}=\left(n\sin\dfrac{1}{n}\right)^{n^2}=\mathrm{e}^{n^2\ln\left(n\sin\frac{1}{n}\right)}$， 因为

$$n^2\ln\left(n\sin\frac{1}{n}\right)=n^2\ln\left(n\left(\frac{1}{n}-\frac{1}{3!}\frac{1}{n^3}+o\left(\frac{1}{n^3}\right)\right)\right)=n^2\ln\left(1-\frac{1}{6n^2}+o\left(\frac{1}{n^2}\right)\right)$$

$$\sim n^2\left(-\frac{1}{6n^2}+o\left(\frac{1}{n^2}\right)\right)=-\frac{1}{6}+o(1),$$

所以 $\lim\limits_{n\to\infty}\sqrt[n]{u_n}=\mathrm{e}^{\lim\limits_{n\to\infty}\left(-\frac{1}{6}+o(1)\right)}=\mathrm{e}^{-\frac{1}{6}}<1$，级数收敛.

（3）当 $p>1$ 时，取 $r:1<r<p$，则

$$\lim_{n\to\infty}\left(\frac{\ln^q n}{n^p}\Big/\frac{1}{n^r}\right)=\lim_{n\to\infty}\frac{\ln^q n}{n^{p-r}}=0.$$

因为级数 $\displaystyle\sum_{n=1}^{\infty}\frac{1}{n^r}$ 收敛，所以原级数收敛.

当 $p\leqslant 1$ 时，$\lim\limits_{n\to\infty}\left(\dfrac{\ln^q n}{n^p}\Big/\dfrac{1}{n}\right)=\lim\limits_{n\to\infty}n^{1-p}\ln^q n=+\infty$. 因为 $\displaystyle\sum_{n=1}^{\infty}\frac{1}{n}$ 发散，所以原级数发散.

评注 （1）若级数的一般项是 n 的幂指函数，要特别留意是否极限为 0；当极限为 0 时，宜用根

值法判断敛散性.

（2）若通项是$\dfrac{1}{n^p}(p>0)$的同阶或低阶无穷小，则不适宜用比值（根值）法判定（当比值法极限存在时，其极限值总是 1，失效），常用比较或其他审敛法. 一般来说，如果级数的通项u_n是由n的对数函数、三角函数、幂函数等构成的分式，则级数的敛散性都不适宜用比值（根值）法判定.

例 2　判别下列级数的敛散性：

（1）$\dfrac{1}{3}+\dfrac{1}{3\sqrt{3}}+\dfrac{1}{3\sqrt{3}\sqrt[3]{3}}+\cdots+\dfrac{1}{3\sqrt{3}\sqrt[3]{3}\cdots\sqrt[n]{3}}$；　　　（2）$\displaystyle\sum_{n=1}^{\infty}\frac{\ln(n!)}{n^\alpha}$.

分析　易验证两道题都不宜用比值法或根值法（极限为 1），可考虑用比较法.

解　（1）$u_n=\dfrac{1}{3^{1+\frac{1}{2}+\cdots+\frac{1}{n}}}$.

方法 1　由$\dfrac{1}{n}>\ln\left(1+\dfrac{1}{n}\right)$，有

$$1+\frac{1}{2}+\cdots+\frac{1}{n}>\ln(1+1)+\ln\left(1+\frac{1}{2}\right)+\cdots+\ln\left(1+\frac{1}{n}\right)=\ln 2+\ln\frac{3}{2}+\cdots+\ln\frac{n+1}{n}=\ln(n+1),$$

故

$$u_n<\frac{1}{3^{\ln(1+n)}}<\frac{1}{3^{\ln n}}=\frac{1}{\mathrm{e}^{\ln n\cdot\ln 3}}=\frac{1}{n^{\ln 3}}.$$

由于$\ln 3>1$，级数$\displaystyle\sum_{n=1}^{\infty}\frac{1}{n^{\ln 3}}$收敛，所以$\displaystyle\sum_{n=1}^{\infty}u_n$收敛.

方法 2　由于$\displaystyle\lim_{n\to\infty}\left(1+\frac{1}{2}+\cdots+\frac{1}{n}-\ln n\right)=C$（$C$为欧拉常数，见 1.2 节例 30），则

$$\lim_{n\to\infty}\frac{u_n}{1/3^{\ln n}}=\frac{1}{3^{\lim\limits_{n\to\infty}\left(1+\frac{1}{2}+\cdots+\frac{1}{n}-\ln n\right)}}=\frac{1}{3^C}.$$

由于$\displaystyle\sum_{n=1}^{\infty}\frac{1}{3^{\ln n}}=\sum_{n=1}^{\infty}\frac{1}{n^{\ln 3}}$收敛，所以$\displaystyle\sum_{n=1}^{\infty}u_n$收敛.

（2）$u_n=\dfrac{\ln 1+\ln 2+\cdots+\ln n}{n^\alpha}$，由于

$$\frac{n-2}{n^\alpha}<u_n<\frac{n\ln n}{n^\alpha}=\frac{\ln n}{n^{\alpha-1}}.$$

当$\alpha\leqslant 2$时，级数$\displaystyle\sum_{n=1}^{\infty}\frac{n-2}{n^\alpha}$发散，所以$\displaystyle\sum_{n=1}^{\infty}u_n$发散；

当$\alpha>2$时，由例 1 中（2）知，级数$\displaystyle\sum_{n=1}^{\infty}\frac{\ln n}{n^{\alpha-1}}$收敛，所以$\displaystyle\sum_{n=1}^{\infty}u_n$收敛.

评注　使用比较法的关键在于选取适当的比较标准，这可通过对级数一般项的适当放缩去寻找，或通过同阶（等价）无穷小（大）去寻找.

例 3　研究级数$\sqrt{2}+\sqrt{2-\sqrt{2}}+\sqrt{2-\sqrt{2+\sqrt{2}}}+\sqrt{2-\sqrt{2+\sqrt{2+\sqrt{2}}}}+\cdots$的收敛性.

分析　该级数的通项难以表示成n的显函数形式，但很容易找到相邻两项之间的关系，所以用比值法是首选.

解　令$A_1=\sqrt{2}$，$A_n=\sqrt{2+A_{n-1}}\ (n=1,2,\cdots)$，则原级数可表示为$\displaystyle\sqrt{2}+\sum_{n=1}^{\infty}\sqrt{2-A_n}$.

$\{A_n\}$ 单调递增且有上界 2，则存在极限，设 $\lim\limits_{n\to\infty} A_n = a$，在 $A_n = \sqrt{2 + A_{n-1}}$ 的两边取极限得 $a = \sqrt{2+a} \Rightarrow a = 2$.

由比值法可知 $\lim\limits_{n\to\infty}\dfrac{\sqrt{2-A_{n+1}}}{\sqrt{2-A_n}} = \lim\limits_{n\to\infty}\dfrac{\sqrt{2-\sqrt{2+A_n}}}{\sqrt{2-A_n}} = \lim\limits_{n\to\infty}\dfrac{1}{\sqrt{2+\sqrt{2+A_n}}} = \dfrac{1}{2} < 1$，原级数收敛.

例 4 设正项级数 $\{a_n\}$ 满足条件 $\lim\limits_{n\to\infty}\dfrac{\ln a_n}{\ln n} = q$，证明当 $q < -1$ 时，级数 $\sum\limits_{n=1}^{\infty} a_n$ 收敛；当 $q > -1$ 时，级数 $\sum\limits_{n=1}^{\infty} a_n$ 发散.

分析 对极限 $\lim\limits_{n\to\infty}\dfrac{\ln a_n}{\ln n} = q$ 用定义来描述就是一组双边不等式，由此可得到 a_n 的双边估计，可用比较法判定.

解 由 $\lim\limits_{n\to\infty}\dfrac{\ln a_n}{\ln n} = q$，对 $\forall \varepsilon > 0$，$\exists N > 0$，当 $n > N$ 时，有

$$q - \varepsilon < \frac{\ln a_n}{\ln n} < q + \varepsilon \text{，即 } \frac{1}{n^{-q+\varepsilon}} < a_n < \frac{1}{n^{-(q+\varepsilon)}}.$$

当 $q < -1$ 时，取 $\varepsilon > 0$，且使 $q + \varepsilon < -1$，即 $-(q+\varepsilon) > 1$，此时级数 $\sum\limits_{n=1}^{\infty}\dfrac{1}{n^{-(q+\varepsilon)}}$ 收敛，所以 $\sum\limits_{n=1}^{\infty} a_n$ 收敛.

当 $q > -1$ 时，即 $-q < 1$，取 $\varepsilon > 0$，且使 $-q + \varepsilon < 1$，此时级数 $\sum\limits_{n=1}^{\infty}\dfrac{1}{n^{-q+\varepsilon}}$ 发散，所以 $\sum\limits_{n=1}^{\infty} a_n$ 发散.

例 5 设有级数 $\sum\limits_{n=1}^{\infty}\dfrac{x^n}{(1+x)(1+x^2)\cdots(1+x^n)}\ (x>0)$.（1）判别级数的敛散性.（2）求 $x \geqslant 1$ 时级数的和.

分析 （1）这是一个正项级数，将 x 视为参变量，其敛散性可能与 x 有关. 可考虑用比值法或比较法.

（2）级数的和是部分和的极限. 将部分和缩项是解决问题的关键.

解 （1）**方法 1** 因为 $x > 0$，所以该级数是正项级数. 记 $a_n = \dfrac{x^n}{(1+x)(1+x^2)\cdots(1+x^n)}$，

$$\lim_{n\to\infty}\frac{a_{n+1}}{a_n} = \lim_{n\to\infty}\frac{x}{1+x^{n+1}} = \begin{cases} x, & 0 < x < 1, \\ \dfrac{1}{2}, & x = 1, \\ 0, & x > 1. \end{cases}$$

即对任意 $x > 0$，均有 $\lim\limits_{n\to\infty}\dfrac{a_{n+1}}{a_n} = \rho$ 存在，且 $\rho < 1$. 由比值法知级数收敛.

方法 2 因为有

$$a_n = \frac{x^n}{(1+x)(1+x^2)\cdots(1+x^n)} \leqslant \begin{cases} x^n, & 0 < x < 1 \\ \dfrac{1}{2^n}, & x = 1, \\ \left(\dfrac{x}{1+x}\right)^n, & x > 1. \end{cases} \triangleq b_n.$$

对任意 $x>0$，由于级数 $\sum_{n=1}^{\infty} b_n$ 均收敛，由比较法知原级数收敛.

方法 3

$$a_n=\frac{(x^n+1)-1}{(1+x)(1+x^2)\cdots(1+x^n)}=\frac{1}{(1+x)(1+x^2)\cdots(1+x^{n-1})}-\frac{1}{(1+x)(1+x^2)\cdots(1+x^n)}.$$

级数的部分和为

$$S_n=\sum_{k=1}^{n} a_k=\sum_{k=1}^{n}\left[\frac{1}{(1+x)(1+x^2)\cdots(1+x^{k-1})}-\frac{1}{(1+x)(1+x^2)\cdots(1+x^k)}\right]$$

$$=1-\frac{1}{(1+x)(1+x^2)\cdots(1+x^n)}<1.$$

即该级数的部分和有上界，所以级数对一切 $x>0$ 均收敛.

（2）由 $S_n=\sum_{k=1}^{n} a_k=1-\dfrac{1}{(1+x)(1+x^2)\cdots(1+x^n)}$，当 $x\geqslant 1$ 时级数的和为 $S=\lim_{n\to\infty} S_n=1$.

评注　（1）由方法 3 可看出，本题结论可推广为：设 $x_n>0(n=1,2,\cdots)$，则下面级数收敛，

$$\sum_{n=1}^{\infty}\frac{x_n}{(1+x_1)(1+x_2)\cdots(1+x_n)}.$$

（2）求数项级数的和通常有以下 4 种方式：

① 利用级数和的定义，即求级数部分和的极限（常用缩项法、夹逼法则等）；

② 转化为定积分计算（见 1.2 节）；

③ 利用已知的级数和公式（见 8.3 节“几个常用的麦克劳林展开式”）；

④ 利用幂级数的和函数来计算（见 8.3 节例 11、12、13）.

例 6　设 $m\geqslant 1$ 为正整数，a_n 是 $(1+x)^{n+m}$ 中 x^n 的系数，证明级数 $\sum_{n=0}^{\infty}\dfrac{1}{a_n}$ 收敛，并求其和.

分析　写出 a_n 的表达式，用“缩项法”化简级数的部分和再求极限.

解　$a_n=C_{n+m}^{n}=\dfrac{(n+1)\cdots(n+m)}{m!}$，　$\sum_{n=0}^{\infty}\dfrac{1}{a_n}=\sum_{n=0}^{\infty}\dfrac{m!}{(n+1)(n+2)\cdots(n+m)}$；

级数的部分和为

$$S_n=\sum_{k=0}^{n-1}\frac{m!}{(k+1)(k+2)\cdots(k+m)}=\frac{m!}{m-1}\sum_{k=0}^{n-1}\left[\frac{1}{(k+1)\cdots(k+m-1)}-\frac{1}{(k+2)\cdots(k+m)}\right]$$

$$=\frac{m!}{m-1}\left(\frac{1}{1\cdot 2\cdots(m-1)}-\frac{1}{(n+1)\cdots(n+m-1)}\right)\to\frac{m!}{(m-1)\cdot(m-1)!}\ (n\to\infty).$$

所以 $\sum_{n=0}^{\infty}\dfrac{1}{a_n}=\dfrac{m}{m-1}$.

评注　注意拆分式：

$$\frac{1}{(k+1)(k+2)\cdots(k+m)}=\frac{1}{m-1}\left[\frac{1}{(k+1)\cdots(k+m-1)}-\frac{1}{(k+2)\cdots(k+m)}\right].$$

这对某些部分和的缩项是很有用的.

例 7　证明级数 $\sum_{n=1}^{\infty}\ln\left(1+\dfrac{1}{2n}\right)\ln\left(1+\dfrac{1}{2n+1}\right)$ 收敛，并求其和.

分析 利用等价无穷 $\ln(1+x)\sim x\ (x\to 0)$ 容易判断级数收敛. 记 $a_n=\ln\left(1+\dfrac{1}{n}\right)$，由对数的运算可得 $a_{2n}+a_{2n+1}=a_n$. 从而 $2a_{2n}a_{2n+1}=a_n^2-(a_{2n}^2+a_{2n+1}^2)$ ，这样就可以得到级数通项的拆分，再考察部分和的极限.

解 由于

$$\ln\left(1+\frac{1}{2n}\right)\ln\left(1+\frac{1}{2n+1}\right)\sim\frac{1}{2n}\cdot\frac{1}{2n+1}\quad(n\to\infty),$$

级数 $\sum\limits_{n=1}^{\infty}\dfrac{1}{2n(2n+1)}$ 是收敛的，所以原级数收敛.

记 $a_n=\ln\left(1+\dfrac{1}{n}\right)$ ，则原级数可表示为 $\sum\limits_{n=1}^{\infty}a_{2n}a_{2n+1}$. 由对数的运算可得 $a_{2n}+a_{2n+1}=a_n$ ，从而

$$2a_{2n}a_{2n+1}=a_n^2-(a_{2n}^2+a_{2n+1}^2),$$

级数 $\sum\limits_{n=1}^{\infty}a_{2n}a_{2n+1}$ 的前 n 项和为

$$S_n=\frac{1}{2}\sum_{k=1}^{n}\left[a_k^2-(a_{2k}^2+a_{2k+1}^2)\right]=\frac{1}{2}\left[a_1^2-(a_{n+1}^2+\cdots+a_{2n+1}^2)\right],$$

因为

$$0<a_{n+1}^2+\cdots+a_{2n+1}^2<na_{n+1}^2=n\ln^2\left(1+\frac{1}{n+1}\right)\to 0\quad(n\to\infty),$$

所以

$$\sum_{n=1}^{\infty}a_{2n}a_{2n+1}=\lim_{n\to\infty}S_n=\frac{1}{2}a_1^2=\frac{1}{2}\ln^2 2.$$

评注 发现关系式 $a_{2n}+a_{2n+1}=a_n$ 使级数通项得以拆分是解决级数求和的关键.

例 8 设数列 $\{a_n\}$ 是单调的，而且 $\sum\limits_{n=1}^{\infty}a_n$ 收敛，证明 $\sum\limits_{n=1}^{\infty}n(a_n-a_{n+1})$ 收敛.

分析 易得所证级数的部分和为 $S_n=\sum\limits_{k=1}^{n}a_k-na_{n+1}$ ，所以只需证明 na_{n+1} 有极限.

解 因 $\sum\limits_{n=1}^{\infty}a_n$ 收敛，故 $\lim\limits_{n\to\infty}a_n=0$. 又因数列 $\{a_n\}$ 单调，所以有

$$a_1\geqslant a_2\geqslant a_3\geqslant\cdots\geqslant a_n\geqslant\cdots\geqslant 0\text{，或 } a_1\leqslant a_2\leqslant a_3\leqslant\cdots\leqslant a_n\leqslant\cdots\leqslant 0 .$$

对第 2 种情形我们可以改变每项的符号，将其转化为第 1 种. 于是只需考虑第 1 种情形而不失一般性.

令 $S_n=\sum\limits_{k=1}^{n}k(a_k-a_{k+1})$ ，则

$$S_n=a_1+a_2(2-1)+\cdots+a_n(n-(n-1))-na_{n+1}=\sum_{k=1}^{n}a_k-na_{n+1} . \qquad ①$$

设 $\{\sigma_n\}$ 为 $\sum\limits_{n=1}^{\infty}a_n$ 的部分和数列，则

$$a_{n+1}+a_{n+2}+\cdots+a_{2n}=\sigma_{2n}-\sigma_n\to 0\quad(n\to\infty),$$

故

$$a_{n+1}+a_{n+2}+\cdots+a_{2n}\geqslant na_{2n}\to 0\ (n\to\infty)\Rightarrow \lim_{n\to\infty}(2na_{2n})=0. \qquad ②$$

又因

$$0<(2n+1)a_{2n+1}\leqslant(2n+1)a_{2n}=2na_{2n}+a_{2n}\to 0\Rightarrow \lim_{n\to\infty}(2n+1)a_{2n+1}=0, \qquad ③$$

由②，③式知 $\lim\limits_{n\to\infty}na_n=0$. 从而 $\lim\limits_{n\to\infty}na_{n+1}=\lim\limits_{n\to\infty}(n+1)a_{n+1}=0$.

在①式两边取极限，并注意 $\sum\limits_{n=1}^{\infty}a_n$ 收敛，所以 $\lim\limits_{n\to\infty}S_n$ 存在，级数 $\sum\limits_{n=1}^{\infty}n(a_n-a_{n+1})$ 收敛.

例 9　设 $\sum\limits_{n=1}^{\infty}\ln\left[n(n+1)^a(n+2)^b\right]$，问 a 和 b 取何值时该级数收敛.

分析　容易想到的方法：（1）利用对数的性质化简部分和，再讨论其收敛性；（2）利用泰勒公式将级数的通项展开，然后讨论其收敛性.

解　方法 1　若级数收敛，则 $a_n=\ln\left[n(n+1)^a(n+2)^b\right]\to 0$ ，$(n\to\infty)$ ，必有 $a+b=-1$.　①

从而

$$\sum_{n=1}^{\infty}\ln\left[n(n+1)^a(n+2)^b\right]=\sum_{n=1}^{\infty}\ln\frac{n}{n+1}\left(\frac{n+2}{n+1}\right)^b$$

$$=\lim_{n\to\infty}\ln\left(\frac{1}{2}\cdot\frac{2}{3}\cdot\cdots\cdot\frac{n}{n+1}\right)\left(\frac{3}{2}\cdot\frac{4}{3}\cdot\cdots\cdot\frac{n+2}{n+1}\right)^b=\lim_{n\to\infty}\ln\left(\frac{1}{n+1}\right)\left(\frac{n+2}{2}\right)^b.$$

上面极限存在的充要条件是 $b=1$. 代入①式得 $a=-2$.

方法 2　将级数的通项变形，并由泰勒公式得

$$u_n=\ln\left[n(n+1)^a(n+2)^b\right]=\ln n+a\ln(n+1)+b\ln(n+2)$$

$$=(1+a+b)\ln n+a\ln\left(1+\frac{1}{n}\right)+b\ln\left(1+\frac{2}{n}\right)$$

$$=(1+a+b)\ln n+a\left(\frac{1}{n}-\frac{1}{2n^2}+o\left(\frac{1}{n^2}\right)\right)+b\left(\frac{2}{n}-\frac{1}{2}\left(\frac{2}{n}\right)^2+o\left(\frac{1}{n^2}\right)\right)$$

$$=(1+a+b)\ln n+(a+2b)\frac{1}{n}-\frac{1}{2}(a+4b)\frac{1}{n^2}+o\left(\frac{1}{n^2}\right).$$

则级数 $\sum\limits_{n=1}^{\infty}u_n$ 收敛的充要条件是 $1+a+b=0$ ， $a+2b=0$. 即 $a=-2$ ， $b=1$.

评注　利用泰勒公式展开的目的是找到通项 u_n 关于无穷小 $\frac{1}{n}$ 的阶数 p ，以便于与 $\frac{1}{n^p}$ 比较. 确定 u_n 阶的常用方法：一些常用的等价无穷小或泰勒公式.

例 10　设实常数 $\alpha>1$ ，证明级数 $\sum\limits_{n=1}^{\infty}\dfrac{n}{1^\alpha+2^\alpha+\cdots+n^\alpha}$ 收敛.

分析 利用极限公式 $\lim\limits_{n\to\infty}\dfrac{1}{n}\sum\limits_{k=1}^{n}a_k=\lim\limits_{n\to\infty}a_n$ ，可知 $\dfrac{n}{1^\alpha+2^\alpha+\cdots+n^\alpha}=\dfrac{1}{\frac{1}{n}\left(1^\alpha+2^\alpha+\cdots+n^\alpha\right)}$ 与 $\dfrac{1}{n^\alpha}$ 是同阶无穷小，所以级数收敛.

解　方法 1　因为

$$\lim_{n\to\infty}\left(\frac{n}{1^\alpha+2^\alpha+\cdots+n^\alpha}\bigg/\frac{1}{n^\alpha}\right)=\lim_{n\to\infty}\frac{1}{\left[\left(\frac{1}{n}\right)^\alpha+\left(\frac{2}{n}\right)^\alpha+\cdots+\left(\frac{n}{n}\right)^\alpha\right]\frac{1}{n}}$$

$$=\frac{1}{\lim\limits_{n\to\infty}\sum\limits_{i=1}^{n}\left(\frac{i}{n}\right)^\alpha\cdot\frac{1}{n}}=\frac{1}{\int_0^1 x^\alpha \mathrm{d}x}=\frac{1}{\frac{1}{\alpha+1}}=\alpha+1.$$

由于$\alpha>1$时级数$\sum\limits_{n=1}^{\infty}\frac{1}{n^\alpha}$收敛，由比较法知原级数收敛.

方法 2

$$\lim_{n\to\infty}\left(\frac{n}{1^\alpha+2^\alpha+\cdots+n^\alpha}\bigg/\frac{1}{n^\alpha}\right)=\lim_{n\to\infty}\frac{n^{\alpha+1}}{1^\alpha+2^\alpha+\cdots+n^\alpha}$$

$$\overset{\text{Stolz}}{=\!=}\lim_{n\to\infty}\frac{n^{\alpha+1}-(n-1)^{\alpha+1}}{n^\alpha}=\lim_{n\to\infty}\left[n-(n-1)(1-\frac{1}{n})^\alpha\right]$$

$$=\lim_{n\to\infty}(n-1)\left[1-(1-\frac{1}{n})^\alpha\right]+1=\lim_{n\to\infty}(n-1)\frac{\alpha}{n}+1=\alpha+1.$$

评注 该题的更一般结论：若$\{p_n\}$是单调递增的正数列，则$\sum\limits_{n=1}^{\infty}\frac{1}{p_n}$与$\sum\limits_{n=1}^{\infty}\frac{n}{p_1+p_2+\cdots+p_n}$同敛散（习题 8.1 第 18 题）.

例 11 设级数$\sum\limits_{n=1}^{\infty}u_n$的各项$u_n>0\,(n=1,2,\cdots)$，$\{v_n\}$为一正实数列，记$a_n=\frac{u_nv_n}{u_{n+1}}-v_{n+1}$. 证明如果$\lim\limits_{n\to\infty}a_n=a$，且$a$为有限正数或正无穷，则$\sum\limits_{n=1}^{\infty}u_n$收敛.

分析 由题设易知存在$\delta>0$，当n较大时有$u_nv_n-u_{n+1}v_{n+1}>\delta u_{n+1}$，如果能证明以$u_nv_n-u_{n+1}v_{n+1}$为通项的级数收敛，则$\sum\limits_{n=1}^{\infty}u_n$就收敛.

证明 无论a为有限正数还是正无穷，都存在$\delta>0$和正整数N，使当$n>N$时，

$$a_n=\frac{u_nv_n}{u_{n+1}}-v_{n+1}>\delta.$$

两边乘u_{n+1}得

$$u_nv_n-u_{n+1}v_{n+1}>\delta u_{n+1}>0\Rightarrow u_nv_n>u_{n+1}u_{n+1}.$$

即当$n>N$时，数列$\{u_nv_n\}$单调递减，再考虑到$u_nv_n>0$，知当$n\to\infty$时，u_nv_n的极限存在，所以正项级数$\sum\limits_{n=1}^{\infty}(u_nv_n-u_{n+1}v_{n+1})=\lim\limits_{n\to\infty}(u_1v_1-u_{n+1}v_{n+1})$收敛.

由当$n>N$时，$u_nv_n-u_{n+1}v_{n+1}>\delta u_{n+1}$，根据正项级数的比较法知，$\sum\limits_{n=1}^{\infty}u_n$收敛.

例 12 设实数列$\{a_n\},\{b_n\}$满足$\mathrm{e}^{a_n}=a_n+\mathrm{e}^{b_n}\,(n\geqslant 1)$. 已知$a_n>0$，且$\sum\limits_{n=1}^{\infty}a_n$收敛. 证明$\sum\limits_{n=1}^{\infty}\frac{b_n}{a_n}$也收敛.

分析　易判断$\sum_{n=1}^{\infty}\frac{b_n}{a_n}$是正项级数，利用比较法只需证明$\lim_{n\to\infty}\left(\frac{b_n}{a_n}\Big/a_n\right)$存在，或$\frac{b_n}{a_n}\leqslant a_n$．

证明　令$f(x)=\mathrm{e}^x-x\ (x>0)$，则$f(0)=1$，$f'(x)=\mathrm{e}^x-1>0$，所以$\mathrm{e}^{b_n}=\mathrm{e}^{a_n}-a_n>1$，$b_n=\ln(\mathrm{e}^{a_n}-a_n)>0$．$\sum_{n=1}^{\infty}\frac{b_n}{a_n}$是正项级数.

方法 1　证明$\lim_{n\to\infty}\left(\frac{b_n}{a_n}\Big/a_n\right)$存在．$\lim_{n\to\infty}\left(\frac{b_n}{a_n}\Big/a_n\right)=\lim_{n\to\infty}\frac{b_n}{a_n^2}=\lim_{n\to\infty}\frac{\ln(\mathrm{e}^{a_n}-a_n)}{a_n^2}$，由$\sum_{n=1}^{\infty}a_n$收敛知，$\lim_{n\to\infty}a_n=0$．而

$$\lim_{x\to0^+}\frac{\ln(\mathrm{e}^x-x)}{x^2}=\lim_{x\to0^+}\frac{\mathrm{e}^x-1}{2x(\mathrm{e}^x-x)}=\frac{1}{2},$$

所以$\lim_{n\to\infty}\left(\frac{b_n}{a_n}\Big/a_n\right)=\frac{1}{2}$．故$\sum_{n=1}^{\infty}\frac{b_n}{a_n}$收敛.

方法 2　证明$\frac{b_n}{a_n}\leqslant a_n$，即证明$b_n\leqslant a_n^2$．

令$f(x)=\mathrm{e}^x-x$，$g(x)=\mathrm{e}^{x^2}\quad(0\leqslant x\leqslant\ln 2)$，则

$$f'(x)=\mathrm{e}^x-1,\quad g'(x)=2x\mathrm{e}^{x^2},\quad f''(x)=\mathrm{e}^x,\quad g''(x)=(2+4x^2)\mathrm{e}^{x^2}.$$

由于$f(0)=g(0)=1$，$f'(0)=g'(0)=0$，$f''(x)\leqslant g''(x)$，所以$f(x)\leqslant g(x)$，从而当n较大时有

$$\mathrm{e}^{a_n^2}\geqslant\mathrm{e}^{a_n}-a_n=\mathrm{e}^{b_n}\Rightarrow b_n\leqslant a_n^2.$$

评注　要判断通项为抽象形式的正项级数的敛散性，常用方法：

（1）比较法．其比较的标准除了常用的等比级数、p级数，还有就是题设中的已知级数；

（2）用缩项法确定部分和是否有极限；

（3）确定部分和是否有（上）界.

例 13　已知某级数的部分和为$S_n=\frac{1}{2}+\frac{1}{2^2}+\frac{2}{2^3}+\frac{3}{2^4}+\frac{5}{2^5}+\frac{8}{2^6}+\frac{13}{2^7}+\cdots+\frac{a_{n-1}}{2^{n-1}}+\frac{a_n}{2^n}$，其中$a_n=a_{n-1}+a_{n-2}(n=3,4,5,\cdots)$．

（1）证明此级数收敛；　（2）求此级数的和.

分析　（1）级数通项$u_n=\frac{a_n}{2^n}$，其分母较分子增长得快，可用比值法，只需判定$\lim_{n\to\infty}\frac{a_{n+1}}{2a_n}<1$；

（2）利用通项的关系式得到部分和的关系式，再求部分和的极限；也可用缩项法求部分和的极限.

解　方法 1

（1）先证明$\lim_{x\to\infty}\frac{a_n}{a_{n+1}}$存在．由题设，显然$a_n\geqslant n\ (n\geqslant5)$．

$$\left|\frac{a_n}{a_{n+1}}-\frac{a_{n-1}}{a_n}\right|=\frac{|a_n^2-a_{n+1}a_{n-1}|}{a_{n+1}a_n}=\frac{|a_n^2-(a_n+a_{n-1})a_{n-1}|}{a_{n+1}a_n}=\frac{|a_n^2-a_na_{n-1}-a_{n-1}^2|}{a_{n+1}a_n}$$

$$=\frac{|a_n(a_n-a_{n-1})-a_{n-1}^2|}{a_{n+1}a_n}=\frac{|a_na_{n-2}-a_{n-1}^2|}{a_{n+1}a_n}=\frac{|a_{n-1}^2-a_na_{n-2}|}{a_{n+1}a_n}$$

$$=\cdots=\frac{|a_2^2-a_3a_1|}{a_{n+1}a_n}=\frac{|1-2\cdot1|}{a_{n+1}a_n}\leqslant\frac{1}{a_n^2}\leqslant\frac{1}{n^2}\ (n\geqslant5).$$

故级数$\frac{a_1}{a_2}+\sum_{n=2}^{\infty}\left(\frac{a_n}{a_{n+1}}-\frac{a_{n-1}}{a_n}\right)$收敛，因此其部分和$\sigma_n=\frac{a_n}{a_{n+1}}$的极限存在.

设 $\lim\limits_{n\to\infty}\dfrac{a_n}{a_{n+1}}=R$，由 $a_n=a_{n-1}+a_{n-2}$，有 $\dfrac{a_{n+1}}{a_n}=1+\dfrac{a_{n-1}}{a_n}$，令 $n\to\infty$，得 $\dfrac{1}{R}=1+R$，解得 $R=\dfrac{\sqrt{5}-1}{2}$.

所给级数的一般项 $u_n=\dfrac{a_n}{2^n}>0$，且

$$\lim_{n\to\infty}\frac{u_{n+1}}{u_n}=\lim_{n\to\infty}\left(\frac{a_{n+1}}{2^{n+1}}\Big/\frac{a_n}{2^n}\right)=\lim_{n\to\infty}\frac{a_{n+1}}{2a_n}=\frac{1}{\sqrt{5}-1}<1,$$

故原级数 $\sum\limits_{n=1}^{\infty}u_n$ 收敛.

（2）由 $u_n=\dfrac{a_n}{2^n}=\dfrac{a_{n-1}+a_{n-2}}{2^n}=\dfrac{1}{2}u_{n-1}+\dfrac{1}{4}u_{n-2}$，得 $\sum\limits_{k=3}^{n}u_k=\dfrac{1}{2}\sum\limits_{k=3}^{n}u_{k-1}+\dfrac{1}{4}\sum\limits_{k=3}^{n}u_{k-2}$，即

$$S_n-\frac{1}{2}-\frac{1}{2^2}=\frac{1}{2}\left(S_{n-1}-\frac{1}{2}\right)+\frac{1}{4}S_{n-2}.$$

令 $n\to\infty$，得 $S-\dfrac{3}{4}=\dfrac{1}{2}\left(S-\dfrac{1}{2}\right)+\dfrac{1}{4}S$，解得 $S=2$，即级数的和为2.

方法2

（1）
$$\frac{u_{n+1}}{u_n}=\frac{a_{n+1}}{2^{n+1}}\Big/\frac{a_n}{2^n}=\frac{a_{n+1}}{2a_n}=\frac{1}{2}\frac{a_n+a_{n-1}}{a_n}=\frac{1}{2}\left(1+\frac{a_{n-1}}{a_n}\right)=\frac{1}{2}\left(1+\frac{a_{n-1}}{a_{n-1}+a_{n-2}}\right)$$
$$=\frac{1}{2}\left(1+\frac{1}{1+\dfrac{a_{n-2}}{a_{n-1}}}\right)<\frac{1}{2}\left(1+\frac{1}{1+\dfrac{1}{2}}\right)=\frac{5}{6}<1.$$

所以级数收敛，且有 $\lim\limits_{n\to\infty}\dfrac{a_n}{2^n}=0$.

（2）
$$S_n=\frac{1}{2}+\frac{1}{2^2}+\frac{2}{2^3}+\frac{3}{2^4}+\frac{5}{2^5}+\frac{8}{2^6}+\frac{13}{2^7}+\cdots+\frac{a_{n-1}}{2^{n-1}}+\frac{a_n}{2^n},$$
$$\frac{1}{2}S_n=\frac{1}{2^2}+\frac{1}{2^3}+\frac{2}{2^4}+\frac{3}{2^5}+\frac{5}{2^6}+\frac{8}{2^7}+\frac{13}{2^8}+\cdots+\frac{a_{n-1}}{2^n}+\frac{a_n}{2^{n+1}}.$$

上面两式相减得

$$\frac{1}{2}S_n=\frac{1}{2}+\left(\frac{1}{2^3}+\frac{1}{2^4}+\frac{2}{2^5}+\frac{3}{2^6}+\frac{5}{2^7}+\frac{8}{2^8}+\cdots+\frac{a_{n-2}}{2^n}\right)-\frac{a_n}{2^{n+1}},$$
$$S_n=1+\frac{1}{2}\left(\frac{1}{2}+\frac{1}{2^2}+\frac{2}{2^3}+\frac{3}{2^4}+\frac{5}{2^5}+\frac{8}{2^6}+\cdots+\frac{a_{n-2}}{2^{n-2}}\right)-\frac{a_n}{2^n}$$
$$=1+\frac{1}{2}S_n-\frac{1}{2}\cdot\frac{a_{n-1}}{2^{n-1}}-\frac{3}{2}\cdot\frac{a_n}{2^n},$$
$$\frac{1}{2}S_n=1-\frac{a_{n-1}}{2^n}+\frac{3a_n}{2^{n+1}}\to 1\,(n\to\infty)，所以 \lim_{n\to\infty}S_n=2.$$

方法3　$a_n=a_{n-1}+a_{n-2}$ 所对应的特征方程为 $r^2-r-1=0$，其特征根为 $r_1=\dfrac{1+\sqrt{5}}{2}$，$r_2=\dfrac{1-\sqrt{5}}{2}$，则 $a_n=Ar_1^n+Br_2^n$，由 $a_1=a_2=1$，得 $A=\dfrac{1}{\sqrt{5}}$，$B=-\dfrac{1}{\sqrt{5}}$. 所给级数为

$$\sum_{n=1}^{\infty}\frac{a_n}{2^n}=A\sum_{n=1}^{\infty}\left(\frac{r_1}{2}\right)^n+B\sum_{n=1}^{\infty}\left(\frac{r_2}{2}\right)^n.$$

等式右边两级数均为收敛的等比级数，所以原级数收敛，其和为

$$\sum_{n=1}^{\infty}\frac{a_n}{2^n}=A\cdot\frac{\frac{r_1}{2}}{1-\frac{r_1}{2}}+B\cdot\frac{\frac{r_2}{2}}{1-\frac{r_2}{2}}=2 .$$

评注　“方法 1”中求级数和的方法必须要有级数收敛为前提，否则不保证部分和极限存在. “方法 3”中用到了“特征根法”解常系数线性差分方程，这不属于“高等数学”的范畴，但可以借助幂级数和函数的展开来求某些差分方程的解（见 8. 3 节例 16 方法 3，例 17 方法 2）.

例 14* 　设 $\sum_{n=1}^{\infty}a_n$ 为正项级数，a_n 单调递减，证明 $\sum_{n=1}^{\infty}a_n$ 收敛的充分必要条件是 $\sum_{n=1}^{\infty}2^n a_{2^n}$ 收敛.

分析　这里难以判断 a_n 与 $2^n a_{2^n}$ 的大小，直接用比较法有困难，可考察两级数部分和的大小. 证明两级数部分和的大小关系仅取决于不同的正常数因子.

证明　设 $\sum_{n=1}^{\infty}a_n$ 与 $\sum_{n=1}^{\infty}2^n a_{2^n}$ 的部分和分别为 S_n 与 σ_n. 由于 a_n 单调递减且非负，有

$$S_{2^n}<a_1+(a_2+a_3)+\cdots+(a_{2^n}+\cdots+a_{2^{n+1}-1})<a_1+2a_2+\cdots+2^n a_{2^n}=\sigma_n ;$$

又

$$\begin{aligned}S_{2^n}&=a_1+a_2+(a_3+a_4)+\cdots+(a_{2^{n-1}+1}+\cdots+a_{2^n})>\frac{1}{2}a_1+a_2+2a_4+\cdots+2^{n-1}a_{2^n}\\&=\frac{1}{2}(a_1+2a_2+2^2a_4+\cdots+2^n a_{2^n})=\frac{1}{2}\sigma_n .\end{aligned}$$

因此，S_{2^n} 有界 $\Leftrightarrow\sigma_n$ 有界，而 S_n 有界 $\Leftrightarrow S_{2^n}$ 有界，故 S_n 有界 $\Leftrightarrow\sigma_n$ 有界. 所以 $\sum_{n=1}^{\infty}a_n$ 收敛的充分必要条件是 $\sum_{n=1}^{\infty}2^n a_{2^n}$ 收敛.

评注　证明两正项级数有相同的敛散性最常用的方法是比较法，即证明两级数通项的大小关系仅取决于不同的正常数因子，或两通项之比有非零极限. 当两级数通项直接比较有困难时，可考虑其部分和的大小.

例 15* 　已知 $\{a_k\}$ 和 $\{b_k\}$ 是正项数列，且 $b_{k+1}-b_k\geqslant\delta>0\,(k=1,2,\cdots)$，$\delta$ 为一常数. 证明若级数 $\sum_{k=1}^{\infty}a_k$ 收敛，则级数 $\sum_{k=1}^{\infty}\frac{k\sqrt[k]{(a_1a_2\cdots a_k)(b_1b_2\cdots b_k)}}{b_{k+1}b_k}$ 收敛.

分析　正项级数，可考虑使用比较法或证明其部分和有上界. 要得到 $\frac{k\sqrt[k]{(a_1a_2\cdots a_k)(b_1b_2\cdots b_k)}}{b_{k+1}b_k}$ 与 a_k 的大小关系很困难，故讨论其部分和有上界.

证明　因为

$$k\sqrt[k]{(a_1a_2\cdots a_k)(b_1b_2\cdots b_k)}=k\sqrt[k]{(a_1b_1)(a_2b_2)\cdots(a_kb_k)}\leqslant a_1b_1+a_2b_2+\cdots+a_kb_k\triangleq S_k ,$$

则对任意正整数 N，有

$$\begin{aligned}\sum_{k=1}^{N}\frac{k\sqrt[k]{(a_1a_2\cdots a_k)(b_1b_2\cdots b_k)}}{b_{k+1}b_k}&\leqslant\sum_{k=1}^{N}\frac{S_k}{b_kb_{k+1}}=\sum_{k-1}^{N}\frac{S_k}{b_{k+1}-b_k}\left(\frac{1}{b_k}-\frac{1}{b_{k+1}}\right)\\&\leqslant\frac{1}{\delta}\sum_{k=1}^{N}S_k\left(\frac{1}{b_k}-\frac{1}{b_{k+1}}\right)=\frac{1}{\delta}\left(\frac{S_1}{b_1}-\frac{S_N}{b_{N+1}}+\sum_{k=1}^{N-1}(S_{k+1}-S_k)\frac{1}{b_{k+1}}\right)\end{aligned}$$

$$=\frac{1}{\delta}\left(\frac{S_1}{b_1}-\frac{S_N}{b_{N+1}}+\sum_{k=1}^{N-1}a_{k+1}\right)\leqslant\frac{1}{\delta}\left(\frac{S_1}{b_1}+\sum_{k=1}^{N-1}a_{k+1}\right).$$

因为级数$\sum_{k=1}^{\infty}a_k$收敛，其部分和有上界，所以$\sum_{k=1}^{\infty}\frac{k\sqrt[k]{(a_1a_2\cdots a_k)(b_1b_2\cdots b_k)}}{b_{k+1}b_k}$的部分和有上界，故收敛.

例 16 设$f(x)$在$|x|\leqslant 1$上有定义，在$x=0$的某领域内有连续的二阶导数，当$x\neq 0$时$f(x)\neq 0$，当$x\to 0$时$f(x)$是x的高阶无穷小，且$\forall n\in\mathbb{N}$,有$\left|\frac{b_{n+1}}{b_n}\right|\leqslant\left|\frac{f(1/(n+1))}{f(1/n)}\right|$. 证明级数$\sum_{n=1}^{\infty}\sqrt{|b_nb_{n+1}|}$收敛.

分析 若$\sum_{n=1}^{\infty}|b_n|$收敛，则问题就容易解决了. 由题设条件易知$\sum_{n=1}^{\infty}\left|f\left(\frac{1}{n}\right)\right|$是收敛的，故只需由题设中的不等式得到$|b_n|\leqslant M\left|f\left(\frac{1}{n}\right)\right|$（$M$为正常数）即可.

证明 因为当$x\to 0$时$f(x)$是x的高阶无穷小，且$f(x)$在$x=0$附近有连续的二阶导数，所以$f(0)=0$，$f'(0)=0$，且$\exists K>0$，使$|x|$充分小时$|f''(x)|\leqslant K$. 应用麦克劳林公式，有

$$f(x)=f(0)+f'(0)x+\frac{1}{2!}f''(\xi)x^2=\frac{1}{2}f''(\xi)x^2\text{（}\xi\text{ 介于 }0\text{ 与 }x\text{ 之间）}.$$

当$|x|$充分小时，$|f''(\xi)|\leqslant K$，所以当n充分大时，有

$$\left|f\left(\frac{1}{n}\right)\right|=\frac{1}{2}|f''(\xi)|\frac{1}{n^2}\leqslant\frac{K}{2}\frac{1}{n^2}.$$

由于$\sum_{n=1}^{\infty}\frac{K}{2}\frac{1}{n^2}$收敛，所以级数$\sum_{n=1}^{\infty}\left|f\left(\frac{1}{n}\right)\right|$收敛.

由于
$$|b_{n+1}|\leqslant|b_n|\left|\frac{f\left(\frac{1}{n+1}\right)}{f\left(\frac{1}{n}\right)}\right|\leqslant|b_{n-1}|\left|\frac{f\left(\frac{1}{n}\right)}{f\left(\frac{1}{n-1}\right)}\right|\left|\frac{f\left(\frac{1}{n+1}\right)}{f\left(\frac{1}{n}\right)}\right|$$

$$=|b_{n-1}|\left|\frac{f\left(\frac{1}{n+1}\right)}{f\left(\frac{1}{n-1}\right)}\right|\leqslant\cdots\leqslant|b_1|\left|\frac{f\left(\frac{1}{n+1}\right)}{f(1)}\right|=\left|\frac{b_1}{f(1)}\right|\left|f\left(\frac{1}{n+1}\right)\right|,$$

由$\sum_{n=1}^{\infty}\left|f\left(\frac{1}{n}\right)\right|$收敛，知$\sum_{n=1}^{\infty}\left|\frac{b_1}{f(1)}\right|\left|f\left(\frac{1}{n+1}\right)\right|$也收敛. 从而$\sum_{n=1}^{\infty}|b_n|$收敛.

又$\sqrt{|b_nb_{n+1}|}\leqslant\frac{1}{2}(|b_n|+|b_{n+1}|)$，得级数$\sum_{n=1}^{\infty}\sqrt{|b_nb_{n+1}|}$收敛.

例 17 设正项级数$\sum_{n=1}^{\infty}a_n$收敛，证明级数$\sum_{n=1}^{\infty}(a_n)^{\frac{n}{n+1}}$也收敛.

分析 因为$\sum_{n=1}^{\infty}a_n$收敛，必有$a_n\to 0$，所以当n较大时有$(a_n)^{\frac{n}{n+1}}\geqslant a_n$，这不利于直接使用比较法. 为此，可将$\{(a_n)^{\frac{n}{n+1}}\}$分为两类：一类满足$(a_n)^{\frac{n}{n+1}}<2a_n$，余下的为另一类. 若能说明余下类对应的级数收敛，问题就得以解决.

解　设集合 $T=\{n\in\mathbb{N}\mid (a_n)^{\frac{n}{n+1}}<2a_n\}$.

当 $n\notin T$ 时，$(a_n)^{\frac{n}{n+1}}\geqslant 2a_n$，则 $(a_n)^{-\frac{1}{n+1}}\geqslant 2$，进而 $\frac{1}{2}\geqslant(a_n)^{\frac{1}{n+1}}$，于是 $\frac{1}{2^n}\geqslant(a_n)^{\frac{n}{n+1}}$.

所给级数

$$\sum_{n=1}^{\infty}(a_n)^{\frac{n}{n+1}}=\sum_{n\in T}(a_n)^{\frac{n}{n+1}}+\sum_{n\notin T}(a_n)^{\frac{n}{n+1}}\leqslant\sum_{n=1}^{\infty}2a_n+\sum_{n=1}^{\infty}\frac{1}{2^n},$$

不等式右边两级数均收敛，从而左边级数 $\sum\limits_{n=1}^{\infty}(a_n)^{\frac{n}{n+1}}$ 的部分和有界，该级数是收敛的.

评注　注意正项级数任意交换各项的顺序，不改变其敛散性与和. 但这对条件收敛级数不成立.

例 18　设 $a>1$，数列 $\{p_n\}$ 满足 $p_n>0$，$p_{n+1}\geqslant p_n$. 证明级数 $\sum\limits_{n=1}^{\infty}\frac{p_n-p_{n-1}}{p_np_{n-1}^a}$ 收敛.

分析　若用比较法，当 $p_n\to\infty$ 时，难以找到相比较的标准. 将级数的通项视为两项和，则级数成为交错级数，可用莱布尼茨准则判定其收敛性. 也可将级数的通项适当放大，使其部分和易于估计（有上界），来得到收敛.

证明　方法 1　因为 $p_{n+1}\geqslant p_n>0$，则 $p_n\to A$（A 为正数），或 $p_n\to\infty$.

若 $p_n\to A$，则 $\exists N>0$，当 $n>N$ 时，有 $p_n>\frac{A}{2}$，从而有

$$0<\frac{p_n-p_{n-1}}{p_np_{n-1}^a}<\left(\frac{2}{A}\right)^{a+1}(p_n-p_{n-1}).$$

由于级数 $\sum\limits_{n=1}^{\infty}(p_n-p_{n-1})=A-p_0$ 收敛，所以原级数 $\sum\limits_{n=1}^{\infty}\frac{p_n-p_{n-1}}{p_np_{n-1}^a}$ 收敛.

若 $p_n\to\infty$，将级数变形为

$$\sum_{n=1}^{\infty}\frac{p_n-p_{n-1}}{p_np_{n-1}^a}=\sum_{n=1}^{\infty}\left(\frac{1}{p_{n-1}^a}-\frac{p_{n-1}}{p_n}\cdot\frac{1}{p_{n-1}^a}\right).$$

考虑交错级数

$$\frac{1}{p_0^a}-\frac{p_0}{p_1}\cdot\frac{1}{p_0^a}+\frac{1}{p_1^a}-\frac{p_1}{p_2}\cdot\frac{1}{p_1^a}+\cdots+\frac{1}{p_{n-1}^a}-\frac{p_{n-1}}{p_n}\cdot\frac{1}{p_{n-1}^a}+\cdots \tag{①}$$

因 $\left(\frac{p_{n-1}}{p_n}\cdot\frac{1}{p_{n-1}^a}\Big/\frac{1}{p_n^a}\right)=\left(\frac{p_{n-1}}{p_n}\right)^{1-a}>1$，则

$$\frac{p_{n-1}}{p_n}\cdot\frac{1}{p_{n-1}^a}\geqslant\frac{1}{p_n^a}，并有\frac{1}{p_{n-1}^a}\geqslant\frac{p_{n-1}}{p_n}\cdot\frac{1}{p_{n-1}^a}.$$

这说明级数①的一般项是单调递减的. 又因 $\lim\limits_{n\to\infty}\frac{1}{p_{n-1}^a}=0,\ \lim\limits_{n\to\infty}\frac{p_{n-1}}{p_n}\cdot\frac{1}{p_{n-1}^a}=0$，根据莱布尼茨准则知交错级数①收敛，故原级数收敛.

方法 2　由 $p_n>0$，$p_{n+1}\geqslant p_n$ 知原级数是正项级数，且

$$\frac{p_n-p_{n-1}}{p_np_{n-1}^a}=\frac{1}{p_{n-1}^a}-\frac{1}{p_np_{n-1}^{a-1}}\leqslant\frac{1}{p_{n-1}^a}-\frac{1}{p_n^a}.$$

则

$$S_n=\sum_{k=1}^{n}\frac{p_k-p_{k-1}}{p_kp_{k-1}^a}\leqslant\sum_{k=1}^{n}\left(\frac{1}{p_{k-1}^a}-\frac{1}{p_k^a}\right)=\frac{1}{p_0^a}-\frac{1}{p_n^a}<\frac{1}{p_0^a}.$$

这说明原级数的部分和有上界，所以级数收敛.

评注 (1) 方法1中用到了“收敛级数任意添加括号也收敛”的性质.

(2) 部分和有上界是正项级数收敛的充分必要条件.

例19* 设$u_n>0$，且$S_n=u_1+u_2+\cdots+u_n$，证明：

(1) 当$\alpha>1$时，级数$\sum\limits_{n=1}^{\infty}\dfrac{u_n}{S_n^{\alpha}}$收敛；

(2) 当$\alpha\leqslant 1$，且$S_n\to\infty(n\to\infty)$时，级数$\sum\limits_{n=1}^{\infty}\dfrac{u_n}{S_n^{\alpha}}$发散.

分析 (1) 用比较法或部分和数列有界来证明. 为构造收敛的强级数，可利用等式$u_n=S_n-S_{n-1}$来减少通项中的变元个数，以利寻找相等或大小关系.

(2) 先考虑$\alpha=1$的情况，证明级数发散；再用比较法得到$\alpha<1$也发散.

证明 方法1

(1) $u_n>0$，故$\{S_n\}$单调递增. 则$S_n\to A$（有限正数）或$S_n\to\infty(n\to\infty)$.

当$\alpha>1$时，对函数$x^{1-\alpha}$在区间$[S_{n-1},S_n]$上用拉格朗日中值定理，有

$$S_n^{1-\alpha}-S_{n-1}^{1-\alpha}=(1-\alpha)\xi^{-\alpha}(S_n-S_{n-1}),\quad S_{n-1}<\xi<S_n.$$

即

$$\frac{1}{S_{n-1}^{\alpha-1}}-\frac{1}{S_n^{\alpha-1}}=(\alpha-1)\frac{u_n}{\xi^{\alpha}}>(\alpha-1)\frac{u_n}{S_n^{\alpha}}.$$

而级数$\sum\limits_{n=2}^{\infty}\left(\dfrac{1}{S_{n-1}^{\alpha-1}}-\dfrac{1}{S_n^{\alpha-1}}\right)=\lim\limits_{n\to\infty}\left(\dfrac{1}{u_1^{\alpha-1}}-\dfrac{1}{S_n^{\alpha-1}}\right)$收敛，由比较法知，级数$\sum\limits_{n=1}^{\infty}\dfrac{u_n}{S_n^{\alpha}}$收敛.

(2) 当$\alpha=1$时，有

$$\sum_{k=n+1}^{n+p}\frac{u_k}{S_k}\geqslant\frac{1}{S_{n+p}}\sum_{k=n+1}^{n+p}u_k=\frac{S_{n+p}-S_n}{S_{n+p}}=1-\frac{S_n}{S_{n+p}}.$$

因为$S_n\to\infty(n\to\infty)$，故对任意的n，当p充分大时，有$\dfrac{S_n}{S_{n+p}}<\dfrac{1}{2}$，于是

$$\sum_{k=n+1}^{n+p}\frac{u_k}{S_k}>1-\frac{1}{2}=\frac{1}{2}.$$

由柯西收敛准则知，级数$\sum\limits_{n=1}^{n}\dfrac{u_n}{S_n}$发散.

当$\alpha<1$时，$\dfrac{u_n}{S_n^{\alpha}}\geqslant\dfrac{u_n}{S_n}$，由$\sum\limits_{n=1}^{n}\dfrac{u_n}{S_n}$发散及比较法知，级数$\sum\limits_{n=1}^{\infty}\dfrac{u_n}{S_n^{\alpha}}$发散.

综上，当$\alpha\leqslant 1$且$S_n\to\infty(n\to\infty)$时，级数$\sum\limits_{n=1}^{\infty}\dfrac{u_n}{S_n^{\alpha}}$发散.

方法2 对$\forall x\in[S_{n-1},S_n]$，有$\dfrac{1}{S_n^{\alpha}}\leqslant\dfrac{1}{x^{\alpha}}\leqslant\dfrac{1}{S_{n-1}^{\alpha}}$.

(1) 当$\alpha>1$时，由$\dfrac{1}{S_n^{\alpha}}\leqslant\dfrac{1}{x^{\alpha}}$，得

$$\frac{u_n}{S_n^{\alpha}}=\frac{S_n-S_{n-1}}{S_n^{\alpha}}=\int_{S_{n-1}}^{S_n}\frac{\mathrm{d}x}{S_n^{\alpha}}\leqslant\int_{S_{n-1}}^{S_n}\frac{\mathrm{d}x}{x^{\alpha}}\Rightarrow\sum_{n=1}^{\infty}\frac{u_n}{S_n^{\alpha}}\leqslant\int_{u_1}^{+\infty}\frac{\mathrm{d}x}{x^{\alpha}}.$$

由于积分 $\int_{u_1}^{+\infty}\frac{\mathrm{d}x}{x^\alpha}$ 收敛，则级数 $\sum_{n=1}^{\infty}\frac{u_n}{S_n^\alpha}$ 的部分和数列有界，从而收敛.

（2）当 $\alpha\leqslant 1$ 时，由 $\frac{1}{x^\alpha}\leqslant\frac{1}{S_{n-1}^\alpha}$ 及 $S_n\to\infty(n\to\infty)$，得

$$\frac{u_n}{S_{n-1}^\alpha}=\frac{S_n-S_{n-1}}{S_{n-1}^\alpha}=\int_{S_{n-1}}^{S_n}\frac{\mathrm{d}x}{S_{n-1}^\alpha}\geqslant\int_{S_{n-1}}^{S_n}\frac{\mathrm{d}x}{x^\alpha}\Rightarrow\sum_{n=2}^{\infty}\frac{u_n}{S_{n-1}^\alpha}\geqslant\int_{u_1}^{+\infty}\frac{\mathrm{d}x}{x^\alpha}.$$

由于积分 $\int_{u_1}^{+\infty}\frac{\mathrm{d}x}{x^\alpha}$ 发散到 $+\infty$，则级数 $\sum_{n=2}^{\infty}\frac{u_n}{S_{n-1}^\alpha}$ 发散.

若 $\lim\limits_{n\to\infty}\frac{S_{n-1}}{S_n}=1$，则 $\sum_{n=1}^{\infty}\frac{u_n}{S_n^\alpha}$ 与 $\sum_{n=1}^{\infty}\frac{u_n}{S_{n-1}^\alpha}$ 有相同的敛散性，因而级数 $\sum_{n=1}^{\infty}\frac{u_n}{S_n^\alpha}$ 发散；

若 $\lim\limits_{n\to\infty}\frac{S_{n-1}}{S_n}\neq 1$，则 $\lim\limits_{n\to\infty}\frac{u_n}{S_n}=\lim\limits_{n\to\infty}\left(1-\frac{S_{n-1}}{S_n}\right)\neq 0\Rightarrow\lim\limits_{n\to\infty}\frac{u_n}{S_n^\alpha}\neq 0$，从而级数 $\sum_{n=1}^{\infty}\frac{u_n}{S_n^\alpha}$ 也发散.

评注　当一个级数的通项中同时出现 u_n 与 $S_n=u_1+u_2+\cdots+u_n$ 时，常利用关系式 $u_n=S_n-S_{n-1}$ 来统一符号，减少变元个数，使运算得以简化.

例 20*　证明若正项级数 $\sum_{n=1}^{\infty}\frac{1}{p_n}$ 收敛，则级数 $\sum_{n=1}^{\infty}\frac{n^2}{(p_1+p_2+\cdots+p_n)^2}p_n$ 收敛.

分析　用比较法难以找到有效的比较标准，可考虑其部分和的有界性. 为便于部分和的化简，可令 $q_n=p_1+p_2+\cdots+p_n$，则 $p_n=q_n-q_{n-1}$. 部分和的放大要充分利用 $\sum_{n=1}^{\infty}\frac{1}{p_n}$ 的收敛性（有界）.

证明　令 $q_n=p_1+p_2+\cdots+p_n$，由级数 $\sum_{n=1}^{\infty}\frac{1}{p_n}$ 收敛，设 $\sum_{n=1}^{\infty}\frac{1}{p_n}=T$，则所讨论级数的部分和

$$\begin{aligned}S_N&=\sum_{n=1}^{N}\frac{n^2}{(p_1+p_2+\cdots+p_n)^2}p_n=\sum_{n=1}^{N}\frac{n^2}{q_n^2}(q_n-q_{n-1})\quad(q_0=0)\\&\leqslant\frac{1}{p_1}+\sum_{n=2}^{N}\frac{n^2}{q_nq_{n-1}}(q_n-q_{n-1})=\frac{1}{p_1}+\sum_{n=2}^{N}\frac{n^2}{q_{n-1}}-\sum_{n=2}^{N}\frac{n^2}{q_n}\\&=\frac{1}{p_1}+\sum_{n=1}^{N}\frac{(n+1)^2}{q_n}-\sum_{n=2}^{N}\frac{n^2}{q_n}\leqslant\frac{5}{p_1}+\sum_{n=2}^{N}\frac{2n}{q_n}+\sum_{n=2}^{N}\frac{1}{q_n}.\end{aligned}\qquad ①$$

利用柯西不等式，有

$$\left(\sum_{n=2}^{N}\frac{n}{q_n}\right)^2\leqslant\left(\sum_{n=2}^{N}\frac{n^2}{q_n^2}p_n\right)\left(\sum_{n=2}^{N}\frac{1}{p_n}\right),$$

①式化为

$$S_N\leqslant\frac{5}{p_1}+2\sqrt{S_NT}+T\quad\left(\text{注意}\sum_{n=2}^{N}\frac{1}{q_n}<\sum_{n=2}^{N}\frac{1}{p_n}<T\right).\qquad ②$$

②式是关于 $\sqrt{S_N}$ 的 2 次不等式，解之得 $0<\sqrt{S_N}\leqslant\sqrt{T}+\sqrt{2T+\frac{5}{p_1}}$. 级数部分和 S_N 有上界，收敛.

例 21*　设 $\sum_{n=0}^{\infty}a_n$ 是收敛的正项级数，证明存在正数 $c_0,c_1,\cdots$，使得 $\lim\limits_{n\to\infty}c_n=\infty$，并且级数 $\sum_{n=0}^{\infty}c_na_n$ 也是收敛的.

分析 由于$\sum\limits_{n=0}^{\infty}a_n$收敛$\Leftrightarrow$余项$R_n=\sum\limits_{k=n}^{\infty}a_k\to 0\,(n\to\infty)$，所以必存在正整数递增数列$\{N_k\}$，满足$\sum\limits_{n=N_k}^{N_{k+1}}a_n<\dfrac{1}{k^3}$，从而取$c_n=\begin{cases}1, & n<N_1\\ k, & N_k\leqslant n<N_{k+1}\end{cases}$即可.

证明 由于$\sum\limits_{n=0}^{\infty}a_n$收敛，则余项$R_n=\sum\limits_{k=n}^{\infty}a_k\to 0\,(n\to\infty)$，所以必存在正整数递增数列$\{N_k\}$，满足$\sum\limits_{n=N_k}^{N_{k+1}}a_n<\dfrac{1}{k^3}$．令$c_n=\begin{cases}1, & n<N_1\\ k, & N_k\leqslant n<N_{k+1}\end{cases}$，于是$\lim\limits_{n\to\infty}c_n=\infty$，且

$$\sum_{n=0}^{\infty}c_na_n\leqslant\sum_{n=0}^{N_1-1}a_n+\sum_{k=1}^{\infty}k\sum_{n=N_k}^{N_{k+1}}a_n\leqslant\sum_{n=0}^{N_1-1}a_n+\sum_{k=1}^{\infty}\frac{k}{k^3}\leqslant\sum_{n=0}^{N_1-1}a_n+\sum_{k=1}^{\infty}\frac{1}{k^2}.$$

由于级数$\sum\limits_{k=1}^{\infty}\dfrac{1}{k^2}$收敛，所以$\sum\limits_{n=0}^{\infty}c_na_n$的任一部分和均有上界，级数收敛.

例 22* 设$a_n=\sum\limits_{k=1}^{n}\dfrac{1}{k}-\ln n$．（1）证明极限$\lim\limits_{n\to\infty}a_n$存在.（2）记$\lim\limits_{n\to\infty}a_n=C$，讨论级数$\sum\limits_{n=1}^{\infty}(a_n-C)$的敛散性.

分析（1）$\lim\limits_{n\to\infty}a_n$的存在性，前面已有证明；也可将$a_n$视为一个级数的部分和，再证明级数收敛.

（2）由于$\{a_n\}$单调递减，故$\sum\limits_{n=1}^{\infty}(a_n-C)$是正项级数，可考虑用比较法. 若能判断无穷小$a_n-C$的阶或它与$1/n$的关系，问题就解决了.

解（1）**方法 1** 见 1.2 节例 30.

方法 2

$$\begin{aligned}a_n&=a_1+\sum_{k=2}^{n}(a_k-a_{k-1})=1+\sum_{k=2}^{n}\left[\frac{1}{k}-\ln k+\ln(k-1)\right]\\&=1+\sum_{k=2}^{n}\left[\frac{1}{k}+\ln\left(1-\frac{1}{k}\right)\right]=1+\sum_{k=2}^{n}\left[\frac{1}{2k^2}+o\left(\frac{1}{k^2}\right)\right]\\&\qquad\left(\because\ln(1+x)=x-\frac{1}{2}x^2+o(x^2)\right).\end{aligned}$$

因为$\sum\limits_{k=2}^{\infty}\dfrac{1}{2k^2}$与$\sum\limits_{k=2}^{\infty}o\left(\dfrac{1}{k^2}\right)$均收敛，所以$\lim\limits_{n\to\infty}a_n$存在.

（2）**方法 1** 以a_n为部分和的级数为

$$1+\sum_{k=2}^{\infty}\left[\frac{1}{k}+\ln\left(1-\frac{1}{k}\right)\right].$$

该级数收敛于 C. 由a_n是单调递减的知，$a_n-C>0$，且

$$a_n-C=-\sum_{k=n+1}^{\infty}\left[\frac{1}{k}+\ln\left(1-\frac{1}{k}\right)\right]=\sum_{k=n+1}^{\infty}\left(\ln\left(1+\frac{1}{k-1}\right)-\frac{1}{k}\right). \quad ①$$

初步判断：因为当$k\to\infty$时，$\ln\left(1+\dfrac{1}{k-1}\right)\sim\dfrac{1}{k-1}$，则

$$a_n-C\sim\sum_{k=n+1}^{\infty}\left(\frac{1}{k-1}-\frac{1}{k}\right)=\frac{1}{n}\text{（不严密）}, \quad ②$$

故级数$\sum\limits_{n=1}^{\infty}(a_n-C)$发散.

下面给出级数发散的严格证明.

由泰勒公式知，当$x>0$时，$\ln(1+x)>x-\dfrac{x^2}{2}$，代入①式有

$$a_n-C>\sum_{k=n+1}^{\infty}\left(\frac{1}{k-1}-\frac{1}{2(k-1)^2}-\frac{1}{k}\right)>\sum_{k=n+1}^{\infty}\left(\frac{1}{k-1}-\frac{1}{k}-\frac{1}{2(k-1)(k-2)}\right).$$

$$=\sum_{k=n+1}^{\infty}\left[\left(\frac{1}{k-1}-\frac{1}{k}\right)-\frac{1}{2}\left(\frac{1}{k-2}-\frac{1}{k-1}\right)\right]=\frac{1}{n}-\frac{1}{2(n-1)}=\frac{n-2}{2n(n-1)}.$$

显然级数$\sum\limits_{n=2}^{\infty}\dfrac{n-2}{2n(n-1)}$发散，因此$\sum\limits_{n=1}^{\infty}(a_n-C)$发散.

方法 2　由数列极限的施笃兹定理

$$\lim_{n\to\infty}\frac{a_n-C}{\frac{1}{n}}=\lim_{n\to\infty}\frac{a_n-a_{n-1}}{\frac{1}{n}-\frac{1}{n-1}}=\lim_{n\to\infty}\frac{\frac{1}{n}+\ln\left(1-\frac{1}{n}\right)}{-\frac{1}{n(n-1)}}=-\lim_{n\to\infty}n(n-1)\left[\frac{1}{n}+\ln\left(1-\frac{1}{n}\right)\right] \quad ③$$

$$=-\lim_{n\to\infty}n(n-1)\left[-\frac{1}{2n^2}+o\left(\frac{1}{n^2}\right)\right]=\frac{1}{2},$$

所以级数$\sum\limits_{n=1}^{\infty}(a_n-C)$是发散的.

评注（1）在“初步判断”②中用了等价无穷小替换，这是不严密的，无须在证明过程中书写. 但这个“初步判断”对解题却很重要，它确定了在用比较法时，应该将a_n-C缩小来证明级数发散.

（2）级数敛散性的“方法 2”源于加边极限$\lim\limits_{n\to\infty}n^p(a_n-C)$问题(参见 1.2 节例 49 评注). 加边极限的思想在级数的审敛法中很有用，其本质是将级数$\sum\limits_{n=1}^{\infty}(a_n-C)$与$\sum\limits_{n=1}^{\infty}\dfrac{1}{n^p}$做比较.

例 23[*]　固定一个整数$b\geqslant 2$. 令$f(1)=1$，$f(2)=2$，并且对每一个$n\geqslant 3$定义$f(n)=nf(d)$，其中d是b进制中n的位数. 试问对于怎样的b值，级数$\sum\limits_{n=0}^{\infty}\dfrac{1}{f(n)}$收敛.

分析　这是一个正项级数. 由于无法确定其通项的具体形式，所以考虑用比较法. 为利用题设条件找到比较标准，需将级数的通项按b进制相邻两位数的间隔区间$[b^{d-1},b^d)$ $(d=1,2,\cdots)$从小到大分段加括号来讨论.

解　注意$\sum\limits_{b^{d-1}\leqslant n<b^d}\dfrac{1}{f(n)}=\dfrac{1}{f(d)}\sum\limits_{b^{d-1}\leqslant n<b^d}\dfrac{1}{n}$，由于$\sum\limits_{n=A}^{B}\dfrac{1}{n}>\int_A^B\dfrac{\mathrm{d}t}{t}=\ln\left(\dfrac{B}{A}\right)$，则有

$$\sum_{b^{d-1}\leqslant n<b^d}\frac{1}{f(n)}>\frac{\ln b}{f(d)}.$$

对所有$d\geqslant 1$求和，得到

$$\sum_{n\geqslant 1}\frac{1}{f(n)}=\sum_{d\geqslant 1}\sum_{b^{d-1}\leqslant n<b^d}\frac{1}{f(n)}>\ln b\sum_{d\geqslant 1}\frac{1}{f(d)},$$

由于 $\ln 3>1$，这最后的不等式对于 $b\geqslant 3$ 是无意义的，除非 $\sum\limits_{n\geqslant 1}\dfrac{1}{f(n)}$ 发散.

对于 $b=2$，注意当 $d\geqslant 2$ 时，

$$\sum_{2^{d-1}\leqslant n<2^d}\frac{1}{n}=\frac{1}{2^{d-1}}+\frac{1}{2^{d-1}+1}+\cdots+\frac{1}{2^d-1}\leqslant\frac{2^{d-2}}{2^{d-1}}+\frac{2^{d-2}}{2^{d-1}+2^{d-2}}=\frac{1}{2}+\frac{1}{3}=\frac{5}{6},$$

因而

$$\sum_{2^{d-1}\leqslant n<2^d}\frac{1}{f(n)}=\frac{1}{f(d)}\sum_{2^{d-1}\leqslant n<2^d}\frac{1}{n}\leqslant\frac{5}{6}\cdot\frac{1}{f(n)}.$$

令 $a_1=4$，并且对 $k=1,2,3,\cdots$，令 $a_{k+1}=2^{a_k-1}$，由归纳法即得

$$\sum_{a_k\leqslant n<a_{k+1}}\frac{1}{f(n)}\leqslant\left(\frac{5}{6}\right)^k\cdot\frac{1}{f(d)}\leqslant\left(\frac{5}{6}\right)^k\cdot\frac{1}{f(3)}.$$

这导致 $\sum\limits_{n\geqslant 4}\dfrac{1}{f(n)}\leqslant\sum\limits_{n\geqslant 1}\left(\dfrac{5}{6}\right)^k\cdot\dfrac{1}{f(3)}=\dfrac{5}{f(3)}$. 所以级数收敛.

评注 证明中用到了对级数添加括号的方法，注意正项级数任意添加（或去掉）括号，不改变其敛散性与和. 但这对任意项级数不成立.

例 24[*] 证明当 $p\geqslant 1$ 时，$\sum\limits_{n=1}^{\infty}\dfrac{1}{(n+1)\sqrt[p]{n}}<p$.

分析 将级数的通项进行适当的放大，得到能求出其和为 p 的级数即可.

解 $u_n=\dfrac{1}{(n+1)\sqrt[p]{n}}=n^{1-\frac{1}{p}}\dfrac{1}{n(n+1)}=n^{(p-1)/p}\left(\dfrac{1}{n}-\dfrac{1}{n+1}\right)=n^{(p-1)/p}\left(\left(\dfrac{1}{\sqrt[p]{n}}\right)^p-\left(\dfrac{1}{\sqrt[p]{n+1}}\right)^p\right)$.

由拉格朗日中值定理 $b^p-a^p=p\xi^{p-1}(b-a)$（ξ在a与b之间），有

$$\begin{aligned}u_n&=n^{(p-1)/p}p\xi^{p-1}\left(\frac{1}{\sqrt[p]{n}}-\frac{1}{\sqrt[p]{n+1}}\right)\quad\left(\xi\in\left(\frac{1}{\sqrt[p]{n+1}},\frac{1}{\sqrt[p]{n}}\right)\right)\\&=n^{(p-1)/p}p\left(\frac{1}{\sqrt[p]{n+\theta}}\right)^{p-1}\left(\frac{1}{\sqrt[p]{n}}-\frac{1}{\sqrt[p]{n+1}}\right)\quad(0<\theta<1)\\&=\left(\frac{n}{n+\theta}\right)^{(p-1)/p}p\left(\frac{1}{\sqrt[p]{n}}-\frac{1}{\sqrt[p]{n+1}}\right)<p\left(\frac{1}{\sqrt[p]{n}}-\frac{1}{\sqrt[p]{n+1}}\right),\end{aligned}$$

故

$$\sum_{n=1}^{\infty}\frac{1}{(n+1)\sqrt[p]{n}}<p\sum_{n=1}^{\infty}\left(\frac{1}{\sqrt[p]{n}}-\frac{1}{\sqrt[p]{n+1}}\right)=p\lim_{n\to\infty}\left(1-\frac{1}{\sqrt[p]{n+1}}\right)=p.$$

例 25 设 $\{a_n\}$ 是实数序列，它满足不等式 $0\leqslant a_k\leqslant 100a_n$，其中 $n\leqslant k\leqslant 2n$ $(n=1,2,\cdots)$. 又级数 $\sum\limits_{n=0}^{\infty}a_n$ 收敛，试证明 $\lim\limits_{n\to\infty}na_n=0$.

分析 由级数 $\sum\limits_{n=0}^{\infty}a_n$ 收敛，知 $\lim\limits_{n\to\infty}(S_{2n-1}-S_{n-1})=\lim\limits_{n\to\infty}(a_n+a_{n+1}+\cdots+a_{2n-1})=0$，所以只需证明有适当的 $k(n\leqslant k\leqslant 2n)$ 满足 $ka_k\leqslant A(a_n+a_{n+1}+\cdots+a_{2n-1})$（$A$ 为某个正常数)即可.

解 由于 $0\leqslant a_k\leqslant 100a_n$（$n\leqslant k\leqslant 2n$，$n=1,2,\cdots$），取 $k=2n$，有

$$0\leqslant a_{2n}\leqslant 100a_n,\ 0\leqslant a_{2n}\leqslant 100a_{n+1},\ \cdots,\ 0\leqslant a_{2n}\leqslant 100a_{2n-1}.$$

各不等式相加再乘以 2，有

$$0 \leqslant 2na_{2n} \leqslant 200(a_n + a_{n+1} + \cdots + a_{2n-1}).$$

由于级数 $\sum_{n=0}^{\infty} a_n$ 收敛，有 $\lim_{n\to\infty}(S_{2n-1} - S_{n-1}) = \lim_{n\to\infty}(a_n + a_{n+1} + \cdots + a_{2n-1}) = 0$，所以 $\lim_{n\to\infty}(2n)a_{2n} = 0$.

另一方面，由于

$$0 \leqslant (2n-1)a_{2n-1} \leqslant 2na_{2n-1} \leqslant 200(a_n + \cdots + a_{2n-1}),$$

这是一系列不等式对 $k = 2n-1$ 的应用. 从而有 $\lim_{n\to\infty}(2n-1)a_{2n-1} = 0$.

这样，对于任何整数 n，有 $\lim_{n\to\infty} na_n = 0$. 从而问题得证.

评注　仅由正项级数 $\sum_{n=0}^{\infty} a_n$ 收敛得不到结论 $\lim_{n\to\infty} na_n = 0$. 例如，设 $a_n = \begin{cases} 1/n, & n\text{为完全平方数} \\ 1/2^n, & \text{其他} \end{cases}$.

显然级数 $\sum_{n=0}^{\infty} a_n$ 收敛，但 $\lim_{n\to\infty} na_n \neq 0$.

例 26*　设正项级数 $\sum_{n=1}^{\infty} na_n$ 收敛，$t_n = a_{n+1} + 2a_{n+2} + \cdots + ka_{n+k} + \cdots$，证明 $\lim_{n\to\infty} t_n = 0$.

分析　注意 $t_n = \sum_{k=1}^{\infty} ka_{n+k}$. 首先要证明该级数是收敛的，这可用 $\sum_{n=1}^{\infty} na_n$ 做比较. 从形态上看，t_n 与级数 $\sum_{n=1}^{\infty} na_n$ 的余项 R_n 有些接近，可考虑用 R_n 去估计 t_n，从而得到结论.

证明　首先，注意到

$$t_n = \sum_{k=1}^{\infty} ka_{n+k} = \sum_{k=1}^{\infty} \frac{k}{n+k}(n+k)a_{n+k}.$$

因为

$$\frac{k}{n+k}(n+k)a_{n+k} < (n+k)a_{n+k},$$

由 $\sum_{n=1}^{\infty} na_n$ 收敛，知 $\sum_{k=1}^{\infty}(n+k)a_{n+k}$ 收敛，从而 $\sum_{k=1}^{\infty} \frac{k}{n+k}(n+k)a_{n+k}$ 收敛，即 t_n 有意义.

由于 $\sum_{n=1}^{\infty} na_n$ 收敛，则余项 $R_n = \sum_{k=n+1}^{\infty} ka_k \to 0\ (n\to\infty)$. 而

$$0 < t_n = \sum_{k=1}^{\infty} ka_{n+k} = \sum_{m=n+1}^{\infty}(m-n)a_m < \sum_{m=n+1}^{\infty} ma_m \to 0\ (n\to\infty),$$

所以 $\lim_{n\to\infty} t_n = 0$.

例 27*　设 $B(n)$ 为正整数 n 的二进制表达式中 1 的数目. 例如，$B(6) = B(110_2) = 2$，$B(15) = B(1111_2) = 4$. 判定 $\exp\left(\sum_{n=1}^{\infty} \frac{B(n)}{n(n+1)}\right)$ 是否为一个有理数.

分析　若能算出级数 $\sum_{n=1}^{\infty} \frac{B(n)}{n(n+1)}$ 的和，则问题自然解决. 要求出级数的和必须要知道 $B(n)$ 与 n 的关系或者 $B(n)$ 的递推式.

解　首先证明级数是收敛的.

如果在二进制表示中 n 共有 d 位，那么 $2^{d-1} \leqslant n$，因而 $B(n) \leqslant d \leqslant 1 + \ln_2 n$，由比较法知，级数

$\sum_{n=1}^{\infty}\frac{B(n)}{n(n+1)}$ 收敛.

下面用两种方法来计算级数的和.

方法 1 每个 n 都可以唯一表示为 $n_0+2n_1+2^2n_2+\cdots$，其中 $n_i\in\{0,1\}$（除有限多个 i 以外，$n_i=0$）.

由于 $1+2+2^2+\cdots+2^{i-1}=2^i-1$，可知，当且仅当 n 具有 $k+2^i+2^{i+1}j$ 的形式时，$n_i=1$ $\left(这里 k 是 \{0,1,2,\cdots,2^i-1\} 中的某个数，而 j\in\{0,1,2,\cdots\}\right)$. 于是

$$S=\sum_{n=1}^{\infty}\frac{1}{n(n+1)}\sum_{i=1}^{\infty}n_i=\sum_{i=0}^{\infty}\sum_{j=0}^{\infty}\sum_{k=0}^{2^i-1}\frac{1}{(k+2^i+2^{i+1}j)(1+k+2^i+2^{i+1}j)}$$

$$=\sum_{i=0}^{\infty}\sum_{j=0}^{\infty}\left(\frac{1}{2^i(1+2j)}-\frac{1}{2^i(2+2j)}\right)=\sum_{i=0}^{\infty}\frac{1}{2^i}\sum_{j=1}^{\infty}(-1)^{j-1}\frac{1}{j}.$$

由于 $1-\frac{1}{2}+\frac{1}{3}-\frac{1}{4}+\cdots=\ln 2$，所以 $S=\ln 2\sum_{i=0}^{\infty}\frac{1}{2^i}=2\ln 2=\ln 4$，故 $e^s=4$ 是有理数.

方法 2 由于 $B(2m)=B(m)$，$B(2m+1)=1+B(2m)=1+B(m)$，于是

$$S=\sum_{n=1}^{\infty}\frac{B(n)}{n(n+1)}=\sum_{m=0}^{\infty}\frac{B(2m+1)}{(2m+1)(2m+2)}+\sum_{m=1}^{\infty}\frac{B(2m)}{2m(2m+1)}$$

$$=\sum_{m=0}^{\infty}\frac{1+B(m)}{(2m+1)(2m+2)}+\sum_{m=1}^{\infty}\frac{B(m)}{2m(2m+1)}$$

$$=\sum_{m=0}^{\infty}\frac{1}{(2m+1)(2m+2)}+\sum_{m=1}^{\infty}B(m)\left(\frac{1}{2m(2m+1)}+\frac{1}{(2m+1)(2m+2)}\right)$$

$$=\sum_{m=0}^{\infty}\left(\frac{1}{2m+1}-\frac{1}{2m+2}\right)+\sum_{m=1}^{\infty}B(m)\left(\frac{1}{2m}-\frac{1}{2m+2}\right)$$

$$=\ln 2+\frac{1}{2}\sum_{m=1}^{\infty}\frac{B(m)}{m(m+1)}=\ln 2+\frac{1}{2}S.$$

所以 $S=\ln 4$，$e^s=4$ 是有理数.

评注 方法 2 中的计算必须要以级数收敛为前提，所以先证明级数收敛是必要的.

习题 8.1

习题 8.1 答案

1. 讨论下列级数的敛散性.

（1）$\sum_{n=1}^{\infty}\left(1+\frac{1}{n}\right)^{n^2}e^{-n}$；（2）$\sum_{n=1}^{\infty}\frac{n^3[\sqrt{2}+(-1)^n]^n}{3^n}$；（3）$\sum_{n=1}^{\infty}\frac{1}{\ln(1+n)^{\ln(1+n)}}$；

（4）$\sum_{n=1}^{\infty}\int_0^{\frac{1}{n}}\frac{\sqrt{x}}{1+x^4}dx$；（5）$\sum_{n=1}^{\infty}\left[e-\left(1+\frac{1}{1!}+\frac{1}{2!}+\frac{1}{3!}+\cdots+\frac{1}{n!}\right)\right]$.

2. 讨论下列级数的敛散性.

（1）$\sum_{n=1}^{\infty}\left[\sqrt[n]{a}-\frac{1}{2}(\sqrt[n]{b}+\sqrt[n]{c})\right]\ (a,b,c>0)$；（2）$\sum_{n=1}^{\infty}(n!)^{-\frac{\alpha}{n}}\ (\alpha>0)$；

（3）$\sum_{n=1}^{\infty}\frac{1}{\left(1+\frac{1}{2}+\cdots+\frac{1}{n}\right)n^p}\ (p>0)$；（4）$\sum_{n=1}^{\infty}\frac{1}{\left(\sqrt{n+1}+\sqrt{n}\right)^p}\ln\frac{n+1}{n-1}\ (p>0)$.

3. 设$\sum\limits_{n=1}^{\infty}a_n$是收敛的正项级数，求证$\sum\limits_{n=1}^{\infty}\sqrt{a_na_{n+1}}$也收敛，反之是否正确？

4. 若$\lim\limits_{n\to\infty}[n^p(e^{\frac{1}{n}}-1)a_n]=1\ (p>1)$，讨论级数$\sum\limits_{n=1}^{\infty}a_n$的敛散性.

5. 设正项级数$\sum\limits_{n=1}^{\infty}a_n$收敛，证明$\lim\limits_{n\to\infty}(1+a_1)(1+a_2)\cdots(1+a_n)$存在.

6. 判定级数$\sum\limits_{n=1}^{\infty}\dfrac{1}{x_n^2}$的敛散性. 其中$x_n$是方程$x=\tan x$的正根按递增顺序的排列.

7. 设$B_n(x)=1^x+2^x+3^x+\cdots+n^x$，证明级数$\sum\limits_{n=2}^{\infty}\dfrac{B_n(\log_n 2)}{(n\log_2 n)^2}$收敛.

8. 设$a_n=\int_0^{\frac{\pi}{4}}\cos^n t\,\mathrm{d}t$，判断级数$\sum\limits_{n=1}^{\infty}a_n$的敛散性.

9*. 设正项级数$\sum\limits_{n=1}^{\infty}a_n$收敛，判断级数$\sum\limits_{n=1}^{\infty}\sum\limits_{k=1}^{\infty}\dfrac{na_n}{k^2+n^2}$的敛散性.

10. 设有方程$x^n+nx-1=0$，其中n为正整数，证明此方程存在唯一正实根x_n，并证明当$\alpha>1$时，级数$\sum\limits_{n=1}^{\infty}x_n^{\alpha}$收敛.

11. 对于$x>1$，证明级数$\dfrac{x}{x+1}+\dfrac{x^2}{(x+1)(x^2+1)}+\dfrac{x^4}{(x+1)(x^2+1)(x^4+1)}+\cdots$收敛，并求级数的和.

12. 设$a_0>1$，且满足$a_{n+1}=\dfrac{1}{4}(a_n^4+3)\ (n\geqslant 0)$，证明级数$\sum\limits_{n=0}^{\infty}\dfrac{a_n^2+2a_n+3}{(a_n+1)(a_n^2+1)}$收敛，并求其值.

13. 证明级数$\sum\limits_{n=1}^{\infty}\int_0^1 x^2(1-x)^n\mathrm{d}x$收敛，并求其和.

14*. 求级数$\sum\limits_{n=0}^{\infty}\operatorname{arccot}(n^2+n+1)$的和.

15. 设$u_1=2$，$u_{n+1}=u_n^2-u_n+1\ (n=1,2,\cdots)$，证明级数$\sum\limits_{n=0}^{\infty}\dfrac{1}{u_n}=1$.

16. 设$p>0$，$x_1=\dfrac{1}{4}$，$x_{n+1}^p=x_n^p+x_n^{2p}\ (n=1,2,\cdots)$，证明级数$\sum\limits_{n=1}^{\infty}\dfrac{1}{1+x_n^p}$收敛，并求其和.

17. 设$\{u_n\}$和$\{c_n\}$为正实数列，证明：

（1）若对所有的正整数n满足$c_nu_n-c_{n+1}u_{n+1}\leqslant 0$，且$\sum\limits_{n=1}^{\infty}\dfrac{1}{c_n}$发散，则$\sum\limits_{n=1}^{\infty}u_n$也发散.

（2）若对所有的正整数n满足$c_n\dfrac{u_n}{u_{n+1}}-c_{n+1}\geqslant a$（常数$a>0$），且$\sum\limits_{n=1}^{\infty}\dfrac{1}{c_n}$收敛，则$\sum\limits_{n=1}^{\infty}u_n$也收敛.

18*. 设$\{p_n\}$是单调递增的正实数列，证明$\sum\limits_{n=1}^{\infty}\dfrac{1}{p_n}$与$\sum\limits_{n=1}^{\infty}\dfrac{n}{p_1+p_2+\cdots+p_n}$同敛散.

19. 证明若级数$\sum\limits_{n=1}^{\infty}x_n^2$收敛，则$\prod\limits_{n=1}^{\infty}\cos x_n$收敛.

20. 设数列 $S_1=1, S_2, S_3,\cdots$ 由公式 $2S_{n+1}=S_n+\sqrt{S_n^2+u_n}\ (u_n>0)$ 确定，证明级数 $\sum\limits_{n=1}^{\infty}u_n$ 收敛的充分必要条件是数列 $\{S_n\}$ 收敛.

21. 设函数 $f(x)=\int_0^x \frac{\ln(1+t)}{1+\mathrm{e}^{-t}\sin^3 t}\mathrm{d}t\ (x>0)$，证明级数 $\sum\limits_{n=1}^{\infty}f\left(\frac{1}{n}\right)$ 收敛，且 $\frac{1}{3}<\sum\limits_{n=1}^{\infty}f\left(\frac{1}{n}\right)<\frac{5}{6}$.

22. 设 $\{F_n\}$ 是斐波拉契数列，即有 $F_0=1$，$F_1=1$，$F_n=F_{n-1}+F_{n-2}\ (n=2,3,\cdots)$. 判断级数 $\sum\limits_{n=1}^{\infty}\frac{1}{F_n}$ 与 $\sum\limits_{n=2}^{\infty}\frac{1}{\ln F_n}$ 的敛散性.

23*. 令 A 为整数的一个集合，这些数在它们的十进制表示中不包含数字 9，证明 $\sum\limits_{a\in \mathrm{A}}\frac{1}{a}$ 收敛，即 A 定义了一个调和级数的收敛子列.

24. 设 $\sum\limits_{n=1}^{\infty}a_n$ 与 $\sum\limits_{n=1}^{\infty}b_n$ 为正项级数，证明：

（1）若 $\lim\limits_{n\to\infty}\left(\frac{a_n}{a_{n+1}b_n}-\frac{1}{b_{n+1}}\right)>0$，则 $\sum\limits_{n=1}^{\infty}a_n$ 收敛；

（2）若 $\lim\limits_{n\to\infty}\left(\frac{a_n}{a_{n+1}b_n}-\frac{1}{b_{n+1}}\right)<0$，且 $\sum\limits_{n=1}^{\infty}b_n$ 发散，则 $\sum\limits_{n=1}^{\infty}a_n$ 发散.

25. 设正项级数 $\sum\limits_{n=1}^{\infty}a_n$ 满足 $\frac{a_n}{a_{n+1}}=1+\frac{r}{n}+o\left(\frac{1}{n}\right)$. 证明当 $r>1$ 时，级数 $\sum\limits_{n=1}^{\infty}a_n$ 收敛.

26*. 设 $\{u_n\}$ 是正数列，满足 $\frac{u_{n+1}}{u_n}=1-\frac{\alpha}{n}+O\left(\frac{1}{n^{\beta}}\right)$，其中常数 $\alpha>0$，$\beta>1$.

（1）对于 $v_n=n^{\alpha}u_n$，判断级数 $\sum\limits_{n=1}^{\infty}\ln\frac{v_{n+1}}{v_n}$ 的敛散性；

（2）讨论级数 $\sum\limits_{n=1}^{\infty}u_n$ 的敛散性.

（注：设 $\lim\limits_{n\to\infty}a_n=0$，$\lim\limits_{n\to\infty}b_n=0$，则 $a_n=O(b_n)\Leftrightarrow$ 存在常数 $M>0$ 及自然数 N，当 $n>N$ 时，恒有 $|a_n|\leqslant M|b_n|$.）

27. 设 $\sum\limits_{n=1}^{\infty}a_n$ 是收敛的正项级数，令 $f(x)=\sum\limits_{n=1}^{\infty}a_n|\sin nx|$，已知 $f(x)$ 在 $(-\infty,+\infty)$ 上满足李普希兹条件，即存在常数 $L>0$，使对任意实数 x,y，都有 $|f(x)-f(y)|\leqslant L|x-y|$，证明级数 $\sum\limits_{n=1}^{\infty}na_n$ 收敛.

28*. 设实数列 $u_0,u_1,u_2,\cdots$ 满足 $u_n=\sum\limits_{k=1}^{\infty}u_{n+k}^2, n=0,1,2,\cdots$，证明若 $\sum\limits_{n=1}^{\infty}u_n$ 收敛，则对于所有的 k 都有 $u_k=0$.

29. 设正项数列 $\{a_n\}$ 单调递减，且级数 $\sum\limits_{n=1}^{\infty}a_n$ 发散，记 $x_n=\frac{a_2+a_4+\cdots+a_{2n}}{a_1+a_3+\cdots+a_{2n-1}}\ (n=1,2,\cdots)$，证明 $\lim\limits_{n\to\infty}x_n=1$.

8.2　任意项级数

任意项级数$\sum_{n=1}^{\infty}u_n$敛散性的判定，常按以下步骤进行：

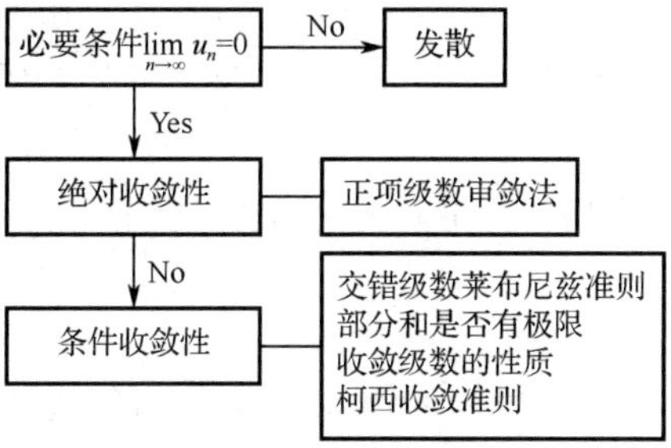

例 1　讨论级数$\sum_{n=1}^{\infty}a^n\cos n\theta$的敛散性，并求级数的和.

分析　这是任意项级数，其敛散性可按上面提供的方法判别. 本级数求和有两种方法：一是化简部分和求极限；二是用欧拉公式将三角函数转化为指数函数，利用等比级数求和公式.

解　当$|a|\geqslant 1$时，级数的通项不趋于 0，级数发散.

当$|a|<1$时，因为$|a^n\cos n\theta|\leqslant|a|^n$，且级数$\sum_{n=1}^{\infty}|a|^n$收敛，所以原级数绝对收敛.

下面求级数的和.

方法 1　当$|a|<1$时，记部分和为$S_n=\sum_{k=1}^{n}a^k\cos k\theta$，则

$$\begin{aligned}2a\cos\theta\,S_n&=\sum_{k=1}^{n}2a^{k+1}\cos\theta\cos k\theta=\sum_{k=1}^{n}a^{k+1}\left[\cos(k+1)\theta+\cos(k-1)\theta\right]\\&=\left[a^{n+1}\cos(n+1)\theta+S_n-a\cos\theta\right]+a^2\left[1+S_n-a^n\cos n\theta\right],\end{aligned}$$

解出

$$S_n=\frac{a^{n+2}\cos n\theta-a^{n+1}\cos(n+1)\theta+a\cos\theta-a^2}{1-2a\cos\theta+a^2}\to\frac{a\cos\theta-a^2}{1-2a\cos\theta+a^2}\ (n\to\infty).$$

方法 2　设$S=\sum_{n=1}^{\infty}a^n\cos n\theta$，$T=\sum_{n=1}^{\infty}a^n\sin n\theta$，$|a|<1$. 由欧拉公式得

$$\begin{aligned}S+iT&=\sum_{n=1}^{\infty}a^n\mathrm{e}^{in\theta}=\frac{a\mathrm{e}^{i\theta}}{1-a\mathrm{e}^{i\theta}}\quad(i=\sqrt{-1})\\&=\frac{a\mathrm{e}^{i\theta}(1-a\mathrm{e}^{-i\theta})}{(1-a\mathrm{e}^{i\theta})(1-a\mathrm{e}^{-i\theta})}=\frac{a\mathrm{e}^{i\theta}-a^2}{1-2a\cos\theta+a^2}.\end{aligned}$$

比较等式两边的实部与虚部可得

$$S=\frac{a\cos\theta-a^2}{1-2a\cos\theta+a^2}\ (|a|<1).$$

评注　“方法 2”利用欧拉公式将级数转化为等比级数求和，这给问题的解决带来了极大的方便.

例 2　判断级数$\sum_{n=1}^{\infty}(-1)^n\frac{n^{n+1}}{(n+1)!}$的敛散性.

分析 交错级数，先考虑绝对收敛性.

解 考察$\sum\limits_{n=1}^{\infty}|u_n|=\sum\limits_{n=1}^{\infty}\frac{n^{n+1}}{(n+1)!}$.

因为

$$\lim_{n\to\infty}\frac{|u_{n+1}|}{|u_n|}=\lim_{n\to\infty}\frac{(n+1)^{n+2}}{(n+2)!}\cdot\frac{(n+1)!}{n^{n+1}}=\lim_{n\to\infty}\left(1+\frac{1}{n}\right)^n\frac{(n+1)^2}{n(n+2)}=\mathrm{e}>1,$$

所以原级数不绝对收敛.

由$\lim\limits_{n\to\infty}\frac{|u_{n+1}|}{|u_n|}>1$知，当$n$充分大时，有$|u_{n+1}|>|u_n|>0$，故$\lim\limits_{n\to\infty}|u_n|\neq 0$，即$\lim\limits_{n\to\infty}u_n\neq 0$. 所以原级数发散.

评注 一般来说，若$\sum\limits_{n=1}^{\infty}|u_n|$发散，则$\sum\limits_{n=1}^{\infty}u_n$未必发散；但如果是用比值法或根值法判定$\sum\limits_{n=1}^{\infty}|u_n|$发散，则$\sum\limits_{n=1}^{\infty}u_n$必发散(因为此时必有$u_n\not\to 0$).

例 3 设数列$\{a_n\}$单调递减，且$\lim\limits_{n\to\infty}a_n=0$，证明$\sum\limits_{n=1}^{\infty}(-1)^n\frac{a_1+a_2+\cdots+a_n}{n}$收敛.

分析 这是交错级数，考虑用莱布尼兹准则，关键是证明$\frac{a_1+a_2+\cdots+a_n}{n}$的单调性.

证明 由于$\{a_n\}$单调递减，且$\lim\limits_{n\to\infty}a_n=0$，故$a_n\geqslant 0$. 即所证级数是交错级数.

令$b_n=\frac{a_1+a_2+\cdots+a_n}{n}$，由于$\lim\limits_{n\to\infty}a_n=0$，所以$\lim\limits_{n\to\infty}b_n=0$. 由$\{a_n\}$单调递减知，$b_n\geqslant a_n$，又

$$\begin{aligned}nb_n-nb_{n+1}&=nb_n-(n+1)b_{n+1}+b_{n+1}\\&=(a_1+a_2+\cdots+a_n)-(a_1+a_2+\cdots+a_n+a_{n+1})+b_{n+1}=b_{n+1}-a_{n+1},\end{aligned}$$

得到

$$b_n-b_{n+1}=\frac{b_{n+1}-a_{n+1}}{n}\geqslant 0.$$

所以$\{b_n\}$单调递减. 由莱布尼兹准则知，$\sum\limits_{n=1}^{\infty}(-1)^n b_n$收敛，即$\sum\limits_{n=1}^{\infty}(-1)^n\frac{a_1+a_2+\cdots+a_n}{n}$收敛.

评注 请读者思考：若正项级数$\sum\limits_{n=1}^{\infty}a_n$收敛，则$\sum\limits_{n=1}^{\infty}\frac{a_1+a_2+\cdots+a_n}{n}$与$\sum\limits_{n=1}^{\infty}\sqrt[n]{a_1a_2\cdots a_n}$的敛散性如何？（前者答案明显，后者见综合题 8*第 9 题.）

例 4 设$a_n=\int_n^{n+1}\frac{\sin\pi x}{1+x^p}\mathrm{d}x\ (n=1,2,\cdots)$，$p>0$，证明：

（1）当$p>1$时，级数$\sum\limits_{n=1}^{\infty}a_n$绝对收敛；（2）当$0<p\leqslant 1$时，级数$\sum\limits_{n=1}^{\infty}a_n$收敛.

分析 （1）a_n的积分式难以算出，绝对收敛性只能将$|a_n|$放大，用正向级数的比较法来做.

（2）易知$\sin\pi x$的符号在区间$(n,n+1)\ (n=1,2,\cdots)$内是交错变化的，故$\sum\limits_{n=1}^{\infty}a_n$是交错级数，其收敛性可考虑用莱布尼兹准则.

证明 （1）当$p>1$时，有$|a_n|\leqslant\int_n^{n+1}\frac{1}{1+x^p}\mathrm{d}x\leqslant\frac{1}{n^p}$，所以$\sum\limits_{n=1}^{\infty}a_n$绝对收敛.

（2）当$0<p\leqslant 1$时，由积分第一中值定理知

$$a_n=\int_n^{n+1}\frac{\sin\pi x}{1+x^p}\mathrm{d}x=\frac{1}{1+\xi_n^p}\int_n^{n+1}\sin\pi x\,\mathrm{d}x=\frac{2(-1)^n}{\pi(1+\xi_n^p)}\ (\text{其中 } n<\xi_n<n+1).$$

因此$\sum\limits_{n=1}^{\infty}a_n$是交错级数. 记$a_n=(-1)^n b_n$，则

$$0<b_{n+1}=\frac{2}{\pi(1+\xi_{n+1}^p)}<\frac{2}{\pi(1+\xi_n^p)}=b_n,$$

所以$\{b_n\}$单调递减；又因为$0<b_n<\dfrac{2}{\pi(1+n^p)}$，所以$\lim\limits_{n\to\infty}b_n=0$. 由莱布尼兹准则知，原级数收敛.

例 5 判断下列级数的敛散性：

（1）$\sum\limits_{n=2}^{\infty}\dfrac{(-1)^n}{\sqrt{n}+(-1)^n}$；（2）$\dfrac{1}{\sqrt{2}-1}-\dfrac{1}{\sqrt{2}+1}+\dfrac{1}{\sqrt{3}-1}-\dfrac{1}{\sqrt{3}+1}+\cdots+\dfrac{1}{\sqrt{n}-1}-\dfrac{1}{\sqrt{n}+1}+\cdots$

分析 两个都是交错级数，易看出都不绝对收敛. 又因为其通项都不单调，所以也不适用莱布尼兹准则. 因此考虑用级数的性质来判断.

解 （1）$\sum\limits_{n=2}^{\infty}\dfrac{(-1)^n}{\sqrt{n}+(-1)^n}=\sum\limits_{n=2}^{\infty}(-1)^n\dfrac{\sqrt{n}-(-1)^n}{n-1}=\sum\limits_{n=2}^{\infty}\left[(-1)^n\dfrac{\sqrt{n}}{n-1}-\dfrac{1}{n-1}\right]$.

考察级数$\sum\limits_{n=2}^{\infty}\dfrac{(-1)^n\sqrt{n}}{n-1}$：

因为$\lim\limits_{n\to\infty}a_n=\lim\limits_{n\to\infty}\dfrac{\sqrt{n}}{n-1}=0$，而$\left(\dfrac{\sqrt{x}}{x-1}\right)'=\dfrac{-(1+x)}{2\sqrt{x}(x-1)^2}<0\ (x\geqslant 2)$，故函数$\dfrac{\sqrt{x}}{x-1}$单调递减，由莱布尼兹准则，级数$\sum\limits_{n=2}^{\infty}(-1)^n\dfrac{\sqrt{n}}{n-1}$收敛.

而级数$\sum\limits_{n=2}^{\infty}\dfrac{1}{n-1}$发散. 所以原级数是一个收敛级数与一个发散级数的和，是发散的.

（2）考虑每两项加一括号所成的级数$\sum\limits_{n=2}^{\infty}\left(\dfrac{1}{\sqrt{n}-1}-\dfrac{1}{\sqrt{n}+1}\right)$，这是正项级数.

由于$\dfrac{1}{\sqrt{n}-1}-\dfrac{1}{\sqrt{n}+1}=\dfrac{2}{n-1}$，因为级数$\sum\limits_{n=2}^{\infty}\dfrac{2}{n-1}$发散，所以原级数也发散.

评注 （1）关于两级数和的敛散性有以下结论：

① 若两级数均收敛，则其和也收敛；若两个都绝对收敛，则和也绝对收敛；若一个绝对收敛一个条件收敛，则和条件收敛.

② 若两级数仅一个收敛，则其和是发散的.

（2）级数添加与去掉括号的敛散性有以下结论：

① 收敛级数任意添加括号也收敛.

② 若收敛级数去掉括号后的通项仍以 0 为极限，则去掉括号后的级数也收敛，且和不变.

对去掉括号情况的证明如下：

设$(a_1+a_2+\cdots+a_{n_1})+(a_{n_1+1}+\cdots+a_{n_2})+\cdots+(a_{n_{k-1}+1}+\cdots+a_{n_k})+\cdots$收敛于$S$，且$\lim\limits_{n\to\infty}a_n=0$. 记该级数的部分和为$T_k$，$\sum\limits_{n=1}^{\infty}a_n$的部分和为$S_n$，则 $T_k=S_{n_k}$，$\lim\limits_{k\to\infty}S_{n_k}=\lim\limits_{k\to\infty}T_k=S$.

由于$\lim\limits_{n\to\infty}a_n=0$，对$\forall i\in\{1,2,\cdots,n_{k+1}-n_k-1\}$，有

$$\lim_{k\to\infty}S_{n_k+i}=\lim_{k\to\infty}\left(T_k+a_{n_k+1}+\cdots+a_{n_k+i}\right)=S,$$

所以 $\lim\limits_{n\to\infty} S_n = S$，即 $\sum\limits_{n=1}^{\infty} a_n$ 也收敛于 S.

例 6 讨论级数 $\sum\limits_{n=2}^{\infty} \dfrac{(-1)^n}{\left[n+(-1)^n\right]^p}\ (p>0)$ 的敛散性.

分析 这是交错级数，且通项趋于 0，但通项不单调，不适用莱布尼兹准则. 可考虑用添加括号的方式来讨论，也可用交换相邻两项顺序的方式使通项满足单调性.

解 $|a_n| = \left|\dfrac{(-1)^n}{\left[n+(-1)^n\right]^p}\right| = \dfrac{1}{n^p}\cdot\dfrac{1}{\left[1+\dfrac{(-1)^n}{n}\right]^p} \sim \dfrac{1}{n^p}\ (n\to\infty)$.

当 $p>1$ 时，级数绝对收敛；当 $0<p\leqslant 1$ 时，级数不绝对收敛.

下面讨论当 $0<p\leqslant 1$ 时，级数的收敛性.

首先，级数的通项 $a_n \to 0$.

方法 1 将原级数按如下方式添加括号：

$$\left(\frac{1}{3^p}-\frac{1}{2^p}\right)+\left(\frac{1}{5^p}-\frac{1}{4^p}\right)+\cdots+\left(\frac{1}{(2n+1)^p}-\frac{1}{(2n)^p}\right)+\cdots,$$

记 $b_n = \dfrac{1}{(2n+1)^p}-\dfrac{1}{(2n)^p}$，则 $b_n<0$，$\sum\limits_{n=2}^{\infty}(-b_n)$ 是正项级数. 由于

$$-b_n = \frac{1}{(2n)^p}-\frac{1}{(2n+1)^p} = \frac{1}{(2n+1)^p}\left[\left(1+\frac{1}{2n}\right)^p-1\right] \sim \frac{1}{(2n+1)^p}\cdot\frac{p}{2n} \sim \frac{p}{(2n)^{p+1}},$$

而 $p+1>1$，所以 $\sum\limits_{n=2}^{\infty}(-b_n)$ 收敛，由上题评注中去括号的讨论知，原级数收敛.

方法 2 同样考虑方法 1 中的级数 $\sum\limits_{n=2}^{\infty}(-b_n)$，其部分和为

$$\begin{aligned} S_n &= \left(\frac{1}{2^p}-\frac{1}{3^p}\right)+\left(\frac{1}{4^p}-\frac{1}{5^p}\right)+\cdots+\left(\frac{1}{(2n)^p}-\frac{1}{(2n+1)^p}\right) \\ &= \frac{1}{2^p}-\left(\frac{1}{3^p}-\frac{1}{4^p}\right)-\left(\frac{1}{5^p}-\frac{1}{6^p}\right)-\cdots-\left(\frac{1}{(2n-1)^p}-\frac{1}{(2n)^p}\right)-\frac{1}{(2n+1)^p} < \frac{1}{2^p}. \end{aligned}$$

正项级数部分和数列有界，级数收敛，从而原级数收敛.

方法 3 原级数为

$$\frac{1}{3^p}-\frac{1}{2^p}+\frac{1}{5^p}-\frac{1}{4^p}+\cdots+\frac{1}{(2n+1)^p}-\frac{1}{(2n)^p}+\cdots. \quad ①$$

奇偶项互换后的新级数为

$$\frac{1}{2^p}-\frac{1}{3^p}+\frac{1}{4^p}-\frac{1}{5^p}+\cdots+\frac{1}{(2n)^p}-\frac{1}{(2n+1)^p}+\cdots \quad ②$$

记 $c_n = \dfrac{1}{n^p}$，②式为 $\sum\limits_{n=2}^{\infty}(-1)^n c_n$，由于 c_n 单调递减趋于 0，由莱布尼兹准则知，该交错级数收敛，从而原级数①式收敛.

评注 方法 3 用到了收敛级数的性质：收敛级数交换相邻两项的位置后的级数仍收敛，且和不变.

证明如下：

设 $a_1+a_2+a_3+a_4+\cdots+a_{2n-1}+a_{2n}+\cdots$ 收敛于 S，其部分和为 S_n．交换相邻两项的位置后的级数为 $a_2+a_1+a_4+a_3+\cdots+a_{2n}+a_{2n-1}+\cdots$，其部分和为 T_n．则

$$T_{2n}=S_{2n}\Rightarrow\lim_{n\to\infty}T_{2n}=\lim_{n\to\infty}S_{2n}=S\text{，}\lim_{n\to\infty}T_{2n+1}=\lim_{n\to\infty}T_{2n}+\lim_{n\to\infty}a_{2n+2}=S\text{，所以}\lim_{n\to\infty}T_n=S.$$

例 7　判断级数 $\sum\limits_{n=1}^{\infty}\dfrac{(-1)^n}{\sqrt{n+(-1)^n}}$ 的敛散性，确定是绝对收敛还是条件收敛.

分析　这是交错级数. 通项趋于 0，但不单调，可考虑上题中的方法，也可以考虑其部分和的极限.

解　先判断绝对收敛性：

因为 $|u_n|=\dfrac{1}{\sqrt{n+(-1)^n}}>\dfrac{1}{\sqrt{n+1}}$，所以原级数不绝对收敛.

下面讨论条件收敛性：

用与上题完全类似的 3 种方法都可证明该级数收敛（请读者自行完成）. 下面再介绍两种解法：

方法 1　$S_{2n}=\left(\dfrac{1}{\sqrt3}-\dfrac{1}{\sqrt2}\right)+\left(\dfrac{1}{\sqrt5}-\dfrac{1}{\sqrt4}\right)+\cdots+\left(\dfrac{1}{\sqrt{2n+1}}-\dfrac{1}{\sqrt{2n}}\right)$，括号中各项均小于 0，所以 $\{S_{2n}\}$ 单调递减；又

$$S_{2n}>\left(\frac{1}{\sqrt4}-\frac{1}{\sqrt2}\right)+\left(\frac{1}{\sqrt6}-\frac{1}{\sqrt4}\right)+\cdots+\left(\frac{1}{\sqrt{2n+2}}-\frac{1}{\sqrt{2n}}\right)=-\frac{1}{\sqrt2}+\frac{1}{\sqrt{2n+2}}>-\frac{1}{\sqrt2},$$

$\{S_{2n}\}$ 有下界，数列 $\{S_{2n}\}$ 收敛，记 $\lim\limits_{n\to\infty}S_{2n}=S$.

又 $\lim\limits_{n\to\infty}S_{2n+1}=\lim\limits_{n\to\infty}(S_{2n}+u_{2n+1})=\lim\limits_{n\to\infty}S_{2n}+\lim\limits_{n\to\infty}\dfrac{-1}{\sqrt{2n}}=S$. 所以 $\lim\limits_{n\to\infty}S_n=S$，原级数条件收敛.

方法 2　由泰勒公式 $(1+x)^{-\frac12}=1-\dfrac12x+o(x)$，得

$$u_n=\frac{(-1)^n}{\sqrt{n+(-1)^n}}=\frac{(-1)^n}{\sqrt n}\left[1+\frac{(-1)^n}{n}\right]^{-\frac12}=\frac{(-1)^n}{\sqrt n}\left[1-\frac{(-1)^n}{2n}+o\left(\frac1n\right)\right]$$
$$=\frac{(-1)^n}{\sqrt n}-\frac{1}{2n\sqrt n}+o\left(\frac{1}{n\sqrt n}\right),$$

所以 $\sum\limits_{n=1}^{\infty}\dfrac{(-1)^n}{\sqrt{n+(-1)^n}}=\sum\limits_{n=1}^{\infty}\dfrac{(-1)^n}{\sqrt n}-\sum\limits_{n=1}^{\infty}\dfrac{1}{2n\sqrt n}+\sum\limits_{n=1}^{\infty}o\left(\dfrac{1}{n\sqrt n}\right)$ 为 3 个收敛级数的和，从而收敛.

评注　方法 2 中的级数为两个绝对收敛级数与一个条件收敛级数之和，因而是条件收敛的.

例 8　设函数 $f(x)$ 在 $(-\infty,+\infty)$ 上连续，且满足 $f(x)=\sin x+\int_0^x tf(x-t)\mathrm{d}t$. 试判定级数 $\sum\limits_{n=1}^{\infty}(-1)^n f\left(\dfrac1n\right)$ 的收敛性.

分析　有两种思考方式：一是将题设条件化为微分方程，解出 $f(x)$ 的表达式来确定级数的敛散性；二是利用所给方程去求得 $f(0)$ 和 $f'(0)$ 的值，从而得到 $f\left(\dfrac1n\right)$ 的局部表达式，级数的敛散性就知道了.

解　由 $f(x)=\sin x+\int_0^x tf(x-t)\mathrm{d}t\xlongequal{x-t=u}\sin x+x\int_0^x f(u)\mathrm{d}u-\int_0^x uf(u)\mathrm{d}u$ 求导得

$$f'(x)=\cos x+\int_0^x f(u)\mathrm{d}u. \qquad ①$$

且有 $f(0)=0$，$f'(0)=1$.

方法1 对上面①式再求导，得微分方程 $f''(x)-f(x)=-\sin x$.
满足初值的特解为 $f(x)=\frac{1}{4}(e^x-e^{-x})+\frac{1}{2}\sin x$，则原级数为

$$\sum_{n=1}^{\infty}(-1)^n f\left(\frac{1}{n}\right)=\sum_{n=1}^{\infty}(-1)^n\left[\frac{1}{4}\left(e^{1/n}-e^{-1/n}\right)+\frac{1}{2}\sin\frac{1}{n}\right].$$

易知 $e^{1/n}-e^{-1/n}>0$，$\sin\frac{1}{n}>0$，级数为交错级数.

因为

$$\lim_{n\to\infty}\left[\left(\frac{1}{4}\left(e^{1/n}-e^{-1/n}\right)+\frac{1}{2}\sin\frac{1}{n}\right)\Big/\frac{1}{n}\right]=\lim_{n\to\infty}\frac{1}{4}e^{-1/n}\left(e^{2/n}-1\right)n+\frac{1}{2}=\frac{1}{2}+\frac{1}{2}=1,$$

所以级数不绝对收敛.

由莱布尼兹准则易判定级数 $\sum_{n=1}^{\infty}(-1)^n\left(e^{1/n}-e^{-1/n}\right)$ 与 $\sum_{n=1}^{\infty}(-1)^n\sin\frac{1}{n}$ 都是收敛的，所以原级数条件收敛.

方法2 显然 $f(x)$ 在 $(-\infty,+\infty)$ 上具有连续导数，由于 $f(0)=0$，$f'(0)=1$，根据泰勒公式有

$$f\left(\frac{1}{n}\right)=\frac{1}{n}+o\left(\frac{1}{n}\right).$$

由于 $f\left(\frac{1}{n}\right)\sim\frac{1}{n}(n\to\infty)$，故级数 $\sum_{n=1}^{\infty}(-1)^n f\left(\frac{1}{n}\right)$ 不绝对收敛.

由于 $f'(x)$ 为连续函数，且 $f'(0)=1>0$，故存在 $\delta>0$，当 $x\in(-\delta,\delta)$ 时，$f'(x)>0$，即 $f(x)$ 在 $(-\delta,\delta)$ 内单调递增，于是 $f(x)>f(0)=0\ (x>0)$. 故 $\exists N>0$，当 $n>N$ 时，$f\left(\frac{1}{n}\right)>0$，且有

$$f\left(\frac{1}{n+1}\right)<f\left(\frac{1}{n}\right),\quad \lim_{n\to\infty}f\left(\frac{1}{n}\right)=f(0)=0.$$

所以 $\sum_{n=1}^{\infty}(-1)^n f\left(\frac{1}{n}\right)$ 是交错级数，且满足莱布尼兹准则，即所给级数是条件收敛的.

评注 由 $f(0)$ 和 $f'(0)$ 的值，利用泰勒公式可写出 $f\left(\frac{1}{n}\right)$ 的局部表达式，级数 $\sum_{n=1}^{\infty}(-1)^n f\left(\frac{1}{n}\right)$ 的敛散性就可以确定了，没必要解微分方程求得 f 的具体表达式. 当 $f(0)=f'(0)=0$ 时，还需计算 $f''(0)$，此时级数一定绝对收敛.

例9 设 $a_n=\sum_{k=1}^{n}\sin\left(\frac{1}{n+k}\right)$，判定级数 $\sum_{n=1}^{\infty}(-1)^n\left(\ln 2-a_n\right)$ 的条件收敛性与绝对收敛性.

分析 交错级数，考察是否满足莱布尼兹准则；绝对收敛性的思考：易得到 $\lim_{n\to\infty}a_n=\ln 2$，所以级数是否绝对收敛可考察加边极限 $\lim_{n\to\infty}n^p(\ln 2-a_n)$ 的情况（常取 $p=1$）.

解 记 $u_n=\ln 2-a_n$，则

$$u_n-u_{n-1}=a_{n-1}-a_n=-\sin\frac{1}{2n}<0,$$

$\{u_n\}$ 是单调递减的.

由泰勒公式 $\sin x=x+o(x^2)$，有

$$\lim_{n\to\infty}a_n=\lim_{n\to\infty}\sum_{k=1}^{n}\sin\left(\frac{1}{n+k}\right)=\lim_{n\to\infty}\left[\sum_{k=1}^{n}\frac{1}{n+k}+o\left(\frac{1}{n}\right)\right]$$

$$=\lim_{n\to\infty}\left[\sum_{k=1}^{n}\frac{1}{1+k/n}\frac{1}{n}+o\left(\frac{1}{n}\right)\right]=\int_0^1\frac{1}{1+x}\mathrm{d}x=\ln 2,$$

所以 $\lim_{n\to\infty}u_n=0$．由莱布尼兹准则知级数 $\sum_{n=1}^{\infty}(-1)^n u_n$ 收敛.

下面讨论级数的绝对收敛性.

首先 $u_n>0$（因为 $\{u_n\}$ 单调递减且以 0 为极限），由数列极限的施笃兹定理，

$$\lim_{n\to\infty}\frac{u_n}{\frac{1}{n}}=\lim_{n\to\infty}\frac{u_n-u_{n-1}}{\frac{1}{n}-\frac{1}{n-1}}=\lim_{n\to\infty}\frac{-\sin\frac{1}{2n}}{-\frac{1}{n(n-1)}}=\lim_{n\to\infty}n(n-1)\cdot\frac{1}{2n}=\infty,$$

所以级数 $\sum_{n=1}^{\infty}u_n$ 发散．故原级数条件收敛.

例 10*　设 x_n 是方程 $\mathrm{e}^x+x^{2n+1}=0$ 的实数根，记 $y_n=n(x_n+1)-\frac{1}{2}$，判定级数 $\sum_{n=1}^{\infty}\frac{y_n}{n}$ 的条件与绝对收敛性.

分析　显然需要知道 x_n 的存在性、唯一性以及极限情况．若能找到 $\frac{y_n}{n}$ 关于无穷小 $\frac{1}{n}$ 的阶，级数的敛散性就知道了，所以需要通过已知方程去得到 x_n 的展开式.

解　记 $f_n(x)=\mathrm{e}^x+x^{2n+1}$，则 $f_n'(x)=\mathrm{e}^x+(2n+1)x^{2n}>0$，$f_n(x)$ 在 $(-\infty,+\infty)$ 内是严格单调递增的；又 $f_n(-1)=\mathrm{e}^{-1}-1<0$，$f_n(0)=1>0$，由连续函数的介值定理知，对每个自然数 n，方程 $\mathrm{e}^x+x^{2n+1}=0$ 都有唯一的实数根 $x_n\in(-1,0)$.

由于 $x_n=-\mathrm{e}^{\frac{x_n}{2n+1}}$，则有

$$x_n+1=1-\mathrm{e}^{\frac{x_n}{2n+1}}=-\frac{x_n}{2n+1}-\frac{1}{2!}\left(\frac{x_n}{2n+1}\right)^2+o\left(\frac{1}{n^2}\right),$$

所以

$$\frac{y_n}{n}=\frac{1}{n}\left[n(x_n+1)-\frac{1}{2}\right]=(x_n+1)-\frac{1}{2n}=-\frac{x_n}{2n+1}-\frac{1}{2!}\left(\frac{x_n}{2n+1}\right)^2+o\left(\frac{1}{n^2}\right)-\frac{1}{2n}$$

$$=-\frac{x_n+1}{2n+1}-\frac{1}{2n(2n+1)}-\frac{1}{2!}\left(\frac{x_n}{2n+1}\right)^2+o\left(\frac{1}{n^2}\right)$$

$$=\frac{x_n}{(2n+1)^2}-\frac{1}{2n(2n+1)}-\frac{1}{2!}\left(\frac{x_n}{2n+1}\right)^2+o\left(\frac{1}{n^2}\right).$$

由于通项分别为 $\frac{x_n}{(2n+1)^2}$、$\frac{1}{2n(2n+1)}$、$\frac{1}{2!}\left(\frac{x_n}{2n+1}\right)^2$，$o\left(\frac{1}{n^2}\right)$ 的级数均绝对收敛，所以级数 $\sum_{n=1}^{\infty}\frac{y_n}{n}$ 是绝对收敛的.

评注　本题也从加边极限的角度去思考，即考察极限 $\lim_{n\to\infty} n^p \frac{y_n}{n}=\lim_{n\to\infty} n^{p-1}\left[n(x_n+1)-\frac{1}{2}\right]$（是 $\{x_n\}$ 的 2 次加边，是 $\left\{\frac{y_n}{n}\right\}$ 的 1 次加边），这里取 $p=2$，极限是存在的，所以级数收敛.

例 11*　判定级数 $\sum_{n=1}^{\infty}\left(\sin(\pi\sqrt{n^2-n+1})+(-1)^n\right)$ 的敛散性，如果收敛，则判定是绝对收敛还是条件收敛.

分析　由三角函数的诱导公式 $\sin(n\pi+\alpha)=(-1)^n\sin\alpha$，可发现这是一个交错级数. 后续的解题思路与方法就很清晰了.

解

$$
\begin{aligned}
u_n &= \sin(\pi\sqrt{n^2-n+1})+(-1)^n=\sin(n\pi+\pi(\sqrt{n^2-n+1}-n))+(-1)^n \\
&=(-1)^n\sin(\pi(\sqrt{n^2-n+1}-n))+(-1)^n \\
&=(-1)^n\left[\sin(\pi(\sqrt{n^2-n+1}-n))+1\right].
\end{aligned}
$$

因为

$$
\begin{aligned}
\sqrt{n^2-n+1}-n &= n\left[\left(1-\frac{1}{n}+\frac{1}{n^2}\right)^{\frac{1}{2}}-1\right]=n\left[-\frac{1}{2n}+\frac{1}{2n^2}-\frac{1}{8}\left(-\frac{1}{n}+\frac{1}{n^2}\right)^2+o\left(\frac{1}{n^2}\right)\right] \\
&=-\frac{1}{2}+\frac{3}{8n}+o\left(\frac{1}{n}\right),
\end{aligned}
$$

所以

$$
\sin[\pi(\sqrt{n^2-n+1}-n)]=\sin\left(-\frac{\pi}{2}+\frac{3\pi}{8n}+o\left(\frac{1}{n}\right)\right)=-\cos\left(\frac{3\pi}{8n}+o\left(\frac{1}{n}\right)\right),
$$

$$
u_n=(-1)^n\left[1-\cos\left(\frac{3\pi}{8n}+o\left(\frac{1}{n}\right)\right)\right].
$$

这说明 $\sum_{n=1}^{\infty}u_n$ 是交错级数.

考察其绝对收敛性：当 $n\to\infty$ 时，

$$
|u_n|=1-\cos\left(\frac{3\pi}{8n}+o\left(\frac{1}{n}\right)\right)\sim\frac{1}{2}\left(\frac{3\pi}{8n}+o\left(\frac{1}{n}\right)\right)^2.
$$

易知，级数 $\sum_{n=1}^{\infty}\frac{1}{2}\left(\frac{3\pi}{8n}+o\left(\frac{1}{n}\right)\right)^2$ 是收敛的，故原级数绝对收敛.

评注　若 $\lim_{n\to\infty}\frac{f(n)}{n}=1$，则当 n 充分大以后，$\sin\pi f(n)$ 与 $\cos\pi f(n)$ 的符号通常都具有交错性.

例 12*　判别级数 $\sum_{n=1}^{\infty}(-1)^{[\sqrt{n}]}\cdot\frac{1}{n}$ 的收敛性，其中 $[\cdot]$ 是取整函数.

分析　这不是交错级数，但如果通过加括号的方式，将 $[\sqrt{n}]$ 等于同一自然数 k 的项合并，级数就化成了交错级数. 再用莱布尼兹准则判定即可.

解　当取 $n=k^2,k^2+1,\cdots,k^2+2k$ 时，$[\sqrt{n}]=k$，加括号得交错级数 $\sum_{k=1}^{\infty}(-1)^k\sum_{j=0}^{2k}\frac{1}{k^2+j}$.

记$u_k=\sum_{j=0}^{2k}\frac{1}{k^2+j}$，则有$0<u_k<\frac{2k+1}{k^2}\to 0$，即$\lim_{k\to\infty}u_k=0$. 又

$$\begin{aligned}u_k-u_{k+1}&=\sum_{j=0}^{2k}\frac{1}{k^2+j}-\sum_{j=0}^{2k+2}\frac{1}{(k+1)^2+j}\\&=\sum_{j=0}^{2k}\left(\frac{1}{k^2+j}-\frac{1}{(k+1)^2+j}\right)-\frac{1}{(k+1)^2+2k+1}-\frac{1}{(k+1)^2+2k+2}\\&=\sum_{j=0}^{2k}\frac{2k+1}{(k^2+j)(k^2+2k+j+1)}-\frac{1}{(k^2+4k+2)(k^2+4k+3)}\\&\geqslant\frac{(2k+1)^2}{(k^2+2k)(k^2+4k+1)}-\frac{1}{(k^2+4k+2)(k^2+4k+3)}>0.\end{aligned}$$

所以u_k单调递减，故$\sum_{k=1}^{\infty}(-1)^k u_k$收敛.

由于原级数的通项趋于 0，由本节例 5“评注（2）”可知，原级数$\sum_{n=1}^{\infty}(-1)^{[\sqrt{n}]}\cdot\frac{1}{n}$收敛.

该级数显然不绝对收敛.

例 13*　设收敛级数$\sum_{n=1}^{\infty}\frac{(-1)^{n-1}}{n^p}$的和为$S(p)$，证明$\frac{1}{2}<S(p)<1$.

分析　$S(p)<1$是比较显然的；要证明不等式左端，可将级数适当缩小（化为积分形式），以利于求得和函数. 和函数找到了，问题就容易解决了.

证明　因为$\sum_{n=1}^{\infty}\frac{(-1)^{n-1}}{n^p}$收敛，所以必有$p>0$. 将级数加括号有

$$S(p)=1-\left[\left(\frac{1}{2^p}-\frac{1}{3^p}\right)+\left(\frac{1}{4^p}-\frac{1}{5^p}\right)+\cdots\right],$$

因为正项级数$\left(\frac{1}{2^p}-\frac{1}{3^p}\right)+\left(\frac{1}{4^p}-\frac{1}{5^p}\right)+\cdots>0$，所以$S(p)<1$.

又

$$S(p)=\left(1-\frac{1}{2^p}\right)+\sum_{n=2}^{\infty}\left(\frac{1}{(2n-1)^p}-\frac{1}{(2n)^p}\right),$$

由拉格朗日中值定理，

$$\frac{1}{(2n-1)^p}-\frac{1}{(2n)^p}=\frac{p}{\xi_n^{p+1}}>\frac{p}{(2n)^{p+1}}\ (2n-1<\xi_n<2n),$$

于是

$$S(p)>\left(1-\frac{1}{2^p}\right)+\sum_{n=2}^{\infty}\frac{p}{(2n)^{p+1}}=\left(1-\frac{1}{2^p}\right)+\frac{p}{2^{p+1}}\sum_{n=2}^{\infty}\frac{1}{n^{p+1}}.$$

由于$\frac{1}{n^{p+1}}>\int_n^{n+1}\frac{1}{x^{p+1}}\mathrm{d}x$，得$\sum_{n=2}^{\infty}\frac{1}{n^{p+1}}>\int_2^{+\infty}\frac{1}{x^{p+1}}\mathrm{d}x=-\frac{1}{px^p}\Big|_2^{+\infty}=\frac{1}{p2^p}$，于是

$$S(p)>\left(1-\frac{1}{2^p}\right)+\frac{p}{2^{p+1}}\cdot\frac{1}{p2^p}=1-\frac{1}{2^p}+\frac{1}{2^{2p+1}}.$$

令 $f(p)=1-\dfrac{1}{2^p}+\dfrac{1}{2^{2p+1}}$，则 $f'(p)=\dfrac{\ln 2}{2^p}-\dfrac{\ln 2}{2^{2p}}>0$，$f(p)$ 是严格单调递增函数，当 $p>0$ 时，有 $f(p)>f(0)=\dfrac{1}{2}$，即 $S(p)>\dfrac{1}{2}$.

评注　因为 p 级数 $\sum\limits_{n=1}^{\infty}\dfrac{1}{n^p}$ 可通过不等式 $\dfrac{1}{n^p}>\int_n^{n+1}\dfrac{1}{x^p}\mathrm{d}x$ 去缩小，从而得到下界，所以消去级数中相邻两项的符号差异是解决问题的关键，拉格朗日中值定理刚好起到了这样的作用.

例 14*　若对于任何收敛于零的序列 $\{x_n\}$，级数 $\sum\limits_{n=1}^{\infty}a_nx_n$ 都是收敛的，试证明级数 $\sum\limits_{n=1}^{\infty}|a_n|$ 收敛.

分析　由于 $\{x_n\}\to 0(n\to\infty)$，所以当 n 大到一定程度以后，总有 $|a_nx_n|<|a_n|$. 这就很难用比较法来证明结论. 可考虑用反正法，如果结论不成立，那么由 $\{x_n\}$ 的任意性去构造一个使 $\sum\limits_{n=1}^{\infty}a_nx_n$ 发散的例子.

证明　用反证法. 若 $\sum\limits_{n=1}^{\infty}|a_n|$ 发散，必有 $\sum\limits_{n=1}^{\infty}|a_n|=\infty$，则存在自然数 $m_1<m_2<\cdots<m_k<\cdots$，使得

$$\sum_{i=1}^{m_1}|a_i|\geqslant 1,\quad \sum_{i=m_{k-1}+1}^{m_k}|a_i|\geqslant k\quad (k=2,3,\cdots).$$

取 $x_i=\dfrac{1}{k}\operatorname{sgn}a_i\ (m_{k-1}\leqslant i\leqslant m_k)$，则

$$\sum_{i=m_{k-1}+1}^{m_k}a_ix_i=\sum_{i=m_{k-1}+1}^{m_k}\frac{|a_i|}{k}\geqslant 1.$$

由此可知，存在数列 $\{x_n\}\to 0(n\to\infty)$，使得 $\sum\limits_{n=1}^{\infty}a_nx_n$ 发散，这与已知矛盾，所以 $\sum\limits_{n=1}^{\infty}|a_n|$ 收敛.

例 15*　证明积分 $\int_0^{+\infty}\sin(x^2)\,\mathrm{d}x$ 收敛.

分析　用“高等数学”知识来判断该积分的敛散性有些困难，若将积分区间按被积函数的取值正、负分段，则积分可转化为一个交错级数，利用莱布尼兹准则就可判断级数的敛散性.

解　当 $n\geqslant 0$ 时，令 $u_n=\int_{\sqrt{n\pi}}^{\sqrt{(n+1)\pi}}\sin(x^2)\,\mathrm{d}x$，显然，如果 $\sum\limits_{n=0}^{\infty}u_n$ 收敛，则原积分收敛.

令 $t=x^2$，则 $u_n=\dfrac{1}{2}\int_{n\pi}^{(n+1)\pi}\dfrac{\sin t}{\sqrt{t}}\mathrm{d}t$，不难看出 u_n 的符号是交错的. 且有

$$2|u_n|=\left|\int_{n\pi}^{(n+1)\pi}\frac{\sin t}{\sqrt{t}}\mathrm{d}t\right|>\left|\int_{n\pi}^{(n+1)\pi}\frac{\sin t}{\sqrt{t+\pi}}\mathrm{d}t\right|=\left|\int_{(n+1)\pi}^{(n+2)\pi}\frac{\sin t}{\sqrt{t}}\mathrm{d}t\right|=2|u_{n+1}|,$$

即 $|u_n|$ 是单调递减的.

又
$$2|u_n|=\left|\int_{n\pi}^{(n+1)\pi}\frac{\sin t}{\sqrt{t}}\mathrm{d}t\right|<\frac{1}{\sqrt{n\pi}}\int_{n\pi}^{(n+1)\pi}|\sin t|\mathrm{d}t=\frac{1}{\sqrt{n\pi}}\int_0^{\pi}\sin t\,\mathrm{d}t=\frac{2}{\sqrt{n\pi}},$$

得 $|u_n|\to 0\ (n\to\infty)$. 由莱布尼兹准则知 $\sum\limits_{n=0}^{\infty}u_n$ 收敛，所以 $\int_0^{+\infty}\sin(x^2)\,\mathrm{d}x=\sum\limits_{n=0}^{\infty}u_n$ 收敛.

评注　(1) 无穷级数与反常积分在基本性质与审敛法上有很多类似之处，请读者注意比较、总结.

同时两者之间又有紧密的联系，常常借助其中一个去研究另一个. 正项级数的积分判别法就是一个很好的例证.

（2）该例也可以用积分方法来做，具体做法：$\int_0^{+\infty}\sin(x^2)\,\mathrm{d}x \xlongequal{x=\sqrt{t}} \int_0^{+\infty}\frac{\sin t}{2\sqrt{t}}\mathrm{d}t$，再用反常积分收敛性的狄利克雷判别法来证明收敛. 关于狄利克雷判别法，读者可参看《数学分析》教材.

例 16* 　令 $a_n = 1-\frac{1}{2}+\frac{1}{3}-\cdots+\frac{(-1)^{n-1}}{n}-\ln 2$，证明级数 $\sum_{n=1}^{\infty}a_n$ 是收敛的，并求出它的和.

分析　只需求出部分和的极限，首先需要将通项转化为有限运算形式，这可将 a_n 中的各项转化为幂函数在 $[0,1]$ 上的积分来实现. 从另一个角度看，也可利用展开式 $\ln 2=\sum_{k=1}^{\infty}\frac{(-1)^{k-1}}{k}$ 来得到 a_n 的通式，再用积分求和.

解　方法 1

$$a_n = \int_0^1[1-x+x^2-\cdots+(-1)^{n-1}x^{n-1}]\,\mathrm{d}x-\int_0^1\frac{\mathrm{d}x}{1+x}$$

$$=\int_0^1\frac{1+(-1)^{n-1}x^n}{1+x}\mathrm{d}x-\int_0^1\frac{\mathrm{d}x}{1+x}=\int_0^1\frac{(-1)^{n-1}x^n}{1+x}\mathrm{d}x.$$

级数的部分和

$$S_n=\sum_{k=1}^{n}a_k=\sum_{k=1}^{n}\int_0^1\frac{(-1)^{k-1}x^k}{1+x}\mathrm{d}x=\int_0^1\frac{1}{1+x}\sum_{k=1}^{n}(-1)^{k-1}x^k\mathrm{d}x$$

$$=\int_0^1\frac{x+(-1)^{n+1}x^{n+1}}{(1+x)^2}\mathrm{d}x=\left(\ln 2-\frac{1}{2}\right)+\int_0^1\frac{(-1)^{n+1}x^{n+1}}{(1+x)^2}\mathrm{d}x,$$

则

$$\left|S_n-\left(\ln 2-\frac{1}{2}\right)\right|\leqslant\int_0^1\frac{x^{n+1}}{(1+x)^2}\mathrm{d}x\leqslant\int_0^1 x^{n+1}\mathrm{d}x=\frac{1}{n+2},$$

所以 $\lim\limits_{n\to\infty}S_n=\ln 2-\frac{1}{2}$. 即级数 $\sum_{n=1}^{\infty}a_n$ 收敛于 $\ln 2-\frac{1}{2}$.

方法 2

$$a_n=1-\frac{1}{2}+\frac{1}{3}-\cdots+\frac{(-1)^{n-1}}{n}-\ln 2=\sum_{k=1}^{n}\frac{(-1)^{k-1}}{k}-\sum_{k=1}^{\infty}\frac{(-1)^{k-1}}{k}$$

$$=\sum_{k=n+1}^{\infty}\frac{(-1)^k}{k}\xlongequal{i=k-n}\sum_{i=1}^{\infty}\frac{(-1)^{i+n}}{i+n},$$

则

$$\sum_{n=1}^{\infty}a_n=\sum_{n=1}^{\infty}\sum_{i=1}^{\infty}\frac{(-1)^{i+n}}{i+n}=\sum_{j=1}^{\infty}\sum_{i=1}^{\infty}(-1)^{i+j}\int_0^{+\infty}e^{-(i+j)x}\,\mathrm{d}x$$

$$=\int_0^{+\infty}\left[\sum_{i=1}^{\infty}(-1)^i\mathrm{e}^{-ix}\cdot\sum_{j=1}^{\infty}(-1)^j\mathrm{e}^{-jx}\right]\mathrm{d}x$$

$$=\int_0^{+\infty}\left(\frac{-\mathrm{e}^{-x}}{1+\mathrm{e}^{-x}}\right)^2\mathrm{d}x\xlongequal{\mathrm{e}^{-x}=t}\int_0^1\frac{t}{(1+t)^2}\mathrm{d}t=\ln 2-\frac{1}{2}.$$

评注　（1）方法 1 中对 a_n 的变形是关键，这种方法在前面已多次运用(参见 1.2 节例 55，3.2 节例 31).

（2）因为方法 2 中的级数 $\sum_{j=1}^{\infty}(-1)^i\mathrm{e}^{-ix}$ 在区间 $(0,+\infty)$ 内闭一致收敛，所以可逐项积分.

例 17[*] 证明若$\{p_n\}$是一个严格递增的自然数列，则$\sum\limits_{n=0}^{\infty}\dfrac{(-1)^n}{p_0p_1\cdots p_n}$是无理数.

分析 易知级数是收敛的. 要直接证明它是一个无理数不好论述，可用反证法.

证明 由莱布尼兹准则易知级数收敛.

假设$\sum\limits_{n=0}^{\infty}\dfrac{(-1)^n}{p_0p_1\cdots p_n}=\dfrac{\alpha}{\beta}$是一个有理数，由交错级数和的估计知

$$\frac{1}{p_0}-\frac{1}{p_0p_1}<\frac{\alpha}{\beta}<\frac{1}{p_0}.$$

由于$\dfrac{1}{p_0}-\dfrac{1}{p_0p_1}-\dfrac{1}{p_0+1}=\dfrac{p_1-p_0-1}{p_0p_1(p_0+1)}\geqslant 0$，所以

$$\frac{1}{p_0+1}<\frac{\alpha}{\beta}<\frac{1}{p_0},$$

因而$\beta-\alpha p_0<\alpha$. 由于$\beta-\alpha p_0$与α均是自然数，则必有$\beta-\alpha p_0\leqslant\alpha-1$.

注意到

$$\sum_{n=1}^{\infty}\frac{(-1)^{n-1}}{p_1p_2\cdots p_n}=1-\frac{\alpha p_0}{\beta}=\frac{\beta-\alpha p_0}{\beta}\Rightarrow\sum_{n=1}^{\infty}\frac{(-1)^{n-1}}{p_1p_2\cdots p_n}\leqslant\frac{\alpha-1}{\beta},$$

由此递推下去，可知$\sum\limits_{n=\alpha}^{\infty}\dfrac{(-1)^{n-\alpha}}{p_\alpha p_{\alpha+1}\cdots p_n}\leqslant 0$. 这与结论$\dfrac{1}{p_\alpha+1}<\sum\limits_{n=\alpha}^{\infty}\dfrac{(-1)^{n-\alpha}}{p_\alpha p_{\alpha+1}\cdots p_n}<\dfrac{1}{p_\alpha}$相矛盾. 结论得证.

习题 8.2 答案

习题 8.2

1. 判断下列级数的敛散性. 如果收敛，判断是条件收敛还是绝对收敛.

（1）$\sum\limits_{n=2}^{\infty}(-1)^n\int_n^{n+1}\dfrac{\mathrm{e}^{-x}}{x}\mathrm{d}x$；（2）$\sum\limits_{n=1}^{\infty}\dfrac{(-3)^n}{(3^n+2^n)n}$；（3）$\sum\limits_{n=1}^{\infty}(-1)^n\dfrac{(2n)!}{(n!)^2}\left(\dfrac{1}{4}\right)^n$.

2. 讨论下列级数的敛散性. 如果收敛，判断是条件收敛还是绝对收敛.

（1）$a-\dfrac{b}{2}+\dfrac{a}{3}-\dfrac{b}{4}+\cdots+\dfrac{a}{2n-1}-\dfrac{b}{2n}+\cdots(a^2+b^2\neq 0)$；（2）$\sum\limits_{n=1}^{\infty}\dfrac{(-1)^{n-1}}{n^p+(-1)^{n-1}}\ (p\geqslant 1)$；

（3）$\sum\limits_{n=1}^{\infty}\sin(\pi\sqrt{n^2+1})$；（4[*]）$\sum\limits_{n=2}^{\infty}\ln\left(1+\dfrac{(-1)^n}{n^p}\right)(p>0)$.

3. 判定级数$\sum\limits_{n=1}^{\infty}(-1)^{n-1}\dfrac{1}{2n-1}\left(1+\dfrac{1}{2}+\cdots+\dfrac{1}{n}\right)$的敛散性.

4. 设$u_n\neq 0(n=1,2,\cdots)$且$\lim\limits_{n\to\infty}\dfrac{n}{u_n}=1$，讨论级数$\sum\limits_{n=1}^{\infty}(-1)^{n+1}\left(\dfrac{1}{u_n}+\dfrac{1}{u_{n+1}}\right)$的敛散性.

5. 设$|a_n|\leqslant 1\ (n\in\mathbb{N}_+)$，且$|a_n-a_{n-1}|\leqslant\dfrac{1}{4}|a_{n-1}^2-a_{n-2}^2|(n\geqslant 3)$，证明：

（1）$\sum\limits_{n=2}^{\infty}(a_n-a_{n-1})$绝对收敛；（2）数列$\{a_n\}$收敛.

6. 设$f(x)$在$x=0$处二阶可导，且$\lim\limits_{x\to 0}\dfrac{f(x)}{x}=0$. 证明级数$\sum\limits_{n=1}^{\infty}f\left(\dfrac{1}{n}\right)$绝对收敛.

7. 设 $a_0=0$，$a_{n+1}=\sqrt{2+a_n}\ (n=0,1,2,\cdots)$，讨论级数 $\sum\limits_{n=1}^{\infty}(-1)^{n-1}\sqrt{2-a_n}$ 的绝对收敛性与条件收敛性.

8. 设 $f(x)$ 是在 $(-\infty,+\infty)$ 内的可微函数，且满足：（1） $f(x)>0$；（2） $|f'(x)|\leqslant mf(x)$，其中 $0<m<1$. 任取 a_0，定义 $a_n=\ln f(a_{n-1})\ (n=1,2,\cdots)$. 证明级数 $\sum\limits_{n=1}^{+\infty}(a_n-a_{n-1})$ 绝对收敛.

9. 设 $\{F_n\}$ 是斐波拉契数列，即有 $F_0=1$，$F_1=1$，$F_n=F_{n-1}+F_{n-2}\ (n=2,3,\cdots)$. 判断级数 $\sum\limits_{n=1}^{\infty}\left(\dfrac{F_{n+1}}{F_{n+2}}-\dfrac{F_n}{F_{n+1}}\right)$ 的敛散性，证明 $\lim\limits_{n\to\infty}\dfrac{F_n}{F_{n+1}}$ 存在并求其值.

10. 设 $a_n=\int_0^{\frac{\pi}{4}}\tan^n x\mathrm{d}x$.

（1）求 $\sum\limits_{n=1}^{\infty}\dfrac{1}{n}(a_n+a_{n+2})$ 的值；

（2）证明对任意常数 $\lambda>0$，级数 $\sum\limits_{n=1}^{\infty}\dfrac{a_n}{n^{\lambda}}$ 收敛；

（3*）对任意实数 p，讨论级数 $\sum\limits_{n=1}^{\infty}(-1)^n a_n^p$ 的敛散性.

11. 已知 $\sum\limits_{k=1}^{\infty}a_k x^{k+1}$ 在 $[0,1]$ 上收敛，其和函数为 $f(x)$，证明级数 $\sum\limits_{n=1}^{\infty}f\left(\dfrac{1}{n}\right)$ 收敛.

12. 已知函数 $y=y(x)$ 满足 $y'=x+y$ 及 $y(0)=1$.

（1）证明 $y\left(-\dfrac{1}{n}\right)>1-\dfrac{1}{n}\ (n=1,2,\cdots)$；

（2）判断级数 $\sum\limits_{n=1}^{\infty}(-1)^{n-1}\left[ny\left(-\dfrac{1}{n}\right)-n+1\right]$ 的收敛性.

13. 设连续函数 $f(x)$ 满足方程 $\int_0^1 f(tx)\,\mathrm{d}t=\dfrac{1}{x}f(x)-\mathrm{e}^{x^2}$，试判断级数 $\sum\limits_{n=1}^{\infty}(-1)^n f\left(\dfrac{1}{n}\right)$ 的敛散性.

14*. 设 $\{a_n\}$ 和 $\{b_n\}$ 是两个数列，$a_n>0\,(n\geqslant 1)$，$\sum\limits_{n=1}^{\infty}b_n$ 绝对收敛，且 $\dfrac{a_n}{a_{n+1}}\leqslant 1+\dfrac{1}{n}+\dfrac{1}{n\ln n}+b_n\,(n\geqslant 2)$.
证明：

（1） $\dfrac{a_n}{a_{n+1}}<\dfrac{n+1}{n}\cdot\dfrac{\ln(n+1)}{\ln n}+b_n\,(n\geqslant 2)$；　　（2） $\sum\limits_{n=1}^{\infty}a_n$ 发散.

15*. 讨论 $\sum\limits_{n=1}^{\infty}(-1)^{[\ln n]}\dfrac{1}{n}$ 的敛散性. 其中 $[\,n\,]$ 为不超过 n 的最大整数.

16*. 证明 $\int_0^{+\infty}\dfrac{\sin x}{x}\mathrm{d}x<\int_0^{\pi}\dfrac{\sin x}{x}\mathrm{d}x$.

8.3　函数项级数

函数项级数的收敛域、和函数以及函数的幂级数（三角级数）展开是函数项级数的几个基本问题. 而函数项级数的一致收敛性与分析性质（连续性、可积性、可导性）则是研究这些问题的基本工具，也是有别于数项级数的重要标志. 函数项级数的主要任务是扩充函数类，用以解决初等函数类无法解决的一些问题，如数值计算、微分方程求解、函数的表示与性态研究等. 高等数学则以讨论前面提到的几个基本问题为主.

1. 收敛域与和函数

函数项级数的敛散性与数项级数的敛散性没有本质的区别，数项级数的审敛法也完全适用于函数项级数. 阿贝尔定理是幂级数收敛性的基本定理，它揭示了幂级数具有收敛半径与收敛区间. 求函数项级数的和函数，除了常用的数项级数求和方法，更多的是利用函数项级数的分析性质（逐项积分、逐项求导）去解决，一般也只涉及幂级数的和函数.

例 1 求函数项级数$1-\frac{1}{2^x}+\frac{1}{3}-\frac{1}{4^x}+\cdots+\frac{1}{2n-1}-\frac{1}{(2n)^x}+\cdots$的收敛域.

分析 只需将 x 作为参数，用数项级数的审敛法考察参数在不同取值范围内级数的收敛情况，从而定出收敛域.

解 当 $x=1$ 时，级数为$1-\frac{1}{2}+\frac{1}{3}-\frac{1}{4}+\cdots+\frac{1}{2n-1}-\frac{1}{2n}+\cdots$，是收敛的.

当 $x>1$ 时，级数$\sum\limits_{n=1}^{\infty}\frac{1}{(2n)^x}$收敛，但$\sum\limits_{n=1}^{\infty}\frac{1}{2n-1}$发散，所以原级数发散.

当 $x<1$ 时，级数加括号变为$1-\sum\limits_{n=1}^{\infty}\left(\frac{1}{(2n)^x}-\frac{1}{2n-1}\right)$. $\sum\limits_{n=1}^{\infty}\left(\frac{1}{(2n)^x}-\frac{1}{2n-1}\right)$是正项级数，由于$\lim\limits_{n\to\infty}\left(\frac{1}{(2n)^x}-\frac{1}{2n-1}\right)\Big/\frac{1}{(2n)^x}=1$，而$\sum\limits_{n=1}^{\infty}\frac{1}{(2n)^x}$发散，故原级数发散.

综上所知，原级数的收敛域为 $x=1$.

评注 求一般的函数项级数（非幂级数）的收敛域时，通常是将函数的自变量相对固定，从而将它作为数项级数来讨论.

例 2* 求函数项级数$\sum\limits_{n=1}^{\infty}\left(\frac{1}{n}\csc\frac{1}{n}-1\right)^x$的收敛域.

分析 易见，当且仅当 $x>0$ 时，级数的通项趋于 0. 为比较通项对于$\frac{1}{n}$的阶，可考虑用等价无穷小或泰勒公式.

解 由于$\csc y=\frac{1}{\sin y}=\frac{1}{y-\frac{y^3}{3!}+o(y^3)}$，则

$$y\csc y-1=\frac{y}{y-\frac{y^3}{3!}+o(y^3)}-1=\left(1-\frac{y^2}{6}+o(y^2)\right)^{-1}-1\sim\frac{y^2}{6}+o(y^2)\ (y\to 0).$$

从而

$$\frac{1}{n}\csc\frac{1}{n}-1\sim\frac{1}{6n^2}+o\left(\frac{1}{n^2}\right)\ (n\to\infty).$$

因为$\frac{1}{n}\csc\frac{1}{n}-1>0$，所以该级数是正项级数. 而

$$\lim_{n\to\infty}\frac{\left(\frac{1}{n}\csc\frac{1}{n}-1\right)^x}{\left(\frac{1}{n^2}\right)^x}=\lim_{n\to\infty}\left(\frac{1}{6}+o(1)\right)^x=\frac{1}{6^x}\neq 0,$$

则该级数与正项级数$\sum_{n=1}^{\infty}\frac{1}{n^{2x}}$同敛散. 而$\sum_{n=1}^{\infty}\frac{1}{n^{2x}}$只在$x>\frac{1}{2}$时收敛，故原级数的收敛域是区间$\left(\frac{1}{2},+\infty\right)$.

例 3　设$b_n=\ln(1+1^2)+\ln(1+2^2)+\cdots+\ln(1+n^2)$，求幂级数$\sum_{n=1}^{\infty}\frac{x^n}{b_n}$的收敛域.

分析　求幂级数的收敛域，常用比值法或根值法求收敛半径，再判断端点的敛散性.

解　当$n>2$时，$1<b_n<n\ln(1+n^2)<n^3$，则

$$1<\sqrt[n]{b_n}<(\sqrt[n]{n})^3\to 1\ (n\to\infty).$$

所以$\lim\limits_{n\to\infty}\sqrt[n]{b_n}=1$，级数收敛半径$R=1$.

当$x=-1$时，级数为$\sum_{n=1}^{\infty}\frac{(-1)^n}{b_n}$. 由于$\frac{1}{b_n}$单调递减并趋于 0，因此级数是收敛的交错级数；

当$x=1$时，级数为$\sum_{n=1}^{\infty}\frac{1}{b_n}$. 由于$b_n<n\ln(1+n^2)<n\ln[(2n)^2]<2n\ln(2n)$，即有$\frac{1}{b_n}>\frac{1}{2n\ln(2n)}$.

由于$\int_2^{+\infty}\frac{\mathrm{d}x}{x\ln x}=\ln(\ln x)\big|_2^{+\infty}=+\infty$，积分发散，由积分判别法知级数$\sum_{n=1}^{\infty}\frac{1}{2n\ln(2n)}$发散，所以$\sum_{n=1}^{\infty}\frac{1}{b_n}$发散.

所以，幂级数$\sum_{n=1}^{\infty}\frac{x^n}{b_n}$的收敛域为$[-1,1)$.

评注　(1) 对幂级数$\sum_{n=1}^{\infty}a_nx^n$，若$a_n$是由$n$的对数函数、幂函数构成的分式，则级数的收敛半径通常为 1.

(2) **积分判别法**：设$\sum_{n=1}^{\infty}u_n$是一正项级数. 若存在$f(x)\geqslant 0\ (1\leqslant x<+\infty)$，使得$f(n)=u_n$，则级数$\sum_{n=1}^{\infty}u_n$与反常积分$\int_1^{+\infty}f(x)\,\mathrm{d}x$具有相同的敛散性.

例 4　求级数$\sum_{n=1}^{\infty}\frac{3+2(-1)^n}{3^n}(x+1)^n$的收敛域.

分析　先求收敛半径，再确定收敛域.

解　由于$\left|\frac{a_n}{a_{n+1}}\right|=\frac{3+2(-1)^n}{3^n}\cdot\frac{3^{n+1}}{3+2(-1)^{n+1}}=\frac{3[3+2(-1)^n]}{3+2(-1)^{n+1}}=\begin{cases}\frac{3}{5}, & n\text{为奇数}\\ 15, & n\text{为偶数}\end{cases}$，所以$\lim\limits_{n\to\infty}\left|\frac{a_n}{a_{n+1}}\right|$不存在，因此不能用比值法求收敛半径. 可将级数拆分为两个级数来考虑：

$$\sum_{n=1}^{\infty}\frac{3+2(-1)^n}{3^n}(x+1)^n=\sum_{n=1}^{\infty}\frac{3}{3^n}(x+1)^n+\sum_{n=1}^{\infty}\frac{2(-1)^n}{3^n}(x+1)^n.$$

容易求出$\sum_{n=1}^{\infty}\frac{3}{3^n}(x+1)^n$的收敛半径为 3，$\sum_{n=1}^{\infty}\frac{2(-1)^n}{3^n}(x+1)^n$的收敛半径也为 3，所以原级数的收敛半径至少为 3. 将$x+1=\pm 3$代入原级数都是发散的，所以其收敛域为$|x+1|<3$，即$-4<x<2$.

评注　(1) 幂级数做线性运算，其代数和的收敛域是各项收敛域的交集.

(2) 该幂级数的收敛半径虽然不能由比值法确定，却可以由根值法确定，方法如下：

因为 $\frac{1}{3^n}\leqslant\frac{3+2(-1)^n}{3^n}\leqslant\frac{5}{3^n}$，而 $\lim\limits_{n\to\infty}\sqrt[n]{\frac{1}{3^n}}=\frac{1}{3},\ \lim\limits_{n\to\infty}\sqrt[n]{\frac{5}{3^n}}=\frac{1}{3}$，所以

$$\rho=\lim_{n\to\infty}\sqrt[n]{\frac{3+2(-1)^n}{3^n}}=\frac{1}{3},\quad R=3.$$

例 5 设正项级数 $\sum\limits_{n=0}^{\infty}a_n$ 发散，$A_n=a_0+a_1+\cdots+a_n$，若 $\frac{a_n}{A_n}\to 0\ (n\to\infty)$，求 $\sum\limits_{n=0}^{\infty}a_nx^n$ 的收敛半径.

分析 由于级数的一般项没有具体给出，所以无法用比值法或根值法求收敛半径，可考虑用比较法来确定. 由于 $\lim\limits_{n\to\infty}\frac{a_n}{A_n}=0$，则 $\lim\limits_{n\to\infty}\frac{A_n}{A_{n+1}}=\lim\limits_{n\to\infty}\frac{A_{n+1}-a_n}{A_{n+1}}=1$，即 $\sum\limits_{n=0}^{\infty}A_nx^n$ 的收敛半径为 1. 因此可选 $\sum\limits_{n=0}^{\infty}A_nx^n$ 来做比较.

解 设 r 与 R 分别是级数 $\sum\limits_{n=0}^{\infty}a_nx^n$ 与 $\sum\limits_{n=0}^{\infty}A_nx^n$ 的收敛半径.

因为正项级数 $\sum\limits_{n=0}^{\infty}a_n$ 发散，从而级数 $\sum\limits_{n=0}^{\infty}a_nx^n$ 对 $x=1$ 发散. 由此推知 $r\leqslant 1$.

另一方面，由题设 $\lim\limits_{n\to\infty}\frac{a_n}{A_n}=0$, 且 $a_n,A_n\geqslant 0$，则必有 $r\geqslant R$. 由于

$$R=\lim_{n\to\infty}\left(\frac{A_n}{A_{n+1}}\right)=\lim_{n\to\infty}\left(\frac{A_{n+1}-a_n}{A_{n+1}}\right)=1-\lim_{n\to\infty}\frac{a_n}{A_{n+1}}=1,$$

所以 $r\geqslant 1$. 从而得到 $r=1$.

例 6* （1）设幂级数 $\sum\limits_{n=1}^{\infty}a_n^2x^n$ 的收敛域为 $[-1,1]$，证明：

（1）幂级数 $\sum\limits_{n=1}^{\infty}\frac{a_n}{n}x^n$ 的收敛域也为 $[-1,1]$.

（2）试问命题（1）的逆命题是否正确？若正确，则给出证明；若不正确，则举一反例说明.

分析 （1）只需证明 $\sum\limits_{n=1}^{\infty}\frac{a_n}{n}x^n$ 在 $x=\pm 1$ 时收敛，而对 $\forall\,|x_0|>1$，级数 $\sum\limits_{n=1}^{\infty}\frac{a_n}{n}x_0^n$ 发散；

（2）取 $a_n=\frac{1}{\sqrt{n}}$，易见（1）的逆命题不正确.

解 （1）因 $\sum\limits_{n=1}^{\infty}a_n^2$ 收敛，$\sum\limits_{n=1}^{\infty}\frac{1}{n^2}$ 收敛，而 $\left|\frac{a_n}{n}\right|\leqslant\frac{1}{2}\left(a_n^2+\frac{1}{n^2}\right)$，由比较法得 $\sum\limits_{n=1}^{\infty}\left|\frac{a_n}{n}\right|$ 收敛，故 $\sum\limits_{n=1}^{\infty}\frac{a_n}{n}x^n$ 在 $x=\pm 1$ 时（绝对）收敛.

下面证明对 $\forall x_0$，$|x_0|>1$，级数 $\sum\limits_{n=1}^{\infty}\frac{a_n}{n}x_0^n$ 发散.

（反证）设 $\sum\limits_{n=1}^{\infty}\frac{a_n}{n}x_0^n$ 收敛，则对 $\forall r$，只要 $|r|<|x_0|$，则 $\sum\limits_{n=1}^{\infty}\left|\frac{a_n}{n}r^n\right|$ 收敛，取 r_1 使得 $1<|r_1|<|r|<|x_0|$. 由于 $\lim\limits_{n\to\infty}a_n^2=0$，$\lim\limits_{n\to\infty}n\left|\frac{r_1}{r}\right|^n=0$，所以当 n 充分大时，$|a_n|<1$，$n\left|\frac{r_1}{r}\right|^n<1$. 于是

$$\left|a_n^2 r_1^n\right| = \left|\frac{a_n}{n} r^n\right| \left|a_n\right| n \left|\frac{r_1}{r}\right|^n \leqslant \left|\frac{a_n}{n} r^n\right|.$$

故 $\sum_{n=1}^{\infty} a_n^2 r_1^n$ 收敛，此与 $\sum_{n=1}^{\infty} a_n^2 x^n$ 在 $|x|>1$ 时发散矛盾. 所以 $\sum_{n=1}^{\infty} \frac{a_n}{n} x^n$ 的收敛域为 $[-1,1]$.

（2）命题（1）的逆命题不成立.

反例：设 $a_n = \frac{1}{\sqrt{n}}$，则 $\sum_{n=1}^{\infty} \frac{a_n}{n} x^n = \sum_{n=1}^{\infty} \frac{1}{n^{3/2}} x^n$，其收敛域为 $[-1,1]$，但 $\sum_{n=1}^{\infty} a_n^2 x^n = \sum_{n=1}^{\infty} \frac{1}{n} x^n$ 的收敛域为 $[-1,1)$.

例 7* 求级数 $\sum_{n=1}^{\infty} \frac{x^{2n}}{8n^2+2n-1}$ 的收敛域与和函数，并计算级数 $\sum_{n=1}^{\infty} \frac{1}{8n^2+2n-1}$ 的和.

分析 这是一个缺项的幂级数（无奇次幂项），不能用系数比的极限来计算收敛半径，可用正项级数的比值法讨论其绝对收敛性，再确定收敛域；和函数可用逐项求导与逐项积分的方法来计算.

解 由于 $\lim_{n\to\infty}\left|\frac{u_{n+1}(x)}{u_n(x)}\right| = \lim_{n\to\infty}\left|\frac{\dfrac{x^{2(n+1)}}{8(n+1)^2+2(n+1)-1}}{\dfrac{x^{2n}}{8n^2+2n-1}}\right| = x^2$，所以当 $x^2<1$ 时，级数收敛，当 $x^2>1$ 时，级数发散.

易知当 $x=\pm 1$ 时，级数均收敛，所以收敛域为 $[-1,1]$.

记 $S(x) = \sum_{n=1}^{\infty} \frac{x^{2n}}{8n^2+2n-1}$，则

$$S(x) = \frac{2}{3}\sum_{n=1}^{\infty}\left[\frac{1}{4n-1} - \frac{1}{4n+2}\right]x^{2n},\quad S(0)=0.$$

$S(x)$ 是偶函数. 下面只讨论 $x>0$ 的情况. 令 $x=t^2$，则

$$\sum_{n=1}^{\infty}\frac{1}{4n-1}x^{2n} = \sum_{n=1}^{\infty}\frac{1}{4n-1}t^{4n} = t\int_0^t \sum_{n=1}^{\infty} u^{4n-2}\,\mathrm{d}u = t\int_0^t \frac{u^2}{1-u^4}\mathrm{d}u \qquad ①$$

$$= \frac{t}{2}\int_0^t\left[\frac{1}{1-u^2} - \frac{1}{1+u^2}\right]\mathrm{d}u = \frac{t}{2}\left[\frac{1}{2}\ln\frac{1+t}{1-t} - \arctan t\right];$$

$$\sum_{n=1}^{\infty}\frac{1}{2n+1}x^{2n} = \frac{1}{x}\sum_{n=1}^{\infty}\frac{1}{2n+1}x^{2n+1} = \frac{1}{x}\int_0^x \sum_{n=1}^{\infty} u^{2n}\,\mathrm{d}u = \frac{1}{x}\int_0^x \frac{u^2}{1-u^2}\mathrm{d}u \qquad ②$$

$$= \frac{1}{x}\int_0^x\left[-1+\frac{1}{2}\left(\frac{1}{1-u}+\frac{1}{1+u}\right)\right]\mathrm{d}u = \frac{1}{x}\left[-x+\frac{1}{2}\ln\frac{1+x}{1-x}\right].$$

所以

$$S(x) = \frac{\sqrt{|x|}}{3}\left[\frac{1}{2}\ln\frac{1+\sqrt{|x|}}{1-\sqrt{|x|}} - \arctan\sqrt{|x|}\right] - \frac{1}{3}\left[-1+\frac{1}{2x}\ln\frac{1+x}{1-x}\right]$$

$$= \frac{1}{3}\left[1+\frac{\sqrt{|x|}}{2}\ln\frac{1+\sqrt{|x|}}{1-\sqrt{|x|}} - \frac{1}{2x}\ln\frac{1+x}{1-x} - \sqrt{|x|}\arctan\sqrt{|x|}\right] \quad (x\neq 0,\ |x|<1).$$

由于幂级数在收敛域内是连续的，所以 $S(1) = \lim_{x\to 1^-} S(x)$. 为计算极限，我们将 $S(x)$ 改写为

$$S(x) = \frac{1}{3}\left[1-\frac{1}{2}\left(\sqrt{|x|}-\frac{1}{x}\right)\ln\left(1-\sqrt{|x|}\right) + \frac{1}{2}\left(\sqrt{|x|}+\frac{1}{x}\right)\ln\left(1+\sqrt{|x|}\right) - \frac{1}{2x}\ln(1+x) - \sqrt{|x|}\arctan\sqrt{|x|}\right].$$

注意到其中第 2 项的极限

$$\lim_{x\to1^-}\left(\sqrt{|x|}-\frac{1}{x}\right)\ln\left(1-\sqrt{|x|}\right)\xlongequal{\sqrt{|x|}=t}\lim_{x\to1^-}\left(t-\frac{1}{t^2}\right)\ln(1-t)$$

$$=\lim_{x\to1^-}\frac{(t-1)(t^2+t+1)}{t^2}\ln(1-t)=3\lim_{x\to1^-}(t-1)\ln(1-t)=0.$$

则 $\lim\limits_{x\to1^-}S(x)=\dfrac{1}{3}\left(1+\dfrac{1}{2}\ln2-\dfrac{\pi}{4}\right)$. 所以

$$\sum_{n=1}^{\infty}\frac{1}{8n^2+2n-1}=S(1)=\frac{1}{3}\left(1+\frac{1}{2}\ln2-\frac{\pi}{4}\right).$$

评注 (1) 若幂级数有缺项，最好用正项级数的比值法或根值法讨论其绝对收敛性来确定收敛区间. 当然，也可以做变量代换（本题可令 $x^2=t$）化为不缺项的情况来处理.

(2) 用逐项求导或逐项积分的方法求幂级数的和函数时，可不必先确定其收敛区间，只要逐项求导或逐项积分后的幂级数（通常是几何级数）的收敛区间易求得，就可知道原级数的收敛区间（因为它们有相同的收敛区间）. 例如，该题中①、②式都用到了几何级数求和，其收敛区间为 $(-1,1)$，只需确定在 $x=\pm1$ 处原级数的敛散性，就可确定其收敛域.

例 8 设 $y=f(x)$ 由方程组 $\begin{cases} x=\sum\limits_{n=1}^{\infty}\dfrac{(t-1)^n}{n} \\ y=\sum\limits_{n=1}^{\infty}\dfrac{nt^{n-1}}{2^n} \end{cases}$ 所确定，求 $\left.\dfrac{\mathrm{d}y}{\mathrm{d}x}\right|_{t=1}$.

分析 这是参数式函数的求导问题. 如果级数的和函数容易求得，则求出和函数后再求导；否则，应先求导，再求和函数.

解 $$\dot{x}=\sum_{n=1}^{\infty}(t-1)^{n-1}=\frac{1}{1-(t-1)}=\frac{1}{2-t}\quad(0<t<2),$$

$$y=\sum_{n=1}^{\infty}\frac{nt^{n-1}}{2^n}=\left(\sum_{n=1}^{\infty}\left(\frac{t}{2}\right)^n\right)'_t=\left(\frac{t/2}{1-t/2}\right)'_t=\frac{2}{(2-t)^2}\ (-2<t<2)\Rightarrow\dot{y}=\frac{4}{(2-t)^3}.$$

则

$$\left.\frac{\mathrm{d}y}{\mathrm{d}x}\right|_{t=1}=\left.\frac{\dot{y}}{\dot{x}}\right|_{t=1}=\left.\frac{4}{(2-t)^2}\right|_{t=1}=4.$$

例 9 设函数 $F(x)$ 是函数 $f(x)$ 的一个原函数，且 $F(0)=1$，$F(x)f(x)=\cos2x$，$a_n=\int_0^{n\pi}|f(x)|\,\mathrm{d}x$ $(n=1,2,\cdots)$. 求幂级数 $\sum\limits_{n=2}^{\infty}\dfrac{a_n}{n^2-1}x^n$ 的收敛域与和函数.

分析 计算积分得到 a_n 的表达式，再讨论收敛域与和函数.

解 $F'(x)=f(x)$，$F(x)F'(x)=\cos2x$，$\int F(x)F'(x)\mathrm{d}x=\int\cos2x\mathrm{d}x$，$F^2(x)=\sin2x+C$，由 $F(0)=1$ 知 $C=1$，$F(x)=\sqrt{1+\sin2x}=|\cos x+\sin x|$.

$$|f(x)|=\frac{|\cos2x|}{|F(x)|}=\frac{|\cos^2x-\sin^2x|}{|\cos x+\sin x|}=|\cos x-\sin x|,$$

$$\int_0^{\pi}|f(x)|\,\mathrm{d}x=\int_0^{\frac{\pi}{4}}(\cos x-\sin x)\,\mathrm{d}x+\int_{\frac{\pi}{4}}^{\pi}(\sin x-\cos x)\,\mathrm{d}x=2\sqrt{2}.$$

因为$|f(x)|$的周期为π，则

$$a_n=\int_0^{n\pi}|f(x)|\,\mathrm{d}x=n\int_0^{\pi}|f(x)|\,\mathrm{d}x=2n\sqrt{2}\,.$$

于是，$\sum\limits_{n=2}^{\infty}\frac{a_n}{n^2-1}x^n=2\sqrt{2}\sum\limits_{n=2}^{\infty}\frac{n}{n^2-1}x^n$，其收敛域为$[-1,1)$.

当$x\neq 0$时，有

$$S(x)=\sum_{n=2}^{\infty}\frac{a_n}{n^2-1}x^n=\sqrt{2}\sum_{n=2}^{\infty}\left(\frac{1}{n-1}+\frac{1}{n+1}\right)x^n=\sqrt{2}\left(x\sum_{n=1}^{\infty}\frac{x^n}{n}+\frac{1}{x}\sum_{n=3}^{\infty}\frac{x^n}{n}\right),$$

且$S(0)=0$. 又因为$\sum\limits_{n=1}^{\infty}\frac{x^n}{n}=-\ln(1-x)$，$-1\leqslant x<1$，故当$x\neq 0$时，

$$S(x)=\sqrt{2}\left[-x\ln(1-x)+\frac{1}{x}\left(-\ln(1-x)-x-\frac{x^2}{2}\right)\right]=-\sqrt{2}\left(\frac{1+x^2}{x}\ln(1-x)+1+\frac{x}{2}\right).$$

所以

$$S(x)=\begin{cases}-\sqrt{2}\left(\dfrac{1+x^2}{x}\ln(1-x)+1+\dfrac{x}{2}\right), & -1\leqslant x<1,\\ 0, & x=0.\end{cases}$$

例 10　求级数$\sum\limits_{n=3}^{\infty}\frac{1}{(n-2)n2^n}$的和.

分析　比较常见的方法是构造适当的幂级数，将所求级数的值作为幂级数和函数的值来计算. 构造幂级数的方式可能不止一种，要以和函数容易计算为宜.

解

$$\sum_{n=3}^{\infty}\frac{1}{(n-2)n2^n}=\sum_{n=3}^{\infty}\left(\frac{1}{n-2}-\frac{1}{n}\right)\frac{1}{2^{n+1}}=\frac{1}{2^3}\sum_{n=3}^{\infty}\frac{1}{n-2}\cdot\frac{1}{2^{n-2}}-\frac{1}{2}\sum_{n=3}^{\infty}\frac{1}{n}\cdot\frac{1}{2^n}.$$

令$S(x)=\frac{1}{2^3}\sum\limits_{n=3}^{\infty}\frac{1}{n-2}x^{n-2}-\frac{1}{2}\sum\limits_{n=3}^{\infty}\frac{1}{n}x^n$，则

$$S'(x)=\frac{1}{2^3}\sum_{n=3}^{\infty}x^{n-3}-\frac{1}{2}\sum_{n=3}^{\infty}x^{n-1}=\frac{1}{2^3}\cdot\frac{1}{1-x}-\frac{1}{2}\cdot\frac{x^2}{1-x}=\frac{3}{2^3}\cdot\frac{1}{1-x}+\frac{1}{2}(1+x),\quad |x|<1.$$

积分，并注意$S(0)=0$得

$$S(x)=\frac{3}{2^3}\int_0^x\frac{\mathrm{d}t}{1-t}+\frac{1}{2}\int_0^x(1+t)\,\mathrm{d}t=-\frac{3}{2^3}\ln(1-x)+\frac{1}{2}\left(x+\frac{1}{2}x^2\right).$$

所以

$$\sum_{n=3}^{\infty}\frac{1}{(n-2)n2^n}=S\left(\frac{1}{2}\right)=\frac{5}{16}-\frac{3}{8}\ln 2\,.$$

评注　利用幂级数的和函数来求数项级数的和是很常用的方法. 在构造幂级数时要充分利用初等运算、恒等变形等方法将数项级数拆分或化简，使得构造出的幂级数容易求和函数.

例 11　求$\dfrac{1+\dfrac{\pi^4}{5!}+\dfrac{\pi^8}{9!}+\dfrac{\pi^{12}}{13!}+\cdots}{\dfrac{1}{3!}+\dfrac{\pi^4}{7!}+\dfrac{\pi^8}{11!}+\dfrac{\pi^{12}}{15!}+\cdots}$之值.

分析　要分别求分子、分母的级数和是较困难的，但将分子与分母做适当的线性组合，使之容易求和，则原分式的值也就容易计算了.

解 易判定其分子、分母所对应的级数均收敛，设 p,q 分别是分子与分母级数的和，则

$$p\pi-q\pi^3=\left(\pi+\frac{\pi^5}{5!}+\frac{\pi^9}{9!}+\frac{\pi^{13}}{13!}+\cdots\right)-\left(\frac{\pi^3}{3!}+\frac{\pi^7}{7!}+\frac{\pi^{11}}{11!}+\frac{\pi^{15}}{15!}+\cdots\right)$$
$$=\pi-\frac{\pi^3}{3!}+\frac{\pi^5}{5!}-\frac{\pi^7}{7!}+\frac{\pi^9}{9!}-\frac{\pi^{11}}{11!}+\frac{\pi^{13}}{13!}-\frac{\pi^{15}}{15!}+\cdots=\sin\pi=0 . \qquad ①$$

故 $\dfrac{p}{q}=\pi^2$.

评注 (1) 由于①式中的交错级数绝对收敛，所以任意换序不改变级数的敛散性与和.

(2) 幂级数求和的常用工具是幂级数的分析性质与几个常见函数的麦克劳林展开式（参见本节“2. 函数的幂级数展开”）.

例 12 求级数 $\sum\limits_{n=1}^{\infty}\frac{1}{3}\cdot\frac{2}{5}\cdot\frac{3}{7}\cdot\cdots\cdot\frac{n}{2n+1}\cdot\frac{1}{n+1}$ 的和.

分析 显然，求级数部分和的极限是很困难的，可考虑用幂级数的和函数来计算. 为找到适当的幂级数，需要对该级数的一般项做变形.

解 级数通项 $a_n=\frac{1}{3}\cdot\frac{2}{5}\cdot\frac{3}{7}\cdot\cdots\cdot\frac{n}{2n+1}\cdot\frac{1}{n+1}=\frac{2(2n)!!}{(2n+1)!!(n+1)}\left(\frac{1}{\sqrt{2}}\right)^{2n+2}$，令

$$f(x)=\sum_{n=0}^{\infty}\frac{(2n)!!}{(2n+1)!!(n+1)}x^{2n+2}, \qquad ①$$

则级数的收敛区间为 $(-1,1)$，$\sum\limits_{n=1}^{\infty}a_n=2\left[f\left(\frac{1}{\sqrt{2}}\right)-\frac{1}{2}\right]$.

对①式求导，得

$$f'(x)=2\sum_{n=0}^{\infty}\frac{(2n)!!}{(2n+1)!!}x^{2n+1}=2g(x)，其中\ g(x)=\sum_{n=0}^{\infty}\frac{(2n)!!}{(2n+1)!!}x^{2n+1} .$$

因为

$$g'(x)=1+\sum_{n=1}^{\infty}\frac{(2n)!!}{(2n-1)!!}x^{2n}=1+x\sum_{n=1}^{\infty}\frac{(2n-2)!!}{(2n-1)!!}2nx^{2n-1}$$
$$=1+x\left[\sum_{n=1}^{\infty}\frac{(2n-2)!!}{(2n-1)!!}x^{2n}\right]'=1+x\left[xg(x)\right]',$$

所以 $g(x)$ 满足

$$g'(x)-\frac{x}{1-x^2}g(x)=\frac{1}{1-x^2}，\quad g(0)=0 .$$

解这个一阶线性微分方程，得

$$g(x)=e^{\int_0^x\frac{t}{1-t^2}dt}\left(\int_0^x\frac{1}{1-s^2}e^{-\int_0^s\frac{t}{1-t^2}dt}ds\right)=\frac{\arcsin x}{\sqrt{1-x^2}},$$

所以 $f(x)=(\arcsin x)^2$，$f\left(\frac{1}{\sqrt{2}}\right)=\frac{\pi^2}{16}$，$\sum\limits_{n=1}^{\infty}a_n=2\left(\frac{\pi^2}{16}-\frac{1}{2}\right)=\frac{\pi^2-8}{8}$.

评注 若幂级数的系数为分式，且分母含有自然数的阶乘，则和函数往往会满足某个微分方程.

例 13* 求证级数 $\sum\limits_{n=1}^{\infty}\frac{1+\frac{1}{2}+\cdots+\frac{1}{n}}{(n+1)(n+2)}$ 收敛，并求其和.

分析　据 1.2 例 30 知$1+\frac{1}{2}+\cdots+\frac{1}{n}$与$\ln n$是同阶无穷大，所以级数的收敛性由比较法容易判定；级数的和可借助于幂级数的和函数来计算，也可将其一般项拆分，化简部分和（缩项）求极限.

解　（1）证明级数收敛.

方法 1　记$a_n=1+\frac{1}{2}+\cdots+\frac{1}{n}$，$u_n=\frac{a_n}{(n+1)(n+2)}$，则

由于$a_n=\ln n+C+\varepsilon_n$，其中$C$为欧拉常数，$\lim\limits_{n\to\infty}\varepsilon_n=0$（见 1.2 节例 30）.

则

$$\lim_{n\to\infty}\frac{u_n}{\frac{1}{n^{3/2}}}=\lim_{n\to\infty}\frac{a_n}{n^{\frac{1}{2}}\left(1+\frac{1}{n}\right)\left(1+\frac{2}{n}\right)}=\lim_{n\to\infty}\frac{\ln n+C+\varepsilon_n}{n^{\frac{1}{2}}\left(1+\frac{1}{n}\right)\left(1+\frac{2}{n}\right)}=0,$$

而$\sum\limits_{n=1}^{\infty}\frac{1}{n^{3/2}}$收敛，故$\sum\limits_{n=1}^{\infty}u_n$收敛.

方法 2　因为当$n>1$时，

$$0<a_n=1+\frac{1}{2}+\cdots+\frac{1}{n}<1+\int_1^n\frac{1}{x}\,\mathrm{d}x=1+\ln n<\sqrt{n},$$

所以$u_n\leqslant\frac{\sqrt{n}}{(n+1)(n+2)}<\frac{1}{n^{3/2}}$. 而$\sum\limits_{n=1}^{\infty}\frac{1}{n^{3/2}}$收敛，所以$\sum\limits_{n=1}^{\infty}u_n$收敛.

（2）求级数的和.

方法 1　令$S(x)=\sum\limits_{n=1}^{\infty}\frac{a_n}{(n+1)(n+2)}x^{n+2}$，　显然级数在$|x|\leqslant1$时收敛. 且有

$$S''(x)=\sum_{n=1}^{\infty}a_nx^n=\sum_{n=1}^{\infty}\left(\frac{x}{1}\cdot x^{n-1}+\frac{x^2}{2}\cdot x^{n-2}+\cdots+\frac{x^n}{n}\cdot1\right)=\left(\sum_{n=1}^{\infty}\frac{x^n}{n}\right)\cdot\left(\sum_{n=0}^{\infty}x^n\right)\qquad ①$$

$$=\int_0^x\left(\sum_{n=1}^{\infty}x^{n-1}\right)\mathrm{d}x\cdot\frac{1}{1-x}=\frac{1}{1-x}\int_0^x\frac{1}{1-x}\mathrm{d}x=-\frac{\ln(1-x)}{1-x},\quad |x|<1.$$

由于$S(0)=S'(0)=0$，则

$$S'(x)=-\int_0^x\frac{\ln(1-t)}{1-t}\mathrm{d}t=\frac{1}{2}[\ln(1-x)]^2,$$

$$S(x)=\frac{1}{2}\int_0^x[\ln(1-t)]^2\,\mathrm{d}t=-\frac{1}{2}(1-x)[\ln(1-x)]^2+(1-x)\ln(1-x)+x.$$

所求数项级数的和$S=S(1-0)=1$.

方法 2　对任意自然数$n\geqslant2$，级数的部分和

$$S_n=\sum_{k=1}^{n}\frac{1+\frac{1}{2}+\cdots+\frac{1}{k}}{(k+1)(k+2)}=\sum_{k=1}^{n}\frac{a_k}{(k+1)(k+2)}=\sum_{k=1}^{n}\left(\frac{a_k}{k+1}-\frac{a_k}{k+2}\right)$$

$$=\sum_{k=1}^{n}\left(\frac{a_k}{k+1}-\frac{a_{k-1}}{k+1}\right)-\frac{a_n}{n+2}=\sum_{k=1}^{n}\frac{1}{k(k+1)}-\frac{a_n}{n+2}\quad(a_0=0)$$

$$=\sum_{k=1}^{n}\left(\frac{1}{k}-\frac{1}{k+1}\right)-\frac{a_n}{n+2}=1-\frac{1}{n+1}-\frac{a_n}{n+2}.$$

因为$0<a_n<1+\ln n$，所以$0<\frac{a_n}{n+2}<\frac{1+\ln n}{n+2}\to0(n\to\infty)$. 所以$\lim\limits_{n\to\infty}\frac{a_n}{n+2}=0$. 于是

$$S=\lim_{n\to\infty}S_n=1-0-0=1.$$

评注 上面的①式应用了两绝对收敛级数乘积的柯西法则：

$$\left(\sum_{n=1}^{\infty}a_n\right)\left(\sum_{n=1}^{\infty}b_n\right)=\sum_{n=1}^{\infty}(a_1b_n+a_2b_{n-1}+\cdots+a_nb_1).$$

例 14 求级数$1+\dfrac{x^3}{3!}+\dfrac{x^6}{6!}+\dfrac{x^9}{9!}+\cdots+\dfrac{x^{3n}}{(3n)!}+\cdots$的和函数.

分析 级数通项的分母为阶乘形式，和函数可能会满足某个微分方程. 在级数的收敛区间内逐项求导（一阶乃至高阶）并寻找级数与其导数的关系，建立微分方程再求解.

解 易求得级数的收敛区间为$(-\infty,+\infty)$.

记$y(x)=1+\dfrac{x^3}{3!}+\dfrac{x^6}{6!}+\dfrac{x^9}{9!}+\cdots+\dfrac{x^{3n}}{(3n)!}+\cdots$，则

$$y'(x)=\frac{x^2}{2!}+\frac{x^5}{5!}+\frac{x^8}{8!}+\cdots+\frac{x^{3n-1}}{(3n-1)!}+\cdots,\quad y''(x)=x+\frac{x^4}{4!}+\frac{x^7}{7!}+\cdots+\frac{x^{3n-2}}{(3n-2)!}+\cdots.$$

有

$$y''+y'+y=\sum_{n=0}^{\infty}\frac{x^n}{n!}=\mathrm{e}^x.$$

解初值问题$\begin{cases}y''+y'+y=\mathrm{e}^x\\ y(0)=1,\ y'(0)=0\end{cases}$，得

$$y=\frac{2}{3}\mathrm{e}^{-\frac{1}{2}x}\cos\frac{\sqrt{3}}{2}x+\frac{1}{3}\mathrm{e}^x,\quad x\in(-\infty,+\infty).$$

评注 对$y(x)$求三阶导数可得微分方程$y'''(x)=y(x)$，对应的初值条件为$y(0)=1,\ y'(0)=0,\ y''(0)=0$. 读者可验证该初值问题的解与上面的求解结果是一致的. 但三阶微分方程更容易建立.

例 15 设$a_1=1$，$a_2=1$，$a_{n+2}=2a_{n+1}+3a_n\ (n\geqslant 1)$，求$\sum\limits_{n=1}^{\infty}a_nx^n$的收敛半径及和函数.

分析 一种方法是由a_n所满足的递推式求出a_n的表达式，再求级数的收敛半径与和函数；另一种方法是直接求极限$\lim\limits_{n\to\infty}\dfrac{a_{n+1}}{a_n}$来得到收敛半径，由$a_n$的递推式来建立和函数所满足的方程.

解 方法 1 把$a_{n+2}=2a_{n+1}+3a_n$化为$a_{n+2}-3a_{n+1}=-1(a_{n+1}-3a_n)$，则$(a_{n+2}-3a_{n+1})$是以$-2$为首项，$-1$为公比的等比数列，所以$a_{n+2}-3a_{n+1}=-2(-1)^n$. 此时又可化为

$$a_{n+2}+\frac{1}{2}(-1)^{n+2}=3\left[a_{n+1}+\frac{1}{2}(-1)^{n+1}\right],$$

则$\left\{a_n+\dfrac{1}{2}(-1)^n\right\}$是以$\dfrac{1}{2}$为首项，3 为公比的等比级数，所以

$$a_n=-\frac{1}{2}(-1)^n+\frac{1}{2}\times 3^{n-1}.$$

由于$\lim\limits_{n\to\infty}\sqrt[n]{a_n}=3$，所以$\sum\limits_{a=1}^{\infty}a_nx^n$的收敛半径是$\dfrac{1}{3}$. 和函数

$$\sum_{n=1}^{\infty}a_nx^n=-\frac{1}{2}\sum_{n=1}^{\infty}(-x)^n+\frac{1}{6}\sum_{n=1}^{\infty}(3x)^n=-\frac{1}{2}\cdot\frac{-x}{1+x}+\frac{1}{6}\cdot\frac{3x}{1-3x}=\frac{x(1-x)}{(1+x)(1-3x)}.$$

方法 2　记 $b_n=\dfrac{a_{n+1}}{a_n}$，由于 $a_{n+2}=2a_{n+1}+3a_n$，则 $b_{n+1}=2+\dfrac{3}{b_n}$，且 $b_n\geqslant 2\,(n\geqslant 2)$，则

$$|b_{n+1}-3|=\frac{|b_n-3|}{b_n}\leqslant\frac{1}{2}|b_n-3|\leqslant\cdots\leqslant\left(\frac{1}{2}\right)^{n-1}|b_2-3|,$$

所以 $\lim\limits_{n\to\infty}b_n=3$，级数收敛半径为 $\dfrac{1}{3}$.

和函数

$$\begin{aligned}S(x)=\sum_{n=1}^{\infty}a_nx^n&=x+x^2+2\sum_{n=3}^{\infty}a_{n-1}x^n+3\sum_{n=3}^{\infty}a_{n-2}x^n\\&=x+x^2+2x\sum_{n=2}^{\infty}a_nx^n+3x^2\sum_{n=1}^{\infty}a_nx^n\\&=x+x^2+2x(S(x)-x)+3x^2S(x),\end{aligned}$$

解出 $S(x)=\dfrac{x(1-x)}{(1+x)(1-3x)}$.

方法 3　设 $S(x)=\sum\limits_{n=1}^{\infty}a_nx^n$ 的收敛半径为 R，则当 $|x|<R$ 时，由“方法 2”知

$$\begin{aligned}S(x)&=\frac{x(1-x)}{(1+x)(1-3x)}=\frac{x}{2}\left(\frac{1}{1+x}+\frac{1}{1-3x}\right)\\&=\frac{x}{2}\left(\sum_{n=0}^{\infty}(-1)^nx^n+\sum_{n=0}^{\infty}3^nx^n\right)=\sum_{n=1}^{\infty}\frac{1}{2}\left[(-1)^{n-1}+3^{n-1}\right]x^n,\end{aligned}$$

所以 $a_n=\dfrac{1}{2}\left[(-1)^{n-1}+3^{n-1}\right]$，$R=\lim\limits_{n\to\infty}\dfrac{a_n}{a_{n+1}}=\dfrac{1}{3}$.

评注　(1) a_n 的通项公式也可由特征根法解差分方程 $a_{n+2}=2a_{n+1}+3a_n$ 而得到. 具体方法如下：解对应的特征方程 $r^2-2r-3=0$，得特征根 $r_1=-1$，$r_2=3$. 由特征根写出差分方程的通解

$$a_n=c_1(-1)^n+c_2 3^n.$$

代入 $a_1=1$，$a_2=1$，解得 $c_1=-\dfrac{1}{2}$，$c_2=\dfrac{1}{6}$. 所以 $a_n=-\dfrac{1}{2}(-1)^n+\dfrac{1}{2}\times 3^{n-1}$.

(2) 若 $f(x)=\sum\limits_{n=0}^{\infty}a_nx^n$ 的系数 a_n 满足某个常系数线性差分方程（递推式），将 a_n 的递推式代入级数，经运算或变形可得到一个关于 $f(x)$ 的代数方程，解代数方程可得 $f(x)$ 的表达式.

(3) 若 a_n 满足某个差分方程，而该差分方程又不便求解，则可通过幂级数 $\sum\limits_{n=0}^{\infty}a_nx^n$ 的和函数的展开式来得到 a_n 的表达式（如本题“方法 3”）.

例 16*　设 $a_0=1$，$a_{n+1}=-\left(2-\dfrac{1}{n+1}\right)a_n\ (n=0,1,2,\cdots)$. 求 $a_n\,(n\geqslant 1)$ 的表达式与级数 $\sum\limits_{n=0}^{\infty}a_nx^n$ 的收敛域与和函数.

分析　题设给出 a_n 的差分方程虽是变系数的，但却是一阶线性齐次的，容易递推求解. 常规解法是先求出 a_n 的表达式，再求级数的收敛域与和函数；也可以逆向思维，先利用 a_n 的差分方程求得级数的和函数与收敛域，再确定 a_n 的表达式，这种方法尤其在 a_n 的表达式不易求得时更为有效.

解　方法 1

$$a_{n+1}=-\frac{2n+1}{n+1}a_n=\left(-\frac{2n+1}{n+1}\right)\left(-\frac{2(n-1)+1}{n}\right)a_{n-1}$$
$$=\left(-\frac{2n+1}{n+1}\right)\left(-\frac{2n-1}{n}\right)a_{n-1}=\cdots=\left(-\frac{2n+1}{n+1}\right)\left(-\frac{2n-1}{n}\right)\cdots\left(-\frac{3}{2}\right)a_1$$
$$=(-1)^{n+1}\frac{(2n+1)!!}{(n+1)!}.$$

所以$a_n=(-1)^n\dfrac{(2n-1)!!}{n!}\ (n\geqslant 1)$，且

$$S(x)=1+\sum_{n=1}^{\infty}(-1)^n\frac{(2n-1)!!}{n!}x^n. \qquad ①$$

因为$\lim\limits_{n\to\infty}\left|\dfrac{a_{n+1}}{a_n}\right|=2$，所以级数的收敛半径$R=\dfrac{1}{2}$.

当$x=\dfrac{1}{2}$时，级数为 $1+\sum\limits_{n=1}^{\infty}(-1)^n\dfrac{(2n-1)!!}{n!2^n}$，该级数是收敛的.

因为$u_n=\dfrac{(2n-1)!!}{n!2^n}=\dfrac{(2n-1)!!}{(2n)!!}=\dfrac{1}{2}\cdot\dfrac{3}{4}\cdot\dfrac{5}{6}\cdot\cdots\cdot\dfrac{2n-1}{2n}$是单调递减的，令

$$b_n=\frac{1}{2}\cdot\frac{2}{3}\cdot\frac{4}{5}\cdot\cdots\cdot\frac{2n-2}{2n-1},\quad c_n=\frac{2}{3}\cdot\frac{4}{5}\cdot\frac{6}{7}\cdot\cdots\cdot\frac{2n}{2n+1},$$

则

$$b_n<u_n<c_n,\quad b_nu_n=\frac{1}{4n},\quad u_nc_n=\frac{1}{2n+1}\Rightarrow\frac{1}{2\sqrt{n}}<u_n<\frac{1}{\sqrt{2n+1}},$$

得$\lim\limits_{n\to\infty}u_n=0$. 由莱布尼兹准则知级数$\sum\limits_{n=1}^{\infty}(-1)^nu_n$收敛.

当$x=-\dfrac{1}{2}$时，级数为 $1+\sum\limits_{n=1}^{\infty}\dfrac{(2n-1)!!}{n!2^n}=\sum\limits_{n=1}^{\infty}u_n$，该级数是发散的.

综上知，级数①的收敛域是$\left(-\dfrac{1}{2},\dfrac{1}{2}\right]$.

下面求级数的和函数：①式两边求导得

$$S'(x)=\sum_{n=1}^{\infty}(-1)^n\frac{(2n-1)!!}{(n-1)!}x^{n-1}, \qquad ②$$
$$2xS'(x)=2\sum_{n=1}^{\infty}(-1)^n\frac{(2n-1)!!}{(n-1)!}x^n, \qquad ③$$

②式+③式得

$$(1+2x)S'(x)=-1+\sum_{n=2}^{\infty}(-1)^n\frac{(2n-1)!!}{(n-1)!}x^{n-1}+2\sum_{n=1}^{\infty}(-1)^n\frac{(2n-1)!!}{(n-1)!}x^n$$
$$=-1+\sum_{n=1}^{\infty}(-1)^{n+1}\frac{(2n+1)!!}{n!}x^n+2\sum_{n=1}^{\infty}(-1)^n\frac{(2n-1)!!}{(n-1)!}x^n$$
$$=-1-\sum_{n=1}^{\infty}(-1)^n\frac{(2n-1)!!}{n!}x^n=-S(x),$$

即

$$\frac{S'(x)}{S(x)}=-\frac{1}{1+2x}\Rightarrow S(x)=\frac{1}{\sqrt{1+2x}}+C.$$

由 $S(0)=1$，得 $C=0$．所以 $S(x)=\dfrac{1}{\sqrt{1+2x}}\left(-\dfrac{1}{2}<x\leqslant\dfrac{1}{2}\right)$.

方法 2　记 $S(x)=\sum\limits_{n=0}^{\infty}a_nx^n$，因为 $\lim\limits_{n\to\infty}\left|\dfrac{a_{n+1}}{a_n}\right|=2$，所以级数的收敛半径 $R=\dfrac{1}{2}$，且有

$$S(x)=1+\sum_{n=1}^{\infty}a_nx^n=1-\sum_{n=0}^{\infty}\left(2-\frac{1}{n+1}\right)a_nx^{n+1}$$
$$=1-2xS(x)+\sum_{n=0}^{\infty}\frac{1}{n+1}a_nx^{n+1}.$$

两边求导得

$$S'(x)=-2S(x)-2xS'(x)+\sum_{n=0}^{\infty}a_nx^n=-S(x)-2xS'(x),$$

即

$$\frac{S'(x)}{S(x)}=-\frac{1}{1+2x}\Rightarrow S(x)=\frac{1}{\sqrt{1+2x}}+C.$$

由 $S(0)=1$，得 $C=0$．所以 $S(x)=\dfrac{1}{\sqrt{1+2x}}\left(-\dfrac{1}{2}<x\leqslant\dfrac{1}{2}\right)$.

将 $S(x)$ 做幂级数展开，有

$$S(x)=(1+2x)^{-\frac{1}{2}}=1+\sum_{n=1}^{\infty}\frac{-\frac{1}{2}\left(-\frac{1}{2}-1\right)\cdots\left(-\frac{1}{2}-n+1\right)}{n!}(2x)^n$$
$$=1+\sum_{n=1}^{\infty}(-1)^n\frac{(2n-1)!!}{n!}x^n.$$

所以 $a_n=(-1)^n\dfrac{(2n-1)!!}{n!}\ (n\geqslant1)$.

评注（1）若 $f(x)=\sum\limits_{n=0}^{\infty}a_nx^n$ 的系数 a_n 满足某个变系数（n 的简单有理式）的线性差分方程，将 a_n 的递推式代入级数，再利用幂级数的逐项求导或积分性质通常可得到一个关于 $f(x)$ 的微分方程.

（2）该题解法 1 的困难之处在于找到和函数所满足的微分方程，因此解法 2 更可取.

例 17*　定义 S_0 为 1，设 S_n 为某一类 $n\times n$ 对称矩阵 (a_{ij}) 的总数 $(n\geqslant1)$，这类矩阵的元素为非负整数，且 $\sum\limits_{i=1}^{n}a_{ij}=1(j=1,2,\cdots,n)$，求级数 $\sum\limits_{n=0}^{\infty}S_n\dfrac{x^n}{n!}$ 的和函数.

分析　须求得 S_n 的表达式或递推公式，则级数的和函数才便于找到方法计算.

解　由于对称矩阵 $(a_{ij})_{n\times n}$ 的元素为非负整数，且有 $\sum\limits_{i=1}^{n}a_{ij}=1(j=1,2,\cdots,n)$，所以矩阵的每行和每列只有一个元素，且为 1，其余元素全为 0. 我们称该类矩阵为“对称置换矩阵”. 下面讨论 S_n 的递推关系式：

设 $(a_{ij})_{n\times n}$ 中的 $a_{1k}=1$．若 $k=1$，则有 S_{n-1} 个方法去构成这 n 阶矩阵；

若 $k\neq1$，则 $a_{1k}=a_{k1}=1$，从而删去第 1 行第 k 行及第 1 列第 k 列，剩下一个 $(n-2)\times(n-2)$ 对称的置换矩阵，可见

$$S_n=S_{n-1}+(n-1)S_{n-2}.$$

令 $F(x)=\sum_{n=0}^{\infty}S_n\frac{x^n}{n!}$，$a_n=\frac{S_n}{n!}$. 先求幂级数的收敛区间.

由于

$$\lim_{n\to\infty}\frac{a_{n+1}}{a_n}=\lim_{n\to\infty}\frac{S_{n+1}}{(n+1)!}\cdot\frac{n!}{S_n}=\lim_{n\to\infty}\frac{S_{n+1}}{S_n}\cdot\frac{1}{n+1},$$

若 $\frac{S_{n+1}}{S_n}$ 有界，则 $\lim_{n\to\infty}\frac{a_{n+1}}{a_n}=0$；若 $\frac{S_{n+1}}{S_n}$ 无界，则必有 $\lim_{n\to\infty}\frac{S_{n+1}}{S_n}=\infty$（原因后叙），从而

$$\lim_{n\to\infty}\frac{a_{n+1}}{a_n}=\lim_{n\to\infty}\left(\frac{1}{n+1}+\frac{nS_{n-1}}{(n+1)S_n}\right)=0,$$

所以幂级数的收敛区间为 $(-\infty,+\infty)$.

下面求级数的和函数：

$$\begin{aligned}F'(x)&=\sum_{n=1}^{\infty}S_n\frac{x^{n-1}}{(n-1)!}=\sum_{n=1}^{\infty}\left(S_{n-1}\frac{x^{n-1}}{(n-1)!}+(n-1)S_{n-2}\frac{x^{n-1}}{(n-1)!}\right)\\&=\sum_{n=0}^{\infty}S_n\frac{x^n}{n!}+\sum_{n=2}^{\infty}S_{n-2}\frac{x^{n-1}}{(n-2)!}=F(x)+xF(x),\end{aligned}$$

即 $\frac{F'(x)}{F(x)}=1+x$. 积分并由 $F(0)=S_0=1$，得 $F(x)=\mathrm{e}^{x+\frac{x^2}{2}}$，$x\in(-\infty,+\infty)$.

最后证明若 $\frac{S_{n+1}}{S_n}$ 无界，则必有 $\lim_{n\to\infty}\frac{S_{n+1}}{S_n}=\infty$.因为

$$\begin{aligned}\frac{S_{n+1}}{S_n}-\frac{S_n}{S_{n-1}}&=\frac{S_{n+1}S_{n-1}-S_n^2}{S_nS_{n-1}}=\frac{S_nS_{n-1}+nS_{n-1}^2-S_n^2}{S_nS_{n-1}}\\&=\frac{S_n}{S_{n-1}}\left[\frac{S_{n-1}}{S_n}+n\left(\frac{S_{n-1}}{S_n}\right)^2-1\right],\end{aligned}\qquad ①$$

注意到方程 $nx^2+x-1=0\ (x>0)$ 的根为 $x_1=\frac{1}{\sqrt{4n+1}+1}$，所以当 $0<\frac{S_{n-1}}{S_n}\leqslant\frac{1}{\sqrt{4n+1}+1}$ 时，有 $\lim_{n\to\infty}\frac{S_n}{S_{n-1}}=\infty$；当 $\frac{S_{n-1}}{S_n}>\frac{1}{\sqrt{4n+1}+1}$ 时，由①式知 $\frac{S_{n+1}}{S_n}-\frac{S_n}{S_{n-1}}>0$，即 $\left\{\frac{S_{n+1}}{S_n}\right\}$ 是单调递增数列. 该数列若无界，则必趋于无穷大.

例 18* 设函数 $z(k)=\sum_{n=0}^{\infty}\frac{n^k}{n!}\mathrm{e}^{-1}$.

（1）求 $z(0)$、$z(1)$ 和 $z(2)$ 的值；（2）试证明当 k 取正整数时，$z(k)$ 也为正整数.

分析 利用展开式 $\mathrm{e}^x=\sum_{n=0}^{\infty}\frac{x^n}{n!}$，容易求得 $z(0)$、$z(1)$ 和 $z(2)$ 的值；由（1）中的结果利用归纳法容易证明（2）.

解 （1）$z(0)=\mathrm{e}^{-1}\sum_{n=0}^{\infty}\frac{x^n}{n!}\Big|_{x=1}=\mathrm{e}^{-1}\mathrm{e}^x\Big|_{x=1}=1$，$z(1)=\mathrm{e}^{-1}\sum_{n=0}^{\infty}\frac{nx^n}{n!}\Big|_{x=1}=\mathrm{e}^{-1}x(\mathrm{e}^x)'\Big|_{x=1}=1$，

$$z(2)=\mathrm{e}^{-1}\sum_{n=0}^{\infty}\frac{n^2x^n}{n!}\Big|_{x=1}=\mathrm{e}^{-1}x\left[x(\mathrm{e}^x)'\right]'\Big|_{x=1}=\mathrm{e}^{-1}x(x+1)\mathrm{e}^x\Big|_{x=1}=2.$$

（2）**方法 1**　找规律.

当$k=1$时，$x(\mathrm{e}^x)'=\sum\limits_{n=0}^{\infty}\dfrac{nx^n}{n!}=P_1(x)\mathrm{e}^x$；当$k=2$时，$x(P_1(x)\mathrm{e}^x)'=\sum\limits_{n=0}^{\infty}\dfrac{n^2x^n}{n!}=P_2(x)\mathrm{e}^x$；……；当$k=k$时，$x\left[P_{k-1}(x)\mathrm{e}^x\right]'=\sum\limits_{n=0}^{\infty}\dfrac{n^kx^n}{n!}=P_k(x)\mathrm{e}^x$.

其中$P_0(x)\equiv 1$，$P_1(x)\equiv x$，$P_k(x)\equiv x[P'_{k-1}(x)+P_{k-1}(x)]$. $P_k(x)$是系数为正整数的多项式，故$P_k(1)$是正整数.

而由$P_k(1)\mathrm{e}=\sum\limits_{n=0}^{\infty}\dfrac{n^k}{n!}$，得$z(k)=P_k(1)$是正整数.

方法 2

$$\begin{aligned}z(k+1)&=\sum_{n=0}^{\infty}\frac{n^{k+1}}{n!}\mathrm{e}^{-1}=\sum_{n=1}^{\infty}\frac{n^k}{(n-1)!}\mathrm{e}^{-1}=\sum_{n=0}^{\infty}\frac{(n+1)^k}{n!}\mathrm{e}^{-1}\\&=\sum_{n=0}^{\infty}\frac{1}{n!}\sum_{i=0}^{k}C_k^in^i\mathrm{e}^{-1}=\sum_{i=0}^{k}C_k^i\sum_{n=0}^{\infty}\frac{n^i}{n!}\mathrm{e}^{-1}=\sum_{i=0}^{k}C_k^iz(i)\quad(k=0,1,2,\cdots).\end{aligned}$$

由归纳法可知$z(k)$为正整数.

例 19　设$x>2$，证明$\ln(x+2)=2\ln(1+x)-2\ln(x-1)+\ln(x-2)+2\sum\limits_{n-1}^{\infty}\dfrac{1}{2n-1}\left(\dfrac{2}{x^3-3x}\right)^{2n-1}$.

分析　将所证等式改写为$\sum\limits_{n=1}^{\infty}\dfrac{1}{2n-1}\left(\dfrac{2}{x^3-3x}\right)^{2n-1}=\dfrac{1}{2}\ln\dfrac{(x+2)(x-1)^2}{(x+1)^2(x-2)}$，这是级数求和问题.

证明　记$y=\dfrac{2}{x^3-3x}$，$S(y)=\sum\limits_{n-1}^{\infty}\dfrac{1}{2n-1}y^{2n-1}$，则

$$S(y)=\sum_{n=1}^{\infty}\int_0^y t^{2n-2}\mathrm{d}t=\int_0^y\left(\sum_{n=1}^{\infty}t^{2n-2}\right)\mathrm{d}t=\int_0^y\frac{1}{1-t^2}\mathrm{d}t=\frac{1}{2}\ln\frac{1+y}{1-y}，\quad |y|<1.$$

代入$y=\dfrac{2}{x^3-3x}$，即得

$$\sum_{n-1}^{\infty}\frac{1}{2n-1}\left(\frac{2}{x^3-3x}\right)^{2n-1}=\frac{1}{2}\ln\frac{(x+2)(x-1)^2}{(x+1)^2(x-2)}，\quad x>2.$$

原等式得证.

例 20*　设函数项级数$f(x)=\sum\limits_{k=1}^{\infty}\dfrac{\sin kx}{k}$.

（1）求函数项级数$f(x)$收敛域；

（2）证明对于$x\in[0,\pi]$，$f(x)$非负.

分析（1）将x作为参数，这是一个任意项级数. 显然该级数不是绝对收敛的，无法用正项级数的判敛法；只能将该级数的部分和做恒等变形，找到其极限存在的范围，即级数的收敛域.

（2）只需证明对任意自然数n，当$x\in[0,\pi]$时，有$g(x)=\sum\limits_{k=1}^{n}\dfrac{\sin kx}{k}\geqslant 0$. 为此，若$g(x)$在$[0,\pi]$上的最小值非负就行了.

解（1）当$x=2k\pi$时，$f(x)=0$.

当$x\neq 2k\pi$时，记$S_n=\sum\limits_{k=1}^{n}\sin kx$，由于

$$S_n=\frac{1}{\sin\frac{x}{2}}\sum_{k=1}^{n}\sin\frac{x}{2}\sin kx=\frac{1}{2\sin\frac{x}{2}}\sum_{k=1}^{n}\left(\cos\frac{2k-1}{2}x-\cos\frac{2k+1}{2}x\right)$$
$$=\frac{1}{2\sin\frac{x}{2}}\left(\cos\frac{1}{2}x-\cos\frac{2n+1}{2}x\right),$$

则

$$|S_n|\leqslant\frac{1}{\left|\sin\frac{x}{2}\right|}\triangleq M\ \text{（即}\sum_{n=1}^{\infty}\sin nx\text{ 的部分和有界）}.$$

又

$$\sum_{k=1}^{n}\frac{\sin kx}{k}=\sum_{k=1}^{n}\frac{S_k-S_{k-1}}{k}=\sum_{k=1}^{n-1}\left(\frac{1}{k}-\frac{1}{k+1}\right)S_k+\frac{S_n}{n},\qquad ①$$

由于

$$\sum_{k=1}^{n-1}\left|\left(\frac{1}{k}-\frac{1}{k+1}\right)S_k\right|\leqslant M\sum_{k=1}^{n-1}\left(\frac{1}{k}-\frac{1}{k+1}\right)=M\left(1-\frac{1}{n}\right)\leqslant M,$$

级数 $\sum_{k=1}^{\infty}\left(\frac{1}{k}-\frac{1}{k+1}\right)S_k$ 绝对收敛，而 $\lim_{n\to\infty}\frac{S_n}{n}=0$．由①式知，级数 $\sum_{k=1}^{\infty}\frac{\sin kx}{k}$ 对 $\forall x\in(-\infty,+\infty)$ 均收敛，$f(x)$ 的收敛域为 $(-\infty,+\infty)$．

（2）记 $g(x)=\sum_{k=1}^{n}\frac{\sin kx}{k}$，显然 $g(0)=g(\pi)=0$．下面证明对 $\forall x\in[0,\pi]$，有 $g(x)\geqslant 0$．

当n=1时，命题显然成立；若当$n-1$时成立，则 $\sum_{k=1}^{n-1}\frac{\sin kx}{k}\geqslant 0$．

当 n 时，不妨设 $c\in(0,\pi)$ 是 $g(x)$ 的最小值点，则 $g'(c)=0$．由于

$$g'(c)=\sum_{k=1}^{n}\cos kc=\frac{1}{\sin\frac{c}{2}}\sum_{k=1}^{n}\cos kc\cdot\sin\frac{c}{2}$$
$$=\frac{1}{2\sin\frac{c}{2}}\sum_{k=1}^{n}\left(\sin\frac{2k+1}{2}c-\sin\frac{2k-1}{2}c\right)=\frac{1}{2\sin\frac{c}{2}}\left(\sin\frac{2n+1}{2}c-\sin\frac{1}{2}c\right),$$

所以

$$\sin\frac{2n+1}{2}c=\sin\frac{1}{2}c\Rightarrow\frac{2n+1}{2}c=\frac{1}{2}c+2m\pi\Rightarrow c=\frac{2m\pi}{n},\ m\in\mathbb{Z}.$$
$$g(c)=\sum_{k=1}^{n}\frac{\sin kc}{k}=\sum_{k=1}^{n-1}\frac{\sin kc}{k}+\frac{\sin 2m\pi}{n}=\sum_{k=1}^{n-1}\frac{\sin kc}{k}\geqslant 0.$$

故 $g(x)=\sum_{k=1}^{n}\frac{\sin kx}{k}\geqslant 0$，所以 $f(x)=\lim_{n\to\infty}\sum_{k=1}^{n}\frac{\sin kx}{k}\geqslant 0$．

评注　类似于问题（1）的证明，可得到任意项级数敛散性的“狄利克雷判别法”．

定理（狄利克雷判别法）若数列 $\{a_n\}$ 单调递减，且 $\lim_{n\to\infty}a_n=0$，又级数 $\sum_{n=1}^{\infty}b_n$ 的部分和数列有界，则级数 $\sum_{n=1}^{\infty}a_nb_n$ 收敛.

若本题的问题（1）用狄利克雷判别法来证明（$a_n=\frac{1}{n}$，$b_n=\sin nx$），则会比较容易.

例 21* 设 $f(x)=\sum_{n=1}^{\infty}\frac{\cos nx}{\sqrt{n^3+n}}$，$F(x)$ 是 $f(x)$ 的一个原函数，$F(0)=0$，证明：

$$\frac{\sqrt{2}}{2}-\frac{1}{15}<F\left(\frac{\pi}{2}\right)<\frac{\sqrt{2}}{2}.$$

分析　要求得 $F(x)$ 的表达式，需对 $f(x)$ 积分，积分号与级数和号可交换的一个充分条件是级数在积分区间上一致收敛. 易发现 $F\left(\frac{\pi}{2}\right)$ 的表达式是一个交错级数，可用莱布尼兹收敛定理估计其大小.

解　因为 $\left|\frac{\cos nx}{\sqrt{n^3+n}}\right|\leqslant\frac{1}{\sqrt{n^3+n}}$，而 $\sum_{n=1}^{\infty}\frac{1}{\sqrt{n^3+n}}$ 收敛，所以 $\sum_{n=1}^{\infty}\frac{\cos nx}{\sqrt{n^3+n}}$ 在 $(-\infty,+\infty)$ 内一致收敛. 逐项积分得

$$F(x)=\int_0^x f(t)\mathrm{d}t=\sum_{n=1}^{\infty}\frac{\sin nx}{n\sqrt{n^3+n}},\quad F\left(\frac{\pi}{2}\right)=\sum_{k=1}^{\infty}\frac{(-1)^{k-1}}{(2k-1)\sqrt{(2k-1)^3+(2k-1)}}.$$

由交错级数的莱布尼兹准则知

$$F\left(\frac{\pi}{2}\right)<a_1=\frac{1}{\sqrt{2}}，\text{余项 } |R_2|<a_2=\frac{1}{3\sqrt{30}}，\text{即 } \left|F\left(\frac{\pi}{2}\right)-\frac{1}{\sqrt{2}}\right|<\frac{1}{3\sqrt{30}}.$$

所以

$$\frac{1}{\sqrt{2}}>F\left(\frac{\pi}{2}\right)>\frac{1}{\sqrt{2}}-\frac{1}{3\sqrt{30}}>\frac{\sqrt{2}}{2}-\frac{1}{15}.$$

评注　(1) 函数项级数一致收敛的 M 判别法 (Weierstrass 准则)：

设 $\sum_{n=1}^{\infty}M_n$ 是一个收敛的正项级数，若在区间 I 上恒有 $|u_n(x)|\leqslant M_n\ (n=1,2,\cdots)$，则级数 $\sum_{n=1}^{\infty}u_n(x)$ 在 I 上一致收敛.

(2) 一致收敛级数的分析性质.

① 连续性：设 $u_n(x)\in C(I)\ (n\in\mathbb{N}_+)$，若 $S(x)=\sum_{n=1}^{\infty}u_n(x)$ 在 I 上一致收敛，则 $S(x)\in C(I)$.

② 可积性：设 $u_n(x)\in C(I)\ (n\in\mathbb{N}_+)$，若 $S(x)=\sum_{n=1}^{\infty}u_n(x)$ 在 I 上一致收敛，则 $S(x)$ 在 I 上逐项可积. 即有 $\int_{x_0}^{x}S(t)\mathrm{d}t=\sum_{n=1}^{\infty}\int_{x_0}^{x}u_n(t)\mathrm{d}t\ \ (x_0,x\in I)$.

③ 可导性：设 $u_n(x)\in C^{(1)}(I)\ (n\in\mathbb{N}_+)$，若 $S(x)=\sum_{n=1}^{\infty}u_n(x)$ 在 I 上收敛，$\sum_{n=1}^{\infty}u_n'(x)$ 在 I 上一致收敛，则 $S(x)$ 逐项可导. 即有 $S'(x)=\sum_{n=1}^{\infty}u_n'(x)$.

(3) 由于幂级数在其收敛域内的任一闭子区间上均一致收敛（称为内闭一致收敛），所以 (2) 中的 3 条性质对幂级数都成立.

例 22* 设 $f(x)=\sum_{n=0}^{\infty}a_nx^n\ (|x|<\infty,\ a_n>0)$，$\sum_{n=0}^{\infty}a_nn!$ 收敛. 证明 $\int_0^{+\infty}\mathrm{e}^{-x}f(x)\mathrm{d}x=\sum_{n=0}^{\infty}a_nn!$.

分析　由于 $\mathrm{e}^{-x}f(x)=\sum_{n=0}^{\infty}a_nx^n\mathrm{e}^{-x}$，等式两边积分就可得到所需的等式. 要使积分号与级数和号交

换，只需要证明级数$\sum_{n=0}^{\infty}a_nx^n\mathrm{e}^{-x}$在$(0,+\infty)$上一致收敛.

证明 因为 $\mathrm{e}^x=1+x+\frac{1}{2!}x^2+\cdots+\frac{1}{n!}x^n+\cdots$.

当$x>0$时，有

$$\mathrm{e}^x>\frac{1}{n!}x^n\Rightarrow x^n\mathrm{e}^{-x}<n!\Rightarrow a_nx^n\mathrm{e}^{-x}<a_nn!.$$

由于$\sum_{n=0}^{\infty}a_nn!$收敛，由M判别法知，$\sum_{n=0}^{\infty}a_nx^n\mathrm{e}^{-x}$在$(0,+\infty)$上一致收敛. 所以对$\forall A>0$，有

$$\int_0^A\sum_{n=0}^{\infty}a_nx^n\mathrm{e}^{-x}\,\mathrm{d}x=\sum_{n=0}^{\infty}\int_0^A a_nx^n\mathrm{e}^{-x}\,\mathrm{d}x.$$

取$A\to+\infty$，有

$$\int_0^{+\infty}\sum_{n=0}^{\infty}a_nx^n\mathrm{e}^{-x}\,\mathrm{d}x=\sum_{n=0}^{\infty}a_n\int_0^{+\infty}x^n\mathrm{e}^{-x}\,\mathrm{d}x.$$

由于$\int_0^{+\infty}x^n\mathrm{e}^{-x}\,\mathrm{d}x=\Gamma(n+1)=n!$. 上式即为$\int_0^{+\infty}\mathrm{e}^{-x}f(x)\,\mathrm{d}x=\sum_{n=0}^{\infty}a_nn!$. 得证.

评注 这里用了Γ函数：$\Gamma(\alpha)=\int_0^{+\infty}x^{\alpha-1}\mathrm{e}^{-x}\,\mathrm{d}x\ (\alpha>0)$.

Γ函数具有递推公式：$\Gamma(\alpha+1)=\alpha\Gamma(\alpha)$. 特别$\Gamma(n+1)=n!$.

2. 函数的幂级数展开

函数展开为幂级数的常用方法有“直接法”与“间接法”. 由于“直接法”需计算函数的任意阶导数，并判断其泰勒公式余项在级数的收敛区间内是否趋于零，所以做直接展开是较困难的. 更多的情况是做间接展开，以下是几个常用的麦克劳林展开式：

$$\mathrm{e}^x=1+x+\frac{x^2}{2!}+\cdots+\frac{x^n}{n!}+\cdots=\sum_{n=0}^{\infty}\frac{x^n}{n!},\ x\in(-\infty,+\infty);$$

$$\sin x=x-\frac{x^2}{3!}+\cdots+(-1)^n\frac{x^{2n+1}}{(2n+1)!}+\cdots=\sum_{n=0}^{\infty}(-1)^n\frac{x^{2n+1}}{(2n+1)!},\ x\in(-\infty,+\infty);$$

$$\cos x=1-\frac{x^2}{2!}+\frac{x^4}{4!}-\cdots+(-1)^n\frac{x^{2n}}{(2n)!}+\cdots=\sum_{n=0}^{\infty}(-1)^n\frac{x^{2n}}{(2n)!},\ x\in(-\infty,+\infty);$$

$$\ln(1+x)=x-\frac{x^2}{2}+\frac{x^3}{3}-\cdots+(-1)^n\frac{x^{n+1}}{n+1}+\cdots=\sum_{n=0}^{\infty}(-1)^n\frac{x^{n+1}}{n+1},\ x\in(-1,1];$$

$$(1+x)^a=1+ax+\frac{a(a-1)}{2!}x^2+\cdots+\frac{a(a-1)\cdots(a-n+1)}{n!}x^n+\cdots,\ x\in(-1,1).$$

特别地，$\frac{1}{1-x}=1+x+x^2+\cdots+x^n+\cdots=\sum_{n=0}^{\infty}x^n,\ x\in(-1,1)$.

例 23 求级数$\left(\sum_{n=1}^{\infty}x^n\right)^3$中$x^{20}$的系数.

分析 先求出级数$\left(\sum_{n=1}^{\infty}x^n\right)^3$的和函数，再将和函数展开为$x$的幂级数，就可写出$x^{20}$的系数.

解
$$\left(\sum_{n=1}^{\infty}x^n\right)^3=\left(\frac{x}{1-x}\right)^3=\left(\frac{1}{1-x}\right)^3x^3,\quad |x|<1.$$

而
$$\frac{1}{1-x}=\sum_{n=0}^{\infty}x^n,\quad \frac{1}{(1-x)^3}=\frac{1}{2}\left(\frac{1}{1-x}\right)''=\sum_{n=0}^{\infty}\frac{(n+1)(n+2)}{2}x^n.$$

所以
$$\left(\sum_{n=1}^{\infty}x^n\right)^3=\sum_{n=0}^{\infty}\frac{(n+1)(n+2)}{2}x^{n+3}.$$

因此 x^{20} 的系数为 $\dfrac{18\times 19}{2}=171$.

例 24　求函数 $f(x)=\dfrac{x}{x^2-5x+4}$ 在 $x=5$ 处的幂级数.

分析　将分母做因式分解，分式拆分为两个部分分式之和再展开.

解
$$\begin{aligned}\frac{x}{x^2-5x+4}&=\frac{x}{(x-4)(x-1)}=\frac{x}{3}\left(\frac{1}{x-4}-\frac{1}{x-1}\right)\\&=\frac{(x-5)+5}{3}\left[\frac{1}{1+(x-5)}-\frac{1}{4+(x-5)}\right]\\&=\frac{5+(x-5)}{3}\left[\sum_{n=0}^{\infty}(-1)^n(x-5)^n-\frac{1}{4}\sum_{n=0}^{\infty}(-1)^n\left(\frac{x-5}{4}\right)^n\right]\\&=\frac{5+(x-5)}{3}\sum_{n=0}^{\infty}(-1)^n\left(1-\frac{1}{4^{n+1}}\right)(x-5)^n\\&=\frac{5}{4}+\frac{1}{3}\sum_{n=1}^{\infty}(-1)^n\left(4-\frac{1}{4^{n+1}}\right)(x-5)^n.\end{aligned}$$

上式成立的范围为 $\begin{cases}|x-5|<1\\ \dfrac{|x-5|}{4}<1\end{cases}\Rightarrow |x-5|<1$，收敛区间为 $4<x<6$.

当 $x=4,6$ 时，级数均发散，所以
$$f(x)=\frac{5}{4}+\frac{1}{3}\sum_{n=1}^{\infty}(-1)^n\left(4-\frac{1}{4^{n+1}}\right)(x-5)^n,\quad 4<x<6.$$

例 25*　设 $f(x)=\mathrm{e}^{x^2}$，求 $f^{(n)}(x)$.

分析　通常的方法是对 $f(x)$ 逐次求导，由归纳法求得 $f^{(n)}(x)$ 的表达式（经计算发现这样做较为困难）. 另一种方法是将 $f(x+h)$ 展开为 h 的幂级数，再由幂级数展开式的唯一性得到 $f^{(n)}(x)$.

解　由于
$$f(x+h)=\mathrm{e}^{(x+h)^2}=\mathrm{e}^{x^2}\mathrm{e}^{2xh}\mathrm{e}^{h^2}=\mathrm{e}^{x^2}\sum_{k=0}^{\infty}\frac{(2xh)^k}{k!}\sum_{m=0}^{\infty}\frac{h^{2m}}{m!}=\mathrm{e}^{x^2}\sum_{n=0}^{\infty}\left(\sum_{2m+k=n}\frac{(2x)^k}{k!m!}\right)h^n.$$

由幂级数展开式的唯一性，得
$$f^{(n)}(x)=n!\mathrm{e}^{x^2}\sum_{2m+k=n}\frac{(2x)^k}{k!m!}\quad(n=1,2,\cdots).$$

例 26 将级数$\sum_{n=1}^{\infty}\frac{(-1)^{n-1}}{2^{n-1}}\cdot\frac{x^{2n-1}}{(2n-1)!}$的和函数展开成$(x-1)$的幂级数.

分析 需先求级数的和函数，再将和函数展开为$(x-1)$的幂级数.

解 由于$\sin x=\sum_{n=1}^{\infty}(-1)^{n-1}\frac{x^{2n-1}}{(2n-1)!}$，$x\in(-\infty,+\infty)$. 则

$$\begin{aligned}\sum_{n=1}^{\infty}\frac{(-1)^{n-1}}{2^{n-1}}\cdot\frac{x^{2n-1}}{(2n-1)!}&=\sqrt{2}\sum_{n=1}^{\infty}\frac{(-1)^{n-1}}{(2n-1)!}\left(\frac{x}{\sqrt{2}}\right)^{2n-1}=\sqrt{2}\sin\frac{x}{\sqrt{2}}\\&=\sqrt{2}\sin\frac{x-1+1}{\sqrt{2}}=\sqrt{2}\sin\frac{1}{\sqrt{2}}\cos\frac{x-1}{\sqrt{2}}+\sqrt{2}\cos\frac{1}{\sqrt{2}}\sin\frac{x-1}{\sqrt{2}}\\&=\sqrt{2}\sin\frac{1}{\sqrt{2}}\sum_{n=0}^{\infty}\frac{(-1)^n}{(2n)!}\left(\frac{x-1}{\sqrt{2}}\right)^{2n}+\sqrt{2}\cos\frac{1}{\sqrt{2}}\sum_{n=0}^{\infty}\frac{(-1)^n}{(2n+1)!}\left(\frac{x-1}{\sqrt{2}}\right)^{2n+1}\\&=\sqrt{2}\sin\frac{1}{\sqrt{2}}\sum_{n=0}^{\infty}\frac{(-1)^n}{2^n(2n)!}(x-1)^{2n}+\cos\frac{1}{\sqrt{2}}\sum_{n=0}^{\infty}\frac{(-1)^n}{2^n(2n+1)!}(x-1)^{2n+1}.\end{aligned}$$

例 27* 已知$f_n(x)$满足$f_n'(x)=f_n(x)+x^{n-1}e^x$，且$f_n(1)=\frac{e}{n}$ $(n=1,2,\cdots)$. 求

（1）级数$\sum_{n=1}^{\infty}f_n(x)$的和函数$f(x)$；

（2）$f(x)$的麦克劳林展开式.

分析 需先解微分方程求得$f_n(x)$，再求和函数及其展开式.

解 （1）解方程$f_n'(x)-f_n(x)=x^{n-1}e^x$，得

$$f_n(x)=e^{\int dx}\left(C_n+\int x^{n-1}e^xe^{-\int dx}dx\right)=C_ne^x+\frac{1}{n}x^ne^n.$$

利用$f_n(1)=\frac{e}{n}$得$C_n=0$，所以$f_n(x)=\frac{1}{n}x^ne^x$ $(n=1,2,\cdots)$. 从而

$$f(x)=\sum_{n=1}^{\infty}f_n(x)=\sum_{n=1}^{\infty}\frac{1}{n}x^ne^x=e^x\sum_{n=1}^{\infty}\frac{1}{n}x^n=-e^x\ln(1-x),\ x\in[-1,1).$$

（2）对$x\in[-1,1)$，有

$$f(x)=e^x\sum_{n=1}^{\infty}\frac{1}{n}x^n=\left(\sum_{n=0}^{\infty}\frac{1}{n!}x^n\right)\left(\sum_{n=1}^{\infty}\frac{1}{n}x^n\right)=\sum_{n=1}^{\infty}\left[\sum_{k=0}^{n-1}\frac{1}{k!(n-k)}\right]x^n.$$

评注 本题（2）若用以下方法求解，则不能完全确定函数$f(x)$.

由$f_n'(x)=f_n(x)+x^{n-1}e^x$得$\sum_{n=1}^{\infty}f_n'(x)=\sum_{n=1}^{\infty}f_n(x)+\sum_{n=1}^{\infty}x^{n-1}e^x$，所以

$$f'(x)-f(x)=\frac{e^x}{1-x}\left(这需要\sum_{n=1}^{\infty}f_n'(x)一致收敛\right).$$

解此一阶线性微分方程得通解

$$f(x)=e^{\int dx}\left(C+\int\frac{e^x}{1-x}e^{-\int dx}dx\right)=e^x[C-\ln(1-x)].$$

但无法利用$f_n(1)=\frac{e}{n}$ $(n=1,2,\cdots)$确定上式中的常数C $\left(\because\sum_{n=1}^{\infty}f_n(1)=+\infty\right)$.

例 28* 设 $f(x)=\dfrac{1}{1-x-x^2}$，$a_n=\dfrac{1}{n!}f^{(n)}(0)$，证明级数 $\sum\limits_{n=0}^{\infty}\dfrac{a_{n+1}}{a_n a_{n+2}}$ 收敛，并求其和.

分析 要求级数的和需计算其部分和数列 S_n 的极限. 将所给函数 $f(x)$ 按幂级数形式展开，可得到 a_n 的表达式或递推公式，进一步将 S_n 化简（有限和形式），才便于其极限的计算.

解 因为 $f(x)=\dfrac{1}{1-x-x^2}$，所以 $1=(1-x-x^2)f(x)$. 将 $f(x)$ 按麦克劳林级数展开，有

$$f(x)=\sum_{k=0}^{\infty}a_k x^k\text{，其中 } a_k=\frac{1}{k!}f^{(k)}(0).$$

则

$$1=(1-x-x^2)\left(a_0+a_1x+\sum_{k=2}^{\infty}a_k x^k\right)$$

$$=a_0+(a_1-a_0)x+\left(-a_0x^2-a_1x^2-a_1x^3+\sum_{k=2}^{\infty}a_k x^k-\sum_{k=2}^{\infty}a_k x^{k+1}-\sum_{k=2}^{\infty}a_k x^{k+2}\right),$$

即有

$$1=a_0+(a_1-a_0)x+\sum_{m=0}^{\infty}(a_{m+2}-a_{m+1}-a_m)x^{m+2}.$$

比较两边系数，可得

$$a_0=a_1=1,\ a_{m+2}-a_{m+1}-a_m=0\Rightarrow a_{m+1}=a_{m+2}-a_m.$$

由于 $a_2=a_1+a_0\geqslant 2$，$a_3=a_2+a_1\geqslant 3$，$\cdots$，由归纳法知，$a_n\geqslant n$. 故当 $n\to\infty$ 时，$a_n\to\infty$.

于是级数 $\sum\limits_{n=0}^{\infty}\dfrac{a_{n+1}}{a_n a_{n+2}}$ 的部分和

$$S_n=\sum_{k=0}^{n}\frac{a_{k+1}}{a_k a_{k+2}}=\sum_{k=0}^{n}\frac{a_{k+2}-a_k}{a_k a_{k+2}}=\sum_{k=0}^{n}\left(\frac{1}{a_k}-\frac{1}{a_{k+2}}\right)$$

$$=\sum_{k=0}^{n}\left(\frac{1}{a_k}-\frac{1}{a_{k+1}}\right)+\sum_{k=0}^{n}\left(\frac{1}{a_{k+1}}-\frac{1}{a_{k+2}}\right)$$

$$=\frac{1}{a_0}-\frac{1}{a_{n+1}}+\frac{1}{a_1}-\frac{1}{a_{n+2}}.$$

因为 $\dfrac{1}{a_{n+1}}\to 0$，$\dfrac{1}{a_{n+2}}\to 0\ (n\to\infty)$，故 $S_n\to\dfrac{1}{a_0}+\dfrac{1}{a_1}=2\ (n\to\infty)$. 即所给级数收敛，其和为 2.

例 29* 将 $f(x)=\dfrac{\arcsin x}{\sqrt{1-x^2}}$ 展开为麦克劳林级数.

分析 有两种展开方式：一是做间接展开，即由 $\dfrac{1}{\sqrt{1-x^2}}$ 与 $\arcsin x$ 的展开式做乘积；二是做直接展开，即先计算 $f^{(n)}(0)\ (n=1,2,\cdots)$，再写出展开式. 由于间接展开中两级数乘积的系数很难化简，因此这里做直接展开.

解 做直接展开.

由于

$$f'(x)=\frac{1}{1-x^2}+\frac{x\arcsin x}{(1-x^2)\sqrt{1-x^2}}=\frac{1}{1-x^2}+\frac{x}{1-x^2}f(x),$$

因此有

$$(1-x^2)f'(x)-xf(x)=1.$$

等式两边求n阶导数，得

$$\left[(1-x^2)f^{(n+1)}(x)-2nxf^{(n)}(x)-n(n-1)f^{(n-1)}(x)\right]-\left[xf^{(n)}(x)+nf^{(n-1)}(x)\right]=0\ .$$

令$x=0$，得到$f^{(n+1)}(0)=n^2f^{(n-1)}(0)$. 其奇数阶导数

$$f^{(2n+1)}(0)=(2n)^2f^{(2n-1)}(0)=\cdots=[(2n)!!]^2f'(0)=4^n(n!)^2\ .$$

由于$f(x)$是奇函数，则其偶数阶导数$f^{(2n)}(0)=0$.

由于$f(x)=\dfrac{1}{\sqrt{1-x^2}}\cdot\arcsin x$能够表示为两个幂级数的乘积，因此它可以展开为幂级数. 由幂级数展开式的唯一性得

$$f(x)=\sum_{n=0}^{\infty}\frac{f^{(n)}(0)}{n!}x^n=\sum_{n=0}^{\infty}\frac{4^n(n!)^2}{(2n+1)!}x^{2n+1},\ x\in(-1,1)\ .$$

$x=\pm1$是$f(x)$的间断点，故该幂级数的收敛域为区间$(-1,1)$.

评注　在最后写出$f(x)$的展开式时，利用了“$f(x)$能够表示为两个幂级数的乘积，因此它可以展开为幂级数”这样一个间接的手段. 否则，需要证明$f(x)$的泰勒公式的余项在区间$(-1,1)$上趋于0，这是很困难的.

例30　将$f(x)=\dfrac{1-x^2}{(1-x)^4}+x\ln(\sqrt{x^2+1}-x)$展开为$x$的幂级数.

分析　只需将$f(x)$中的两项分别展开. 为利用已有的展开式，需要将函数做恒等变形（包括微分与积分的手段）.

解

$$f(x)=\frac{1+x}{(1-x)^3}-x\ln\left(\sqrt{x^2+1}+x\right)=\left[\frac{x}{(1-x)^2}\right]'-x\int_0^x\frac{\mathrm{d}t}{\sqrt{t^2+1}}$$

$$=\left[x\left(\frac{1}{1-x}\right)'\right]'-x\int_0^x\left[1+\sum_{n=1}^{\infty}\frac{(-1/2)(-1/2-1)\cdots(-1/2-n+1)}{n!}t^{2n}\right]\mathrm{d}t$$

$$=\left(x\sum_{n=1}^{\infty}nx^{n-1}\right)'-x\int_0^x\left[1+\sum_{n=1}^{\infty}(-1)^n\frac{(2n-1)!!}{(2n)!!}t^{2n}\right]\mathrm{d}t$$

$$=\sum_{n=1}^{\infty}n^2x^{n-1}-x^2-\sum_{n=1}^{\infty}(-1)^n\frac{(2n-1)!!}{(2n)!!(2n+1)}x^{2(n+1)}\quad(|x|<1)\ .$$

例31*　将$f(x)=\ln(1-2x\cos\alpha+x^2)$展开为$x$的幂级数.

分析　$f'(x)$是一个有理函数，有理函数更利于展开.

解　$f'(x)=\dfrac{-2\cos\alpha+2x}{1-2x\cos\alpha+x^2}$，下面用两种方法展开.

方法1　待定系数法. 设$f'(x)=\sum\limits_{n=0}^{\infty}a_nx^n$，则

$$-2\cos\alpha+2x=(1-2x\cos\alpha+x^2)\sum_{n=0}^{\infty}a_nx^n=\sum_{n=0}^{\infty}a_nx^n-2\cos\alpha\sum_{n=0}^{\infty}a_nx^{n+1}+\sum_{n=0}^{\infty}a_nx^{n+2}$$

$$=\sum_{n=0}^{\infty}a_nx^n-2\cos\alpha\sum_{n=1}^{\infty}a_{n-1}x^n+\sum_{n=2}^{\infty}a_{n-2}x^n$$

$$=a_0+(a_1-2a_0\cos\alpha)x+\sum_{n=2}^{\infty}(a_n-2a_{n-1}\cos\alpha+a_{n-2})x^n.$$

比较等式两边 x 同次幂的系数，得

$$a_0=-2\cos\alpha,$$
$$a_1-2a_0\cos\alpha=2,$$
$$a_n-2a_{n-1}\cos\alpha+a_{n-2}=0\quad(n\geqslant 2).\qquad ①$$

归纳可得

$$a_n=-2\cos(n+1)\alpha.\qquad ②$$

对级数 $-\sum\limits_{n=0}^{\infty}2x^n\cos(n+1)\alpha$，因为 $|x^n\cos(n+1)\alpha|\leqslant|x|^n$，当 $|x|<1$ 时，级数绝对收敛；又当 $x=\pm1$ 时，$a_n\not\to 0$，所以级数的收敛半径 $R=1$，收敛域为 $(-1,1)$.

这就证明了：$(1-2x\cos\alpha+x^2)\sum\limits_{n=0}^{\infty}a_nx^n=-2\cos\alpha+2x$，$a_n=-2\cos(n+1)\alpha$.

所以

$$-\sum_{n=0}^{\infty}2x^n\cos(n+1)\alpha=\frac{-2\cos\alpha+2x}{1-2x\cos\alpha+x^2}=f'(x)\quad(|x|<1).$$

从而

$$f(x)=-\sum_{n=1}^{\infty}\frac{2\cos n\alpha}{n}x^n\quad(|x|<1).$$

方法 2　将 $f'(x)$ 拆分为分母为一次的部分分式之和再展开. 利用欧拉公式 $\cos\alpha=\frac{1}{2}(\mathrm{e}^{i\alpha}+\mathrm{e}^{-i\alpha})$，有

$$\begin{aligned}f'(x)&=\frac{-2\cos\alpha+2x}{1-2x\cos\alpha+x^2}=\frac{2x-(\mathrm{e}^{i\alpha}+\mathrm{e}^{-i\alpha})}{1-(\mathrm{e}^{i\alpha}+\mathrm{e}^{-i\alpha})x+x^2}=\frac{(x-\mathrm{e}^{i\alpha})+(x-\mathrm{e}^{-i\alpha})}{(x-\mathrm{e}^{i\alpha})(x-\mathrm{e}^{-i\alpha})}\\&=\frac{1}{x-\mathrm{e}^{i\alpha}}+\frac{1}{x-\mathrm{e}^{-i\alpha}}=-\mathrm{e}^{-i\alpha}\frac{1}{1-x\mathrm{e}^{-i\alpha}}-\mathrm{e}^{i\alpha}\frac{1}{1-x\mathrm{e}^{i\alpha}}\\&=-\mathrm{e}^{-i\alpha}\sum_{n=0}^{\infty}\mathrm{e}^{-in\alpha}x^n-\mathrm{e}^{i\alpha}\sum_{n=0}^{\infty}\mathrm{e}^{in\alpha}x^n\quad(|x|<1)\\&=-\sum_{n=0}^{\infty}[\mathrm{e}^{-i(n+1)\alpha}+\mathrm{e}^{i(n+1)\alpha}]x^n=-\sum_{n=0}^{\infty}2x^n\cos(n+1)\alpha.\end{aligned}$$

评注　(1) 在方法 1 中，刚开始时，并不知道 $f'(x)$ 是否可展开为幂级数，我们先从形式上设出级数，并用待定系数法求得 a_n. 只有证明了 $\sum\limits_{n=0}^{\infty}a_nx^n$ 收敛，并求得收敛区间之后，上述运算才是合理的，并证明了该幂级数就是 $f'(x)$ 的展开式.

(2) 注意幂级数 $\sum\limits_{n=0}^{\infty}a_nx^n$ 与其导函数有相同的收敛半径，但在区间端点的收敛性不一定相同. 不难证明，本题中 $f(x)$ 的展开式在 $x=\pm1$ 处也是收敛的（用狄利克雷判别法，见例 20 评注）.

(3) ①式是一个常系数二阶线性齐次差分方程，②式是满足初值的特解，该特解也可通过求解差分方程得到.

例 32　设 $f(x)=\dfrac{\sin x}{x}(x>0)$，记 $f^{(n)}(x)=(-1)^n\dfrac{n!}{x^{n+1}}[p_n(x)\cos x+q_n(x)\sin x]$，其中 $p_n(x)$ 和 $q_n(x)$ 是 x 的多项式，求 $\lim\limits_{n\to\infty}p_n(x)$ 和 $\lim\limits_{n\to\infty}q_n(x)$.

分析　求出 $f^{(n)}(x)$ 可得到 $p_n(x)$ 和 $q_n(x)$ 的表达式，问题就容易解决了.

解 $$f^{(n)}(x)=\sum_{i=0}^{n}C_n^i\left(\frac{1}{x}\right)^{(i)}(\sin x)^{(n-i)}=\sum_{i=0}^{n}C_n^i(-1)^i\frac{i!}{x^{i+1}}\sin\left[x+(n-i)\frac{\pi}{2}\right]$$
$$=\sum_{i=0}^{n}C_n^i(-1)^i\frac{i!}{x^{i+1}}\left[\cos\frac{(n-i)\pi}{2}\cdot\sin x+\sin\frac{(n-i)\pi}{2}\cdot\cos x\right]$$
$$=(-1)^n\frac{n!}{x^{n+1}}\left\{\left[\sum_{i=0}^{n}(-1)^{n-i}\frac{1}{(n-i)!}\sin\frac{(n-i)\pi}{2}\cdot x^{n-i}\right]\cos x\right.$$
$$\left.+\left[\sum_{i=0}^{n}(-1)^{n-i}\frac{1}{(n-i)!}\cos\frac{(n-i)\pi}{2}\cdot x^{n-i}\right]\sin x\right\}.$$

则
$$p_n(x)=\sum_{i=0}^{n}(-1)^{n-i}\frac{1}{(n-i)!}\sin\frac{(n-i)\pi}{2}\cdot x^{n-i}=\sum_{k=0}^{n}(-1)^k\frac{1}{k!}\sin\frac{k\pi}{2}\cdot x^k,$$
$$q_n(x)=\sum_{i=0}^{n}(-1)^{n-i}\frac{1}{(n-i)!}\cos\frac{(n-i)\pi}{2}\cdot x^{n-i}=\sum_{k=0}^{n}(-1)^k\frac{1}{k!}\cos\frac{k\pi}{2}\cdot x^k.$$

从而
$$\lim_{n\to\infty}p_n(x)=\sum_{k=0}^{\infty}(-1)^k\frac{1}{k!}\sin\frac{k\pi}{2}\cdot x^k=-\sum_{n=0}^{\infty}(-1)^n\frac{1}{(2n+1)!}\cdot x^{2n+1}=-\sin x,$$
$$\lim_{n\to\infty}q_n(x)=\sum_{k=0}^{\infty}(-1)^k\frac{1}{k!}\cos\frac{k\pi}{2}\cdot x^k=\sum_{n=0}^{\infty}(-1)^n\frac{1}{(2n)!}x^{2n}=\cos x.$$

例 33 已知$\sum_{n=1}^{\infty}\frac{1}{n^2}=\frac{\pi^2}{6}$.

（1）设$f(x)=\sum_{n=1}^{\infty}\frac{1}{n^2}x^n$，证明$f(x)+f(1-x)+\ln x\ln(1-x)=\frac{\pi^2}{6}$，$x\in(0,1)$；

（2）计算积分$I=\int_0^1\frac{1}{2-x}\ln\frac{1}{x}\mathrm{d}x$.

分析 （1）记$F(x)=f(x)+f(1-x)+\ln x\ln(1-x)$，只需验证$F'(x)=0$，$F(+0)=\frac{\pi^2}{6}$.

（2）将被积函数做幂级数展开，再逐项积分.

解 （1）记$F(x)=f(x)+f(1-x)+\ln x\ln(1-x)$，则
$$F'(x)=f'(x)-f'(1-x)-\frac{\ln x}{1-x}+\frac{\ln(1-x)}{x}$$
$$=\frac{1}{x}\sum_{n=1}^{\infty}\frac{x^n}{n}-\frac{1}{1-x}\sum_{n=1}^{\infty}\frac{(1-x)^n}{n}-\frac{\ln x}{1-x}+\frac{\ln(1-x)}{x}$$
$$=-\frac{\ln(1-x)}{x}+\frac{\ln x}{1-x}-\frac{\ln x}{1-x}+\frac{\ln(1-x)}{x}=0,$$

故
$$F(x)=f(x)+f(1-x)+\ln x\ln(1-x)\equiv C\quad(C\text{为常数}).$$

又 $f(0)=0$，$f(1)=\sum_{n=1}^{\infty}\frac{1}{n^2}=\frac{\pi^2}{6}$，$\lim_{x\to0^+}\ln x\ln(1-x)=\lim_{x\to0^+}(-x)\ln x=0$，所以

$$f(x)+f(1-x)+\ln x\ln(1-x)=\frac{\pi^2}{6}. \qquad ①$$

（2）**方法 1**　由于

$$f'(x)=\sum_{n=1}^{\infty}\frac{x^{n-1}}{n}=-\frac{1}{x}\ln(1-x)，\quad f'\left(\frac{x}{2}\right)=-\frac{2}{x}\ln\left(1-\frac{x}{2}\right)=\frac{2}{x}\ln 2-\frac{2}{x}\ln(2-x)，$$

则

$$I=\int_0^1\frac{1}{2-x}\ln\frac{1}{x}\mathrm{d}x\overset{2-x=y}{=\!=\!=}-\int_1^2\frac{1}{y}\ln(2-y)\mathrm{d}y=\int_1^2\left[\frac{1}{2}f'\left(\frac{y}{2}\right)-\frac{1}{y}\ln 2\right]\mathrm{d}y=f(1)-\ln^2 2-f\left(\frac{1}{2}\right).$$

在①式中取 $x=\dfrac{1}{2}$，得

$$f\left(\frac{1}{2}\right)+f\left(\frac{1}{2}\right)+\left(\ln\frac{1}{2}\right)^2=\frac{\pi^2}{6}，\quad f\left(\frac{1}{2}\right)=\frac{\pi^2}{12}-\frac{\ln^2 2}{2}，$$

所以

$$I=\int_0^1\frac{1}{2-x}\ln\frac{1}{x}\mathrm{d}x=\frac{\pi^2}{12}-\frac{\ln^2 2}{2}.$$

方法 2　$$I=\int_0^1\frac{1}{2-x}\ln\frac{1}{x}\mathrm{d}x\overset{2-x=y}{=\!=\!=}\int_2^1\frac{1}{y}\ln(2-y)\mathrm{d}y=-\int_1^2\frac{\ln 2}{y}\mathrm{d}y-\int_1^2\frac{\ln\left(1-\frac{y}{2}\right)}{y}\mathrm{d}y$$

$$=-\ln^2 2+\int_1^2\sum_{n=1}^{\infty}\frac{y^{n-1}}{2^n n}\mathrm{d}y=-\ln^2 2+\sum_{n=1}^{\infty}\frac{y^n}{2^n n^2}\Bigg|_1^2$$

$$=-\ln^2 2+\sum_{n=1}^{\infty}\frac{1}{n^2}-\sum_{n=1}^{\infty}\frac{(1/2)^n}{n^2}=-\ln^2 2+f(1)-f\left(\frac{1}{2}\right)=\frac{\pi^2}{12}-\frac{\ln^2 2}{2}.$$

评注　问题（2）中的两种解法没有本质上的差异，只是第 2 种方法更容易理解.

例 34*　证明：当且仅当存在常数 $c_0,c_1,\cdots,c_n$，使对于所有大于某个 N 的 k，都有

$$c_0a_k+c_1a_{k-1}+\cdots+c_na_{k-n}=0$$

时，函数 $f(x)=\sum\limits_{k=0}^{\infty}a_kx^k$ 才是有理函数.

分析　$f(x)$ 是有理函数，即

$$\sum_{k=0}^{\infty}a_kx^k=\frac{b_0+b_1x+\cdots+b_mx^m}{c_0+c_1x+\cdots+c_nx^n}\Leftrightarrow(c_0+c_1x+\cdots+c_nx^n)\sum_{k=0}^{\infty}a_kx^k=b_0+b_1x+\cdots+b_mx^m.$$

由此可得到系数 a_k 所满足的关系式，反之亦然.

证明　当 $f(x)=\sum\limits_{k=0}^{\infty}a_kx^k=\dfrac{b_0+b_1x+\ldots+b_mx^m}{c_0+c_1x+\ldots+c_nx^n}$ 是有理函数时，则有

$$(a_0+a_1x+a_2x^2+\cdots+a_kx^k+\cdots)(c_0+c_1x+\cdots+c_nx^n)=b_0+b_1x+\cdots+b_mx^m.$$

则由幂级数的乘法，比较等式两边幂级数的系数可知，当 $k>N=\max\{m,n\}$ 时，有

$$b_k=0=c_0a_k+c_1a_{k-1}+\cdots+c_na_{k-n}.$$

反之，构造多项式 $c_0+c_1x+\cdots+c_nx^n$，将它视为幂级数，其中 $c_k=0\,(k>n)$. 考虑幂级数乘法

$$g(x)=(c_0+c_1x+\cdots+c_nx^n)\left(\sum_{k=0}^{\infty}a_kx^k\right)=\sum_{k=0}^{\infty}b_kx^k.$$

当 $k>N$ 时，

$$\begin{aligned}b_k &= c_0a_k + c_1a_{k-1} + \cdots + c_na_{k-n} + c_{n+1}a_{k-n-1} + \cdots + c_ka_0 \\ &= c_0a_k + c_1a_{k-1} + \cdots + c_na_{k-n} = 0.\end{aligned}$$

因此 $g(x)$ 的次数有限，即它是一个多项式，从而 $f(x) = \dfrac{g(x)}{c_0 + c_1x + \cdots + c_nx^n}$ 是有理函数.

例 35*　证明 $\dfrac{5\pi}{2} < \displaystyle\int_0^{2\pi} e^{\sin x}\,dx < 2\pi e^{\frac{1}{4}}$.

分析　对 $e^{\sin x}$ 利用泰勒展开式或泰勒公式. 若用泰勒展开式，则需逐项积分后再估计；若用泰勒公式，则可先对 $e^{\sin x}$ 进行估计后再积分.

证明　方法 1　由泰勒展开式

$$e^{\sin x} = 1 + \sin x + \frac{1}{2!}\sin^2 x + \cdots + \frac{1}{n!}\sin^n x + \cdots,$$

知该级数在任一区间上均一致收敛($\because \left|\dfrac{1}{n!}\sin^n x\right| \leqslant \dfrac{1}{n!}$)，故可逐项积分.

注意当 n 为奇数时，$\displaystyle\int_0^{2\pi} \sin^n x\,dx = 0$，而

$$\int_0^{2\pi} \sin^{2n} x\,dx = 4\int_0^{\frac{\pi}{2}} \sin^{2n} x\,dx = \frac{4(2n-1)!!}{(2n)!!}\cdot\frac{\pi}{2} \quad (n = 1, 2, \cdots).$$

故

$$\begin{aligned}\int_0^{2\pi} e^{\sin x}\,dx &= 2\pi + \sum_{n=1}^{\infty}\frac{1}{(2n)!}\int_0^{2\pi}\sin^{2n} x\,dx \\ &= 2\pi\left[1 + \sum_{n=1}^{\infty}\frac{(2n-1)!!}{(2n)!(2n)!!}\right] = 2\pi\left[1 + \sum_{n=1}^{\infty}\frac{\frac{1}{4^n}}{(n!)^2}\right].\end{aligned}$$

从而有

$$\frac{5\pi}{2} = 2\pi\left(1 + \frac{1}{4}\right) < \int_0^{2\pi} e^{\sin x}\,dx < 2\pi\left[1 + \sum_{n=1}^{\infty}\frac{\frac{1}{4^n}}{n!}\right] = 2\pi e^{\frac{1}{4}}.$$

方法 2　（避免用一致收敛性和逐项积分.）

由泰勒公式，对任意实数 t 及自然数 n，存在 $\theta \in (0,1)$，使

$$e^t = 1 + t + \frac{t^2}{2!} + \cdots + \frac{t^n}{n!} + \frac{e^{\theta t}}{(n+1)!}t^{n+1}. \qquad ①$$

在①式中取 $n = 3$，$t = \sin x$，得 $e^{\sin x} > 1 + \sin x + \dfrac{1}{2!}\sin^2 x + \dfrac{1}{3!}\sin^3 x$，因此

$$\int_0^{2\pi} e^{\sin x}\,dx > \int_0^{2\pi}\left(1 + \sin x + \frac{1}{2!}\sin^2 x + \frac{1}{3!}\sin^3 x\right)dx = \frac{5\pi}{2}.$$

在①式中取 $n = 2m$，$t = \sin x$，得

$$e^{\sin x} \leqslant 1 + \sin x + \frac{1}{2!}\sin^2 x + \cdots + \frac{1}{(2m)!}\sin^{2m} x + \frac{e}{(2m+1)!}.$$

两边积分，并注意 $\displaystyle\int_0^{2\pi} \sin^k x\,dx = 0$（$k$ 为奇数），得

$$\int_0^{2\pi} e^{\sin x}\,dx \leqslant 2\pi + \sum_{k=1}^{m}\frac{1}{(2k)!}\int_0^{2\pi}\sin^{2k} x\,dx + \frac{e}{(2m+1)!}\cdot 2\pi$$

$$=2\pi+\sum_{k=1}^{m}\frac{(2k-1)!!}{(2k)!(2k)!!}\cdot 2\pi+\frac{e}{(2m+1)!}\cdot 2\pi.$$

令 $m\to+\infty$，得

$$\int_0^{2\pi}e^{\sin x}\,dx\leqslant 2\pi\left[1+\sum_{k=1}^{\infty}\frac{(2k-1)!!}{(2k)!(2k)!!}\right]<2\pi e^{\frac{1}{4}}.$$

故证得

$$\frac{5\pi}{2}<\int_0^{2\pi}e^{\sin x}\,dx<2\pi e^{\frac{1}{4}}.$$

评注　对于一些积分不等式的证明，当被积函数的放大或缩小有困难时，常常是将被积函数做幂级数展开后再放大或缩小（见习题 3.2 第 50(3) 题，6.1 节例 12）.

例 36*　设 $A_n(x,y)=\sum\limits_{k=0}^{n}x^{n-k}y^k$，其中 $0<x,\ y<1$，证明 $\dfrac{2}{2-x-y}\leqslant\sum\limits_{n=0}^{\infty}\dfrac{A_n(x,y)}{n+1}\leqslant\dfrac{1}{2}\left(\dfrac{1}{1-x}+\dfrac{1}{1-y}\right)$.

分析　有两种解决问题的方法：一是求出级数 $\sum\limits_{n=0}^{\infty}\dfrac{A_n(x,y)}{n+1}$ 的和函数，再证明函数不等式；二是将不等式两边的函数展开为幂级数，再比较幂级数的大小.

证明　方法 1　当 $x=y$ 时，$\sum\limits_{n=0}^{\infty}\dfrac{A_n(x,x)}{n+1}=\sum\limits_{n=0}^{\infty}x^n=\dfrac{1}{1-x}$，等式成立.

当 $x\neq y$ 时，注意到 $A_n(x,y)=A_n(y,x)$，故可设 $0<x<y<1$. 因为

$$\sum_{n=0}^{\infty}\frac{A_n(x,y)}{n+1}=\sum_{n=0}^{\infty}\frac{x^n}{n+1}\sum_{k=0}^{n}\left(\frac{y}{x}\right)^k=\sum_{n=0}^{\infty}\frac{x^n}{n+1}\frac{1-(y/x)^{n+1}}{1-(y/x)}$$

$$=\frac{1}{y-x}\sum_{n=1}^{\infty}\frac{y^n-x^n}{n}=\frac{1}{y-x}\ln\frac{1-x}{1-y},$$

所以不等式化为

$$\frac{2}{2-x-y}\leqslant\frac{1}{y-x}\ln\frac{1-x}{1-y}\leqslant\frac{1}{2}\left(\frac{1}{1-x}+\frac{1}{1-y}\right). \qquad ①$$

对于 $0\leqslant t<1$，有

$$\frac{1}{2}\ln\frac{1+t}{1-t}=\sum_{n=0}^{\infty}\frac{t^{2n+1}}{2n+1},\quad \frac{1}{2}\left(\frac{1}{1-t}+\frac{1}{1+t}\right)=\frac{1}{1-t^2}=\sum_{n=0}^{\infty}t^{2n}.$$

所以

$$t\leqslant\frac{1}{2}\ln\frac{1+t}{1-t}\leqslant\frac{t}{2}\left(\frac{1}{1-t}+\frac{1}{1+t}\right).$$

取 $t=\dfrac{y-x}{2-x-y}$，则 $0<t<1$，代入上式即得所证不等式①.

方法 2　因为 $\dfrac{2}{2-x-y}=\sum\limits_{n=0}^{\infty}\left(\dfrac{x+y}{2}\right)^n$，$\dfrac{1}{1-x}=\sum\limits_{n=0}^{\infty}x^n$，所以问题转化为

$$\sum_{n=0}^{\infty}\left(\frac{x+y}{2}\right)^n\leqslant\sum_{n=0}^{\infty}\frac{A_n(x,y)}{n+1}\leqslant\frac{1}{2}\sum_{n=0}^{\infty}(x^n+y^n).$$

这只需证明：对任意 $n\geqslant 0$，都有

$$\left(\frac{x+y}{2}\right)^n\leqslant\frac{A_n(x,y)}{n+1}\leqslant\frac{1}{2}(x^n+y^n)\quad(0<x,y<1). \qquad ②$$

用数学归纳法. 当 $n=0,1$ 时，②式显然成立. 假设当 $n=m$ 时，②式成立；当 $n=m+1$ 时，

$$A_{m+1}(x,y)=\sum_{k=0}^{m+1}x^{m+1-k}y^k=x^{m+1}+yA_m(x,y),$$

$$A_{m+1}(x,y)=\sum_{k=0}^{m+1}x^{m+1-k}y^k=y^{m+1}+xA_m(x,y).$$

两式相加除以2，得

$$A_{m+1}(x,y)=\frac{1}{2}(x^{m+1}+y^{m+1})+\frac{1}{2}(x+y)A_m(x,y). \quad ③$$

利用归纳假设，有

$$\begin{aligned}A_{m+1}(x,y)&\leqslant\frac{1}{2}(x^{m+1}+y^{m+1})+\frac{1}{2}(x+y)\frac{m+1}{2}(x^m+y^m)\\&\leqslant\frac{1}{2}(x^{m+1}+y^{m+1})+\frac{m+1}{2}(x^{m+1}+y^{m+1})=\frac{m+2}{2}(x^{m+1}+y^{m+1}).\end{aligned} \quad ④$$

即

$$\frac{A_{m+1}(x,y)}{m+2}\leqslant\frac{1}{2}(x^{m+1}+y^{m+1}).$$

另一方面，利用③式及归纳假设②式，有

$$A_{m+1}(x,y)\geqslant\left(\frac{x+y}{2}\right)^{m+1}+\frac{m+1}{2}(x+y)\left(\frac{x+y}{2}\right)^m=(m+2)\left(\frac{x+y}{2}\right)^{m+1}.$$

因此，所证不等式对任意 $n\geqslant 0$ 及 $0<x$，$y<1$ 都成立.

评注 在不等式④的证明中用到了不等式 $\frac{1}{2}(x+y)(x^m+y^m)\leqslant x^{m+1}+y^{m+1}$，它等价于

$$yx^m+xy^m\leqslant x^{m+1}+y^{m+1}，\text{即}\ (x-y)(x^m-y^m)\geqslant 0.$$

这是显然的.

例37* 设 $f(x)=\sum_{n=0}^{\infty}a_nx^n\ (a_0=1)$，$\frac{f'(x)}{f(x)}$ 展开成 x 的幂级数的所有系数的绝对值均不大于2. 证明 $|a_n|\leqslant n+1$.

分析 首先要建立 $f(x)$ 或 $f'(x)$ 与 $\frac{f'(x)}{f(x)}$ 的联系，才能找到其展开式系数之间的关系. 有了这种关系才能由已知条件来完成结论证明. 函数之间的关系是显然的：$f'(x)=f(x)\frac{f'(x)}{f(x)}$.

证明 记 $\frac{f'(x)}{f(x)}=\sum_{n=0}^{\infty}b_nx^n$，$|b_n|\leqslant 2$. 由于 $f'(x)=f(x)\frac{f'(x)}{f(x)}$，即

$$\sum_{n=1}^{\infty}na_nx^{n-1}=\sum_{n=0}^{\infty}a_nx^n\cdot\sum_{n=0}^{\infty}b_nx^n=\sum_{n=0}^{\infty}(a_0b_n+a_1b_{n-1}+\cdots+a_nb_0)x^n,$$

则有

$$na_n=a_0b_n+a_1b_{n-1}+\cdots+a_nb_0\quad(n=1,2,\cdots).$$

假定 $|a_n|\leqslant n+1$ 不是对所有 n 成立，而 k 是使得 $|a_k|>k+1$ 的最小自然数，由于

$$ka_k=a_0b_{k-1}+a_1b_{k-2}+\cdots+a_{k-1}b_0,$$

而 $|b_n|\leqslant 2$，$a_0=1$，则

$$|ka_k|\leqslant 2\big(1+|a_1|+\cdots+|a_{k-1}|\big)\leqslant 2\big(1+2+\cdots+k\big)=k(k+1).$$

由此得到$|a_k|\leqslant k+1$．这与$|a_k|>k+1$矛盾．所以对一切自然n都有$|a_n|\leqslant n+1$．

3．傅里叶级数

狄利克雷收敛定理是傅里叶级数部分的基本定理，它揭示了怎样的函数能展开为傅里叶级数，以及傅里叶级数的收敛情况．学习这部分内容，应掌握任意周期（特别是以2π为周期）函数的傅里叶展开，以及定义在有限区间上函数的傅里叶展开与正、余弦级数展开．

函数$f(x)$的傅里叶级数逐项可积的条件是：$f(x)$在一个周期区间上分段连续；逐项可微的条件是：在一个周期区间上$f(x)$连续，端点值相等，$f'(x)$分段连续．

例 38　设$f(x)=\begin{cases}x, & 0\leqslant x\leqslant \dfrac{1}{2}\\ 2-2x, & \dfrac{1}{2}<x\leqslant 1\end{cases}$，且$f(x)$是以 2 为周期的偶函数．$S(x)=\dfrac{a_0}{2}+\sum\limits_{n=1}^{\infty}a_n\cos n\pi x$是$f(x)$的傅里叶级数，分别求$S(x)$在区间$[0,1]$，$[-1,0]$，$[-3,-5/2]$上的表达式．

分析　只需根据狄利克雷收敛定理写出和函数$S(x)$的表达式．

解　$f(x)$在$[-1,1]$上分段单调，除$x=\pm\dfrac{1}{2}$外均连续，且$f(-1)=f(1)$．由狄利克雷收敛定理，当$x\in[-1,1]$且$x\neq\pm\dfrac{1}{2}$时，$S(x)=f(x)$，且$S(x)$是偶函数．

$$S\left(-\frac{1}{2}\right)=S\left(\frac{1}{2}\right)=\frac{1}{2}\left[f\left(\frac{1}{2}-0\right)+f\left(\frac{1}{2}+0\right)\right]=\frac{1}{2}\left(\frac{1}{2}+1\right)=\frac{3}{4}.$$

（1）当$x\in[0,1]$时，$S(x)=\begin{cases}f(x), & x\in(0,1),\ x\neq\dfrac{1}{2}\\ \dfrac{3}{4}, & x=\dfrac{1}{2}\end{cases}=\begin{cases}x, & 0\leqslant x<\dfrac{1}{2}\\ \dfrac{3}{4}, & x=\dfrac{1}{2}\\ 2-2x, & \dfrac{1}{2}<x\leqslant 1\end{cases}$．

（2）当$x\in[-1,0]$时，$-x\in[0,1]$，

$$S(x)=S(-x)=\begin{cases}-x, & 0\leqslant -x<\dfrac{1}{2}\\ \dfrac{3}{4}, & -x=\dfrac{1}{2}\\ 2-2(-x), & \dfrac{1}{2}<-x\leqslant 1\end{cases}=\begin{cases}2+2x, & -1\leqslant x<-\dfrac{1}{2}\\ \dfrac{3}{4}, & x=-\dfrac{1}{2}\\ -x, & -\dfrac{1}{2}<x\leqslant 0\end{cases}.$$

（3）当$x\in[-3,-5/2]$时，$x+2\in[-1,-1/2]$，

$$S(x)=S(x+2)=2+2(x+2)=6+2x\quad\left(x\neq-\frac{5}{2}\right).$$

$$S\left(-\frac{5}{2}\right)=S\left(-\frac{1}{2}\right)=\frac{3}{4}.$$

评注　求和函数在不同区间的表达式时，要充分利用函数的奇偶性与周期性．

例 39　将$f(x)=\begin{cases}x, & 0\leqslant x\leqslant 2\\ 4-x, & 2<x\leqslant 4\end{cases}$分别在以下情况展开为以 8 为周期的傅里叶级数．

（1）$f(x)$做奇延拓；　（2）$f(x)$做偶延拓；　（3）$f(x)$做零延拓．

解　$f(x)$经题设条件下的 3 种延拓后均为连续函数，其傅里叶级数均处处收敛于$f(x)$．

（1）做奇延拓：

$$a_n = 0 \quad (n = 0,1,2,\cdots),$$

$$b_n = \frac{2}{4}\int_0^4 f(x)\sin\frac{n\pi x}{4}\mathrm{d}x = \frac{1}{2}\left[\int_0^2 x\sin\frac{n\pi x}{4}\mathrm{d}x + \int_2^4 (4-x)\sin\frac{n\pi x}{4}\mathrm{d}x\right],$$

其中

$$\int_2^4 (4-x)\sin\frac{n\pi x}{4}\mathrm{d}x \xlongequal{4-x=t} \int_0^2 t\sin\frac{n\pi(4-t)}{4}\mathrm{d}t = (-1)^{n-1}\int_0^2 t\sin\frac{n\pi t}{4}\mathrm{d}t,$$

所以

$$b_{2n} = 0 \quad (n = 1,2,\cdots).$$

$$b_{2n-1} = \int_0^2 t\sin\frac{(2n-1)\pi t}{4}\mathrm{d}t = \frac{-4}{(2n-1)\pi}\int_0^2 t\,\mathrm{d}\cos\frac{(2n-1)\pi t}{4}$$

$$= \frac{4}{(2n-1)\pi}\int_0^2 \cos\frac{(2n-1)\pi t}{4}\mathrm{d}t = (-1)^{n-1}\left(\frac{4}{(2n-1)\pi}\right)^2 \quad (n = 1,2,\cdots).$$

因此

$$f(x) = \sum_{k=1}^{n}(-1)^{n-1}\left(\frac{4}{(2n-1)\pi}\right)^2 \sin\frac{(2n-1)\pi x}{4} \quad (0 \leqslant x \leqslant 4).$$

（2）做偶延拓：

$$b_n = 0 \quad (n = 1,2,\cdots),$$

$$a_0 = \frac{2}{4}\int_0^4 f(x)\mathrm{d}x = \frac{1}{2}\left[\int_0^2 x\mathrm{d}x + \int_2^4 (4-x)\mathrm{d}x\right] = 2,$$

$$a_n = \frac{2}{4}\int_0^4 f(x)\cos\frac{n\pi x}{4}\mathrm{d}x = \frac{1}{2}\left[\int_0^2 x\cos\frac{n\pi x}{4}\mathrm{d}x + \int_2^4 (4-x)\cos\frac{n\pi x}{4}\mathrm{d}x\right],$$

$$\Rightarrow a_{2n-1} = 0,\quad a_{2n} = \left[(-1)^n - 1\right]\left(\frac{2}{n\pi}\right)^2 \quad (n = 1,2,\cdots).$$

$$f(x) = 1 - 2\sum_{k=1}^{n}\left(\frac{2}{(2n-1)\pi}\right)^2 \cos\frac{(2n-1)\pi x}{2} \quad (0 \leqslant x \leqslant 4).$$

（3）做零延拓：

$$f(x) = \begin{cases} 0, & -4 \leqslant x \leqslant 0, \\ x, & 0 < x \leqslant 2, \\ 4-x, & 2 < x \leqslant 4. \end{cases}$$

可按（1）和（2）中的方法直接展开，也可利用（1）和（2）的结果由如下方法写出展开式：记做奇延拓后的函数为 $f_1(x)$，做偶延拓后的函数为 $f_2(x)$，则做零延拓后的函数为

$$f(x) = \frac{1}{2}\left[f_1(x) + f_2(x)\right]$$

$$= \frac{1}{2} - 4\sum_{k=1}^{n}\left(\frac{1}{(2n-1)\pi}\right)^2\left(\cos\frac{(2n-1)\pi x}{2} + (-1)^n 2\sin\frac{(2n-1)\pi x}{4}\right) \quad (0 \leqslant x \leqslant 4).$$

例 40 证明当 $0 \leqslant x \leqslant \pi$ 时， $\sum_{n=1}^{\infty}\frac{\cos nx}{n^2} = \frac{x^2}{4} - \frac{\pi x}{2} + \frac{\pi^2}{6}$. 并求 $\sum_{n=1}^{\infty}\frac{1}{n^2}$ 与 $\sum_{n=1}^{\infty}\frac{1}{n^4}$ 的值.

分析 由函数展开式的唯一性可知，只需将函数 $f(x) = \frac{x^2}{4} - \frac{\pi x}{2}$ ($0 \leqslant x \leqslant \pi$)做偶延拓，展开为余弦函数.

证明 设 $f(x) = \frac{x^2}{4} - \frac{\pi x}{2}$ ($0 \leqslant x \leqslant \pi$)，将 $f(x)$ 做偶延拓. 由于延拓后的函数处处连续，所以在区

间$[0,\pi]$上，其傅里叶级数处处收敛于$f(x)$.

由于　$b_n=0\quad(n=1,2,\cdots)$,

$$a_0=\frac{2}{\pi}\int_0^{\pi}\left(\frac{x^2}{4}-\frac{\pi x}{2}\right)\mathrm{d}x=-\frac{\pi^2}{3},$$

$$a_n=\frac{2}{\pi}\int_0^{\pi}\left(\frac{x^2}{4}-\frac{\pi x}{2}\right)\cos nx\,\mathrm{d}x=\frac{2}{n\pi}\left[\left(\frac{x^2}{4}-\frac{\pi x}{2}\right)\sin nx\Big|_0^{\pi}-\int_0^{\pi}\left(\frac{x}{2}-\frac{\pi}{2}\right)\sin nx\,\mathrm{d}x\right]$$

$$=\frac{2}{n^2\pi}\int_0^{\pi}\left(\frac{x}{2}-\frac{\pi}{2}\right)\mathrm{d}\cos nx=\frac{1}{n^2}\quad(n=1,2,\cdots),$$

所以

$$\frac{x^2}{4}-\frac{\pi x}{2}=-\frac{\pi^2}{6}+\sum_{n=1}^{\infty}\frac{\cos nx}{n^2}\quad(0\leqslant x\leqslant\pi),$$

即有

$$\sum_{n=1}^{\infty}\frac{\cos nx}{n^2}=\frac{x^2}{4}-\frac{\pi x}{2}+\frac{\pi^2}{6}\quad(0\leqslant x\leqslant\pi).\qquad①$$

取$x=0$，得$\sum\limits_{n=1}^{\infty}\frac{1}{n^2}=\frac{\pi^2}{6}$.

①式两边在区间$[0,x]$上积分得

$$\sum_{n=1}^{\infty}\frac{\sin nx}{n^3}=\frac{x^3}{12}-\frac{\pi x^2}{4}+\frac{\pi^2}{6}x,$$

再一次积分得

$$-\sum_{n=1}^{\infty}\frac{\cos nx}{n^4}+\sum_{n=1}^{\infty}\frac{1}{n^4}=\frac{x^4}{48}-\frac{\pi x^3}{12}+\frac{\pi^2}{12}x^2.$$

取$x=\pi$，得

$$-\sum_{n=1}^{\infty}\frac{(-1)^n}{n^4}+\sum_{n=1}^{\infty}\frac{1}{n^4}=\frac{\pi^4}{48}-\frac{\pi^4}{12}+\frac{\pi^4}{12}\Rightarrow\sum_{n=1}^{\infty}\frac{1}{(2n-1)^4}=\frac{\pi^4}{96},$$

所以

$$\sum_{n=1}^{\infty}\frac{1}{n^4}=\sum_{n=1}^{\infty}\frac{1}{(2n)^4}+\sum_{n=1}^{\infty}\frac{1}{(2n-1)^4}=\frac{1}{16}\sum_{n=1}^{\infty}\frac{1}{n^4}+\frac{\pi^4}{96},$$

解得$\sum\limits_{n=1}^{\infty}\frac{1}{n^4}=\frac{\pi^4}{90}$.

评注　该题在形式上是证明题，但改变问题的描述方式，将证明化为计算，问题就容易解决了. 类似的情形见 8.3 节例 20，综合题 8*第 38 题.

例 41　设$f(x)$在$[-\pi,\pi]$上可积，$f(x)$的傅里叶级数为$\frac{a_0}{2}+\sum\limits_{n=1}^{\infty}a_n\cos nx+b_n\sin nx$，证明：

（1）若$f(x)$在$[-\pi,\pi]$上有连续导数，则$\lim\limits_{n\to\infty}a_n=\lim\limits_{n\to\infty}b_n=0$；

（2）若$f(x)$在$[-\pi,\pi]$上有二阶连续导数，则$\sum\limits_{n=1}^{\infty}a_n$绝对收敛.

分析 由于$a_n=\frac{1}{\pi}\int_{-\pi}^{\pi}f(x)\cos nx\,\mathrm{d}x$，$b_n=\frac{1}{\pi}\int_{-\pi}^{\pi}f(x)\sin nx\,\mathrm{d}x$，要建立$f'(x)$与$a_n$与$b_n$的联系，只需做分部积分.

解 （1）做分部积分，有

$$a_n=\frac{1}{n\pi}\int_{-\pi}^{\pi}f(x)\,\mathrm{d}\sin nx=-\frac{1}{n\pi}\int_{-\pi}^{\pi}f'(x)\sin nx\,\mathrm{d}x.$$

因为$|\sin nx|\leqslant 1$，又$f'(x)$在$[-\pi,\pi]$上连续，则必有界，从而存在$M_1>0$，使对$\forall n>0$，有

$$|a_n|\leqslant\frac{M_1}{n\pi}\int_{-\pi}^{\pi}\mathrm{d}x=\frac{2M_1}{n}\Rightarrow\lim_{n\to\infty}a_n=0.$$

同理可证$\lim\limits_{n\to\infty}b_n=0$.

（2）再做一次分部积分，有

$$a_n=\frac{1}{n^2\pi}\int_{-\pi}^{\pi}f'(x)\,\mathrm{d}\cos nx=\frac{(-1)^n}{n^2\pi}[f'(\pi)-f'(-\pi)]-\frac{1}{n^2\pi}\int_{-\pi}^{\pi}f''(x)\cos nx\,\mathrm{d}x.$$

因为$f''(x)\in C[-\pi,\pi]$，知$f'(x)$和$f''(x)$在$[-\pi,\pi]$上均有界，从而存在$M_2>0$，使对$\forall n>0$，有$|a_n|\leqslant\frac{M_2}{n^2}$. 所以$\sum\limits_{n=1}^{\infty}|a_n|$收敛. 即$\sum\limits_{n=1}^{\infty}a_n$绝对收敛.

评注 需要指出的是该题（1）的条件是比较强的，其目的是便于结论的证明. 事实上只要$f(x)$在$[-\pi,\pi]$上可积或绝对可积，其结论就成立. 读者可参见陈纪修等编写的《数学分析（下册）》.

例42[*] 设$f(x)$在$(-\infty,\infty)$上连续，且$f(x)=f(x+2)=f(x+\sqrt{3})$，证明$f(x)$为常数.

分析 由题设知$f(x)$是周期函数，若用傅里叶级数来表示，只需证明系数$a_n=b_n=0\ (n=1,2,\cdots)$.

证明 由$f(x)=f(x+2)$知$f(x)$以2为周期，则$f(x)$的傅里叶系数为

$$a_n=\int_{-1}^{1}f(x)\cos n\pi x\,\mathrm{d}x,\quad b_n=\int_{-1}^{1}f(x)\sin n\pi x\,\mathrm{d}x.$$

又$f(x)=f(x+\sqrt{3})$，有

$$\begin{aligned}a_n&=\int_{-1}^{1}f(x+\sqrt{3})\cos n\pi x\mathrm{d}x=\int_{-1+\sqrt{3}}^{1+\sqrt{3}}f(t)\cos n\pi(t-\sqrt{3})\mathrm{d}t\\&=\int_{-1+\sqrt{3}}^{1+\sqrt{3}}f(t)(\cos n\pi t\cos\sqrt{3}n\pi+\sin n\pi t\sin\sqrt{3}n\pi)\mathrm{d}t\\&=\cos\sqrt{3}n\pi\int_{-1+\sqrt{3}}^{1+\sqrt{3}}f(t)\cos n\pi t\mathrm{d}t+\sin\sqrt{3}n\pi\int_{-1+\sqrt{3}}^{1+\sqrt{3}}f(t)\sin n\pi t\mathrm{d}t\\&=\cos\sqrt{3}n\pi\int_{-1}^{1}f(t)\cos n\pi t\mathrm{d}t+\sin\sqrt{3}n\pi\int_{-1}^{1}f(t)\sin n\pi t\mathrm{d}t,\end{aligned}$$

即有

$$a_n=a_n\cos\sqrt{3}n\pi+b_n\sin\sqrt{3}n\pi. \qquad ①$$

同理可得

$$b_n=b_n\cos\sqrt{3}n\pi-a_n\sin\sqrt{3}n\pi. \qquad ②$$

①，②式联立解得$a_n=b_n=0\ (n=1,2,\cdots)$. 因为$f(x)$连续，其傅里叶级数处处收敛于$f(x)$，所以

$$f(x)=\frac{a_0}{2}+\sum_{n=1}^{\infty}a_n\cos n\pi x+b_n\sin n\pi x=\frac{a_0}{2}.$$

评注 该题表明，若连续函数有两个不可公度的周期（两个周期的比为无理数），则该函数一定是常数.

例 43*　求 $I_n=\int_0^{\pi}\dfrac{\sin x\sin nx}{1-2a\cos x+a^2}\mathrm{d}x\ (|a|<1)$.

分析　直接计算积分很困难，如果将函数 $f(x)=\dfrac{\sin x}{1-2a\cos x+a^2}$ 展开为正弦级数，由欧拉和傅里叶公式知 $b_n=\dfrac{2}{\pi}I_n$.

解　令 $f(x)=\dfrac{\sin x}{1-2a\cos x+a^2}$，将 $f(x)$ 展开为正弦级数 $f(x)=\sum\limits_{n=1}^{\infty}b_n\sin nx$，则 $b_n=\dfrac{2}{\pi}I_n$.

由欧拉公式

$$f(x)=\frac{1}{2i}\cdot\frac{\mathrm{e}^{ix}-\mathrm{e}^{-ix}}{1-a(\mathrm{e}^{ix}+\mathrm{e}^{-ix})+a^2}=\frac{1}{2i}\left(\frac{\mathrm{e}^{ix}}{1-a\mathrm{e}^{ix}}-\frac{\mathrm{e}^{-ix}}{1-a\mathrm{e}^{-ix}}\right)$$

$$=\frac{1}{2i}\sum_{n=0}^{\infty}a^n\left[\mathrm{e}^{i(n+1)x}-\mathrm{e}^{-i(n+1)x}\right]=\sum_{n=1}^{\infty}a^{n-1}\sin nx.$$

所以 $b_n=a^{n-1}$，$I_n=\dfrac{\pi}{2}b_n=\dfrac{\pi}{2}a^{n-1}$.

评注　对形如 $\int_0^{\pi}f(x)\sin nx\,\mathrm{d}x$ 或 $\int_0^{\pi}f(x)\cos nx\,\mathrm{d}x$ 的积分，若 $f(x)$ 可间接展开为傅里叶级数（通常利用欧拉公式），则积分就可通过展开式的系数而求得.

例 44*　设 $f(x)$ 在 $[0,2\pi]$ 上连续且分段光滑，且有 $\int_0^{2\pi}f(x)\mathrm{d}x=0$，证明维尔丁格（Wirtinger）不等式 $\int_0^{2\pi}[f(x)]^2\mathrm{d}x\leqslant\int_0^{2\pi}[f'(x)]^2\mathrm{d}x$，当且仅当 $f(x)=a\cos x+b\sin x$ 时等式成立.

分析　这里涉及平方积分的大小，而傅里叶级数中的巴塞瓦（Parseval）恒等式就是建立了函数的平方积分与级数的关系，因此积分的大小关系就转化为对应级数和的大小关系.

证明　考虑 $f(x)$ 在区间 $[0,2\pi]$ 上的傅里叶级数

$$f(x)=\frac{a_0}{2}+\sum_{n=1}^{\infty}(a_n\cos nx+b_n\sin nx),$$

由于 $\int_0^{2\pi}f(x)\mathrm{d}x=0$，则有 $a_0=0$. 对上式求导得

$$f'(x)=\sum_{n=1}^{\infty}(-na_n\sin nx+nb_n\cos nx).$$

由 Parseval 恒等式可得

$$\int_0^{2\pi}[f(x)]^2\mathrm{d}x=\pi\sum_{n=1}^{\infty}(a_n^2+b_n^2),\quad\int_0^{2\pi}[f'(x)]^2\mathrm{d}x=\pi\sum_{n=1}^{\infty}(n^2a_n^2+n^2b_n^2).$$

所以

$$\int_0^{2\pi}[f(x)]^2\mathrm{d}x\leqslant\int_0^{2\pi}[f'(x)]^2\mathrm{d}x.$$

当且仅当 $a_n=b_n=0\ (n>1)$，即 $f(x)=a\cos x+b\sin x$ 时等式成立.

评注　(1) 傅里叶级数的逐项可积、逐项可微性:

定理 若 $f(x)$ 在区间 $[-\pi,\pi]$ 上分段连续，则 $f(x)$ 的傅里叶级数在该区间上可以数逐项积分；若 $f(x)$ 在区间 $[-\pi,\pi]$ 上连续且分段光滑，且 $f(-\pi)=f(\pi)$，则 $f'(x)$ 的傅里叶级数可以由 $f(x)$ 的傅里叶级数逐项求导而得到.

（2）Parseval 恒等式：

设 $f(x)$ 是 $[0,2\pi]$ 上的分段连续函数，且 $f(x)\sim\dfrac{a_0}{2}+\sum\limits_{n=1}^{\infty}(a_n\cos nx+b_n\sin nx)$，则有

$$\frac{1}{\pi}\int_0^{2\pi}[f(x)]^2\,\mathrm{d}x=\frac{a_0^2}{2}+\sum_{n=1}^{\infty}(a_n^2+b_n^2).$$

习题 8.3

习题 8.3 答案

1. 求下列级数的收敛域.

（1）$\sum\limits_{n=0}^{\infty}\dfrac{(n+x)^n}{n^{n+x}}$；（2）$\sum\limits_{n=1}^{\infty}\dfrac{2^n\sin^n x}{n^2}$；

（3）$\sum\limits_{n=1}^{\infty}\dfrac{1^n+2^n+\cdots+50^n}{n^2}\left(\dfrac{1-x}{1+x}\right)^n$；（4）$\sum\limits_{n=1}^{\infty}\ln\dfrac{[1+(n-1)x](1+2nx)}{(1+nx)[1+2(n-1)x]}$.

2. 求下列幂级数的收敛半径与收敛域.

（1）$\sum\limits_{n=1}^{\infty}\left[1-n\ln\left(1+\dfrac{1}{n}\right)\right]x^n$；（2）$\sum\limits_{n=1}^{\infty}\dfrac{3^n+(-2)^n}{n}(x-1)^n$；

（3）$\sum\limits_{n=1}^{\infty}\left[\dfrac{1}{\ln(n!)}+(-1)^n+\sin n\right]x^n$；（4）$\sum\limits_{n=1}^{\infty}\dfrac{x^n}{b_n}$，其中 $b_n=\ln\left(1+\dfrac{1}{2}+\dfrac{1}{3}+\cdots+\dfrac{1}{n}\right)$.

3. 设 $p\in\mathbb{R}$，讨论幂级数 $\sum\limits_{n=2}^{\infty}\dfrac{x^n}{n^p\ln(n^2+n)}$ 的收敛域.

4. 求下列级数的收敛域与和函数.

（1）$\sum\limits_{n=0}^{\infty}\dfrac{(-1)^n n^3}{(n+1)!}x^n$；（2）$\sum\limits_{n=1}^{\infty}\dfrac{(-1)^{n-1}x^{2n+1}}{n(2n-1)}$；

（3）$\sum\limits_{n=1}^{\infty}\dfrac{(-1)^n nx^{2n}}{(2n+1)!}$；（4*）$\sum\limits_{n=1}^{\infty}\left(1+\dfrac{1}{2}+\cdots+\dfrac{1}{n}\right)x^n$.

5*. 求级数 $\sum\limits_{n=1}^{\infty}\dfrac{x^{2n}}{16n^2-1}$ 的和函数，并计算 $\sum\limits_{n=1}^{\infty}\dfrac{1}{16n^2-1}$ 的值.

6. 设函数 $F(x)$ 是 $f(x)$ 的一个原函数，且 $F(0)=1$，$F(x)f(x)=\cos 2x$，$a_n=\int_0^{n\pi}|f(x)|\,\mathrm{d}x$，$n=1,2,\cdots$，求幂级数 $\sum\limits_{n=2}^{\infty}\dfrac{a_n}{n^2-1}x^n$ 的收敛域与和函数.

7. 求下列级数的和.

（1）$\sum\limits_{n=0}^{\infty}\dfrac{(-1)^n(n^2-n+1)}{2^n}$；（2）$\sum\limits_{n=1}^{\infty}\dfrac{(n+2)2^n}{n!+(n+1)!+(n+2)!}$；

（3）$\sum\limits_{n=0}^{\infty}I_n$，其中 $I_n=\int_0^{\frac{\pi}{4}}\sin^n x\cos x\mathrm{d}x\ (n=0,1,2,\cdots)$；（4）$\sum\limits_{n=k}^{\infty}C_n^k q^{n-k}\ (0<q<1)$.

8*. 求$\dfrac{1+\dfrac{\pi^4}{2^4\cdot 4!}+\dfrac{\pi^8}{2^8\cdot 8!}+\dfrac{\pi^{12}}{2^{12}\cdot 12!}+\cdots}{\dfrac{1}{2!}+\dfrac{\pi^4}{2^4\cdot 6!}+\dfrac{\pi^8}{2^8\cdot 10!}+\dfrac{\pi^{12}}{2^{12}\cdot 14!}}$的值.

9. 设$a_0=1$，$a_1=-2$，$a_2=\dfrac{7}{2}$，$a_{n+1}=-\left(1+\dfrac{1}{n+1}\right)a_n(n=2,3,\cdots)$，求极限$\lim\limits_{x\to -1^+}(1+x)^2\sum\limits_{n=0}^{\infty}a_nx^n$.

10. 已知$a_1=1$，$a_2=1$，$a_{n+1}=a_n+a_{n-1}(n=2,3,\cdots)$，试求级数$\sum\limits_{n=1}^{\infty}a_nx^n$的收敛半径与和函数.

11. 给定 3 个幂级数$u=1+\dfrac{x^3}{3!}+\dfrac{x^6}{6!}+\cdots$，$v=x+\dfrac{x^4}{4!}+\dfrac{x^7}{7!}+\cdots$，$w=\dfrac{x^2}{2!}+\dfrac{x^5}{5!}+\dfrac{x^8}{8!}+\cdots$. 证明$u^3+v^3+w^3-3uvw=1$.

12*. 设$f_0(x)=\mathrm{e}^x$，对于$k=0,1,2,\cdots$，定义$f_{k+1}(x)=xf_k'(x)$. 证明$\sum\limits_{k=0}^{\infty}\dfrac{f_k(x)}{k!}=\mathrm{e}^{\mathrm{e}x}$.

13*. 设$S(x)=\sum\limits_{n=1}^{\infty}\dfrac{1\cdot 4\cdot\cdots\cdot(3n-2)}{3\cdot 6\cdot\cdots\cdot(3n)}\left(\dfrac{x}{2}\right)^n(-2\leqslant x<2)$，$F(x)=\left(1-\dfrac{x}{2}\right)S'(x)$.

（1）求$F(x)$与$S(x)$的关系式；（2）求和函数$S(x)$.

14*. 求积分$I=\int_0^{+\infty}\dfrac{u}{1+\mathrm{e}^u}\mathrm{d}u$的值.

15. 试证幂级数$\sum\limits_{n=0}^{\infty}a_nx^n$逐项求导后所得的级数与原级数有相同的收敛半径.

16*. 幂级数$\sum\limits_{n=0}^{\infty}a_nx^n$的系数从某项起具有周期性，证明此级数的和函数是有理函数.

17. 将$f(x)=\dfrac{1}{x^2}$展开成$(x-3)$的幂级数.

18. 将函数$f(x)=\dfrac{1}{4}\ln\dfrac{1+x}{1-x}+\dfrac{1}{2}\arctan x-x$展开成$x$的幂级数.

19. 将函数$f(x)=\arctan\dfrac{1-2x}{1+2x}$展开成$x$的幂级数，并求级数$\sum\limits_{n=0}^{\infty}\dfrac{(-1)^n}{2n+1}$的和.

20*. 将函数$\mathrm{e}^x\sin x$展开为x的幂级数.

21*. 设函数$f(x)=\begin{cases}\dfrac{x^2+1}{x}\arctan x, & x\neq 0\\ 1, & x=0\end{cases}$，求：

（1）$f(x)$的麦克劳林展开式$\sum\limits_{n=0}^{\infty}a_nx^n(-1<x<1)$；

（2）幂级数$\sum\limits_{n=0}^{\infty}|a_{2n}|x^{2n}$的和函数$S(x)\ (-1<x<1)$.

22*. 证明$\sum\limits_{n=1}^{\infty}\dfrac{1}{n}\left(\dfrac{2x^2}{1+x^2}\right)^n=2\sum\limits_{n=1}^{\infty}\dfrac{x^{4n-2}}{2n-1}\ (|x|<1)$.

23. 将 $f(x)=\frac{\pi}{2}\cdot\frac{e^{x}+e^{-x}}{e^{\pi}-e^{-\pi}}$ 在 $[-\pi,\pi]$ 上展开为傅里叶级数，并求级数 $\sum_{n=1}^{\infty}\frac{(-1)^{n}}{1+(2n)^{2}}$ 的和.

24. 设 $f(x)$ 在 $[-\pi,\pi]$ 上有二阶连续导数，$f(x)$ 的傅里叶级数为 $\frac{a_0}{2}+\sum_{n=1}^{\infty}a_n\cos nx+b_n\sin nx$. 若 $f(\pi)\neq f(-\pi)$，则证明 $\sum_{n=1}^{\infty}b_n$ 条件收敛.

25*. 设 $f(x)$ 是以 2π 为周期的连续函数，其傅里叶系数为 a_0,a_n,b_n .

（1）求函数 $G(x)=\frac{1}{\pi}\int_{-\pi}^{\pi}f(t)f(x+t)\mathrm{d}t$ 的傅里叶系数 A_0,A_n,B_n；

（2）利用（1）的结果证明 Parseval 恒等式：$\frac{1}{\pi}\int_{0}^{2\pi}(f(x))^2\,\mathrm{d}x=\frac{a_0^2}{2}+\sum_{n=1}^{\infty}(a_n^2+b_n^2)$.

26.（1）将函数 $f(x)=\sin^3 x$ 展开成以 2π 为周期的傅里叶级数，证明初等数学中的公式

$$\sin 3x=3\sin x-4\sin^3 x\ (-\infty<x<+\infty).$$

（2）求 $f(x)=\sin^3 x$ 的麦克劳林级数并写出其成立范围.

综合题 8*

综合题 8*答案

1. 设 $a_n=\int_0^{\frac{\pi}{2}}t\left|\frac{\sin nt}{\sin t}\right|^3\mathrm{d}t$，判断级数 $\sum_{n=1}^{\infty}\frac{1}{a_n}$ 的敛散性.

2. 求级数 $S=\sum_{n=1}^{\infty}\arctan\frac{2}{n^2}$ 的值.

3. 设有级数 $\sum_{n=1}^{\infty}a_n=1+\frac{1}{3}+\frac{1}{5}-\frac{1}{2}+\frac{1}{7}+\frac{1}{9}+\frac{1}{11}-\frac{1}{4}+\cdots$，讨论级数的敛散性，若收敛，则求其和.

4. 讨论级数 $\sum_{n=1}^{\infty}\frac{1}{n^p}\left(1-\frac{x\ln n}{n}\right)^n$ 的敛散性与参数 p,x 的关系.

5. 证明弗林克（Frink）判别法：设 $\sum_{n=1}^{\infty}a_n$ 为正项级数，$\lim\limits_{n\to\infty}\left(\frac{a_n}{a_{n-1}}\right)^n=k$ 存在，则当 $k<\frac{1}{e}$ 时，级数收敛；当 $k>\frac{1}{e}$ 时，级数发散.

6. 证明若正项级数 $\sum_{n=1}^{\infty}a_n$ 收敛，则级数 $\sum_{n=1}^{\infty}\frac{a_n}{a_n+a_{n+1}+\cdots}$ 发散.

7. 设 $a_1=a>0$，$a_{n+1}=\frac{1}{2}\left(a_n+\frac{a}{a_n}\right)(n=1,2,\cdots)$，证明 级数 $\sum_{n=1}^{\infty}\left[\left(\frac{a_{n+1}}{a_{n+2}}\right)^2-1\right]$ 收敛.

8. 设有一严格递增的正整数序列（如1,2,3,4,5,6,10,12, ⋯ ），u_n 表示此序列前 n 项的最小公倍数，证明级数 $\sum_{n=1}^{\infty}\frac{1}{u_n}$ 收敛.

9. 已知正项级数 $\sum_{n=1}^{\infty}a_n$ 收敛，试证明级数 $\sum_{n=1}^{\infty}\sqrt[n]{a_1a_2\cdots a_n}$ 收敛.

10. 设$\{a_n\}$与$\{b_n\}$均为正实数列，满足$a_1=b_1=1$且$b_n=a_nb_{n-1}-2\ (n=2,3,\cdots)$，又设$\{b_n\}$为有界数列，证明级数$\sum\limits_{n=1}^{\infty}\dfrac{1}{a_1a_2\cdots a_n}$收敛，并求该级数的和.

11. 设$\varphi(x)$是$(-\infty,+\infty)$上连续的周期函数，周期为 1，且$\int_0^1\varphi(x)\,\mathrm{d}x=0$，函数$f(x)$在$[0,1]$上有连续的导数，$a_n=\int_0^1 f(x)\varphi(nx)\,\mathrm{d}x$，证明级数$\sum\limits_{n=1}^{\infty}a_n^2$收敛.

12. 设$f_n(x)=x^{\frac{1}{n}}+x-r$，其中$r>0$.（1）证明$f_n(x)$在$(0,+\infty)$内有唯一的零点$x_n$；（2）求$r$为何值时级数$\sum\limits_{n=1}^{\infty}x_n$收敛，为何值时级数$\sum\limits_{n=1}^{\infty}x_n$发散.

13. 证明若函数$f(x)$单调递减且大于 0，$a>1$，极限$\lim\limits_{x\to+\infty}\dfrac{\mathrm{e}^x f(\mathrm{e}^x)}{f(x)}=\lambda$，则级数$\sum\limits_{n=1}^{\infty}f(n)$在$0<\lambda<1$时收敛，在$\lambda>1$时发散.

14. 求$\sum\limits_{n=1}^{\infty}\dfrac{1}{(2n+1)(3n+1)}$的值.

15. 设$E(n)$表示能使5^k整除乘积$1^1\,2^2\,3^3\cdots n^n$的最大的整数k，计算$\lim\limits_{n\to\infty}\dfrac{E(n)}{n^2}$.

16. 讨论级数的敛散性：$1-\dfrac{1}{2^p}+\dfrac{1}{3^q}-\dfrac{1}{4^p}+\cdots-\dfrac{1}{(2n)^p}+\dfrac{1}{(2n+1)^q}+\cdots$.

17. 设$\lambda\in[0,1]$，讨论级数$\sum\limits_{n=2}^{\infty}(-1)^n\left(\sqrt{n^2+1}-\sqrt{n^2-1}\right)n^{\lambda}\ln n$的敛散性.

18. 判定级数$\sum\limits_{n=1}^{\infty}\sin\pi(3+\sqrt{5})^n$的敛散性.

19. 判定级数$\sum\limits_{n=1}^{\infty}\dfrac{\cos nx-\cos(n+1)x}{n}$的敛散性.

20. 设$\sum\limits_{n=1}^{\infty}a_n$收敛于$A$，证明$\sum\limits_{n=1}^{\infty}\dfrac{a_1+2a_2+\cdots+na_n}{n(n+1)}=A$.

21. 求级数$\sum\limits_{k=1}^{\infty}\left(\dfrac{1^2}{1!}+\dfrac{2^2}{2!}+\dfrac{3^2}{3!}+\cdots+\dfrac{k^2}{k!}\right)\dfrac{1}{3^k}$的值.

22. 设$S_n=\sum\limits_{k=1}^{n}\dfrac{(-1)^{k+1}}{k}$，$S=\lim\limits_{n\to\infty}S_n$，求$\sum\limits_{n=1}^{\infty}(S_n-S)$.

23. 设$u_n=\int_0^1\dfrac{\mathrm{d}t}{(1+t^4)^n}\ (n\geqslant 1)$.

（1）证明数列$\{u_n\}$收敛，并求极限$\lim\limits_{n\to\infty}u_n$；

（2）证明级数$\sum\limits_{n=1}^{\infty}(-1)^n u_n$条件收敛；

（3）证明当$p\geqslant 1$时级数$\sum\limits_{n=1}^{\infty}\dfrac{u_n}{n^p}$收敛，并求级数$\sum\limits_{n=1}^{\infty}\dfrac{u_n}{n}$的和.

24. 证明任意正有理数必为调和级数中有限项之和.

25. 判定下列反常积分的敛散性.

（1）$\int_0^{+\infty}(-1)^{[x^2]}\mathrm{d}x$，$[\cdot]$ 为取整函数；　　　　（2）$\int_0^{+\infty}\dfrac{\mathrm{d}x}{1+x^a\sin^2 x}$.

26. 设正数列 $\{a_n\}$ 单调递减且趋于 0，$f(x)=1+\sum\limits_{n=1}^{\infty}a_n^n x^n$，证明若级数 $\sum\limits_{n=1}^{\infty}a_n$ 发散，则积分 $\int_1^{+\infty}\dfrac{\ln f(x)}{x^2}\mathrm{d}x$ 也发散.

27. 令 $A=\{(x,y)\,|\,0\leqslant x,y<1\}$，对任何 $(x,y)\in A$，令 $S(x,y)=\sum\limits_{\frac{1}{2}\leqslant\frac{m}{n}\leqslant 2}x^m y^n$. 这里的求和对一切满足所列不等式的正整数 m,n 进行. 试计算 $\lim\limits_{\substack{(x,y)\to(1,1)\\(x,y)\in A}}(1-xy^2)(1-x^2y)S(x,y)$.

28. 求当 r 取何值时，级数 $\dfrac{1}{2}+r\cos x+r^2\cos 2x+r^3\cos 4x+r^4\cos 8x+\cdots$ 的所有部分和对一切 x 都非负.

29. 设 $u_0=0$，$u_1=1$，$u_{n+1}=au_n+bu_{n-1}(n=1,2,3,\cdots)$，其中 a,b 是满足 $a+b<1$ 的正的常数，求 $\sum\limits_{n=0}^{\infty}\dfrac{u_n}{n!}x^n$ 的和函数.

30. 设 $a_0=3$，$a_1=5$，且对任何自然数 $n>1$，有 $na_n=\dfrac{2}{3}a_{n-1}-(n-1)a_{n-1}$，证明当 $|x|<1$ 时级数 $\sum\limits_{n=0}^{\infty}a_n x^n$ 收敛，并求其和函数.

31. 设数列 $\{a_n\}$ 满足关系式 $a_{n+2}-3a_{n+1}+2a_n=n$，$a_0=a_1=1$，求 $a_n(n>1)$ 的表达式与级数 $\sum\limits_{n=0}^{\infty}a_n x^n$ 的收敛区间与和函数.

32. 设 $\sum\limits_{n=0}^{\infty}a_n x^n$ 的收敛半径为 1，$\lim\limits_{n\to\infty}na_n=0$ 且 $\lim\limits_{x\to 1^-}\sum\limits_{n=0}^{\infty}a_n x^n=A$，证明 $\sum\limits_{n=0}^{\infty}a_n$ 收敛且 $\sum\limits_{n=0}^{\infty}a_n=A$.

33. 对于每一个正整数 n，用 $a(n)$ 表示 n 的 3 进位数中 0 的个数. 试求 $\sum\limits_{n=1}^{\infty}\dfrac{x^{a(n)}}{n^3}$ 的收敛域.

34. 设 $f(x)=\dfrac{1}{4}\left(1+x-\sqrt{1-6x+x^2}\right)$，其幂级数展开式为 $f(x)=\sum\limits_{n=1}^{\infty}a_n x^n$，证明 a_n 都是正整数.

35. 幂级数 $f(x)=\sum\limits_{n=0}^{\infty}a_n x^n$ 的每一个系数 a_n 只取值 0 或 1，证明 $f(x)$ 是有理函数的充要条件为 $f\left(\dfrac{1}{2}\right)$ 是有理数.

36. 设 $f(x)=\dfrac{1}{1-x-x^2}$.（1）请用直接法求出 $f(x)$ 的麦克劳林级数 $\sum\limits_{n=0}^{\infty}a_n x^n$ 并给出收敛域，证明此级数在收敛域内的确收敛于 $f(x)$；（2）证明级数 $\sum\limits_{n=0}^{\infty}\dfrac{a_{n+1}}{a_n a_{n+2}}$ 收敛，并求其和.

37. 将函数 $y=\dfrac{\ln(x+\sqrt{1+x^2})}{\sqrt{1+x^2}}$ 展开为 x 的幂级数.

38. 如果函数 $f(x)=\dfrac{1}{(1-ax)(1-bx)}$ 能展开为 x 的幂级数 $\sum\limits_{n=0}^{\infty}c_nx^n$，证明：函数 $g(x)=\dfrac{1+abx}{(1-abx)(1-a^2x)(1-b^2x)}$ 可展开为 x 的幂级数 $\sum\limits_{n=0}^{\infty}c_n^2x^n$.

39. 证明 $\displaystyle\int_0^1 x^{-x}\,\mathrm{d}x=\sum_{n=1}^{\infty}\left(\frac{1}{n}\right)^n$.

40. 设 $f(x)$ 是仅有正实根的多项式函数，满足 $\dfrac{f'(x)}{f(x)}=-\sum\limits_{n=0}^{\infty}c_nx^n$，证明：（1）$c_n>0\ (n=0,1,\cdots)$；（2）极限 $\lim\limits_{n\to\infty}\dfrac{1}{\sqrt[n]{c_n}}$ 存在，且等于 $f(x)$ 的最小根.

41. 将函数 $f(x)=\sec x$ 在区间 $\left[-\dfrac{\pi}{4},\dfrac{\pi}{4}\right]$ 上展开为傅里叶级数.

42. 设 $f(x)$ 是 $(-\infty,+\infty)$ 上以 2π 为周期的具有二阶连续导数的函数. 记 $b_n=\dfrac{1}{\pi}\displaystyle\int_{-\pi}^{\pi}f(x)\sin nx\,\mathrm{d}x$，$b_n''=\dfrac{1}{\pi}\displaystyle\int_{-\pi}^{\pi}f''(x)\sin nx\,\mathrm{d}x$. 证明若 $\sum\limits_{n=1}^{\infty}b_n''$ 绝对收敛，则 $\sum\limits_{n=1}^{\infty}\sqrt{|b_n|}<\dfrac{1}{2}\left(2+\sum\limits_{n=1}^{\infty}|b_n''|\right)$.

43. 设 $f(x)$ 与 $f^2(x)$ 在 $[-\pi,\pi]$ 上可积，a_n,b_n 是 $f(x)$ 在 $[-\pi,\pi]$ 上的傅里叶系数.

（1）记 $S_n(x)=\dfrac{a_0}{2}+\sum\limits_{k=1}^{n}(a_k\cos kx+b_k\sin kx)$，证明 $\max\limits_{x\in[-\pi,\pi]}|S_n'(x)|\leqslant n\sqrt{2n}\max\limits_{x\in[-\pi,\pi]}|S_n(x)|$；

（2）证明贝塞尔（Bessel）不等式：$\dfrac{1}{\pi}\displaystyle\int_{-\pi}^{\pi}f^2(x)\mathrm{d}x\geqslant\frac{a_0^2}{2}+\sum_{n=1}^{\infty}(a_n^2+b_n^2)$.

44. 设 $f(x)$ 是以 2π 为周期的可积函数，其傅里叶系数为 a_0,a_n,b_n，记 $S_0(x)=\dfrac{a_0}{2}$，$S_n(x)=\dfrac{a_0}{2}+\sum\limits_{k=1}^{n}(a_k\cos kx+b_k\sin kx)$，$\sigma_n(x)=\dfrac{1}{n}\sum\limits_{k=0}^{n-1}S_k(x)$. 证明：

（1）$S_n(x)=\dfrac{1}{2\pi}\displaystyle\int_{-\pi}^{\pi}f(x+t)\frac{\sin(n+1/2)t}{\sin(t/2)}\mathrm{d}t$；　（2）$\sigma_n(x)=\dfrac{1}{2n\pi}\displaystyle\int_{-\pi}^{\pi}f(x+t)\left[\frac{\sin(nt/2)}{\sin(t/2)}\right]^2\mathrm{d}t$.

第 9 章　线性代数

知识结构

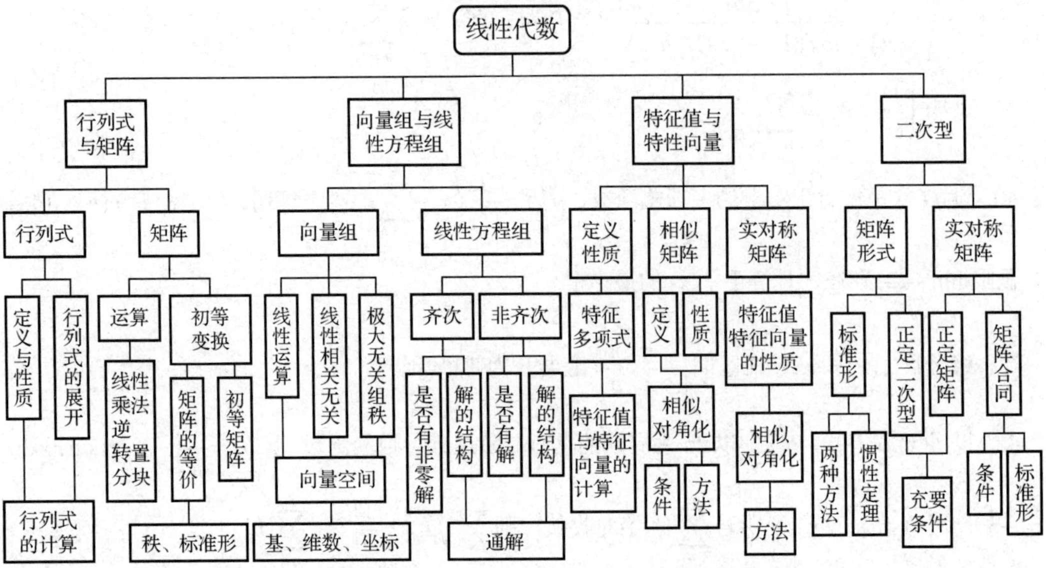

线性代数是研究线性空间与线性变换中的规律的一门基础数学课程. 由于非数学类的线性代数课程弱化了“空间”与“变换”的概念，所以也可以将线性代数理解为是研究“线性运算”与“线性关系”中的规律的一门基础数学课程.

表示线性问题的基本工具是矩阵，因此矩阵的运算与矩阵之间的关系就成了线性代数的主要研究内容. 矩阵的运算包含线性运算、转置、乘积、逆、分块、伴随矩阵、行列式等内容；矩阵之间的关系有等价、相似与合同.

“等价”是最基本、最广泛的一类关系，刻画矩阵等价的基本工具是初等变换，初等矩阵实现了初等变换与矩阵乘法之间的相互转换；等价关系下的不变量是矩阵的秩，也是两个同型矩阵等价的充分必要条件，因此对矩阵的秩的研究就十分重要. “相似”是一种特殊的等价，两个矩阵相似的必要条件是有相同的特征多项式，这也是相似关系下的不变量. 方阵的特征值与特征向量是刻画矩阵特性的重要指标，除了用于简化矩阵、揭示矩阵之间的相似关系，它在数值计算、几何学、优化理论、计算机图形学等方面也有诸多应用. “合同”是对称矩阵之间的一种关系，它与二次型相对应. 两个二次型能通过可逆线性变换互化的充分必要条件是它们的矩阵合同；同型实对称矩阵合同的充分必要条件是它们有相同的正、负惯性指数.

具有某种关系的一类矩阵中，形状最简单的矩阵称为该类矩阵的标准形. 利用标准形来处理问题会起到简单明了、事半功倍的效果. 因此化矩阵为各类标准形也是线性代数的一个重要任务.

线性代数中另一个重要内容是线性方程组. 线性方程组有 3 种形式：联立方程形式、矩阵形式、向量形式. 这些不同的形式将矩阵与向量组联系了起来，使我们可以借助于线性方程组来解决更广泛的问题，揭示某些内在的规律（如向量组的线性表示、线性相关与无关、极大无关组与秩、空间的基与维数、矩阵的关系与运算、矩阵的特征值与特征向量等）. 线性方程组像一条纽带贯穿了线性代数的始终. 线性方程组的求解与理论是线性方程组的两大主要内容.

线性代数的内容是一个有机的整体，熟悉各知识点并清楚它们的作用与相互关系是十分重要的，只有这样我们才能将所学的知识融会贯通，灵活运用；才会有敏捷的思维、开阔的眼界、出众的能力.

9.1　行列式与矩阵

例 1　设 $D=\begin{vmatrix} a_1 & a_2 & a_3 & a_4 \\ 2 & 2 & 1 & 1 \\ 2 & 3 & 4 & 5 \\ 1 & 1 & 2 & 2 \end{vmatrix}=9$，$A_{ij}$ 为元素 a_{ij} 的代数余子式，求 $A_{21}+A_{22}$.

分析　一种思考方式是按行列式的展开定理 $A_{21}+A_{22}=\begin{vmatrix} a_1 & a_2 & a_3 & a_4 \\ 1 & 1 & 0 & 0 \\ 2 & 3 & 4 & 5 \\ 1 & 1 & 2 & 2 \end{vmatrix}$，只需确定出第 1 行的常数；另一种思考方式是改变行列式 D 的第 2 行，再按第 2 行展开求解.

解　**方法 1**　取 $a_1=a_2=a_3=0$，得

$$9=\begin{vmatrix} 0 & 0 & 0 & a_4 \\ 2 & 2 & 1 & 1 \\ 2 & 3 & 4 & 5 \\ 1 & 1 & 2 & 2 \end{vmatrix}=-a_4\begin{vmatrix} 2 & 2 & 1 \\ 2 & 3 & 4 \\ 1 & 1 & 2 \end{vmatrix}=-3a_4 \Rightarrow a_4=-3 .$$

所以

$$A_{21}+A_{22}=\begin{vmatrix} 0 & 0 & 0 & -3 \\ 1 & 1 & 0 & 0 \\ 2 & 3 & 4 & 5 \\ 1 & 1 & 2 & 2 \end{vmatrix}=6.$$

方法 2　将 D 按第 2 行展开得

$$2A_{21}+2A_{22}+A_{23}+A_{24}=9. \qquad ①$$

又

$$\begin{vmatrix} a_1 & a_2 & a_3 & a_4 \\ 1 & 1 & 2 & 2 \\ 2 & 3 & 4 & 5 \\ 1 & 1 & 2 & 2 \end{vmatrix}=0 \Rightarrow A_{21}+A_{22}+2A_{23}+2A_{24}=0 . \qquad ②$$

①，②式联立解出 $A_{21}+A_{22}=6$.

评注　(1) 该题的本质是行列式的按行（列）展开.

(2) 显然，使 $D=9$ 的参数 a_1,a_2,a_3,a_4 的取值有很多，在方法 1 中，我们取了 $a_1=a_2=a_3=0$，再由行列式的值来确定 a_4，这便于求解. 需要注意的是，若行列式的值未定，则随意确定其中的参数的值是不对的.

例 2　计算 n 阶行列式 $D=\begin{vmatrix} 1 & 2 & 3 & \cdots & n-1 & n \\ x & 1 & 2 & \cdots & n-2 & n-1 \\ x & x & 1 & \cdots & n-3 & n-2 \\ \vdots & \vdots & \vdots & & \vdots & \vdots \\ x & x & x & \cdots & 1 & 2 \\ x & x & x & \cdots & x & 1 \end{vmatrix}$.

分析　该行列式主对角线以下的元素都相同，可用上行减下行的方式使下三角的 0 元素增多，最后化为三角形行列式来计算.

解　从第 1 行开始，将下行乘以 -1 加到上一行，则

$$D=\begin{vmatrix}1-x&1&1&\cdots&1&1\\0&1-x&1&\cdots&1&1\\0&0&1-x&\cdots&1&1\\\vdots&\vdots&\vdots&&\vdots&\vdots\\0&0&0&\cdots&1-x&1\\x&x&x&\cdots&x&1\end{vmatrix}$$

$$\xlongequal[\text{拆分}]{\text{按第}n\text{列}}\begin{vmatrix}1-x&1&1&\cdots&1&0\\0&1-x&1&\cdots&1&0\\0&0&1-x&\cdots&1&0\\\vdots&\vdots&\vdots&&\vdots&\vdots\\0&0&0&\cdots&1-x&0\\x&x&x&\cdots&x&1-x\end{vmatrix}+\begin{vmatrix}1-x&1&1&\cdots&1&1\\0&1-x&1&\cdots&1&1\\0&0&1-x&\cdots&1&1\\\vdots&\vdots&\vdots&&\vdots&\vdots\\0&0&0&\cdots&1-x&1\\x&x&x&\cdots&x&x\end{vmatrix}.$$

将第1个行列式按最后一列展开，第2个行列式的最后一列乘以-1加到其余各列，得

$$D=(1-x)^n+\begin{vmatrix}-x&0&0&\cdots&0&1\\-1&-x&0&\cdots&0&1\\-1&-1&-x&\cdots&0&1\\\vdots&\vdots&\vdots&&\vdots&\vdots\\-1&-1&-1&\cdots&-x&1\\0&0&0&\cdots&0&x\end{vmatrix}=(1-x)^n+(-1)^{n-1}x^n.$$

评注 利用行列式的性质化行列式为三角形是计算n阶行列式最常见的方法.

例3 计算n阶行列式 $D_n=\begin{vmatrix}\lambda&a&a&\cdots&a\\b&c&\beta&\cdots&\beta\\b&\beta&c&\cdots&\beta\\\vdots&\vdots&\vdots&&\vdots\\b&\beta&\beta&\cdots&c\end{vmatrix}(c\neq\beta)$.

分析 从第2行到第n行，各行的相同元素较多，可用加边法化行列式为上（块）三角形.

解 显然$D_1=\lambda$；$D_2=\lambda c-ab$.

当$n>2$时，将行列式加边，加边后将第i $(i\geqslant 3)$行分别减去第1行，得

$$D_n=\begin{vmatrix}1&b&\beta&\beta&\cdots&\beta\\0&\lambda&a&a&\cdots&a\\0&b&c&\beta&\cdots&\beta\\0&b&\beta&c&\cdots&\beta\\\vdots&\vdots&\vdots&\vdots&&\vdots\\0&b&\beta&\beta&\cdots&\beta\end{vmatrix}_{n+1}\xlongequal[i=3,\cdots,(n+1)]{-r_1+r_i}\begin{vmatrix}1&b&\beta&\beta&\cdots&\beta\\0&\lambda&a&a&\cdots&a\\-1&0&c-\beta&0&\cdots&0\\-1&0&0&c-\beta&\cdots&0\\\vdots&\vdots&\vdots&\vdots&&\vdots\\-1&0&0&0&\cdots&c-\beta\end{vmatrix}_{n+1}$$

$$\xlongequal[i=3,\cdots,(n+1)]{\frac{1}{c-\beta}c_i+c_1}\begin{vmatrix}1+\dfrac{(n-1)\beta}{c-\beta}&b&\beta&\beta&\cdots&\beta\\\dfrac{(n-1)a}{c-\beta}&\lambda&a&a&\cdots&a\\0&0&c-\beta&0&\cdots&0\\0&0&0&c-\beta&\cdots&0\\\vdots&\vdots&\vdots&\vdots&&\vdots\\0&0&0&0&\cdots&c-\beta\end{vmatrix}_{n+1}$$

$$=\left[\left(1+\frac{(n-1)\beta}{c-\beta}\right)\lambda-\frac{(n-1)a}{c-\beta}b\right](c-\beta)^{n-1}$$

$$=(c-\beta)^{n-2}[\lambda c+(n-2)\lambda\beta-(n-1)ab].$$

评注　当行列式各行的相同元素较多时，常用加边法化行列式为三角形（块）来计算.

例 4　计算 n 阶行列式 $D_n=\begin{vmatrix} a & b & 0 & \cdots & 0 & 0 \\ c & a & b & \cdots & 0 & 0 \\ 0 & c & a & \cdots & 0 & 0 \\ \vdots & \vdots & \vdots & & \vdots & \vdots \\ 0 & 0 & 0 & \cdots & a & b \\ 0 & 0 & 0 & \cdots & c & a \end{vmatrix}$.

分析　将行列式按第 1 行或第 1 列展开，很容易得到递推式，用递推式就可求得行列式的值.

解　将 D_n 按第 1 列展开，有

$$D_n=aD_{n-1}-bcD_{n-2}. \qquad ①$$

设 α,β 是方程 $x^2-ax+bc=0$ 的两个根，则有

$$\alpha=\frac{a+\sqrt{a^2-4bc}}{2},\ \beta=\frac{a-\sqrt{a^2-4bc}}{2},$$

且 $\alpha+\beta=a$，$\alpha\beta=bc$，将其代入①式，变形并递推得

$$D_n-\alpha D_{n-1}=\beta(D_{n-1}-\alpha D_{n-2})=\beta^2(D_{n-2}-\alpha D_{n-3})=\cdots=\beta^{n-2}(D_2-\alpha D_1). \qquad ②$$

由于

$$D_2-\alpha D_1=\begin{vmatrix} a & b \\ c & a \end{vmatrix}-\alpha a=a^2-bc-\alpha a=(\alpha+\beta)^2-\alpha\beta-\alpha(\alpha+\beta)=\beta^2,$$

所以②式化简为

$$D_n-\alpha D_{n-1}=\beta^n. \qquad ③$$

由 α,β 的对称性，又有

$$D_n-\beta D_{n-1}=\alpha^n. \qquad ④$$

当 $\alpha\neq\beta$ 时，③，④式联立求解，可得

$$D_n=\frac{\alpha^{n+1}-\beta^{n+1}}{\alpha-\beta}=\frac{\left(a+\sqrt{a^2-4bc}\right)^{n+1}-\left(a-\sqrt{a^2-4bc}\right)^{n+1}}{2^{n+1}\sqrt{a^2-4bc}};$$

当 $\alpha=\beta$ 时，即 $a^2=4bc$，由③式知

$$D_n=\alpha^n+\alpha D_{n-1}=\alpha^n+\alpha(\alpha^{n-1}+\alpha D_{n-2})=2\alpha^n+\alpha^2D_{n-2}=\cdots$$

$$=(n-1)\alpha^n+\alpha^{n-1}D_1=(n-1)\alpha^n+\alpha^{n-1}\cdot 2\alpha=(n+1)\alpha^n=(n+1)\left(\frac{a}{2}\right)^n.$$

综上，得 $D_n=\begin{cases} \dfrac{\left(a+\sqrt{a^2-4bc}\right)^{n+1}-\left(a-\sqrt{a^2-4bc}\right)^{n+1}}{2^{n+1}\sqrt{a^2-4bc}}, & a^2\neq 4bc \\ (n+1)\left(\dfrac{a}{2}\right)^n, & a^2=4bc \end{cases}$.

评注　(1) 该例行列式又称为三对角线型行列式，这是一类较典型的行列式，常用的计算法是递推法或归纳法.

（2）要得到行列式的递推式，须注意选择适当的行或列来展开，展开后的低阶行列式必须与原行列式有相同的形状，才能保证递推式的正确.

（3）该行列式的递推式是一个二阶常系数线性差分方程，熟悉差分方程求解（特征根法、幂级数法）对计算行列式会有帮助.

例 5 设$1-a_ib_j\neq 0(i,j=1,2,\cdots,n)$，计算$n$阶行列式$D=\begin{vmatrix}\dfrac{1-a_1^nb_1^n}{1-a_1b_1} & \cdots & \dfrac{1-a_1^nb_n^n}{1-a_1b_n}\\ \vdots & & \vdots\\ \dfrac{1-a_n^nb_1^n}{1-a_nb_1} & \cdots & \dfrac{1-a_1^nb_1^n}{1-a_nb_n}\end{vmatrix}$.

分析 行列式的(i,j)元素为$\dfrac{1-a_i^nb_j^n}{1-a_ib_j}=1+a_ib_j+a_i^2b_j^2+\cdots+a_i^nb_j^n=(1,a_i,\cdots,a_i^n)\begin{pmatrix}1\\ b_i\\ \vdots\\ b_i^n\end{pmatrix}$，由此可以看出该行列式的矩阵能分解为两个矩阵的乘积.

解 因为

$$1-a_i^nb_j^n=(1-a_ib_j)(1+a_ib_j+a_i^2b_j^2+\cdots+a_i^nb_j^n)\quad (i,j=1,2,\cdots,n),$$

则

$$D=\begin{vmatrix}1 & a_1 & a_1^2 & \cdots & a_1^{n-1}\\ 1 & a_2 & a_2^2 & \cdots & a_2^{n-1}\\ \vdots & \vdots & \vdots & & \vdots\\ 1 & a_n & a_n^2 & \cdots & a_n^{n-1}\end{vmatrix}\begin{vmatrix}1 & 1 & \cdots & 1\\ b_1 & b_2 & \cdots & b_n\\ b_1^2 & b_2^2 & \cdots & b_n^2\\ \vdots & \vdots & & \vdots\\ b_1^{n-1} & b_2^{n-1} & \cdots & b_n^{n-1}\end{vmatrix}\text{（范德蒙行列式）}$$

$$=\prod_{1\leqslant j<i\leqslant n}^{n}(a_i-a_j)\prod_{1\leqslant j<i\leqslant n}^{n}(b_i-b_j)=\prod_{1\leqslant j<i\leqslant n}^{n}(a_i-a_j)(b_i-b_j).$$

评注 当行列式的(i,j)元素为两向量的内积时，将行列式的矩阵分解成两个矩阵的乘积通常能起到化简行列式的作用.

例 6 设$\omega\neq 1$是五次单位根，$D=\begin{vmatrix}1 & \omega & \omega^2 & \omega^3\\ 1 & \omega^2 & \omega^4 & \omega\\ 1 & \omega^3 & \omega & \omega^4\\ 1 & \omega^4 & \omega^3 & \omega^2\end{vmatrix}$，求$|D|$.

分析 由五次单位根的特点$\omega^5=1$，$\omega^{5+i}=\omega^i$，做行列式乘法DD或DD^{T}通常能化简行列式.

解 因为ω是五次单位根，则

$$0=1-\omega^5=(1-\omega)(1+\omega+\omega^2+\omega^3+\omega^4)\xrightarrow{\omega\neq 1}1+\omega+\omega^2+\omega^3+\omega^4=0.$$

$$|D|=\sqrt{D^2}=\sqrt{\left|\begin{pmatrix}1 & \omega & \omega^2 & \omega^3\\ 1 & \omega^2 & \omega^4 & \omega\\ 1 & \omega^3 & \omega & \omega^4\\ 1 & \omega^4 & \omega^3 & \omega^2\end{pmatrix}\begin{pmatrix}1 & \omega & \omega^2 & \omega^3\\ 1 & \omega^2 & \omega^4 & \omega\\ 1 & \omega^3 & \omega & \omega^4\\ 1 & \omega^4 & \omega^3 & \omega^2\end{pmatrix}\right|}$$

$$=\sqrt{\begin{vmatrix}-\omega^4 & -\omega^4 & -\omega^4 & -\omega^4\\ -\omega^3 & -\omega^3 & -\omega^3 & 4\omega^3\\ -\omega^2 & -\omega^2 & 4\omega^2 & -\omega^2\\ -\omega & 4\omega & -\omega & -\omega\end{vmatrix}}=\sqrt{(-\omega^4)(-\omega^3)(-\omega^2)(-\omega)\begin{vmatrix}1 & 1 & 1 & 1\\ 1 & 1 & 1 & -4\\ 1 & 1 & -4 & 1\\ 1 & -4 & 1 & 1\end{vmatrix}}$$

$$=\sqrt{\begin{vmatrix}1 & 0 & 0 & 0\\ 1 & 0 & 0 & -5\\ 1 & 0 & -5 & 0\\ 1 & -5 & 0 & 0\end{vmatrix}}=\sqrt{125}=5\sqrt{5}.$$

评注 (1) 若行列式 D 中的元素对幂运算有周期性，或行列式的行（或列）向量组有正交性，做行列式乘法 DD 或 DD^{T} 通常能化简行列式.

(2) 前面几个例子给出了行列式计算的常见方法，读者可自行归纳总结.

例 7* 设 $\boldsymbol{A},\boldsymbol{C},\boldsymbol{B},\boldsymbol{D}$ 均是 n 阶方阵，且 $\boldsymbol{AC}=\boldsymbol{CA}$，证明 $\begin{vmatrix}\boldsymbol{A} & \boldsymbol{B}\\ \boldsymbol{C} & \boldsymbol{D}\end{vmatrix}=|\boldsymbol{AD}-\boldsymbol{CB}|$.

分析 这是分块矩阵的行列式，只需利用行列式的初等变换性质，将其化为块上三角形来计算.

证明 (1) 当 $|\boldsymbol{A}|\neq 0$ 时，$\boldsymbol{A}$ 可逆. 对行列式用初等变换性质，并注意到 $\boldsymbol{AC}=\boldsymbol{CA}$，有

$$\begin{vmatrix}\boldsymbol{A} & \boldsymbol{B}\\ \boldsymbol{C} & \boldsymbol{D}\end{vmatrix}=|\boldsymbol{A}|\begin{vmatrix}\boldsymbol{I} & \boldsymbol{A}^{-1}\boldsymbol{B}\\ \boldsymbol{C} & \boldsymbol{D}\end{vmatrix}=|\boldsymbol{A}|\begin{vmatrix}\boldsymbol{I} & \boldsymbol{A}^{-1}\boldsymbol{B}\\ \boldsymbol{0} & \boldsymbol{D}-\boldsymbol{CA}^{-1}\boldsymbol{B}\end{vmatrix}=|\boldsymbol{A}|\cdot|\boldsymbol{D}-\boldsymbol{CA}^{-1}\boldsymbol{B}|$$

$$=|\boldsymbol{AD}-\boldsymbol{ACA}^{-1}\boldsymbol{B}|=|\boldsymbol{AD}-\boldsymbol{CAA}^{-1}\boldsymbol{B}|=|\boldsymbol{AD}-\boldsymbol{CB}|\text{（}\boldsymbol{I}\text{ 为单位矩阵，后同）}.$$

(2) 当 $|\boldsymbol{A}|=0$ 时，由于 $\boldsymbol{A}$ 至多有 n 个不同的特征值，从而存在 λ 使 $|-\lambda\boldsymbol{I}-\boldsymbol{A}|\neq 0$，即 $|\lambda\boldsymbol{I}+\boldsymbol{A}|\neq 0$. 又由 $\boldsymbol{AC}=\boldsymbol{CA}$ 可得 $(\boldsymbol{A}+\lambda\boldsymbol{I})\boldsymbol{C}=\boldsymbol{C}(\boldsymbol{A}+\lambda\boldsymbol{I})$，由（1）得

$$\begin{vmatrix}\boldsymbol{A}+\lambda\boldsymbol{I} & \boldsymbol{B}\\ \boldsymbol{C} & \boldsymbol{D}\end{vmatrix}=|(\boldsymbol{A}+\lambda\boldsymbol{I})\boldsymbol{D}-\boldsymbol{CB}|.$$

上式是关于 λ 的有限多次多项式，但由于有无穷多个 λ 使上式成立，从而成为 λ 的恒等式，再令 $\lambda=0$，又有

$$\begin{vmatrix}\boldsymbol{A} & \boldsymbol{B}\\ \boldsymbol{C} & \boldsymbol{D}\end{vmatrix}=|\boldsymbol{AD}-\boldsymbol{CB}|.$$

评注 (1) 分块矩阵行列式的初等变换性质与普通行列式的初等变换性质相类似. 其结论的正确性可通过（块）初等矩阵的乘积（左乘行变换，右乘列变换）来证明. 例如：

$$\begin{pmatrix}\boldsymbol{I} & \boldsymbol{0}\\ -\boldsymbol{CA}^{-1} & \boldsymbol{I}\end{pmatrix}\begin{pmatrix}\boldsymbol{A} & \boldsymbol{B}\\ \boldsymbol{C} & \boldsymbol{D}\end{pmatrix}=\begin{pmatrix}\boldsymbol{A} & \boldsymbol{B}\\ \boldsymbol{0} & \boldsymbol{D}-\boldsymbol{CA}^{-1}\boldsymbol{B}\end{pmatrix},$$

两边取行列式得

$$\begin{vmatrix}\boldsymbol{A} & \boldsymbol{B}\\ \boldsymbol{C} & \boldsymbol{D}\end{vmatrix}=\begin{vmatrix}\boldsymbol{A} & \boldsymbol{B}\\ \boldsymbol{0} & \boldsymbol{D}-\boldsymbol{CA}^{-1}\boldsymbol{B}\end{vmatrix}.$$

(2) 对分块矩阵做初等变换使其某一子块为零的方法又称为矩阵“打洞”. 做打洞，需要主对角块的某一子矩阵 $\boldsymbol{A}$ 可逆，当可逆条件不满足时，常用可逆矩阵 $\lambda\boldsymbol{I}+\boldsymbol{A}$（$\lambda$ 为参数）去替换 $\boldsymbol{A}$，实现目标后再取入 $\lambda=0$ 或 $\lambda\to 0$ 来还原.

例 8 设矩阵 $\boldsymbol{A}$ 的伴随矩阵 $\boldsymbol{A}^*=\begin{pmatrix}1 & 0 & 3\\ 0 & 16 & 0\\ 0 & 0 & 1\end{pmatrix}$，且 $|\boldsymbol{A}|>0$，$\boldsymbol{ABA}^{-1}=\boldsymbol{BA}^{-1}+3\boldsymbol{I}$，求 $\boldsymbol{B}$.

分析 这是简单的矩阵方程. 注意伴随矩阵与逆矩阵的关系 $\boldsymbol{A}^{-1}=\dfrac{1}{|\boldsymbol{A}|}\boldsymbol{A}^*$，问题就容易解决了.

解　由$|A^*|=|A|^{3-1}$且$|A|>0$，得$|A|=\sqrt{|A^*|}=4$，$A^{-1}=\dfrac{1}{|A|}A^*=\dfrac{1}{4}A^*$.

对$ABA^{-1}=BA^{-1}+3I$两边左乘A^{-1}右乘A，得$B=A^{-1}B+3I$，即$(I-A^{-1})B=3I$，所以

$$B=3(I-A^{-1})^{-1}=3\left(I-\frac{1}{4}A^*\right)^{-1}=12\begin{pmatrix}3&0&-3\\0&-12&0\\0&0&3\end{pmatrix}^{-1}=\begin{pmatrix}4&0&4\\0&-1&0\\0&0&4\end{pmatrix}.$$

评注　伴随矩阵的基本性质：设A,B为n阶方阵，k为数，则有

$$AA^*=A^*A=|A|I,\ (kA)^*=k^{n-1}A^*,\ (AB)^*=B^*A^*,$$

$$(A^*)^{\mathrm{T}}=(A^{\mathrm{T}})^*,\ (A^*)^{-1}=(A^{-1})^*,\ |A^*|=|A|^{n-1}.$$

例 9　设A,B为n阶方阵，A可逆，A^*是A的伴随矩阵，满足$ABA^*=2BA^{-1}+I$．问下列命题哪些一定成立？对成立的给出证明，不成立的给出反例.

（1）$AB=BA$；　（2）B与A^*等价；　（3）B与A相似.

分析　所给等式右乘A得$|A|AB=2B+A$，由此可看出（1）和（2）是正确的，（3）不一定.

解　命题（1）和（2）均成立. 证明如下：

（1）所给等式右乘A，得

$$|A|AB=2B+A, \qquad ①$$

变形得

$$(|A|A-2I)(|A|B-I)=2I.$$

$|A|A-2I$与$\dfrac{1}{2}(|A|B-I)$互为逆矩阵，且有

$$(|A|A-2I)(|A|B-I)=(|A|B-I)(|A|A-2I),$$

化简即得$AB=BA$.

（2）由①式得

$$(|A|A-2I)B=A.$$

因为A可逆，故B也一定可逆，从而

$$\mathrm{rank}(B)=\mathrm{rank}(A)=\mathrm{rank}(A^*)=n.$$

所以B与A^*等价.

（3）命题不一定成立. 例如，取$A=\begin{pmatrix}1&1\\0&1\end{pmatrix}$，代入①式可得

$$B=(A-2I)^{-1}A=\begin{pmatrix}-1&-2\\0&-1\end{pmatrix}.$$

A的特征值为1，B的特征值为-1，它们不可能相似.

评注　（1）$AA^*=A^*A=|A|I$是矩阵与其伴随矩阵最基本的关系式，当一个命题与矩阵的伴随矩阵有关时，常用这个关系式来做化简.

（2）矩阵A与其伴随矩阵秩的关系：设A为n阶矩阵，则$\mathrm{rank}(A^*)=\begin{cases}n,\mathrm{rank}(A^*)=n\\1,\mathrm{rank}(A^*)=n-1\\0,\mathrm{rank}(A^*)<n-1\end{cases}$.

（3）注意结论：若方阵A,B满足$AB=\alpha B+\beta A$（数$\alpha\beta\neq0$），则有：①$AB=BA$；②A与B有完全相同的特征向量（参见模拟试题六第八题）.

例 10　设A,B为n阶实矩阵，A_{ij}为A的元素a_{ij}的代数余子式，且$AB=(B-A^*)A$．证明：

（1）$|A|=0$；

（2）当 $a_{ij}+A_{ij}=0\ (i=1,2,\cdots,n)$ 时，有 $\boldsymbol{A}=\boldsymbol{0}$.

分析　（1）由 $\boldsymbol{AA}^*=\boldsymbol{A}^*\boldsymbol{A}=|\boldsymbol{A}|\boldsymbol{I}$，题设等式可化简为 $\boldsymbol{AB}-\boldsymbol{BA}=|\boldsymbol{A}|\boldsymbol{I}$，再推证 $|\boldsymbol{A}|=0$ 就容易了.

（2）根据条件 $A_{ij}=-a_{ij}$ 及 $|\boldsymbol{A}|=0$，将行列式按行展开很容易得到 $a_{ij}=0\ (i,j=1,2,\cdots,n)$.

证明　（1）　由 $\boldsymbol{AA}^*=\boldsymbol{A}^*\boldsymbol{A}=|\boldsymbol{A}|\boldsymbol{I}$，代入 $\boldsymbol{AB}=(\boldsymbol{B}-\boldsymbol{A}^*)\boldsymbol{A}$，可得

$$\boldsymbol{AB}-\boldsymbol{BA}=|\boldsymbol{A}|\boldsymbol{I}.$$

由于 $\mathrm{tr}(\boldsymbol{AB})=\mathrm{tr}(\boldsymbol{BA})$，故

$$n|\boldsymbol{A}|=\mathrm{tr}(|\boldsymbol{A}|I)=\mathrm{tr}(\boldsymbol{AB}-\boldsymbol{BA})=\mathrm{tr}(\boldsymbol{AB})-\mathrm{tr}(\boldsymbol{BA})=0,$$

所以 $|\boldsymbol{A}|=0$.

（2）当 $a_{ij}+A_{ij}=0\ (i=1,2,\cdots,n)$ 时，将行列式 $|\boldsymbol{A}|$ 按第 i 行展开，有

$$|\boldsymbol{A}|=\sum_{j=1}^{n}a_{ij}A_{ij}=-\sum_{j=1}^{n}a_{ij}^2.$$

由 $|\boldsymbol{A}|=0$ 且 $\boldsymbol{A}$ 为实矩阵可得

$$\sum_{j=1}^{n}a_{ij}^2=0，故 a_{ij}=0\ (i,j=1,2,\cdots,n)，即 \boldsymbol{A}=\boldsymbol{0}.$$

评注　方阵迹的性质：$\mathrm{tr}(\boldsymbol{A}+\boldsymbol{B})=\mathrm{tr}(\boldsymbol{A})+\mathrm{tr}(\boldsymbol{B})$，$\mathrm{tr}(\boldsymbol{AB})=\mathrm{tr}(\boldsymbol{BA})$.

例 11　求证 n 阶实矩阵 $\boldsymbol{A}$ 是对称矩阵的充分必要条件是 $\boldsymbol{A}^2=\boldsymbol{A}^{\mathrm{T}}\boldsymbol{A}$.

分析　必要性显然；对于充分性，需证明 $\boldsymbol{A}=\boldsymbol{A}^{\mathrm{T}}$. 如果 $\mathrm{tr}(\boldsymbol{A}-\boldsymbol{A}^{\mathrm{T}})(\boldsymbol{A}-\boldsymbol{A}^{\mathrm{T}})^{\mathrm{T}}=0$，问题就解决了.

证明　必要性显然，下证充分性.

方法 1　若 $\boldsymbol{A}^2=\boldsymbol{A}^{\mathrm{T}}\boldsymbol{A}$，则 $\boldsymbol{A}^2$ 是对称矩阵，且有

$$(\boldsymbol{A}-\boldsymbol{A}^{\mathrm{T}})(\boldsymbol{A}-\boldsymbol{A}^{\mathrm{T}})^{\mathrm{T}}=(\boldsymbol{A}-\boldsymbol{A}^{\mathrm{T}})(\boldsymbol{A}^{\mathrm{T}}-\boldsymbol{A})=\boldsymbol{AA}^{\mathrm{T}}+\boldsymbol{A}^{\mathrm{T}}\boldsymbol{A}-2\boldsymbol{A}^2=\boldsymbol{AA}^{\mathrm{T}}-\boldsymbol{A}^{\mathrm{T}}\boldsymbol{A}.$$

两边求迹，有

$$\mathrm{tr}(\boldsymbol{A}-\boldsymbol{A}^{\mathrm{T}})(\boldsymbol{A}-\boldsymbol{A}^{\mathrm{T}})^{\mathrm{T}}=0,$$

所以 $\boldsymbol{A}-\boldsymbol{A}^{\mathrm{T}}=\boldsymbol{0}$，即 $\boldsymbol{A}=\boldsymbol{A}^{\mathrm{T}}$.

方法 2　等式 $\boldsymbol{A}^2=\boldsymbol{A}^{\mathrm{T}}\boldsymbol{A}$ 两边求迹，有

$$\sum_{i=1}^{n}\sum_{j=1}^{n}a_{ij}a_{ji}=\sum_{i=1}^{n}\sum_{j=1}^{n}a_{ij}^2,$$

两边乘以 2 得，

$$\sum_{i=1}^{n}\sum_{j=1}^{n}2a_{ij}a_{ji}=\sum_{i=1}^{n}\sum_{j=1}^{n}2a_{ij}^2=\sum_{i=1}^{n}\sum_{j=1}^{n}(a_{ij}^2+a_{ji}^2)$$

$$\Rightarrow\sum_{i=1}^{n}\sum_{j=1}^{n}(a_{ij}-a_{ji})^2=0\Rightarrow a_{ij}=a_{ji}\Rightarrow\boldsymbol{A}=\boldsymbol{A}^{\mathrm{T}}.$$

评注　注意结论：若 $\boldsymbol{A}$ 为实矩阵，则 $\mathrm{tr}(\boldsymbol{AA}^{\mathrm{T}})\geqslant 0$. 等号成立的充要条件是 $\boldsymbol{A}=\boldsymbol{0}$.

推论：实矩阵 $\boldsymbol{A}=\boldsymbol{0}\Leftrightarrow\boldsymbol{AA}^{\mathrm{T}}=\boldsymbol{0}$.

例 12　设 $\boldsymbol{A},\boldsymbol{B}$ 为 n 阶方阵，$\boldsymbol{I}-\boldsymbol{BA}$ 是可逆矩阵. 证明 $\boldsymbol{I}-\boldsymbol{AB}$ 也可逆，并求其逆矩阵.

分析　若能求出 $\boldsymbol{I}-\boldsymbol{AB}$ 的逆矩阵，其可逆性也就解决了. 为此先从形式上找出 $\boldsymbol{I}-\boldsymbol{AB}$ 的逆矩阵，再做验证. 把矩阵看成数，做幂级数展开：

$$(\boldsymbol{I}-\boldsymbol{AB})^{-1}=\boldsymbol{I}+\boldsymbol{AB}+(\boldsymbol{AB})^2+\cdots=\boldsymbol{I}+\boldsymbol{A}[\boldsymbol{I}+\boldsymbol{BA}+(\boldsymbol{BA})^2+\cdots]\boldsymbol{B}=\boldsymbol{I}+\boldsymbol{A}(\boldsymbol{I}-\boldsymbol{BA})^{-1}\boldsymbol{B}.$$

解　因为

$$(\boldsymbol{I}-\boldsymbol{AB})(\boldsymbol{I}+\boldsymbol{A}(\boldsymbol{I}-\boldsymbol{BA})^{-1}\boldsymbol{B})=\boldsymbol{I}-\boldsymbol{AB}+\boldsymbol{A}(\boldsymbol{I}-\boldsymbol{BA})^{-1}\boldsymbol{B}-\boldsymbol{ABA}(\boldsymbol{I}-\boldsymbol{BA})^{-1}\boldsymbol{B}$$

$$=I-AB+A[(I-BA)^{-1}-BA(I-BA)^{-1}]B$$
$$=I-AB+A[(I-BA)(I-BA)^{-1}]B=I.$$

所以$I-AB$可逆，且 $(I-AB)^{-1}=I+A(I-BA)^{-1}B$.

评注 注意结论：若A,B为同阶方阵，则$I-AB$与$I-BA$有相同的可逆性.

例 13 设A是4×2阶矩阵，B是2×4阶矩阵，满足$AB=\begin{pmatrix}1&0&1&0\\0&1&0&1\\-1&0&-2&0\\0&-1&0&-2\end{pmatrix}$，求$BA$.

分析 将AB分块，有$AB=\begin{pmatrix}I&I\\-I&-2I\end{pmatrix}$，问题一下就简单了.

解 将矩阵分块，设$A=\begin{pmatrix}A_1\\A_2\end{pmatrix}$，$B=(B_1\ B_2)$，其中$A_i,B_i(i=1,2)$都是二阶方阵. 由于

$$\begin{pmatrix}1&0&1&0\\0&1&0&1\\-1&0&-2&0\\0&-1&0&-2\end{pmatrix}=\begin{pmatrix}A_1\\A_2\end{pmatrix}(B_1\ B_2)=\begin{pmatrix}A_1B_1&A_1B_2\\A_2B_1&A_2B_2\end{pmatrix},$$

所以$A_1B_1=I$，$A_2B_2=-2I$，故$B_1A_1=I$，$B_2A_2=-2I$，有

$$BA=(B_1\ B_2)\begin{pmatrix}A_1\\A_2\end{pmatrix}=B_1A_1+B_2A_2=-I=\begin{pmatrix}-1&0\\0&-1\end{pmatrix}.$$

评注 矩阵分块大大降低了矩阵的阶数，给运算、推理带来了方便. 矩阵分块有两大主要作用：一是简化运算，常用在矩阵乘法与求逆方面，这时分块要以出现特殊子块为好，如零矩阵、单位矩阵、对角矩阵、对角块（求逆）等；二是做形式转换，便于符号运算与理论推导，如两矩阵相乘，将右侧矩阵按列分块，可得到矩阵与向量组的关系，矩阵的等价、相似、合同标准形等都运用了矩阵分块为工具.

例 14 设A是$m\times n$阶矩阵，若$\operatorname{rank}(A)=r$，证明：

（1）存在秩为 r 的$m\times r$阶矩阵B和秩为r 的$r\times n$阶矩阵C，使得$A=BC$.

（2）A可表示为 r 个秩为 1 的矩阵之和.

分析（1）考察A的等价标准形：$\begin{pmatrix}I_r&0\\0&0\end{pmatrix}=\begin{pmatrix}I_r\\0\end{pmatrix}\begin{pmatrix}I_r&0\end{pmatrix}$，问题迎刃而解.

（2）将A的等价标准形$\begin{pmatrix}I_r&0\\0&0\end{pmatrix}$写成$r$ 个秩为 1 的矩阵之和是显然的.

证明 （1）因为$\operatorname{rank}(A)=r$，则存在m阶可逆矩阵P与n阶可逆矩阵Q，使得

$$A=P\begin{pmatrix}I_r&0\\0&0\end{pmatrix}Q=P\begin{pmatrix}I_r\\0\end{pmatrix}\begin{pmatrix}I_r&0\end{pmatrix}Q\ \text{（}I_r\text{为}r\text{阶单位矩阵，后同）}.$$

记$B=P\begin{pmatrix}I_r\\0\end{pmatrix}$，$C=\begin{pmatrix}I_r&0\end{pmatrix}Q$. 显然$B$是$m\times r$阶矩阵，$C$是$r\times n$阶矩阵，且$A=BC$.

由P,Q可逆，得

$$\operatorname{rank}(B)=\operatorname{rank}\begin{pmatrix}I_r\\0\end{pmatrix}=r,\ \operatorname{rank}(C)=\operatorname{rank}\begin{pmatrix}I_r&0\end{pmatrix}=r.$$

（2）记E_i为r阶矩阵中第i个主对角元为1，其余元全为0的矩阵，则

$$A=P\begin{pmatrix} I_r & 0\\ 0 & 0\end{pmatrix}Q=P\left[\sum_{i=1}^{r}\begin{pmatrix} E_i & 0\\ 0 & 0\end{pmatrix}\right]Q=\sum_{i=1}^{r}P\begin{pmatrix} E_i & 0\\ 0 & 0\end{pmatrix}Q,$$

其中 $P\begin{pmatrix} E_i & 0\\ 0 & 0\end{pmatrix}Q\ (i=1,2,\cdots,r)$ 的秩全为 1.

评注　(1) 该题 (1) 的结论较为常用，称为矩阵的**满秩分解**. 其特殊情形：

$$\operatorname{rank}(A)=1\Leftrightarrow A=\begin{pmatrix} a_1\\ a_2\\ \vdots\\ a_m\end{pmatrix}\begin{pmatrix} b_1 & b_2\cdots & b_n\end{pmatrix}$$（右端为两个非零向量，简称**列行分解**）.

该题 (2) 的结论又常称为矩阵的“秩 1 和分解”.

(2) 标准形是同类问题中的最简形式，用标准形来分析、处理问题通常能收到事半功倍的效果.

例 15　设 $A=\begin{pmatrix} 2 & -1 & 3\\ a & 1 & b\\ 4 & c & 6\end{pmatrix}$，且 $BA=0$，其中 B 为秩大于 1 的三阶方阵，求 A^n.

分析　由 $BA=0$ 易得到 $\operatorname{rank}(A)=1$. 将 A 做列行分解，A^n 就容易计算了.

解　由 $BA=0$，有 $\operatorname{rank}(A)+\operatorname{rank}(B)\leqslant 3$.

由于 $\operatorname{rank}(B)>1$，所以 $\operatorname{rank}(A)\leqslant 3-\operatorname{rank}(B)\leqslant 1$.

显然 $\operatorname{rank}(A)\geqslant 1$，故 $\operatorname{rank}(A)=1$，于是 A 的行向量成比例，即有

$$\frac{a}{2}=\frac{1}{-1}=\frac{b}{3},\quad \frac{2}{4}=\frac{-1}{c}=\frac{3}{6}.$$

解得 $a=-2,\ b=-3,\ c=-2$. 从而

$$A=\begin{pmatrix} 2 & -1 & 3\\ -2 & 1 & -3\\ 4 & -2 & 6\end{pmatrix}=\begin{pmatrix} 1\\ -1\\ 2\end{pmatrix}(2,-1,3)，故\ A^n=9^{n-1}A=9^{n-1}\begin{pmatrix} 2 & -1 & 3\\ -2 & 1 & -3\\ 4 & -2 & 6\end{pmatrix}.$$

评注　(1) 若 $A=\alpha\beta^{\mathrm T}$ (α,β 为 n 维列向量)，则 $A^k=\alpha(\beta^{\mathrm T}\alpha)^{k-1}\beta^{\mathrm T}=(\beta^{\mathrm T}\alpha)^{k-1}A$，其中 $\beta^{\mathrm T}\alpha=\operatorname{tr}(A)$.

(2) 矩阵秩的常见不等式：若 $AB=0$，则 $\operatorname{rank}(A)+\operatorname{rank}(B)\leqslant n$ （n 为 A 的列数）.

例 16　设 A 是对角元素全为 0，其余元素全大于 0 的 n 阶矩阵，求 $\operatorname{rank}(A)$ 的最小值.

分析　显然矩阵的秩与矩阵的阶数有关. 当 $n\leqslant 3$ 时，可具体计算并求得秩；当 $n>3$ 时，就很难具体计算了，只能通过矩阵秩的性质去猜想、构造，找到秩最小的矩阵例子.

解　当 $n=1$ 时，A 是零矩阵，$\operatorname{rank}(A)=0$；

当 $n=2$ 时，$|A|=\begin{vmatrix} 0 & a\\ b & 0\end{vmatrix}=-ab<0$，$\operatorname{rank}(A)=2$；

当 $n=3$ 时，$|A|=\begin{vmatrix} 0 & a_{12} & a_{13}\\ a_{21} & 0 & a_{23}\\ a_{31} & a_{32} & 0\end{vmatrix}=a_{12}a_{23}a_{31}+a_{13}a_{21}a_{32}>0$，$\operatorname{rank}(A)=3$；　①

当 $n>3$ 时，由①式知 A 的三阶顺序主子式大于 0，所以 $\operatorname{rank}(A)\geqslant 3$；构造矩阵

$$A=\begin{pmatrix} 1^2\\ 2^2\\ \vdots\\ n^2\end{pmatrix}\begin{pmatrix} 1 & 1 & \cdots & 1\end{pmatrix}-2\begin{pmatrix} 1\\ 2\\ \vdots\\ n\end{pmatrix}\begin{pmatrix} 1 & 2 & \cdots & n\end{pmatrix}+\begin{pmatrix} 1\\ 1\\ \vdots\\ 1\end{pmatrix}\begin{pmatrix} 1^2 & 2^2 & \cdots & n^2\end{pmatrix}$$

$$=\begin{pmatrix} 0 & 1^2 & 2^2 & \cdots & (n-1)^2 \\ (-1)^2 & 0 & 1^2 & \cdots & (n-2)^2 \\ \vdots & \vdots & \vdots & & \vdots \\ (1-n)^2 & (2-n)^2 & (3-n)^2 & \cdots & 0 \end{pmatrix}.$$

该矩阵满足题设条件，由于该矩阵是三个秩为 1 的矩阵之和，它的秩最多为 3. 所以 $\text{rank}(A)=3$.

综上可知

$$\min\{\text{rank}(A)\}=\begin{cases} 0, & n=1, \\ 2, & n=2, \\ 3, & n\geqslant 3. \end{cases}$$

评注 当 $n>3$ 时，题中的例子是根据矩阵的“秩 1 和分解”与“满秩分解”而想到的（见例 14）.

例 17 设 $\boldsymbol{A}$ 是 $m\times n$ 阶矩阵，$\boldsymbol{B}$ 是 $n\times p$ 阶矩阵，$\boldsymbol{C}$ 是 $p\times q$ 阶矩阵，证明：

$$\text{rank}(\boldsymbol{ABC})\geqslant \text{rank}(\boldsymbol{AB})+\text{rank}(\boldsymbol{BC})-\text{rank}(\boldsymbol{B}).$$

分析 只需证明 $\text{rank}(\boldsymbol{ABC})+\text{rank}(\boldsymbol{B})\geqslant \text{rank}(\boldsymbol{AB})+\text{rank}(\boldsymbol{BC})$ ，即

$$\text{rank}\begin{pmatrix} \boldsymbol{ABC} & \boldsymbol{0} \\ \boldsymbol{0} & \boldsymbol{B} \end{pmatrix}\geqslant \text{rank}\begin{pmatrix} \boldsymbol{AB} & \boldsymbol{0} \\ \boldsymbol{0} & \boldsymbol{BC} \end{pmatrix}.$$

证明 做分块矩阵乘法

$$\begin{pmatrix} \boldsymbol{I}_m & \boldsymbol{A} \\ \boldsymbol{0} & \boldsymbol{I}_n \end{pmatrix}\begin{pmatrix} \boldsymbol{ABC} & \boldsymbol{0} \\ \boldsymbol{0} & \boldsymbol{B} \end{pmatrix}\begin{pmatrix} \boldsymbol{I}_q & \boldsymbol{0} \\ -\boldsymbol{C} & \boldsymbol{I}_p \end{pmatrix}=\begin{pmatrix} \boldsymbol{0} & \boldsymbol{AB} \\ -\boldsymbol{BC} & \boldsymbol{B} \end{pmatrix},$$

$$\begin{pmatrix} \boldsymbol{0} & \boldsymbol{AB} \\ -\boldsymbol{BC} & \boldsymbol{B} \end{pmatrix}\begin{pmatrix} \boldsymbol{0} & -\boldsymbol{I}_q \\ \boldsymbol{I}_p & \boldsymbol{0} \end{pmatrix}=\begin{pmatrix} \boldsymbol{AB} & \boldsymbol{0} \\ \boldsymbol{B} & \boldsymbol{BC} \end{pmatrix}.$$

因为矩阵 $\begin{pmatrix} \boldsymbol{I}_m & \boldsymbol{A} \\ \boldsymbol{0} & \boldsymbol{I}_n \end{pmatrix},\begin{pmatrix} \boldsymbol{I}_q & \boldsymbol{0} \\ -\boldsymbol{C} & \boldsymbol{I}_p \end{pmatrix},\begin{pmatrix} \boldsymbol{0} & -\boldsymbol{I}_q \\ \boldsymbol{I}_p & \boldsymbol{0} \end{pmatrix}$ 均可逆，所以

$$\text{rank}\begin{pmatrix} \boldsymbol{ABC} & \boldsymbol{0} \\ \boldsymbol{0} & \boldsymbol{B} \end{pmatrix}=\text{rank}\begin{pmatrix} \boldsymbol{AB} & \boldsymbol{0} \\ \boldsymbol{B} & \boldsymbol{BC} \end{pmatrix}\geqslant \text{rank}\begin{pmatrix} \boldsymbol{AB} & \boldsymbol{0} \\ \boldsymbol{0} & \boldsymbol{BC} \end{pmatrix},$$

故

$$\text{rank}(\boldsymbol{ABC})\geqslant \text{rank}(\boldsymbol{AB})+\text{rank}(\boldsymbol{BC})-\text{rank}(\boldsymbol{B}).$$

评注 (1) 该题所证的不等式又叫 **Frobenius 不等式**，它是矩阵秩的一个基本不等式；当 $\boldsymbol{B}=\boldsymbol{I}_n$ 时，不等式为 $\text{rank}(\boldsymbol{AC})\geqslant \text{rank}(\boldsymbol{A})+\text{rank}(\boldsymbol{C})-n$ ，叫 **Sylvester 不等式**.

(2) 该题中所乘的几个分块矩阵是“由块单位矩阵经过一次初等变换得到的矩阵”，称为**块初等矩阵**. 块初等矩阵左（右）乘一个矩阵，等效于对这个矩阵做相应的块行（列）变换；分块矩阵的初等变换不改变矩阵的秩. 因此上面的求解过程也可以用分块矩阵的初等变换来描述，即

$$\begin{pmatrix} \boldsymbol{ABC} & \boldsymbol{0} \\ \boldsymbol{0} & \boldsymbol{B} \end{pmatrix}\xrightarrow{Ar_2+r_1}\begin{pmatrix} \boldsymbol{ABC} & \boldsymbol{AB} \\ \boldsymbol{0} & \boldsymbol{B} \end{pmatrix}\xrightarrow{c_2(-\boldsymbol{C})+c_1}\begin{pmatrix} \boldsymbol{0} & \boldsymbol{AB} \\ -\boldsymbol{BC} & \boldsymbol{B} \end{pmatrix}\xrightarrow{c_1(-\boldsymbol{I})\leftrightarrow c_2}\begin{pmatrix} \boldsymbol{AB} & \boldsymbol{0} \\ \boldsymbol{B} & \boldsymbol{BC} \end{pmatrix}.$$

(3) 矩阵秩的几个基本不等式：

- $\text{rank}(\boldsymbol{A}+\boldsymbol{B})\leqslant \text{rank}(\boldsymbol{A})+\text{rank}(\boldsymbol{B})$ ；
- $\text{rank}(\boldsymbol{A}\vdots\boldsymbol{B})\leqslant \text{rank}(\boldsymbol{A})+\text{rank}(\boldsymbol{B})$ ；
- $\text{rank}(\boldsymbol{AB})\leqslant \min\{\text{rank}(\boldsymbol{A}),\text{rank}(\boldsymbol{B})\}$ ；
- $\text{rank}\begin{pmatrix} \boldsymbol{A} & \boldsymbol{C} \\ \boldsymbol{0} & \boldsymbol{B} \end{pmatrix}\geqslant \text{rank}\begin{pmatrix} \boldsymbol{A} & \boldsymbol{0} \\ \boldsymbol{0} & \boldsymbol{B} \end{pmatrix}=\text{rank}(\boldsymbol{A})+\text{rank}(\boldsymbol{B})$.

例 18 设 n 阶矩阵 $\boldsymbol{A}$、$\boldsymbol{B}$、$\boldsymbol{C}$ 满足 $\boldsymbol{AC}=\boldsymbol{CB}$，秩 $\text{rank}(\boldsymbol{C})=r$. 证明存在可逆矩阵 $\boldsymbol{P},\boldsymbol{Q}$ 使得 $\boldsymbol{P}^{-1}\boldsymbol{AP}$，

$Q^{-1}BQ$ 有相同的 r 阶顺序主子式.

分析　只需证明 $P^{-1}AP$ 与 $Q^{-1}BQ$ 左上角有相同的 r 阶子块. 由于 $r=\mathrm{rank}(C)$，会想到用 C 的等价标准形来做考察.

证明　因为 $\mathrm{rank}(C)=r$，则存在可逆矩阵 P 和 Q 使得

$$C=P\begin{pmatrix} I_r & 0 \\ 0 & 0 \end{pmatrix}Q^{-1}.$$

因为 $AC=CB$，则

$$AP\begin{pmatrix} I_r & 0 \\ 0 & 0 \end{pmatrix}Q^{-1}=P\begin{pmatrix} I_r & 0 \\ 0 & 0 \end{pmatrix}Q^{-1}B \Rightarrow P^{-1}AP\begin{pmatrix} I_r & 0 \\ 0 & 0 \end{pmatrix}=\begin{pmatrix} I_r & 0 \\ 0 & 0 \end{pmatrix}Q^{-1}BQ.$$

令 $P^{-1}AP=\begin{pmatrix} A_1 & A_2 \\ A_3 & A_4 \end{pmatrix}$，$Q^{-1}BQ=\begin{pmatrix} B_1 & B_2 \\ B_3 & B_4 \end{pmatrix}$（$A_1, B_1$ 均为 r 阶方阵），则

$$\begin{pmatrix} A_1 & A_2 \\ A_3 & A_4 \end{pmatrix}\begin{pmatrix} I_r & 0 \\ 0 & 0 \end{pmatrix}=\begin{pmatrix} I_r & 0 \\ 0 & 0 \end{pmatrix}\begin{pmatrix} B_1 & B_2 \\ B_3 & B_4 \end{pmatrix}$$

$$\Rightarrow \begin{pmatrix} A_1 & 0 \\ A_3 & 0 \end{pmatrix}=\begin{pmatrix} B_1 & B_2 \\ 0 & 0 \end{pmatrix},$$

所以 $A_1=B_1$，$A_3=0$，$B_2=0$. 故

$$P^{-1}AP=\begin{pmatrix} A_1 & A_2 \\ 0 & A_4 \end{pmatrix},\quad Q^{-1}BQ=\begin{pmatrix} A_1 & 0 \\ B_3 & B_4 \end{pmatrix}.$$

所以 $P^{-1}AP$ 和 $Q^{-1}BQ$ 有相同的 r 阶顺序主子式.

评注　矩阵的等价标准形是矩阵等价关系中最简单的形式，由于矩阵的等价变换与矩阵的乘积可相互转换（乘初等矩阵或可逆矩阵），因此在涉及矩阵乘积、初等变换、秩等的相关命题时，用矩阵的标准形来处理更为简捷.

例 19*　设 $A_1, A_2, \cdots, A_m$ 为 n 阶方阵，适合条件 $A_1+A_2+\cdots+A_m=I_n$. 证明下列 3 个命题等价：

（1）$A_1, A_2, \cdots, A_m$ 都是幂等矩阵；

（2）$\mathrm{rank}(A_1)+\mathrm{rank}(A_2)+\cdots+\mathrm{rank}(A_m)=n$；

（3）当 $1\leqslant i, j\leqslant n$ 且 $i\neq j$ 时，有 $A_iA_j=0$（称 A_i 与 A_j 正交）.

分析　采用 (1) $\Rightarrow$ (2) $\Rightarrow$ (3) $\Rightarrow$ (1) 的方式.

证明　(1) $\Rightarrow$ (2)：首先证明“幂等矩阵的秩等于它的迹”.

设 A 是 n 阶幂等矩阵，且 $\mathrm{rank}(A)=r$，则存在可逆矩阵 P, Q 使得

$$A=P\begin{pmatrix} I_r & 0 \\ 0 & 0 \end{pmatrix}Q.$$

由 $A^2=A$ 得

$$P\begin{pmatrix} I_r & 0 \\ 0 & 0 \end{pmatrix}QP\begin{pmatrix} I_r & 0 \\ 0 & 0 \end{pmatrix}Q=P\begin{pmatrix} I_r & 0 \\ 0 & 0 \end{pmatrix}Q$$

$$\Rightarrow \begin{pmatrix} I_r & 0 \\ 0 & 0 \end{pmatrix}QP\begin{pmatrix} I_r & 0 \\ 0 & 0 \end{pmatrix}=\begin{pmatrix} I_r & 0 \\ 0 & 0 \end{pmatrix}. \qquad ①$$

将 QP 分块，记 $QP=\begin{pmatrix} M_{11} & M_{12} \\ M_{21} & M_{22} \end{pmatrix}$，代入①式可得 $M_{11}=I_r$. 则有

$$\mathrm{tr}(A)=\mathrm{tr}\left(P\begin{pmatrix} I_r & 0 \\ 0 & 0 \end{pmatrix}Q\right)=\mathrm{tr}\left(\begin{pmatrix} I_r & 0 \\ 0 & 0 \end{pmatrix}QP\right)$$

$$=\operatorname{tr}\left(\begin{pmatrix}\boldsymbol{I}_r & \boldsymbol{0}\\ \boldsymbol{0} & \boldsymbol{0}\end{pmatrix}\begin{pmatrix}\boldsymbol{I}_r & \boldsymbol{M}_{12}\\ \boldsymbol{M}_{21} & \boldsymbol{M}_{22}\end{pmatrix}\right)=\operatorname{tr}\left(\begin{pmatrix}\boldsymbol{I}_r & \boldsymbol{M}_{12}\\ \boldsymbol{0} & \boldsymbol{0}\end{pmatrix}\right)=r.$$

若 $\boldsymbol{A}_1,\boldsymbol{A}_2,\cdots,\boldsymbol{A}_m$ 都是幂等矩阵，则由上面的结论得

$$\sum_{i=1}^{m}\operatorname{rank}(\boldsymbol{A}_i)=\sum_{i=1}^{m}\operatorname{tr}(\boldsymbol{A}_i)=\operatorname{tr}(\boldsymbol{I}_n)=n.$$

(2)$\Rightarrow$(3)：考虑 $n^2\times n^2$ 块对角矩阵.

$$\begin{pmatrix}\boldsymbol{A}_1 & & & \\ & \boldsymbol{A}_2 & & \\ & & \boldsymbol{A}_3 & \\ & & & \ddots & \\ & & & & \boldsymbol{A}_m\end{pmatrix}\xrightarrow[i=2,\cdots m]{(I)r_i+r_1}\begin{pmatrix}\boldsymbol{A}_1 & \boldsymbol{A}_2 & \boldsymbol{A}_3 & \cdots & \boldsymbol{A}_m\\ & \boldsymbol{A}_2 & & & \\ & & \boldsymbol{A}_3 & & \\ & & & \ddots & \\ & & & & \boldsymbol{A}_m\end{pmatrix}\xrightarrow[i=2,\cdots m]{c_i(I)+c_1}\begin{pmatrix}\boldsymbol{I}_n & \boldsymbol{A}_2 & \boldsymbol{A}_3 & \cdots & \boldsymbol{A}_m\\ \boldsymbol{A}_2 & \boldsymbol{A}_2 & & & \\ \boldsymbol{A}_3 & & \boldsymbol{A}_3 & & \\ \vdots & & & \ddots & \\ \boldsymbol{A}_m & & & & \boldsymbol{A}_m\end{pmatrix}$$

$$\xrightarrow[i=2,\cdots m]{c_1(-A_i)+c_i}\begin{pmatrix}\boldsymbol{I}_n & \boldsymbol{0} & \boldsymbol{0} & \cdots & \boldsymbol{0}\\ \boldsymbol{A}_2 & \boldsymbol{A}_2-\boldsymbol{A}_2^2 & -\boldsymbol{A}_2\boldsymbol{A}_3 & \cdots & -\boldsymbol{A}_2\boldsymbol{A}_m\\ \boldsymbol{A}_3 & -\boldsymbol{A}_3\boldsymbol{A}_2 & \boldsymbol{A}_3-\boldsymbol{A}_3^2 & \cdots & -\boldsymbol{A}_3\boldsymbol{A}_m\\ \vdots & \vdots & \vdots & & \vdots\\ \boldsymbol{A}_m & -\boldsymbol{A}_m\boldsymbol{A}_2 & -\boldsymbol{A}_m\boldsymbol{A}_3 & \cdots & \boldsymbol{A}_m-\boldsymbol{A}_m^2\end{pmatrix}\xrightarrow[i=2,\cdots m]{(-A_i)r_1+r_i}\begin{pmatrix}\boldsymbol{I}_n & \boldsymbol{0} & \boldsymbol{0} & \cdots & \boldsymbol{0}\\ \boldsymbol{0} & \boldsymbol{A}_2-\boldsymbol{A}_2^2 & -\boldsymbol{A}_2\boldsymbol{A}_3 & \cdots & -\boldsymbol{A}_2\boldsymbol{A}_m\\ \boldsymbol{0} & -\boldsymbol{A}_3\boldsymbol{A}_2 & \boldsymbol{A}_3-\boldsymbol{A}_3^2 & \cdots & -\boldsymbol{A}_3\boldsymbol{A}_m\\ \vdots & \vdots & \vdots & & \vdots\\ \boldsymbol{0} & -\boldsymbol{A}_m\boldsymbol{A}_2 & -\boldsymbol{A}_m\boldsymbol{A}_3 & \cdots & \boldsymbol{A}_m-\boldsymbol{A}_m^2\end{pmatrix}.$$

所以 $\operatorname{rank}(\boldsymbol{A}_1)+\operatorname{rank}(\boldsymbol{A}_2)+\cdots+\operatorname{rank}(\boldsymbol{A}_m)=n$，当且仅当右下角的 $(n^2-n)\times(n^2-n)$ 阶矩阵为 $\boldsymbol{0}$，即 $\boldsymbol{A}_i(i\geqslant 2)$ 都是幂等矩阵且相互正交.

对 $i=1$ 的情况，在等式 $\boldsymbol{A}_1+\boldsymbol{A}_2+\cdots+\boldsymbol{A}_m=\boldsymbol{I}_n$ 两边，左乘 $\boldsymbol{A}_j(j\geqslant 2)$，有

$$\boldsymbol{A}_j\boldsymbol{A}_1+\boldsymbol{A}_j^2=\boldsymbol{A}_j\Rightarrow\boldsymbol{A}_j\boldsymbol{A}_1=\boldsymbol{0}.$$

所以命题（3）成立.

(3)$\Rightarrow$(1)：在等式 $\boldsymbol{A}_1+\boldsymbol{A}_2+\cdots+\boldsymbol{A}_m=\boldsymbol{I}_n$ 两边，左乘 $\boldsymbol{A}_1$，有

$$\boldsymbol{A}_1^2+\boldsymbol{A}_1(\boldsymbol{A}_2+\cdots+\boldsymbol{A}_m)=\boldsymbol{A}_1\Rightarrow\boldsymbol{A}_1^2=\boldsymbol{A}_1.$$

这说明 $\boldsymbol{A}_1$ 是幂等矩阵，对其他 $\boldsymbol{A}_i$ 也完全类似，这就完成了全部证明.

评注 （1）该题的结论又称为矩阵的“正交幂等性质”.

（2）注意在该题证明中得到的另一个结论：若 $\boldsymbol{A}$ 是幂等矩阵，则 $\operatorname{rank}(\boldsymbol{A})=\operatorname{tr}(\boldsymbol{A})$.

（3）通过此题可再次体会上题评注的意义.

例 20* 设 $\boldsymbol{A},\boldsymbol{B}$ 为 n 阶方阵且 $\boldsymbol{B}$ 可逆，$\operatorname{rank}(\boldsymbol{I}-\boldsymbol{AB})+\operatorname{rank}(\boldsymbol{I}+\boldsymbol{BA})=n$，证明 $\boldsymbol{A}$ 也可逆.

分析 易知 $\operatorname{rank}(\boldsymbol{I}+\boldsymbol{BA})=\operatorname{rank}(\boldsymbol{I}+\boldsymbol{AB})$，题设条件变为 $\operatorname{rank}(\boldsymbol{I}-\boldsymbol{AB})+\operatorname{rank}(\boldsymbol{I}+\boldsymbol{AB})=n$，又 $\frac{1}{2}(\boldsymbol{I}-\boldsymbol{AB})+\frac{1}{2}(\boldsymbol{I}+\boldsymbol{AB})=\boldsymbol{I}$，利用矩阵的“正交幂等性质”（上题结论）问题就解决了.

证明 首先证明 $\operatorname{rank}(\boldsymbol{I}+\boldsymbol{BA})=\operatorname{rank}(\boldsymbol{I}+\boldsymbol{AB})$. 由于 $\boldsymbol{B}$ 可逆，则

$$\operatorname{rank}(\boldsymbol{I}+\boldsymbol{BA})=\operatorname{rank}[\boldsymbol{B}(\boldsymbol{B}^{-1}+\boldsymbol{A})]=\operatorname{rank}[(\boldsymbol{B}^{-1}+\boldsymbol{A})\boldsymbol{B}]=\operatorname{rank}(\boldsymbol{I}+\boldsymbol{AB}).$$

从而

$$\operatorname{rank}(\boldsymbol{I}-\boldsymbol{AB})+\operatorname{rank}(\boldsymbol{I}+\boldsymbol{AB})=\operatorname{rank}(\boldsymbol{I}-\boldsymbol{AB})+\operatorname{rank}(\boldsymbol{I}+\boldsymbol{BA})=n.$$

又

$$\frac{1}{2}(\boldsymbol{I}-\boldsymbol{AB})+\frac{1}{2}(\boldsymbol{I}+\boldsymbol{AB})=\boldsymbol{I},$$

利用矩阵的“正交幂等性质”，有

$$(\boldsymbol{I}-\boldsymbol{AB})(\boldsymbol{I}+\boldsymbol{AB})=\boldsymbol{0}\Rightarrow(\boldsymbol{AB})^2=\boldsymbol{I}.$$

所以 $\boldsymbol{A}$ 可逆.

评注 当同阶方阵 $\boldsymbol{A},\boldsymbol{B}$ 之一可逆时，显然有 $\operatorname{rank}(\boldsymbol{BA})=\operatorname{rank}(\boldsymbol{AB})$. 否则，等式不一定成立.

习题 9.1

习题 9.1 答案

1. 设 $\begin{vmatrix} 2 & 1 & 0 & -1 \\ -1 & 2 & -5 & 3 \\ 3 & 0 & a & b \\ 1 & -3 & 5 & 0 \end{vmatrix} = A_{41} - A_{42} + A_{43} + 10$，其中 A_{ij} 为左边行列式中元素 a_{ij} 的代数余子式，求 a, b 的值.

2. 计算下列行列式.

（1）$D = \begin{vmatrix} a & b & c & d \\ b & -a & d & -c \\ c & -d & -a & b \\ d & c & -b & -a \end{vmatrix}$；　　（2）$D = \begin{vmatrix} a_1 & a_2 & a_3 & a_4 \\ a_2 & a_1 & a_4 & a_3 \\ a_3 & a_4 & a_1 & a_2 \\ a_4 & a_3 & a_2 & a_1 \end{vmatrix}$.

3. 设 $a_i = a_0 + id\ (i = 1, 2, \cdots, n)$，计算行列式

$$D_{n+1} = \begin{vmatrix} a_0 & a_1 & a_2 & \cdots & a_n \\ a_1 & a_0 & a_1 & \cdots & a_{n-1} \\ a_2 & a_1 & a_0 & \cdots & a_{n-2} \\ \vdots & \vdots & \vdots & & \vdots \\ a_n & a_{n-1} & a_{n-2} & \cdots & a_0 \end{vmatrix}.$$

4. 设 $f(x) = \begin{vmatrix} 1 & 0 & 0 & 0 & \cdots & 0 & x \\ 1 & 2 & 0 & 0 & \cdots & 0 & x^2 \\ 1 & 3 & 3 & 0 & \cdots & 0 & x^3 \\ \vdots & \vdots & \vdots & \vdots & & \vdots & \vdots \\ 1 & n & C_n^2 & C_n^3 & \cdots & C_n^{n-1} & x^n \\ 1 & n+1 & C_{n+1}^2 & C_{n+1}^3 & \cdots & C_{n+1}^{n-1} & x^{n+1} \end{vmatrix}$.

（1）计算 $f(x+1) - f(x)$；

（2）求 $f(k)$ (k为正整数).

5. 设 $a_1 a_2 \cdots a_n \neq 0$，计算 n 阶行列式 $D_n = \begin{vmatrix} 0 & a_1 + a_2 & a_1 + a_3 & \cdots & a_1 + a_n \\ a_2 + a_1 & 0 & a_2 + a_3 & \cdots & a_2 + a_n \\ a_3 + a_1 & a_3 + a_2 & 0 & \cdots & a_3 + a_n \\ \vdots & \vdots & \vdots & & \vdots \\ a_n + a_1 & a_n + a_2 & a_n + a_3 & \cdots & 0 \end{vmatrix}$.

6. 计算下列 n 阶行列式:

（1）$\begin{vmatrix} a+b & ab & & & \\ 1 & a+b & ab & & \\ & 1 & \ddots & \ddots & \\ & & \ddots & \ddots & ab \\ & & & 1 & a+b \end{vmatrix}$（$a \neq b$）；　　（2）$\begin{vmatrix} a + x_1 & a + x_1^2 & \cdots & a + x_1^n \\ a + x_2 & a + x_2^2 & \cdots & a + x_2^n \\ \vdots & \vdots & & \vdots \\ a + x_n & a + x_n^2 & \cdots & a + x_n^n \end{vmatrix}$.

7. 设 $s_k = x_1^k + x_2^k + \cdots + x_n^k (k = 0, 1, 2, \cdots)$，计算 $n+1$ 阶行列式

$$D=\begin{vmatrix} s_0 & s_1 & \cdots & s_{n-1} & 1 \\ s_1 & s_2 & \cdots & s_n & x \\ \vdots & \vdots & & \vdots & \vdots \\ s_{n-1} & s_n & \cdots & s_{2n-2} & x^{n-1} \\ s_n & s_{n+1} & \cdots & s_{2n-1} & x^n \end{vmatrix}.$$

8. 设 $A_i\,(i=1,2,\cdots,2023)$ 是2022阶矩阵，证明关于 $x_i\,(i=1,2,\cdots,2023)$ 的方程 $\det\left(\sum_{i=1}^{2023}x_iA_i\right)=0$ 至少有一组非零解. 其中det表示行列式.

9. 设 n 阶实矩阵 A 的每个元素的绝对值为2，证明当 $n\geqslant 3$ 时，$|A|\leqslant \dfrac{1}{3}\cdot 2^{n+1}n!$.

10. 设 $\boldsymbol{A},\boldsymbol{B}$ 为实对称矩阵，$\boldsymbol{C}$ 为实反对称矩阵，且 $\boldsymbol{A}^2+\boldsymbol{B}^2=\boldsymbol{C}^2$. 证明 $\boldsymbol{A}=\boldsymbol{B}=\boldsymbol{C}=\boldsymbol{0}$.

11. 设 $\boldsymbol{A}=\begin{pmatrix} a_{11} & a_{12} & \cdots & a_{1n} \\ a_{21} & a_{22} & \cdots & a_{2n} \\ \vdots & \vdots & & \vdots \\ a_{n1} & a_{n2} & \cdots & a_{nn} \end{pmatrix}$ 是实对称矩阵，证明若 $\boldsymbol{A}$ 的主对角线元素之和为零，且 $\boldsymbol{A}$ 的所有二阶主子式全为零，则 $\boldsymbol{A}$ 是零矩阵.

12. 设矩阵 $\boldsymbol{D}$ 满足 $(\boldsymbol{C}^{-1})^{\mathrm{T}}\left[\boldsymbol{B}^{\mathrm{T}}(\boldsymbol{C}\boldsymbol{B}^{-1}+\boldsymbol{I})^{\mathrm{T}}-\boldsymbol{A}\boldsymbol{D}\right]-\boldsymbol{I}=\boldsymbol{0}$，其中 $\boldsymbol{A}=\begin{pmatrix} 1 & 0 & 0 \\ 0 & 1/2 & 0 \\ 0 & 0 & 1/3 \end{pmatrix}$，$\boldsymbol{B}=\begin{pmatrix} 1 & 2 & 0 \\ 2 & 1 & 0 \\ 0 & 0 & 1 \end{pmatrix}$，$\boldsymbol{C}=\begin{pmatrix} 1 & 2 & 3 \\ 4 & 5 & 6 \\ 7 & 8 & 10 \end{pmatrix}$，求矩阵 $\boldsymbol{D}$.

13. 设 $\boldsymbol{A},\boldsymbol{B},\boldsymbol{AB}-\boldsymbol{I}$ 都是 n 阶可逆矩阵，求 $[(\boldsymbol{A}-\boldsymbol{B}^{-1})^{-1}-\boldsymbol{A}^{-1}]^{-1}$.

14. 元素皆为整数的矩阵称为整矩阵. 设 n 阶矩阵 $\boldsymbol{A},\boldsymbol{B}$ 皆为整矩阵.

（1）证明以下两条等价：

① $\boldsymbol{A}$ 可逆且 $\boldsymbol{A}^{-1}$ 仍为整矩阵；② $\boldsymbol{A}$ 的行列式的绝对值为1.

（2）若又知 $\boldsymbol{A},\boldsymbol{A}-2\boldsymbol{B},\boldsymbol{A}-4\boldsymbol{B},\cdots,\boldsymbol{A}-2n\boldsymbol{B},\boldsymbol{A}-2(n+1)\boldsymbol{B},\cdots,\boldsymbol{A}-2(n+n)\boldsymbol{B}$ 皆可逆，且它们的逆矩阵仍皆为整矩阵，试证明 $\boldsymbol{A}+\boldsymbol{B}$ 可逆.

15. 已知 $\boldsymbol{A}$ 为 n 阶可逆反对称矩阵，$\boldsymbol{b}$ 为 n 维非零列向量，设 $\boldsymbol{B}=\begin{pmatrix} \boldsymbol{A} & \boldsymbol{b} \\ \boldsymbol{b}^{\mathrm{T}} & 0 \end{pmatrix}$，求 $\mathrm{rank}(\boldsymbol{B})$.

16. 设 $\boldsymbol{A}=\begin{pmatrix} 2 & 3 & 4 \\ 6 & t & 2 \\ 4 & 6 & 3 \end{pmatrix}$，$\boldsymbol{B}=\begin{pmatrix} 1 \\ 3 \\ 0 \end{pmatrix}\begin{pmatrix} 2 & 3 & 4 \end{pmatrix}$. 若 $\mathrm{rank}(\boldsymbol{A}+\boldsymbol{AB})=2$，求 t 的值.

17. 设 $\boldsymbol{A}$ 是 n 阶方阵，满足 $\mathrm{rank}(\boldsymbol{A})=1=\mathrm{tr}(\boldsymbol{A})$，求 $\boldsymbol{A}-\boldsymbol{I}$ 的伴随矩阵的秩.

18. 已知 a 是常数，且矩阵 $\boldsymbol{A}=\begin{pmatrix} 1 & 2 & a \\ 1 & 3 & 0 \\ 2 & 7 & -a \end{pmatrix}$ 可经过初等变换化为矩阵 $\boldsymbol{B}=\begin{pmatrix} 1 & a & 2 \\ 0 & 1 & 1 \\ -1 & 1 & 1 \end{pmatrix}$.

（1）求 a；

（2）求满足 $\boldsymbol{AP}=\boldsymbol{B}$ 的可逆矩阵 $\boldsymbol{P}$.

19. 设 $\boldsymbol{A}$ 为 $m\times n$ 阶矩阵，$m<n$，$\mathrm{rank}(\boldsymbol{A})=m$. 证明存在 $n\times m$ 阶矩阵 $\boldsymbol{B}$，使 $\boldsymbol{AB}=\boldsymbol{I}_m$.

20. 设 $\boldsymbol{A}$ 是 $m\times n$ 阶矩阵，$\boldsymbol{B}$ 是 $n\times m$ 阶矩阵. 证明存在 $m\times n$ 阶矩阵 $\boldsymbol{C}$ 使得 $\boldsymbol{A}=\boldsymbol{ABC}$，当且仅当 $\mathrm{rank}(\boldsymbol{A})=\mathrm{rank}(\boldsymbol{AB})$.

21*. 设 $\boldsymbol{A},\boldsymbol{B}$ 为 n 阶矩阵，证明下列等式：

（1）$\mathrm{rank}(\boldsymbol{A}-\boldsymbol{ABA})=\mathrm{rank}(\boldsymbol{A})+\mathrm{rank}(\boldsymbol{I}-\boldsymbol{BA})-n$；

（2）$\mathrm{rank}(\boldsymbol{A}+\boldsymbol{B}-\boldsymbol{ACB})=\mathrm{rank}(\boldsymbol{A}+\boldsymbol{B}-\boldsymbol{BCA})$.

22*. 设 $\boldsymbol{A}$ 是 n 阶矩阵，m 为任意自然数，证明 $(m+1)\cdot\mathrm{rank}(\boldsymbol{A}^2)\leqslant\mathrm{rank}(\boldsymbol{A}^{m+2})+m\cdot\mathrm{rank}(\boldsymbol{A})$.

23*. 设 $\boldsymbol{A},\boldsymbol{B}$ 为 n 阶方阵，满足 $\mathrm{rank}(\boldsymbol{A}+\boldsymbol{B})=\mathrm{rank}(\boldsymbol{A})+\mathrm{rank}(\boldsymbol{B})$，且 $\boldsymbol{A}+\boldsymbol{B}$ 是幂等矩阵，证明 $\boldsymbol{A}$ 和 $\boldsymbol{B}$ 也是幂等矩阵，而且 $\boldsymbol{AB}=\boldsymbol{BA}=\boldsymbol{0}$.

9.2　向量组与线性方程组

例 1　已知线性方程组

$$\begin{cases}a_{11}x_1+a_{12}x_2+a_{13}x_3+a_{14}x_4=a_{15}\\ a_{21}x_1+a_{22}x_2+a_{23}x_3+a_{24}x_4=a_{25}\\ a_{31}x_1+a_{32}x_2+a_{33}x_3+a_{34}x_4=a_{35}\\ a_{41}x_1+a_{42}x_2+a_{43}x_3+a_{44}x_4=a_{45}\end{cases}$$

的通解为 $(2,\ 1,\ 0,\ 1)^{\mathrm{T}}+k(1,-1,\ 2,\ 0)^{\mathrm{T}}$. 记 $\boldsymbol{\alpha}_j=(a_{1j},a_{2j},a_{3j},a_{4j})^{\mathrm{T}}$ $(j=1,\ 2,\ 3,\ 4,\ 5)$，问：

（1）$\boldsymbol{\alpha}_4$ 能否由 $\boldsymbol{\alpha}_1,\boldsymbol{\alpha}_2,\boldsymbol{\alpha}_3,\boldsymbol{\alpha}_5$ 线性表示？

（2）$\boldsymbol{\alpha}_4$ 能否由 $\boldsymbol{\alpha}_1,\boldsymbol{\alpha}_2,\boldsymbol{\alpha}_3$ 线性表示？

分析　将线性方程组写成向量形式，问题就容易解决了.

（1）如果从方程组的通解中能找到一个解，使得向量方程中 $\boldsymbol{\alpha}_4$ 的系数不为 0，则 $\boldsymbol{\alpha}_4$ 就能由其余的向量线性表示；否则就不能.

（2）不考虑 $\boldsymbol{\alpha}_5$，对应的方程组为齐次方程组，其通解为 $k(1,-1,\ 2,\ 0)^{\mathrm{T}}$. 由于 $\boldsymbol{\alpha}_4$ 的系数始终为零，故 $\boldsymbol{\alpha}_4$ 不能由 $\boldsymbol{\alpha}_1,\boldsymbol{\alpha}_2,\boldsymbol{\alpha}_3$ 线性表示.

解　线性方程组表示为向量形式为

$$x_1\boldsymbol{\alpha}_1+x_2\boldsymbol{\alpha}_2+x_3\boldsymbol{\alpha}_3+x_4\boldsymbol{\alpha}_4=\boldsymbol{\alpha}_5.$$

（1）在通解中取 $k=0$ 知，$(2,\ 1,\ 0,\ 1)^{\mathrm{T}}$ 是方程组的解，即有

$$2\boldsymbol{\alpha}_1+\boldsymbol{\alpha}_2+0\boldsymbol{\alpha}_3+\boldsymbol{\alpha}_4=\boldsymbol{\alpha}_5\Rightarrow\boldsymbol{\alpha}_4=-2\boldsymbol{\alpha}_1-\boldsymbol{\alpha}_2+0\boldsymbol{\alpha}_3+\boldsymbol{\alpha}_5,$$

故 $\boldsymbol{\alpha}_4$ 可由 $\boldsymbol{\alpha}_1,\boldsymbol{\alpha}_2,\boldsymbol{\alpha}_3,\boldsymbol{\alpha}_5$ 线性表示.

（2）由通解知，对应齐次方程组的基础解系只有一个非零解向量，故

$$\mathrm{rank}(\boldsymbol{\alpha}_1,\boldsymbol{\alpha}_2,\boldsymbol{\alpha}_3,\boldsymbol{\alpha}_4)=\mathrm{rank}(\boldsymbol{\alpha}_1,\boldsymbol{\alpha}_2,\boldsymbol{\alpha}_3,\boldsymbol{\alpha}_4,\boldsymbol{\alpha}_5)=4-1=3.$$

若 $\boldsymbol{\alpha}_4$ 可由 $\boldsymbol{\alpha}_1,\boldsymbol{\alpha}_2,\boldsymbol{\alpha}_3$ 线性表示，则

$$\mathrm{rank}(\boldsymbol{\alpha}_1,\boldsymbol{\alpha}_2,\boldsymbol{\alpha}_3,\boldsymbol{\alpha}_4)=\mathrm{rank}(\boldsymbol{\alpha}_1,\boldsymbol{\alpha}_2,\boldsymbol{\alpha}_3)=3,$$

所以 $\boldsymbol{\alpha}_1,\boldsymbol{\alpha}_2,\boldsymbol{\alpha}_3$ 线性无关. 但由于 $(1,-1,2,0)^{\mathrm{T}}$ 为齐次方程组的解向量，因此有 $\boldsymbol{\alpha}_1-\boldsymbol{\alpha}_2+2\boldsymbol{\alpha}_3=\boldsymbol{0}$，即 $\boldsymbol{\alpha}_1,\boldsymbol{\alpha}_2,\boldsymbol{\alpha}_3$ 线性相关，矛盾.

所以 $\boldsymbol{\alpha}_4$ 不能由 $\boldsymbol{\alpha}_1,\boldsymbol{\alpha}_2,\boldsymbol{\alpha}_3$ 线性表示.

评注　证明线性表示的常用方法如下.

（1）定义法：$\boldsymbol{\beta}$ 能由 $\boldsymbol{\alpha}_1,\boldsymbol{\alpha}_2,\cdots,\boldsymbol{\alpha}_s$ 线性表示 $\Leftrightarrow$ 在 $k_1\boldsymbol{\alpha}_1+k_2\boldsymbol{\alpha}_2+\cdots+k_s\boldsymbol{\alpha}_s+k_{s+1}\boldsymbol{\beta}=\boldsymbol{0}$ 中 $k_{s+1}\neq0$.

（2）方程组法：方程组 $x_1\boldsymbol{\alpha}_1+x_2\boldsymbol{\alpha}_2+\cdots+x_s\boldsymbol{\alpha}_s=\boldsymbol{\beta}$ 有解 $\Leftrightarrow\mathrm{rank}(\boldsymbol{\alpha}_1,\boldsymbol{\alpha}_2,\cdots,\boldsymbol{\alpha}_s,\boldsymbol{\beta})=\mathrm{rank}(\boldsymbol{\alpha}_1,\boldsymbol{\alpha}_2,\cdots,\boldsymbol{\alpha}_s)$.

（3）基本定理：若 $\boldsymbol{\alpha}_1,\boldsymbol{\alpha}_2,\cdots,\boldsymbol{\alpha}_s$ 无关，而 $\boldsymbol{\alpha}_1,\boldsymbol{\alpha}_2,\cdots,\boldsymbol{\alpha}_s,\boldsymbol{\beta}$ 相关 $\Leftrightarrow$ $\boldsymbol{\beta}$ 可由 $\boldsymbol{\alpha}_1,\boldsymbol{\alpha}_2,\cdots,\boldsymbol{\alpha}_s$ 唯一线性表示. 特别地，向量空间中的任一向量，都可由空间的一组基唯一线性表示.

（4）反证法.

例 2　已知向量组 $\boldsymbol{\beta}_1=(0,\ 1,\ -1)^{\mathrm{T}}$，$\boldsymbol{\beta}_2=(a,\ 2,\ 1)^{\mathrm{T}}$，$\boldsymbol{\beta}_3=(b,\ 1,\ 0)^{\mathrm{T}}$ 与向量组 $\boldsymbol{\alpha}_1=(1,\ 2,\ -3)^{\mathrm{T}}$，

$\boldsymbol{\alpha}_2=(3,\ 0,\ 1)^{\mathrm{T}}$，$\boldsymbol{\alpha}_3=(9,\ 6,\ -7)^{\mathrm{T}}$具有相同的秩，且$\boldsymbol{\beta}_3$可由$\boldsymbol{\alpha}_1,\boldsymbol{\alpha}_2,\boldsymbol{\alpha}_3$线性表示，求$a$、$b$的值.

分析 易求得$\operatorname{rank}(\boldsymbol{\alpha}_1,\boldsymbol{\alpha}_2,\boldsymbol{\alpha}_3)=2$，由$\operatorname{rank}(\boldsymbol{\beta}_1,\boldsymbol{\beta}_2,\boldsymbol{\beta}_3)=2$或$\det(\boldsymbol{\beta}_1,\boldsymbol{\beta}_2,\boldsymbol{\beta}_3)=0$可得$a$与$b$的关系式；再由$\boldsymbol{\beta}_3$可由$\boldsymbol{\alpha}_1,\boldsymbol{\alpha}_2,\boldsymbol{\alpha}_3$线性表示，从而可由其极大无关组线性表示，可再得$a$与$b$的一个关系式.

解 先求向量组$\boldsymbol{\alpha}_1,\boldsymbol{\alpha}_2,\boldsymbol{\alpha}_3$的秩. 对矩阵$(\boldsymbol{\alpha}_1,\boldsymbol{\alpha}_2,\boldsymbol{\alpha}_3)$做行初等变换

$$\begin{pmatrix}1&3&9\\-2&0&6\\-3&1&-7\end{pmatrix}\to\begin{pmatrix}1&3&9\\0&-6&-12\\0&10&20\end{pmatrix}\to\begin{pmatrix}1&3&9\\0&1&2\\0&0&0\end{pmatrix},$$

可见$\operatorname{rank}(\boldsymbol{\alpha}_1,\boldsymbol{\alpha}_2,\boldsymbol{\alpha}_3)=2$，且$\boldsymbol{\alpha}_1,\boldsymbol{\alpha}_2$是向量组$\boldsymbol{\alpha}_1,\boldsymbol{\alpha}_2,\boldsymbol{\alpha}_3$的一个极大无关组.

由已知条件$\operatorname{rank}(\boldsymbol{\beta}_1,\boldsymbol{\beta}_2,\boldsymbol{\beta}_3)=\operatorname{rank}(\boldsymbol{\alpha}_1,\boldsymbol{\alpha}_2,\boldsymbol{\alpha}_3)=2$，所以

$$|(\boldsymbol{\beta}_1,\boldsymbol{\beta}_2,\boldsymbol{\beta}_3)|=\begin{vmatrix}0&a&b\\1&2&1\\-1&1&0\end{vmatrix}=0\Rightarrow a=3b.$$

又$\boldsymbol{\beta}_3$可由$\boldsymbol{\alpha}_1,\boldsymbol{\alpha}_2,\boldsymbol{\alpha}_3$线性表示，从而可由$\boldsymbol{\alpha}_1,\boldsymbol{\alpha}_2$线性表示，所以$\boldsymbol{\alpha}_1,\boldsymbol{\alpha}_2,\boldsymbol{\beta}_3$线性相关，可得

$$|(\boldsymbol{\alpha}_1\ \boldsymbol{\alpha}_2\ \boldsymbol{\beta}_3)|=\begin{vmatrix}1&3&b\\2&0&1\\-3&1&0\end{vmatrix}=0\Rightarrow 2b-10=0.$$

上面两式联立求解，得到$b=5$，$a=15$.

例3 已知三维向量组：①$\boldsymbol{\alpha}_1,\boldsymbol{\alpha}_2$线性无关；②$\boldsymbol{\beta}_1,\boldsymbol{\beta}_2$线性无关.

（1）证明存在向量$\boldsymbol{\xi}\neq\mathbf{0}$，$\boldsymbol{\xi}$既可由$\boldsymbol{\alpha}_1,\boldsymbol{\alpha}_2$线性表示，也可由$\boldsymbol{\beta}_1,\boldsymbol{\beta}_2$线性表示.

（2）当$\boldsymbol{\alpha}_1=(1,\ 2,\ 2)^{\mathrm{T}}$，$\boldsymbol{\alpha}_2=(2,\ 1,\ 3)^{\mathrm{T}}$，$\boldsymbol{\beta}_1=(1,\ 0,\ 3)^{\mathrm{T}}$，$\boldsymbol{\beta}_2=(0,\ 4,\ -2)^{\mathrm{T}}$，求（1）中的$\boldsymbol{\xi}$.

分析 （1）若有$\boldsymbol{\xi}=k_1\boldsymbol{\alpha}_1+k_2\boldsymbol{\alpha}_2=k_3\boldsymbol{\beta}_1+k_4\boldsymbol{\beta}_2\neq\mathbf{0}$，则$\boldsymbol{\alpha}_1,\boldsymbol{\alpha}_2,\boldsymbol{\beta}_1,\boldsymbol{\beta}_2$线性相关. 因此，可考虑从说明$\boldsymbol{\alpha}_1,\boldsymbol{\alpha}_2,\boldsymbol{\beta}_1,\boldsymbol{\beta}_2$线性相关入手.

（2）求解线性方程组$k_1\boldsymbol{\alpha}_1+k_2\boldsymbol{\alpha}_2=k_3\boldsymbol{\beta}_1+k_4\boldsymbol{\beta}_2$即可得到（1）中的$\boldsymbol{\xi}$.

解 （1）4个三维向量$\boldsymbol{\alpha}_1,\boldsymbol{\alpha}_2,\boldsymbol{\beta}_1,\boldsymbol{\beta}_2$必线性相关，故存在不全为零的$k_1,k_2,\lambda_1,\lambda_2$使得

$$k_1\boldsymbol{\alpha}_1+k_2\boldsymbol{\alpha}_2+\lambda_1\boldsymbol{\beta}_1+\lambda_2\boldsymbol{\beta}=\mathbf{0}. \qquad ①$$

首先，上式中的k_1,k_2不会全为0（若$k_1=k_2=0$，则λ_1,λ_2不全为0），否则有

$$\lambda_1\boldsymbol{\beta}_1+\lambda_2\boldsymbol{\beta}=\mathbf{0},$$

由于λ_1,λ_2不全为0，故$\boldsymbol{\beta}_1,\boldsymbol{\beta}_2$线性相关. 矛盾.

同理，①式中的λ_1,λ_2也不会全为0. 这样就有

$$k_1\boldsymbol{\alpha}_1+k_2\boldsymbol{\alpha}_2=-(\lambda_1\boldsymbol{\beta}_1+\lambda_2\boldsymbol{\beta})\neq\mathbf{0}. \qquad ②$$

令$\boldsymbol{\xi}=k_1\boldsymbol{\alpha}_1+k_2\boldsymbol{\alpha}_2=-(\lambda_1\boldsymbol{\beta}_1+\lambda_2\boldsymbol{\beta})$，则$\boldsymbol{\xi}$即为所求.

（2）将②式改写为

$$(\boldsymbol{\alpha}_1\boldsymbol{\alpha}_2\boldsymbol{\beta}_1\boldsymbol{\beta}_2)\begin{pmatrix}k_1\\k_2\\\lambda_1\\\lambda_2\end{pmatrix}=\mathbf{0}，即\begin{pmatrix}1&2&1&0\\2&1&0&4\\2&3&3&-2\end{pmatrix}\begin{pmatrix}k_1\\k_2\\\lambda_1\\\lambda_2\end{pmatrix}=\mathbf{0}.$$

这是关于$k_1,k_2,\lambda_1,\lambda_2$的线性方程组，将系数矩阵做行初等变换.

$$\begin{pmatrix}1&2&1&0\\2&1&0&4\\2&3&3&-2\end{pmatrix}\to\begin{pmatrix}1&2&1&0\\0&-3&-2&4\\0&-1&1&-2\end{pmatrix}\to\begin{pmatrix}1&2&1&0\\0&-1&1&-2\\0&0&-5&10\end{pmatrix}\to\begin{pmatrix}1&2&1&0\\0&-1&1&-2\\0&0&1&-2\end{pmatrix}\to\begin{pmatrix}1&0&0&2\\0&1&0&0\\0&0&1&-2\end{pmatrix}.$$

得方程组的一个基础解系 $(k_1,k_2,\lambda_1,\lambda_2)^{\mathrm T}=(-2,0,2,1)^{\mathrm T}$，通解为 $k(-2,0,2,1)^{\mathrm T}$. 代入②式得

$$\boldsymbol{\xi}=k\cdot(-2\boldsymbol{\alpha}_1+0\cdot\boldsymbol{\alpha}_2)=-k(2\boldsymbol{\beta}_1+\boldsymbol{\beta}_2)=k(-2,-4,-4)^{\mathrm T}.$$

例 4　设 $\boldsymbol{A}$ 是 n 阶方阵，$\boldsymbol{\alpha}_1,\boldsymbol{\alpha}_2,\boldsymbol{\alpha}_3$ 是 n 维向量，且

$$\boldsymbol{\alpha}_1\neq\boldsymbol{0},\ \boldsymbol{A}\boldsymbol{\alpha}_1=\boldsymbol{\alpha}_1,\ \boldsymbol{A}\boldsymbol{\alpha}_2=\boldsymbol{\alpha}_1+\boldsymbol{\alpha}_2,\ \boldsymbol{A}\boldsymbol{\alpha}_3=\boldsymbol{\alpha}_2+\boldsymbol{\alpha}_3.$$

证明 $\boldsymbol{\alpha}_1,\boldsymbol{\alpha}_2,\boldsymbol{\alpha}_3$ 线性无关.

分析　所给条件可变形为 $(\boldsymbol{A}-\boldsymbol{I})\boldsymbol{\alpha}_1=0$，$(\boldsymbol{A}-\boldsymbol{I})\boldsymbol{\alpha}_2=\boldsymbol{\alpha}_1$，$(\boldsymbol{A}-\boldsymbol{I})\boldsymbol{\alpha}_3=\boldsymbol{\alpha}_2$，对 $k_1\boldsymbol{\alpha}_1+k_2\boldsymbol{\alpha}_2+k_3\boldsymbol{\alpha}_3=\boldsymbol{0}$，要证 $k_1=k_2=k_3=0$，只需用 $\boldsymbol{A}-\boldsymbol{I}$ 左乘等式两边.

证明　由于 $\begin{cases}\boldsymbol{A}\boldsymbol{\alpha}_1=\boldsymbol{\alpha}_1\\ \boldsymbol{A}\boldsymbol{\alpha}_2=\boldsymbol{\alpha}_1+\boldsymbol{\alpha}_2\\ \boldsymbol{A}\boldsymbol{\alpha}_3=\boldsymbol{\alpha}_2+\boldsymbol{\alpha}_3\end{cases}$，则有

$$\begin{cases}(\boldsymbol{A}-\boldsymbol{I})\boldsymbol{\alpha}_1=\boldsymbol{0}\\ (\boldsymbol{A}-\boldsymbol{I})\boldsymbol{\alpha}_2=\boldsymbol{\alpha}_1\\ (\boldsymbol{A}-\boldsymbol{I})\boldsymbol{\alpha}_3=\boldsymbol{\alpha}_2\end{cases}. \qquad ①$$

设

$$k_1\boldsymbol{\alpha}_1+k_2\boldsymbol{\alpha}_2+k_3\boldsymbol{\alpha}_3=\boldsymbol{0}, \qquad ②$$

用 $\boldsymbol{A}-\boldsymbol{I}$ 左乘上式两边，得

$$k_1(\boldsymbol{A}-\boldsymbol{I})\boldsymbol{\alpha}_1+k_2(\boldsymbol{A}-\boldsymbol{I})\boldsymbol{\alpha}_2+k_3(\boldsymbol{A}-\boldsymbol{I})\boldsymbol{\alpha}_3=\boldsymbol{0}.$$

由①式可得

$$k_2\boldsymbol{\alpha}_1+k_3\boldsymbol{\alpha}_2=\boldsymbol{0}. \qquad ③$$

再用 $\boldsymbol{A}-\boldsymbol{I}$ 左乘上式两边，得 $k_3\boldsymbol{\alpha}_1=\boldsymbol{0}$，而 $\boldsymbol{\alpha}_1\neq\boldsymbol{0}$，所以 $k_3=0$. 依次代入③，②式得 $k_2=0$，$k_1=0$. 即有 $k_1=k_2=k_3=0$. 所以 $\boldsymbol{\alpha}_1,\boldsymbol{\alpha}_2,\boldsymbol{\alpha}_3$ 线性无关.

评注　证明一个向量组线性无关的常用方法如下.

(1) 定义法：$k_1\boldsymbol{\alpha}_1+k_2\boldsymbol{\alpha}_2+\cdots+k_s\boldsymbol{\alpha}_s=\boldsymbol{0}\Leftrightarrow k_1=k_2=\cdots=k_s=\boldsymbol{0}$.

(2) 方程组法：方程组 $x_1\boldsymbol{\alpha}_1+x_2\boldsymbol{\alpha}_2+\cdots+x_s\boldsymbol{\alpha}_s=\boldsymbol{0}$ 只有零解.

(3) 矩阵的秩：$\mathrm{rank}(\boldsymbol{\alpha}_1,\boldsymbol{\alpha}_2,\cdots,\boldsymbol{\alpha}_s)=s$. 特别地，若 $(\boldsymbol{\alpha}_1,\boldsymbol{\alpha}_2,\cdots,\boldsymbol{\alpha}_s)$ 是方阵，则 $\det(\boldsymbol{\alpha}_1,\boldsymbol{\alpha}_2,\cdots,\boldsymbol{\alpha}_s)\neq0$.

(4) 反证法.

(5) 归纳法.

例 5　若向量组 $\boldsymbol{\alpha}_1,\boldsymbol{\alpha}_2,\cdots,\boldsymbol{\alpha}_s$ 线性无关，$\boldsymbol{\beta}$ 可由 $\boldsymbol{\alpha}_1,\boldsymbol{\alpha}_2,\cdots,\boldsymbol{\alpha}_s$ 线性表示，且表示式的系数全不为 0，则证明 $\boldsymbol{\alpha}_1,\boldsymbol{\alpha}_2,\cdots,\boldsymbol{\alpha}_s,\boldsymbol{\beta}$ 中任意 s 个向量线性无关.

分析　由于 $\boldsymbol{\beta}$ 可由 $\boldsymbol{\alpha}_1,\boldsymbol{\alpha}_2,\cdots,\boldsymbol{\alpha}_s$ 线性表示，所以 $\boldsymbol{\alpha}_1,\boldsymbol{\alpha}_2,\cdots,\boldsymbol{\alpha}_s,\boldsymbol{\beta}$ 中任意 s 个向量的线性关系均表现为 $\boldsymbol{\alpha}_1,\boldsymbol{\alpha}_2,\cdots,\boldsymbol{\alpha}_s$ 的线性关系，因而是线性无关的.

证明　反证法. 设 $\boldsymbol{\alpha}_1,\boldsymbol{\alpha}_2,\cdots,\boldsymbol{\alpha}_s,\boldsymbol{\beta}$ 中有 s 个向量 $\boldsymbol{\alpha}_1,\boldsymbol{\alpha}_2,\cdots,\boldsymbol{\alpha}_{i-1},\boldsymbol{\alpha}_{i+1},\cdots,\boldsymbol{\alpha}_s,\boldsymbol{\beta}$ $(i=1,2,\cdots,s)$ 线性相关，则存在不全为零的数 $k_1,k_2,\cdots,k_{i-1},k_{i+1},\cdots,k_s,k$ 使得

$$k_1\boldsymbol{\alpha}_1+k_2\boldsymbol{\alpha}_2+\cdots+k_{i-1}\boldsymbol{\alpha}_{i-1}+k_{i+1}\boldsymbol{\alpha}_{i+1}+\cdots+k\boldsymbol{\beta}=\boldsymbol{0}. \qquad ①$$

由题设 $\boldsymbol{\beta}=l_1\boldsymbol{\alpha}_1+l_2\boldsymbol{\alpha}_2+\cdots+l_i\boldsymbol{\alpha}_i+\cdots+l_s\boldsymbol{\alpha}_s$，其中 $l_i\neq0\ (i=1,2,\cdots,s)$，代入①式可得

$$(k_1+kl_1)\boldsymbol{\alpha}_1+(k_2+kl_2)\boldsymbol{\alpha}_2+\cdots+(k_{i-1}+kl_{i-1})\boldsymbol{\alpha}_{i-1}+kl_i\boldsymbol{\alpha}_i+(k_{i+1}+kl_{i+1})\boldsymbol{\alpha}_{i+1}+\cdots+(k_s+kl_s)\boldsymbol{\alpha}_s=\boldsymbol{0}.$$

因为 $\boldsymbol{\alpha}_1,\boldsymbol{\alpha}_2,\cdots,\boldsymbol{\alpha}_s$ 线性无关，所以 $kl_i=0$，但 $l_i\neq0$，故 $k=0$. 代入①式可得

$$k_1=k_2=\cdots=k_{i-1}=k_{i+1}=\cdots=k_s=0\ （\because \alpha_1,\cdots,\alpha_s\ \text{线性无关}）.$$

矛盾. 故任意 s 个向量线性无关.

例 6　设 $\boldsymbol{\alpha}_i=(a_{i1},a_{i2},\cdots,a_{in})^{\mathrm T}\in\mathbb{R}^n$，$i=1,2,\cdots,m$，$m\leqslant n$. $\boldsymbol{P}=(p_{ij})_{m\times m}$，其中 $p_{ij}=\sum_{k=1}^{n}a_{ik}a_{jk}$. 证

明 $\boldsymbol{\alpha}_1,\boldsymbol{\alpha}_2,\cdots,\boldsymbol{\alpha}_m$ 线性无关的充分必要条件是 $\operatorname{rank}(\boldsymbol{P})=m$.

分析 若记 $\boldsymbol{A}=(\boldsymbol{\alpha}_1,\boldsymbol{\alpha}_2,\cdots,\boldsymbol{\alpha}_m)$，则 $\boldsymbol{P}=\boldsymbol{A}^{\mathrm{T}}\boldsymbol{A}$，问题即证：$\operatorname{rank}(\boldsymbol{A})=m \Leftrightarrow \operatorname{rank}(\boldsymbol{A}^{\mathrm{T}}\boldsymbol{A})=m$. 这是显然的.

证明 做矩阵 $\boldsymbol{A}=(\boldsymbol{\alpha}_1,\boldsymbol{\alpha}_2,\cdots,\boldsymbol{\alpha}_m)$，则 $\boldsymbol{P}=\boldsymbol{A}^{\mathrm{T}}\boldsymbol{A}$. 显然 $\boldsymbol{\alpha}_1,\boldsymbol{\alpha}_2,\cdots,\boldsymbol{\alpha}_m$ 线性无关的充分必要条件是 $\operatorname{rank}(\boldsymbol{A})=m$. 下面只需证明 $\operatorname{rank}(\boldsymbol{P})=\operatorname{rank}(\boldsymbol{A})$.

对任意 m 维实向量 $\boldsymbol{X}$，当 $\boldsymbol{AX}=\boldsymbol{0}$ 时，必有 $\boldsymbol{A}^{\mathrm{T}}\boldsymbol{AX}=\boldsymbol{0}$；

反之，若 $\boldsymbol{A}^{\mathrm{T}}\boldsymbol{AX}=\boldsymbol{0}$，则 $\boldsymbol{X}^{\mathrm{T}}\boldsymbol{A}^{\mathrm{T}}\boldsymbol{AX}=\boldsymbol{0}$，即 $(\boldsymbol{AX})^{\mathrm{T}}\boldsymbol{AX}=\|\boldsymbol{AX}\|^2=\boldsymbol{0}$，所以 $\boldsymbol{AX}=\boldsymbol{0}$.

这说明齐次线性方程组 $\boldsymbol{AX}=\boldsymbol{0}$ 与 $\boldsymbol{A}^{\mathrm{T}}\boldsymbol{AX}=\boldsymbol{0}$ 同解. 故

$$m-\operatorname{rank}(\boldsymbol{A}^{\mathrm{T}}\boldsymbol{A})=m-\operatorname{rank}(\boldsymbol{A}) \Rightarrow \operatorname{rank}(\boldsymbol{A}^{\mathrm{T}}\boldsymbol{A})=\operatorname{rank}(\boldsymbol{A}).$$

评注 注意结论：若 $\boldsymbol{A}$ 为实矩阵，则方程组 $\boldsymbol{AX}=\boldsymbol{0}$ 与 $\boldsymbol{A}^{\mathrm{T}}\boldsymbol{AX}=\boldsymbol{0}$ 同解，因而 $\operatorname{rank}(\boldsymbol{A})=\operatorname{rank}(\boldsymbol{A}^{\mathrm{T}}\boldsymbol{A})$. 该结论对于复矩阵不一定成立.例如，$\boldsymbol{A}=\begin{pmatrix}1 & i\\ -i & 1\end{pmatrix}$，因 $\boldsymbol{A}^{\mathrm{T}}\boldsymbol{A}=\boldsymbol{0}$，故 $\operatorname{rank}(\boldsymbol{A}^{\mathrm{T}}\boldsymbol{A})=0$，但 $\operatorname{rank}(\boldsymbol{A})=1$.

例 7 设两个 n 维实向量组 $\boldsymbol{\alpha}_1,\boldsymbol{\alpha}_2,\cdots,\boldsymbol{\alpha}_r$ 与 $\boldsymbol{\beta}_1,\boldsymbol{\beta}_2,\cdots,\boldsymbol{\beta}_s\,(r+s\leqslant n)$ 分别线性无关，且 $\boldsymbol{\alpha}_1,\boldsymbol{\alpha}_2,\cdots,\boldsymbol{\alpha}_r$ 与 $\boldsymbol{\beta}_1,\boldsymbol{\beta}_2,\cdots,\boldsymbol{\beta}_s$ 正交，证明 $\boldsymbol{\alpha}_1,\boldsymbol{\alpha}_2,\cdots,\boldsymbol{\alpha}_r,\boldsymbol{\beta}_1,\boldsymbol{\beta}_2,\cdots,\boldsymbol{\beta}_s$ 也线性无关.

分析 只需证明齐次方程组 $(\boldsymbol{\alpha}_1,\boldsymbol{\alpha}_2,\cdots,\boldsymbol{\alpha}_r,\boldsymbol{\beta}_1,\boldsymbol{\beta}_2,\cdots,\boldsymbol{\beta}_s)\boldsymbol{X}=\boldsymbol{0}$ 只有零解. 为利用正交条件，将系数矩阵分为 $\boldsymbol{A}=(\boldsymbol{\alpha}_1,\boldsymbol{\alpha}_2,\cdots,\boldsymbol{\alpha}_r)$，$\boldsymbol{B}=(\boldsymbol{\beta}_1,\boldsymbol{\beta}_2,\cdots,\boldsymbol{\beta}_s)$ 两块较好，两向量组正交即为 $\boldsymbol{A}^{\mathrm{T}}\boldsymbol{B}=\boldsymbol{0}$.

证明 设有

$$k_1\boldsymbol{\alpha}_1+k_2\boldsymbol{\alpha}_2+\cdots+k_r\boldsymbol{\alpha}_r+l_1\boldsymbol{\beta}_1+\cdots+l_s\boldsymbol{\beta}_s=\boldsymbol{0}. \qquad ①$$

记 $\boldsymbol{A}=(\boldsymbol{\alpha}_1,\boldsymbol{\alpha}_2,\cdots,\boldsymbol{\alpha}_r)$，$\boldsymbol{B}=(\boldsymbol{\beta}_1,\boldsymbol{\beta}_2,\cdots,\boldsymbol{\beta}_s)$，$\boldsymbol{X}_1=(k_1,k_2,\cdots,k_r)^{\mathrm{T}}$，$\boldsymbol{X}_2=(l_1,l_2,\cdots,l_s)^{\mathrm{T}}$，则①式可写为

$$(\boldsymbol{A},\boldsymbol{B})\begin{pmatrix}\boldsymbol{X}_1\\ \boldsymbol{X}_2\end{pmatrix}=\boldsymbol{0}. \qquad ②$$

由于 $\boldsymbol{\alpha}_1,\boldsymbol{\alpha}_2,\cdots,\boldsymbol{\alpha}_r$ 与 $\boldsymbol{\beta}_1,\boldsymbol{\beta}_2,\cdots,\boldsymbol{\beta}_s$ 正交，则 $\boldsymbol{A}^{\mathrm{T}}\boldsymbol{B}=\boldsymbol{0}$. ②式左乘 $\boldsymbol{A}^{\mathrm{T}}$ 得

$$(\boldsymbol{A}^{\mathrm{T}}\boldsymbol{A})\boldsymbol{X}_1=\boldsymbol{0}. \qquad ③$$

因为 $\operatorname{rank}(\boldsymbol{A}^{\mathrm{T}}\boldsymbol{A})=\operatorname{rank}(\boldsymbol{A})=r$. 则方程组③只有零解，即 $\boldsymbol{X}_1=\boldsymbol{0}$. 将 $\boldsymbol{X}_1=\boldsymbol{0}$ 代入①式，并由 $\boldsymbol{\beta}_1,\boldsymbol{\beta}_2,\cdots,\boldsymbol{\beta}_s$ 线性无关，可得 $\boldsymbol{X}_2=\boldsymbol{0}$. 所以 $\boldsymbol{\alpha}_1,\boldsymbol{\alpha}_2,\cdots,\boldsymbol{\alpha}_r,\boldsymbol{\beta}_1,\boldsymbol{\beta}_2,\cdots,\boldsymbol{\beta}_s$ 线性无关.

评注 在该题的求解中，我们将线性方程组的向量形式①写成了矩阵形式②，再利用矩阵的运算就很顺利解决了问题. 如果不用矩阵，而是在①式的两端做向量内积，求解就会困难些.

例 8 设向量组 $\boldsymbol{B}:\boldsymbol{\beta}_1,\boldsymbol{\beta}_2,\cdots,\boldsymbol{\beta}_r$ 能由向量组 $\boldsymbol{A}:\boldsymbol{\alpha}_1,\boldsymbol{\alpha}_2,\cdots,\boldsymbol{\alpha}_s$ 线性表示为

$$(\boldsymbol{\beta}_1,\boldsymbol{\beta}_2,\cdots,\boldsymbol{\beta}_r)=(\boldsymbol{\alpha}_1,\boldsymbol{\alpha}_2,\cdots,\boldsymbol{\alpha}_s)\boldsymbol{K}.$$

其中 $\boldsymbol{K}$ 为 $s\times r$ 阶矩阵，且 $\boldsymbol{A}$ 组线性无关，证明：$\boldsymbol{B}$ 组线性无关的充要条件是 $\operatorname{rank}(\boldsymbol{K})=r$.

分析 等式 $(\boldsymbol{\beta}_1,\boldsymbol{\beta}_2,\cdots,\boldsymbol{\beta}_r)=(\boldsymbol{\alpha}_1,\boldsymbol{\alpha}_2,\cdots,\boldsymbol{\alpha}_s)\boldsymbol{K}$ 是向量组之间的关系式，也是矩阵之间的关系式. $\boldsymbol{B}$ 组线性无关 $\Leftrightarrow \operatorname{rank}(\boldsymbol{\beta}_1,\boldsymbol{\beta}_2,\cdots,\boldsymbol{\beta}_r)=r$. 所以只需弄清 $\operatorname{rank}(\boldsymbol{\beta}_1,\boldsymbol{\beta}_2,\cdots,\boldsymbol{\beta}_r)$ 与 $\operatorname{rank}(\boldsymbol{K})$ 的关系.

证明 必要性：记 $\boldsymbol{B}=(\boldsymbol{\beta}_1,\boldsymbol{\beta}_2,\cdots,\boldsymbol{\beta}_r)$. 若 $\boldsymbol{\beta}_1,\boldsymbol{\beta}_2,\cdots,\boldsymbol{\beta}_r$ 线性无关，则 $\operatorname{rank}(\boldsymbol{B})=r$. 由于

$$r\geqslant\operatorname{rank}(\boldsymbol{K})\geqslant\operatorname{rank}(\boldsymbol{B}),$$

所以 $\operatorname{rank}(\boldsymbol{K})=r$.

充分性：用反证法. 若 $\operatorname{rank}(\boldsymbol{K})=r$，但 $\boldsymbol{\beta}_1,\boldsymbol{\beta}_2,\cdots,\boldsymbol{\beta}_r$ 线性相关，则齐次方程组 $\boldsymbol{BX}=\boldsymbol{0}$ 有非零解 $\boldsymbol{X}_0\neq\boldsymbol{0}$. 即有

$$(\boldsymbol{\beta}_1,\boldsymbol{\beta}_2,\cdots,\boldsymbol{\beta}_r)\boldsymbol{X}_0=(\boldsymbol{\alpha}_1,\boldsymbol{\alpha}_2,\cdots,\boldsymbol{\alpha}_s)\boldsymbol{KX}_0=\boldsymbol{0}.$$

由 $\boldsymbol{\alpha}_1,\boldsymbol{\alpha}_2,\cdots,\boldsymbol{\alpha}_s$ 线性无关，得 $\boldsymbol{KX}_0=\boldsymbol{0}$. 这说明齐次方程组 $\boldsymbol{KX}=\boldsymbol{0}$ 有非零解，这与 $\operatorname{rank}(\boldsymbol{K})=r$ 矛盾. 故 $\boldsymbol{\beta}_1,\boldsymbol{\beta}_2,\cdots,\boldsymbol{\beta}_r$ 线性无关.

评注　(1) 关系式 $(\boldsymbol{\beta}_1,\boldsymbol{\beta}_2,\cdots,\boldsymbol{\beta}_r)=(\boldsymbol{\alpha}_1,\boldsymbol{\alpha}_2,\cdots,\boldsymbol{\alpha}_s)\boldsymbol{K}$ 不仅刻画了向量组 $\boldsymbol{\beta}_1,\boldsymbol{\beta}_2,\cdots,\boldsymbol{\beta}_r$ 能由向量组 $\boldsymbol{\alpha}_1,\boldsymbol{\alpha}_2,\cdots,\boldsymbol{\alpha}_s$ 线性表示，而且还将向量组的线性关系转换成矩阵乘积的关系. 这种转换，使我们可以借助矩阵来研究向量组，也可由向量组来研究矩阵.

(2) 容易证明，该题的一般结论：$\operatorname{rank}(\boldsymbol{\beta}_1,\boldsymbol{\beta}_2,\cdots,\boldsymbol{\beta}_r)=\operatorname{rank}(\boldsymbol{K})$（见习题 9.2 第 9 题）.

例 9*　设 $\boldsymbol{A}$ 是 n 阶实对称矩阵，且 $\operatorname{rank}(\boldsymbol{A})=r$. 证明：

(1) $\boldsymbol{A}$ 有 r 阶主子式（行号与列号相同的子式）不为零;

(2) $\boldsymbol{A}$ 的 r 阶不为零的主子式的符号均相同.

分析　(1) 设 $\boldsymbol{A}$ 不为 0 的 r 阶子式的行号为 $i_1,i_2,\cdots,i_r$，列号为 $j_1,j_2,\cdots,j_r$. 则这 r 个列向量是矩阵 $\boldsymbol{A}$ 列向量组的极大无关组. 由 $\boldsymbol{A}$ 的对称性，列号为 $i_1,i_2,\cdots,i_r$ 的向量组也是 $\boldsymbol{A}$ 列向量组的极大无关组，从而这两个向量组等价. 由此就很容易得到这个 r 阶子式与对应主子式的关系.

(2) 与 (1) 的推理相同，两个非零主子式的列向量组等价，从而两个主子式的关系也就确定了.

证明　(1) 记 $\boldsymbol{A}$ 中由 $i_1,i_2,\cdots,i_r$ 行与 $j_1,j_2,\cdots,j_r$ 列交叉点元素组成的 r 阶子式为 $\boldsymbol{A}\begin{pmatrix} i_1,i_2,\cdots,i_r \\ j_1,j_2,\cdots,j_r \end{pmatrix}$.

由于 $\operatorname{rank}(\boldsymbol{A})=r$，则存在 $\boldsymbol{A}$ 的一个 r 阶子式 $\boldsymbol{A}\begin{pmatrix} i_1,i_2,\cdots,i_r \\ j_1,j_2,\cdots,j_r \end{pmatrix}\neq 0$.

由 $\boldsymbol{A}$ 对称知，又有 $\boldsymbol{A}\begin{pmatrix} j_1,j_2,\cdots,j_r \\ i_1,i_2,\cdots,i_r \end{pmatrix}\neq 0$. 记 $\boldsymbol{A}$ 的第 i 个列向量为 $\alpha_i\,(i=1,2,\cdots,n)$，则 $\boldsymbol{\alpha}_{j_1},\boldsymbol{\alpha}_{j_2},\cdots,\boldsymbol{\alpha}_{j_r}$ 与 $\boldsymbol{\alpha}_{i_1},\boldsymbol{\alpha}_{i_2},\cdots,\boldsymbol{\alpha}_{i_r}$ 都是 $\boldsymbol{A}$ 的列向量组的极大无关组，从而是等价的，即存在 r 阶可逆矩阵 $\boldsymbol{C}$ 使得

$$(\boldsymbol{\alpha}_{j_1},\boldsymbol{\alpha}_{j_2},\cdots,\boldsymbol{\alpha}_{j_r})=(\boldsymbol{\alpha}_{i_1},\boldsymbol{\alpha}_{i_2},\cdots,\boldsymbol{\alpha}_{i_r})\boldsymbol{C}.$$

等式左端矩阵的任意 r 阶子式都是 $\boldsymbol{A}$ 的 r 阶子式，因此有

$$\boldsymbol{A}\begin{pmatrix} j_1,j_2,\cdots,j_r \\ j_1,j_2,\cdots,j_r \end{pmatrix}=\boldsymbol{A}\begin{pmatrix} j_1,j_2,\cdots,j_r \\ i_1,i_2,\cdots,i_r \end{pmatrix}|\boldsymbol{C}|\neq 0,$$

即 $\boldsymbol{A}$ 有 r 阶主子式不为零.

(2) 设 $\boldsymbol{A}\begin{pmatrix} i_1,i_2,\cdots,i_r \\ i_1,i_2,\cdots,i_r \end{pmatrix}\neq 0$，$\boldsymbol{A}\begin{pmatrix} j_1,j_2,\cdots,j_r \\ j_1,j_2,\cdots,j_r \end{pmatrix}\neq 0$ 是 $\boldsymbol{A}$ 的两个非零 r 阶主子式. 据 (1) 中讨论知，存在 r 阶可逆矩阵 $\boldsymbol{C}$ 使得

$$(\boldsymbol{\alpha}_{j_1},\boldsymbol{\alpha}_{j_2},\cdots,\boldsymbol{\alpha}_{j_r})=(\boldsymbol{\alpha}_{i_1},\boldsymbol{\alpha}_{i_2},\cdots,\boldsymbol{\alpha}_{i_r})\boldsymbol{C}.$$

等式左端矩阵的任意 r 阶子式都是 $\boldsymbol{A}$ 的 r 阶子式，因此有

$$\boldsymbol{A}\begin{pmatrix} j_1,j_2,\cdots,j_r \\ j_1,j_2,\cdots,j_r \end{pmatrix}=\boldsymbol{A}\begin{pmatrix} j_1,j_2,\cdots,j_r \\ i_1,i_2,\cdots,i_r \end{pmatrix}|\boldsymbol{C}|,$$

$$\boldsymbol{A}\begin{pmatrix} i_1,i_2,\cdots,i_r \\ j_1,j_2,\cdots,j_r \end{pmatrix}=\boldsymbol{A}\begin{pmatrix} i_1,i_2,\cdots,i_r \\ i_1,i_2,\cdots,i_r \end{pmatrix}|\boldsymbol{C}|.$$

由 $\boldsymbol{A}$ 对称知

$$\boldsymbol{A}\begin{pmatrix} j_1,j_2,\cdots,j_r \\ i_1,i_2,\cdots,i_r \end{pmatrix}=\boldsymbol{A}\begin{pmatrix} i_1,i_2,\cdots,i_r \\ j_1,j_2,\cdots,j_r \end{pmatrix},$$

所以

$$\boldsymbol{A}\begin{pmatrix} j_1,j_2,\cdots,j_r \\ j_1,j_2,\cdots,j_r \end{pmatrix}=\boldsymbol{A}\begin{pmatrix} j_1,j_2,\cdots,j_r \\ i_1,i_2,\cdots,i_r \end{pmatrix}|\boldsymbol{C}|=\boldsymbol{A}\begin{pmatrix} i_1,i_2,\cdots,i_r \\ j_1,j_2,\cdots,j_r \end{pmatrix}|\boldsymbol{C}|=\boldsymbol{A}\begin{pmatrix} i_1,i_2,\cdots,i_r \\ i_1,i_2,\cdots,i_r \end{pmatrix}|\boldsymbol{C}|^2.$$

由于 $|\boldsymbol{C}|^2>0$，所以 $\boldsymbol{A}\begin{pmatrix} i_1,i_2,\cdots,i_r \\ i_1,i_2,\cdots,i_r \end{pmatrix}$ 与 $\boldsymbol{A}\begin{pmatrix} j_1,j_2,\cdots,j_r \\ j_1,j_2,\cdots,j_r \end{pmatrix}$ 同号.

评注　通过该题可再次体会例8“评注（1）”的意义.

例 10*　设 $\boldsymbol{A}=(a_{ij})$ 是 n 阶实矩阵，$\boldsymbol{\alpha}_1,{}_2,\cdots,\boldsymbol{\alpha}_n$ 是 $\boldsymbol{A}$ 的 n 个列向量，且均不为零，证明 $\operatorname{rank}\boldsymbol{A}\geqslant\sum_{i=1}^{n}\frac{a_{ii}^2}{\boldsymbol{\alpha}_i^{\mathrm{T}}\boldsymbol{\alpha}_i}$.

分析　不等式的右边是矩阵 $\boldsymbol{A}$ 的列向量单位化后所做成矩阵主对角元素的平方和，如果 $\boldsymbol{A}$ 的列向量组是单位正交向量组，结论是显然的；否则可将 $\boldsymbol{A}$ 的列向量组用其等价的单位正交向量组来表示，再计算不等式右边的值，并与左边做比较.

证明　注意到用非零数乘以矩阵的列向量，不会改变矩阵的秩. 这是因为

$$(k_1\boldsymbol{\alpha}_1,k_2\boldsymbol{\alpha}_2,\cdots,k_n\boldsymbol{\alpha}_n)=(\boldsymbol{\alpha}_1,\boldsymbol{\alpha}_2,\cdots,\boldsymbol{\alpha}_n)\operatorname{diag}(k_1,k_2,\cdots,k_n).$$

当 $k_i\neq 0\ (1\leqslant i\leqslant n)$ 时，$\operatorname{diag}(k_1,k_2,\cdots,k_n)$ 可逆，所以 $\operatorname{rank}(k_1\boldsymbol{\alpha}_1,k_2\boldsymbol{\alpha}_2,\cdots,k_n\boldsymbol{\alpha}_n)=\operatorname{rank}(\boldsymbol{\alpha}_1,\boldsymbol{\alpha}_2,\cdots,\boldsymbol{\alpha}_n)$.

故不妨设 $\boldsymbol{\alpha}_1,\boldsymbol{\alpha}_2,\cdots,\boldsymbol{\alpha}_n$ 都是单位向量，即 $\boldsymbol{\alpha}_i^{\mathrm{T}}\boldsymbol{\alpha}_i=1$. 问题变为证明 $\operatorname{rank}\boldsymbol{A}\geqslant\sum_{i=1}^{n}a_{ii}^2$.

设 $\operatorname{rank}\boldsymbol{A}=k\,(k\leqslant n)$，将 $\boldsymbol{\alpha}_1,{}_2,\cdots,\boldsymbol{\alpha}_n$ 的一个极大无关组用施密特正交化方法化为单位正交向量组 $\boldsymbol{\beta}_1,\boldsymbol{\beta}_2,\cdots,\boldsymbol{\beta}_k$，则向量组 $\boldsymbol{\alpha}_1,\boldsymbol{\alpha}_2,\cdots,\boldsymbol{\alpha}_n$ 与 $\boldsymbol{\beta}_1,\boldsymbol{\beta}_2,\cdots,\boldsymbol{\beta}_k$ 等价.

设 $\boldsymbol{\alpha}_i=\sum_{j=1}^{k}x_{ij}\boldsymbol{\beta}_j\,(i=1,2,\cdots,n)$，则 $x_{ij}=\boldsymbol{\beta}_j^{\mathrm{T}}\boldsymbol{\alpha}_i$，即有

$$\boldsymbol{\alpha}_i=\sum_{j=1}^{k}(\boldsymbol{\beta}_j^{\mathrm{T}}\boldsymbol{\alpha}_i)\boldsymbol{\beta}_j,\ \text{且}\sum_{j=1}^{k}(\boldsymbol{\beta}_j^{\mathrm{T}}\boldsymbol{\alpha}_i)^2=\boldsymbol{\alpha}_i^{\mathrm{T}}\boldsymbol{\alpha}_i=1.$$

记 $\boldsymbol{\varepsilon}_i=(0,\cdots,0,1,0\cdots,0)^{\mathrm{T}}$（第 i 个分量为1，其余全为0），则

$$a_{ii}=\boldsymbol{\varepsilon}_i^{\mathrm{T}}\boldsymbol{\alpha}_i=\sum_{j=1}^{k}(\boldsymbol{\beta}_j^{\mathrm{T}}\boldsymbol{\alpha}_i)(\boldsymbol{\varepsilon}_i^{\mathrm{T}}\boldsymbol{\beta}_j).$$

利用柯西-施瓦茨不等式，有

$$a_{ii}^2=\left(\sum_{j=1}^{k}(\boldsymbol{\beta}_j^{\mathrm{T}}\boldsymbol{\alpha}_i)(\boldsymbol{\varepsilon}_i^{\mathrm{T}}\boldsymbol{\beta}_j)\right)^2\leqslant\sum_{j=1}^{k}(\boldsymbol{\beta}_j^{\mathrm{T}}\boldsymbol{\alpha}_i)^2\cdot\sum_{j=1}^{k}(\boldsymbol{\varepsilon}_i^{\mathrm{T}}\boldsymbol{\beta}_j)^2=\sum_{j=1}^{k}(\boldsymbol{\varepsilon}_i^{\mathrm{T}}\boldsymbol{\beta}_j)^2,$$

所以

$$\sum_{i=1}^{n}a_{ii}^2\leqslant\sum_{i=1}^{n}\sum_{j=1}^{k}(\boldsymbol{\varepsilon}_i^{\mathrm{T}}\boldsymbol{\beta}_j)^2=\sum_{j=1}^{k}\sum_{i=1}^{n}(\boldsymbol{\varepsilon}_i^{\mathrm{T}}\boldsymbol{\beta}_j)^2=\sum_{j=1}^{k}(\boldsymbol{\beta}_j^{\mathrm{T}}\boldsymbol{\beta}_j)=k=\operatorname{rank}\boldsymbol{A}.$$

评注　(1) 将向量用标准正交基来表示，其系数（坐标）更便于计算，两向量的内积也特别简单.

(2) 柯西-施瓦茨不等式：设 $\boldsymbol{\alpha},\boldsymbol{\beta}$ 为两 n 维列向量，则 $\left(\boldsymbol{\alpha}^{\mathrm{T}}\boldsymbol{\beta}\right)^2\leqslant\left(\boldsymbol{\alpha}^{\mathrm{T}}\boldsymbol{\alpha}\right)\left(\boldsymbol{\beta}^{\mathrm{T}}\boldsymbol{\beta}\right)$，当且仅当 $\boldsymbol{\alpha},\boldsymbol{\beta}$ 线性相关时取等号.

例 11　已知 $\boldsymbol{\alpha}_1=(1,-2,1,0,0)$，$\boldsymbol{\alpha}_2=(1,-2,0,1,0)$，$\boldsymbol{\alpha}_3=(0,0,1,-1,0)$，$\boldsymbol{\alpha}_4=(1,-2,3,-2,0)$ 是方程组

$$\begin{cases}x_1+x_2+x_3+x_4+x_5=0\\3x_1+2x_2+x_3+x_4-3x_5=0\\x_2+2x_3+2x_4+6x_5=0\\5x_1+4x_2+3x_3+3x_4-x_5=0\end{cases}\qquad ①$$

的解向量，问 $\boldsymbol{\alpha}_1,\boldsymbol{\alpha}_2,\boldsymbol{\alpha}_3,\boldsymbol{\alpha}_4$ 是否构成方程组①的基础解系？假如不能，是多了，还是少了？若多了，该如何去除？若少了，该如何补充？

分析　只需将方程组 $\boldsymbol{AX}=\boldsymbol{0}$ 基础解系所含向量的个数 $5-\operatorname{rank}(\boldsymbol{A})$ 与 $\operatorname{rank}(\boldsymbol{\alpha}_1,\boldsymbol{\alpha}_2,\boldsymbol{\alpha}_3,\boldsymbol{\alpha}_4)$ 做比较，若 $\operatorname{rank}(\boldsymbol{\alpha}_1,\boldsymbol{\alpha}_2,\boldsymbol{\alpha}_3,\boldsymbol{\alpha}_4)=5-\operatorname{rank}(\boldsymbol{A})$，则 $\boldsymbol{\alpha}_1,\boldsymbol{\alpha}_2,\boldsymbol{\alpha}_3,\boldsymbol{\alpha}_4$ 的极大无关组就是基础解系；否则还需补充解向量.

解　做初等行变换，将方程组①的系数矩阵化阶梯形矩阵.

$$A=\begin{pmatrix}1&1&1&1&1\\3&2&1&1&-3\\0&1&2&2&6\\5&4&3&3&-1\end{pmatrix}\to\begin{pmatrix}1&1&1&1&1\\0&-1&-2&-2&-6\\0&1&2&2&6\\0&-1&-2&-2&-6\end{pmatrix}\to\begin{pmatrix}1&1&1&1&1\\0&1&2&2&6\\0&0&0&0&0\\0&0&0&0&0\end{pmatrix}.$$

知 $\operatorname{rank}(A)=2$，未知量个数为 5，基础解系应由 $5-2=3$ 个线性无关解向量组成.

将以 $\boldsymbol{\alpha}_1,\boldsymbol{\alpha}_2,\boldsymbol{\alpha}_3,\boldsymbol{\alpha}_4$ 为行的矩阵做行初等变换.

$$\begin{pmatrix}1&-2&1&0&0\\1&-2&0&1&0\\0&0&1&-1&0\\1&-2&3&-2&0\end{pmatrix}\begin{matrix}\boldsymbol{\alpha}_1\\\boldsymbol{\alpha}_2\\\boldsymbol{\alpha}_3\\\boldsymbol{\alpha}_4\end{matrix}\longrightarrow\begin{pmatrix}1&-2&1&0&0\\0&0&-1&1&0\\0&0&1&-1&0\\0&0&2&-2&0\end{pmatrix}\begin{matrix}\boldsymbol{\alpha}_1\\\boldsymbol{\alpha}_2-\boldsymbol{\alpha}_1\\\boldsymbol{\alpha}_3\\\boldsymbol{\alpha}_4-\boldsymbol{\alpha}_1\end{matrix}\longrightarrow\begin{pmatrix}1&-2&1&0&0\\0&0&1&-1&0\\0&0&0&0&0\\0&0&0&0&0\end{pmatrix}\begin{matrix}\boldsymbol{\alpha}_1\\\boldsymbol{\alpha}_3\\\boldsymbol{\alpha}_3+\boldsymbol{\alpha}_2-\boldsymbol{\alpha}_1\\\boldsymbol{\alpha}_4-\boldsymbol{\alpha}_1-2\boldsymbol{\alpha}_3\end{matrix}$$

得 $\operatorname{rank}(\boldsymbol{\alpha}_1,\boldsymbol{\alpha}_2,\boldsymbol{\alpha}_3,\boldsymbol{\alpha}_4)=2$. $\boldsymbol{\alpha}_1,\boldsymbol{\alpha}_3$ 是极大无关组. 从而知 $\boldsymbol{\alpha}_1,\boldsymbol{\alpha}_2,\boldsymbol{\alpha}_3,\boldsymbol{\alpha}_4$ 不能构成方程组①的基础解系，应去除线性相关的解向量. 即去除 $\boldsymbol{\alpha}_2,\boldsymbol{\alpha}_4$，增添一个线性无关解向量.

方程组①的同解方程组为 $\begin{cases}x_1+x_2+x_3+x_4+x_5=0\\x_2+2x_3+2x_4+6x_5=0\end{cases}$.

取自由未知量为 $(x_3,x_4,x_5)=(0,0,1)$，得解 $\boldsymbol{\beta}=(5,-6,0,0,1)$. 此时 $\boldsymbol{\alpha}_1,\boldsymbol{\alpha}_3,\boldsymbol{\beta}$ 必线性无关，则 $\boldsymbol{\alpha}_1,\boldsymbol{\alpha}_3,\boldsymbol{\beta}$ 构成方程组的一个基础解系.

例 12　设三阶矩阵 $\boldsymbol{A}=(\boldsymbol{\alpha}_1,\boldsymbol{\alpha}_2,\boldsymbol{\alpha}_3)$ 有 3 个不同的特征值，且 $\boldsymbol{\alpha}_3=\boldsymbol{\alpha}_1+2\boldsymbol{\alpha}_2$. 若 $\boldsymbol{\beta}=\boldsymbol{\alpha}_1+\boldsymbol{\alpha}_2+\boldsymbol{\alpha}_3$，则求方程组 $\boldsymbol{AX}=\boldsymbol{\beta}$ 的通解.

分析　显然 $\operatorname{rank}(A)=2$，则方程组 $\boldsymbol{AX}=\mathbf{0}$ 的任一非零解都是它的基础解系. 将所给的向量等式写成矩阵形式就可得到 $\boldsymbol{AX}=\mathbf{0}$ 与 $\boldsymbol{AX}=\boldsymbol{\beta}$ 的特解，进而求得所需通解.

解　方法 1　因为 $\boldsymbol{\alpha}_3=\boldsymbol{\alpha}_1+2\boldsymbol{\alpha}_2$. 则 $\boldsymbol{\alpha}_1,\boldsymbol{\alpha}_2,\boldsymbol{\alpha}_3$ 线性相关，所以 $\operatorname{rank}(A)<3$.

又 $\boldsymbol{A}$ 有 3 个不同的特征值，故有一个为 0，两个非 0. 设为 $\lambda_1,\lambda_2,0$，则 $\boldsymbol{A}$ 与 $\begin{pmatrix}\lambda_1&&\\&\lambda_2&\\&&0\end{pmatrix}$ 相似，所以 $\operatorname{rank}(A)=2$.

由 $\boldsymbol{\alpha}_3=\boldsymbol{\alpha}_1+2\boldsymbol{\alpha}_2$，得 $\boldsymbol{\alpha}_1+2\boldsymbol{\alpha}_2-\boldsymbol{\alpha}_3=\mathbf{0}$，即 $(\boldsymbol{\alpha}_1,\boldsymbol{\alpha}_2,\boldsymbol{\alpha}_3)\begin{pmatrix}1\\2\\-1\end{pmatrix}=\mathbf{0}$. 这说明 $\boldsymbol{\xi}=(1,2,-1)^{\mathrm{T}}$ 是方程组 $\boldsymbol{AX}=\mathbf{0}$ 的基础解系.

又 $(\boldsymbol{\alpha}_1,\boldsymbol{\alpha}_2,\boldsymbol{\alpha}_3)\begin{pmatrix}1\\1\\1\end{pmatrix}=\boldsymbol{\alpha}_1+\boldsymbol{\alpha}_2+\boldsymbol{\alpha}_3=\boldsymbol{\beta}$，这说明 $\boldsymbol{\eta}=(1,1,1)^{\mathrm{T}}$ 是方程组 $\boldsymbol{AX}=\boldsymbol{\beta}$ 的一个特解.

所以方程组 $\boldsymbol{AX}=\boldsymbol{\beta}$ 的通解为 $\boldsymbol{X}=k\boldsymbol{\xi}+\boldsymbol{\eta}$（$k$ 为任意常数）.

方法 2　将 $\boldsymbol{\alpha}_3=\boldsymbol{\alpha}_1+2\boldsymbol{\alpha}_2$，$\boldsymbol{\beta}=\boldsymbol{\alpha}_1+\boldsymbol{\alpha}_2+\boldsymbol{\alpha}_3$ 代入方程 $\boldsymbol{AX}=\boldsymbol{\beta}$，有

$$(\boldsymbol{\alpha}_1,\boldsymbol{\alpha}_2,\boldsymbol{\alpha}_1+2\boldsymbol{\alpha}_2)\begin{pmatrix}x_1\\x_2\\x_3\end{pmatrix}=\boldsymbol{\alpha}_1+\boldsymbol{\alpha}_2+(\boldsymbol{\alpha}_1+2\boldsymbol{\alpha}_2)$$

$$\Rightarrow(x_1+x_3-2)\boldsymbol{\alpha}_1+(x_2+2x_3-3)\boldsymbol{\alpha}_2=\mathbf{0}.$$

由于 $\operatorname{rank}(A)=2$，则 $\boldsymbol{\alpha}_1,\boldsymbol{\alpha}_2$ 线性无关，所以 $\begin{cases}x_1+x_3-2=0\\x_2+2x_3-3=0\end{cases}$．解该方程组得通解

$$\boldsymbol{X}=k(1,2,-1)^{\mathrm{T}}+(1,1,1)^{\mathrm{T}}\quad(k\text{为任意常数}).$$

评注　题中以向量组线性组合的等式给出了线性方程组的特解，不认识这种隐蔽形式的解就会有困难. 若读者熟知线性方程组的 3 种形式：联立方程形式、矩阵形式、向量形式，这种“隐蔽性”就显露了.

例 13　求解 n 元线性方程组 $\boldsymbol{AX}=\boldsymbol{b}$，其中

$$\boldsymbol{A}=\begin{pmatrix}2a&1&&&&\\a^2&2a&1&&&\\&a^2&2a&1&&\\&&\ddots&\ddots&\ddots&\\&&&a^2&2a&1\\&&&&a^2&2a\end{pmatrix},\ \boldsymbol{X}=\begin{pmatrix}x_1\\x_2\\\vdots\\x_n\end{pmatrix},\ \boldsymbol{b}=\begin{pmatrix}1\\0\\\vdots\\0\end{pmatrix}.$$

分析　方程组的系数矩阵是三对角线形，该矩阵的行列式容易计算，所以用克莱姆法则较好.

解　记 $D_n=|\boldsymbol{A}|$，将行列式按第一行展开，有

$$D_n=2a\begin{vmatrix}2a&1&&&&\\a^2&2a&1&&&\\&a^2&2a&1&&\\&&\ddots&\ddots&\ddots&\\&&&a^2&2a&1\\&&&&a^2&2a\end{vmatrix}_{n-1}+a^2(-1)^{2+1}\begin{vmatrix}1&0&&&&\\a^2&2a&1&&&\\&a^2&2a&1&&\\&&\ddots&\ddots&\ddots&\\&&&a^2&2a&1\\&&&&a^2&2a\end{vmatrix}_{n-1}$$

$$=2aD_{n-1}-a^2D_{n-2}.$$

变形再做递推，有

$$D_n-aD_{n-1}=a(D_{n-1}-aD_{n-2})=\cdots=a^{n-2}(D_2-aD_1)=a^n\quad(D_1=2a,\ D_2=3a^2).$$

$$D_n=aD_{n-1}+a^n=a^2(D_{n-2}+a^{n-1})+a^n=a^2D_{n-2}+2a^n$$

$$=\cdots=a^{n-1}D_1+(n-1)a^n=(n+1)a^n.$$

（1）当 $a\neq0$ 时，$D_n\neq0$，方程组有唯一解. 记 $\boldsymbol{A}_i\,(i=1,2,\cdots,n)$ 表示用 $\boldsymbol{b}$ 去替换 $\boldsymbol{A}$ 中的第 i 列得到的矩阵. 对行列式 $|\boldsymbol{A}_i|$ 按第 i 列展开可得到

$$|\boldsymbol{A}_1|=(-1)^2D_{n-1}=na^{n-1},\ |\boldsymbol{A}_2|=(-1)^3a^2D_{n-2}=-(n-1)a^n,\ \cdots$$

$$|\boldsymbol{A}_i|=(-1)^{i+1}(a^2)^{i-1}D_{n-i}=(-1)^{i+1}(n-i+1)a^{n+i-2}\quad(i=1,2,\cdots,n).$$

由克莱姆法则得方程组的解为

$$x_i=\frac{|\boldsymbol{A}_i|}{|\boldsymbol{A}|}=\frac{(-1)^{i+1}(n-i+1)a^{n+i-2}}{(n+1)a^n}=(-1)^{i+1}\left(1-\frac{i}{n+1}\right)a^{i-2}\quad(i=1,2,\cdots,n).$$

（2）当 $a=0$ 时，方程组为

$$\begin{pmatrix}0&1&&&\\&0&1&&\\&&0&\ddots&\\&&&\ddots&1\\&&&&0\end{pmatrix}\begin{pmatrix}x_1\\x_2\\\vdots\\x_n\end{pmatrix}=\begin{pmatrix}1\\0\\\vdots\\0\end{pmatrix}.$$

由于 $\operatorname{rank}(\boldsymbol{A})=\operatorname{rank}(\overline{\boldsymbol{A}})=n-1$，因此方程组有无穷多解.

对应齐次方程组的基础解系为 $\boldsymbol{\xi}=(1,0,0,\cdots,0)^{\mathrm{T}}$，非齐次方程组的一个特解为 $\boldsymbol{\eta}=(0,1,0,\cdots,0)^{\mathrm{T}}$.

方程组 $\boldsymbol{AX}=\boldsymbol{b}$ 的通解为

$$\boldsymbol{X}=(0,1,0,\cdots,0)^{\mathrm{T}}+k(1,0,0,\cdots,0)^{\mathrm{T}}\quad (k\text{为任意常数}).$$

评注 （1）三对角线形行列式的计算通常有两种方法：①递推法；②归纳法证明.

（2）该题也可以用高斯消元法求解，但要困难些.

例 14 设矩阵 $\boldsymbol{A}=\begin{pmatrix}2&2&a\\2&5&-4\\-2&-4&5\end{pmatrix}$ 有一个二重特征值，记 λ_1 是 $\boldsymbol{A}$ 的最小特征值，$\boldsymbol{\beta}=(t,1,-1)^{\mathrm{T}}$. 确定 a 的值，并求解线性方程组 $(\lambda_1\boldsymbol{I}-\boldsymbol{A})\boldsymbol{X}=\boldsymbol{\beta}$.

分析 需求出 $\boldsymbol{A}$ 的特征值，才能确定 λ_1 与 a 的值；再求解线性方程组.

解

$$|\lambda\boldsymbol{I}-\boldsymbol{A}|=\begin{vmatrix}\lambda-2&-2&-a\\-2&\lambda-5&4\\2&4&\lambda-5\end{vmatrix}=-\begin{vmatrix}2&4&\lambda-5\\-2&\lambda-5&4\\\lambda-2&-2&-a\end{vmatrix}$$

$$=-\begin{vmatrix}2&4&\lambda-5\\0&\lambda-1&\lambda-1\\0&-2(\lambda-1)&-\frac{1}{2}(\lambda-5)(\lambda-2)-a\end{vmatrix}=(\lambda-1)\begin{vmatrix}1&\lambda-1\\4&(\lambda-5)(\lambda-2)+2a\end{vmatrix}$$

$$=(\lambda-1)\left[\lambda^2-11\lambda+2(a+7)\right].$$

若 $a=-2$，则 $|\lambda\boldsymbol{I}-\boldsymbol{A}|=(\lambda-1)^2(\lambda-10)$，$\boldsymbol{A}$ 有二重特征值 $\lambda_1=1$；

若 $a=\frac{1}{2}\left(\frac{11}{2}\right)^2-7=\frac{65}{8}$，则 $|\lambda\boldsymbol{I}-\boldsymbol{A}|=(\lambda-1)\left(\lambda-\frac{11}{2}\right)^2$，$\boldsymbol{A}$ 有二重特征值 $\lambda_2=\frac{11}{2}$.

所以 $a=-2$ 或 $a=\frac{65}{8}$.

当 $a=-2$ 时，

$$(\lambda_1\boldsymbol{E}-\boldsymbol{A},\boldsymbol{\beta})=\begin{pmatrix}-1&-2&2&t\\-2&-4&4&1\\2&4&-4&-1\end{pmatrix}.$$

显然，当 $t\neq\frac{1}{2}$ 时，$\mathrm{rank}(\lambda_1\boldsymbol{I}-\boldsymbol{A},\boldsymbol{\beta})=2\neq\mathrm{rank}(\lambda_1\boldsymbol{I}-\boldsymbol{A})=1$，所给方程组无解；

当 $t=\frac{1}{2}$ 时，$\mathrm{rank}(\lambda_1\boldsymbol{I}-\boldsymbol{A},\boldsymbol{\beta})=\mathrm{rank}(\lambda_1\boldsymbol{I}-\boldsymbol{A})=1$，方程组有无穷多解，其同解方程组为

$$x_1+2x_2-2x_3=-\frac{1}{2}.$$

对应齐次方程的通解为 $\begin{pmatrix}x_1\\x_2\\x_3\end{pmatrix}=k_1\begin{pmatrix}-2\\1\\0\end{pmatrix}+k_2\begin{pmatrix}2\\0\\1\end{pmatrix}$；非齐次方程的一个特解为 $\boldsymbol{X}_0=\begin{pmatrix}-1/2\\0\\0\end{pmatrix}$.

原方程组的通解为

$$\boldsymbol{X}=k_1\begin{pmatrix}-2\\1\\0\end{pmatrix}+k_2\begin{pmatrix}2\\0\\1\end{pmatrix}+\begin{pmatrix}-1/2\\0\\0\end{pmatrix}\quad (k_1,k_2\text{为任意常数}).$$

当 $a=\dfrac{65}{8}$ 时，

$$(\lambda_1 \boldsymbol{I}-\boldsymbol{A},\boldsymbol{\beta})=\begin{pmatrix}-1 & -2 & -65/8 & t\\ -2 & -4 & 4 & 1\\ 2 & 4 & -4 & -1\end{pmatrix}.$$

无论 t 为何值，均有 $\operatorname{rank}(\lambda_1 \boldsymbol{I}-\boldsymbol{A},\boldsymbol{\beta})=\operatorname{rank}(\lambda_1 \boldsymbol{I}-\boldsymbol{A})=2$，方程组有无穷多解. 其同解方程组为

$$\begin{cases}8x_1+16x_2+65x_3=-8t,\\ 81x_3=4.\end{cases}$$

对应齐次方程组的通解为 $\begin{pmatrix}x_1\\x_2\\x_3\end{pmatrix}=k\begin{pmatrix}-2\\1\\0\end{pmatrix}$；非齐次方程的一个特解为 $\boldsymbol{X}_1=\begin{pmatrix}-\dfrac{65}{162}-t\\ 0\\ \dfrac{4}{81}\end{pmatrix}$.

原方程组的通解为

$$\boldsymbol{X}=k\begin{pmatrix}-2\\1\\0\end{pmatrix}+\boldsymbol{X}_1 \quad (k \text{ 为任意常数}).$$

评注 若线性方程组中有参数，求解时一定要根据解的存在定理做必要的讨论.

例 15 设矩阵 $\boldsymbol{A}=\begin{pmatrix}1 & 2 & 1\\ 3 & 4 & a\\ 1 & 2 & 2\end{pmatrix}$，其中 a 为常数，若存在矩阵 $\boldsymbol{B}\neq \boldsymbol{I}$ 使得 $\boldsymbol{AB}=\boldsymbol{A}-\boldsymbol{B}+\boldsymbol{I}$，其中 $\boldsymbol{I}$ 是单位矩阵. 试求：（1）常数 a 的值；（2）若矩阵 $\boldsymbol{B}$ 的第 1 行为 $(5\ \ 4\ \ 0)$，求矩阵 $\boldsymbol{B}$.

分析（1）若能确定矩阵的秩，通常就能确定其中的某些待定常数.

（2）矩阵 $\boldsymbol{B}$ 是矩阵方程 $(\boldsymbol{A}+\boldsymbol{I})\boldsymbol{X}=\boldsymbol{A}+\boldsymbol{I}$ 的解，当 $\boldsymbol{A}+\boldsymbol{I}$ 不可逆时，可转化为线性方程组来求解.

解 （1）由关系式 $\boldsymbol{AB}=\boldsymbol{A}-\boldsymbol{B}+\boldsymbol{I}$，得 $(\boldsymbol{A}+\boldsymbol{I})(\boldsymbol{B}-\boldsymbol{I})=\boldsymbol{0}$，则有

$$\operatorname{rank}(\boldsymbol{A}+\boldsymbol{I})+\operatorname{rank}(\boldsymbol{B}-\boldsymbol{I})\leqslant 3.$$

又 $\operatorname{rank}(\boldsymbol{A}+\boldsymbol{I})\geqslant 2$，$\boldsymbol{B}\neq \boldsymbol{I}$，所以 $\operatorname{rank}(\boldsymbol{B}-\boldsymbol{I})\geqslant 1$，因此只有 $\operatorname{rank}(\boldsymbol{A}+\boldsymbol{I})=2$.

做初等行变换，化 $\boldsymbol{A}+\boldsymbol{I}$ 为阶梯形.

$$\boldsymbol{A}+\boldsymbol{I}=\begin{pmatrix}2 & 2 & 1\\ 3 & 5 & a\\ 1 & 2 & 3\end{pmatrix}\to\begin{pmatrix}1 & 2 & 3\\ 3 & 5 & a\\ 2 & 2 & 1\end{pmatrix}\to\begin{pmatrix}1 & 2 & 3\\ 0 & -1 & a-9\\ 0 & -2 & -5\end{pmatrix}\to\begin{pmatrix}1 & 2 & 3\\ 0 & -1 & a-9\\ 0 & 0 & 13-2a\end{pmatrix}, \quad ①$$

从而 $a=\dfrac{13}{2}$.

（2）由 $\boldsymbol{AB}=\boldsymbol{A}-\boldsymbol{B}+\boldsymbol{I}$ 得 $(\boldsymbol{A}+\boldsymbol{I})\boldsymbol{B}=\boldsymbol{A}+\boldsymbol{I}$，可见 $\boldsymbol{B}$ 是矩阵方程 $(\boldsymbol{A}+\boldsymbol{I})\boldsymbol{X}=\boldsymbol{A}+\boldsymbol{I}$ 的解. 由①式可得增广矩阵 $(\boldsymbol{A}+\boldsymbol{I},\boldsymbol{A}+\boldsymbol{I})$ 的行等价阶梯形.

$$(\boldsymbol{A}+\boldsymbol{I},\boldsymbol{A}+\boldsymbol{I})\to\begin{pmatrix}1 & 2 & 3 & 1 & 2 & 3\\ 0 & 2 & 5 & 0 & 2 & 5\\ 0 & 0 & 0 & 0 & 0 & 0\end{pmatrix}\to\begin{pmatrix}1 & 0 & -2 & 1 & 0 & -2\\ 0 & 2 & 5 & 0 & 2 & 5\\ 0 & 0 & 0 & 0 & 0 & 0\end{pmatrix}.$$

矩阵方程的解 $\boldsymbol{X}$ 的 3 个列向量分别是线性方程组

$$\begin{pmatrix}1&0&-2\\0&2&5\\0&0&0\end{pmatrix}\begin{pmatrix}x_1\\x_2\\x_3\end{pmatrix}=\begin{pmatrix}1\\0\\0\end{pmatrix},\quad \begin{pmatrix}1&0&-2\\0&2&5\\0&0&0\end{pmatrix}\begin{pmatrix}x_1\\x_2\\x_3\end{pmatrix}=\begin{pmatrix}0\\2\\0\end{pmatrix},\quad \begin{pmatrix}1&0&-2\\0&2&5\\0&0&0\end{pmatrix}\begin{pmatrix}x_1\\x_2\\x_3\end{pmatrix}=\begin{pmatrix}-2\\5\\0\end{pmatrix}$$

的解向量. 求得 3 个方程组的通解分别为

$$\begin{pmatrix}x_1\\x_2\\x_3\end{pmatrix}=k_1\begin{pmatrix}4\\-5\\2\end{pmatrix}+\begin{pmatrix}1\\0\\0\end{pmatrix},\quad \begin{pmatrix}x_1\\x_2\\x_3\end{pmatrix}=k_2\begin{pmatrix}4\\-5\\2\end{pmatrix}+\begin{pmatrix}0\\1\\0\end{pmatrix},\quad \begin{pmatrix}x_1\\x_2\\x_3\end{pmatrix}=k_3\begin{pmatrix}4\\-5\\2\end{pmatrix}+\begin{pmatrix}-2\\5/2\\0\end{pmatrix}. \qquad ②$$

由于 $\boldsymbol{B}$ 的第 1 行为 $(5\ \ 4\ \ 0)$，所以 $k_1=1,\ k_2=1,\ k_3=\dfrac{1}{2}$，因此得到 3 个列向量构成矩阵 $\boldsymbol{B}$ 即为所求，即 $\boldsymbol{B}=\begin{pmatrix}5&4&0\\-5&-4&0\\2&2&1\end{pmatrix}$.

评注 （1）由矩阵的秩确定矩阵中的待定常数是很常用的方法.

（2）对于矩阵方程 $\boldsymbol{AX}=\boldsymbol{B}$ （$\boldsymbol{A},\boldsymbol{B}$ 为已知矩阵），当 $\boldsymbol{A}$ 不可逆时，通常是将 $\boldsymbol{X}$ 与 $\boldsymbol{B}$ 按列分块，将矩阵方程转化为几个线性方程组来求解.

例 16 设 $\boldsymbol{A}=(a_{ij})_{n\times n}$，且 $\sum\limits_{j=1}^{n}a_{ij}=0\ (i=1,2,\cdots,n)$. 证明 $\boldsymbol{A}$ 的第 1 行元素的代数余子式全相等.

分析 由 $\sum\limits_{j=1}^{n}a_{ij}=0\ (i=1,2,\cdots,n)$ 易知 $\mathrm{rank}(\boldsymbol{A})<n$，且 $\boldsymbol{\xi}=(1,1,\cdots,1)^{\mathrm{T}}$ 是齐次方程组 $\boldsymbol{AX}=\boldsymbol{0}$ 的解. 若 $\mathrm{rank}(\boldsymbol{A})<n-1$，则结论自然成立；若 $\mathrm{rank}(\boldsymbol{A})=n-1$，只需证明 $\boldsymbol{A}$ 的第 1 行元素的代数余子式做成的向量 $(A_{11},A_{12},\cdots,A_{1n})^{\mathrm{T}}$ 也是 $\boldsymbol{AX}=\boldsymbol{0}$ 的解.

证明 由 $\sum\limits_{j=1}^{n}a_{ij}=0\ (i=1,2,\cdots,n)$ 知 $|\boldsymbol{A}|=0$，且 $\boldsymbol{AX}=\boldsymbol{0}$ 有解 $\boldsymbol{\xi}=(1,1,\cdots,1)^{\mathrm{T}}$.

又 $\boldsymbol{AA}^*=|\boldsymbol{A}|\boldsymbol{I}=\boldsymbol{0}$，所以 $\boldsymbol{A}^*$ 的第 1 列 $(A_{11},A_{12},\cdots,A_{1n})^{\mathrm{T}}$ 是 $\boldsymbol{AX}=\boldsymbol{0}$ 的解向量.

若存在 $A_{1j}\neq 0$，则 $\mathrm{rank}(\boldsymbol{A})=n-1$，$(A_{11},A_{12},\cdots,A_{1n})^{\mathrm{T}}$ 是 $\boldsymbol{AX}=\boldsymbol{0}$ 的非零解，$\boldsymbol{AX}=\boldsymbol{0}$ 的通解是 $k(1,1,\cdots,1)^{\mathrm{T}}$，故有 $A_{11}=A_{12}=\cdots=A_{1n}$.

若 $A_{1j}=0\ (j=1,2,\cdots,n)$，则 $\boldsymbol{A}$ 的第 1 行的代数余子式全为零，即 $A_{11}=A_{12}=\cdots=A_{1n}=0$.

无论何种情况，都有 $\boldsymbol{A}$ 的第 1 行元素的代数余子式全相等.

例 17 设 $\boldsymbol{A}$ 是 n 阶非零矩阵，证明 $\mathrm{rank}(\boldsymbol{A}^n)=\mathrm{rank}(\boldsymbol{A}^{n+1})$.

分析 只需证明线性方程组 $\boldsymbol{A}^n\boldsymbol{X}=\boldsymbol{0}$ 与 $\boldsymbol{A}^{n+1}\boldsymbol{X}=\boldsymbol{0}$ 同解.

证明 显然方程组 $\boldsymbol{A}^n\boldsymbol{X}=\boldsymbol{0}$ 的解都是 $\boldsymbol{A}^{n+1}\boldsymbol{X}=\boldsymbol{0}$ 的解.

下证 $\boldsymbol{A}^{n+1}\boldsymbol{X}=\boldsymbol{0}$ 的解也是 $\boldsymbol{A}^n\boldsymbol{X}=\boldsymbol{0}$ 的解.

用反证法，设 $\boldsymbol{\alpha}\neq\boldsymbol{0}$ 是 $\boldsymbol{A}^{n+1}\boldsymbol{X}=\boldsymbol{0}$ 的解向量，但不是 $\boldsymbol{A}^n\boldsymbol{X}=\boldsymbol{0}$ 的解，则 $\boldsymbol{A}^n\boldsymbol{\alpha}\neq\boldsymbol{0}$. 下证 $\boldsymbol{\alpha},\ \boldsymbol{A\alpha},\ \cdots,\ \boldsymbol{A}^n\boldsymbol{\alpha}$ 线性无关.

做线性组合

$$k_0\boldsymbol{\alpha}+k_1\boldsymbol{A\alpha}+\cdots k_n\boldsymbol{A}^n\boldsymbol{\alpha}=\boldsymbol{0}, \qquad ①$$

用 $\boldsymbol{A}^n$ 左乘①式两边可得 $k_0\boldsymbol{A}^n\boldsymbol{\alpha}=\boldsymbol{0}$，因为 $\boldsymbol{A}^n\boldsymbol{\alpha}\neq\boldsymbol{0}$，故 $k_0=0$.

将 $k_0=0$ 代入①式，继续用 $\boldsymbol{A}^{n-1}$ 左乘等式两边，同理可得 $k_1=0$. 以此类推可知 $k_0=k_1=\cdots=k_n=0$. 所以 $\boldsymbol{\alpha},\boldsymbol{A\alpha},\cdots,\boldsymbol{A}^n\boldsymbol{\alpha}$ 线性无关.

由此我们得到有 $n+1$ 个 n 维向量线性无关，矛盾. 所以方程组 $\boldsymbol{A}^{n+1}\boldsymbol{X}=\boldsymbol{0}$ 的解也都是 $\boldsymbol{A}^n\boldsymbol{X}=\boldsymbol{0}$ 的

解，从而 $A^nX=0$ 与 $A^{n+1}X=0$ 同解，所以

$$\text{rank}(A^n)=\text{rank}(A^{n+1}).$$

评注 请读者思考，是否有 $\text{rank}(A^k)=\text{rank}(A^{k+1})$ 对 $k\geqslant n$ 均成立？（可参见综合题9*第12题.）

例 18 设向量 $\boldsymbol{\beta}$ 为非齐次线性方程组 $AX=b\ (b\neq 0)$ 的一个解，$\alpha_1,\alpha_2,\cdots,\alpha_s$ 为其导出组 $AX=0$ 的一个基础解系，证明 $\beta,\beta+\alpha_1,\beta+\alpha_2,\cdots,\beta+\alpha_s$ 为 $AX=b$ 解向量组中的一个极大线性无关向量组.

分析 只需证明 $\beta,\beta+\alpha_1,\beta+\alpha_2,\cdots,\beta+\alpha_s$ 是 $AX=b$ 的一组线性无关解，并且方程组的任意解都可由这组解向量线性表示.

证明 显然，向量组 $\beta,\beta+\alpha_1,\beta+\alpha_2,\cdots,\beta+\alpha_s$ 都是 $AX=b$ 的解. 下证它是线性无关的. 设

$$k\beta+k_1(\beta+\alpha_1)+k_2(\beta+\alpha_2)+\cdots+k_s(\beta+\alpha_s)=0, \quad ①$$

则

$$(k+k_1+k_2+\cdots+k_s)\beta+k_1\alpha_1+k_2\alpha_2+\cdots+k_s\alpha_s=0. \quad ②$$

左乘 A，有

$$(k+k_1+k_2+\cdots+k_s)A\beta+k_1A\alpha_1+k_2A\alpha_2+\cdots+k_sA\alpha_s=0,$$

即

$$(k+k_1+k_2+\cdots+k_s)A\beta=0\Rightarrow(k+k_1+k_2+\cdots+k_s)b=0.$$

因为 $b\neq 0$，所以 $k+k_1+k_2+\cdots+k_s=0$. 代入②式得

$$k_1\alpha_1+k_2\alpha_2+\cdots+k_s\alpha_s=0.$$

由于 $\alpha_1,\alpha_2,\cdots,\alpha_s$ 线性无关，所以 $k_1=k_2=\cdots=k_s=0$. 代入①式得 $k\beta=0$. 因为 $\beta\neq 0$，所以 $k=0$. 故 $\beta,\beta+\alpha_1,\beta+\alpha_2,\cdots,\beta+\alpha_s$ 线性无关.

下证任一 $AX=b$ 的解都可由 $\beta,\beta+\alpha_1,\beta+\alpha_2,\cdots,\beta+\alpha_s$ 线性表示.

设 γ 为 $AX=b$ 的任一解，则

$$\begin{aligned}\gamma&=\beta+k_1\alpha_1+k_2\alpha_2+\cdots+k_s\alpha_s\\&=(1-k_1-k_2-\cdots-k_s)\beta+k_1(\alpha_1+\beta)+k_2(\alpha_2+\beta)+\cdots+k_s(\alpha_s+\beta).\end{aligned}$$

综上所述，$\beta,\beta+\alpha_1,\beta+\alpha_2,\cdots,\beta+\alpha_s$ 为 $AX=b$ 解向量组中的一个极大线性无关向量组.

评注 该题结论表明：若 $\text{rank}(A)=r$，则 $\text{rank}\left\{X\in\mathbb{R}^n \mid AX=b\right\}=n-r+1$.

例 19 设 A 是 $m\times n$ 阶矩阵. 证明 $Ax=b$ 有解的充分必要条件是方程组 $A^{\mathrm{T}}z=0$ 的解满足 $b^{\mathrm{T}}z=0$.

分析 必要性显然；充分性，题设条件"$A^{\mathrm{T}}z=0$ 的解满足 $b^{\mathrm{T}}z=0$"等价于"$\begin{cases}A^{\mathrm{T}}z=0\\ b^{\mathrm{T}}z=0\end{cases}$ 与 $A^{\mathrm{T}}z=0$ 同解". 再由此去证明 $\text{rank}(A,b)=\text{rank}(A)$ 就容易了.

证明 必要性：若 $Ax=b$，则

$$x^{\mathrm{T}}A^{\mathrm{T}}=b^{\mathrm{T}},\quad x^{\mathrm{T}}A^{\mathrm{T}}z=b^{\mathrm{T}}z.$$

若 $A^{\mathrm{T}}z=0$，则必有 $b^{\mathrm{T}}z=0$. 必要性得证.

充分性：若 $A^{\mathrm{T}}z=0$ 的解满足 $b^{\mathrm{T}}z=0$，则 $\begin{pmatrix}A^{\mathrm{T}}\\ b^{\mathrm{T}}\end{pmatrix}z=0$ 与 $A^{\mathrm{T}}z=0$ 同解. 所以

$$\text{rank}(A^{\mathrm{T}})=\text{rank}\begin{pmatrix}A^{\mathrm{T}}\\ b^{\mathrm{T}}\end{pmatrix}\Rightarrow\text{rank}(A)=\text{rank}(A,b)^{\mathrm{T}}=\text{rank}(A,b).$$

所以 $Ax=b$ 有解.

例 20* 设 A,B,C 分别是 $m\times n, s\times t$ 与 $m\times t$ 阶矩阵，X 是 $n\times s$ 阶未知矩阵. 证明矩阵方程 $AXB=C$ 有解的充分必要条件是 $\text{rank}(A)=\text{rank}(A\ \ C)$，$\text{rank}(B)=\text{rank}\begin{pmatrix}B\\ C\end{pmatrix}$.

分析　我们知道，矩阵方程 $\boldsymbol{AX}=\boldsymbol{C}$ 有解的充分必要条件是 $\operatorname{rank}(\boldsymbol{A})=\operatorname{rank}(\boldsymbol{A}\ \ \boldsymbol{C})$，所以只需将题目中的矩阵方程做适当的变形.

证明　若 $\boldsymbol{AXB}=\boldsymbol{C}$ 有解，设 $\boldsymbol{X}=\boldsymbol{K}$ 是它的一个解，则有

$$\boldsymbol{A}(\boldsymbol{KB})=\boldsymbol{C},\quad (\boldsymbol{AK})\boldsymbol{B}=\boldsymbol{C},$$

这说明矩阵方程 $\boldsymbol{AX}=\boldsymbol{C}$ 与 $\boldsymbol{XB}=\boldsymbol{C}$ 均有解，从而

$$\operatorname{rank}(\boldsymbol{A})=\operatorname{rank}(\boldsymbol{A}\ \ \boldsymbol{C}),\quad \operatorname{rank}(\boldsymbol{B})=\operatorname{rank}\begin{pmatrix}\boldsymbol{B}\\ \boldsymbol{C}\end{pmatrix}. \qquad ①$$

反之，若①式成立，则矩阵方程 $\boldsymbol{AX}=\boldsymbol{C}$ 与 $\boldsymbol{XB}=\boldsymbol{C}$ 均有解，设 $\boldsymbol{X}=\boldsymbol{K}_1$ 与 $\boldsymbol{X}=\boldsymbol{K}_2$ 分别是它们的解，即

$$\boldsymbol{AK}_1=\boldsymbol{C},\quad \boldsymbol{K}_2\boldsymbol{B}=\boldsymbol{C}. \qquad ②$$

由于矩阵方程 $\boldsymbol{BXB}=\boldsymbol{B}$ 一定有解（习题 9.2 第 19 题），设 $\boldsymbol{X}=\boldsymbol{G}$ 是它的一个解，即有

$$\boldsymbol{BGB}=\boldsymbol{B}. \qquad ③$$

利用②，③两式，有

$$\boldsymbol{A}(\boldsymbol{K}_1\boldsymbol{G})\boldsymbol{B}=(\boldsymbol{AK}_1)\boldsymbol{GB}=\boldsymbol{CGB}=(\boldsymbol{K}_2\boldsymbol{B})\boldsymbol{GB}=\boldsymbol{K}_2(\boldsymbol{BGB})=\boldsymbol{K}_2\boldsymbol{B}=\boldsymbol{C}.$$

这说明矩阵方程 $\boldsymbol{AXB}=\boldsymbol{C}$ 有解，$\boldsymbol{X}=\boldsymbol{K}_1\boldsymbol{G}$ 就是它的一个解.

例 21　设向量组 $\boldsymbol{\alpha}_1=(1,2,1)^{\mathrm{T}}$，$\boldsymbol{\alpha}_2=(1,3,2)^{\mathrm{T}}$，$\boldsymbol{\alpha}_3=(1,a,3)^{\mathrm{T}}$ 为 $\mathbb{R}^3$ 的一个基，$\boldsymbol{\beta}=(1,1,1)^{\mathrm{T}}$ 在这个基下的坐标为 $(b,c,1)^{\mathrm{T}}$.

（1）求 a,b,c；

（2）证明 $\boldsymbol{\alpha}_2,\boldsymbol{\alpha}_3,\boldsymbol{\beta}$ 为 $\mathbb{R}^3$ 的一个基，并求 $\boldsymbol{\alpha}_2,\boldsymbol{\alpha}_3,\boldsymbol{\beta}$ 到 $\boldsymbol{\alpha}_1,\boldsymbol{\alpha}_2,\boldsymbol{\alpha}_3$ 的过渡矩阵.

分析　（1）由题意知 $\boldsymbol{\beta}=b\boldsymbol{\alpha}_1+c\boldsymbol{\alpha}_2+\boldsymbol{\alpha}_3$，等式两边对应分量相等就可求得 a,b,c 的值；

（2）若 $\boldsymbol{\alpha}_2,\boldsymbol{\alpha}_3,\boldsymbol{\beta}$ 线性无关，则它就是 $\mathbb{R}^3$ 的一个基；将 $\boldsymbol{\alpha}_2,\boldsymbol{\alpha}_3,\boldsymbol{\beta}$ 用 $\boldsymbol{\alpha}_1,\boldsymbol{\alpha}_2,\boldsymbol{\alpha}_3$ 线性表示，就能得到过渡矩阵.

解（1）由题意 $\boldsymbol{\beta}=b\boldsymbol{\alpha}_1+c\boldsymbol{\alpha}_2+\boldsymbol{\alpha}_3$，即

$$\begin{cases}b+c+1=1,\\ 2b+3c+a=1,\\ b+2c+3=1.\end{cases}$$

解得 $a=3$，$b=2$，$c=-2$.

（2）因为 $|\boldsymbol{\alpha}_2,\boldsymbol{\alpha}_3,\boldsymbol{\beta}|=\begin{vmatrix}1&1&1\\3&3&1\\2&3&1\end{vmatrix}=2\neq 0$，所以 $\boldsymbol{\alpha}_2,\boldsymbol{\alpha}_3,\boldsymbol{\beta}$ 线性无关，从而构成 $\mathbb{R}^3$ 的一个基.

由 $\boldsymbol{\beta}=2\boldsymbol{\alpha}_1-2\boldsymbol{\alpha}_2+\boldsymbol{\alpha}_3$，有

$$(\boldsymbol{\alpha}_2,\boldsymbol{\alpha}_3,\boldsymbol{\beta})=(\boldsymbol{\alpha}_1,\boldsymbol{\alpha}_2,\boldsymbol{\alpha}_3)\begin{pmatrix}0&0&2\\1&0&-2\\0&1&1\end{pmatrix}.$$

所以从 $\boldsymbol{\alpha}_2,\boldsymbol{\alpha}_3,\boldsymbol{\beta}$ 到 $\boldsymbol{\alpha}_1,\boldsymbol{\alpha}_2,\boldsymbol{\alpha}_3$ 的过渡矩阵为

$$\begin{pmatrix}0&0&2\\1&0&-2\\0&1&1\end{pmatrix}^{-1}=\begin{pmatrix}1&1&0\\-1/2&0&1\\1/2&0&0\end{pmatrix}.$$

评注　设 $\boldsymbol{\alpha}_1,\boldsymbol{\alpha}_2,\cdots,\boldsymbol{\alpha}_n$ 与 $\boldsymbol{\beta}_1,\boldsymbol{\beta}_2,\cdots,\boldsymbol{\beta}_n$ 是 n 维空间 V 的两个基，若有 n 阶矩阵 $\boldsymbol{P}$，使得

$$(\boldsymbol{\beta}_1,\boldsymbol{\beta}_2,\cdots,\boldsymbol{\beta}_n)=(\boldsymbol{\alpha}_1,\boldsymbol{\alpha}_2,\cdots,\boldsymbol{\alpha}_n)\boldsymbol{P},$$

则称 $\boldsymbol{P}$ 是从基 $\boldsymbol{\alpha}_1,\boldsymbol{\alpha}_2,\cdots,\boldsymbol{\alpha}_n$ 到 $\boldsymbol{\beta}_1,\boldsymbol{\beta}_2,\cdots,\boldsymbol{\beta}_n$ 的过渡矩阵.

设向量 $\boldsymbol{\gamma}\in V$ 在基 $\boldsymbol{\alpha}_1,\boldsymbol{\alpha}_2,\cdots,\boldsymbol{\alpha}_n$ 下的坐标为 $\boldsymbol{X}=(x_1,x_2,\cdots,x_n)^{\mathrm{T}}$，在基 $\boldsymbol{\beta}_1,\boldsymbol{\beta}_2,\cdots,\boldsymbol{\beta}_n$ 下的坐标为 $\boldsymbol{Y}=(y_1,y_2,\cdots,y_n)^{\mathrm{T}}$，则有**坐标变换公式：** $\boldsymbol{X}=\boldsymbol{PY}$ 或 $\boldsymbol{Y}=\boldsymbol{P}^{-1}\boldsymbol{X}$.

例 22 设 $\boldsymbol{\varepsilon}_1,\boldsymbol{\varepsilon}_2,\cdots,\boldsymbol{\varepsilon}_n$ 是实 n 维空间 V 的一个基，记 $\boldsymbol{\varepsilon}_{n+1}=-\boldsymbol{\varepsilon}_1-\boldsymbol{\varepsilon}_2-\cdots-\boldsymbol{\varepsilon}_n$，证明：

（1）对任意 $i=1,2,\cdots,n+1$，向量组 $\boldsymbol{\varepsilon}_1,\boldsymbol{\varepsilon}_2,\cdots,\boldsymbol{\varepsilon}_{i-1},\boldsymbol{\varepsilon}_{i+1},\cdots,\boldsymbol{\varepsilon}_{n+1}$ 都构成 V 的一个基；

（2）对任意 $\boldsymbol{\alpha}\in V$，在（1）的 $n+1$ 个基中存在一个基，使得 $\boldsymbol{\alpha}$ 在这个基下的坐标分量均非负.

分析（1）只需证明向量组 $\boldsymbol{\varepsilon}_1,\boldsymbol{\varepsilon}_2,\cdots,\boldsymbol{\varepsilon}_{i-1},\boldsymbol{\varepsilon}_{i+1},\cdots,\boldsymbol{\varepsilon}_{n+1}$ 线性无关.

(2) 能找到 $\boldsymbol{\alpha}$ 在两个基 $\boldsymbol{\varepsilon}_1,\boldsymbol{\varepsilon}_2,\cdots,\boldsymbol{\varepsilon}_n$ 与 $\boldsymbol{\varepsilon}_1,\boldsymbol{\varepsilon}_2,\cdots,\boldsymbol{\varepsilon}_{i-1},\boldsymbol{\varepsilon}_{i+1},\cdots,\boldsymbol{\varepsilon}_{n+1}$ 下坐标的关系，问题就容易解决了. 为此，需先求出两个基的过渡矩阵.

证明（1）若 $i=n+1$，显然有 $\boldsymbol{\varepsilon}_1,\boldsymbol{\varepsilon}_2,\cdots,\boldsymbol{\varepsilon}_n$ 是 V 的一个基. 若 $1\leqslant i\leqslant n$，则令

$$k_1\boldsymbol{\varepsilon}_1+k_2\boldsymbol{\varepsilon}_2+\cdots+k_{i-1}\boldsymbol{\varepsilon}_{i-1}+k_{i+1}\boldsymbol{\varepsilon}_{i+1}+\cdots+k_{n+1}\boldsymbol{\varepsilon}_{n+1}=\boldsymbol{0}, \tag{①}$$

由于 $\boldsymbol{\varepsilon}_1+\boldsymbol{\varepsilon}_2+\cdots+\boldsymbol{\varepsilon}_n+\boldsymbol{\varepsilon}_{n+1}=\boldsymbol{0}$，所以

$$k_{n+1}(\boldsymbol{\varepsilon}_1+\boldsymbol{\varepsilon}_2+\cdots+\boldsymbol{\varepsilon}_n+\boldsymbol{\varepsilon}_{n+1})=\boldsymbol{0}. \tag{②}$$

①-②式得

$$(k_1-k_{n+1})\boldsymbol{\varepsilon}_1+(k_2-k_{n+1})\boldsymbol{\varepsilon}_2+\cdots+(k_{i-1}-k_{n+1})\boldsymbol{\varepsilon}_{i-1}+(k_{i+1}-k_{n+1})\boldsymbol{\varepsilon}_{i+1}+\cdots+(k_n-k_{n+1})\boldsymbol{\varepsilon}_n=\boldsymbol{0}.$$

由于 $\boldsymbol{\varepsilon}_1,\boldsymbol{\varepsilon}_2,\cdots,\boldsymbol{\varepsilon}_n$ 线性无关，得到

$$k_1-k_{n+1}=k_2-k_{n+1}=\cdots=k_{i-1}-k_{n+1}=k_{i+1}-k_{n+1}=\cdots=k_n-k_{n+1}=0.$$

所以 $k_1=k_2=\cdots=k_n=k_{n+1}=0$. 从而 $\boldsymbol{\varepsilon}_1,\boldsymbol{\varepsilon}_2,\cdots,\boldsymbol{\varepsilon}_{i-1},\boldsymbol{\varepsilon}_{i+1},\cdots,\boldsymbol{\varepsilon}_{n+1}$ 线性无关，是 V 的一个基.

（2）由于

$$(\boldsymbol{\varepsilon}_1,\boldsymbol{\varepsilon}_2,\cdots,\boldsymbol{\varepsilon}_{i-1},\boldsymbol{\varepsilon}_i,\boldsymbol{\varepsilon}_{i+1},\cdots,\boldsymbol{\varepsilon}_n)=(\boldsymbol{\varepsilon}_1,\boldsymbol{\varepsilon}_2,\cdots,\boldsymbol{\varepsilon}_{i-1},\boldsymbol{\varepsilon}_{i+1},\cdots,\boldsymbol{\varepsilon}_n,\boldsymbol{\varepsilon}_{n+1})\boldsymbol{A},$$

其中 $\boldsymbol{A}=\begin{pmatrix}1&\cdots&0&-1&0&\cdots&0\\ \vdots&&\vdots&\vdots&\vdots&&\vdots\\ 0&\cdots&1&-1&0&\cdots&0\\ 0&\cdots&0&-1&1&\cdots&0\\ 0&\cdots&0&-1&0&\cdots&\vdots\\ \vdots&&\vdots&\vdots&\vdots&&1\\ 0&\cdots&0&-1&0&\cdots&0\end{pmatrix}$，是两个基的过渡矩阵.

对任意 $\boldsymbol{\alpha}\in V$，设 $\boldsymbol{\alpha}=a_1\boldsymbol{\varepsilon}_1+a_2\boldsymbol{\varepsilon}_2+\cdots+a_n\boldsymbol{\varepsilon}_n$. 若 $a_1,a_2,\cdots,a_n\geqslant 0$，则结论正确. 否则，令 a_i 是负坐标中绝对值最大者，那么

$$\boldsymbol{\alpha}=(\boldsymbol{\varepsilon}_1,\boldsymbol{\varepsilon}_2,\cdots,\boldsymbol{\varepsilon}_n)\begin{pmatrix}a_1\\ a_2\\ \vdots\\ a_n\end{pmatrix}=(\boldsymbol{\varepsilon}_1,\cdots,\boldsymbol{\varepsilon}_{i-1},\boldsymbol{\varepsilon}_{i+1},\cdots,\boldsymbol{\varepsilon}_{n+1})\boldsymbol{A}\begin{pmatrix}a_1\\ a_2\\ \vdots\\ a_n\end{pmatrix}=(\boldsymbol{\varepsilon}_1,\cdots,\boldsymbol{\varepsilon}_{i-1},\boldsymbol{\varepsilon}_{i+1},\cdots,\boldsymbol{\varepsilon}_{n+1})\begin{pmatrix}a_1-a_i\\ \vdots\\ a_{i-1}-a_i\\ a_{i+1}-a_i\\ \vdots\\ a_n-a_i\\ -a_i\end{pmatrix}.$$

于是 $\boldsymbol{\varepsilon}_1,\boldsymbol{\varepsilon}_2,\cdots,\boldsymbol{\varepsilon}_{i-1},\boldsymbol{\varepsilon}_{i+1},\cdots,\boldsymbol{\varepsilon}_{n+1}$ 就是所求的那个基.

习题 9.2

习题 9.2 答案

1. 设向量组 $\boldsymbol{\alpha}_1,\boldsymbol{\alpha}_2,\cdots,\boldsymbol{\alpha}_n\,(n\geqslant 2)$ 线性无关，试问向量组 $\boldsymbol{\alpha}_1+\boldsymbol{\alpha}_2,\boldsymbol{\alpha}_2+\boldsymbol{\alpha}_3,\cdots,\boldsymbol{\alpha}_{n-1}+\boldsymbol{\alpha}_n,\boldsymbol{\alpha}_n+\boldsymbol{\alpha}_1$ 是否线性无关？

2. 设向量组$\boldsymbol{\alpha}_1,\boldsymbol{\alpha}_2,\cdots,\boldsymbol{\alpha}_m$线性相关，但其中任意$m-1$个都线性无关，证明：

（1）如果等式$k_1\boldsymbol{\alpha}_1+k_2\boldsymbol{\alpha}_2+\cdots+k_m\boldsymbol{\alpha}_m=\boldsymbol{0}$，则这些$k_1,k_2,\ldots,k_m$或者全为 0，或者全不为 0.

（2）如果存在两个等式

$$k_1\boldsymbol{\alpha}_1+k_2\boldsymbol{\alpha}_2+\cdots+k_m\boldsymbol{\alpha}_m=\boldsymbol{0},\quad l_1\boldsymbol{\alpha}_1+l_2\boldsymbol{\alpha}_2+\cdots+l_m\boldsymbol{\alpha}_m=\boldsymbol{0},$$

其中$l_1\neq 0$，则$\dfrac{k_1}{l_1}=\dfrac{k_2}{l_2}=\cdots=\dfrac{k_m}{l_m}$.

3. 设$\boldsymbol{A}$为四阶方阵，有 4 个不相同的特征值$\lambda_1,\lambda_2,\lambda_3,\lambda_4$，对应的特征向量依次为$\boldsymbol{\alpha}_1,\boldsymbol{\alpha}_2,\boldsymbol{\alpha}_3,\boldsymbol{\alpha}_4$，令$\boldsymbol{\beta}=\boldsymbol{\alpha}_1+\boldsymbol{\alpha}_2+\boldsymbol{\alpha}_3+\boldsymbol{\alpha}_4$，证明$\boldsymbol{\beta},\boldsymbol{A\beta},\boldsymbol{A}^2\boldsymbol{\beta},\boldsymbol{A}^3\boldsymbol{\beta}$线性无关.

4. 已知向量组A_1：$\boldsymbol{\alpha}_1,\boldsymbol{\alpha}_2,\boldsymbol{\alpha}_3$；$A_2$：$\boldsymbol{\alpha}_1,\boldsymbol{\alpha}_2,\boldsymbol{\alpha}_3,\boldsymbol{\alpha}_4$；$A_3$：$\boldsymbol{\alpha}_1,\boldsymbol{\alpha}_2,\boldsymbol{\alpha}_3,\boldsymbol{\alpha}_5$.如果它们的秩分别为$\mathrm{rank}(A_1)=\mathrm{rank}(A_2)=3$, $\mathrm{rank}(A_3)=4$，求$\mathrm{rank}(\boldsymbol{\alpha}_1,\boldsymbol{\alpha}_2,\boldsymbol{\alpha}_3,\boldsymbol{\alpha}_5-\boldsymbol{\alpha}_4)$.

5. 设$a_1,a_2,\cdots,a_n$是n个两两不同的数，$\boldsymbol{A}=\begin{pmatrix}1&1&\cdots&1\\a_1&a_2&\cdots&a_n\\a_1^2&a_2^2&\cdots&a_n^2\\\vdots&\vdots&&\vdots\\a_1^{s-1}&a_2^{s-1}&\cdots&a_n^{s-1}\end{pmatrix}(s\leqslant n)$. 再设$\boldsymbol{\alpha}=(c_1,c_2,\cdots,c_n)^{\mathrm{T}}$是齐次方程组$\boldsymbol{AX}=\boldsymbol{0}$的一个非零解. 证明$\boldsymbol{\alpha}$至少有$s+1$个非零分量.

6. 设n维向量组A：$\boldsymbol{\alpha}_1,\boldsymbol{\alpha}_2,\cdots,\boldsymbol{\alpha}_s$与$B$：$\boldsymbol{\beta}_1,\boldsymbol{\beta}_2,\cdots,\boldsymbol{\beta}_t$正交，证明：

（1）若向量组A与B都分别线性无关，则向量组$\boldsymbol{\alpha}_1,\boldsymbol{\alpha}_2,\cdots,\boldsymbol{\alpha}_s,\boldsymbol{\beta}_1,\boldsymbol{\beta}_2,\cdots,\boldsymbol{\beta}_t$也线性无关；

（2）若向量组A线性无关，且$s+t>n$，则向量组B线性相关.

7. 若两个向量组A：$\boldsymbol{\alpha}_1,\boldsymbol{\alpha}_2,\cdots,\boldsymbol{\alpha}_s$与$B$：$\boldsymbol{\beta}_1,\boldsymbol{\beta}_2,\cdots,\boldsymbol{\beta}_m$有相同的秩，且$A$可由$B$线性表示，则证明两向量组等价.

8. 设向量组$\boldsymbol{\alpha}_1,\boldsymbol{\alpha}_2,\cdots,\boldsymbol{\alpha}_r$线性无关，且该向量组可由向量组$\boldsymbol{\beta}_1,\boldsymbol{\beta}_2,\cdots,\boldsymbol{\beta}_s$线性表示. 证明在向量组$\boldsymbol{\beta}_1,\boldsymbol{\beta}_2,\cdots,\boldsymbol{\beta}_s$中必存在$r$个向量，不妨设就是$\boldsymbol{\beta}_1,\boldsymbol{\beta}_2,\cdots,\boldsymbol{\beta}_r$，经$\boldsymbol{\alpha}_1,\boldsymbol{\alpha}_2,\cdots,\boldsymbol{\alpha}_r$变换后得到的向量组$\boldsymbol{\alpha}_1,\boldsymbol{\alpha}_2,\cdots,\boldsymbol{\alpha}_r,\boldsymbol{\beta}_{r+1},\cdots,\boldsymbol{\beta}_s$与向量组$\boldsymbol{\beta}_1,\boldsymbol{\beta}_2,\cdots,\boldsymbol{\beta}_s$等价.

9. 设n维向量组$\boldsymbol{\alpha}_1,\boldsymbol{\alpha}_2,\cdots,\boldsymbol{\alpha}_m$线性无关，且$\boldsymbol{\beta}_i=a_{1i}\boldsymbol{\alpha}_1+a_{2i}\boldsymbol{\alpha}_2+\cdots+a_{mi}\boldsymbol{\alpha}_m\ (i=1,2,\cdots,s)$. 证明向量组$\boldsymbol{\beta}_1,\boldsymbol{\beta}_2,\cdots,\boldsymbol{\beta}_s$的秩等于矩阵$\boldsymbol{A}=(a_{ij})_{m\times s}$的秩.

10. 已知非齐次线性方程组$\begin{cases}x_1+x_2+x_3+x_4=-1\\4x_1+3x_2+5x_3-x_4=-1\\ax_1+x_2+3x_3+bx_4=1\end{cases}$有 3 个线性无关的解. 求$a,b$的值及方程组的通解.

11. 设矩阵$\boldsymbol{A}=\begin{pmatrix}1&a\\1&0\end{pmatrix}$, $\boldsymbol{B}=\begin{pmatrix}0&1\\1&b\end{pmatrix}$，当$a,b$为何值时, 存在矩阵$\boldsymbol{C}$使得$\boldsymbol{AC}-\boldsymbol{CA}=\boldsymbol{B}$，并求所有矩阵$\boldsymbol{C}$.

12. 设三阶实方阵$\boldsymbol{A}$的第 1 行为(a,b,c)，a,b,c不全为零, 实矩阵$\boldsymbol{B}=\begin{pmatrix}1&2&3\\2&4&6\\3&6&t\end{pmatrix}$且满足$\boldsymbol{AB}=\boldsymbol{0}$，试求线性方程组$\boldsymbol{AX}=\boldsymbol{0}$的通解.

13. 设矩阵$\boldsymbol{A}=\begin{pmatrix}1&2&1\\0&1&a\\1&a&0\end{pmatrix}$，三阶矩阵$\boldsymbol{B}$的第 1 列是$\begin{pmatrix}1\\2\\-3\end{pmatrix}$，且满足$\boldsymbol{BA}=\boldsymbol{0}$，求矩阵$\boldsymbol{B}$.

14. 设$\boldsymbol{A}$是$m\times n$阶的实矩阵，$\operatorname{rank}\boldsymbol{A}=m<n$．证明存在$(n-m)\times n$阶的实矩阵$\boldsymbol{B}$，使得$\begin{pmatrix}\boldsymbol{A}\\ \boldsymbol{B}\end{pmatrix}$为$n$阶可逆矩阵，且$\boldsymbol{A}\boldsymbol{B}^{\mathrm{T}}=\boldsymbol{0}$．

15. 已知平面上3条不同直线的方程分别为

$$l_1: ax+2by+3c=0,\ l_2: bx+2cy+3a=0,\ l_3: cx+2ay+3b=0.$$

证明这三条直线交于一点的充分必要条件为$a+b+c=0$．

16. 证明方程组$\begin{cases}x_1=2a_{11}x_1+2a_{12}x_2+\cdots+2a_{1n}x_n\\ x_2=2a_{21}x_1+2a_{22}x_2+\cdots+2a_{2n}x_n\\ \vdots\\ x_n=2a_{n1}x_1+2a_{n2}x_2+\cdots+2a_{nn}x_n\end{cases}$只有零解，其中$a_{ij}$全为整数.

17. 已知下列非齐次线性方程组

$$①\begin{cases}x_1+x_3-2x_4=-6\\ 4x_1-x_2-x_3-x_4=1\\ 3x_1-x_2-x_3=3\end{cases}\text{和}②\begin{cases}x_1+mx_2-x_3-x_4=-5\\ nx_2-x_3-2x_4=-11\\ x_3-2x_4=-t+1\end{cases}.$$

当方程组②中的参数m,n,t为何值时，方程组①与②同解.

18. 设二次型$f(x_1,x_2,x_3)=x_1^2+ax_2^2+x_3^2+2x_1x_2-2x_2x_3-2ax_1x_3$的标准形为$y_1^2-y_2^2+by_3^2$．设$\boldsymbol{\beta}=(1,-1,b)^{\mathrm{T}}$，二次型的矩阵为$\boldsymbol{A}$，求解线性方程组$\boldsymbol{AX}=\boldsymbol{\beta}$．

19*. 设$\boldsymbol{A}$是$m\times n$阶已知矩阵，$\boldsymbol{X}$是$n\times m$阶未知矩阵，求证矩阵方程$\boldsymbol{AXA}=\boldsymbol{A}$必有解.

20. 设$\boldsymbol{A},\boldsymbol{B},\boldsymbol{C}$是3个$n$阶方阵，证明若$\operatorname{rank}(\boldsymbol{A})=\operatorname{rank}(\boldsymbol{BA})$，则$\operatorname{rank}(\boldsymbol{AC})=\operatorname{rank}(\boldsymbol{BAC})$．

21. 设向量组$\boldsymbol{\alpha}_1,\boldsymbol{\alpha}_2,\boldsymbol{\alpha}_3$为$\mathbb{R}^3$的一个基，$\boldsymbol{\beta}_1=2\boldsymbol{\alpha}_1+2k\boldsymbol{\alpha}_3$，$\boldsymbol{\beta}_2=2\boldsymbol{\alpha}_2$，$\boldsymbol{\beta}_3=\boldsymbol{\alpha}_1+(k+1)\boldsymbol{\alpha}_3$.

（1）证明$\boldsymbol{\beta}_1,\boldsymbol{\beta}_2,\boldsymbol{\beta}_3$为$\mathbb{R}^3$的一个基；

（2）当k为何值时，存在非零向量$\boldsymbol{\xi}$在基$\boldsymbol{\alpha}_1,\boldsymbol{\alpha}_2,\boldsymbol{\alpha}_3$与基$\boldsymbol{\beta}_1,\boldsymbol{\beta}_2,\boldsymbol{\beta}_3$下的坐标相同，并求所有的$\boldsymbol{\xi}$.

9.3 特征值与特征向量

例1 设n阶可逆矩阵$\boldsymbol{A}$的各行元之和均为常数k，求$2\boldsymbol{A}^{-1}+4\boldsymbol{A}$的一个特征值与对应的一个特征向量.

分析 由于$\boldsymbol{A}$的各行元之和均为常数k，易知$\lambda=k$是$\boldsymbol{A}$的一个特征值，$\boldsymbol{\alpha}=(1,\ 1,\ \cdots,\ 1)^{\mathrm{T}}$是对应的特征向量，再由$\boldsymbol{A}^{-1}$与$\boldsymbol{A}$有相同的特征向量，就容易得到$2\boldsymbol{A}^{-1}+4\boldsymbol{A}$的一个特征值与对应的特征向量.

解 设$\boldsymbol{A}=\begin{pmatrix}a_{11}&a_{12}&\cdots&a_{1n}\\ a_{21}&a_{22}&\cdots&a_{2n}\\ \vdots&\vdots&&\vdots\\ a_{n1}&a_{n2}&\cdots&a_{nn}\end{pmatrix}$，则

$$\boldsymbol{A}\begin{pmatrix}1\\1\\ \vdots\\1\end{pmatrix}=\begin{pmatrix}a_{11}+a_{12}+\cdots+a_{1n}\\ a_{21}+a_{22}+\cdots+a_{2n}\\ \vdots\\ a_{n1}+a_{n2}+\cdots+a_{nn}\end{pmatrix}=\begin{pmatrix}k\\k\\ \vdots\\k\end{pmatrix}=k\begin{pmatrix}1\\1\\ \vdots\\1\end{pmatrix},$$

即k是矩阵$\boldsymbol{A}$的一个特征值，其对应的特征向量为$\boldsymbol{\alpha}=(1,\ 1,\ \cdots,\ 1)^{\mathrm{T}}$.

由于$\boldsymbol{A}$可逆，所以$k\neq 0$，由$\boldsymbol{A\alpha}=k\boldsymbol{\alpha}$得$\boldsymbol{A}^{-1}\boldsymbol{\alpha}=\dfrac{1}{k}\boldsymbol{\alpha}$，所以

$$(2A^{-1}+4A)\boldsymbol{\alpha}=2A^{-1}\boldsymbol{\alpha}+4A\boldsymbol{\alpha}=\frac{2}{k}\boldsymbol{\alpha}+4k\boldsymbol{\alpha}=\left(\frac{2}{k}+4k\right)\boldsymbol{\alpha}.$$

故 $2A^{-1}+4A$ 的一个特征值为 $\frac{2}{k}+4k$，对应的一个特征向量为 $\boldsymbol{\alpha}=(1,1,\cdots,1)^{\mathrm{T}}$.

评注 (1) 若矩阵 $\boldsymbol{A}$ 的各行元之和均为常数 k，则 $\lambda=k$ 一定是 $\boldsymbol{A}$ 的一个特征值，$(1,1,\cdots,1)^{\mathrm{T}}$ 是对应的特征向量；

(2) 设 $\varphi(\boldsymbol{A})$ 是 $\boldsymbol{A}$ 的矩阵多项式，则 $\boldsymbol{A}$ 的特征向量一定是 $\varphi(\boldsymbol{A})$ 的特征向量，反之却不一定成立. 例如，$\boldsymbol{A}=\begin{pmatrix}1&1\\0&1\end{pmatrix}$，有 $2\boldsymbol{A}-\boldsymbol{A}^2=\boldsymbol{I}$，则任一非零向量都是 $2\boldsymbol{A}-\boldsymbol{A}^2$ 的特征向量，但并非 $\boldsymbol{A}$ 的特征向量.

例 2 设矩阵 $\boldsymbol{A}=\begin{pmatrix}a&-1&c\\5&b&3\\1-c&0&-a\end{pmatrix}$，其行列式 $|\boldsymbol{A}|=-1$，伴随矩阵 $\boldsymbol{A}^*$ 有一个特征值 λ_0，对应的一个特征向量 $\boldsymbol{\alpha}=(-1,-1,1)^{\mathrm{T}}$，求 a,b,c 和 λ_0 的值.

分析 利用关系式 $\boldsymbol{AA}^*=|\boldsymbol{A}|\boldsymbol{I}=-\boldsymbol{I}$，可将题设 $\boldsymbol{A}^*\boldsymbol{\alpha}=\lambda_0\boldsymbol{\alpha}$ 转化为 $\lambda_0\boldsymbol{A\alpha}=-\boldsymbol{\alpha}$，由此可求得 a,b,c 和 λ_0 的值.

解 根据题设有 $\boldsymbol{AA}^*=|\boldsymbol{A}|\boldsymbol{I}=-\boldsymbol{I}$ 和 $\boldsymbol{A}^*\boldsymbol{\alpha}=\lambda_0\boldsymbol{\alpha}$，于是有

$$\boldsymbol{AA}^*\boldsymbol{\alpha}=-\boldsymbol{\alpha},\quad \boldsymbol{AA}^*\boldsymbol{\alpha}=\boldsymbol{A}(\lambda_0\boldsymbol{\alpha})=\lambda_0\boldsymbol{A\alpha},$$

由此可得 $\lambda_0\boldsymbol{A\alpha}=-\boldsymbol{\alpha}$，即

$$\lambda_0\begin{pmatrix}a&-1&c\\5&b&3\\1-c&0&-a\end{pmatrix}\begin{pmatrix}-1\\-1\\1\end{pmatrix}=-\begin{pmatrix}-1\\-1\\1\end{pmatrix}\Rightarrow\begin{cases}\lambda_0(-a+1+c)=1\\\lambda_0(-5-b+3)=1\\\lambda_0(-1+c-a)=-1\end{cases}.$$

解此方程组可得 $\lambda_0=1,b=-3,\ a=c$，再由 $|\boldsymbol{A}|=-1$，有 $|\boldsymbol{A}|=a-3=-1$，解得 $a=2$.

例 3 设 $\boldsymbol{A}=\begin{pmatrix}1+b_1^2&b_1b_2&b_1b_3\\b_2b_1&1+b_2^2&b_2b_3\\b_3b_1&b_3b_2&1+b_3^2\end{pmatrix}$，常数 $b_i(i=1,2,3)$ 满足 $b_1^2+b_2^2+b_3^2=1$. 求 $\boldsymbol{A}$ 的特征值与特征向量.

分析 直接计算 $|\lambda\boldsymbol{I}-\boldsymbol{A}|$ 较困难，记 $\boldsymbol{\alpha}=(b_1,b_2,b_3)^{\mathrm{T}}$，则 $\boldsymbol{A}=\boldsymbol{I}+\boldsymbol{\alpha\alpha}^{\mathrm{T}}$，由于 $\boldsymbol{\alpha\alpha}^{\mathrm{T}}$ 的特征值与特征向量容易计算，所以问题就容易解决了.

解 记 $\boldsymbol{B}=\boldsymbol{\alpha\alpha}^{\mathrm{T}}$，则 $\boldsymbol{A}=\boldsymbol{I}+\boldsymbol{B}$. 设 $\boldsymbol{B\beta}=\lambda\boldsymbol{\beta}\ (\boldsymbol{\beta}\neq 0)$，则 $\boldsymbol{A\beta}=(\boldsymbol{I}+\boldsymbol{B})\boldsymbol{\beta}=(1+\lambda)\boldsymbol{\beta}$，即 $1+\lambda$ 是 $\boldsymbol{A}$ 的特征值，$\boldsymbol{\beta}$ 是对应的特征向量.

下求 $\boldsymbol{B}$ 的特征值. 设

$$|\lambda\boldsymbol{I}-\boldsymbol{B}|=\lambda^3-a_1\lambda^2+a_2\lambda-a_3,\qquad ①$$

因为 $\operatorname{rank}(\boldsymbol{B})=1$，$\operatorname{tr}\boldsymbol{B}=b_1^2+b_2^2+b_3^2=1$，则 $a_2=a_3=0,\ a_1=1$. ①式为

$$|\lambda\boldsymbol{I}-\boldsymbol{B}|=\lambda^3-\lambda^2=\lambda^2(\lambda-1).$$

$\boldsymbol{B}$ 的特征值为 $\lambda_1=\lambda_2=0,\ \lambda_3=1$. 所以 $\boldsymbol{A}$ 的特征值为 $\lambda_1'=\lambda_2'=1,\ \lambda_3'=2$.

对 $\lambda_1=0$，有

$$\lambda_1\boldsymbol{I}-\boldsymbol{B}=-\boldsymbol{B}\to\begin{pmatrix}b_1&b_2&b_3\\0&0&0\\0&0&0\end{pmatrix},$$

得到 λ_1 对应的线性无关的特征向量 $\boldsymbol{\alpha}_1=(-b_2,b_1,0)^{\mathrm{T}}$，$\boldsymbol{\alpha}_2=(-b_3,0,b_1)^{\mathrm{T}}$. 所以 $\boldsymbol{A}$ 对应于 $\lambda_1'=1$ 的全部特征向量为 $k_1\boldsymbol{\alpha}_1+k_2\boldsymbol{\alpha}_2$ (k_1,k_2不全为零).

对 $\lambda_3=1$，由于

$$\boldsymbol{B\alpha}=\boldsymbol{\alpha\alpha}^{\mathrm{T}}\boldsymbol{\alpha}=\boldsymbol{\alpha}(\boldsymbol{\alpha}^{\mathrm{T}}\boldsymbol{\alpha})=\boldsymbol{\alpha},$$

所以 $\boldsymbol{\alpha}=(b_1,b_2,b_3)^{\mathrm{T}}$ 是对应的特征向量. 故 $\boldsymbol{A}$ 对应于 $\lambda_3'=2$ 的全部特征向量为 $k\boldsymbol{\alpha}$ $(k\neq 0)$.

评注 （1）注意矩阵特征多项式中各项系数的意义：

$$|\lambda\boldsymbol{I}-\boldsymbol{A}|=\lambda^n-a_1\lambda^{n-1}+a_2\lambda^{n-2}-\cdots+(-1)^{n-1}a_{n-1}\lambda+(-1)^n a_n,$$

其中 a_k 是 $\boldsymbol{A}$ 的所有 k 阶主子式之和（主子式：行标与列标相同的子行列式）.

（2）若 $\operatorname{rank}(\boldsymbol{A})=1$，则 $\boldsymbol{A}=\boldsymbol{\alpha\beta}^{\mathrm{T}}(\boldsymbol{\alpha},\boldsymbol{\beta}\in\mathbb{R}^n)$，$\lambda=0$ 是 $\boldsymbol{A}$ 的 $n-1$ 重特征值，其非零特征值为 $\boldsymbol{\beta}^{\mathrm{T}}\boldsymbol{\alpha}=\operatorname{tr}\boldsymbol{A}$，$\boldsymbol{\alpha}$ 是对应的特征向量.

（3）该题中 $\boldsymbol{B}=\boldsymbol{\alpha\alpha}^{\mathrm{T}}$ 的特征值也可用下面方法求得：

$\boldsymbol{\alpha\alpha}^{\mathrm{T}}$ 与 $\boldsymbol{\alpha}^{\mathrm{T}}\boldsymbol{\alpha}$ 有相同的非零特征值（见9.3例12），而 $\boldsymbol{\alpha}^{\mathrm{T}}\boldsymbol{\alpha}=b_1^2+b_2^2+b_3^2$ 的特征值就是它自身，所以 $\boldsymbol{\alpha\alpha}^{\mathrm{T}}$ 的特征值为 $b_1^2+b_2^2+b_3^2,0,0$.

例4 设 $\boldsymbol{A}$ 是三阶矩阵，$|\boldsymbol{A}|=12$，且满足 $2\boldsymbol{A}^3-\boldsymbol{A}^2-13\boldsymbol{A}=6\boldsymbol{I}$，$A_{ij}$ 是 $\boldsymbol{A}$ 中元素 a_{ij} 的代数余子式，求 $A_{11}+A_{22}+A_{33}$.

分析 因为 $A_{11}+A_{22}+A_{33}$ 是 $\boldsymbol{A}$ 伴随矩阵 $\boldsymbol{A}^*$ 的迹，所以只需求出 $\boldsymbol{A}^*$ 的特征值，问题很快就解决了.

解 由于 $2\boldsymbol{A}^3-\boldsymbol{A}^2-13\boldsymbol{A}=6\boldsymbol{I}$，所以 $\boldsymbol{A}$ 的特征值必满足方程

$$2\lambda^3-\lambda^2-13\lambda=6\Rightarrow(\lambda+2)(\lambda-3)(2\lambda+1)=0.$$

解得

$$\lambda_1=-2,\ \lambda_2=3,\ \lambda_3=-\frac{1}{2}.$$

由于 $|\boldsymbol{A}|=\lambda_1\lambda_2\lambda_3=12$，所以 $\lambda_1=-2$ 是 $\boldsymbol{A}$ 的二重特征值，$\lambda_2=3$ 是单特征值，$\lambda_3=-\dfrac{1}{2}$ 不是 $\boldsymbol{A}$ 的特征值. 则 $\boldsymbol{A}^*$ 的特征值为 $\dfrac{|\boldsymbol{A}|}{\lambda_1}=-6$（二重），$\dfrac{|\boldsymbol{A}|}{\lambda_2}=4$. 所以

$$A_{11}+A_{22}+A_{33}=\operatorname{tr}(\boldsymbol{A}^*)=-6-6+4=-8.$$

评注 （1）若矩阵 $\boldsymbol{A}$ 满足方程 $\varphi(\boldsymbol{A})=0$（$\varphi$ 为多项式），则 $\boldsymbol{A}$ 的特征值必是方程 $\varphi(\lambda)=0$ 的根. 反之却不一定成立. 例如，单位矩阵满足方程 $\boldsymbol{I}^2-\boldsymbol{I}=\boldsymbol{0}$，但方程 $\lambda^2-\lambda=0$ 的根 $\lambda=0$ 却不是 $\boldsymbol{I}$ 的特征值.

（2）若 n 阶可逆矩阵 $\boldsymbol{A}$ 的特征为 $\lambda_i(i=1,2,\cdots,n)$，则 $\boldsymbol{A}^{-1}$ 的特征为 λ_i^{-1}，$\boldsymbol{A}^*$ 的特征为 $\lambda_i^{-1}|\boldsymbol{A}|$.

例5 是否存在三阶实矩阵 $\boldsymbol{A}$，满足 $\operatorname{tr}(\boldsymbol{A})=0$，且 $\boldsymbol{A}^2+\boldsymbol{A}^{\mathrm{T}}=\boldsymbol{I}$？

分析 利用 $\boldsymbol{A}^2+\boldsymbol{A}^{\mathrm{T}}=\boldsymbol{I}$，可得到 $\boldsymbol{A}$ 的矩阵方程. 由于矩阵的特征值一定满足矩阵方程，再由特征值与矩阵迹的关系，看是否会出现矛盾.

解 不存在. 原因如下：

由 $\boldsymbol{A}^2+\boldsymbol{A}^{\mathrm{T}}=\boldsymbol{I}$ 取转置，得

$$\boldsymbol{A}=\boldsymbol{I}-(\boldsymbol{A}^2)^{\mathrm{T}}=\boldsymbol{I}-(\boldsymbol{A}^{\mathrm{T}})^2=\boldsymbol{I}-(\boldsymbol{I}-\boldsymbol{A}^2)^2=2\boldsymbol{A}^2-\boldsymbol{A}^4,$$

即 $\boldsymbol{A}^4-2\boldsymbol{A}^2+\boldsymbol{A}=\boldsymbol{0}$.

则 $\boldsymbol{A}$ 的特征值满足方程

$$\lambda^4-2\lambda^2+\lambda=0\Rightarrow\lambda=0,\ 1,\ \frac{-1\pm\sqrt{5}}{2}.$$

即 $\boldsymbol{A}$ 的特征值只可能在 0, 1, $\frac{-1\pm\sqrt{5}}{2}$ 中选取.

再由 $\mathrm{tr}(\boldsymbol{A})=0$ 知，3 个特征值的和为 0；

又 $\mathrm{tr}(\boldsymbol{A}^2)=\mathrm{tr}(\boldsymbol{I}-\boldsymbol{A}^{\mathrm{T}})=\mathrm{tr}(\boldsymbol{I})-\mathrm{tr}(\boldsymbol{A})=3$，3 个特征值的平方和要等于 3.

显然上面几个条件不可能同时满足，即这样的矩阵 $\boldsymbol{A}$ 不存在.

评注　注意特征值的性质：设 $\varphi(x)$ 是多项式，若 λ 是 $\boldsymbol{A}$ 是特征值，则 $\varphi(\lambda)$ 就是 $\varphi(\boldsymbol{A})$ 的特征值.

例 6　设 $\boldsymbol{A},\boldsymbol{B}$ 是 n 阶矩阵，$\lambda_1,\lambda_2,\cdots,\lambda_n$ 是 n 个互异的数，齐次线性方程组 $(\boldsymbol{A}-\lambda_i\boldsymbol{B})\boldsymbol{X}=\boldsymbol{0}$ 有非零解 $\boldsymbol{X}_i\,(i=1,2,\cdots,n)$，证明：

（1）若 $\boldsymbol{B}$ 可逆，则 $\boldsymbol{X}_1,\boldsymbol{X}_2,\cdots,\boldsymbol{X}_n$ 线性无关；

（2）若 $\boldsymbol{A},\boldsymbol{B}$ 都是对称矩阵，则 $\boldsymbol{X}_i^{\mathrm{T}}\boldsymbol{A}\boldsymbol{X}_j=\boldsymbol{X}_i^{\mathrm{T}}\boldsymbol{B}\boldsymbol{X}_j=\boldsymbol{0}\,(i\neq j)$.

分析　(1) 易看出 $\lambda_1,\lambda_2,\cdots,\lambda_n$ 是矩阵 $\boldsymbol{B}^{-1}\boldsymbol{A}$ 的 n 个互异特征根，$\boldsymbol{X}_1,\boldsymbol{X}_2,\cdots,\boldsymbol{X}_n$ 是对应的特征向量，所以结论显然成立.

（2）注意到 $\boldsymbol{X}_i^{\mathrm{T}}\boldsymbol{A}\boldsymbol{X}_j=\boldsymbol{X}_j^{\mathrm{T}}\boldsymbol{A}\boldsymbol{X}_i$（因为 $\boldsymbol{A}$ 对称），再由题设条件易知 $\boldsymbol{A}\boldsymbol{X}_i=\lambda_i\boldsymbol{B}\boldsymbol{X}_i$，代入前式可得 $\lambda_j\boldsymbol{X}_i^{\mathrm{T}}\boldsymbol{B}\boldsymbol{X}_j=\lambda_i\boldsymbol{X}_j^{\mathrm{T}}\boldsymbol{B}\boldsymbol{X}_i=\lambda_i\boldsymbol{X}_i^{\mathrm{T}}\boldsymbol{B}\boldsymbol{X}_j$，所证结论就显然了.

证明　(1) 由于 $(\boldsymbol{A}-\lambda_i\boldsymbol{B})\boldsymbol{X}_i=\boldsymbol{0}$，因此

$$\boldsymbol{A}\boldsymbol{X}_i=\lambda_i\boldsymbol{B}\boldsymbol{X}_i\ (i=1,2,\cdots,n). \quad ①$$

若 $\boldsymbol{B}$ 可逆，①式左乘以 $\boldsymbol{B}^{-1}$ 得

$$(\boldsymbol{B}^{-1}\boldsymbol{A})\boldsymbol{X}_i=\lambda_i\boldsymbol{X}_i.$$

这说明 λ_i 是 $\boldsymbol{B}^{-1}\boldsymbol{A}$ 的特征值，$\boldsymbol{X}_i$ 是对应的特征向量 $(i=1,2,\cdots,n)$. 由于 $\lambda_1,\lambda_2,\cdots,\lambda_n$ 互异，所以 $\boldsymbol{X}_1,\boldsymbol{X}_2,\cdots,\boldsymbol{X}_n$ 线性无关.

（2）由于 $\boldsymbol{A}$ 是对称矩阵，并注意 $\boldsymbol{X}_i^{\mathrm{T}}\boldsymbol{A}\boldsymbol{X}_j$ 是数，则有

$$\boldsymbol{X}_i^{\mathrm{T}}\boldsymbol{A}\boldsymbol{X}_j=(\boldsymbol{X}_i^{\mathrm{T}}\boldsymbol{A}\boldsymbol{X}_j)^{\mathrm{T}}=\boldsymbol{X}_j^{\mathrm{T}}\boldsymbol{A}\boldsymbol{X}_i,$$

利用①式有

$$\lambda_j\boldsymbol{X}_i^{\mathrm{T}}\boldsymbol{B}\boldsymbol{X}_j=\lambda_i\boldsymbol{X}_j^{\mathrm{T}}\boldsymbol{B}\boldsymbol{X}_i.$$

注意到 $\boldsymbol{B}$ 对称，仍有 $\boldsymbol{X}_j^{\mathrm{T}}\boldsymbol{B}\boldsymbol{X}_i=\boldsymbol{X}_i^{\mathrm{T}}\boldsymbol{B}\boldsymbol{X}_j$，代入上式可得

$$(\lambda_i-\lambda_j)\boldsymbol{X}_i^{\mathrm{T}}\boldsymbol{B}\boldsymbol{X}_j=0.$$

当 $i\neq j$ 时，$\lambda_i\neq\lambda_j$，所以 $\boldsymbol{X}_i^{\mathrm{T}}\boldsymbol{B}\boldsymbol{X}_j=0$. $\boldsymbol{X}_i^{\mathrm{T}}\boldsymbol{A}\boldsymbol{X}_j=\lambda_j\boldsymbol{X}_i^{\mathrm{T}}\boldsymbol{B}\boldsymbol{X}_j=0$.

评注　证明（1）中用到了特征向量的性质：矩阵不同特征值所对应的特征向量是线性无关的.

例 7*　设 $\boldsymbol{A}=(a_{ij})$ 为 $n\ (n>1)$ 阶对称矩阵，$\boldsymbol{A}$ 的每行元素之和均为 0. 设 $2,3,\cdots,n$ 均为 $\boldsymbol{A}$ 的特征值，求 $\boldsymbol{A}$ 的伴随矩阵 $\boldsymbol{A}^*$.

分析　易知 $\mathrm{rank}(A)=n-1$，则 $\boldsymbol{A}\boldsymbol{A}^*=\boldsymbol{0}$，$\boldsymbol{A}^*$ 的列向量是方程组 $\boldsymbol{A}\boldsymbol{X}=\boldsymbol{0}$ 的解向量，所以求出方程组的通解，再确定其中的参数就可得到 $\boldsymbol{A}^*$.

解　因为 $\boldsymbol{A}$ 的每行元素之和均为 0，则有

$$\boldsymbol{A}\begin{pmatrix}1\\ \vdots\\ 1\end{pmatrix}=\boldsymbol{0}.$$

即线性方程组 $\boldsymbol{A}\boldsymbol{X}=\boldsymbol{0}$ 有非零解 $\boldsymbol{X}_0=(1,1,\cdots,1)^{\mathrm{T}}$，故 $\mathrm{rank}(\boldsymbol{A})\leqslant n-1$，0 也是 $\boldsymbol{A}$ 的特征值. 所以 $\boldsymbol{A}$ 相似于 $\mathrm{diag}(0,2,\cdots,n)^{\mathrm{T}}$，$\mathrm{rank}(\boldsymbol{A})=n-1$. 从而方程组 $\boldsymbol{A}\boldsymbol{X}=\boldsymbol{0}$ 的通解为 $\boldsymbol{X}=k(1,1,\cdots,1)^{\mathrm{T}}$（$k$ 任意取值）.

注意到 $AA^*=\mathbf{0}$，从而 A^* 的任一列向量均可表示为 $X=k(1,1,\cdots,1)^{\mathrm T}$．又因为 A 是对称矩阵，所以 A^* 也是对称矩阵，故

$$A^*=\begin{pmatrix} k & k & \cdots & k \\ \vdots & \vdots & & \vdots \\ k & k & \cdots & k \end{pmatrix}. \qquad ①$$

由 A 的特征值可得到特征多项式：$|\lambda I-A|=\lambda(\lambda-2)\cdots(\lambda-n)$．其中 λ 一次项的系数为 $(-1)^{n-1}n!$．

因为 $|\lambda I-A|$ 中 λ 一次项的系数为 $(-1)^{n-1}(A_{11}+A_{22}+\cdots+A_{nn})=(-1)^{n-1}nA_{11}$（$A_{ij}$ 为 a_{ij} 的代数余子式），所以 $A_{11}=(n-1)!$．即①式中的 $k=(n-1)!$．

评注 关于特征多项式中各系数的意义，见例3评注（1）．

例8 已知三阶矩阵 A 满足 $|A-I|=|A-2I|=|A+I|=2$，求行列式 $|A+3I|$ 的值.

分析 只需求出 A 的3个特征值，因而只需求得 A 的特征多项式.

解 由题设条件得

$$|I-A|=|2I-A|=|-I-A|=-2. \qquad ①$$

设 A 的特征多项式

$$|\lambda I-A|=\lambda^3+a\lambda^2+b\lambda+c. \qquad ②$$

由①式知

$$\begin{cases} 1^3+1^2\cdot a+1\cdot b+c=-2, \\ 2^3+2^2\cdot a+2\cdot b+c=-2, \\ (-1)^3+(-1)^2\cdot a+(-1)\cdot b+c=-2. \end{cases}$$

解出 $a=-2$，$b=-1$，$c=0$．即

$$|\lambda I-A|=\lambda^3-2\lambda^2-\lambda=\lambda(\lambda^2-2\lambda-1),$$

得到 A 的特征值为 $0,1\pm\sqrt2$；$A+3I$ 的特征值为 $3,4\pm\sqrt2$．所以

$$|A+3I|=3\cdot(4+\sqrt2)\cdot(4-\sqrt2)=42.$$

评注 该题的本质是已知（3次）特征多项式的3个取值，要确定该多项式的另一个函数值.求解方法是显然的.

例9 设 $A=(a_{ij})$ 是 n 阶实矩阵，且对任意 $i=1,2,\cdots,n$ 有 $\sum\limits_{j=1}^{n}|a_{ij}|<1$．证明行列式 $|I+A|>0$.

分析 由于实矩阵的复特征根都成对出现，所以只需证明矩阵 $I+A$ 的所有实特征根都大于零.

证明 记 $B=I+A$，下证 $B=(b_{ij})$ 的所有实特征根都大于零.

设 $B\alpha=\lambda\alpha$，$\alpha=(x_1,\cdots,x_n)^{\mathrm T}\neq\mathbf{0}$，$\lambda$ 为实数. 记 $|x_i|=\max\limits_{1\leqslant j\leqslant n}|x_j|$，考察等式 $B\alpha=\lambda\alpha$ 中的第 i 个分量，有

$$\sum_{j=1}^{n}b_{ij}x_j=\lambda x_i\text{，即 }(1+a_{ii})x_i+\sum_{\substack{1\leqslant j\leqslant n\\ j\neq i}}a_{ij}x_j=\lambda x_i.$$

由此可得到

$$\lambda=1+a_{ii}+\sum_{\substack{1\leqslant j\leqslant n\\ j\neq i}}a_{ij}\frac{x_j}{x_i}\geqslant 1+a_{ii}-\sum_{\substack{1\leqslant j\leqslant n\\ j\neq i}}|a_{ij}|>0,$$

所以矩阵 $I+A$ 的所有实特征根都大于零. 由于实矩阵的复特征根都成对（共轭）出现，故 $|I+A|>0$.

评注 （1）若矩阵 $A=(a_{ij})_{n\times n}$ 对 $\forall i\in\{1,2,\cdots,n\}$ 都有 $|a_{ii}|>\sum\limits_{j\neq i}|a_{ij}|$，则 A 称行严格对角占优矩阵；

A^T 称列严格对角占优矩阵. 该题中的矩阵 B 是行严格对角占优矩阵.

（2）用该题的证明方法可得到：若 $A=(a_{ij})$ 严格对角占优，且 $a_{ii}>0\,(i=1,2,\cdots,n)$，则 A 的实特征值全为正，因而行列式大于零，其顺序主子式也全大于零.

（3）严格对角占优矩阵还有许多其他性质，如“严格对角占优矩阵 $A=(a_{ij})$ 是非奇异的，且 $|A|$ 与 $a_{11}a_{22}\cdots a_{nn}$ 同号”（综合题 9* 第 10 题）；“行严格对角占优矩阵的逆矩阵是列严格对角占优的”等，有兴趣的读者可查阅相关书籍与文献学习.

例 10　设 n 阶矩阵 A, B 满足关系式 $BA=I-A-B$，证明若 A 是实反对称矩阵，则 B 一定是正交矩阵, 并且 -1 不是 B 的特征值.

分析　由于实反对称矩阵的特征值只能是 0 或纯虚数，故 $I+A$ 可逆. 易知 $B=(I-A)(I+A)^{-1}$，只需验证 $BB^T=I$ 且 $|-I-B|\neq 0$.

证明　由于实反对称矩阵的特征值只能是 0 或纯虚数，故 $|I+A|\neq 0$，从而 $I+A$ 可逆. 求得 $B=(I-A)(I+A)^{-1}$，下面验证 $BB^T=I$.

$$\begin{aligned}BB^T&=(I-A)(I+A)^{-1}\left[(I-A)(I+A)^{-1}\right]^T\\&=(I-A)(I+A)^{-1}\left[(I+A)^{-1}\right]^T(I-A)^T\\&=(I-A)\left[(I+A)^T(I+A)\right]^{-1}(I-A)^T\\&=(I-A)\left[(I-A)(I+A)\right]^{-1}(I+A)\\&=(I-A)(I-A)^{-1}(I+A)^{-1}(I+A)=I.\end{aligned}$$

所以 $B=(I-A)(I+A)^{-1}$ 是正交矩阵.

又

$$|-I-B|=|-(I+A)(I+A)^{-1}-(I-A)(I+A)^{-1}|=|-2I||I+A|^{-1}\neq 0.$$

所以 -1 不是 B 的特征值，从而 $|-I-B|\neq 0$.

评注　注意正交矩阵的一些基本性质：

（1）两个正交矩阵的乘积也是正交矩阵；正交矩阵的转置矩阵、逆矩阵、伴随矩阵也是正交矩阵.

（2）正交矩阵的行列式只可能是 ± 1.

（3）正交矩阵特征值的模等于 1（见习题 9.3 第 11 题证明）.

例 11　设 A 是 m 阶方阵，B 是 n 阶方阵，$f_B(\lambda)$ 是 B 的特征多项式. 证明 $f_B(A)$ 可逆的充分必要条件是 A 与 B 没有相同的特征值.

分析　只需将 $f_B(\lambda)$ 用 B 的特征值表示出来，就可找到 $f_B(A)$ 与 B 的特征值的关系. $f_B(A)$ 可逆 $\Leftrightarrow |f_B(A)|\neq 0$. 计算 $|f_B(A)|$ 还会用到 A 的特征多项式与特征值.

证明　设 $\lambda_1,\lambda_2,\cdots,\lambda_m$ 为 A 的特征值，$\mu_1,\mu_2,\cdots,\mu_n$ 为 B 的特征值，则

$$f_A(\lambda)=|\lambda I-A|=(\lambda-\lambda_1)(\lambda-\lambda_2)\cdots(\lambda-\lambda_m),$$
$$f_B(\lambda)=|\lambda I-B|=(\lambda-\mu_1)(\lambda-\mu_2)\cdots(\lambda-\mu_n),$$

所以

$$f_B(A)=(A-\mu_1 I)(A-\mu_2 I)\cdots(A-\mu_n I).$$

由于

$$|A-\mu_i I|=(-1)^m|\mu_i I-A|=(-1)^m f_A(\mu_i)=(-1)^m(\mu_i-\lambda_1)\cdots(\mu_i-\lambda_m)=\prod_{j=1}^m(\lambda_j-\mu_i),$$

因此

$$|f_B(A)|=\prod_{i=1}^n|A-\mu_i I|=\prod_{i=1}^n\prod_{j=1}^m(\lambda_j-\mu_i).$$

所以 $f_B(A)$ 可逆的充分必要条件是

$$|f_B(A)| \neq 0 \Leftrightarrow \lambda_j \neq \mu_i (i=1,2,\cdots,n;\ j=1,2,\cdots,m).$$

例 12* 设 A 是 $m\times n$ 阶矩阵，B 是 $n\times m$ 阶矩阵，$m \geqslant n$.

（1）证明 $|\lambda I_m - AB| = \lambda^{m-n}|\lambda I_n - BA|$（$I_m, I_n$ 分别是 m 与 n 阶单位矩阵）；

（2）计算 $D_n = \begin{vmatrix} a_1b_1 & 1+a_1b_2 & \cdots & 1+a_1b_n \\ 1+a_2b_1 & a_2b_2 & \cdots & 1+a_2b_n \\ \vdots & \vdots & & \vdots \\ 1+a_nb_1 & 1+a_nb_2 & \cdots & a_nb_n \end{vmatrix}$.

分析 （1）等式左、右两边的行列式分别是矩阵 AB 与 BA 的特征多项式，因此，可从矩阵相似的角度去思考；

（2）用（1）的结论来计算 D_n 就较为简单了.

解 （1）构造 $m+n$ 阶矩阵 $\begin{pmatrix} AB & 0 \\ B & 0 \end{pmatrix}$ 与 $\begin{pmatrix} 0 & 0 \\ B & BA \end{pmatrix}$，易见这两个矩阵是相似的，这是因为

$$\begin{pmatrix} I_m & -A \\ 0 & I_n \end{pmatrix}\begin{pmatrix} AB & 0 \\ B & 0 \end{pmatrix}\begin{pmatrix} I_m & -A \\ 0 & I_n \end{pmatrix}^{-1} = \begin{pmatrix} I_m & -A \\ 0 & I_n \end{pmatrix}\begin{pmatrix} AB & 0 \\ B & 0 \end{pmatrix}\begin{pmatrix} I_m & A \\ 0 & I_n \end{pmatrix} = \begin{pmatrix} 0 & 0 \\ B & BA \end{pmatrix},$$

所以它们有相同的特征多项式

$$\begin{vmatrix} \lambda I_m - AB & 0 \\ -B & \lambda I_n \end{vmatrix} = \begin{vmatrix} \lambda I_m & 0 \\ -B & \lambda I_n - BA \end{vmatrix},$$

即

$$|\lambda I_m - AB||\lambda I_n| = |\lambda I_m||\lambda I_n - BA|.$$

由此得到

$$|\lambda I_m - AB| = \lambda^{m-n}|\lambda I_n - BA|.$$

（2）记 $A = \begin{pmatrix} 1 & a_1 \\ 1 & a_2 \\ \vdots & \vdots \\ 1 & a_n \end{pmatrix}$，$B = \begin{pmatrix} 1 & 1 & \cdots & 1 \\ b_1 & b_2 & \cdots & b_n \end{pmatrix}$，则

$$AB = \begin{pmatrix} 1+a_1b_1 & 1+a_1b_2 & \cdots & 1+a_1b_n \\ 1+a_2b_1 & 1+a_2b_2 & \cdots & 1+a_2b_n \\ \vdots & \vdots & & \vdots \\ 1+a_nb_1 & 1+a_nb_2 & \cdots & 1+a_nb_n \end{pmatrix}, \quad BA = \begin{pmatrix} n & \sum_{i=1}^n a_i \\ \sum_{i=1}^n b_i & \sum_{i=1}^n a_ib_i \end{pmatrix}.$$

利用（1）中的结论，有

$$D_n = |-I + AB| = (-1)^n|I - AB| = (-1)^n|I - BA|$$

$$= (-1)^n \begin{vmatrix} 1-n & -\sum_{i=1}^n a_i \\ -\sum_{i=1}^n b_i & 1-\sum_{i=1}^n a_ib_i \end{vmatrix} = (-1)^n\left[(1-n)\left(1-\sum_{i=1}^n a_ib_i\right) - \left(\sum_{i=1}^n a_i\right)\left(\sum_{i=1}^n b_i\right)\right].$$

评注 由等式 $|\lambda I - AB| = \lambda^{m-n}|\lambda I - BA|$，可得结论：矩阵 AB 与 BA 有相同的非零特征值.

例 13* 若 n 阶方阵 A, B 满足 $AB = BA$，则 A 与 B 一定有公共的特征向量.

分析 矩阵的特征向量都归属于某个特征子空间，因此只需要证明 A 的特征子空间中也有 B 的特征向量即可.

证明　任取 A 的一个特征值 λ，考虑 λ 的特征子空间 $V_\lambda=\{\boldsymbol{\xi}\mid \boldsymbol{A\xi}=\lambda\boldsymbol{\xi}\}$，设 $\dim V_\lambda=k$，$\boldsymbol{\varepsilon}_1,\boldsymbol{\varepsilon}_2,\cdots,\boldsymbol{\varepsilon}_k$ 是 V_λ 的一组基，则 $\boldsymbol{A\varepsilon}_i=\lambda\boldsymbol{\varepsilon}_i(i=1,2,\cdots,k)$.

对任意一组不全为零的数 $c_1,c_2,\cdots,c_k$，做向量

$$\boldsymbol{\eta}=c_1\boldsymbol{\varepsilon}_1+c_2\boldsymbol{\varepsilon}_2+\cdots+c_k\boldsymbol{\varepsilon}_k\text{，}\qquad ①$$

显然 $\boldsymbol{\eta}$ 也是 $\boldsymbol{A}$ 的特征向量.

由于 $\boldsymbol{A}(\boldsymbol{B\varepsilon}_i)=\boldsymbol{B}(\boldsymbol{A\varepsilon}_i)=\lambda(\boldsymbol{B\varepsilon}_i)$，故 $\boldsymbol{B\varepsilon}_i\in V_\lambda\ (i=1,2,\cdots,k)$，从而存在数 $l_{ij}(i,j=1,2,\cdots,k)$ 使得

$$\boldsymbol{B\varepsilon}_i=l_{1i}\boldsymbol{\varepsilon}_1+l_{2i}\boldsymbol{\varepsilon}_2+\cdots+l_{ki}\boldsymbol{\varepsilon}_k\ (i=1,2,\cdots,k).$$

则

$$\begin{aligned}\boldsymbol{B\eta}&=c_1\boldsymbol{B\varepsilon}_1+c_2\boldsymbol{B\varepsilon}_2+\cdots+c_k\boldsymbol{B\varepsilon}_k\\&=c_1(l_{11}\boldsymbol{\varepsilon}_1+l_{21}\boldsymbol{\varepsilon}_2+\cdots+l_{k1}\boldsymbol{\varepsilon}_k)+\cdots+c_k(l_{1k}\boldsymbol{\varepsilon}_1+l_{2k}\boldsymbol{\varepsilon}_2+\cdots+l_{kk}\boldsymbol{\varepsilon}_k)\\&=(c_1l_{11}+c_2l_{12}+\cdots+c_kl_{1k})\boldsymbol{\varepsilon}_1+\cdots+(c_1l_{k1}+c_2l_{k2}+\cdots+c_kl_{kk})\boldsymbol{\varepsilon}_k.\end{aligned}$$

若 $\boldsymbol{\eta}$ 也是 $\boldsymbol{B}$ 的特征向量，则有 $\boldsymbol{B\eta}=\mu\boldsymbol{\eta}$，由 $\boldsymbol{\varepsilon}_1,\boldsymbol{\varepsilon}_2,\cdots,\boldsymbol{\varepsilon}_k$ 线性无关，得

$$\begin{cases}c_1l_{11}+c_2l_{12}+\cdots+c_kl_{1k}=\mu c_1,\\c_1l_{21}+c_2l_{22}+\cdots+c_kl_{2k}=\mu c_2,\\\qquad\vdots\\c_1l_{k1}+c_2l_{k2}+\cdots+c_kl_{kk}=\mu c_k.\end{cases}$$

记 $\boldsymbol{L}=\begin{pmatrix}l_{11}&l_{12}&\cdots&l_{1k}\\l_{21}&l_{22}&\cdots&l_{2k}\\\vdots&\vdots&&\vdots\\l_{k1}&l_{k2}&\cdots&l_{kk}\end{pmatrix}$，上式写为 $(\mu\boldsymbol{I}-\boldsymbol{L})\begin{pmatrix}c_1\\c_2\\\vdots\\c_k\end{pmatrix}=\boldsymbol{0}$.　②

这说明 μ 是矩阵 $\boldsymbol{L}$ 的特征值，$(c_1,c_2,\cdots,c_k)^{\mathrm{T}}$ 是对应的特征向量. 由于矩阵的特征向量一定存在，即方程组②一定有非零解 $(c_1,c_2,\cdots,c_k)^{\mathrm{T}}\neq 0$，代入①式，所确定的向量 $\boldsymbol{\eta}$ 就是矩阵 $\boldsymbol{A}$ 和 $\boldsymbol{B}$ 公共的特征向量.

评注　根据该题的证明，可得到**结论**：若 n 阶方阵 $\boldsymbol{A},\boldsymbol{B}$ 满足 $\boldsymbol{AB}=\boldsymbol{BA}$，且 $\boldsymbol{A}$ 有 $r\ (r\leqslant n)$ 个互不相同的特征值，则 $\boldsymbol{A}$ 与 $\boldsymbol{B}$ 至少有 r 个线性无关的公共特征向量.

例 14　设 n 阶矩阵 $\boldsymbol{A}$ 有 n 个互异的特征值，证明 $\boldsymbol{AB}=\boldsymbol{BA}$ 的充分必要条件是 $\boldsymbol{A}$ 与 $\boldsymbol{B}$ 有完全相同的特征向量.

分析　例 13 已给出必要性的证明；对于充分性，由于 $\boldsymbol{A}$ 与 $\boldsymbol{B}$ 有完全相同的特征向量，因而存在可逆矩阵 $\boldsymbol{P}$ 使 $\boldsymbol{P}^{-1}\boldsymbol{AP}$ 与 $\boldsymbol{P}^{-1}\boldsymbol{BP}$ 同为对角矩阵，而对角矩阵的乘积是可交换的，问题就解决了.

证明　必要性：例 13 已给出必要性的证明，下面给出更简洁的证明.

设有 $\boldsymbol{A\alpha}=\lambda\boldsymbol{\alpha}\ (\boldsymbol{\alpha}\neq\boldsymbol{0})$，下证 $\boldsymbol{\alpha}$ 也是 $\boldsymbol{B}$ 的特征向量.

$\boldsymbol{A\alpha}=\lambda\boldsymbol{\alpha}$ 左乘以 $\boldsymbol{B}$，并利用 $\boldsymbol{AB}=\boldsymbol{BA}$，有

$$\boldsymbol{BA\alpha}=\boldsymbol{AB\alpha}=\lambda\boldsymbol{B\alpha}\Rightarrow\boldsymbol{A}(\boldsymbol{B\alpha})=\lambda(\boldsymbol{B\alpha}).$$

若 $\boldsymbol{B\alpha}\neq\boldsymbol{0}$，则 $\boldsymbol{B\alpha}$ 也是 $\boldsymbol{A}$ 的特征值 λ 对应的特征向量. 由于 $\boldsymbol{A}$ 的特征值全是单根，对应的线性无关的特征向量只有一个，所以 $\boldsymbol{B\alpha}$ 与 $\boldsymbol{\alpha}$ 线性相关，存在数 μ 使 $\boldsymbol{B\alpha}=\mu\boldsymbol{\alpha}$. 所以 $\boldsymbol{\alpha}$ 也是 $\boldsymbol{B}$ 的特征向量；

若 $\boldsymbol{B\alpha}=\boldsymbol{0}$，则有 $\boldsymbol{B\alpha}=0\boldsymbol{\alpha}$，$\boldsymbol{\alpha}$ 也是 $\boldsymbol{B}$ 的特征向量.

同理 $\boldsymbol{B}$ 的特征向量也是 $\boldsymbol{A}$ 的特征向量，故 $\boldsymbol{A}$ 与 $\boldsymbol{B}$ 有完全相同的特征向量.

充分性：因为 $\boldsymbol{A}$ 有 n 个互不相同的特征值，故 $\boldsymbol{A}$ 与对角矩阵相似，即存在可逆矩阵 $\boldsymbol{P}$ 使

$$\boldsymbol{P}^{-1}\boldsymbol{AP}=\boldsymbol{\varLambda}_1\ (\boldsymbol{\varLambda}_1\text{为对角矩阵}).$$

由于 $\boldsymbol{A}$ 与 $\boldsymbol{B}$ 有相同的特征向量，故有相同 $\boldsymbol{P}$ 使

$$P^{-1}BP = \Lambda_2\ (\Lambda_2\text{为对角矩阵}).$$

于是

$$AB = P\Lambda_1P^{-1}P\Lambda_2P^{-1} = P\Lambda_1\Lambda_2P^{-1} = P\Lambda_2\Lambda_1P^{-1} = P\Lambda_2P^{-1}P\Lambda_1P^{-1} = BA.$$

评注 （1）例 14 可视为例 13 的推论.

（2）对于实对称矩阵有如下结论（综合题 9*第 24 题）：设 A, B 是同阶实对称矩阵，则 $AB = BA$ 的充分必要条件是存在正交矩阵 T，使 $T^{-1}AT$ 与 $T^{-1}BT$ 同为对角矩阵.

例 15 设矩阵 $A = \begin{pmatrix} 3 & 2 & -2 \\ k & -1 & -k \\ 4 & 2 & -3 \end{pmatrix}$，问 k 为何值时，存在可逆矩阵 P，使 $P^{-1}AP$ 为对角矩阵，并求出 P 及相应的对角矩阵.

分析 A 已具体给出，可算出其特征值. 因为 A 与对角矩阵相似，所以当 A 有重特征值时，该特征值的代数重数一定与其几何重数相等，由此可定出 k 的值.

解 A 的特征多项式为

$$|\lambda I - A| = \begin{vmatrix} \lambda-3 & -2 & 2 \\ -k & \lambda+1 & k \\ -4 & -2 & \lambda+3 \end{vmatrix} = (\lambda+1)^2(\lambda-1),$$

特征值 $\lambda_1 = \lambda_2 = -1$，$\lambda_3 = 1$.

$\lambda_1 = \lambda_2 = -1$ 是一个二重特征值，A 与对角矩阵相似，则该特征值要对应两个线性无关的特征向量，所以 $\operatorname{rank}(-I - A) = 3 - 2 = 1$. 由于

$$-I - A = \begin{pmatrix} -4 & -2 & 2 \\ -k & 0 & k \\ -4 & -2 & 2 \end{pmatrix} \to \begin{pmatrix} -4 & -2 & 2 \\ -k & 0 & k \\ 0 & 0 & 0 \end{pmatrix},$$

所以 k 必须为 0.

当 $k = 0$ 时，$-I - A \to \begin{pmatrix} 2 & 1 & -1 \\ 0 & 0 & 0 \\ 0 & 0 & 0 \end{pmatrix}$，对应于 $\lambda_1 = \lambda_2 = -1$ 的两个线性无关的特征向量为 $\boldsymbol{\alpha}_1 = (-1, 2, 0)^{\mathrm{T}}$，$\boldsymbol{\alpha}_2 = (1, 0, 2)^{\mathrm{T}}$.

当 $\lambda_3 = 1$ 时，$I - A \to \begin{pmatrix} 1 & 0 & -1 \\ 0 & 1 & 0 \\ 0 & 0 & 0 \end{pmatrix}$，对应的特征向量为 $\boldsymbol{\alpha}_3 = (1, 0, 1)^{\mathrm{T}}$.

所以，当 $k = 0$ 时，存在可逆矩阵 $P = (\boldsymbol{\alpha}_1, \boldsymbol{\alpha}_2, \boldsymbol{\alpha}_3) = \begin{pmatrix} -1 & 1 & 1 \\ 2 & 0 & 0 \\ 0 & 2 & 1 \end{pmatrix}$，使 $P^{-1}AP = \begin{pmatrix} -1 & 0 & 0 \\ 0 & -1 & 0 \\ 0 & 0 & 1 \end{pmatrix}$.

评注 （1）特征值的**代数重数**是指它作为特征多项式根的重数；**几何重数**是指它对应线性无关的特征向量的个数. 两者的关系：特征值的几何重数不大于它的代数重数（见例 16*）.

（2）n 阶矩阵 A 相似于对角矩阵的条件：

充要条件：A 有 n 个线性无关的特征向量 $\Leftrightarrow$ 每个特征值的代数重数都等于它的几何重数 $\Leftrightarrow$ 对每个重特征值 λ_i，都有 $\operatorname{rank}(\lambda_i I - A) = n - k_i$（$k_i$ 为 λ_i 的代数重数）.

充分条件：A 的特征值都是单根.

例 16* 设 λ_0 为 n 阶矩阵 A 的 k 重特征根，证明 A 对应于 λ_0 的线性无关特征向量的个数不大于 k.

分析 设 A 对应于 λ_0 的线性无关特征向量的个数为 l，只需证明 $(\lambda - \lambda_0)^l$ 是特征多项式 $|\lambda I - A|$

的因式.

证明　设$\boldsymbol{\alpha}_1,\boldsymbol{\alpha}_2,\cdots,\boldsymbol{\alpha}_l$是$\boldsymbol{A}$对应于特征值$\lambda_0$的线性无关特征向量，添加向量$\boldsymbol{\alpha}_{l+1},\boldsymbol{\alpha}_{l+2},\cdots,\boldsymbol{\alpha}_n$，使得$\boldsymbol{\alpha}_1,\cdots,\boldsymbol{\alpha}_l,\boldsymbol{\alpha}_{l+1},\cdots,\boldsymbol{\alpha}_n$构成$\mathbb{R}^n$的一个基，则$\boldsymbol{A}\boldsymbol{\alpha}_i\,(i=1,2,\cdots,n)$可由这个基线性表示. 设有

$$\begin{cases}\boldsymbol{A}\boldsymbol{\alpha}_1=\lambda_0\boldsymbol{\alpha}_1,\\ \vdots\\ \boldsymbol{A}\boldsymbol{\alpha}_l=\lambda_0\boldsymbol{\alpha}_l,\\ \boldsymbol{A}\boldsymbol{\alpha}_{l+1}=k_{l+1,1}\boldsymbol{\alpha}_1+\cdots+k_{l+1,l}\boldsymbol{\alpha}_l+\cdots+k_{l+1,n}\boldsymbol{\alpha}_n,\\ \vdots\\ \boldsymbol{A}\boldsymbol{\alpha}_n=k_{n,1}\boldsymbol{\alpha}_1+\cdots+k_{n,l}\boldsymbol{\alpha}_l+\cdots+k_{n,n}\boldsymbol{\alpha}_n.\end{cases}$$

即

$$\boldsymbol{A}(\boldsymbol{\alpha}_1,\cdots,\boldsymbol{\alpha}_l,\boldsymbol{\alpha}_{l+1},\cdots,\boldsymbol{\alpha}_n)=(\boldsymbol{\alpha}_1,\cdots,\boldsymbol{\alpha}_l,\boldsymbol{\alpha}_{l+1},\cdots,\boldsymbol{\alpha}_n)\begin{pmatrix}\lambda_0 & & & k_{1,l+1} & \cdots & k_{1,n}\\ & \ddots & & \vdots & & \vdots\\ & & \lambda_0 & k_{l,l+1} & \cdots & k_{l,n}\\ 0 & \cdots & 0 & k_{l+1,l+1} & \cdots & k_{l+1,n}\\ \vdots & & \vdots & \vdots & & \vdots\\ 0 & \cdots & 0 & k_{n,l+1} & \cdots & k_{n,n}\end{pmatrix}.$$

记$(\boldsymbol{\alpha}_1,\cdots,\boldsymbol{\alpha}_l,\boldsymbol{\alpha}_{l+1},\cdots,\boldsymbol{\alpha}_n)=\boldsymbol{P}$，则$\boldsymbol{P}$可逆，上式为

$$\boldsymbol{P}^{-1}\boldsymbol{A}\boldsymbol{P}=\begin{pmatrix}\underbrace{\begin{matrix}\lambda_0 & & 0\\ & \ddots & \\ 0 & & \lambda_0\end{matrix}}_{l\text{个}} & *\\ & \boldsymbol{A}_1\end{pmatrix}\quad(\boldsymbol{A}_1\text{是}n-l\text{阶矩阵}).\qquad ①$$

因此

$$\lambda\boldsymbol{I}-\boldsymbol{P}^{-1}\boldsymbol{A}\boldsymbol{P}=\begin{pmatrix}\lambda-\lambda_0 & & & *\\ & \ddots & & \\ & & \lambda-\lambda_0 & \\ & & & \lambda\boldsymbol{I}_1-\boldsymbol{A}_1\end{pmatrix}.$$

由于相似矩阵有相同的特征多项式，所以

$$|\lambda\boldsymbol{I}-\boldsymbol{A}|=|\lambda\boldsymbol{I}-\boldsymbol{P}^{-1}\boldsymbol{A}\boldsymbol{P}|=(\lambda-\lambda_0)^l\,|\lambda\boldsymbol{I}_1-\boldsymbol{A}_1|.$$

这说明$(\lambda-\lambda_0)^l$是矩阵$\boldsymbol{A}$的特征多项式的因式，而k是特征根λ_0的代数重数，所以$l\leqslant k$.

评注　(1) 该题的结论即为“矩阵特征值的几何重数不大于它的代数重数”.

(2) 由①式，用数学归纳法容易得到以下结论：

① 任一n阶方阵均与上三角矩阵相似.

② 实对称矩阵一定相似于对角矩阵（取$\boldsymbol{\alpha}_1,\cdots,\boldsymbol{\alpha}_l,\cdots,\boldsymbol{\alpha}_n$为正交基即可）. 因而两实对称矩阵相似的充分必要条件是它们有相同的特征值.

例 17　设$\boldsymbol{A}=\begin{pmatrix}1 & -2 & 2\\ a & b & c\\ d & e & -2\end{pmatrix}$与$\boldsymbol{\Lambda}=\begin{pmatrix}2 & & \\ & 2 & \\ & & -7\end{pmatrix}$相似，矩阵$\boldsymbol{B}^2=\boldsymbol{B}\boldsymbol{A}$. 记$\boldsymbol{B}=(\boldsymbol{\alpha}_1,\boldsymbol{\alpha}_2,\boldsymbol{\alpha}_3)$，$\boldsymbol{B}^{2023}=(\boldsymbol{\beta}_1,\boldsymbol{\beta}_2,\boldsymbol{\beta}_3)$，将向量$\boldsymbol{\beta}_1,\boldsymbol{\beta}_2,\boldsymbol{\beta}_3$分别表示为$\boldsymbol{\alpha}_1,\boldsymbol{\alpha}_2,\boldsymbol{\alpha}_3$的线性组合.

分析　容易看出$\boldsymbol{B}^{2023}=\boldsymbol{B}^{2022}\boldsymbol{A}=\cdots=\boldsymbol{B}\boldsymbol{A}^{2022}$，故只需求出$\boldsymbol{A}^{2022}$. 为此需先确定$\boldsymbol{A}$中的待定常数，

并将 $\boldsymbol{A}$ 对角化.

解 因为 $\boldsymbol{A}$ 与 $\boldsymbol{\Lambda}$ 相似，所以 $\mathrm{tr}\boldsymbol{A}=\mathrm{tr}\boldsymbol{\Lambda}$，即 $1+b-2=2+2-7$，所以 $b=-2$.

易看出 $\boldsymbol{A}$ 的特征值为 $\lambda_1=\lambda_2=2$，$\lambda_3=-7$，$\boldsymbol{A}$ 与对角矩阵相似，必有 $\mathrm{rank}(2\boldsymbol{I}-\boldsymbol{A})=1$. 因此

$$2\boldsymbol{I}-\boldsymbol{A}=\begin{pmatrix}1&2&-2\\-a&4&-c\\-d&-e&4\end{pmatrix}\Rightarrow\begin{cases}\dfrac{-a}{1}=\dfrac{4}{2}=\dfrac{c}{2}\\\dfrac{-d}{1}=\dfrac{-e}{2}=\dfrac{4}{-2}\end{cases}\Rightarrow a=-2,\ c=4,\ d=2,\ e=4.$$

解方程组 $(2\boldsymbol{I}-\boldsymbol{A})\boldsymbol{X}=\boldsymbol{0}$，得 $\lambda_1=\lambda_2=2$ 对应的两个线性无关的特征向量：

$$\boldsymbol{\alpha}_1=(2,0,1)^{\mathrm{T}},\ \boldsymbol{\alpha}_2=(-2,1,0)^{\mathrm{T}}.$$

正交化：令 $\boldsymbol{\beta}_1=\boldsymbol{\alpha}_1$，$\boldsymbol{\beta}_2=\boldsymbol{\alpha}_2-\dfrac{(\boldsymbol{\alpha}_2,\boldsymbol{\beta}_1)}{(\boldsymbol{\beta}_1,\boldsymbol{\beta}_1)}\boldsymbol{\beta}_1=(-2,1,0)^{\mathrm{T}}-\dfrac{-4}{5}(2,0,1)^{\mathrm{T}}=\left(-\dfrac{2}{5},1,\dfrac{4}{5}\right)$.

单位化：$\boldsymbol{\gamma}_1=\dfrac{\boldsymbol{\beta}_1}{\|\boldsymbol{\beta}_1\|}=\dfrac{1}{\sqrt5}(2,0,1)^{\mathrm{T}}$，$\boldsymbol{\gamma}_2=\dfrac{\boldsymbol{\beta}_2}{\|\boldsymbol{\beta}_2\|}=\dfrac{1}{3\sqrt5}(-2,5,4)^{\mathrm{T}}$.

解方程组 $(-7\boldsymbol{I}-\boldsymbol{A})\boldsymbol{X}=\boldsymbol{0}$，得 $\lambda_3=-7$ 对应的特征向量为 $\boldsymbol{\alpha}_3=(1,2,-2)^{\mathrm{T}}$. 单位化得

$$\boldsymbol{\gamma}_3=\frac{\boldsymbol{\alpha}_3}{\|\boldsymbol{\alpha}_3\|}=\frac{1}{3}(1,2,-2)^{\mathrm{T}}.$$

做正交矩阵 $\boldsymbol{P}=(\boldsymbol{\gamma}_1,\boldsymbol{\gamma}_2,\boldsymbol{\gamma}_3)$，则有

$$\boldsymbol{P}^{-1}\boldsymbol{A}\boldsymbol{P}=\boldsymbol{\Lambda}\Rightarrow\boldsymbol{A}=\boldsymbol{P}\boldsymbol{\Lambda}\boldsymbol{P}^{\mathrm{T}}.$$

因此

$$\begin{aligned}\boldsymbol{A}^{2022}&=\boldsymbol{P}\boldsymbol{\Lambda}^{2022}\boldsymbol{P}^{\mathrm{T}}\\&=\begin{pmatrix}2/\sqrt5&-2/3\sqrt5&1/3\\0&\sqrt5/3&2/3\\1/\sqrt5&4/3\sqrt5&-2/3\end{pmatrix}\begin{pmatrix}2^{2022}&&\\&2^{2022}&\\&&7^{2022}\end{pmatrix}\begin{pmatrix}2/\sqrt5&0&1/\sqrt5\\-2/3\sqrt5&\sqrt5/3&4/3\sqrt5\\1/3&2/3&-2/3\end{pmatrix}\\&=\frac{1}{9}\begin{pmatrix}2^{2025}+7^{2022}&2\cdot7^{2022}-2^{2023}&2^{2023}-2\cdot7^{2022}\\2\cdot7^{2022}-2^{2023}&5\cdot2^{2022}+4\cdot7^{2022}&2^{2024}-4\cdot7^{2022}\\2^{2023}-2\cdot7^{2022}&2^{2024}-4\cdot7^{2022}&5\cdot2^{2022}+4\cdot7^{2022}\end{pmatrix}.\end{aligned}$$

由 $\boldsymbol{B}^2=\boldsymbol{B}\boldsymbol{A}$，得 $\boldsymbol{B}^{2023}=\boldsymbol{B}^{2022}\boldsymbol{A}=\cdots=\boldsymbol{B}\boldsymbol{A}^{2022}$，即

$$(\boldsymbol{\beta}_1,\boldsymbol{\beta}_2,\boldsymbol{\beta}_3)=(\boldsymbol{\alpha}_1,\boldsymbol{\alpha}_2,\boldsymbol{\alpha}_3)\frac{1}{9}\begin{pmatrix}2^{2025}+7^{2022}&2\cdot7^{2022}-2^{2023}&2^{2023}-2\cdot7^{2022}\\2\cdot7^{2022}-2^{2023}&5\cdot2^{2022}+4\cdot7^{2022}&2^{2024}-4\cdot7^{2022}\\2^{2023}-2\cdot7^{2022}&2^{2024}-4\cdot7^{2022}&5\cdot2^{2022}+4\cdot7^{2022}\end{pmatrix}.$$

所以

$$\begin{cases}\boldsymbol{\beta}_1=\dfrac{1}{9}\left[(2^{2025}+7^{2022})\boldsymbol{\alpha}_1+(2\cdot7^{2022}-2^{2023})\boldsymbol{\alpha}_2+(2^{2023}-2\cdot7^{2022})\boldsymbol{\alpha}_3\right],\\\boldsymbol{\beta}_2=\dfrac{1}{9}\left[(2\cdot7^{2022}-2^{2023})\boldsymbol{\alpha}_1+(5\cdot2^{2022}+4\cdot7^{2022})\boldsymbol{\alpha}_2+(2^{2024}-4\cdot7^{2022})\boldsymbol{\alpha}_3\right],\\\boldsymbol{\beta}_3=\dfrac{1}{9}\left[(2^{2023}-2\cdot7^{2022})\boldsymbol{\alpha}_1+(2^{2024}-4\cdot7^{2022})\boldsymbol{\alpha}_2+(5\cdot2^{2022}+4\cdot7^{2022})\boldsymbol{\alpha}_3\right].\end{cases}$$

评注 （1）题解中用到了结论：向量组 $\boldsymbol{A}=(\boldsymbol{\alpha}_1,\boldsymbol{\alpha}_2,\cdots,\boldsymbol{\alpha}_m)$ 可由向量组 $\boldsymbol{B}=(\boldsymbol{\beta}_1,\boldsymbol{\beta}_2,\cdots,\boldsymbol{\beta}_s)$ 线性表示的充要条件是存在 $s\times m$ 阶的矩阵 $\boldsymbol{C}$，使得 $\boldsymbol{A}=\boldsymbol{B}\boldsymbol{C}$.

（2）向量组正交化的施密特公式：设 $\boldsymbol{\alpha}_1,\boldsymbol{\alpha}_2,\cdots,\boldsymbol{\alpha}_m$ 是 $\mathbb{R}^n$ 中的一个线性无关的向量组，则向量组

$$\boldsymbol{\beta}_1=\boldsymbol{\alpha}_1,\quad\boldsymbol{\beta}_2=\boldsymbol{\alpha}_2-\frac{(\boldsymbol{\alpha}_2,\boldsymbol{\beta}_1)}{(\boldsymbol{\beta}_1,\boldsymbol{\beta}_1)}\boldsymbol{\beta}_1,\cdots,\boldsymbol{\beta}_m=\boldsymbol{\alpha}_m-\frac{(\boldsymbol{\alpha}_m,\boldsymbol{\beta}_1)}{(\boldsymbol{\beta}_1,\boldsymbol{\beta}_1)}\boldsymbol{\beta}_1-\cdots-\frac{(\boldsymbol{\alpha}_m,\boldsymbol{\beta}_{m-1})}{(\boldsymbol{\beta}_{m-1},\boldsymbol{\beta}_{m-1})}\boldsymbol{\beta}_{m-1}$$

是与 $\boldsymbol{\alpha}_1,\boldsymbol{\alpha}_2,\cdots,\boldsymbol{\alpha}_m$ 等价的正交向量组.

例 18　设 $\boldsymbol{A}$ 为 n 阶矩阵，$\boldsymbol{\alpha}_1,\boldsymbol{\alpha}_2,\cdots,\boldsymbol{\alpha}_n$ 为 n 维列向量，满足

$$\boldsymbol{\alpha}_n\neq\boldsymbol{0},\ \boldsymbol{A}\boldsymbol{\alpha}_1=\boldsymbol{\alpha}_2,\ \boldsymbol{A}\boldsymbol{\alpha}_2=\boldsymbol{\alpha}_3,\ \cdots,\ \boldsymbol{A}\boldsymbol{\alpha}_{n-1}=\boldsymbol{\alpha}_n,\ \boldsymbol{A}\boldsymbol{\alpha}_n=\boldsymbol{0}.$$

证明 $\boldsymbol{A}$ 不能与对角矩阵相似.

分析　将向量关系式写成矩阵形式就可找到与 $\boldsymbol{A}$ 相似的已知矩阵 $\boldsymbol{B}$，再证明矩阵 $\boldsymbol{B}$ 不能与对角矩阵相似.

证明　将 $\boldsymbol{A}\boldsymbol{\alpha}_1=\boldsymbol{\alpha}_2$，$\boldsymbol{A}\boldsymbol{\alpha}_2=\boldsymbol{\alpha}_3$，$\cdots$，$\boldsymbol{A}\boldsymbol{\alpha}_{n-1}=\boldsymbol{\alpha}_n$，$\boldsymbol{A}\boldsymbol{\alpha}_n=\boldsymbol{0}$ 用矩阵表示为

$$\boldsymbol{A}(\boldsymbol{\alpha}_1,\boldsymbol{\alpha}_2,\cdots,\boldsymbol{\alpha}_n)=(\boldsymbol{\alpha}_1,\boldsymbol{\alpha}_2,\cdots,\boldsymbol{\alpha}_n)\begin{pmatrix}0&&&&\\1&0&&&\\&1&\ddots&&\\&&\ddots&\ddots&\\&&&1&0\end{pmatrix}.$$

下面证明 $\boldsymbol{\alpha}_1,\boldsymbol{\alpha}_2,\cdots,\boldsymbol{\alpha}_n$ 线性无关.

设有

$$k_1\boldsymbol{\alpha}_1+k_2\boldsymbol{\alpha}_2+\cdots+k_n\boldsymbol{\alpha}_n=\boldsymbol{0},\qquad ①$$

由已知条件可得 $\boldsymbol{A}^n\boldsymbol{\alpha}_1=\boldsymbol{A}^{n-1}\boldsymbol{\alpha}_2=\cdots=\boldsymbol{A}\boldsymbol{\alpha}_n=\boldsymbol{0}$. 用 $\boldsymbol{A}^{n-1}$ 左乘①式得

$$k_1\boldsymbol{\alpha}_n=\boldsymbol{0}\Rightarrow k_1=0\ (\because \boldsymbol{\alpha}_n\neq\boldsymbol{0}).$$

再依次用 $\boldsymbol{A}^{n-2}$，$\boldsymbol{A}^{n-3}$ 左乘①式，可得到

$$k_2=k_3=\cdots=k_n=0.$$

所以 $\boldsymbol{\alpha}_1,\boldsymbol{\alpha}_2,\cdots,\boldsymbol{\alpha}_n$ 线性无关，矩阵 $\boldsymbol{P}=(\boldsymbol{\alpha}_1,\boldsymbol{\alpha}_2,\cdots,\boldsymbol{\alpha}_n)$ 可逆，且有

$$\boldsymbol{P}^{-1}\boldsymbol{A}\boldsymbol{P}=\boldsymbol{B}，其中\ \boldsymbol{B}=\begin{pmatrix}0&&&&\\1&0&&&\\&1&\ddots&&\\&&\ddots&\ddots&\\&&&1&0\end{pmatrix}.$$

容易看出 $\lambda=0$ 是 $\boldsymbol{B}$ 的 n 重特征值，且 $\operatorname{rank}(\boldsymbol{B})=n-1$，则该特征值只对应一个线性无关的特征向量. 所以 $\boldsymbol{B}$ 不能与对角矩阵相似.，从而 $\boldsymbol{A}$ 也不能与对角矩阵相似.

评注　判断 n 阶矩阵 $\boldsymbol{A}$ 是否与对角矩阵相似的常用方法有两种：

（1）**直接法**：$\boldsymbol{A}$ 是否有 n 个线性无关的特征向量；或 $\boldsymbol{A}$ 的所有重特征值的代数重数是否等于其几何重数.

（2）**间接法**：当 $\boldsymbol{A}$ 未知时，找到与之相似的已知矩阵并判断是否与对角矩阵相似；或用反证法.

例 19　设 $\boldsymbol{A}$ 为 n 阶方阵，满足 $\boldsymbol{A}^2-3\boldsymbol{A}+2\boldsymbol{I}=\boldsymbol{0}$. 求证 $\boldsymbol{A}$ 与对角矩阵相似，并求一可逆矩阵 $\boldsymbol{P}$，使 $\boldsymbol{P}^{-1}\boldsymbol{A}\boldsymbol{P}$ 为对角矩阵.

分析　已知条件可写为 $(\boldsymbol{I}-\boldsymbol{A})(2\boldsymbol{I}-\boldsymbol{A})=(2\boldsymbol{I}-\boldsymbol{A})(\boldsymbol{I}-\boldsymbol{A})=\boldsymbol{0}$，由此可知 $2\boldsymbol{I}-\boldsymbol{A}$ 的非零列向量是矩阵 $\boldsymbol{A}$ 的属于特征值 1 的特征向量，$\boldsymbol{I}-\boldsymbol{A}$ 的非零列向量是矩阵 $\boldsymbol{A}$ 的属于特征值 2 的特征向量，若能证明 $\operatorname{rank}(\boldsymbol{I}-\boldsymbol{A})+\operatorname{rank}(2\boldsymbol{I}-\boldsymbol{A})=n$，则 $\boldsymbol{A}$ 就有 n 个线性无关的特征向量，问题便得以解决.

解　由题设可得 $(\boldsymbol{I}-\boldsymbol{A})(2\boldsymbol{I}-\boldsymbol{A})=\boldsymbol{0}$，故

$$\operatorname{rank}(\boldsymbol{I}-\boldsymbol{A})+\operatorname{rank}(2\boldsymbol{I}-\boldsymbol{A})\leqslant n.$$

又

$$\begin{aligned}\operatorname{rank}(\boldsymbol{I}-\boldsymbol{A})+\operatorname{rank}(2\boldsymbol{I}-\boldsymbol{A})&=\operatorname{rank}(\boldsymbol{A}-\boldsymbol{I})+\operatorname{rank}(2\boldsymbol{I}-\boldsymbol{A})\\&\geqslant\operatorname{rank}\big((\boldsymbol{A}-\boldsymbol{I})+(2\boldsymbol{I}-\boldsymbol{A})\big)=\operatorname{rank}(\boldsymbol{I})=n.\end{aligned}$$

所以

$$\operatorname{rank}(\boldsymbol{I}-\boldsymbol{A})+\operatorname{rank}(2\boldsymbol{I}-\boldsymbol{A})=n.$$

设 $\operatorname{rank}(\boldsymbol{I}-\boldsymbol{A})=k$，$\operatorname{rank}(2\boldsymbol{I}-\boldsymbol{A})=s$，则 $k+s=n$. 设 $\boldsymbol{\alpha}_1,\boldsymbol{\alpha}_2,\cdots,\boldsymbol{\alpha}_k$ 和 $\boldsymbol{\beta}_1,\boldsymbol{\beta}_2,\cdots,\boldsymbol{\beta}_s$ 分别是 $\boldsymbol{I}-\boldsymbol{A}$ 和 $2\boldsymbol{I}-\boldsymbol{A}$ 的列向量组的最大无关组.

由 $(\boldsymbol{I}-\boldsymbol{A})(2\boldsymbol{I}-\boldsymbol{A})=\boldsymbol{0}$，知 $\boldsymbol{\beta}_1,\boldsymbol{\beta}_2,\cdots,\boldsymbol{\beta}_s$ 是矩阵 $\boldsymbol{A}$ 的属于特征值 1 的线性无关的特征向量;

由 $(2\boldsymbol{I}-\boldsymbol{A})(\boldsymbol{I}-\boldsymbol{A})=\boldsymbol{0}$，知 $\boldsymbol{\alpha}_1,\boldsymbol{\alpha}_2,\cdots,\boldsymbol{\alpha}_k$ 是矩阵 $\boldsymbol{A}$ 的属于特征值 2 的线性无关的特征向量.

$\boldsymbol{\alpha}_1,\boldsymbol{\alpha}_2,\cdots,\boldsymbol{\alpha}_k$ 和 $\boldsymbol{\beta}_1,\boldsymbol{\beta}_2,\cdots,\boldsymbol{\beta}_s$ 线性无关. 令 $\boldsymbol{P}=(\boldsymbol{\alpha}_1,\boldsymbol{\alpha}_2,\cdots,\boldsymbol{\alpha}_k,\boldsymbol{\beta}_1,\boldsymbol{\beta}_2,\cdots,\boldsymbol{\beta}_s)$，得

$$\boldsymbol{P}^{-1}\boldsymbol{A}\boldsymbol{P}=\begin{pmatrix}2&&&&&\\&\ddots&&&&\\&&2&&&\\&&&1&&\\&&&&\ddots&\\&&&&&1\end{pmatrix}\begin{matrix}\left.\vphantom{\begin{matrix}1\\1\\1\end{matrix}}\right\}k\text{个}\\\left.\vphantom{\begin{matrix}1\\1\\1\end{matrix}}\right\}s\text{个}\end{matrix}.$$

评注 用类似的方法不难证明：幂等矩阵（$\boldsymbol{A}^2=\boldsymbol{A}$）一定与对角矩阵 $\begin{pmatrix}\boldsymbol{I}_r&\\&\boldsymbol{0}\end{pmatrix}$ 相似，$r=\operatorname{rank}(\boldsymbol{A})$.

例 20 设 n 阶方阵 $\boldsymbol{A}$ 有 n 个线性无关的特征向量 $\boldsymbol{X}_1,\boldsymbol{X}_2,\cdots,\boldsymbol{X}_n$，其中 $\boldsymbol{X}_i$ 对应的特征值为 λ_i. 证明线性方程组 $(\lambda_1\boldsymbol{I}-\boldsymbol{A})\boldsymbol{X}=\boldsymbol{X}_1$ 无解，其中 $\boldsymbol{I}$ 是 n 阶单位矩阵.

分析 （1）只需证明方程组系数矩阵的秩不等于增广矩阵的秩. 由于 $\boldsymbol{A}$ 相似于对角矩阵，而对角矩阵的秩很容易计算，所以将方程组的系数矩阵化为对角矩阵来讨论，问题就容易解决了.

（2）可考虑用反证法. 若方程组有解，则其解一定能由 $\boldsymbol{X}_1,\boldsymbol{X}_2,\cdots,\boldsymbol{X}_n$ 线性表示，这会导致矛盾.

解 **方法 1** 记 $\boldsymbol{P}=(\boldsymbol{X}_1,\boldsymbol{X}_2,\cdots,\boldsymbol{X}_n)$，$\boldsymbol{Y}_1=\boldsymbol{P}^{-1}\boldsymbol{X}_1$. 显然 $\boldsymbol{Y}_1\neq\boldsymbol{0}$，不妨设 $\boldsymbol{Y}_1=(y_{11},y_{12},\cdots,y_{1n})^{\mathrm{T}}$，其中 $y_{11}\neq0$（否则，可交换 $\boldsymbol{P}$ 中除第 1 列外其他列的位置或将 $\boldsymbol{P}$ 中某一列换为该列的 k 倍，使得 $y_{11}\neq0$），则

$$\boldsymbol{P}^{-1}\boldsymbol{A}\boldsymbol{P}=\begin{pmatrix}\lambda_1&&&\\&\lambda_2&&\\&&\ddots&\\&&&\lambda_n\end{pmatrix}\triangleq\boldsymbol{\varLambda},$$

则方程组 $(\lambda_1\boldsymbol{I}-\boldsymbol{A})\boldsymbol{X}=\boldsymbol{X}_1$ 可化为

$$\boldsymbol{P}(\lambda_1\boldsymbol{I}-\boldsymbol{\varLambda})\boldsymbol{P}^{-1}\boldsymbol{X}=\boldsymbol{X}_1\Rightarrow(\lambda_1\boldsymbol{I}-\boldsymbol{\varLambda})\boldsymbol{P}^{-1}\boldsymbol{X}=\boldsymbol{Y}_1.$$

记 $\boldsymbol{Y}=\boldsymbol{P}^{-1}\boldsymbol{X}$，方程组为

$$(\lambda_1\boldsymbol{I}-\boldsymbol{\varLambda})\boldsymbol{Y}=\boldsymbol{Y}_1. \qquad ①$$

该方程组的增广矩阵为

$$(\lambda_1\boldsymbol{I}-\boldsymbol{\varLambda}\,|\,\boldsymbol{Y}_1)=\begin{pmatrix}0&&&&y_{11}\\&\lambda_1-\lambda_2&&&y_{12}\\&&\ddots&&\vdots\\&&&\lambda_1-\lambda_n&y_{1n}\end{pmatrix}.$$

因为 $y_{11}\neq0$，由矩阵秩的定义可看出：$\operatorname{rank}(\lambda_1\boldsymbol{I}-\boldsymbol{\varLambda}\,|\,\boldsymbol{Y}_1)=\operatorname{rank}(\lambda_1\boldsymbol{I}-\boldsymbol{\varLambda})+1$. 所以方程组①无解，从而方程组 $(\lambda_1\boldsymbol{I}-\boldsymbol{A})\boldsymbol{X}=\boldsymbol{X}_1$ 无解.

方法 2（反证法）因为 $\boldsymbol{X}_1,\boldsymbol{X}_2,\cdots,\boldsymbol{X}_n$ 线性无关，则任一 n 维向量均可由该向量组线性表示. 若方程组 $(\lambda_1\boldsymbol{I}-\boldsymbol{A})\boldsymbol{X}=\boldsymbol{X}_1$ 有解，设其解为

$$\boldsymbol{X}_0=k_1\boldsymbol{X}_1+k_2\boldsymbol{X}_2+\cdots+k_n\boldsymbol{X}_n\quad(k_1,k_2,\cdots,k_n\text{ 为数}),$$

则

$$\begin{aligned}X_1&=(\lambda_1 I-A)X_0=(\lambda_1 I-A)(k_1X_1+k_2X_2+\cdots+k_nX_n)\\&=\lambda_1(k_1X_1+k_2X_2+\cdots+k_nX_n)-(k_1\lambda_1X_1+k_2\lambda_2X_2+\cdots+k_n\lambda_nX_n)\\&=k_2(\lambda_1-\lambda_2)X_2+\cdots+k_n(\lambda_1-\lambda_n)X_n.\end{aligned}$$

这表明 $X_1,X_2,\cdots,X_n$ 线性相关. 矛盾！所以方程组 $(\lambda_1 I-A)X=X_1$ 无解.

评注（1）由于 A 与对角矩阵相似，将线性方程组的系数矩阵化为对角矩阵，问题就简单了.

（2）线性方程组建立了等式左、右两边向量（组）的线性关系，要善于从不同的角度去思考问题.

例 21* 设 A 是 n 阶实对称矩阵，证明：

（1）存在实对称矩阵 B，使得 $B^{2023}=A$，且 $AB=BA$；

（2）存在一个多项式 $p(x)$，使得上述矩阵 $B=p(A)$；

（3）上述矩阵 B 是唯一的.

分析 （1）A 与对角矩阵相似，设 $A=Q\operatorname{diag}(\lambda_1,\lambda_2,\cdots,\lambda_n)Q^{-1}$，显然 $B=Q\operatorname{diag}(\lambda_1^{1/2023},\lambda_2^{1/2023},\cdots,\lambda_n^{1/2023})Q^{-1}$；

（2）因为 $B=p(A)=Q\operatorname{diag}\big(p(\lambda_1),p(\lambda_2),\cdots,p(\lambda_n)\big)Q^{-1}$，所以 $p(x)$ 应满足方程组 $p(\lambda_i)=\lambda_i^{1/2023}$ $(i=1,2,\cdots,n)$；

（3）设 $C^{2023}=A=B^{2023}$，若有可逆矩阵 T 使得 $T^{-1}BT,T^{-1}CT$ 同为对角矩阵，则可得到 $C=B$.

证明 （1）因为 A 是实对称矩阵，所以存在正交矩阵 Q 使得

$$A=Q\Lambda Q^{\mathrm T}，\quad \Lambda=\operatorname{diag}(\lambda_1,\lambda_2,\cdots,\lambda_n)，$$

其中 $\lambda_i(i=1,2,\cdots,n)$ 是 A 的 n 个特征值.

令 $B=Q\bar{\Lambda}Q^{\mathrm T}$，其中 $\bar{\Lambda}=\operatorname{diag}(\lambda_1^{1/2023},\lambda_2^{1/2023},\cdots,\lambda_n^{1/2023})$，显然 B 是对称矩阵. 且

$$B^{2023}=\left(Q\bar{\Lambda}Q^{\mathrm T}\right)^{2023}=Q\bar{\Lambda}^{2023}Q^{\mathrm T}=Q\Lambda Q^{\mathrm T}=A，$$

$$AB=\left(Q\Lambda Q^{\mathrm T}\right)\left(Q\bar{\Lambda}Q^{\mathrm T}\right)=Q\Lambda\bar{\Lambda}Q^{\mathrm T}=Q\bar{\Lambda}\Lambda Q^{\mathrm T}=\left(Q\bar{\Lambda}Q^{\mathrm T}\right)\left(Q\Lambda Q^{\mathrm T}\right)=BA.$$

（2）设 $\lambda_1,\lambda_2,\cdots,\lambda_s(1\leqslant s\leqslant n)$ 是矩阵 A 的所有两两互异的特征值. 做 s 次多项式

$$p(x)=x^s+a_1x^{s-1}+\cdots+a_{s-1}x+a_s，$$

使得

$$p(\lambda_i)=\lambda_i^{1/2023}\quad(i=1,2,\cdots,s).\tag{①}$$

①式是关于未知元 $a_1,a_2,\cdots,a_s$ 的线性方程组，其系数行列式（是范德蒙行列式）不等于 0，根据克莱姆法则，方程组有唯一的解. 即满足条件①的多项式 $p(x)$ 是唯一存在的. 由于 $p(\Lambda)=\bar{\Lambda}$，所以

$$p(A)=p(Q\Lambda Q^{\mathrm T})=Qp(\Lambda)Q^{\mathrm T}=Q\bar{\Lambda}Q^{\mathrm T}=B.$$

（3）设另存在实对称矩阵 C，使得 $C^{2023}=A$，并设 $C\alpha=\lambda\alpha$. 则 $C^{2023}\alpha=\lambda^{2023}\alpha$，即 $A\alpha=\lambda^{2023}\alpha$. 这说明 C 的特征向量都是 A 的特征向量；同样，B 的特征向量也都是 A 的特征向量. 由于 B,C 都是实对称矩阵，它们都有 n 个线性无关的特征向量，而这些特征向量也都是 A 的特征向量，故 B 与 C 有 n 个共同的线性无关的特征向量，从而存在 n 阶可逆矩阵 T 及对角矩阵 Λ_1,Λ_2 使得

$$B=T\Lambda_1T^{-1}，\ C=T\Lambda_2T^{-1}，\tag{②}$$

由 $B^{2023}=A=C^{2023}$，可得 $\Lambda_1^{2023}=\Lambda_2^{2023}$. 所以 $\Lambda_1=\Lambda_2$，进而 $B=C$. 唯一性得证.

评注 （1）②式也可先验证 $CB=BC$，再根据综合题 9*第 24 题的结论来得到.

（2）注意，由 $B^{2023}=C^{2023}$ 不能直接得到 $B=C$，因为矩阵没有开方运算. 当 B,C 是对角矩阵时，开方运算是可行的（对角元相等，可同时开方）.

（3）问题（2）中多项式 $p(x)$ 是由 A 的互异特征值所唯一确定的；只有当 A 与对角矩阵相似时，才能实现从 A 到 B 的转换，即使 $p(A)=B$.

习题 9.3

习题 9.3 答案

1. 设 $\boldsymbol{A}$ 是一个三阶反对称矩阵，若 $\operatorname{rank}(\boldsymbol{A}+\boldsymbol{I})<3$，求行列式 $|2\boldsymbol{A}^2+\boldsymbol{A}+\boldsymbol{I}|$ 的值.

2. 设 n 阶矩阵 $\boldsymbol{A}$ 的特征值为 $\lambda_1,\lambda_2,\cdots,\lambda_n$，求矩阵 $\boldsymbol{H}=\begin{pmatrix}\boldsymbol{A} & 4\boldsymbol{I}_n\\ \boldsymbol{I}_n & \boldsymbol{A}\end{pmatrix}$ 的特征值，其中 $\boldsymbol{I}_n$ 是 n 阶单位矩阵.

3. 设 n 阶实矩阵 $\boldsymbol{A}=\begin{pmatrix} a_1 & b_1 & 0 & \cdots & 0\\ * & a_2 & b_2 & \cdots & \vdots\\ * & * & \cdots & \cdots & 0\\ \vdots & \vdots & \vdots & & b_{n-1}\\ * & * & * & \cdots & a_n\end{pmatrix}$ 有 n 个线性无关的特征向量，且 $b_1,b_2,\cdots,b_{n-1}$ 均不为零. 证明 $\boldsymbol{A}$ 有 n 个互异的特征值.

4. 设 $\boldsymbol{P}=\begin{pmatrix} a & c & 0\\ c & b & 0\\ 0 & 0 & d\end{pmatrix}$ 为三阶可逆矩阵，$\boldsymbol{P}^{-1}\boldsymbol{A}\boldsymbol{P}=\begin{pmatrix} 0 & -1 & 0\\ 1 & 0 & 0\\ 0 & 0 & -1\end{pmatrix}$，求 $\boldsymbol{A}^{2022}$.

5. 实对称矩阵 $\boldsymbol{A}$ 满足 $\boldsymbol{A}^3+\boldsymbol{A}^2+\boldsymbol{A}=3\boldsymbol{I}$，求矩阵 $\boldsymbol{A}$.

6. 设 $\boldsymbol{A}=(a_{ij})$ 是 n 阶非负矩阵，即 $a_{ij}\geqslant 0$，若任意 $i=1,2,\cdots,n$，都有 $\sum\limits_{j=1}^{n}a_{ij}=1$，则称 $\boldsymbol{A}$ 为随机矩阵. 证明随机矩阵必有特征值 1，且所有特征值的绝对值不超过 1.

7. 证明若 $\boldsymbol{A}$ 是实反对称矩阵，则 $\boldsymbol{Q}=(\boldsymbol{I}-\boldsymbol{A})(\boldsymbol{I}+\boldsymbol{A})^{-1}$ 是正交矩阵，且 -1 不是其特征值.

8. 已知矩阵 $\boldsymbol{A}=\begin{pmatrix} -2 & -2 & 1\\ 2 & x & -2\\ 0 & 0 & -2\end{pmatrix}$ 与 $\boldsymbol{B}=\begin{pmatrix} 2 & 1 & 0\\ 0 & -1 & 0\\ 0 & 0 & y\end{pmatrix}$ 相似，求可逆矩阵 $\boldsymbol{P}$ 使得 $\boldsymbol{P}^{-1}\boldsymbol{A}\boldsymbol{P}=\boldsymbol{B}$.

9. 设 $\boldsymbol{A},\boldsymbol{B}$ 是 n 阶幂等矩阵 $\boldsymbol{A}^2=\boldsymbol{A}$，$\boldsymbol{B}^2=\boldsymbol{B}$，而且 $\boldsymbol{I}-\boldsymbol{A}-\boldsymbol{B}$ 可逆，证明 $\operatorname{tr}(\boldsymbol{A})=\operatorname{tr}(\boldsymbol{B})$.

10. 设 $\boldsymbol{A},\boldsymbol{B}$ 是 n 阶矩阵，且有 $\operatorname{rank}(\boldsymbol{A})+\operatorname{rank}(\boldsymbol{B})<n$，证明 $\boldsymbol{A},\boldsymbol{B}$ 有公共的特征值和特征向量.

11. 已知三阶正交矩阵 $\boldsymbol{A}$ 的行列式为 1，证明 $\boldsymbol{A}$ 的特征多项式一定为

$$f(\lambda)=\lambda^3-a\lambda^2+a\lambda-1.$$

其中 a 是实数，且 $-1\leqslant a\leqslant 3$.

12*. 设 λ 为矩阵 $\boldsymbol{AB}$ 与 $\boldsymbol{BA}$ 的非零特征值，证明 $\boldsymbol{AB}$ 属于 λ 的特征子空间 $\boldsymbol{W}_\lambda$ 与 $\boldsymbol{BA}$ 属于 λ 的特征子空间 $\boldsymbol{V}_\lambda$ 的维数相同.

13. 设 $\boldsymbol{A}$ 为 n 阶矩阵，且 $\operatorname{rank}(\boldsymbol{A})=1$. 证明：

（1）存在 $n\times 1$ 阶非零矩阵 $\boldsymbol{X},\boldsymbol{Y}$，使得 $\boldsymbol{A}=\boldsymbol{X}\boldsymbol{Y}^{\mathrm{T}}$；

（2）$\boldsymbol{A}$ 能相似对角化的充分必要条件是 $\boldsymbol{Y}^{\mathrm{T}}\boldsymbol{X}=\boldsymbol{0}$.

14. 设 $\boldsymbol{A}$ 为二阶矩阵，$\boldsymbol{P}=(\boldsymbol{\alpha},\boldsymbol{A}\boldsymbol{\alpha})$，其中 $\boldsymbol{\alpha}$ 是非零向量，且不是 $\boldsymbol{A}$ 的特征向量.

（1）证明 $\boldsymbol{P}$ 是可逆矩阵；

（2）若 $\boldsymbol{A}^2\boldsymbol{\alpha}+\boldsymbol{A}\boldsymbol{\alpha}-6\boldsymbol{\alpha}=\boldsymbol{0}$，求 $\boldsymbol{P}^{-1}\boldsymbol{A}\boldsymbol{P}$，并判断 $\boldsymbol{A}$ 是否相似于对角矩阵.

15. 设三阶实对称矩阵 $\boldsymbol{A}$ 的各行元素之和均为 3，向量 $\boldsymbol{\alpha}_1=(-1,2,-1)^{\mathrm{T}}$，$\boldsymbol{\alpha}_2=(0,-1,1)^{\mathrm{T}}$ 是线性方程组 $\boldsymbol{AX}=\boldsymbol{0}$ 的两个解，求：（1）矩阵 $\boldsymbol{A}$；（2）设 $\boldsymbol{\beta}=(1,0,2)^{\mathrm{T}}$，计算 $\boldsymbol{A}^n\boldsymbol{\beta}$.

16. 设矩阵 $\boldsymbol{A}=\begin{pmatrix} 2 & 1 & 0\\ 1 & 2 & 0\\ 1 & a & b\end{pmatrix}$ 仅有两个不同的特征值，若 $\boldsymbol{A}$ 相似于对角矩阵，求 a,b 的值，并求可

逆矩阵 $\boldsymbol{P}$，使 $\boldsymbol{P}^{-1}\boldsymbol{AP}$ 为对角矩阵.

17. 设 $\boldsymbol{A}$ 是三阶矩阵，$\boldsymbol{e}_1=(1,0,1)^{\mathrm{T}}$，$\boldsymbol{e}_2=(0,1,0)^{\mathrm{T}}$，$\boldsymbol{e}_3=(0,0,1)^{\mathrm{T}}$，$\boldsymbol{\varepsilon}_1=(1,0,2)^{\mathrm{T}}$，$\boldsymbol{\varepsilon}_2=(-1,2,-1)^{\mathrm{T}}$，$\boldsymbol{\varepsilon}_3=(1,0,0)^{\mathrm{T}}$，且有关系 $\boldsymbol{Ae}_i=\boldsymbol{\varepsilon}_i\ (i=1,2,3)$，求可逆矩阵 $\boldsymbol{W}$，使得 $\boldsymbol{W}^{-1}\boldsymbol{AW}$ 为对角矩阵.

18. 设 $\boldsymbol{A}$ 为三阶矩阵，$\boldsymbol{\alpha}_1,\boldsymbol{\alpha}_2,\boldsymbol{\alpha}_3$ 是线性无关的三维列向量，且满足

$$\boldsymbol{A\alpha}_1=\boldsymbol{\alpha}_1+\boldsymbol{\alpha}_2+\boldsymbol{\alpha}_3,\ \boldsymbol{A\alpha}_2=2\boldsymbol{\alpha}_2+\boldsymbol{\alpha}_3,\ \boldsymbol{A\alpha}_3=2\boldsymbol{\alpha}_2+3\boldsymbol{\alpha}_3,$$

求可逆矩阵 $\boldsymbol{P}$，使 $\boldsymbol{P}^{-1}\boldsymbol{AP}$ 为对角矩阵.

19. 设 $\boldsymbol{A}$ 是 n 阶幂等矩阵($\boldsymbol{A}^2=\boldsymbol{A}$)，$\mathrm{rank}(\boldsymbol{A})=r\ (0<r<n)$，证明 $\boldsymbol{A}$ 相似于对角矩阵，并计算行列式 $|\boldsymbol{I}+\boldsymbol{A}+\boldsymbol{A}^2+\cdots+\boldsymbol{A}^k|$.

20. 设 $\boldsymbol{A}_1,\boldsymbol{A}_2,\cdots,\boldsymbol{A}_n$ 都是 n 阶非零矩阵，满足 $\boldsymbol{A}_i\boldsymbol{A}_j=\begin{cases}\boldsymbol{A}_i, & i=j\\ \boldsymbol{0}, & i\neq j\end{cases}$，证明这 n 个矩阵都相似于对角矩阵 $\mathrm{diag}(1,0,\cdots,0)$.

21. 设三阶矩阵 $\boldsymbol{A}$ 与 $\boldsymbol{B}$ 乘积可交换，$\boldsymbol{\alpha}_1,\boldsymbol{\alpha}_2,\boldsymbol{\alpha}_3$ 是线性无关的三维列向量，且满足

$$\boldsymbol{A\alpha}_1=\boldsymbol{\alpha}_1+\boldsymbol{\alpha}_2+\boldsymbol{\alpha}_3,\ \boldsymbol{A\alpha}_2=\boldsymbol{\alpha}_3,\ \boldsymbol{A\alpha}_3=2\boldsymbol{\alpha}_2+\boldsymbol{\alpha}_3.$$

证明 $\boldsymbol{B}$ 与对角矩阵相似.

22. 设 $\boldsymbol{A}$ 是 $n(n\geqslant 2)$ 阶正定矩阵，$\boldsymbol{\alpha}$ 是 n 维非零列向量，$\boldsymbol{B}=\boldsymbol{A\alpha\alpha}^{\mathrm{T}}$，试判断矩阵 $\boldsymbol{B}$ 能否与对角矩阵相似，并给出你的理由.

23. 设 n 阶方阵 $\boldsymbol{A}$ 与对角矩阵相似，证明对任意实数 λ_0，齐次线性方程组 $(\lambda_0\boldsymbol{I}-\boldsymbol{A})\boldsymbol{X}=\boldsymbol{0}$ 与 $(\lambda_0\boldsymbol{I}-\boldsymbol{A})^2\boldsymbol{X}=\boldsymbol{0}$ 同解，其中 $\boldsymbol{I}$ 是 n 阶单位矩阵，$\boldsymbol{X}=(x_1,x_2,\cdots,x_n)^{\mathrm{T}}$.

9.4　二次型

例 1　设二次型 $f(x_1,x_2,x_3)=(x_1,x_2,x_3)\begin{pmatrix}1&2&3\\0&1&2\\1&0&-3\end{pmatrix}\begin{pmatrix}x_1\\x_2\\x_3\end{pmatrix}$，求 f 的规范形.

分析　二次型的规范形由其正、负惯性指数唯一确定，可用配方法或由矩阵的特征值的符号来确定.题中的二次型矩阵不是对称的，如果求特征值，那么要先化矩阵为对称形式.

解　将二次型配方

$$\begin{aligned}f(x_1,x_2,x_3)&=x_1^2+x_2^2-3x_3^2+2x_1x_2+4x_1x_3+2x_2x_3\\&=x_1^2+2x_1(x_2+2x_3)+x_2^2-3x_3^2+2x_2x_3\\&=(x_1+x_2+2x_3)^2-(x_2+2x_3)^2+x_2^2-3x_3^2+2x_2x_3\\&=(x_1+x_2+2x_3)^2-2x_2x_3+x_3^2\\&=(x_1+x_2+2x_3)^2+(x_2-x_3)^2-x_2^2.\end{aligned}$$

做可逆线性变换 $\begin{cases}y_1=x_1+x_2+2x_3\\y_2=x_2-x_3\\y_3=x_2\end{cases}$，得规范形 $f=y_1^2+y_2^2-y_3^2$.

评注　(1) 二次型 $\boldsymbol{X}^{\mathrm{T}}\boldsymbol{AX}$ 的矩阵一定是对称矩阵，当 $\boldsymbol{A}$ 不对称时，要用 $\dfrac{1}{2}(\boldsymbol{A}+\boldsymbol{A}^{\mathrm{T}})$ 去替换.

(2) 化二次型为标准形通常有两种方式：配方法和正交变换法. 一般情况下配方法更简单. 该题二次型的矩阵为 $\boldsymbol{A}=\begin{pmatrix}1&1&2\\1&1&1\\2&1&-3\end{pmatrix}$，做正交变换会困难些.

(3) 化二次型为标准形有以下两个基本定理(惯性定理)：

定理1 任意n元实二次型$f=\boldsymbol{X}^{\mathrm{T}}\boldsymbol{A}\boldsymbol{X}$，都存在可逆线性变换将其化为标准形：

$$f=d_1y_1^2+\cdots+d_py_p^2-d_{p+1}y_{p+1}^2\cdots-d_ry_r^2\ (d_i>0,i=1,2,\cdots,r).$$

p叫f的正惯性指数，$r=\mathrm{rank}(\boldsymbol{A})$叫$f$的秩，$r-p$叫$f$的负惯性指数，$2p-r$叫符号差. $d_i=1(i=1,2,\cdots,r)$的标准形叫**规范形**，规范形是唯一的.

定理2 任意n元实二次型$f=\boldsymbol{X}^{\mathrm{T}}\boldsymbol{A}\boldsymbol{X}$，都存在正交变换将其化为标准形：

$$f=\lambda_1y_1^2+\lambda_2y_2^2+\cdots+\lambda_ny_n^2.$$

其中$\lambda_i(i=1,2,\cdots,n)$是矩阵$\boldsymbol{A}$的$n$个特征值.

例2 假定$n\geqslant 2$，$a,d_i(i=1,2,\cdots,n)$均为常数. 当$d_1\neq 0$时，求二次型

$$f(x_1,x_2,x_3)=(x_1+x_2+x_3)^2+(ax_1+(a+d_1)x_2+(a+2d_1)x_3)^2$$
$$+\sum_{i=2}^{n}((a+d_i)x_1+(a+2d_i)x_2+(a+3d_i)x_3)^2$$

的秩与正、负惯性指数..

分析 虽然f已经是平方和的形式，但我们不能通过线性变换

$$\begin{cases}y_1=x_1+x_2+x_3\\ y_2=ax_1+(a+d_1)x_2+(a+2d_1)x_3\\ \vdots\\ y_n=(a+d_n)x_1+(a+2d_n)x_2+(a+3d_n)x_3\end{cases}$$

来得到标准形. 因为该线性变换显然是不可逆的. 较好的方法是通过二次型的矩阵去求它的秩，再确定正、负惯性指数. 若将平方项展开后化简来写出二次型的矩阵，则较为麻烦；若将平方和看成一个向量的内积，二次型的矩阵就容易得到了.

解 记

$$\begin{cases}y_1=x_1+x_2+x_3\\ y_2=ax_1+(a+d_1)x_2+(a+2d_1)x_3\\ \vdots\\ y_n=(a+d_n)x_1+(a+2d_n)x_2+(a+3d_n)x_3\end{cases}\quad\text{或}\ \boldsymbol{Y}=\boldsymbol{A}\boldsymbol{X},$$

其中$\boldsymbol{A}=\begin{pmatrix}1&1&1\\ a&a+d_1&a+2d_1\\ a+d_2&a+2d_2&a+3d_2\\ \vdots&\vdots&\vdots\\ a+d_n&a+2d_n&a+3d_n\end{pmatrix}$，$\boldsymbol{Y}=(y_1,y_2,\cdots,y_n)^{\mathrm{T}}$，$\boldsymbol{X}=(x_1,x_2,x_3)^{\mathrm{T}}$，则

$$f(x_1,x_2,x_3)=\boldsymbol{Y}^{\mathrm{T}}\boldsymbol{Y}=(\boldsymbol{A}\boldsymbol{X})^{\mathrm{T}}(\boldsymbol{A}\boldsymbol{X})=\boldsymbol{X}^{\mathrm{T}}(\boldsymbol{A}^{\mathrm{T}}\boldsymbol{A})\boldsymbol{X},$$

二次型的矩阵为$\boldsymbol{A}^{\mathrm{T}}\boldsymbol{A}$，且有$\mathrm{rank}(\boldsymbol{A}^{\mathrm{T}}\boldsymbol{A})=\mathrm{rank}(\boldsymbol{A})$. 对矩阵$\boldsymbol{A}$做行初等变换，得

$$\boldsymbol{A}\to\begin{pmatrix}1&1&1\\ 0&d_1&2d_1\\ 0&0&0\\ \vdots&\vdots&\vdots\\ 0&0&0\end{pmatrix}.$$

因为$d_1\neq 0$，所以$\boldsymbol{A}$的秩为2，即$f(x_1,x_2,x_3)$的秩为2. 显然$f(x_1,x_2,x_3)\geqslant 0$，二次型是半正定的，它

的正惯性指数 $p=\operatorname{rank}(\boldsymbol{A})=2$，负惯性指数为 0.

评注　确定二次型的正、负惯性指数的方法通常有 3 种：

① 考察二次型是否正（负）定，是否半正（半负）定；

② 配方，由正、负平方项的项数来确定；

③ 求矩阵的特征值，由特征值的符号来确定.

例 3　设实二次型 $f(x_1,x_2,\cdots,x_n)=\sum_{i=1}^{n}(x_i-x)^2$，其中 $x=\dfrac{1}{n}(x_1+x_2+\cdots+x_n)$，求 f 的秩和正、负惯性指数.

分析　显然 $f\geqslant 0$，是半正定的. 所以二次型的正惯性指数等于它的秩，故需要先写出二次型的矩阵并求其秩；另外，可计算二次型矩阵的特征值或将二次型化为标准形来做判断.

解　$$f=\sum_{i=1}^{n}(x_i-x)^2=\sum_{i=1}^{n}x_i^2+\sum_{i=1}^{n}x^2-2x\sum_{i=1}^{n}x_i=\sum_{i=1}^{n}x_i^2-nx^2=\sum_{i=1}^{n}x_i^2-\frac{1}{n}\sum_{i=1}^{n}\sum_{j=1}^{n}x_i x_j .$$

二次型的矩阵为

$$\boldsymbol{A}=\begin{pmatrix} \frac{n-1}{n} & -\frac{1}{n} & -\frac{1}{n} & \cdots & -\frac{1}{n} \\ -\frac{1}{n} & \frac{n-1}{n} & -\frac{1}{n} & \cdots & -\frac{1}{n} \\ -\frac{1}{n} & -\frac{1}{n} & \frac{n-1}{n} & \cdots & -\frac{1}{n} \\ \vdots & \vdots & \vdots & & \vdots \\ -\frac{1}{n} & -\frac{1}{n} & -\frac{1}{n} & \cdots & \frac{n-1}{n} \end{pmatrix}.$$

方法 1　求矩阵 $\boldsymbol{A}$ 的秩.

由于矩阵 $\boldsymbol{A}$ 的各行元素之和均为 0，所以其行列式 $|\boldsymbol{A}|=0$.

$\boldsymbol{A}$ 的 $n-1$ 阶顺序主子式 P_{n-1} 是严格对角占优的（见 9.3 节例 9，综合题 9[*]第 10 题），所以 $P_{n-1}\neq 0$. 也可直接计算 P_{n-1} 如下：

$$P_{n-1}=\begin{vmatrix} \frac{n-1}{n} & -\frac{1}{n} & -\frac{1}{n} & \cdots & -\frac{1}{n} \\ -\frac{1}{n} & \frac{n-1}{n} & -\frac{1}{n} & \cdots & -\frac{1}{n} \\ -\frac{1}{n} & -\frac{1}{n} & \frac{n-1}{n} & \cdots & -\frac{1}{n} \\ \vdots & \vdots & \vdots & & \vdots \\ -\frac{1}{n} & -\frac{1}{n} & -\frac{1}{n} & \cdots & \frac{n-1}{n} \end{vmatrix} \xlongequal[j=2,\cdots,n]{c_j+c_1} \begin{vmatrix} \frac{1}{n} & -\frac{1}{n} & -\frac{1}{n} & \cdots & -\frac{1}{n} \\ \frac{1}{n} & \frac{n-1}{n} & -\frac{1}{n} & \cdots & -\frac{1}{n} \\ \frac{1}{n} & -\frac{1}{n} & \frac{n-1}{n} & \cdots & -\frac{1}{n} \\ \vdots & \vdots & \vdots & & \vdots \\ \frac{1}{n} & -\frac{1}{n} & -\frac{1}{n} & \cdots & \frac{n-1}{n} \end{vmatrix} \xlongequal[j=2,\cdots,n]{c_1+c_j} \begin{vmatrix} \frac{1}{n} & 0 & 0 & \cdots & 0 \\ \frac{1}{n} & 1 & 0 & \cdots & 0 \\ \frac{1}{n} & 0 & 1 & \cdots & 0 \\ \vdots & \vdots & \vdots & & \vdots \\ \frac{1}{n} & 0 & 0 & \cdots & 1 \end{vmatrix}=\frac{1}{n}.$$

所以 $\operatorname{rank}\boldsymbol{A}=n-1$. 显然 $f\geqslant 0$，是半正定的. 所以二次型的正惯性指数等于 $\operatorname{rank}\boldsymbol{A}=n-1$，负惯性指数等于 0.

方法 2　求矩阵 $\boldsymbol{A}$ 的特征值.

$$|\lambda I-A|=\begin{vmatrix}\lambda-\frac{n-1}{n} & \frac{1}{n} & \frac{1}{n} & \cdots & \frac{1}{n}\\ \frac{1}{n} & \lambda-\frac{n-1}{n} & -\frac{1}{n} & \cdots & \frac{1}{n}\\ \frac{1}{n} & \frac{1}{n} & \lambda-\frac{n-1}{n} & \cdots & \frac{1}{n}\\ \vdots & \vdots & \vdots & & \vdots\\ \frac{1}{n} & \frac{1}{n} & \frac{1}{n} & \cdots & \lambda-\frac{n-1}{n}\end{vmatrix}\xlongequal[j=2,\cdots,n]{c_j+c_1}\begin{vmatrix}\lambda & \frac{1}{n} & \frac{1}{n} & \cdots & \frac{1}{n}\\ \lambda & \lambda-\frac{n-1}{n} & \frac{1}{n} & \cdots & \frac{1}{n}\\ \lambda & \frac{1}{n} & \lambda-\frac{n-1}{n} & \cdots & \frac{1}{n}\\ \vdots & \vdots & \vdots & & \vdots\\ \lambda & \frac{1}{n} & \frac{1}{n} & \cdots & \lambda-\frac{n-1}{n}\end{vmatrix}$$

$$=\frac{\lambda}{n^{n-1}}\begin{vmatrix}1 & 1 & 1 & \cdots & 1\\ 1 & n\lambda-n+1 & 1 & \cdots & 1\\ 1 & 1 & n\lambda-n+1 & \cdots & 1\\ \vdots & \vdots & \vdots & & \vdots\\ 1 & 1 & 1 & \cdots & n\lambda-n+1\end{vmatrix}=\frac{\lambda}{n^{n-1}}\begin{vmatrix}1 & 0 & 0 & \cdots & 0\\ 1 & n\lambda-n & 0 & \cdots & 0\\ 1 & 0 & n\lambda-n & \cdots & 0\\ \vdots & \vdots & \vdots & & \vdots\\ 1 & 0 & 0 & \cdots & n\lambda-n\end{vmatrix}$$

$$=\lambda(\lambda-1)^{n-1}.$$

所以 A 的特征值为 $\lambda=0$（单根）与 $\lambda=1>0$（$n-1$ 重根）. 故 f 的秩与正惯性指数均等于 $n-1$，负惯性指数等于 0.

评注 做线性变换 $T: y_i=x_i-x\ (i=1,2,\cdots,n)$ 将二次型化为标准形 $f=\sum_{i=1}^{n}y_i^2$ 的做法是不对的. 因为该变换系数矩阵的行列式为 0，不是可逆线性变换.

例 4 设二次型 $f(x_1,x_2,x_3,x_4)=2x_1x_2+2x_3x_4+ax_3^2+2x_4^2$ 的系数矩阵 A 有一个特征值为 3，求 a 的值及可逆矩阵 P，使 $g(X)=X^{\mathrm{T}}(AP)^{\mathrm{T}}(AP)X$ 为标准形.

分析 二次型 $g(X)=(PX)^{\mathrm{T}}A^2(PX)$，只需做可逆变换 $Y=PX$，使 $g(Y)=Y^{\mathrm{T}}A^2Y$ 为标准形即可. 所以首先要确定 a 并写出 A^2.

解 二次型 f 的矩阵为 $A=\begin{pmatrix}0 & 1 & 0 & 0\\ 1 & 0 & 0 & 0\\ 0 & 0 & a & 1\\ 0 & 0 & 1 & 2\end{pmatrix}$.

因为 3 是矩阵 A 的特征值，所以

$$|3I-A|=\begin{vmatrix}3 & -1 & 0 & 0\\ -1 & 3 & 0 & 0\\ 0 & 0 & 3-a & -1\\ 0 & 0 & -1 & 1\end{vmatrix}=8\begin{vmatrix}3-a & -1\\ -1 & 1\end{vmatrix}=0,$$

解得 $a=2$. 从而

$$A^2=\begin{pmatrix}0 & 1 & 0 & 0\\ 1 & 0 & 0 & 0\\ 0 & 0 & 2 & 1\\ 0 & 0 & 1 & 2\end{pmatrix}^2=\begin{pmatrix}1 & 0 & 0 & 0\\ 0 & 1 & 0 & 0\\ 0 & 0 & 5 & 4\\ 0 & 0 & 4 & 5\end{pmatrix}.$$

$$g(Y)=Y^{\mathrm{T}}A^2Y=y_1^2+y_2^2+5y_3^2+5y_4^2+8y_3y_4$$

$$=y_1^2+y_2^2+5\left(y_3+\frac{4}{5}y_4\right)^2+\frac{9}{5}y_4^2.$$

令 $x_1=y_1$，$x_2=y_2$，$x_3=y_3+\frac{4}{5}y_4$，$x_4=y_4$，即

$$\begin{pmatrix}y_1\\y_2\\y_3\\y_4\end{pmatrix}=\begin{pmatrix}1&0&0&0\\0&1&0&0\\0&0&1&-4/5\\0&0&0&1\end{pmatrix}\begin{pmatrix}x_1\\x_2\\x_3\\x_4\end{pmatrix},\quad \boldsymbol{P}=\begin{pmatrix}1&0&0&0\\0&1&0&0\\0&0&1&-4/5\\0&0&0&1\end{pmatrix},$$

则 $g(\boldsymbol{X})=\boldsymbol{X}^{\mathrm{T}}(\boldsymbol{AP})^{\mathrm{T}}(\boldsymbol{AP})\boldsymbol{X}=x_1^2+x_2^2+5x_3^2+\frac{9}{5}x_4^2$ 为标准形.

例 5　已知二次型 $f(x_1,x_2,x_3)=\boldsymbol{X}^{\mathrm{T}}\boldsymbol{AX}$ 的矩阵 $\boldsymbol{A}$ 满足 $\left|\frac{1}{2}\boldsymbol{A}-\boldsymbol{I}\right|=0$，$\boldsymbol{AB}=\boldsymbol{0}$，其中 $\boldsymbol{B}=\begin{pmatrix}1&1\\2&-1\\1&1\end{pmatrix}$.

（1）利用正交变换将二次型化为标准形，并写出所用的正交变换和所得的标准形；

（2）求出该二次型.

分析　（1）关键是要求得 $\boldsymbol{A}$ 的 3 个特征值与对应的特征向量. 由 $\boldsymbol{AB}=\boldsymbol{0}$ 知，$\boldsymbol{B}$ 的两个列向量就是 $\boldsymbol{A}$ 的特征向量，0 是其特征值；另一个特征值可由 $\left|\frac{1}{2}\boldsymbol{A}-\boldsymbol{I}\right|=0$ 得到，特征向量可由不同特征值对应特征向量的正交性求得.

（2）求得矩阵 $\boldsymbol{A}$，就可写出原二次型 f.

解　（1）由题意知，$\boldsymbol{A}$ 是实对称矩阵. 记 $\boldsymbol{\alpha}_1=(1,2,1)^{\mathrm{T}}$，$\boldsymbol{\alpha}_2=(1,-1,1)^{\mathrm{T}}$，则 $\boldsymbol{B}=(\boldsymbol{\alpha}_1,\boldsymbol{\alpha}_2)$. 由题设有 $\boldsymbol{AB}=\boldsymbol{A}(\boldsymbol{\alpha}_1,\boldsymbol{\alpha}_2)=(\boldsymbol{A\alpha}_1,\boldsymbol{A\alpha}_2)=\boldsymbol{0}$，所以 $\boldsymbol{A\alpha}_1=\boldsymbol{A\alpha}_2=\boldsymbol{0}$，这表明 $\lambda_1=0$ 是 $\boldsymbol{A}$ 的一个特征值，$\boldsymbol{\alpha}_1,\boldsymbol{\alpha}_2$ 是 $\boldsymbol{A}$ 的属于特征值 $\lambda_1=0$ 的特征向量.

另外，由 $\left|\frac{1}{2}\boldsymbol{A}-\boldsymbol{I}\right|=\left|-\frac{1}{2}(2\boldsymbol{I}-\boldsymbol{A})\right|=0$ 可得 $|2\boldsymbol{I}-\boldsymbol{A}|=0$，所以 $\lambda_2=2$ 是 $\boldsymbol{A}$ 的另一个特征值. 设 $\boldsymbol{\alpha}_3=(x_1,x_2,x_3)^{\mathrm{T}}$ 是 $\boldsymbol{A}$ 的属于特征值 $\lambda_2=2$ 的特征向量，由于 $\lambda_1\neq\lambda_2$，知 $\boldsymbol{\alpha}_3$ 与 $\boldsymbol{\alpha}_1,\boldsymbol{\alpha}_2$ 正交，即

$$\begin{cases}x_1+2x_2+x_3=0,\\x_1-x_2+x_3=0.\end{cases}$$

它的一个基础解系 $\boldsymbol{\alpha}_3=(-1,0,1)^{\mathrm{T}}$.

由于 $\boldsymbol{\alpha}_1$ 与 $\boldsymbol{\alpha}_2$ 正交，将 $\boldsymbol{\alpha}_1,\boldsymbol{\alpha}_2,\boldsymbol{\alpha}_3$ 分别单位化得两两正交的向量组

$$\boldsymbol{\eta}_1=\frac{1}{\sqrt{6}}(1,2,1)^{\mathrm{T}},\quad \boldsymbol{\eta}_2=\frac{1}{\sqrt{3}}(1,-1,1)^{\mathrm{T}},\quad \boldsymbol{\eta}_3=\frac{1}{\sqrt{2}}(-1,0,1)^{\mathrm{T}}.$$

令 $\boldsymbol{C}=(\boldsymbol{\eta}_1,\boldsymbol{\eta}_2,\boldsymbol{\eta}_3)$，则 $\boldsymbol{C}$ 为正交矩阵，且 $\boldsymbol{C}^{\mathrm{T}}\boldsymbol{AC}=\mathrm{diag}(0,0,2)$.

做正交变换 $\boldsymbol{X}=\boldsymbol{CY}$，则得标准形

$$f(x_1,x_2,x_3)=\boldsymbol{X}^{\mathrm{T}}\boldsymbol{AX}=(\boldsymbol{CY})^{\mathrm{T}}\boldsymbol{A}(\boldsymbol{CY})=\boldsymbol{Y}^{\mathrm{T}}(\boldsymbol{C}^{\mathrm{T}}\boldsymbol{AC})\boldsymbol{Y}=\boldsymbol{Y}^{\mathrm{T}}\mathrm{diag}(0,0,2)\boldsymbol{Y}=2y_3^2.$$

（2）由（1）知，$\boldsymbol{C}^{\mathrm{T}}\boldsymbol{AC}=\mathrm{diag}(0,0,2)$，故

$$\boldsymbol{A}=\boldsymbol{C}\mathrm{diag}(0,0,2)\boldsymbol{C}^{\mathrm{T}}=\begin{pmatrix}1&0&-1\\0&0&0\\-1&0&1\end{pmatrix}.$$

所以，二次型 $f(x_1,x_2,x_3)=x_1^2-2x_1x_3+x_3^2$.

例 6 设二次型 $f(x_1,x_2,x_3,x_4)=\boldsymbol{X}^{\mathrm T}\boldsymbol{A}\boldsymbol{X}$，其中

$$\boldsymbol{X}=\begin{pmatrix}x_1\\x_2\\x_3\\x_4\end{pmatrix},\ \boldsymbol{A}=\begin{pmatrix}2&2&2&-2\\a&0&b&c\\d&e&0&f\\g&h&k&4\end{pmatrix},$$

a,b,c,d,e,f,g,h,k 均为实数. 已知 $\lambda_1=2$ 是 $\boldsymbol{A}$ 的一个几何重数为 3 的特征值. 试回答以下问题：

（1）$\boldsymbol{A}$ 能否相似于对角矩阵；若能，则请给出证明；若不能，则请给出例子.

（2）试求 $f(x_1,x_2,x_3,x_4)$ 在正交变换下的标准形.

分析 （1）$\boldsymbol{A}$ 能否相似于对角矩阵取决于 $\lambda_1=2$ 是否是 3 重特征根，这由 $\operatorname{tr}\boldsymbol{A}$ 容易确定.

（2）由 $\lambda_1=2$ 的几何重数为 3 知 $\operatorname{rank}(2\boldsymbol{I}-\boldsymbol{A})=1$，这可定出 $\boldsymbol{A}$ 中的常数，再求二次型矩阵的特征值就能写出 f 在正交变换下的标准形.

解 (1)由于 $\operatorname{tr}\boldsymbol{A}=6$ 是 $\boldsymbol{A}$ 的特征值之和，得 $\lambda_1=2$ 的代数重数也是 3，而 $\boldsymbol{A}$ 的另一个特征值 $\lambda_2=0$，且 λ_2 的代数重数为 1. 从而 $\boldsymbol{A}$ 有 4 个线性无关的特征向量，故 $\boldsymbol{A}$ 相似于对角矩阵.

（2）由于 $\lambda_1=2$ 的几何重数是 3，故有

$$\operatorname{rank}(2\boldsymbol{I}-\boldsymbol{A})=\operatorname{rank}\begin{pmatrix}0&-2&-2&2\\-a&2&-b&-c\\-d&-e&2&-f\\-g&-h&-k&-2\end{pmatrix}=1.$$

$2\boldsymbol{I}-\boldsymbol{A}$ 的各行元素均成比例，有

$$\frac{-a}{0}=\frac{2}{-2}=\frac{-b}{-2}=\frac{-c}{2},\ \ \frac{-d}{0}=\frac{-e}{-2}=\frac{2}{-2}=\frac{-f}{2},\ \ \frac{-g}{0}=\frac{-h}{-2}=\frac{-k}{-2}=\frac{-2}{2}.$$

得到

$$a=d=g=0,\ b=e=h=k=-2,\ c=f=2.$$

于是

$$\boldsymbol{A}=\begin{pmatrix}2&2&2&-2\\0&0&-2&2\\0&-2&0&2\\0&-2&-2&4\end{pmatrix}.$$

二次型 f 的矩阵为

$$\boldsymbol{B}=\frac{1}{2}(\boldsymbol{A}+\boldsymbol{A}^{\mathrm T})=\begin{pmatrix}2&1&1&-1\\1&0&-2&0\\1&-2&0&0\\-1&0&0&4\end{pmatrix},$$

求得 $\boldsymbol{B}$ 的特征值 $\lambda_1=2$（二重），$\lambda_2=1+2\sqrt{3}$，$\lambda_3=1-2\sqrt{3}$. 故 f 在正交变换下的标准形为

$$2y_1^2+2y_2^2+(1+2\sqrt{3})y_3^2+(1-2\sqrt{3})y_4^2.$$

评注 （1）特征根的代数重数与几何重数的概念见 9.3 节例 15 评注.

（2）题目没要求具体的正交变换，能写出标准形即可.

例 7* $\boldsymbol{A}=(a_{ij})$ 为三阶实对称矩阵，$\boldsymbol{A}^*$ 是 $\boldsymbol{A}$ 的伴随矩阵，记

$$f(x_1,x_2,x_3,x_4)=\begin{vmatrix} x_1^2 & x_2 & x_3 & x_4 \\ -x_2 & a_{11} & a_{12} & a_{13} \\ -x_3 & a_{12} & a_{22} & a_{23} \\ -x_4 & a_{13} & a_{23} & a_{33} \end{vmatrix}.$$

若$|\boldsymbol{A}|=-12$，$\boldsymbol{A}$的特征值之和为 1，且$(1,0,-2)^{\mathrm{T}}$为$(\boldsymbol{A}^*-4\boldsymbol{I})\boldsymbol{X}=\boldsymbol{0}$的一个解，试给出一正交变换$\boldsymbol{X}=\boldsymbol{QY}$，使得$f(x_1,x_2,x_3,x_4)$化为标准形.

分析　关键是要确定二次型的矩阵，将f的行列式按第 1 行展开就能看出.

解　将行列式按第 1 行展开，得

$$f(x_1,x_2,x_3,x_4)=x_1^2|\boldsymbol{A}|-x_2\begin{vmatrix} -x_2 & a_{12} & a_{13} \\ -x_3 & a_{22} & a_{23} \\ -x_4 & a_{23} & a_{33} \end{vmatrix}+x_3\begin{vmatrix} -x_2 & a_{11} & a_{13} \\ -x_3 & a_{12} & a_{23} \\ -x_4 & a_{13} & a_{33} \end{vmatrix}-x_4\begin{vmatrix} -x_2 & a_{11} & a_{12} \\ -x_3 & a_{12} & a_{22} \\ -x_4 & a_{13} & a_{23} \end{vmatrix}$$

$$=-12x_1^2+(x_2,x_3,x_4)\boldsymbol{A}^*\begin{pmatrix} x_2 \\ x_3 \\ x_4 \end{pmatrix}.$$

由此可知$f(x_1,x_2,x_3,x_4)$是关于x_1,x_2,x_3,x_4的二次型.

下面求矩阵$\boldsymbol{A}^*$. 为此先求矩阵$\boldsymbol{A}$.

方程$(\boldsymbol{A}^*-4\boldsymbol{I})\boldsymbol{X}=\boldsymbol{0}$左乘$\boldsymbol{A}$，得 $(|\boldsymbol{A}|\boldsymbol{I}-4\boldsymbol{A})\boldsymbol{X}=\boldsymbol{0}$，即$(\boldsymbol{A}+3\boldsymbol{I})\boldsymbol{X}=\boldsymbol{0}$. $\boldsymbol{\xi}=(1,0,-2)^{\mathrm{T}}$是该方程组的解，这说明$-3$是矩阵$\boldsymbol{A}$的特征值，$\boldsymbol{\xi}$是对应的特征向量.

设$\boldsymbol{A}$的另外两个特征值为λ_1,λ_2，由$\boldsymbol{A}$的特征值之和为 1，$|\boldsymbol{A}|=-12$，得

$$\lambda_1+\lambda_2-3=1，\ -3\lambda_1\lambda_2=-12.$$

解得$\lambda_1=\lambda_2=2$. 设该特征值对应的特征向量为$(x_1,x_2,x_3)^{\mathrm{T}}$. 由实对称矩阵不同特征值对应特征向量是正交的，得

$$x_1-2x_3=0.$$

该方程组的一个正交基础解系为$\boldsymbol{\alpha}=(0,1,0)^{\mathrm{T}}$，$\boldsymbol{\beta}=\left(\frac{2}{\sqrt{5}},0,\frac{1}{\sqrt{5}}\right)^{\mathrm{T}}$.

记$\boldsymbol{\gamma}=\frac{\boldsymbol{\xi}}{\|\boldsymbol{\xi}\|}=\left(\frac{1}{\sqrt{5}},0,-\frac{2}{\sqrt{5}}\right)^{\mathrm{T}}$，则$\boldsymbol{\alpha},\boldsymbol{\beta},\boldsymbol{\gamma}$是矩阵$\boldsymbol{A}$分别对应特征值$2,2,-3$的特征向量，且为单位正交向量组. 令$\boldsymbol{P}=(\boldsymbol{\alpha},\boldsymbol{\beta},\boldsymbol{\gamma})$，则$\boldsymbol{P}$是正交矩阵，且

$$\boldsymbol{A}=\boldsymbol{P}\begin{pmatrix} 2 & & \\ & 2 & \\ & & -3 \end{pmatrix}\boldsymbol{P}^{-1}\Rightarrow \boldsymbol{A}^{-1}=\boldsymbol{P}\begin{pmatrix} 1/2 & & \\ & 1/2 & \\ & & -1/3 \end{pmatrix}\boldsymbol{P}^{\mathrm{T}}\ (\boldsymbol{P}^{-1}=\boldsymbol{P}^{\mathrm{T}}),$$

$$\boldsymbol{A}^*=|\boldsymbol{A}|\boldsymbol{A}^{-1}=-12\boldsymbol{P}\begin{pmatrix} 1/2 & & \\ & 1/2 & \\ & & -1/3 \end{pmatrix}\boldsymbol{P}^{\mathrm{T}}=\boldsymbol{P}\begin{pmatrix} -6 & & \\ & -6 & \\ & & 4 \end{pmatrix}\boldsymbol{P}^{\mathrm{T}}.$$

令$\boldsymbol{Q}=\begin{pmatrix} 1 & 0 \\ 0 & \boldsymbol{P} \end{pmatrix}$，做正交变换$\boldsymbol{X}=\boldsymbol{QY}$，即$\begin{pmatrix} x_1 \\ x_2 \\ x_3 \\ x_4 \end{pmatrix}=\begin{pmatrix} 1 & 0 & 0 & 0 \\ 0 & 0 & 2/\sqrt{5} & 1/\sqrt{5} \\ 0 & 1 & 0 & 0 \\ 0 & 0 & 1/\sqrt{5} & -2/\sqrt{5} \end{pmatrix}\begin{pmatrix} y_1 \\ y_2 \\ y_3 \\ y_4 \end{pmatrix}$，则

$$f(x_1,x_2,x_3,x_4)=-12x_1^2+(x_2,x_3,x_4)\boldsymbol{P}\begin{pmatrix}-6&&\\&-6&\\&&4\end{pmatrix}\boldsymbol{P}^{\mathrm{T}}\begin{pmatrix}x_2\\x_3\\x_4\end{pmatrix}$$

$$=-12y_1^2+(y_2,y_3,y_4)\begin{pmatrix}-6&&\\&-6&\\&&4\end{pmatrix}\begin{pmatrix}y_2\\y_3\\y_4\end{pmatrix}$$

$$=-12y_1^2-6y_2^2-6y_3^2+4y_4^2.$$

评注 (1) 根据伴随矩阵的性质易知，由矩阵$\boldsymbol{A}$的相似（或合同）标准形容易确定$\boldsymbol{A}^*$的相似（或合同）标准形；反之却未必.

(2) 矩阵相似与合同的关系：矩阵的相似与合同一般没有从属关系. 但如果存在正交矩阵$\boldsymbol{P}$使得$\boldsymbol{B}=\boldsymbol{P}^{-1}\boldsymbol{AP}$，则$\boldsymbol{A}$与$\boldsymbol{B}$既相似，又合同；两实对称矩阵若相似，则必合同，反之却未必.

例8 设$\boldsymbol{A},\boldsymbol{C}$为$n$阶正定矩阵，且矩阵方程$\boldsymbol{AX}+\boldsymbol{XA}=\boldsymbol{C}$有唯一的解$\boldsymbol{B}$，证明$\boldsymbol{B}$也是正定矩阵.

分析 只需验证$\boldsymbol{B}$是对称矩阵，且特征值全大于0.

证明 由于$\boldsymbol{B}$是所给矩阵方程的解，则有$\boldsymbol{AB}+\boldsymbol{BA}=\boldsymbol{C}$，两边取转置并注意$\boldsymbol{A},\boldsymbol{C}$为对称矩阵，得

$$\boldsymbol{B}^{\mathrm{T}}\boldsymbol{A}+\boldsymbol{A}\boldsymbol{B}^{\mathrm{T}}=\boldsymbol{C}.$$

这说明$\boldsymbol{B}^{\mathrm{T}}$也是矩阵方程的解，由解的唯一性得$\boldsymbol{B}=\boldsymbol{B}^{\mathrm{T}}$，即$\boldsymbol{B}$是对称矩阵.

下面证明$\boldsymbol{B}$的特征值全大于0.

设λ是$\boldsymbol{B}$的特征值，$\boldsymbol{B\alpha}=\lambda\boldsymbol{\alpha}$，由$\boldsymbol{C}$的正定性知

$$\boldsymbol{\alpha}^{\mathrm{T}}(\boldsymbol{AB}+\boldsymbol{BA})\boldsymbol{\alpha}=\boldsymbol{\alpha}^{\mathrm{T}}\boldsymbol{C\alpha}>0.$$

又

$$\boldsymbol{\alpha}^{\mathrm{T}}(\boldsymbol{AB}+\boldsymbol{BA})\boldsymbol{\alpha}=\boldsymbol{\alpha}^{\mathrm{T}}\boldsymbol{AB\alpha}+(\boldsymbol{B\alpha})^{\mathrm{T}}\boldsymbol{A\alpha}=2\lambda\boldsymbol{\alpha}^{\mathrm{T}}\boldsymbol{A\alpha},$$

所以

$$2\lambda\boldsymbol{\alpha}^{\mathrm{T}}\boldsymbol{A\alpha}>0.$$

由于$\boldsymbol{A}$是正定矩阵，$\boldsymbol{\alpha}^{\mathrm{T}}\boldsymbol{A\alpha}>0$，故$\lambda>0$. 所以$\boldsymbol{B}$是正定矩阵.

评注 实对称矩阵正定的充分必要条件：

$\boldsymbol{A}$正定$\Leftrightarrow$ $\boldsymbol{A}$的特征值全大于零$\Leftrightarrow$ $\boldsymbol{A}$与单位矩阵合同$\Leftrightarrow$ $\boldsymbol{A}$的各阶顺序主子式全大于零.

例9* 设$\boldsymbol{A}$是n阶可逆矩阵，二次型$f=\begin{vmatrix}0&-\boldsymbol{X}^{\mathrm{T}}\\\boldsymbol{X}&\boldsymbol{A}\end{vmatrix}$，$\boldsymbol{X}=(x_1,x_2,\cdots,x_n)^{\mathrm{T}}$.

（1）写出二次型f的矩阵；

（2）证明当$\boldsymbol{A}$是正定矩阵时，f是正定二次型；

（3）当$\boldsymbol{A}$是实对称矩阵时，讨论$\boldsymbol{A}$的正、负惯性指数与f的正、负惯性指数之间的关系.

分析 将f的行列式化为块三角形再展开，找到f的矩阵与$\boldsymbol{A}$的关系，几个问题都容易解决了.

解 因为$\boldsymbol{A}$可逆，故$\boldsymbol{A}^{-1}$存在.

$$f=\begin{vmatrix}0&-\boldsymbol{X}^{\mathrm{T}}\\\boldsymbol{X}&\boldsymbol{A}\end{vmatrix}=\begin{vmatrix}1&\boldsymbol{X}^{\mathrm{T}}\boldsymbol{A}^{-1}\\0&\boldsymbol{I}\end{vmatrix}\begin{vmatrix}0&-\boldsymbol{X}^{\mathrm{T}}\\\boldsymbol{X}&\boldsymbol{A}\end{vmatrix}=\begin{vmatrix}\boldsymbol{X}^{\mathrm{T}}\boldsymbol{A}^{-1}\boldsymbol{X}&0\\\boldsymbol{X}&\boldsymbol{A}\end{vmatrix}=|\boldsymbol{A}|\boldsymbol{X}^{\mathrm{T}}\boldsymbol{A}^{-1}\boldsymbol{X}=\boldsymbol{X}^{\mathrm{T}}\boldsymbol{A}^*\boldsymbol{X}.$$

其中$\boldsymbol{A}^*$是$\boldsymbol{A}$的伴随矩阵.

（1）由于$\boldsymbol{A}^*$不一定是对称矩阵，所以f的矩阵是$\frac{1}{2}\left(\boldsymbol{A}^*+(\boldsymbol{A}^*)^{\mathrm{T}}\right)$.

（2）当$\boldsymbol{A}$是正定矩阵时，f的矩阵为$\boldsymbol{A}^*=|\boldsymbol{A}|\boldsymbol{A}^{-1}$，也是正定矩阵，所以$f$是正定二次型.

（3）当$\boldsymbol{A}$是实对称矩阵时，$\boldsymbol{A}^*$也是实对称矩阵，由于$\boldsymbol{A}^*=|\boldsymbol{A}|\boldsymbol{A}^{-1}$，且$\boldsymbol{A}^{-1}$与$\boldsymbol{A}$有相同的正、负惯性指数（因为$\boldsymbol{A}^{-1}$与$\boldsymbol{A}$的特征值互为倒数）. 故有以下结论：

若 A 的正惯性指数为 p，则 $|A|$ 的符号为 $(-1)^{n-p}$. 当 $n-p$ 为偶数时，A 与 f 的正、负惯性指数相同；当 $n-p$ 为奇数时，A 的正、负惯性指数分别是 f 的负、正惯性指数.

评注　若 A 是正定矩阵，则 A 的转置矩阵、逆矩阵、伴随矩阵、合同矩阵都是正定矩阵.

例 10　设 $A=(a_{ij})_{n\times n}$ 为 n 阶实矩阵，满足

（1）$a_{11}=a_{22}=\cdots=a_{nn}=a>0$；

（2）对每个 $i(i=1,2,\cdots,n)$，有

$$\sum_{j=1}^{n}|a_{ij}|+\sum_{j=1}^{n}|a_{ji}|<4a .$$

求二次型 $f(x_1,x_2,\cdots,x_n)=X^{\mathrm T}AX$ 的标准形. 其中 $X=(x_1,x_2,\cdots,x_n)^{\mathrm T}$.

分析　二次型的标准形由其正、负惯性指数唯一确定. 由于 A 不一定对称，所以 $B=\dfrac{1}{2}(A+A^{\mathrm T})$ 才是二次型的矩阵. 确定 B 的正、负惯性指数可考察其特征值的符号.

解　记 $B=\dfrac{1}{2}(A+A^{\mathrm T})$，则 B 是实对称矩阵，且 $f(x_1,x_2,\cdots,x_n)=X^{\mathrm T}BX$. 由已知条件，有

$$b_{11}=b_{22}=\cdots=b_{nn}=a ,$$

$$\sum_{j=1}^{n}|b_{ij}|=\sum_{j=1}^{n}\left|\frac{1}{2}(a_{ij}+a_{ji})\right|<2a .$$

由此可得到 $b_{ii}>\sum\limits_{j\neq i}|b_{ij}|$.

下面证 B 的特征值全大于 0.

设 $B\alpha=\lambda\alpha$，$\alpha=(x_1,x_2,\cdots,x_n)^{\mathrm T}\neq 0$，记 $|x_i|=\max\limits_{1\leqslant j\leqslant n}|x_j|$，考察等式 $B\alpha=\lambda\alpha$ 中的第 i 个分量，有

$$\sum_{j=1}^{n}b_{ij}x_j=\lambda x_i .$$

由此可得到

$$\lambda=\frac{\sum\limits_{j=1}^{n}b_{ij}x_j}{x_i}=b_{ii}+\sum_{j\neq i}b_{ij}\frac{x_j}{x_i}\geqslant b_{ii}-\sum_{j\neq i}|b_{ij}|>0 .$$

故 B 是正定矩阵. 所以 f 的标准形为 $y_1^2+y_2^2+\cdots+y_n^2$.

评注　该题中的矩阵 B 是严格对角占优的. 一般结论：严格对角占优的实对称矩阵，若主对角元全为正（负），则矩阵正（负）定（严格对角占优矩阵的概念见 9.3 节例 9 评注）.

例 11　设 A 是 n 阶正定矩阵，B 是 n 阶实对称矩阵，证明：

（1）必存在可逆矩阵 Q，使得 $Q^{\mathrm T}AQ=I$，$Q^{\mathrm T}BQ$ 为对角矩阵.

（2）AB 的特征值都是实数.

分析　（1）因为 A 是正定矩阵，所以存在可逆矩阵 P，使得 $P^{\mathrm T}AP=I$，而 $P^{\mathrm T}BP$ 是实对称矩阵，用正交矩阵将其相似对角化，就可找到对应的矩阵 Q.

（2）若 $|\lambda I-AB|=0$，则 $|\lambda A^{-1}-B|=0$，注意 A^{-1} 仍是正定矩阵，利用（1）中的结论即可得证.

证明　（1）A 是正定矩阵，故存在可逆矩阵 P，使得 $P^{\mathrm T}AP=I$.

由于 $P^{\mathrm T}BP$ 是实对称矩阵，则存在正交矩阵 R，使得

$$R^{\mathrm T}(P^{\mathrm T}BP)R=\mathrm{diag}(\lambda_1,\lambda_2,\cdots,\lambda_n),$$

其中 $\lambda_i(i=1,2,\cdots,n)$ 是 $P^{\mathrm T}BP$ 的 n 个特征值. 记 $Q=PR$，上式可写为

$$Q^{\mathrm{T}}BQ = \mathrm{diag}(\lambda_1, \lambda_2, \cdots, \lambda_n).$$

且有

$$Q^{\mathrm{T}}AQ = R^{\mathrm{T}}(P^{\mathrm{T}}AP)R = R^{\mathrm{T}}IR = I.$$

（2）**方法 1** 若 λ 是 AB 的特征值，则

$$|\lambda I - AB| = 0 \Rightarrow |\lambda A^{-1} - B| = 0.$$

由于 A 是正定矩阵，因此 A^{-1} 仍是正定矩阵，由（1）知，存在可逆矩阵 C 使得 $C^{\mathrm{T}}A^{-1}C = I$，$C^{\mathrm{T}}BC$ 为对角矩阵.

而

$$C^{\mathrm{T}}(\lambda A^{-1} - B)C = \lambda C^{\mathrm{T}}A^{-1}C - C^{\mathrm{T}}BC = \lambda I - C^{\mathrm{T}}BC.$$

取行列式得

$$|C|^2|\lambda A^{-1} - B| = |\lambda I - C^{\mathrm{T}}BC| = 0.$$

由于 $|C|^2 \neq 0$，所以 AB 的特征值又都是实对称矩阵 $C^{\mathrm{T}}BC$ 的特征值，故都是实数.

方法 2 因为 A 是正定矩阵，则存在正定矩阵 P，使得 $A = P^2$（见例 17*（1）证明），那么 $AB = P^2B$. 由于 P^2B 与 PBP 相似，它们有相同的特征值，而 PBP 是实对称矩阵，其特征值全为实数，所以 AB 的特征值都是实数.

评注 注意该题的求解方法与结论，这对我们解决某些相关问题会有帮助.

例 12 设 A, B 为两个 n 阶正定矩阵，求证 AB 为正定矩阵的充要条件是 $AB = BA$.

分析 必要性是显然的；对于充分性，由于题设没给出矩阵元素的任何信息，所以只能通过判断是否与单位矩阵合同或特征值全为正来确定正定性.

证明 必要性：若 AB 为正定矩阵，从而为对称矩阵，即 $(AB)^{\mathrm{T}} = AB$. 又 $A^{\mathrm{T}} = A$，$B^{\mathrm{T}} = B$，所以 $(AB)^{\mathrm{T}} = B^{\mathrm{T}}A^{\mathrm{T}} = BA$，所以 $AB = BA$.

充分性：因为 $AB = BA$，则 $(AB)^{\mathrm{T}} = B^{\mathrm{T}}A^{\mathrm{T}} = BA = AB$，所以 AB 为实对称矩阵.

因为 A, B 为正定矩阵，存在可逆阵 P, Q，使 $A = P^{\mathrm{T}}P$，$B = Q^{\mathrm{T}}Q$，于是

$$AB = P^{\mathrm{T}}PQ^{\mathrm{T}}Q,$$

所以

$$(P^{\mathrm{T}})^{-1}ABP^{\mathrm{T}} = PQ^{\mathrm{T}}QP^{\mathrm{T}} = (QP^{\mathrm{T}})^{\mathrm{T}}(QP^{\mathrm{T}}).$$

即 $(P^{\mathrm{T}})^{-1}ABP^{\mathrm{T}}$ 是正定矩阵，它的特征值全为正实数. 而 AB 相似于 $(P^{\mathrm{T}})^{-1}ABP^{\mathrm{T}}$，所以 AB 的特征值全为正实数. 即 AB 为正定矩阵.

评注 从证明过程可看出，当正定矩阵 A, B 乘积不可交换时，AB 就不是对称矩阵，也就不是正定矩阵，但 AB 却与正定矩阵相似，其特征值全大于零.

例 13* 设 $X = (x_1, x_2, \cdots, x_n)^{\mathrm{T}}$，$f(X) = \sum_{i=1}^{n} x_i^2 - \sum_{i=1}^{n-1} x_i x_{i+1}$，$n \geqslant 2$. 求 f 在条件 $x_n = 1$ 下的最小值.

分析 只有正定或半正定二次型才有最小值，所以在 $x_n = 1$ 的条件下，二次型的矩阵应该是正定或半正定的. 只需做合同变换，在保持 x_n 不变的情况下化二次型矩阵为 $\begin{pmatrix} A_{n-1} & 0 \\ 0 & a \end{pmatrix}$（$a$ 为数）的形式，则 a 就是二次型的最小值.

解 二次型 $f(X)$ 的矩阵为 $A = \begin{pmatrix} 1 & -1/2 & & & \\ -1/2 & 1 & -1/2 & & \\ & -1/2 & \ddots & \ddots & \\ & & \ddots & 1 & -1/2 \\ & & & -1/2 & 1 \end{pmatrix}$.

易知 $\boldsymbol{A}$ 的所有顺序主子式全大于 0（$\boldsymbol{A}$ 严格对角占优，且 $a_{ii}>0$），所以 $\boldsymbol{A}$ 是正定矩阵.

将 $\boldsymbol{A}$ 分块为 $\boldsymbol{A}=\begin{pmatrix}\boldsymbol{A}_{n-1} & \boldsymbol{\alpha}\\ \boldsymbol{\alpha}^{\mathrm{T}} & 1\end{pmatrix}$，其中 $\boldsymbol{\alpha}=(0,\cdots,0,-1/2)^{\mathrm{T}}$．取可逆矩阵 $\boldsymbol{P}=\begin{pmatrix}\boldsymbol{I}_{n-1} & -\boldsymbol{A}_{n-1}^{-1}\boldsymbol{\alpha}\\ \boldsymbol{0} & 1\end{pmatrix}$，则

$$\boldsymbol{P}^{\mathrm{T}}\boldsymbol{A}\boldsymbol{P}=\begin{pmatrix}\boldsymbol{A}_{n-1} & \boldsymbol{0}\\ \boldsymbol{0} & 1-\boldsymbol{\alpha}^{\mathrm{T}}\boldsymbol{A}_{n-1}^{-1}\boldsymbol{\alpha}\end{pmatrix}.$$

记 $a=1-\boldsymbol{\alpha}^{\mathrm{T}}\boldsymbol{A}_{n-1}^{-1}\boldsymbol{\alpha}$，做可逆线性变换 $\boldsymbol{X}=\boldsymbol{P}\boldsymbol{Y}$，其中 $\boldsymbol{Y}=(y_1,y_2,\cdots,y_n)^{\mathrm{T}}$，则

$$f(\boldsymbol{Y})=\boldsymbol{Y}^{\mathrm{T}}\begin{pmatrix}\boldsymbol{A}_{n-1} & \boldsymbol{0}\\ \boldsymbol{0} & a\end{pmatrix}\boldsymbol{Y}=\boldsymbol{Y}_1^{\mathrm{T}}\boldsymbol{A}_{n-1}\boldsymbol{Y}_1+ay_n^2,$$

其中 $\boldsymbol{Y}_1=(y_1,y_2,\cdots,y_{n-1})^{\mathrm{T}}$.

注意到当 $x_n=1$ 时，有 $y_n=1$；同时 $\boldsymbol{A}_{n-1}$ 也是正定矩阵，即有 $\boldsymbol{Y}_1^{\mathrm{T}}\boldsymbol{A}_{n-1}\boldsymbol{Y}_1\geqslant 0$（仅当 $\boldsymbol{Y}_1=\boldsymbol{0}$ 时取等号）. 所以当 $x_n=1$ 时，取 $\boldsymbol{Y}_1=\boldsymbol{0}$ 可得到 f 的最小值为 $a=1-\boldsymbol{\alpha}^{\mathrm{T}}\boldsymbol{A}_{n-1}^{-1}\boldsymbol{\alpha}$.

评注　该题也可以化 f 为标准形来求得最小值，但那样会困难些.

例 14*　设 $B_1,B_2,\cdots,B_n$ 为空间 $\mathbb{R}^3$ 中半径不为零的 n 个球，$\boldsymbol{A}=(a_{ij})$ 为 n 阶非零矩阵，其 (i,j) 元 a_{ij} 为球 B_i 与 B_j 相交部分的体积. 证明行列式 $|\boldsymbol{A}+\boldsymbol{I}|>1$，其中 $\boldsymbol{I}$ 为单位矩阵.

分析　因为矩阵的行列式等于其特征值的乘积，所以只要 $\boldsymbol{A}$ 的特征值非负，即 $\boldsymbol{A}$ 半正定（$\boldsymbol{X}^{\mathrm{T}}\boldsymbol{A}\boldsymbol{X}\geqslant 0$），则问题就解决了. 求体积 a_{ij} 要用到三重积分.

证明　显然 $\boldsymbol{A}$ 是一个对称矩阵. 记 $\varOmega$ 是以坐标原点为球心且包含 $B_1,B_2,\cdots,B_n$ 在内的球，定义函数

$$\mu_i(x,y,z)=\begin{cases}1, & (x,y,z)\in B_i\\ 0, & (x,y,z)\in \varOmega\setminus B_i\end{cases}\ (i=1,2,\cdots,n),$$

则

$$a_{ij}=\iiint\limits_{\varOmega}\mu_i(x,y,z)\mu_j(x,y,z)\,\mathrm{d}x\,\mathrm{d}y\,\mathrm{d}z.$$

以 $\boldsymbol{A}=(a_{ij})$ 为矩阵做二次型 $f(\boldsymbol{T})=\sum\limits_{j=1}^{n}\sum\limits_{i=1}^{n}a_{ij}t_it_j$，$\boldsymbol{T}=(t_1,t_2,\cdots,t_n)^{\mathrm{T}}$，则

$$\begin{aligned}f&=\sum_{j=1}^{n}\sum_{i=1}^{n}\iiint\limits_{\varOmega}\mu_i(x,y,z)\mu_j(x,y,z)t_it_j\,\mathrm{d}x\,\mathrm{d}y\,\mathrm{d}z\\&=\iiint\limits_{\varOmega}\left[\sum_{i=1}^{n}\mu_i(x,y,z)t_i\right]\left[\sum_{j=1}^{n}\mu_j(x,y,z)t_j\right]\mathrm{d}x\,\mathrm{d}y\,\mathrm{d}z\\&=\iiint\limits_{\varOmega}\left[\sum_{i=1}^{n}\mu_i(x,y,z)t_i\right]^2\mathrm{d}x\,\mathrm{d}y\,\mathrm{d}z\geqslant 0.\end{aligned}$$

存在正交变换 $\boldsymbol{T}=\boldsymbol{Q}\boldsymbol{V}$（$\boldsymbol{Q}$ 为正交矩阵，$\boldsymbol{V}=(v_1,v_2,\cdots,v_n)^{\mathrm{T}}$）使 f 化为标准形：

$$f=\lambda_1v_1^2+\lambda_2v_2^2+\cdots+\lambda_nv_n^2,$$

其中 $\lambda_i(i=1,2,\cdots,n)$ 是 $\boldsymbol{A}$ 的特征值.

因为 $f\geqslant 0$，所以 $\lambda_i\geqslant 0\ (i=1,2,\cdots,n)$. 从而 $\boldsymbol{A}+\boldsymbol{I}$ 的特征值 $\lambda_i+1\geqslant 1\ (i=1,2,\cdots,n)$．由于 $\boldsymbol{A}$ 是非零矩阵，所以至少有一个特征值 $\lambda_i>0$，故

$$|\boldsymbol{A}+\boldsymbol{I}|=\prod_{i=1}^{n}(\lambda_i+1)>1.$$

例 15 设 A 是 n 阶实反对称矩阵，B 是 n 阶实对角矩阵且主对角线上元素全大于 0，证明 $|A+B|>0$.

分析 显然 B 是正定矩阵，但 $A+B$ 不对称，所以不正定. 直接证明较困难，可考虑反正法.

证明 显然 B 是正定矩阵.

方法 1 若 $|A+B|=0$，则齐次方程组 $(A+B)X=0$ 有非零解，设 $X=\alpha$ 是一个非零解，则有

$$0=\alpha^{\mathrm{T}}(A+B)\alpha=\alpha^{\mathrm{T}}A\alpha+\alpha^{\mathrm{T}}B\alpha . \quad ①$$

注意 $\alpha^{\mathrm{T}}A\alpha$ 是一个数，由 A 反对称，知

$$\alpha^{\mathrm{T}}A\alpha=(\alpha^{\mathrm{T}}A\alpha)^{\mathrm{T}}=-\alpha^{\mathrm{T}}A\alpha \Rightarrow \alpha^{\mathrm{T}}A\alpha=0 . \quad ②$$

将②式代入①式可得 $\alpha^{\mathrm{T}}B\alpha=0$，这与 B 正定矛盾. 所以 $|A+B|\neq 0$.

若 $|A+B|<0$，则 $A+B$ 的特征值中必有一个小于 0（因为矩阵的行列式等于其全体特征值的乘积），设其为 $\lambda_0<0$，λ_0 对应的特征向量为 β，于是

$$\left[\lambda_0 I-(A+B)\right]\beta=0 ,$$

从而

$$0=\beta^{\mathrm{T}}\left[\lambda_0 I-(A+B)\right]\beta=\lambda_0\beta^{\mathrm{T}}\beta-\beta^{\mathrm{T}}A\beta-\beta^{\mathrm{T}}B\beta=\lambda_0\beta^{\mathrm{T}}\beta-\beta^{\mathrm{T}}B\beta ,$$

由此得到 $\beta^{\mathrm{T}}B\beta=\lambda_0\beta^{\mathrm{T}}\beta<0$. 这与 B 正定矛盾. 因此必有 $|A+B|>0$.

方法 2 令 $f(x)=|xA+B|$，$x\in[0,1]$. 若 $|A+B|<0$，则有

$$f(0)=|B|>0,\ f(1)=|A+B|<0 ,$$

由连续函数的介值定理知，$\exists x_0\in(0,1)$ 使得

$$f(x_0)=|x_0A+B|=0 \Rightarrow \left|A+\frac{1}{x_0}B\right|=0 . \quad ③$$

注意 $\dfrac{1}{x_0}B$ 仍是正定矩阵，由“方法 1”中的证明知，③式是不可能成立的. 故 $|A+B|>0$.

例 16 设 A 是 n 阶实对称可逆矩阵. 证明 A 正定的充分必要条件是对任意同阶正定矩阵 B，都有 $\operatorname{tr}(AB)>0$.

分析 矩阵的正定性、矩阵的迹都与特征值有关，所以应该以特征值为桥梁来思考.

必要性：要证 $\operatorname{tr}(AB)>0$，只需证明 AB 的特征值全大于零. 如果能证明 AB 与一个正定矩阵相似问题就解决了.

充分性：要证 A 正定，只需证明 A 的特征值全大于零. 这可通过正定矩阵 B 的选取，使 $\operatorname{tr}(AB)$ 等于（或趋于）A 的特征值即可.

证明 **必要性** 若 A 正定，则存在 n 阶可逆矩阵 C，使得 $A=CC^{\mathrm{T}}$. 从而

$$AB=CC^{\mathrm{T}}BCC^{-1} .$$

这说明 AB 与 $C^{\mathrm{T}}BC$ 相似，因而有相同的特征值. 当 B 正定时，$C^{\mathrm{T}}BC$ 也正定，其特征值全大于零，所以 AB 的特征值全大于零. 故 $\operatorname{tr}(AB)>0$.

充分性 因为 A 是 n 阶实对称可逆矩阵，则存在正交矩阵 Q，使得

$$A=Q\operatorname{diag}(\lambda_1,\lambda_2,\cdots,\lambda_n)Q^{-1}\ (\lambda_i\neq 0, i=1,2,\cdots,n) .$$

取 $B=Q\operatorname{diag}(t,\cdots t,1,t,\cdots,t)Q^{-1}$（1为第$i$个对角元），显然，当 $t>0$ 时，B 正定，且有

$$0<\operatorname{tr}(AB)=\operatorname{tr}\left(Q^{-1}AQQ^{-1}BQ\right)=\operatorname{tr}\left(\operatorname{diag}(\lambda_1 t,\cdots\lambda_{i-1}t,\lambda_i,\lambda_{i+1}t\cdots,\lambda_n t)\right)=\lambda_i+t\sum_{j\neq i}\lambda_j .$$

让 $t\to 0^+$，有 $\lambda_i\geqslant 0$，再由 $\lambda_i\neq 0$，知 $\lambda_i>0$，所以 A 正定.

例 17[*] 设 A 是 n 阶实可逆矩阵. 证明：

（1）（极分解定理）存在正交矩阵 U 与正定矩阵 T 使得 $A=UT$;

（2）极分解定理中 $UT=TU$ 的充分必要条件是 $AA^{\mathrm T}=A^{\mathrm T}A$；

（3）存在正交矩阵 P 与正交矩阵 Q，使得 $PAQ=\operatorname{diag}(a_1,a_2,\cdots,a_n)$ 且 $a_i>0\ (i=1,2,\cdots,n)$.

分析（1）易知 $A^{\mathrm T}A$ 是正定矩阵，将其表示成正定矩阵的平方 $A^{\mathrm T}A=T^2$，则 $(AT^{-1})^{\mathrm T}(AT^{-1})=I$，$U=AT^{-1}$ 就是正交矩阵.

（2）利用（1）中的结论验证即可.

（3）在（1）的结论中将 T 的对角化形式代入，变形即可得到结论（3）.

证明 （1）因为 A 可逆，所以 $A^{\mathrm T}A$ 是正定矩阵，则存在正交矩阵 C 使得

$$A^{\mathrm T}A=C^{\mathrm T}\operatorname{diag}(\lambda_1,\lambda_2,\cdots,\lambda_n)C,$$

其中 $\lambda_i>0\ (i=1,2,\cdots,n)$ 是 A 的特征值. 记 $\Lambda=\operatorname{diag}(\sqrt{\lambda_1},\sqrt{\lambda_2},\cdots,\sqrt{\lambda_n})$，则

$$A^{\mathrm T}A=C^{\mathrm T}\Lambda^2C=C^{\mathrm T}\Lambda CC^{\mathrm T}\Lambda P=(C^{\mathrm T}\Lambda C)^2\triangleq T^2, \qquad ①$$

其中 $T=C^{\mathrm T}\Lambda C$ 也是正定矩阵，因而 T^{-1} 也是正定矩阵.

由①式可得

$$I=T^{-1}A^{\mathrm T}AT^{-1}=(AT^{-1})^{\mathrm T}(AT^{-1}). \qquad ②$$

记 $U=AT^{-1}$，②式表明 U 是正交矩阵. 并且 $A=UT$. 命题（1）得证.

（2）充分性：由于 $A=UT$（U 是正交矩阵，T 是正定矩阵），则

$$AA^{\mathrm T}=UTT^{\mathrm T}U^{\mathrm T}=UT^2U^{\mathrm T}=(UTU^{\mathrm T})^2.$$

若 $A^{\mathrm T}A=AA^{\mathrm T}$，结合①式可得

$$T^2=(UTU^{\mathrm T})^2. \qquad ③$$

由于③式左、右两边都是正定矩阵，它们都有平方根，所以

$$T=UTU^{\mathrm T}\Rightarrow TU=UT.$$

必要性：若 $TU=UT$，则

$$AA^{\mathrm T}=UTT^{\mathrm T}U^{\mathrm T}=UT^2U^{\mathrm T}=T^2UU^{\mathrm T}=T^2=A^{\mathrm T}A.$$

（3）在 $A=UT$ 中，由于 $T=C^{\mathrm T}\operatorname{diag}(\sqrt{\lambda_1},\sqrt{\lambda_2},\cdots,\sqrt{\lambda_n})C$（$C$ 是正交矩阵），则

$$A=UC^{\mathrm T}\operatorname{diag}(\sqrt{\lambda_1},\sqrt{\lambda_2},\cdots,\sqrt{\lambda_n})C,$$

所以

$$(UC^{\mathrm T})^{-1}AC^{\mathrm T}=\operatorname{diag}(\sqrt{\lambda_1},\sqrt{\lambda_2},\cdots,\sqrt{\lambda_n}).$$

记 $P=(UC^{\mathrm T})^{-1}$，$Q=C^{\mathrm T}$，显然 P 与 Q 都是正交矩阵，且有

$$PAQ=\operatorname{diag}(\sqrt{\lambda_1},\sqrt{\lambda_2},\cdots,\sqrt{\lambda_n}),\quad \sqrt{\lambda_i}>0\ (i=1,2,\cdots,n).$$

评注 （1）注意证明过程中所得的结论：若矩阵 A 是正定矩阵，则存在正定矩阵 B 使得 $A=B^2$. 更一般性的结论：若矩阵 A 是正定矩阵，则对任意正整数 m，都存在正定矩阵 B 使得 $A=B^m$.
（2）设 A,B 都是正定矩阵，m 是任意正整数，则 $A=B\Leftrightarrow A^m=B^m$.
（3）请读者思考，若矩阵 A 不可逆，问题（3）中的结论该如何修改与证明?（见综合题 9* 第 32 题.）

例 18 设有二次曲面 $S:a_{11}x^2+a_{22}y^2+a_{33}z^2+2a_{12}xy+2a_{13}xz+2a_{23}yz=1$，记

$$I_1=a_{11}+a_{22}+a_{33},\ I_2=\begin{vmatrix}a_{11}&a_{12}\\a_{12}&a_{22}\end{vmatrix}+\begin{vmatrix}a_{11}&a_{13}\\a_{13}&a_{33}\end{vmatrix}+\begin{vmatrix}a_{22}&a_{23}\\a_{23}&a_{33}\end{vmatrix},I_3=\det A.$$

其中 $A=\begin{pmatrix}a_{11}&a_{12}&a_{13}\\a_{12}&a_{22}&a_{23}\\a_{13}&a_{23}&a_{33}\end{pmatrix}$. 做正交变换 $X=QY$ $\left(X=(x,y,z)^{\mathrm T},Y=(x',y',z')^{\mathrm T}\right)$，得到 S 的另一个表达式.

（1）证明经正交变换后I_1, I_2, I_3的值不变（称为**正交不变量**）；

（2）$\boldsymbol{Q}$ 怎样构成可使曲面S的表达式中不含交叉项$x'y', x'z', y'z'$，并讨论曲面S的类型.

分析 （1）易知$\boldsymbol{A}$就是曲面方程左端二次型的矩阵，经正交变换后的矩阵为$\boldsymbol{Q}^{\mathrm{T}}\boldsymbol{AQ}$；$I_1, I_2, I_3$是$\boldsymbol{A}$的特征多项式的系数，即$|\lambda\boldsymbol{I}-\boldsymbol{A}|=\lambda^3-I_1\lambda^2+I_2\lambda+I_3$. 从而只需证明$|\lambda\boldsymbol{I}-\boldsymbol{A}|=|\lambda\boldsymbol{I}-\boldsymbol{Q}^{\mathrm{T}}\boldsymbol{AQ}|$.

（2）将二次型化为标准形就不含交叉项了，也就是$\boldsymbol{Q}^{\mathrm{T}}\boldsymbol{AQ}$为对角矩阵. 显然$\boldsymbol{Q}$的列向量应该是$\boldsymbol{A}$特征向量构成的标准正交向量组. 将二次曲面方程化为标准形就容易讨论曲面类型了.

解 （1）曲面S的方程可用矩阵表示为$\boldsymbol{X}^{\mathrm{T}}\boldsymbol{AX}=1$，经正交变换$\boldsymbol{X}=\boldsymbol{QY}$，曲面方程为

$$\boldsymbol{Y}^{\mathrm{T}}\boldsymbol{Q}^{\mathrm{T}}\boldsymbol{AQY}=1.$$

由于$\boldsymbol{Q}$是正交矩阵，有$\boldsymbol{Q}^{\mathrm{T}}\boldsymbol{Q}=\boldsymbol{I}$，所以

$$|\lambda\boldsymbol{I}-\boldsymbol{Q}^{\mathrm{T}}\boldsymbol{AQ}|=|\boldsymbol{Q}^{\mathrm{T}}(\lambda\boldsymbol{I}-\boldsymbol{A})\boldsymbol{Q}|=|\boldsymbol{Q}^{\mathrm{T}}||\lambda\boldsymbol{I}-\boldsymbol{A}||\boldsymbol{Q}|=|\lambda\boldsymbol{I}-\boldsymbol{A}|.$$

将上式两边的特征多项式展开得

$$\lambda^3-I_1'\lambda^2+I_2'\lambda+I_3'=\lambda^3-I_1\lambda^2+I_2\lambda+I_3.$$

由λ的任意性得

$$I_1'=I_1,\ I_2'=I_2,\ I_3'=I_3.$$

故经正交变换后I_1, I_2, I_3的值不变.

（2）由于$\boldsymbol{A}$是实对称矩阵，总存在正交矩阵$\boldsymbol{Q}$，使得

$$\boldsymbol{Q}^{\mathrm{T}}\boldsymbol{AQ}=\mathrm{diag}(\lambda_1,\lambda_2,\lambda_3),$$

其中$\lambda_1,\lambda_2,\lambda_3$是$\boldsymbol{A}$的特征值，$\boldsymbol{Q}$的列向量依次是$\lambda_1,\lambda_2,\lambda_3$所对应的线性无关的特征向量，且它们构成一个标准正交向量组. 经正交变换$\boldsymbol{X}=\boldsymbol{QY}$，曲面S的方程为

$$\lambda_1x'^2+\lambda_2y'^2+\lambda_3z'^2=1.$$

曲面类型讨论：

● 当$\lambda_1\lambda_2\lambda_3\neq0$时：

若$\lambda_1,\lambda_2,\lambda_3$同号，则均为正时是椭球面，均为负时没有图形，叫虚椭球面.

若$\lambda_1,\lambda_2,\lambda_3$异号，则一个为负是单叶双曲面，两个为负是双叶双曲面.

● 当$\lambda_1\lambda_2\lambda_3=0$时：

若$\lambda_1,\lambda_2,\lambda_3$中有一个为$0$，则不为$0$的两个均为正是椭圆柱面，一正一负是双曲柱面. 其余无图形.

若$\lambda_1,\lambda_2,\lambda_3$中有两个为$0$，则不为$0$的为正，是一对平行平面. 其余无图形.

评注 若二次曲面方程不含一次项，则其曲面类型完全由二次型矩阵的特征值所确定，或者说由二次型的秩与正惯性指数所确定. 若方程含有一次项，则化标准形还需要进行平移变换，读者可自行研讨.

习题 9.4

习题 9.4 答案

1. 设二次型$f(x_1,x_2,x_3)=\boldsymbol{X}^{\mathrm{T}}\boldsymbol{AX}$的矩阵$\boldsymbol{A}$满足$\boldsymbol{A}^2+\boldsymbol{A}=2\boldsymbol{I}$，且$|\boldsymbol{A}|=4$，求二次型的规范形.

2. 实二次型$f(x_1,x_2,x_3)=(x_1-x_2+x_3)^2+(x_2+x_3)^2+(x_1+ax_3)^2$，其中$a$是参数.

（1）求$f(x_1,x_2,x_3)=0$的解；

（2）求$f(x_1,x_2,x_3)$的规范形.

3. 设二次型$f(x_1,x_2,x_3)=2(a_1x_1+a_2x_2+a_3x_3)^2+(b_1x_1+b_2x_2+b_3x_3)^2$. 记$\boldsymbol{\alpha}=(a_1,a_2,a_3)^{\mathrm{T}}$，$\boldsymbol{\beta}=(b_1,b_2,b_3)^{\mathrm{T}}$. 证明：（1）二次型的矩阵为$2\boldsymbol{\alpha}\boldsymbol{\alpha}^{\mathrm{T}}+\boldsymbol{\beta}\boldsymbol{\beta}^{\mathrm{T}}$；（2）若$\boldsymbol{\alpha},\boldsymbol{\beta}$正交且均为单位向量，则在正交变换下，$f$的标准形为$2y_1^2+y_2^2$.

4. 已知矩阵 $A=\begin{pmatrix}2&2\\2&a\end{pmatrix}$，$B=\begin{pmatrix}4&b\\3&1\end{pmatrix}$. 试就 a,b 的取值情况给出 A 与 B 合同充分必要条件.

5. 证明非零实二次型 $f(x_1,x_2,\cdots,x_n)$ 可以写成 $f(x_1,x_2,\cdots,x_n)=\left(\sum\limits_{i=1}^{n}u_ix_i\right)\left(\sum\limits_{i=1}^{n}v_ix_i\right)$ 的充分必要条件是 f 的秩为 1，或 f 的秩为 2 且符号差为 0.

6. 已知二次型 $f(x_1,x_2,x_3)=X^{\mathrm{T}}AX$ 经过正交变换 $X=CY$ 化为标准形 $\lambda y_1^2-y_2^2-y_3^2$. $A\alpha=2\alpha$，其中 $\alpha=(1,-1,1)^{\mathrm{T}}$，求二次型 $f(x_1,x_2,x_3)$.

7. 设 $f(x_1,x_2,\cdots,x_n)=X^{\mathrm{T}}AX$ 为实二次型，证明存在实数 c 使得对任意非零向量 X，均有 $\left|X^{\mathrm{T}}AX\right|\leqslant cX^{\mathrm{T}}X$.

8. 设 n 元实二次型 $f(X)=X^{\mathrm{T}}AX$，存在 n 维列向量 α,β，使得 $f(\alpha)>0$，$f(\beta)<0$，证明存在两个线性无关的 n 维列向量 ξ,η，使得 $f(\xi)=f(\eta)=0$.

9. 设 A 是 n 阶实对称矩阵，其特征值为 $\lambda_1\leqslant\lambda_2\leqslant\cdots\leqslant\lambda_n$，证明二次型 $f(X)=X^{\mathrm{T}}AX$ 在条件 $\|X\|=1$ 下的最大值为 λ_n，最小值为 λ_1.

10. 设 n 阶方阵 A 满足 $A+A^{\mathrm{T}}=I$，证明 A 可逆.

11. 设 A 是 n 阶正定矩阵，B 是 n 阶实反对称矩阵，证明 $|A-B^2|>0$.

12. 设 A 是 n 阶实对称矩阵，B 是 n 阶实对称矩阵，证明若 $AB^{\mathrm{T}}+BA^{\mathrm{T}}$ 的特征值都是正实数，则 $|A|\neq 0$.

13. 设 A 是 n 阶正定矩阵，X 是 n 维实向量，证明 $0\leqslant X^{\mathrm{T}}(A+XX^{\mathrm{T}})^{-1}X<1$.

14. 设 A 是 n 阶正定矩阵，B 是 n 阶实对称矩阵，证明若 AB 的特征值都是正实数，则 B 是正定矩阵.

15. 设 A 为 m 阶正定矩阵，B 为 $m\times n$ 阶实矩阵，证明 $B^{\mathrm{T}}AB$ 为正定矩阵的充分必要条件是 $\mathrm{rank}(B)=n$.

16. 设 A 为 n 阶正定矩阵，证明对任意 n 阶实矩阵 B，有 $\mathrm{rank}(B^{\mathrm{T}}AB)=\mathrm{rank}(B)$.

17. 已知 $A=\begin{pmatrix}a&1&-1\\1&a&-1\\-1&-1&a\end{pmatrix}$，求正定矩阵 C，使得 $C^2=(a+3)I-A$.

18. 设 A,B 为 n 阶正定矩阵，证明：

（1）方程 $\left|\lambda A-B\right|=0$ 的根都大于零；

（2）方程 $\left|\lambda A-B\right|=0$ 的所有根等于 1 的充分必要条件为 $A=B$.

19. 证明任何一个实二次型都可以分解为一个正定二次型与一个负定二次型的和.

20. 设 A 是 $m\times n$ 阶实矩阵，$m\geqslant n$，证明存在 $n\times m$ 阶实矩阵 B 使得 $BA=I$ 的充分必要条件是 $A^{\mathrm{T}}A$ 为正定矩阵.

21*. 设 A,B 为同阶实矩阵，且 A 为正定矩阵，B 为反对称矩阵，证明 $|A+B|\geqslant|A|$，并说明不等式中等号何时成立.

22. 设 A 是 3 阶实对称矩阵，二次型 $f(x_1,x_2,x_3)=X^{\mathrm{T}}AX$ 中无平方项，$\alpha=(1,2,-1)^{\mathrm{T}}$ 满足 $A\alpha=2\alpha$. 做正交变换化曲面方程 $f(x_1,x_2,x_3)=1$ 为标准形，并指出曲面类型.

综合题9*

综合题9*答案

1. 计算n阶行列式$D=\begin{vmatrix} a_1 & a_2 & a_3 & \cdots & a_n \\ -a_n & a_1 & a_2 & \cdots & a_{n-1} \\ -a_{n-1} & -a_n & a_1 & \cdots & a_{n-2} \\ \vdots & \vdots & \vdots & & \vdots \\ -a_2 & -a_3 & -a_4 & \cdots & a_1 \end{vmatrix}$.

2. 设 $a_i+b_j\neq 0\,(i,j=1,2,\cdots,n)$，计算$n$阶行列式$D_n=\begin{vmatrix} \dfrac{1}{a_1+b_1} & \dfrac{1}{a_1+b_2} & \cdots & \dfrac{1}{a_1+b_n} \\ \dfrac{1}{a_2+b_1} & \dfrac{1}{a_2+b_2} & \cdots & \dfrac{1}{a_2+b_n} \\ \vdots & \vdots & & \vdots \\ \dfrac{1}{a_n+b_1} & \dfrac{1}{a_n+b_1} & \cdots & \dfrac{1}{a_n+b_n} \end{vmatrix}$.

3. 证明当$n\geqslant 2$时，有

$$D_n=\begin{vmatrix} x_1 & a_1b_2 & a_1b_3 & \cdots & a_1b_n \\ a_2b_1 & x_2 & a_2b_3 & \cdots & a_2b_n \\ a_3b_1 & a_3b_2 & x_3 & \cdots & a_3b_n \\ \vdots & \vdots & \vdots & & \vdots \\ a_nb_1 & a_nb_2 & a_nb_3 & \cdots & x_n \end{vmatrix}$$

$$=\prod_{i=1}^{n}(x_i-a_ib_i)+a_1b_1(x_2-a_2b_2)\cdots(x_n-a_nb_n)+$$

$$a_2b_2(x_1-a_1b_1)(x_3-a_3b_3)\cdots(x_n-a_nb_n)+\cdots+a_nb_n(x_1-a_1b_1)\cdots(x_{n-1}-a_{n-1}b_{n-1}).$$

4. 设n为偶数，计算行列式

$$D_{n+1}=\begin{vmatrix} 1 & 1 & \cdots & 1 & 1 \\ 2 & 2^2 & \cdots & 2^n & 2^{n+1} \\ \vdots & \vdots & & \vdots & \vdots \\ n & n^2 & \cdots & n^n & n^{n+1} \\ \dfrac{n}{2} & \dfrac{n^2}{3} & \cdots & \dfrac{n^n}{n+1} & \dfrac{n^{n+1}}{n+2} \end{vmatrix}.$$

5. 证明多项式$f(x)=a_0+a_1x+a_2x^2+\cdots+a_{n-1}x^{n-1}$的根中有$k$个是$n$次单位根的充分必要条件是循环矩阵

$$\boldsymbol{A}=\begin{pmatrix} a_0 & a_1 & a_2 & \cdots & a_{n-1} \\ a_{n-1} & a_0 & a_1 & \cdots & a_{n-2} \\ a_{n-2} & a_{n-1} & a_0 & \cdots & a_{n-3} \\ \vdots & \vdots & \vdots & & \vdots \\ a_1 & a_2 & a_3 & \cdots & a_0 \end{pmatrix}$$

的秩等于$n-k$.

6. 设$\boldsymbol{A}$为n阶方阵，若存在唯一的n阶方阵$\boldsymbol{B}$，使得$\boldsymbol{ABA}=\boldsymbol{A}$，证明$\boldsymbol{BAB}=\boldsymbol{B}$.

7. 设$\boldsymbol{A},\boldsymbol{B}$为$n$阶矩阵，满足$\boldsymbol{AB}=\boldsymbol{BA}=\boldsymbol{0}$， $\operatorname{rank}(\boldsymbol{A})=\operatorname{rank}(\boldsymbol{A}^2)$， 证明：

$$\operatorname{rank}(\boldsymbol{A}+\boldsymbol{B})=\operatorname{rank}(\boldsymbol{A})+\operatorname{rank}(\boldsymbol{B}).$$

8. 设 $\boldsymbol{A},\boldsymbol{B}$ 为 n 阶矩阵，证明 $\operatorname{rank}(\boldsymbol{A}+\boldsymbol{B})=\operatorname{rank}(\boldsymbol{A})+\operatorname{rank}(\boldsymbol{B})$ 的充分必要条件是存在可逆矩阵 $\boldsymbol{P},\boldsymbol{Q}$ 使得

$$\boldsymbol{PAQ}=\begin{pmatrix}\boldsymbol{I}_r & \boldsymbol{0}\\ \boldsymbol{0} & \boldsymbol{0}\end{pmatrix},\ \boldsymbol{PBQ}=\begin{pmatrix}\boldsymbol{0} & \boldsymbol{0}\\ \boldsymbol{0} & \boldsymbol{I}_s\end{pmatrix},$$

其中 r,s 分别是 $\boldsymbol{A},\boldsymbol{B}$ 的秩，$\boldsymbol{I}_r,\boldsymbol{I}_s$ 分别是 r,s 阶单位矩阵，$r+s\leqslant n$.

9. 在 $\mathbb{R}^{n\times n}$ 中证明：若 $\boldsymbol{A}=\boldsymbol{BC}$，$\boldsymbol{B}=\boldsymbol{AD}$，则存在可逆矩阵 $\boldsymbol{Q}$ 使得 $\boldsymbol{B}=\boldsymbol{AQ}$.

10. 设向量组 $\boldsymbol{\alpha}_i=(a_{i1},a_{i2},\cdots,a_{in})$，$i=1,2,\cdots,s\ (s\leqslant n)$，满足 $|a_{jj}|>\sum\limits_{\substack{i=1\\ i\neq j}}^{s}|a_{ij}|$. 证明：

（1）向量组 $\boldsymbol{\alpha}_1,\boldsymbol{\alpha}_2,\cdots,\boldsymbol{\alpha}_s$ 线性无关.

（2）若 $s=n$，且 $a_{11}a_{22}\cdots a_{nn}>0$，记 $\boldsymbol{A}=(a_{ij})_{n\times n}$，则 $\det\boldsymbol{A}>0$.

11. 设 $\boldsymbol{A}$ 是 $m\times n$ 阶实矩阵，$\boldsymbol{b}$ 是 n 维列向量，证明线性方程组 $(\boldsymbol{A}^{\mathrm{T}}\boldsymbol{A})\boldsymbol{X}=\boldsymbol{A}^{\mathrm{T}}\boldsymbol{b}$ 有解.

12. 设 $\boldsymbol{A}$ 是 n 阶非零矩阵，证明存在正整数 $k\leqslant n$，使得 $\operatorname{rank}(\boldsymbol{A}^k)=\operatorname{rank}(\boldsymbol{A}^{k+1})=\operatorname{rank}(\boldsymbol{A}^{k+2})$.

13. 证明：若 $\boldsymbol{Q}$ 为正交矩阵，且 $\boldsymbol{I}+\boldsymbol{Q}$ 可逆，则存在实反对称矩阵 $\boldsymbol{A}$，使得 $\boldsymbol{Q}=(\boldsymbol{I}-\boldsymbol{A})(\boldsymbol{I}+\boldsymbol{A})^{-1}$.

14. 证明：不存在正交矩阵 $\boldsymbol{A},\boldsymbol{B}$，使得 $\boldsymbol{A}^2=\boldsymbol{AB}+\boldsymbol{B}^2$.

15. 设 $\boldsymbol{A},\boldsymbol{B}$ 为 n 阶正交矩阵，证明 $|\boldsymbol{A}|=|\boldsymbol{B}|$ 当且仅当 $n-\operatorname{rank}(\boldsymbol{A}+\boldsymbol{B})$ 为偶数.

16. 设 $\boldsymbol{\alpha}$ 是任一 n 维实单位向量，证明存在对称的正交矩阵，使它的第 1 列为 $\boldsymbol{\alpha}$.

17. 求矩阵 $\boldsymbol{A}=\begin{pmatrix}1 & 2 & \cdots & n-1 & n\\ 2 & 3 & \cdots & n & n+1\\ \vdots & \vdots & & \vdots & \vdots\\ n & n+1 & \cdots & 2n-2 & 2n-1\end{pmatrix}$ 的特征多项式.

18. 设 $\boldsymbol{A},\boldsymbol{B}$ 是两个方阵（不一定同阶），证明存在非零矩阵 $\boldsymbol{C}$，使得 $\boldsymbol{AC}=\boldsymbol{CB}$ 的充分必要条件是 $\boldsymbol{A}$ 与 $\boldsymbol{B}$ 有公共的特征值.

19. 设 n 阶矩阵 $\boldsymbol{A},\boldsymbol{B}$ 满足 $\boldsymbol{A}^2\boldsymbol{B}+\boldsymbol{B}\boldsymbol{A}^2=2\boldsymbol{ABA}$，证明：

（1）对任何正整数 k，都有行列式 $\left|(\boldsymbol{AB}-\boldsymbol{BA})^k+\boldsymbol{I}\right|=1$；

（2）存在正整数 m，使得 $(\boldsymbol{AB}-\boldsymbol{BA})^m=\boldsymbol{0}$.

20. 设 $\boldsymbol{A},\boldsymbol{B}$ 为实对称矩阵，证明 $\operatorname{tr}(\boldsymbol{AB})^2\leqslant\operatorname{tr}(\boldsymbol{A}^2\boldsymbol{B}^2)$.

21. 设 $\boldsymbol{A}$ 为 n 阶实对称矩阵，其特征值均小于 1，证明矩阵方程 $\boldsymbol{XA}^2-\boldsymbol{AX}+\boldsymbol{X}=\boldsymbol{0}$ 只有零解.

22. 设 n 阶方阵 $\boldsymbol{A},\boldsymbol{B}$ 满足 $\operatorname{rank}(\boldsymbol{ABA})=\operatorname{rank}(\boldsymbol{B})$，证明 $\boldsymbol{AB}$ 与 $\boldsymbol{BA}$ 相似.

23. 设 n 阶方阵 $\boldsymbol{A},\boldsymbol{B}$ 满足 $\boldsymbol{AB}=\boldsymbol{A}-\boldsymbol{B}$，证明：

（1）如果 $\boldsymbol{A}$ 为幂零矩阵，即存在自然数 k，使 $\boldsymbol{A}^k=\boldsymbol{0}$，则 $|\boldsymbol{A}+\boldsymbol{B}+\boldsymbol{I}|=|\boldsymbol{B}+\boldsymbol{I}|$.

（2）若 $\boldsymbol{B}$ 相似于对角矩阵，则存在可逆矩阵 $\boldsymbol{P}$，使得 $\boldsymbol{P}^{-1}\boldsymbol{AP}$ 与 $\boldsymbol{P}^{-1}\boldsymbol{BP}$ 同为对角矩阵.

24. 设 $\boldsymbol{A},\boldsymbol{B}$ 是 n 阶实对称矩阵，证明存在正交矩阵 $\boldsymbol{T}$，使 $\boldsymbol{T}^{-1}\boldsymbol{AT}$ 与 $\boldsymbol{T}^{-1}\boldsymbol{BT}$ 同为对角矩阵的充分必要条件是 $\boldsymbol{AB}=\boldsymbol{BA}$.

25. 设 n 阶矩阵 $\boldsymbol{A}$ 的特征值互异，证明任意与 $\boldsymbol{A}$ 可交换的矩阵 $\boldsymbol{B}$ 都能表示成 $\boldsymbol{A}$ 的一个次数不超过 $n-1$ 的多项式，且这种表示是唯一的.

26. 设 $\boldsymbol{A},\boldsymbol{B}$ 是 n 阶对称矩阵，$\boldsymbol{B}$ 可逆，且方程 $|\boldsymbol{A}-\lambda\boldsymbol{B}|=0$ 有 n 个互异的根 $\lambda_1,\lambda_2,\cdots,\lambda_n$，证明存在可逆矩阵 $\boldsymbol{Q}$ 使得

$$Q^{\mathrm{T}}BQ=I\text{，}Q^{\mathrm{T}}AQ=\begin{pmatrix}\lambda_1 & & & \\ & \lambda_2 & & \\ & & \ddots & \\ & & & \lambda_n\end{pmatrix}.$$

27. 设 A 是 n 阶正定矩阵，$X=(x_1,x_2,\cdots,x_n)^{\mathrm{T}}$，$\alpha$ 是 n 维列向量，c 是常数. 证明 n 元二次函数 $f(X)=X^{\mathrm{T}}AX-2\alpha^{\mathrm{T}}X+c$ 的最小值为 $c-\alpha^{\mathrm{T}}A^{-1}\alpha$.

28. 主对角线上全是 1 的上（下）三角矩阵称为特殊上（下）三角矩阵.

（1）设 A 是 n 阶矩阵，P 为特殊上三角矩阵，而 $B=P^{\mathrm{T}}AP$，证明 A 与 B 对应的顺序主子式有相同的值.

（2）设 A 是 n 阶实对称矩阵，证明当且仅当 A 的顺序主子式 $|A_k|$ 全不为零时，有特殊上三角矩阵 P，使 $P^{\mathrm{T}}AP$ 为对角形，其对角线上的元素 d_i 均不为零，且

$$d_1=|A_1|,\ d_k=\frac{|A_k|}{|A_{k-1}|}\ \ (k=2,3,\cdots,n).$$

（3）证明若实对称矩阵 A 的顺序主子式全大于零，那么 A 是正定矩阵.

29. 设 $f(x_1,x_2,\cdots,x_n)=\sum\limits_{i,j=1}^{n}a_{ij}x_ix_j$，求积分 $\int_0^{+\infty}f(x_1e^{-t},x_2e^{-2t},\cdots,x_ne^{-nt})\,\mathrm{d}t$，并证明当 $a_{ij}=\dfrac{1}{i+j}$ 时，实对称矩阵 $A=(a_{ij})_{n\times n}$ 与 $B=\left(\dfrac{a_{ij}}{i+j}\right)_{n\times n}$ 都是正定矩阵.

30. 证明以下结论：

（1）如果 $\sum\limits_{j=1}^{n}\sum\limits_{i=1}^{n}a_{ij}x_ix_j\ (a_{ij}=a_{ji})$ 是正定二次型，则 $f(y_1,y_2,\cdots,y_n)=\begin{vmatrix}a_{11} & a_{12} & \cdots & a_{1n} & y_1\\ a_{21} & a_{22} & \cdots & a_{2n} & y_2\\ \vdots & \vdots & & \vdots & \vdots\\ a_{n1} & a_{n2} & \cdots & a_{nn} & y_n\\ y_1 & y_2 & \cdots & y_n & 0\end{vmatrix}$ 是负定二次型；

（2）如果 A 是正定矩阵，那么 $|A|\leqslant a_{nn}H_{n-1}$，其中 H_{n-1} 是 A 的 $n-1$ 阶顺序主子式；

（3）如果 A 是正定矩阵，那么 $|A|\leqslant a_{11}a_{22}\cdots a_{nn}$；

（4）如果 $T=(t_{ij})_{n\times n}$ 是实可逆矩阵，那么 $|T|^2\leqslant\prod\limits_{i=1}^{n}(t_{1i}^2+t_{2i}^2+\cdots+t_{ni}^2)$.

31. 设 A,C 是 n 阶实对称矩阵，B 是 n 阶实矩阵，且 $\begin{pmatrix}A & B\\ B^{\mathrm{T}} & C\end{pmatrix}$ 是正定矩阵. 证明：

（1）$C-B^{\mathrm{T}}A^{-1}B$ 正定；（2）$\begin{vmatrix}A & B\\ B^{\mathrm{T}} & C\end{vmatrix}\leqslant|A|\cdot|C|$.

32. 设 A 是 $m\times n$ 阶实矩阵，$\mathrm{rank}(A)=r$，证明存在 m 与 n 阶正交矩阵 P 与 Q 使得 $A=P\begin{pmatrix}D & 0\\ 0 & 0\end{pmatrix}Q$，其中 $D=\mathrm{diag}(a_1,a_2,\cdots,a_r)$，$a_i>0\ (i=1,2,\cdots,r)$.

附录 A　模拟试题（十套）

试　题　一

试题一解答

一、求解下列各题（每小题 5 分，共 25 分）

1. 设 $f(x)=\lim\limits_{t\to x}\left(\dfrac{\sin t}{\sin x}\right)^{\frac{x}{\sin t-\sin x}}$，求 $f'\left(\dfrac{\pi}{2}\right)$.

2. 计算极限 $I=\lim\limits_{x\to 0}\dfrac{(1+x)^x\sqrt{1+2x}+\ln(x^2+\sqrt{1+x^2})-1}{\arctan x-\arcsin 2x}$.

3. 设连续非负函数满足 $f(x)f(-x)=1(-\infty<x<+\infty)$，求 $\int_{-\frac{\pi}{2}}^{\frac{\pi}{2}}\dfrac{\cos x}{1+f(x)}\mathrm{d}x$.

4. 计算积分 $\iint\limits_D(x^2+y^2)\,\mathrm{d}x\mathrm{d}y$，其中 D 由曲线 $y=\sqrt{2x}$，$x^2+y^2=2x$ 及直线 $x=2$ 所围成.

5. 已知三元二次型 $\boldsymbol{X}^{\mathrm{T}}\boldsymbol{AX}$ 经正交变换化为 $2y_1^2-y_2^2-y_3^2$，又知 $\boldsymbol{A}^*\boldsymbol{\alpha}=\boldsymbol{\alpha}$，其中 $\boldsymbol{\alpha}=(1,1,-1)^{\mathrm{T}}$，$\boldsymbol{A}^*$ 为 $\boldsymbol{A}$ 的伴随矩阵，求此二次型的表达式.

二、（10 分）计算 $\lim\limits_{n\to\infty}\dfrac{2^{-n}}{n(n+1)}\sum\limits_{k=1}^{n}C_n^k\cdot k^2$.

三、（13 分）设函数 $f(x)=\begin{cases}x^2+ax+b, & x\leqslant 0\\ x^2(1+\ln x), & x>0\end{cases}$ 在点 $x=0$ 处可微，求：

（1）常数 a,b 的值；

（2）函数 $f(x)$ 在 $[-1,1]$ 上的值域 $[c,d]$；

（3）定积分 $\int_c^d|f(x)|\,\mathrm{d}x$.

四*、（10 分）设 $f(x)$ 在区间 $[-1,1]$ 上三次可微，证明存在 $\xi\in(-1,1)$，使得

$$\frac{f'''(\xi)}{6}=\frac{f(1)-f(-1)}{2}-f'(0).$$

五、（10 分）证明 $\forall m,n\in\mathbb{N}_+$，均有恒等式 $\sum\limits_{k=0}^{m}\dfrac{(-1)^kC_m^k}{k+1+n}=\sum\limits_{k=0}^{n}\dfrac{(-1)^kC_n^k}{k+1+m}$.

六、（10 分）求第二型曲面积分.

$$I=\iint\limits_S\frac{x}{x-x_0}\mathrm{d}y\mathrm{d}z+\frac{y}{y-y_0}\mathrm{d}z\mathrm{d}x+\frac{z}{z-z_0}\mathrm{d}x\mathrm{d}y,$$

其中 S 是椭球面 $\dfrac{(x-x_0)^2}{a^2}+\dfrac{(y-y_0)^2}{b^2}+\dfrac{(z-z_0)^2}{c^2}=1$，方向向外.

七、（11 分）设数列 $v_1=1,v_2,v_3,\cdots$ 由 $2v_{n+1}=v_n+\sqrt{v_n^2+u_n}$ 确定，其中 u_n 是正项级数 $\sum\limits_{n=1}^{\infty}u_n$ 的一般项. 证明级数 $\sum\limits_{n=1}^{\infty}u_n$ 收敛的充分必要条件是数列 $\{v_n\}$ 收敛.

八*、（11 分）设 n 阶方阵 $\boldsymbol{A}$ 满足 $\boldsymbol{A}^2=\boldsymbol{0}$，证明若 $\operatorname{rank}\boldsymbol{A}=r$，且 $1\leqslant r<n/2$，则存在 n 阶可逆矩阵 $\boldsymbol{P}$，使得 $\boldsymbol{P}^{-1}\boldsymbol{AP}=\begin{pmatrix}\boldsymbol{0}&\boldsymbol{I}_r&\boldsymbol{0}\\\boldsymbol{0}&\boldsymbol{0}&\boldsymbol{0}\end{pmatrix}$. 其中 $\boldsymbol{I}_r$ 为 r 阶单位矩阵.

试 题 二

试题二解答

一、求解下列各题（每小题 5 分，共 25 分）

1. 设 $F(x)=f(x)-\dfrac{1}{f(x)}$，$G(x)=f(x)+\dfrac{1}{f(x)}$，且 $F'(x)=G^2(x)$，$f\left(\dfrac{\pi}{4}\right)=1$，求 $f(x)$ 的表达式.

2. 设 $x_n=\left[\int_0^{\pi/2}(1+\sin t)^n\,\mathrm{d}t\right]^{\frac{1}{n}}$，求 $\lim\limits_{n\to\infty}x_n$.

3*. 求与曲面 $x^2-2y^2+z^2-4yz-8xz+4xy-2x+8y-4z-2=0$ 相交，且交线的对称中心在坐标原点的平面方程.

4. 求圆 $(x-R)^2+y^2=r^2\ (0<r<R)$ 绕 y 轴旋转一周所成圆环体的表面积.

5. 已知三阶矩阵 $\boldsymbol{A}$ 与三维向量 $\boldsymbol{x}$，使得向量组 $\boldsymbol{x}$，$\boldsymbol{Ax}$，$\boldsymbol{A}^2\boldsymbol{x}$ 线性无关，且满足 $\boldsymbol{A}^3\boldsymbol{x}=3\boldsymbol{Ax}-2\boldsymbol{A}^2\boldsymbol{x}$，求 $\boldsymbol{A}$ 的特征值.

二、（10 分）设 $x_n=\sum\limits_{k=1}^{n}\dfrac{1}{n}\left(\dfrac{\ln k}{\ln n}\right)^p\ (p\geqslant 1)$，求 $\lim\limits_{n\to\infty}x_n$.

三、（12 分）设可微函数 $f(x)$ 满足 $f'(x)+xf'(-x)=x(-\infty<x<+\infty)$. 求：

（1）$f'(x)$ 的表达式及 $f(x)$ 的极小值点 x_0 和极大值点 x_1；

（2）函数 $\varphi(t)=\dfrac{\mathrm{d}}{\mathrm{d}x}f(x+ty)\Big|_{x=x_0}$ 在开区间 (x_0,x_1) 或 (x_1,x_0) 内的最大值点与最小值点个数，其中 y 是 x 的隐函数，由方程 $\mathrm{e}^{xy}=\dfrac{y}{1+x^2}$ 确定.

四、（11 分）设 $f(x)$ 在 $[0,1]$ 上可导，$f(0)=0$，$f(x)$ 在 $(0,1)$ 内取得最大值 2，在 $(0,1)$ 内取得最小值 m，证明：（1）$\exists\xi\in(0,1)$，使 $f'(\xi)>2$；（2）$\exists\eta\in(0,1)$，使 $f''(\eta)<-4$.

五、（10 分）设 $a=\int_0^1\mathrm{d}y\int_y^1\left[\dfrac{\mathrm{e}^{x^2}}{x}-\mathrm{e}^{y^2}\right]\mathrm{d}x$，求常数 a,b 的值，使之满足

$$\lim_{x\to\infty}\left(\frac{x-a}{x+a}\right)^{\frac{2x}{\mathrm{e}-1}}=\frac{1}{3}\int_b^{+\infty}x\mathrm{e}^{-x}\,\mathrm{d}x .$$

六、（10 分）一无盖圆柱形容器，高为 H 米，底面半径为 R 米 $(H<2R)$，当容器的底平面倾斜与水平面成 $\dfrac{\pi}{4}$ 角支撑时，试问该容器可储存多少立方米的水？

七*、（10 分）判定级数 $\sum\limits_{n=1}^{\infty}\left(n\sin(2\pi\mathrm{e}n!)-2\pi\right)$ 的敛散性.

八、（12 分）设 $\boldsymbol{A}$ 为 n 阶矩阵，秩 $\operatorname{rank}(\boldsymbol{A})=r<n$. 证明：

（1）对任意给定的整数 k，$r<k\leqslant n$，必存在矩阵 $\boldsymbol{B}$，使得 $\operatorname{rank}(\boldsymbol{A}+\boldsymbol{B})=k$；

（2）若有 n 阶矩阵 $\boldsymbol{B}$ 满足 $\operatorname{rank}(\boldsymbol{A})+\operatorname{rank}(\boldsymbol{B})<n$，则齐次线性方程组 $\boldsymbol{AX}=\boldsymbol{0}$ 与 $\boldsymbol{BX}=\boldsymbol{0}$ 有公共非零解.

试 题 三

试题三解答

一、求解下列各题（每小题 5 分，共 25 分）

1. 已知 $f(x)$ 具有二阶连续导数，$g(x)$ 为连续函数，且 $f'(x)=\ln\cos x+\int_0^x g(x-t)\mathrm{d}t$，$\lim\limits_{x\to0}\dfrac{g(x)}{x}=$

-2，求 $f'''(0)$ 的值.

2. 设 $f(u,v)$ 具有连续偏导数，且满足 $f_u(u,v)+f_v(u,v)=uv$，求函数 $y(x)=\mathrm{e}^{-2x}f(x,x)$ 满足条件 $y(0)=1$ 的表达式.

3. 曲线 C 为 $x^2+y^2+z^2=R^2$ 与 $x+z=R$ 的交线，从原点看去 C 的方向为顺时针方向，计算 $\int_C y\,\mathrm{d}x+z\,\mathrm{d}y+x\,\mathrm{d}z$.

4. 若 $\sum\limits_{n=0}^{\infty}a_nx^n$ 的收敛域是 $(-8,8]$，求 $\sum\limits_{n=2}^{\infty}\dfrac{a_nx^{2n}}{n(n-1)}$ 的收敛域.

5. 设三维向量 $\boldsymbol{\alpha}_1=\begin{pmatrix}1\\1\\0\end{pmatrix}$，$\boldsymbol{\alpha}_2=\begin{pmatrix}5\\3\\2\end{pmatrix}$，$\boldsymbol{\alpha}_3=\begin{pmatrix}1\\3\\-1\end{pmatrix}$，$\boldsymbol{\alpha}_4=\begin{pmatrix}-2\\2\\-3\end{pmatrix}$. 又设 $\boldsymbol{A}$ 是三阶矩阵，满足 $\boldsymbol{A\alpha}_1=\boldsymbol{\alpha}_2$，$\boldsymbol{A\alpha}_2=\boldsymbol{\alpha}_3$，$\boldsymbol{A\alpha}_3=\boldsymbol{\alpha}_4$，求 $\boldsymbol{A\alpha}_4$.

二、（10 分）设 $f(x)=\lim\limits_{n\to\infty}n\left[\left(1+\dfrac{x}{n}\right)^n-\mathrm{e}^x\right]$，求 $f^{(n)}(x)\ (n>2)$.

三、（10 分）设 $f(x)$ 在 $(0,+\infty)$ 上连续，$f(1)=1$，若对于任意的正数 a,b，积分 $\int_a^{ab}f(x)\mathrm{d}x$ 与 a 无关，则计算积分 $\int_{-1}^{1}\dfrac{f(\mathrm{e}^x+1)}{1+x^2}\mathrm{d}x$.

四、（10 分）设函数 $u=\cos^2(xy)+\dfrac{y}{z^2}$，直线 $L:\begin{cases}\dfrac{1}{3}x-\dfrac{1}{2}z=1\\ y-2z+4=0\end{cases}$ 在平面 $x+y-z=5$ 上的投影为 L'，试求函数 u 在点 $P(0,0,1)$ 沿直线 L' 的方向导数（规定 L' 上与 x 轴正向夹角为锐角的方向为 L' 的方向）.

五、（12 分）设球体 $(x-1)^2+(y-1)^2+(z-1)^2\leqslant 12$ 被平面 $P:x+y+z=6$ 所截得的小球缺区域为 Ω，记球缺上的球冠为 Σ，方向指向球外侧. 求 Ω 的体积，Σ 的面积及曲面积分

$$I=\iint\limits_{\Sigma}x\,\mathrm{d}y\,\mathrm{d}z+y\,\mathrm{d}z\,\mathrm{d}x+z\,\mathrm{d}x\,\mathrm{d}y.$$

六、（10 分）一容器内有盐水 100L，含盐量为 100g，现在以 5L/min 的速度注入浓度为 10g/L 的盐水，同时将均匀混合的盐水以 5L/min 的速度排出.

（1）求 20min 后容器内的含盐量；（2）经过多少时间，容器内含盐量超过 800g.

七、（12 分）设函数 $f_0(x)$ 在 $(-\infty,+\infty)$ 内连续，$f_n(x)=\int_0^x f_{n-1}(t)\mathrm{d}t\ (n=1,2,\cdots)$，证明：

（1）$f_n(x)=\dfrac{1}{(n-1)!}\int_0^x f_0(t)(x-t)^{n-1}\mathrm{d}t$，$n=1,2,\cdots$；

（2）对于区间 $(-\infty,+\infty)$ 内的任意固定的 x，级数 $\sum\limits_{n=0}^{\infty}f_n(x)$ 绝对收敛.

八[*]、（11 分）设 $\boldsymbol{A}=(a_{ij})$，$\boldsymbol{B}=(b_{ij})$ 都是 n 阶正定矩阵，证明方阵 $\boldsymbol{C}=(a_{ij}b_{ij})$ 也是 n 阶正定矩阵.

试　题　四

试题四解答

一、求解下列各题（每小题 5 分，共 25 分）

1. 设当 $x\geqslant 0$ 时，$f(x)$ 满足 $\int_0^{x^2(1+x)}f(t)\mathrm{d}t=\lim\limits_{t\to x}\dfrac{t\sin(x-t)}{x-t}$，求 $f(12)$.

2. 求 $\lim\limits_{n\to\infty}\sqrt[n]{n!}\ln\left(1+\dfrac{2}{n}\right)$.

3. 设 $f(x)=\ln(x+\sqrt{1+x^2})$，求$f^{(n)}(0)$.

4. 计算积分 $\iint\limits_{\Sigma}|z|\,\mathrm{d}S$，其中 Σ 为双曲抛物面 $az=xy\,(a>0)$ 被圆柱面 $x^2+y^2=R^2$ 所截下的有限部分.

5. 已知实二次型 $f(x_1,x_2,x_3)=\boldsymbol{X}^{\mathrm{T}}\boldsymbol{A}\boldsymbol{X}$ 经过正交变换 $\boldsymbol{X}=\boldsymbol{P}\boldsymbol{Y}$ 化为标准形 $y_1^2-y_2^2+2y_3^2$，求行列式 $\left|2\boldsymbol{A}^{-1}-\boldsymbol{A}^*\right|$ 的值（$\boldsymbol{A}^*$ 为 $\boldsymbol{A}$ 的伴随矩阵）.

二、(12 分) 设函数 $f(x)=\begin{cases}2x+1, & r<-1\\ x^3, & -1\leqslant x<2\\ x^2+4, & x\geqslant 2\end{cases}$，又设 α,β 分别是 $y=f(x)$ 的反函数 $y=g(x)$ 的不可导点中坐标最小者和最大者.

(1) 计算 α,β；

(2) 设 $x_0\in(\alpha,\beta)$，$x_{n+1}=\dfrac{2(1+x_n)}{2+x_n}\,(n=0,1,2,\cdots)$，求数列极限 $A=\lim\limits_{n\to\infty}x_n$ 与 $B=\lim\limits_{n\to\infty}4^n(x_n-A)$.

三、(10 分) 设常数 $\alpha\neq 0,1$，计算极限 $I=\lim\limits_{n\to\infty}\sum\limits_{k=1}^{n}\left(k^{\alpha-2}\int_k^n\dfrac{\mathrm{d}x}{x^\alpha+n^\alpha}\right)$.

四、(10 分) 设 $f(x)$ 是定义在区间 (a,b) 内的具有连续的一阶导数的函数，$\lim\limits_{x\to a^+}f(x)=+\infty$，$\lim\limits_{x\to b^-}f(x)=-\infty$ 且对所有的 $x\in(a,b)$ 都有 $f'(x)+f^2(x)\geqslant -1$. 证明 $b-a\geqslant\pi$，并且给出一个使得等号成立的例子.

五*、(10 分) 在方程 $y''+3y'+2y=f(x)$ 中，$f(x)$ 在区间 $[0,+\infty)$ 上连续，且 $\lim\limits_{x\to+\infty}f(x)=0$. 证明对方程的任一解 $y(x)$，均有 $\lim\limits_{x\to+\infty}y(x)=0$.

六、(11 分) 设 $a_n=\dfrac{n}{\int_0^{n\pi}x\,|\sin x|\,\mathrm{d}x}$，证明 $\sum\limits_{n=1}^{\infty}(-1)^{n-1}a_n$ 收敛，并求其和.

七、(12 分) (1) 过椭球面 $\dfrac{x^2}{a^2}+\dfrac{y^2}{b^2}+\dfrac{z^2}{c^2}=1$ 上位于第一卦限的点 M 作切平面，它与 3 个坐标轴的交点分别为$(A,0,0)$，$(0,B,0)$，$(0,0,C)$. 试求 $A+B+C$ 为最小时 M 点的坐标.

(2) 设椭球体的密度函数 $\rho(x,y,z)$ 与该点 (x,y,z) 到 xOy 平面的距离成正比，求它在第一卦限内的质量.

八、(10 分) 设二阶正矩阵 $\boldsymbol{A}=(a_{ij})\ (a_{ij}>0)$ 满足 $\sum\limits_{j=1}^{2}a_{ij}=1\ (i=1,2)$，求 $\lim\limits_{n\to\infty}\boldsymbol{A}^n$.

试　题　五

试题五解答

一、求解下列各题（每小题 5 分，共 25 分）

1. 设 $f(x)=\dfrac{x}{\sqrt{1+x^2}\cos x}$，求 $f''(0)$ 与 $\int_{-1}^{1}xf'''(x)\,\mathrm{d}x=0$.

2. 设对 $\forall x\in(-\infty,+\infty)$，$f''(x)\geqslant 0$，且 $0\leqslant f(x)\leqslant 1-\mathrm{e}^{-x^2}$，求 $f(x)$.

3. 设 $z=f(x-y,x+y)+g(x+ky)$, f,g 具有二阶连续偏导数，且 $g''\neq 0$，如果

$$\frac{\partial^2 z}{\partial x^2}+2\frac{\partial^2 z}{\partial x\partial y}+\frac{\partial^2 z}{\partial y^2}\equiv 4f_{22},$$

则求常数 k 的值.

4. 设曲面 $\Sigma:(x-1)^2+(y-1)^2+\frac{z^2}{4}=1(y\geqslant 1)$ 取外侧，计算 $\iint\limits_{\Sigma} x^2\mathrm{d}y\mathrm{d}z+y^2\mathrm{d}z\mathrm{d}x+z^2\mathrm{d}x\mathrm{d}y$.

5. 设 $\boldsymbol{A},\boldsymbol{B}$ 都是正交矩阵，$|\boldsymbol{A}|+|\boldsymbol{B}|=0$，求 $|\boldsymbol{A}+\boldsymbol{B}|$.

二、(10 分) 设函数 $f(x)$ 在 $[a,b]$ 上二阶可导，$f'(a)=f'(b)=0$，证明 $\exists\xi\in(a,b)$，使得

$$|f''(\xi)|\geqslant 4\frac{|f(b)-f(a)|}{(b-a)^2}.$$

三、(12 分) 设 $f(x)$ 定义在 $[0,+\infty)$ 内，函数值 $f(x)$ 为 x 到 $2k(k=0,1,2,\cdots)$ 的最小距离，证明：

(1) $f(x)$ 是以 2 为周期的连续函数；

(2) 求 $\int_0^1 f(nx)\mathrm{d}x$ 的值 $(n=1,2,\cdots)$.

四*、(10 分) 设 $a>0$，证明 $\lim\limits_{n\to\infty}\sum\limits_{s=1}^{n}\left(\frac{a+s}{n}\right)^n$ 存在，且该极限介于 e^a 与 e^{a+1} 之间.

五*、(10 分) 讨论积分 $\int_{\pi}^{+\infty}\frac{x\cos x}{x^p+x^q}\mathrm{d}x$ 的敛散性.

六、(10 分) 曲线 $y=x(t-x)(t>0)$ 与 x 轴交于原点 O 和点 A，且曲线在点 A 的切线交 y 轴于 B，$\overline{AB}$ 为点 A 至点 B 的直线段，求 t 的值，使曲线积分 $I=\int\limits_{\overline{AB}}\left(\frac{\sin y}{x+1}-y+1\right)\mathrm{d}x+[\cos y\cdot\ln(x+1)+x+1]\mathrm{d}y$ 最小.

七、(12 分) 以初速 V_0 与倾角 α 把一个球抛射出去，此球在 $P_1(x_1,0),P_2(x_2,0),\cdots,P_n(x_n,0)$ 处又以相同的倾角弹跳出去. 设每次弹跳运动的初速为 $V_1,V_2,\cdots,V_n$，速度 V_k 按照下面的规律递减：

$$V_k=\sqrt{\frac{2k-1}{2(2k+1)}}V_{k-1}\quad(k=1,2,\cdots)\ (\text{空气阻力忽略不计}).$$

(1) 将 x_n 表示为 n 的函数；(2) 求 $\lim\limits_{n\to\infty}x_n$.

八、(11 分) 设 $\boldsymbol{A},\boldsymbol{B}$ 是两个方阵（不一定同阶），证明存在非零矩阵 $\boldsymbol{C}$，使得 $\boldsymbol{AC}=\boldsymbol{CB}$ 的充分必要条件是 $\boldsymbol{A}$ 与 $\boldsymbol{B}$ 有公共的特征值.

试　题　六

试题六解答

一、求解下列各题（每小题 5 分，共 25 分）

1. 已知 $\lim\limits_{x\to+\infty}[(x^5+7x^4+3)^a-x]=b\neq 0$，确定常数 a,b 的值.

2. 设 $y=y(x)$ 满足 $\int y\mathrm{d}x\cdot\int\frac{1}{y}\mathrm{d}x=-1$，$y(0)=1$，且当 $x\to+\infty$ 时，$y\to 0$，求 $y(x)$.

3. 已知平面 π 与平面 $\pi':2x-y-z+2=0$ 关于平面 $\pi'':x-2y+3z+1=0$ 对称，求平面 π 的方程.

4*. 计算 $\iint\limits_{D}\mathrm{e}^{\frac{y-x}{y+x}}\mathrm{d}x\mathrm{d}y$，其中 D 为 x 轴、y 轴和直线 $x+y=2$ 所围成的闭区域.

5. 已知四阶方阵 $\boldsymbol{A}=(\boldsymbol{\alpha}_1,\boldsymbol{\alpha}_2,\boldsymbol{\alpha}_3,\boldsymbol{\alpha}_4)$，$\boldsymbol{\alpha}_1,\boldsymbol{\alpha}_2,\boldsymbol{\alpha}_3,\boldsymbol{\alpha}_4$ 均为四维列向量，其中 $\boldsymbol{\alpha}_2,\boldsymbol{\alpha}_3,\boldsymbol{\alpha}_4$ 线性无关，$\boldsymbol{\alpha}_1=2\boldsymbol{\alpha}_2-\boldsymbol{\alpha}_3$，若 $\boldsymbol{\beta}=\boldsymbol{\alpha}_1+\boldsymbol{\alpha}_2+\boldsymbol{\alpha}_3+\boldsymbol{\alpha}_4$，则求线性方程组 $\boldsymbol{Ax}=\boldsymbol{\beta}$ 的通解.

二、(10 分) 设 $f(x)$ 的定义域为 $\left(-\frac{\pi}{2},\frac{\pi}{2}\right)$，$f(x)$ 可导，且 $f(0)=1$，$f(x)>0$，满足极限式

$\lim\limits_{h\to0}\left[\dfrac{f(x+h\cos^2 x)}{f(x)}\right]^{\frac{1}{h}}=\mathrm{e}^{x\cos^2 x+\tan x}$. 试求 $f(x)$ 以及 $f(x)$ 的极值.

三、(10 分) 若 m 为常数且对任何正数 x 有 $mx^2>x-\ln(1+x)>\dfrac{mx^2}{1+x}$，证明 $m=\dfrac{1}{2}$.

四*、(11 分) 求极限 $\lim\limits_{n\to\infty}\left[\sum\limits_{i=1}^{n}\mathrm{e}^{\frac{i}{n}}-(\mathrm{e}-1)n\right]$.

五、(10 分) 试求内接于定圆的三角形中面积最大者.

六、(12 分) 设 $f(x)=\sqrt{\dfrac{x^3}{x+3}}-x-11\ (x<-3)$ 的最小值为 $f(x_0)$，记曲线 $y=f(x)$ 的渐近线与直线 $y=f(x_0)$ 所围成的区域为 D，$g(x,y)=\begin{cases}xy, & x<0,\ 0\leqslant y<1\\ 0, & 其他\end{cases}$，求 $g(x,y)$ 在 D 上的平均值.

七、(11 分) 设 $f(r)$ 二阶可导，$r=\sqrt{x^2+y^2+z^2}$，计算 $\operatorname{div}[\operatorname{grad} f(r)]$，并求函数 $f(r)$ 使 $\operatorname{div}[\operatorname{grad} f(r)]=0$.

八、(11 分) 设 n 阶方阵 $\boldsymbol{A},\boldsymbol{B}$ 满足 $\boldsymbol{AB}=\boldsymbol{A}+\boldsymbol{B}$，证明:

(1) $\boldsymbol{A},\boldsymbol{B}$ 乘法可交换.

(2) $\boldsymbol{A}$ 与 $\boldsymbol{B}$ 有完全相同的特征向量.

试 题 七

试题七解答

一、求解下列各题（每小题 5 分，共 25 分）

1*. 设 $f_n(x)=x^n\ln x$，n 为自然数，求极限 $\lim\limits_{n\to\infty}\dfrac{f_n^{(n)}\left(\dfrac{1}{n}\right)}{n!}$.

2. 计算积分 $\displaystyle\int\frac{x\cos^4\frac{x}{2}}{\sin^3 x}\,\mathrm{d}x$.

3. 设 $f(x),g(x)$ 是连续函数，$F(x,y)=\displaystyle\int_1^x \mathrm{d}u\int_0^{yu} f(tu)g\left(\frac{1}{u}\right)\mathrm{d}t$，求 $\dfrac{\partial^2 F}{\partial x\partial y}$.

4. 求曲线 $\varGamma:\begin{cases}z=x^2+2y^2\\ z=6-2x^2-y^2\end{cases}$ 上竖坐标 z 的最大与最小点.

5. 已知三阶实矩阵 $\boldsymbol{A}=(a_{ij})$ 满足条件 $a_{33}=-1$，$a_{ij}=A_{ij}\ (i,j=1,2,3)$，其中 A_{ij} 为 a_{ij} 的代数余子式. 试求方程组 $\boldsymbol{AX}=\boldsymbol{b}$ 的解，其中 $\boldsymbol{b}=(0,0,1)^{\mathrm{T}}$.

二、(10 分) 设函数 $f(x)$ 可导，$\lim\limits_{x\to+\infty}f'(x)=c\neq0$，且

$$\lim_{x\to0}\frac{bx-\sin x}{\displaystyle\int_a^x\frac{\ln(1+t^3)}{t}\,\mathrm{d}t}=\lim_{x\to+\infty}[f(x+1)-f(x)],$$

求常数 a,b,c.

三、(10 分) 设实数 $b>a>0$，连续函数 $f(x)$ 在 $[a,b]$ 上单调递增，证明 $\displaystyle\int_a^b f(x)\,\mathrm{d}x\geqslant ab\int_a^b\frac{f(x)}{x^2}\,\mathrm{d}x$.

四、(10 分) 设 $y=f(x)$ 有渐近线，且 $f''(x)>0$，证明函数 $y=f(x)$ 的图像从上方趋近于此渐近线.

五、（12 分）设连续曲线段 $y=y(x)$ 是上凸的，其上任一点 (x,y) 处的曲率为 $\dfrac{1}{\sqrt{1+(y')^2}}$，且此曲线段在点(0,1)处的切线方程为 $y=x+1$，求：（1）函数 $y=y(x)$ 的表达式；（2）函数 $y=y(x)$ 的最大值.

六、（10 分）设平面 Π 与光滑曲面 Σ 不相交，点 P 是 Σ 上到 Π 的最近距离点. 证明 Σ 在点 P 处的法向量平行于 Π 的法向量.

七、（12 分）设 $\varphi(x,y,z)$ 为原点到椭球面 $\Sigma:\dfrac{x^2}{a^2}+\dfrac{y^2}{b^2}+\dfrac{z^2}{c^2}=1\ (a>0,b>0,c>0)$ 上点 (x,y,z) 处的切平面的距离，求 $\displaystyle\iint\limits_{\Sigma}\frac{\mathrm{d}S}{\varphi(x,y,z)}$.

八、（11 分）若 $\boldsymbol{A},\boldsymbol{B}$ 是正定矩阵，则证明 $|\boldsymbol{A}+\boldsymbol{B}|\geqslant|\boldsymbol{A}|+|\boldsymbol{B}|$.

试 题 八

试题八解答

一、求解下列各题（每小题 5 分，共 25 分）

1. 设 $f(x)=\sqrt{\dfrac{(1+x)\sqrt{x}}{\mathrm{e}^{x-1}}}+\arcsin\dfrac{1-x}{\sqrt{1+x^2}}$，求 $f'(1)$.

2. 设 $f(x)=\lim\limits_{t\to\infty}t^2\sin\dfrac{x}{t}\cdot\left[g\left(2x+\dfrac{1}{t}\right)-g(2x)\right]$，$g(x)$ 的一个原函数为 $\ln(x+1)$，求 $\displaystyle\int_0^1 f(x)\mathrm{d}x$.

3. 设 $\rho=\rho(x)$ 是曲线 $y=\sqrt{x}$ 上任一点 $M(x,y)(x\geqslant1)$ 处的曲率半径，$s=s(x)$ 是曲线上介于点 $A(1,1)$ 与 M 之间的弧长，求 $\dfrac{\mathrm{d}\rho}{\mathrm{d}s}\Big|_{x=1}$.

4. 计算 $\lim\limits_{x\to1^-}(1-x)^3\sum\limits_{n=1}^{\infty}n^2x^n$.

5. 已知五阶行列式 $D_5=\begin{vmatrix}1&2&3&4&5\\2&2&2&1&1\\3&1&2&4&5\\1&1&1&2&2\\4&3&1&5&0\end{vmatrix}=27$，求 $S_1=A_{41}+A_{42}+A_{43}$ 及 $S_2=A_{44}+A_{45}$.

其中 A_{ij} 是行列式中元素 a_{ij} 的代数余子式.

二*、（12 分）设 $f(x)=\begin{cases}\lim\limits_{n\to\infty}\dfrac{1}{n}\left(1+\cos\dfrac{x}{n}+\cos\dfrac{2x}{n}+\cdots+\cos\dfrac{n-1}{n}x\right), & x>0\\ \lim\limits_{n\to\infty}\left[1+\dfrac{1}{n!}\left(\displaystyle\int_0^1\sqrt{x^5+x^3+1}\mathrm{d}x\right)^n\right], & x=0.\\ f(-x), & x<0\end{cases}$

（1）讨论 $f(x)$ 在 $x=0$ 的可导性；

（2）求 $f(x)$ 在 $[-\pi,\pi]$ 上的最大值.

三、（10 分）设 $f(x)=\dfrac{\ln x}{(1+x)^2}+\dfrac{1+x^2}{1+x^4}\displaystyle\int_1^{+\infty}f(x)\mathrm{d}x$，且 $\displaystyle\int_1^{+\infty}f(x)\mathrm{d}x$ 收敛，求 $\displaystyle\int_1^{+\infty}f(x)\mathrm{d}x$.

四、（10 分）设 $\varphi(x)=x^x(1-x)^{1-x}\ (0<x<1)$，$\dfrac{1}{2}\leqslant r<1$，方程 $\varphi(x)=r$ 在区间(0, 1)内有几个根？说明理由.

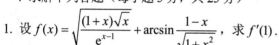

五、（10 分）设函数 $x=f(u,v)$，$y=g(u,v)$ 满足方程 $\dfrac{\partial f}{\partial u}=\dfrac{\partial g}{\partial v}$，$\dfrac{\partial f}{\partial v}=-\dfrac{\partial g}{\partial u}$，又函数 $w=w(x,y)$ 满足方程 $\dfrac{\partial^2 w}{\partial x^2}+\dfrac{\partial^2 w}{\partial y^2}=0$，对函数 $w=w[f(u,v),g(u,v)]$，计算 $\dfrac{\partial^2 w}{\partial u^2}+\dfrac{\partial^2 w}{\partial v^2}$.

六*、（11 分）利用函数组 $u=\dfrac{y^2}{x}$，$v=\sqrt{xy}$ 把矩形 $S\{a<x<a+h,b<y<b+h\}(a>0,b>0)$ 变换为区域 S'. 求区域 S' 的面积与 S 的面积之比. 当 $h\to 0$ 时，此比值的极限等于什么？

七、（10 分）设 $f(x,y)$ 在区域 $D:x^2+y^2\leqslant 1$ 上有二阶连续偏导数，且 $\dfrac{\partial^2 f}{\partial x^2}+\dfrac{\partial^2 f}{\partial y^2}=\left|y+\sqrt{3}x\right|$，计算 $I=\displaystyle\iint_D\left(x\frac{\partial f}{\partial x}+y\frac{\partial f}{\partial y}\right)\mathrm{d}x\mathrm{d}y$.

八、（12 分）设 $\boldsymbol{\alpha},\boldsymbol{\beta}$ 是三维单位正交列向量组，$\boldsymbol{A}=\boldsymbol{\alpha}\boldsymbol{\beta}^{\mathrm{T}}+\boldsymbol{\beta}\boldsymbol{\alpha}^{\mathrm{T}}$. 证明：

（1）$\boldsymbol{A}$ 能相似对角化；

（2）用 $\boldsymbol{\alpha},\boldsymbol{\beta}$ 构造一个正交矩阵 $\boldsymbol{C}$，使得 $\boldsymbol{C}^{\mathrm{T}}\boldsymbol{A}\boldsymbol{C}$ 为对角矩阵，并求出此对角矩阵.

试 题 九

试题九解答

一、求解下列各题（每小题 5 分，共 25 分）

1. 讨论函数 $f(x)=[x]\sin\pi x$ 在 $(-\infty,+\infty)$ 的可导性，其中 $[x]$ 为取整函数.

2. 设 $0<a<b$，求 $\displaystyle\lim_{t\to 0}\left(\int_0^1\left[bx+a(1-x)\right]^t\,\mathrm{d}x\right)^{1/t}$.

3. 求曲线 $y=f(x)=\displaystyle\lim_{a\to+\infty}\frac{x}{1+x^2-\mathrm{e}^{ax}}$，$y=\dfrac{1}{2}x$ 及 $x=1$ 围成的平面图形的面积.

4. 当 $x\to 0$ 时，比较无穷小 $f(x)=\displaystyle\int_0^{1-\cos x}\sin t^2\,\mathrm{d}t$ 与 $g(x)=\displaystyle\int_0^1\tan^6(xt)\,\mathrm{d}t$ 阶的大小.

5. 设 $\boldsymbol{A}$ 是三阶矩阵，$\boldsymbol{b}=(9,18,-18)^{\mathrm{T}}$，方程组 $\boldsymbol{A}\boldsymbol{x}=\boldsymbol{b}$ 的通解为 $k_1(-2,1,0)^{\mathrm{T}}+k_2(2,0,1)^{\mathrm{T}}+(1,2,-2)^{\mathrm{T}}$，求 $\boldsymbol{A}^{10}$.

二、（10 分）设 $f(x)=\dfrac{\mathrm{d}\,g(x)}{\mathrm{d}\,x}$，$g(x)=\begin{cases}\dfrac{\mathrm{e}^x-1}{x}, & x\neq 0\\ 1, & x=0\end{cases}$，求 $f^{(n)}(0)$.

三、（10 分）计算 $I=\displaystyle\int\frac{\mathrm{d}\,x}{1+\sqrt{x}+\sqrt{x+1}}$.

四、（10 分）设函数 $f(x)$ 在区间 $[0,3]$ 二阶可导，且 $2f(0)=\displaystyle\int_0^2 f(x)\,\mathrm{d}\,x=f(2)+f(3)$，证明 $\exists\xi\in(0,3)$，使得 $f''(\xi)=0$.

五、（10 分）设 $f\in C^3(-\infty,+\infty)$，$f(x+h)-f(x)=f'(x+\theta h)h$，$\theta$ 是与 x,h 无关的常数，证明 f 是不超过二次的多项式.

六、（12 分）设函数 $f(x)$ 在 $[0,1]$ 上连续，且 $\displaystyle\int_0^1 f(x)\,\mathrm{d}\,x=0$，$\displaystyle\int_0^1 xf(x)\,\mathrm{d}\,x=1$，证明：

（1）$\exists x_0\in[0,1]$，使得 $|f(x_0)|>4$；

（2）$\exists x_1\in[0,1]$，使得 $|f(x_1)|=4$.

七*、（11分）求级数$\sum\limits_{n=1}^{\infty}\dfrac{(2n-2)!}{n!(n-1)!}x^{2n-1}$的收敛域与和函数$S(x)$.

八、（12分）设$\boldsymbol{\alpha}$是n维实单位列向量，$\boldsymbol{A}=\boldsymbol{\alpha}\boldsymbol{\alpha}^{\mathrm{T}}$，$\boldsymbol{B}=\boldsymbol{I}+\boldsymbol{A}+\boldsymbol{A}^2+\cdots+\boldsymbol{A}^n$.

（1）证明$\boldsymbol{B}$是可逆矩阵，并求$\boldsymbol{B}^{-1}$.

（2）做二次型$f(\boldsymbol{X})=\boldsymbol{X}^{\mathrm{T}}\boldsymbol{B}^{-1}\boldsymbol{X}$，求$\min\limits_{\|\boldsymbol{X}\|=1}f(\boldsymbol{X})$.

试 题 十

试题十解答

一、求解下列各题（每小题5分，共25分）

1. 设$f(x)=\begin{cases}\dfrac{2}{x^2}(1-\cos x), & x<0\\ 1, & x=0\\ \dfrac{1}{x}\displaystyle\int_0^x\cos t^2\mathrm{d}t, & x>0\end{cases}$，讨论$f(x)$在$x=0$处的可导性.

2. 求曲线$\begin{cases}x=a(t-\sin t)\\ y=a(1-\cos t)\end{cases}(a>0,0\leqslant t\leqslant 2\pi)$与$x$轴所围成图形绕$x$轴旋转所成的旋转体的体积.

3. 设$b_n=1+\dfrac{1}{2}+\dfrac{1}{3}+\cdots+\dfrac{1}{n}$，求幂级数$\sum\limits_{n=1}^{\infty}\dfrac{x^n}{b_n}$的收敛域.

4. 设$f(x)$连续，$f(t)=3\iiint\limits_{x^2+y^2+z^2\leqslant t^2}f(\sqrt{x^2+y^2+z^2})\mathrm{d}V+|t^3|$，求$f(t)$.

5. 已知矩阵$\boldsymbol{A}=\begin{pmatrix}2&2\\2&a\end{pmatrix}$，$\boldsymbol{B}=\begin{pmatrix}4&b\\3&1\end{pmatrix}$. 试就$a,b$的取值情况给出$\boldsymbol{A}$与$\boldsymbol{B}$相似的充分必要条件.

二、（10分）设$x_1=1$，$x_n=\displaystyle\int_0^1\min\{x,x_{n-1}\}\mathrm{d}x\,(n=2,3,\cdots)$，证明$\lim\limits_{n\to\infty}x_n$存在，并求$\lim\limits_{n\to\infty}x_n$.

三、（10分）设$x(t)$是微分方程$5x''+10x'+6x=0$的解，证明函数$f(t)=\dfrac{x^2(t)}{1+x^4(t)}(t\in\mathbb{R})$有最大值，并求它的最大值.

四*、（10分）求一个最小的实数C，使对一切实数x满足$\dfrac{1}{2}(\mathrm{e}^x+\mathrm{e}^{-x})\leqslant\mathrm{e}^{Cx^2}$.

五*、（14分）设连续函数$u(x)$满足$u(x)=\displaystyle\int_0^1K(x,y)u(y)\mathrm{d}y+1$，其中$K(x,y)=\begin{cases}x(1-y), & x\leqslant y\\ y(1-x), & x>y\end{cases}$.

（1）求$u(x)$的表达式；

（2）记$F(x,y)=\displaystyle\int_0^{\frac{y}{x}}(x-yz)u(xz)\mathrm{d}z\,(0<x,y<1)$，求$F_{xy}(x,y)$.

六、（10分）在某平地上向下挖一个半径为R的半球形池塘，若泥土的密度为$\rho=\mathrm{e}^{r^2/R^2}$，其中$r$为点离球心的距离，试求挖此池塘需做的功.

七、（10分）展开函数$f(x)=\displaystyle\int_0^x\mathrm{e}^{x^2-t^2}\mathrm{d}t$为$x$的幂级数.

八*、（11分）设$\boldsymbol{A}$是n阶正定矩阵，且$\boldsymbol{A}$的非对角元皆小于0，证明$\boldsymbol{A}$的逆矩阵中所有元素皆大于0.

反侵权盗版声明